机械制图手册

JIXIE ZHITU SHOUCE

吴学农　编

合肥工業大學出版社

图书在版编目(CIP)数据

机械制图手册/吴学农编．—合肥：合肥工业大学出版社，2019.2
ISBN 978-7-5650-3992-8

Ⅰ.①机… Ⅱ.①吴… Ⅲ.①机械制图—手册 Ⅳ.①TH126-64

中国版本图书馆 CIP 数据核字(2018)第 110840 号

机械制图手册

吴学农 编　　　　责任编辑 马栓磊

出 版	合肥工业大学出版社	版 次	2019 年 2 月第 1 版
地 址	合肥市屯溪路 193 号	印 次	2019 年 2 月第 1 次印刷
邮 编	230009	开 本	787 毫米×1092 毫米 1/16
电 话	理工编辑部：0551-62903055	印 张	50
	市场营销部：0551-62903198	字 数	1180 千字
网 址	www.hfutpress.com.cn	印 刷	安徽联众印刷有限公司
E-mail	hfutpress@163.com	发 行	全国新华书店

ISBN 978-7-5650-3992-8　　　定价：98.00 元

前　言

随着我国机械制造技术水平的提高，更多的“中国制造”机械产品走出国门，在世界市场中占有的份额加大，机械制造领域的中国国家标准在国际上的影响力也大幅提升。技术的不断进步，促使国家标准不断更新，与其相对应的机械制图手册也应更新。为了适应机械制造行业技术发展及相关领域制图的需要，笔者编写了《机械制图手册》一书。

本书注重阐明机械制图的基础知识、牢固树立标准意识；内容排序上，注重遵循机械制图的学习和应用规律。笔者基于机械制图备课授课的思路、学习的方法、应用的需要，以刨根问底的精神，深挖机械制图的作图原理及国家标准的有关规定。本书内容翔实，信息量大，清晰易懂，尽量采用最新标准，力求在严格贯彻国家标准的基础上，灵活运用标准。图例上基本配有轴测图、立体图，以增强可读性。

在编写过程中，笔者参考和引用了大量的机械制图、公差等方面的国家标准，以及许多专家学者的著作，就不逐一列举，在此对他们表示衷心的感谢。由于同类书中的空间曲面，只要熟悉轴测图的形成原理，再根据数学公式就能作出；以及液压气压图、电气、模具和CAD等内容的图幅、线型、字体、投影原理、标准件和机件表达方法等都是机械制图的派生，并且这些内容有专门的手册；故本书删除了同类书中的空间曲面图，锻件图，包装图，电气工程图，模具图，工序简图，液压、气压系统图，产品图样管理和CAD等内容。随着中国机械制造技术在国际上影响力的增大，本书未收录同类图书中有关国外机械制图介绍等内容，力求使《机械制图手册》回归本位，同时力求实用性和可读性高度融合，以期使读者在零基础上学习、学会、应用机械制图知识。

由于编者水平有限，书中难免存在错讹之处，恳请各位读者、专家批评指正。

吴学农

2017年12月于芜湖

目　　录

第1章　机械制图常用基础资料

1.1　常用资料

1.1.1　中国标准代号

工程图样是工程领域技术交流的共同语言，为了便于管理和保障交流的流畅性，国家和地方相关部门以及相关企业发布了一系列标准。

1. 国家标准代号

GB——强制性国家标准代号；GB/T——推荐性国家标准代号。G是“国家”一词第一个字汉语拼音的第一个字母；B是“标准”一词第一个字汉语拼音的第一个字母；T是“推荐”一词第一个汉字拼音的第一个字母。

如：“GB/T 275—2015”，其中“GB/T”表示“推荐性国家标准”，“275”表示标准的编号，“2015”表示标准发布的年份。又如：“GB/T 6403.4—2008”，其中“6403.4”表示标准的编号（“6403”为标准顺序号，后面的“4”表示本标准的第4部分）。

2. 地方标准代号

(1)“DB＋＊”表示“中华人民共和国强制性地方标准代号”，管理部门是省级质量技术监督局。

(2)“DB＋＊/T”表示“中华人民共和国推荐性地方标准代号”，管理部门是省级质量技术监督局。

其中，＊为省级行政区划代码前两位。

3. 企业标准代号

“Q＋＊”表示“中华人民共和国企业产品标准”，管理部门是企业。

其中，＊为企业代号。

1.1.2　优先数和优先数系(GB/T 321—2005)

在产品设计和技术标准制定中，涉及很多参数，这些数字应该采用一种科学的分级制度。人们在长期的实践中，总结出了一种科学、统一的数值标准，称为优先数和优先数系。

优先数系是公比为$\sqrt[5]{10}$，$\sqrt[10]{10}$，$\sqrt[20]{10}$，$\sqrt[40]{10}$或$\sqrt[80]{10}$，且项值中含有10的整数幂的几何级数的常用圆整值。

优先数的所有系列均以字母R为符号开始。各数列分别用符号R5，R10，R20，R40和R80表示。各系列的公比(q)为：

$$\text{R5 系列}\quad q_5=(\sqrt[5]{10})\approx 1.60$$

$$\text{R10 系列}\quad q_{10}=(\sqrt[10]{10})\approx 1.25$$

$$\text{R20 系列}\quad q_{20}=(\sqrt[20]{10})\approx 1.12$$

$$\text{R40 系列}\quad q_{40}=(\sqrt[40]{10})\approx1.06$$

$$\text{R80 系列}\quad q_{80}=(\sqrt[80]{10})\approx1.03$$

R5,R10,R20 和 R40 四个系列是常用系列,称为基本系列,R80 作为补充系列,优先选用 R5 系列。优先数系的基本系列见表 1-1。

表 1-1　优先数系的基本系列(GB/T 321—2005)

R5	R10	R20	R40	R5	R10	R20	R40	R5	R10	R20	R40
1.00	1.00	1.00	1.00	2.50	2.50	2.50	2.50	6.30	6.30	6.30	6.30
			1.06				2.65				6.70
		1.12	1.12			2.80	2.80			7.10	7.10
			1.18				3.00				7.50
	1.25	1.25	1.25		3.15	3.15	3.15		8.00	8.00	8.00
			1.32				3.35				8.50
		1.40	1.40			3.55	3.55			9.00	9.00
			1.50				3.75				9.50
1.60	1.60	1.60	1.60	4.00	4.00	4.00	4.00	10.00	10.00	10.00	10.00
			1.70				4.25				
		1.80	1.80			4.50	4.50				
			1.90				4.75				
	2.00	2.00	2.00		5.00	5.00	5.00				
			2.12				5.30				
		2.24	2.24			5.60	5.60				
			2.36				6.00				

注:大于 10 和小于 1 的优先数,可用 10 的整数幂(如 10,100,1000,…或 0.1,0.01,0.001,…)乘以表中的优先数求得。

1.1.3　标准尺寸(GB/T 2822—2005)

1. 范围

国家标准 GB/T 2822—2005 规定了 0.01～20000mm 范围内机械制造业中常用的标准尺寸(直径、长度、高度等)系列。本标准适用于有互换性或系列化要求的主要尺寸(如安装、连接尺寸,有公差要求的配合尺寸,决定产品系列的公称尺寸等)。其他结构尺寸也应尽可能采用。GB/T 2822—2005 不适用于由主要尺寸导出的因变量尺寸,工艺上工序间的尺寸和已有相应标准规定的尺寸。

2. 标准尺寸系列

0.01～20000mm 范围的标准尺寸系列见表 1-2～表 1-8。

表 1-2～表 1-8 中列出的标准尺寸是根据国家标准 GB/T 321 和 GB/T 19764 选用的优先数及其化整值系列。选用优先数化整值系列规定标准尺寸用 R′表示。

表 1-2　0.01～0.1mm 标准尺寸系列　　单位：mm

R′		
R′5	R′10	R′20
0.010	0.010	0.010
		0.011
	0.012	**0.012**
		0.014
0.016	0.016	0.016
		0.018
	0.020	0.020
		0.022
0.025	0.025	0.025
		0.028
	0.030	**0.030**
		0.035
0.040	0.040	0.040
		0.045
	0.050	0.050
		0.055
0.060	**0.060**	**0.060**
		0.070
	0.080	0.080
		0.090
0.100	0.100	0.100

注：R′系列中的黑体字，为 R 系列相应各项优先数的化整值。

表 1-3　0.1～1.0mm 标准尺寸系列　　单位：mm

R		R′	
R10	R20	R′10	R′20
0.100	0.100	0.10	0.10
	0.112		**0.11**
0.125	0.125	**0.12**	**0.12**
	0.140		0.14
0.160	0.160	0.16	0.16
	0.180		0.18
0.200	0.200	0.20	0.20
	0.224		**0.22**

（续表）

R		R′	
0.250	0.250	0.25	0.25
	0.280		0.28
0.315	0.315	**0.30**	**0.30**
	0.355		**0.35**
0.400	0.400	0.40	0.40
	0.450		0.45
0.500	0.500	0.50	0.50
	0.560		**0.55**
0.630	0.630	**0.60**	**0.60**
	0.710		**0.70**
0.800	0.800	0.80	0.80
	0.900		0.90
1.000	1.000	1.00	1.00

注：R′系列中的黑体字，为 R 系列相应各项优先数的化整值。

表 1－4　1.0～10.0mm 标准尺寸系列　　单位：mm

R		R′	
R10	R20	R′10	R′20
1.00	1.00	1.0	1.0
	1.12		**1.1**
1.25	1.25	**1.2**	**1.2**
	1.40		1.4
1.60	1.60	1.6	1.6
	1.80		1.8
2.00	2.00	2.0	2.0
	2.24		**2.2**
2.50	2.50	2.5	2.5
	2.80		2.8
3.15	3.15	**3.0**	**3.0**
	3.55		**3.5**
4.00	4.00	4.0	4.0
	4.50		4.5
5.00	5.00	5.0	5.0
	5.60		**5.5**
6.30	6.30	**6.0**	**6.0**
	7.10		**7.0**
8.00	8.00	8.0	8.0
	9.00		9.0
10.00	10.00	10.0	10.0

注：R′系列中的黑体字，为 R 系列相应各项优先数的化整值。

表 1-5　10～100mm 标准尺寸系列　　单位:mm

R			R′		
R10	R20	R40	R′10	R′20	R′40
10.0	10.0		10	10	
	11.2			**11**	
12.5	12.5	12.5	**12**	**12**	**12**
		13.2			**13**
	14.0	14.0		14	14
		15.0			15
16.0	16.0	16.0	16	16	16
		17.0			17
	18.0	18.0		18	18
		19.0			19
20.0	20.0	20.0	20	20	20
		21.2			**21**
	22.4	22.4		22	**22**
		23.6			**24**
25.0	25.0	25.0	25	25	25
		26.5			**26**
	28.0	28.0		28	28
		30.0			30
31.5	31.5	31.5	**32**	**32**	**32**
		33.5			**34**
	35.5	35.5		**36**	**36**
		37.5			**38**
40.0	40.0	40.0	40	40	40
		42.5			**42**
	45.0	45.0		45	45
		47.5			**48**
50.0	50.0	50.0	50	50	50
		53.0			53
	56.0	56.0		56	56
		60.0			60
63.0	63.0	63.0	63	63	63
		67.0			67
	71.0	71.0		71	71
		75.0			75
80.0	80.0	80.0	80	80	80
		85.0			85
	90.0	90.0		90	90
		95.0			95
100.0	100.0	100.0	100	100	100

注:R′系列中的黑体字,为 R 系列相应各项优先数的化整值。

表 1-6　100～1000mm 标准尺寸系列　　单位：mm

R			R′		
R10	R20	R40	R′10	R′20	R′40
100	100	100	100	100	100
		106			**105**
	112	112		**110**	**110**
		118			**120**
125	125	125	125	125	125
		132			**130**
	140	140		140	140
		150			150
160	160	160	160	160	160
		170			170
	180	180		180	180
		190			190
200	200	200	200	200	200
		212			**210**
	224	224		**220**	**220**
		236			**240**
250	250	250	250	250	250
		265			**260**
	280	280		280	280
		300			300
315	315	315	**320**	**320**	**320**
		335			**340**
	355	355		**360**	**360**
		375			**380**
400	400	400	400	400	400
		425			**420**
	450	450		450	450
		475			**480**
500	500	500	500	500	500
		530			530
	560	560		560	560
		600			600
630	630	630	630	630	630
		670			670
	710	710		710	710
		750			750
800	800	800	800	800	800
		850			850
	900	900		900	900
		950			950
1000	1000	1000	1000	1000	1000

注：R′系列中的黑体字，为 R 系列相应各项优先数的化整值。

表 1-7　1000～10000mm 标准尺寸系列　　单位：mm

R		
R10	R20	R40
1000	1000	1000
		1060
	1120	1120
		1180
1250	1250	1250
		1320
	1400	1400
		1500
1600	1600	1600
		1700
	1800	1800
		1900
2000	2000	2000
		2120
	2240	2240
		2360
2500	2500	2500
		2650
	2800	2800
		3000
3150	3150	3150
		3350
	3550	3550
		3750
4000	4000	4000
		4250
	4500	4500
		4750
5000	5000	5000
		5300
	5600	5600
		6000
6300	6300	6300
		6700
	7100	7100
		7500
8000	8000	8000
		8500
	9000	9000
		9500
10000	10000	10000

表 1-8　10000～20000mm 标准尺寸系列　　单位:mm

R		
R10	R20	R40
10000	10000	10000
		10600
	11200	11200
		11800
12500	12500	12500
		13200
	14000	14000
		15000
16000	16000	16000
		17000
	18000	18000
		19000
20000	20000	20000

3. 标准尺寸选择

(1)选择标准尺寸系列及单个尺寸时,应首先在优先数系 R 系列中选用,并按 R10,R20,R40 的顺序,优先选用公比较大的基本系列及其单值。

(2)如果必须将数值圆整,可在相应的 R′系列中选用标准尺寸,其优选顺序为 Ra5,Ra10,Ra20,Ra40。

(3)除表 1-2～表 1-8 中列出的基本系列外,可采用某个基本系列导出的派生系列,也可采用复合系列。

1.2　机械产品图样一般标准

1.2.1　图纸幅面和格式(GB/T 14689—2008)

1. 图纸幅面

基本幅面共有五种,其代号由“A”和相应的幅面号组成,如表 1-9 所示。绘图时,优先采用表 1-9 中的基本幅面。必要时,也允许选用表 1-10 中的加长幅面;这些幅面的尺寸是由基本幅面的短边成整数倍增加后得出的。幅面的尺寸关系如图 1-1 所示。图中粗实线所示为基本幅面(第一选择);细实线所示为表 1-10 中的加长幅面(第二选择);虚线所示为表 1-11 中的加长幅面(第三选择)。

表 1-9　基本幅面(第一选择)　　单位:mm

幅面代号	尺寸 $B\times L$
A0	841×1189
A1	594×841

（续表）

幅面代号	尺寸 $B \times L$
A2	420×594
A3	297×420
A4	210×297

表 1-10　加长幅面(第二选择)　　单位:mm

幅面代号	尺寸 $B \times L$
A3×3	420×891
A3×4	420×1189
A4×3	297×630
A4×4	297×841
A4×5	297×1051

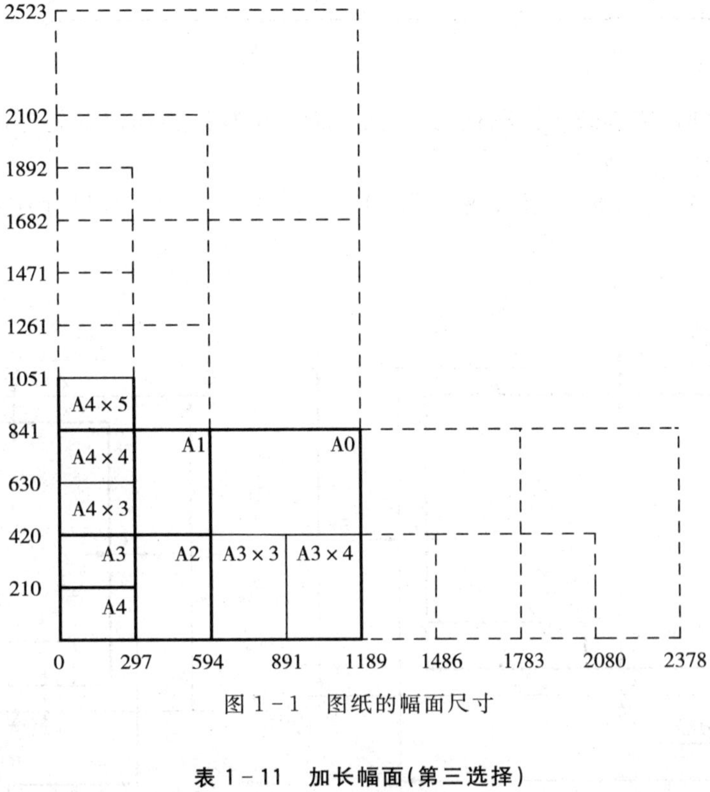

图 1-1　图纸的幅面尺寸

表 1-11　加长幅面(第三选择)　　单位:mm

幅面代号	尺寸 $B \times L$
A0×2	1189×1682
A0×3	1189×2523

（续表）

幅面代号	尺寸 $B\times L$
A1×3	841×1783
A1×4	841×2378
A2×3	594×1261
A2×4	594×1682
A2×5	594×2102
A3×5	420×1486
A3×6	420×1783
A3×7	420×2080
A4×6	297×1261
A4×7	297×1471
A4×8	297×1682
A4×9	297×1892

2. 图框格式

在图纸上必须用粗实线画出图框，其格式分为不留装订边和留有装订边两种，但同一产品的图样只能采用一种格式。

(1)不留装订边的图纸，其图框格式如图 1－2、图 1－3 所示，尺寸应符合表 1－12 的规定。

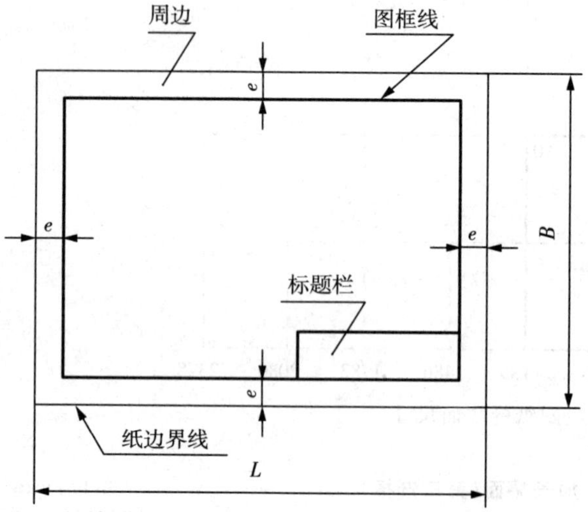

图 1－2　无装订边图纸(X 型)的图框格式

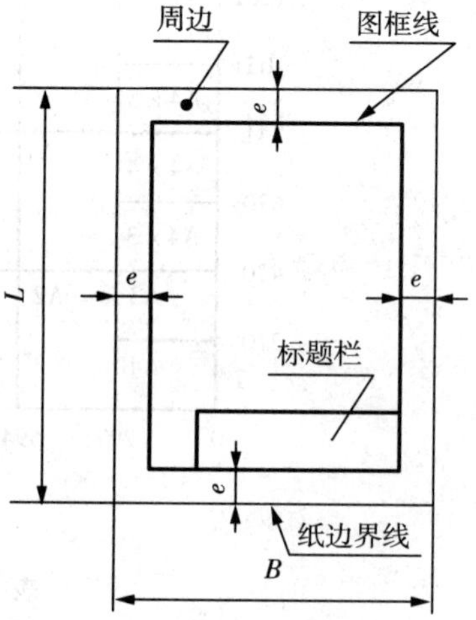

图 1－3　无装订边图纸(Y 型)的图框格式

(2)留有装订边的图纸，如图 1－4、图 1－5 所示，尺寸应符合表 1－12 的规定。

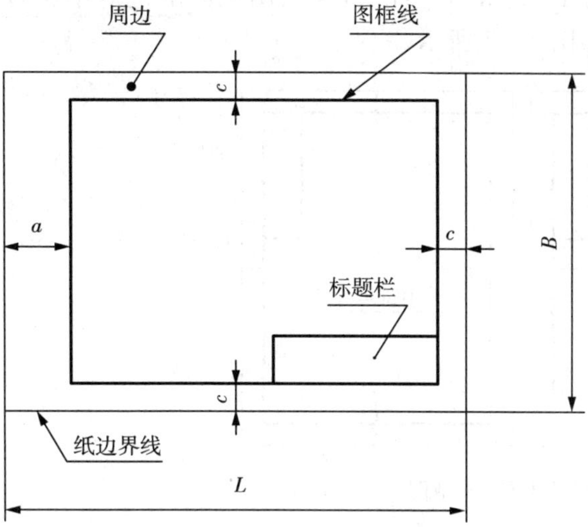

图 1-4　有装订边图纸(X 型)的图框格式

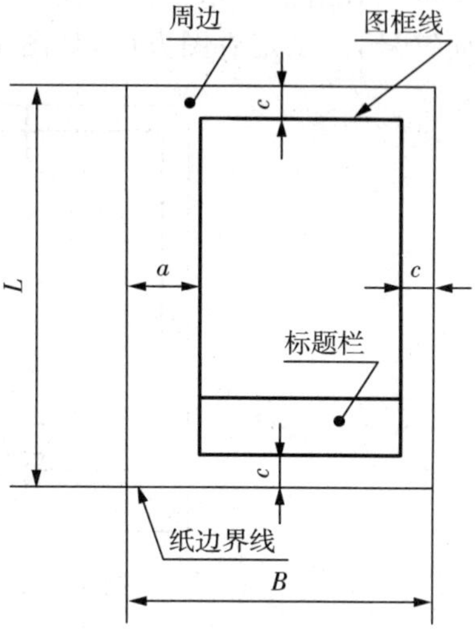

图 1-5　有装订边图纸(Y 型)的图框格式

表 1-12　图框尺寸　　单位:mm

幅面代号	A0	A1	A2	A3	A4
$B\times L$	841×1189	594×841	420×594	297×420	210×297
e	20		10		
c	10			5	
a	25				

加长幅面的图框尺寸,按所选用的基本幅面大一号的图框尺寸确定。例如 A2×3 的图框尺寸,按 A1 的图框尺寸确定,即 e 为 20(或 c 为 10);而 A3×4 的图框尺寸,按 A2 的图框尺寸确定,即 e 为 10(或 c 为 10)。

3. 标题栏的方位

每张图纸上都必须画出标题栏,标题栏的位置应位于图纸的右下角,标题栏的格式和尺寸按国家标准 GB/T 10609.1 的规定绘制,如图 1-2～图 1-5 所示。

标题栏的长边置于水平方向并与图纸的长边平行时,则构成 X 型图纸,如图 1-2、图 1-4 所示。若标题栏的长边与图纸的长边垂直时,则构成 Y 型图纸,如图 1-3、图 1-5 所示。以上两种情况,看图的方向与看标题栏的方向一致。

4. 对中符号、方向符号

为了使图样复制和缩微摄影时定位方便,对于表 1-9 和表 1-10 所列出的各号图纸,均应在图纸各边长的中点处分别画出对中符号。对中符号用粗实线绘制,线宽不小于 0.5mm,长度从纸边界开始至伸入图框内约 5mm,如图 1-6、图 1-7 所示。对中符号的位置误差应不大于 0.5mm。当对中符号处在标题栏范围内时,则伸入标题栏部分省略不画,如图 1-7 所示。

为了利用预先印制的图纸,允许将 X 型的短边置于水平位置使用,如图 1-6 所示,或将

Y 型图纸的长边置于水平位置使用，如图 1－7 所示。此时，应在图纸的下边对中符号处画出方向符号，以确定看图方向，如图 1－6、图 1－7 所示。

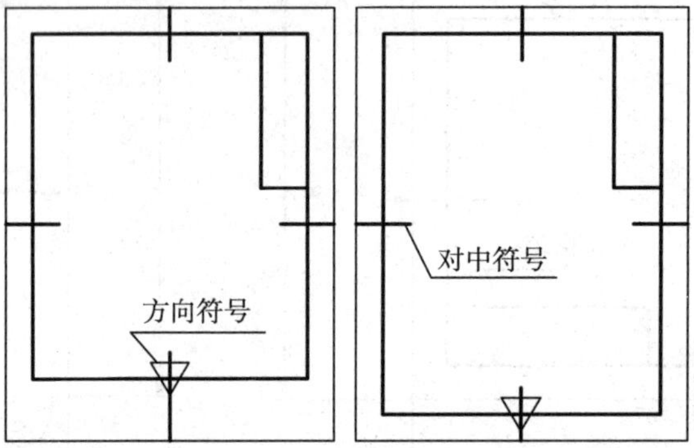

图 1－6　标题栏的方位（X 型图纸竖放时）

方向符号用细实线绘制成的等边三角形表示，如图 1－8 所示。

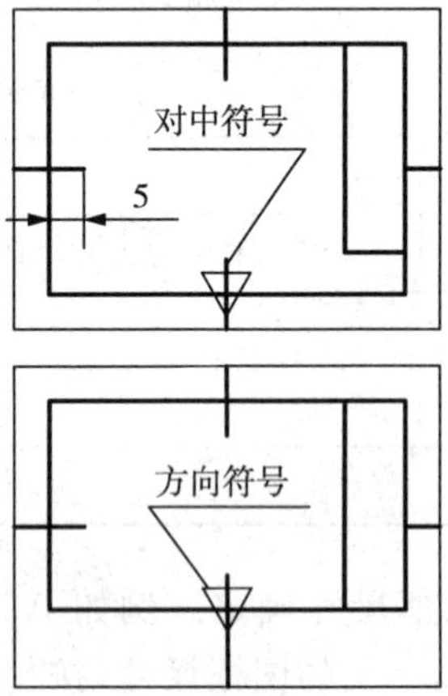

图 1－7　标题栏的方位（Y 型图纸横放时）

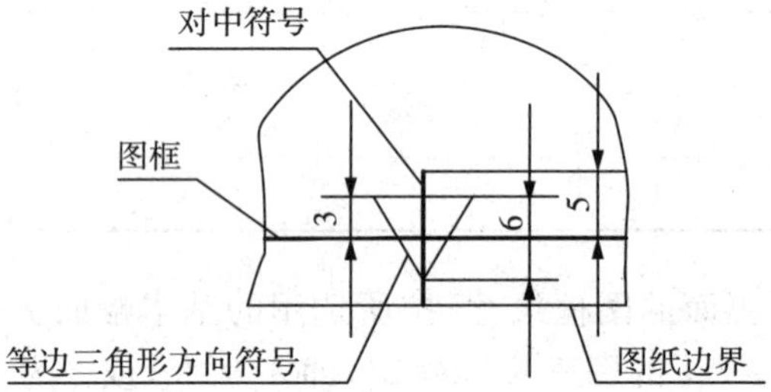

图 1－8　方向符号的尺寸和位置

5. 图幅分区

必要时，可以用细实线在图纸周边内画出分区，如图 1－9、图 1－10 所示。图幅分区数目按图样的复杂程度确定，但必须取偶数。每一分区的长度应在 25～75mm 之间选择。分区的编号，沿上下方向（按看图方向确定图纸的上下和左右）用大写拉丁字母从上到下顺序编写，沿水平方向用阿拉伯数字从左到右顺序编写。当分区数超过拉丁字母的总数时，超过的各区可用双重字母依次编写，例如 AA，BB，CC，……。拉丁字母和阿拉伯数字的位置应尽量靠近图框线。

在图样中标注分区代号时，分区代号由拉丁字母和阿拉伯数字组合而成，字母在前、数字在后并排地书写，如 B3，C5 等。当分区代号与图形名称同时标注时，则分区代号写在图形名称的后边，中间空出一个字母的宽度，例如：A B3；E—E A7；$\frac{D}{2:1}$ C5 等。

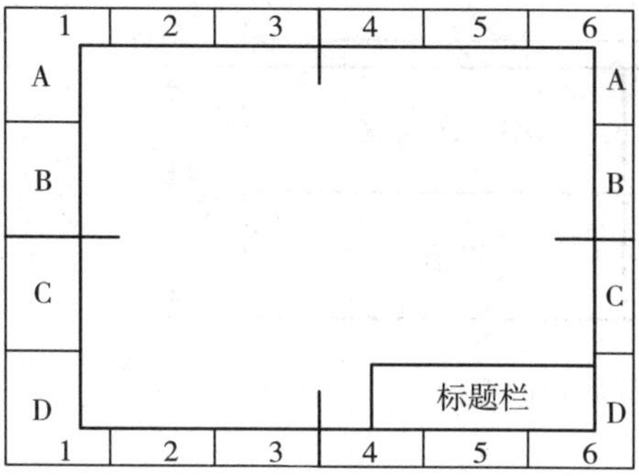

图1-9 图幅分区(一)

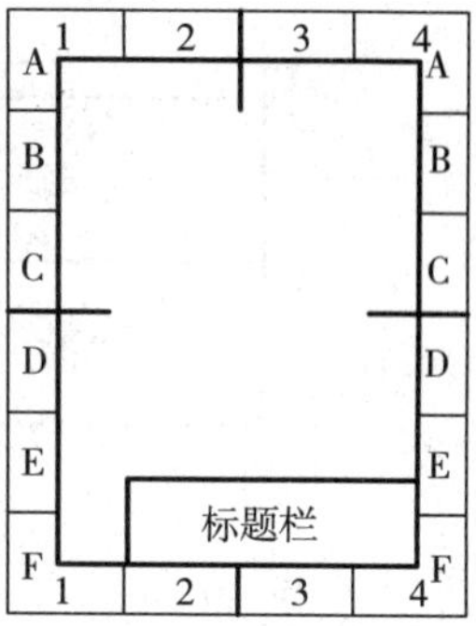

图1-10 图幅分区(二)

6. 米制参考分度

对于用作缩微摄影的原件,可在图纸的下边设置不注尺寸数字的米制参考分度,用以识别缩微摄影的放大或缩小的倍率。

米制参考分度用粗实线绘制,线宽不小于0.5mm,总长为100mm,等分为10格,格高为5mm,对称地配置在图纸下边的对中符号两侧,如图1-11所示。

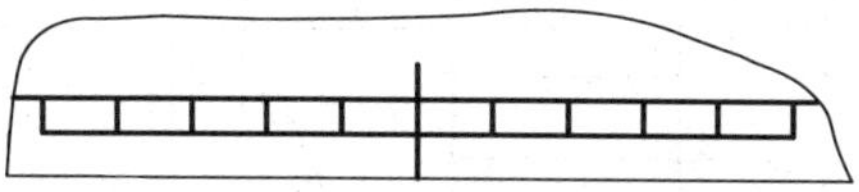

图1-11 米制参考分度

1.2.2 标题栏(GB/T 10609.1—2008)

1. 标题栏的基本要求

每张技术图样中都应有标题栏。在技术图样中的标题栏应按国家标准GB/T 14689中所规定的位置配置。标题栏中的字体,除签字外应符合GB/T 14691的要求。标题栏的线型应按GB/T 17450中规定的粗实线和细实线的要求绘制。标题栏中的"　年　月　日"应按照GB/T 7408的规定格式填写(日期最常用的格式有两种:如20150226、2015-02-26,表示2015年2月26日)。需要缩微复制的图样中的标题栏,应满足GB/T 10609.4的要求。

2. 标题栏的组成

标题栏通常由更改区、签字区、其他区、名称和代号区等组成,如图1-12、图1-13所示,也可按实际需要增加或减少。标题栏各部分的尺寸与格式,如图1-14所示。

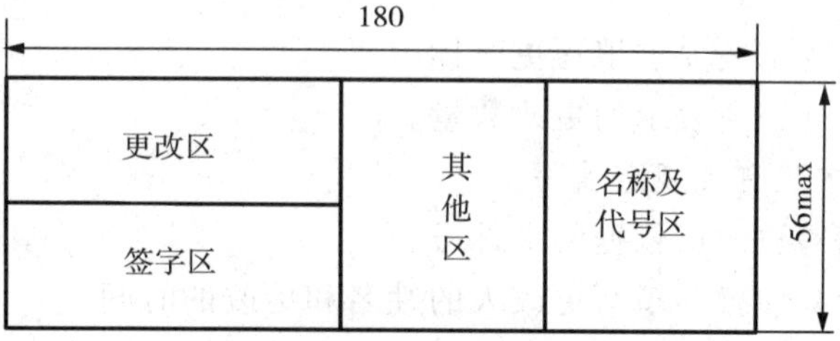

图1-12 标题栏的分区(一)

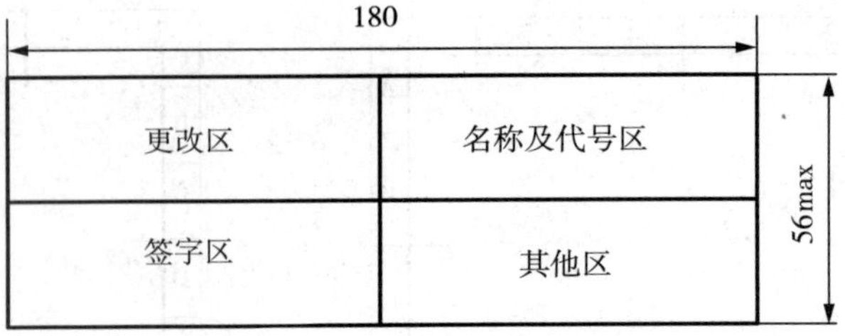

图 1－13　标题栏的分区(二)

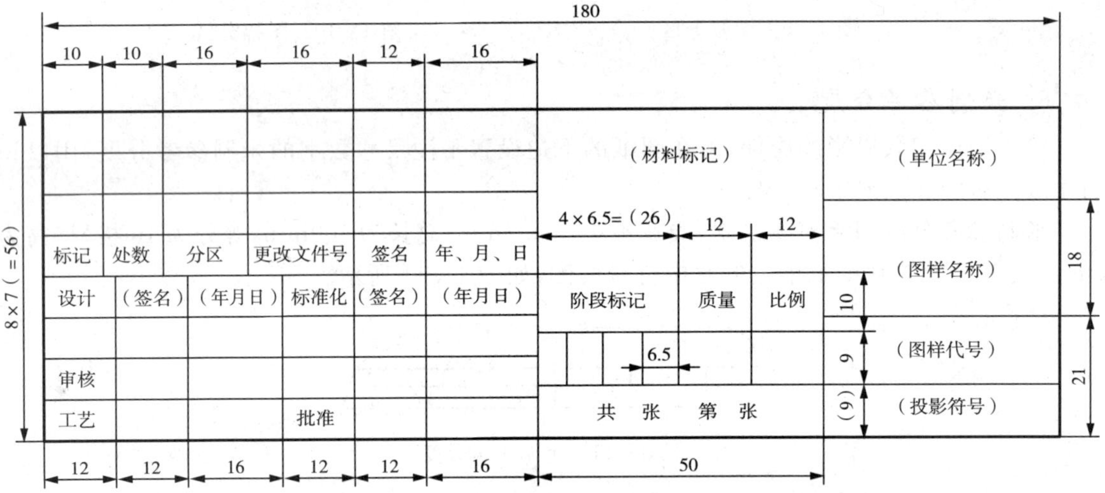

图 1－14　标题栏的格式(参考画法)

(1)更改区:一般由更改标记、处数、分区、更改文件号、签名及“　年　月　日”等组成。

(2)签字区:一般由设计、审核、工艺、标准化、批准、签名和“　年　月　日”等组成。

(3)其他区:一般由材料标记、阶段标记、质量、比例、“共　张　第　张”和投影符号等组成。

(4)名称及代号区:一般由单位名称、图样名称、图样代号和存储代号等组成。

3. 标题栏的填写

(1)更改区

更改区中的内容须按由下而上的顺序填写,也可根据实际情况顺延,或放在图样中的其他地方,但应有表头。

1)标记:按照有关规定或要求填写更改标记。

2)处数:填写同一标记所表示的更改数量。

3)分区:必要时,按照有关规定填写。

4)更改文件号:填写更改所依据的文件号。

5)签名和“　年　月　日”:填写更改人的姓名和更改的时间。

(2)签字区

一般按设计、审核、工艺、标准化、批准等有关规定签署姓名和“　年　月　日”。

(3)其他区

1)材料标记:对于需要该项目的图样,一般应按照相应标准或规定填写所使用的材料。

2)阶段标记:根据有关规定按由左向右的顺序填写图样的各生产阶段。

3)质量:填写所绘制图样相应产品的计算质量,以千克为计量单位时,允许省略计量单位。

4)比例:填写绘制图样时所采用的比例。

5)"共　张　第　张":填写同一图样代号中图样的总张数及该张所在的张次。

6)投影符号:第一角画法或第三角画法的投影识别符号,如图 1-15 所示。如采用第一角画法时,可省略标注。

第一角的投影画法识别符号,如图 1-15a 所示。第三角画法的投影识别符号,如图 1-15b 所示。投影符号中的线型用粗实线和细点画线绘制,其中粗实线的线宽不小于 0.5mm,如图 1-15 所示。投影符号一般位于标题栏中名称及代号区的下方。

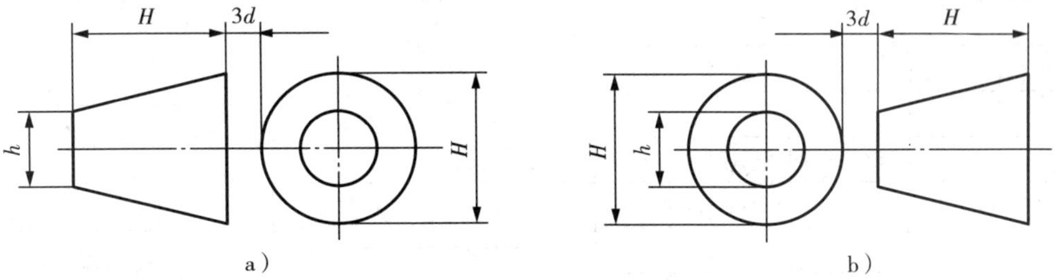

注:图中h为尺寸字体高度($H=2h$);d为粗实线宽度。

图 1-15　第一角画法和第三角画法投影识别符号

(4)名称及代号区

1)单位名称:填写绘制图样单位的名称或单位代号。必要时,也可不予填写。

2)图样名称:填写所绘制对象的名称。

3)图样代号:按有关标准或规定填写图样的代号。

4. 尺寸与格式

(1)标题栏中各区的布置可采用图 1-12 所示的形式,也可采用图 1-13 所示的形式。当采用图 1-12 所示的形式配置标题栏时,名称及代号区中的图样代号和投影符号应放在该区的最下方,如图 1-14 所示。

(2)标题栏各部分尺寸与格式(如图 1-12、图 1-13 所示),也可参照图 1-14 设置。

1.2.3　明细栏(GB/T 10609.2—2009)

1. 基本要求

(1)装配图中一般应该有明细栏。

(2)明细栏的配置如下。

1)明细栏一般配置在装配图中标题栏的上方,按照由下而上的顺序填写(如图 1-16、图 1-17 所示)。其格数应根据需要确定。当由下而上延伸位置不够时,可紧靠在标题栏的左边自下而上延续。

2)当装配图中不能在标题栏的上方配置明细栏时,明细栏可作为装配图的续页按 A4 幅面单独给出(如图 1－18 所示)。其顺序是由上而下延伸,还可连续加页,但须在明细栏的下方配置标题栏。

(3)当有两张或两张以上同一图样代号的装配图,而又按照图 1－16、图 1－17 配置明细栏时,明细栏应放在第一张装配图上。

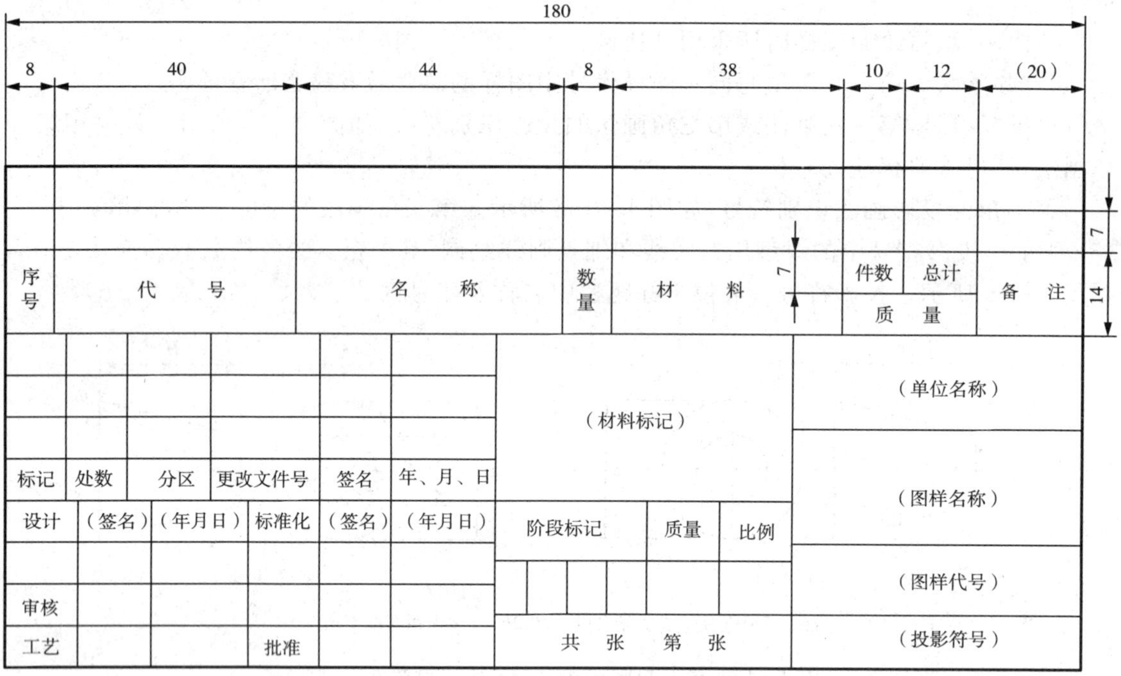

图 1－16　明细栏的格式(一)

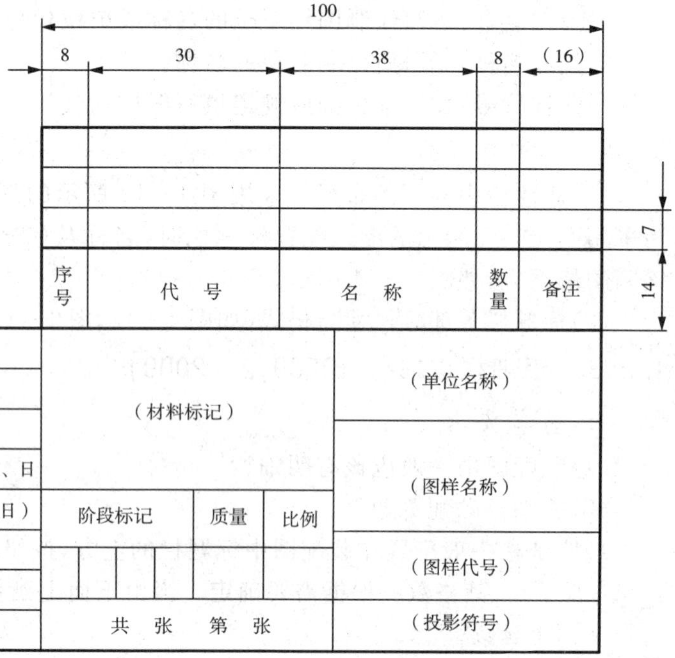

图 1－17　明细栏的格式(二)

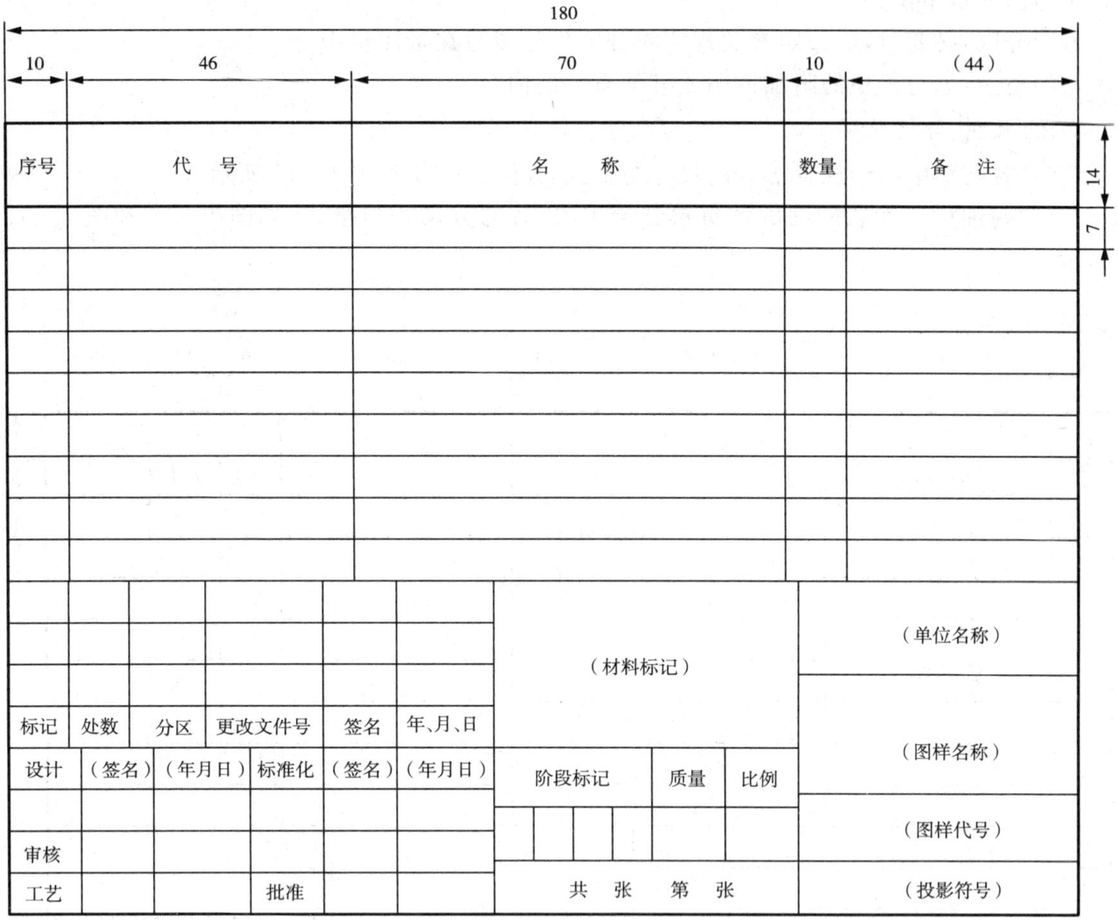

图 1-18　明细栏格式(三)

(4)明细栏中的字体应符合国家标准 GB/T 14691 的要求。

(5)明细栏中的线型须按国家标准 GB/T 17450 和 GB/T 4457.4 中规定的粗实线和细实线的要求绘制。

(6)需缩微复制的图样,其明细栏须满足国家标准 GB/T 10609.4 的规定。

2. 内容

(1)明细栏的组成

明细栏一般由序号、代号、名称、数量、材料、质量(单件、总计)、分区、备注等组成,也可按实际需要而增加或减少。

(2)明细栏的填写

1)序号:填写图样中相应组成部分的序号。

2)代号:填写图样中相应组成部分的图样代号或标注编号。

3)名称:填写图样中相应组成部分的名称。必要时,也可写出其形式与尺寸。

4)数量:填写图样中相应组成部分在装配中的数量。

5)材料:填写图样中相应组成部分的材料标记。

6)质量:填写图样中相应组成部分单件和总件数的计算质量。以千克为计量单位时,允许不写出计量单位。

7)分区：必要时，应按照有关规定将分区代号填写在备注栏中。

8)备注：填写该项的附加说明或其他有关的内容。

3. 尺寸与格式

(1)装配图中明细栏各部分的尺寸与格式，如图 1－16 和图 1－17 所示。

(2)明细栏作为装配图的续页单独给出时，各部分尺寸与格式，如图 1－18 和图 1－19 所示。

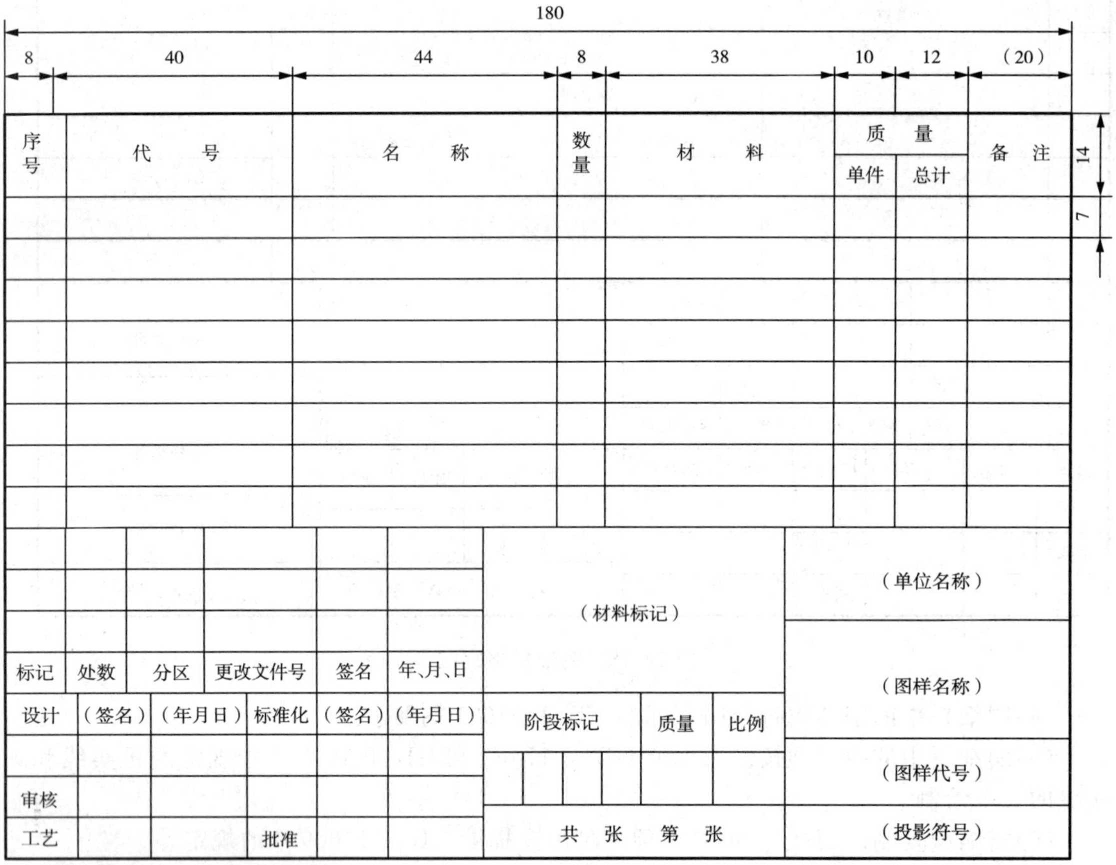

图 1－19 明细栏格式(四)

1.2.4 比例(GB/T 14690—93)

1. 比例

比例是指图中图形与其实物相应要素的线性尺寸之比。比例有如下三种。

(1)原值比例：比值为 1 的比例，即 1∶1。

(2)放大比例：比值大于 1 的比例，如 2∶1 等。

(3)缩小比例：比值小于 1 的比例，如 1∶2 等。

2. 比例系列

(1)绘制图样时，一般应在表 1－13 规定的系列中选取适当的比例。

表 1-13　一般选用的比例

种　类	比　例		
原值比例	1∶1		
放大比例	5∶1 5×10^n∶1	2∶1 2×10^n∶1	 1×10^n∶1
缩小比例	1∶2 1∶2×10^n	1∶5 1∶5×10^n	1∶10 1∶1×10^n

注：n 为正整数。

(2)必要时，允许选用表 1-14 中的比例。

表 1-14　允许选用的比例

种　类	比　例				
放大比例	4∶1 4×10^n∶1		2.5∶1 2.5×10^n∶1		
缩小比例	1∶1.5 1∶1.5×10^n	1∶2.5 1∶2.5×10^n	1∶3 1∶3×10^n	1∶4 1∶4×10^n	1∶6 1∶6×10^n

注：n 为正整数。

3. 标注方法

(1)比例符号应以"∶"表示。比例的表示方法如 1∶1，1∶500，20∶1 等。

(2)比例一般应标注在标题栏中的比例栏内。当某个视图采用不同于标题栏的比例时，可在视图名称的下方标注比例，如$\frac{\text{I}}{2:1}$，$\frac{A\text{向}}{1:100}$，$\frac{B—B}{2.5:1}$，$\frac{\text{墙板位置图}}{1:200}$等，如图 1-20 所示。也可在视图名称的右侧标注比例，如平面图 1∶100。

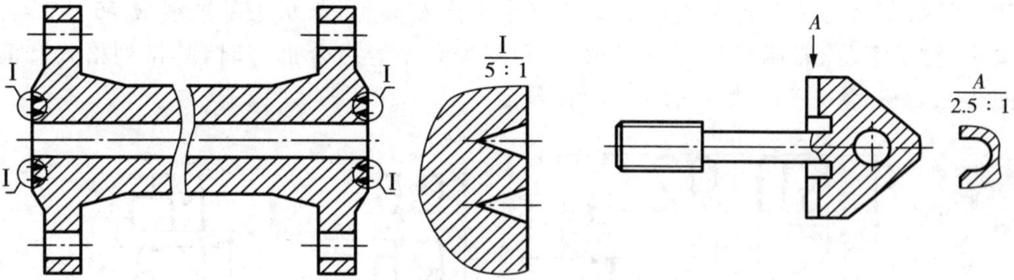

图 1-20　在视图名称下方标注比例

(3)必要时，允许在同一视图中的铅垂方向或水平方向标注不同的比例(但两种比例的比值不应超过 5 倍)，如：

河流横剖面图　铅垂方向 1∶1000
　　　　　　　水平方向 1∶2000

(4)必要时，图样的比例还可采用比例尺的形式。一般可在图样中的铅垂方向或水平方向加画比例尺。

1.2.5 字体(GB/T 14691—93)

1. 内容和适用范围

国家标准 GB/T 14691—93 规定了汉字、字母和数字的结构形式及基本尺寸。国家标准 GB/T 14691—93 适用于技术图样及有关技术文件。

2. 基本要求

书写字体必须做到:字体工整、笔画清楚、间隔均匀、排列整齐。

字体高度(用 h 表示)的公称尺寸系列为:1.8mm,2.5mm,3.5mm,5mm,7mm,10mm,14mm,20mm 等 8 种。字体的高度代表字体的号数,如 5 号字是指字体的高度为 5mm。如需要书写更大的字,其字体高度应按$\sqrt{2}$的比率递增。

(1)汉字应写成长仿宋体字,并须采用中华人民共和国国务院正式公布推行的《汉字简化方案》中规定的简化字。汉字的高度 h 不应小于 3.5mm,其字宽一般为 $h/\sqrt{2}$。汉字字体示例,如图 1-21 所示。

10号字

字体工整　笔画清楚　间隔均匀　排列整齐

7号字

横平竖直注意起落结构均匀填满方格

5号字

技术制图机械电子汽车航空船舶土木建筑矿山井坑港口纺织服装

3.5号字

螺纹齿轮端子接线飞行指导驾驶舱位挖填施工引水通风闸阀坝棉麻化纤

图 1-21　长仿宋体汉字示例

(2)字母和数字分 A 型和 B 型。A 型字体的笔画宽度(d)为字高(h)的 1/14,B 型字体的笔画宽度(d)为字高(h)的 1/10。在同一图样上,只允许选用一种形式的字体。

字母和数字可写成斜体和直体。斜体字字头向右倾斜,与水平基准线成 75°。

汉字、拉丁字母、希腊字母、阿拉伯数字和罗马数字等组合书写时,其排列格式和间距应符合图 1-22 和表 1-15、表 1-16 的相关规定。

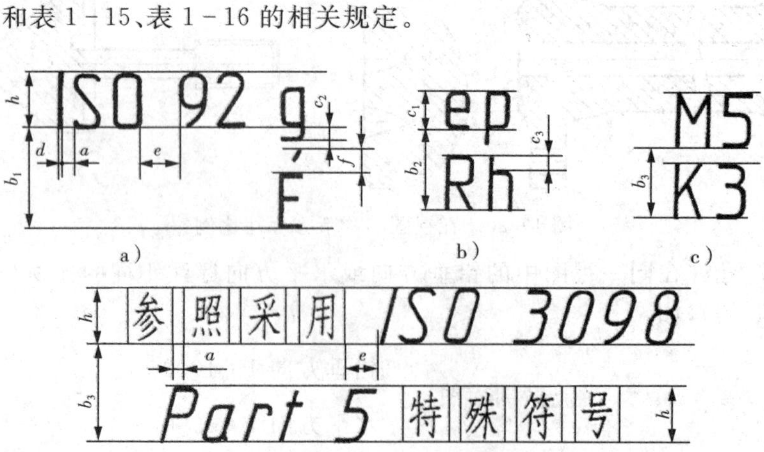

图 1-22　字体书写示例

表1-15　A型字体(GB/T 14691—93)　　单位:mm

书写格式		基本比例	尺寸							
大写字母高度	h	$(14/14)h$	1.8	2.5	3.5	5	7	10	14	20
小写字母高度	c_1	$(10/14)h$	1.3	1.8	2.5	3.5	5	7	10	14
小写字母伸出尾部	c_2	$(4/14)h$	0.5	0.72	1.0	1.43	2	2.8	4	5.7
小写字母出头部	c_3	$(4/14)h$	0.5	0.72	1.0	1.43	2	2.8	4	5.7
发音符号范围	f	$(5/14)h$	0.64	0.89	1.25	1.78	2.5	3.6	5	7
字母间间距①	a	$(2/14)h$	0.26	0.36	0.5	0.7	1	1.4	2	2.8
基准线最小间距(有发音符号)	b_1	$(25/14)h$	3.2	4.46	6.25	8.9	12.5	17.8	25	35.7
基准线最小间距(无发音符号)	b_2	$(21/14)h$	2.73	3.78	5.25	7.35	10.5	14.7	21	29.4
基准线最小间距(仅为大写字母)	b_3	$(17/14)h$	2.21	3.06	4.25	5.95	8.5	11.9	17	23.8
词间距	e	$(6/14)h$	0.78	1.08	1.5	2.1	3	4.2	6	8.4
笔画宽度	d	$(1/14)h$	0.13	0.18	0.25	0.35	0.5	0.7	1	1.4

注:①特殊的字符组合,如LA,TV,Tr等,字母间间距可为$a=(1/14)h$。

表1-16　B型字体(GB/T 14691—93)　　单位:mm

书写格式		基本比例	尺寸							
大写字母高度	h	$(10/10)h$	1.8	2.5	3.5	5	7	10	14	20
小写字母高度	c_1	$(7/10)h$	1.26	1.75	2.5	3.5	5	7	10	14
小写字母伸出尾部	c_2	$(3/10)h$	0.54	0.75	1.05	1.5	2.1	3	4.2	6
小写字母伸出头部	c_3	$(3/10)h$	0.54	0.75	1.05	1.5	2.1	3	4.2	6
发音符号范围	f	$(4/10)h$	0.72	1.0	1.4	2.0	2.8	4	5.6	8
字母间间距①	a	$(2/10)h$	0.36	0.5	0.7	1	1.4	2	2.8	4
基准线最小间距(有发音符号时)	b_1	$(19/10)h$	3.42	4.75	6.65	9.5	13.3	19	26.6	38
基准线最小间距(无发音符号时)	b_2	$(15/10)h$	2.7	3.75	5.25	7.5	10.5	15	21	30
基准线最小间距(仅为大写字母)	b_3	$(13/10)h$	2.34	3.25	4.55	6.5	9.1	13	18.2	26
词间距	e	$(6/10)h$	1.08	1.5	2.1	3	4.2	6	8.4	12
笔画宽度	d	$(1/10)h$	0.18	0.25	0.35	0.5	0.7	1	1.4	2

注:①特殊的字符组合,如LA,TV,Tr等,字母间间距可为$a=(1/10)h$。

3. 拉丁字母字体示例

(1)拉丁字母 A 型字体

拉丁字母 A 型大写斜体,如图 1－23 所示。

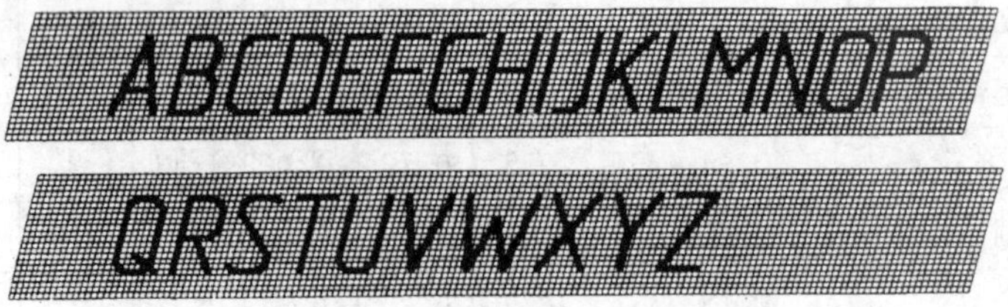

图 1－23　拉丁字母 A 型大写斜体

拉丁字母 A 型小写斜体,如图 1－24 所示。

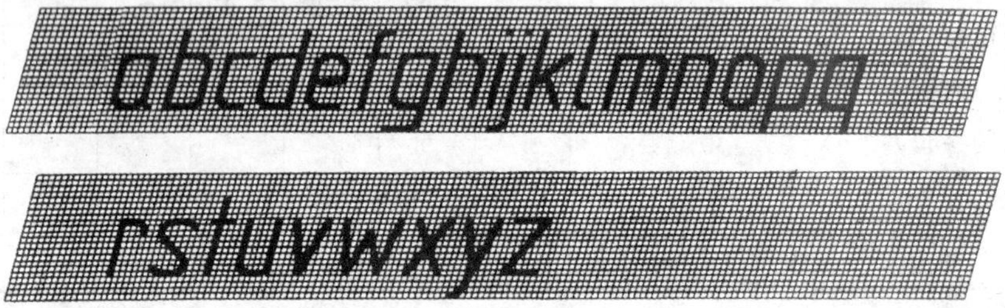

图 1－24　拉丁字母 A 型小写斜体

拉丁字母 A 型大写直体,如图 1－25 所示。

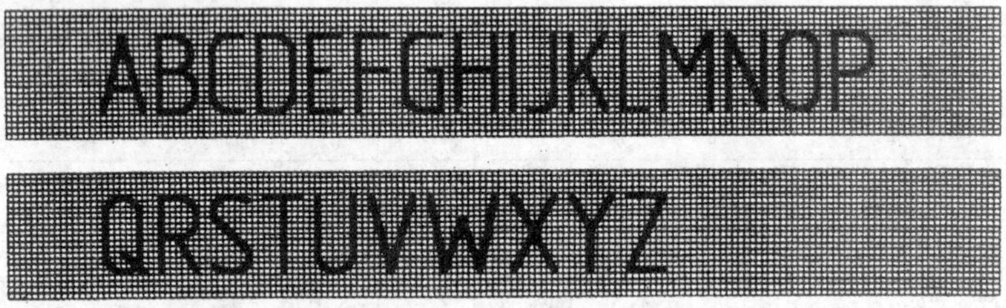

图 1－25　拉丁字母 A 型大写直体

拉丁字母 A 型小写直体,如图 1－26 所示。

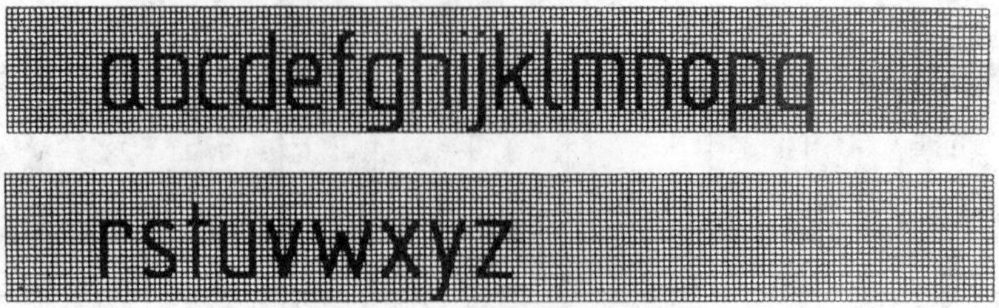

图 1－26　拉丁字母 A 型小写直体

(2)拉丁字母 B 型字体

拉丁字母 B 型大写斜体,如图 1 - 27 所示。

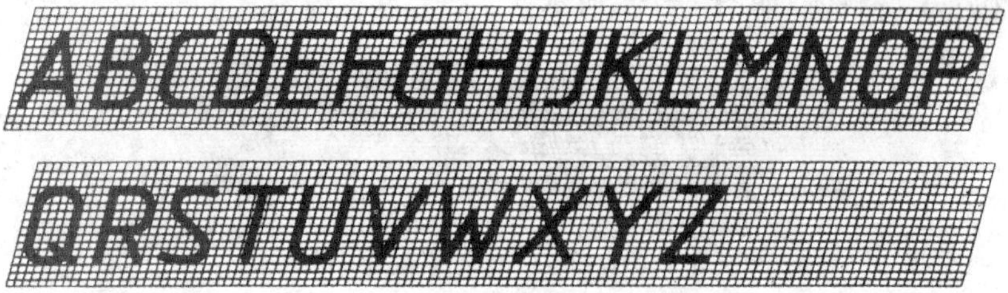

图 1 - 27　拉丁字母 B 型大写斜体

拉丁字母 B 型小写斜体,如图 1 - 28 所示。

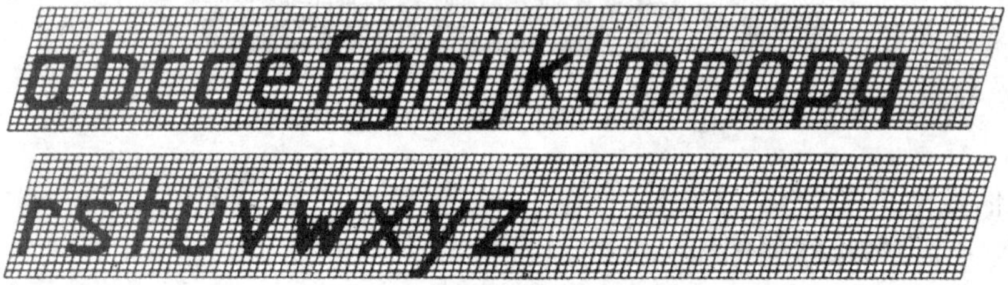

图 1 - 28　拉丁字母 B 型小写斜体

拉丁字母 B 型大写直体,如图 1 - 29 所示。

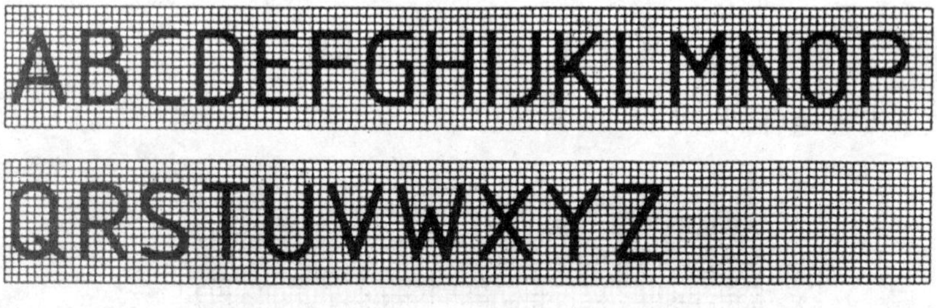

图 1 - 29　拉丁字母 B 型大写直体

拉丁字母 B 型小写直体,如图 1 - 30 所示。

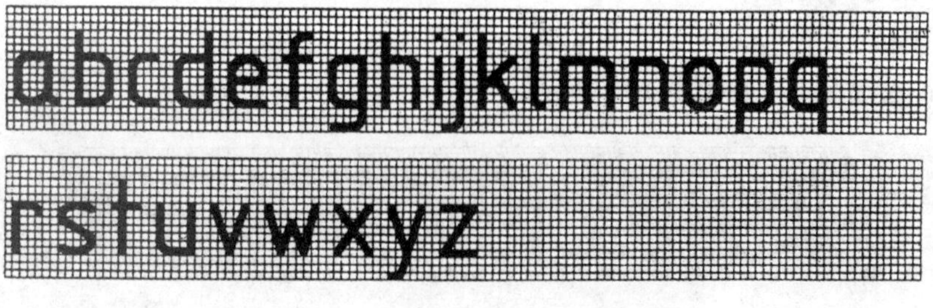

图 1 - 30　拉丁字母 B 型小写直体

4. 阿拉伯数字字体示例

(1)阿拉伯数字 A 型字体

阿拉伯数字 A 型斜体,如图 1－31 所示。

图 1－31　阿拉伯数字 A 型斜体

阿拉伯数字 A 型直体,如图 1－32 所示。

图 1－32　阿拉伯数字 A 型直体

(2)阿拉伯数字 B 型字体

阿拉伯数字 B 型斜体,如图 1－33 所示。

图 1－33　阿拉伯数字 B 型斜体

阿拉伯数字 B 型直体,如图 1－34 所示。

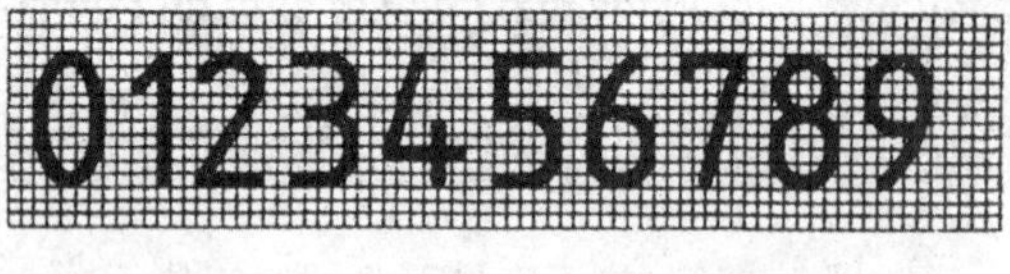

图 1－34　阿拉伯数字 B 型直体

5. 罗马数字字体示例

(1)A 型字体

罗马数字 A 型斜体,如图 1－35 所示。

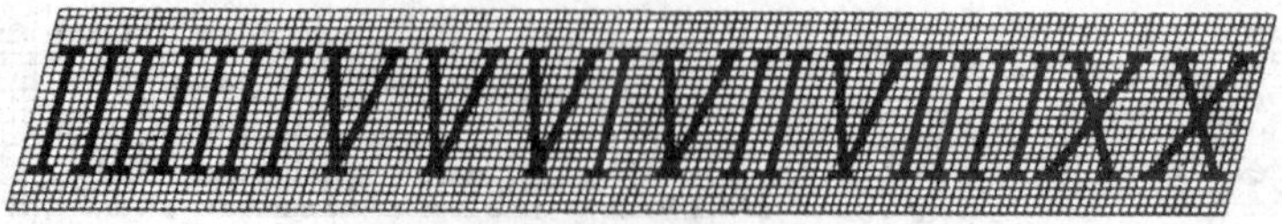

图 1－35　罗马数字 A 型斜体

罗马数字 A 型直体,如图 1－36 所示。

图 1－36　罗马数字 A 型直体

(2)B 型字体

罗马数字 B 型斜体，如图 1－37 所示。

图 1－37　罗马数字 B 型斜体

罗马数字 B 型直体，如图 1－38 所示。

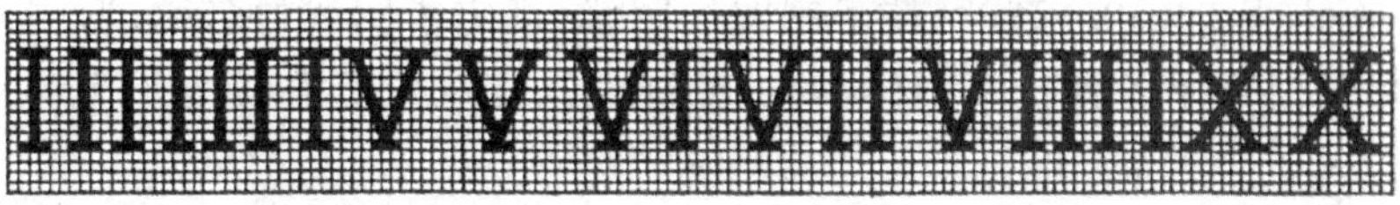

图 1－38　罗马数字 B 型直体

6. 综合应用规定

(1)用作指数、分数、极限偏差、注脚等的数字及字母，一般应采用小一号的字体，如图1－39 所示。

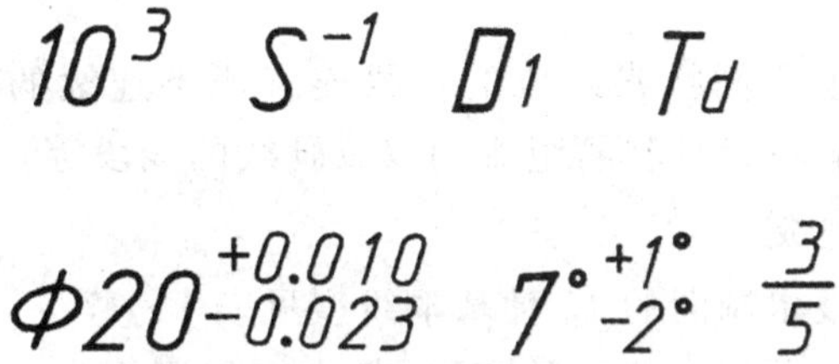

图 1－39　指数、分数等示例

(2)图样中的数学符号、物理量符号、计量单位符号以及其他符号、代号，应分别符合国家的有关法令和标准的规定，如图 1－40 所示。

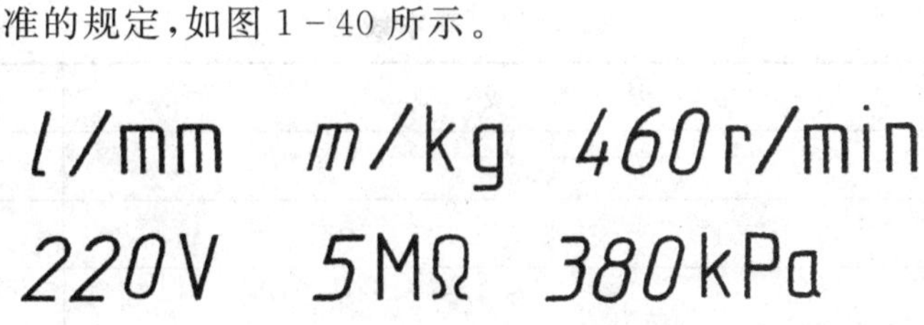

图 1－40　物理量、计量单位符号示例

(3)其他应用示例,如图 1-41 所示。

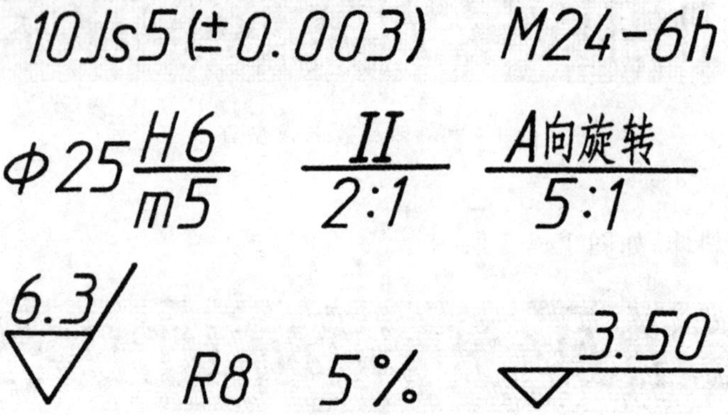

图 1-41　其他应用示例

1.2.6　技术制图　图线(GB/T 17450—1998)

国家标准 GB/T 17450—1998《技术制图　图线》规定了图线的名称、形式、结构、标记及画法规则,该标准适用于各种技术图样,如机械、电气、建筑和土木工程图样等。

1. 图线、点

(1)图线:指起点和终点间以任意方式连接的一种几何图形,形状可以是直线或曲线、连续线或不连续线。(注:起点和终点可以重合,如一条图线形成圆的情况。)

(2)点:图线长度小于或等于图线宽度的一半,称为点。

2. 线素

线素:不连续的独立部分,如点、长度不同的画和间隔。

3. 线段

线段:一个或一个以上不同线素组成的一段连续或不连续的图线,如实线的线段或由“长画、短间隔、点、短间隔、点、短间隔”组成的双点画线的线段等。

4. 技术制图线型规定

(1)国家标准规定了技术制图的 15 种基本线型见表 1-17。

(2)国家标准规定了 4 种基本线型的变形,其中有规则锯齿连续线、波浪线等,如图 1-42 所示。

(3)国家标准规定了图线组合,其中常用的有双折线,如图 1-43 所示。

表 1-17　基本线型

代码 NO.	基　本　线　型	名　　称
01		实线
02		虚线
03		间隔画线
04		点画线
05		双点画线

（续表）

代码NO.	基　本　线　型	名　　称
06		三点画线
07		点线
08		长画短画线
09		长画双短画线
10		画点线
11		双画单点线
12		画双点线
13		双画双点线
14		画三点线
15		双画三点线

图1－42　波浪线

图1－43　双折线

5. 图线的尺寸

(1)图线的宽度

所有线型的图线宽度(d)应按图样的类型和尺寸大小在下列数系中选择。该数系的公比为1∶$\sqrt{2}$(≈1∶1.4)：

0.13mm，0.18mm，0.25mm，0.35mm，0.5mm，0.7mm，1mm，1.4mm，2mm

粗线、中粗线和细线的宽度比为4∶2∶1。在同一图样中，同类图线的宽度应一致。

(2)图线宽度的偏差

图线宽度允许有偏差，使用固定线宽的绘图仪器绘制的图线宽度的偏差不得大于±0.1d。

(3)图线的构成

手工绘图时，线素的长度宜符合表1－18中的规定。

表1－18　线素长度

线　素	线　　型	长　度
点	点画线，双点画线，三点画线，点线，画点线，双画单点线，画双点线，双画双点线，画三点线，双画三点线	≤0.5d
短间隔	虚线，点画线，双点画线，三点画线，点线，长画短画线，长画双短画线，画点线，双画单点线，画双点线，双画双点线，画三点线，双画三点线	3d

（续表）

线　素	线　　型	长　度
短画	长画短画线，长画双短画线	$6d$
画	虚线，间隔画线，画点线，双画单点线，画双点线，双画双点线，画三点线，双画三点线	$12d$
长画	点画线，双点画线，三点画线，长画短画线，长画双短画线	$24d$
间隔	间隔画线	$18d$

注：表中给定的长度对于半圆形的直角端图线的线素都是有效的。半圆形线素的长度与技术笔（带有管端和墨水）从该线素的起点到终点的距离相一致，每一种线素的总长度是本表中长度加 d 的和。

1.2.7　机械制图　图样画法　图线（GB/T 4457.4—2002）

国家标准 GB/T 4457.4—2002《机械制图　图样画法　图线》规定了机械制图中所用图线的一般规则，适用于机械工程图样。GB/T 4457.4—2002 是以 GB/T 17450—1998 为基础制定的，是对 GB/T 17450—1998 的补充。机械制图图线中所涉及的基本线型的结构、尺寸、标记和绘制规则应符合 GB/T 17450—1998 的规定。技术制图图线包含机械制图图线，本书在后面描述中把机械制图图线简称为图线。

1. 图线线型

机械制图常用的线型有 9 种，如表 1 - 19 所示。

表 1 - 19　常用的线型

类　　型	代码	名　　称		线　　型
基本线型	01.2	实线	粗实线	
	01.1		细实线	
	02.1	虚线	细虚线	
	02.2		粗虚线	
	04.1	点画线	细点画线	
	04.2		粗点画线	
	05.1	细双点画线		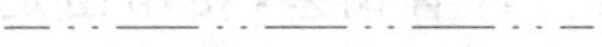
基本线型的变形	01.1	波浪线①		
图线的组合	01.1	双折线①		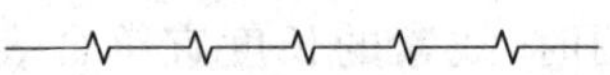

注：①在一张图样上一般采用一种线型，即采用波浪线或双折线。

2. 图线的尺寸

(1)图线的宽度

机械制图图样中采用两种线宽，即粗线和细线，它们之间的比例为 2∶1，即粗线的宽度是细线的 2 倍。常见的图线宽度有 0.13mm，0.18mm，0.25mm，0.35mm，0.5mm，0.7mm，1mm，1.4mm，2mm 等 9 种，图线线宽见表 1 - 20 所列。

表 1 - 20　图线宽度　　　　单位:mm

线型组别	线型宽度	
	粗实线;粗虚线;粗点画线	细实线;细虚线;细点画线;细双点画线
0.25	0.25	0.13
0.35	0.35	0.18
0.5①	0.5	0.25
0.7①	0.7	0.35
1	1	0.5
1.4	1.4	0.7
2	2	1

注:①优先采用的图线组别。

图线宽度和图线组别的选择应根据图样的类型、尺寸、比例和缩微复制的要求确定;同一图样中,同类图线的宽度应一致。为了保证图样的清晰度,尽量避免出现宽度小于 0.18mm 的图线。

(2)线素的长度

线素的长度,如表 1 - 21 所示。

表 1 - 21　线素长度

名　　称	线素长度	线　宽
粗实线①	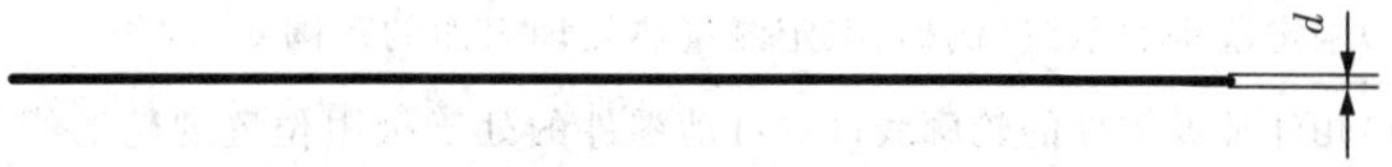	d
细虚线	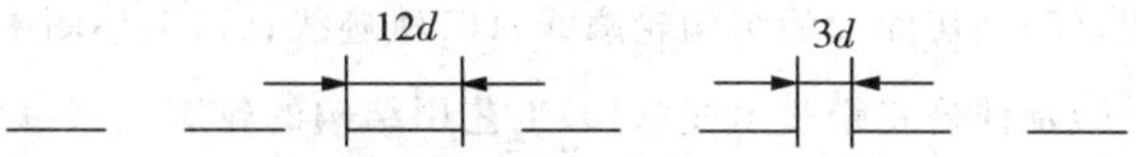	$d/2$
细点画线	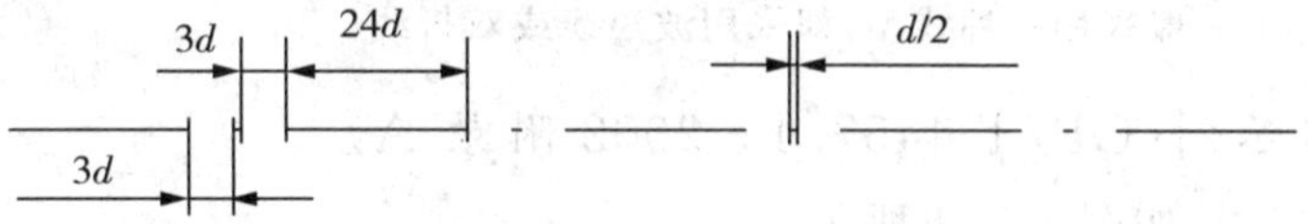	$d/2$
双折线	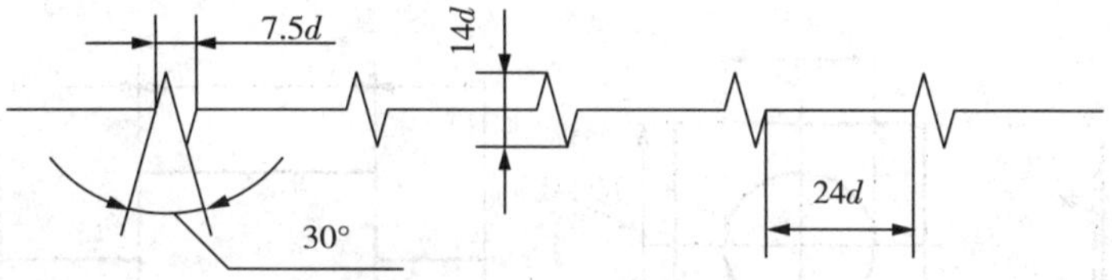	$d/2$
细双点画线	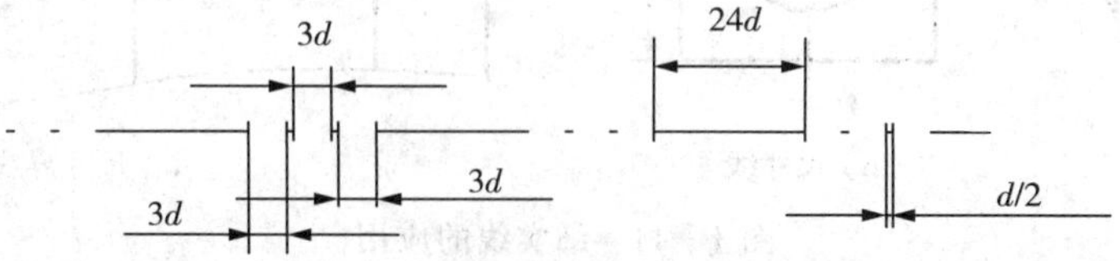	$d/2$

注:①为了便于在图中标出线的宽度,表中的粗实线采用放大画法。

特别说明：粗虚线与细虚线线素长度相同；粗点画线与细点画线线素长度相同。

3. 线型的应用

线型的应用，见表1-22所列。

表1-22 线型的应用

名称	一般应用
细实线	(1)过渡线；(2)尺寸线；(3)尺寸界线；(4)指引线和基准线；(5)剖面线；(6)重合断面的轮廓线；(7)短中心线；(8)螺纹牙底线；(9)尺寸线的起止线；(10)表示平面的对角线；(11)零件成形前的弯折线；(12)范围线及分界线；(13)重复要素表示线(例如：齿轮的齿根线)；(14)锥形结构的基面位置线；(15)叠片结构位置线(例如：变压器叠钢片)；(16)辅助线；(17)不连续的同一表面连线；(18)成规律分布的相同要素连线；(19)投影线；(20)网格线；(21)断裂处边界线①；(22)视图与剖视图的分界线①
波浪线	(1)断裂处边界线；(2)视图与剖视图的分界线①
双折线	(1)断裂处边界线；(2)视图与剖视图的分界线①
粗实线	(1)可见棱边线；(2)可见轮廓线；(3)相贯线；(4)螺纹牙顶线；(5)螺纹长度终止线；(6)齿顶圆(线)；(7)表格图、流程图中的主要表示线；(8)系统结构线(金属结构工程)；(9)模样分型线；(10)剖切符号用线
细虚线	(1)不可见棱边线；(2)不可见轮廓线
粗虚线	(1)允许表面处理的表示线
细点画线	(1)轴线；(2)对称中心线；(3)分度圆(线)；(4)孔系分布的中心线；(5)剖切线
粗点画线	(1)限定范围表示线(例如：限定测量热处理表面的范围)
细双点画线	(1)相邻辅助零件的轮廓线；(2)可动零件的处于极限位置的轮廓线；(3)重心线；(4)成形前轮廓线；(5)剖切面前的结构轮廓线；(6)轨迹线；(7)毛坯图中制成品的轮廓线；(8)特定区域线；(9)延伸公差带表示线；(10)工艺用结构的轮廓线；(11)中断线

注：①在一张图样上一般采用一种线型，即采用波浪线或双折线。

4. 线型应用示例(GB/T 4457.4—2002 附录A)

(1)细实线的应用，如图1-44所示。

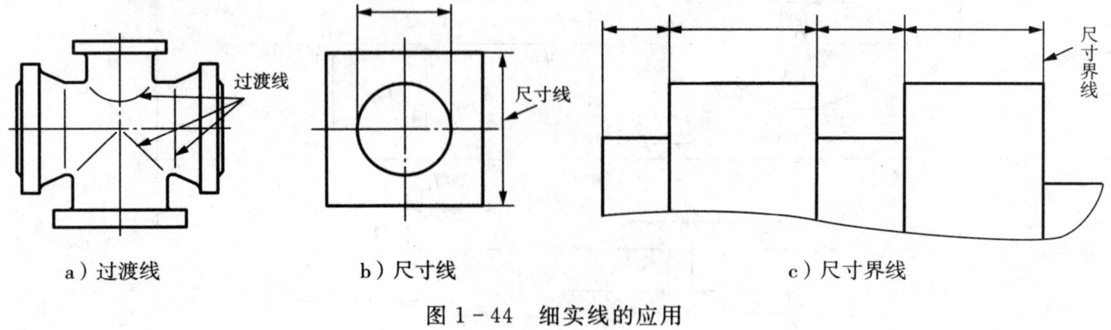

a) 过渡线　b) 尺寸线　c) 尺寸界线

图1-44 细实线的应用

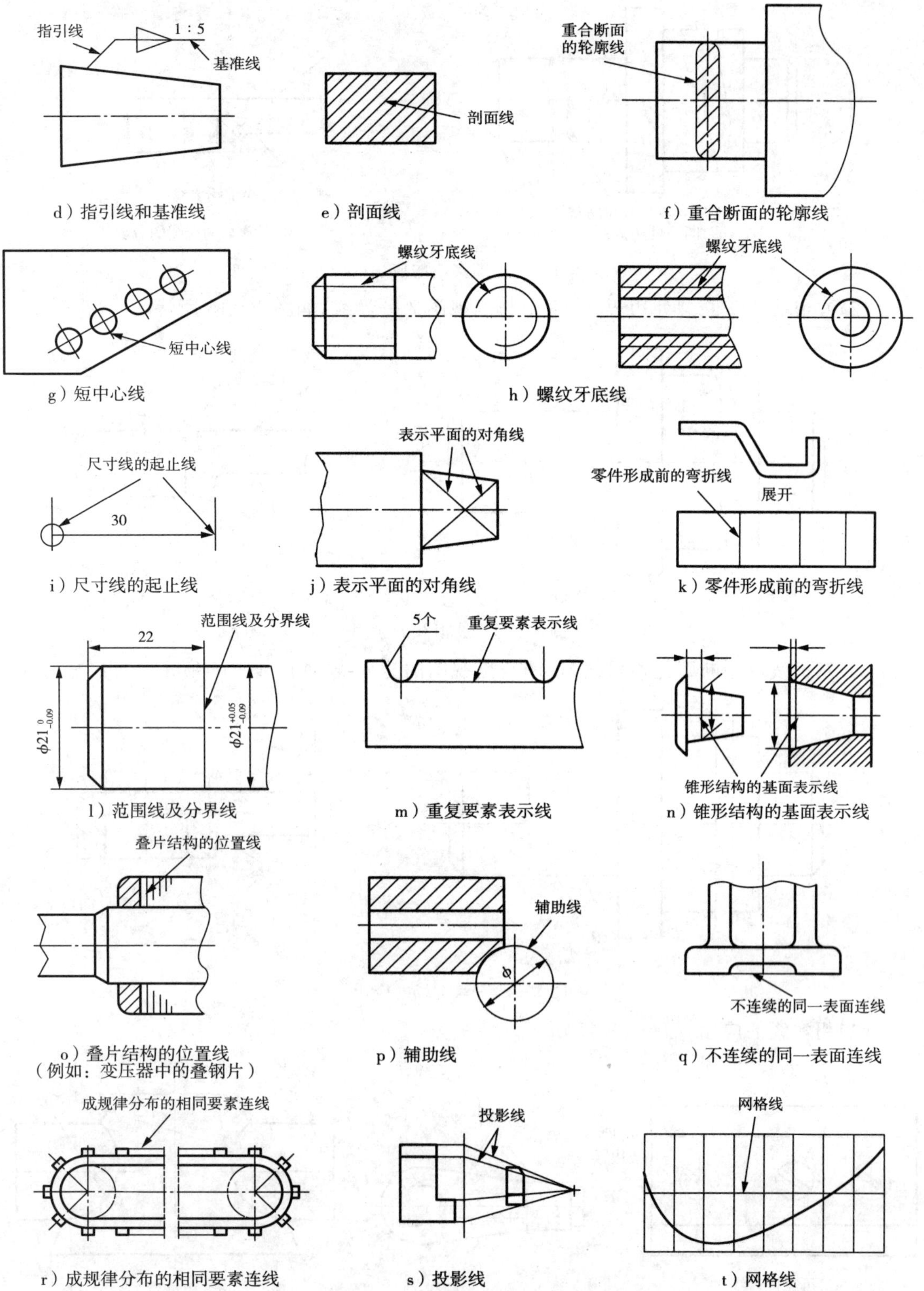

d）指引线和基准线　e）剖面线　f）重合断面的轮廓线

g）短中心线　h）螺纹牙底线

i）尺寸线的起止线　j）表示平面的对角线　k）零件形成前的弯折线

l）范围线及分界线　m）重复要素表示线　n）锥形结构的基面表示线

o）叠片结构的位置线（例如：变压器中的叠钢片）　p）辅助线　q）不连续的同一表面连线

r）成规律分布的相同要素连线　s）投影线　t）网格线

图 1－44　细实线的应用(续)

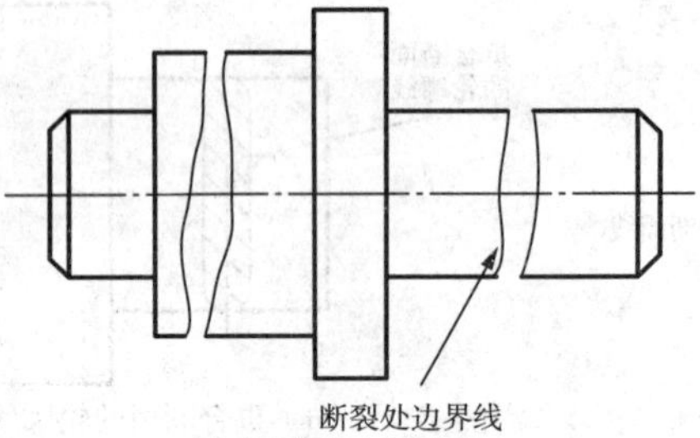

u）断裂处边界线

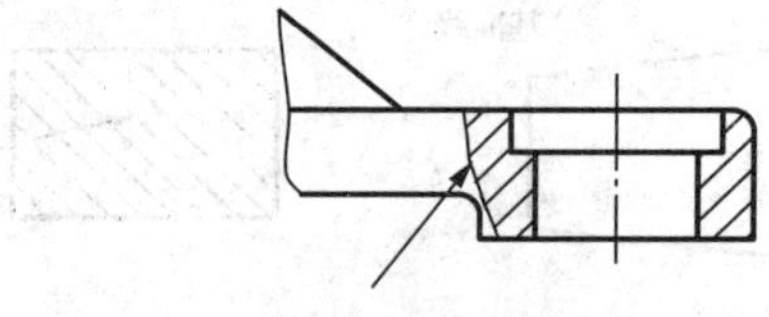

v）视图与剖视图的分界线

图 1-44　细实线的应用(续)

(2)波浪线用于断裂处边界线,视图与剖视图的分界线,如图 1-45 所示。

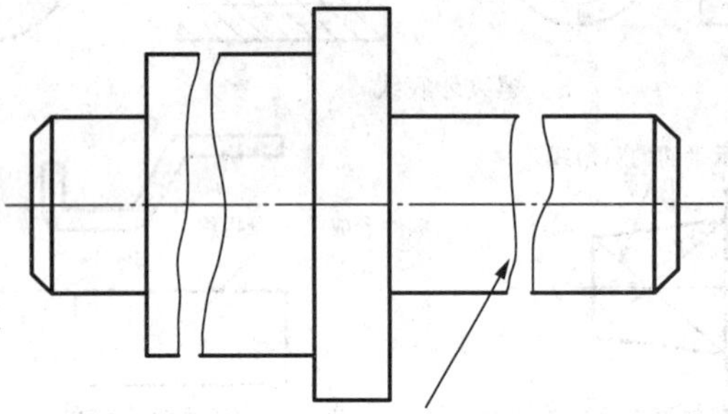

图 1-45　波浪线的应用

(3)双折线用于断裂处边界线,视图与剖视图的分界线,如图 1-46 所示。

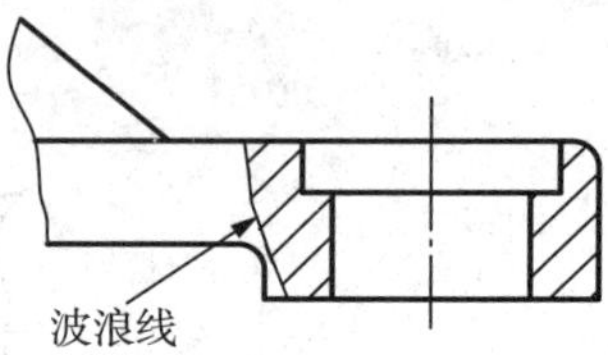

图 1-46　双折线的应用

(4)粗实线的应用,如图 1-47 所示。

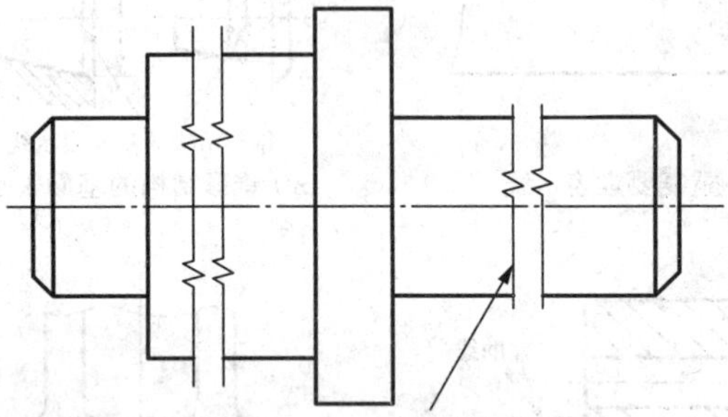

a）可见棱边线

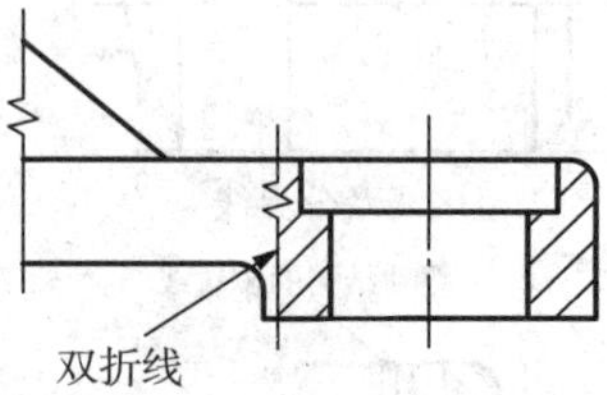

b）可见轮廓线

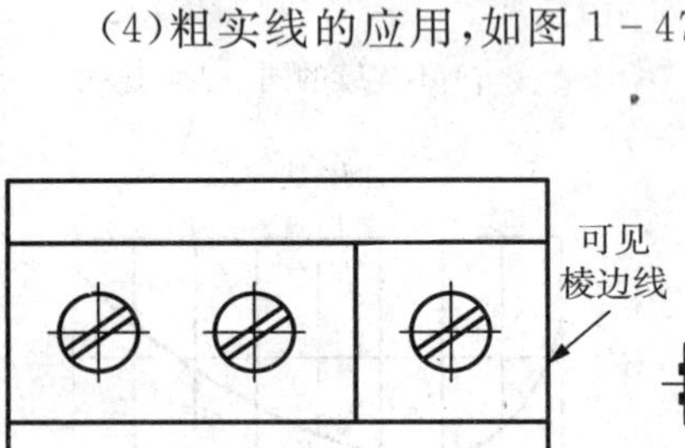

c）相贯线

图 1-47　粗实线的应用

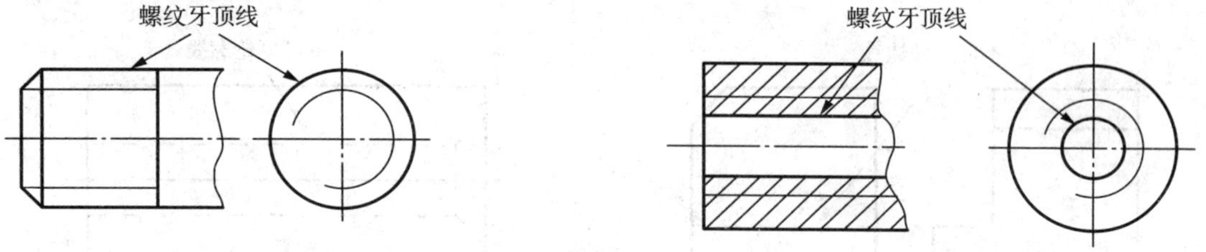

d）螺纹牙顶线

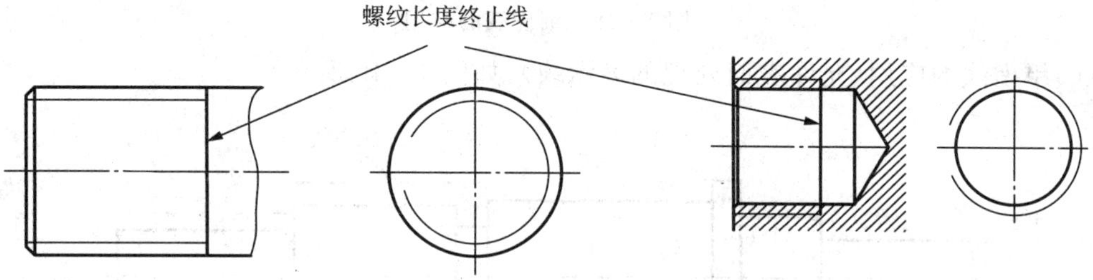

e）螺纹长度终止线

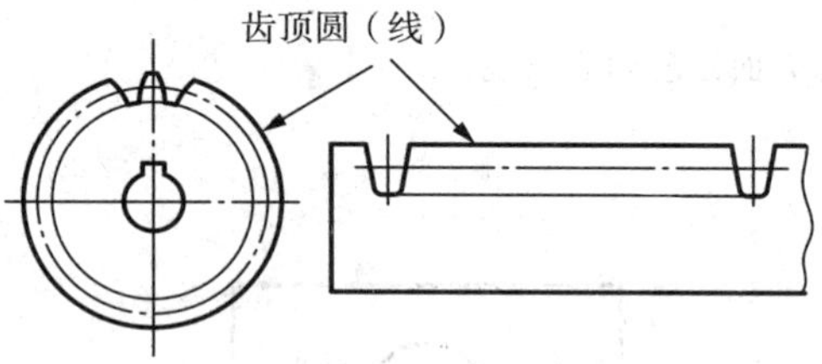

f）齿顶圆（线）

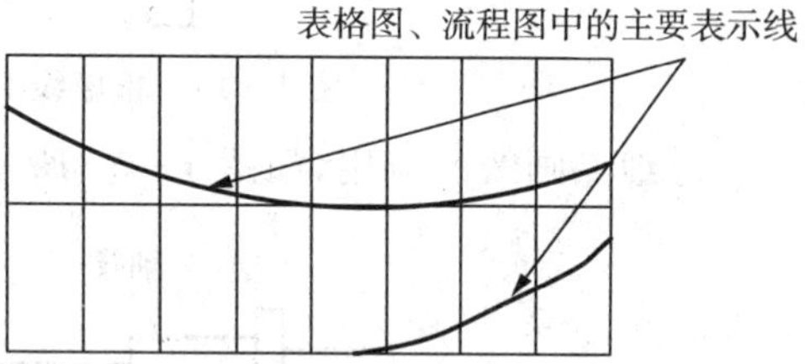

g）表格图、流程图中的主要表示线

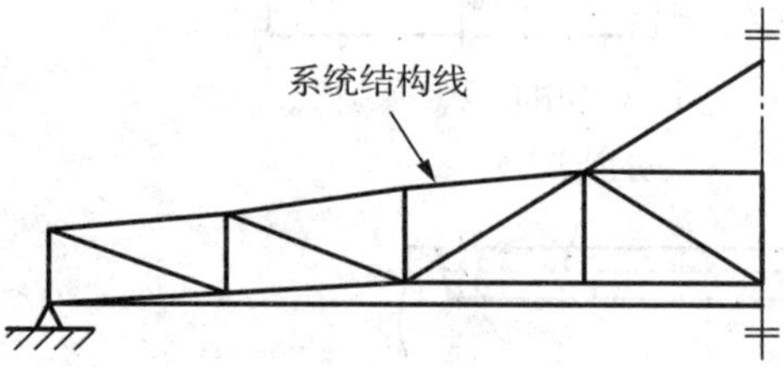

h）系统结构线

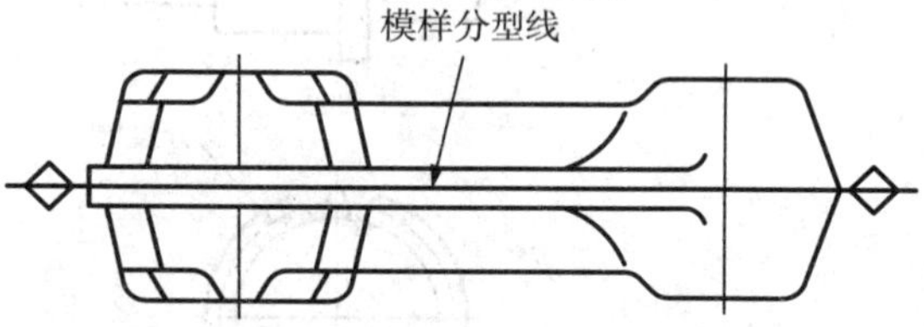

i）模样分型线

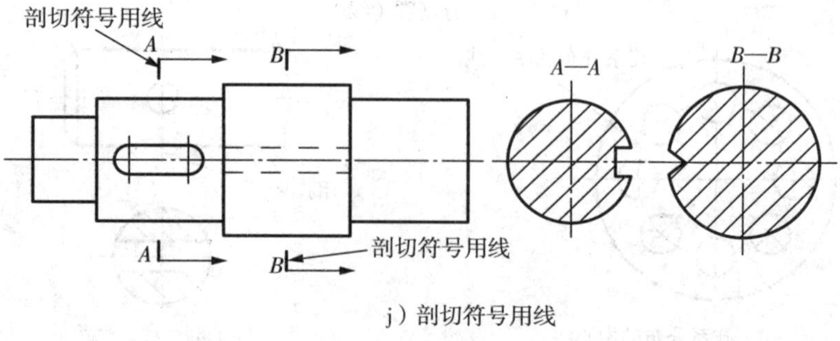

j）剖切符号用线

图 1－47　粗实线的应用(续)

(5)细虚线的应用,如图 1－48 所示。

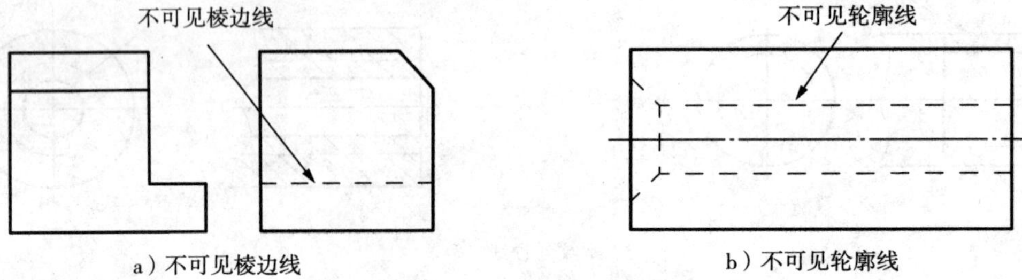

图 1－48　细虚线的应用

(6)粗虚线的应用(允许表面处理的表示线),如图 1－49 所示。

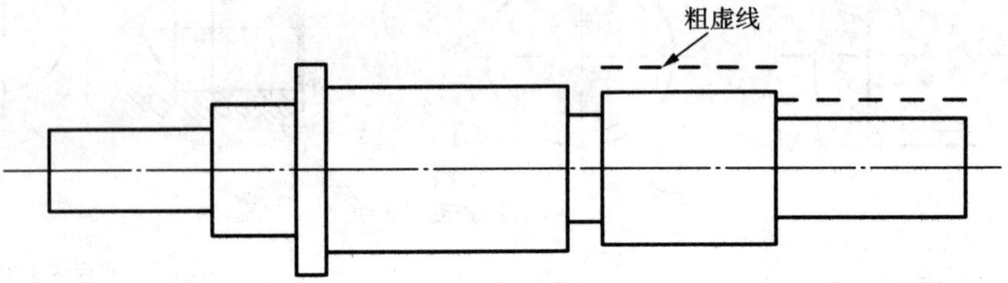

图 1－49　粗虚线的应用(允许表面处理的表示线)

(7)细点画线的应用,如图 1－50 所示。

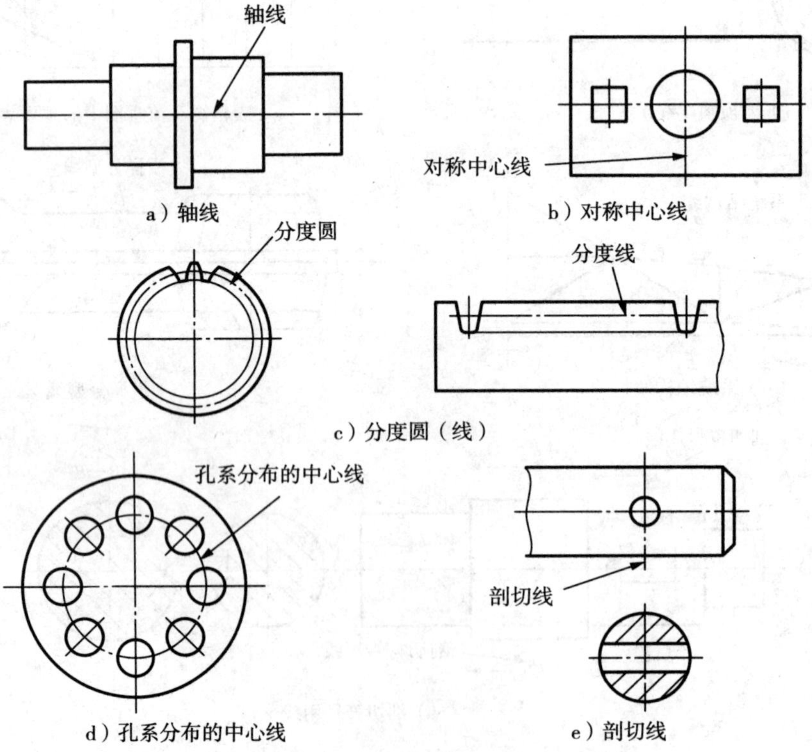

图 1－50　细点画线的应用

(8)粗点画线的应用(例如:限定测量热处理表面的范围),如图 1－51 所示。

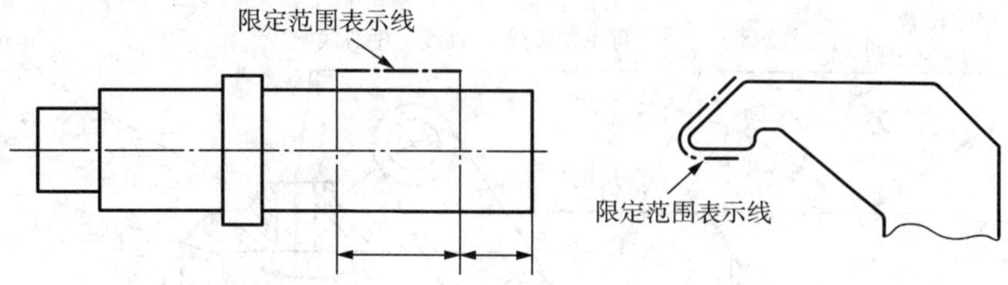

图 1－51　粗点画线线的应用

(9)细双点画线的应用,如图 1－52 所示。

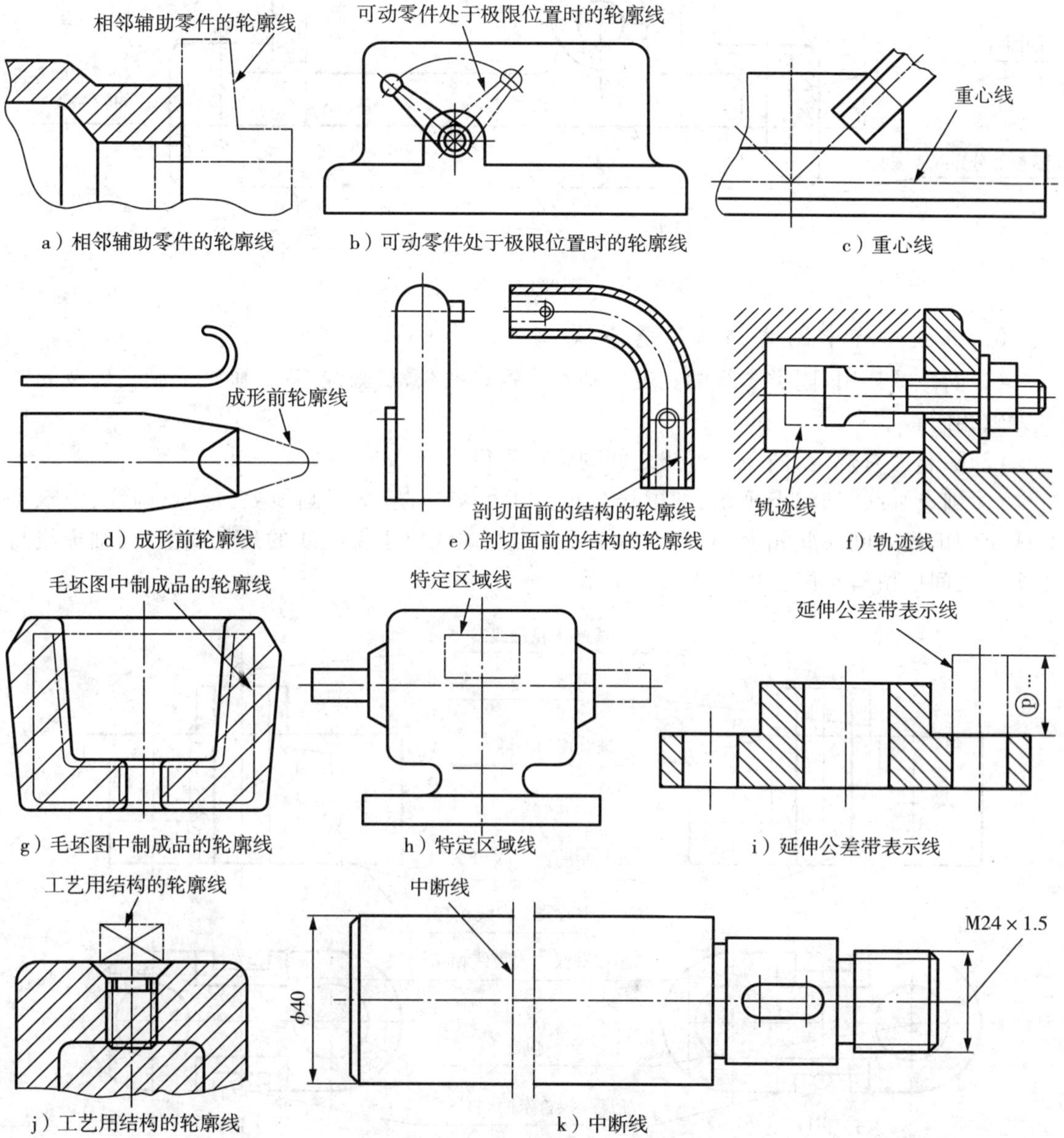

图 1－52　细双点画线的应用

(10)图线应用综合示例,如图 1-53 所示。

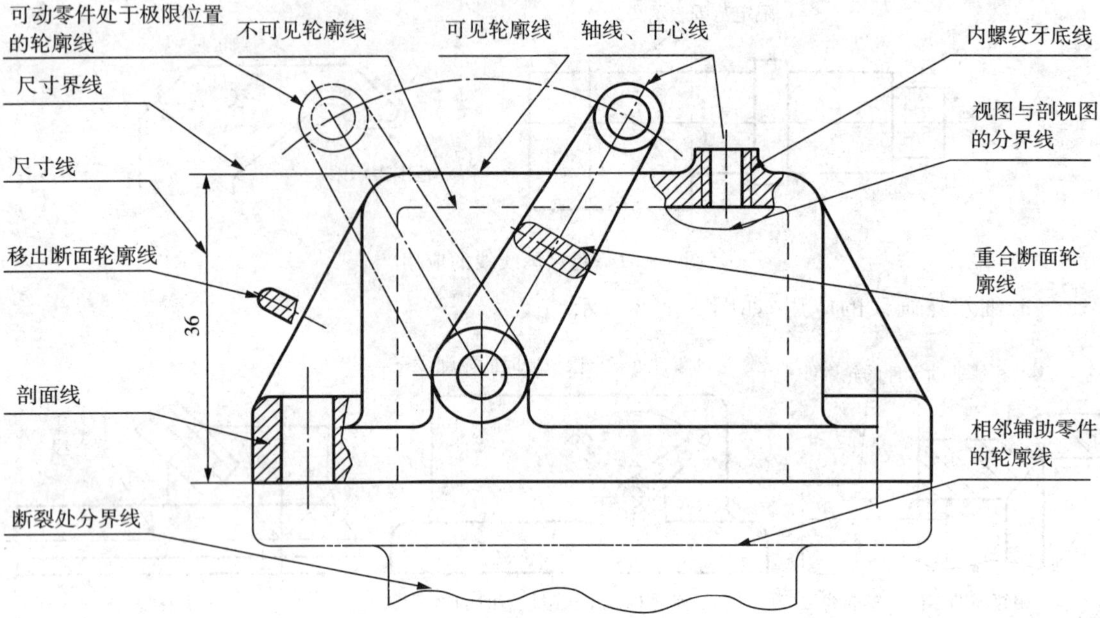

图 1-53　图线应用的综合示例

5. 机械图样中图线画法注意事项

(1)同一图样中,同类图线的宽度应基本一致。虚线、点画线、双点画线的画长度及间隔应大致相同。

(2)除非另有规定,两条平行线之间的距离不得小于 0.7mm。

(3)细点画线、细双点画线、细虚线与粗实线相交时,应交于画线处。细点画线、细双点画线及细虚线之间彼此相交,应交于画线处。当细虚线位于粗实线的延长线上时,细虚线与粗实线之间应留有空隙。如图 1-54 所示。

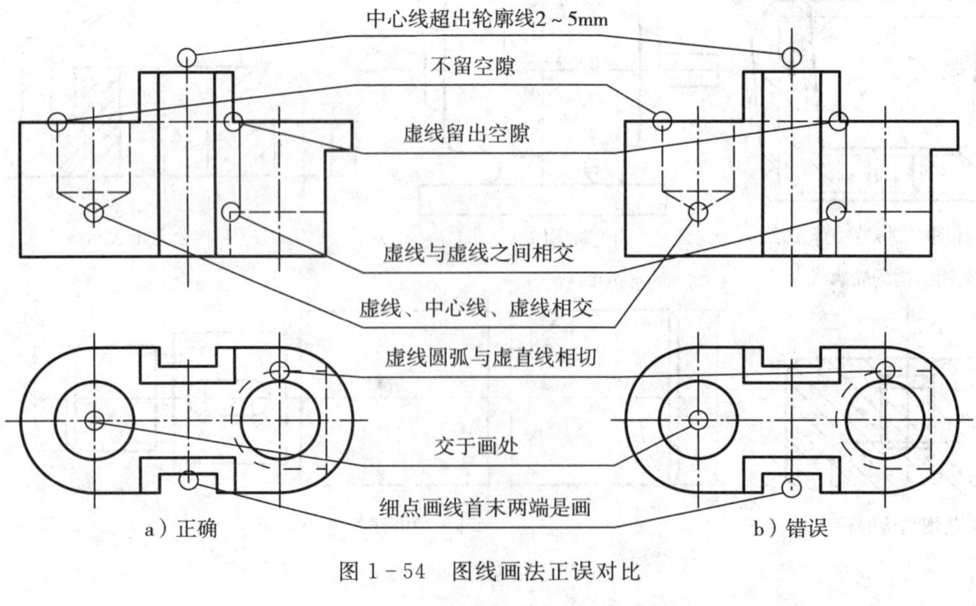

图 1-54　图线画法正误对比

(4)两种或两种以上图线重合时,应按粗实线、虚线、细实线、细点画线、细双点画线的先后顺序,只画出其中一种,前者遮挡后者。

(5)画圆的对称中心线时,圆心应为画的交点。细点画线和细双点画线的首末两端是画,而不是点。细点画线应超出轮廓线 2~5mm。当图形比较小,绘制细点画线或细双点画线有困难时,可用细实线代替。如图 1-54 所示。

(6)圆弧虚线与实线相切时,实线应画到切点处,虚线圆弧应与切点之间留出空隙。圆弧虚线与直虚线相切时,圆弧虚线应画到切点处,留空隙后再画直虚线。如图 1-54 所示。

第2章　几何作图

2.1　直线和角

2.1.1　分割线段

1. 线段的二等分

1)如图 2-1 所示,已知线段 AB;

2)分别以 A、B 两个端点为圆心,取 $R>AB/2$ 长为半径,作两圆弧相交于 M、N 两点;

3)连接 M、N 两点,相交线段 AB 于 K 点,则点 K 将 AB 二等分。

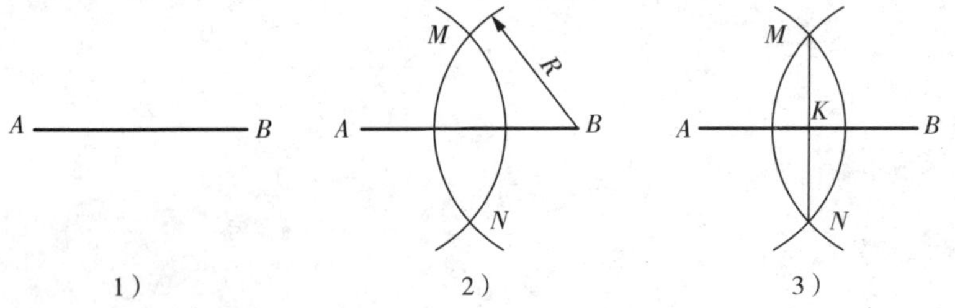

图 2-1　线段二等分

2. 线段的任意等分(以七等分为例)

1)如图 2-2 所示,已知线段 AB;

2)过 A 点作任意直线 AK,在 AK 上截取适当长度,使线段 $A1'=1'2'=2'3'=3'4'=4'5'=6'7'$;

3)连接 $B7'$,过 $6'$、$5'$、$4'$、$3'$、$2'$、$1'$各点分别引线平行于直线 $B7'$,交线段 AB 于 6、5、4、3、2、1 各点,则此六点将线段 AB 七等分。

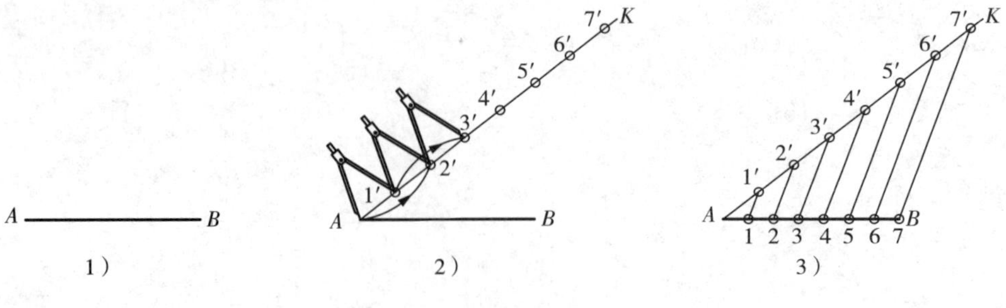

图 2-2　线段七等分

3. 定比分割线段(以 1∶3∶2 为例)

1)如图 2-3 所示,要求定比分割线段 AB,比例为 1∶3∶2;

2)过 A 点作任意直线 AP,在 AP 上截取线段:AM'∶$M'N'$∶$N'K'$=1∶3∶2;

3)连接 BK',分别过 M'、N' 作 BK' 的平行线,交线段 AB 于 M、N 点,则 $AM:MN:NK=1:3:2$。

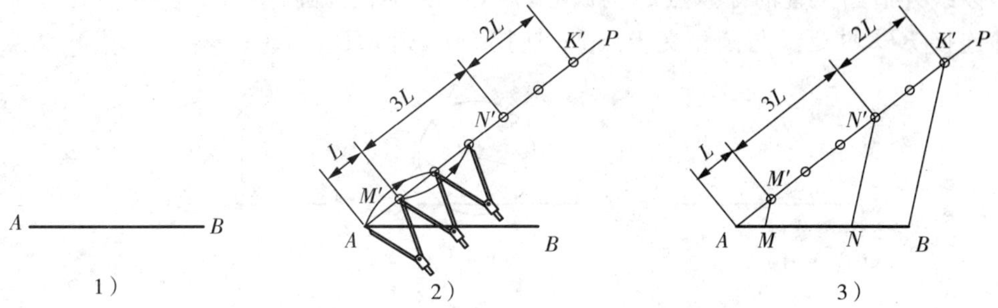

图 2-3 定比分割线段

2.1.2 作垂直线

1. 过直线外一点作该直线的垂线

1)如图 2-4 所示,已知线段 AB 和线外一点 K;

2)以点 K 为圆心,以适当长度为半径画圆弧,交直线 AB 于 M、N 两点;

3)分别以 M、N 点为圆心,以大于 $MN/2$ 长的适当长度为半径画弧,两弧交于 C 点,连接 KC 交 AB 于 D 点,则 $KD \perp AB$。

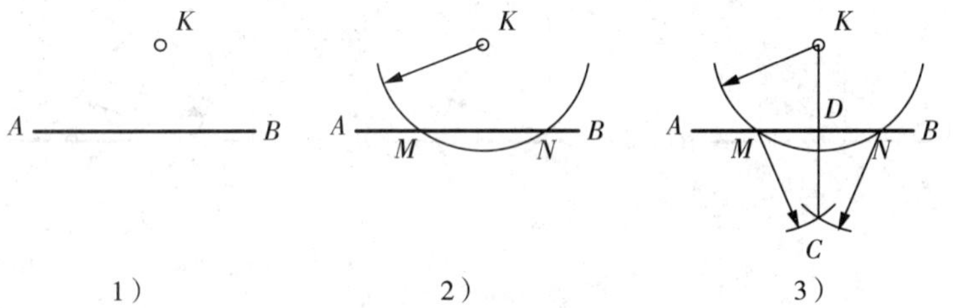

图 2-4 过线外一点作垂线

2. 过直线上一点作该直线的垂线

(1)方法一

1)如图 2-5 所示,已知直线 AB 及线上一点 K;

2)以点 K 为圆心,以适当长度为半径画圆,交 AB 于 M、N 两点;

3)分别以 M、N 点为圆心,以大于 $MN/2$ 长的适当长度为半径画圆弧,两弧交于点 P,连接 PK,则 $PK \perp AB$。

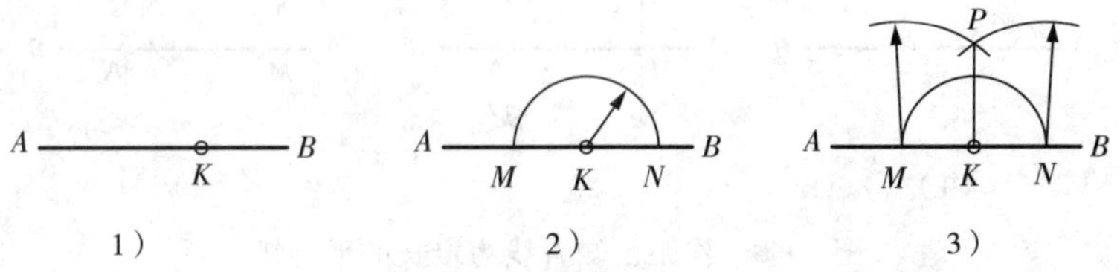

图 2-5 过线上一点作垂线(方法一)

(2)方法二

1)如图 2-6 所示,已知直线 AB 及线上一点 P;

2)以线外适当位置的任意点 O 为圆心,以 OP 为半径画圆,交 AB 于 K 点;

3)连接 KO,并延长与圆相交于点 M,连接 MP,则 $MP \perp AB$。

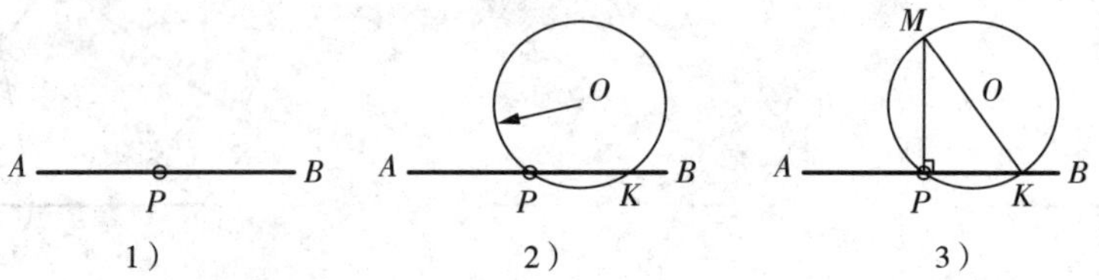

图 2-6　过线上一点作垂线(方法二)

2.1.3　作平行线

1. 过直线外一点作该直线的平行线

1)如图 2-7 所示,已知直线 AB 和线外一点 K;

2)在直线 AB 上任取一点 M,以 M 为圆心,以 MK 为半径作圆弧$_1$,弧$_1$交 AB 于 N 点;

3)以 K 点为圆心,以 MK 为半径作圆弧$_2$,弧$_2$交 AB 于 M 点;

4)以 M 点为圆心,以 NK 为半径作圆弧$_3$,弧$_3$交弧$_2$于 F 点;

5)连接 FK,则 $FK /\!/ AB$。

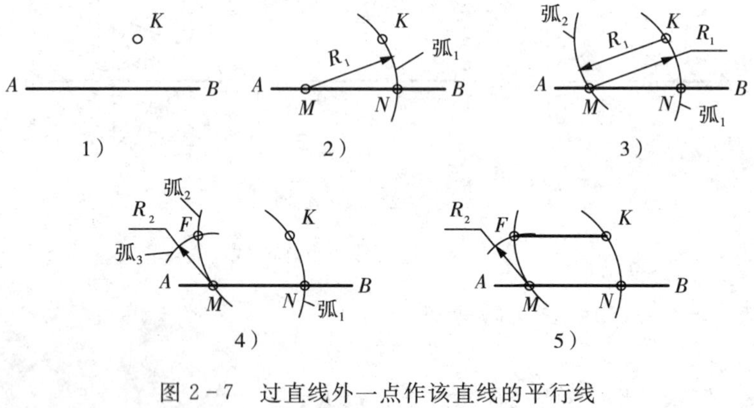

图 2-7　过直线外一点作该直线的平行线

2. 作距已知直线为定长的该直线的平行线

1)如图 2-8 所示,已知直线 AB 和定长 s;

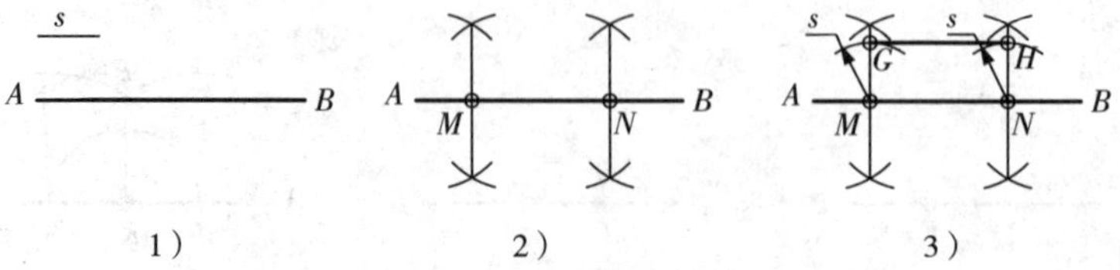

图 2-8　作距已知直线为定长的平行线

2)在直线 AB 上任取两点 M、N,过 M 点和 N 点分别作直线 AB 的垂线,交直线 AB 于 M、N 点;

3)分别以 M、N 点为圆心，以 s 为半径作圆弧交两垂线于 G、H 点，连接 GH，则 $GH // AB$。

2.1.4　角和三角形

1. 作角的平分线

1)如图 2-9 所示，已知$\angle AOB$；

2)以角顶 O 为圆心，以适当长度为半径画圆弧，分别交 OA、OB 于 M、N 两点；

3)分别以 M、N 两点为圆心，以相同的适当长度为半径分别画圆弧，二弧交于点 K，连接 AK，则$\angle AOK=\angle KOB$。

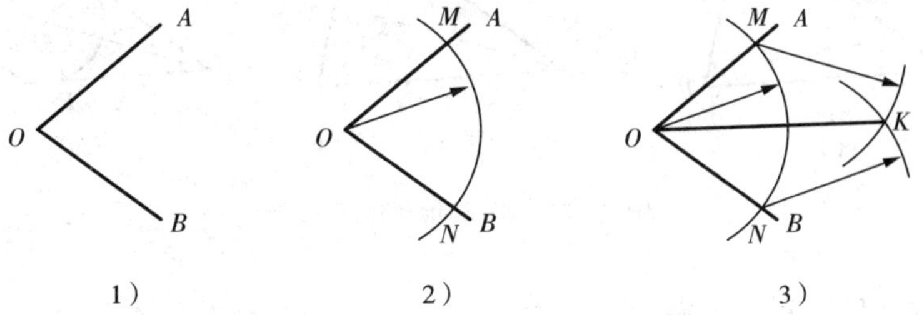

图 2-9　作角的平分线

2. 三等分直角

1)如图 2-10 所示，已知直角$\angle AOB$；

2)以 O 为圆心，以适当的任意长度 R 为半径画圆弧，分别交直角边于 M、N 两点；

3)分别以 M、N 点为圆心，以画$\overset{\frown}{MN}$弧的相同长度 R 为半径画圆弧，交$\overset{\frown}{MN}$弧于点 E、F，连接 OE、OF，则 OE、OF 三等分直角。

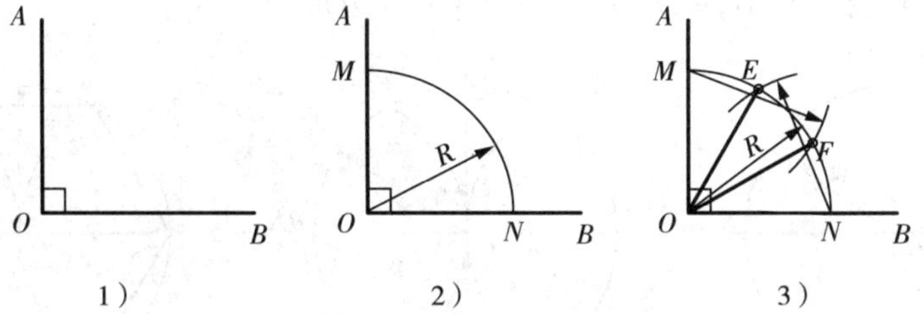

图 2-10　三等分直角

3. 作三角形的外接圆

1)如图 2-11 所示，已知任意三角形 ABC；

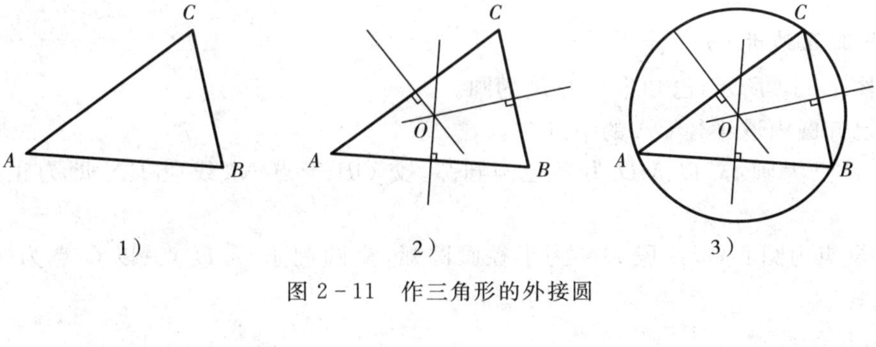

图 2-11　作三角形的外接圆

2)分别作三角形 ABC 三边的垂直平分线,三垂线交于点 O;

3)以 O 为圆心,以 OA(或 OB、或 OC)为半径画圆,则该圆为三角形的外接圆。

4. 作三角形的内切圆

1)如图 2-12 所示,已知三角形 ABC;

2)分别作△ABC 三个内角的平分线 AG、BE、CF,则 AG、BE、CF 三线相交于点 O;

3)以 O 为圆心,以点 O 到三角形任一边的距离为半径画圆,该圆即为三角形的内切圆。

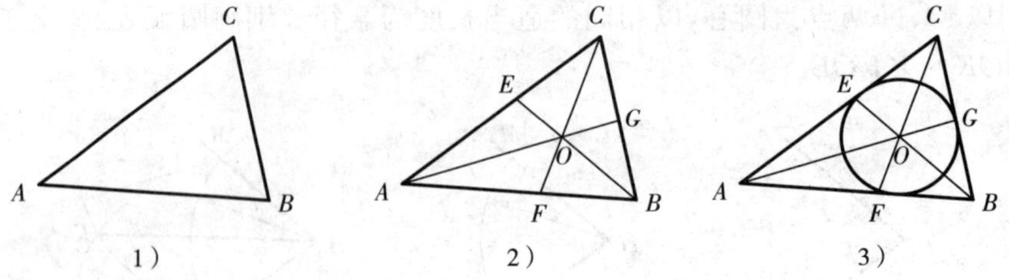

图 2-12　作三角形的内切圆

2.2　作多边形、确定圆心

2.2.1　作多边形

1. 作六边形

1)如图 2-13 所示,已知半径为 R 的圆 O;

2)分别以圆的直径两端点 A、B 为圆心,以圆的半径 R 为半径画圆弧,交圆周于点 M、N 和点 E、F;

3)顺序用直线连接 A、M、E、B、F、N,即得正六边形。

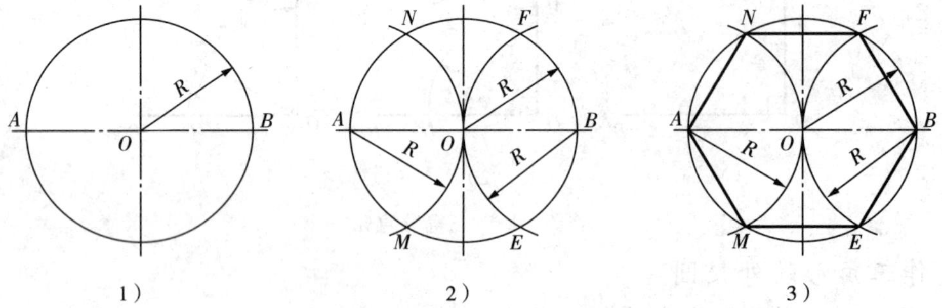

图 2-13　作正六边形

2. 作正五边形

1)如图 2-14 所示,已知半径为 R 的圆。

2)在已知圆内取半径 OA 的中点 M。

3)以 M 点为圆心,以 MD 为半径画圆弧,交 OB 于点 N;线段 DN 即为正五边形的边长。

4)以 D 点为圆心,以线段 DN 为半径画圆弧,交圆周于 G、H 点;以 G 点为圆心,线段

DG为半径画圆弧，交圆周于点J；以H点为圆心，线段DH为半径画圆弧，交圆周于点K；用直线顺序连接G、J、K、H、D，即得正五边形。

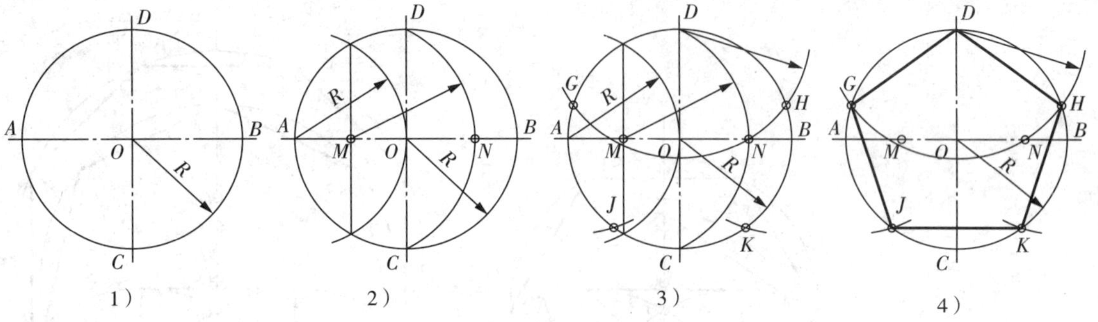

图2-14　作正五边形

3. 作任意多边形(以七边形为例)

1)如图2-15所示，已知直径为AB的圆；

2)将已知圆直径AB七等分；

3)分别以A、B为圆心，以直径AB为半径画圆弧，两弧相交于M、N点；

4)自M、N分别过AB线上的偶数分点2、4、6(或奇数分点1、3、5、7)引直线，并延长交圆周于J、I、H、G、F、E各点，用直线顺次连接各点，即得正七边形。

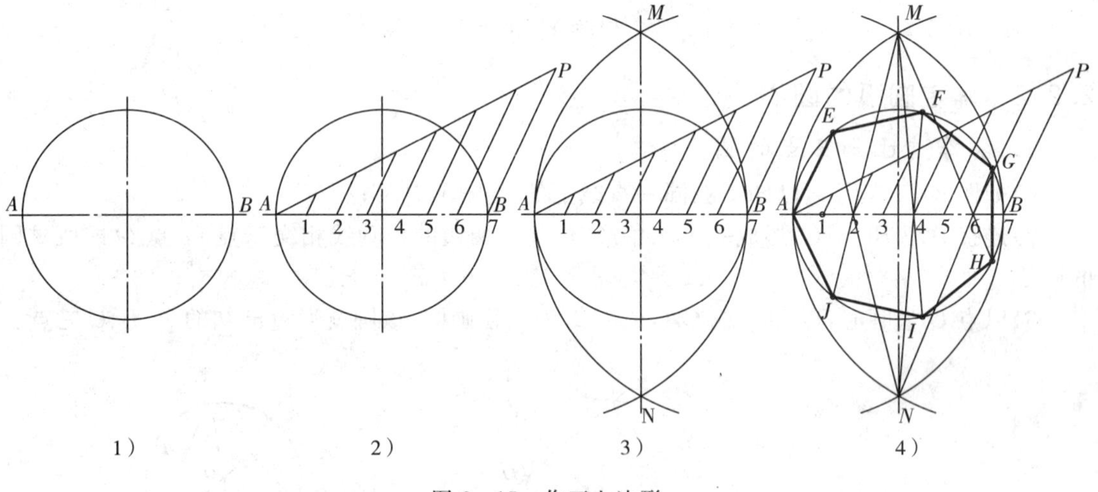

图2-15　作正七边形

4. 根据边长作任意正多边形

1)如图2-16所示，已知边长AB。

2)分别以边长端点A、B为圆心，以线段AB长为半径画圆弧，交AB的垂直平分线MN与点O_6；以AB为一边作正方形$ABCD$，其对角线AC与MN相交于点O_4，求作线段O_6O_4的中点O_5；则O_4、O_5、O_6分别为根据边长AB作正方形、正五边形和正六边形的外接圆圆心，已知外接圆圆心及边长，就能作出正五边形和正六边形。

3)若作正七、八、九、十……多边形，可在MN上取$O_7O_6=O_8O_7=O_9O_8=O_{10}O_9=\cdots=$

$O_5O_4 = O_6O_4/2$，则所得 O_7、O_8、O_9、O_{10}、…各点，即分别是正七、八、九、十……多边形的外接圆之圆心，边长为 AB，则能作出正七、八、九、十……多边形。

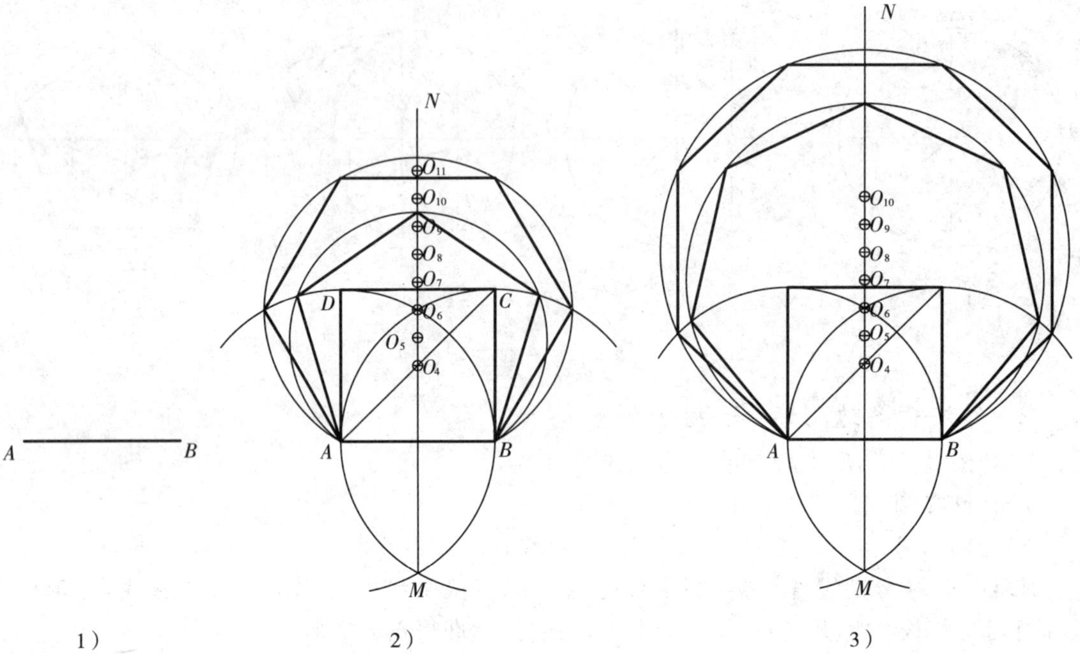

图 2－16　根据边长作任意正多边形

2.2.2　确定圆弧的圆心

1. 求作过已知三点的圆

1)如图 2－17 所示，已知不在同一直线上的三点 A、B、C；

2)连接 AB、BC、AC，形成一个三角形，作任意两边的中垂线相交于点 O，点 O 即所求圆的圆心；

3)以点 O 为圆心，以 OB(或 OA，或 OC)为半径画圆，该圆就通过已知的 A、B、C 三点。

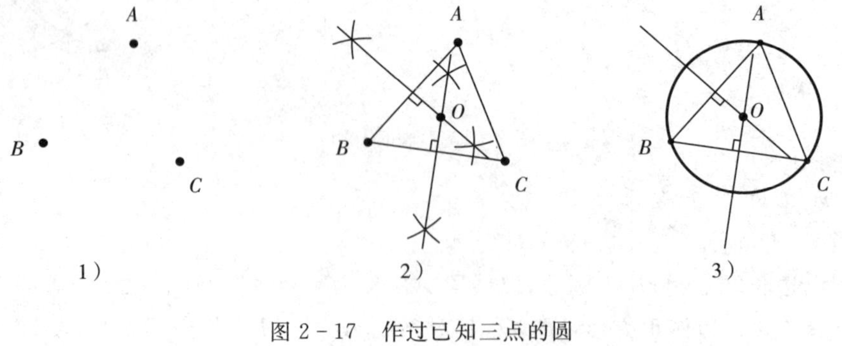

图 2－17　作过已知三点的圆

2. 确定已知圆弧的圆心

1)如图 2－18 所示，已知圆的圆弧；

2)在圆弧上任意取三点 A、B、C,连接 AB、BC;

3)分别作 AB、BC 的垂直平分线,两垂直平分线交于点 O,则点 O 为该圆弧的圆心。

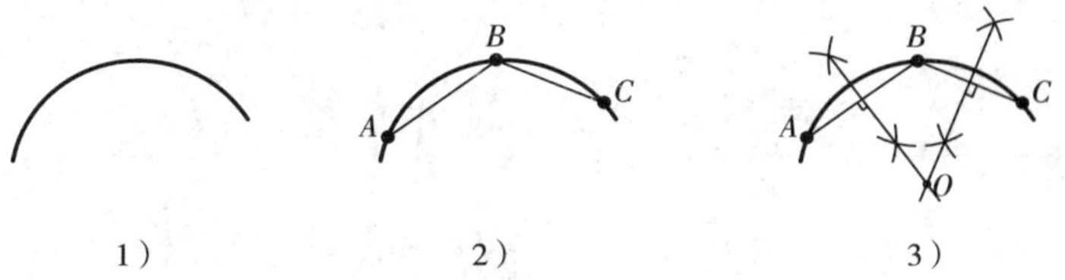

图 2-18 确定已知圆弧的圆心

2.3 圆的切线与切弧

2.3.1 切线

1. 过圆周上一点作该圆的切线

(1)用几何方法作切线

1)如图 2-19 所示,已知圆及圆周上一点 K;

2)连接 OK,以 K 为圆心,以 KO 为半径画圆弧,交圆周于点 P,连接 OP 并延长至 E,使 $OP=PE$;

3)连接 EK 并延长至 F,则 EF 为所求之切线。

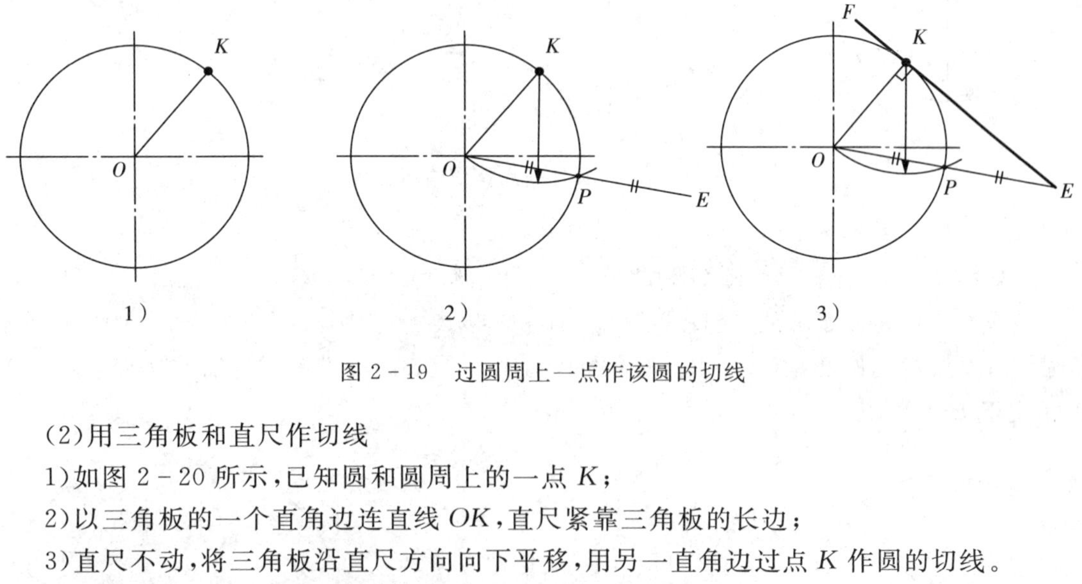

图 2-19 过圆周上一点作该圆的切线

(2)用三角板和直尺作切线

1)如图 2-20 所示,已知圆和圆周上的一点 K;

2)以三角板的一个直角边连直线 OK,直尺紧靠三角板的长边;

3)直尺不动,将三角板沿直尺方向向下平移,用另一直角边过点 K 作圆的切线。

2. 过圆外一点作该圆的切线

1)如图 2-21 所示,已知圆和圆外的一点 K;

2)连接 OK,作 OK 的垂直平分线,交 OK 于点 P,以点 P 为圆心,OP 为半径作辅助圆,辅助圆与已知圆相交于 E、F 两点;

3)连接 OE、OF,连接 KE、KF,则 KE、KF 即为所求切线。

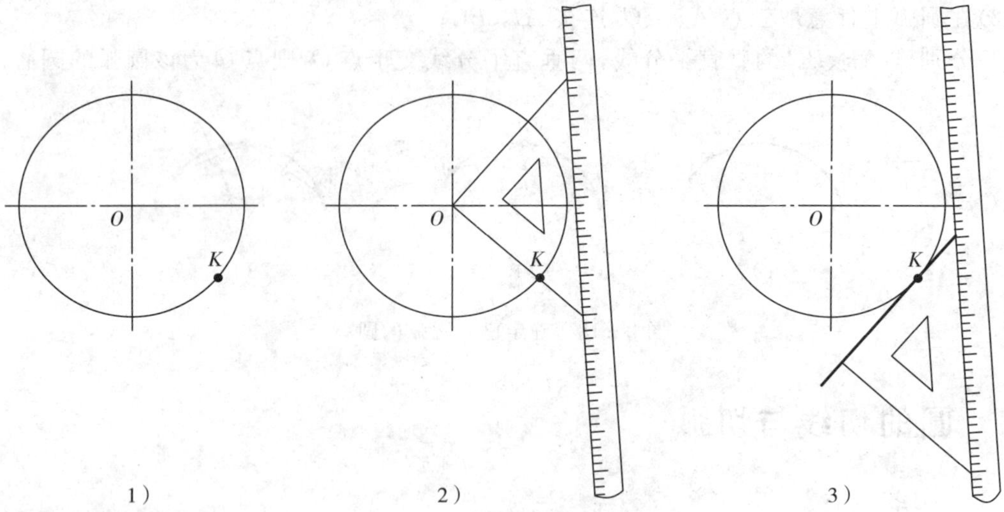

图 2-20　用三角板和直尺作切线

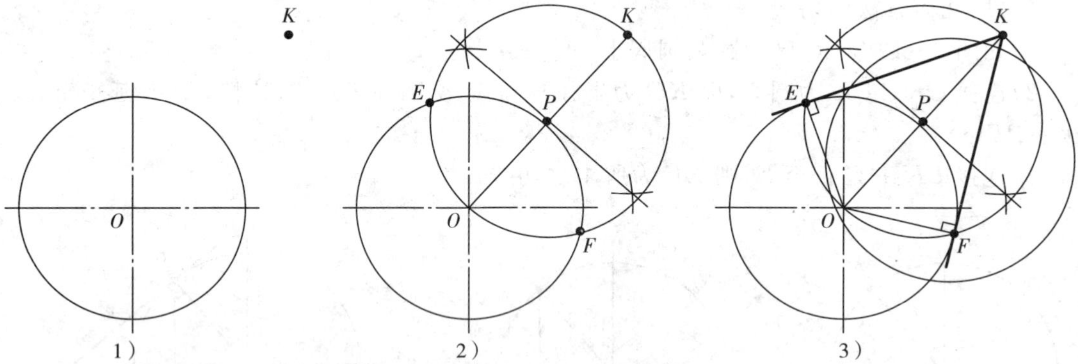

图 2-21　过圆外一点作该圆的切线

3. 作两个圆的外公切线

1)如图 2-22 所示,已知圆 O 和圆 O_1 以及它们的半径 R 和 R_1。

2)作 OO_1 的垂直平分线,交直线 OO_1 于点 O_2,以点 O_2 为圆心,以 $OO_1/2$ 长为半径作辅助圆 O_2;以点 O 为圆心,以$(R-R_1)$为半径作与圆 O 同心的辅助圆 O_3,辅助圆 O_2 与辅助圆 O_3 相交于 E、F 两点。

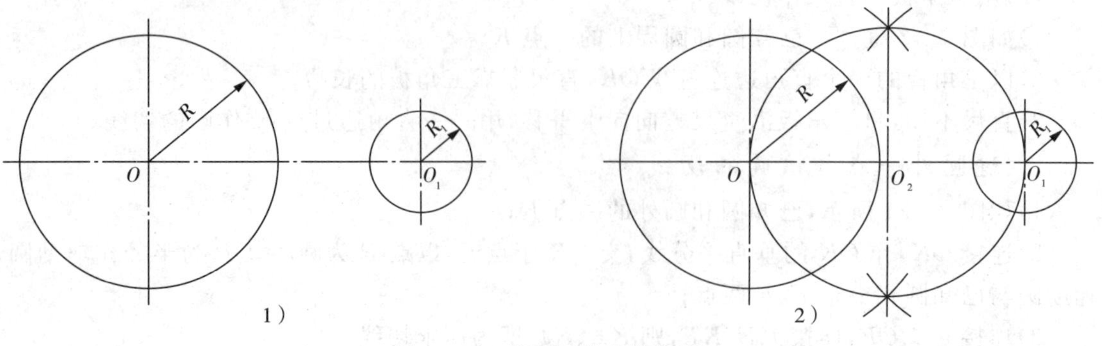

图 2-22　作两圆的外公切线

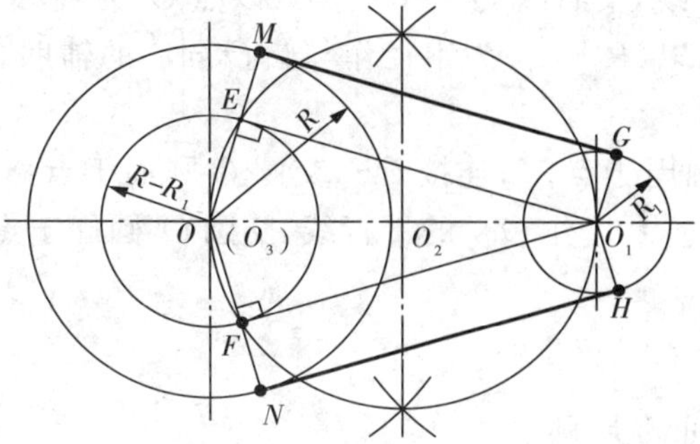

3)

图 2-22　作两圆的外公切线(续)

3)连接 OE,并延长交圆 O 圆周于点 M;连接 OF,并延长交圆 O 圆周于点 N;过点 O_1 作 OM 的平行线,交圆 O_1 圆周于点 G;过点 O_1 作 ON 的平行线,交圆 O_1 圆周于点 H。连接 MG、NH,即为两圆的外公切线。

4. 作两个圆的内公切线

1)如图 2-23 所示,已知圆 O 和圆 O_1 以及它们的半径 R 和 R_1。

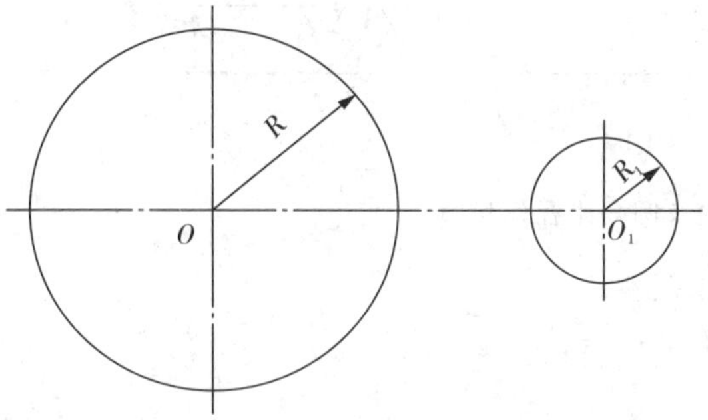

1)

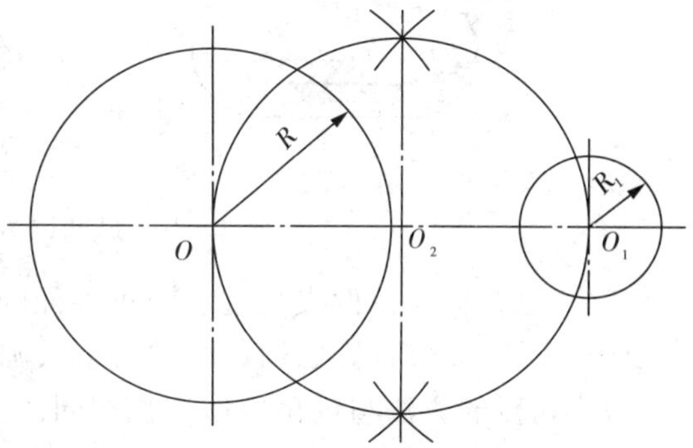

2)

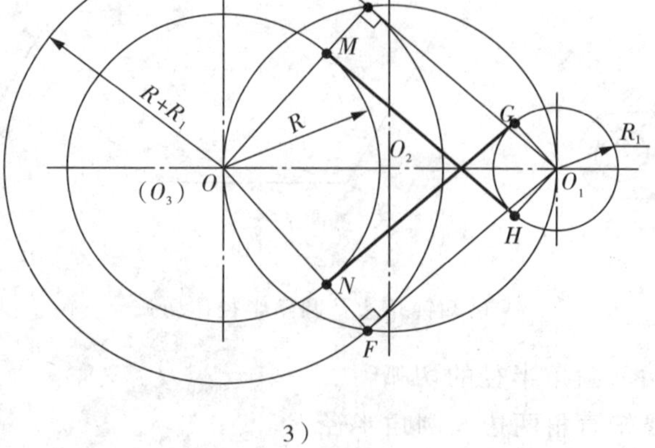

3)

图 2-23　作两圆的内公切线

2）作 OO_1 的垂直平分线，交直线 OO_1 于点 O_2，以点 O_2 为圆心，以 $OO_1/2$ 长为半径作辅助圆 O_2。以点 O 为圆心，以 $(R+R_1)$ 为半径作与圆 O 同心的辅助圆 O_3，辅助圆 O_2 与辅助圆 O_3 相交于 E、F 两点。

3）连接 OE，交圆 O 圆周于点 M；连接 OF，交圆 O 圆周于点 N。过点 O_1 作 OM 的平行线，交圆 O_1 圆周于点 H；过点 O_1 作 ON 的平行线，交圆 O_1 圆周于点 G。连接 MH、NG，即为两圆的内公切线。

2.3.2 切弧

1. 直线与直线之间的切弧

（1）作已知锐角的两夹角边和圆角半径的切弧

1）如图 2－24 所示，已知锐角的两夹边和圆角半径 R。

2）作距离两夹角边为 R 的平行线，两平行线相交于 O 点，点 O 即为切弧的圆心；过点 O 作两夹角边的垂线，分别交于 E、F 两点，以点 O 为圆心，以 R 为半径，画切弧 $\overset{\frown}{EF}$。

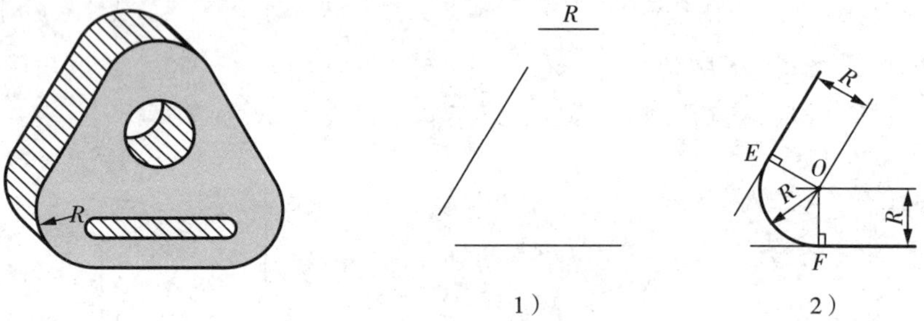

图 2－24　已知锐角边及圆角半径作切弧

（2）作已知钝角的两夹角边和圆角半径的切弧

1）如图 2－25 所示，已知钝角的两边及圆角半径 R；

2）作切弧的方法与锐角边作切弧相同。

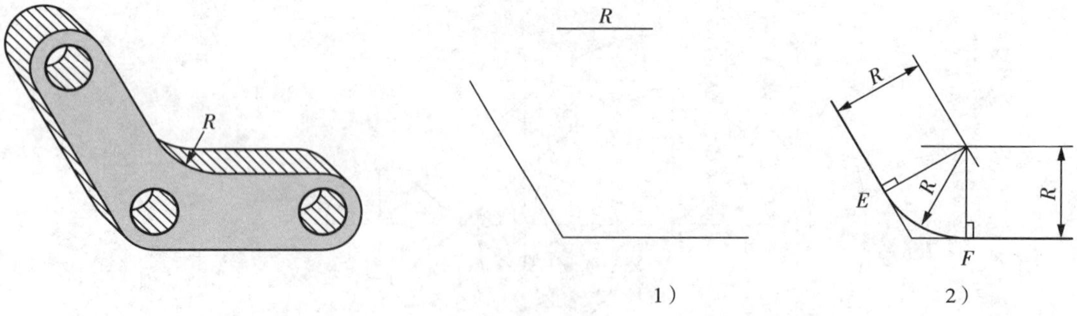

图 2－25　已知钝角边及圆角半径作切弧

（3）作已知直角的两边和圆角半径的切弧

1）如图 2－26 所示，已知直角两边及圆角半径 R。

2）以直角顶点为圆心，以 R 为半径画圆弧，交两直角边于 E、F 两点；再分别以 E、F 点为圆心，以 R 为半径画圆弧，两弧交于点 O；以点 O 为圆心，R 为半径画圆弧，弧 $\overset{\frown}{EF}$ 即为所求切弧。

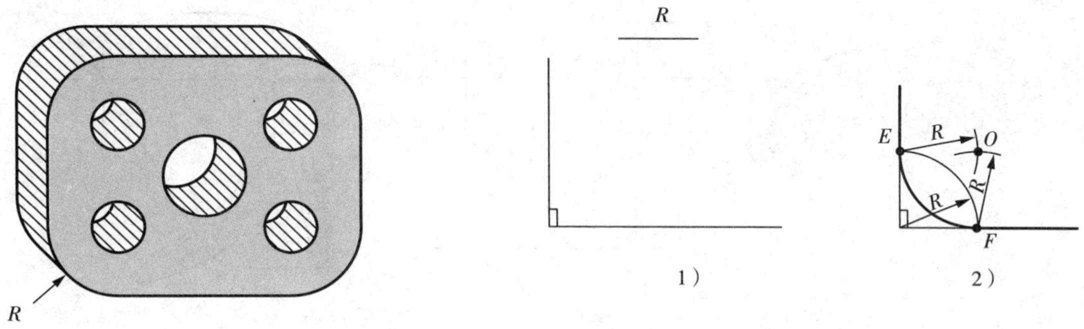

图 2-26 已知直角边及圆角半径作切弧

2. 圆弧与圆弧之间的切弧

(1)已知切弧半径,作两已知圆弧的外切弧

1)如图 2-27 所示,已知圆心 O_1 半径为 R_1、圆心 O_2 半径为 R_2 的两圆弧,并知外切弧的半径为 R。

2)以 O_1 为圆心,以(R_1+R)长度为半径画圆弧;以 O_2 为圆心,以(R_2+R)长度为半径画圆弧,两弧相交于点 O;连接 O_1O 和 O_2O 分别交已知两圆弧于 E、F 点;以 O 为圆心,以 R 为半径,画圆弧 $\overset{\frown}{EF}$,即为所求切弧。

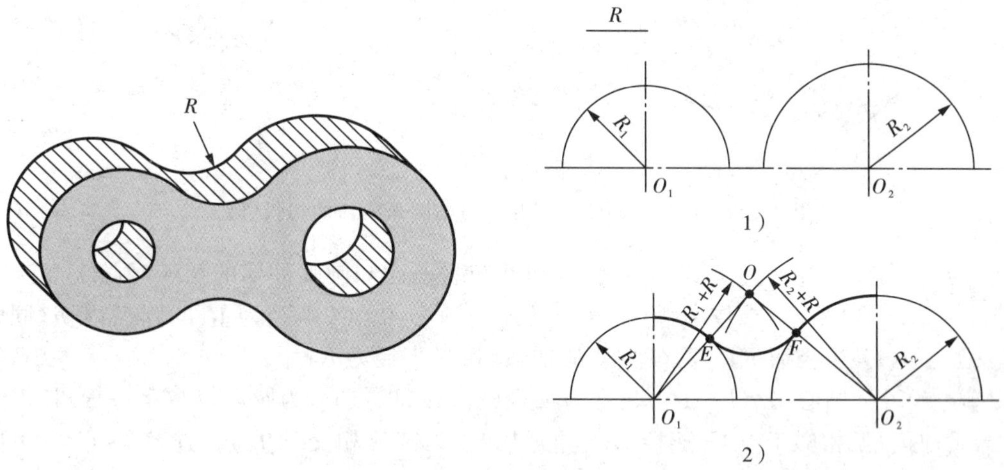

图 2-27 作两圆弧的外切弧

(2)已知切弧半径,作两已知圆弧的内切弧

1)如图 2-28 所示,已知圆心 O_1 半径为 R_1、圆心 O_2 半径为 R_2 的两圆弧,并知内切弧的半径为 R。

2)以 O_1 为圆心,以($R-R_1$)长度为半径画圆弧;再以 O_2 为圆心,以($R-R_2$)长度为半径画圆弧,两弧相交于点 O;连接 O_1O 和 O_2O 并延长,分别交已知两圆弧于 E、F 点,以 O 为圆心,以 R 为半径,画圆弧 $\overset{\frown}{EF}$,即为所求切弧。

(3)已知切弧半径,作与一已知圆弧外切并与另一已知圆弧内切的切弧(例 1)

1)如图 2-29 所示,求作切弧,使其与已知一圆心为 O_1、半径为 R_1 的圆弧外切,同时与另外一圆心为 O_2 半径为 R_2 的圆弧内切的切弧,切弧半径为 R。

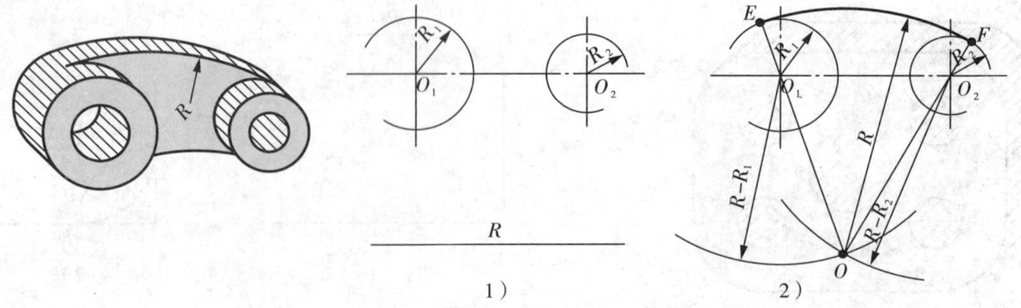

图 2-28　作两圆弧的内切弧

2)以点 O_1 为圆心，以(R_1+R)长度为半径画圆弧；以点 O_2 为圆心，以(R_2-R)长度为半径画圆弧；两圆弧相交于点 O；连接 O_1O 与 O_1 圆弧相交于 F 点，连接 O_2O 并延长交 O_2 圆弧于点 E；以 O 为圆心，R 为半径，作圆弧 $\overset{\frown}{EF}$，弧 $\overset{\frown}{EF}$ 即为所求切弧。

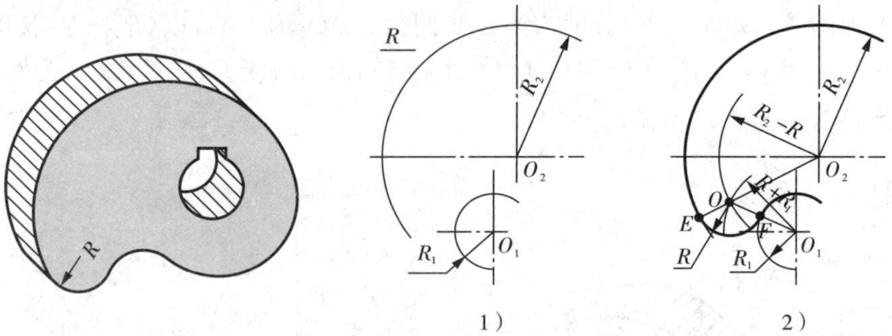

图 2-29　作与一圆弧外切并与另一圆弧内切的切弧(例 1)

(4)已知切弧半径，作与一已知圆弧内切并与另一已知圆弧外切的切弧(例 2)

1)如图 2-30 所示，求作切弧，使其与已知一圆心为 O_1、半径为 R_1 的圆弧内切，同时与另外一圆心为 O_2 半径为 R_2 的圆弧外切的切弧，切弧半径为 R；

2)以点 O_1 为圆心，以($R-R_1$)长度为半径画圆弧；以点 O_2 为圆心，以(R_2+R)长度为半径画圆弧；两圆弧相交于点 O；连接 OO_1 并延长与 O_1 圆弧相交于 E 点，连接 OO_2 交 O_2 圆弧于点 F；以 O 为圆心，R 为半径，作圆弧 $\overset{\frown}{EF}$，即为所求切弧。

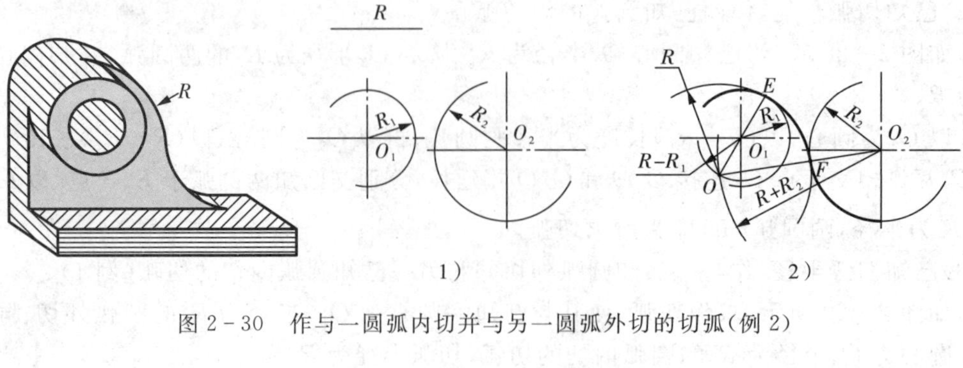

图 2-30　作与一圆弧内切并与另一圆弧外切的切弧(例 2)

3. 直线与圆弧的切弧

(1)作与已知圆弧外切,并与已知直线相切的切弧

1)如图 2-31 所示,求作切弧,与已知圆心为 O_1、半径为 R_1 的圆弧外切,同时与已知直线 m 相切,切弧半径为 R。

2)在靠近圆弧的一侧,作一条平行于直线 m 且距离为 R 平行线 n;以 O_1 为圆心,以(R_1+R)长度为半径画圆弧,该圆弧与直线 n 交于点 O;通过 O 点作直线 m 的垂线,交直线 m 于 E 点;连接 O_1O 与 O_1 圆弧相交于点 F;以 O 点为圆心,以 R 为半径作圆弧$\overset{\frown}{EF}$,弧$\overset{\frown}{EF}$即为所求切弧。

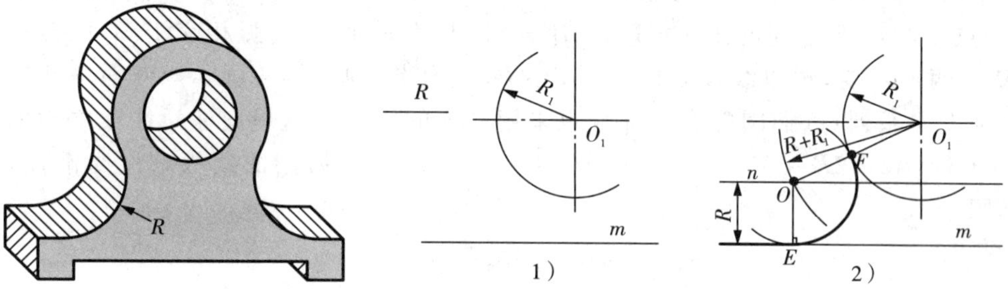

图 2-31 作与一圆弧外切并与一直线相切的切弧

(2)作与已知圆弧内切,并与已知一直线相切的切弧

1)如图 2-32 所示,求作切弧,与已知圆心为 O_1、半径为 R_1 的圆弧内切,同时与已知直线 m 相切,切弧半径为 R。

2)在靠近圆弧的一侧,作一条平行于直线 m 且距离为 R 的平行线 n;以 O_1 为圆心,以(R_1-R)长度为半径画圆弧,该圆弧与直线 n 交于点 O;通过 O 点作直线 m 的垂线,交直线 m 于点 E;连接 O_1O 并延长与 O_1 圆弧相交于点 F;以 O 点为圆心,R 为半径作圆弧$\overset{\frown}{EF}$,弧$\overset{\frown}{EF}$即为所求切弧。

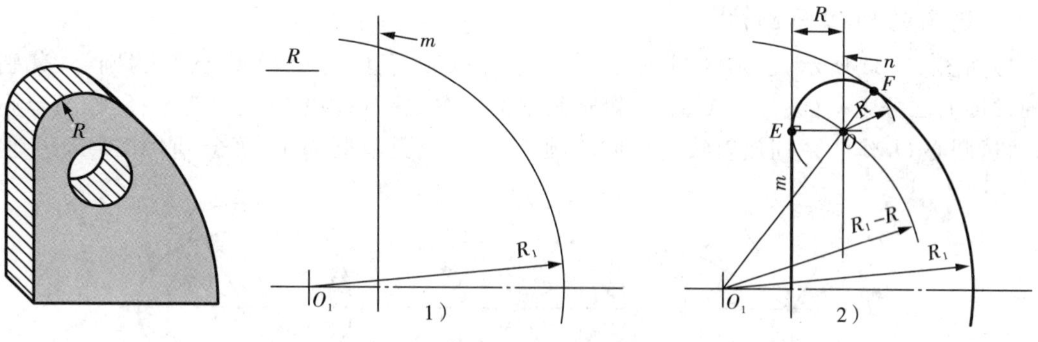

图 2-32 作与一圆弧内切并与一直线相切的切弧

2.4 非圆曲线

2.4.1 椭圆

椭圆上任意一点至两定点(椭圆的焦点)的距离之和等于一个定值(即椭圆长轴的长度);椭圆是一个闭合的平面曲线。

1. 椭圆的理论画法

1)如图 2－33 所示，已知椭圆的长轴 AB 和短轴 CD；以 D 为圆心，以长轴长度的二分之一(即 OA)为半径画圆弧，交 AB 于点 E、F，即为椭圆的焦点。

2)为了取得椭圆上一系列的点，可在线段 EO 上适当任意取若干点 1、2、3、…；以焦点 E 为圆心，点 A 与点 1 之间的距离(线段 $1A$ 长)为半径画圆弧，再以焦点 F 为圆心，点 1 与点 B 之间的距离(线段 $1B$ 长)为半径画圆弧，两弧相交于 M、N 两点；应注意线段 $A1$、$1B$、AB 之间的关系，即 $A1+1B=AB$。

3)以焦点 E 为圆心，点 A 与点 2 之间的距离(线段 $2A$ 长)为半径画圆弧，再以焦点 F 为圆心，点 2 与点 B 之间的距离(线段 $2B$ 长)为半径画圆弧，两弧相交于 G、H 点。同理，圆心 E、F 两点不变，再以线段 $3A$、$3B$，$4A$、$4B$，…为半径画弧，各圆弧双双对应相交，即可得到椭圆上一系列点(椭圆的右半部分也采用同样的方法)；这里应注意线段之间的关系，即 $A1+1B=A2+2B=A3+3B=A4+4B=\cdots=AB$。最后用曲线板顺序光滑连接各点即得椭圆。

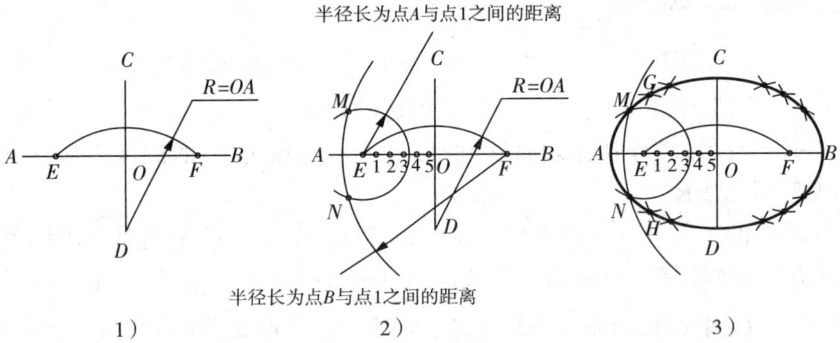

图 2－33　椭圆的理论画法

2. 椭圆的同心圆画法

1)如图 2－34 所示，已知椭圆的长轴 AB、短轴 CD，及中心点 O；以点 O 为圆心，分别以长轴长度的二分之一(线段 OA 长)和短轴长度的二分之一(线段 OC 长)为半径，作两个同心圆；通过圆心 O，作一系列放射线与两同心圆相交(本例是将圆周 12 等分，取 12 条放射线)。

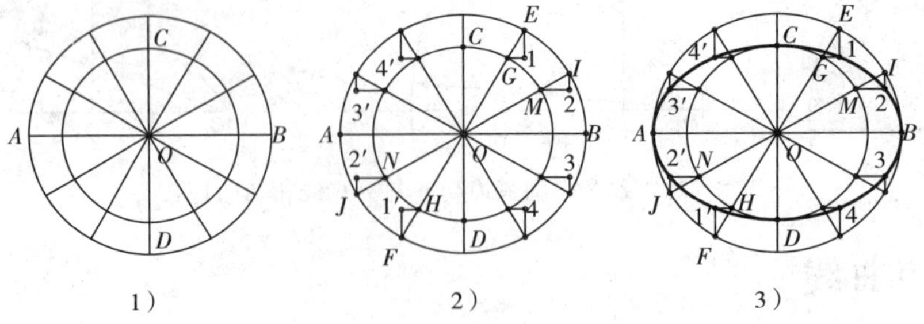

图 2－34　椭圆的同心圆画法

2)放射线 EF 与大圆相交于点 E、F 两点，同时与小圆相交于点 G、H，过 E 点作短轴的平行线，过 G 点作长轴的平行线，两平行线相交于点 1；过 F 点作短轴的平行线，过 H 点作长轴的平行线，两平行线相较于点 $1'$。同理，可得点 $2、3、4、2'、3'、4'$，从而获得椭圆上一系列的点。

3)用曲线板顺次光滑连接点 $C、1、2、B、3、4、D、1'、2'、A、3'、4'、C$ 等，得曲线即为所求椭圆。

3. 椭圆的四圆心近似画法

1)如图 2-35 所示，已知椭圆的长轴 AB、短轴 CD，及中心点 O；以 O 为圆心，以 OA 为半径画圆弧，交 OC 的延长线于点 E；连接 AC，以 C 点为圆心，以线段 CE 为半径画圆弧，交 AC 于点 F。

2)作线段 AF 的垂直平分线，交 OA 于点 O_1，交 OD 于点 O_3；在长轴 AB 上找到一点 O_2，使 $OO_1=OO_2$；在短轴上找到一点 O_4，使 $OO_3=OO_4$。

3)连接 O_4O_1、O_4O_2、O_3O_2 并适当延长；以点 O_3 为圆心，以 O_3C(或 O_4D)为半径，画圆弧，与射线 O_3O_1、O_3O_2 相交于点 G、M；以 O_4 为圆心，以 O_4D(或 O_3C)为半径，画圆弧，与射线 O_4O_1、O_4O_2 相交于点 H、N；以 O_1 为圆心，以 O_1A 为半径画圆弧 $\overset{\frown}{GH}$；以 O_2 为圆心，以 O_2B 为半径画圆弧 $\overset{\frown}{MN}$。即完成作图。

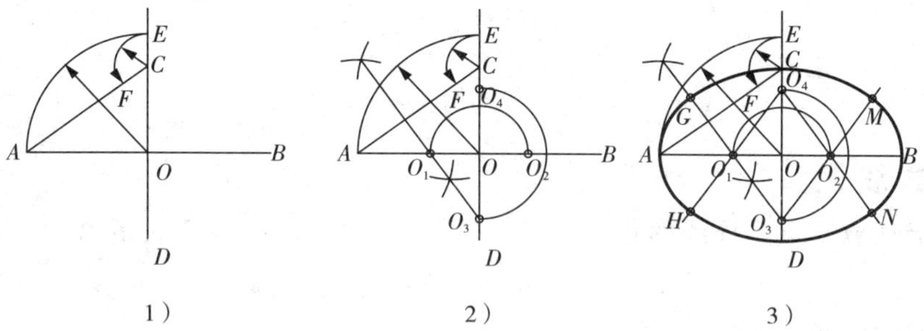

图 2-35 椭圆的四圆心近似画法

4. 椭圆的平行四边形(矩形)画法

1)如图 2-36 所示，已知平行四边形 $ABCD$；连接线段 AD、BC 的中点，得直线 EF；连接线段 AB、CD 的中点，得直线 GH；线段 EF、GH 相交于点 O；将 ED、EA 和 OE 均取相同的等分(图中均取 4 等分)；连接 $G1''$、$G2''$、$G3''$ 和 $H1'$、$H2'$、$H3'$。

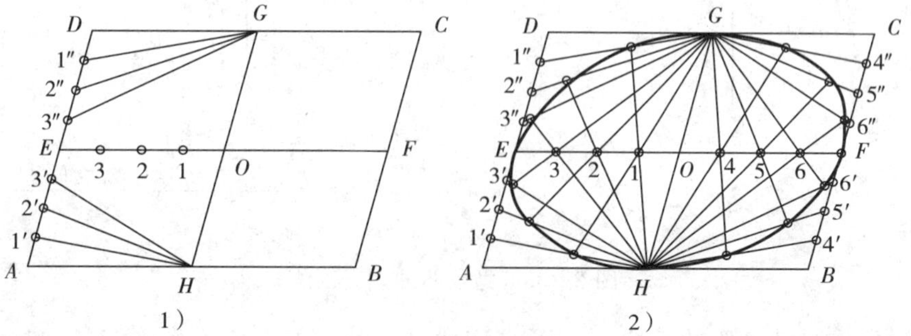

图 2-36 椭圆的平行四边形(矩形)画法

2)连接 $G1$、$G2$、$G3$ 并延长与 $H1'$、$H2'$、$H3'$两两对应相交；连接 $H1$、$H2$、$H3$ 并延长与 $G1''$、$G2''$、$G3''$两两对应相交，此两组交点即为椭圆上的点。同理，可得另一半椭圆上的一系列点。用曲线板顺序光滑连接各点即为所求椭圆。

5. 椭圆的菱形画法

1)如图 2-37 所示，已知菱形 $ABCD$；连接线段 AD、BC 的中点，得直线 EF；连接线段 AB、CD 的中点，得直线 GH；线段 EF、GH 相交于点 O；连接 DH、BE 得交点 M；连接 BG、DF 得交点 N。

2)分别以点 M、N 为圆心，以 ME(或 $NF=R$)为半径画圆弧 $\overset{\frown}{HE}$、$\overset{\frown}{GF}$；再分别以 D、B 为圆心，以 DH(或 $BE=R_1$)为半径画圆弧 $\overset{\frown}{HF}$、$\overset{\frown}{EG}$，即完成所求椭圆。

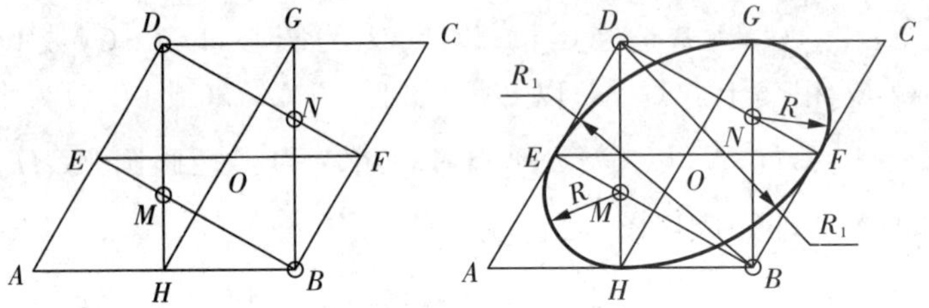

1)　　2)

图 2-37　椭圆的菱形画法

2.4.2 抛物线

抛物线上任意一点到导线的距离，等于该点到主轴上焦点之间的距离；抛物线是开口的平面曲线。

1. 抛物线的理论画法

1)如图 2-38 所示，已知抛物线的导线 AB 和焦点 K。

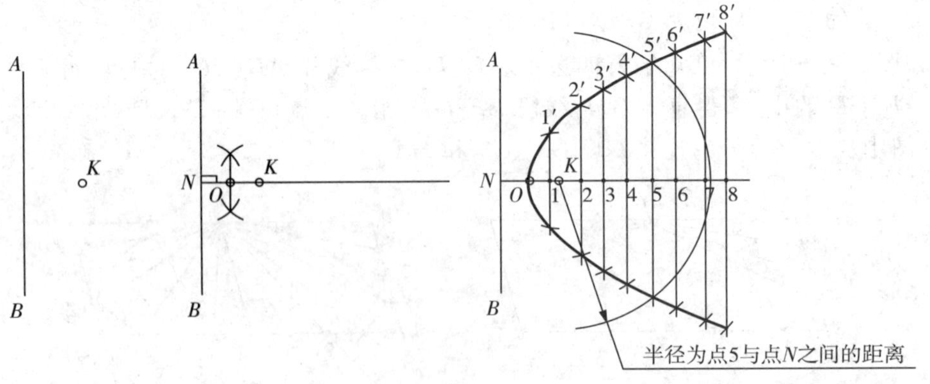

1)　　2)　　3)

图 2-38　抛物线的理论画法

2)过点 K 作导线 AB 的垂线，与 AB 交于点 N，得射线 NK；作线段 NK 的垂直平分线，交于点 O，即点 O 为线段 NK 的中点，也为抛物线的顶点。

3)在主轴 NO 上任取若干点 1、2、3、4、5、6、7、8、…，过这些点作导线 AB 的平行线；以点

K 为圆心，依次以线段 N1、N2、N3、N4、N5、N6、N7、N8、…的长度为半径画圆弧，分别与过点 1、2、3、4、5、6、7、8、…平行于导线 AB 的直线两两对应交得点 1′、2′、3′、4′、5′、6′、7′、8′、…，将此一系列交点光滑连接，即得所求抛物线。

2. 抛物线的包络线画法

1)如图 2-39 所示，已知线段 OA、OB，作与线段 OA、OB 相切于点 A 和点 B 的抛物线；将 OA 和 OB 取相同等分(图中取 8 等分为例)，并标注相应序号。

2)按编号顺序，连接相同序号的两点，连接 11′、22′、33′、44′、55′、66′、77′，用曲线板从点 A 到点 B 作光滑曲线，使与各直线连续相切，即完成抛物线作图。

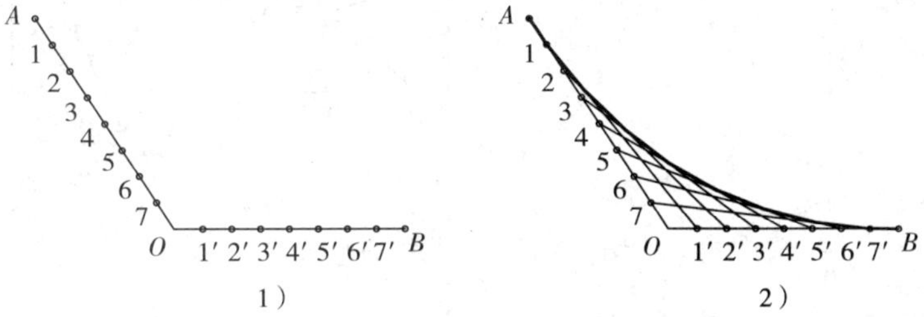

图 2-39 抛物线的包络线画法

3. 抛物线的平行四边形(矩形)画法

1)如图 2-40 所示，已知平行四边形 ABCD；连接线段 AD、BC 的中点，得直线 EF；AB 和 AE 相同等分(图中取 5 等分)；取 DC、DE 相同等分(图中取 5 等分)。

2)过 1′、2′、3′、4′、5′、6′、7′、8′各等分点作 AB 的平行线；连接 E1、E2、E3、E4、E5、E6、E7、E8 与过 1′、2′、3′、4′、5′、6′、7′、8′各等分点且与直线 AB 平行的直线两两对应相交于诸点，用曲线板顺次光滑连接各点，即得所求抛物线。

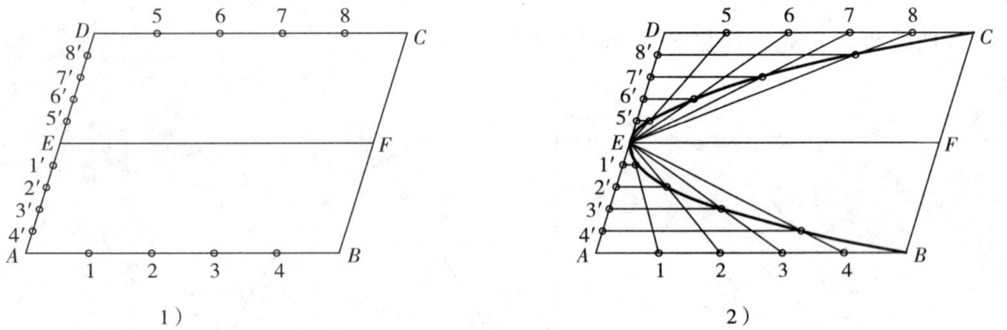

图 2-40 抛物线的平行四边形画法

2.4.3 双曲线

双曲线上任意一点到两焦点距离之差为一定值，即等于双曲线两定点之间的距离。

双曲线的画法：

1)如图 2-41 所示，已知双曲线虚轴、两顶点 A、B 及两焦点 E、F；在双曲线轴上取一系列的点 1、2、3、…、n；以点 F 为圆心，以线段 A1、A2、A3、…、An 为半径分别画圆弧。

2)再以点 E 为圆心，以线段 B1、B2、B3、…、Bn 为半径画圆弧；以点 F、E 为圆心所画的先后两组圆弧两两对应相交，得 1′、2′、3′、…、n' 等各点，用同样的方法可求得另一半双曲线上的各点。

3)在虚轴的两侧，用曲线板依次光滑连接各点，即得双曲线。

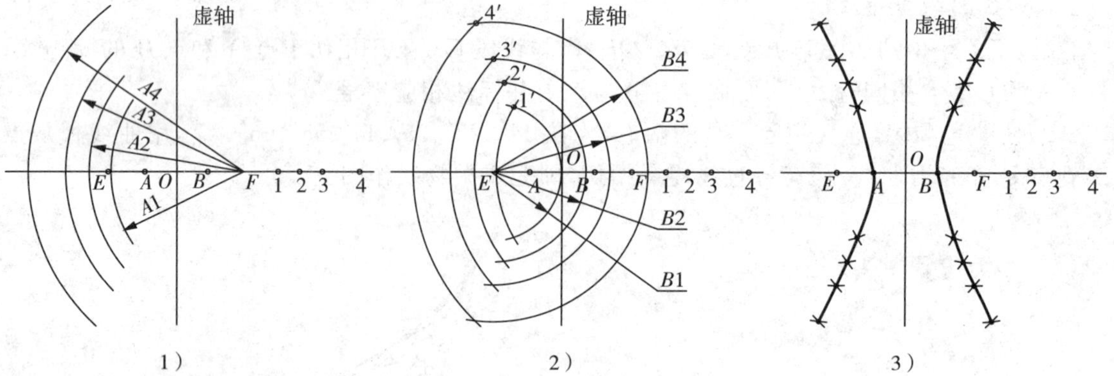

图 2-41　双曲线的画法

2.4.4　圆的渐开线

当一直线沿着一个圆周做纯滚动时，线上各点的运动轨迹即为圆的渐开线。

圆的渐开线画法：

1)如图 2-42 所示，将圆周及圆周展开长度 AB 取相同的任意等分(本例取 12 等分)。

2)从圆周上各等分点按同一方向作一系列圆的切线。

3)在第一条切线上从切点取一段长度，使其等于圆周一个等分长度，得点 1″(图中即在该切线上从切点起截取一段长度等于圆周的 1/12)；在第二条切线上从切点起截取圆周的两个等分长度(图中即在该切线上从切点起截取一段长度等于圆周的 2/12)，得点 2″；同理可得点 3″、4″、5″、6″、7″、8″、9″、10″、11″等。

4)用曲线板顺次光滑连接各点，即得圆的渐开线。

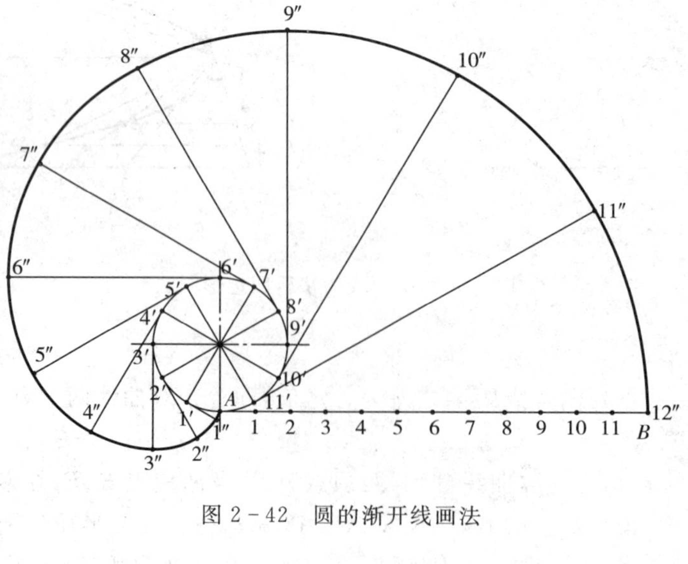

图 2-42　圆的渐开线画法

2.4.5 阿基米德涡线

平面上一动点沿一直线做匀速直线移动，同时该直线又绕线上一定点做等角速度转动，该动点的轨迹称为阿基米德涡线。直线旋转一周，动点沿直线移动的距离，称为导程。

阿基米德涡线的画法：

1）如图 2－43 所示，已知阿基米德涡线的导程 OA；以点 O 为圆心，OA 为半径画圆；将圆周和圆的半径取任意的相同等分（本例为 8 等分），并注明相应的编号；半径的等分点为 1、2、3、4、5、6、7，圆周的等分点为 1′、2′、3′、4′、5′、6′、7′。

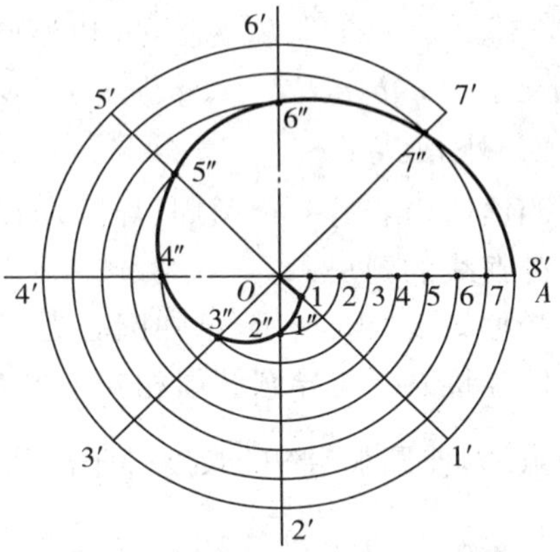

图 2－43 阿基米德涡线画法

2）根据阿基米德涡线的几何特性，直线旋转 $\frac{360°}{8}=45°$ 时，动点应在该直线上移动距离为导程的 $\frac{1}{8}$，即 $\frac{1}{8}OA$，在直线 $O1'$ 上截取一点 1″，使 $O1''=\frac{1}{8}OA$；直线旋转到 90°时，动点应在该直线上移动 $\frac{2}{8}$ 导程 OA，在直线 $O2'$ 上截取一点 2″，使 $O2''=\frac{2}{8}OA$；以此类推，可获得直线旋转一周，动点在该直线上的各点位置 1″、2″、3″、4″、5″、6″、7″等。

3）依次光滑连接各点，即为阿基米德涡线。

2.4.6 摆线

1．摆线

当已知圆沿一直线做纯滚动时，圆周上一点的运动轨迹就是摆线。该已知圆称为滚圆，该直线称为导线。

摆线的画法：

1）如图 2－44 所示，已知圆 O'，导线 OA；在导线 OA 上截取一点 K，使线段 OK 的长度等于已知圆的圆周长（即圆展开的长度）；将已知圆和线段 OK 取任意的相同等分（本例取 12 等分），已知圆周的等分点分别为 1′、2′、3′、4′、5′、6′、7′、8′、9′、10′、11′，线段 OK 的等分点分别为 1、2、3、4、5、6、7、8、9、10、11。

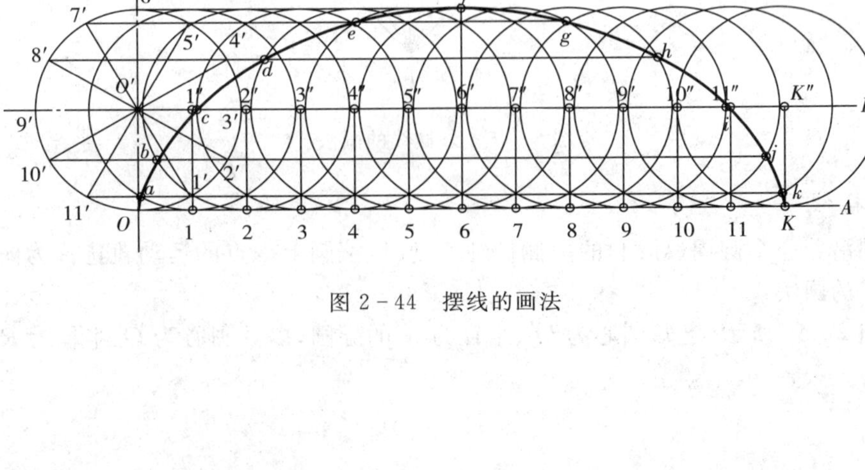

图 2－44 摆线的画法

2)通过点 O' 作 OA 的平行直线 $O'P$。

3)从导线上的各点 1、2、3、4、5、6、7、8、9、10、11、K 向上作 OA 的垂线,这些垂线分别交 $O'P$ 于点 $1''$、$2''$、$3''$、$4''$、$5''$、$6''$、$7''$、$8''$、$9''$、$10''$、$11''$、K''。

4)过点 $1'$、$2'$、$3'$、$4'$、$5'$、$6'$、$7'$、$8'$、$9'$、$10'$、$11'$ 作 OA 的平行线;分别以点 $1''$、$2''$、$3''$、$4''$、$5''$、$6''$、$7''$、$8''$、$9''$、$10''$、$11''$、K''为圆心,以滚圆的半径为半径,作一系列圆;各圆和各平行线两两对应相交于点 a、b、c、d、e、f、g、h、i、j、k,将这些点顺次光滑连接,即得所求摆线。

2. 外摆线

当滚圆沿着另一个圆周(导圆)的外侧做纯滚动时,滚圆上一点的运动轨迹称为外摆线。

外摆线的画法:

1)如图 2-45 所示,已知圆心为 O'、半径为 R'的导圆,以及圆心为 O、半径为 R 的滚圆。

2)连接 OO' 与导圆圆周相交于点 M;根据外摆线的性质,沿顺时针方向在导圆圆周上截取一点 N,使圆弧 $\overset{\frown}{MN}$ 的长度等于滚圆的圆周长度(即等于 $2\pi R$),那么 $\angle MO'N=\dfrac{R}{R'}\times 2\pi$。

3)将滚圆 O 的圆周和圆弧 $\overset{\frown}{MN}$ 取相同等分(本例取 6 等分);滚圆上的等分点为 1、2、3、4、5,圆弧 $\overset{\frown}{MN}$ 的等分点为 $1'$、$2'$、$3'$、$4'$、$5'$;连接 $O'1'$、$O'2'$、$O'3'$、$O'4'$、$O'5'$ 并延长,与以 O' 为圆心,以 OO' 为半径的圆周相交于点 $1''$、$2''$、$3''$、$4''$、$5''$。

4)以 $1''$、$2''$、$3''$、$4''$、$5''$等各点为圆心,以滚圆的半径 R 为半径画圆弧;以 O' 为圆心,分别以线段 $O'1$、$O'2$、$O'3$、$O'4$、$O'5$ 为半径画圆弧;这两组圆弧两两对应相交于点 a、b、c、d、e,将点 M、a、b、c、d、e、N 顺次光滑连接,即为所求外摆线。

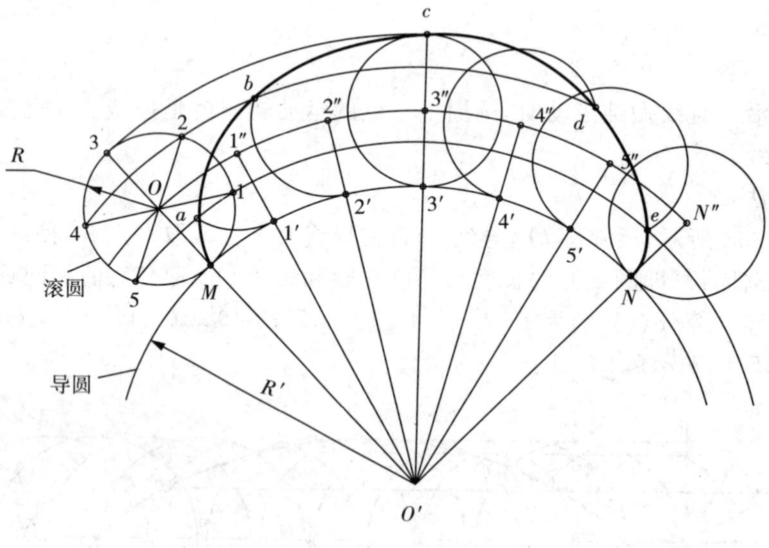

图 2-45 外摆线的画法

3. 内摆线

当滚圆沿着一个圆周(导圆)的内侧做纯滚动时,滚圆上一点的运动轨迹称为内摆线。

内摆线的画法:

1)如图 2-46 所示,已知圆心为 O'、半径为 R'的导圆,以及圆心为 O、半径为 R 的滚圆。

2)连接 $O'O$ 并延长与导圆交于点 M,自点 M 起顺时针在导圆圆周上截取一点 N,使在导圆上弧 $\overset{\frown}{MN}$ 的长度等于滚圆的周长(即等于 $2\pi R$);那么,$\angle MO'N=\frac{R}{R'}\times 2\pi$。

3)将滚圆 O 圆周、弧 $\overset{\frown}{MN}$ 取相同等分(本例取 6 等分);滚圆上的等分点为 1、2、3、4、5,圆弧 $\overset{\frown}{MN}$ 的等分点为 $1'$、$2'$、$3'$、$4'$、$5'$;连接 $O'1'$、$O'2'$、$O'3'$、$O'4'$、$O'5'$,与以 O' 为圆心,以 OO' 为半径的圆周相交于点 $1''$、$2''$、$3''$、$4''$、$5''$。

4)以 $1''$、$2''$、$3''$、$4''$、$5''$ 等各点为圆心,以滚圆的半径 R 为半径画圆弧;以点 O' 为圆心,分别以线段 $O'1$、$O'2$、$O'3$、$O'4$、$O'5$ 为半径画圆弧;这两组圆弧两两对应相交于点 a、b、c、d、e,将点 M、a、b、c、d、e、N 顺次光滑连接,即为所求内摆线。

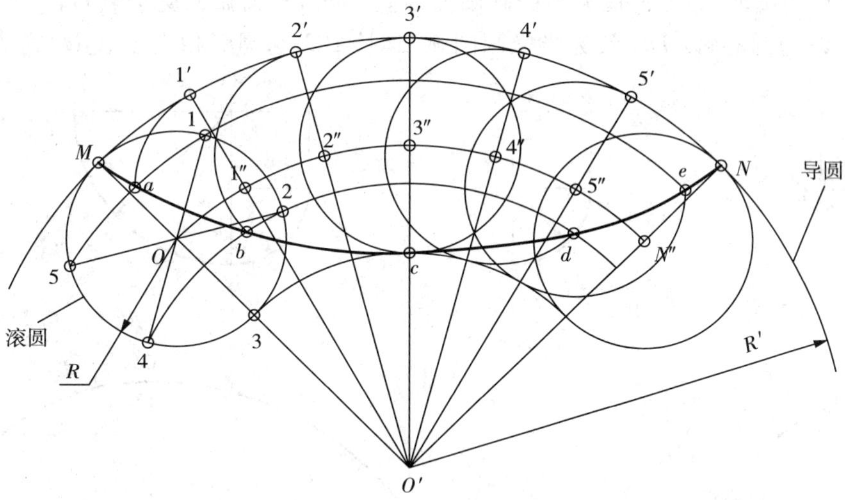

图 2-46 内摆线的画法

2.4.7 渐开涡线

1. 三心渐开涡线

1)如图 2-47 所示,渐开涡线的三个中心是等边三角形的三个顶点 A、B、C(以顺时针为例)。

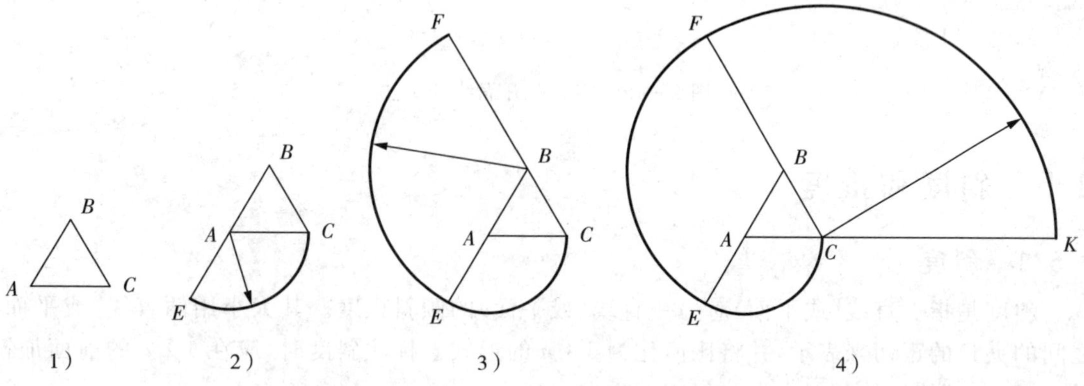

图 2-47 三心渐开涡线的画法

2)以点 A 为圆心,以 AB 长为半径画圆弧;延长直线 BA,与圆弧相交于点 E。

3)以点 B 为圆心,以 BE 长为半径画圆弧;延长直线 CB,与圆弧相交于点 F。

4)以点 C 为圆心,以 CF 长为半径画圆弧;延长直线 AC,与圆弧相交于点 K;如需要,可照此方法继续作图。

2. 四心渐开涡线

1)如图 2-48 所示,已知渐开涡线的四个中心是正方形的四个顶点 A、B、C、D(以逆时针为例)。

2)以点 A 为圆心,以 AD 长为半径画圆弧;延长 BA,与圆弧相交于点 E。

3)以点 B 为圆心,以 BE 长为半径画圆弧;延长 CB,与圆弧相交于点 F。

4)以点 C 为圆心,以 CF 长为半径画圆弧;延长 DC,与圆弧相交于点 G。

5)以点 D 为圆心,以 DG 长为半径画圆弧;延长 BC,与圆弧相交于点 H,完成作图。

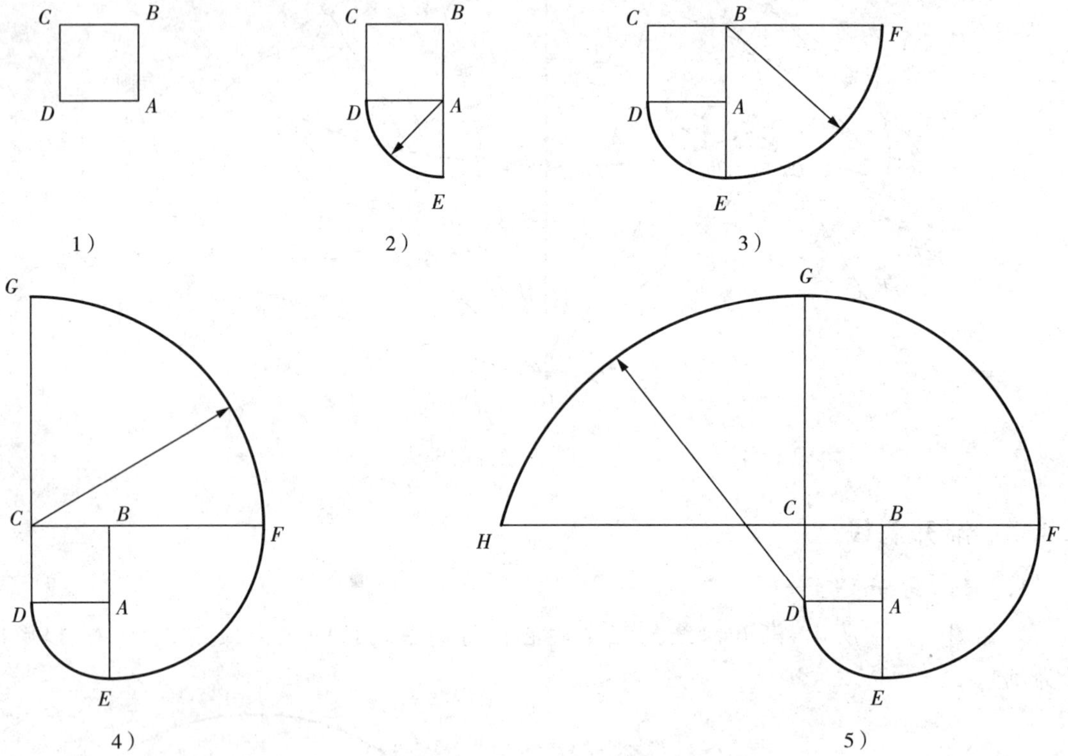

图 2-48　四心渐开涡线的画法

2.5　斜度和锥度

2.5.1　斜度

斜度是指一直线(或平面)对另一直线(或平面)的倾斜程度。其大小用两直线(或平面)之间的夹角的正切来表示,并将比值化为 1∶n 的形式。标注斜度时,应在 1∶n 的前面加符号“∠”,“∠”符号的倾斜方向与斜度的方向一致。

(1)斜度的标注

斜度的标注,如图 2-49 所示。

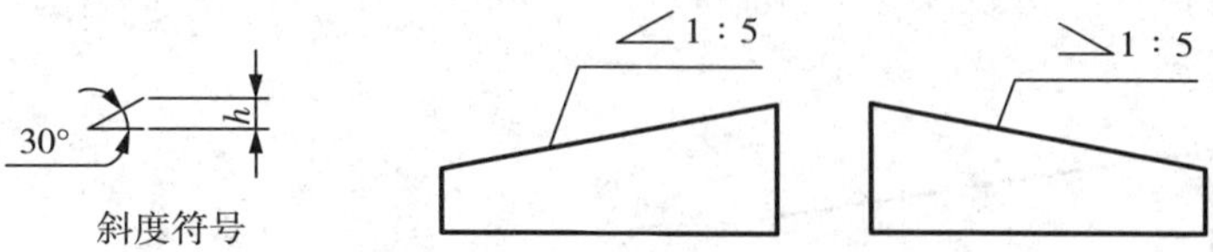

图 2-49 斜度的标注

(2)斜度的画法

1)如图 2-50 所示,已知直线 AB,求作过点 C 与 AB 成 1∶5 斜度的直线。

2)在直线 AB 上,自 A 点始截取 5 个单位长,得点 M;过点 M 作 AB 的垂线,并在线上截取一点 N,使 MN 等于 1 个单位长度,连接 AN,即所求斜度的斜边。

3)过点 C,作 AN 的平行线;过点 A 作 AB 的垂线;两线相交于点 D,直线 DC 即为所求。

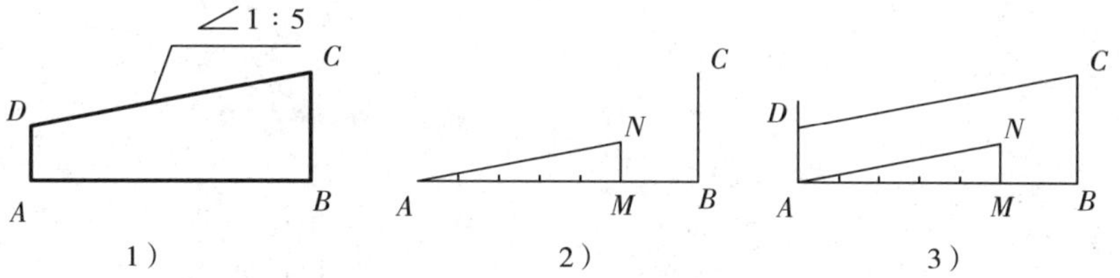

图 2-50 斜度的画法

2.5.2 锥度

锥度是指正圆锥底圆直径与其高度之比,或圆锥台两底圆直径之差与其高度之比。将比值化为 1∶n 的形式。标注锥度时,应在 1∶n 的前面加符号"◁","◁"符号的倾斜方向与锥度的方向一致。

(1)锥度的标注

锥度的标注,如图 2-51 所示。

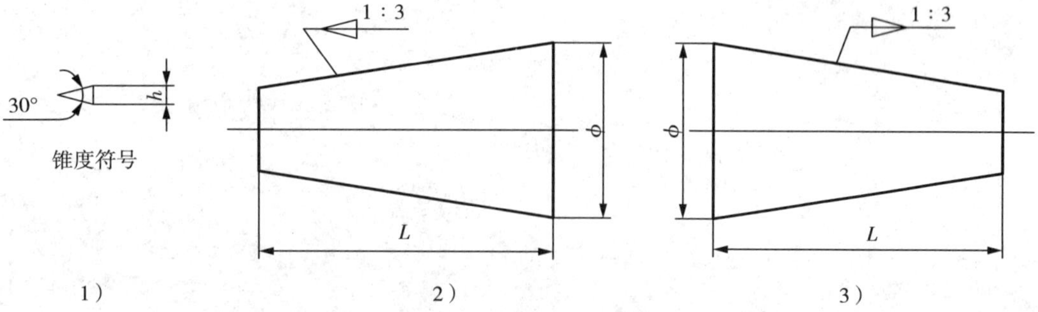

图 2-51 锥度的标注

(2)锥度的画法

1)如图 2-52 所示,已知圆锥台,作出其 1∶3 的锥度。

2)在圆台的中心线O_1O_2上,自O_1点始截取3个单位长度,得点K;以O_1为圆心,以1个单位长度为直径,在圆台底圆投影线上截取M、N两点(M、N两点的距离为1个单位长度);连接KM、KN,形成的锥度即为1∶3锥度。

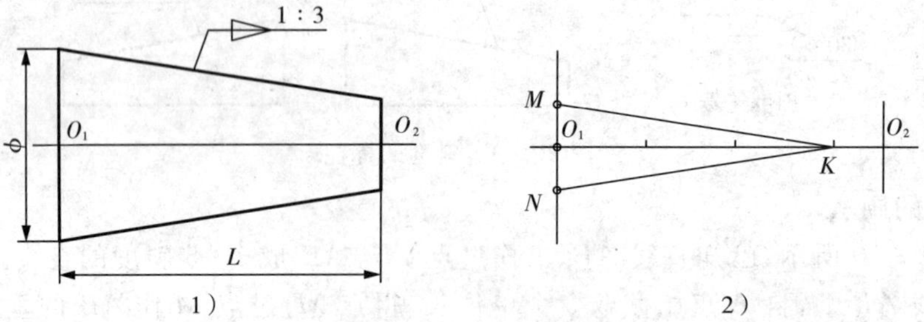

图2-52　锥度的画法

第 3 章　正投影基础

3.1　投影的基本知识

3.1.1　投影的分类

投影方法分为两类：中心投影法和平行投影法。

1. 中心投影法

如图 3－1 所示，中心投影法是指投影线汇交于投影中心点(s)的方法。

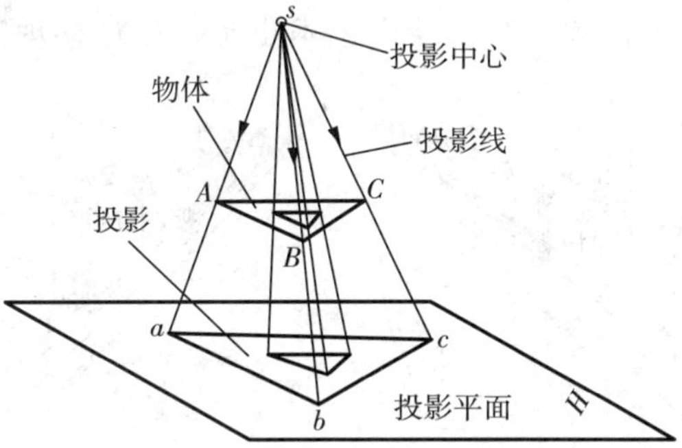

图 3－1　中心投影

2. 平行投影法

如图 3－2、图 3－3 所示，平行投影法是指投影线相互平行的方法。平行投影法分为两类：直角投影和斜角投影。

(1)如图 3－2 所示，斜投影是指投影方向倾斜于投影平面(H)的投影。

(2)直角投影有三种情况：正投影、标高投影、正轴测投影。机械制图中，主要采用正投影法。如图 3－3 所示，正投影是指投影方向垂直于投影平面(H)的投影。

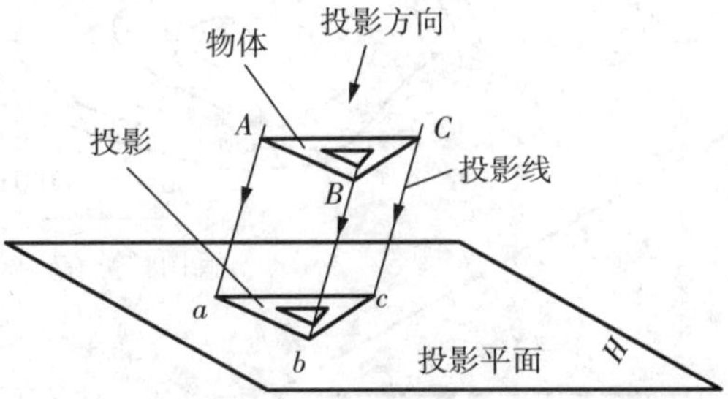

图 3－2　斜投影

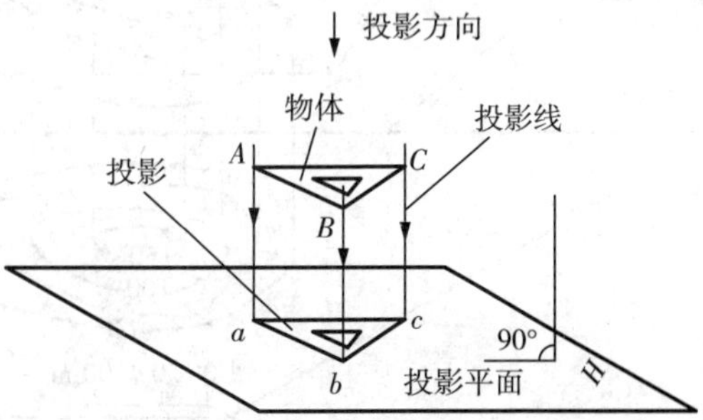

图 3－3　正投影

投影法的分类及其应用，如图 3－4 所示。

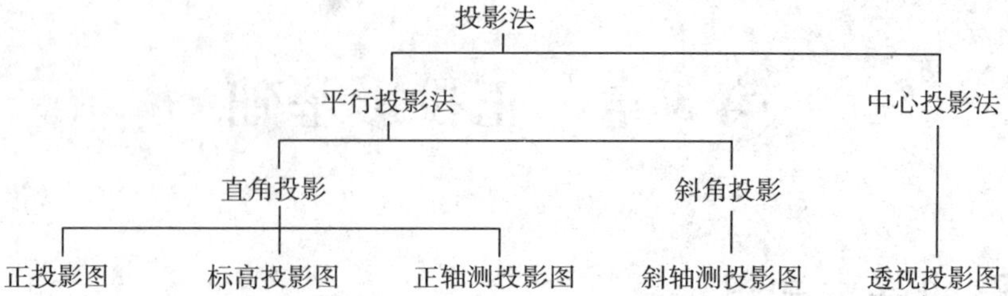

图 3-4　投影法分类及其应用

3.1.2　工程上使用的几种投影图

1. 透视图

如图 3-5 所示,透视图是采用中心投影法绘制的一种单面投影图。它的特点是直观、形象,符合人们的视觉习惯,物体距离观察者越近,所得的透视越大;反之,所得的透视越小。透视图一般用于土木建筑工程图;同时,绘图艺术也常采用透视理论。

图 3-5　透视图

2. 标高投影图

标高投影图是一种用直角投影绘制的单面投影。如图 3-6 所示,图中表示的是一个高

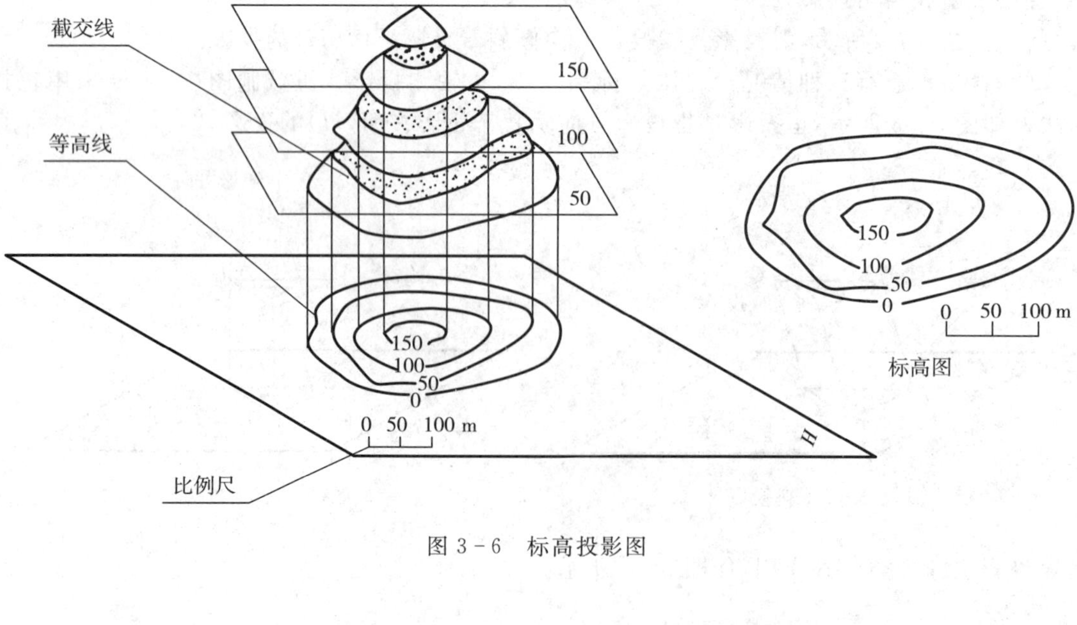

图 3-6　标高投影图

地的地形图，一系列的曲线称为等高线(即将地面上相同高程的点连接起来的曲线)；等高线上的数字表示该等高线的高程，如“50”即表明该等高线的海拔为 50 米。标高投影图通常用来表示复杂的曲面形状和地面的起伏。

3. 轴测图

如图 3－7 所示，轴测图是一种用平行投影法绘制的单面投影。其优点是表达零部件和管道布置比较直观、形象，在一个投影图中同时反映出物体的长、宽、高三个方向；缺点是物体表达不全面、作图复杂，故一般作为机械制图的辅助图样。

4. 正投影图

如图 3－8 所示，正投影图是用直角投影法绘制的多面投影，是从不同的方向将物体投影到几个相互垂直的投影面上，然后将相互垂直的各投影面沿着相应的投影轴旋转，使几个投影展开在一个平面上所获得的图形。正投影图表达物体全面、准确，绘图比较方便，但不直观。

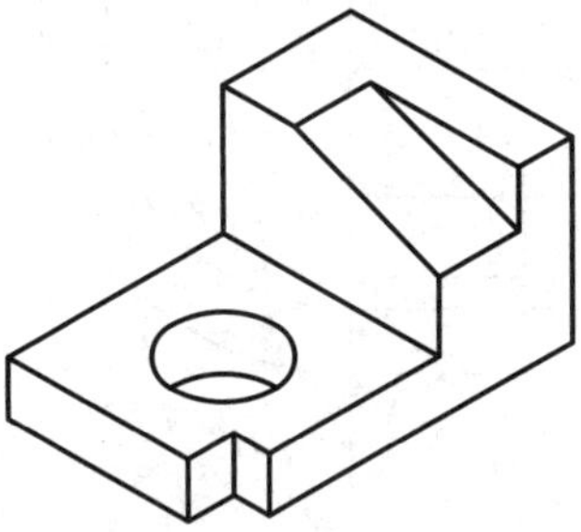

图 3－7　轴测图

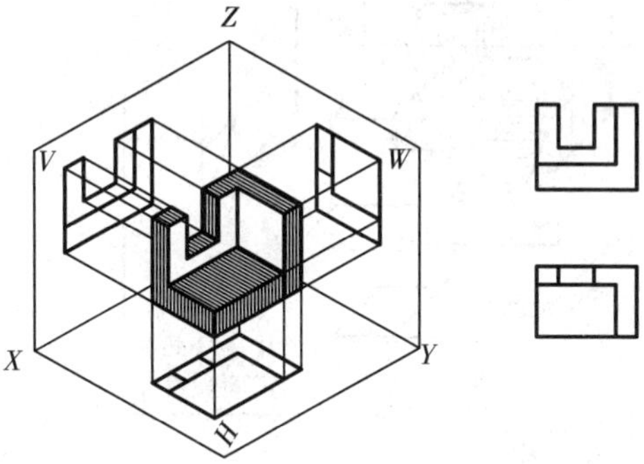

图 3－8　正投影图

5. 投影制

如图 3－9 所示，用两个互相垂直相交的投影面将空间分为四个角，依次称为第一角、第

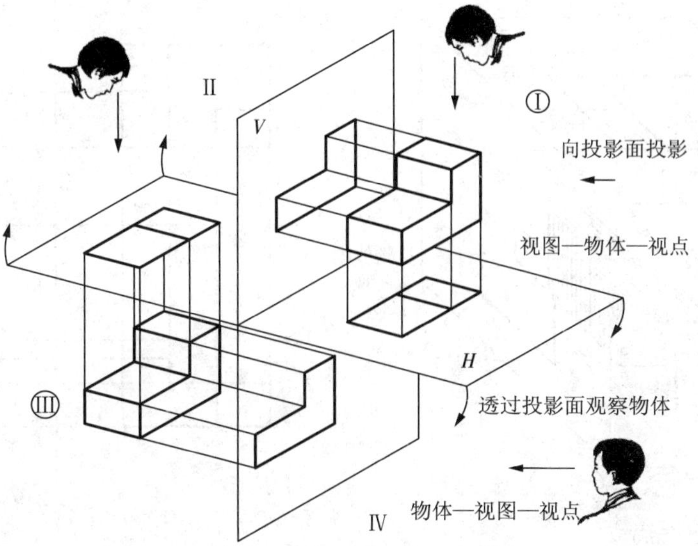

图 3－9　空间四角

二角、第三角和第四角。在工程制图领域，通常采用的是两种投影制，即第一角投影和第三角投影。中国、法国、英国、德国、俄罗斯等国采用第一角投影；美国、日本、澳大利亚等国采用第三角投影。

如图 3－9、图 3－10a 所示，第一角画法是将物体置于观察者与投影面之间，投影顺序是：观察者（视点）→物体→投影面（视图）；各视图的配置如图 3－10b 所示。

如图 3－9、图 3－11a 所示，第三角画法是将投影面置于观察者与物体之间，并把投影面当作透明的，投影顺序是：观察者（视点）→投影面（视图）→物体；各视图的配置如图 3－11b 所示。

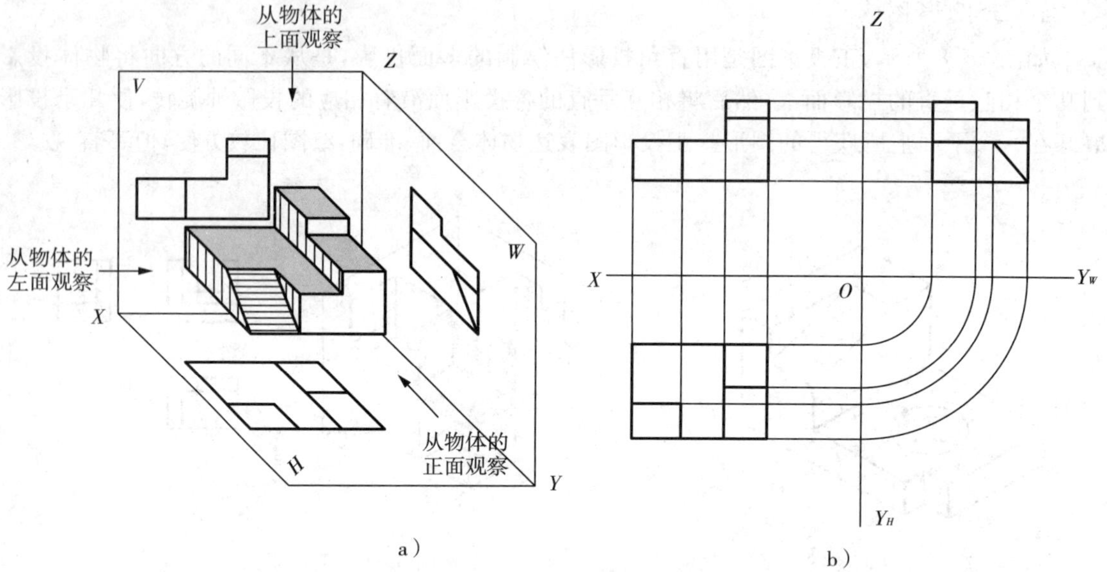

图 3－10　第一角投影

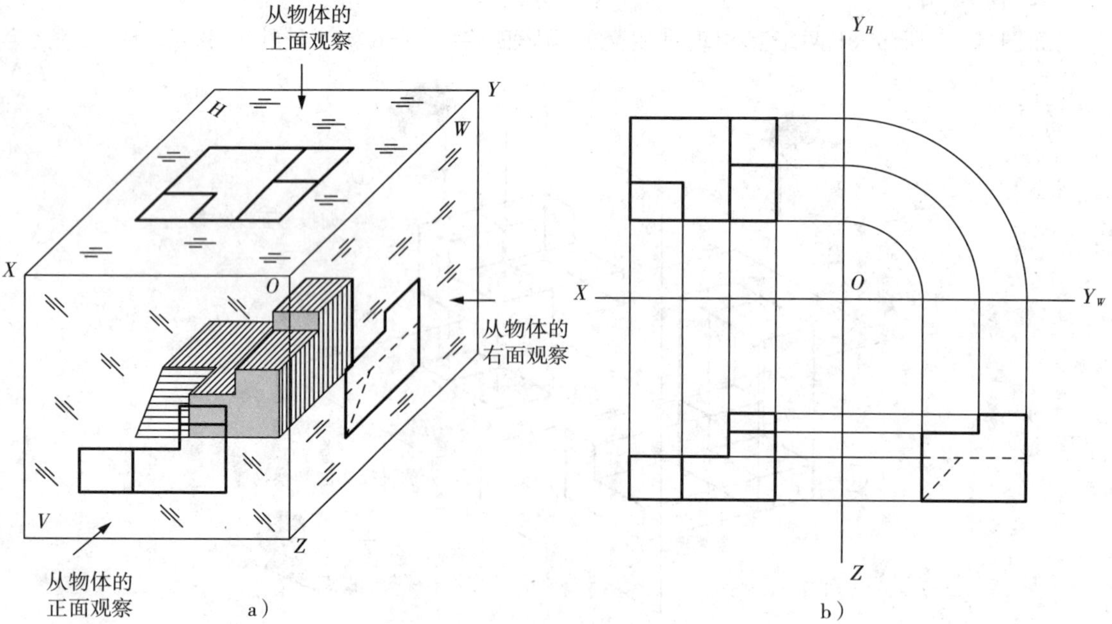

图 3－11　第三角投影

6. 平行投影法(或正投影法)的一般性质

(1)度量性

如图 3-12 所示,当直线或平面平行于投影面时,它们在该投影面上的投影反映其实长或实形。即 $ef=EF$;$\triangle abc \cong \triangle ABC$。

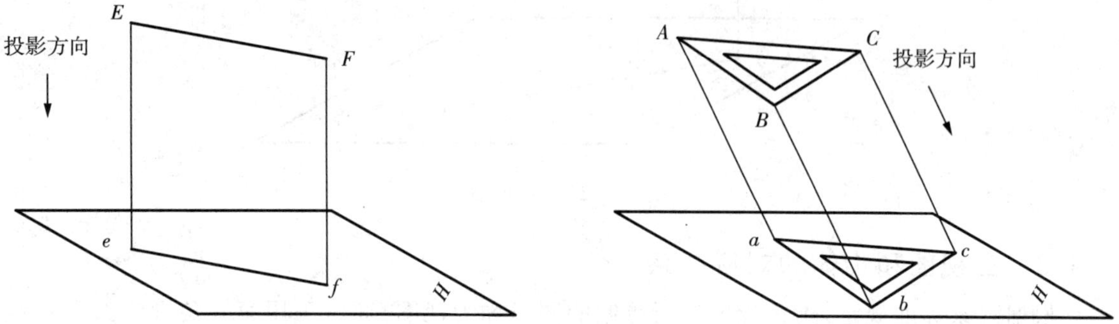

图 3-12 度量性

(2)积聚性

如图 3-13 所示,当直线或平面平行于投影方向时,它们在该投影面上的投影积聚为一点或一直线。

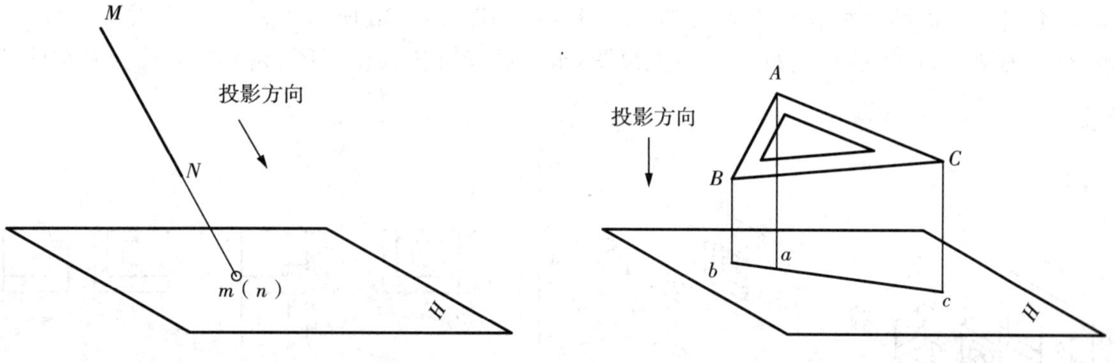

图 3-13 积聚性

(3)平行性

如图 3-14 所示,互相平行的两直线在同一平面上的投影仍保持平行,且原两直线的长度的比例关系不变。图中 $AB /\!/ CD$,则 $ab /\!/ cd$,且 $AB : CD = ab : cd$。

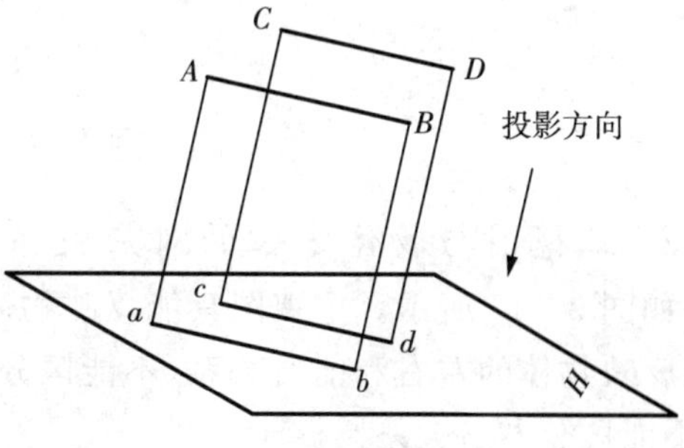

图 3-14 平行性

(4)定比性

如图 3-15 所示,点在直线上,则点的投影仍在直线的同名投影上,且点分割该直线为两段的长度比例不变。图中点 K 属于直线 AB,则点 k 属于 ab,且 $AK : KB = ak : kb$。

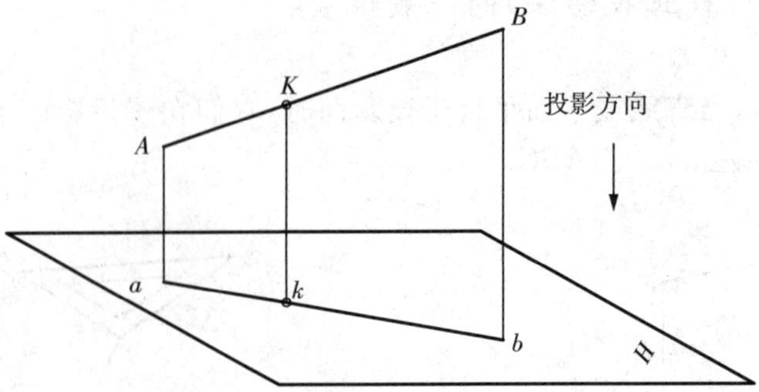

图 3-15　定比性

3.1.3　三视图和物体的对应关系

根据国家标准规定，用正投影法所绘制的图形称为视图，通常采用第一角画法。（注：本书第三章的部分图例，用箭头标注了投影方向，以后用正投影法，就不再标注箭头。）

1. 三视图的形成

如图 3-16a 所示，将物体置于三投影面体系中，分别向三个互相垂直的投影面进行投影；如图 3-16b 所示，保持正面（V）不动，将水平面（H）绕 OX 轴向下旋转 90°与正面（V）成一平面，将侧面（W）绕 OZ 轴向右旋转 90°，也与正面（V）处在同一平面上，如图 3-16c 所示。取消投影面的边框和投影轴，则形成三视图，如图 3-16d 所示。

三视图中，物体的正面投影称为主视图，水平面投影称为俯视图，侧面投影称为左视图。

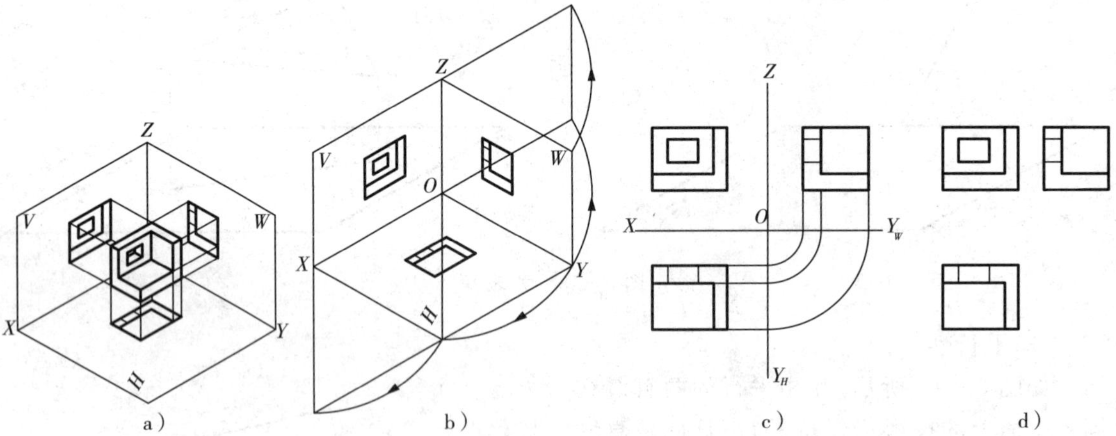

a）　b）　c）　d）

图 3-16　三视图的形成

2. 三视图与物体方位的对应关系

如图 3-17 所示。主视图只能反映物体的上下和左右关系，不能区分前后关系；俯视图只能反映物体的左右和前后关系，不能区分上下关系；左视图只能反映物体的上下和前后关系，不能区分左右关系。

三视图中，主视图较为重要，俯视图在主视图的正下方，左视图在主视图的正右方。

绘制三视图时，必须以主视图为主，按上述关系配置视图。

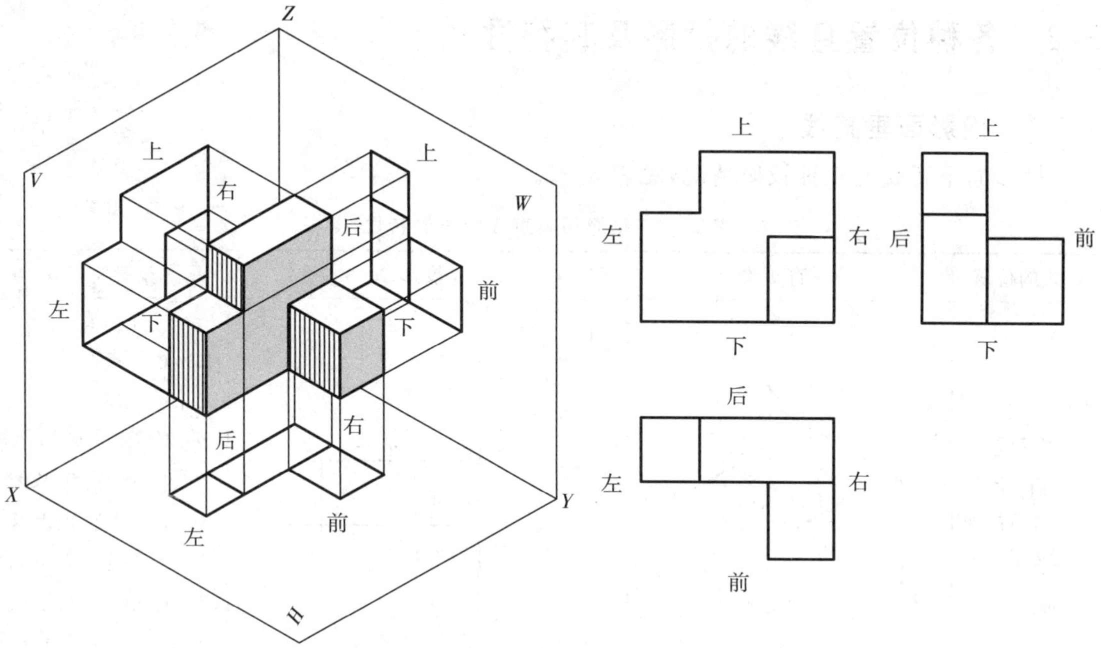

图 3-17　三视图与物体方位的对应关系

3. 三视图与物体长、宽、高的对应关系

如图 3-18 所示，物体在三投影面体系中的位置确定后，标准规定，左、右之间的距离为长；前、后之间距离为宽；上、下之间的距离为高。从而，主视图反映物体的长与高，俯视图反映物体的长与宽，左视图反映物体的高与宽。因此得出三视图之间的投影规律：

长对正——主视图和俯视图反映物体同一长度，即"主、俯长对正"；

高平齐——主视图和左视图反映物体同一高度，即"主、左高平齐"；

宽相等——俯视图和左视图反映物体同一宽度，即"俯、左宽相等"。

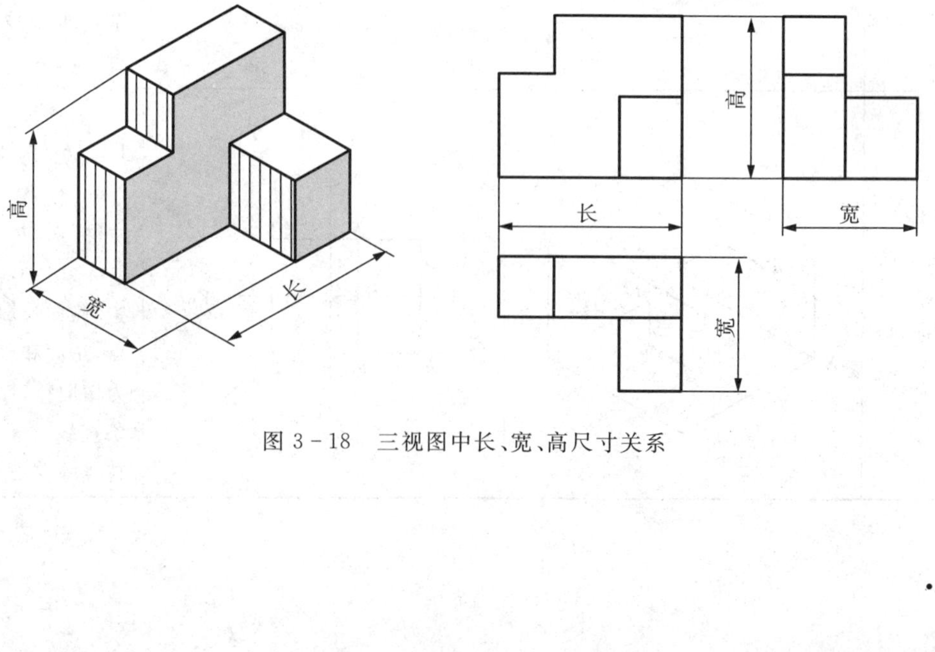

图 3-18　三视图中长、宽、高尺寸关系

3.2 各种位置直线的投影及其特性

3.2.1 投影面垂直线

投影面垂直线的三种投影情况，见表 3-1。

表 3-1 投影面垂直线的投影特性

直线的位置	直观图	投影图	投影特性
（正垂线） 垂直于正面，平行于水平面和侧面	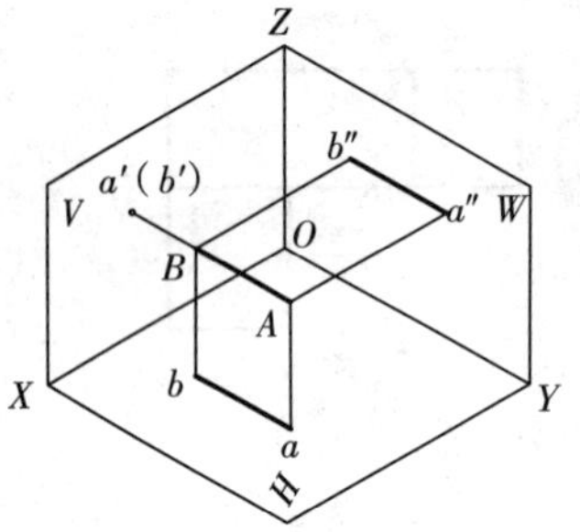	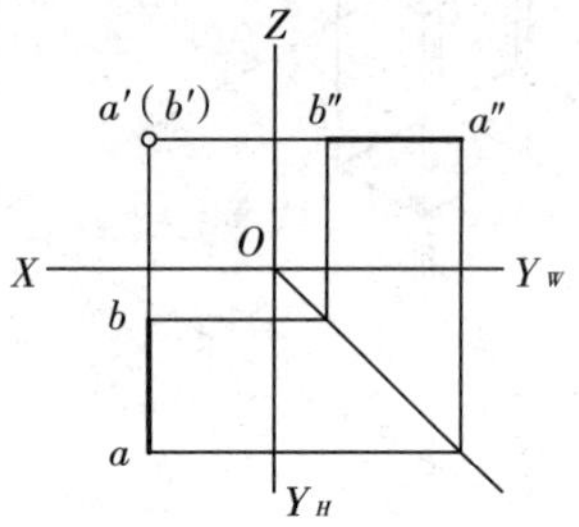	正垂线 1. $a'(b')$积聚成点 2. $ab=AB=a''b''$，$ab\parallel OY_H$，$a''b''\parallel OY_W$ 3. 说明：在投影图中，正面投影积聚为点，水平投影为竖向线，侧面投影为横向线，而且这两条直线均反映空间直线的实长
（铅垂线） 垂直于水平面，平行于正面和侧面	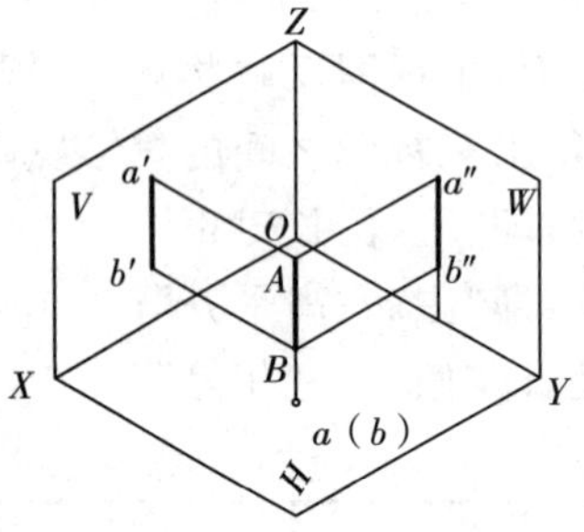	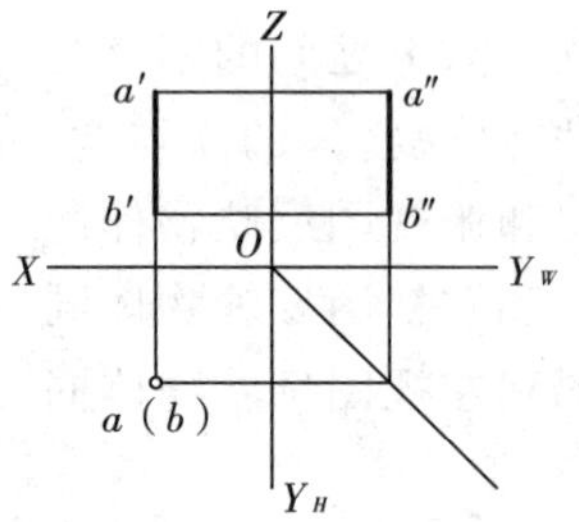	铅垂线 1. $a(b)$积聚成点 2. $a'b'=AB=a''b''$，$a'b'\parallel OZ\parallel a''b''$ 3. 说明：在投影图中，水平投影积聚为点，正面和侧面投影为竖向线，而且这两条直线均反映空间直线实长
（侧垂线） 垂直于侧面，平行于水平面和正面	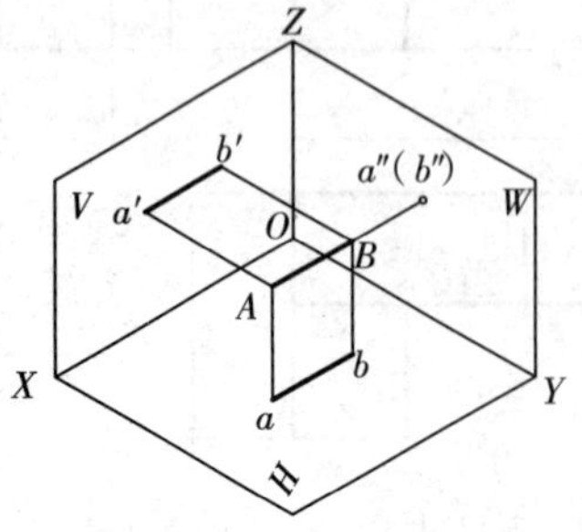	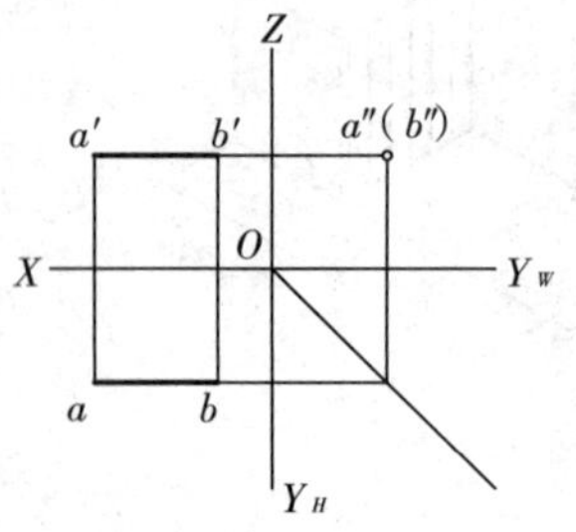	侧垂线 1. $a''(b'')$积聚成点 2. $ab=AB=a'b'$，$ab\parallel OX\parallel a'b'$ 3. 说明：在投影图中，侧面投影积聚为点，正面和水平面均为横向线，而且这两条直线均反映空间直线的实长

3.2.2　投影面平行线

投影面平行线的三种投影情况，见表 3－2。

表 3－2　投影面平行线的投影特性

直线的位置	直观图	投影图	投影特性
（正平线） 平行于正面，与水平面和侧面倾斜	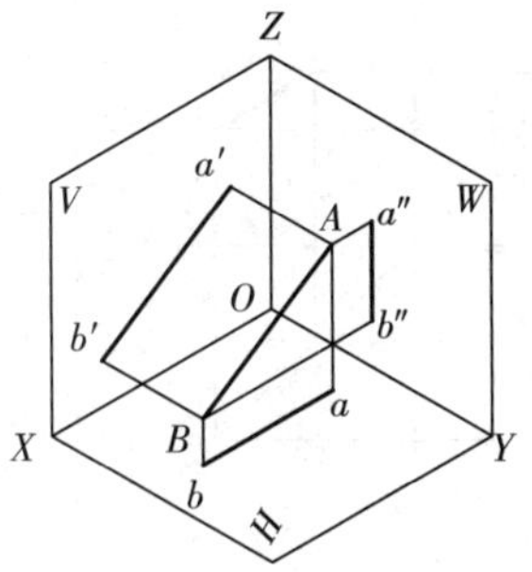	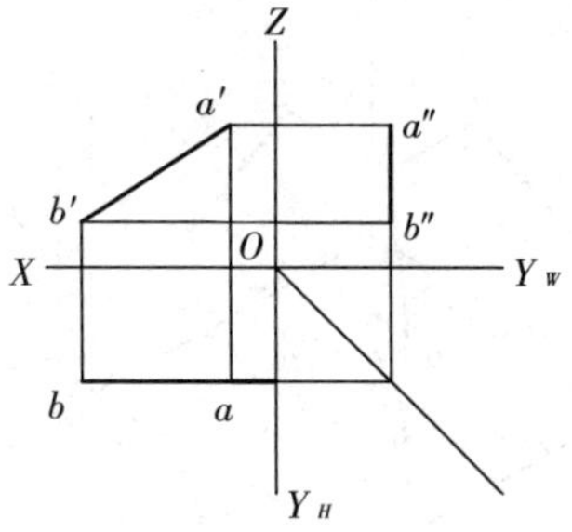	正平线 1. $AB=a'b'$ 2. $ab \parallel OX$，$a''b'' \parallel OZ$ 3. 说明：正面投影为斜线，反映空间直线的实长。水平投影为横向线，侧面投影为竖向线，而且这两条直线均小于空间直线的实长
（水平线） 平行于水平面，与正面和侧面倾斜	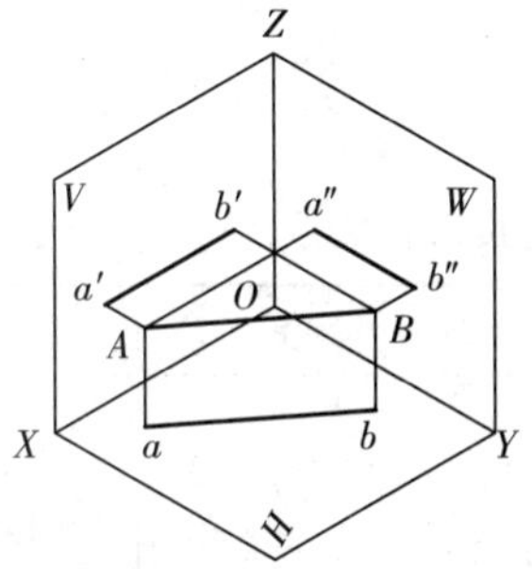	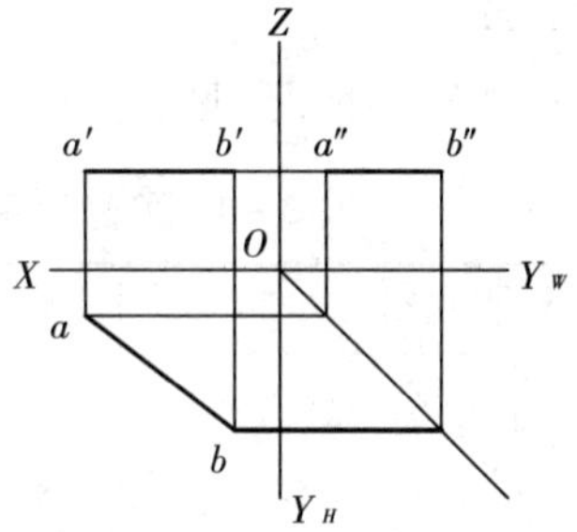	水平线 1. $AB=ab$ 2. $a'b' \parallel OX$，$a''b'' \parallel OY_W$ 3. 说明：水平投影为斜线，反映空间直线的实长。正面投影与侧面投影均为横向线，但这两条直线都小于空间直线的实长
（侧平线） 平行于侧面，与水平面和正面倾斜	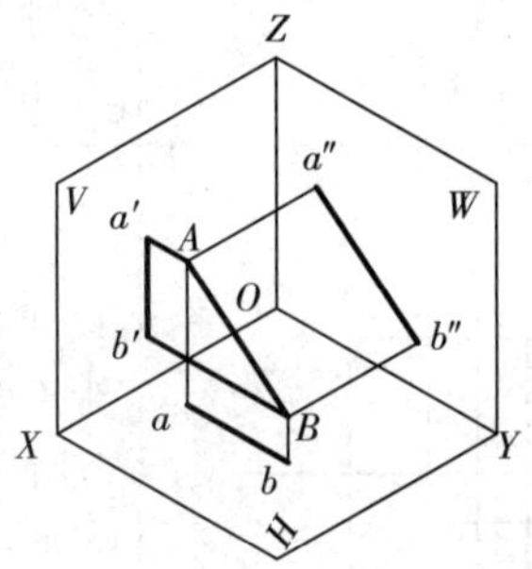	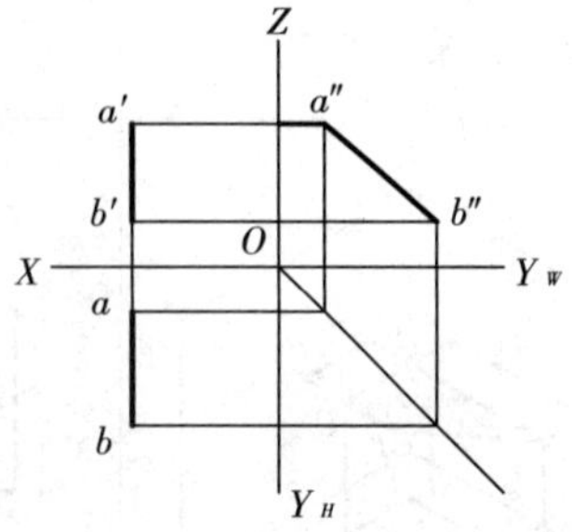	侧平线 1. $AB=a''b''$ 2. $ab \parallel OY_H$，$a'b' \parallel OZ$ 3. 说明：侧面投影为斜线，反映空间直线的实长。正面投影与水平投影均为竖向线，但这两条直线都小于空间直线的实长

3.2.3 一般位置直线

一般位置直线的投影情况，见表 3－3。

表 3－3 一般位置直线的投影特性

直线的位置	直观图	投影图	投影特性
(一般位置直线) 倾斜于三个投影面的直线	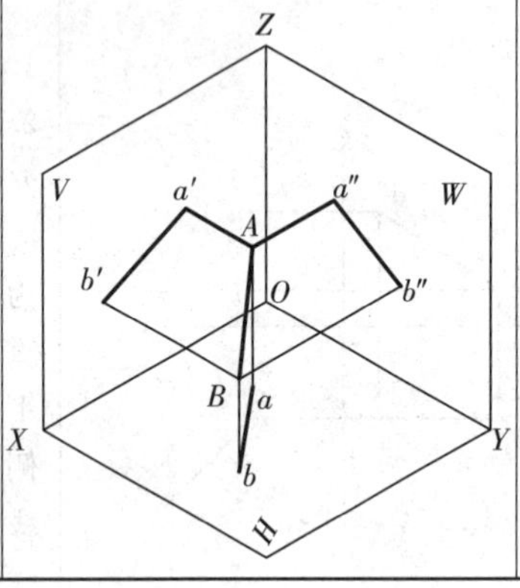	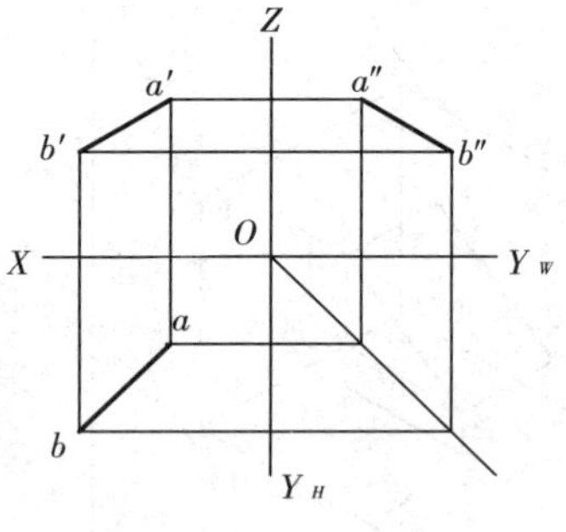	一般位置直线 1. 与正面、水平面和侧面都倾斜 2. 三个投影都倾斜于投影轴，且均不反映空间直线的实长

3.3 各种位置平面的投影及其特性

3.3.1 投影面平行面

投影面平行面的三种投影情况，见表 3－4。

表 3－4 投影面平行面的投影特性

平面的位置	直观图	投影图	投影特性
(正平面) 平行于正面	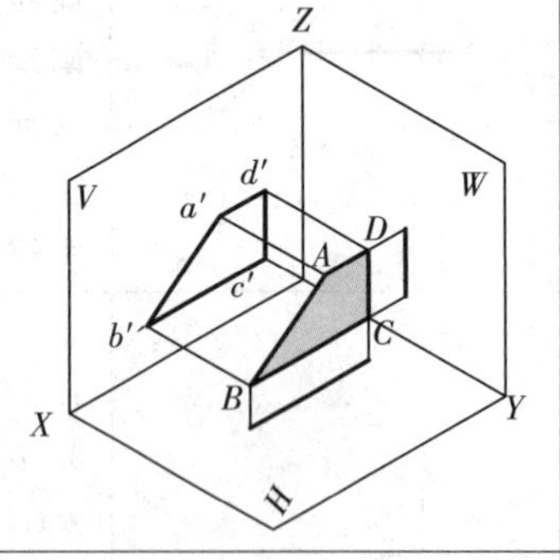	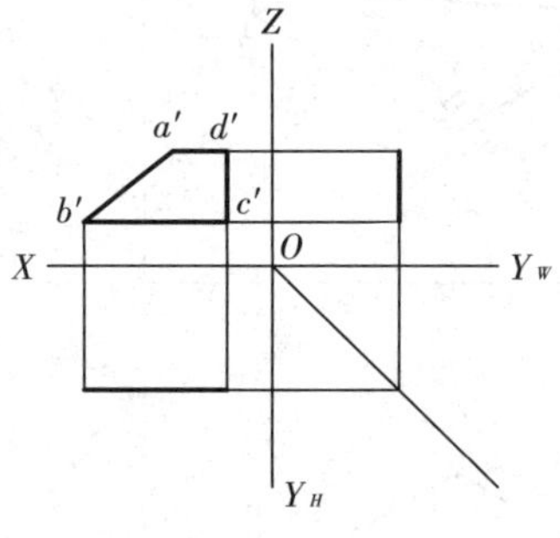	正平面 1. 平行于正面，垂直于水平面和侧面 2. 正面投影反映平面实形，是一个封闭型线框；水平面投影积聚成横向线，侧面投影积聚成竖向线
(水平面) 平行于水平面	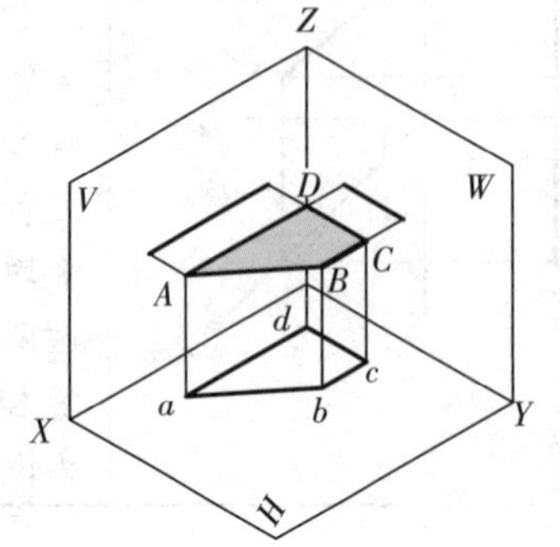	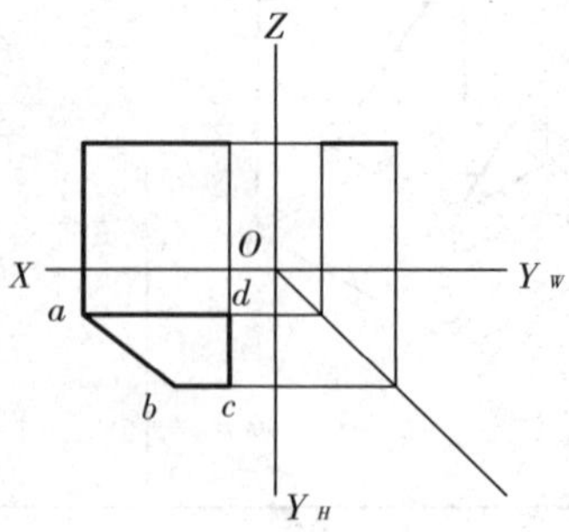	水平面 1. 平行于水平面，垂直于正面和侧面 2. 水平投影反映平面实形，是一个封闭型线框；正面和侧面投影积聚成为横向线

（续表）

平面的位置	直观图	投影图	投影特性
（侧平面）平行于侧面	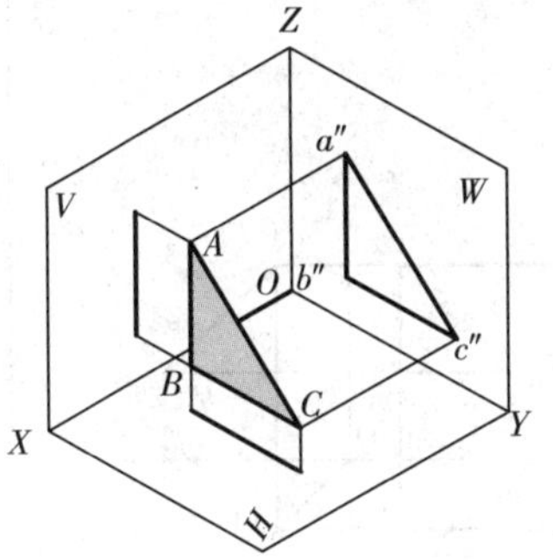	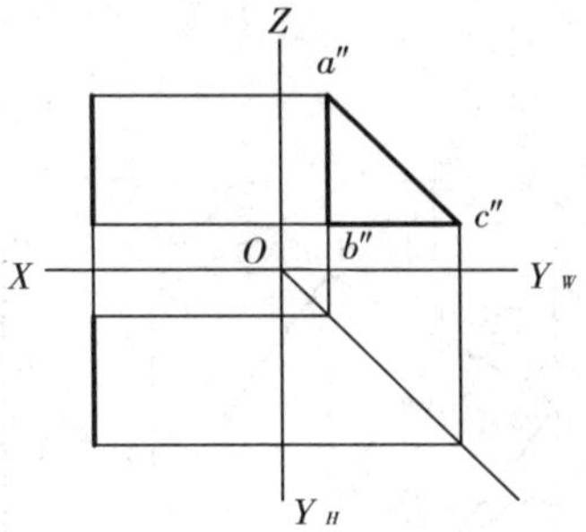	侧平面 1. 平行于侧面，垂直于水平面和正面 2. 侧面投影反映平面实形，是一个封闭型线框；正面和水平面的投影积聚成竖向线

3.3.2　投影面垂直面

投影面垂直面的三种投影情况，见表3－5。

表3－5　投影面垂直面的投影特性

平面的位置	直观图	投影图	投影特性
（正垂面）垂直于正面	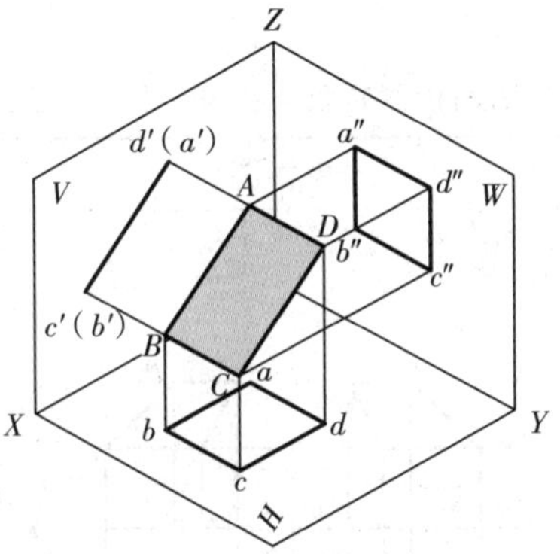	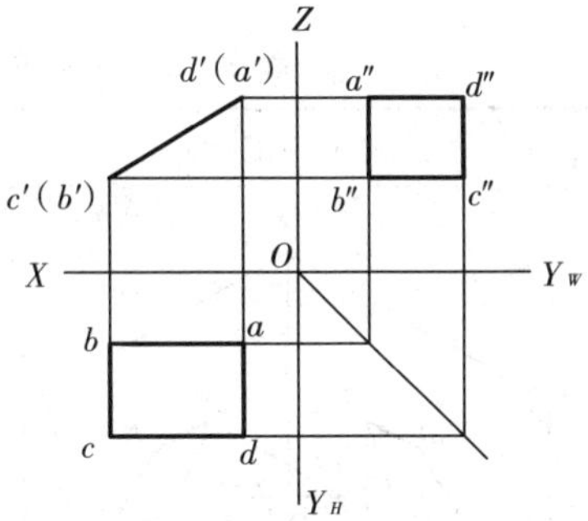	正垂面 1. 垂直于正面，与水平面和侧面倾斜 2. 正面投影积聚成一条直线，与投影轴倾斜；水平投影和侧面投影为类似形，相对空间平面面积缩小
（铅垂面）垂直于水平面	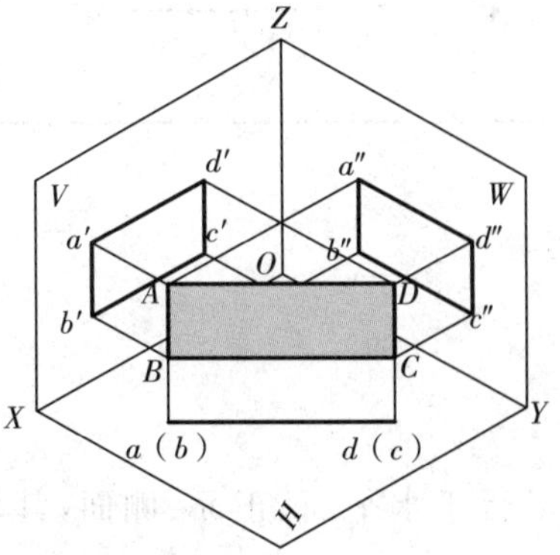	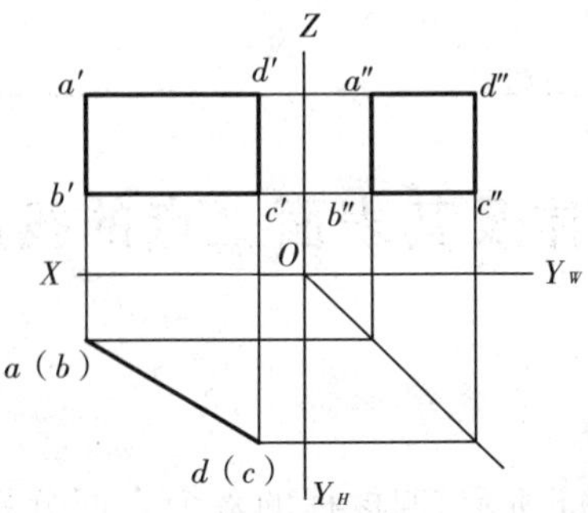	铅垂面 1. 垂直于水平面，与正面和侧面倾斜 2. 水平面投影积聚成一条直线，与投影轴倾斜；正面投影和侧面投影为类似形，相对空间平面面积缩小

（续表）

平面的位置	直观图	投影图	投影特性
（侧垂面） 垂直于侧面	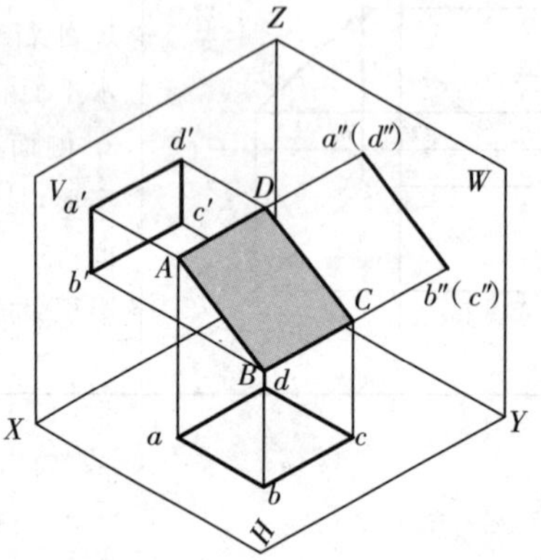	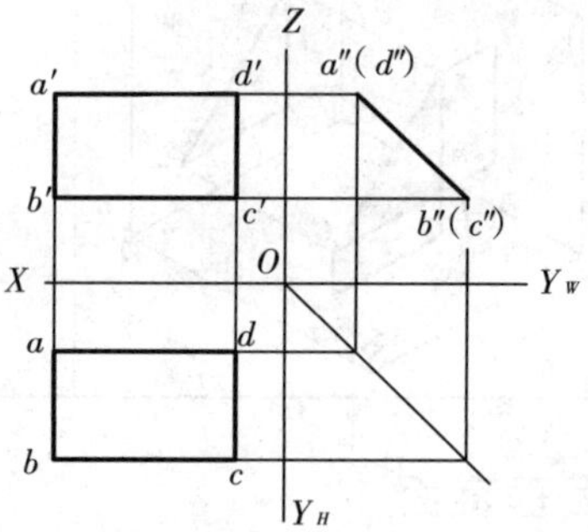	侧垂面 1. 垂直于侧面，与正面和水平面倾斜 2. 侧面投影积聚成一条直线，与投影轴倾斜；正面投影和水平面投影为类似形，相对空间平面面积缩小

3.3.3 一般位置平面

一般位置平面的投影情况，见表 3-6。

表 3-6 一般位置平面的投影特性

平面的位置	直观图	投影图	投影特性
（一般位置平面） 倾斜于三个投影面	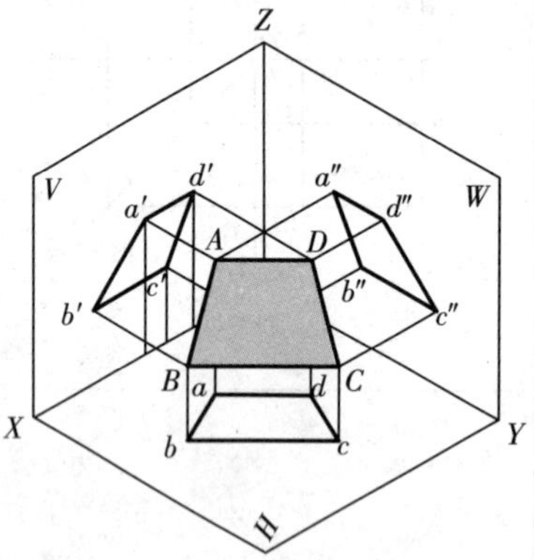	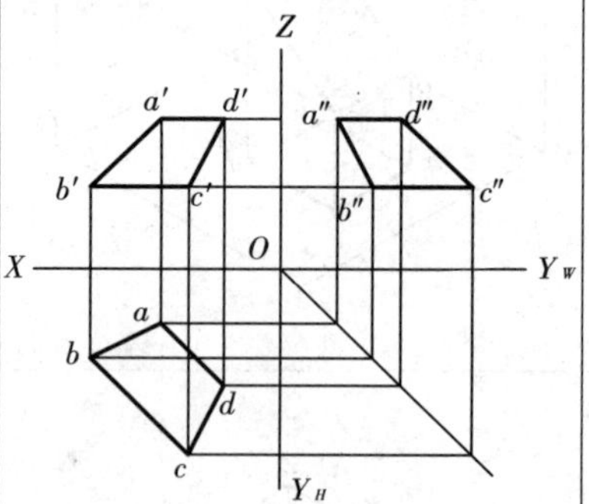	一般位置平面 1. 与正面、水平面和侧面都倾斜 2. 三面投影均是类似形，线框相对应，相对空间平面面积缩小

3.4 几何体及其表面上点的投影

3.4.1 棱柱

1. 四棱柱

如图 3-19a 所示，四棱柱的六个表面分别平行于水平面、正面、侧面，其六个表面的投影分别反映出相应表面的实形。

前表面上 K 点的各投影分别在该表面的对应投影上，如图 3-19b 所示。

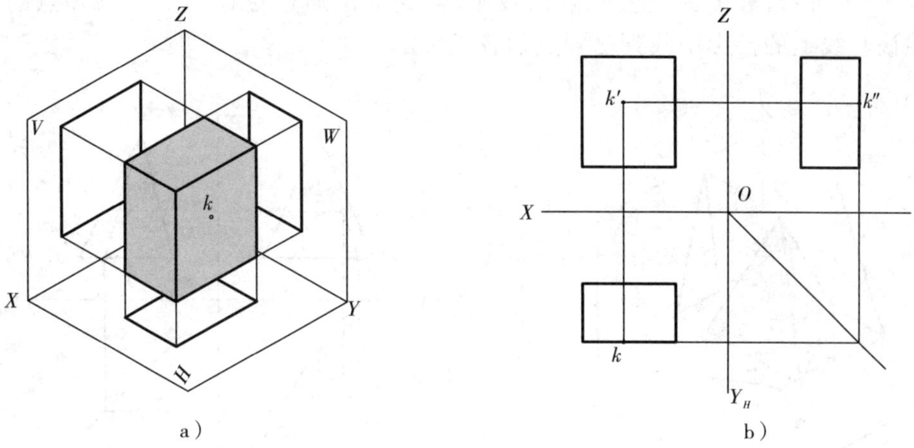

图 3-19 四棱柱

2. 正五棱柱

如图 3-20a 所示，棱柱的前棱面为正平面，其水平投影和侧面投影积聚成平行于投影轴的直线，正面投影反映其实形。另外几个棱面是铅垂面，水平投影积聚成一条直线，侧面投影和正面投影是相似形。上、下底面为水平面，水平投影反映底面的实形；正面和侧面投影积聚成平行于投影轴的直线。五条垂直棱线积聚成五边形的五个顶点；正面投影和侧面投影能明确地反映出五棱柱的实际高度。

左棱面上 K 点的各投影分别在该表面的对应投影上，如图 3-20b 所示。

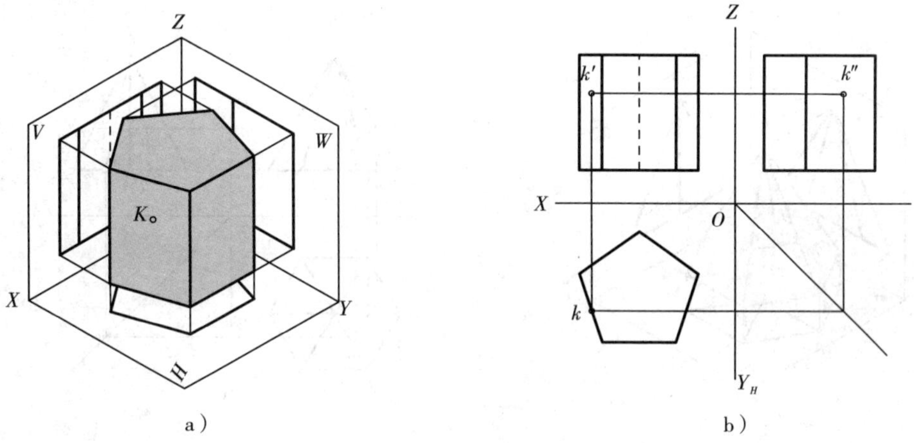

图 3-20 正五棱柱

3.4.2 棱锥

1. 正三棱锥

如图 3-21 所示，棱面 SAB 是侧垂面，另外两个棱面为一般位置平面，其各投影都不能反映实形。底面为水平面，正面投影和侧面投影各积聚成一条平行于投影轴的直线，水平投影反映底面的实形。

如图 3-21 所示，求棱面上已知点的投影，需先求出通过棱锥顶点和已知点的直线投影，然后在该直线上的投影中找到已知点的各投影。

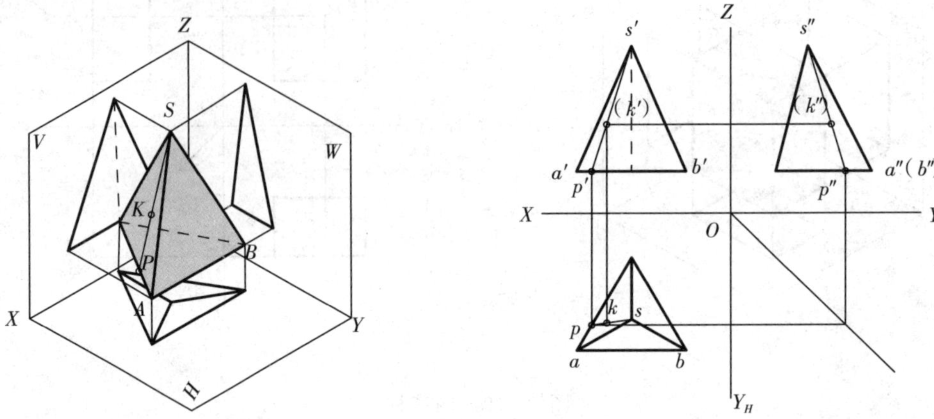

图 3-21　正三棱锥

2. 正六棱锥

如图 3-22 所示，正六棱锥的前后两个棱面是侧垂面，其余四个为一般位置平面，在各投影面上均不反映实形。底面为水平面，水平投影反映其实形，正面和侧面投影积聚成平行于投影轴的直线。棱 SA 是正平线，正面投影 $s'a'$ 反映其实形。

如图 3-22 所示，作锥面上的已知点的投影，可以通过作该点与顶点的连线、过该点平行于底面相应棱线，在两连线的相应投影上找到已知点的各投影。

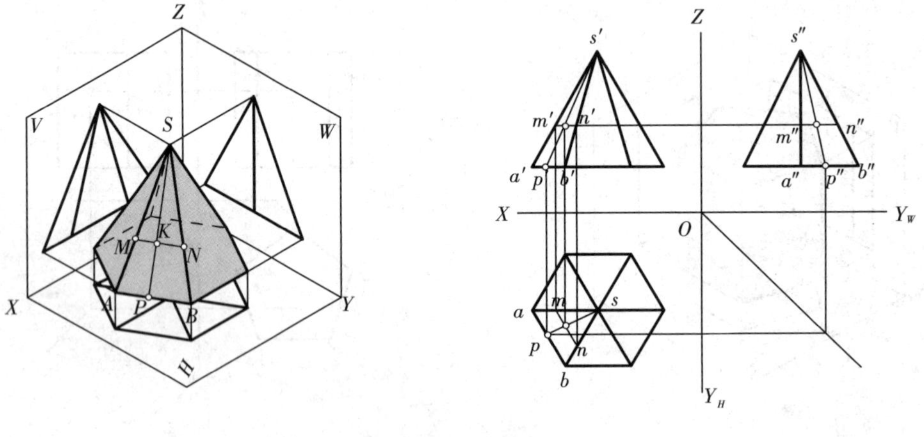

图 3-22　正六棱锥

3.4.3　圆柱

如图 3-23 所示，圆柱体的上下底面为水平面，底面的水平投影反映实形，侧面和正面积聚成与投影轴平行的直线。圆柱面垂直于水平面，水平投影积聚成一个圆，正面投影以最左、最右素线投影构成，侧面投影以最前、最后素线投影构成，均为线框。

如图 3-23 所示，作圆柱面的已知点的投影，可以过已知点作平行于圆柱中心线的素线，求得素线的各面投影，从而得到已知点的各投影。

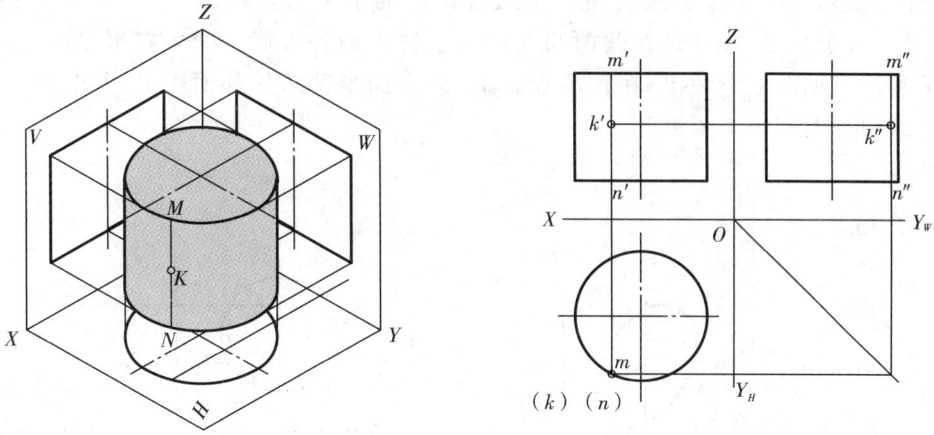

图 3－23　圆柱体

3.4.4　圆锥

如图 3－24 所示，圆锥的底面为水平面，其正面和侧面投影都积聚成平行于投影轴的直线，水平投影反映实形。锥面的正面投影以最左、最右素线投影构成，锥面的侧面投影以最前、最后素线投影构成，均为三角形。

如图 3－24 所示，作圆锥面的已知点的投影，可以作过圆锥顶点和已知点并与底圆相交的直线，通过求得该直线的投影，从而得到已知点的各投影。同时，也可以用纬圆法求得。

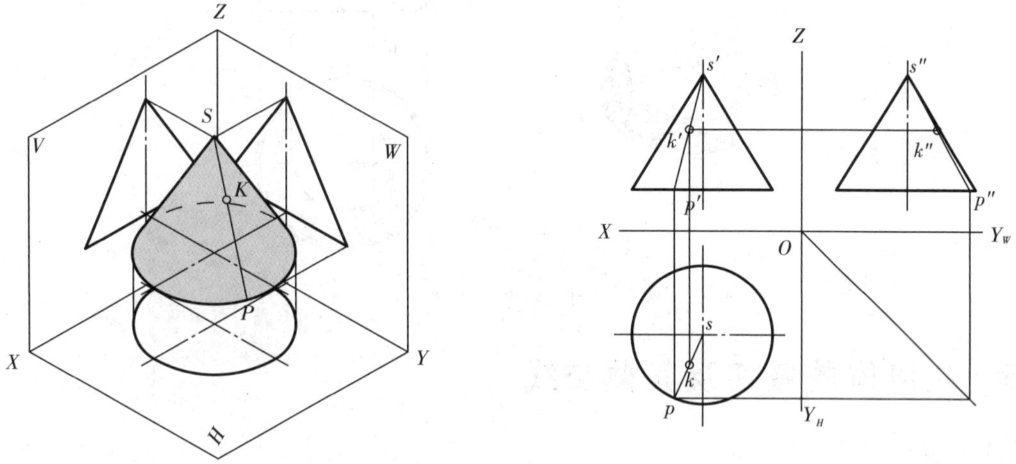

图 3－24　圆锥

3.4.5　圆球

如图 3－25 所示，圆球的各投影均为圆，求其表面上点的投影。假设用一通过该点的水平面切割圆球，在圆球表面必产生一个平行于水平面的圆，此交线圆的水平投影仍为圆，其正面、侧面投影积聚成直线；然后，在交线圆的各投影上找到该点各投影。

3.4.6　圆环

如图 3－26 所示，圆环面是由一个圆绕一个固定轴线回转形成的，圆环表面完全是曲面，求圆环上已知点的投影。假设用一个通过该点的水平面切割圆环，一般情况下可获得内、外两个平行于水平面的圆，在此两圆上均可求得点的各投影。圆环在水平面上的投影，分为可见和不可见的上下两半；在正面投影上，只有前半部的外环面可见，其余整个后半圆环及前半部内环面均为不可见。

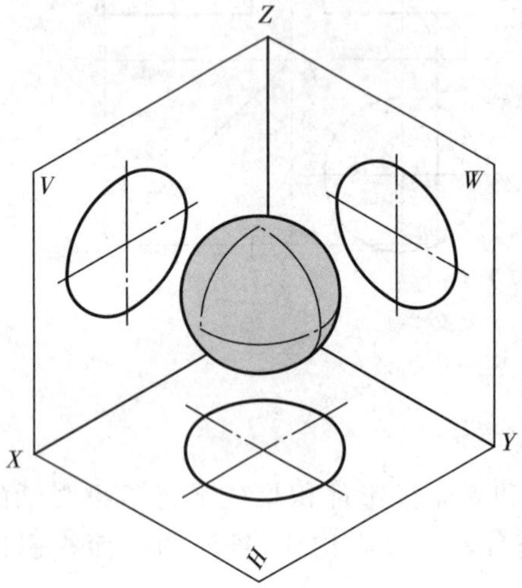

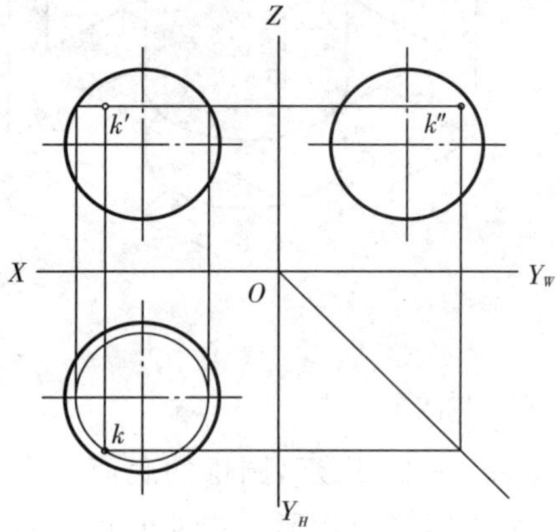

图 3-25　圆球

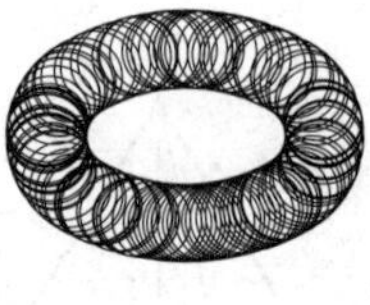

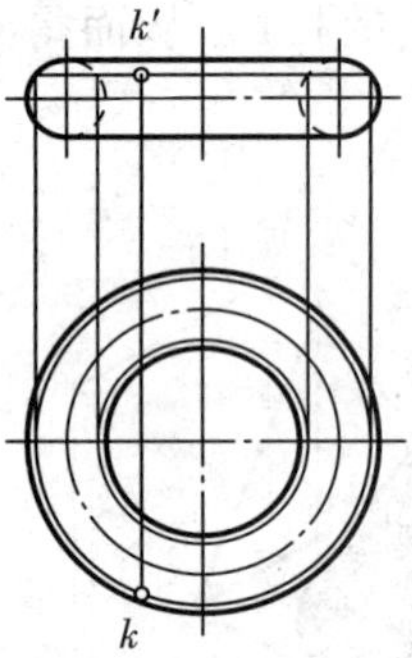

图 3-26　圆环

3.5　几何体的截切及其截交线

3.5.1　棱柱的截切

1. 六棱柱被斜切后的物体

如图 3-27 所示，六棱柱被一个正垂面斜切，正面投影可直接得到六个棱被截断的点的确切位置，运用三视图之间的投影规律，可求得截交线的侧面投影，截交线的正面投影积聚成一条直线，其水平投影为正六边形。

2. 六棱柱被水平面和侧平面切割后的物体

如图 3-28 所示，该带切口的六棱柱，是被两个水平面和两个侧平面切割后形成的物体。其正面投影反映了切口的形状，容易得出切口的水平投影。已知切口的两个投影，根据三视图的投影规律，就能求出切口侧面投影。

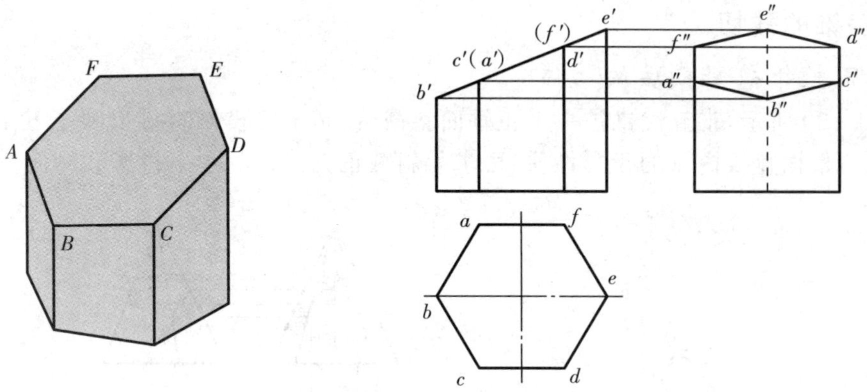

图 3 - 27　斜切六棱柱

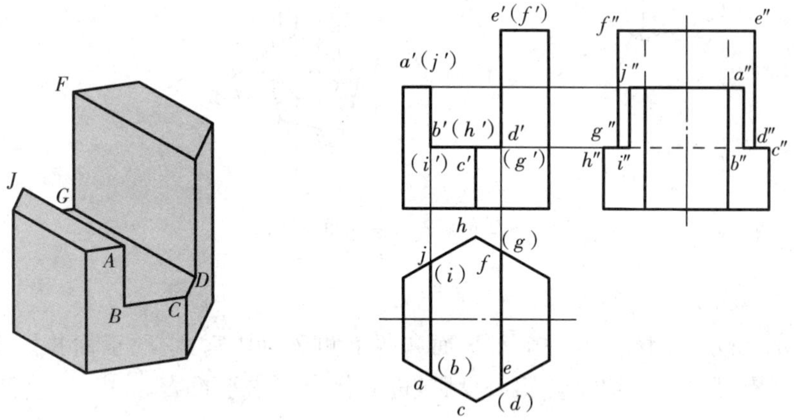

图 3 - 28　被水平面和侧平面切割的六棱柱

3. 六棱柱被正平面、侧垂面和水平面切割后的物体

如图 3 - 29 所示，是棱柱被一个侧垂面、一个正平面和一个水平面切割后形成的物体。根据切口的侧面投影，可作出切口的正面投影；已知侧面投影、水平投影，根据三视图投影规律就能作出切口的正面投影。

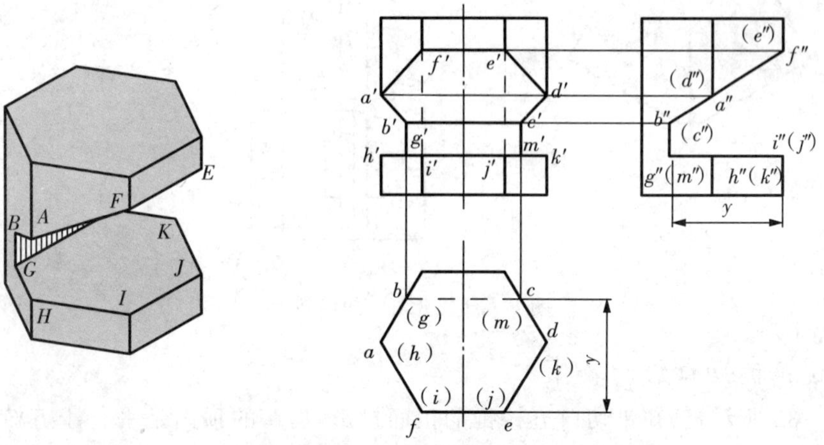

图 3 - 29　被正平面、侧垂面和水平面切割的六棱柱

3.5.2 棱锥的截切

1. 正五棱锥被斜截后的物体

如图 3-30 所示，正五棱锥被一个正垂面斜截后，其正面投影直接反映了五个侧棱被截断后的投影，根据直线内点的投影性质，可求得斜截正五棱柱的水平投影和侧面投影。

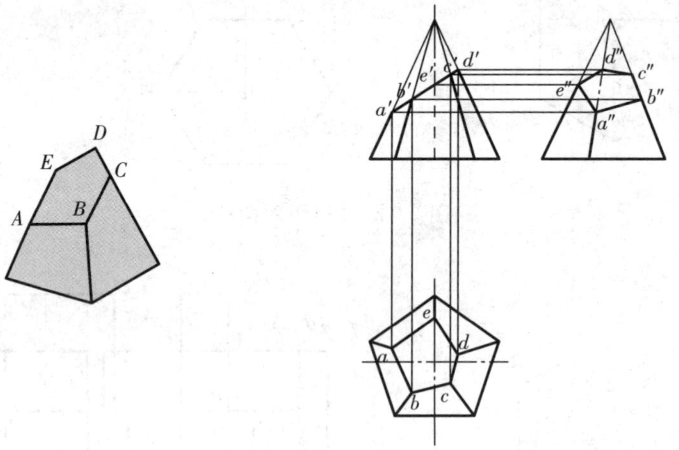

图 3-30　被斜截的正五棱锥

2. 四棱台被切口后的物体

如图 3-31 所示，四棱台被一个水平面和两个侧平面切割，它的正面投影反映了切口的形状，由正面投影可以得出切口的侧面投影，进而作出其水平投影。

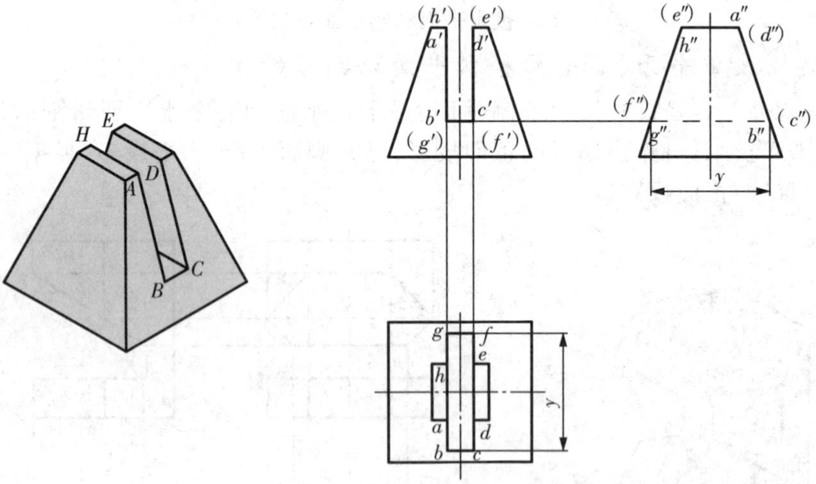

图 3-31　带切口的四棱台

3. 五棱锥被切口后的物体

如图 3-32 所示，已知带切口五棱锥的正面投影，切口的顶面是平行于五棱锥底面的水平面，因此在水平面的投影上，ab、bc、aj、ji 皆分别平行于它们所在侧棱面的底边的投影。

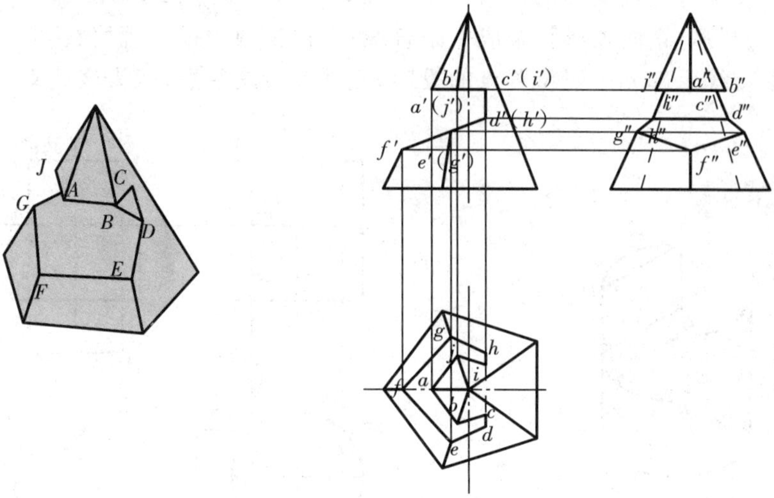

图 3－32　带切口的五棱柱

3.5.3　圆柱的截切

1. 圆柱体被倾斜于轴线的平面截切后的物体

如图 3－33 所示，圆柱被与轴线倾斜的正垂面切割，截交线的水平面投影积聚为圆，正面投积聚成一条斜线。为求得截交线的侧面投影，可在圆柱表面取若干条素线(图中取了 8 条素线)，分别作出这些素线被截断点在侧面的投影，光滑连接这些截断点的投影，即为截交线的侧面投影。

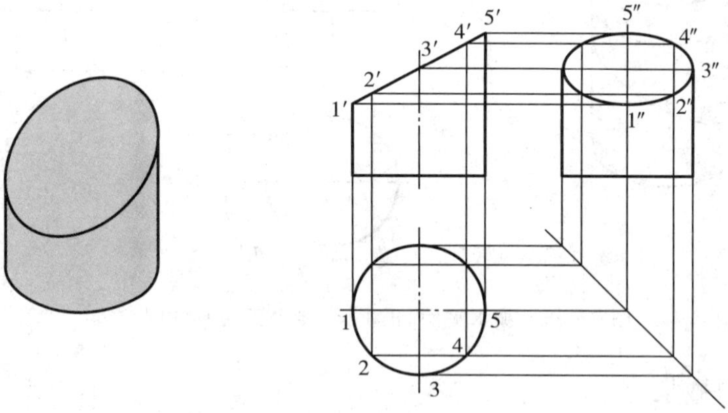

图 3－33　被斜切的圆柱体

2. 圆柱体被一个水平面和两个侧平面切割后的物体

如图 3－34 所示，圆柱被一个水平面和两个侧平面切割，已知圆柱切口的正面投影，另外两个投影可根据三视图投影规律作出。

3. 圆柱体被一个正垂面、一个水平面和一个侧平面切割后的物体

如图 3－35 所示，水平面切割圆柱部分，形成圆弧，水平投影在圆柱的水平投影上。侧平面与正垂面相交于直线 og，侧平面切割圆柱后，形成了一个四方形平面，正面投影积聚成

一条竖线，侧面投影为反映实形的四方形。正垂面与圆柱面相交，形成部分截交线，该截交线的水平投影为圆弧，正面投影积聚成一条直线；根据三视图投影规律找到截交线上特殊位置点，并找出截交线上部分一般位置点的投影，光滑连接这些点，就为该截交线的侧面投影。

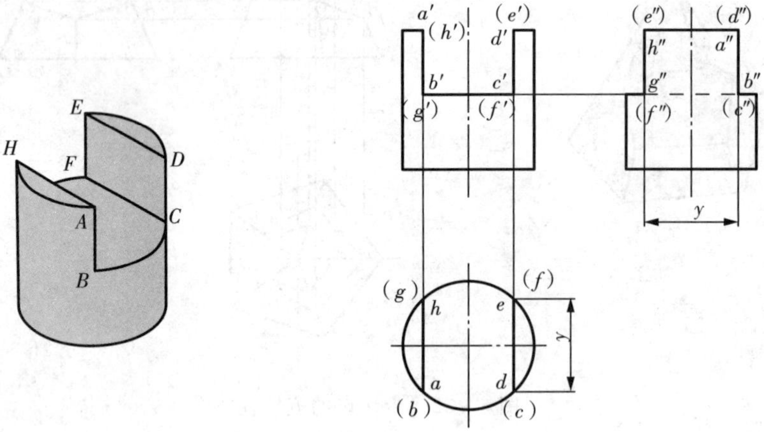

图 3-34　被水平面和侧平面切割的圆柱体

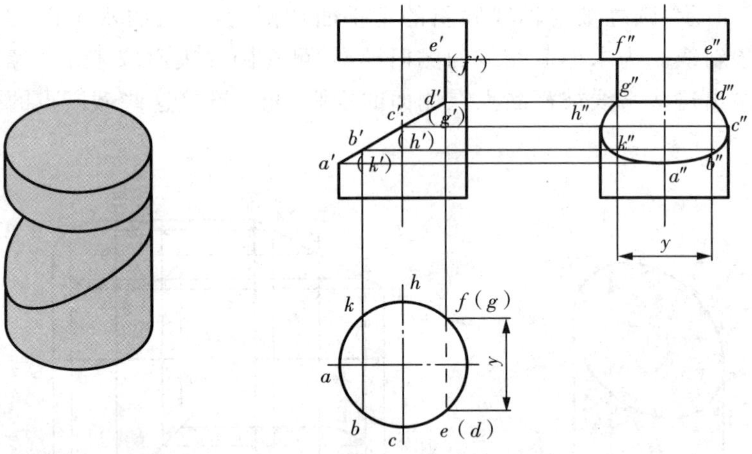

图 3-35　被水平面、正垂面、侧平面切割的圆柱体

3.5.4　圆锥的截切

1. 圆台

如图 3-36 所示，圆台是由一个垂直于正圆锥轴线的平面截切后而形成的。截平面截切正圆锥所得的截交线为平行于水平面的圆，截交线的水平投影是反映实形的圆，正面投影和侧面投影积聚成直线。

2. 圆锥被平行于轴线的平面截切

如图 3-37 所示，平行于轴线的平面截切正圆锥得到的截交线为双曲线。正圆锥被侧平面截切，截交线的正面投影和水平投影积聚成一条直线，侧面投影反映其实形。

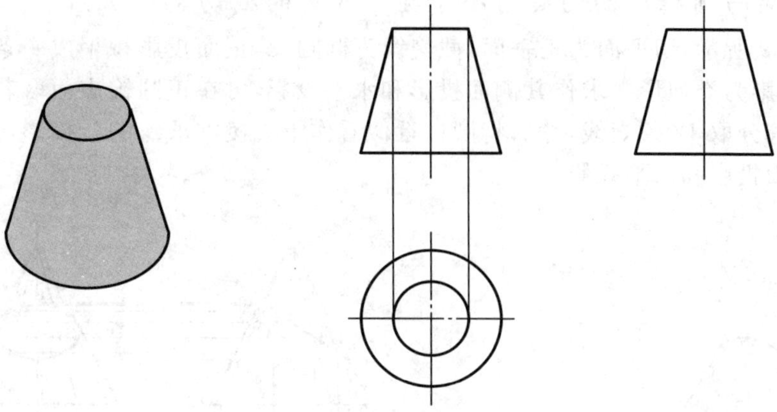

图 3－36　圆台

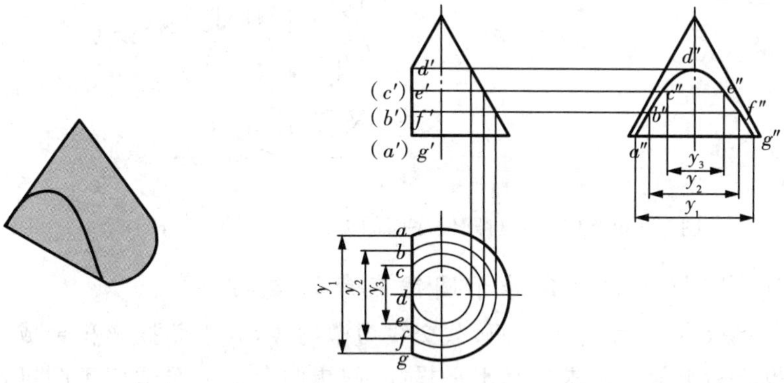

图 3－37　圆锥被平行于轴线的平面截切

3. 圆锥被过锥顶的平面截切

如图 3－38 所示，过锥顶的正垂面截切圆锥，截平面与圆锥面相交的直线为两条素线，截交线的正面投影积聚成一条直线。

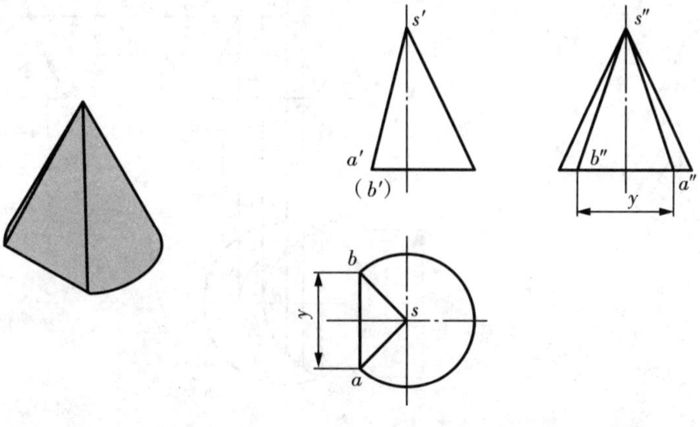

图 3－38　圆锥被过锥顶的平面截切

4. 切平面与圆锥底面的夹角小于圆锥底角的截切

如图 3 - 39 所示，切平面为正垂面，截交线为椭圆，其正面投影积聚成一条直线，其侧面投影和水平投影为类似形。求作其侧面投影和水平投影，可在正圆锥表面取若干条素线，如图所示按 12 等分取 12 条素线，然后将圆锥近似看作十二棱锥求点的各投影，用光滑曲线连接，即得其侧面投影和水平投影。

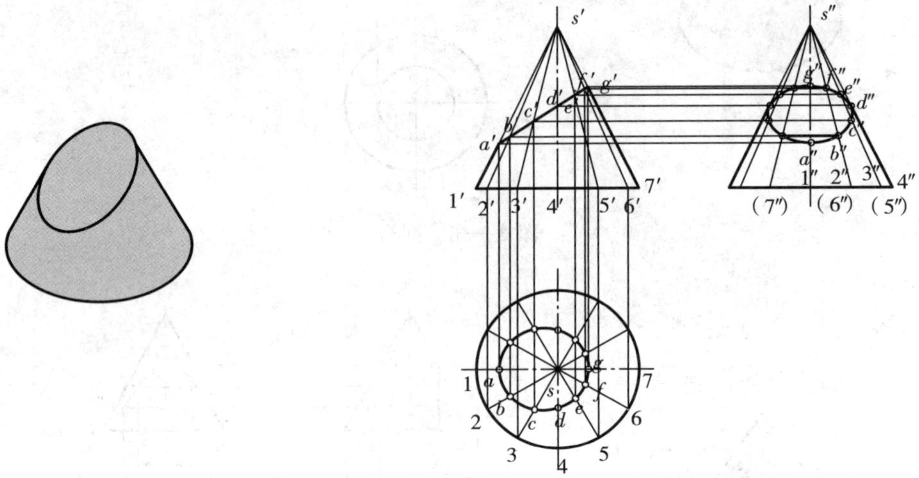

图 3 - 39　切平面与圆锥底面的夹角小于圆锥底角的截切

5. 切平面与圆锥底的夹角等于圆锥底角的截切

如图 3 - 40 所示，切平面为正垂面，截交线为抛物线，其正面投影积聚成一条直线，其侧面投影和水平投影为类似形。求作其水平投影，假想两个水平面截切正圆锥，得到两个平行于水平面的圆，再在圆的水平投影上找到截交线的几个点的投影，光滑连接各点。根据三视图的投影规律，即可作出截交线的侧面投影。

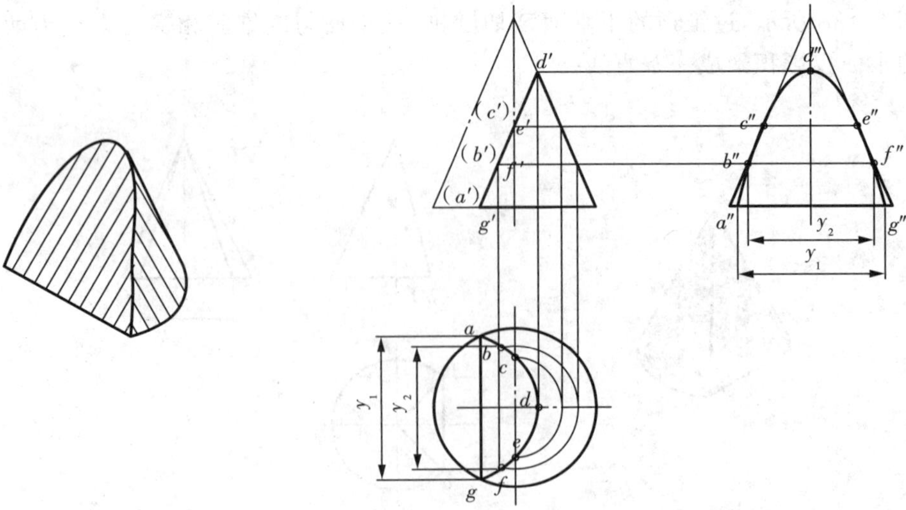

图 3 - 40　切平面与圆锥底面的夹角等于圆锥底角的截切

6. 正圆锥被切口后的物体

如图 3-41 所示，物体是由一个正圆锥被一个水平面、两个正垂面切割而成。水平面与圆锥面截交成一个圆弧，正面投影和侧面投影积聚成一条横向线。过锥顶的正垂面与圆锥面截交，截交线为两段直素线。另一个正垂面与圆锥面截交，截交线为部分椭圆。

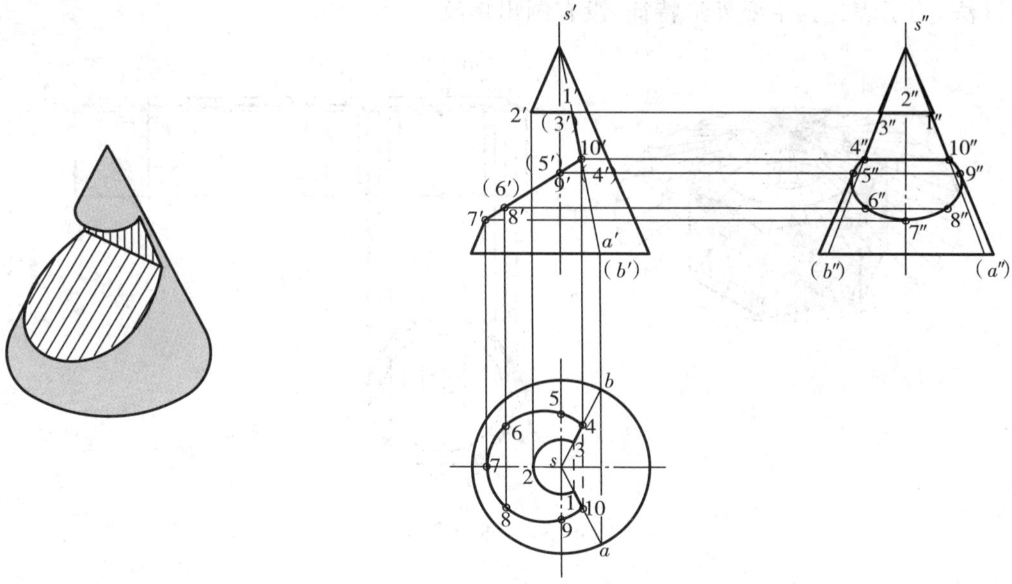

图 3-41 带切口的正圆锥

3.5.5 圆球的截切

如图 3-42 所示，圆球被两个水平面、两个侧平面切割后形成带切口的物体。水平面与球面截交，截交线为圆弧，其水平投影为圆弧，其正面投影和侧面投影积聚成直线。侧平面与球面截交，截交线为圆弧，其侧面投影为圆弧，其正面投影和水平投影积聚成直线。

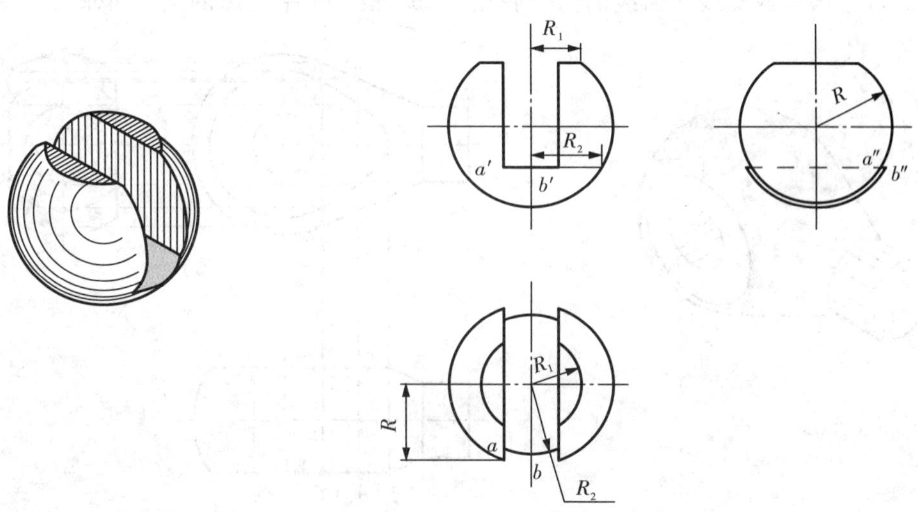

图 3-42 带切口的圆球

3.5.6 几何体截切的工程实例

1. 六角螺母

如图 3-43 所示，该物体是圆螺母，可视为圆台被六个铅垂面截切而成，得到的截交线为六段双曲线。由图可知双曲线上特殊位置点各投影的对应关系，本例为六角螺母外形的理论画法，为了表达其主要外形特征，没有画出螺纹。

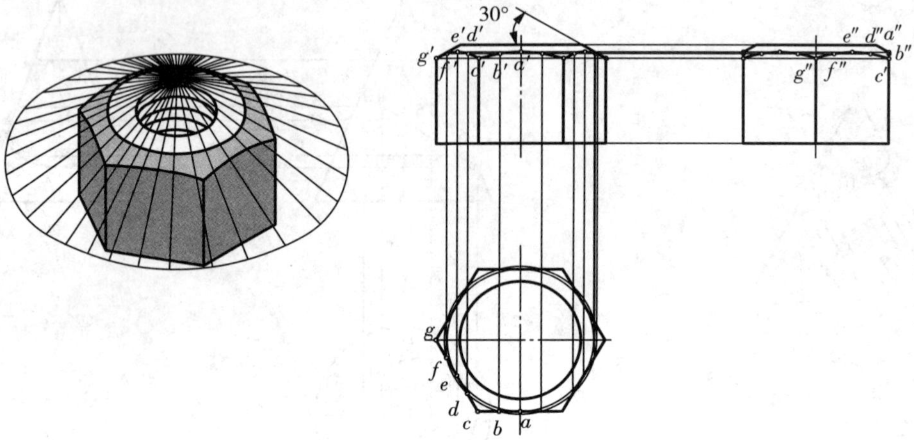

图 3-43 六角螺母

2. 连杆头

如图 3-44 所示，连杆头由同轴圆柱、圆锥、圆球三部分组合，然后被前后对称的两个正平面切割，再挖去一个圆柱体形成。正平面与球面相交形成截交线，该截交线为圆弧，正面投影反映实形，侧面投影和水平投影积聚成一直线；根据侧面点 A 的投影 a''，求得正面投影 a'，从而得出正面投影圆弧（反映实形）。正平面与圆锥面相交形成截交线，该截交线为双曲线，正面投影反映实形，侧面投影和水平投影积聚成一直线；根据正面投影找出圆锥和圆球的分界线 $b'c'$，求得截交线双曲线的两个底点 $1'$、$5'$，根据水平投影的点 3 可求得正面投影点

图 3-44 连杆头

$3'$（为双曲线的顶点）和侧面投影 $3''$；在点 $1'$ 与点 $5'$ 之间作一辅助侧平面，得到点 m'、n'，从而得出侧面投影点 m''、n''，在左视图中以轴心为圆心、$m''n''$ 长度为直径作辅助圆，该圆与正平面的侧面投影相交得到点 $2''$、$4''$，进而求得正面投影点 $2'$、$4'$，光滑连接点 $1'$、$2'$、$3'$、$4'$、$5'$ 即为圆锥与正平面相交的截交线的正面投影。圆柱部分的投影没有截交线。

3.6　几何体的相贯及其相贯线

3.6.1　平面体与平面体相贯

两个几何体相贯，如果甲体表面全部贯穿乙体称为全贯；如果甲、乙两体均有一部分表面参与相互贯穿称为互贯。

1．三棱柱与三棱柱正交

如图 3－45 所示，一个水平三棱柱与一个垂直三棱柱垂直相交，其相贯线是一组闭合的空间折线；折线上的每一个折点必然是一个棱柱上的棱线与另一个棱柱表面的交点（贯穿点）。根据水平投影和侧面投影可知，垂直三棱柱只有最前面的一个棱贯穿三棱柱，而水平三棱柱则有最上、最下两个棱贯穿垂直三棱柱，这三条参与相贯的棱分别得到两个贯穿点 B、E，A、C 和 F、D；根据这些点的水平投影、侧面投影可求出其对应的正面投影；再根据可见和不可见的原则，将各点正确连线，即得相贯线的投影。

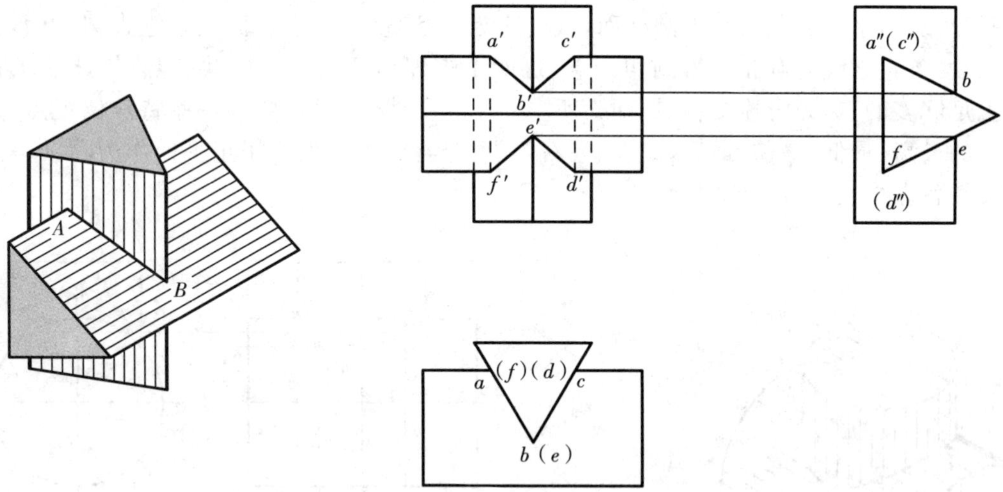

图 3－45　三棱柱与三棱柱正交

2．四棱柱与五棱锥正交

如图 3－46 所示，四棱柱与正五棱锥垂直相贯，相贯线为一组闭合的空间折线。从侧面投影可知，两个体共有 6 条棱线参与相贯；棱锥上参与相贯的 4 条棱线对棱柱的贯穿点共有 8 个，由侧面投影即可直接求得此 8 个点对应的正面投影和水平投影。棱柱上参与相贯的两条棱线对棱锥的贯穿点有两对共 4 个，要求得这 4 个点的投影则需作辅助线；该 4 个点既是棱柱上的棱线对棱锥表面的贯穿点，又是棱锥表面上的点；4 个点在侧面的投影又分别积聚在该两条棱线的投影（点）上，根据侧面投影，可用在棱锥表面作辅助线取点的方法获得该 4 个点的正面投影和水平投影。

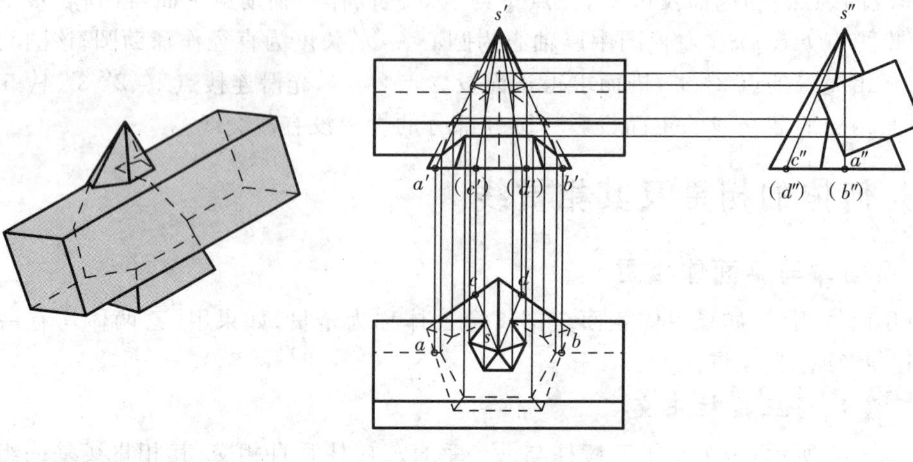

图 3-46　四棱柱与五棱锥正交

3.6.2　曲面体与曲面体相贯

1. 圆柱与圆柱正交

如图 3-47 所示，水平圆柱与垂直圆柱正交，两圆柱面相交形成一组闭合的空间曲线，该组曲线就是两圆柱的相贯线，相贯线上的各点必然是两圆柱表面的共有点。图中采用辅助水平面截切，水平面截切水平圆柱面，截交线为两条直素线；水平面截切垂直圆柱面，截交线为圆；两条直素线与圆相交得到四个点，这四个点即为两圆柱面的共有点；依此能求得相贯线上足够多的点，光滑连接各点，即为所求。求相贯线时，通常要求一些特殊位置点，如相贯线上的最高、最低，最前、最后，最左、最右等点。当然，本例也可用正平面作为辅助平面求出相贯线各点。

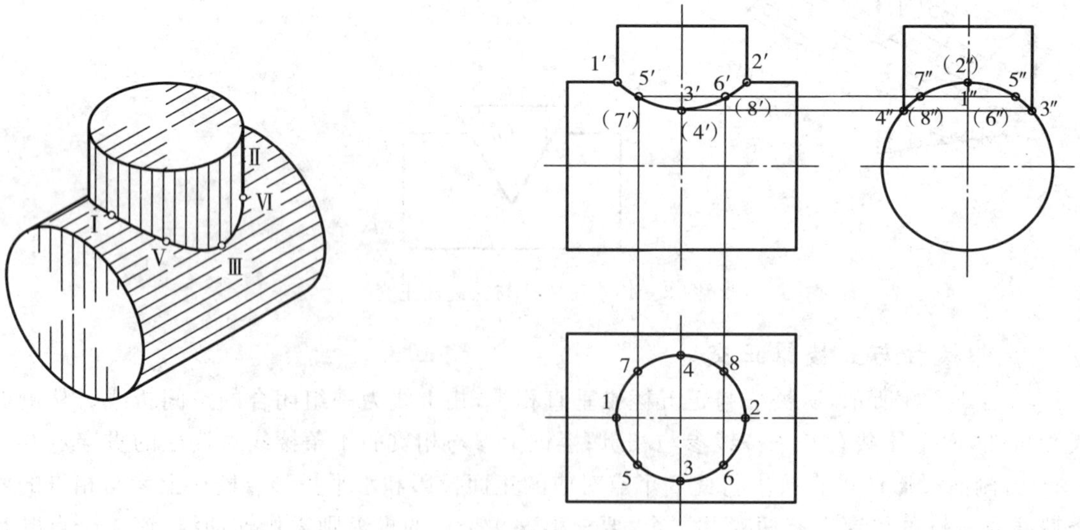

图 3-47　圆柱与圆柱正交

2. 圆柱正交综合示例

如图 3－48 所示，一个水平圆柱直径为 ϕ，分别与三个直径不同的圆柱正交，一个直径 ϕ_1 小于 ϕ 的垂直圆柱，一个直径 ϕ_2 等于 ϕ 的垂直圆柱，一个直径 ϕ_3 大于 ϕ 的垂直圆柱，圆柱垂直正交相贯线的三种情况在图中得到了反映。

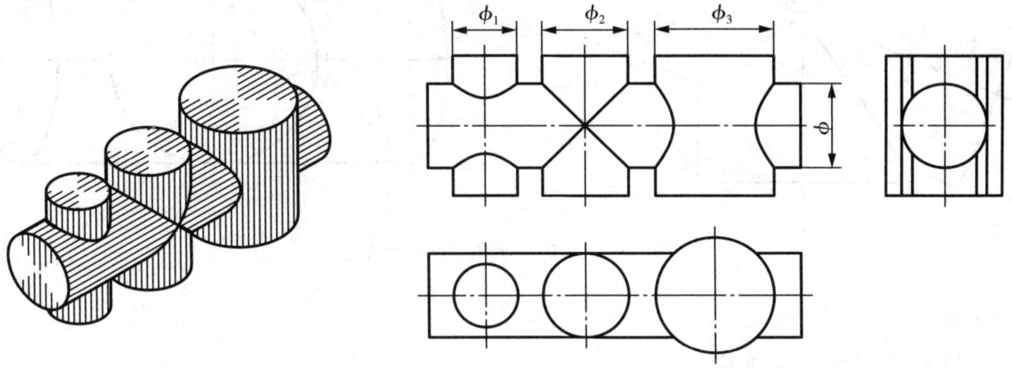

图 3－48　圆柱正交综合示例

3. 圆柱与圆柱斜交

如图 3－49 所示，一垂直圆柱的中心轴线与另一圆柱的中心轴线相交，两中心轴线不垂直，且两圆柱直径不同，两圆柱面相交成的相贯线为两组闭合的空间曲线。相贯线的水平投影积聚在圆上，本例主要解决的是相贯线的正面投影。如图 3－50 所示为两等径圆柱斜交的情形。

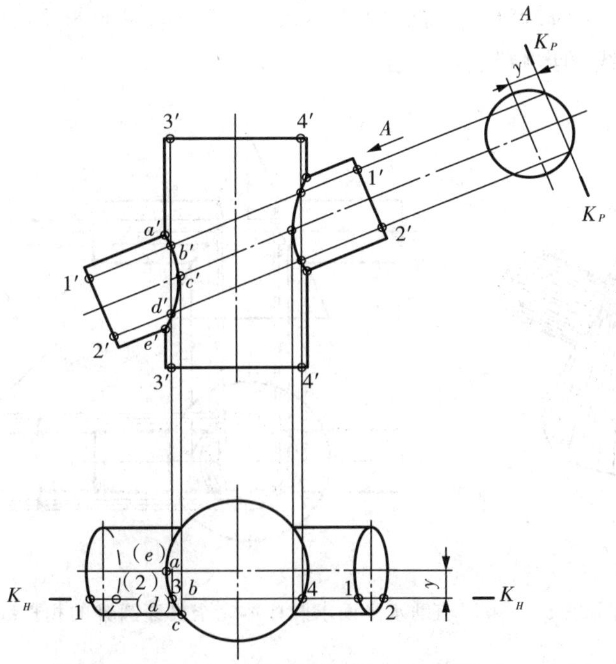

图 3－49　不等径圆柱与圆柱斜交

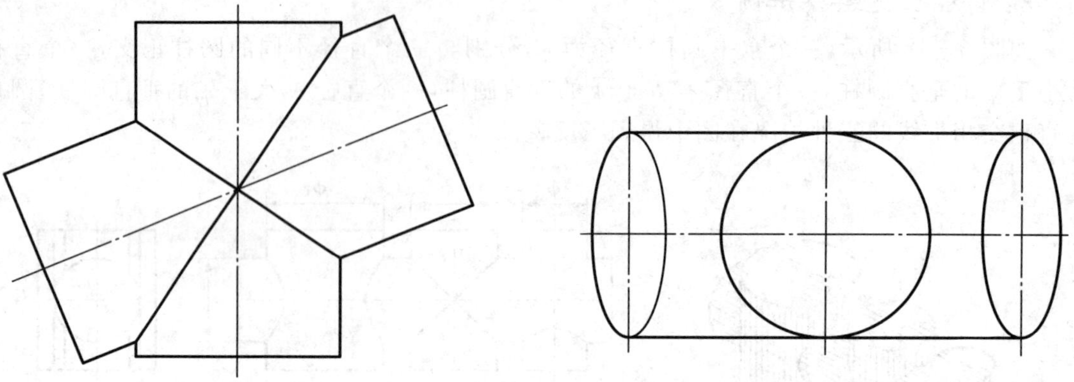

图 3-50　等径圆柱与圆柱斜交

4. 圆柱与圆锥相交

(1)圆柱体完全贯穿圆锥

如图 3-51 所示,物体是由水平圆柱完全贯穿垂直圆锥形成的,相贯线为两组闭合的空间曲线。

求相贯线,先要找出相贯线上的特殊位置点,如圆柱与圆锥相交的最上、最下点,最前、最后点,这些的点的投影比较容易找到。必须求出在正面投影相贯线最靠近圆锥轴线的两个边界点;因此,在左视图上过圆的圆心点,作最前、最后的两条素线的垂线,与圆相交于两点;假设过这两点的水平切面切割物体,水平切平面与圆柱的截交线为两条平行的素线,水平面与圆锥的截交线为一个圆,两素线与圆相交形成四个点,根据三视图投影规律,即可求出四点的水平投影。同理,可根据需要取若干水平切平面,从而获得更多的点,依次光滑连接各点,即求得相贯线,但要判别可见性。

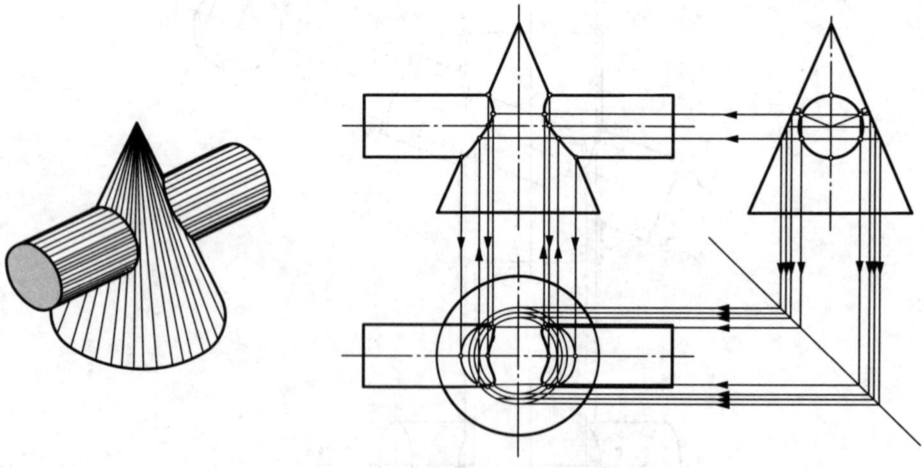

图 3-51　采用辅助水平面求圆柱体完全贯穿圆锥的相贯线

如图 3-52 所示,图 3-51 物体的相贯线还可以通过取过锥顶的侧垂面为辅助切平面求得。

求相贯线，先找出相贯线上的特殊位置点，圆柱与圆锥相交的最上、最下点，最前、最后点，这些点的投影比较容易找到。必须求出在正面投影相贯线最靠近圆锥轴线的两个边界点；因此，在左视图上过圆的圆心点，作最前、最后的两条素线的垂线，与圆相交于两点 a''、b''；过圆锥顶点 s'' 和点 a'' 作一垂直于侧面的辅助平面，侧垂面切圆柱得截交线为一条圆柱素线，侧垂面切圆锥得截交线为两条圆锥素线，这三条素线相交于两点，根据三视图投影规律求出这两点的各投影；过圆锥顶点 s'' 和点 b'' 作一垂直于侧面的辅助平面，侧垂面切圆柱得截交线为一条圆柱素线，侧垂面切圆锥得截交线为两条圆锥素线，这三条素线相交于两点，根据三视图投影规律求出这两点的各投影。同理，根据需要可以取若干通过圆锥顶点的侧垂面，求得相贯线的若干点投影，光滑连接各点并注意可见性。这里必须注意的是，由于各辅助平面都是过顶点的侧垂面，它们彼此之间都不平行。

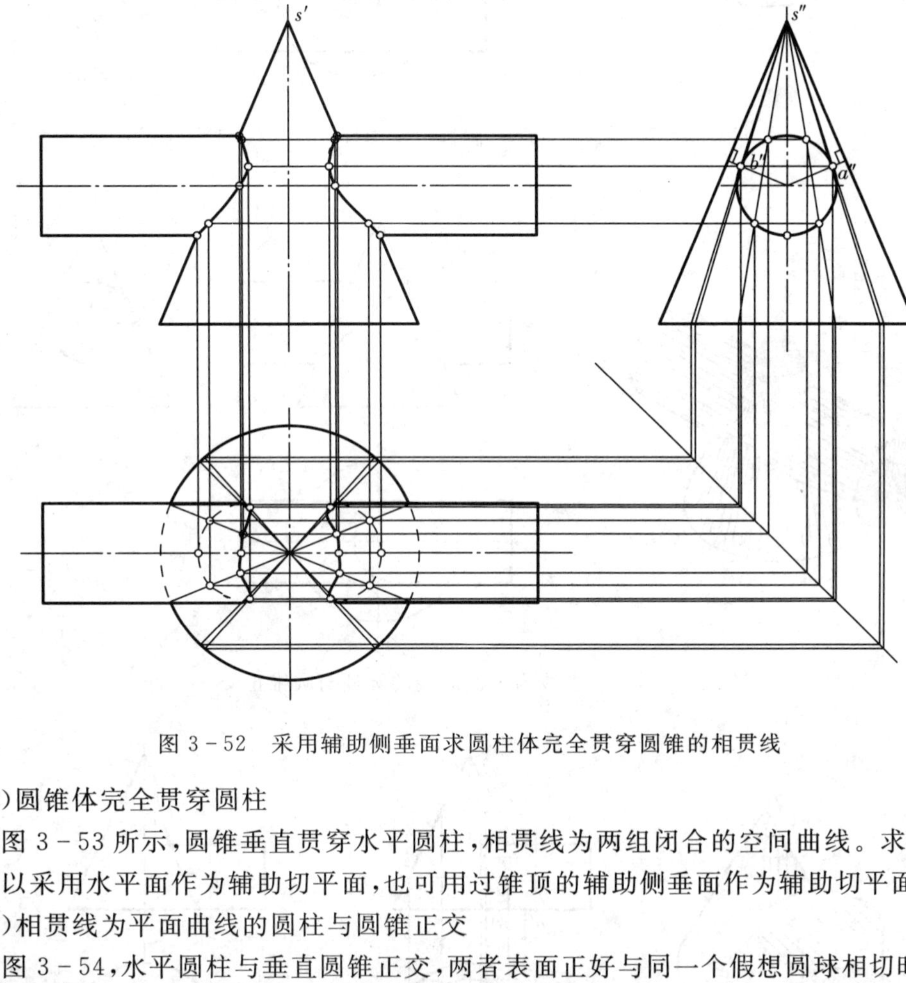

图 3-52　采用辅助侧垂面求圆柱体完全贯穿圆锥的相贯线

(2)圆锥体完全贯穿圆柱

如图 3-53 所示，圆锥垂直贯穿水平圆柱，相贯线为两组闭合的空间曲线。求相贯线的投影可以采用水平面作为辅助切平面，也可用过锥顶的辅助侧垂面作为辅助切平面。

(3)相贯线为平面曲线的圆柱与圆锥正交

如图 3-54，水平圆柱与垂直圆锥正交，两者表面正好与同一个假想圆球相切时，它们的相贯线是两组闭合的平面曲线，应为椭圆；相贯线在与两者轴线平行的投影平面的投影，积聚为两段直线。

(4)轴线相互平行的圆柱与圆锥相交

如图 3-55 所示，两轴线互相平行的垂直圆柱与圆锥相贯，其相贯线应为一组闭合的空间曲线(也可能为不闭合的空间曲线)，圆柱表面一部分在圆锥的范围内，没有参与相贯。要作出相贯线的正面投影，可取水平面作为辅助切平面，也可取通过锥顶的铅垂面作为辅助切平面，本例中采用了辅助水平切平面。

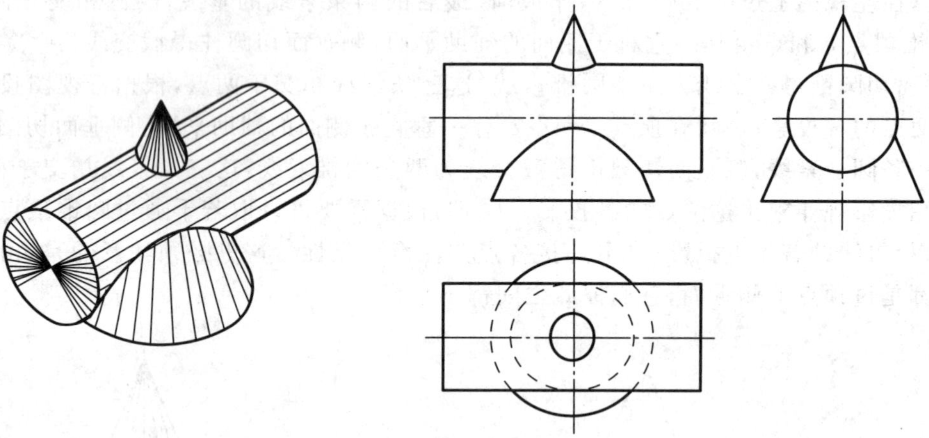

图 3－53　圆锥贯穿圆柱

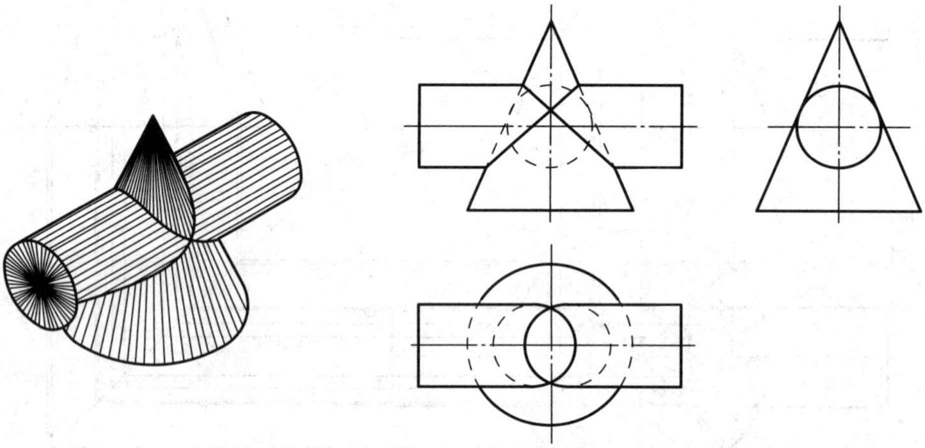

图 3－54　相贯线为平面曲线的圆柱与圆锥正交

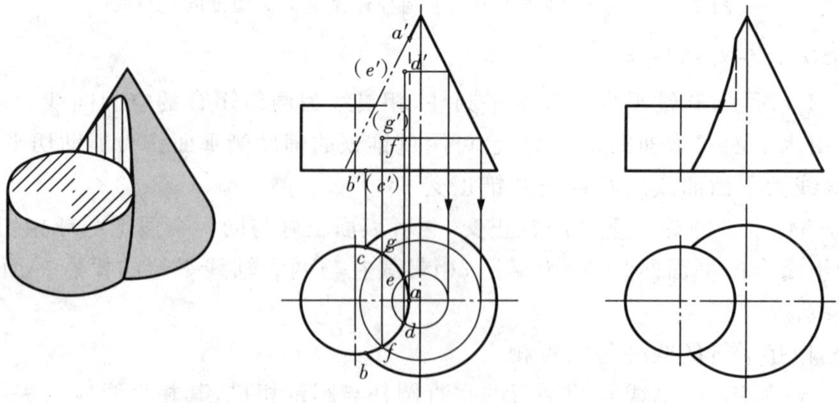

图 3－55　轴线相互平行的圆柱与圆锥相交

5．圆柱与圆球相交

(1)如图 3－56 所示，圆柱轴线通过球心，形成的相贯线是一个与圆柱直径相等的圆。在与圆柱轴线平行的投影面上进行投影，则该相贯线(圆)在此投影面上的投影是一段直线。

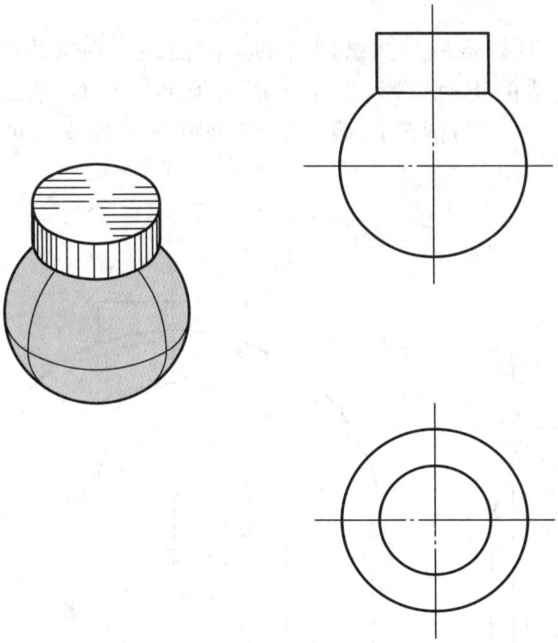

图 3－56　圆柱轴线通过球心的相贯线

(2)圆柱轴线不通过球心的相交

如图 3－57 所示，圆柱轴线不通过球心，在水平投影上圆柱表面的投影全部在圆球轮廓线的范围内，形成的相贯线是闭合空间曲线；在水平投影上，如果圆柱表面的投影有一部分在圆球轮廓线外，则相贯线是不闭合的空间曲线。求作相贯线时，辅助切平面可取水平面，也可取正平面，本例取正平面作为辅助切平面。

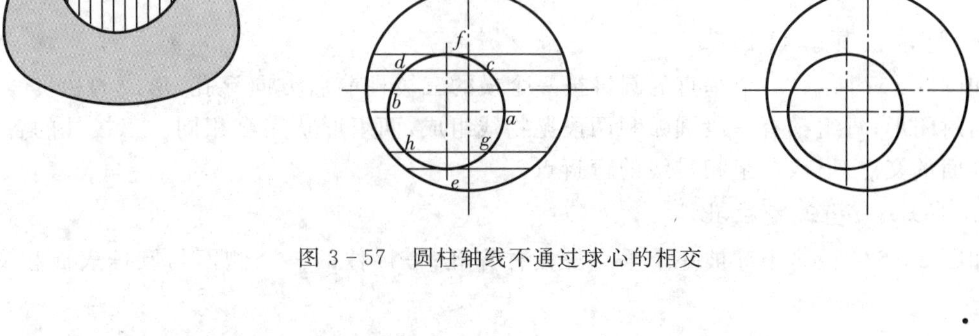

图 3－57　圆柱轴线不通过球心的相交

6. 圆锥与圆球相交

如图 3－58 所示，圆锥轴线通过圆球球心，且圆锥全贯圆球，相贯线为两组平面曲线(圆)。水平投影反映相贯线的实形；相贯线的正面投影是两段直线。

7. 圆柱与圆环相交

如图 3－59 所示，半圆环全贯圆柱，其相贯线是两组闭合的空间曲线。相贯线的水平投影积聚在圆柱面投影的圆周上，作相贯线的正面投影，取正平面为辅助切平面；辅助正平面与圆柱的截交线为两条直素线；辅助正平面与圆环的截交线为内圆环和外圆环的两个同心圆。

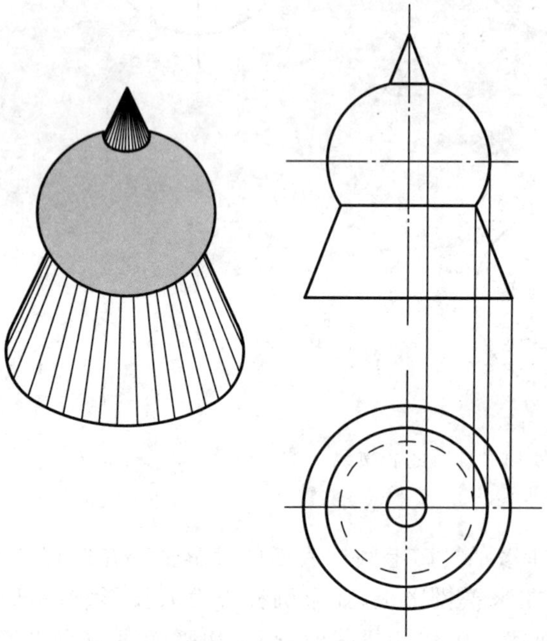

图 3－58　圆锥轴线通过圆球球心的相交

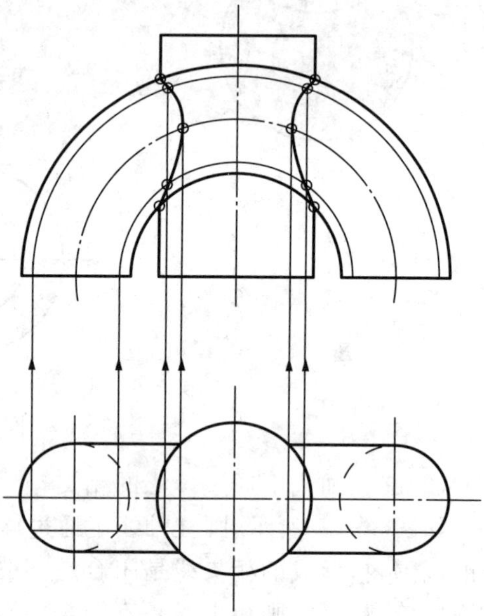

图 3－59　圆柱与圆环相交

3.6.3　平面体与曲面体相贯

1. 四棱柱与圆柱相交

如图 3－60 所示，垂直四棱柱与水平圆柱相交，形成的相贯线是由一段椭圆、一段圆弧和两段直线组成的空间封闭形，各段线(曲线或直线)有弯折点隔开。相贯线实质就是四棱柱的四个侧表面与圆柱面相交，所得的截交线；各弯折点就是四棱柱的四个侧棱与圆柱面的交点。

2. 圆锥横贯三棱柱孔

如图 3－61 所示，一个垂直的圆锥被一个横的三棱柱前后方向穿孔，形成的相贯线是两组空间封闭形；每组都有一段圆弧和两段抛物线组成，两组形状完全相同。三棱柱的各侧棱与圆锥面的交点，形成各组相贯线的弯折点。

3. 半球被穿三棱柱孔

如图 3－62 所示，半球被一个垂直三棱柱穿孔；三棱柱的三个侧面与圆球表面相交，得到的截交线为三段圆弧。交线的水平投影积聚在三角形上;正平面截切圆柱形成的截交线在正面投影反映实形,其他两面截切圆球的截交线在正面投影均为椭圆的一部分。

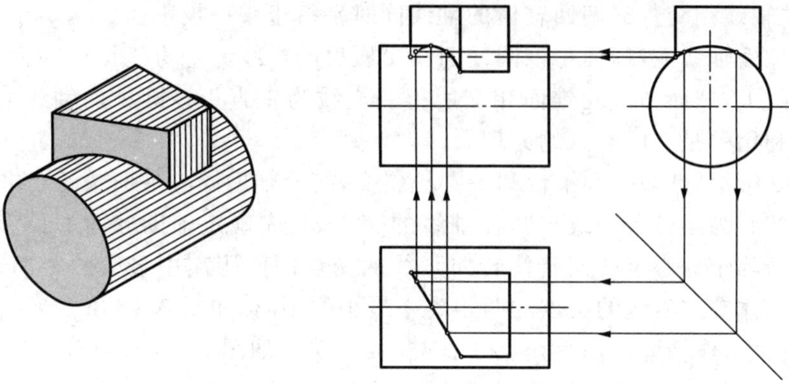

图3－60 四棱柱与圆柱相交

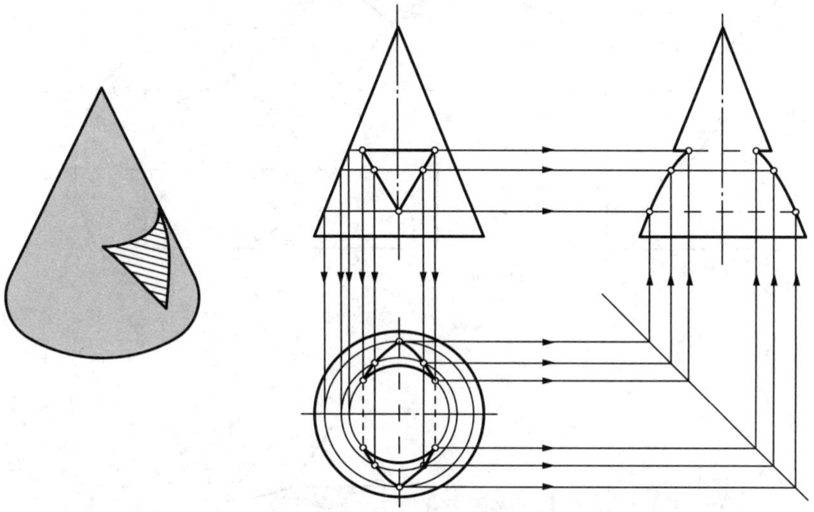

3－61 圆锥横贯三棱柱孔

图3－62 半球被穿三棱柱孔

3.6.4 辅助同心球面法求相贯线

利用辅助同心球面法求相贯线，两立体必须具备三个条件：(1)两相交立体为回转体；(2)两回转体的轴线相交；(3)两回转体的轴线同时平行于某一投影面。

球心在圆柱面轴线上，球面与该圆柱面相交所得的交线为垂直于该圆柱面轴线的圆；球心在圆锥面轴线上，球面与该圆锥面相交所得的交线为垂直于该圆锥面轴线的圆。辅助球面法求相贯线利用的是三面共点的原理。

如图 3-63 所示，已知一圆锥台和一圆柱斜交，符合辅助同心球面法的要求。

辅助球面球心为圆锥台轴线与圆柱轴线的交点 o'，先确定辅助球面的最大半径和最小半径。最大半径等于球心至两回转体转向素线的交点的两距离中最大的距离，最小半径等于球心至两回转体转向素线的交点的两距离中最小的距离，如图 3-63b 所示。在最大球面与最小球面范围内，作辅助球面得交点 3′、(6′)、4′、(5′)，如图 3-63c 所示。判别可见性，依次光滑连接各点，即得所求相贯线的正面投影。

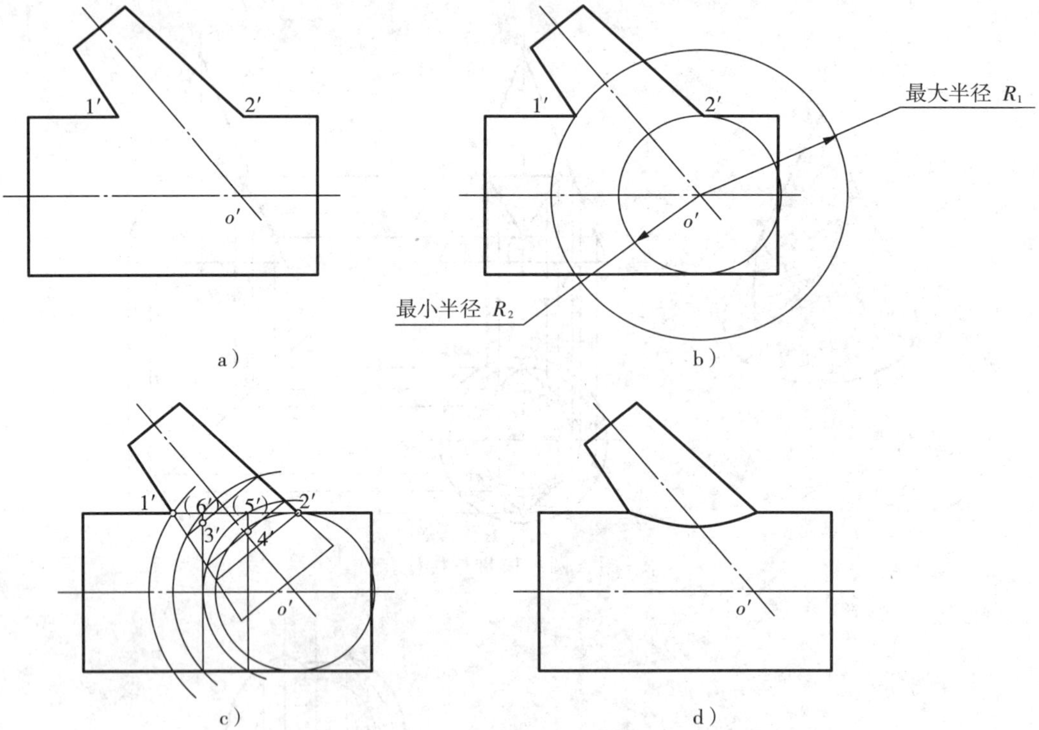

图 3-63　圆台与圆柱斜交

第 4 章　物体的表达方法

绘制机械图样时，首先要考虑读图的方便性，根据物体的结构特点，选用适当的表达方法；在完整、清晰地表达物体各部形状和结构的前提下，力求使制图简便。在我国，物体的图形按正投影法绘制，并采用第一角投影制。视图通常只画物体的可见部分，必要时才画出其不可见部分。在选择视图时，确定主视图的原则是应能反映物体的特征。一般主视图应表明物体的工作位置；对于工作位置不确定的物体，一般按加工制造该物体时的主要加工或装配位置绘制。

4.1　视图

视图包括基本视图、向视图、局部视图、斜视图。

4.1.1　基本视图(GB/T 17451—1998)

绘制物体图样时所采用的基本投影面为正六面体的六个面，在原有三视图投影面的基础上，再增设三个投影面，该六面称为基本投影面，如图 4-1 所示。根据有关标准规定，用正投影法所得物体投影的图形称为视图，物体向基本投影面投射所得的视图称为基本视图。各基本视图分别为：

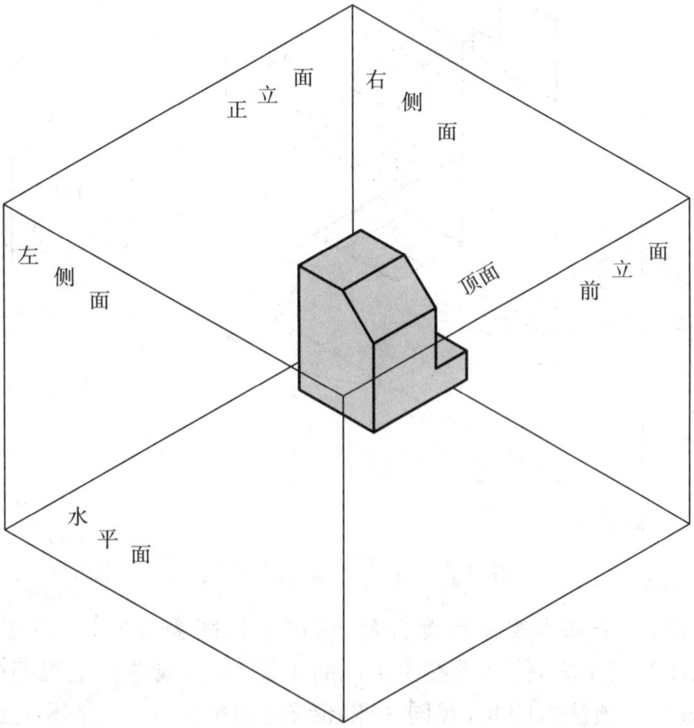

图 4-1　六个基本面

主视图——由前向后投影所得的视图。

俯视图——由上向下投影所得的视图。

左视图——由左向右投影所得的视图。

右视图——由右向左投影所得的视图。

仰视图——由下向上投影所得的视图。

后视图——由后向前投影所得的视图。

如图 4－2 所示，在六投影面体系中，正面保持不动，其他投影面按箭头所示方向旋转，使六个面共处于同一平面。

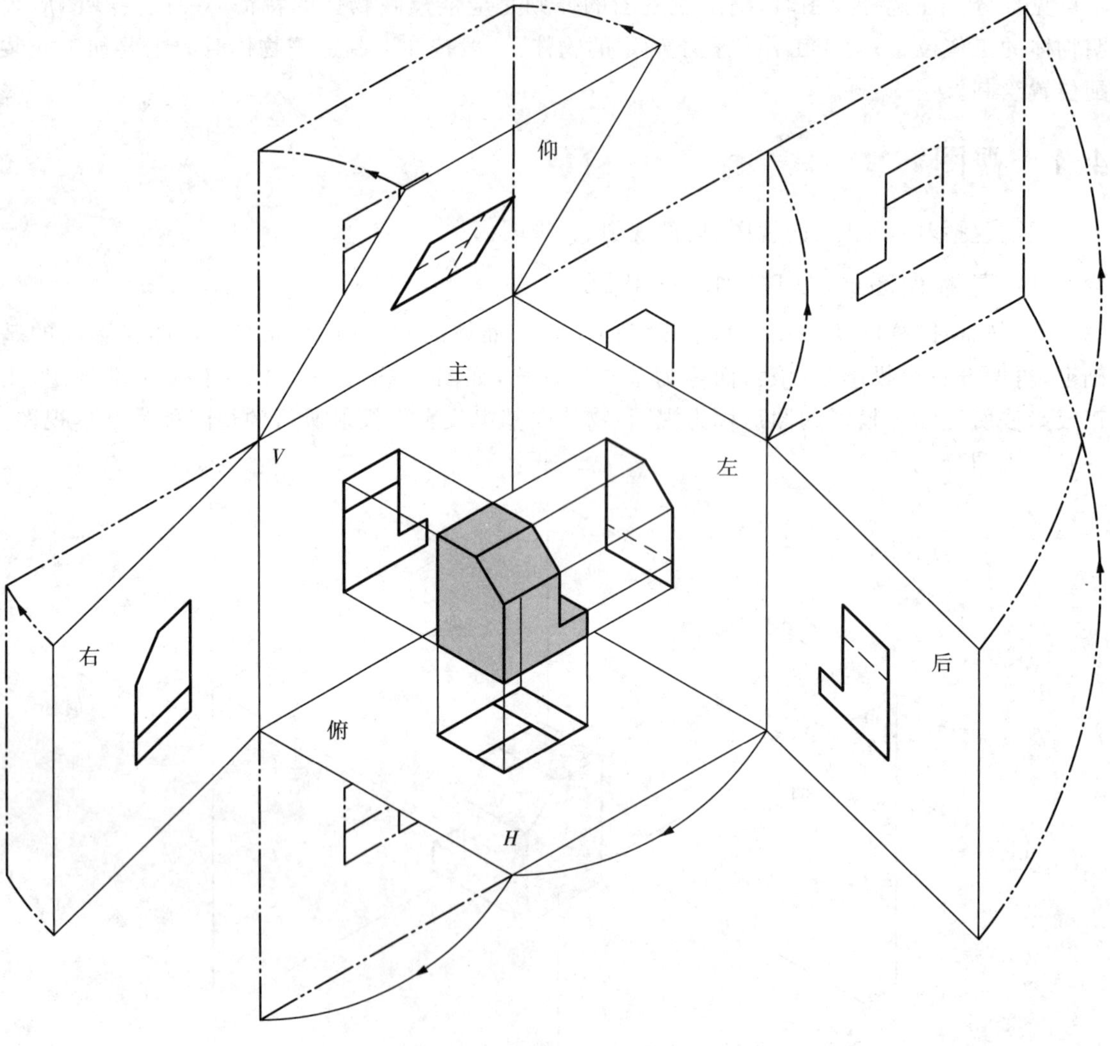

图 4－2　六个基本视图的形成

如图 4－3 所示，六个基本视图的配置如下：以主视图为基准，右视图在主视图的正左方，仰视图在主视图的正上方，俯视图在主视图的正下方，左视图在主视图的正右方，后视图在左视图的正右方。必须注意的是，在同一张图纸内如按图 4－3 所示配置视图时，一律不标注视图的名称，如图 4－4 所示。

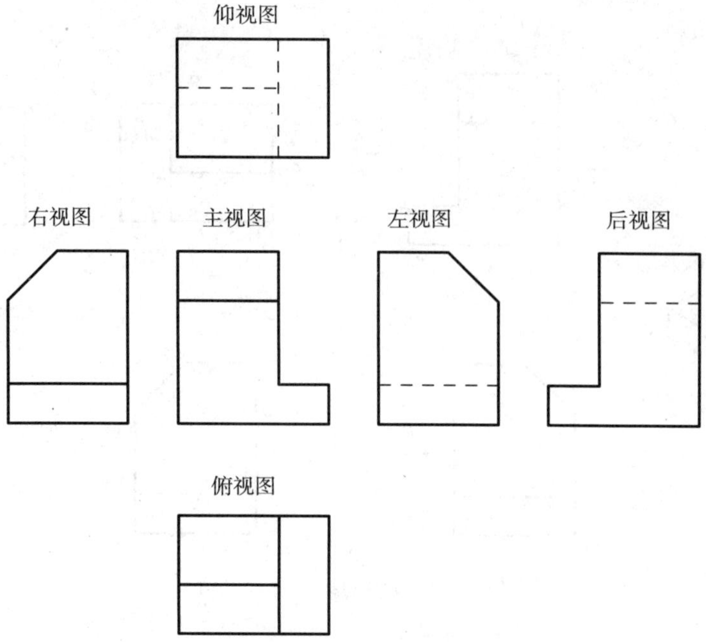

图 4 - 3　六个基本视图的配置

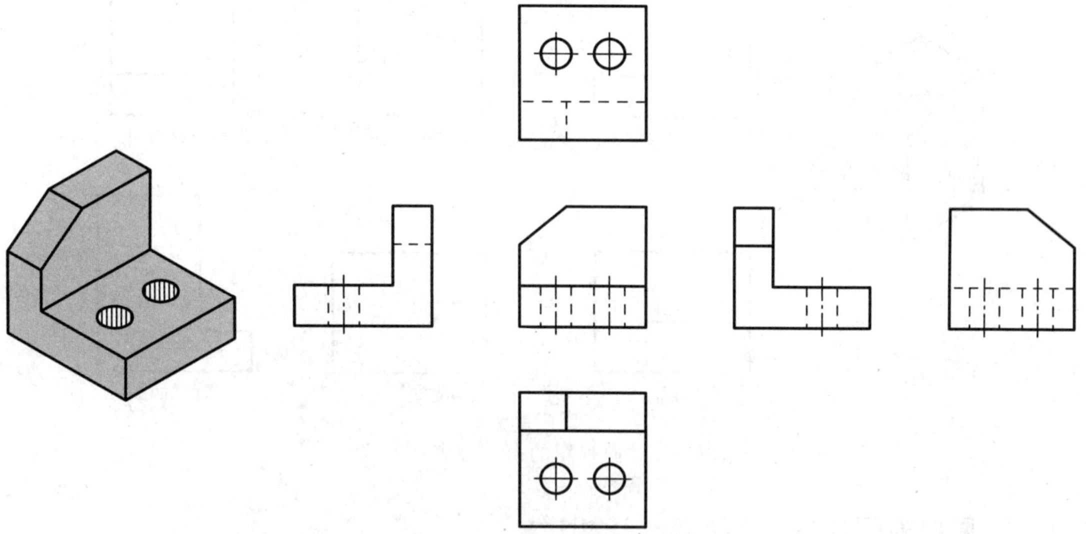

图 4 - 4　同一张图纸上按规定配置时不标注视图名称

4.1.2　向视图(GB/T 17451—1998)

向视图是可自由配置的视图,由正投影的方式向基本投影面投影而成。其与基本视图的主要区别是视图的配置位置不同。根据实际需要,向视图只能采用以下两种方式表达。

1. 在向视图的上方标注"×"("×"为大写拉丁字母),在相应视图的附近用箭头指明投射方向,并标注相同的字母,如图 4 - 5 所示。

2. 在向视图的下方(或上方)标注图名。标注图名的各视图的位置,应根据需要和可能,按相应的规则布置,如图 4 - 6 所示。

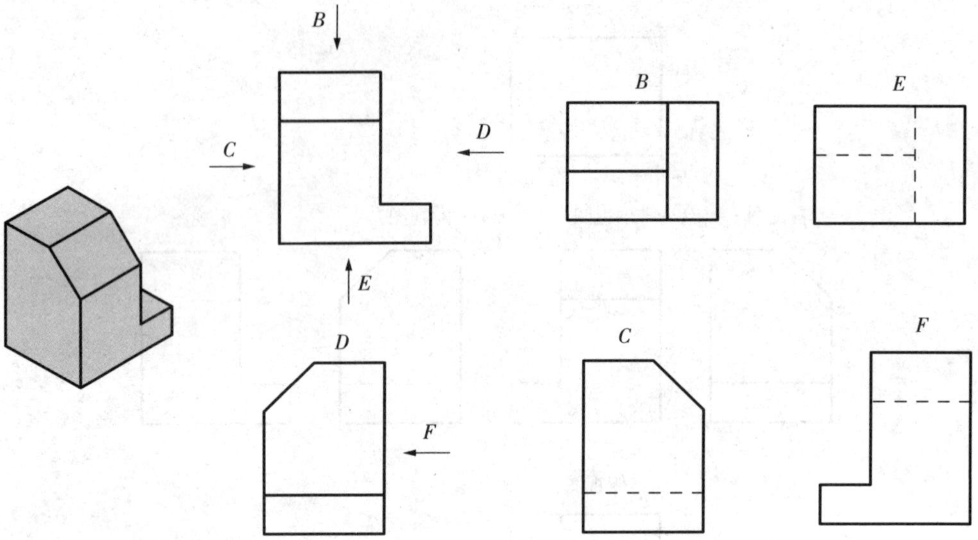

图 4－5　向视图的第一种表达方式

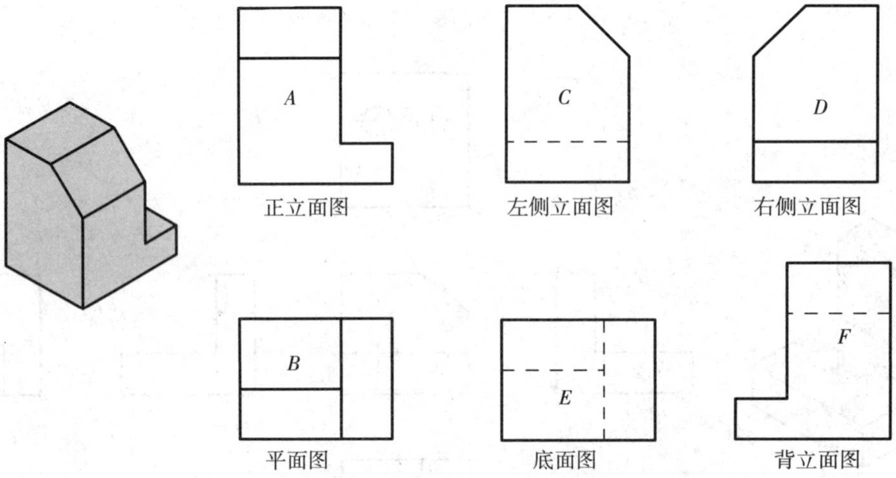

图 4－6　向视图的第二种表达方式

4.1.3　局部视图(GB/T 17451—1998)

局部视图是将物体的某一部分向基本投影面投影所得的视图。

绘制局部视图时，一般在局部视图上方用大写拉丁字母注出视图的名称“×”，在相应视图的附近用箭头指明投射方向，并标注同样的大写拉丁字母。局部视图按投影关系配置，中间又没有其他图形隔开时，可以省略标注。局部视图的断裂边界线用波浪线表示，但当所表达的局部结构是完整的，且外轮廓线成封闭形时，波浪线可省略不画。

如图 4－7 所示，局部视图“*A*”，虽然按投影关系配置，但中间有其他图形隔开，所以必须进行标注；左视图和俯视图都是局部视图，它们按投影关系配置，而且中间又没有其他图形隔开，就没有标注视图的名称。

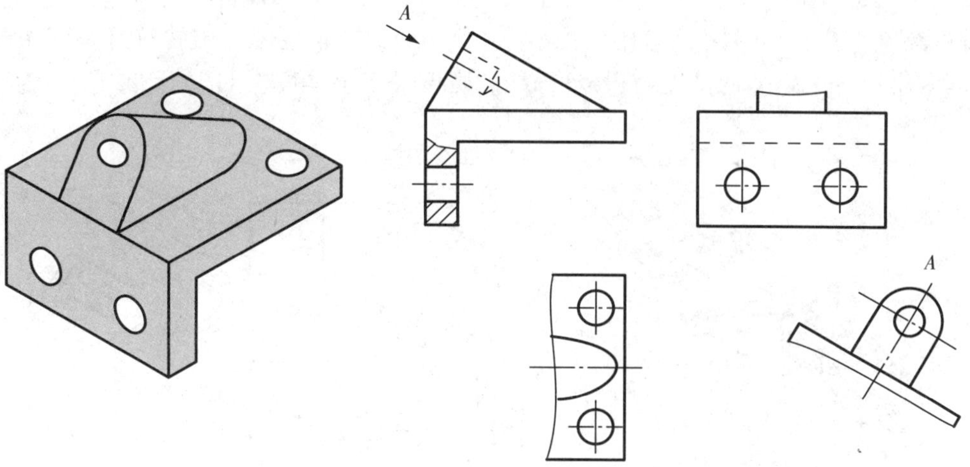

图 4－7　局部视图

如图 4－8 所示，局部视图“A”，所表达的局部结构是完整的，且外轮廓线成封闭形，波浪线可省略不画。

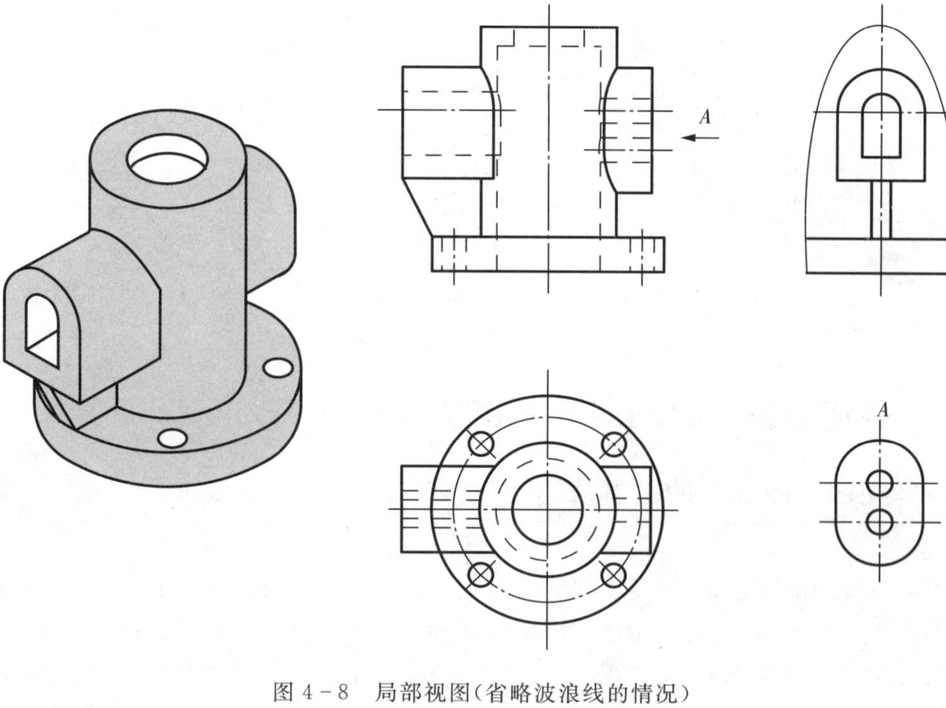

图 4－8　局部视图(省略波浪线的情况)

4.1.4　斜视图(GB/T 17451—1998)

物体向不平行于任何基本投影面的平面投射所得的视图称为斜视图。

绘制斜视图时，必须在该斜视图的上方用大写拉丁字母标注视图的名称，在相应视图的附近用箭头指明投射方向，并标出相同的大写拉丁字母。斜视图通常按投影关系配置在箭头所指的方向，如图 4－9 中“A”斜视图。必要时，允许将斜视图旋转配置，表示该视图名称的大写拉丁字母应靠近旋转符号的箭头端，如图 4－9 中“B ↶”斜视图。旋转配置时，也允许将旋转角度标注在字母之后，如图 4－10 中“↷ A30°”斜视图。旋转符号是一个带箭头的半圆，其半径等于字体的高度，符号笔画线的宽度等于字体高度的 1/12 或 1/14。

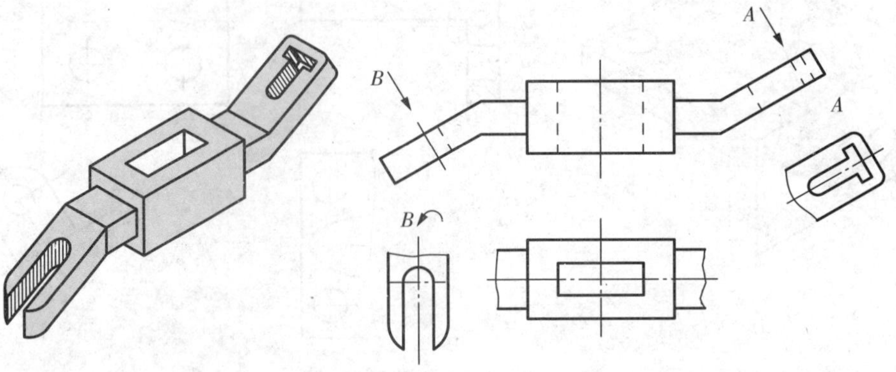

图 4－9 斜视图（旋转符号后不标注旋转角度）

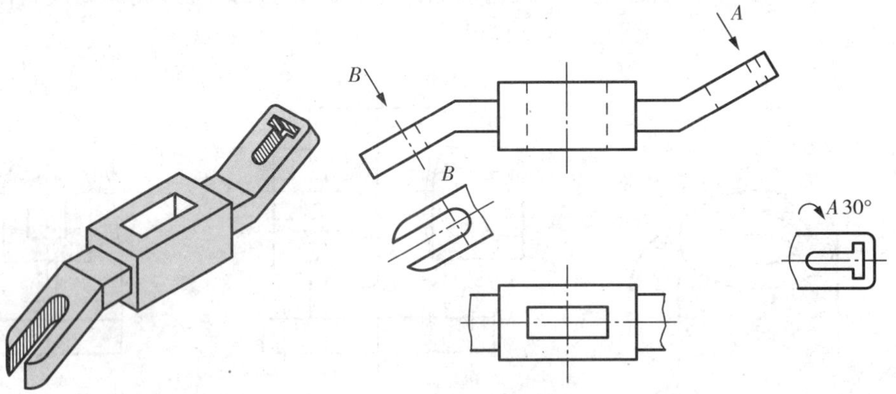

图 4－10 斜视图（旋转符号后标注旋转角度）

4.2 剖视图（GB/T 17452—1998）

4.2.1 剖视图与断面图的基本概念

1. 剖视图

假想用剖切面剖开物体，将处在观察者和剖切面之间的部分移去，而将物体的其余部分向投影面投影所得的图形称为剖视图，简称剖视，如图 4－11 中“A—A”剖视。

一般采用平面剖切物体，也可用圆柱面剖切物体。采用圆柱面剖切物体时，剖视图一般应按展开绘制。

绘制剖视图时，一般仍按基本视图配置的规定；也可按投影关系配置在与剖切符号相对应的位置；必要时，允许配置在其他适当的位置。

2. 断面图

假想用剖切平面将物体的某处切断，仅画出假想剖切面与物体接触部分的图形，称为断面图，简称断面，如图 4－12 中“A—A”断面。

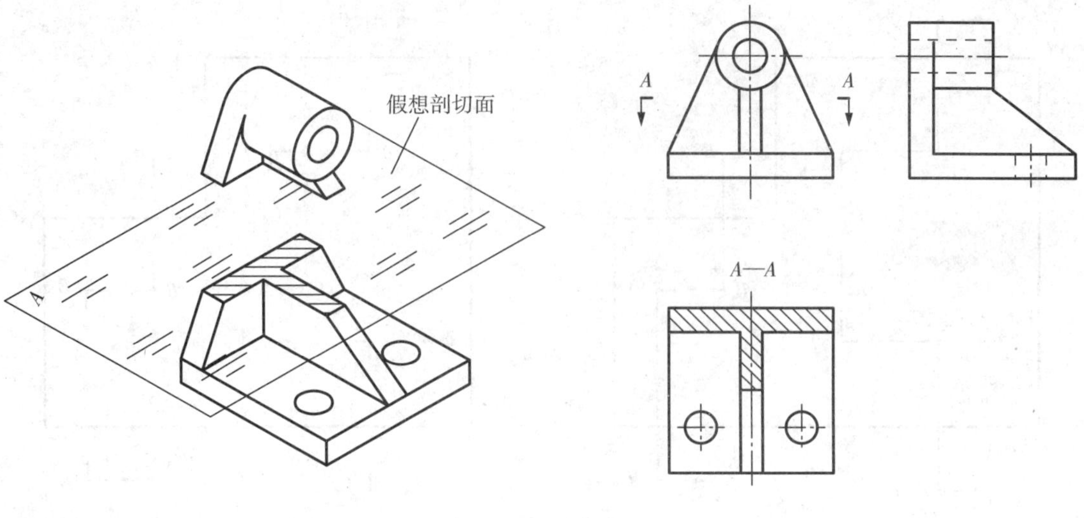

图 4－11　剖视图

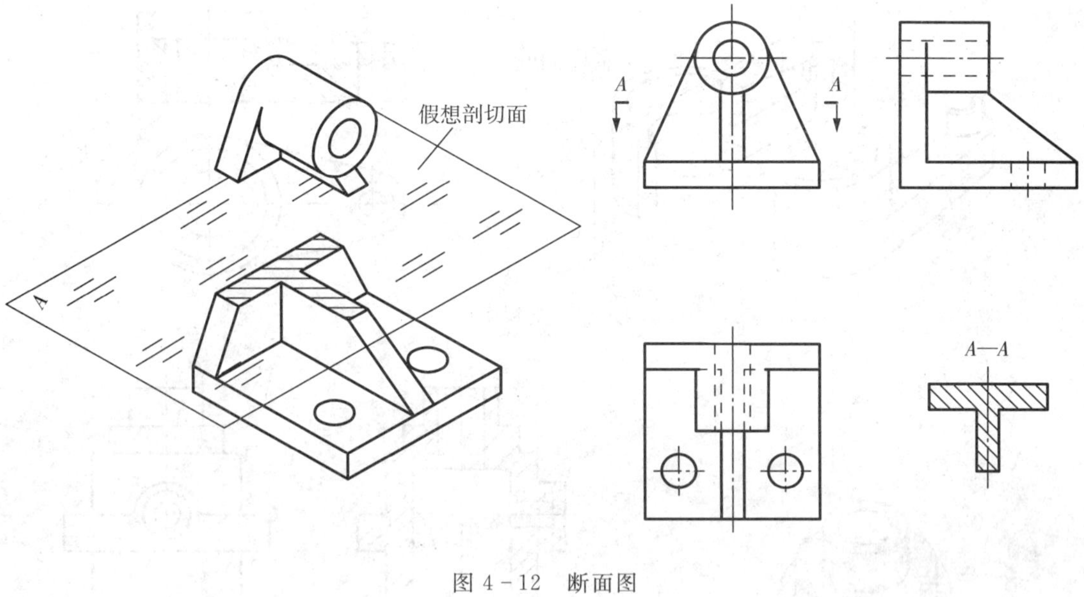

图 4－12　断面图

3．剖视图和断面图的标注

一般应标注剖视图或移出断面图的名称"×—×"(×为大写拉丁字母或阿拉伯数字)。在相应的视图上用剖切符号表示剖切位置和投射方向，并标注相同的字母。剖切符号、剖切线和字母的组合标注，如图 4－13 左图所示。剖切线也可省略不画，如图 4－13 右图所示。

4.2.2　剖切平面不同位置的剖视

1．剖切平面平行于正面

以正平面作为假想剖切平面剖开物体所得的剖视，主视图为剖视图，如图 4－14～图 4－19 所示。

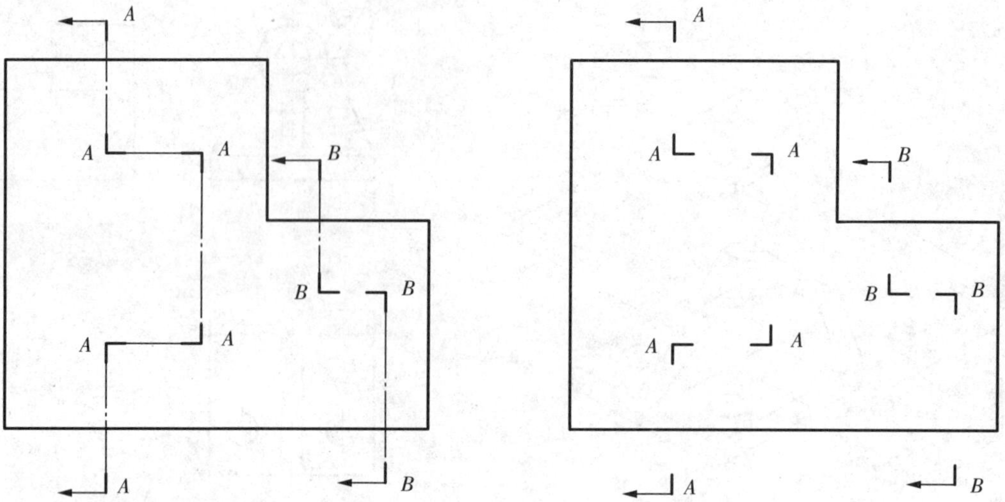

图 4-13 剖切符号、剖切线和字母的组合标注

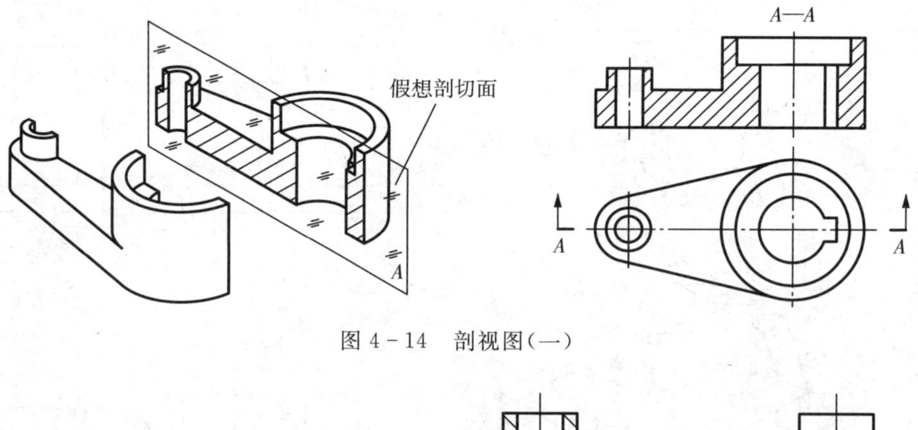

图 4-14 剖视图(一)

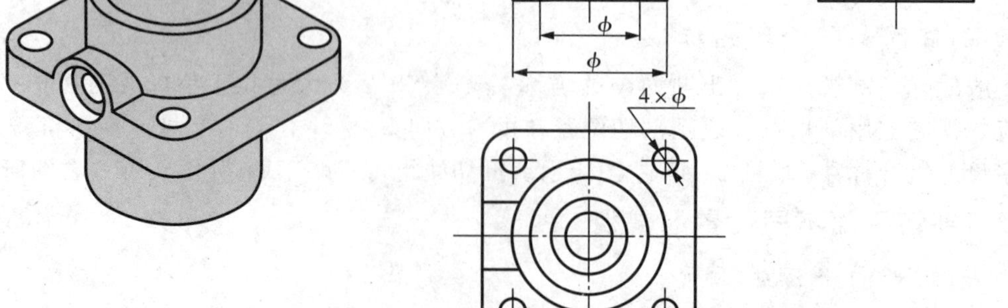

图 4-15 剖视图(二)

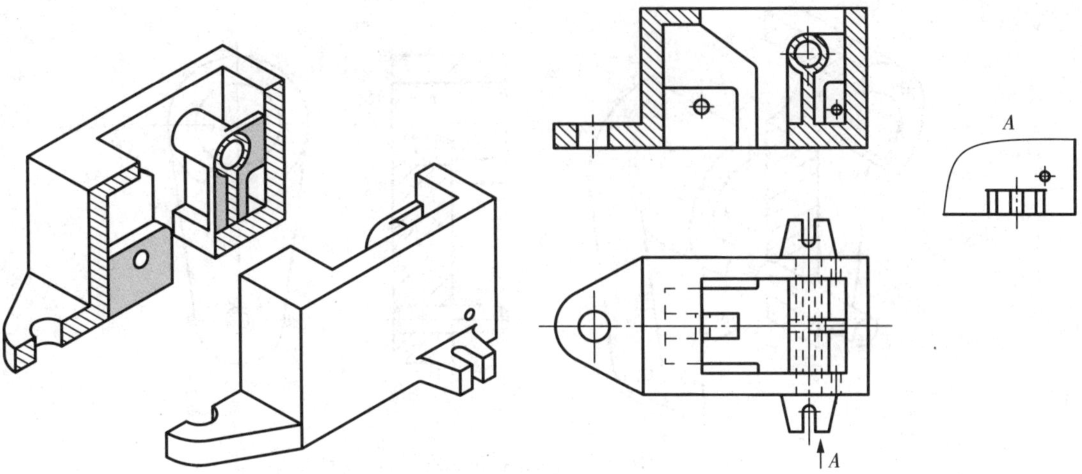

图 4 - 16　剖视图(三)

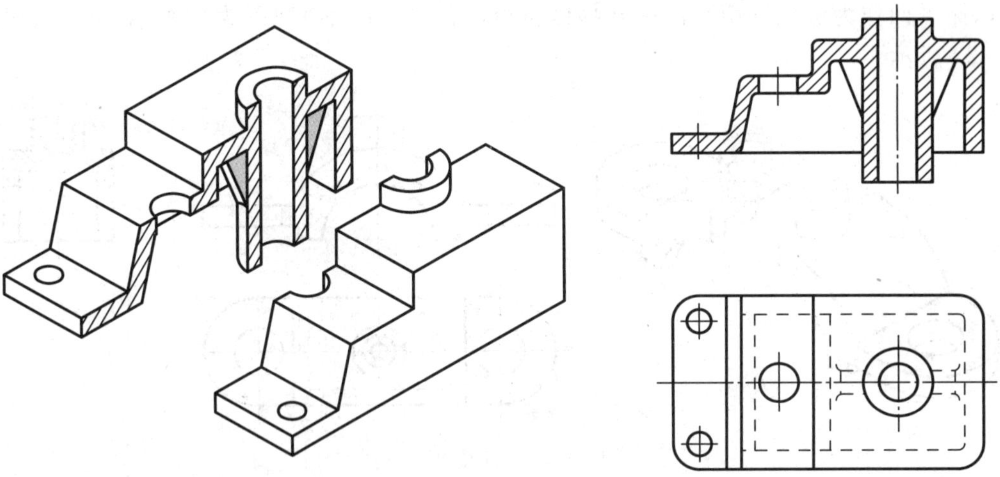

图 4 - 17　剖视图(四)

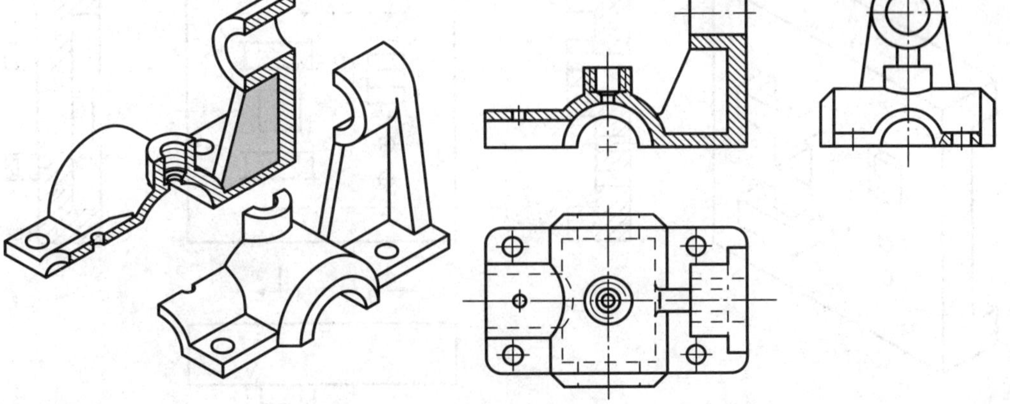

图 4 - 18　剖视图(五)

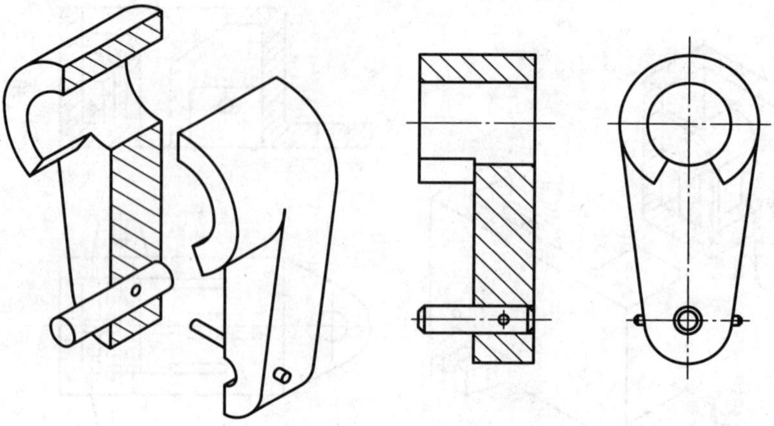

图 4-19 剖视图(六)

2. 剖切平面平行于侧面

以侧平面作为假想剖切平面剖开物体所得的剖视，左(右)视图为剖视图，如图 4-20～图 4-23 所示。

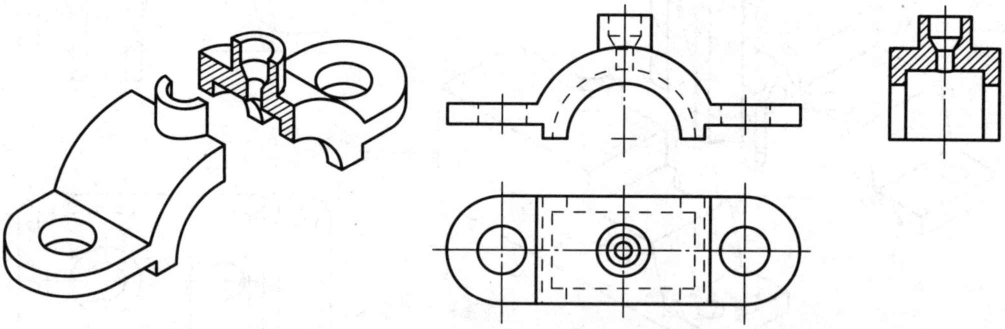

图 4-20 剖视图(一)

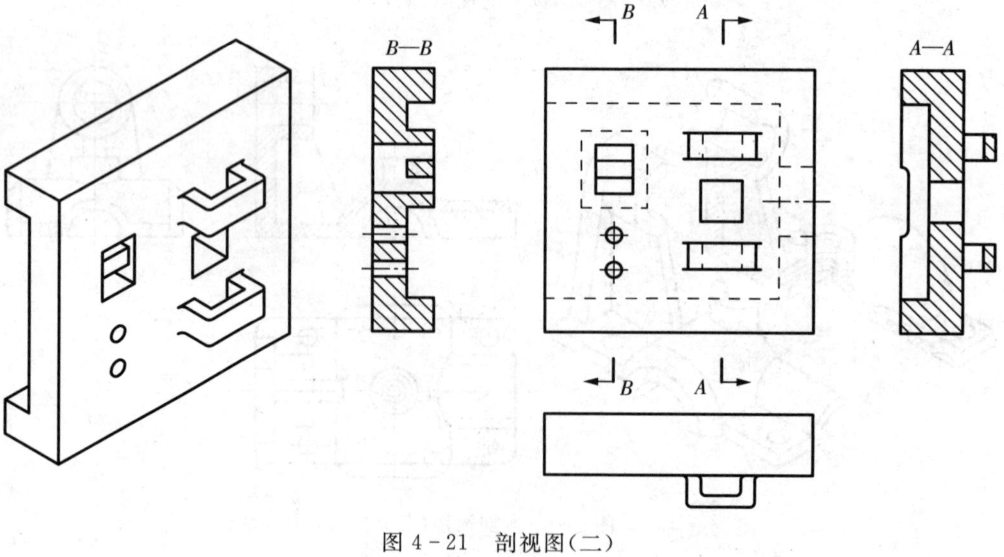

图 4-21 剖视图(二)

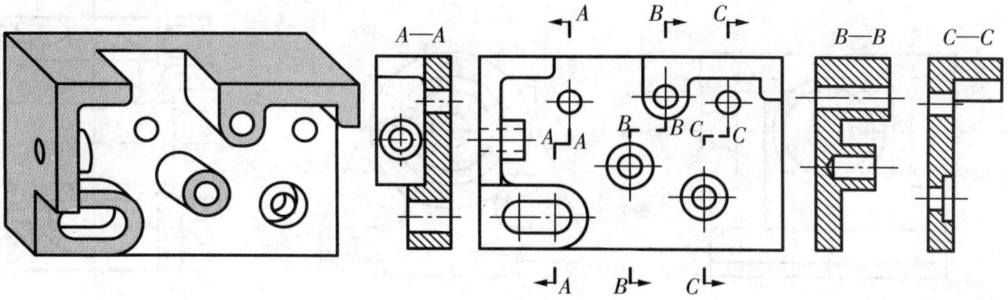

图 4 - 22　剖视图(三)

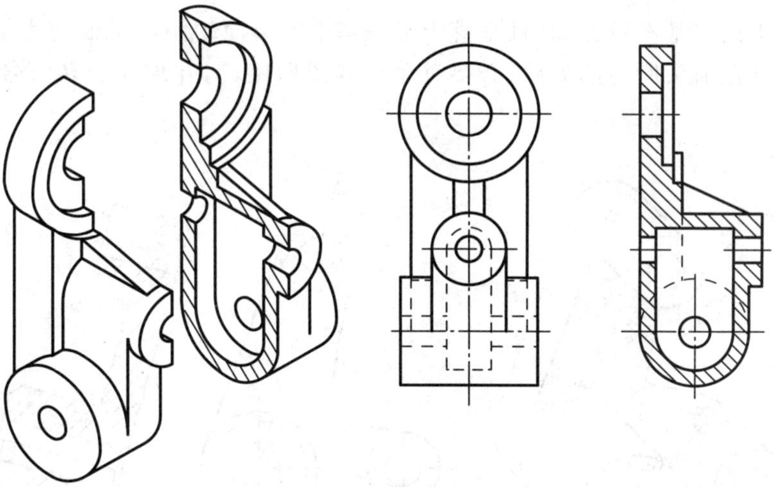

图 4 - 23　剖视图(四)

3. 剖切平面平行于水平面

以水平面作为假想剖切平面剖开物体所得的剖视，俯视图为剖视图，如图 4 - 24、图 4 - 25、图 4 - 26 所示。

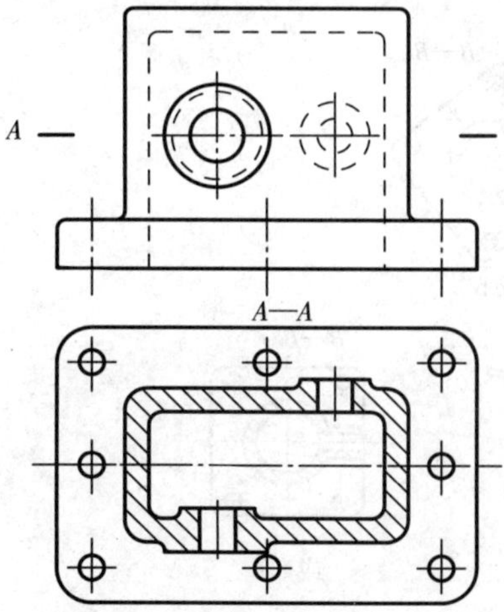

图 4 - 24　剖视图(一)

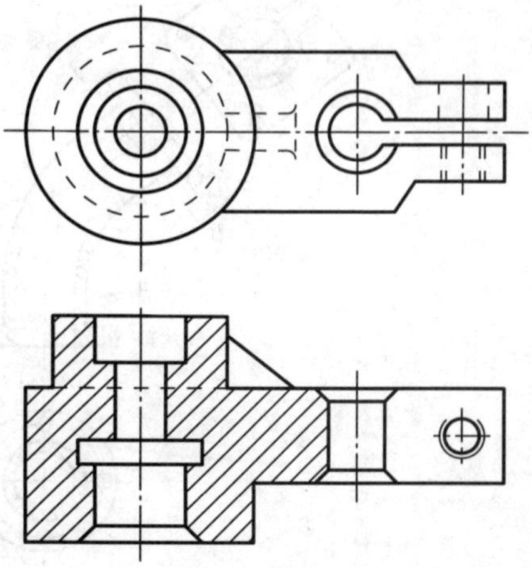

图 4 - 25　剖视图(二)

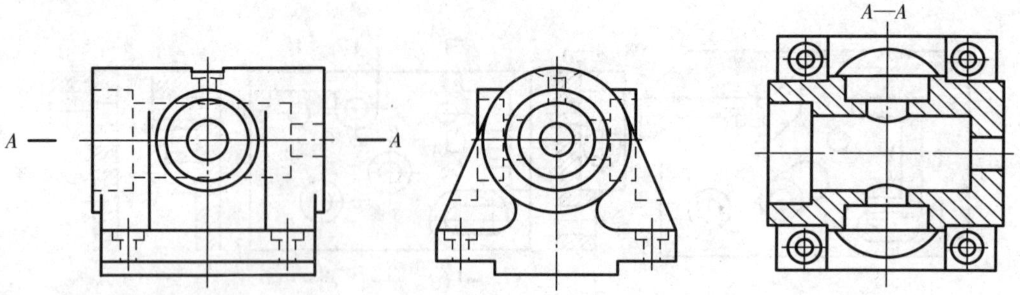

图 4-26 剖视图(三)

4. 剖切平面不平行于任何基本投影面的平面

以不平行于任何基本投影面，且垂直于某一基本投影面的倾斜平面作为剖切平面，所得的视图通常配置在箭头所指的方向；必要时允许将图形旋转，并加注旋转符号；如图 4-27、图 4-28 所示。

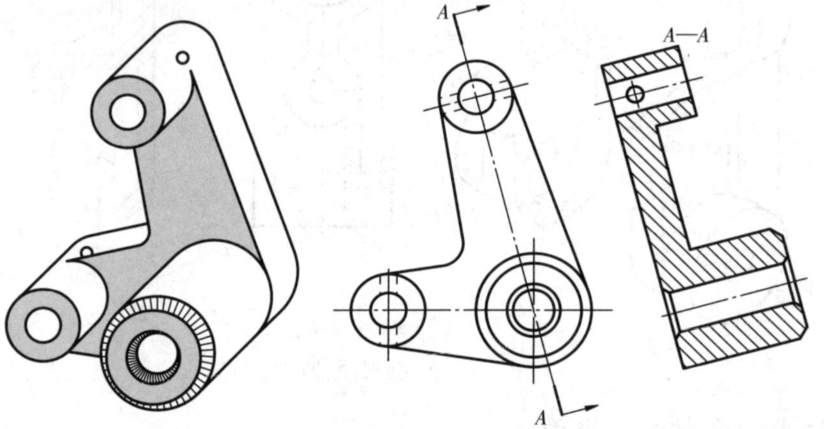

图 4-27 剖视图(一)

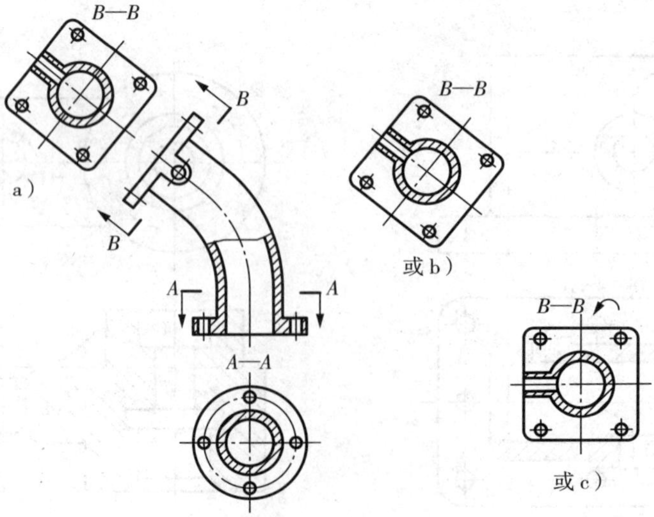

图 4-28 剖视图(二)

4.2.3　剖切范围不同的剖视

根据剖切范围，剖视图可分为全剖视图、半剖视图和局部剖视图三种。

1. 全剖视图

全剖视图是用剖切面完全地将物体剖开所得的剖视图，如图 4-29、图 4-30 所示。

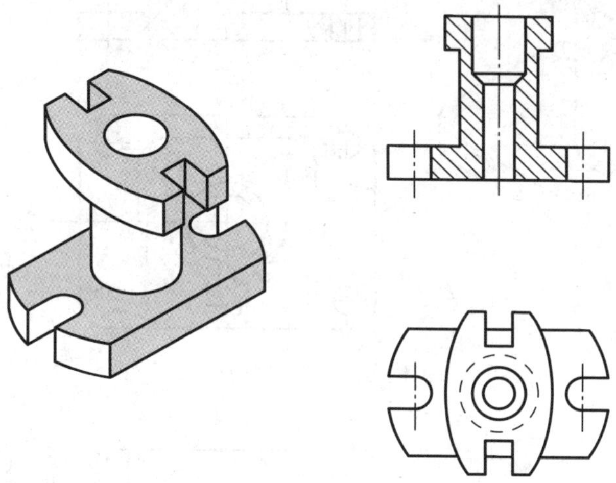

图 4-29　全剖视图(一)

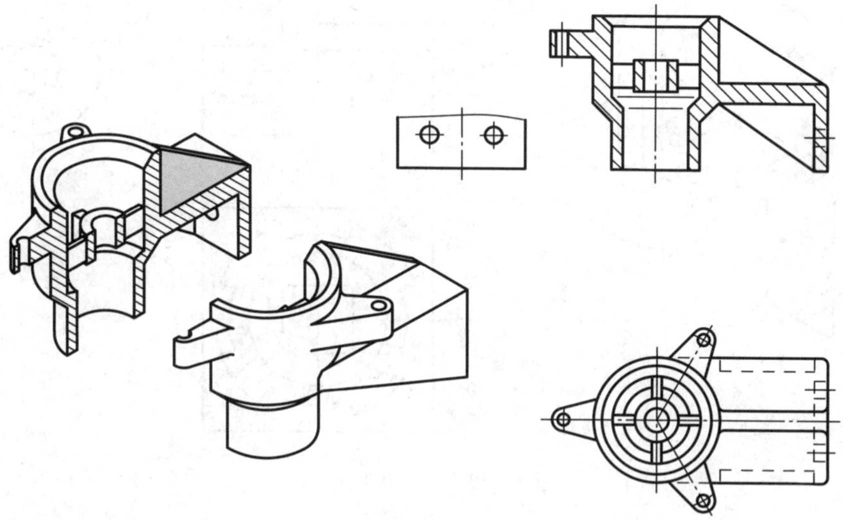

图 4-30　全剖视图(二)

2. 半剖视图

当物体具有垂直于投影面的对称平面时，物体在该投影面上的投影以对称中心线为界两侧对称；以对称中心线为界，一半画成视图，另一半画成剖视图，这种物体表达方式称为半剖视图，简称半剖视，如图 4-31、图 4-32 所示。此外，物体的形状接近于对称，且不对称部分已在另有图形清晰表达时，也可按对称物体处理，画成半剖视图，如图 4-33 所示。

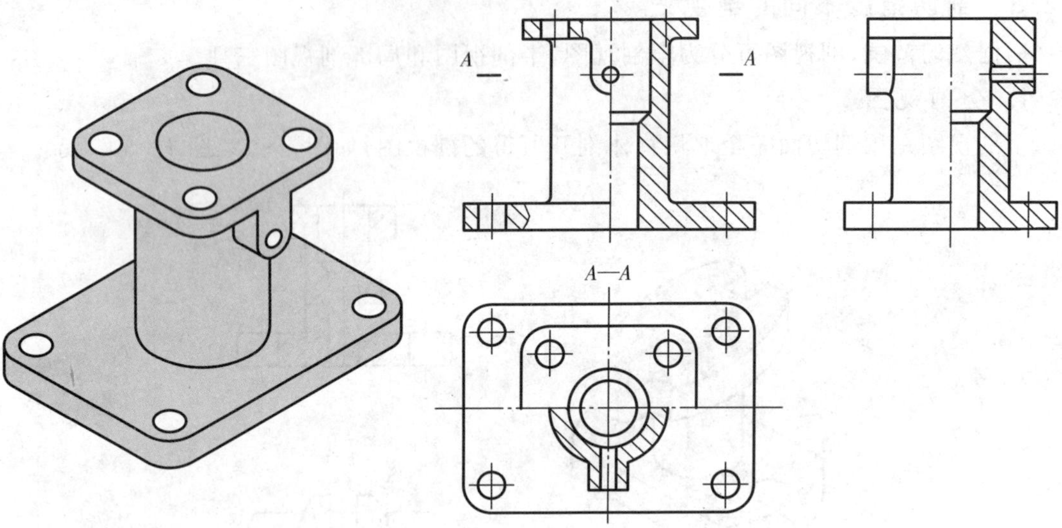

图 4-31　半剖视图(一)

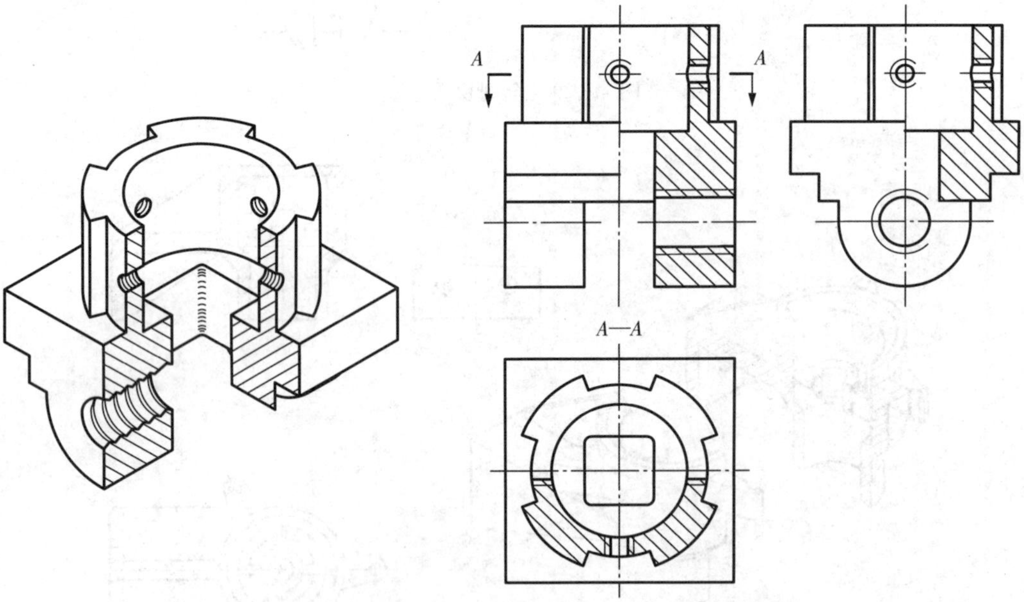

图 4-32　半剖视图(二)

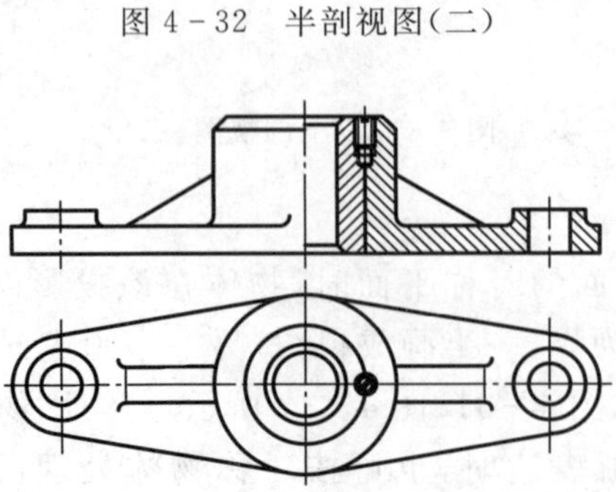

图 4-33　半剖视图(三)

3. 局部剖视图

用假想的剖切平面局部地剖开物体的某一部分所得的剖视图，称为局部剖视图，简称局部剖视。以波浪线作为局部剖视图与视图的分界线，波浪线不能与图样上的其他图线重合。当剖切部分为回转体时，允许以回转体的中心线作为局部剖视与视图的分界线。当不对称物体的内、外形均需在同一图样上兼顾表达，或对称物体不宜作半剖视（分界线为粗实线）时，采用局部剖视表达。局部剖视图，如图 4-34～图 4-43 所示。

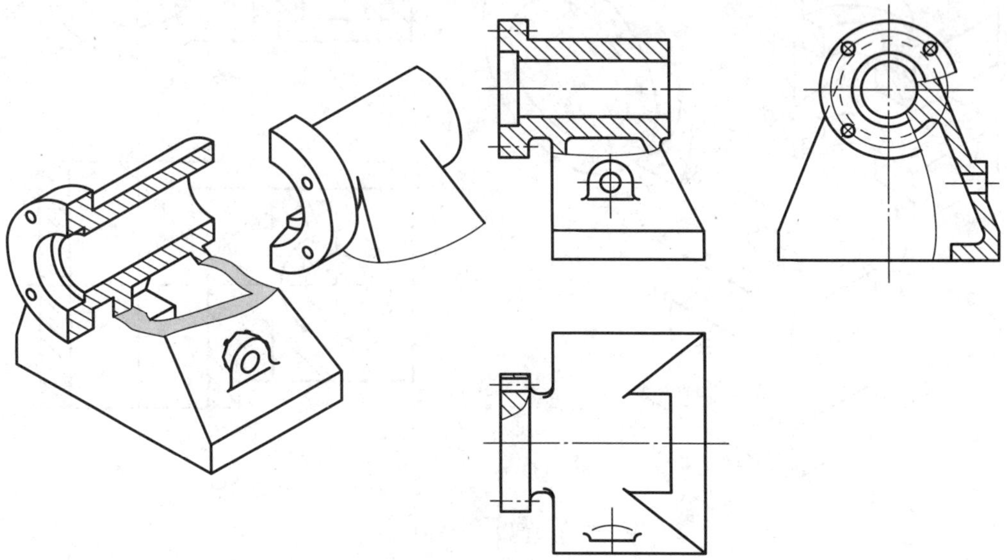

图 4-34 局部剖视图（一）

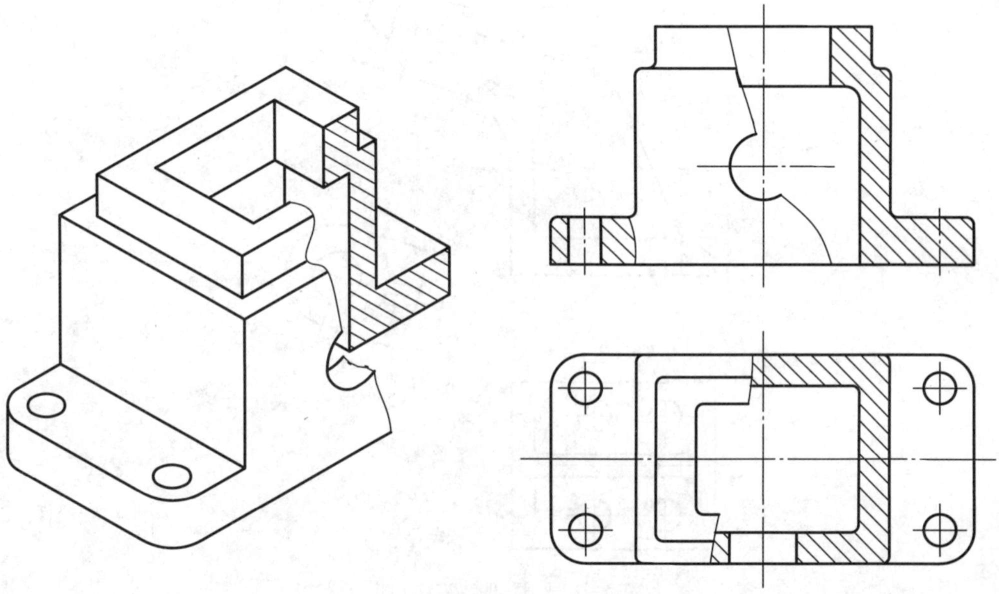

图 4-35 局部剖视图（二）

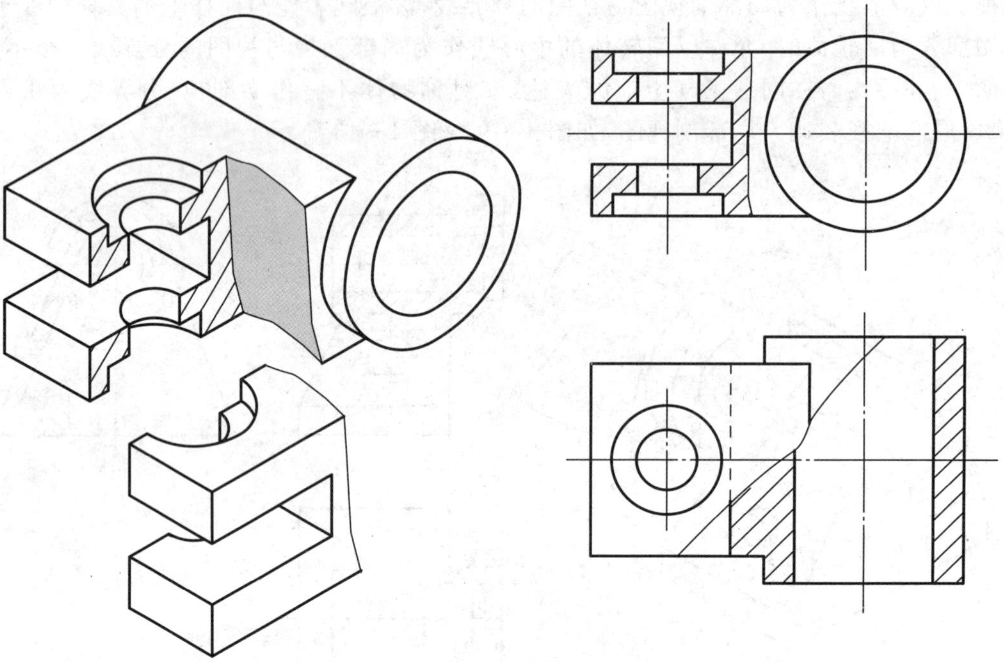

图 4－36　局部剖视图(三)

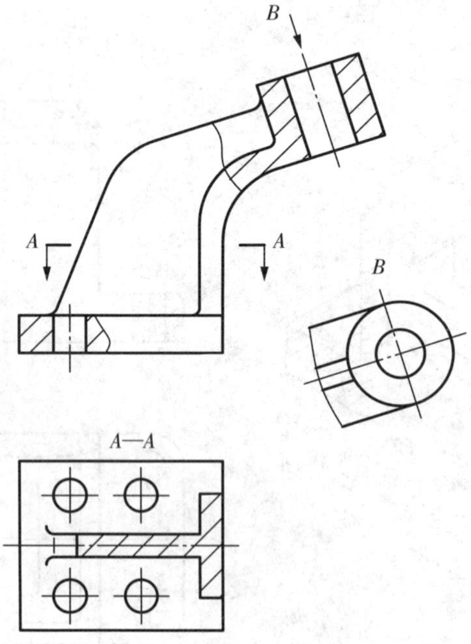

图 4－37　局部剖视图(四)

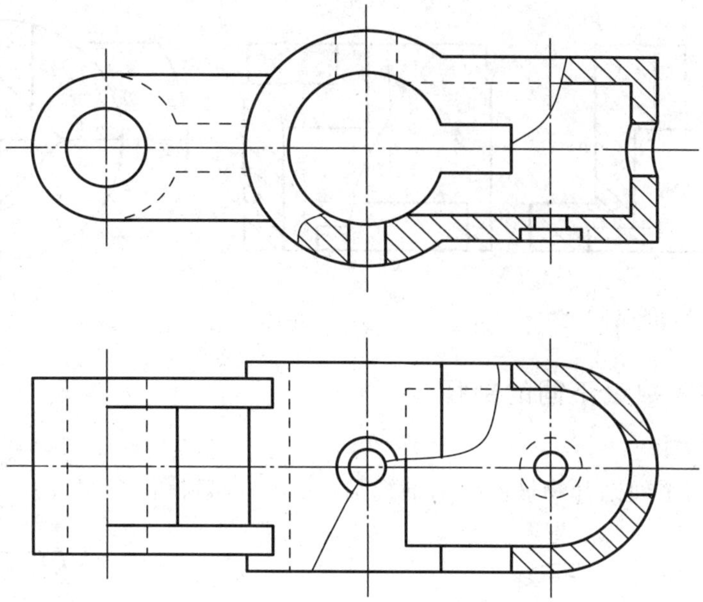

图 4 - 38　局部剖视图(五)

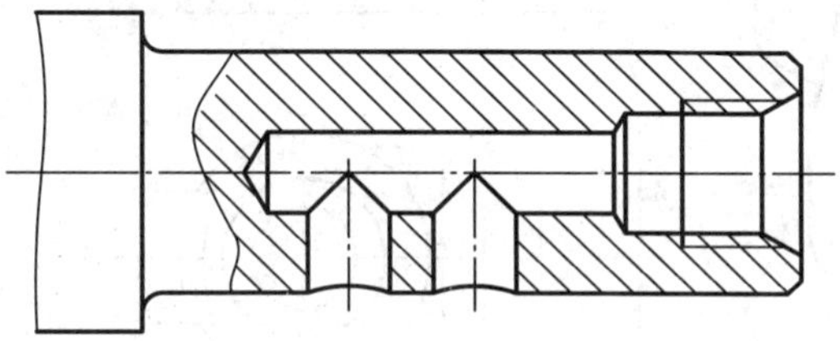

图 4 - 39　局部剖视图(六)

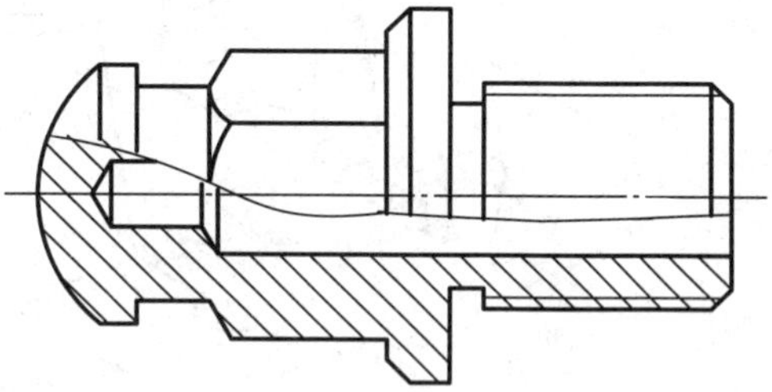

图 4 - 40　局部剖视图(七)

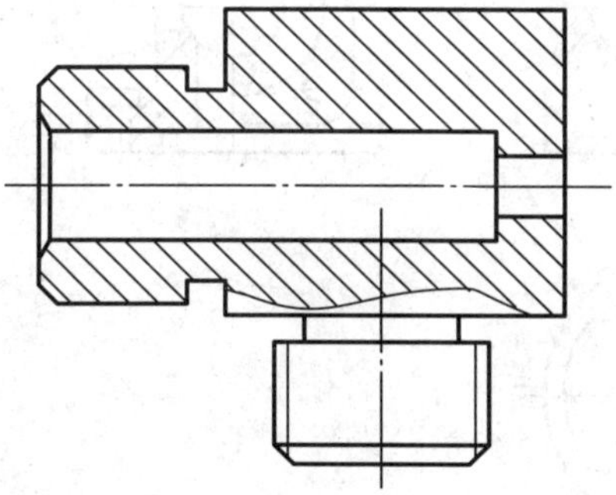

图 4 - 41　局部剖视图(八)

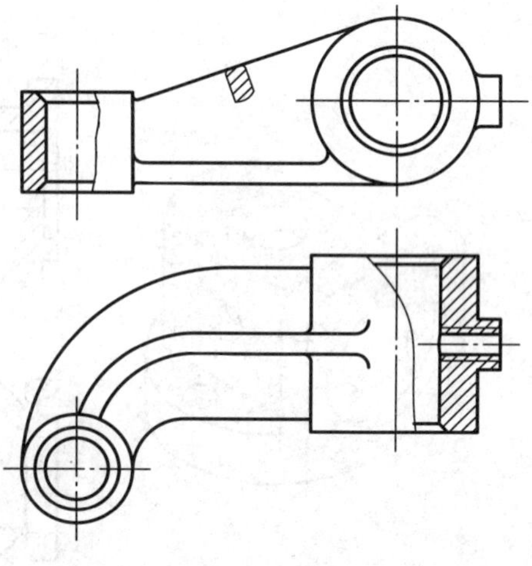

图 4 - 42　局部剖视图(九)

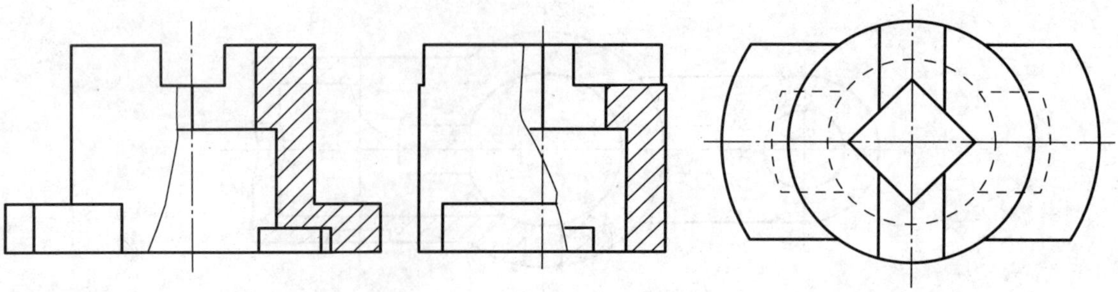

图 4 - 43　局部剖视图(十)

4.2.4　剖切平面数量不同的剖视

1. 单一剖切平面剖切

只用一个剖切平面剖开物体所得的剖视图,如图 4 - 44、图 4 - 45、图 4 - 46 所示。

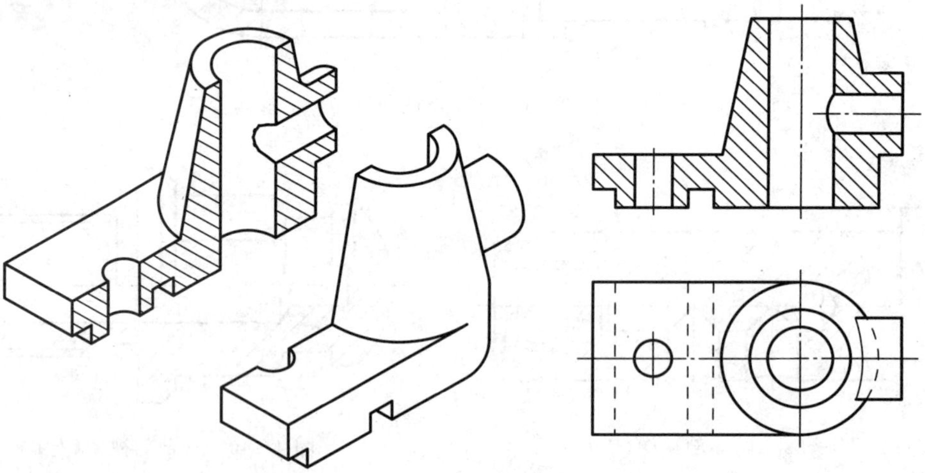

图 4 - 44　单一平面剖切视图(一)

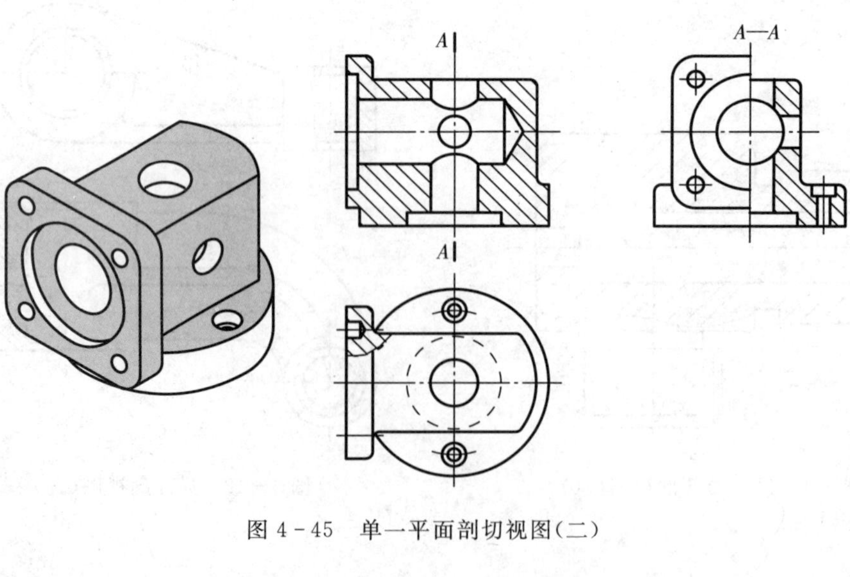

图 4 - 45　单一平面剖切视图(二)

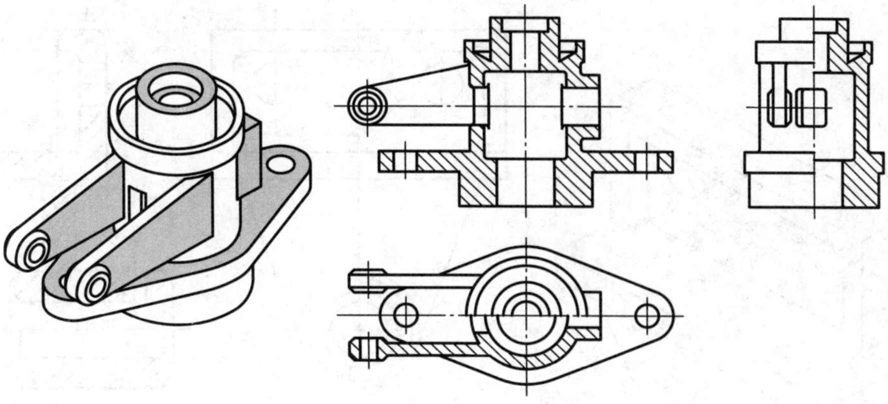

图 4-46　单一平面剖切视图(三)

2. 几个平行平面的剖切

用几个相互平行的剖切平面剖开物体所得的剖视图，如图 4-47、图 4-48、图 4-49 所示，由于剖切是假想的，各剖切平面的转角处不允许在剖视图中画出轮廓线。选取转角位置时，不允许在图形中出现不完整的要素；仅当两个要素在图形上存在公共对称中心线或轴线时，才可以中心线或轴线为界，各画一半；如图 4-50 所示。

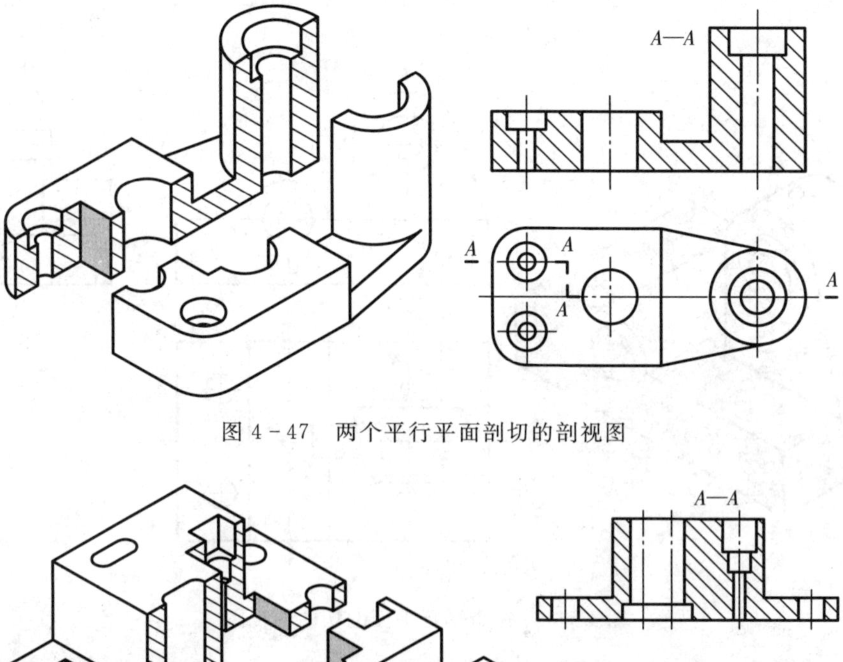

图 4-47　两个平行平面剖切的剖视图

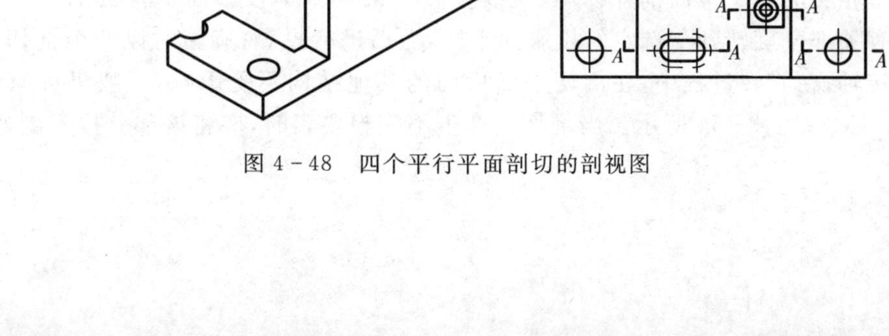

图 4-48　四个平行平面剖切的剖视图

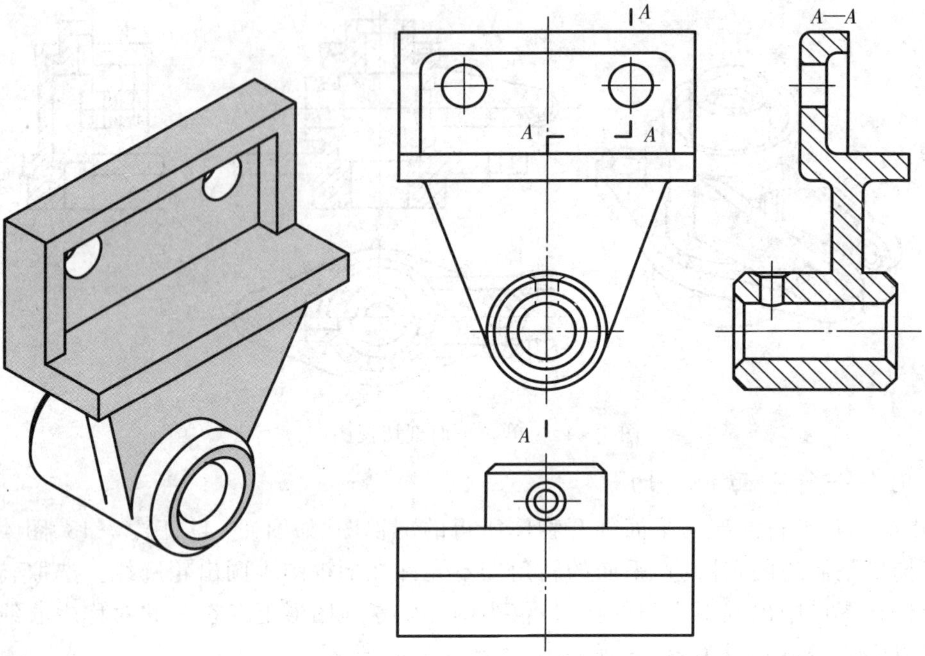

图 4－49　两个平行平面剖切的剖视图

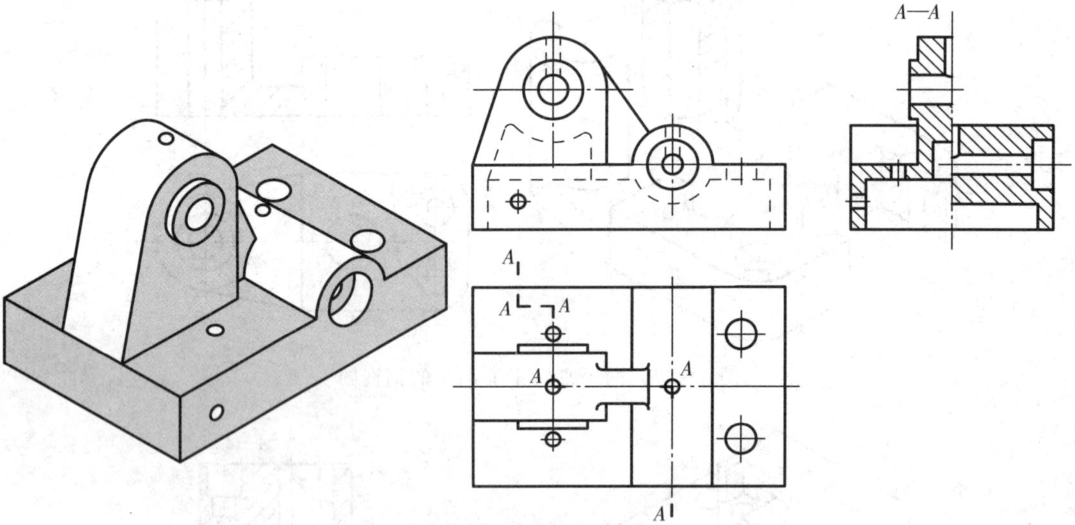

图 4－50　三个平行平面剖切的剖视图

3．几个相交平面剖切的剖视图

用几个相交的假想平面剖开物体，交线垂直于某一基本投影面。将被剖切平面剖开的结构及其有关部分旋转到与选定的投影面平行，然后进行投影；旋转时以两个剖切平面的交线作为旋转轴；在旋转过程中，在剖切平面后面的其他结构不受影响，一般仍按原来位置投影；如图 4－51～图 4－54 所示。当剖切后产生不完整要素时，应将该部分按不剖处理，如图 4－55 所示。

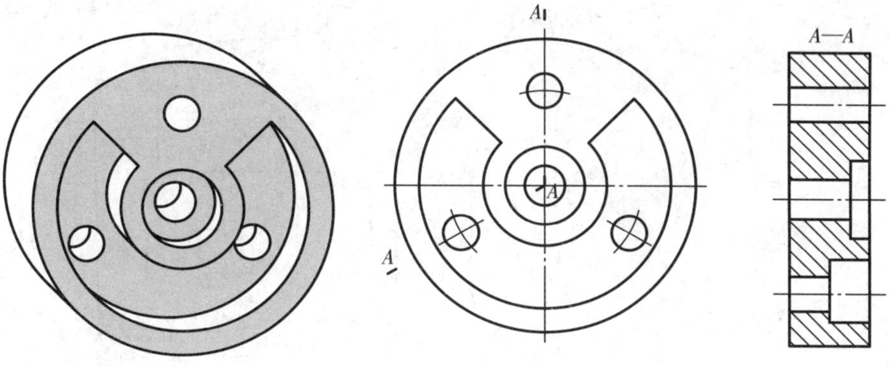

图 4-51　两个相交平面剖切的剖视图(一)

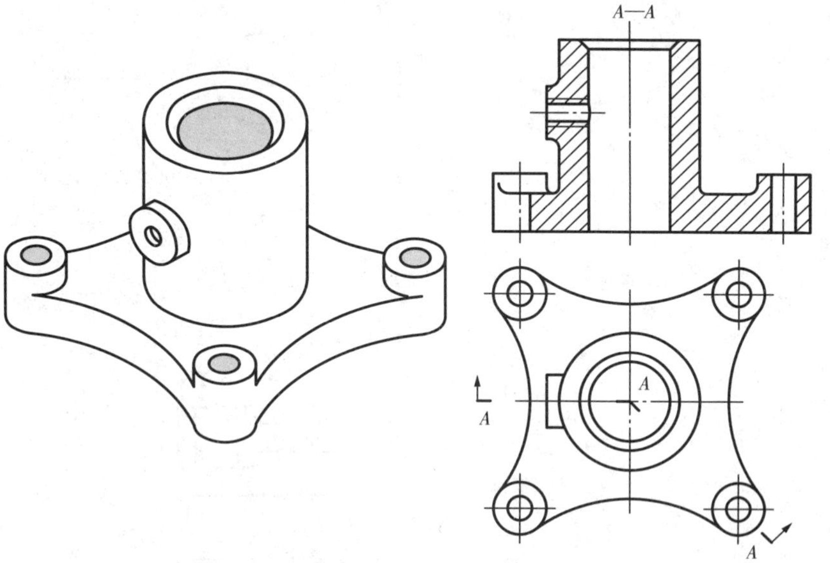

图 4-52　两个相交平面剖切的剖视图(二)

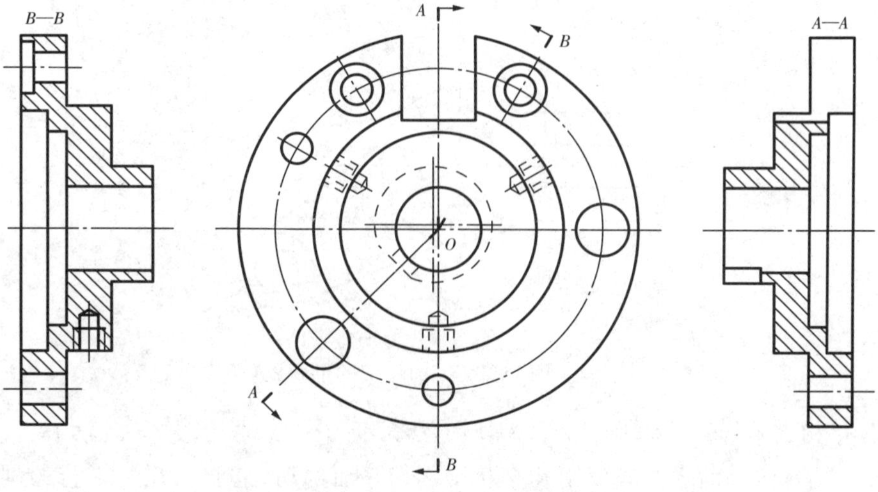

图 4-53　两组相交平面剖切的剖视图

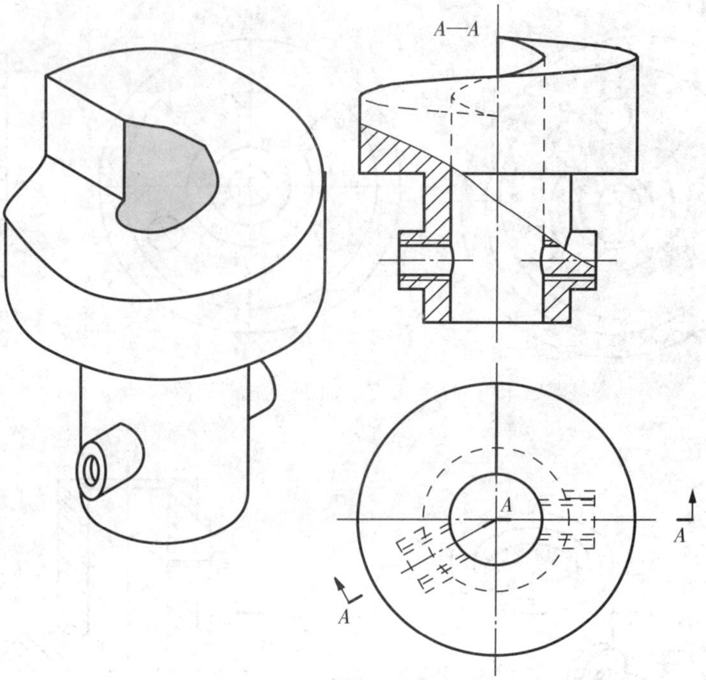

图 4-54　两个相交平面剖切的剖视图(三)

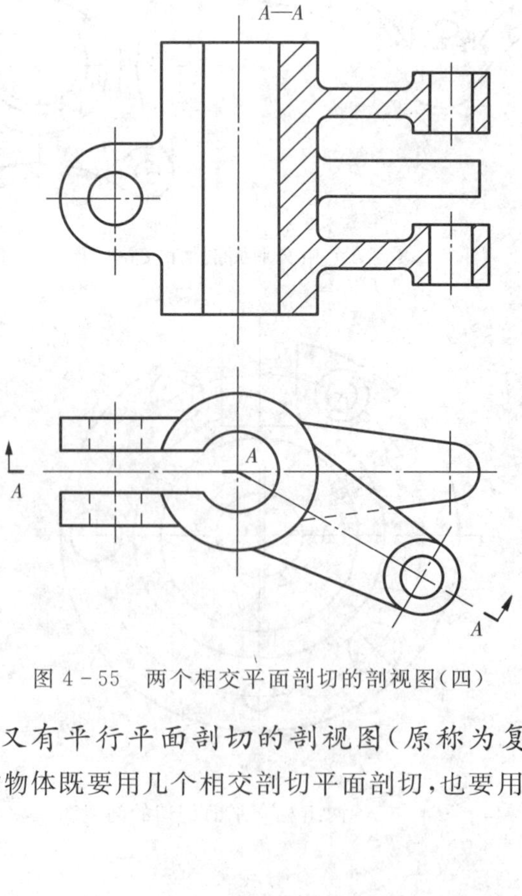

图 4-55　两个相交平面剖切的剖视图(四)

4. 既有相交平面又有平行平面剖切的剖视图(原称为复合剖切)

根据表达需要，有的物体既要用几个相交剖切平面剖切，也要用几个平行的剖切平面剖切，如图 4－56～图 4－59 所示。用这种方法绘制的剖视图，可采用展开画法，此时应在剖视图的上方用大写的拉丁字母标出剖视图的名称“×—×展开”，如图 4－60、图 4－61 所示。

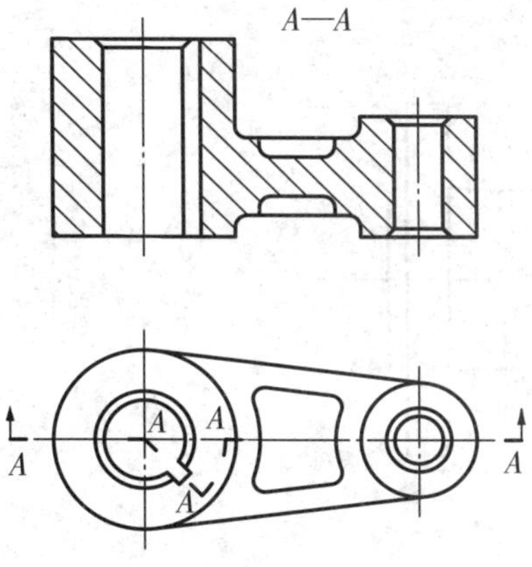

图 4－56　复合剖切剖视图(一)

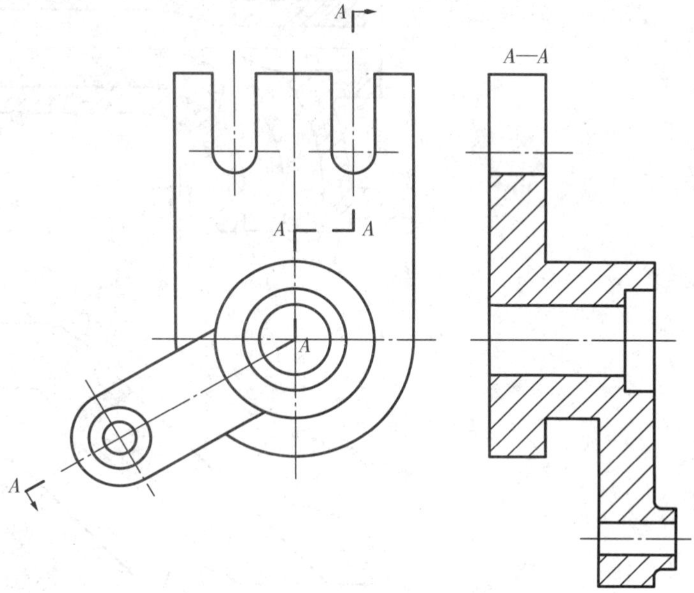

图 4－57　复合剖切剖视图(二)

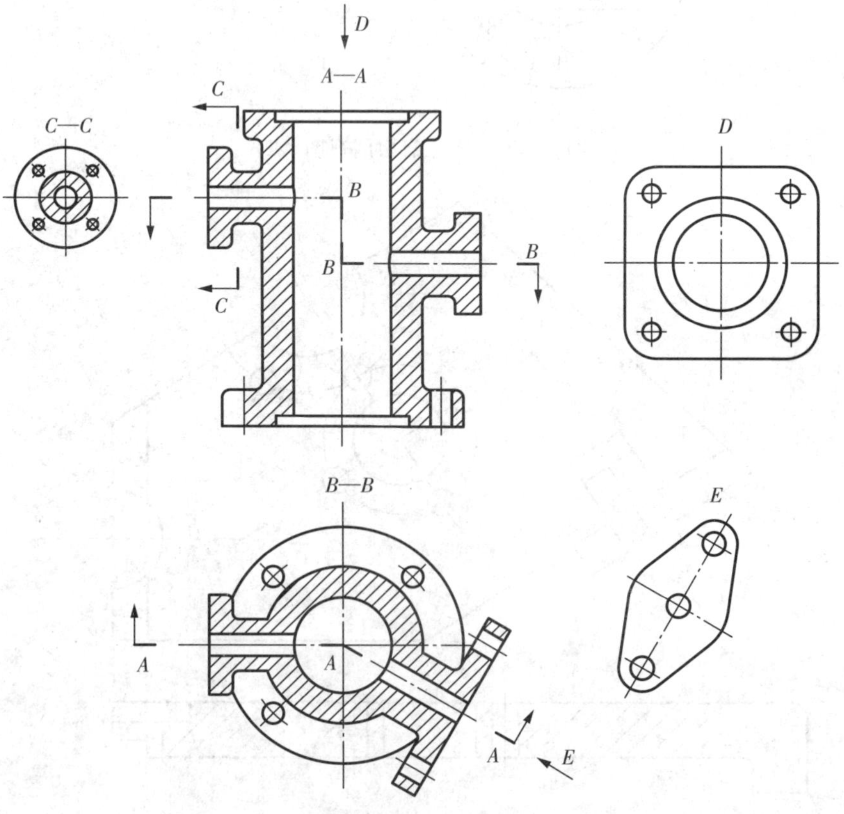

图 4－58　复合剖切剖视图(三)

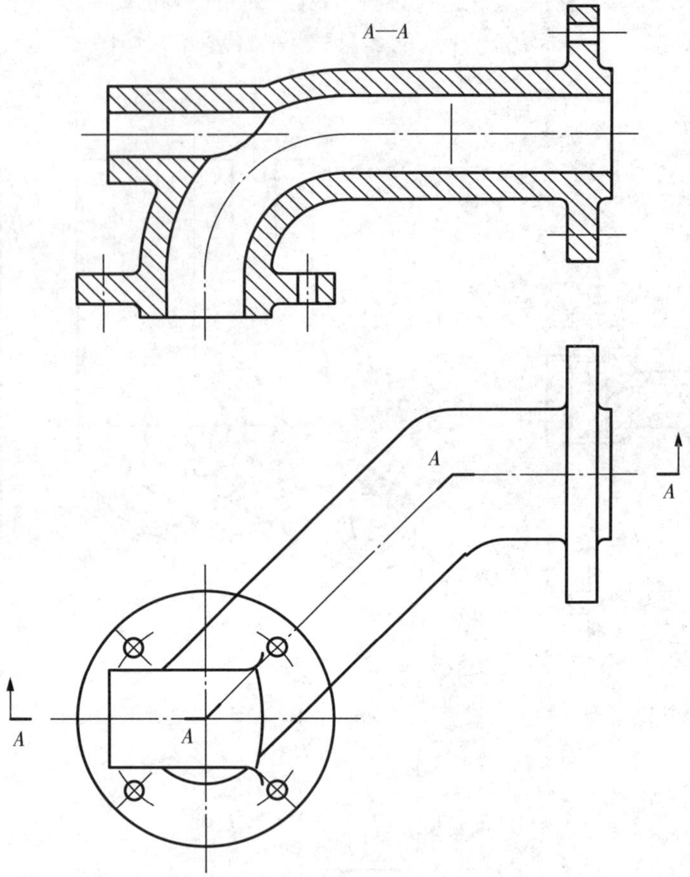

图 4-59　复合剖切剖视图(四)

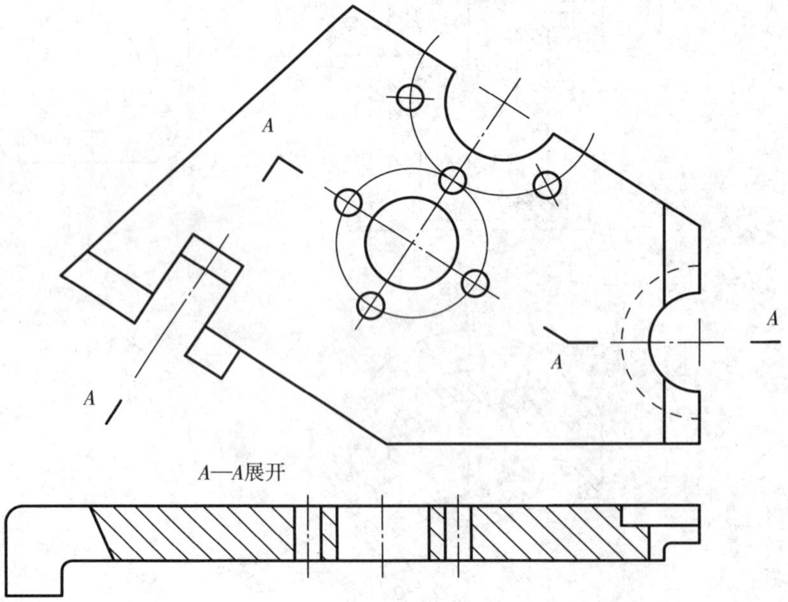

图 4-60　复合剖切剖视图(五)

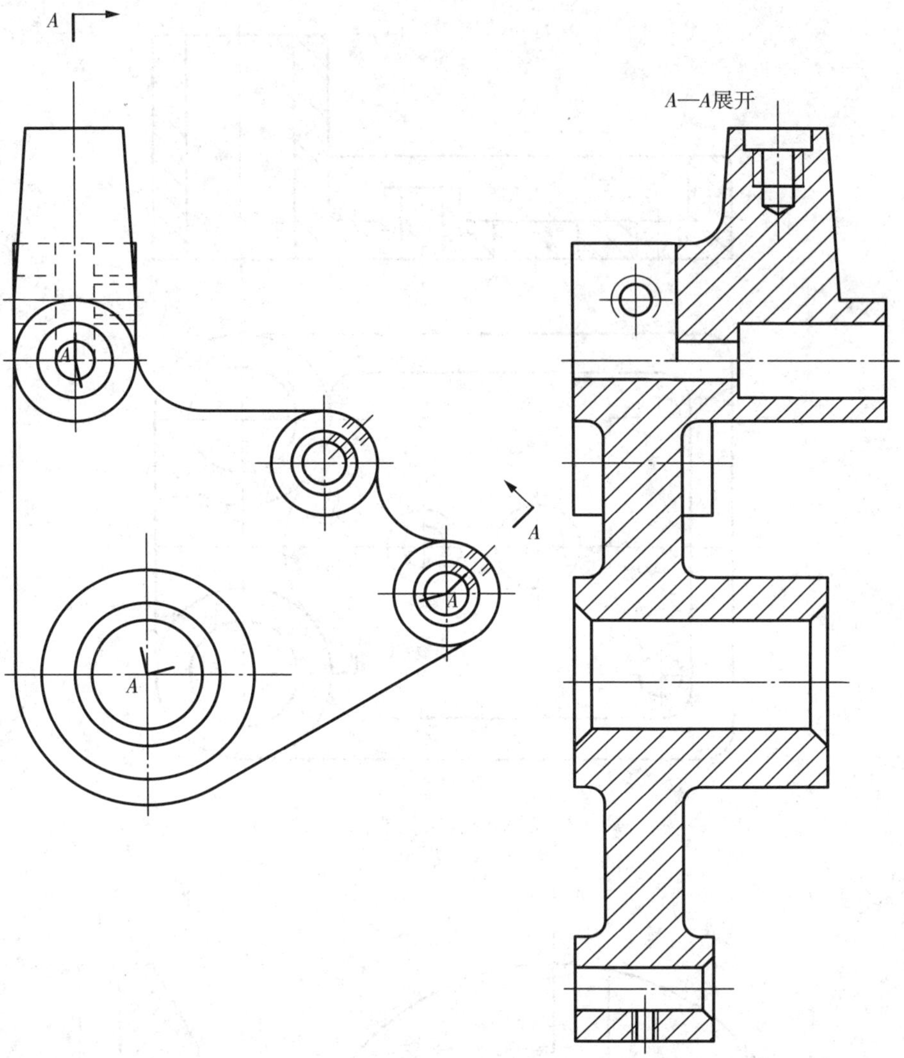

图 4-61　复合剖切剖视图(六)

4.2.5　剖视图的标注(GB/T 4458.6—2002)

剖视图标注应反映出剖切位置、剖切后的投射方向和剖视图名称等三部分内容。

剖切符号是指示剖切起讫和转折的位置(用 5～8mm 的粗实线表示)及投射方向(用箭头表示)的符号。

具体标注:剖视图的名称一般在剖视图的上方用大写的拉丁字母标出剖视图的名称"×—×"。在相应的视图上用剖切符号表示剖切位置和投射方向(用箭头表示),并标注相同的字母,如前面的剖视图图例。剖切符号之间的剖切线可省略不画。

剖视图标注的四点注意事项:

1. 当剖视图按投影关系配置,中间又没有其他图形隔开时,可省略箭头,如图 4-62、图 4-63 所示。

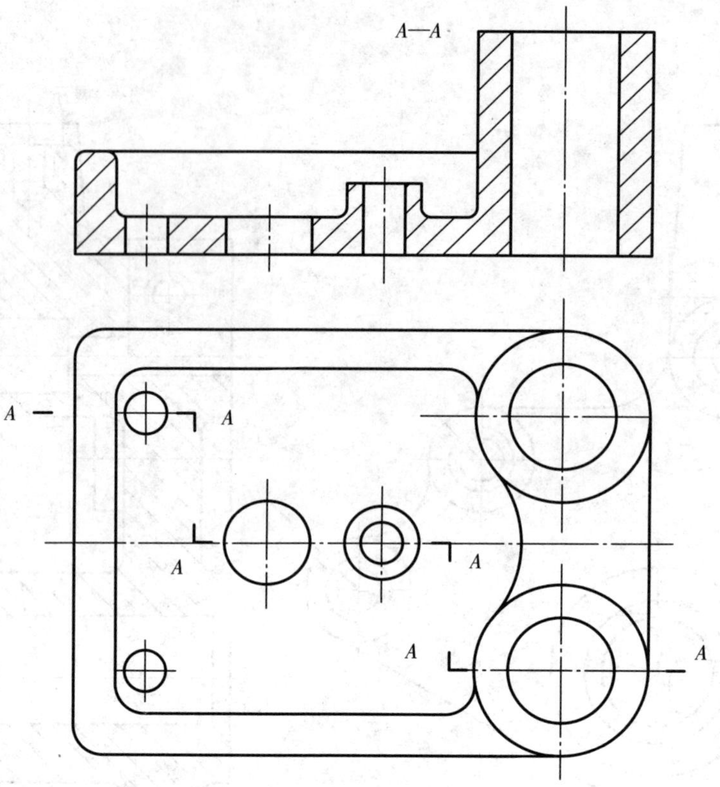

图 4－62 剖视图省略箭头的情形(一)

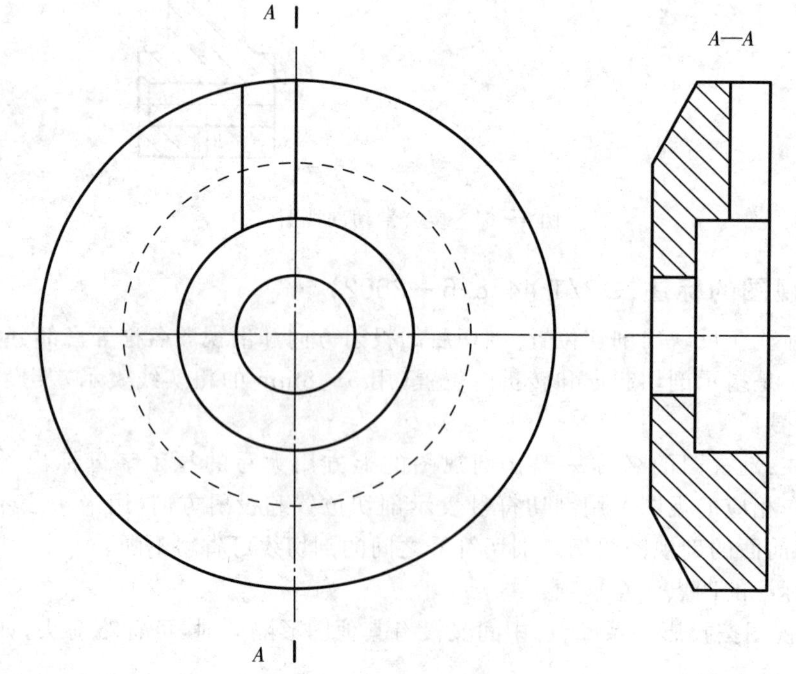

图 4－63 剖视图省略箭头的情形(二)

2. 当单一剖切平面通过物体的对称平面或基本对称的平面，且剖视图按投影关系配置，中间又没有其他图形隔开时，不必标注，如图 4－64、图 4－65 所示。

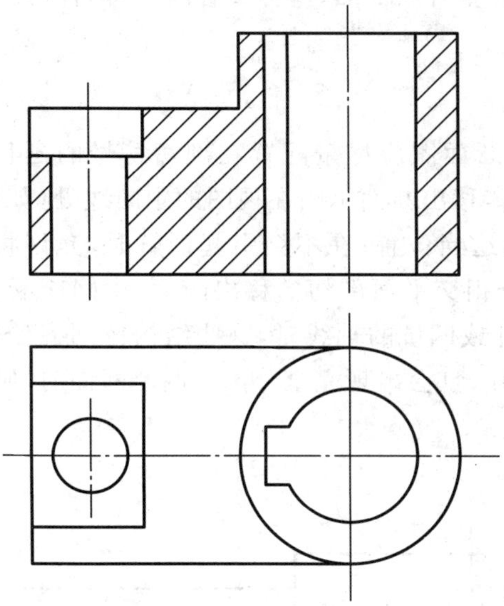

图 4－64　剖视图不必标注的情形(一)

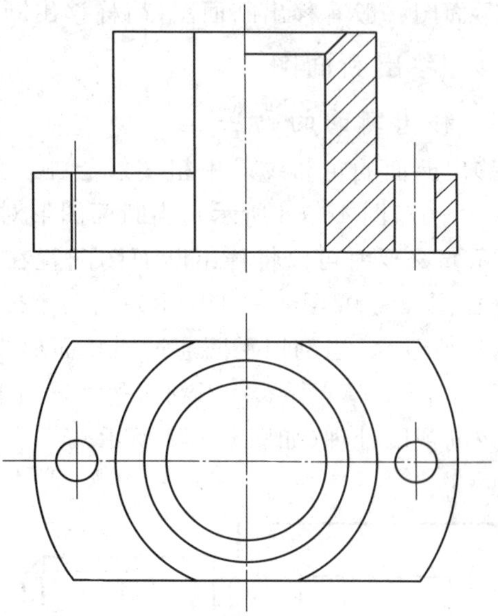

图 4－65　剖视图不必标注的情形(二)

3. 当单一剖切平面的剖切位置明确时，局部剖视图不必标注，如图 4－66 所示的主视图和俯视图上的孔。

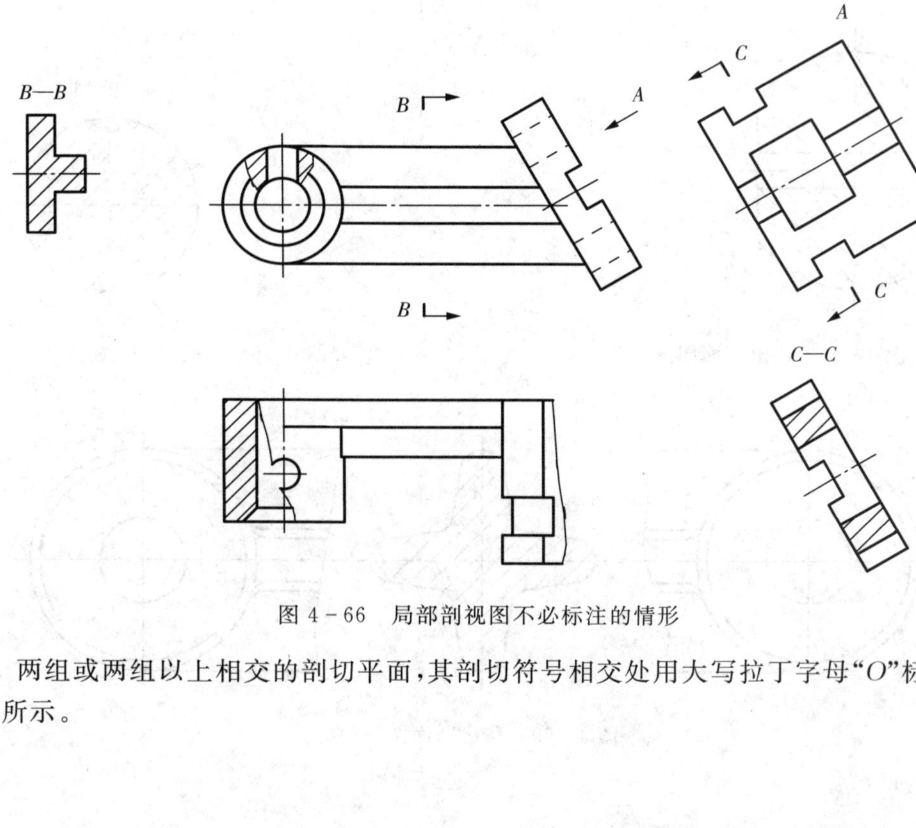

图 4－66　局部剖视图不必标注的情形

4. 两组或两组以上相交的剖切平面，其剖切符号相交处用大写拉丁字母“O”标出，如图 4－53 所示。

4.3 断面图(GB/T 17452—1998、GB/T 4458.6—2002)

断面图一般有移出断面图(简称移出断面)和重合断面图(简称重合断面)两种情况。

4.3.1 移出断面图

1. 移出断面的画法

移出断面的轮廓线采用粗实线绘制。移出断面图应尽量配置在剖切符号的延长线上(如图4-67、图4-68所示);当断面图形对称时,移出断面可画在视图的中断线处(如图4-69所示);必要时可以将移出断面图配置在其他适当位置;在不会引起误解时,允许将图形旋转(如图4-70、图4-74所示);由两个或多个相交平面剖切的移出断面,中间应断开(如图4-72所示)。当剖切平面通过回转面形成的孔或凹坑的轴线时,这些结构按剖视处理(如图4-68、图4-71所示);当剖切平面通过非圆孔,且会出现完全分离的两个断面时,则这些结构按剖视图处理(如图4-73所示)。

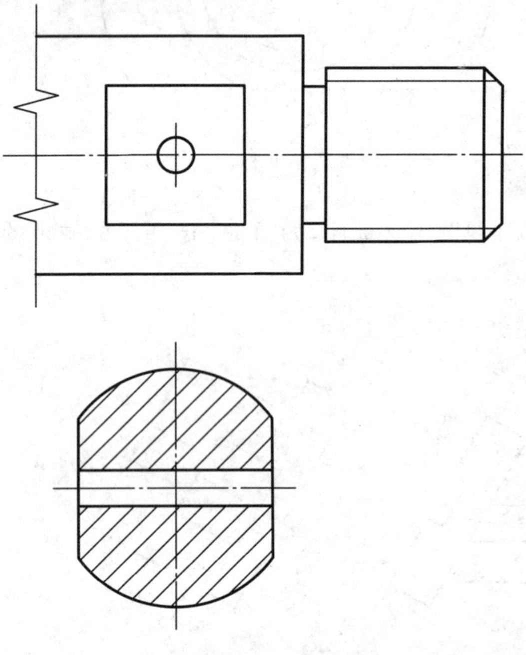

图4-67 移出断面图(一)

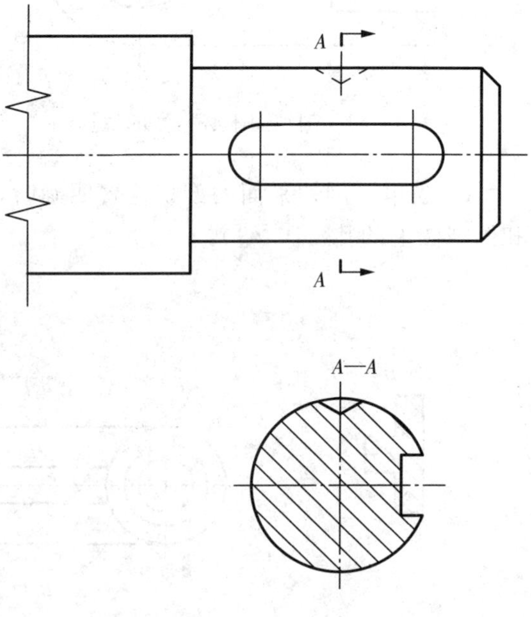

图4-68 移出断面图(二)

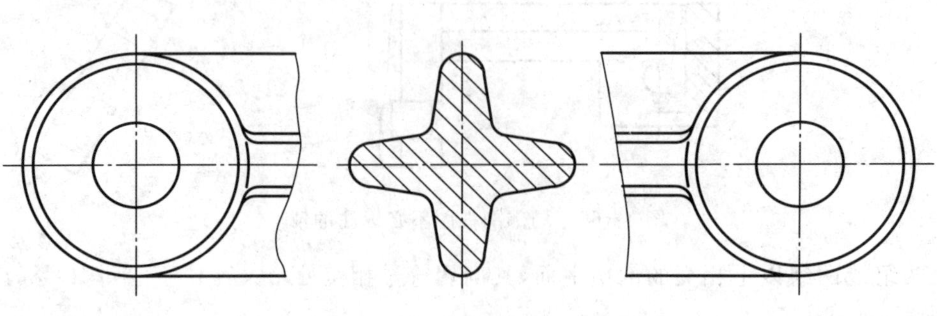

图4-69 移出断面图(三)

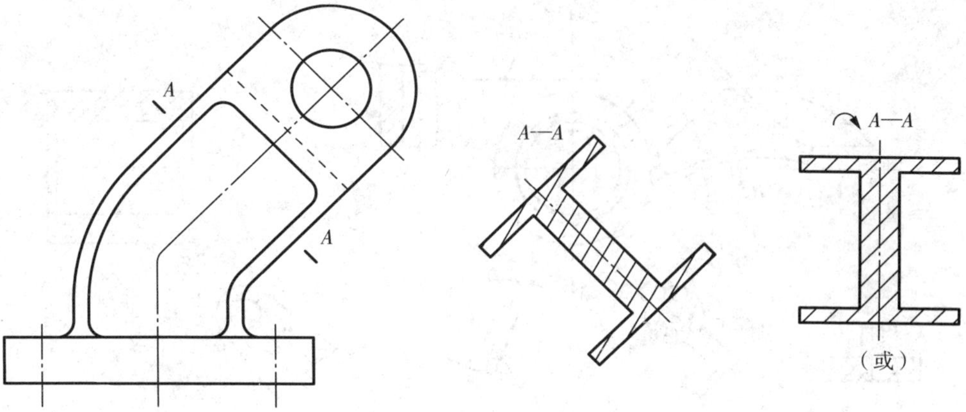

图 4－70　移出断面图(四)

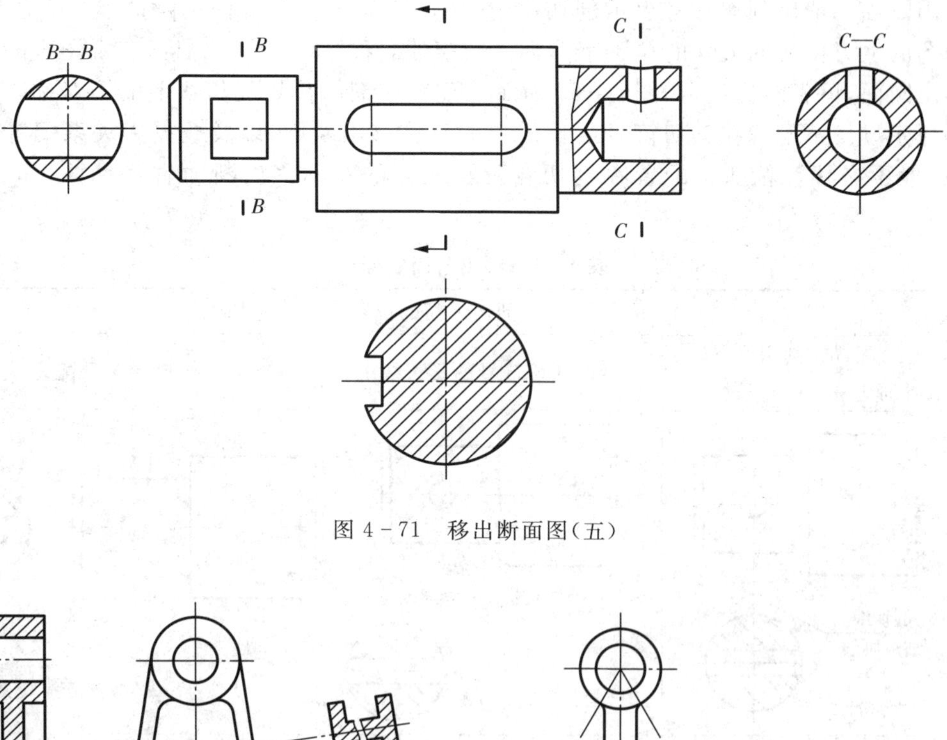

图 4－71　移出断面图(五)

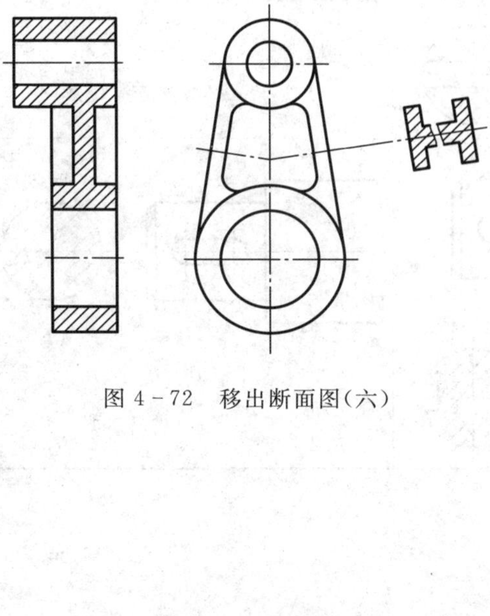

图 4－72　移出断面图(六)

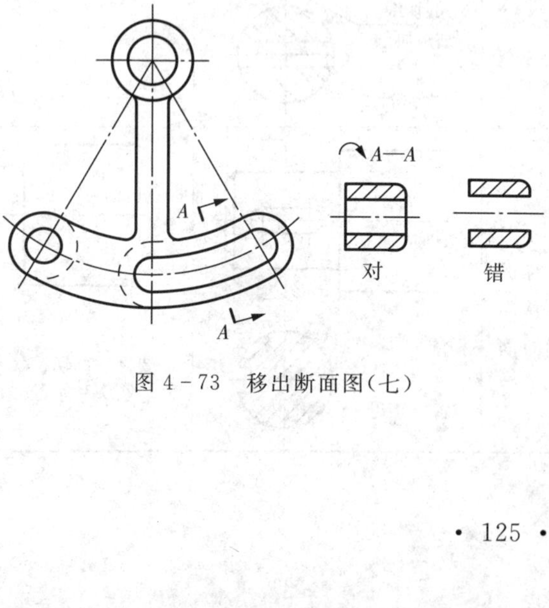

图 4－73　移出断面图(七)

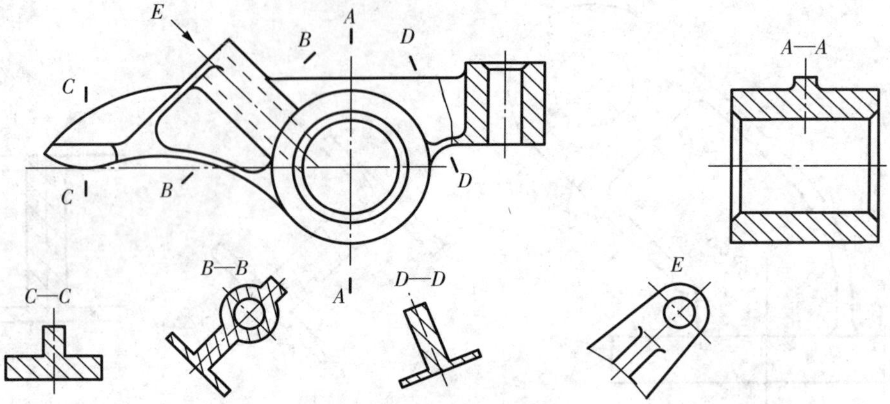

图 4-74　移出断面图(八)

2. 移出断面的标注

移出断面一般用剖切符号表示剖切位置,用箭头表示投影方向,并标注大写拉丁字母,在断面图的上方用相同大写的拉丁字母标出相应的名称"×—×"。配置在视图中断处的对称的移出断面,可省略标注,如图 4-69 所示。配置在剖切符号延长线上的不对称移出断面不必标注字母。不配置在剖切符号延长线上的对称移出断面,以及按投影关系配置的移出断面,一般不必标注箭头。配置在剖切线延长线上的对称移出断面省略标注,如表 4-1 所示。

表 4-1　移出断面的标注

断面类型	剖切平面的位置		
	配置在剖切线或剖切符号的延长线上	不在剖切符号的延长线上	按投影关系配置
对称的移出断面	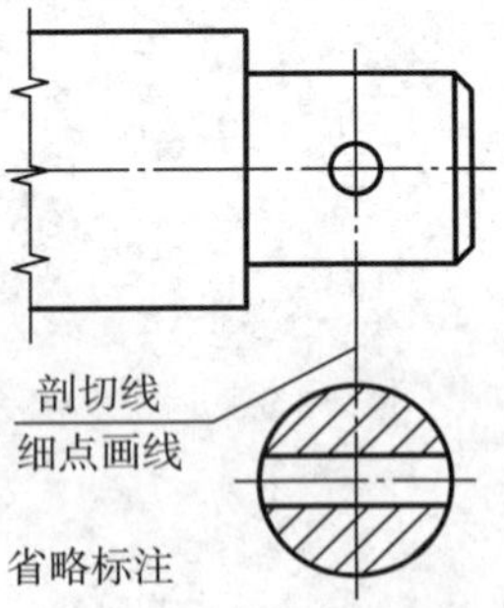 省略标注	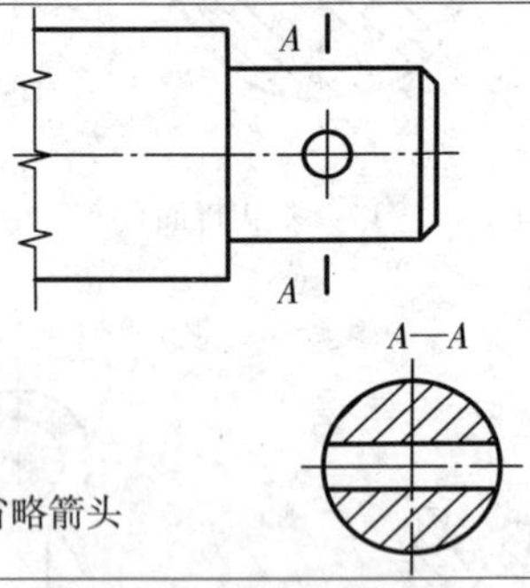 省略箭头	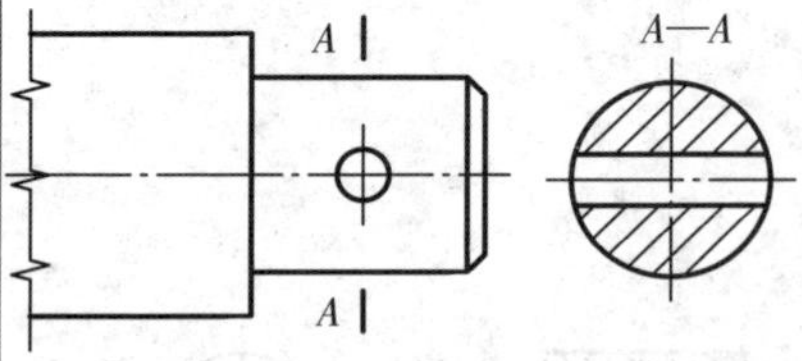 省略箭头
不对称的移出断面	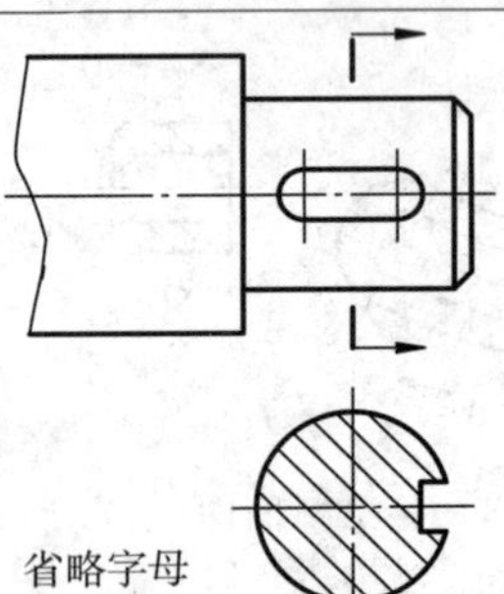 省略字母	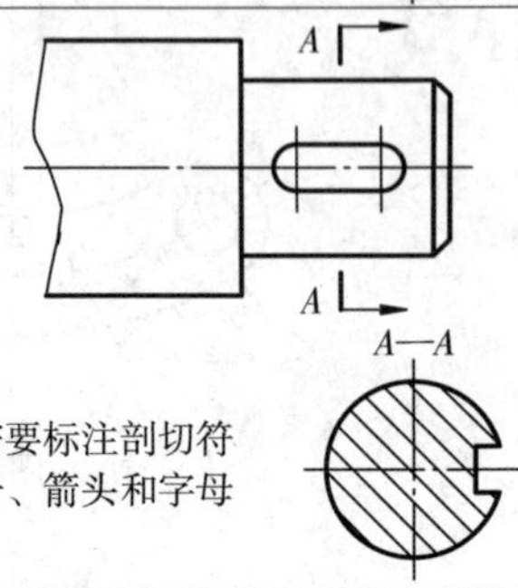 需要标注剖切符号、箭头和字母	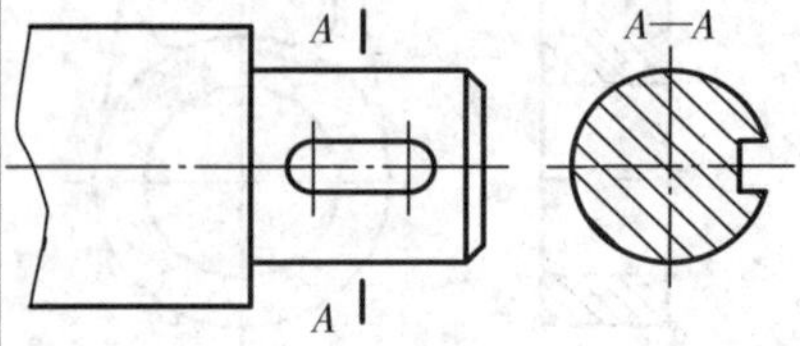 省略箭头

4.3.2　重合断面图

重合断面的轮廓线用细实线绘制。当视图中的轮廓线与重合断面的图形重叠时，视图中轮廓线仍需连续画出，不可间断。在不致引起误解时，重合断面图可省略标注，如图 4-75、图 4-76、图 4-77 所示。

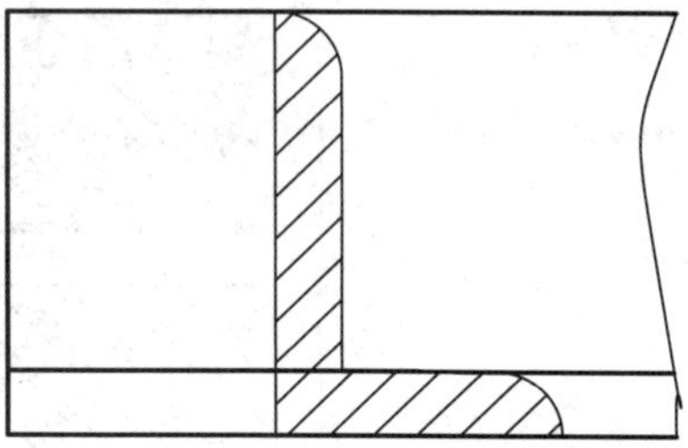

图 4-75　重合断面(一)

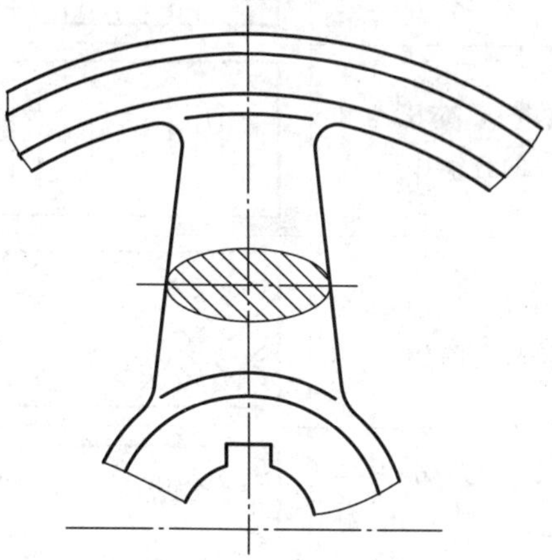

图 4-76　重合断面(二)

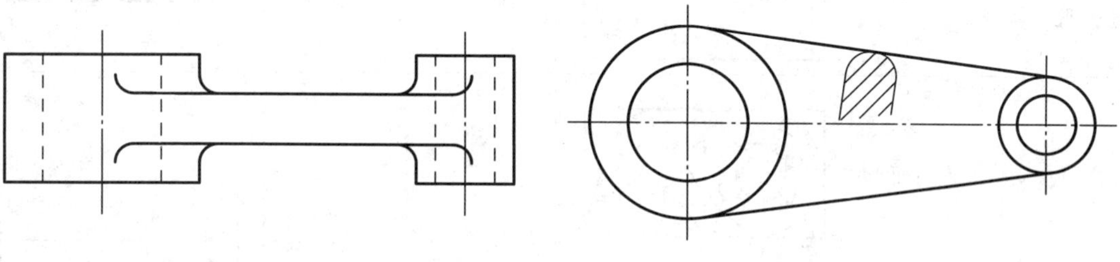

图 4-77　重合断面(三)

4.4　剖视图和断面图的剖面符号、标记及其画法 (GB 4457.5—2013)

4.4.1　剖面符号

在剖视图和断面图中，应采用表 4-2 所示规定的剖面符号。

表 4-2　剖面符号

材料类型	剖面符号	材料类型	剖面符号
金属材料(已有规定剖面符号者除外)	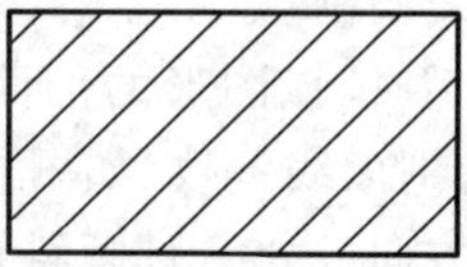	木质胶合板(不分层数)	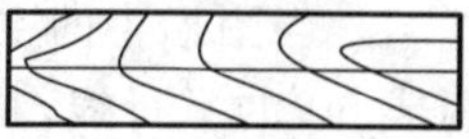

（续表）

材料类型	剖面符号	材料类型	剖面符号
线圈绕组元件	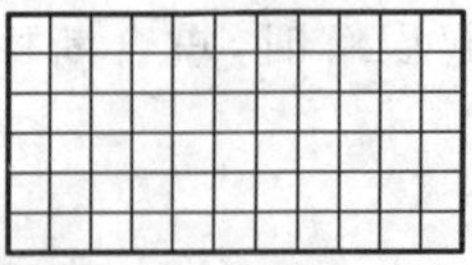	基础周围的泥土	
转子、电枢、变压器和电抗器等的叠钢片	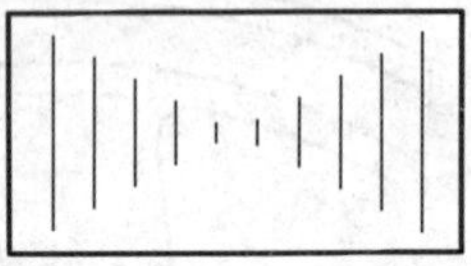	混凝土	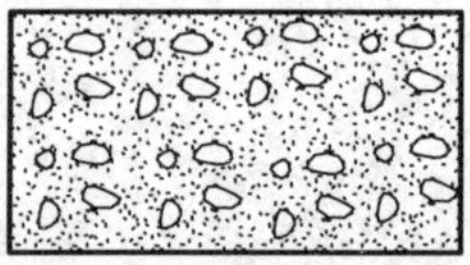
非金属材料（已有规定剖面符号者除外）	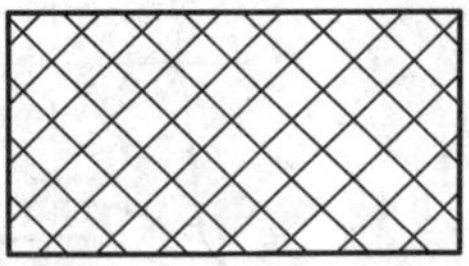	钢筋混凝土	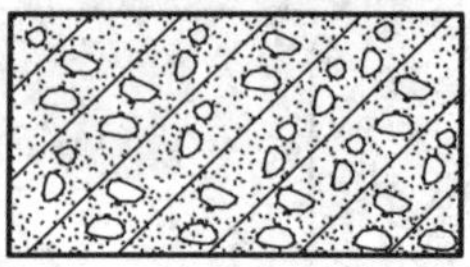
型砂、填砂、粉末冶金、砂轮、陶瓷刀片、硬质合金刀片等	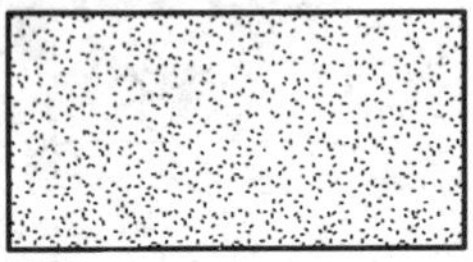	砖	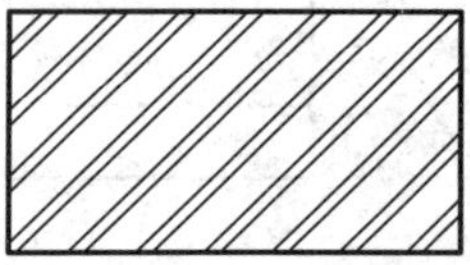
玻璃及供观察用的其他透明材料	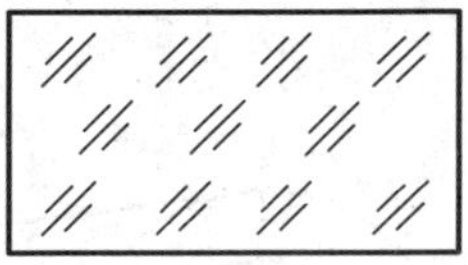	格网（筛网、过滤网等）	
木材 横剖面		液体	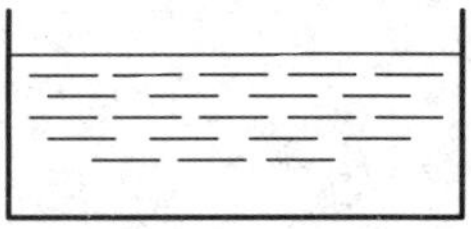
木材 纵剖面			

注：1. 剖面符号仅表示材料的类型，材料的名称和代号必须另行注明。

2. 叠钢片的剖面线方向，应与束装中叠钢片的方向一致。

3. 液面用细实线绘制。

4.4.2 剖面符号的画法(GB 4457.5—2013)

1. 在同一金属零件的零件图中，剖视图、断面图的剖面线，应画成间隔相等、方向相同而且与水平方向成45°的平行线；剖面线用细实线绘制；如图 4－78、图 4－79 所示。

2. 当图形中的主要轮廓线与水平方向成45°时，该图形的剖面线应画成与水平方向成30°或60°的平行线，其倾斜方向仍与其他图形的剖面线一致，如图 4－80 所示。主视图的主要轮廓线与水平方向成45°，剖面线画成与水平方向成30°，且倾斜方向与俯视图一致。

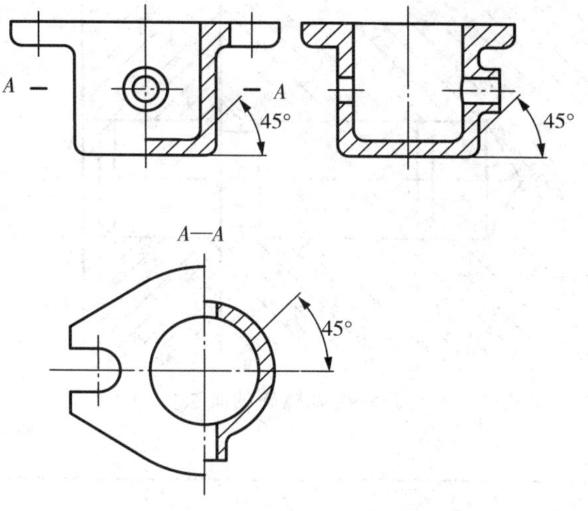

图 4-78　剖面线与水平方向成 45°(一)

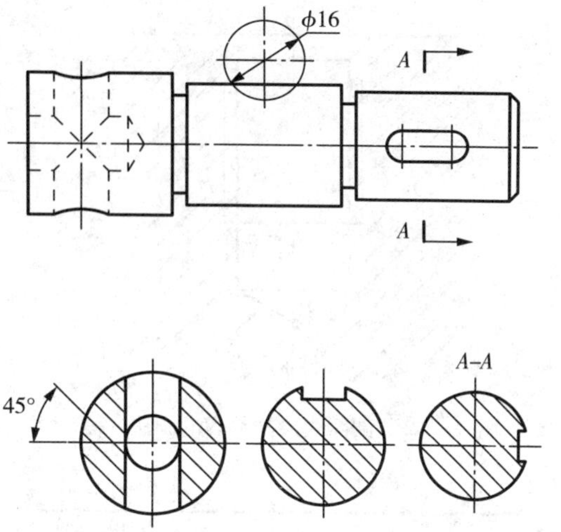

图 4-79　剖面线与水平方向成 45°(二)

3. 当被剖部分的图形面积较大时，可以只沿轮廓的周边画出剖面符号，如图 4-81 所示。

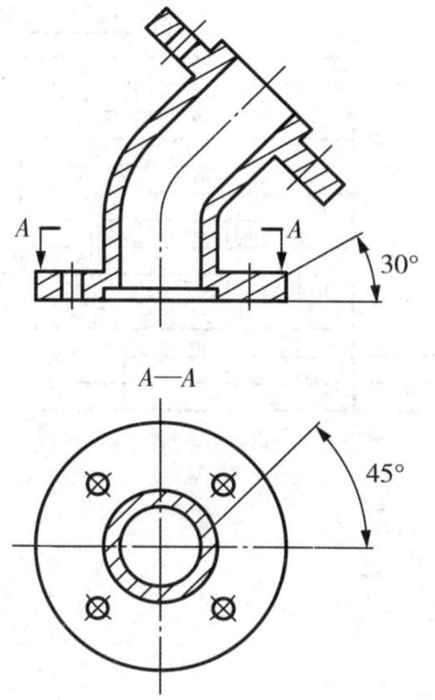

图 4-80　主要轮廓线与水平成 45°

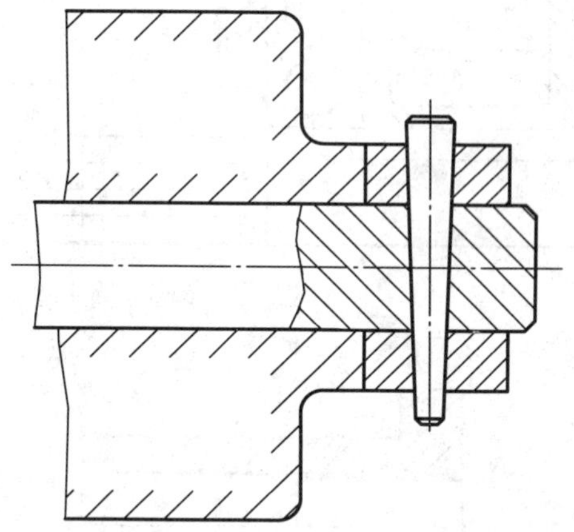

图 4-81　被剖面积较大时的剖面符号画法

4. 如仅需画出剖视图中的一部分图形，其边界又不画波浪线时，则应将剖面线绘制整齐，如图 4-82、图 4-83 所示。

5. 在装配图中，相互邻接的金属零件的剖面线，其倾斜方向应相反，或方向一致而间隔不等。同一装配图中的同一零件的剖面线应方向相同、间隔相等，如图 4-84 所示。

6. 在装配图中，宽度小于或等于 2mm 的狭小面积的剖面，可以用涂黑代替剖面符号，如图 4-85 所示。如果是玻璃或某些其他材料，而不宜涂黑时，可不画剖面符号。当相邻接剖面均涂黑时，两剖面之间应留出不小于 0.7mm 的空隙，如图 4-86 所示。

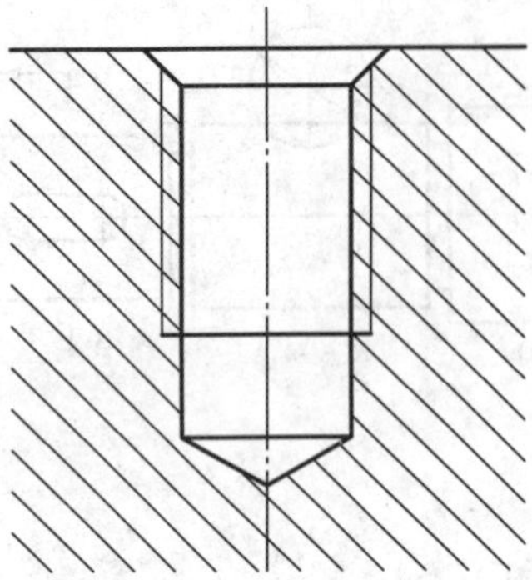

图 4-82　剖面线绘制整齐的画法(一)

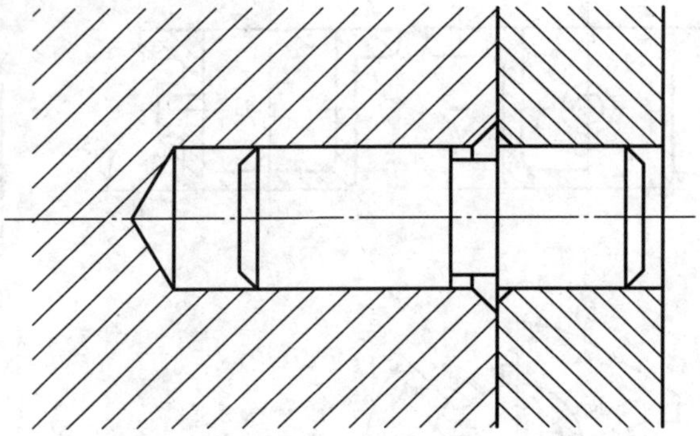

图 4-83　剖面线绘制整齐的画法(二)

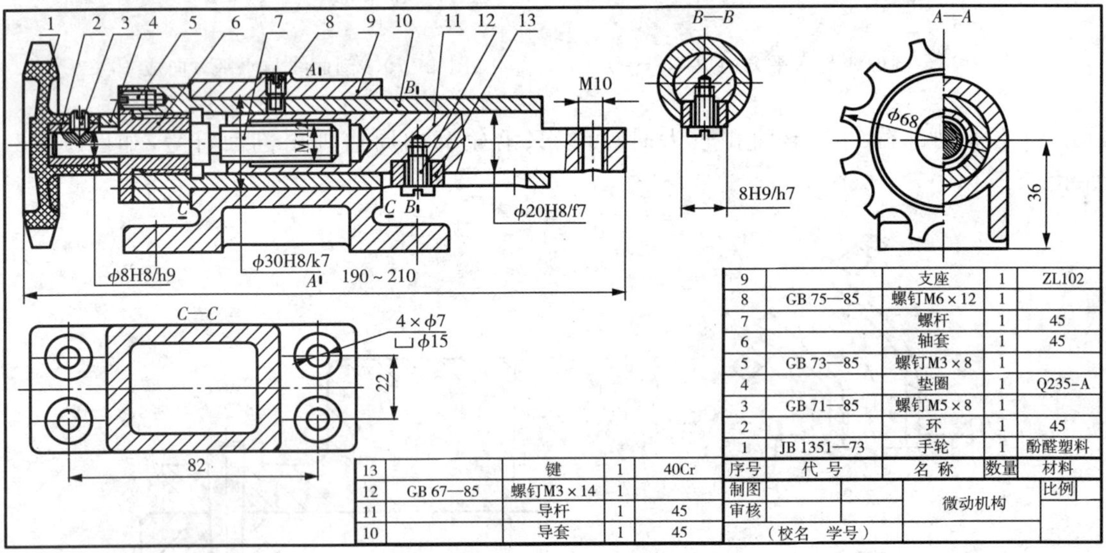

图 4-84　微动机构装配图

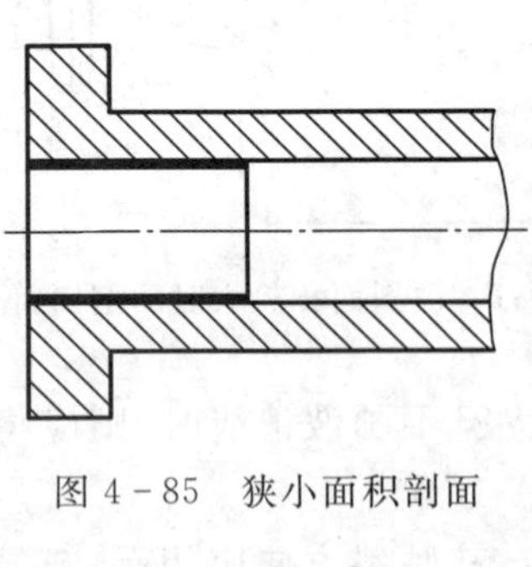

图 4-85　狭小面积剖面

图 4-86　两剖面之间应留空隙

7. 对于机件上的薄壁和实心零件,如肋、紧固件以及轴、杆、球、钩子、键、销等,当剖切平面沿纵向通过其对称中心平面或轴线时,则这些零件和结构均按不剖绘制,如图 4-87、图 4-88 所示。确实需要特别表明零件的结构,如凹槽、键槽、销孔等,可采用局部剖,如图 4-87所示的键连接。

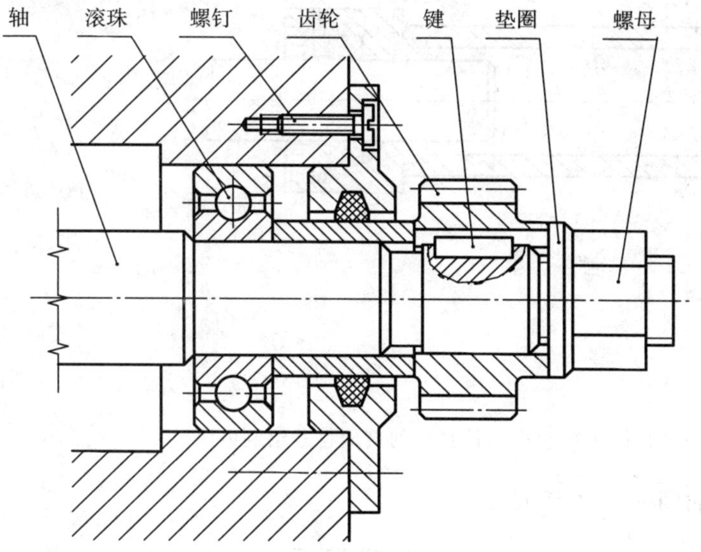

图 4-87　传动头

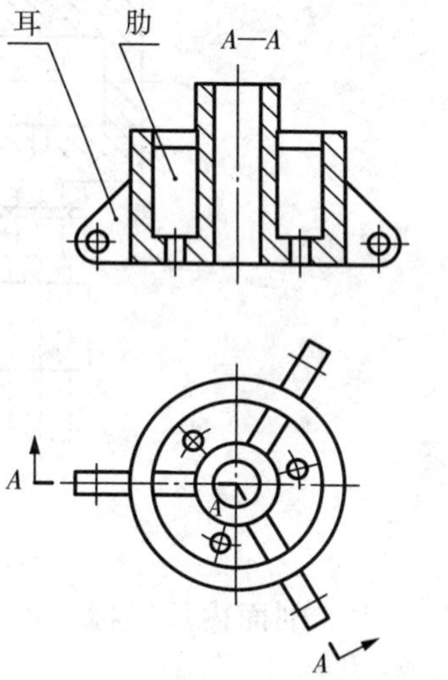

图 4-88　环形座

8. 相邻辅助零件(或部件),一般不画剖面符号,如图 4-89 所示。当需要画出时,按表 4-2 的规定绘制。

9. 当绘制接合件的图样时,各零件的剖面符号应按本节第 5 点的规定绘制,如图 4-90 所示。

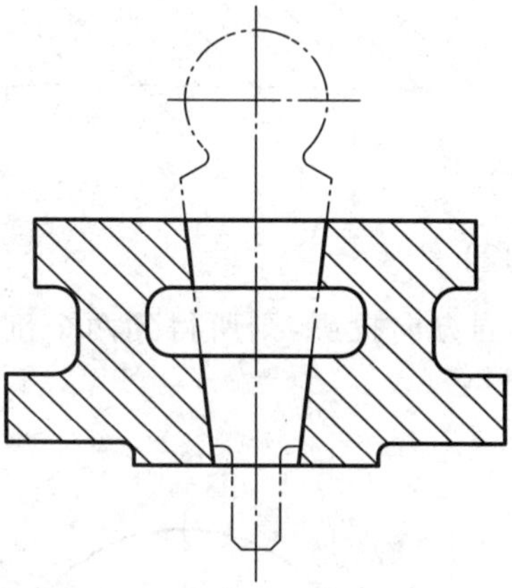

图 4-89　不画剖面线

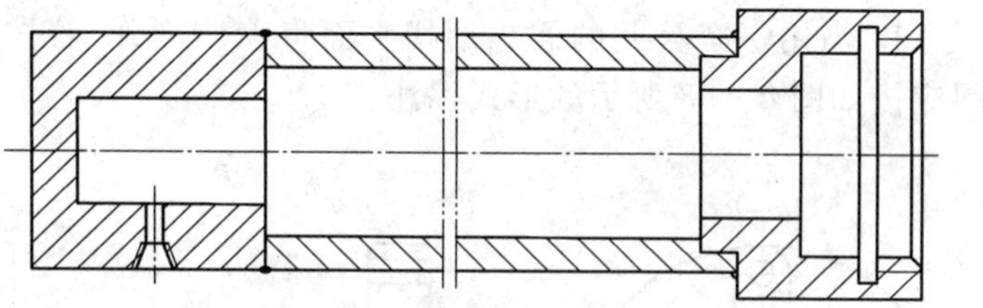

图 4-90　接合件中各零件的剖面符号绘制方法

当绘制接合件与其他零件的装配图时,如接合件中各零件的剖面符号相同,可作为一个整体画出,如图 4-91 所示。如不相同,应分别画出。

10. 由不同材料嵌入或粘贴在一起的成品,用其中主要材料的剖面符号表示。例如:夹丝玻璃的剖面符号,用玻璃的剖面符号表示;复合钢板的剖面符号,用钢板的剖面符号表示。

11. 剖面线的间距应与剖面尺寸的比例相一致,并应与国家标准 GB/T 17450 所给出的最小间距的要求一致。

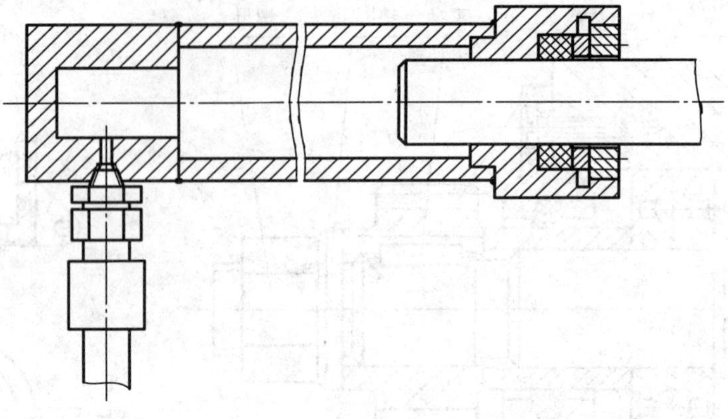

图 4－91　作为一个整体进行装配的接合件的剖面符号绘制方法

12. 剖面内可以标注尺寸，如图 4－92 所示。

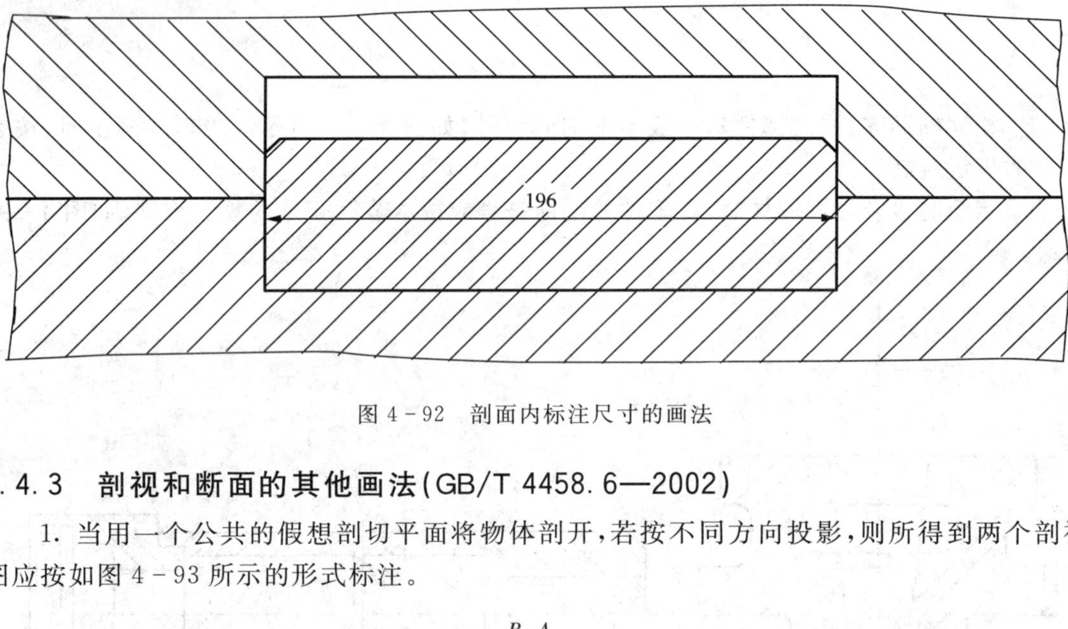

图 4－92　剖面内标注尺寸的画法

4.4.3　剖视和断面的其他画法(GB/T 4458.6—2002)

1. 当用一个公共的假想剖切平面将物体剖开，若按不同方向投影，则所得到两个剖视图应按如图 4－93 所示的形式标注。

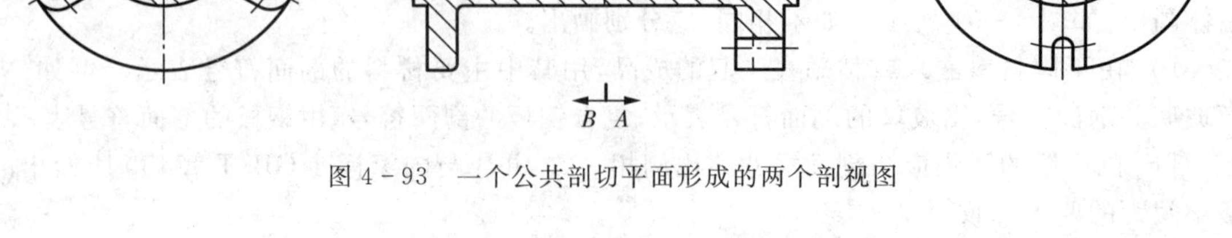

图 4－93　一个公共剖切平面形成的两个剖视图

2. 当用几个剖切平面在物体的不同位置剖开机件，若所得各剖视均为相同的图形时，可按如图 4－94 所示的形式标注。

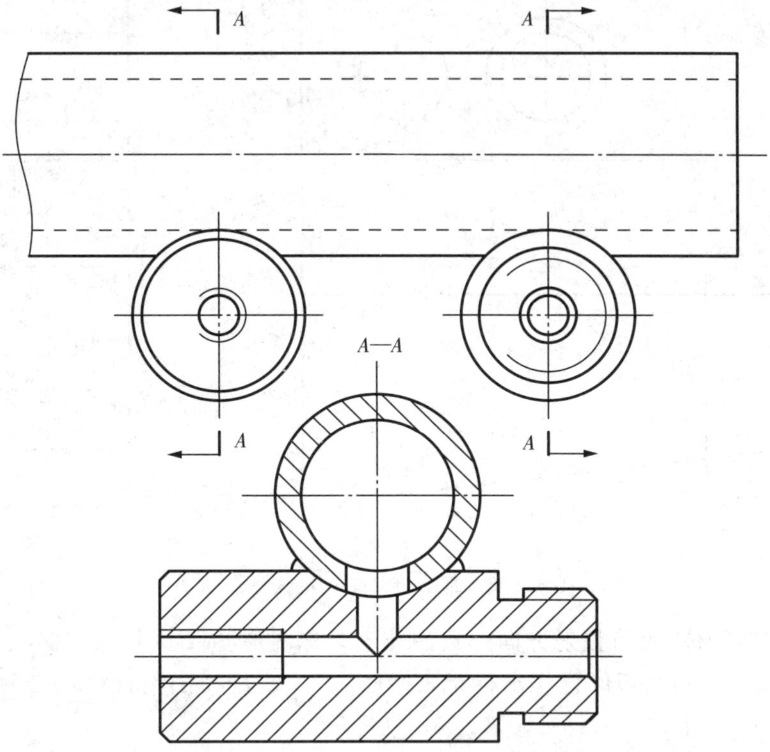

图 4－94　用几个剖切平面获得相同图形的剖视图

3. 如果需要，可以在剖视图的剖面中再作一次局部剖切。采用这种表达方法时，两者的剖面线应同方向、同间隔，但要相互错开；一般需用引出线标注其名称，但当剖切位置明显时，可以不标注；如图 4－95 所示。

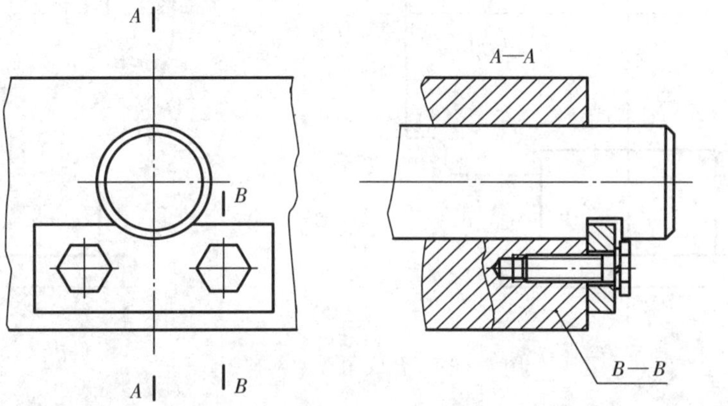

图 4－95　在剖视图的在剖面中再作一次局部剖

4. 当只需剖切绘制零件的部分结构时，应用细点画线将剖切符号连接，剖切面可位于零件的实体之外，如图 4－96 所示。

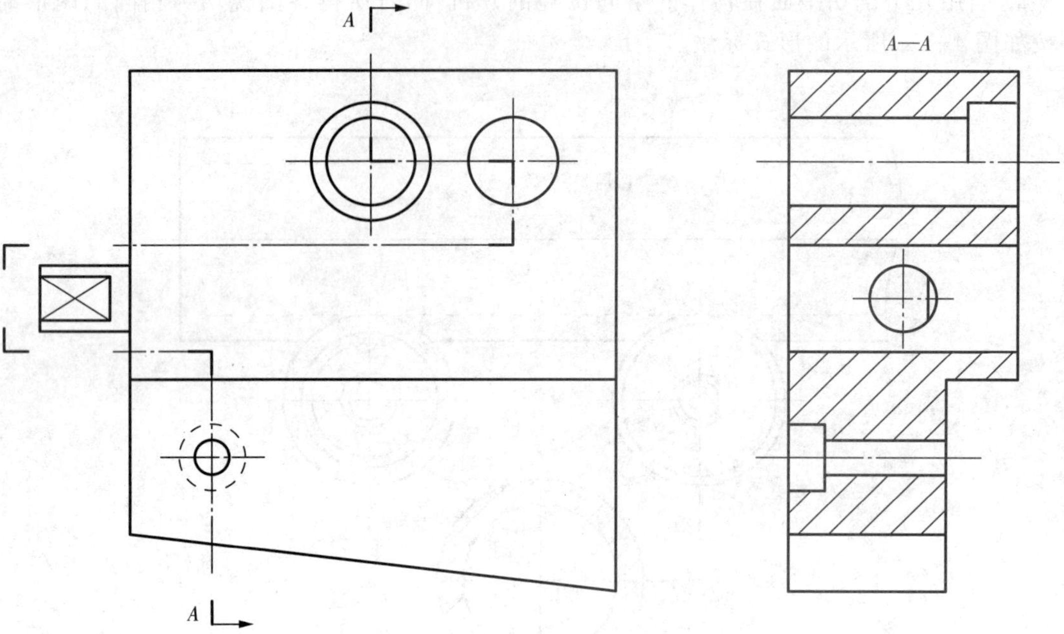

图 4－96　部分剖切结构的表示方法

5. 对于某些物体，可将投射方向一致的几个对称图形各取一半（或四分之一）合并成一个图形，但须在各不同剖切位置作出标记，并在其各相应剖视图附近标出名称“×—×”，如图 4－97、图 4－98 所示。

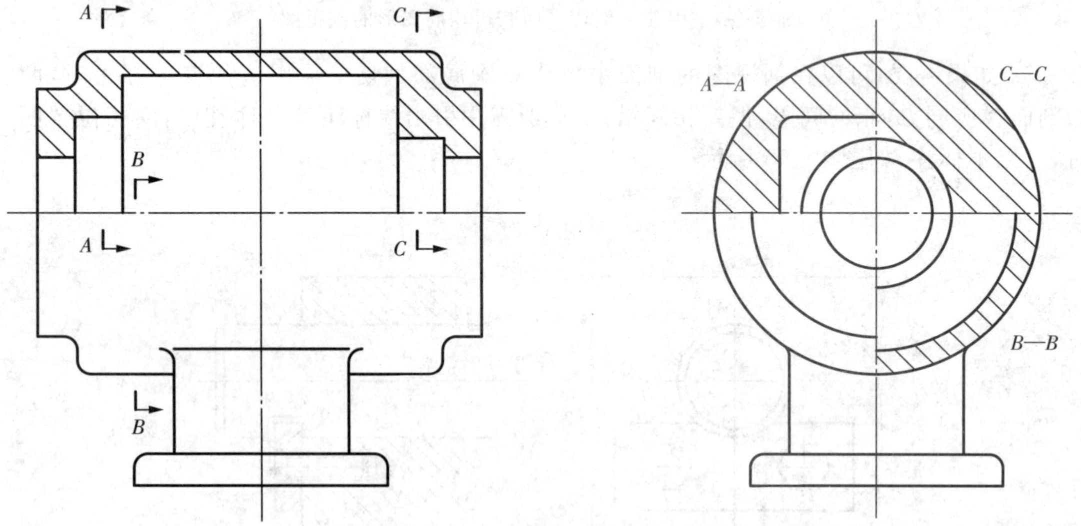

图 4－97　合成图形的剖视图(一)

6. 用一系列剖面表示物体较复杂的曲面时，可以只画出曲面的轮廓，并配置在同一位置上，如图 4－99 所示。

7. 根据表达需要，可采用柱面作为剖切面；用柱面剖开物体所得的剖视图一般按展开绘制，如图 4－100 所示。

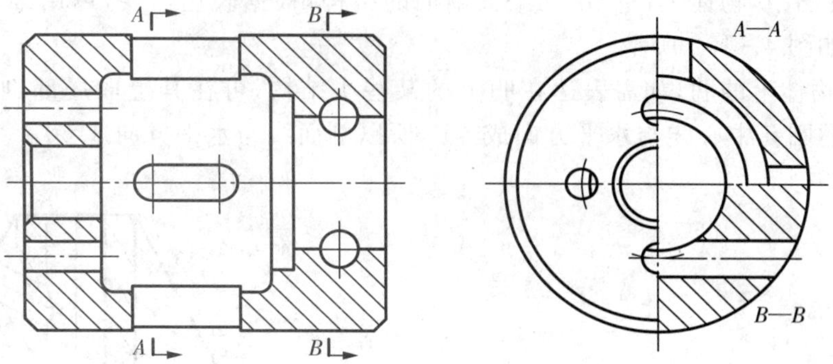

图 4－98　合成图形的剖视图(二)

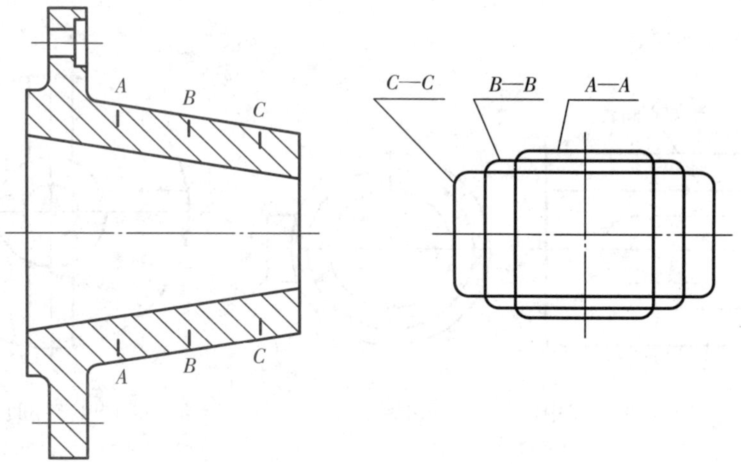

图 4－99　用一系列剖面表达物体复杂曲面

8. 在剖视图中,只有在必要的情况下才画出细虚线,如图 4－101 所示。

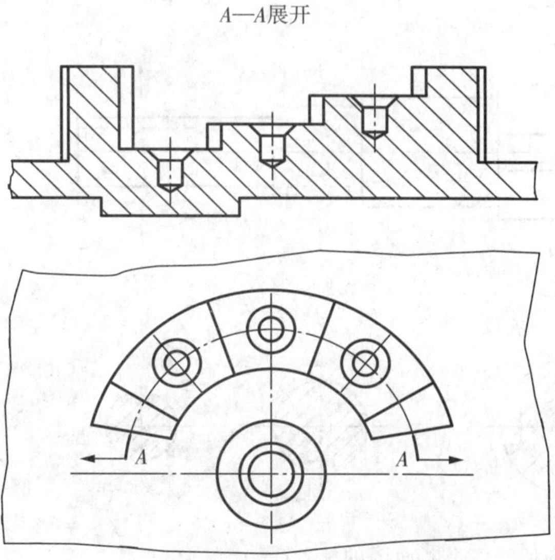

图 4－100　用柱面剖切的剖视图

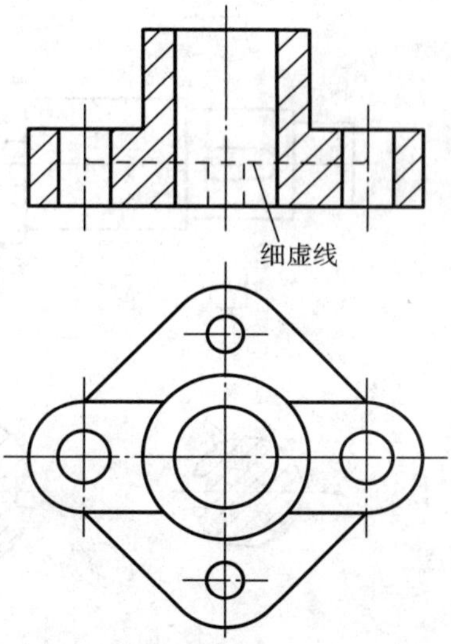

图 4－101　剖视图中的虚线

9. 在剖视图中，物体上位于剖切平面前面的结构，根据表达需要，可用细双点画线以假想投影表示，如图 4－102 所示。

10. 对于物体上的肋，如需表达在肋上的某些小结构，可在其上取局部剖，如图 4－103 所示（因肋上的圆孔中心线与水平方向成 45°，所以剖面线与水平方向成 60°）。

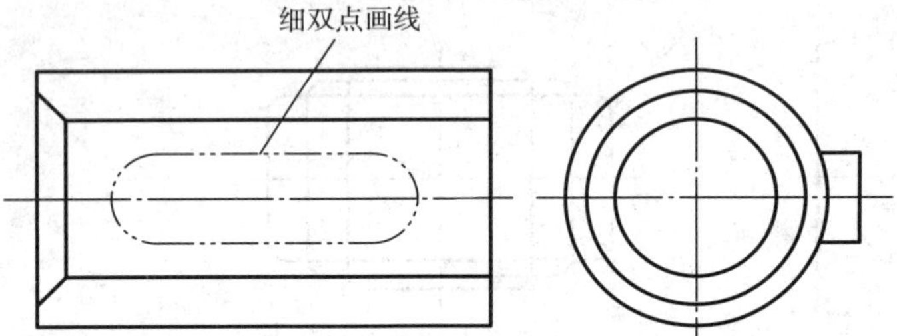

图 4－102　剖视图中的细双点画线

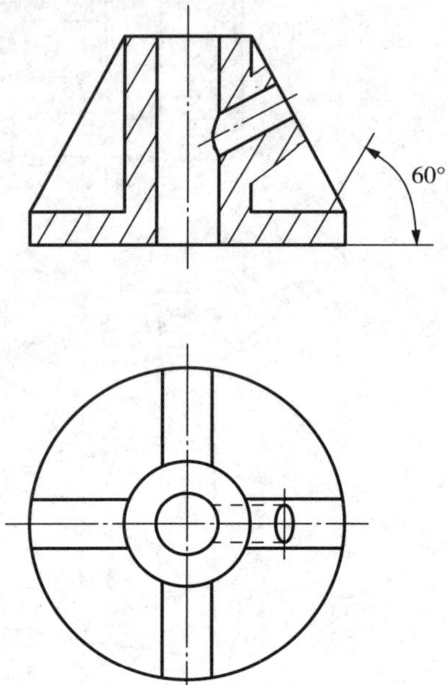

图 4－103　肋上的局部剖

11. 为了便于读图，逐次剖切的多个断面图可按如图 4－104、图 4－105 所示的形式配置。

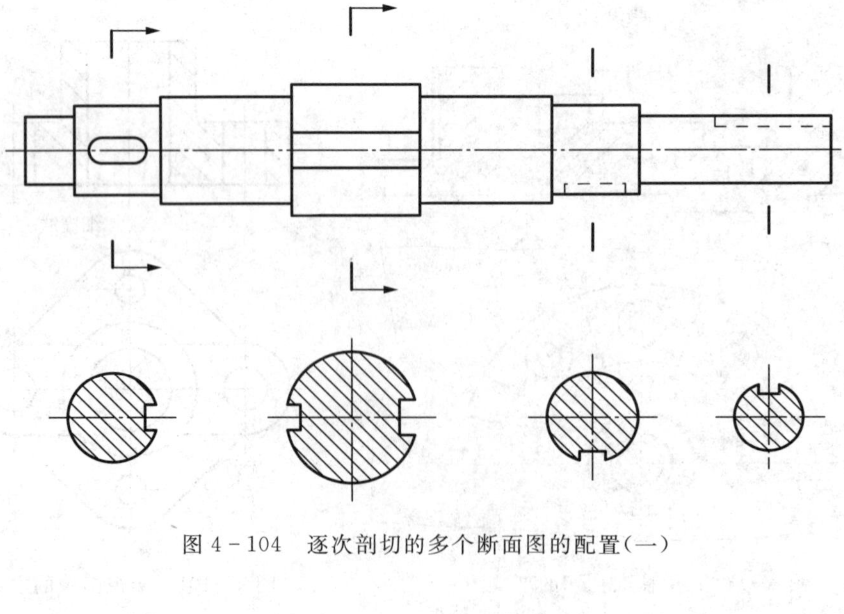

图 4－104　逐次剖切的多个断面图的配置（一）

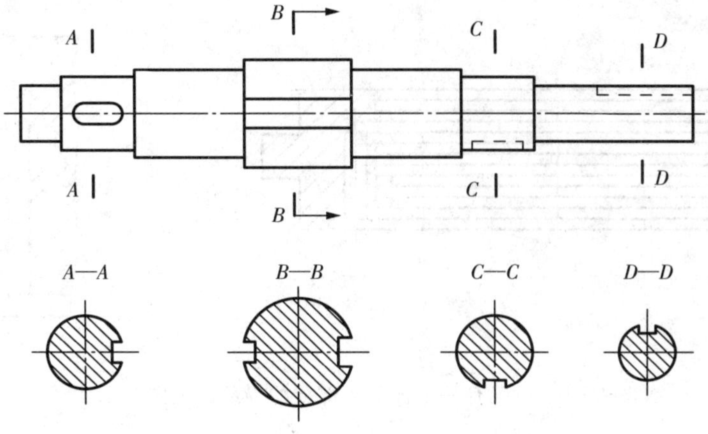

图 4 - 105　逐次剖切的多个断面图的配置(二)

4.5　局部放大图(GB 4458.1—2002)

1. 局部放大图是将物体的部分结构,用大于原图形所采用的比例画出的图形。

局部放大图可画成视图,也可画成剖视图、断面图,它与被放大部分的表达方法无关,如图 4 - 106 所示。局部放大图应尽量配置在被放大部位的附近。

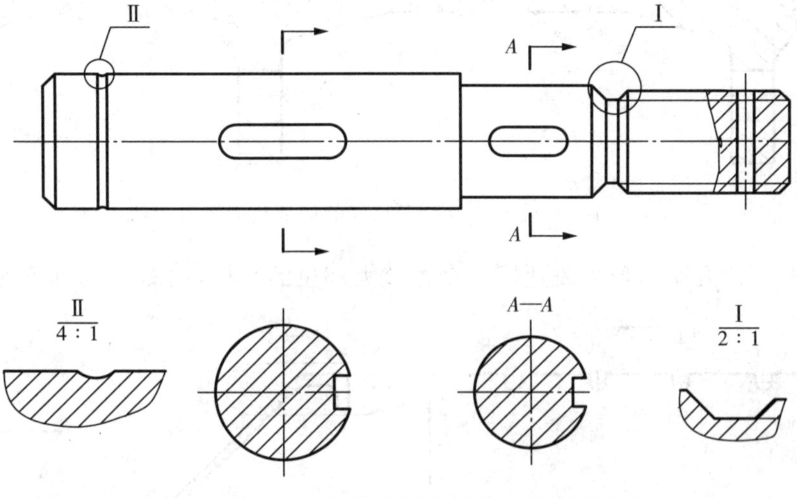

图 4 - 106　几个被放大部分的局部放大图画法

2. 绘制局部放大图时,除螺纹牙型、齿轮和链轮的齿形外,应如图 4 - 106、图 4 - 107 所示用细实线圈出被放大的部位。

当一个物体上有几个被放大的部分时,必须用罗马数字依次标明被放大的部位,并在局部放大图的上方标注出相应的罗马数字和所采用的比例,如图 4 - 106 所示。

当物体上被放大的部分仅有一个时,在局部放大图的上方只需注明所采用的比例,如图 4 - 107所示。

3. 同一物体上不同部位的局部放大图,当图形相同或对称时,只需画出一个,如图 4 - 108 所示。

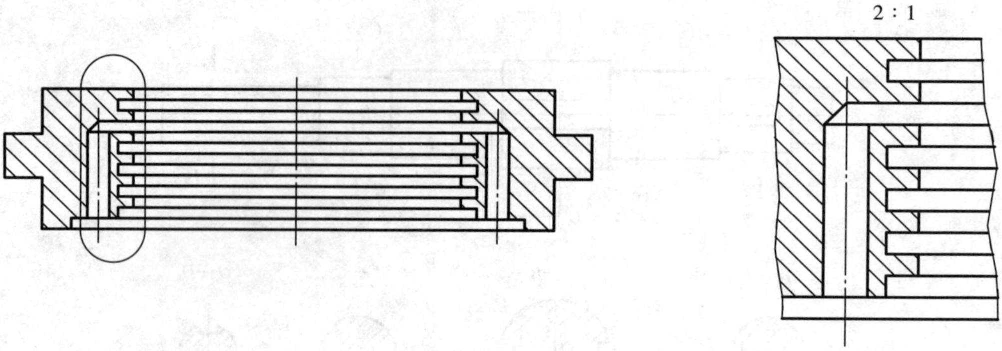

图 4－107　仅有一个被放大部分的局部放大图表示法

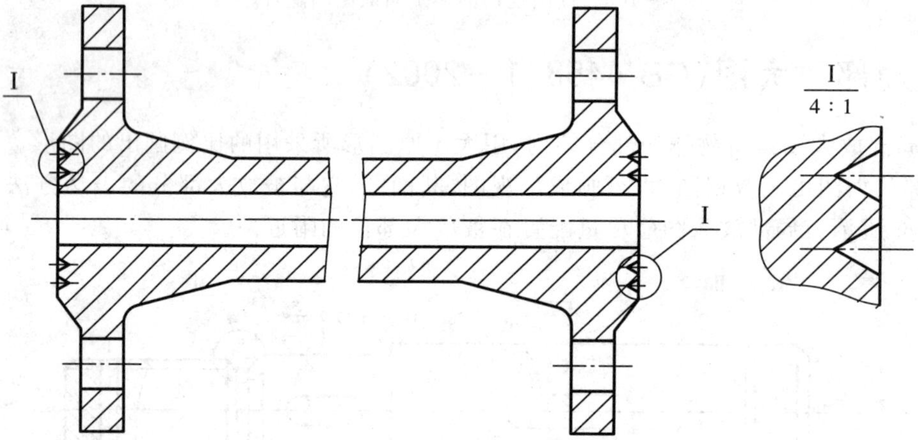

图 4－108　放大部位图形相同的局部放大图表示法

4. 必要时可用几个图形来表达同一个被放大部位的结构，如图 4－109 所示。

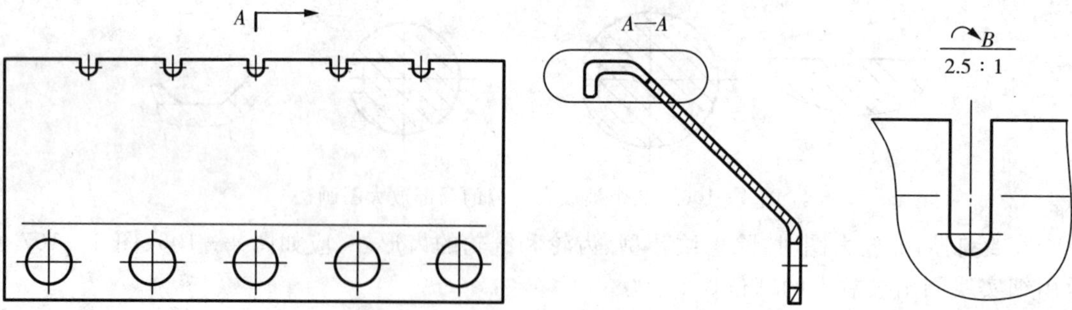

图 4－109　几个图形表达同一个被放大部位的局部放大图表示法

4.6　简化画法及其他表达方法(GB/T 16675.1—2012)

4.6.1　简化原则

1. 简化必须保证不致引起误解和不会产生理解的多义性。在此前提下,应力求使制图简便。

2. 便于识读和绘制,注重简化综合效果。

3. 在考虑便于手工制图和计算机制图的同时,还要考虑缩微制图的要求。

4.6.2　基本要求

1. 应避免不必要的视图和剖视图,如图 4-110 所示。

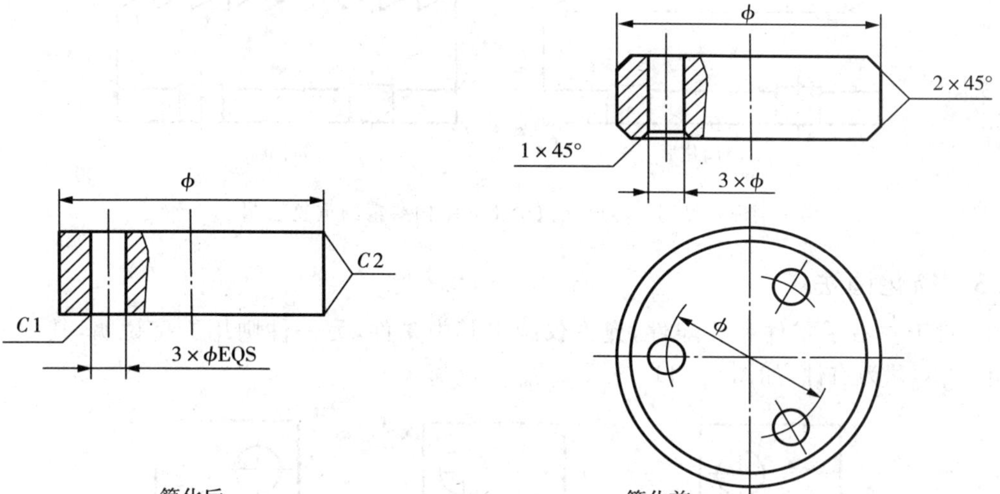

简化后　　　　简化前

图 4-110　避免不必要的视图和剖视图

2. 在不致引起误解时,应避免使用虚线表示不可见的结构,如图 4-111 所示。

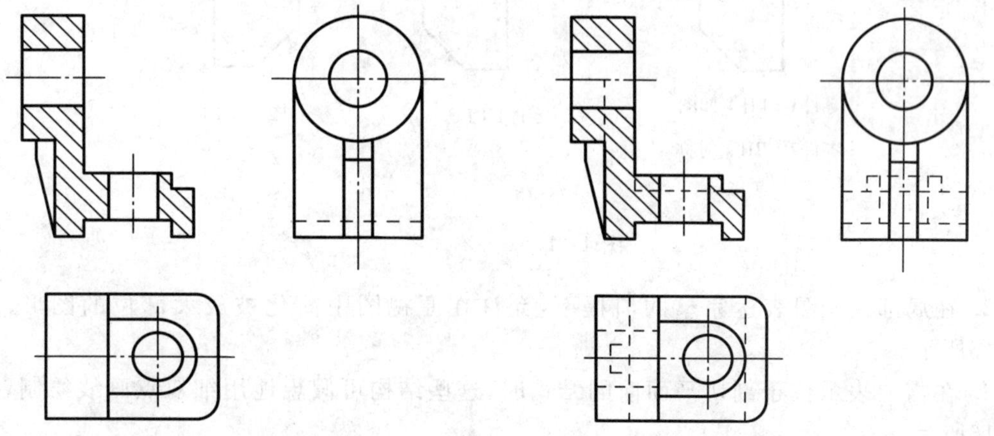

简化后　　　　简化前

图 4-111　避免使用虚线表示不可见的结构

3. 尽可能使用有关标准中规定的符号来表达设计要求，如图 4-112 所示。

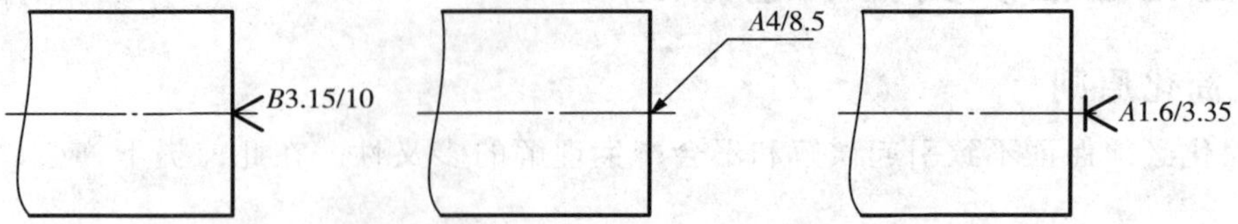

图 4-112　尽可能使用有关标准中规定的符号

4. 尽可能减少相同结构要素的重复绘制，如图 4-113 所示。

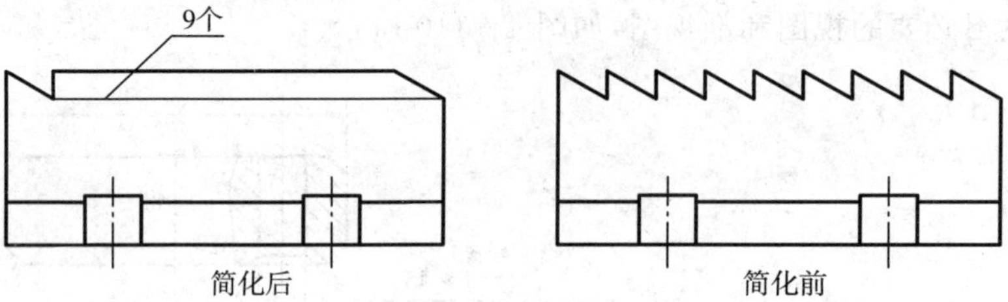

图 4-113　尽可能减少相同结构要素的重复绘制

4.6.3　简化画法

1. 对于左右手零件和装配件，允许仅画出其中一件，另一件则用文字说明，其中“LH”为左件，“RH”为右件，如图 4-114 所示。

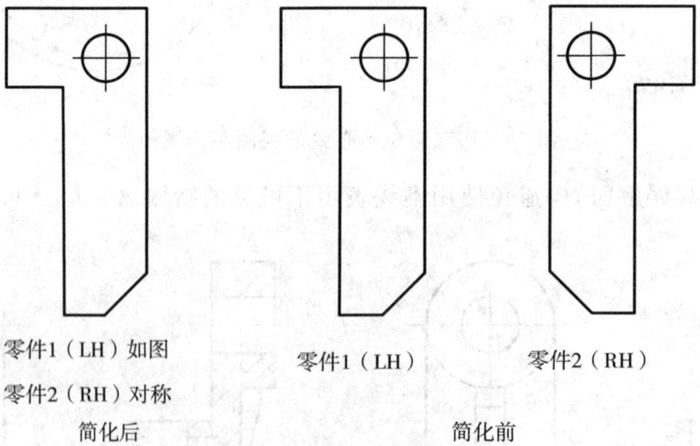

图 4-114　左右手零件

2. 在局部放大图表达完整的前提下，允许在原视图中简化被放大部位的图形，如图 4-115所示。

3. 在需要表示位于剖切平面前的结构时，这些结构可假想地用细双点画线绘制，如图 4-116所示。

4. 在不致引起误解的情况下，剖面符号可省略，如图 4-117、图 4-118 所示。

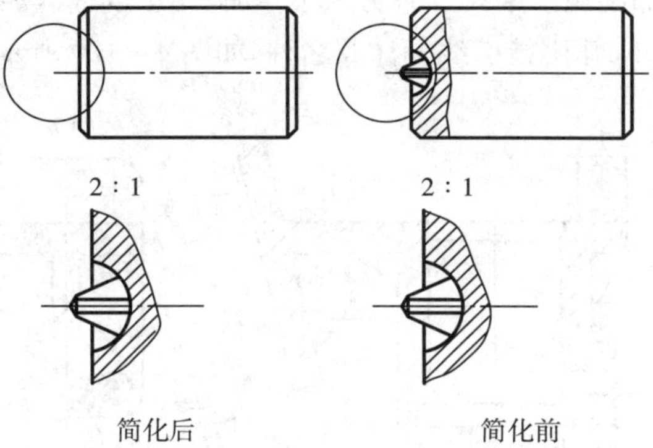

图 4 - 115　允许在原视图中简化被放大部位的图形

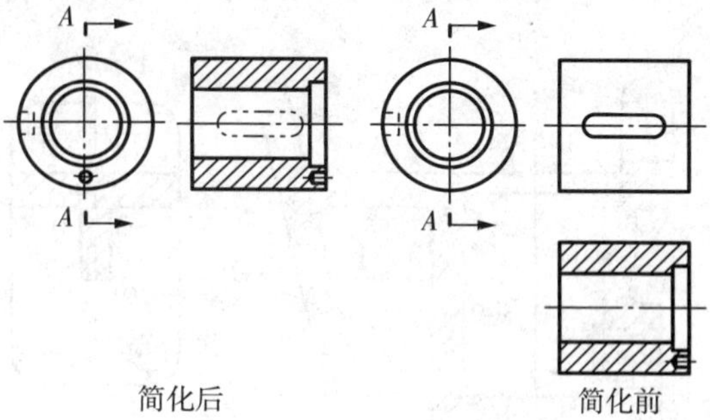

图 4 - 116　剖切平面前结构的假想画法

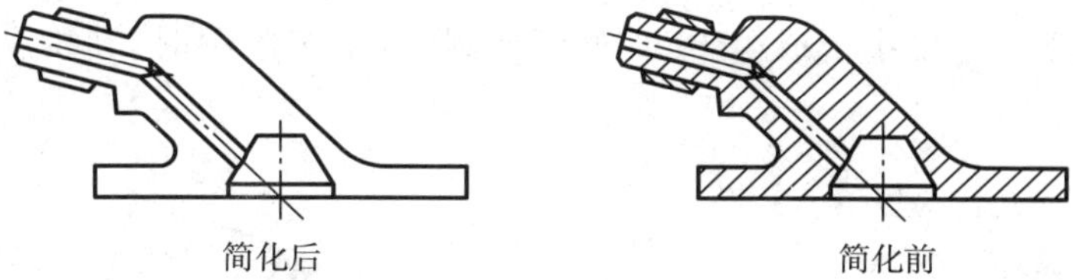

图 4 - 117　省略剖面符号的画法(一)

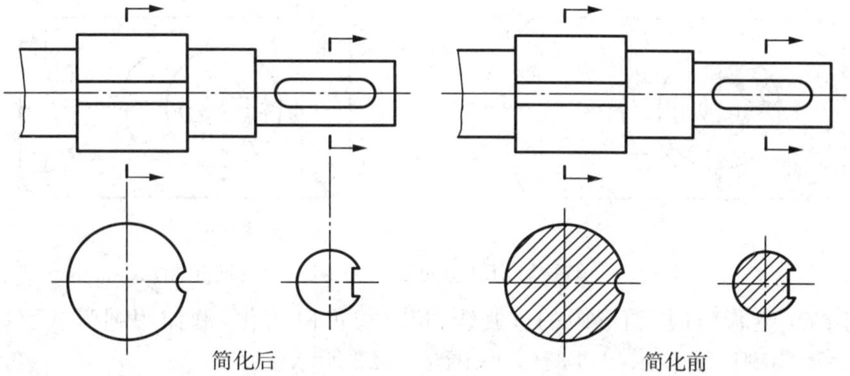

图 4 - 118　省略剖面符号的画法(二)

5. 在零件图中,可以用涂色代替剖面符号,如图 4 - 119 所示。

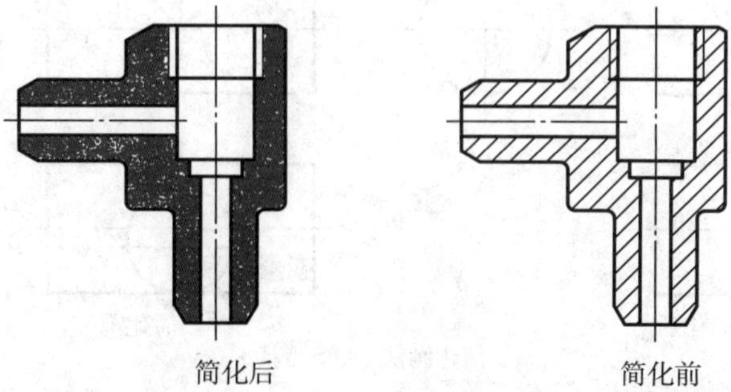

图 4 - 119　涂色代替剖面符号

6. 在剖视图的剖面区域中，可再作一次局部剖视。采用这种方法表达时，两个剖面区域的剖面线应倾斜方向相同、间距相等，但要互相错开，并用指引线标注其名称，如图 4 - 120 所示。

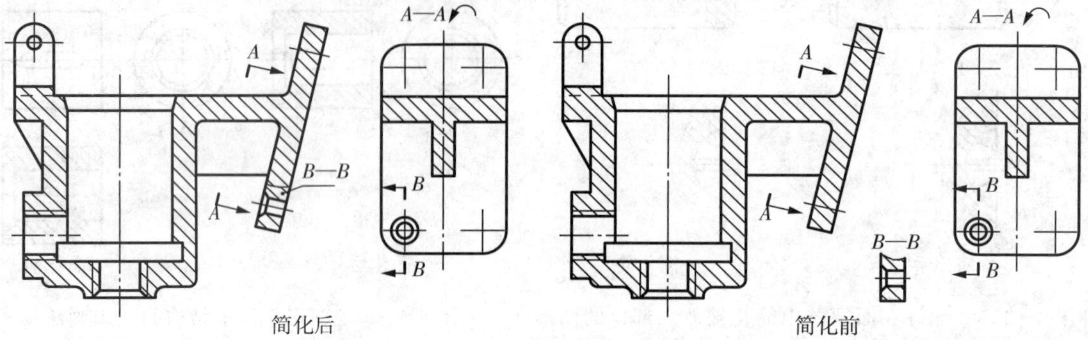

图 4 - 120　剖面区域中的局部剖

7. 与投影面倾斜角度小于或等于 30°的圆或圆弧，手工绘图时，其投影可用圆或圆弧代替，如图 4 - 121 所示。

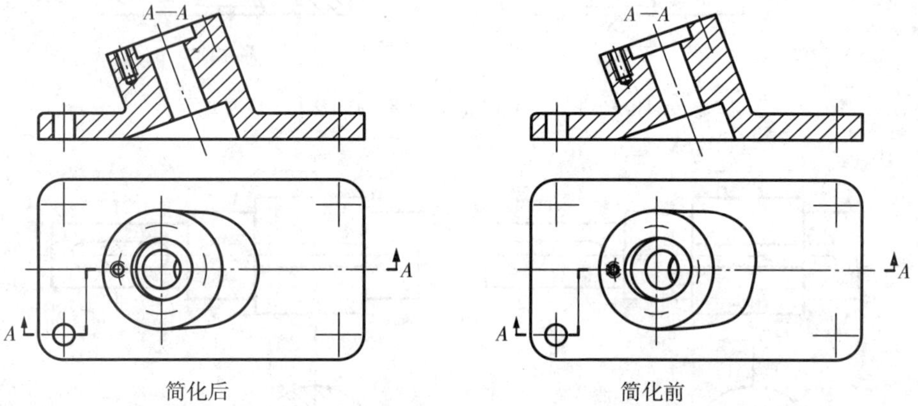

图 4 - 121　与投影面倾斜角度≤30°圆投影的简化画法

8. 在不致引起误解时，图形中的过渡线、相贯线可以简化，例如用圆弧或直线代替非圆曲线，也可采用模糊画法表示相贯形体，如图 4 - 122 所示。

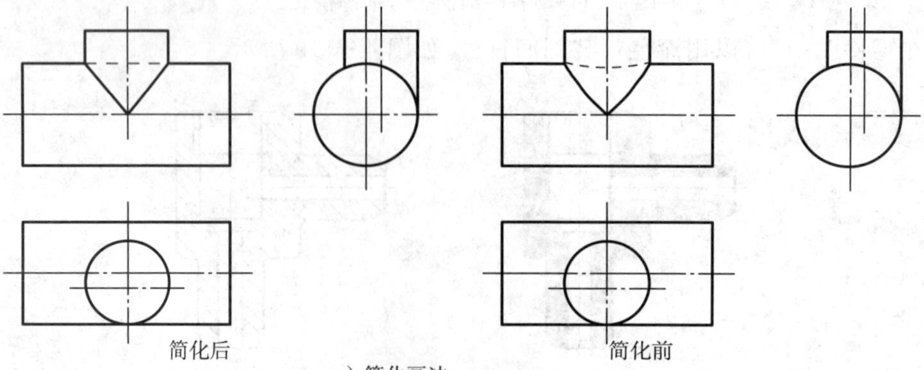

a）简化画法

图 4 - 122　相贯线的简化画法及模糊画法

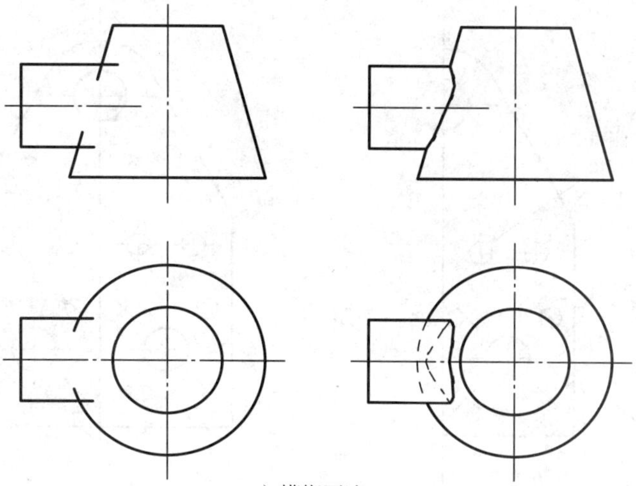

b）模糊画法

图 4-122　相贯线的简化画法及模糊画法(续)

过渡线应用细实线绘制，且不宜与轮廓线相连，如图 4-123 所示。

9. 在不致引起误解时，剖切平面后不需表达的部分允许省略不画，如图 4-124 所示（A—A 剖视图中的底盘与 B—B 剖视图中的底盘相同，因此省略部分表达）。

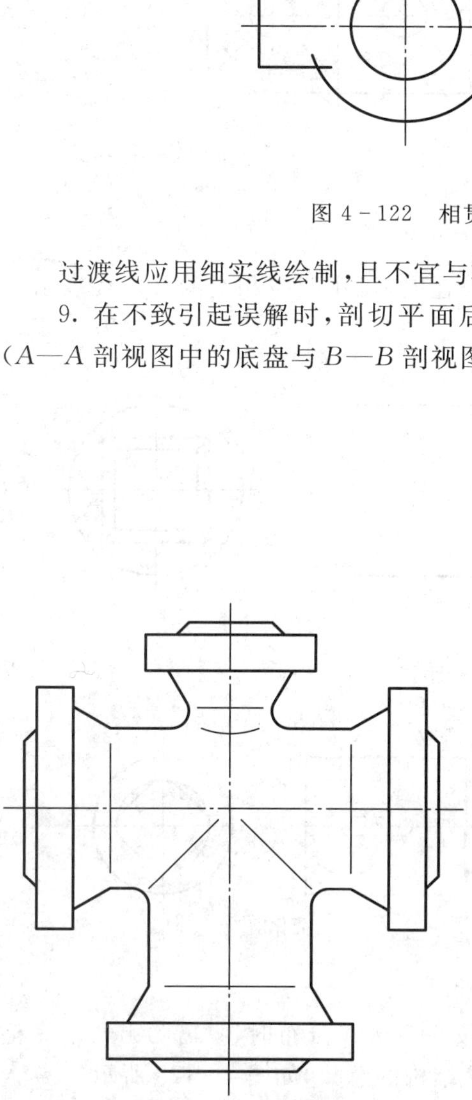

图 4-123　过渡线的画法

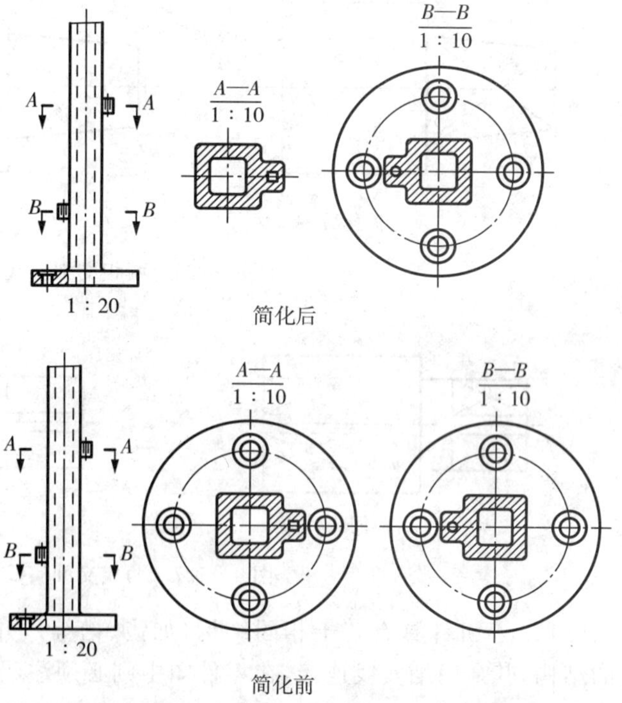

图 4-124　允许省略部分不需要表达的部分

10. 基本对称的零件仍可按对称零件的方式绘制，但对其中不对称的部分需加注说明，如图 4-125 所示。

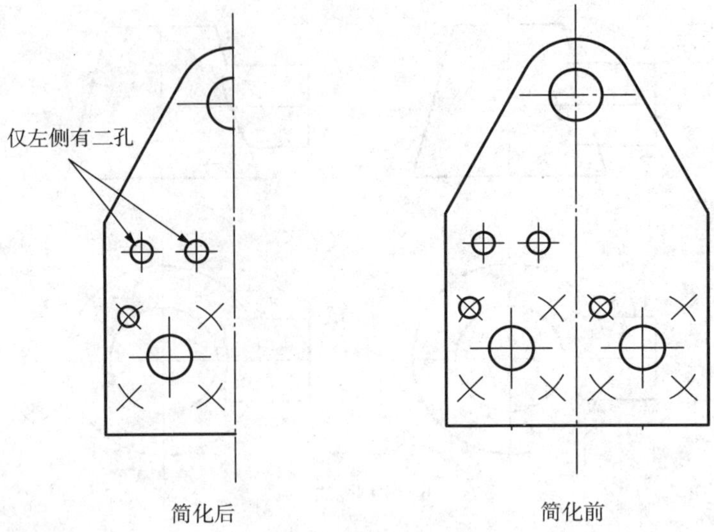

图 4 - 125　基本对称零件画法

11. 当回转体零件上的平面在图形中不能充分表达时，可用两条相交的细实线表示这些平面，如图 4 - 126、图 4 - 127 所示。

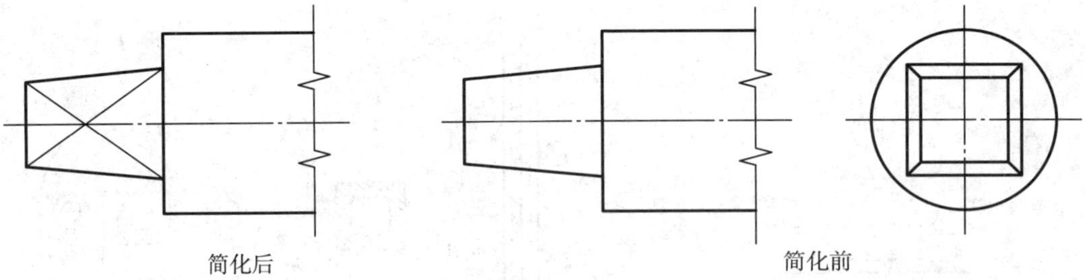

图 4 - 126　两相交细实线表示平面(一)

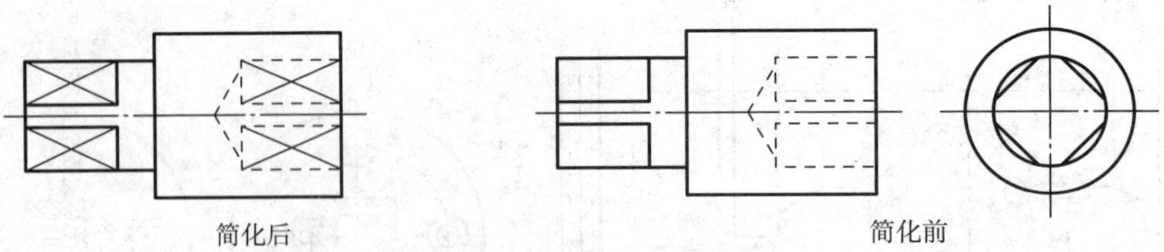

图 4 - 127　两相交细实线表示平面(二)

12. 当机件具有若干相同结构(如齿、槽等)，并按一定规律分布时，只需画出几个完整的结构，其余用细实线连接，在零件图中则必须注明该结构的总数，如图 4 - 128 所示。

13. 若干直径相同且成规律分布的孔，可以仅画出一个或少量几个，其余只需用细点画线或"十"表示其中心位置，如图 4 - 129、图 4 - 130、图 4 - 131 所示。

14. 对于装配图中若干相同的零、部件组，可仅详细地画出一组，其余只需用细点画线表示出其位置，并给出零、部件组的总数，如图 4 - 132 所示。

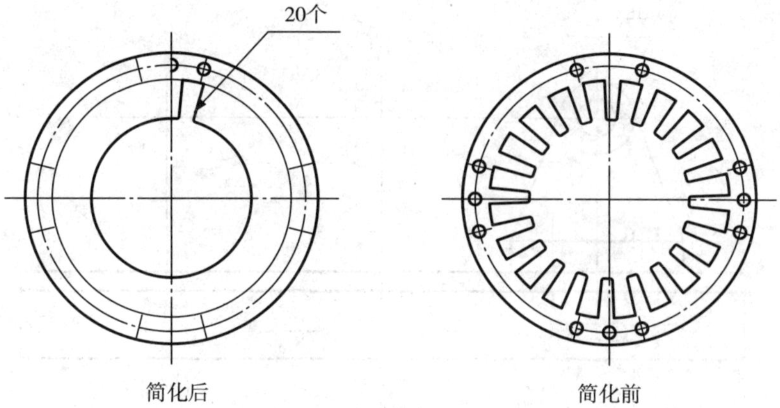

图 4 - 128　按一定规律分布的若干相同结构的简化画法

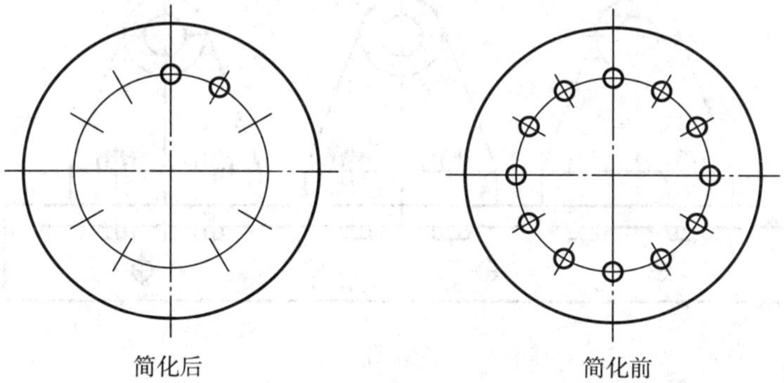

图 4 - 129　若干直径相同且成规律分布的孔的简化画法(一)

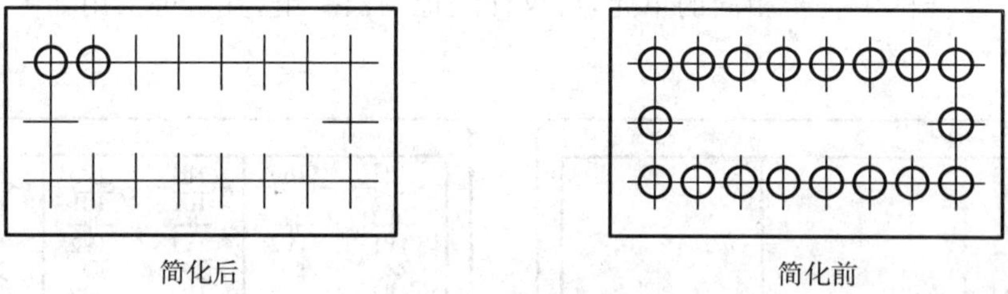

图 4 - 130　若干直径相同且成规律分布的孔的简化画法(二)

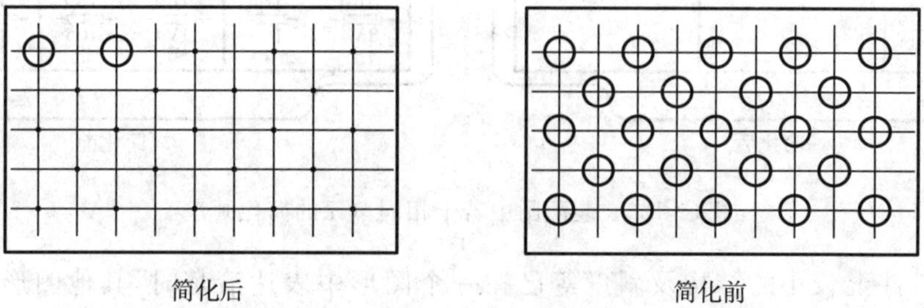

图 4 - 131　若干直径相同且成规律分布的孔的简化画法(三)

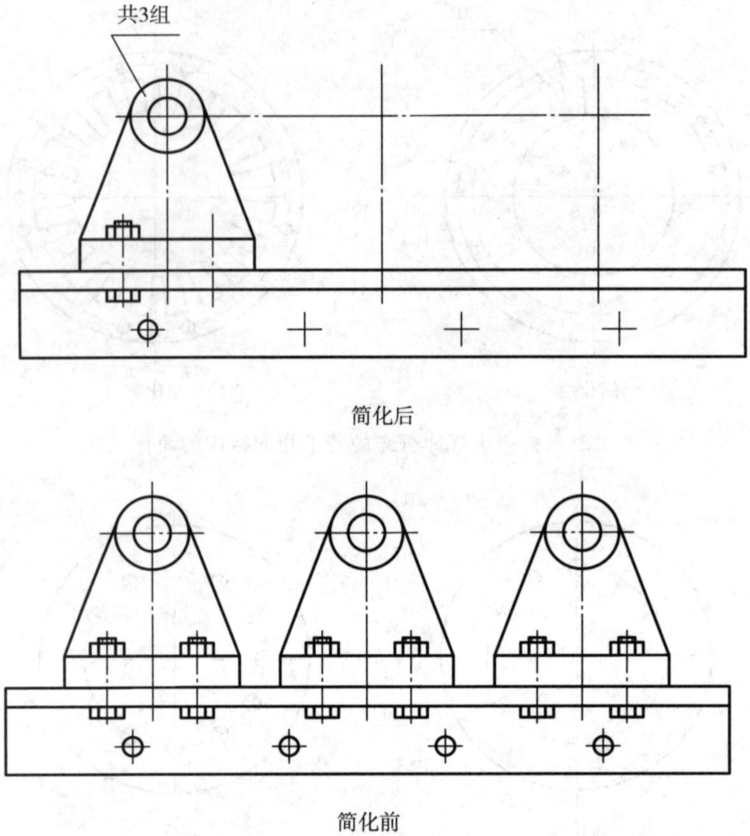

图 4-132　装配图中若干相同的零、部件组的简化画法

15. 对于装配图中若干相同的单元，可仅详细地画出一组，其余可采用如图 4-133 中的左图（简化后）所示的方法表示。

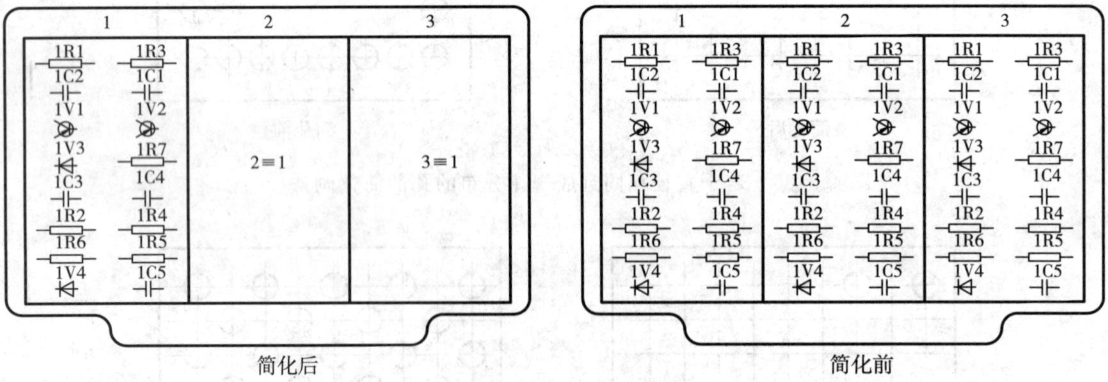

图 4-133　装配图中若干相同单元的简化画法

16. 当机件上较小的结构及斜度等已在一个图形中表达清楚时，其他图形应当简化或省略，如图 4-134、图 4-135、图 4-136 所示。

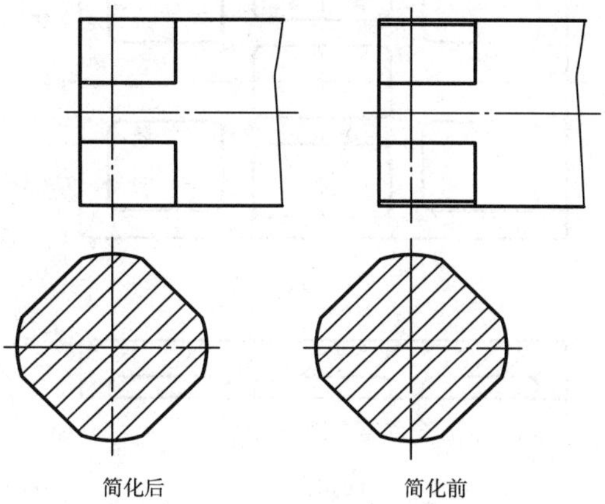

图 4－134　已在一个图形中表达清楚的较小结构的简化画法(一)

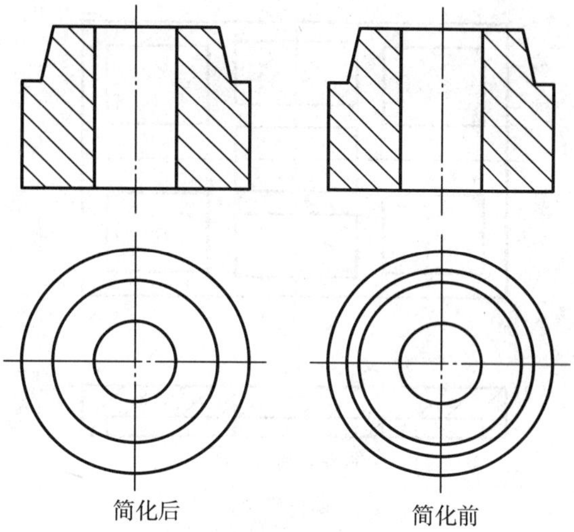

图 4－135　已在一个图形中表达清楚的较小结构的简化画法(二)

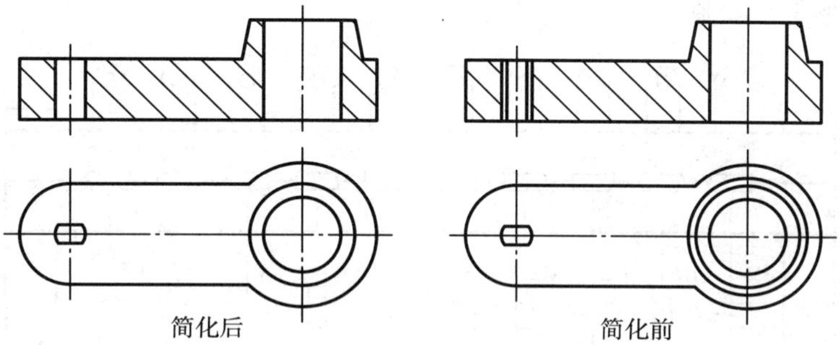

图 4－136　已在一个图形中表达清楚的较小结构的简化画法(三)

17. 除确属需要表示的某些结构圆角外，其他圆角在零件图中均可不画，但必须注明尺寸，或在技术要求中加以说明，如图 4－137、图 4－138 所示。

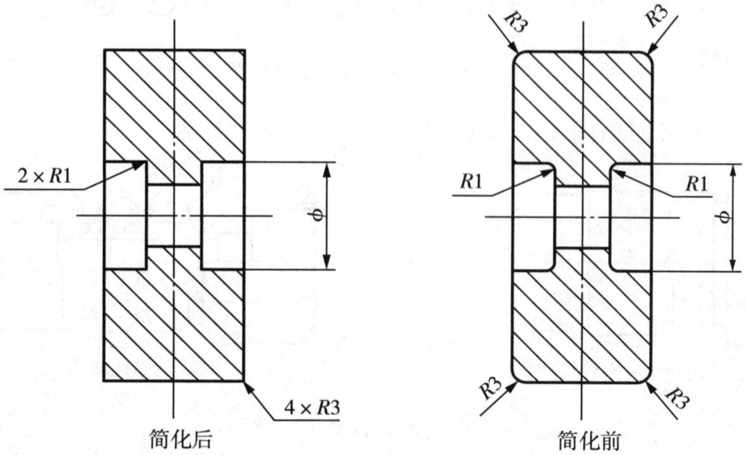

图 4－137　小圆角的简化画法(一)

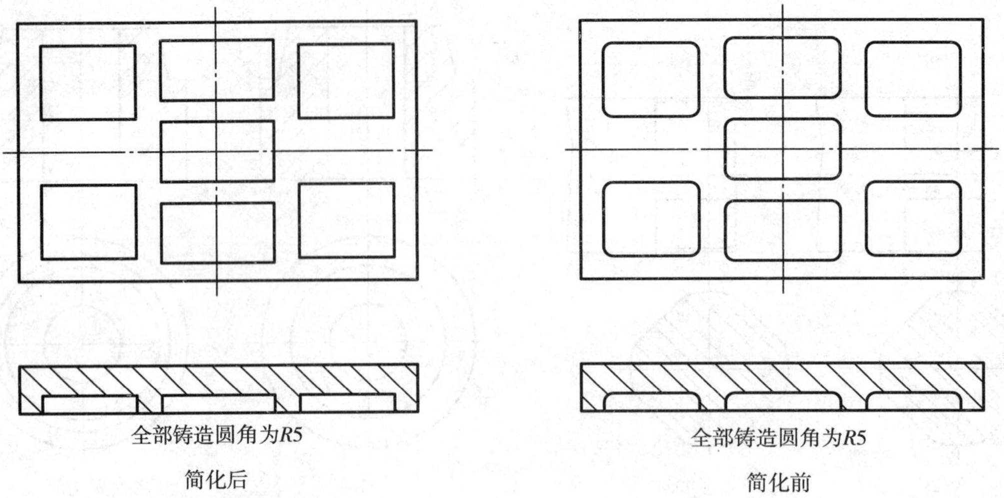

图 4－138　小圆角的简化画法(二)

18. 仅以焊接固定而无其他紧固工序的电子元器件，可用国家标准 GB/T 4728(所有部分)中规定的图形符号绘制，如图 4－139 所示。

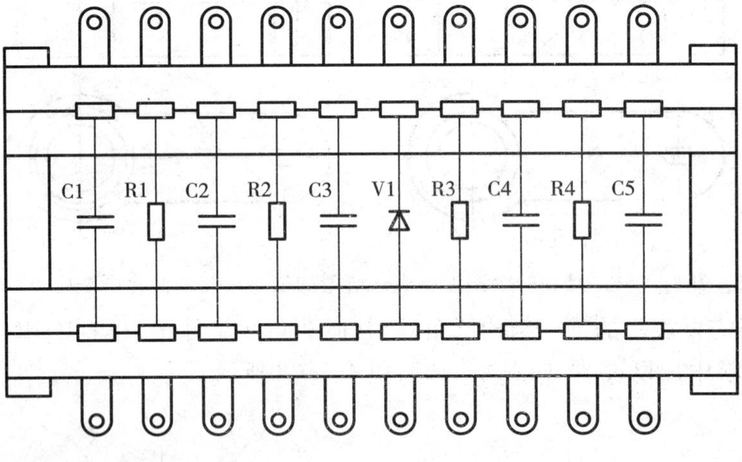

图 4－139　仅以焊接固定的电子元器件的画法

19. 软管接头可参照如图 4－140(简化后)所示的方法绘制。

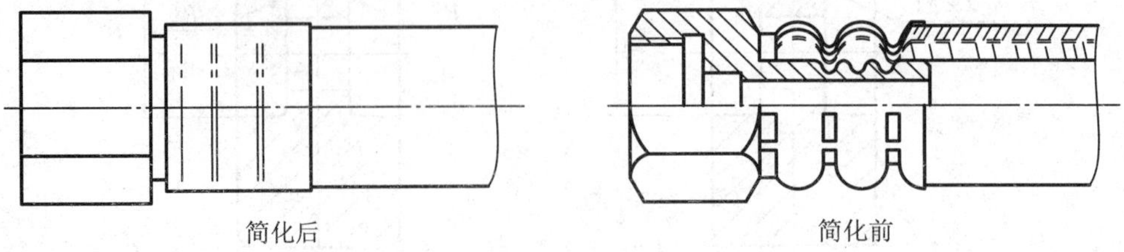

图 4－140　软管接头的简化画法

20. 管子可仅在端部画出部分形状，其余用细点画线画出其中心线，如图 4－141 所示。

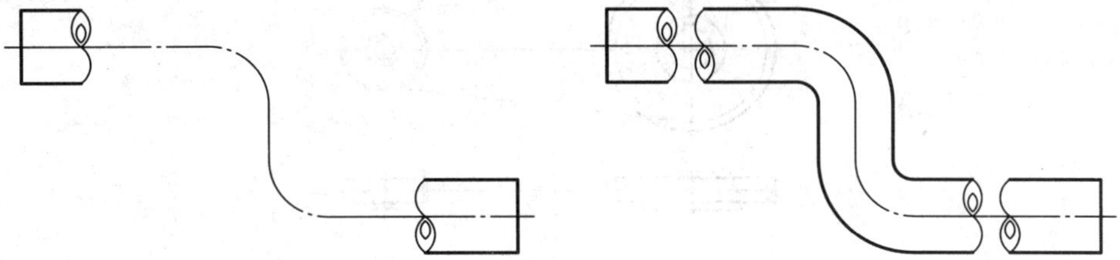

图 4－141　管子的简化画法

管子也可用与管子中心线重合的单根粗实线表示，如图 4－142 所示。

21. 钢筋与钢箍图可用单条粗实线表示，如图 4－143 所示。

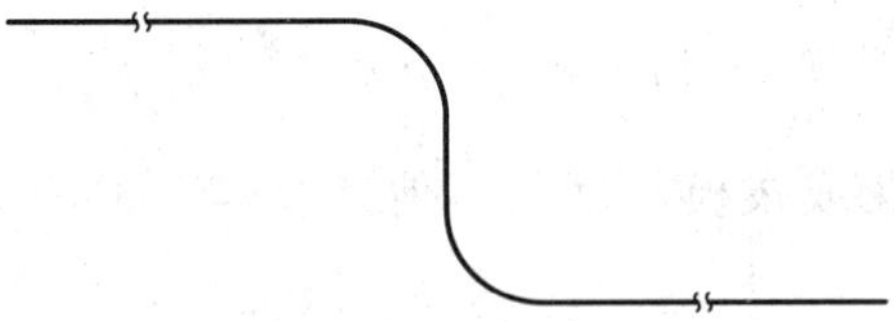

图 4－142　用与管子中心线重合的单根粗实线表示管子

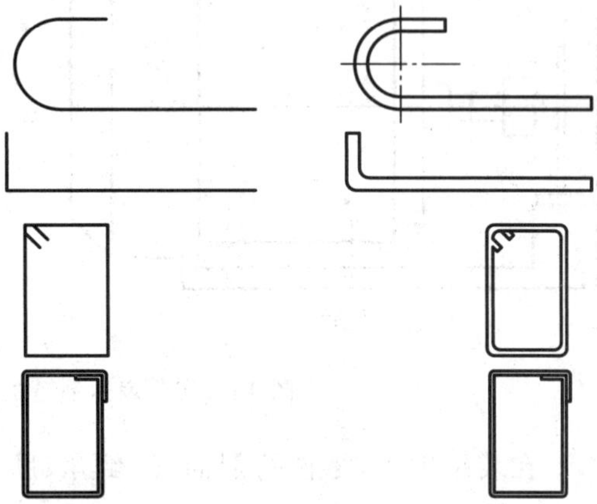

图 4－143　钢筋与钢箍图可用单条粗实线表示

22. 在装配图中，可用粗实线表示传动中的带，用细点画线表示链传动中的链；必要时，可在粗实线或细点画线上绘制出表示带类型或链类型的符号（见国家标准 GB/T 4460）；如图 4－144、图 4－145 所示。

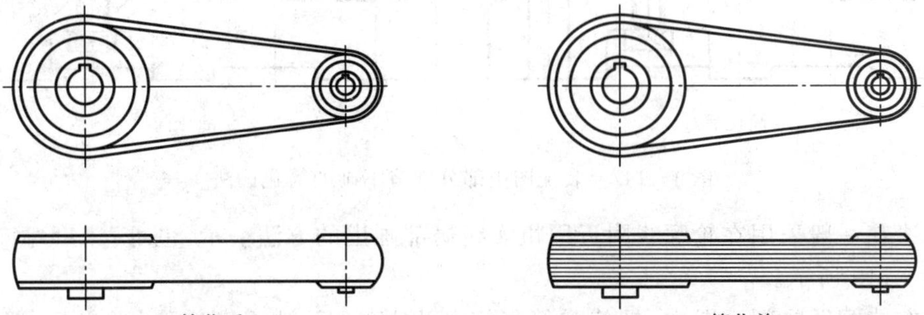

图 4－144　带传动的简化画法

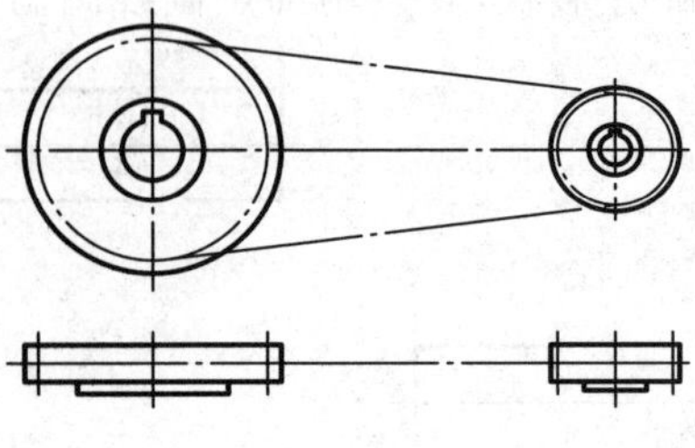

图 4-145　链传动的简化后画法

23. 在能够清楚表达产品特征和装配关系的条件下，装配图可仅画出其简化后的轮廓，如图 4-146 所示。

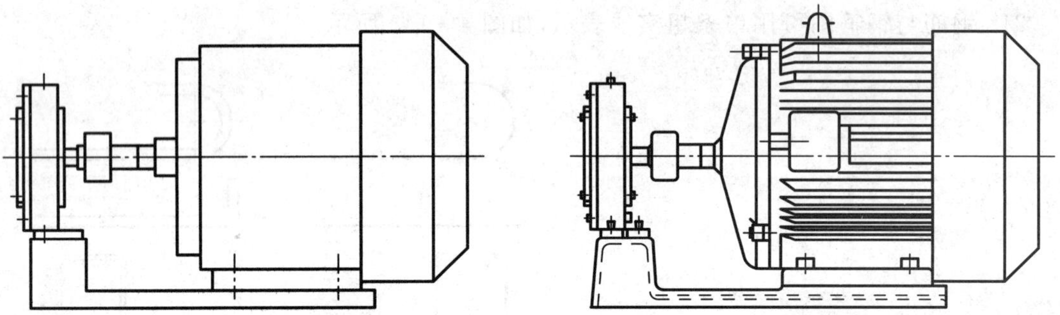

图 4-146　表达清楚的产品装配图的简化画法

24. 在装配图中，零件的剖面线、倒角、肋、滚花或拔模斜度及其他细节等可不画出，如图 4-147 所示。

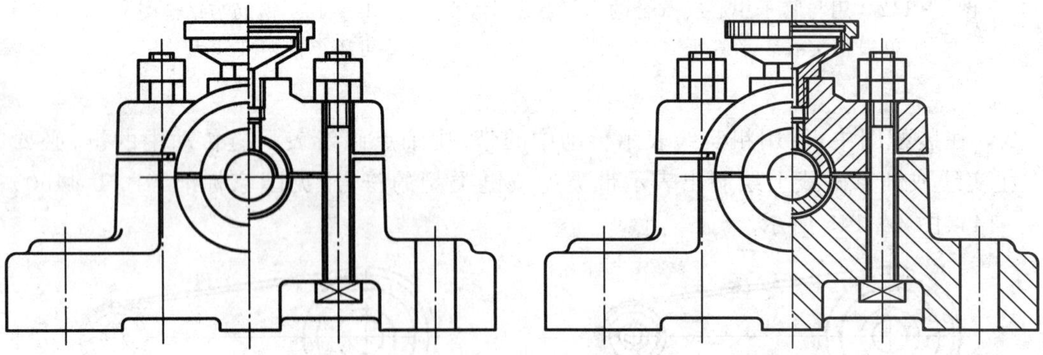

图 4-147　装配图中部分细节不画的简化画法

25. 滚花一般采用在轮廓线附近用粗实线局部画出的方法表示，也可省略不画，如图 4-148、图 4-149 所示。

26. 在装配图的剖视图中，螺旋弹簧仅需画出其端面，被弹簧挡住的结构一般不画出，如图 4-150 所示。

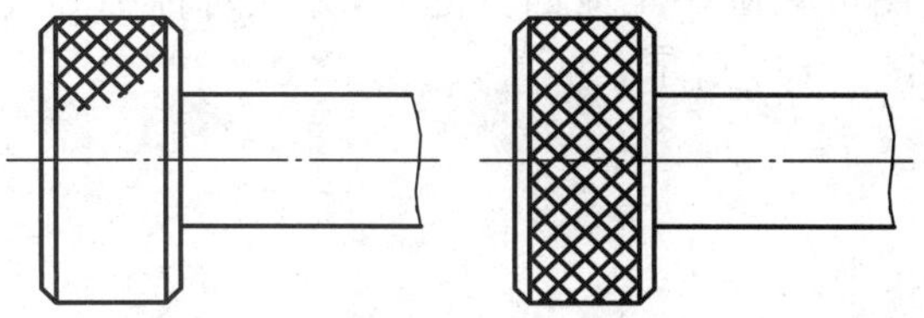

图 4 - 148　滚花的简化画法(一)

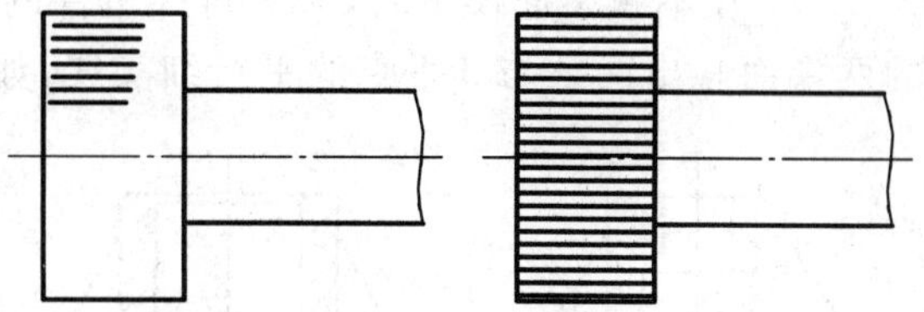

图 4 - 149　滚花的简化画法(二)

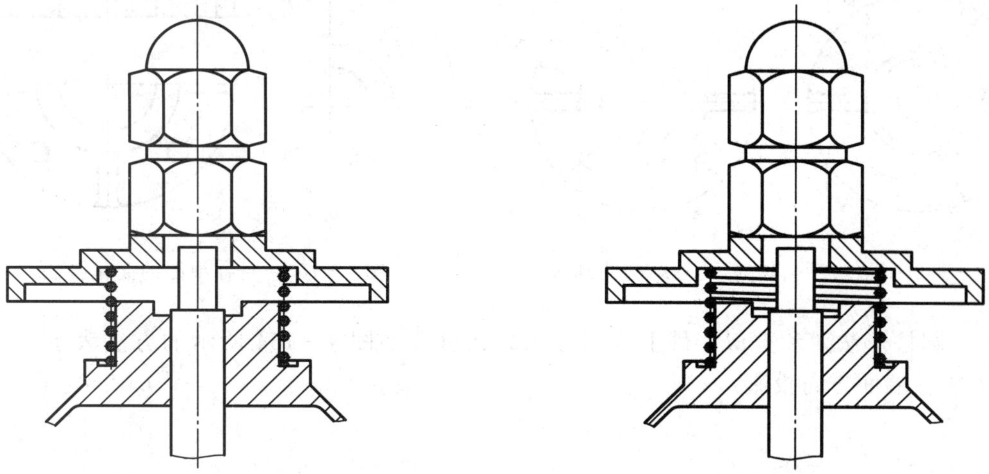

图 4 - 150　装配图中涉及弹簧的简化画法

27. 在剖视图中,类似牙嵌式离合器的齿等相同的结构可按如图 4 - 151 所示的方法表示。

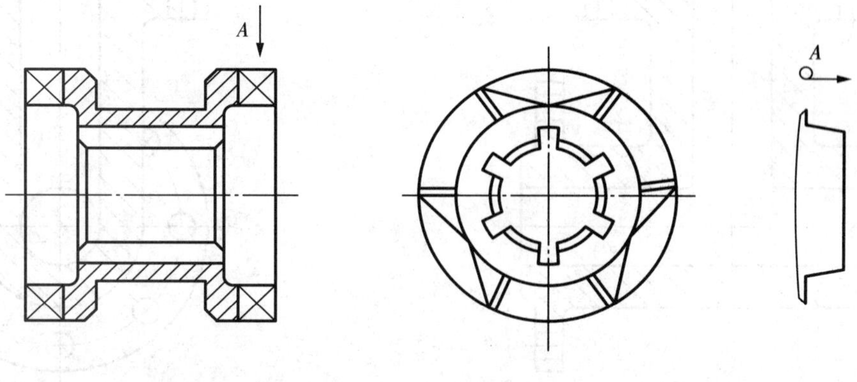

图 4 - 151　牙嵌式离合器

28. 对于机件的肋、轮辐及薄壁等,如按纵向剖切,这些结构都不画剖面符号,而用粗实线将它与其邻接部分分开。当零件回转体上均匀分布的肋、轮辐、孔等结构不处于剖切平面上时,可将这些结构旋转到剖切平面上画出,如图 4 - 152 所示。

29. 在不致引起误解时，对于对称机件的视图可只画一半或四分之一，并在对称中心线的两端面画出两条与其垂直的平行细实线，如图 4－153 所示。

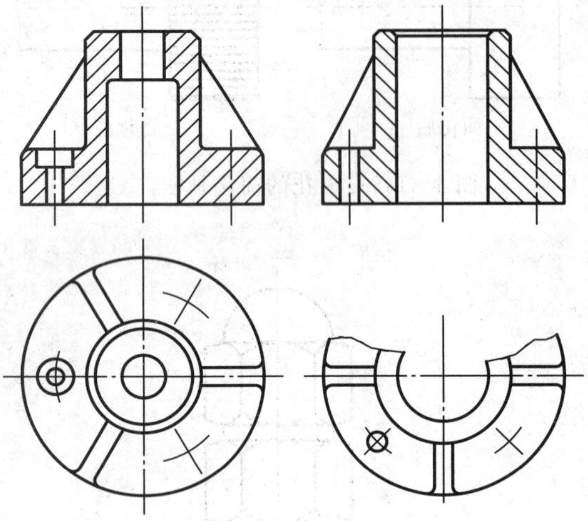

图 4－152　机件上肋、轮辐、孔等结构的画法

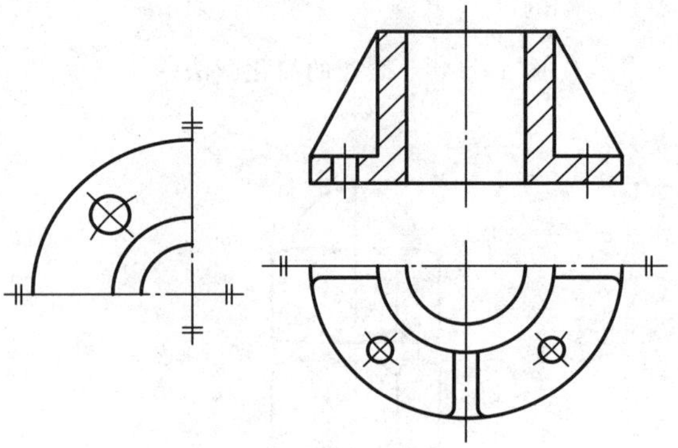

图 4－153　对称视图的简化画法

30. 圆柱形法兰和类似零件上均匀分布的孔可按如图 4－154 所示的方法表示（由零件外向该法兰端面方向投影）。

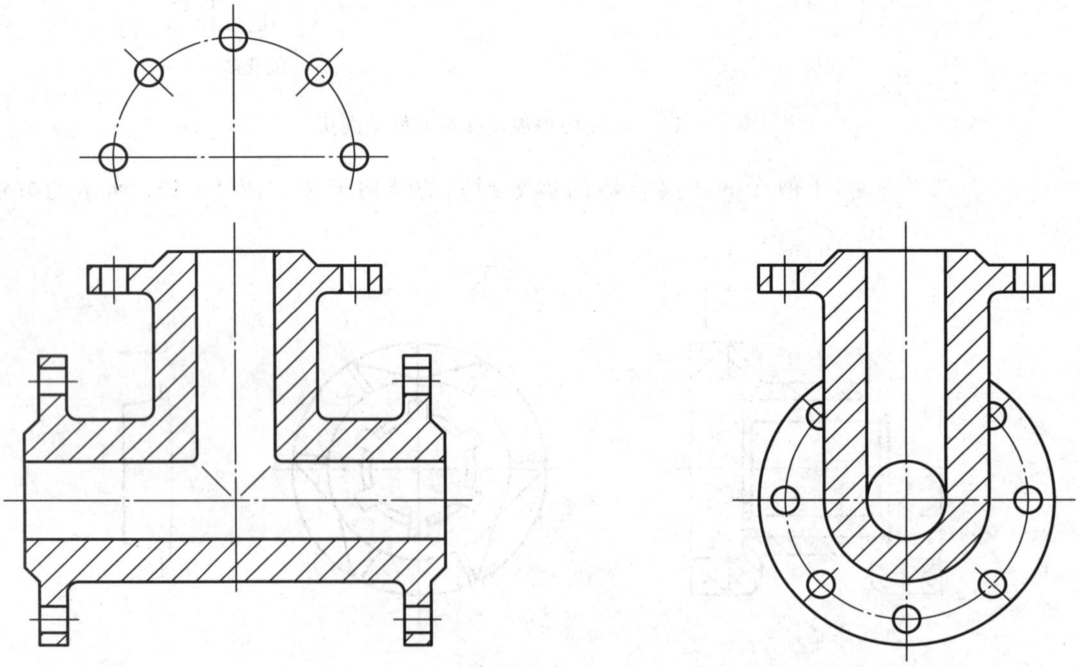

图 4－154　圆柱形法兰和类似零件均匀分布的孔的表示方法

31. 较长的机件（轴、杆、型材、连杆等）沿长度方向的形状一致或按一定规律变化时，可按断开后缩短绘制，如图 4－155、图 4－156 所示。

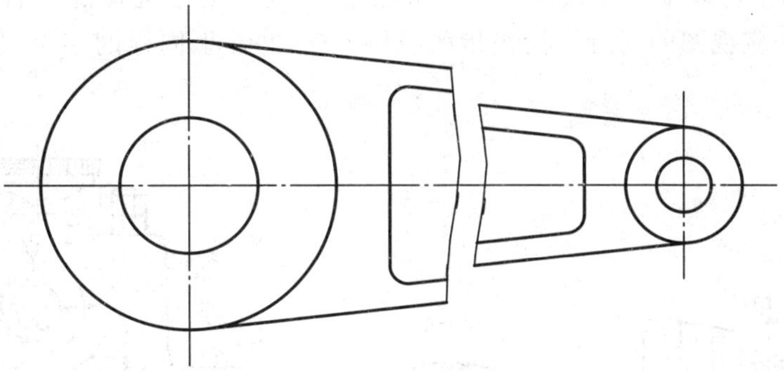

图 4-155　较长的沿长度方向按一定规律变化的机件的缩短绘制(一)

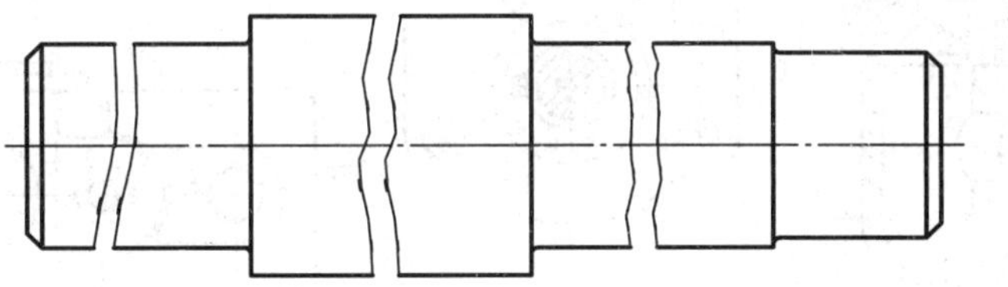

图 4-156　较长的沿长度方向的形状一致的机件的缩短绘制(二)

4.6.4　其他画法

1. 在装配图中,对于紧固件以及轴、连杆、球、钩子、键、销等实心零件,若按纵向剖切且剖切平面通过其对称平面或轴线时,则这些零件均按不剖绘制,如需要表明零件的构造,如凹槽、键槽、销孔等则可用局部剖视表示,如图 4-157 所示。

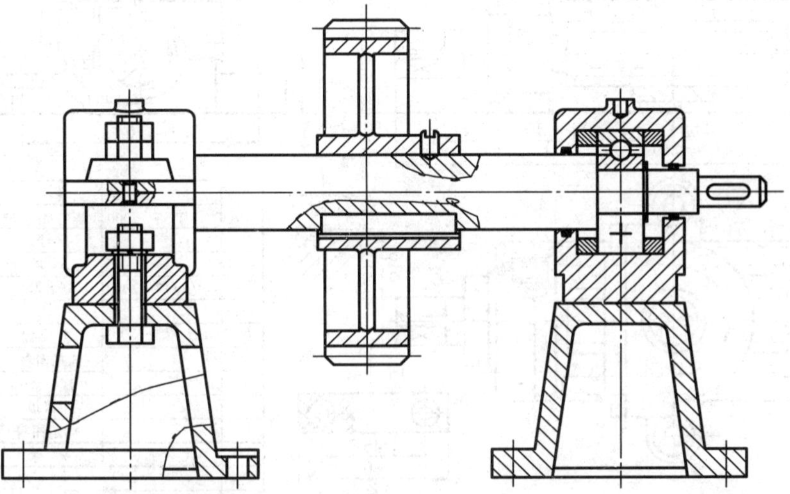

图 4-157　装配图中轴、连杆、球、键等实心零件的表示方法

2. 在装配图中可假想沿某些零件的结合面剖切,如图 4-158 所示。

3. 在装配图中假想将某些零件拆卸后绘制,需要说明时可加标注"拆去×—×等",如图 4-159 所示。

4. 在装配图中可以单独画出某一零件的视图。但必须在所画视图的上方注出该零件的视图名称，在相应视图的附近用箭头指明投影方向，并注上同样的字母，如图 4－160 所示中的钳口板。

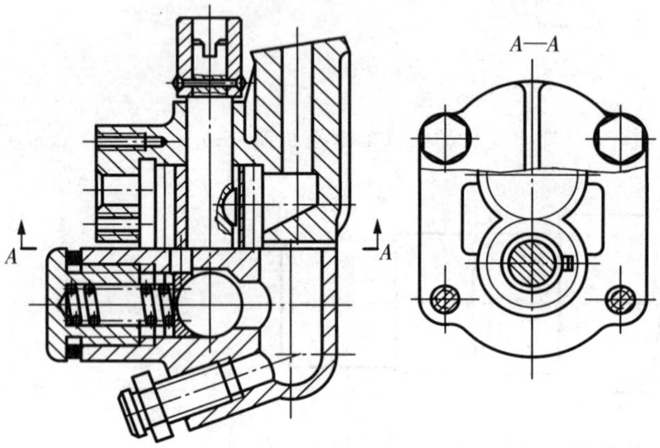

图 4－158　装配图中假想沿零件结合面剖切的表示方法

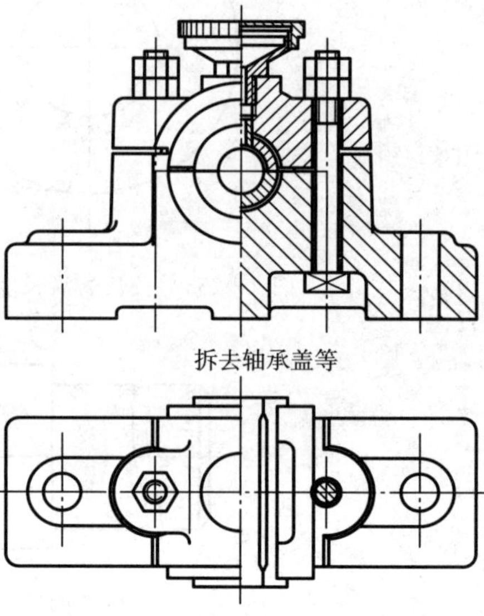

图 4－159　装配图中假想将某些零件拆卸后的表达方法

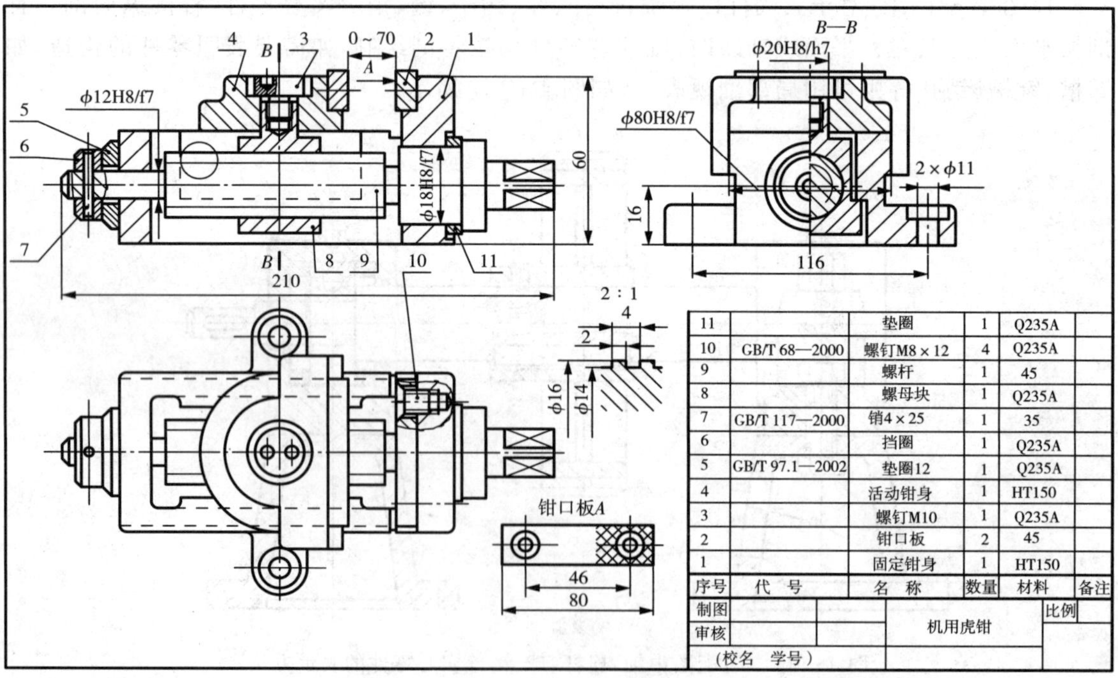

序号	代　号	名　称	数量	材料	备注
11		垫圈	1	Q235A	
10	GB/T 68—2000	螺钉M8×12	4	Q235A	
9		螺杆	1	45	
8		螺母块	1	Q235A	
7	GB/T 117—2000	销4×25	1	35	
6		挡圈	1	Q235A	
5	GB/T 97.1—2002	垫圈12	1	Q235A	
4		活动钳身	1	HT150	
3		螺钉M10	1	Q235A	
2		钳口板	2	45	
1		固定钳身	1	HT150	

制图		机用虎钳	比例
审核			
(校名　学号)			

图 4－160　装配图中可以单独画出某一零件的视图

5. 被网状物挡住的部分均按不可见轮廓绘制，由透明材料制成的物体，均按不透明物体绘制。对于供观察用的刻度、字体、指针、液面等可按可见轮廓线绘制，如图 4－161 所示。

6. 在装配图中，装配关系已清除表达时，较大面积的剖面可只沿周边画出部分剖面符号或沿周边涂色，如图 4－162 所示。

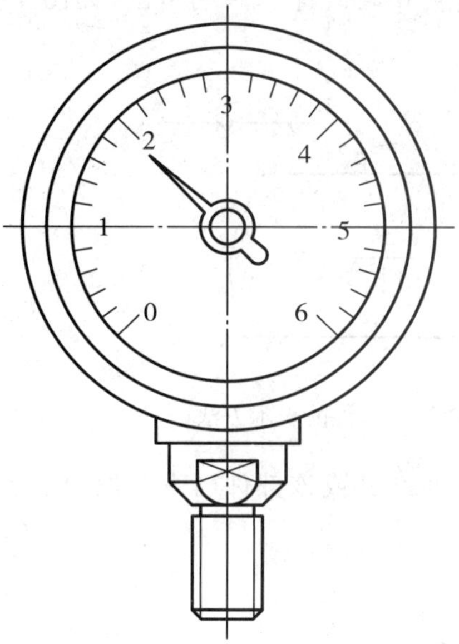

图 4－161　表

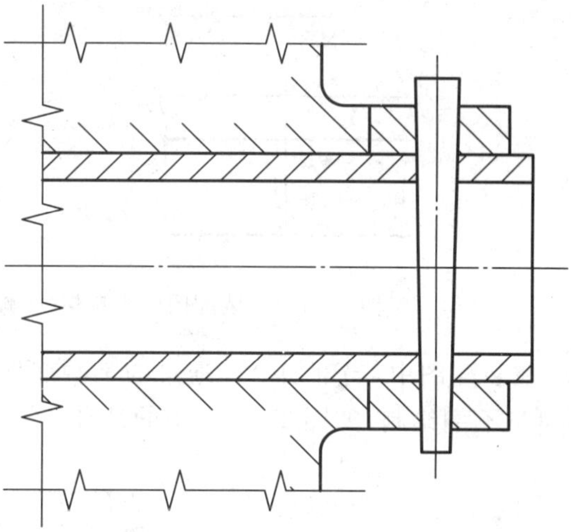

图 4－162　沿周边画出部分剖面符号

7. 在锅炉、化工设备等装配图中，可用细点画线表示密集的管子。在化工设备等装配图中，如果连接管口等结构的方位已在其他图形表示清楚时，可以将这些结构分别旋转到与投影面平行再进行投影，但必须标注，其标注方式如图 4－163 所示。

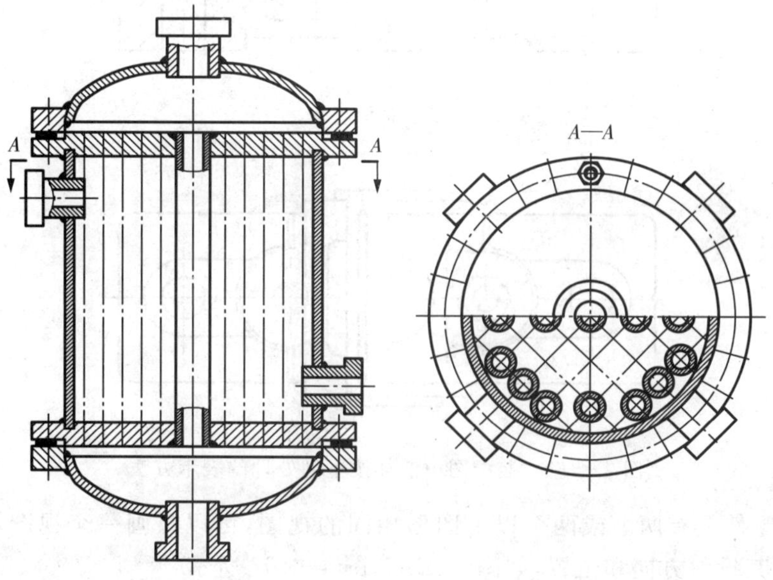

图 4－163　用细点画线表示密集的管子

8. 在装配图中可省略螺栓、螺母、销等紧固件的投影，而用细点画线和指引线指明它们的位置。此时，表示紧固件组的公共指引线应根据其不同类型从被连接件的某一端引出，如螺钉、螺柱、销连接从其装入端引出，螺栓连接从其装有螺母一端引出，如图 4－164 所示。

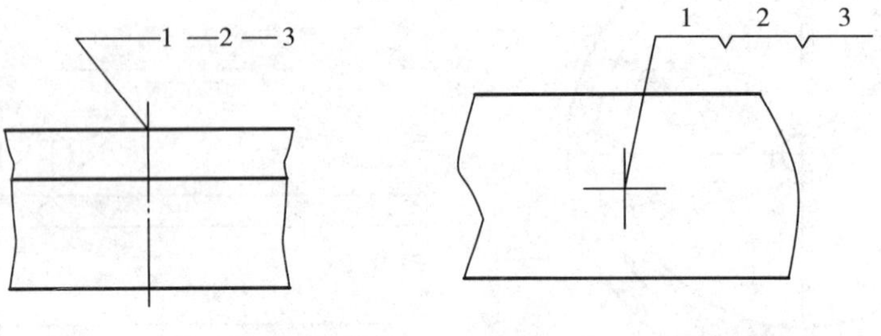

图 4－164　装配图中省略螺栓、螺母、销等紧固件的表示方法

9. 在装配图中，当剖切平面通过的某些部件为标准产品或该部件已由其他图形表示清楚时，可按不剖绘制，如图 4－165 中的油杯。

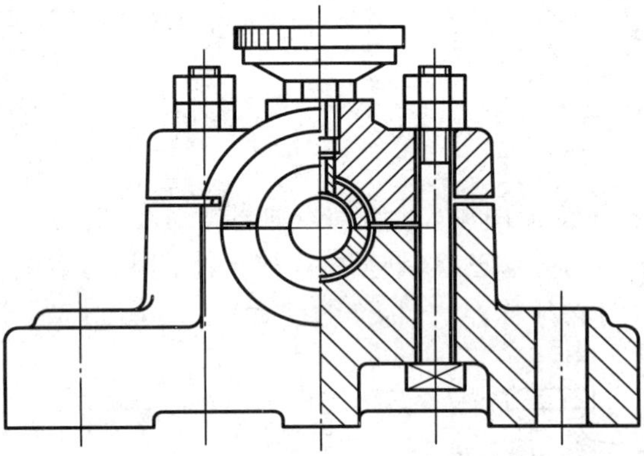

拆去轴承盖等

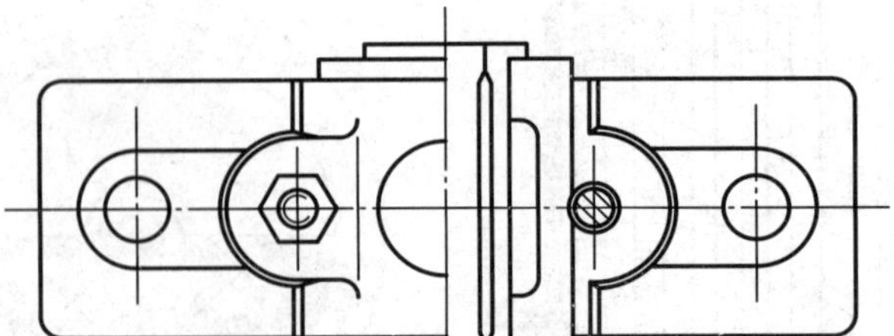

图 4－165　装配图中油杯按不剖处理的表示方法

10. 一个零件上有两个或两个以上图形相同的视图，可以只画一个视图，并用箭头、字母和数字表示其投射方向和位置，如图 4－166、图 4－167 所示。

11. 当有必要表示零件成形前的初始轮廓时，应用细双点画线绘制，如图 4－168 所示。

12. 弯折线在展开图中应用细实线绘制，如图 4－169 所示。

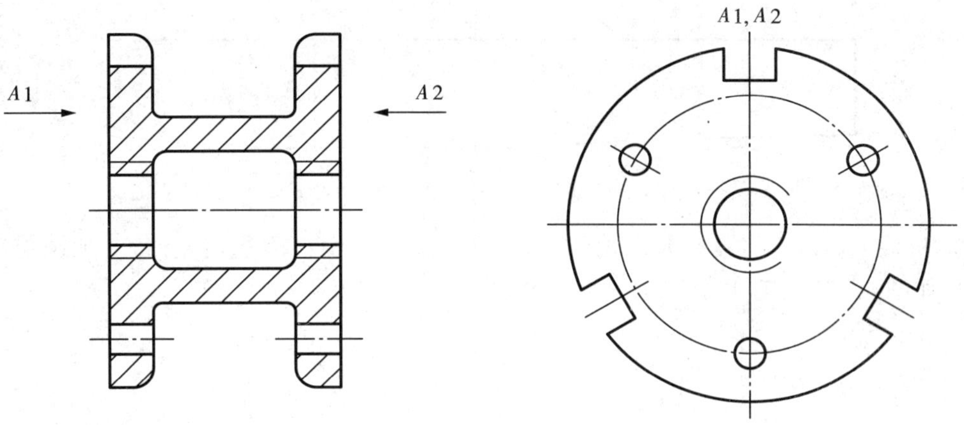

图 4－166　两个相同视图的表示方法

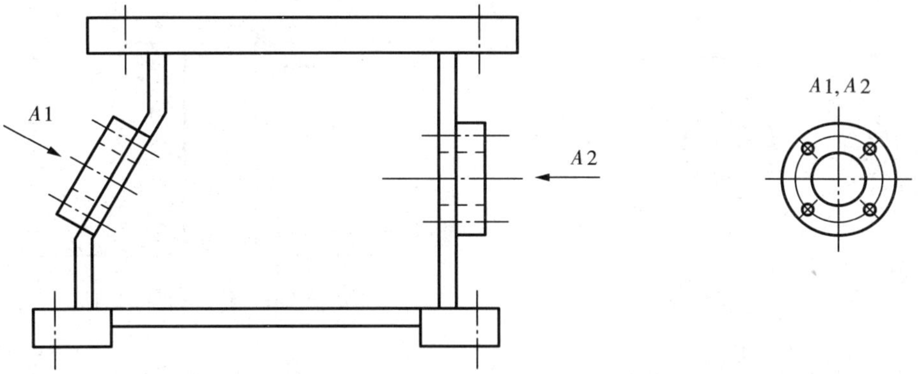

图 4－167　两个图形相同的局部视图和斜视图的表示方法

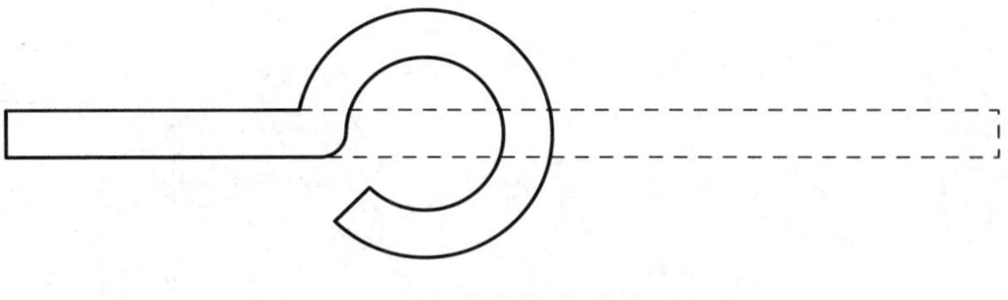

图 4－168　初始轮廓线的表示方法

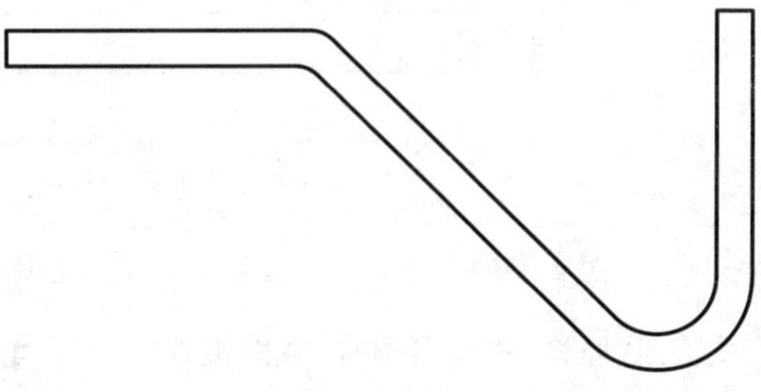

图 4－169　弯折线的表示方法

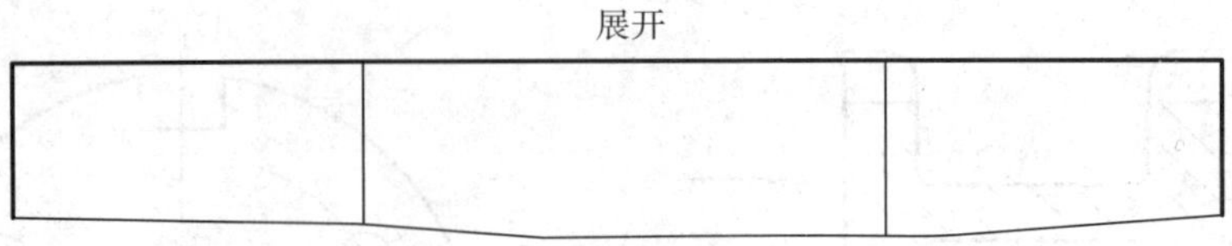

图 4-169　弯折线的表示方法(续)

13. 机件上斜度和锥度等较小的结构,如在一个图形中已表达清楚时,其他图形可按小端画出,如图 4-170、图 4-171 所示。

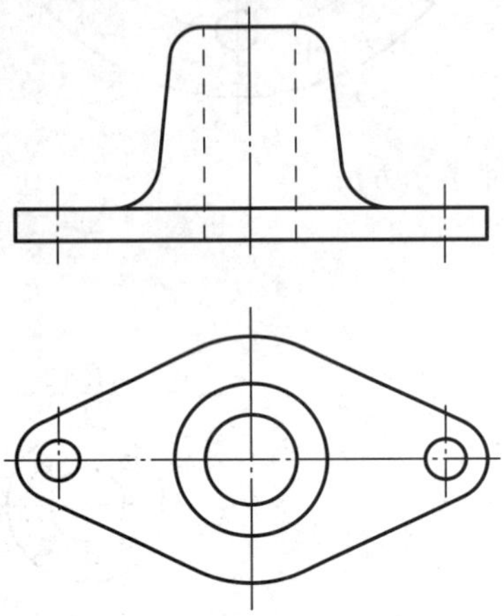

图 4-170　较小锥度的画法

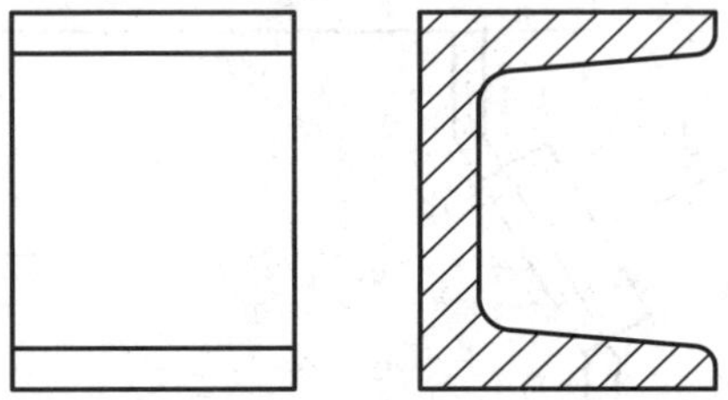

图 4-171　较小斜度的画法

14. 在装配图中,运动零件的变动和极限状态,用细双点画线表示,如图 4-172 所示。

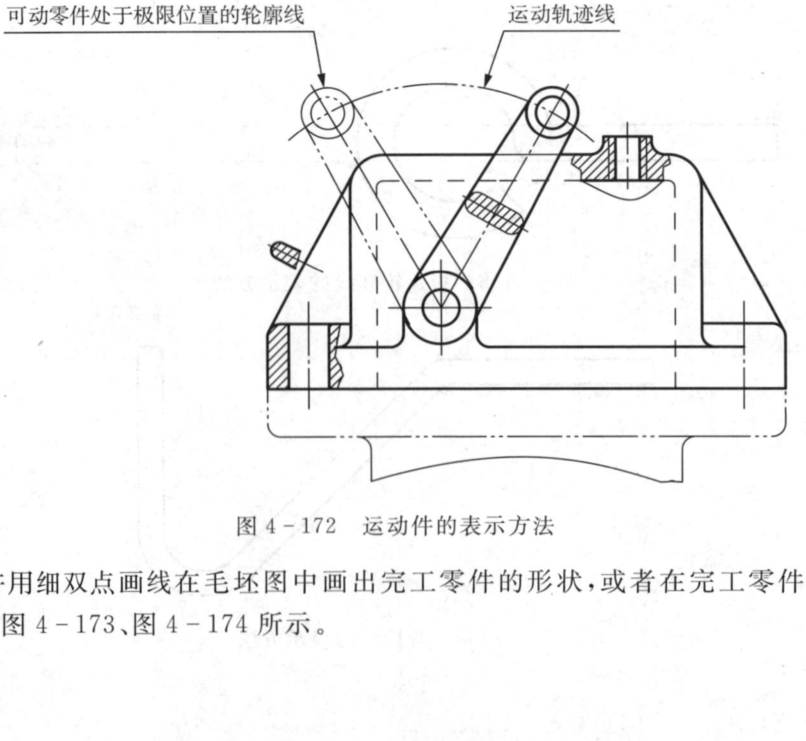

图 4-172　运动件的表示方法

15. 允许用细双点画线在毛坯图中画出完工零件的形状,或者在完工零件图上画出毛坯的形状,如图 4-173、图 4-174 所示。

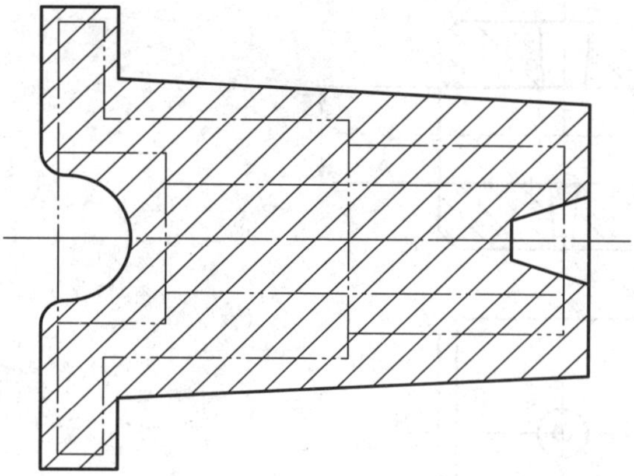

图 4－173　在毛坯图中表示完工零件的画法

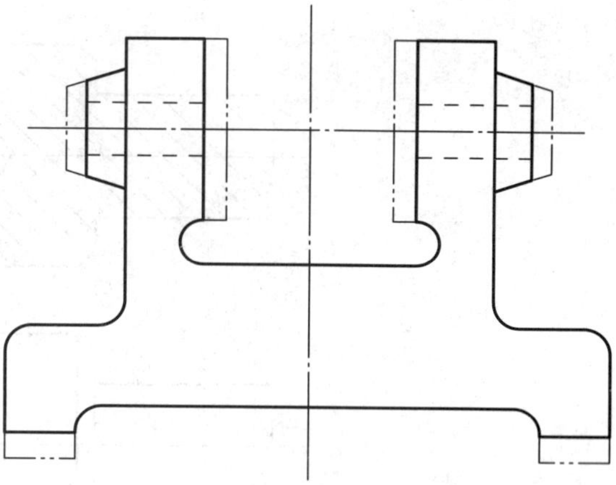

图 4－174　在完工零件图上表示毛坯的画法

16. 材质的纤维方向和轧制方向，一般不必示出，必要时，应用带箭头的细实线表示，如图 4－175、图 4－176 所示。

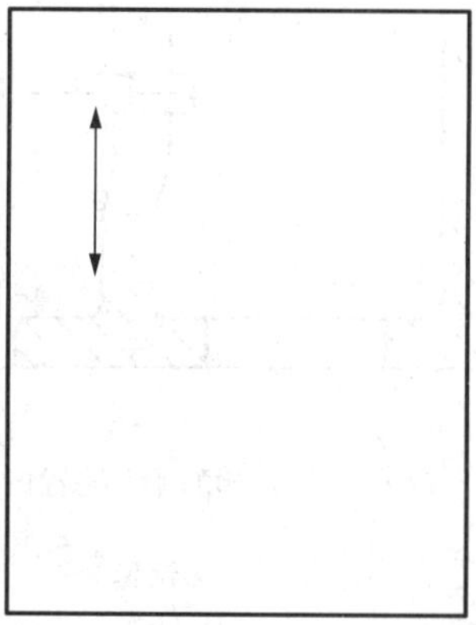

图 4－175　纤维方向的表示方法

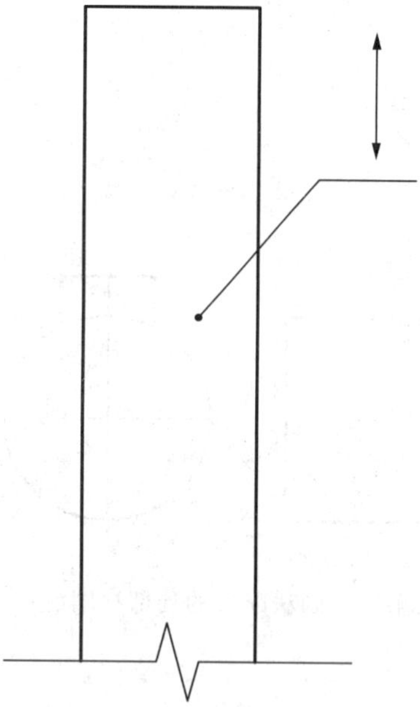

图 4－176　轧制方向的表示方法

17. 机件上一些小结构，如在一个视图中已表示清楚，则在其他视图中可以简化省略，如图 4－177 所示。

18. 局部视图可按第三角画法配置在视图上所需表示物体局部结构的附近，并用细点画线将两者相连，如图 4－178、图 4－179、图 4－180 所示。

19. 当轮廓线无法明确绘制时，则其特定的封闭区域应用细双点画线绘制，如图 4－181 所示。

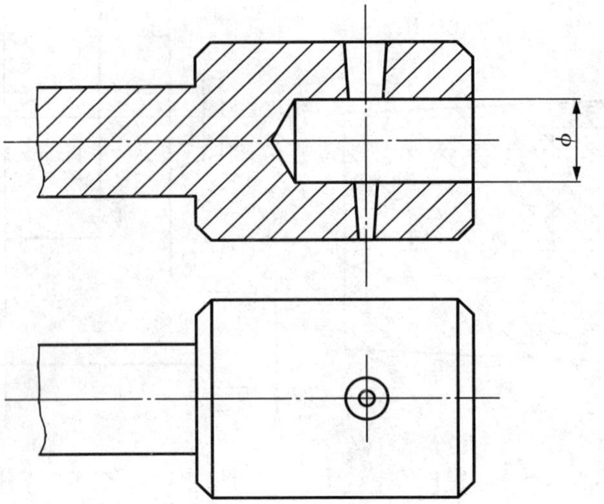

图 4 - 177　小结构简化省略的情况

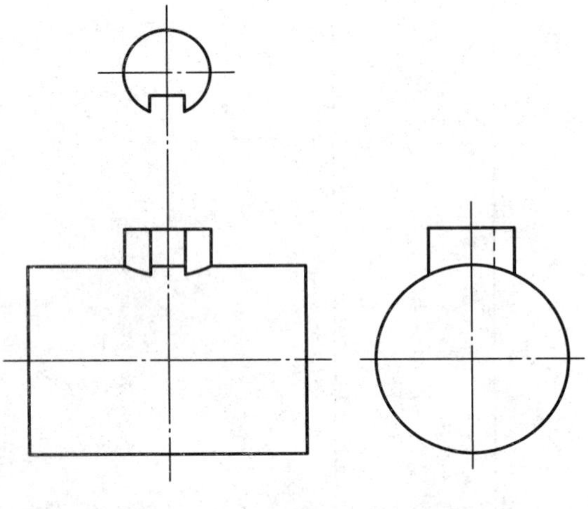

图 4 - 178　按第三角画法配置的局部视图(一)

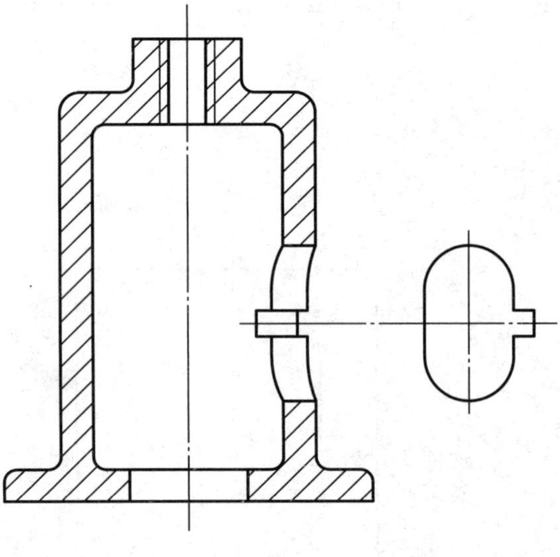

图 4 - 179　按第三角画法配置的局部视图(二)

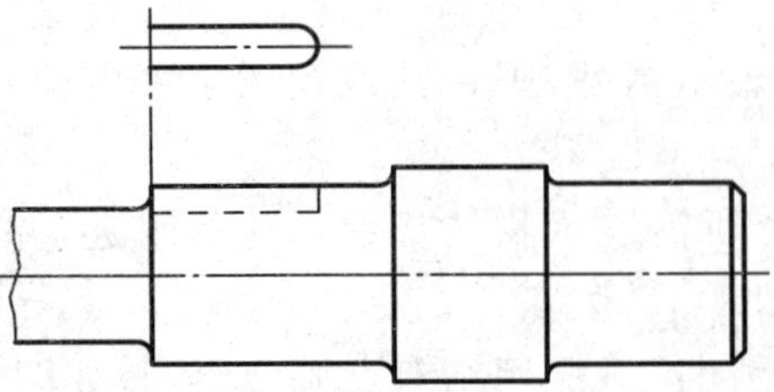

图 4 - 180　按第三角画法配置的局部视图(三)

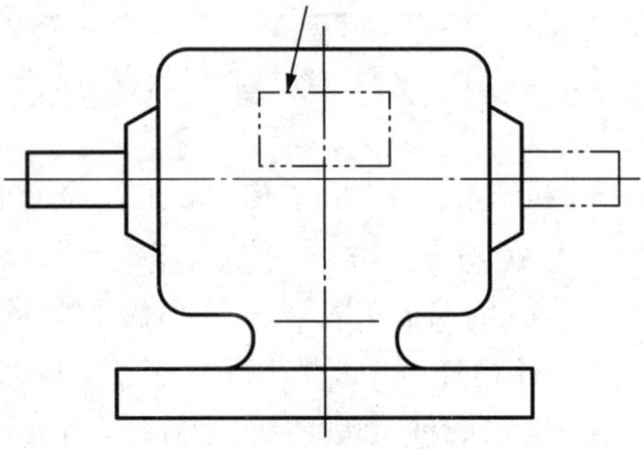

图 4 - 181　轮廓的表示方法

20. 两垂直正交的圆柱直径大小不同，且不需要准确地求出相贯线时，可采用简化画法作出相贯线的投影，如图 4－182 所示。第一步，求出相贯线的最低点 K；第二步，作 MK 的垂直平分线与轴线交于点 O；第三步，以 O 点为圆心、OM 为半径画圆弧。

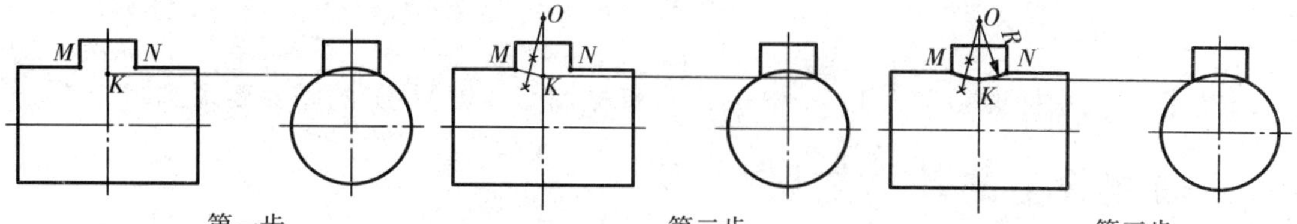

第一步　　第二步　　第三步

图 4－182　两圆柱正交时相贯线的简化画法

第5章 轴 测 图

本章根据国家标准 GB/T 4458.3—2013《机械制图 轴测图》的相关要求编写。

5.1 轴测投影的基本知识

5.1.1 名词术语

1. 轴测图:如图 5-1 所示,将物体连同其参考直角坐标系,沿不平行于任一坐标平面的方向,用平行投影法将其投射在单一投影面上所得到的图形。

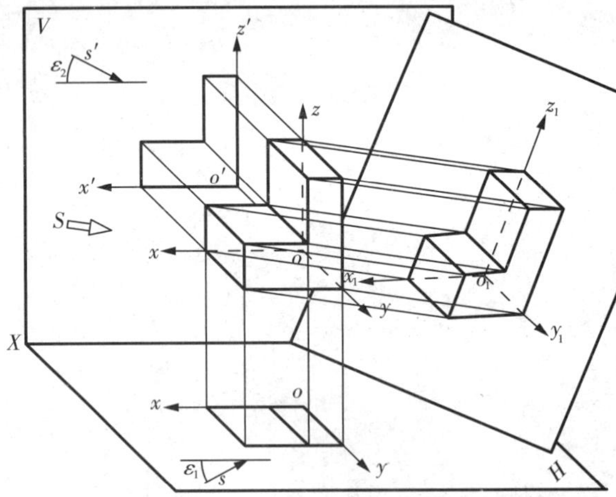

图 5-1 轴测投影图的形成

2. 轴测投影方向:如图 5-1 所示的 S 方向;该轴测投影方向 S 可以垂直于轴测投影面(正轴测图),也可以倾斜射向轴测投影面(斜轴测图)。投影方向 S 的水平面投影 s 与 x 轴的夹角用 ε_1 表示;投影方向 S 在正面的投影 s' 与 x 轴的夹角用 ε_2 表示。

3. 轴测投影面:如图 5-1 所示的 P 面。

4. 正轴测图:投影方向 S 垂直于轴测投影面 P,所得到的投影图。

5. 斜轴测图:投影方向 S 倾斜射向轴测投影面 P,所得到的投影图。

6. 轴测轴:直角坐标轴 ox、oy、oz 在轴测投影面 P 上的投影 o_1x_1、o_1y_1、o_1z_1。

7. 轴间角:轴测图中两轴测轴之间的夹角,如图 5-1 所示的 $\angle x_1o_1z_1$、$\angle x_1o_1y_1$ 及 $\angle y_1o_1z_1$。绘图时,规定将 o_1z_1 轴画成竖直方向。

8. 轴向伸缩系数:轴测轴上的单位长度与相应投影轴的单位长度的比值。ox、oy、oz 轴上的伸缩系数,分别用 p、q 和 r 简化表示。

$$p_0=\frac{o_1x_1}{ox} \quad q_0=\frac{o_1y_1}{oy} \quad r_0=\frac{o_1z_1}{oz}$$

其中,p_0、q_0、r_0 为 o_1x_1、o_1y_1、o_1z_1 三个轴的轴向伸缩系数。

9. 轴向简化伸缩系数：轴向伸缩系数 p_0、q_0、r_0 在一般情况下都不是整数，为了绘制物体的轴测图，需要将该物体上的大量尺寸按 p_0、q_0、r_0 换算，运算十分繁杂。因此，在实际绘制轴测图时，都把轴向伸缩系数 p_0、q_0、r_0 简化。o_1x_1、o_1y_1、o_1z_1 三个轴的简化伸缩系数分别以 p、q、r 表示。

5.1.2 正轴测图的投影性质

1. 空间互相平行的直线，它们的正轴测投影仍然相互平行。因此，物体上平行于三个坐标轴的棱线，在轴测图中，都分别平行于相应的轴测轴。

2. 空间互相平行的两线段长度之比，等于该二线段在轴测图中的长度之比。

5.1.3 常用的三种轴测图

理论上轴测图可以有无数种，但从作图简便等因素考虑，一般采用如下三种。

1. 正等轴测图，简称正等测，$p=q=r=1$，如图 5-2 所示。

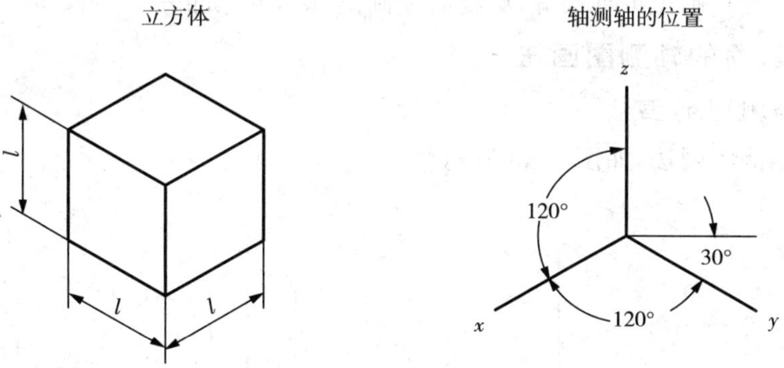

图 5-2 正等轴测图

2. 正二等轴测图，简称正二测，$p=r=1$，$q=1/2$，如图 5-3 所示。

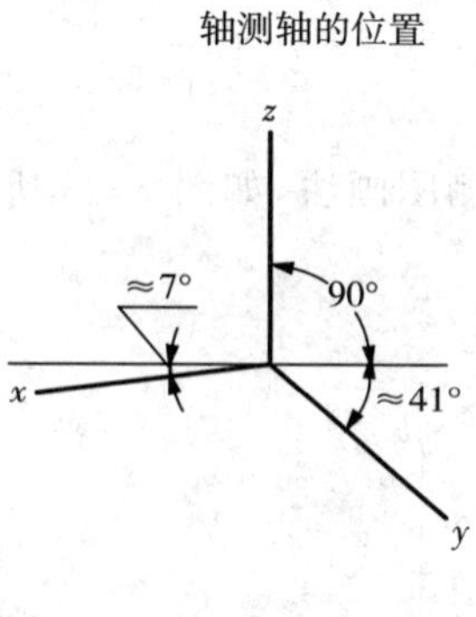

图 5-3 正二等轴测图

3. 斜二等轴测图，简称斜二测，$p_1=r_1=1$，$q_1=1/2$，如图 5-4 所示。

绘制正等测、正二测轴测图时，其轴间角和轴向伸缩系数（p、q 和 r）应符合如图 5-2、图 5-3 的规定。

绘制斜二测轴测图时，其轴间角和轴向伸缩系数（p_1、q_1 和 r_1）应符合图 5-4 的规定。

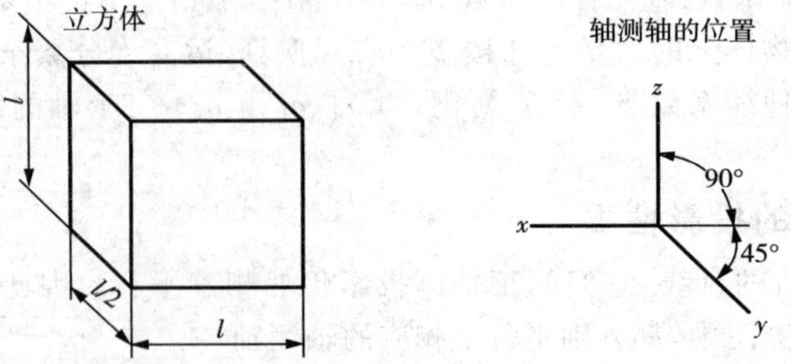

图 5-4　斜二等轴测图

5.2　轴测图的画法

轴测图中一般只画出可见部分，必要时才画出其不可见部分。

5.2.1　点、线、面的轴测图画法

1．正等轴测图的画法

点的正等轴测图画法，如图 5-5 所示。

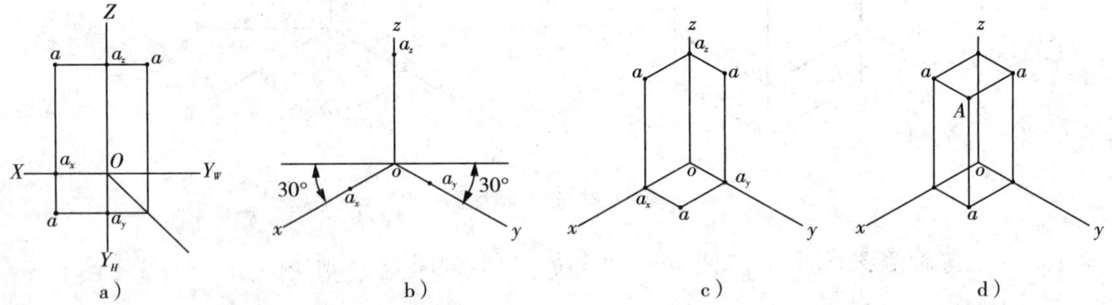

图 5-5　点的正等轴测图画法

直线的正等轴测图画法，如图 5-6 所示。

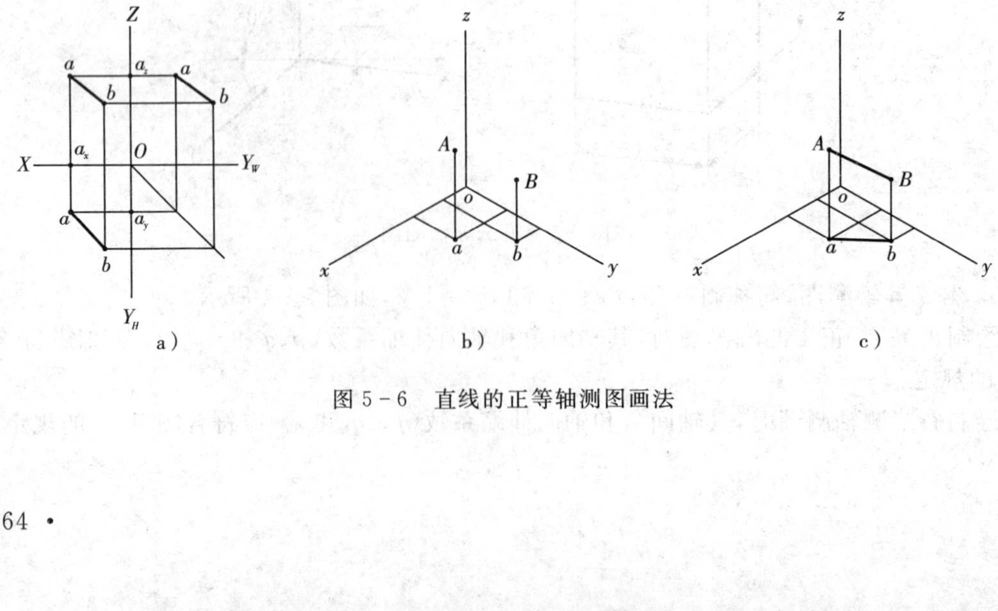

图 5-6　直线的正等轴测图画法

曲线的正等轴测图画法，如图 5-7 所示。

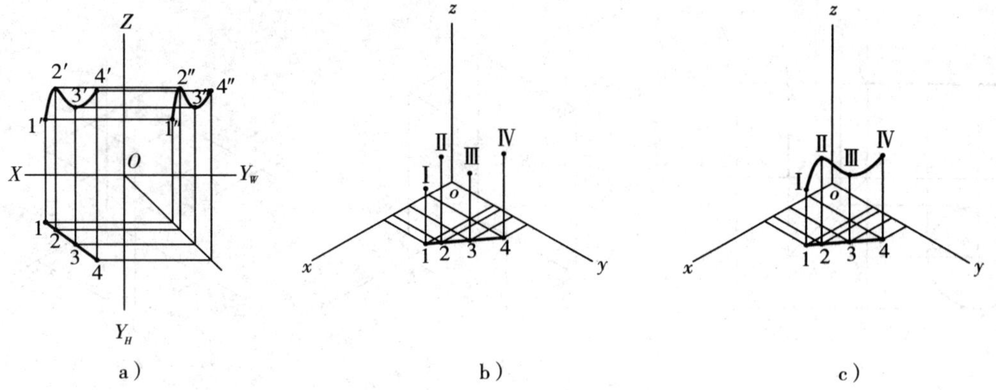

图 5-7 曲线的正等轴测图画法

平面形的正等轴测图画法，如图 5-8 所示。

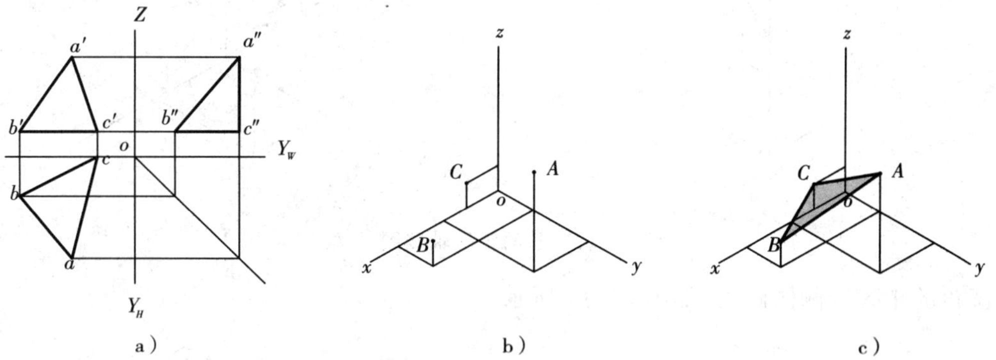

图 5-8 平面形的正等轴测图画法

圆的正等轴测图画法：

与各坐标平面平行的圆的正等轴测图，如图 5-9 所示。

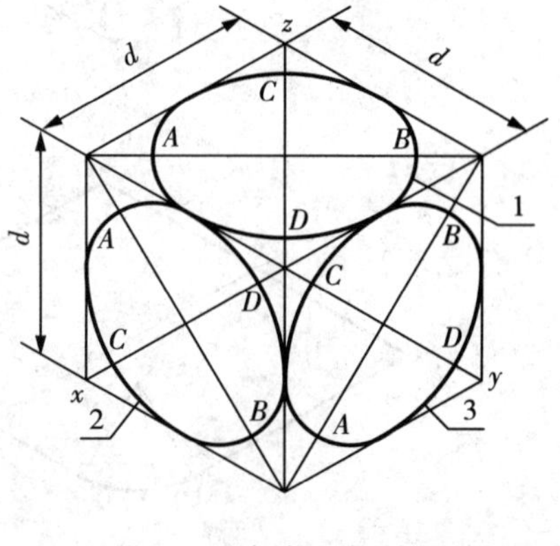

说　明

椭圆1的长轴垂直于z轴

椭圆2的长轴垂直于x轴

椭圆3的长轴垂直于y轴

各椭圆的长轴：

$AB \approx 1.22d$

各椭圆的短轴：

$CD \approx 0.7d$

（d为圆的直径）

图 5-9 与各坐标平面平行的圆在正等轴测图中的投影

水平面上圆的正等轴测图画法，如图 5-10 所示。

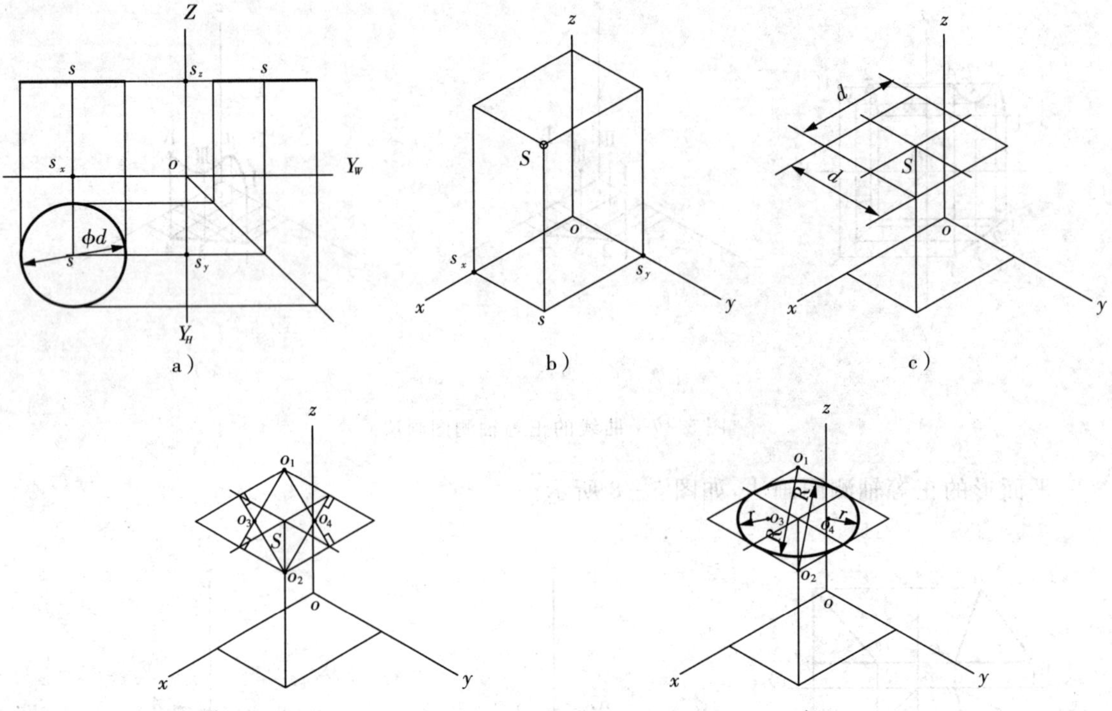

图 5-10　圆的正等轴测图画法

圆角的正等轴测图画法，如图 5-11 所示。

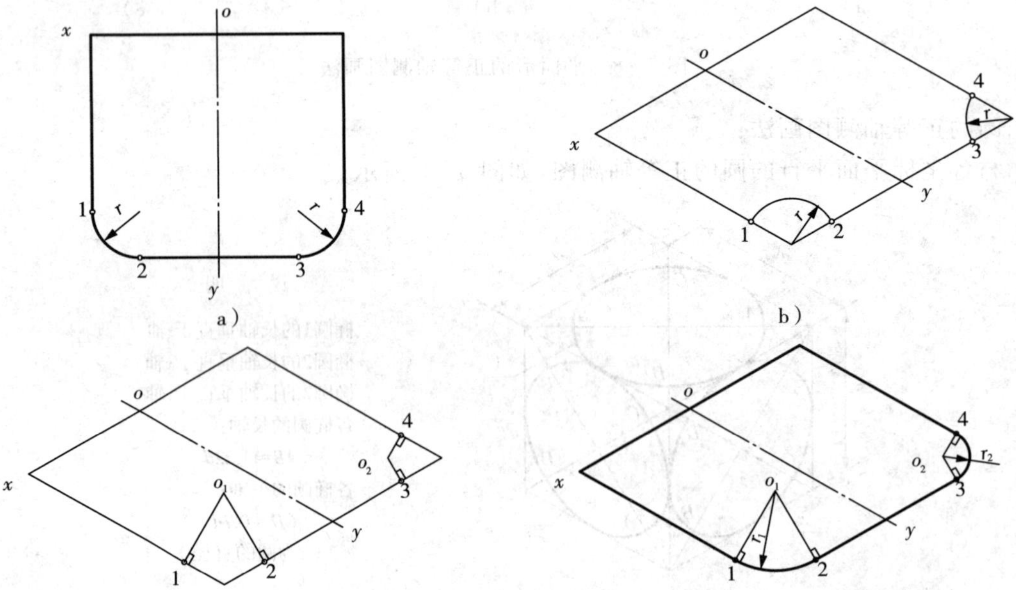

图 5-11　圆角的正等轴测图画法

半圆的正等轴测图画法，如图 5 - 12 所示。

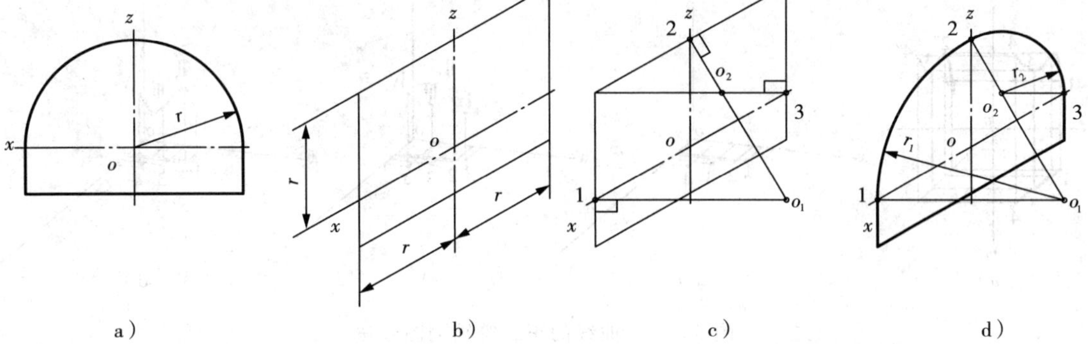

图 5 - 12　半圆的正等轴测图画法

2. 正二等轴测图的画法

点的正二等轴测图画法，如图 5 - 13 所示。

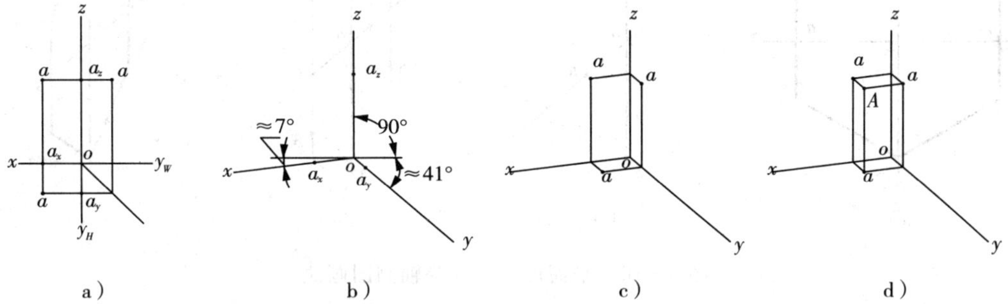

图 5 - 13　点的正二等轴测图画法

直线的正二等轴测图画法，如图 5 - 14 所示。

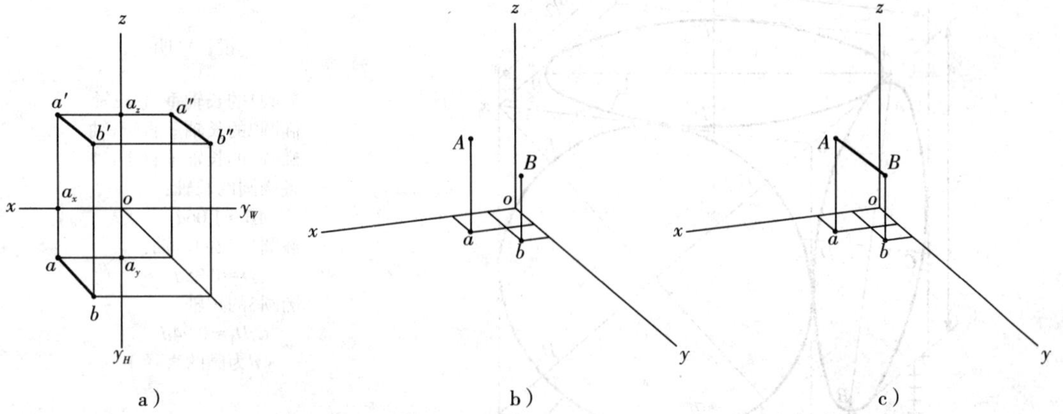

图 5 - 14　直线的正二等轴测图画法

曲线的正二等轴测图画法，如图 5－15 所示。

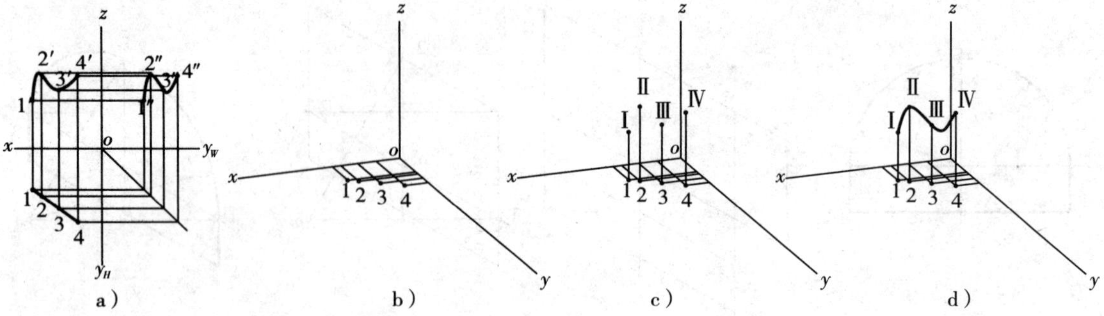

图 5－15　曲线的正二等轴测图画法

平面形的正二等轴测图画法，如图 5－16 所示。

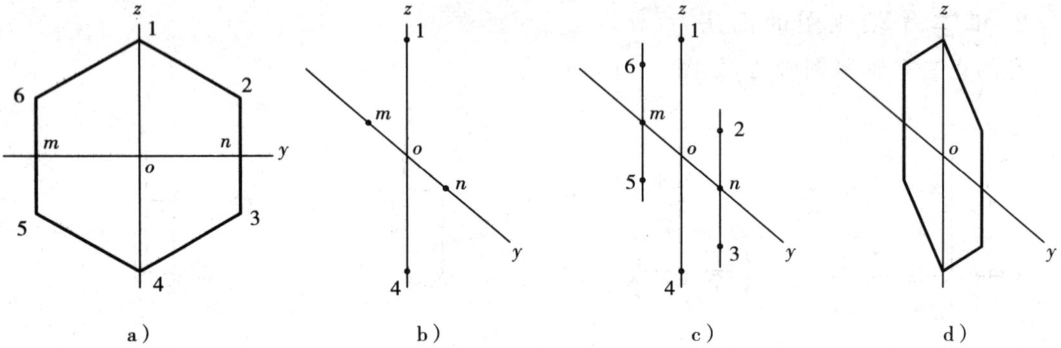

图 5－16　平面形的正二等轴测图画法

圆的正二等轴测图画法：

与各坐标平面平行的圆的正二等轴测图，如图 5－17 所示。

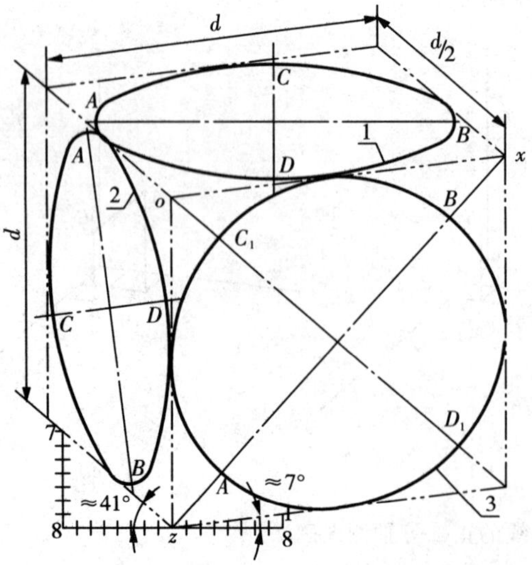

说　明

椭圆1的长轴垂直于z轴

椭圆2的长轴垂直于x轴

椭圆3的长轴垂直于y轴

各椭圆的长轴：

$AB \approx 1.06d$

椭圆1、2的短轴：

$CD \approx 0.35d$

椭圆3的短轴：

$C_1D_1 \approx 0.94d$

（d为圆的直径）

图 5－17　与各坐标平面平行的圆在正二等轴测图中的投影

平行于正面的圆的正二等轴测图的画法，如图 5－18 所示。

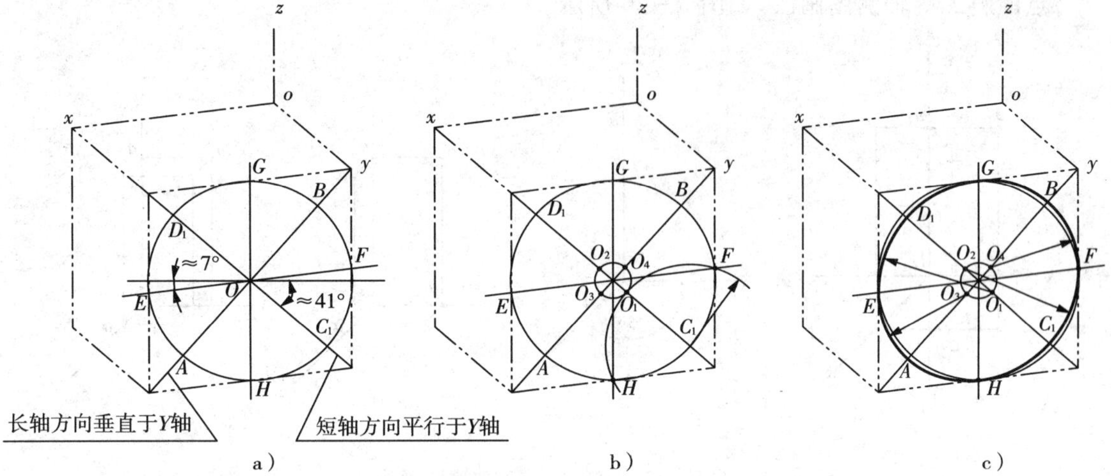

图 5－18 *V* 面上圆的正二等轴测图的画法

平行于水平面和侧面的圆的正二等轴测图的画法，如图 5－19 所示。

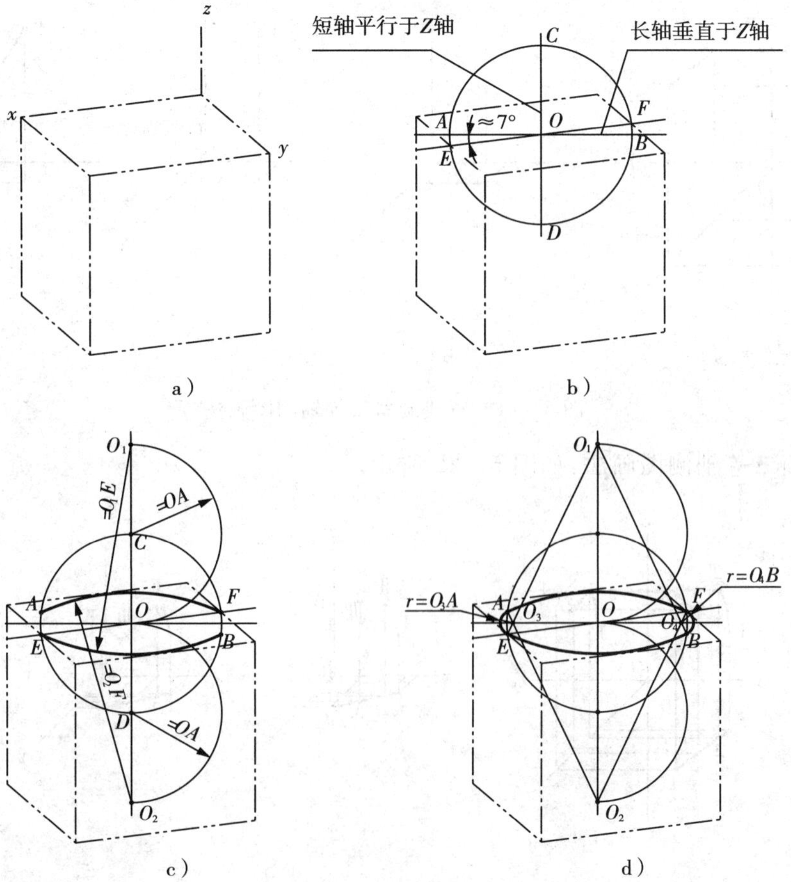

图 5－19 *H* 面和 *W* 面上圆的正二等轴测图的画法

3. 斜二等轴测图

点的斜二等轴测图画法，如图 5－20 所示。

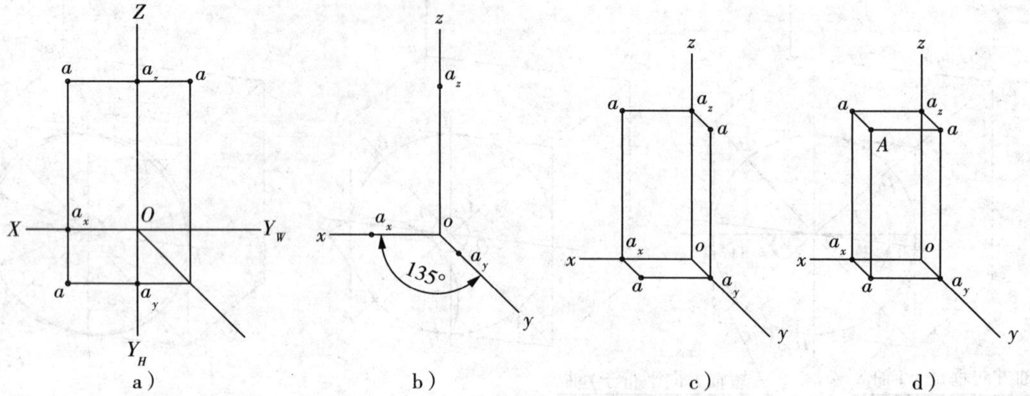

图 5－20　点的斜二等轴测图画法

直线的斜二等轴测图画法，如图 5－21 所示。

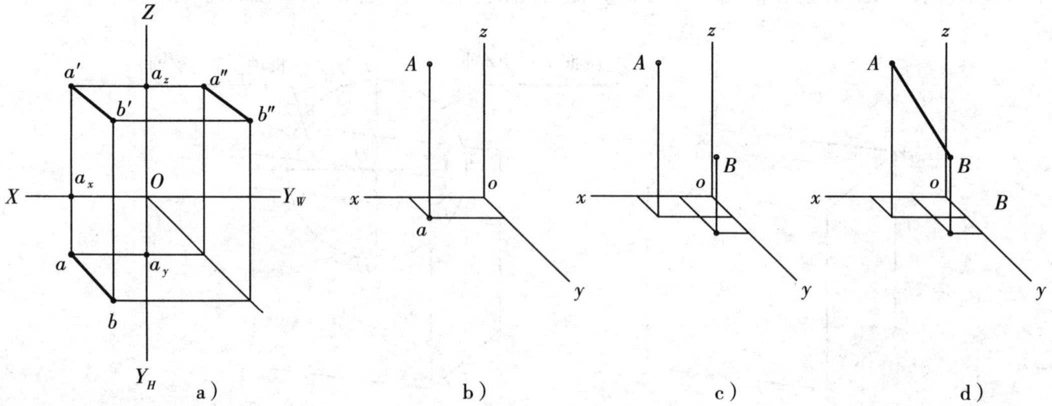

图 5－21　直线的斜二等轴测图画法

曲线的斜二等轴测图画法，如图 5－22 所示。

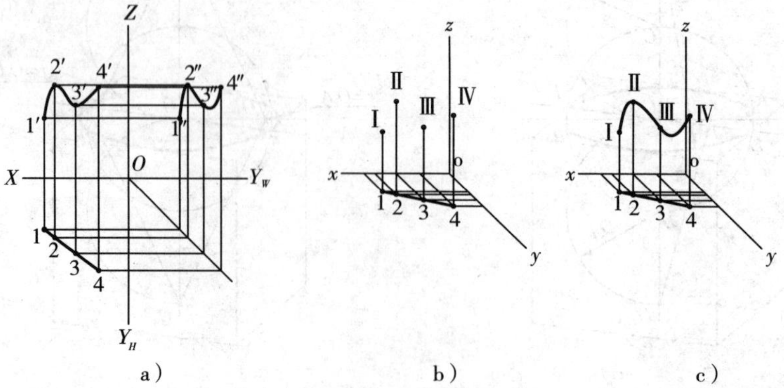

图 5－22　曲线的斜二等轴图画法

平面形的斜二等轴测图画法，如图 5－23 所示。

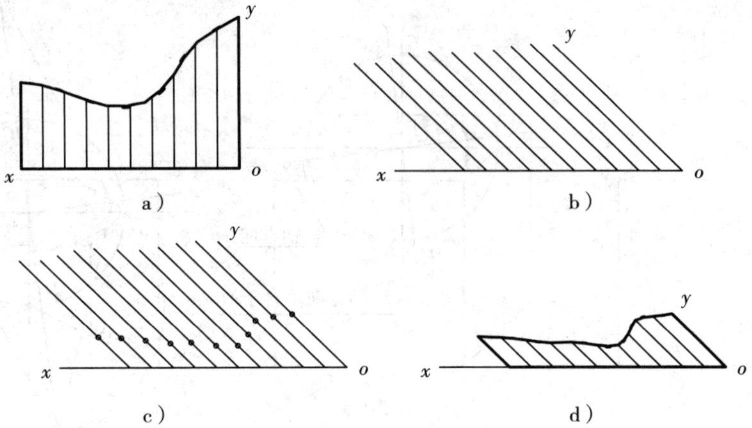

图 5－23　平面形的斜二等轴测图画法

平行于各坐标平面的圆的斜二等轴测图画法，如图 5－24 所示。

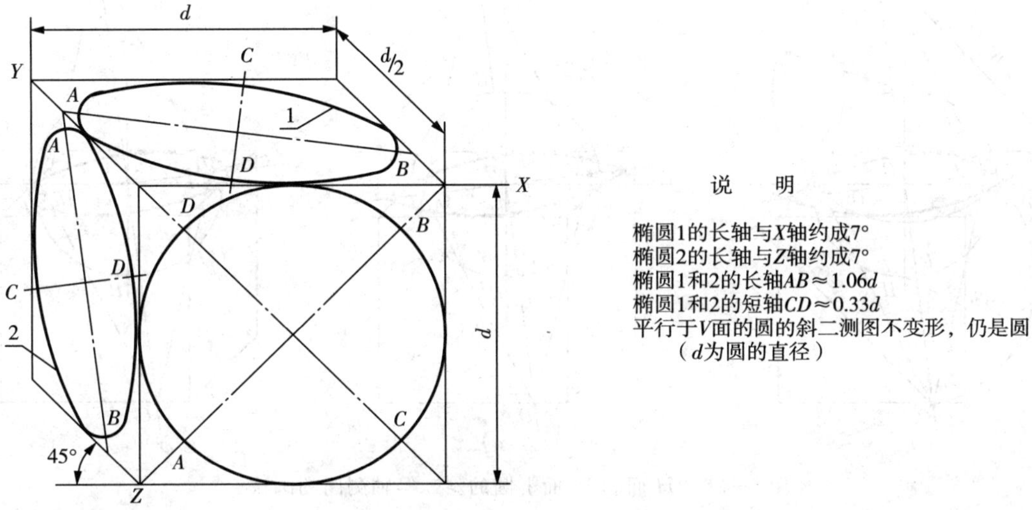

图 5－24　与各坐标平面平行的圆在斜二等轴测图中的投影

平行于正面的圆的斜二等轴测图的画法，如图 5－25 所示。

平行于水平面和侧面的圆的斜二等轴测图的画法，如图 5－26 所示。

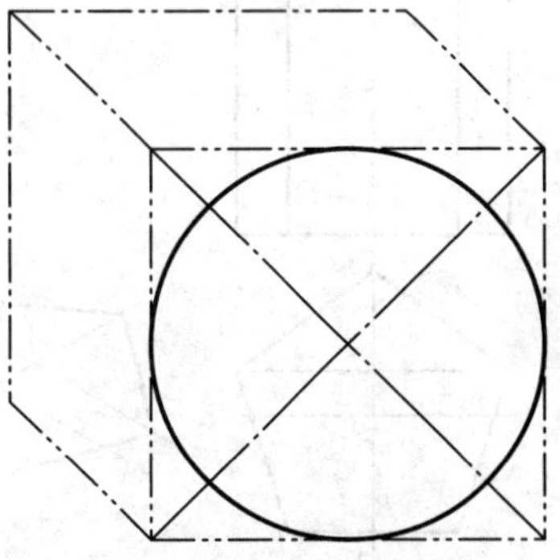

图 5－25　V 面上圆的斜二等轴测图的画法

5.2.2　基本体的轴测图画法

轴测图通常采用正等轴测图和斜二等轴测图两种，正等轴测图应用比较广泛，考虑作图方便和表达需要也经常采用斜二等轴测图。因此，后面章节，主要介绍正等轴测图和斜二等轴测图的画法。

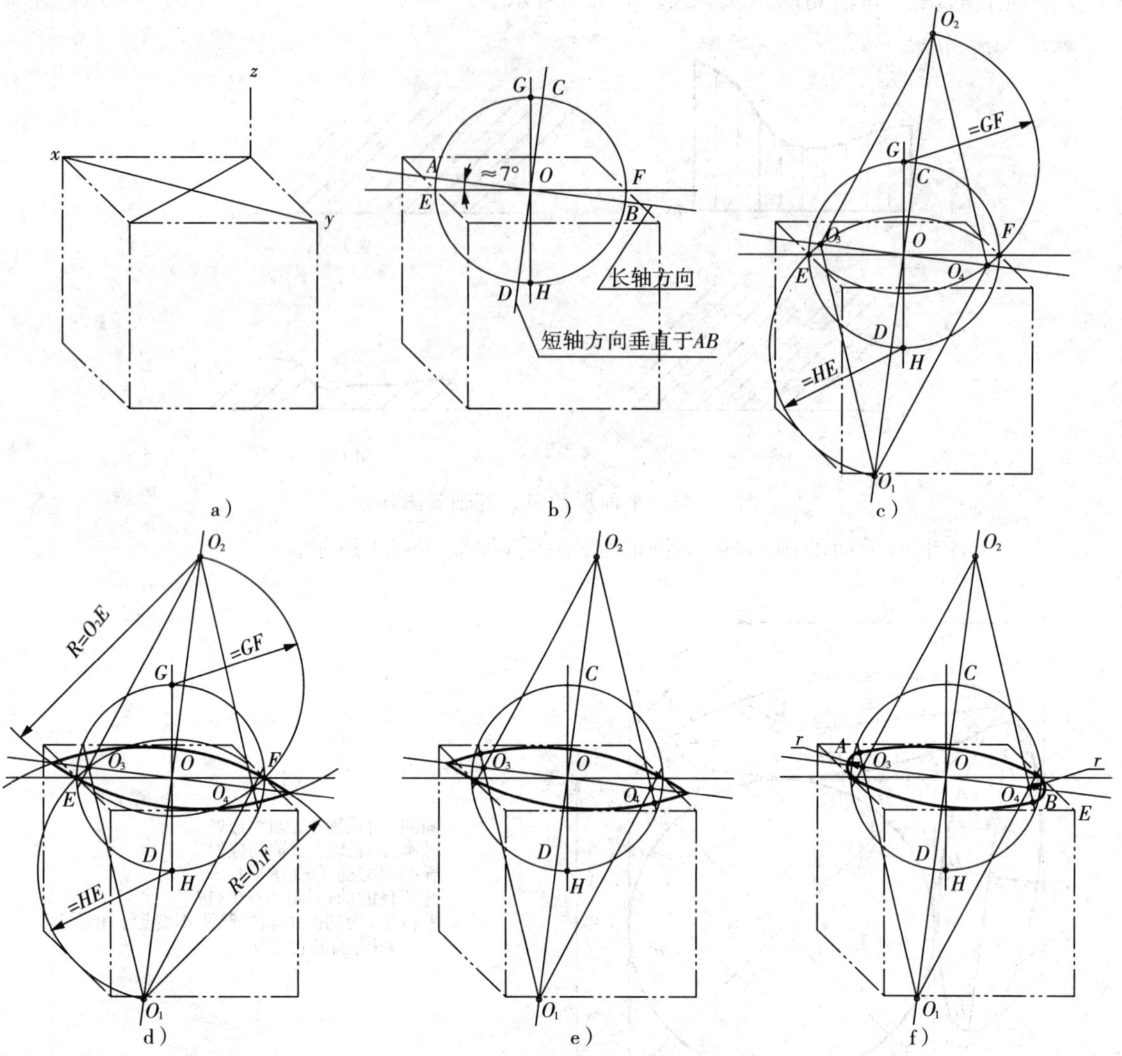

图 5－26　*H* 面和 *W* 面上圆的斜二等轴测图的画法

1. 棱柱的正等轴测图画法如图 5－27 所示。

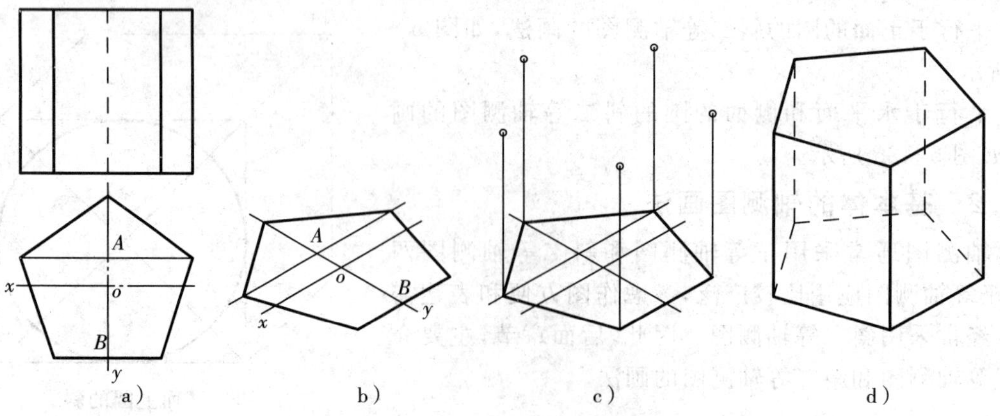

图 5－27　棱柱的正等轴测图画法

2. 棱锥的正等轴测图画法如图 5－28 所示。

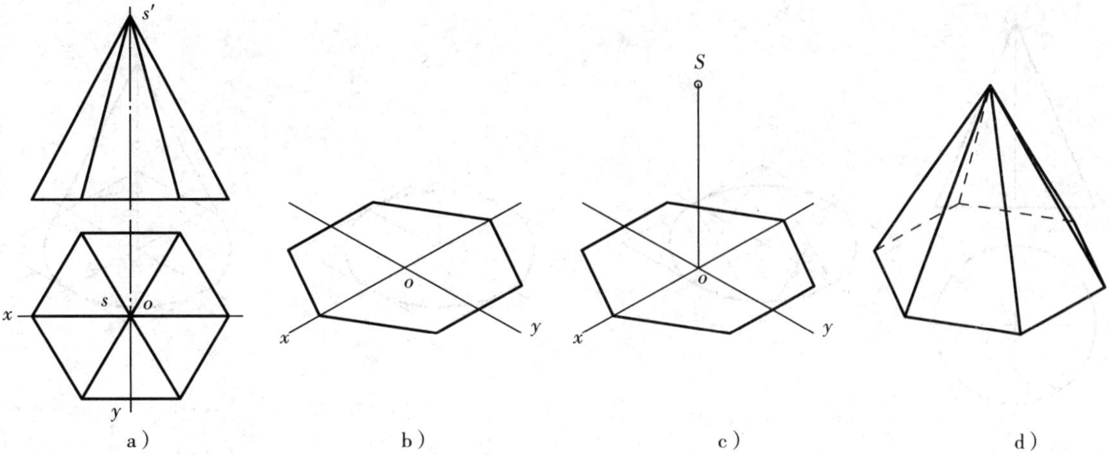

图 5－28 棱锥的正等轴测图画法

3. 圆柱的正等轴测图画法如图 5－29 所示。

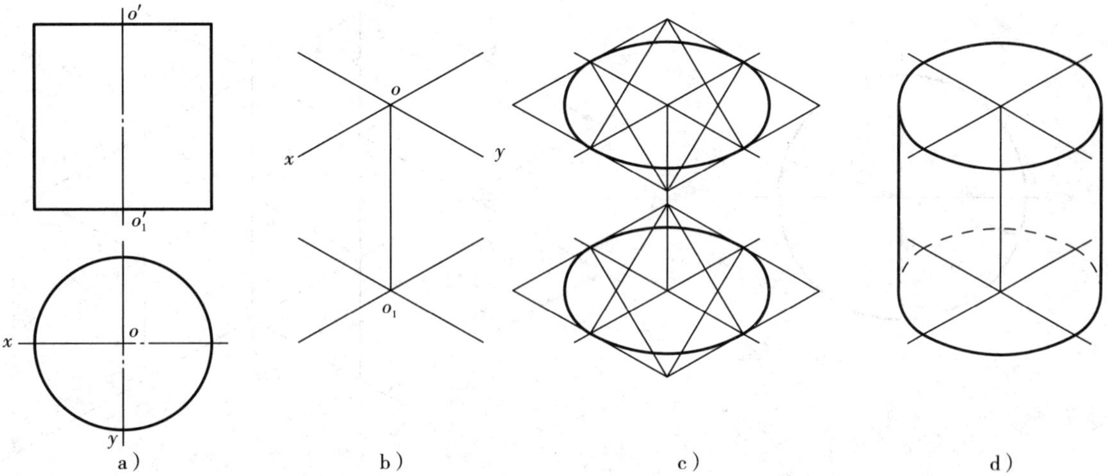

图 5－29 圆柱的正等轴测图画法

4. 圆柱的斜二测轴测图的画法如图 5－30 所示。

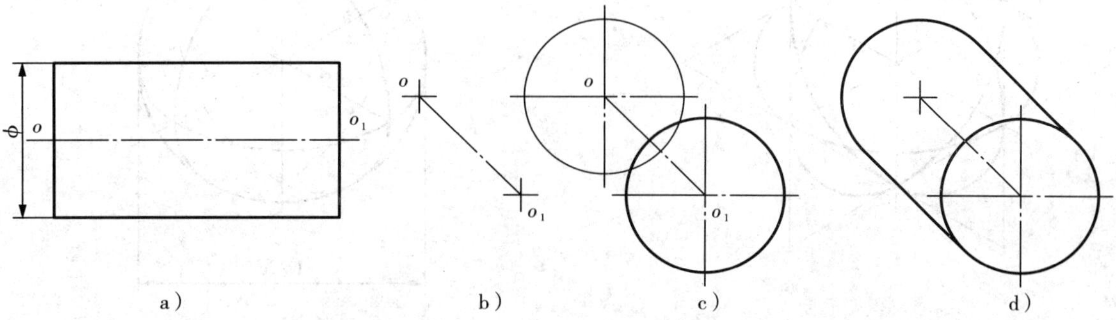

图 5－30 圆柱的斜二测轴测图画法

5. 圆锥的正等轴测图画法如图 5-31 所示。

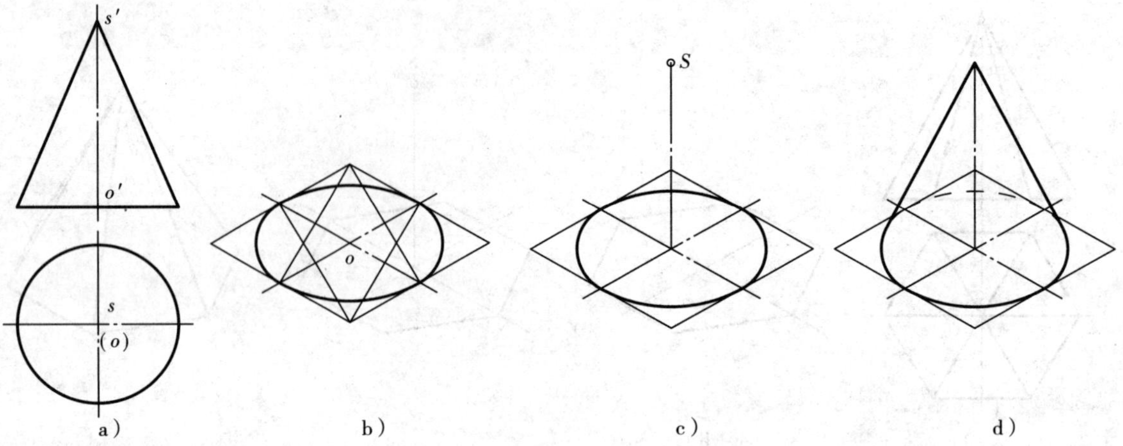

图 5-31　圆锥的正等轴测图画法

6. 圆球的正等轴测图画法如图 5-32 所示。

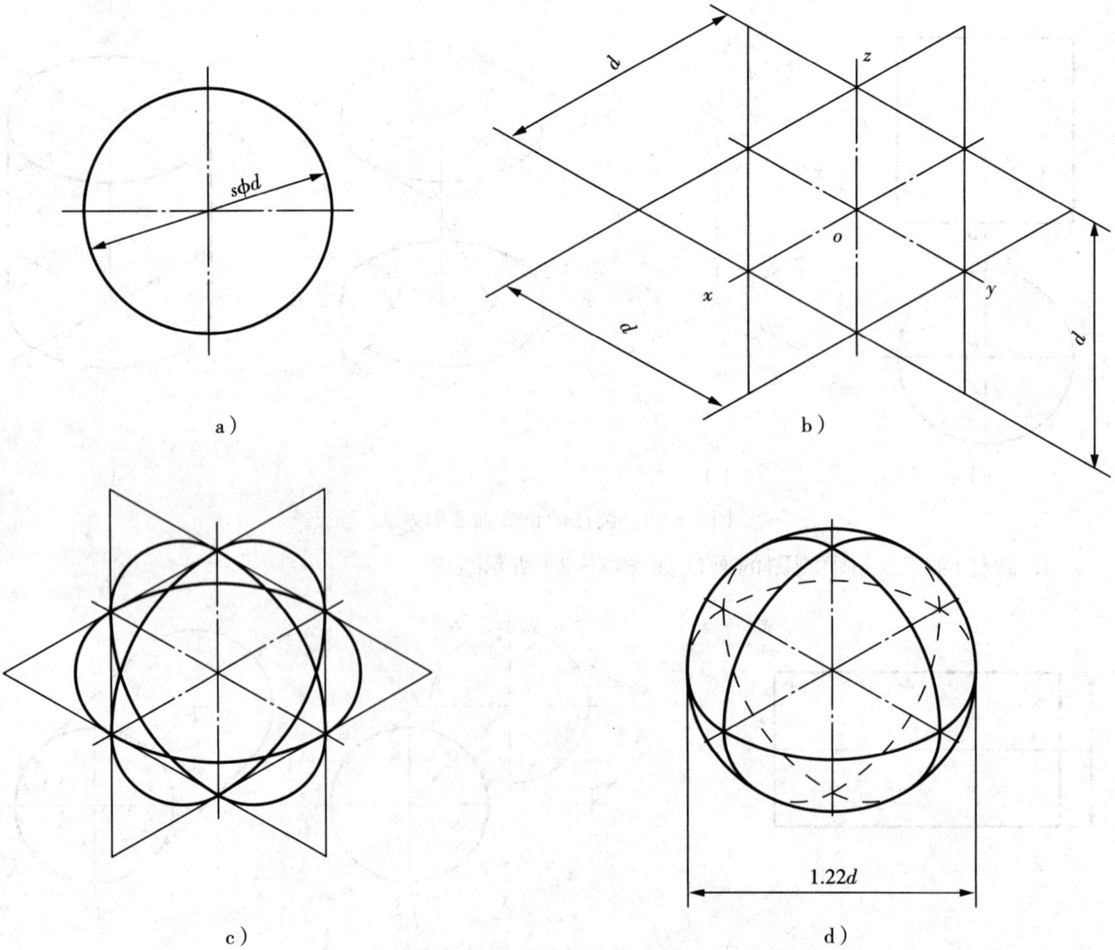

图 5-32　球的正等轴测图画法

7. 圆环的正等轴测图画法如图 5－33 所示。

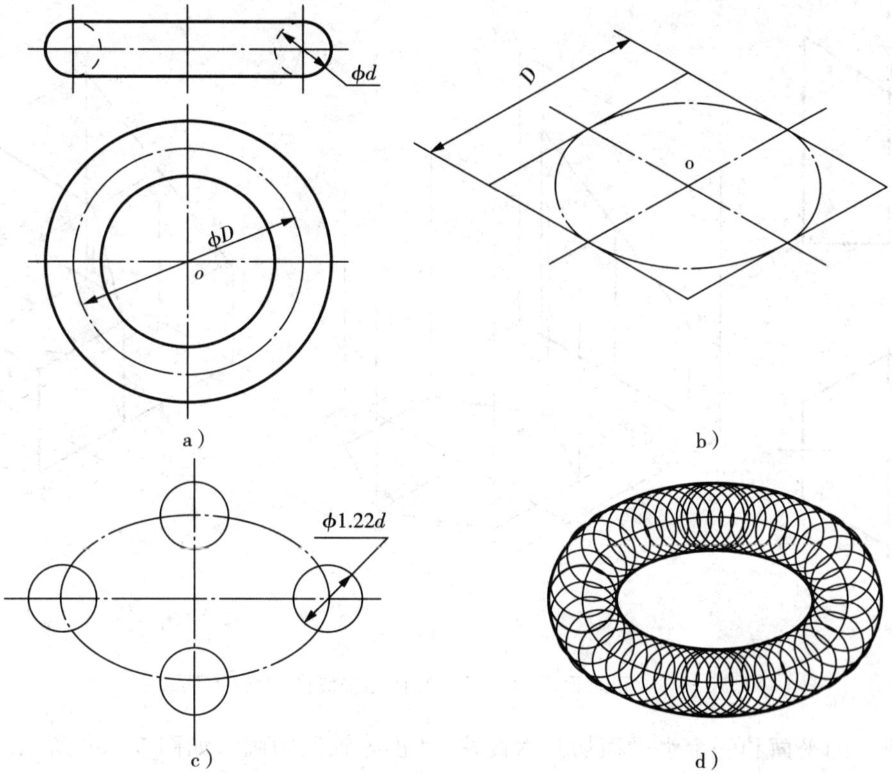

a）　b）　c）　d）

图 5－33　圆环的正等轴测图画法

5.2.3　截切基本体的正等轴测图画法

1. 正垂面截切六棱柱的正等轴测图画法(方法一),如图 5－34 所示。

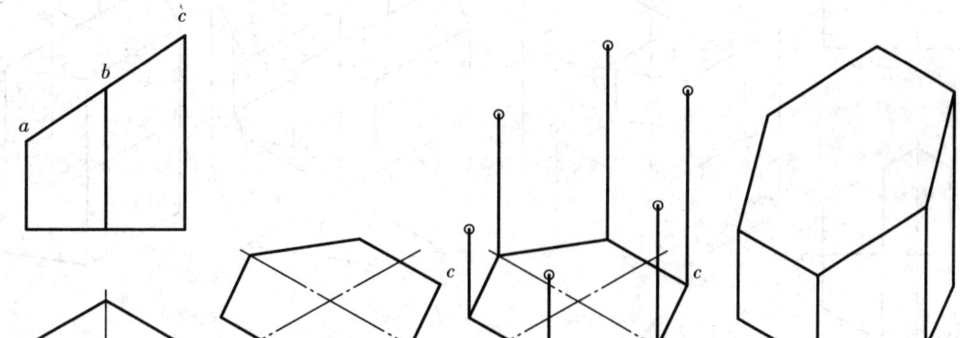

a）　b）　c）　d）

图 5－34　正垂面截切六棱柱的正等轴测图画法(方法一)

2. 正垂面截切六棱柱的正等轴测图画法(方法二),如图 5-35 所示。

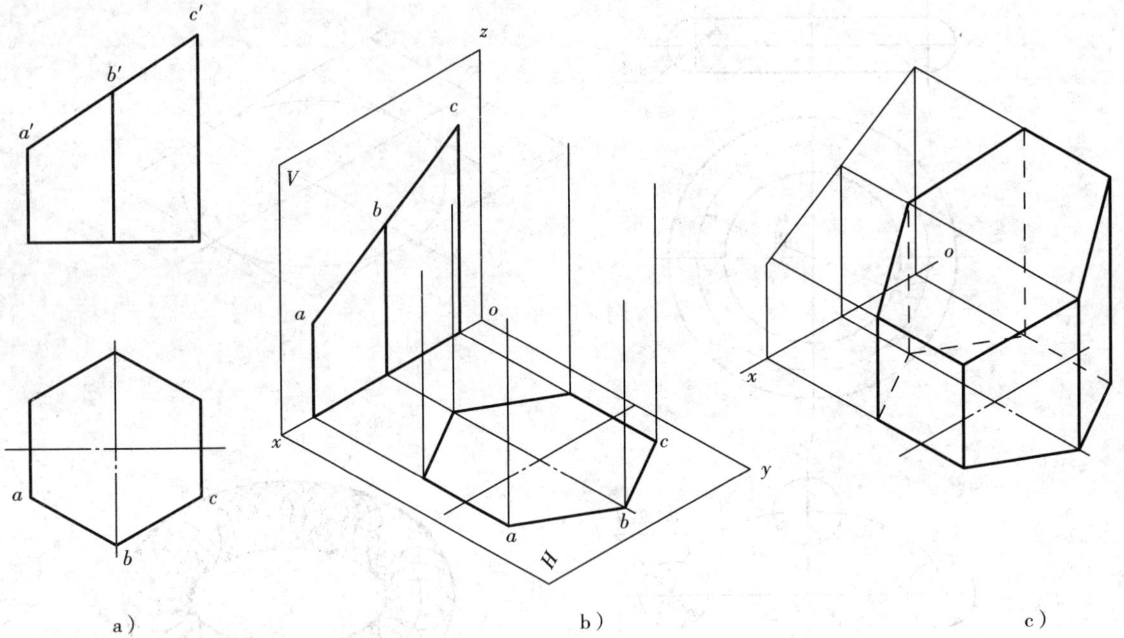

图 5-35　正垂面截切六棱柱的正等轴测图画法(方法二)

3. 两个侧平面和一个水平面切割六棱柱,其正等轴测图画法如图 5-36 所示。

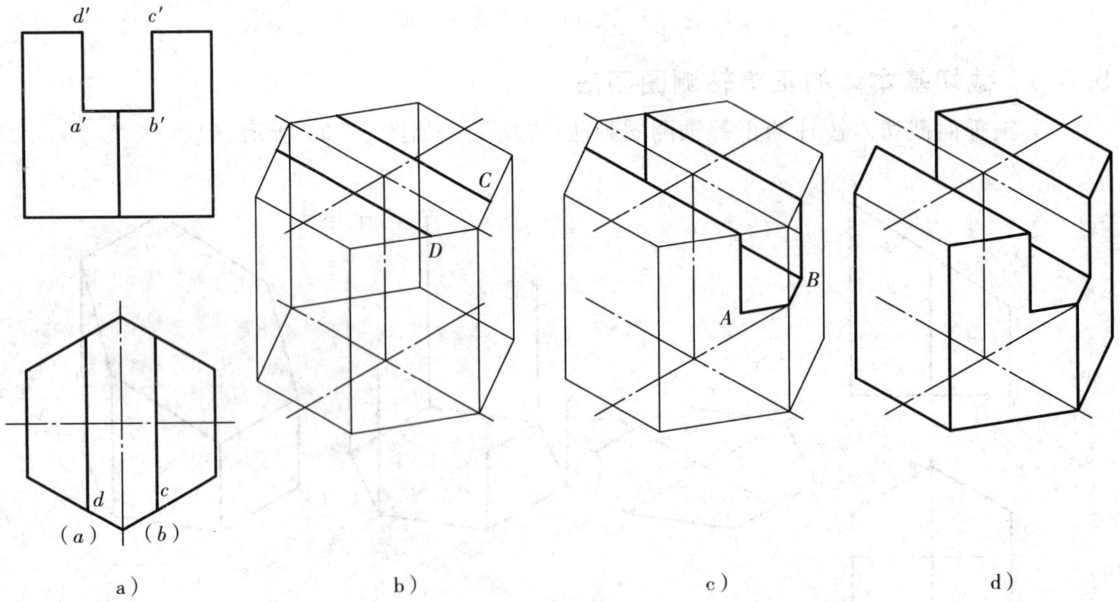

图 5-36　两个侧平面和一个水平面切割六棱柱的正等轴测图画法

4. 一个侧平面、一个水平面和一个正垂面切割五棱柱,正等轴测图画法如图 5-37 所示。

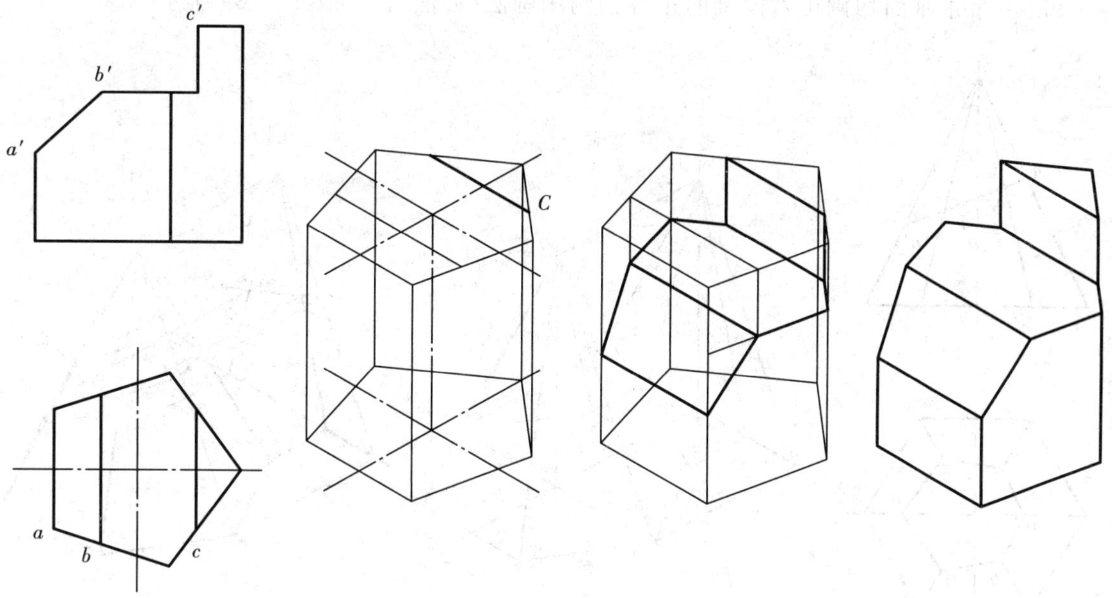

a)　　b)　　c)　　d)

图 5-37　多个平面切割五棱柱的正等轴测图画法

5. 一个正垂面切割正六棱锥的正等轴测图画法(方法一),如图 5-38 所示。

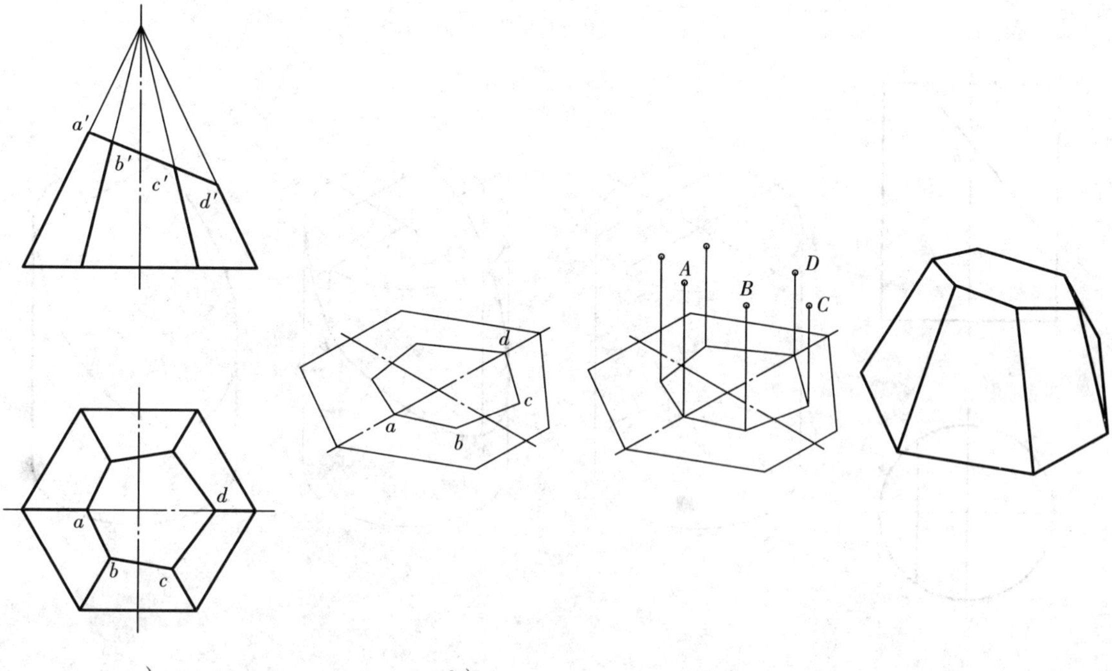

a)　　b)　　c)　　d)

图 5-38　一个正垂面切割正六棱锥的正等轴测图画法(方法一)

6. 一个正垂面切割正六棱锥的正等轴测图画法(方法二),如图 5-39 所示。

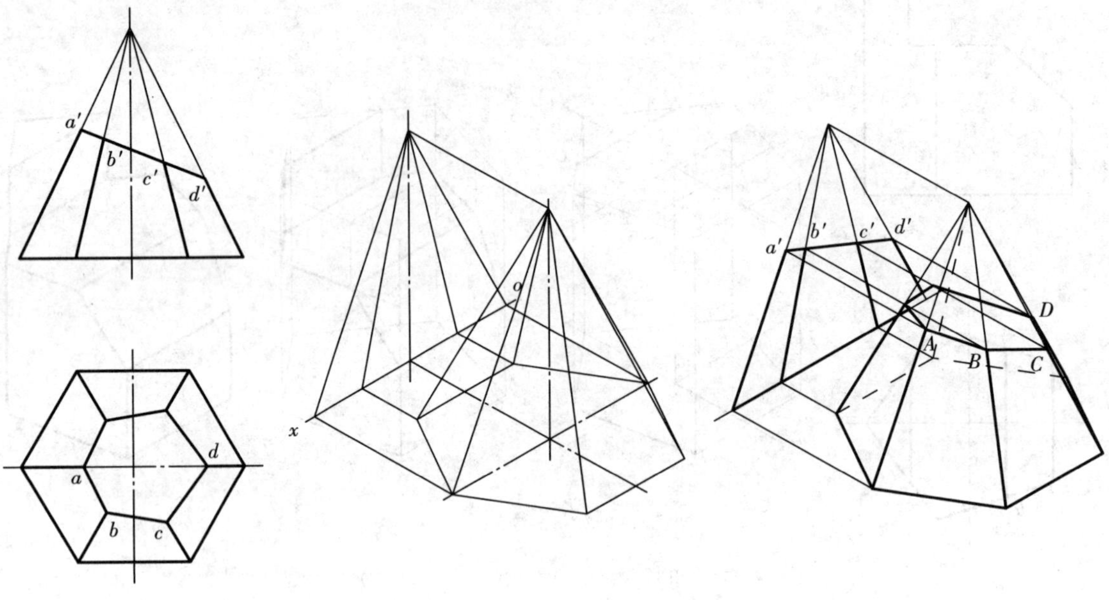

a)　　　　b)　　　　c)

图 5-39　一个正垂面切割正六棱锥的正等轴测图画法(方法二)

7. 一个正垂面切割圆柱体,正垂面与圆柱顶面有交线,其正等轴测图画法如图 5-40 所示。

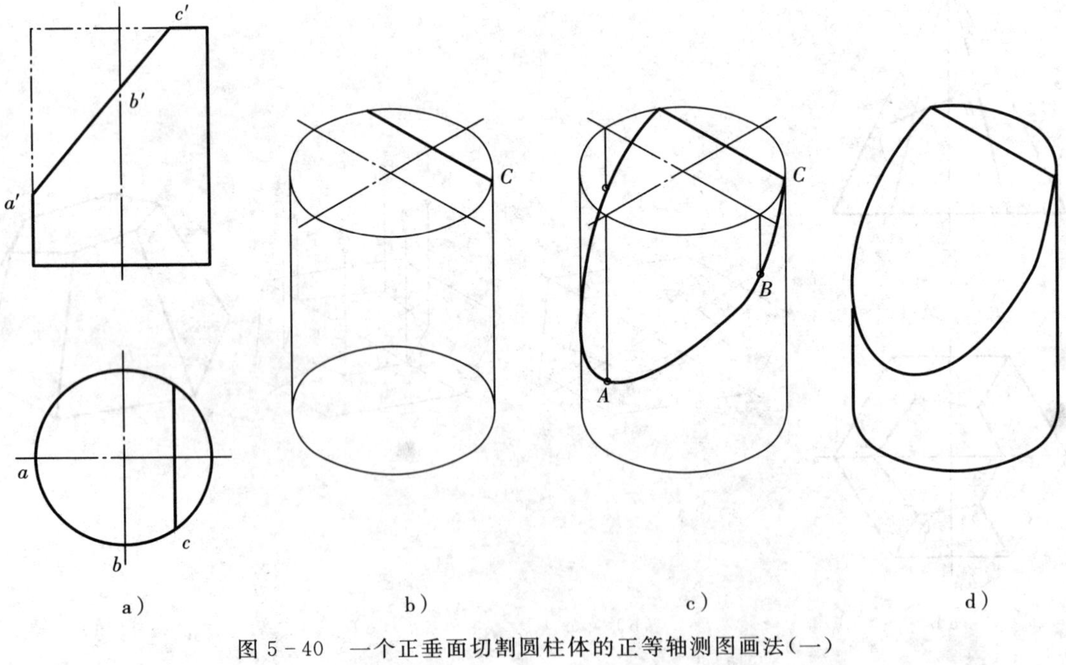

a)　　　　b)　　　　c)　　　　d)

图 5-40　一个正垂面切割圆柱体的正等轴测图画法(一)

8. 一个正垂面切割圆柱体,正垂面与圆柱顶面没有交点,其正等轴测图画法如图 5-41 所示。

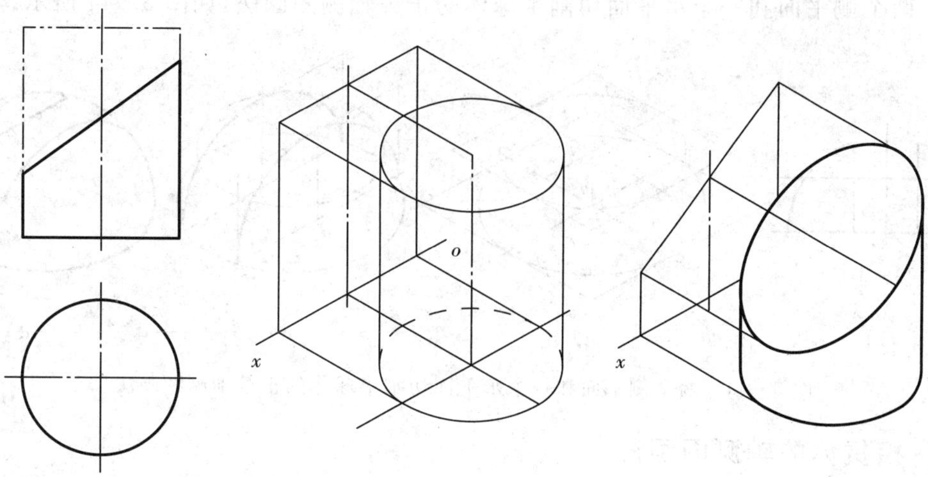

a)　　　　b)　　　　c)

图 5-41　一个正垂面切割圆柱体的正等轴测图画法(二)

9. 一个正垂面切割圆锥体的正等轴测图画法,如图 5-42 所示。

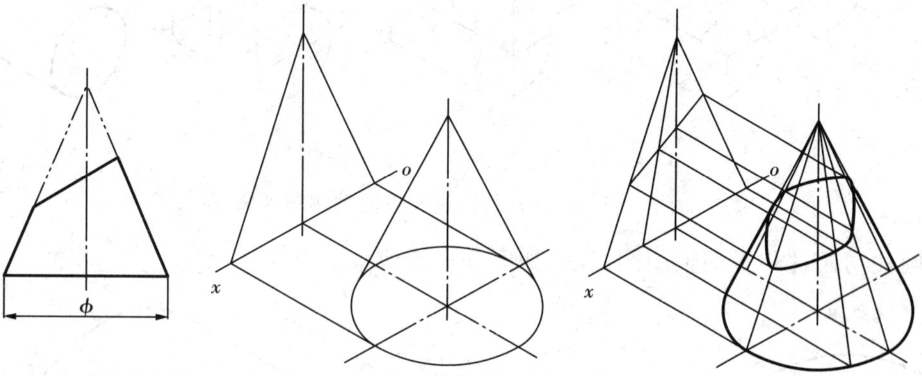

a)　　　　b)　　　　c)

图 5-42　一个正垂面切割圆锥体的正等轴测图画法

10. 一个水平面、一个侧平面和一个正垂面切割圆柱体,其正等轴测图画法如图 5-43 所示。

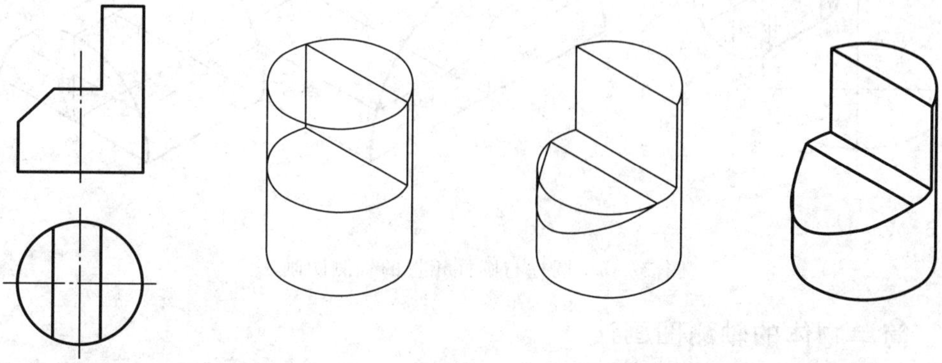

a)　　　　b)　　　　c)　　　　d)

图 5-43　多个平面切割圆柱体的正等轴测图画法

11. 两个侧平面和一个水平面切割半球体的正等轴测图画法，如图 5－44 所示。

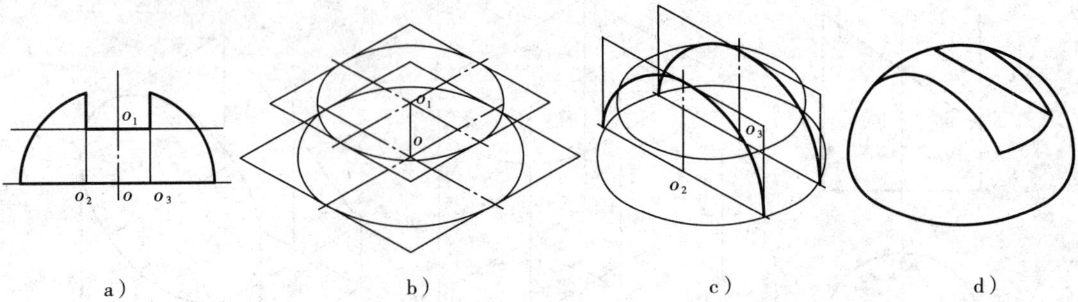

图 5－44　两个侧平面和一个水平面切割半球体的正等轴测图画法

5.2.4　相贯体的轴测图画法

1. 四棱柱与圆柱相贯的轴测图画法，如图 5－45 所示。

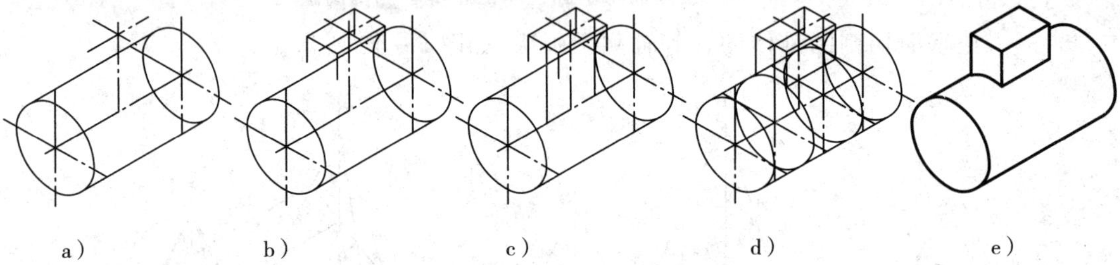

图 5－45　四棱柱与圆柱相贯的轴测图画法

2. 圆柱与圆柱相贯的轴测图画法，如图 5－46 所示。

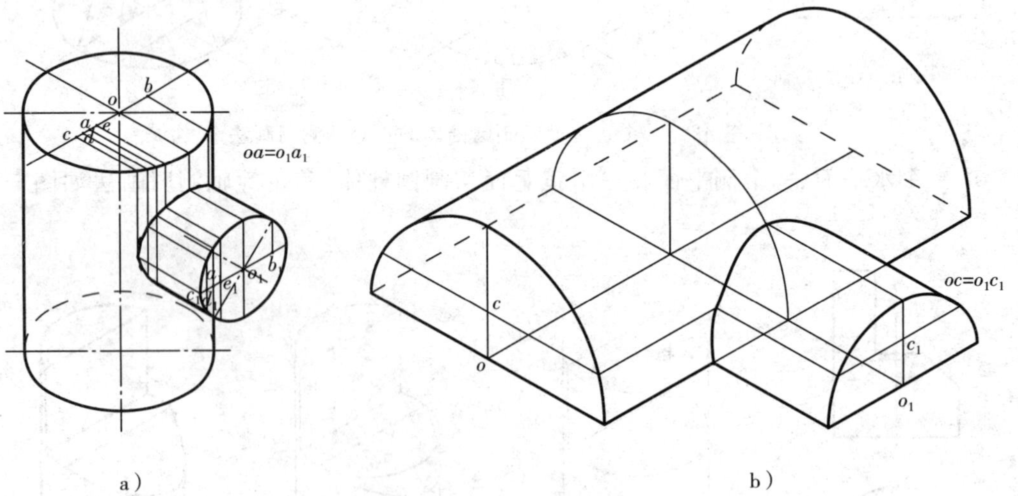

图 5－46　圆柱与圆柱相贯的轴测图画法

5.2.5　简单物体的轴测图画法

1. 切割法绘制正等轴测图，如图 5－47～图 5－50 所示。

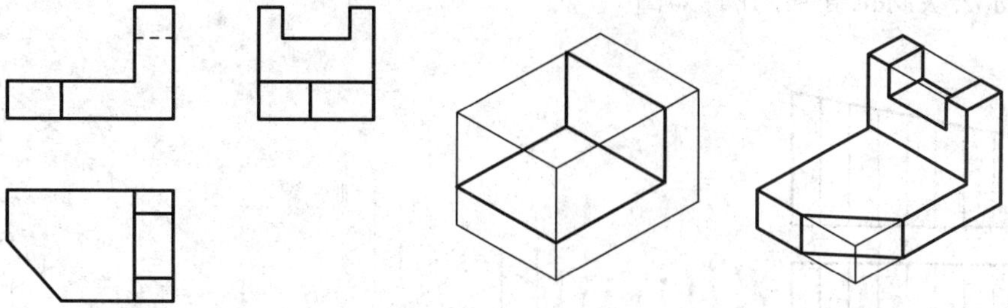

a） b） c）

图 5-47 两个正平面、两个水平面和一个铅垂面切割四棱柱

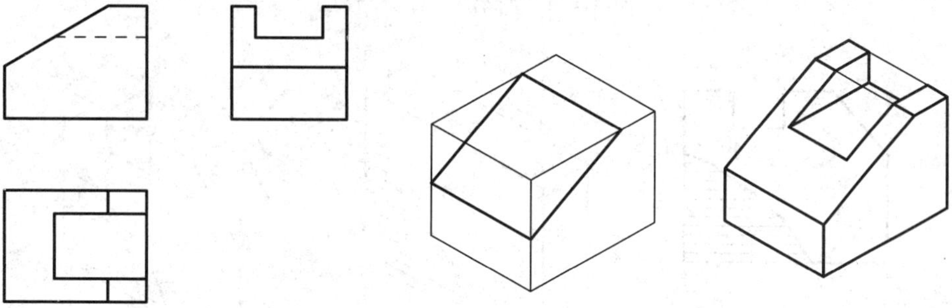

a） b） c）

图 5-48 一个正垂面、两个正平面和一个水平面切割四棱柱

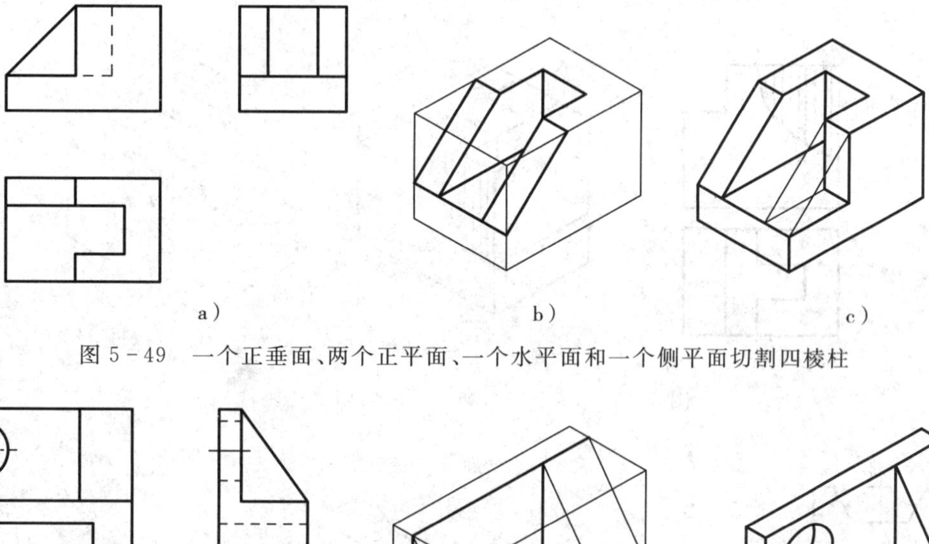

a） b） c）

图 5-49 一个正垂面、两个正平面、一个水平面和一个侧平面切割四棱柱

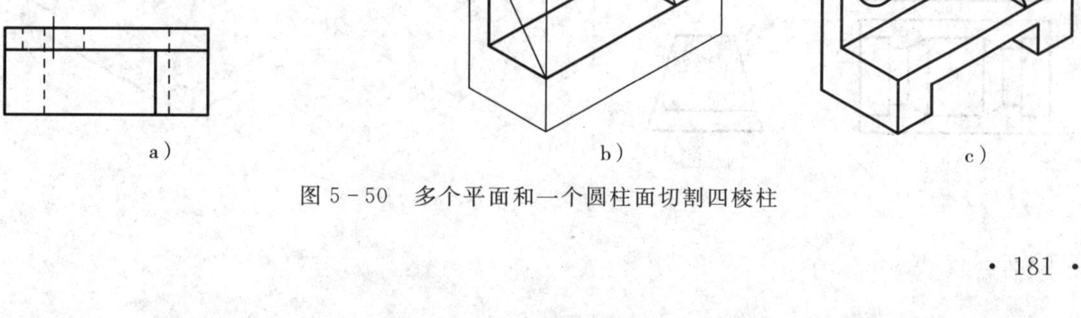

a） b） c）

图 5-50 多个平面和一个圆柱面切割四棱柱

2. 坐标法绘制正等轴测图，如图 5－51～图 5－54 所示。

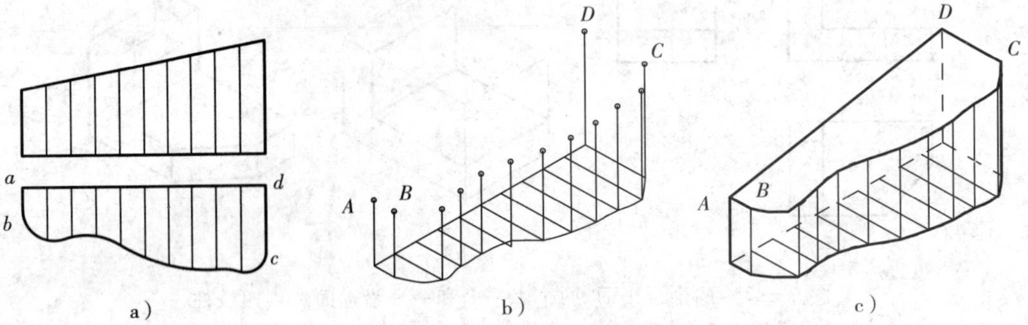

图 5－51 带有曲面的柱状体

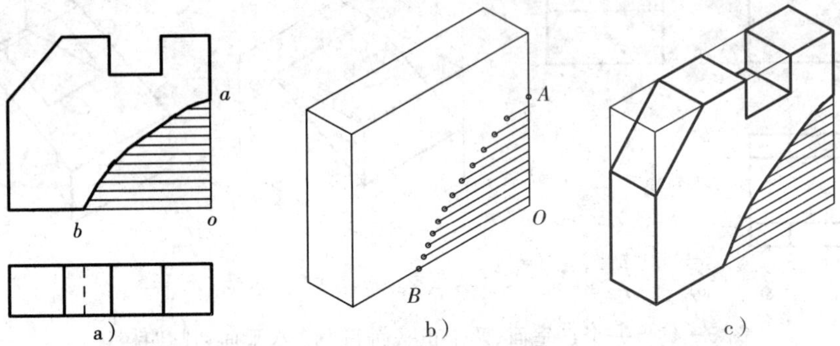

图 5－52 带有曲面的切割体

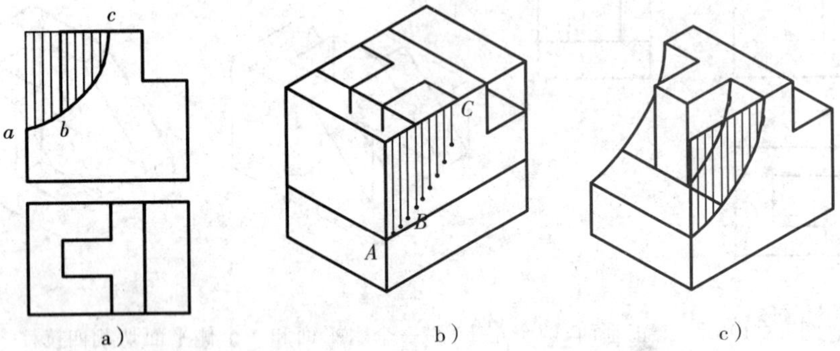

图 5－53 多个平面和一个曲面切割四棱柱

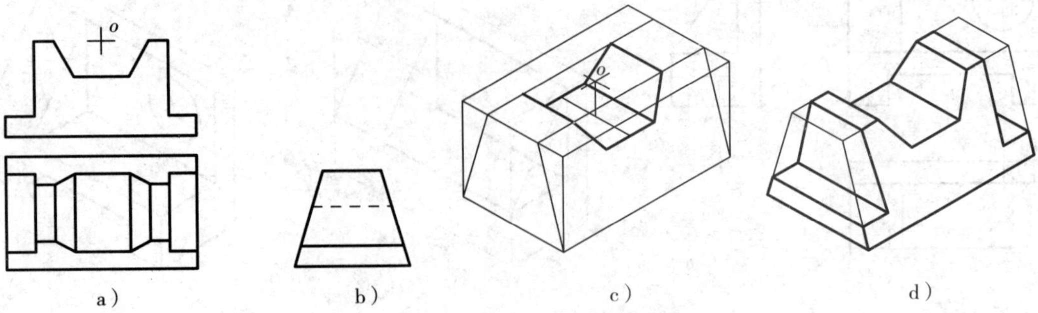

图 5－54 多个平面切割四棱柱

3. 堆积法绘制正等轴测图，如图 5－55、图 5－56 所示。

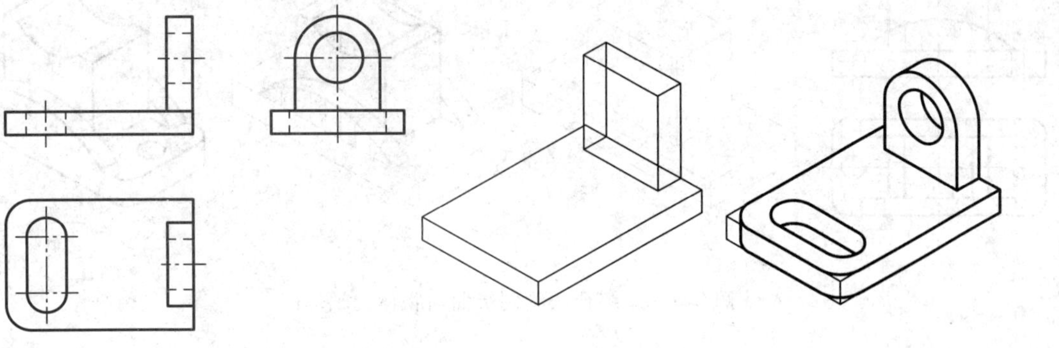

a）　　　　b）　　　　c）

图 5－55　两个四棱柱堆积后，平面与圆柱面对其进行切割

a）　　　　b）　　　　c）

图 5－56　圆筒、四棱柱与梯形柱叠加

4. 综合法绘制正等轴测图，如图 5－57、图 5－58 所示。

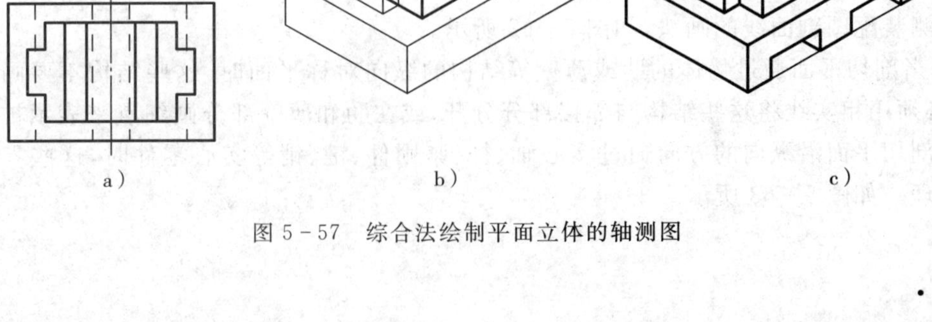

a）　　　　b）　　　　c）

图 5－57　综合法绘制平面立体的轴测图

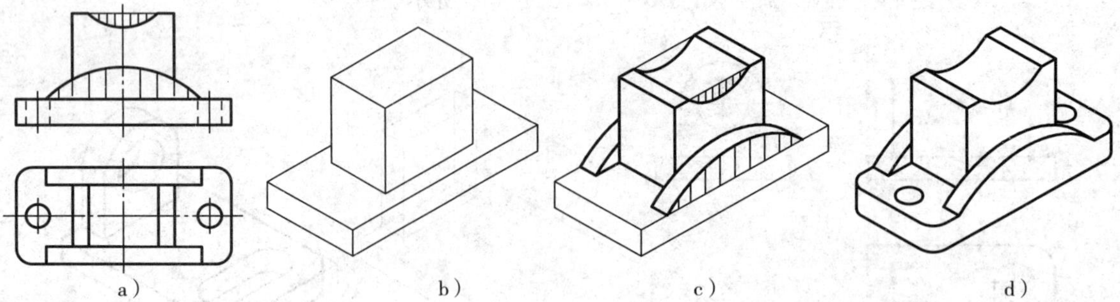

图 5-58　综合法绘制带曲面物体的轴测图

5.3　轴测图的剖面线画法(GB/T 4458.3—2013)

表示物体的内部形状时,可假想用剖切平面将物体的一部分剖去。各种轴测图中剖面线应按国家标准 GB/T 4458.3—2013 的规定画出。在正等轴测图、正二等轴测图和斜二等轴测图中,剖面线的画法各不相同,即使在同一个轴测图中,不同的剖切平面也要使用不同方向的剖面线。

1. 正等轴测图剖面线的画法,如图 5-59 所示。

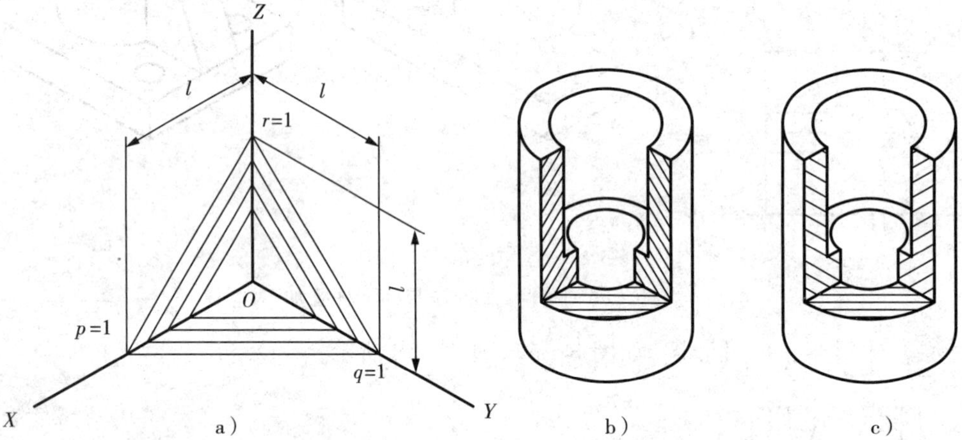

图 5-59　正等轴测图剖面线的画法

2. 正二等轴测图剖面线的画法,如图 5-60 所示。

3. 斜二等轴测图剖面线的画法,如图 5-61 所示。

4. 在轴测装配图中,可将剖面线画成方向相反或用不同的间隔方法来区别相邻零件。正等轴测装配图剖面线的画法,如图 5-62 所示。

5. 当剖切平面通过物体的肋或薄壁等结构的纵向对称平面时,这些结构不要画剖面符号,但必须用粗实线将这些结构与邻接部分分开,或在肋和薄壁部分画细点来表示被剖切部分。当剖切平面沿纵向的方向通过实心轴、杆、紧固件、键、销等实心零件时,这些零件均按不剖处理。如图 5-63 所示。

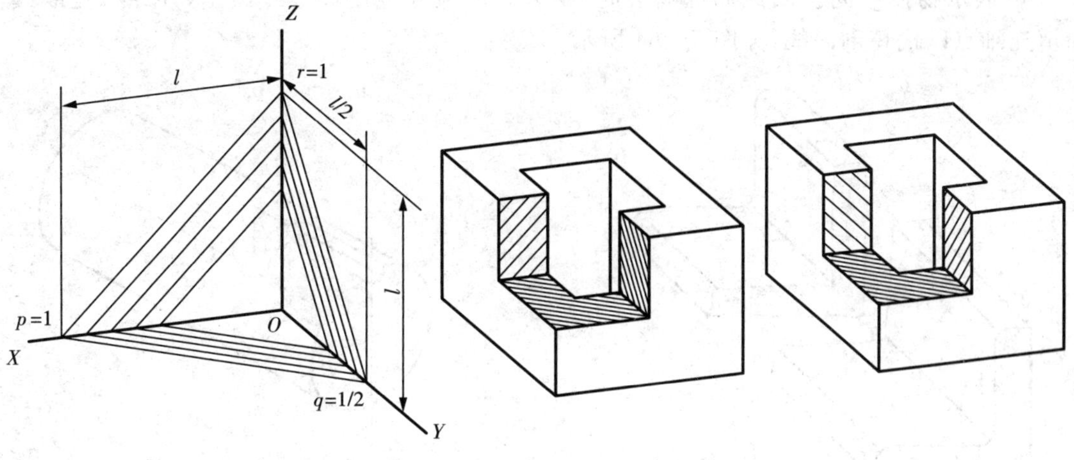

a）　　b）　　c）

图 5－60　正二等轴测图剖面线的画法

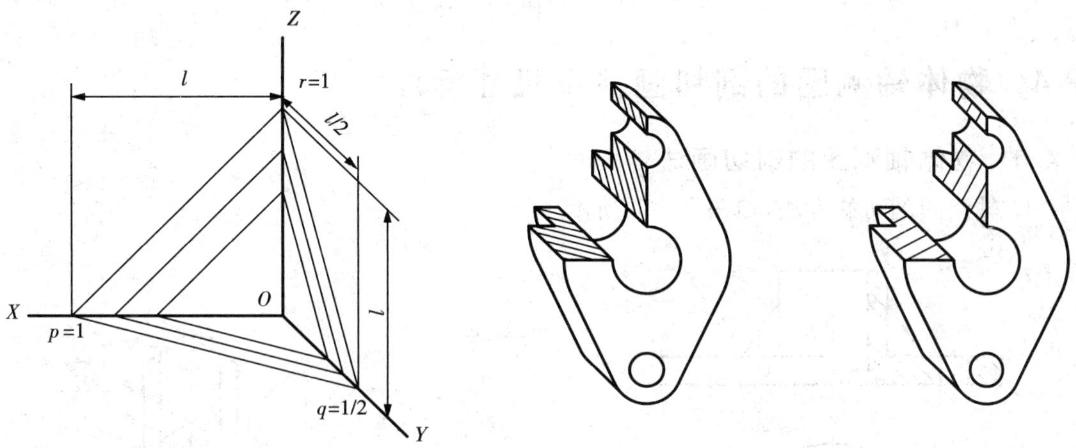

a）　　b）　　c）

图 5－61　斜二等轴测图剖面线的画法

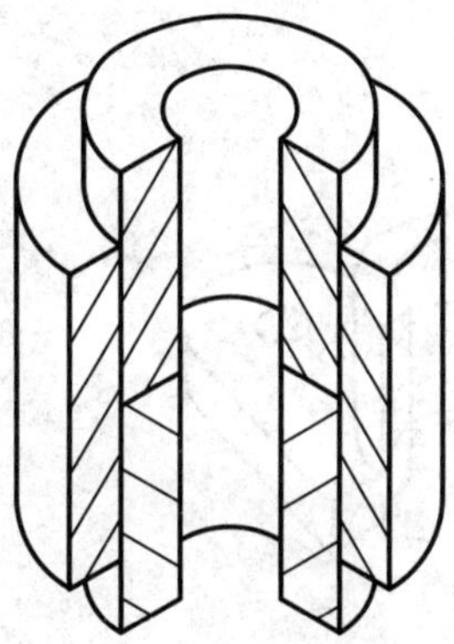

图 5－62　正等轴测装配剖视图剖面线的画法

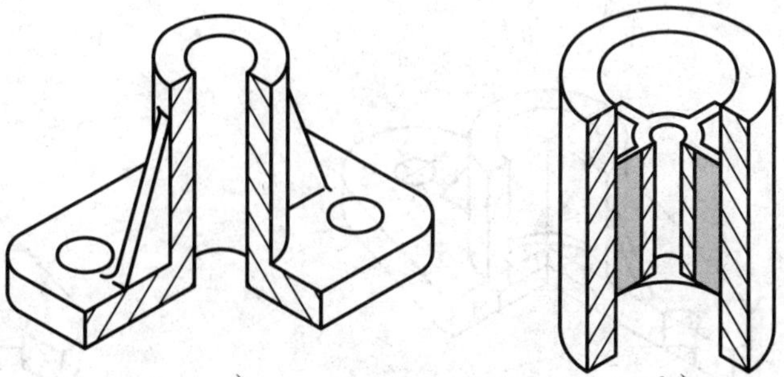

a）　　b）

图 5－63　肋等结构轴测剖视表示法

6. 表示物体中间折断或局部断裂时，断裂处的边界线用波浪线绘出，并在可见断裂面内填充细点以代替剖面线，如图 5－64 所示。

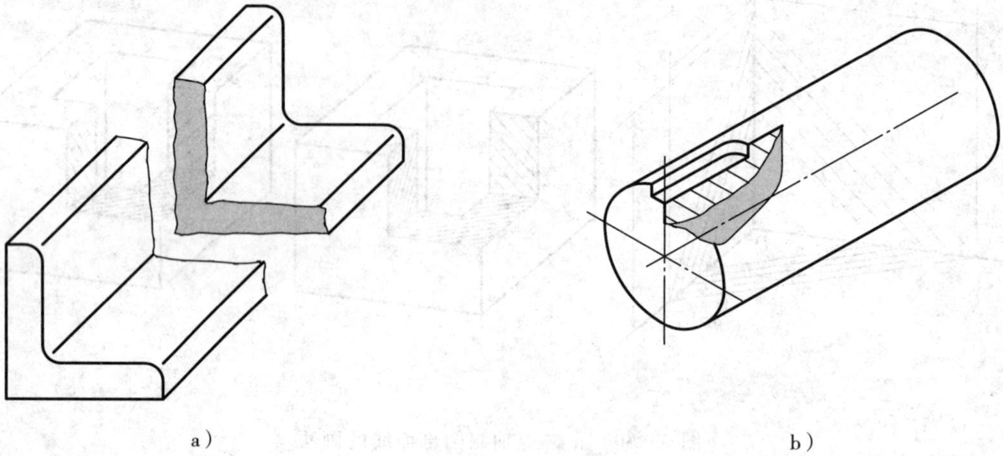

图 5－64　轴测图中断裂边界线

5.4　物体轴测图的剖切画法及尺寸标注

5.4.1　物体轴测图的剖切画法

1. 轴测图剖切的方法，如图 5－65 所示。

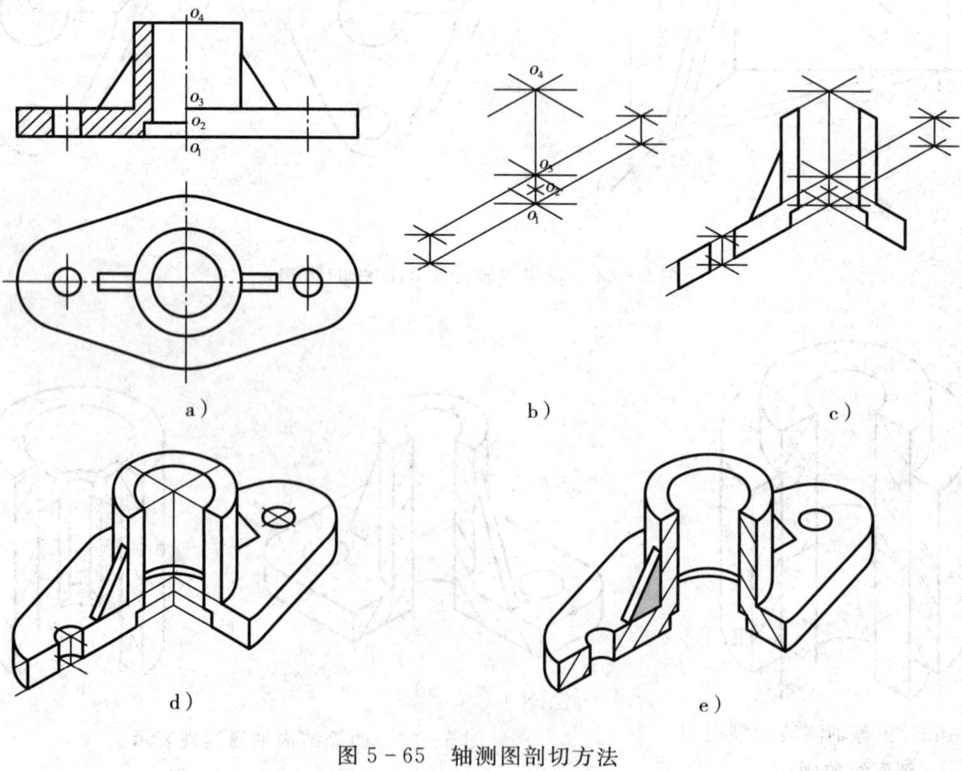

图 5－65　轴测图剖切方法

2. 半剖的轴测图，如图 5－66 所示。

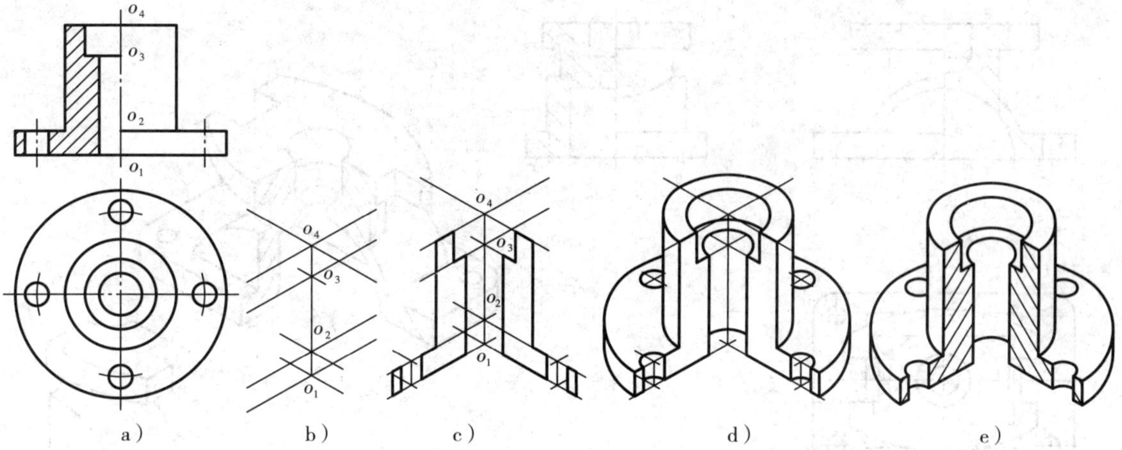

图 5－66 半剖视的轴测图

3. 局部剖的轴测图，如图 5－67 所示。

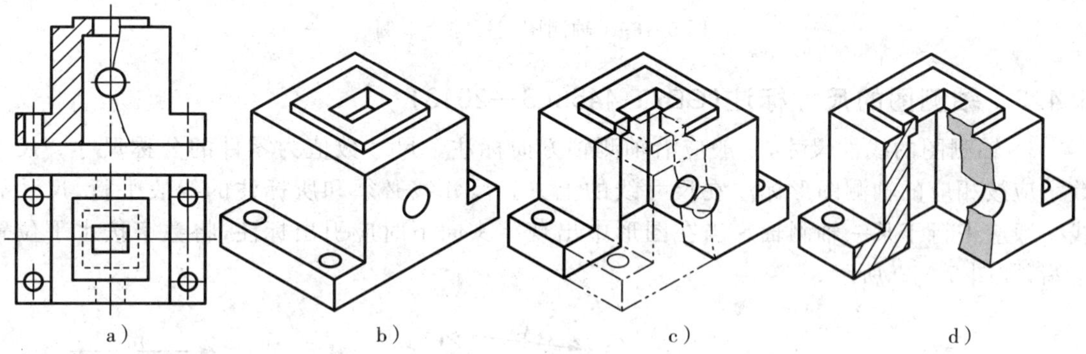

图 5－67 局部剖视的轴测图

4. 全剖的轴测图，如图 5－68 所示。

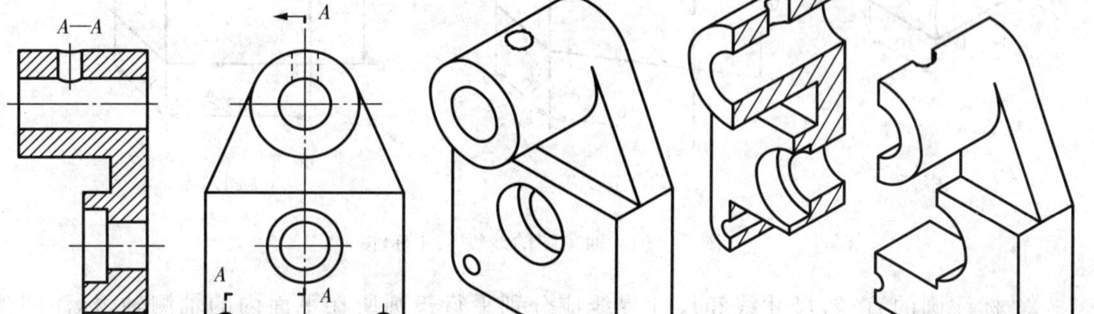

图 5－68 全剖视的轴测图

5. 轴测图剖视综合举例,如图 5-69 所示。

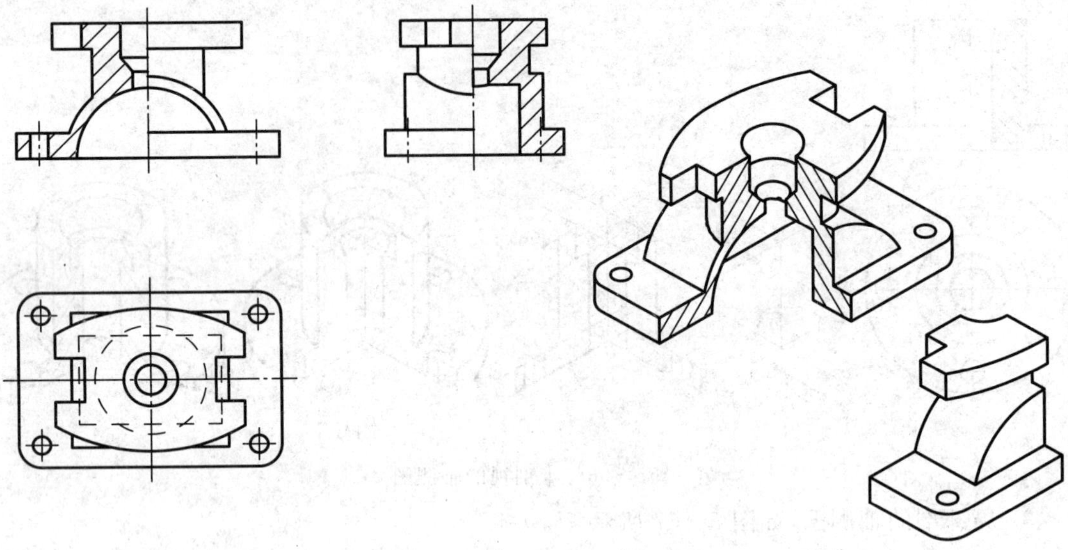

图 5-69　轴测图剖视综合举例

5.4.2　轴测图的尺寸标注(GB/T 4458.3—2013)

1. 轴测图的线性尺寸,一般应沿轴测轴方向标注。尺寸数值为零件的公称尺寸。尺寸数字应按相应的轴测图形标注在尺寸线的上方。尺寸线必须和所标注的线段平行,尺寸界线一般应平行于某一轴测轴。当在图形中出现字头向下时应引出标注,将数字按水平位置注写,如图 5-70 所示。

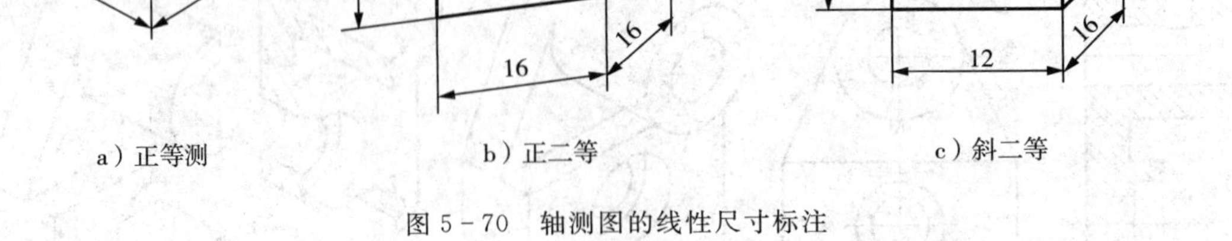

a) 正等测　　b) 正二等　　c) 斜二等

图 5-70　轴测图的线性尺寸标注

2. 标注圆的直径、尺寸线和尺寸界线应分别平行于圆所在平面内的轴测轴,标注圆弧半径或较小圆的直径时,尺寸线可从(或通过)圆心引出标注,但注写数字的横线必须平行于轴测轴,如图 5-71 所示。

3. 轴测图中标注角度的尺寸线,应画成与该坐标平面相应的椭圆弧,角度数字一般写在尺寸线的中断处,字头向上,如图 5-72 所示。

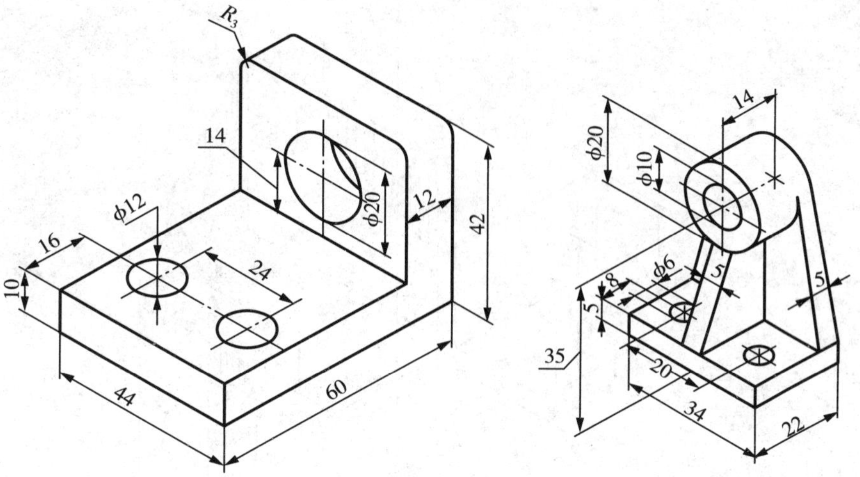

a) b)

图 5-71 轴测图的尺寸标注

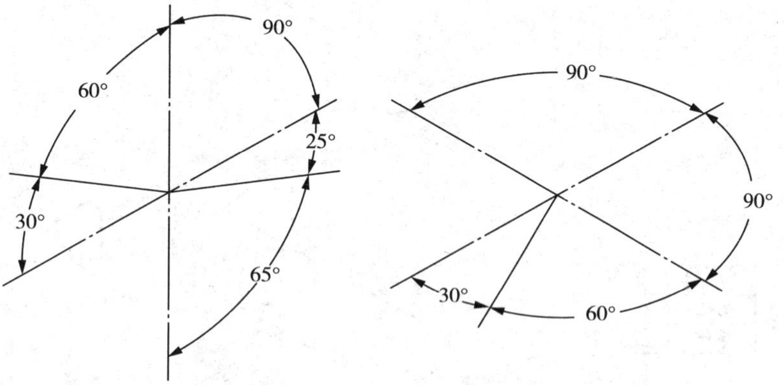

a) b)

图 5-72 轴测图的角度标注

5.4.3 管路轴测示意图画法(GB/T 4458.3—2013)

1. 轴测示意图中各种管路一律用粗实线绘制。

2. 要求表达清楚曲折管道的空间走向,凡是处于倾斜位置或一般位置的管段,一律使用空间坐标线表示其位置;与水平投影面平行的面内倾斜,要画出与 Y 轴平行的细实线;与水平投影面垂直的面内倾斜,必须画出与 Z 轴平行的细实线,如图 5-73 所示。

3. 在空间不相交的管路在轴测图上相交时,被遮挡的管路一律断开画,如图 5-74 所示。

4. 管路图中管道的连接形式,以及阀、旋塞等管道附件的画法按国家标准 GB 141—59《机械制图　示意图中表示管路零件、附件及热力工程、卫生工程、仪器与器械的规定符号》中所规定的符号绘成轴测示意符号,并在图上列表说明符号的意义,如图 5-74 所示。

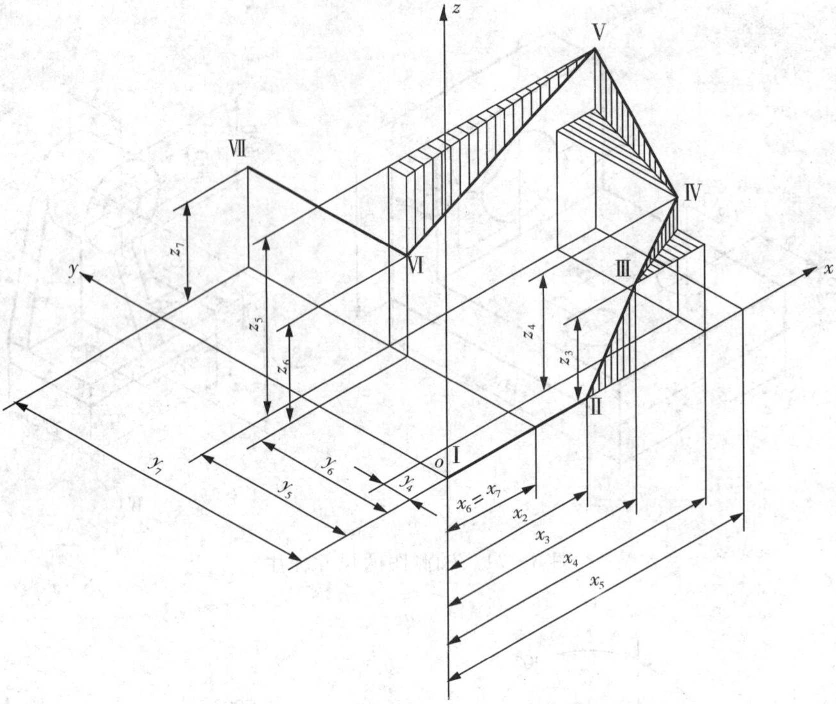

图 5－73　管路轴测示意图(一)

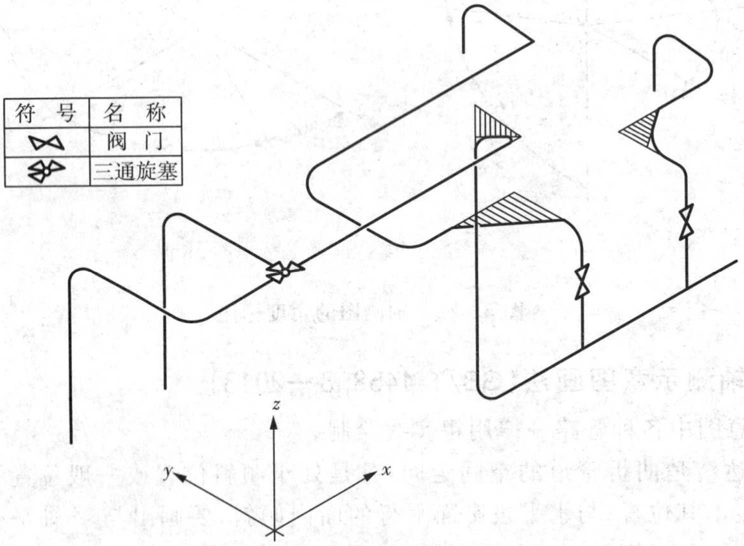

图 5－74　管路轴测示意图(二)

5.5　轴测图的选择

绘制物体的轴测图，既要考虑使其有较鲜明的立体感，又要使得作图简便。在选用轴测图时，尤其要考虑作图是否方便。物体的形状特征多种多样，正等测、正二测和斜二测这三种轴测图，究竟选择哪一种对作图较为有利，要根据每一个物体的具体特点综合考虑。轴测图选择的一般原则是应该首先考虑采用作图比较方便的正等轴测图，因正等轴测图的轴间角简单，利于直接使用一般三角板作图，同时平行于三个坐标面的正等测圆形状相同，作图较为简单。如果对于某一具体物体采用正等轴测图的效果不好，再考虑选择正二测或斜二测。譬如，凸轮、齿轮、部分阶梯轴等只在一个投影方向上形状复杂的物体，选用斜二测图能简化作图过程。

5.5.1 根据物体的形状特征选择轴测图

1. 正等轴测图的选择

如图 5－75 所示，从其正投影图可以得知，该物体在三个投影方向上都有圆、半圆和圆弧，选择正等轴测图比较方便。

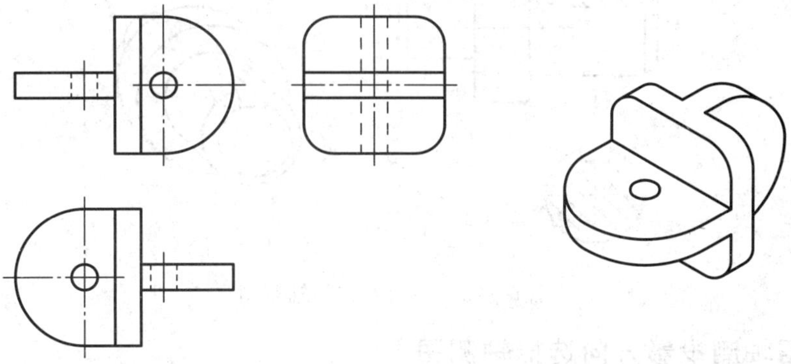

a）　　b）

图 5－75　选择正等轴测图的情形

2. 斜二等轴测图的选择

如图 5－76、图 5－77、图 5－78 所示，凸轮、带轮（齿轮）及轴等零件，只在一个投影方向上形状复杂，变化多；它们有的是复杂曲线，有的是一系列圆。根据这些特点，选择斜二等轴测图更为方便。

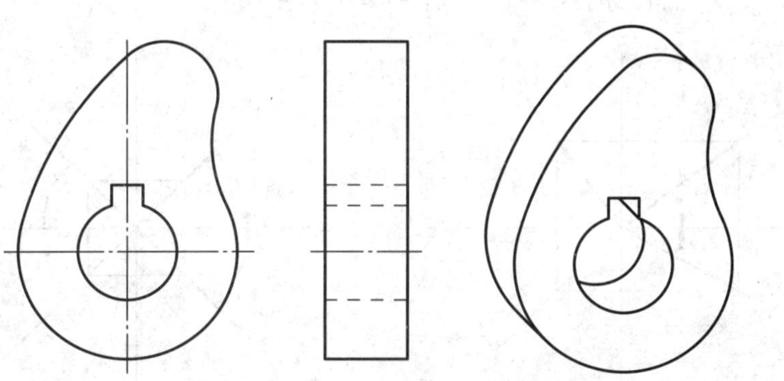

a）　　b）

图 5－76　凸轮的斜二等轴测图

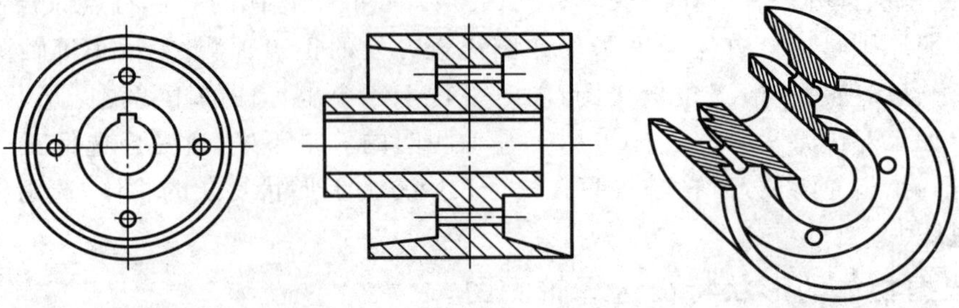

a）　　b）　　c）

图 5-77　带轮的斜二等轴测图

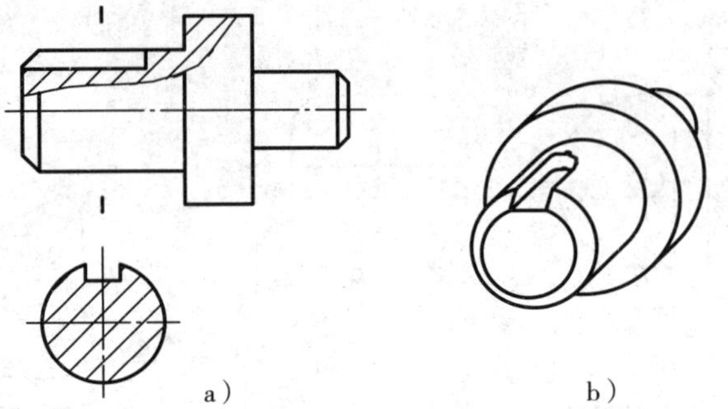

a）　　b）

图 5-78　轴的斜二等轴测图

5.5.2　根据轴测投影方向选择轴测图

1．三种轴测图的轴测投影方向

因为轴测投影方向 S 与轴测投影面的相对角度不同，所以形成了不同的轴测图；而且每一种轴测图的轴测投影方向 S，它在正投影直角坐标平面上的投影 s、s'、s''与各坐标轴的夹角 ε_1、ε_2、ε_3 也不相同。

如图 5-79 所示，正等测：$\varepsilon_1=\varepsilon_2=\varepsilon_3=45°$

正二测：$\varepsilon_1=69°18'$　$\varepsilon_2=45°$　$\varepsilon_3=20°42'$

斜二测：$\varepsilon_1=70°$　$\varepsilon_2=45°$　$\varepsilon_3=20°$

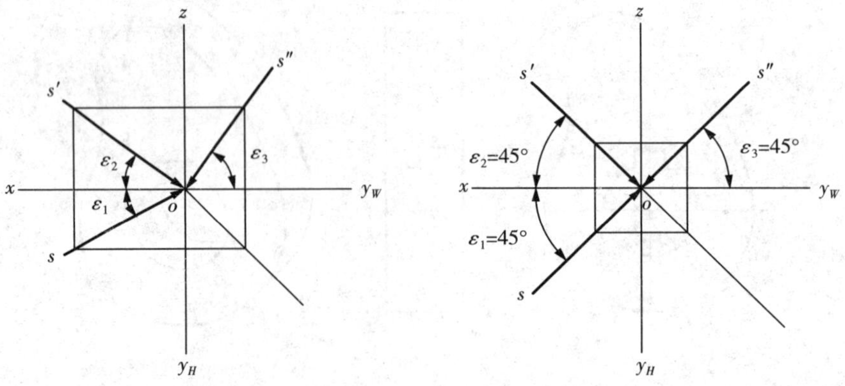

a）正投影　　b）正等测

图 5-79　三种轴测图的轴测投影方向

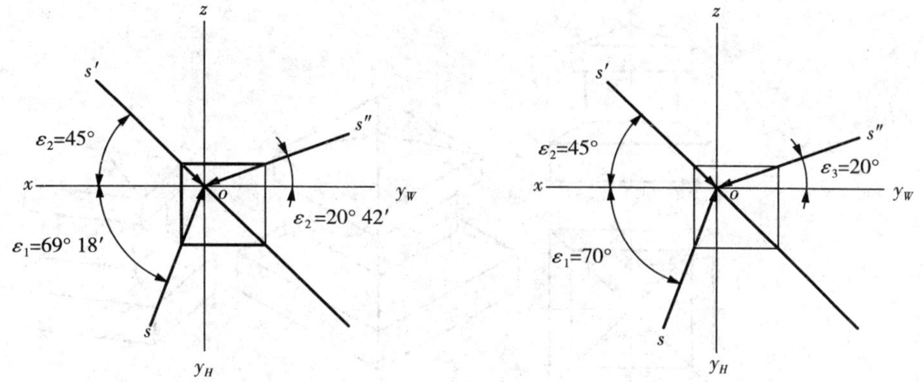

c）正二测　　d）斜二测

图 5-79　三种轴测图的轴测投影方向(续)

2. 根据轴测投影方向选择轴测图的注意事项

(1)应尽量避免遮挡

如图 5-80 所示,由该物体的正投影图可知,正等测 s 的 $\varepsilon_1=45°$,无法看透方孔;而正二测 s 的 $\varepsilon_1\approx69°$,则可以看透方孔。

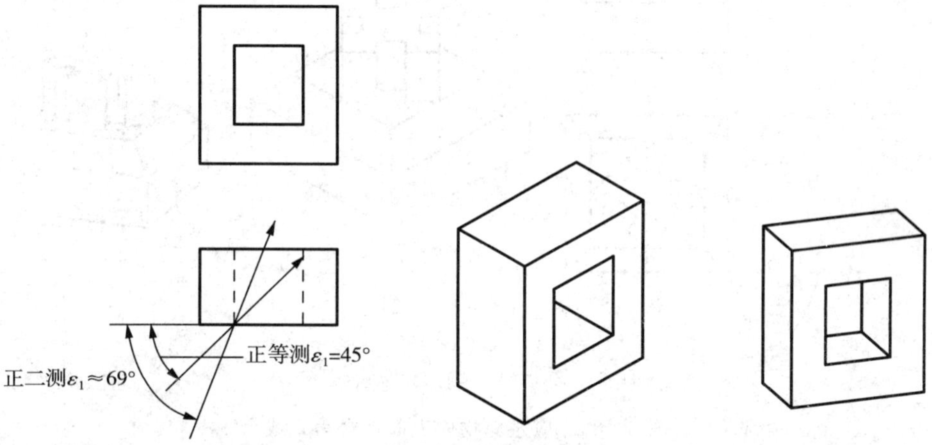

a）正投影　　b）正等测　　c）正二测

图 5-80　尽量避免遮挡

(2)应避免物体上的棱角连成直线

如图 5-81 所示,由该物体的正投影图可知,正等测 s 方向与 x 轴的夹角 ε_1 为 45°,恰好与物体的棱角方向重合,立体感较差;而正二测 s 方向与 x 轴的夹角 ε_1 约为 69°,则可以避免与物体的棱角方向重合,立体感效果较好。

(3)应避免物体表面重合为直线

如图 5-82 所示,由正投影图分析,物体上的不少表面都恰好同正等测 s 方向重合,其轴测图必然要暴露这个缺陷;采用正二测夹角 ε_1 约为 69°,则可避免这种情形。

(4)应改变轴测图的方位以避免遮挡或重合

如图 5-83 所示,轴测图有八个方位,一般取表达物体全面、立体效果最佳的方位。

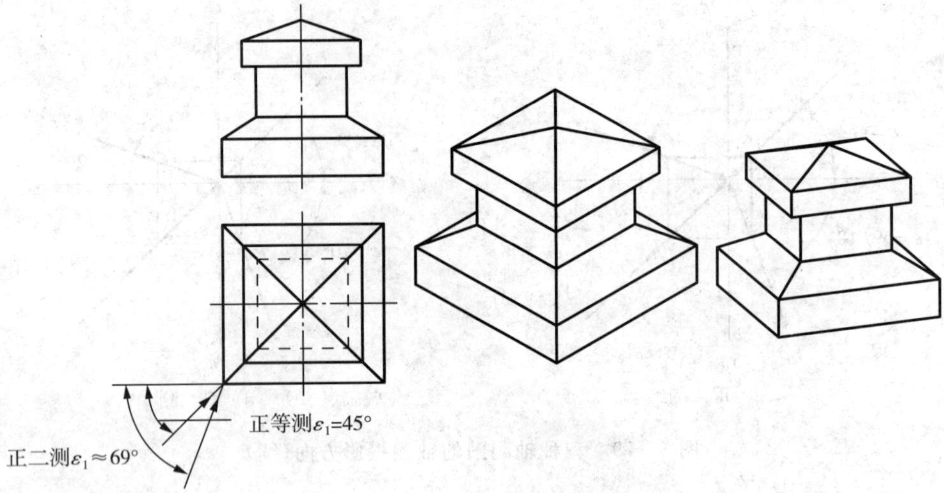

a）正投影　　　b）正等测　　　c）正二测

图 5-81　避免物体上的棱角连成直线

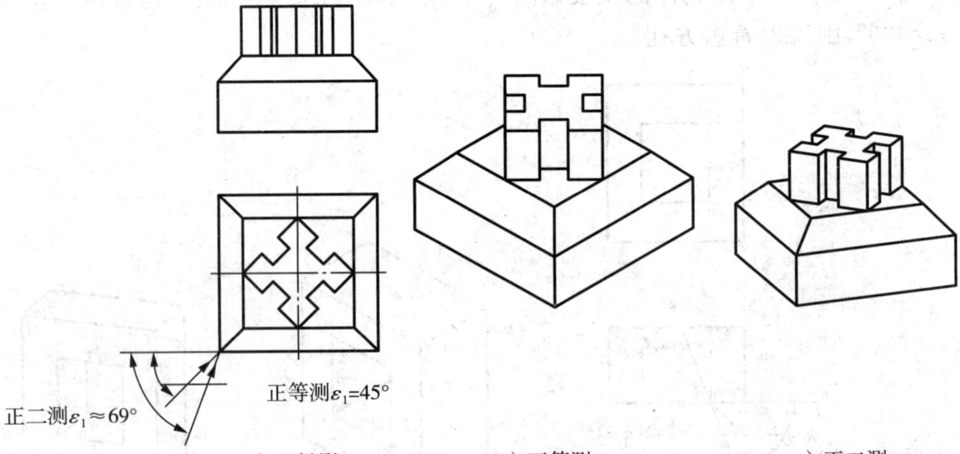

a）正投影　　　b）正等测　　　c）正二测

图 5-82　应避免物体表面重合为直线

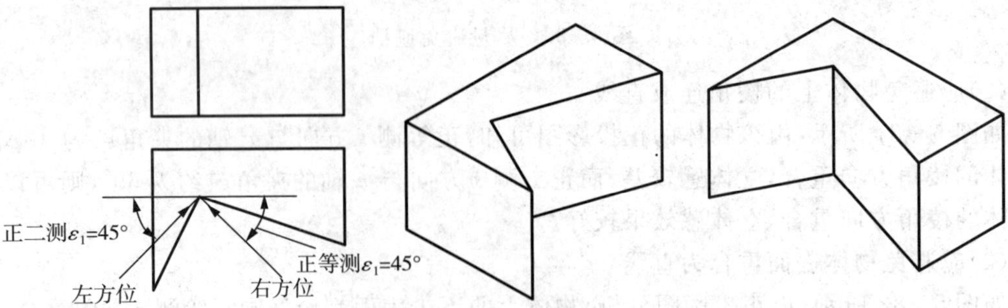

a）正投影　　　b）正等测左方位　　　c）正等测右方位

图 5-83　应改变轴测图的方位以避免遮挡或重合

第6章 尺寸标注

本章根据国家标准 GB/T 4458.4—2003 和 GB/T 16675.2—2012 的规定编写。

6.1 尺寸标注的基本规则

1. 物体的真实大小应以图样上所注的尺寸数值为依据，与图形的大小及绘图的准确度无关。

2. 图样中(包括技术要求和其他说明)的尺寸，以毫米为单位时，不需标注单位符号(或名称)，如采用其他单位，则应注明相应的单位符号。

3. 图样中所标注的尺寸，为该图样所示物体的最后完工尺寸，否则应另加说明。

4. 物体的每一尺寸，一般只标注一次，并应标注在反映该结构最清晰的图形上。

6.2 尺寸的组成

一个完整的尺寸标注一般有尺寸界线、尺寸线、尺寸数字三个要素组成。

6.2.1 尺寸界线

尺寸界线表示尺寸的度量范围。

1. 尺寸界线用细实线绘制，并应由图形的轮廓线、轴线或对称中心线处引出，也可利用轮廓线、轴线或对称中心线作为尺寸界线，如图 6-1 所示。

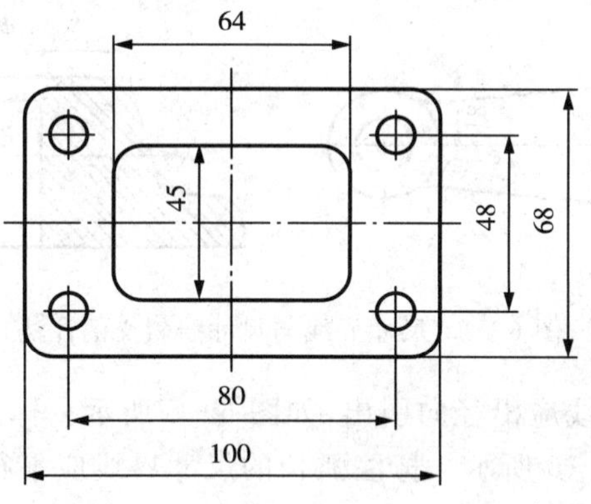

图 6-1 尺寸界线

2. 当表示曲线轮廓上各点的坐标时，可将尺寸线或其延长线作为尺寸界线，如图 6-2、图 6-3 所示。

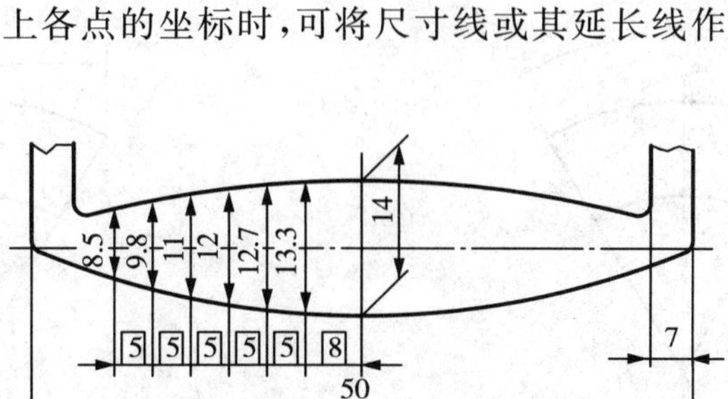

图 6-2 曲线轮廓的尺寸注法(一)

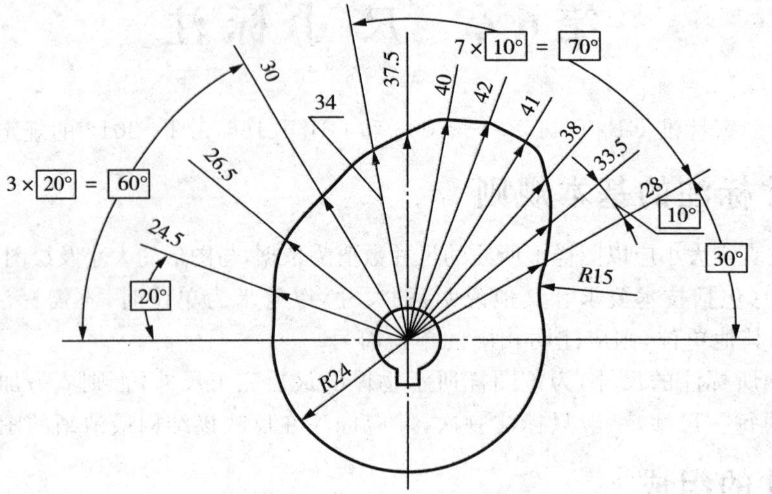

图 6-3　曲线轮廓的尺寸注法(二)

3. 尺寸界线一般应与尺寸线垂直,必要时才允许倾斜,如图 6-4 所示。

4. 在光滑过渡处标注尺寸时,应用细实线将轮廓线延长,从它们的交点处引出尺寸界线,如图 6-4 所示。

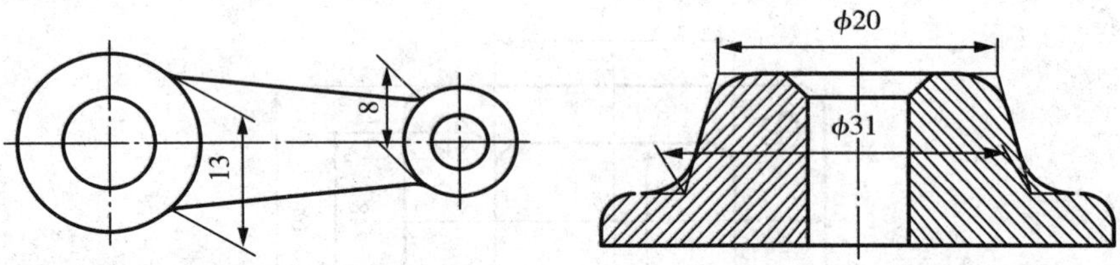

图 6-4　尺寸界线与尺寸线斜交的注法

5. 标注角度的尺寸界线应沿径向引出,如图 6-5 所示。标注弦长的尺寸界线应平行于该弦的垂直平分线,如图 6-6 所示。标注弧长的尺寸界线应平行于该弧所对圆心角的角度平分线,如图 6-7 所示;但当弧度较大时,可沿径向引出,如图 6-8 所示。

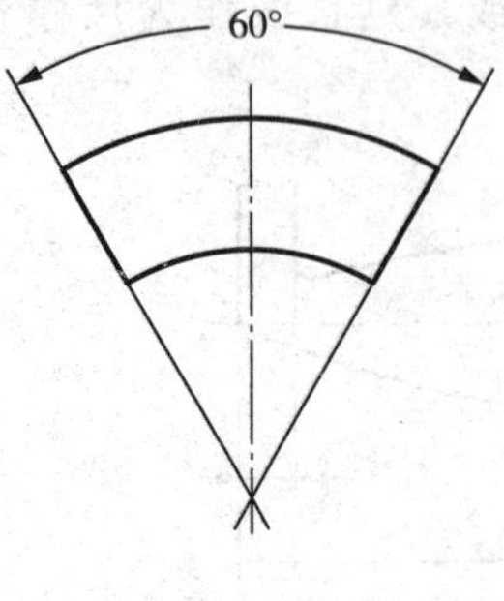

图 6-5　标注角度的尺寸界线画法

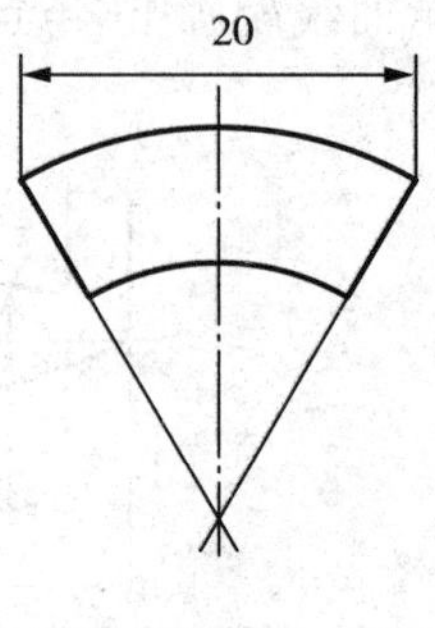

图 6-6　标注弦长的尺寸界线画法

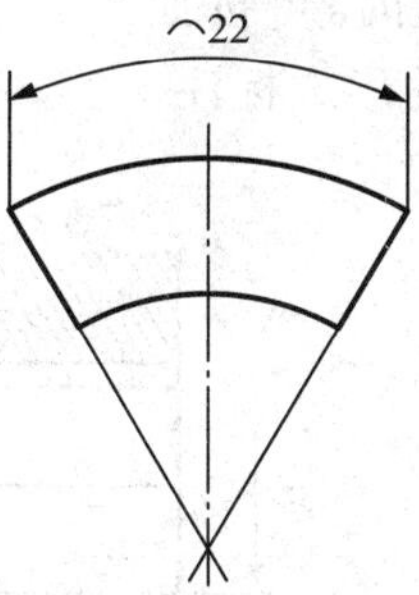

图 6-7 弧长尺寸的注法

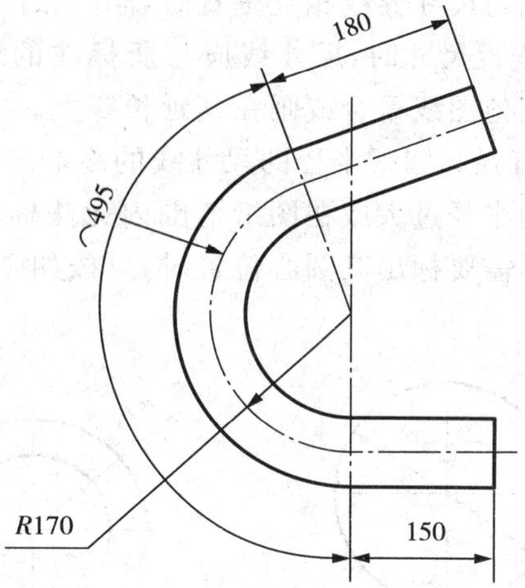

图 6-8 弧度较大时的弧长注法

6.2.2 尺寸线

尺寸线表示尺寸度量的方向。

1. 尺寸线用细实线绘制，其终端有下列两种形式。

(1)箭头：箭头的形式，如图 6-9 所示，适用于各种类型的图样。

(2)斜线：斜线用细实线绘制，其方向和画法如图 6-10 所示。当尺寸线的终端采用斜线形式时，尺寸线与尺寸界线应相互垂直，如图 6-11 所示。

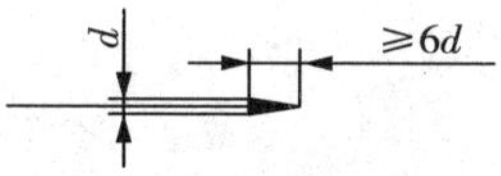

d——粗实线的宽度

图 6-9 尺寸线终端的箭头

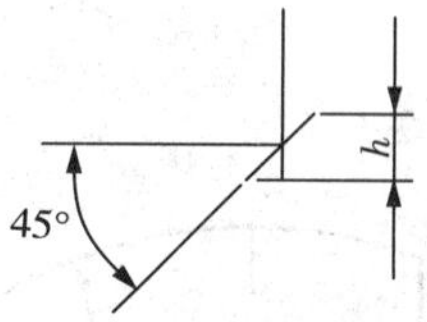

h——斜线的高度

图 6-10 尺寸线终端的斜线

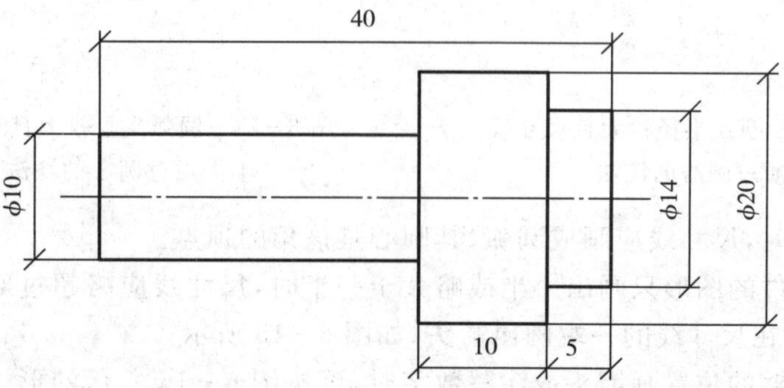

图 6-11 尺寸线终端采用斜线形式时的尺寸标注

机械图样中一般采用箭头作为尺寸线的终端。

当尺寸线与尺寸界线相互垂直时,同一张图样中只能采用一种尺寸线终端的形式。

2. 标注线性尺寸时,尺寸线应与所标注的线段平行。尺寸线不能用其他图线代替,一般也不得与其他图线重合或画在其延长线上。

3. 圆的直径和圆弧半径的尺寸线的终端应画成箭头,并按如图 6-12 所示的方法标注。

当圆弧的半径过大或在图纸范围内无法标出其圆心位置时,可按如图 6-13 所示的形式标注。若不需要标出其圆心位置时,可按如图 6-14 所示的形式标注。

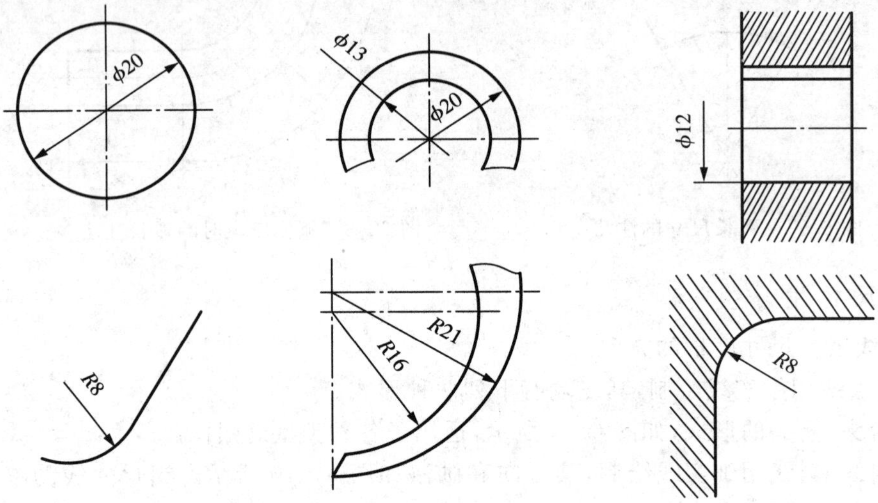

图 6-12　圆的直径和圆弧半径的注法

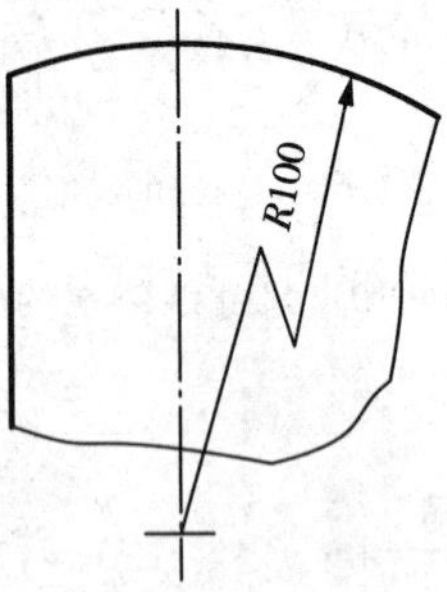

图 6-13　圆弧半径较大且尺寸线通过圆心的注法

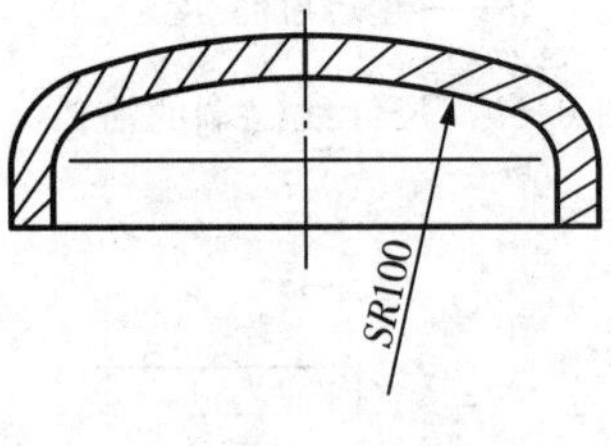

图 6-14　圆弧半径较大且尺寸线不需通过圆心的注法

4. 标注角度时,尺寸线应画成圆弧,其圆心是该角的顶点。

5. 当对称机件的图形只画出一半或略大于一半时,尺寸线应略超过对称中心线或断裂处的边界,此时仅在尺寸线的一端画出箭头,如图 6-15 所示。

6. 在没有足够的位置画箭头或注写数字时,可按图 6-16 所示的形式标注,此时,允许用圆点或斜线代替箭头。

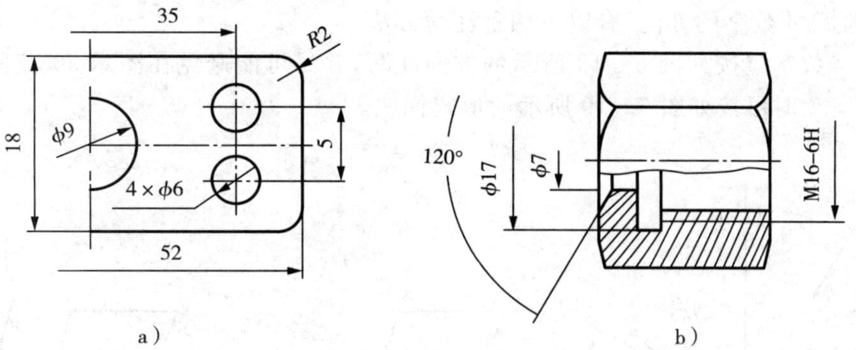

图 6-15 对称机件的尺寸线只画一个箭头的注法

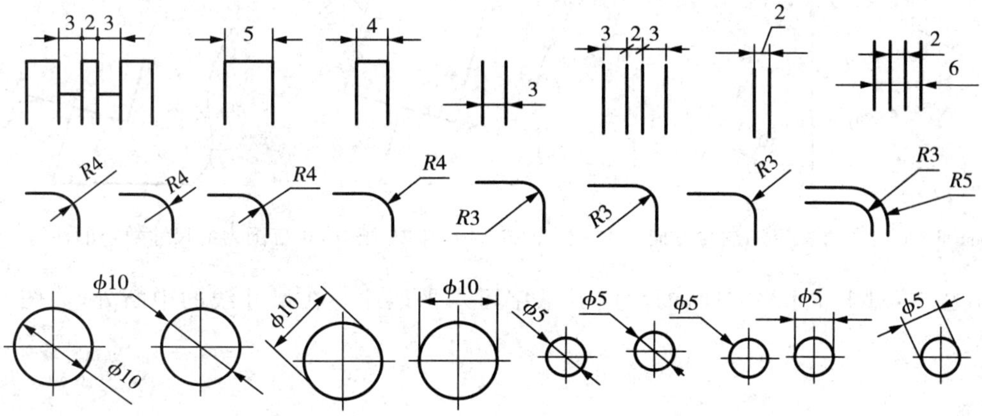

图 6-16 小尺寸的注法

6.2.3 尺寸数字

尺寸数字表示尺寸度量的大小。

1. 线性尺寸的数字一般应注写在尺寸线的上方，也允许注写在尺寸线的中断处，如图 6-17 所示。

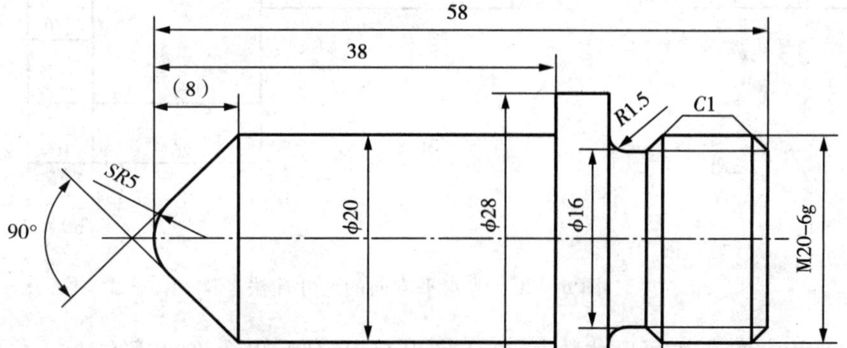

图 6-17 尺寸数字的注写位置

2. 线性尺寸数字的方向，有以下两种注写方法。

方法一：数字应按如图 6－18 所示的方向注写，并尽可能避免在图示 30°范围内标注尺寸，当无法避免时可按如图 6－19 所示的形式标注。

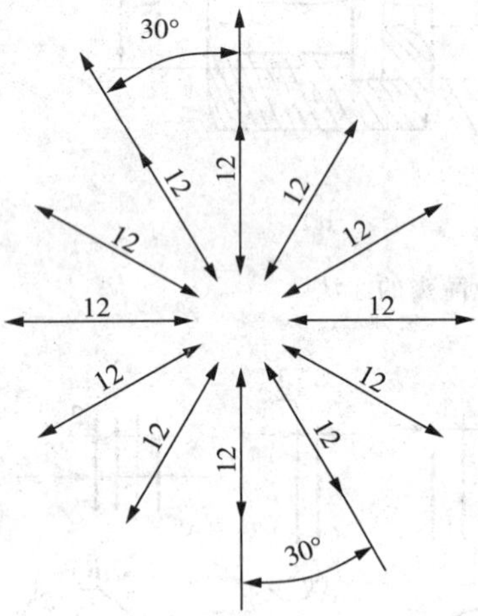

图 6－18　尺寸数字的注写方向

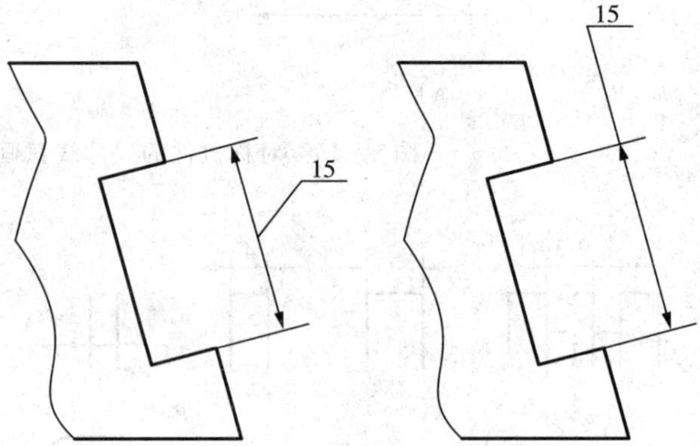

图 6－19　向左倾斜 30°范围内的尺寸数字的注写

方法二：对于非水平方向的尺寸，其数字可水平地注写在尺寸线的中断处，如图 6－20 所示。

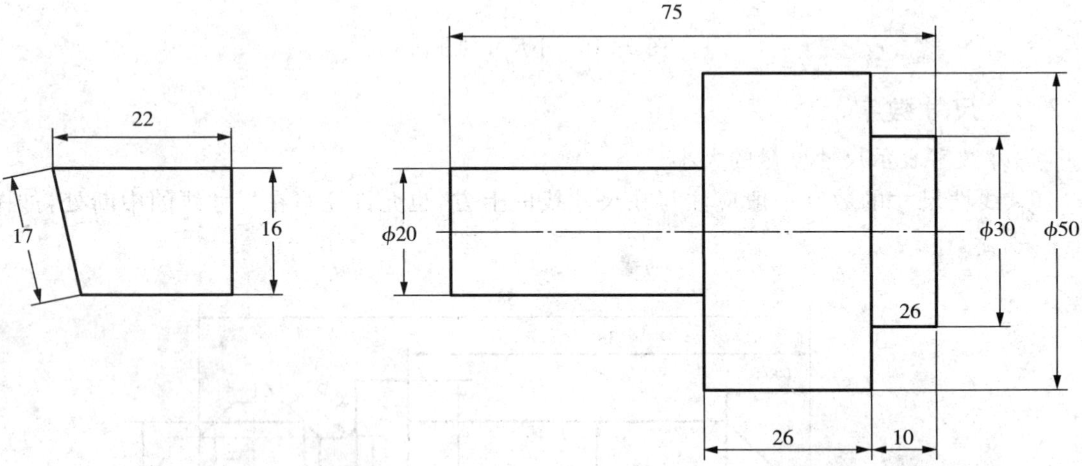

a）　　b）

图 6－20　非水平方向的尺寸注法

一般应采用方法一注写尺寸数字；在不致引起误解时，也允许采用方法二。但在一张图样中，应尽可能采用同一种方法。

3. 角度的数字一律写成水平方向，一般注写在尺寸线的中断处，如图 6－21 所示。必要时也可按如图 6－22 所示的形式标注。

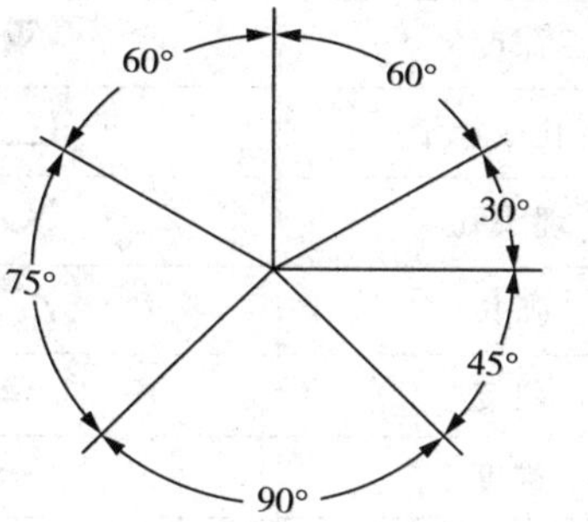

图 6－21　角度数字的注写位置(一)

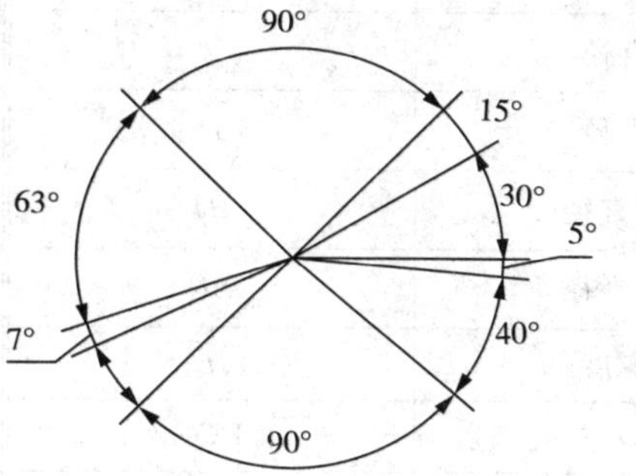

图 6－22　角度数字的注写位置(二)

4. 尺寸数字不可被任何图线所通过，否则应将该图线断开，如图 6－23 所示。

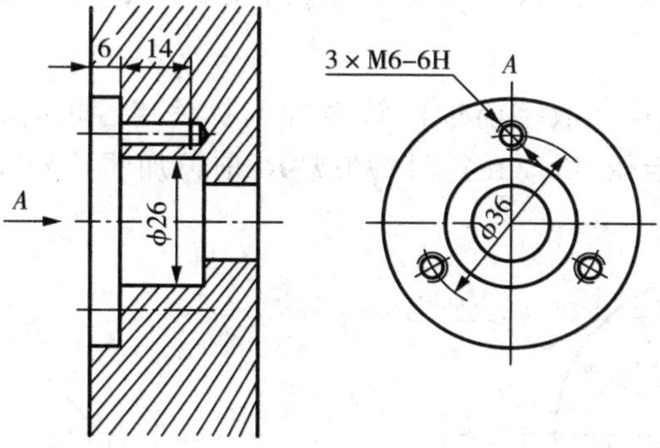

图 6－23　尺寸数字不可被任何图线通过的注法

6.3　标注尺寸的符号及缩写词

1. 符号的比例画法如图 6－24 所示。标注尺寸的符号及缩写词应符合表 6－1 的规定。表 6－1 中符号的线宽为$h/10$(h 为字体高度)。

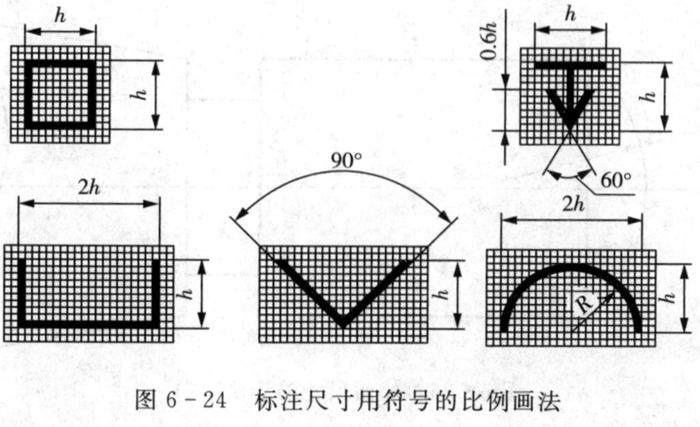

图 6－24　标注尺寸用符号的比例画法

表 6-1　标注尺寸的符号及缩写词

含　　义	符号或缩写词	含　　义	符号或缩写词
直径	ϕ	深度	↧
半径	R	沉孔或锪平	⌴
球直径	$S\phi$	埋头孔	⌵
球半径	SR	弧长	⌒
厚度	t	斜度	∠
均布	EQS	锥度	◁
45°倒角	C	展开①	Q→
正方形	□	型材截面形状	(按 GB/T 4656.1—2000)

注:①展开符号Q→标在展开图上方的名称字母后面(如:A—A Q→);当弯曲成形的坯料形状叠加在成形后的视图画出时,则该图上方不必标注展开符号,但图中的展开尺寸应按照"Q→ 200"(其中 200 为尺寸值)的形式注写。

2. 标注直径时,应在尺寸数字前加注符号"ϕ";标注半径时,应在尺寸数字前加注符号"R";标注球面的直径或半径时,应在符号"ϕ"或"R"前再加注符号"S",如图 6-25 所示。

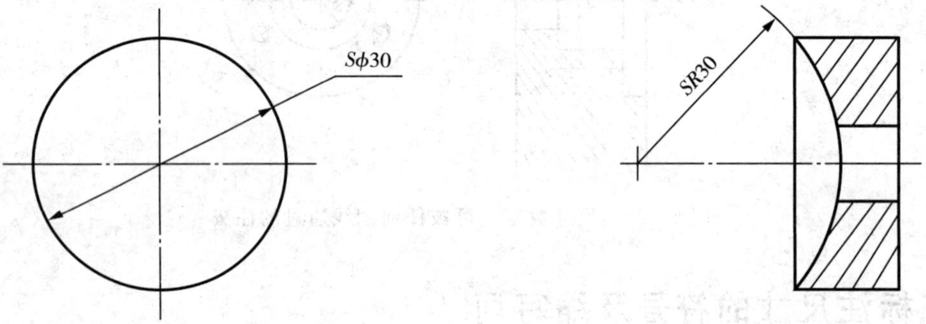

图 6-25　球面尺寸的注法(一)

对于轴、螺杆、铆钉以及手柄等的端部,在不致引起误解的情况下可省略符号"S",如图 6-26 所示。

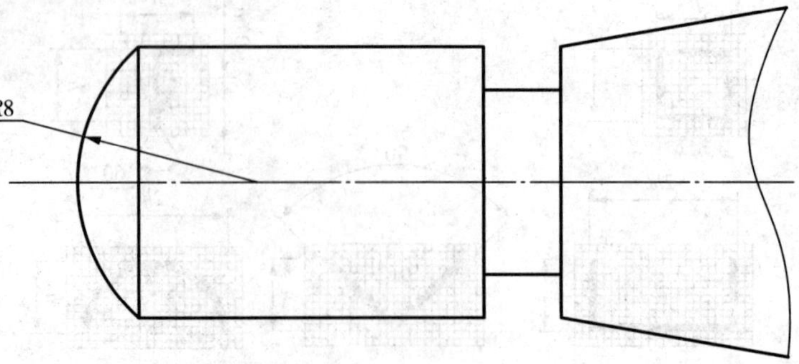

图 6-26　球面尺寸的注法(二)

3．标注圆弧长时，应在尺寸数字左方加注符号“⌒”，如图 6－27 所示。

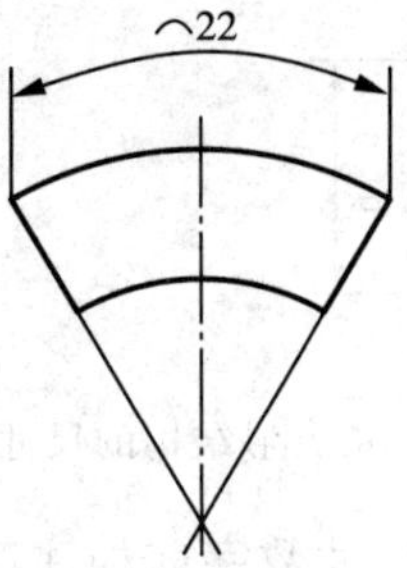

图 6－27　弧长标注符号

3．标注参考尺寸时，应将尺寸数字加上圆括弧，如图 6－28 所示。

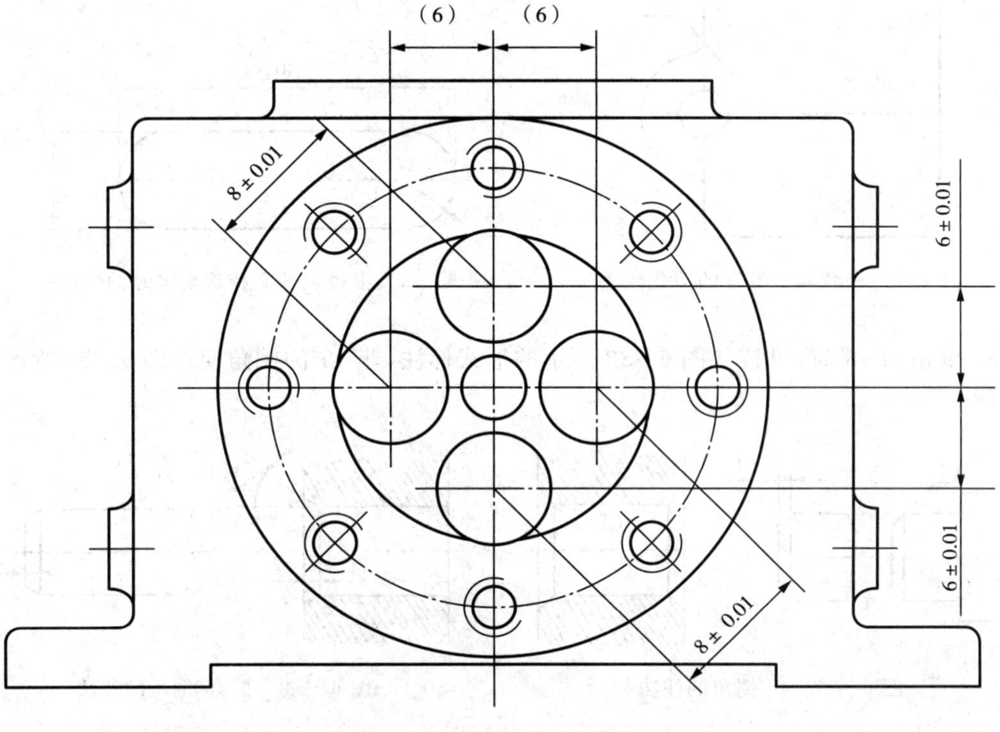

图 6－28　参考尺寸的注法

4．标注剖面为正方形结构的尺寸时，可在正方形边长尺寸数字前加符号“□”（如图 6－29 所示）或用“$B \times B$”（如图 6－30 所示，B 为正方形的对边距离）注出。

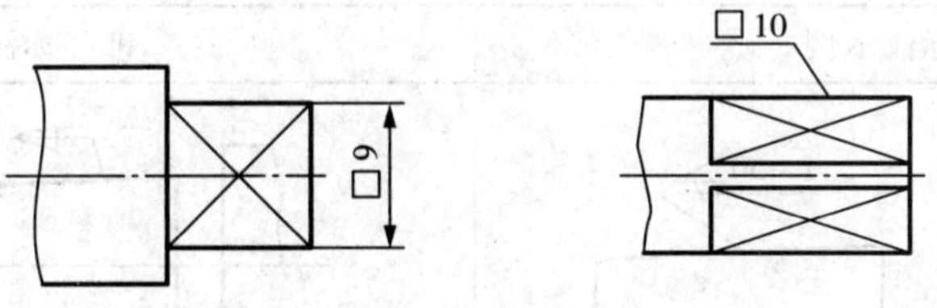

图 6－29　正方形结构的尺寸注法(一)

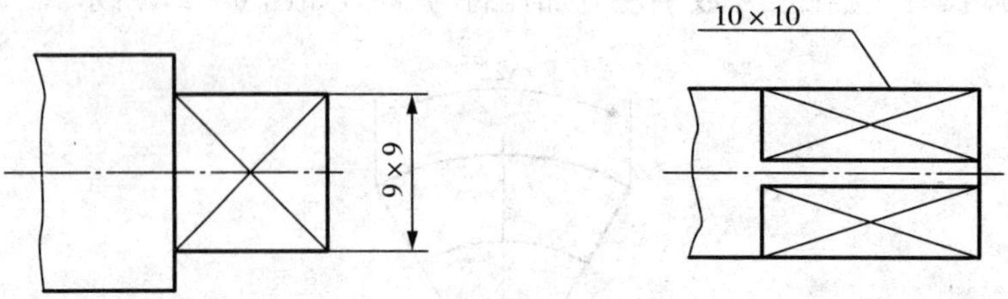

图 6-30　正方形结构的尺寸注法(二)

5. 标注板状零件的厚度时,可在尺寸数字前加注符号“*t*”,如图 6-31 所示。

6. 当需要指明半径尺寸是由其他尺寸所确定时,应用尺寸线和符号“*R*”标出,但不要注写尺寸数字,如图 6-32 所示。

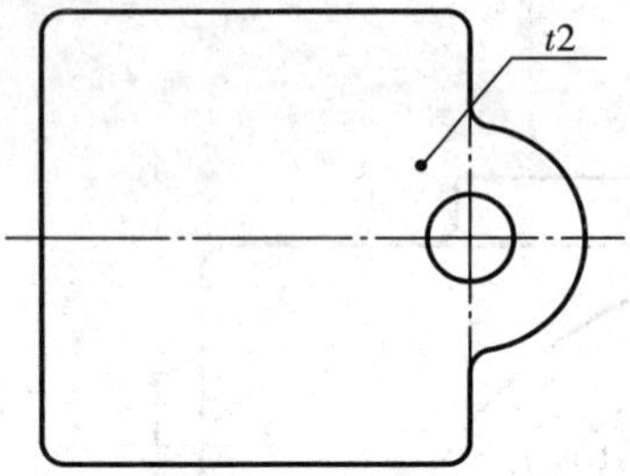

图 6-31　板状零件厚度的简化注法

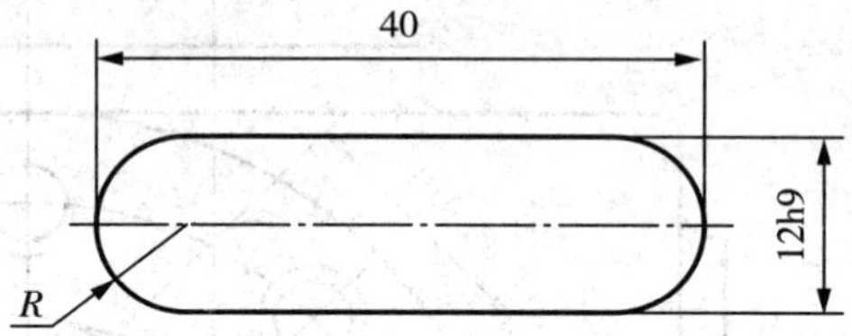

图 6-32　半径尺寸有特殊要求时的注法

8. 倒角为 45°时,可按如图 6-33 所示的形式标注,非 45°的倒角应按图 6-34 所示的形式标注。

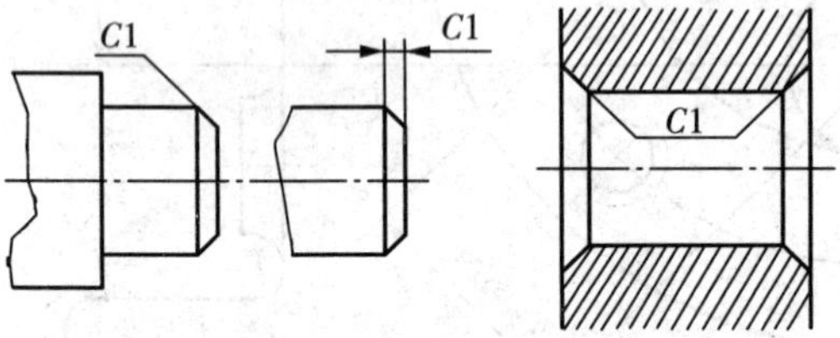

图 6-33　45°倒角的注法

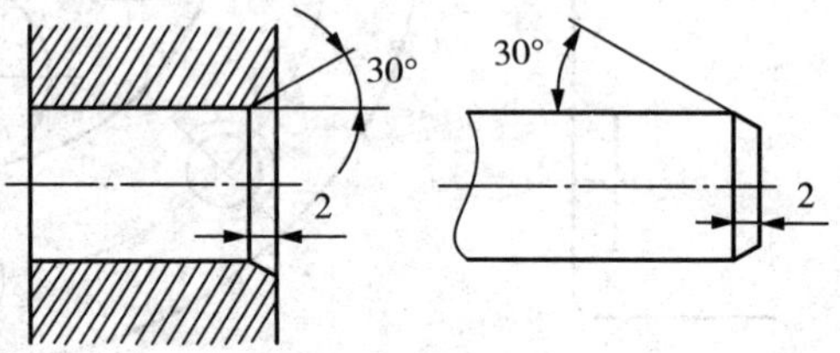

图 6-34　非 45°倒角的注法

9. 标注斜度或锥度时,可按如表 6-2 所示的方法标注。斜度符号的画法如图 6-35 所示。锥度符号的画法如图 6-36 所示。

表 6-2　斜度和锥度的标注示例

斜度标注示例	锥度标注示例
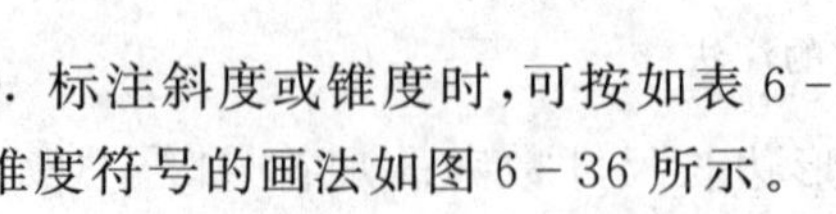	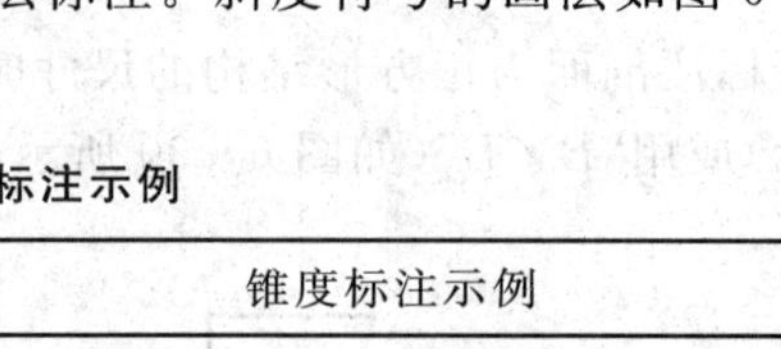

（续表）

斜度标注示例	锥度标注示例
	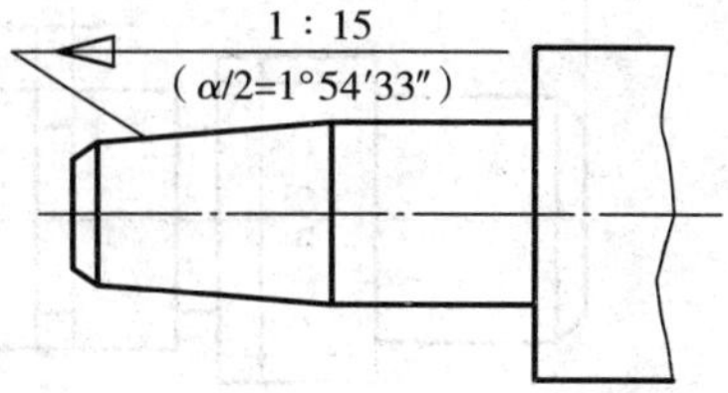
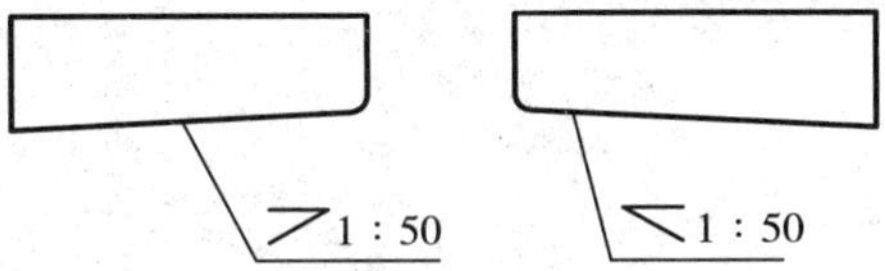	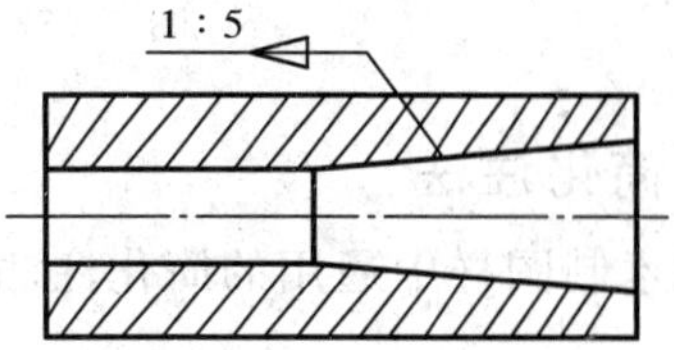

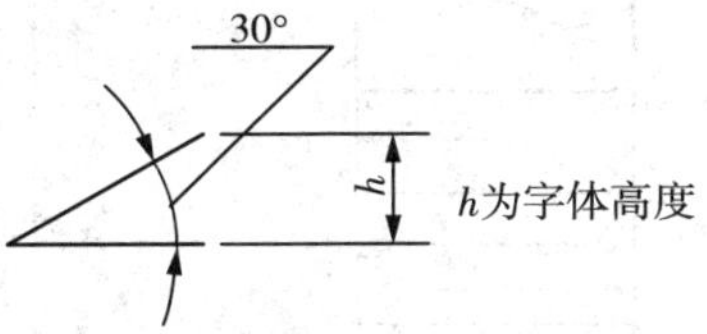

图 6 - 35　斜度符号的画法

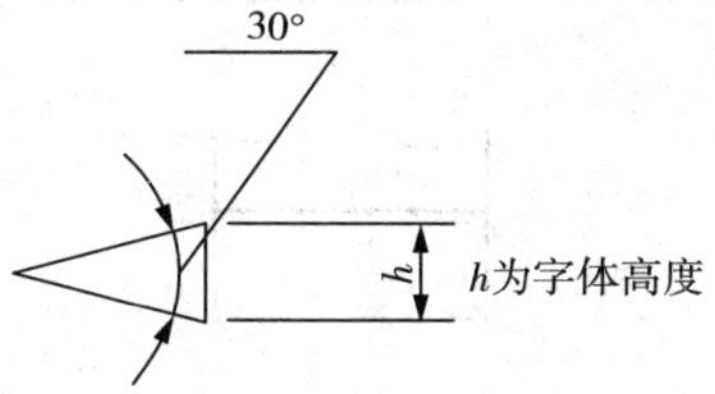

图 6 - 36　锥度符号的画法

6.4　尺寸的简化表示法(GB/T 16675.2—2012)

6.4.1　简化原则和基本要求

1. 简化原则

(1)简化必须保证不致引起误解和不会产生理解的多义性。在此前提下，应力求制图简便。

(2)要便于识读和绘制，注重简化的综合效果。

(3)在考虑便于手工制图和计算机制图的同时，还要考虑缩微制图的要求。

2. 基本要求

(1)若图样中的尺寸和公差全部相同或某个尺寸和公差占多数时，可在图样空白处作总的说明，如“全部倒角 *C*1.6”“其余圆角 *R*4”等。

(2)对于尺寸相同的重复要素，可仅在一个要素上注出其数量和尺寸，如图 6 - 37 所示。

(3)标注尺寸时，应尽可能使用符号和缩写词。常用的符号和缩写词见表 6 - 1。

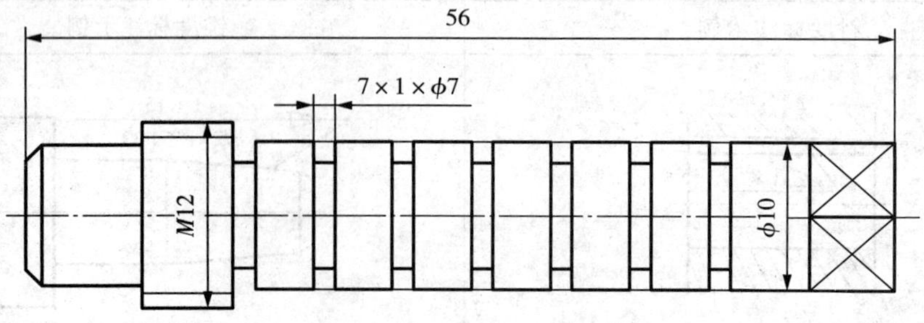

注：图中7是尺寸相同的槽的数量，1是槽宽，φ7是槽的底径。

图 6－37　尺寸相同的重复要素的注法

6.4.2　简化注法

在技术制图样中通用的简化注法见表 6－3。

表 6－3　通用的简化注法

序号	简　化　后	简　化　前	说　明
1	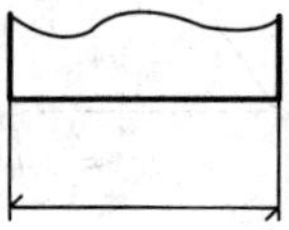	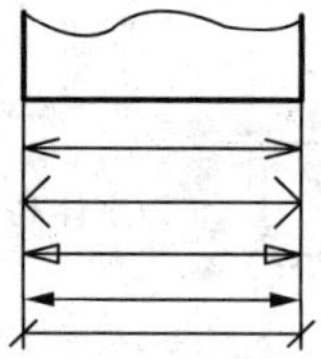	标注尺寸时，可使用单边箭头
2	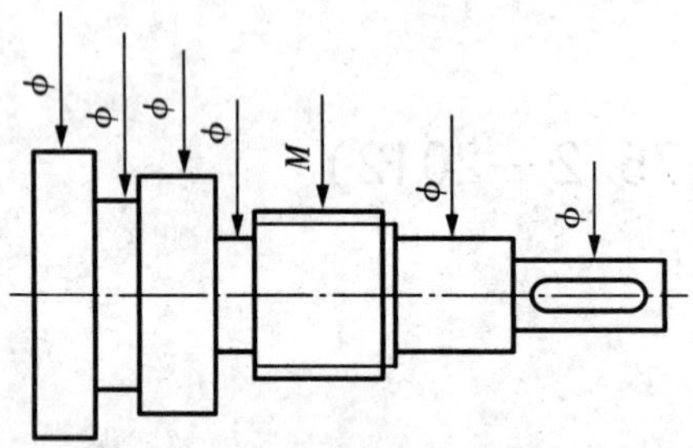	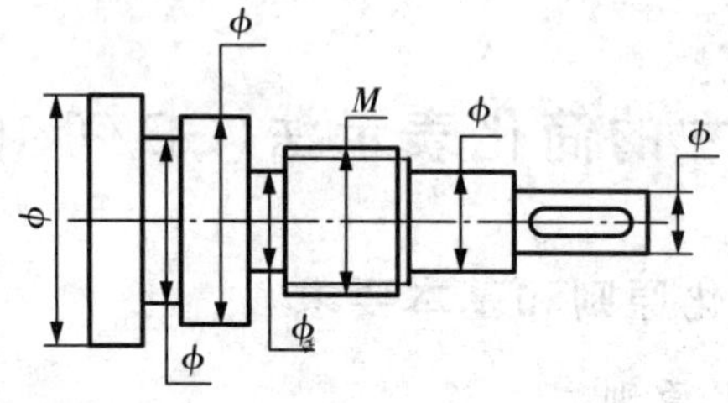	标注尺寸时，可采用带箭头的指引线
3	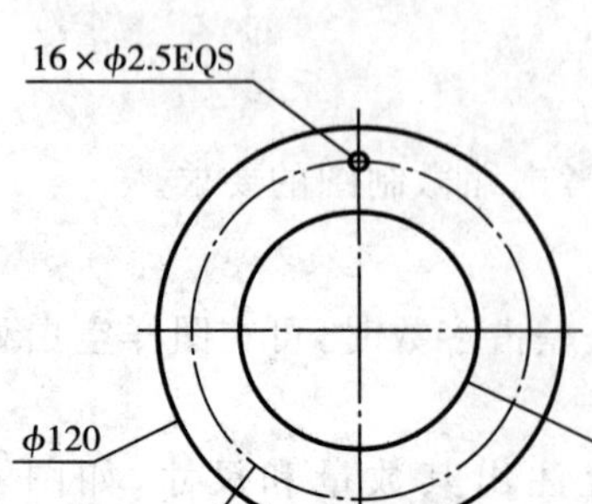	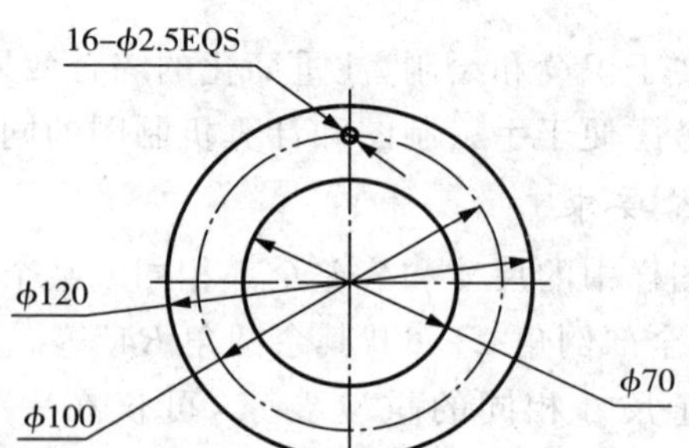	标注尺寸时，也可采用不带箭头的指引线

（续表）

序号	简 化 后	简 化 前	说 明
	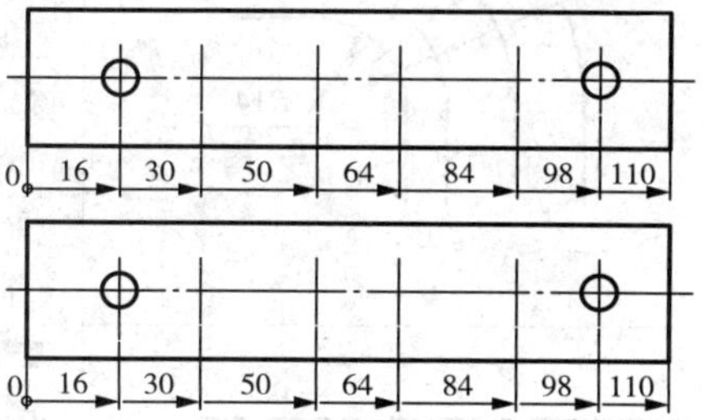	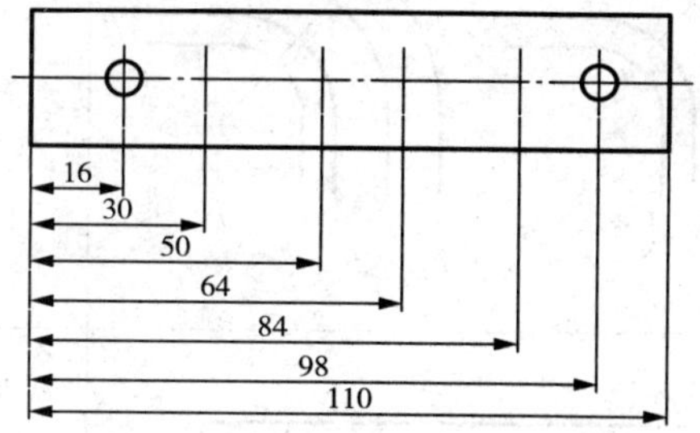	
4	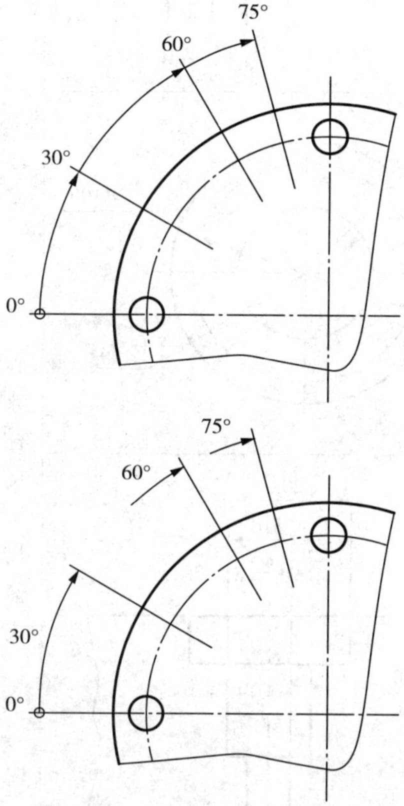	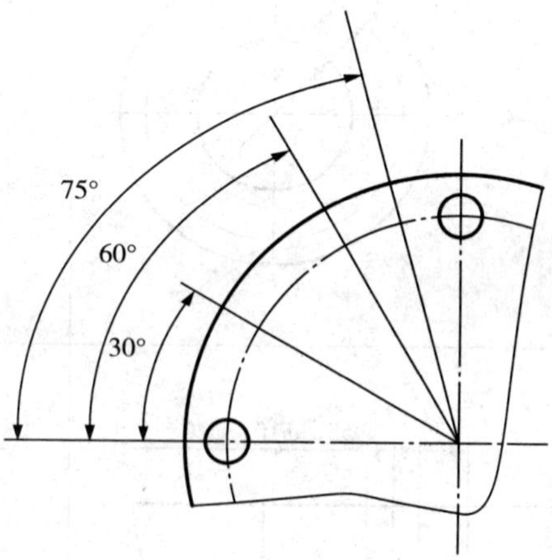	从同一基准出发的尺寸可按左图（简化后）的形式标注

（续表）

序号	简　化　后	简　化　前	说　明
5	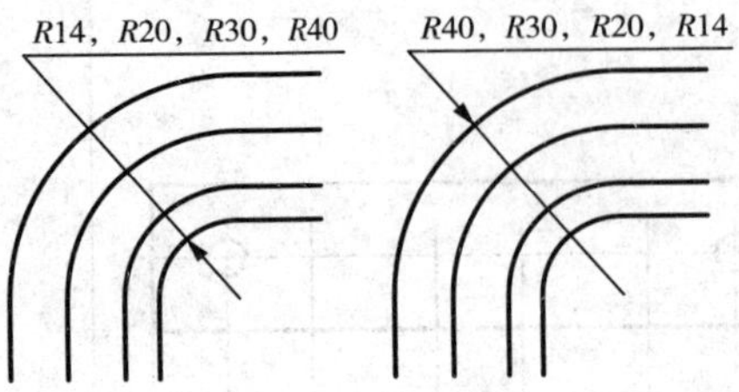	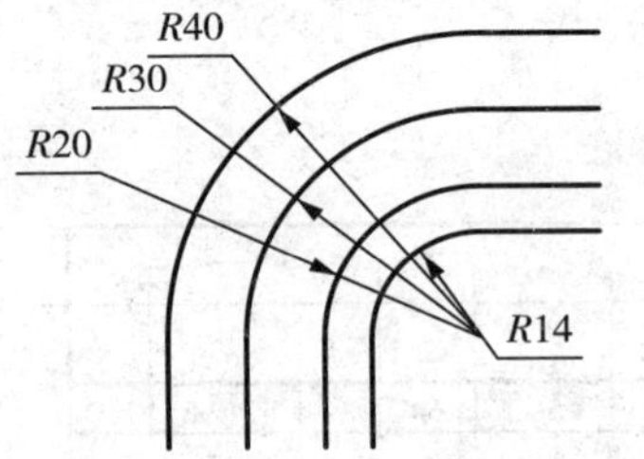	一组同心圆弧或圆心位于一条直线上的多个不同心圆弧的尺寸，可用共用的尺寸线和箭头依次表示
	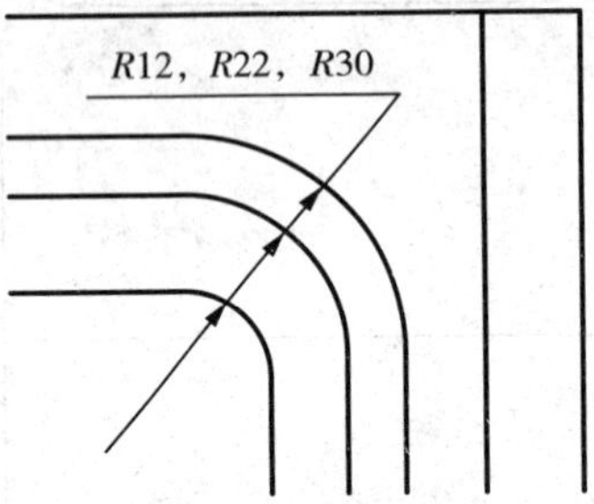	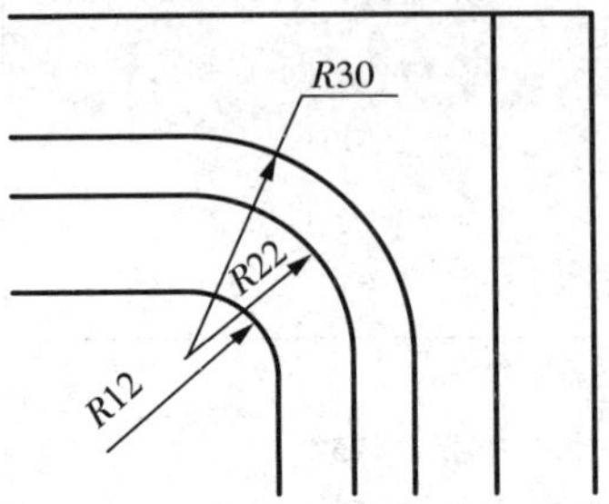	
6	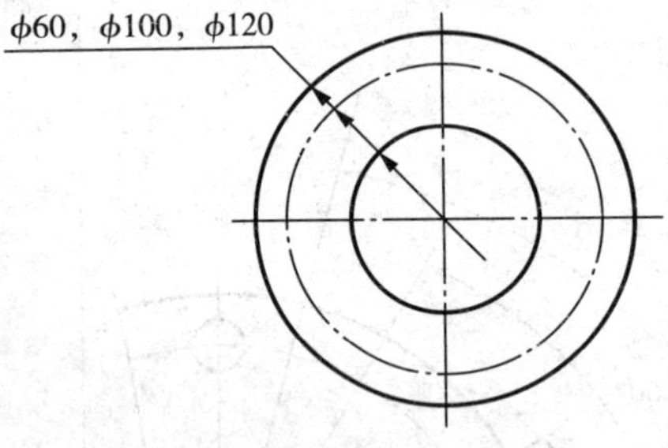	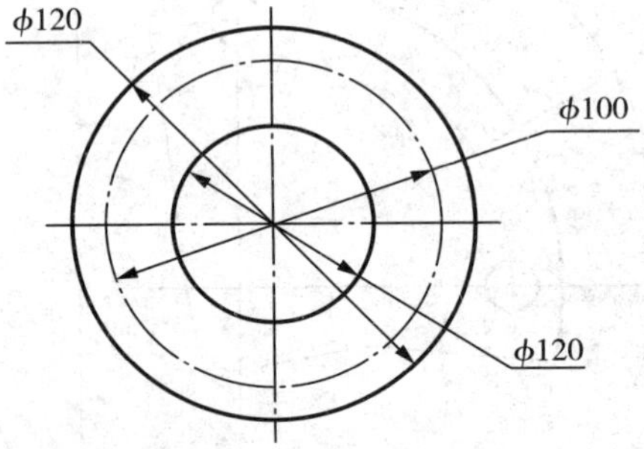	一组同心圆或尺寸较多的台阶孔的尺寸，可用共用的尺寸线和箭头依次表示
	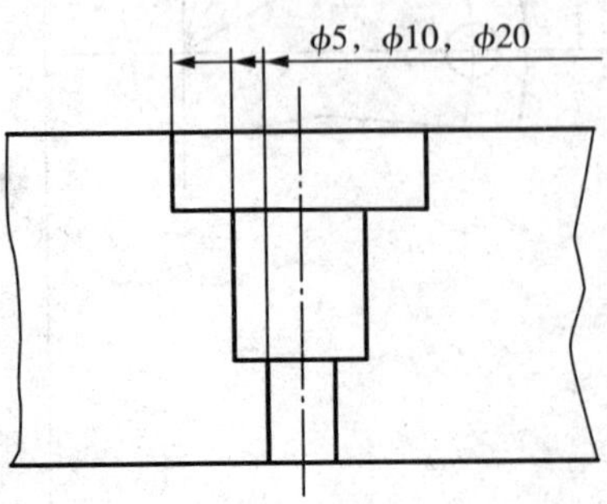	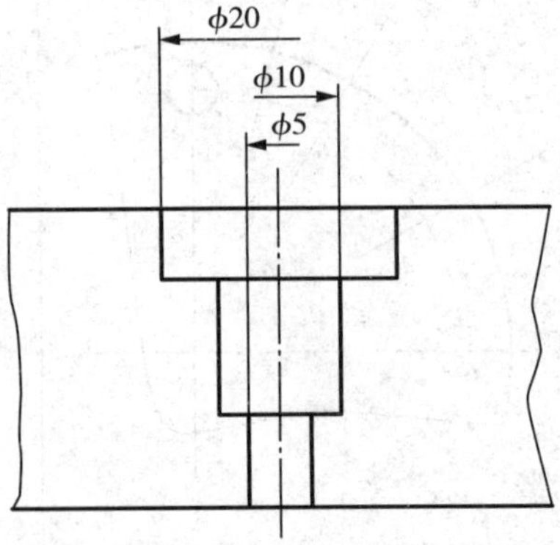	

（续表）

序号	简 化 后	简 化 前	说 明
7	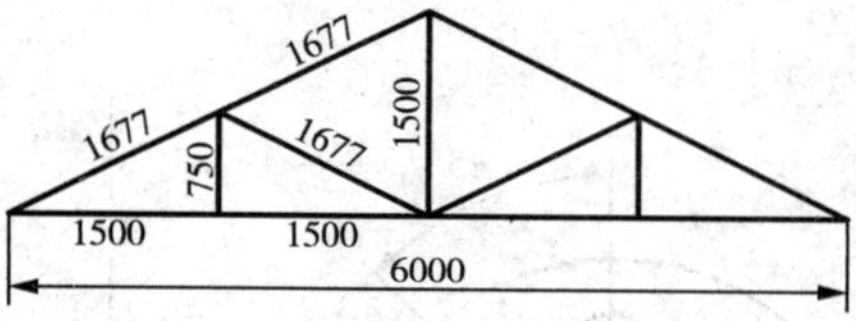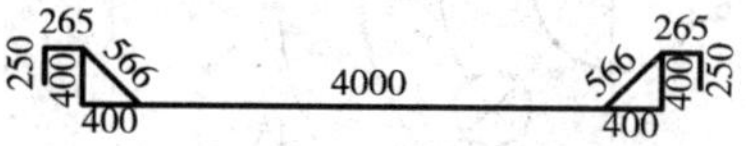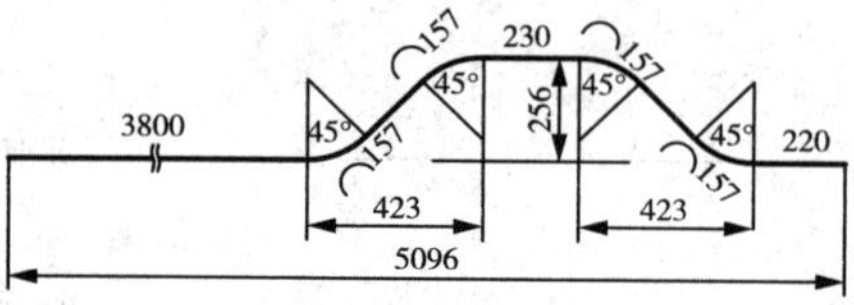	（略）	单线图上，桁架、钢筋、管子等的长度尺寸可直接标注在相应的线段上，角度尺寸数字可直接填写在夹角中的相应部位。图形对称时可仅标注一侧的尺寸
8	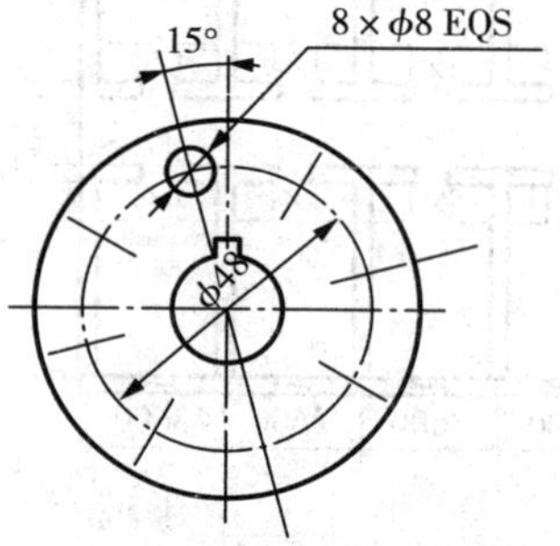	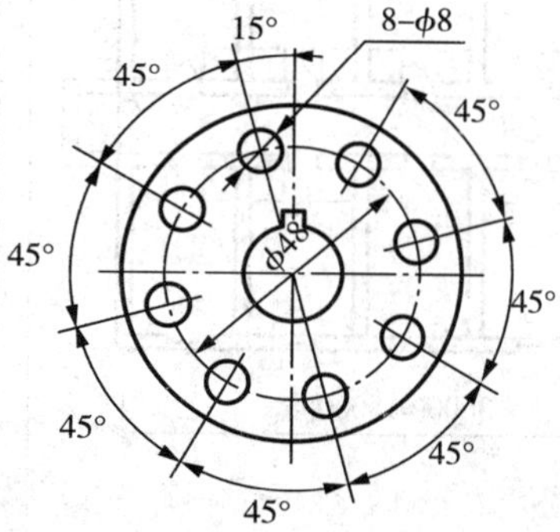	在同一图形中，对于尺寸相同的孔、槽等成组要素，可仅在一个要素上注出其尺寸和数量
9	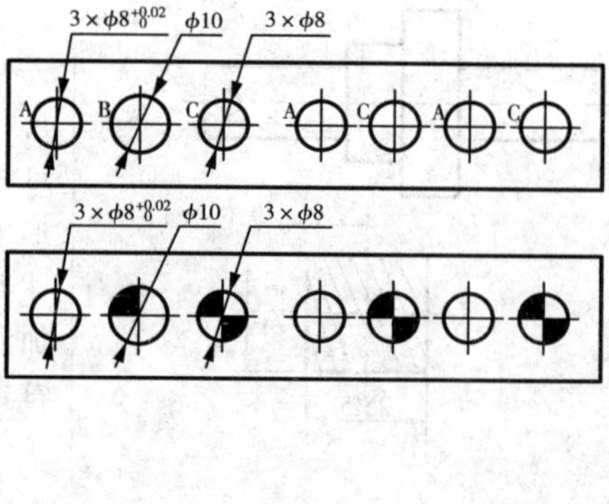	（略）	在同一图形中，如有几种尺寸数值相近而又重复的要素（如孔等）时，可采用标记（如涂色等）或用标注字母的方法来区分

（续表）

序号	简 化 后	简 化 前	说 明
	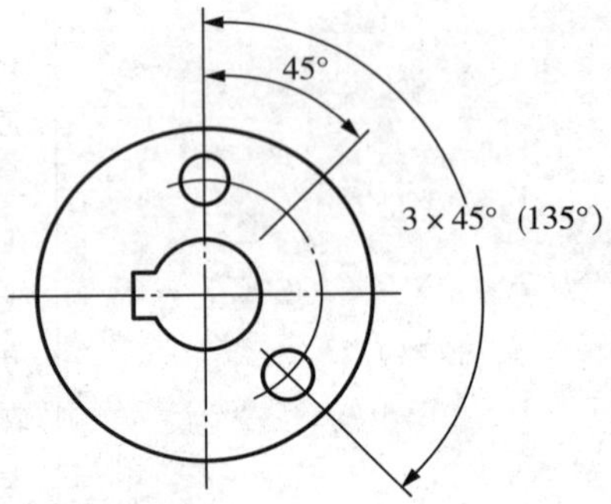	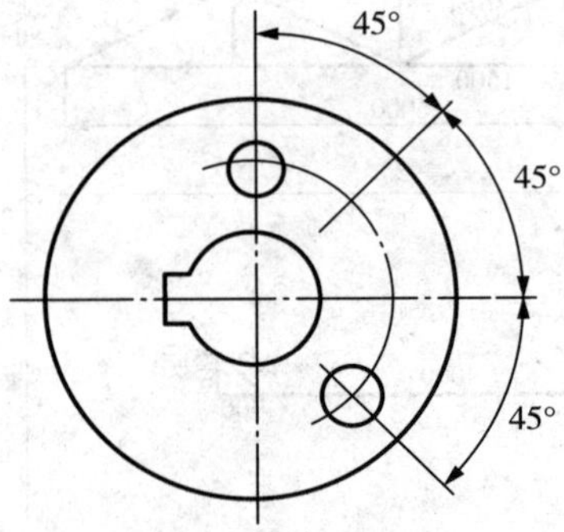	
10	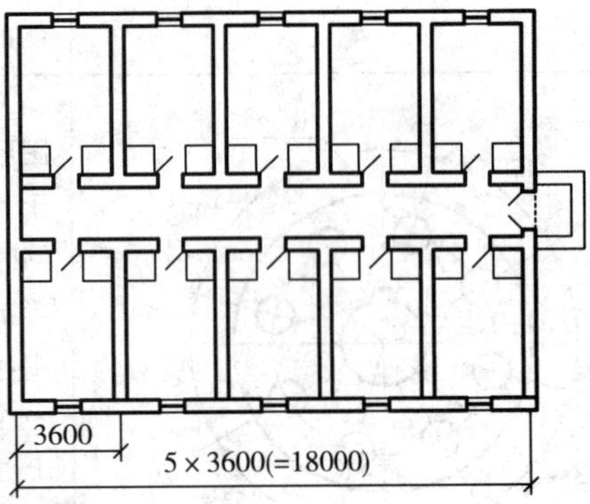	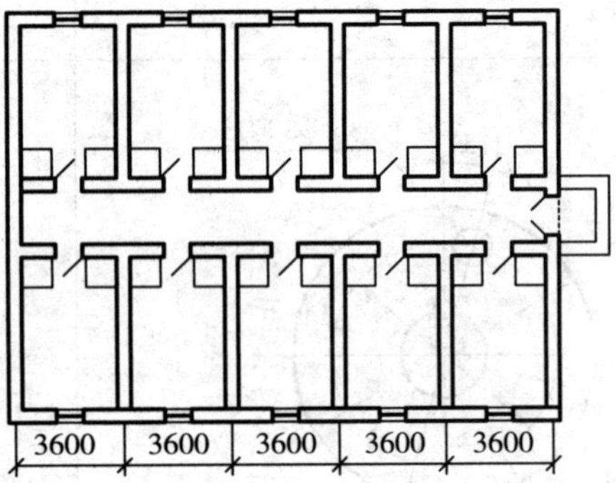	间隔相等的链式尺寸，可采用左图（简化后）所示的简化注法
11	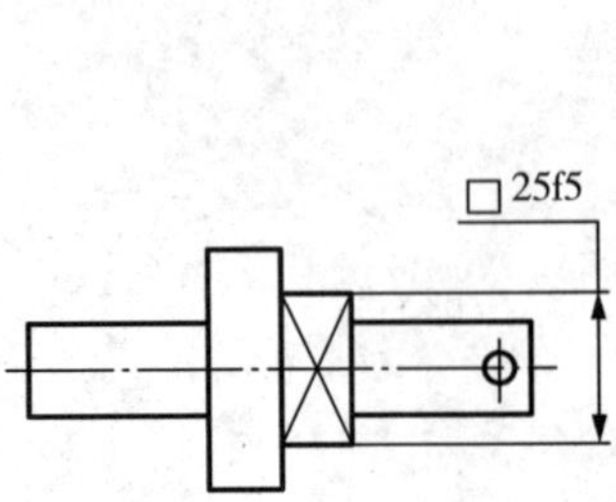	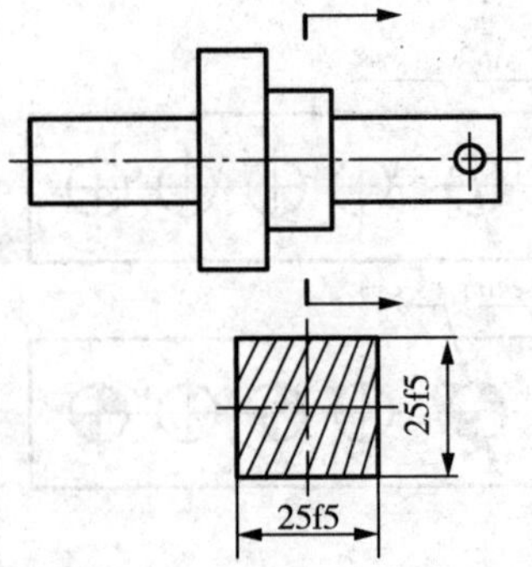	标注正方形结构尺寸时，可在正方形边长尺寸数字前加注“□”符号

（续表）

<table>
<tr><th>序号</th><th>简　化　后</th><th>简　化　前</th><th>说　明</th></tr>
<tr><td rowspan="2">12</td><td>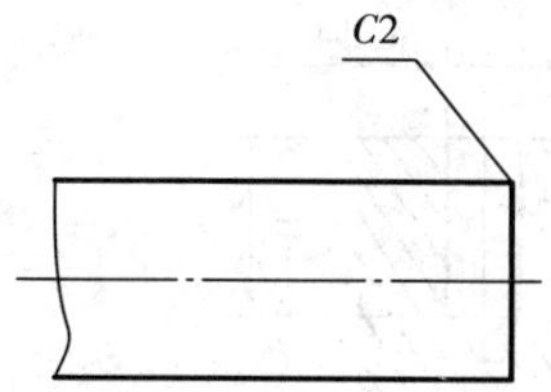
</td><td>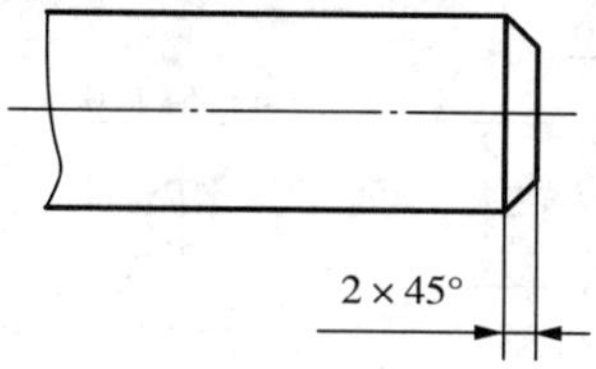
</td><td rowspan="2">在不致引起误解时，零件图中的倒角可以省略不画，其尺寸也可简化标注</td></tr>
<tr><td>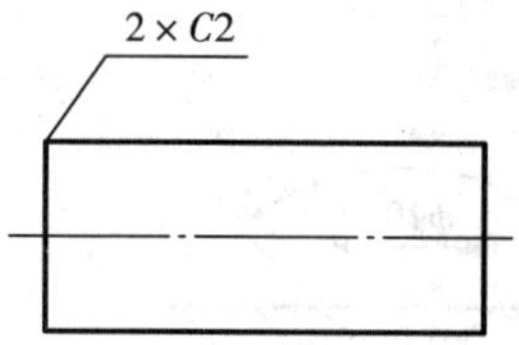
</td><td>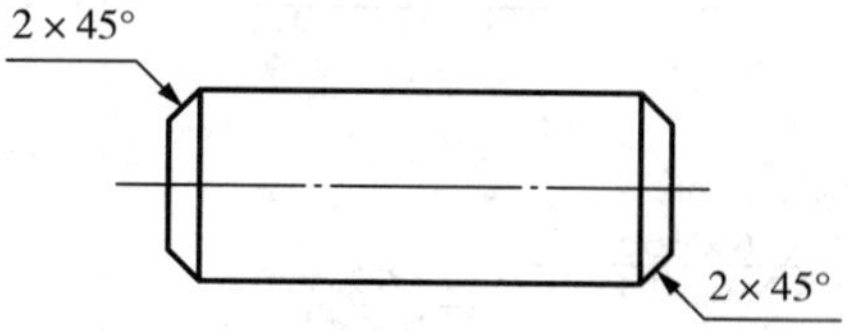
</td></tr>
<tr><td>13</td><td>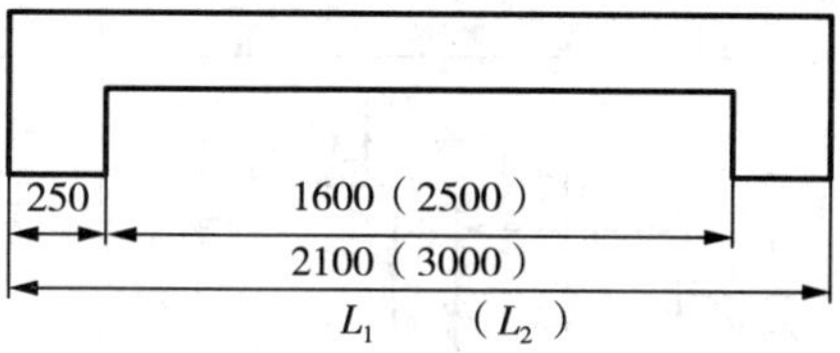
</td><td>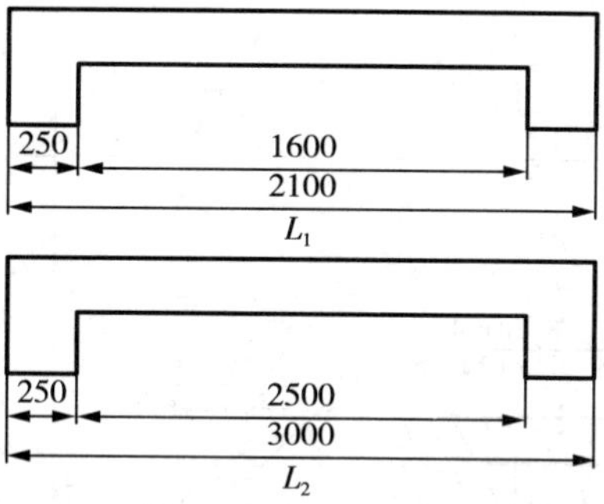
</td><td>两个形状相同但尺寸不同的构件或零件，可共用一张图表示，但应将另一件名称和不相同的尺寸列入括号中表示</td></tr>
<tr><td>14</td><td>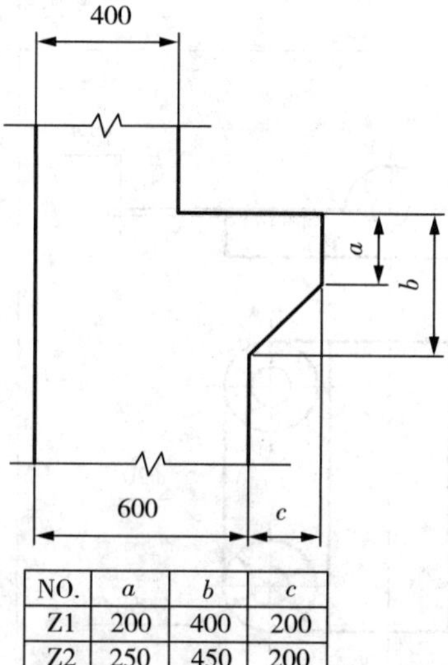

<table>
<tr><th>NO.</th><th>a</th><th>b</th><th>c</th></tr>
<tr><td>Z1</td><td>200</td><td>400</td><td>200</td></tr>
<tr><td>Z2</td><td>250</td><td>450</td><td>200</td></tr>
<tr><td>Z3</td><td>200</td><td>450</td><td>250</td></tr>
</table></td><td>（略）</td><td>同类型或同系列的零件或构件，可采用表格图绘制</td></tr>
</table>

（续表）

序号	简 化 后	简 化 前	说 明
15	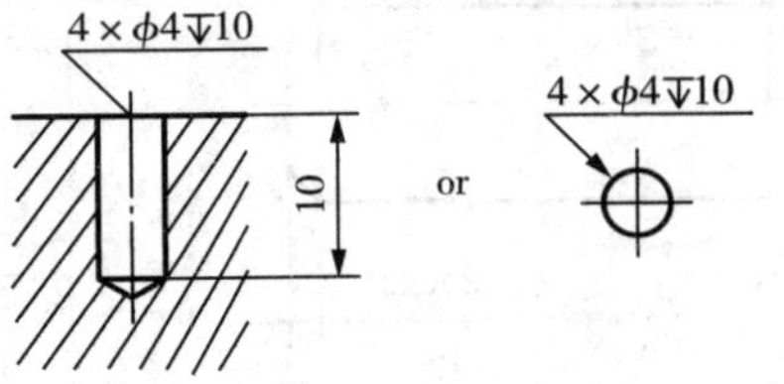	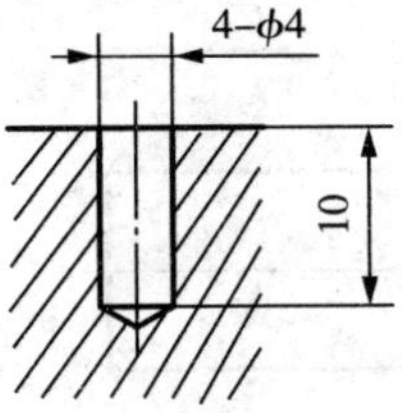	各类孔可采用旁注和符号相结合的方法标注
	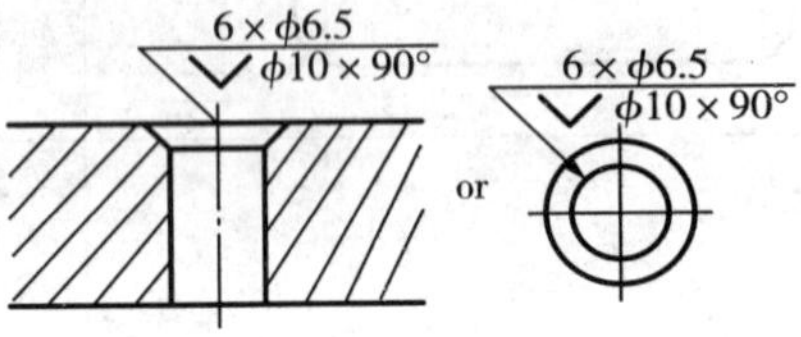	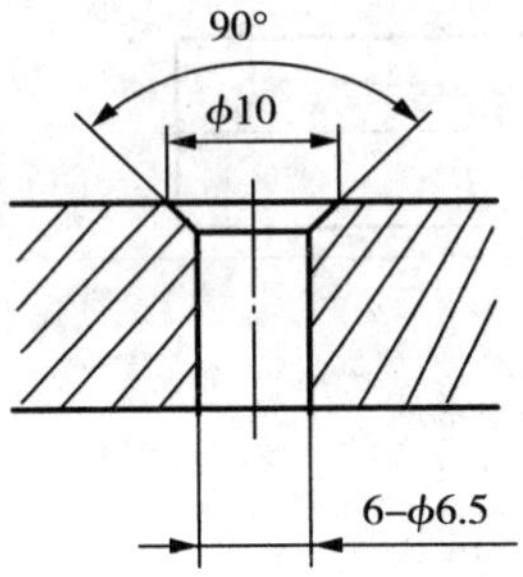	
	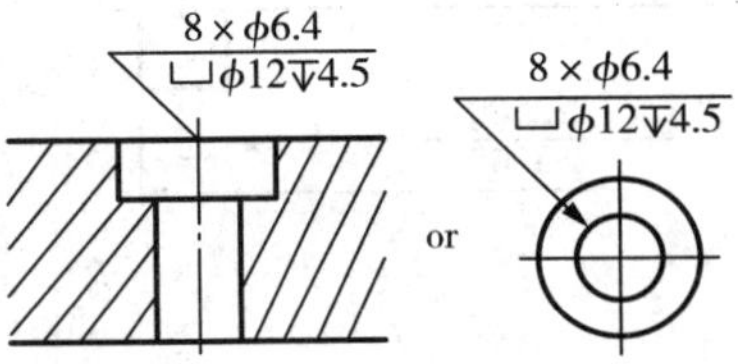	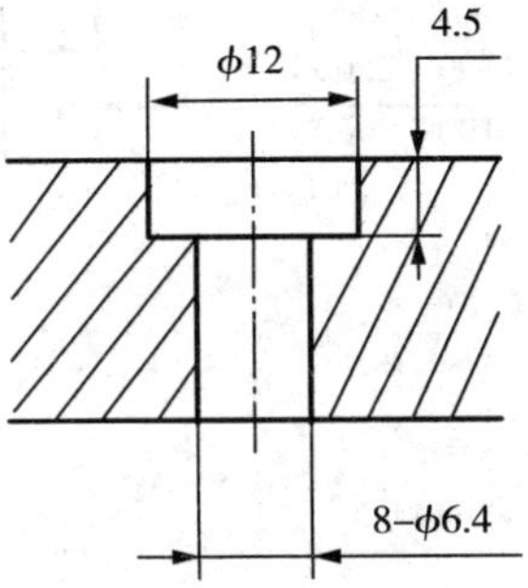	
16	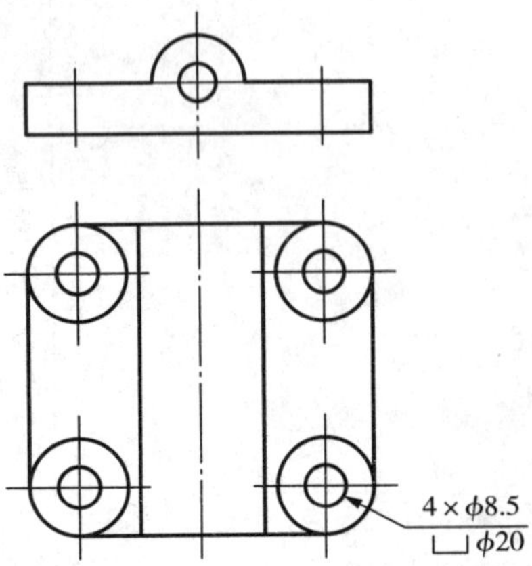	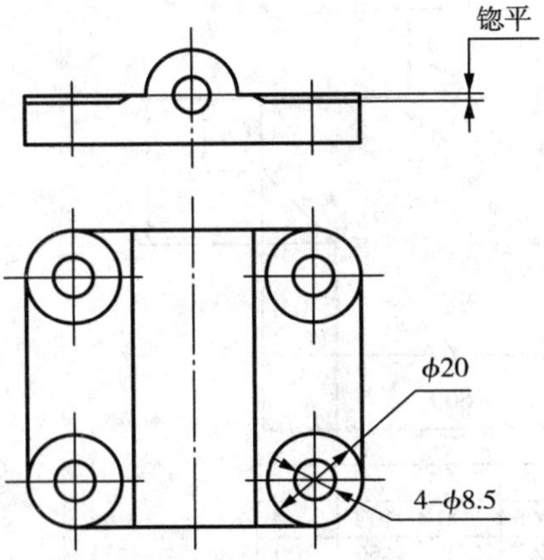	对于锪平孔，可采用“⌴”符号简化标注

（续表）

<table>
<tr><th>序号</th><th>简 化 后</th><th>简 化 前</th><th>说 明</th></tr>
<tr><td rowspan="2">17</td><td>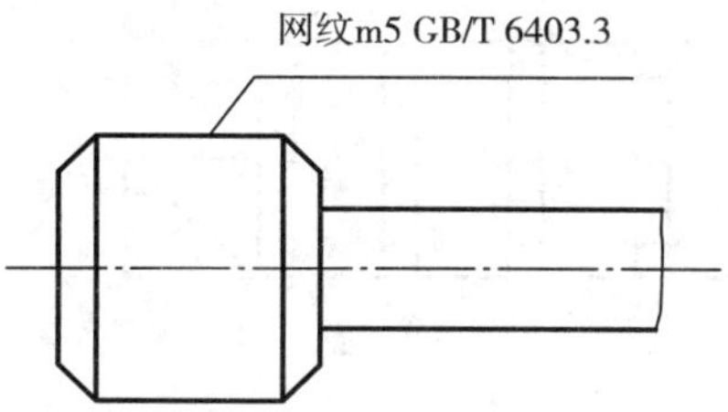
</td><td>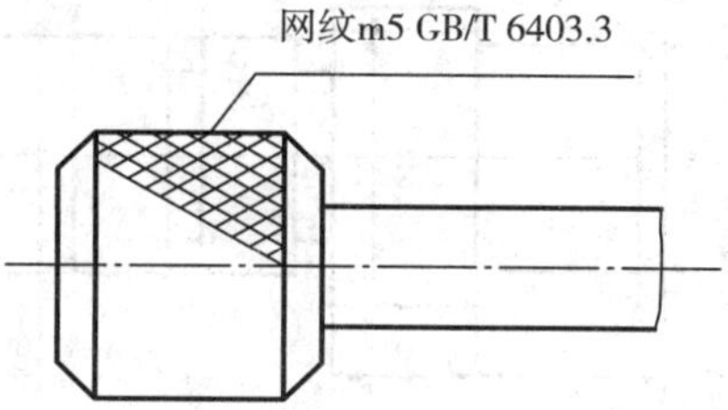
</td><td rowspan="2">滚花可采用左图（简化后）的方法标注</td></tr>
<tr><td>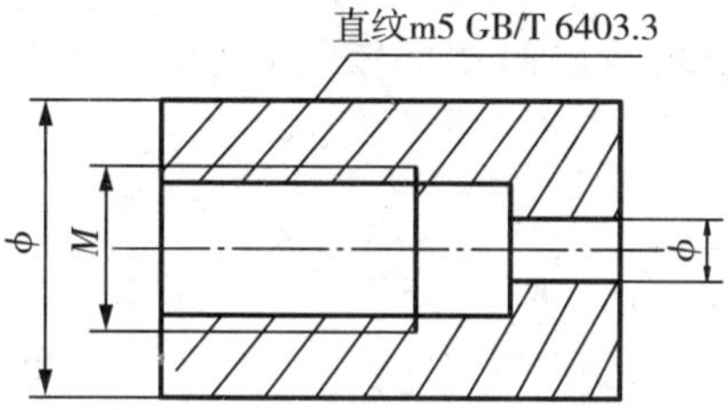
</td><td>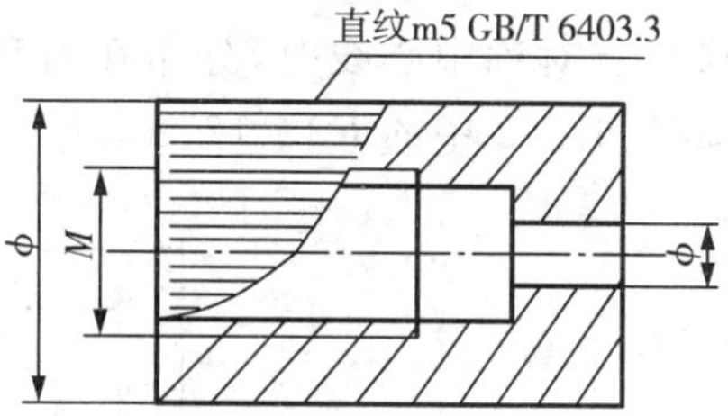
</td></tr>
</table>

6.4.3 尺寸的简化注法的补充（GB/T 16675.2—2012）

1. 一般的退刀槽可按“槽宽×直径”（如图 6-38 所示）或“槽宽×槽深”（如图 6-39 所示）的形式标注。

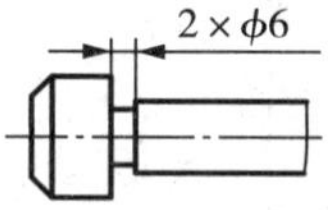

图 6-38 槽宽×直径

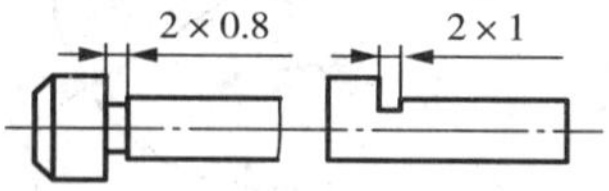

图 6-39 槽宽×槽深

2. 当成组要素的定位和分布情况在图形中已明确时，可不标注其角度，并省略缩写词“EQS”，如图 6-40 所示。

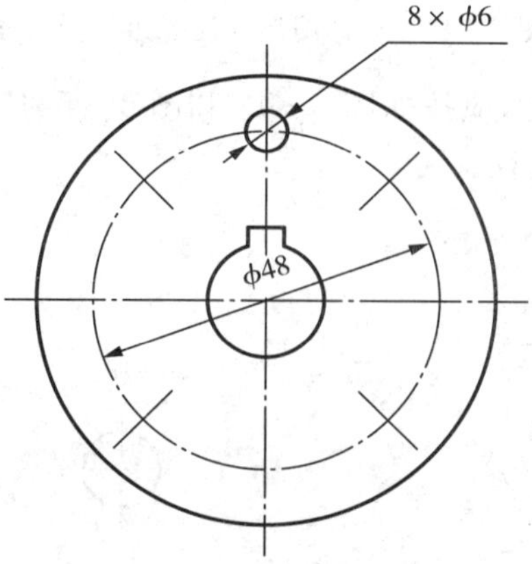

图 6-40 省略角度和缩写词

3. 对不连续的同一表面，可用细实线连接后标注一次尺寸，如图 6-41 所示。

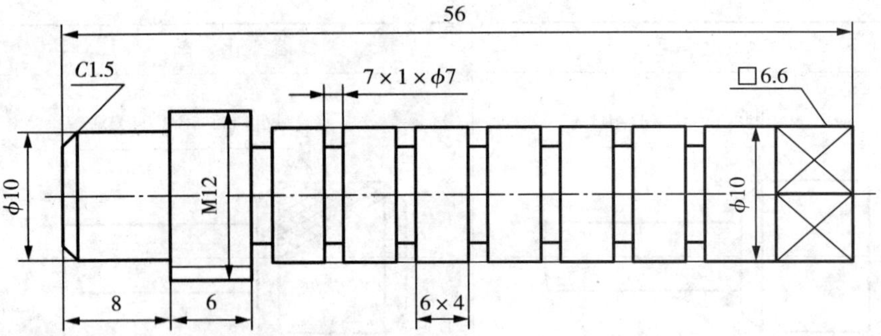

图 6-41 同一表面用细实线连接后标注一次尺寸

4. 当图形具有对称中心线时，分布在对称中心线两边的相同结构，可仅标注其中一边的结构尺寸，如图 6-42 中的 $R32$、12、$R9$、$R5$ 等。

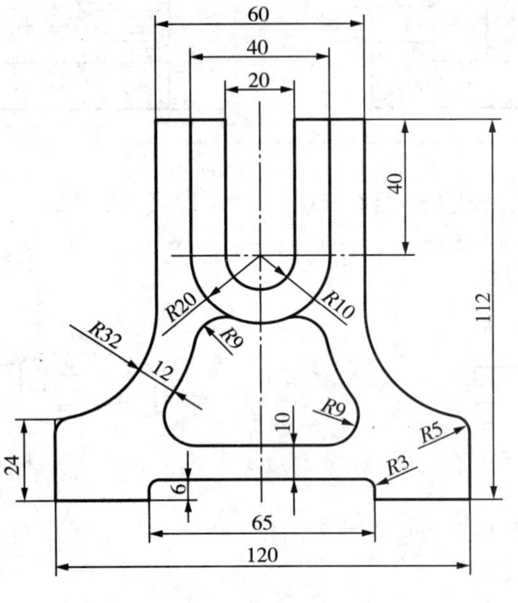

图 6-42 对称图形标注一边结构尺寸

5. 标注圆锥销孔的尺寸时，应按如图 6-43 和图 6-44 所示的形式标注，其中 $\phi4$ 和 $\phi3$ 为与其相配的圆锥销的公称直径。

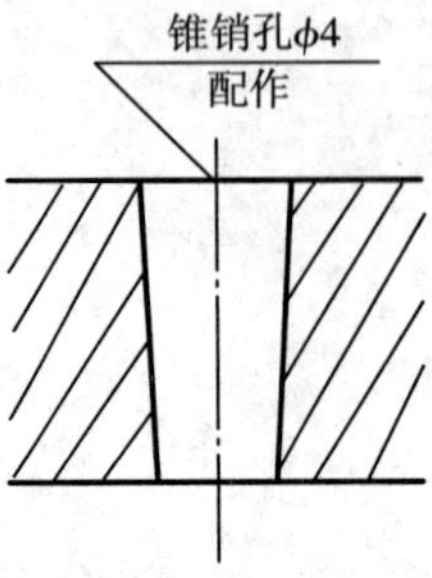

图 6-43 圆锥销孔标注形式(一)

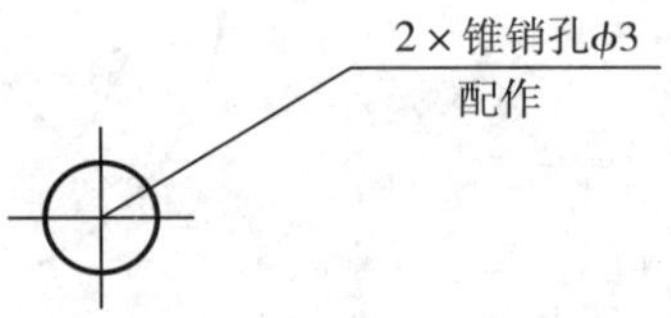

图 6-44 圆锥销孔标注形式(二)

6. 对于镀涂表面的尺寸，按以下规定标注。

图样中镀涂零件的尺寸应为镀涂后尺寸，即计入了镀涂层厚度；如为镀涂前的尺寸，应在尺寸数字的右边加注“镀(涂)前”字样。

对于装饰性、防腐性的自由表面尺寸，可视作镀涂前尺寸，省略“镀(涂)前”字样。

对于配合尺寸，只有当镀涂层厚度不影响配合时，方可视作镀涂前的尺寸，并省略“镀(涂)前”字样。

必要时，可同时标注镀涂前和镀涂后的尺寸，并注写“镀(涂)前”和“镀(涂)后”字样，如图 6-45 所示。

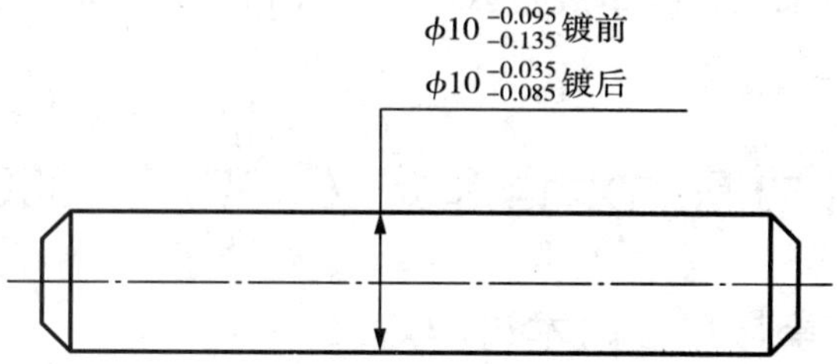

图 6-45　镀涂表面的尺寸

第7章　孔与轴的尺寸公差与配合

本章根据国家标准 GB/T 1800.1—2009《产品几何技术规范(GPS)　极限与配合　第1部分:公差、偏差和配合的基础》、GB/T 4458.5—2003《机械制图　尺寸公差与配合注法》和 GB/T 1182—2008《产品几何技术规范(GPS)　几何公差　形状、方向、位置和跳动公差标注》等的规定编写。

7.1　极限与配合的基本术语和定义(GB/T 1800.1—2009)

7.1.1　要素、尺寸要素与尺寸的术语和定义

1. 要素

构成零件几何形状的点、线、面统称为零件的要素,如图 7-1 所示。要素也称几何要素。

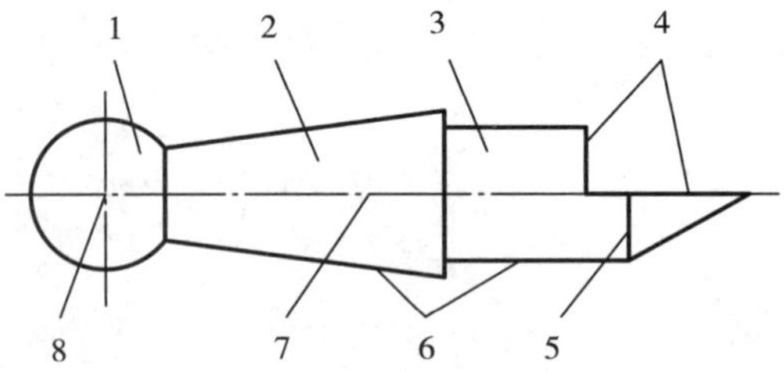

图 7-1　零件几何要素

1—球面;2—圆锥面;3—圆柱面;4—平面;5—半圆线;6—素线;7—轴线;8—球心

2. 尺寸要素

由一定大小的线性尺寸和角度尺寸确定的几何形状称为尺寸要素。

3. 组成要素与导出要素

(1)实际(组成)要素:组成要素是实有定义的面或面上的线。其实质是构成零件几何外形能直接被人们所感觉到的点、线、面,如图 7-1 中的球面、圆锥面、圆柱面、平面及素线等。

(2)导出要素:由一个或几个组成要素得到的中心点、中心线或中心面。其实质是表示组成要素对称中心位置的点、线、面,如图 7-1 中的轴线及球心等。

4. 公称组成要素与公称导出要素

(1)公称组成要素:由技术制图或其他方法确定的理论正确组成要素,如图 7-2a 所示。

(2)公称导出要素:由一个或几个公称组成要素导出的中心点、轴线或中心平面,如图7-2a 所示。

5. 实际(组成)要素

实际(组成)要素是指接近实际(组成)要素所限定的工件实际表面的组成要素部分,如图 7-2b 所示。

注:没有实际导出要素。

6. 提取组成要素与提取导出要素

(1)提取组成要素:按规定方法,由实际(组成)要素提取有限数目的点所形成的实际(组成)要素的近似替代,如图 7-2c 所示。

(2)提取导出要素:由一个或几个提取组成要素得到的中心点、中心线或中心面,如图 7-2c所示。

提取组成要素和提取导出要素统称为提取要素。

7. 拟合组成要素与拟合导出要素

(1)拟合组成要素:按规定方法,由提取组成要素形成的并具有理想形状的组成要素,如图 7-2d 所示。

(2)拟合导出要素:由一个或几个拟合组成要素导出的中心点、轴线或中心平面,如图 7-2d所示。

拟合组成要素与拟合导出要素统称为拟合要素。拟合要素具有理想的形状,其实质就是具有几何学意义的点、线、面。

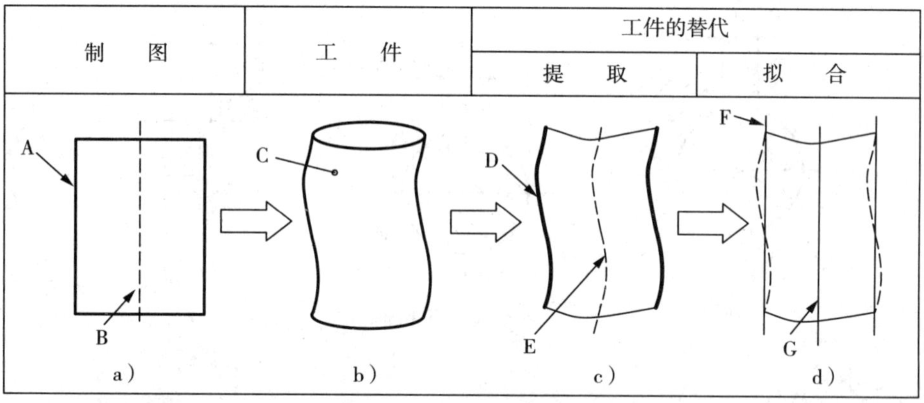

图 7-2　几何要素图解

A—公称组成要素;B—公称导出要素;C—实际(组成)要素;D—提取组成要素;
E—提取导出要素;F—拟合组成要素;G—拟合导出要素

8. 几何要素定义间的相互关系

几何要素定义间相互关系的结构,如图 7-3 所示。

9. 孔

孔通常是指工件的圆柱形内尺寸要素,也包括非圆柱形的内尺寸要素(由二平行平面或切面形成的包容面),如图 7-4 所示。

10. 轴

轴通常是指工件的圆柱形外尺寸要素,也包括非圆柱形的外尺寸要素(由二平行平面或切面形成的被包容面)，如图 7 - 4 所示。

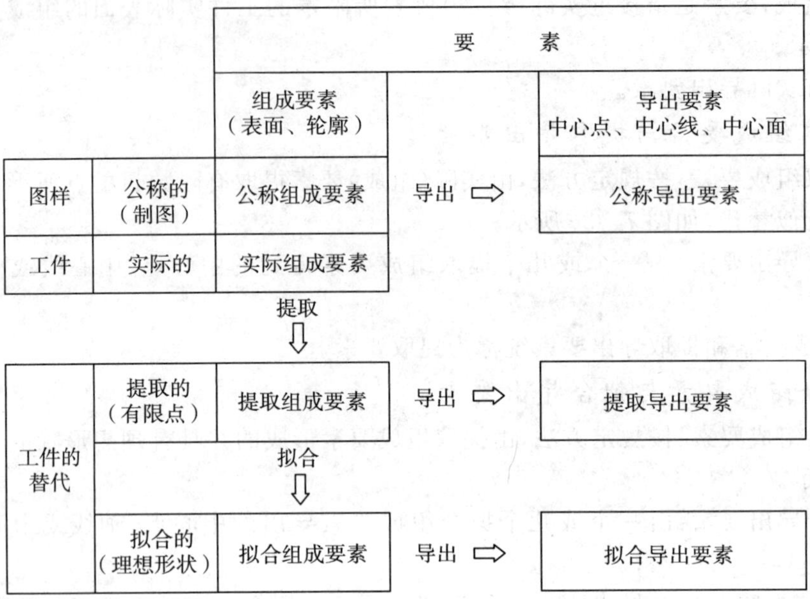

图 7 - 3　几何要素定义间相互关系的结构框图

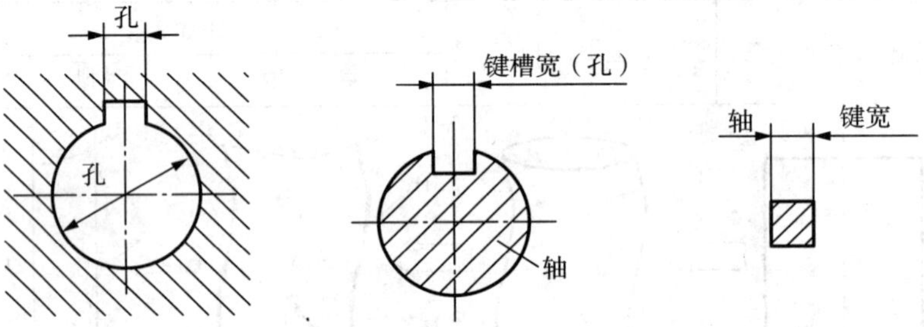

图 7 - 4　孔和轴

11. 尺寸

尺寸是以特定单位表示线性尺寸值的数值。

12. 公称尺寸

公称尺寸是由图样规范确定的理想形状要素的尺寸，如图 7 - 5 所示。

孔的公称尺寸用大写字母 D，轴的公称尺寸用小写字母 d 表示。通常公称尺寸应用上、下极限偏差可计算出极限尺寸。公称尺寸可以是一个整数或一个小数，例如 32，15，8.75，0.5，…。

13. 提取组成要素的局部尺寸

一切提取组成要素上两对应点之间的距离，统称为提取组成要素的局部尺寸。为了方便起见，可将提取组成要素的局部尺寸简称为提取要素的局部尺寸。

14. 提取圆柱面的局部尺寸

要素上两对应点之间的距离。其中：两对应点之间的连线通过拟合圆圆心；横截面垂直于由提取表面得到的拟合圆柱面的轴线。

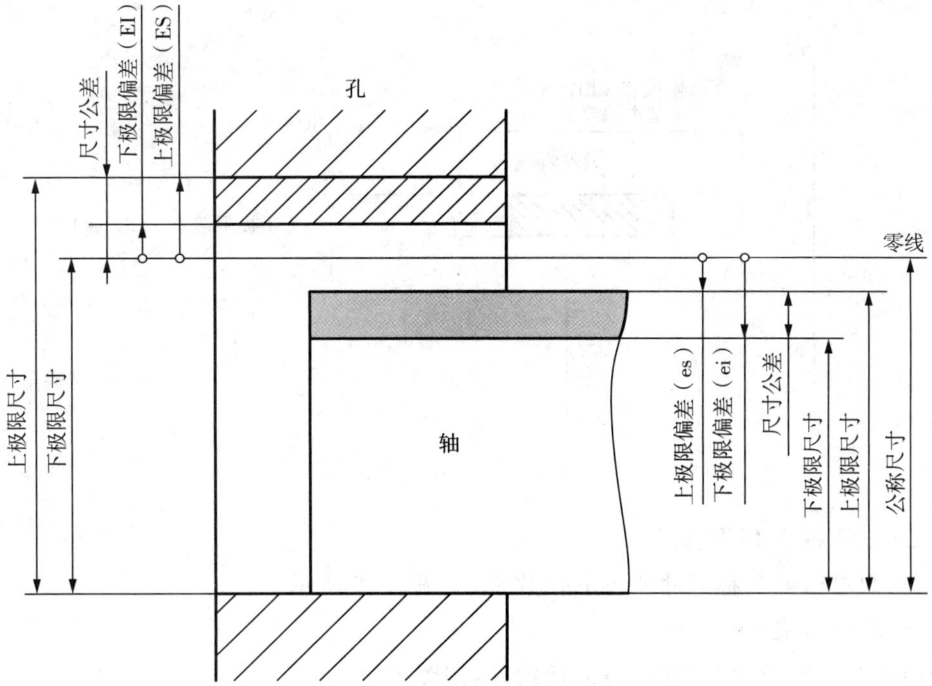

图 7-5　公称尺寸、上极限尺寸和下极限尺寸

15. 两平行提取表面的局部尺寸

两平行对应提取表面上两对应点之间的距离。其中：所有对应点的连线均垂直于拟合中心平面；拟合中心平面是由两平行提取表面得到的两拟合平行平面的中心平面（两拟合平行平面之间的距离可能与公称距离不同）。

16. 极限尺寸

尺寸要素允许的尺寸的两个极端。提取组成要素的局部尺寸应位于其中，也可达到极限尺寸，如图 7-5 所示。

17. 上极限尺寸

尺寸要素允许的最大尺寸，如图 7-5 所示。

18. 下极限尺寸

尺寸要素允许的最小尺寸，如图 7-5 所示。

7.1.2　偏差、公差和公差带的术语和定义

1. 零线

在极限与配合图解中，表示公称尺寸的一条直线，以其为基准确定偏差和公差，如图 7-6 所示。零线通常沿水平方向绘制，正偏差位于其上，负偏差位于其下，如图 7-6 所示。

2. 偏差

某一尺寸减其公称尺寸所得的代数差。

3. 极限偏差

极限偏差是指上极限偏差和下极限偏差。轴的上、下极限偏差代号分别用小写字母 es、ei 表示；孔的上、下极限偏差代号分别用大写字母 ES、EI 表示，如图 7-6 所示。

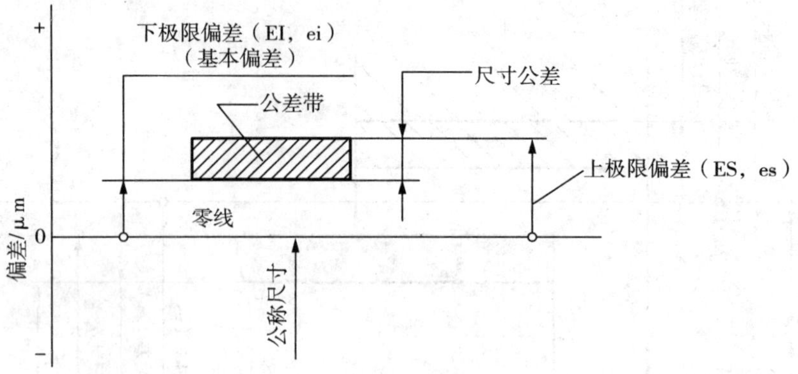

图 7-6　公差带图解

4．上极限偏差（ES、es）

上极限尺寸减其公称尺寸所得的代数差，如图 7-6 所示。

5．下极限偏差（EI、ei）

下极限尺寸减其公称尺寸所得的代数差，如图 7-6 所示。

6．基本偏差

基本偏差是指，在极限与配合制中，确定公差带相对零线位置的那个极限偏差，如图 7-6 所示。基本偏差可以是上极限偏差或下极限偏差，一般为靠近零线的那个偏差；如图 7-6 所示为下极限偏差。

7．尺寸公差（简称公差）

尺寸公差是指，上极限尺寸减下极限尺寸之差，或上极限偏差减下极限偏差之差。它是允许尺寸的变动量。尺寸公差是一个没有符号的绝对值。

8．标准公差（IT）

标准极限与配合制中，所规定的任一公差。字母 IT 为“国际公差”的英文缩略语。

9．标准公差等级

在标准极限偏差与配合制中，同一公差等级（例如 IT7）对所有公称尺寸的一组公差被认为具有同等精确程度。

10．公差带

在公差带图解中，由代表上极限偏差和下极限偏差或上极限尺寸和下极限尺寸的两条直线所限定的一个区域。它由公差大小和其相对零线的位置如基本偏差来确定，如图 7-6 所示。

11．标准公差因子（i、I）

在标准极限与配合制中，用以确定标准公差的基本单位，该因子是基本尺寸的函数。标准公差因子 i 用于公称尺寸至 500mm，标准公差因子 I 用于公称尺寸大于 500mm。

7.1.3　配合的术语和定义

配合是指公称尺寸相同的并且相互结合的孔轴公差带之间的关系。

1. 间隙

孔的尺寸减去相配合的轴的尺寸之差为正称为间隙，如图 7-7 所示。

2. 间隙配合

具有间隙(包括最小间隙等于零)的配合。此时，孔的公差带在轴的公差带之上，如图7-8 所示。

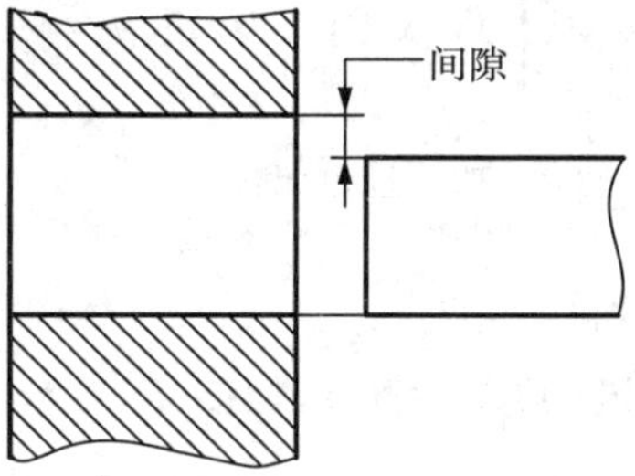

图 7-7　间隙

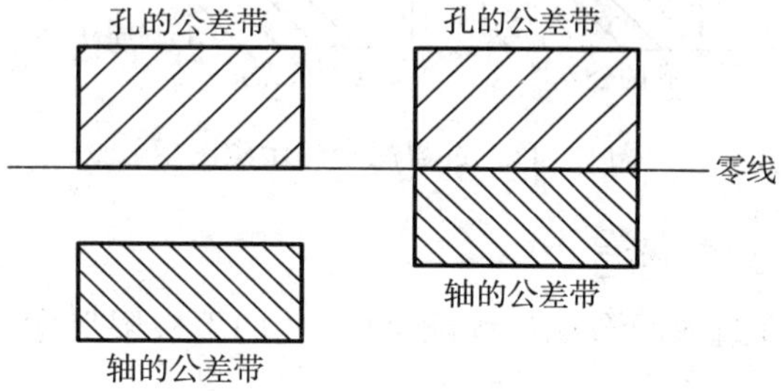

图 7-8　间隙配合的示意图

3. 最小间隙

在间隙配合中，孔的下极限尺寸与轴的上极限尺寸之差，如图 7-9 所示。

4. 最大间隙

在间隙配合或过渡配合中，孔的上极限尺寸与轴的下极限尺寸之差，如图 7-9、图 7-14 所示。

6. 过盈

孔的尺寸减去相配合的轴的尺寸之差为负称为过盈，如图 7-10 所示。

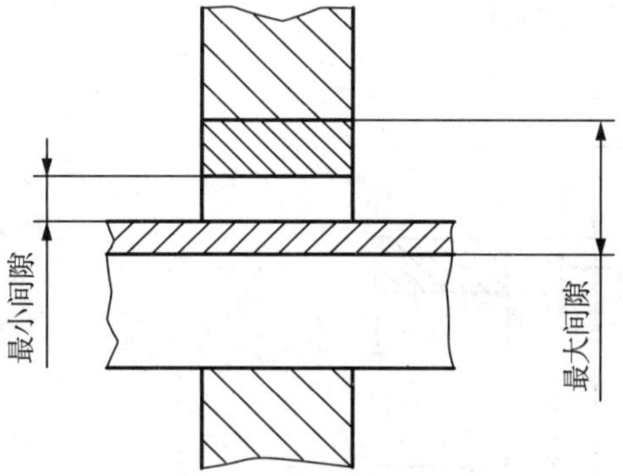

图 7-9　间隙配合

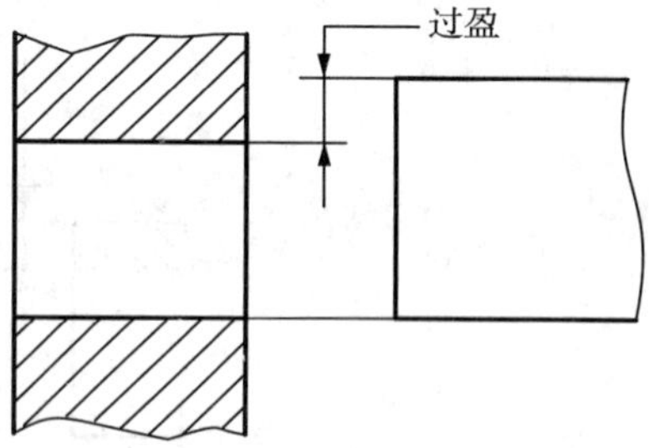

图 7-10　过盈

7. 过盈配合

具有过盈(包括最小过盈等于零)的配合。此时，孔的公差带在轴的公差带之下，如图7-11 所示。

8. 最小过盈

在过盈配合中，孔的上极限尺寸与轴的下极限尺寸之差，如图 7-12 所示。

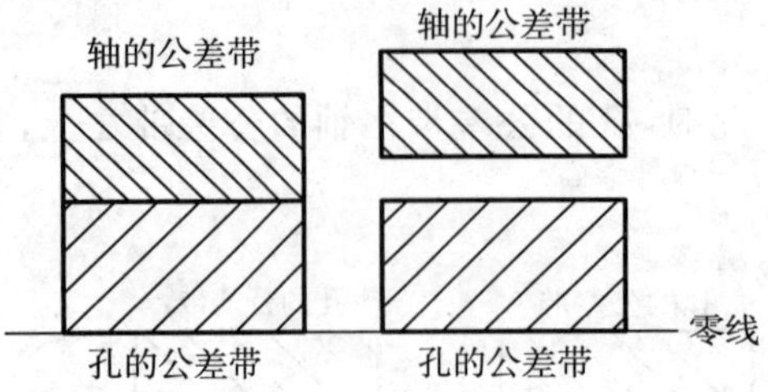

图 7－11　过盈配合的示意图

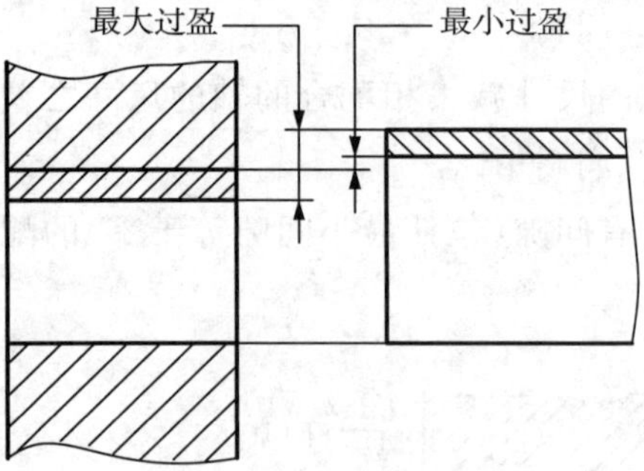

图 7－12　过盈配合

9. 最大过盈

在过盈配合或过渡配合中，孔的下极限尺寸与轴的上极限尺寸之差，如图 7－12、图 7－14 所示。

10. 过渡配合

可能具有间隙或过盈的配合。此时，孔的公差带与轴的公差带相互交叠，如图 7－13、图 7－14 所示。

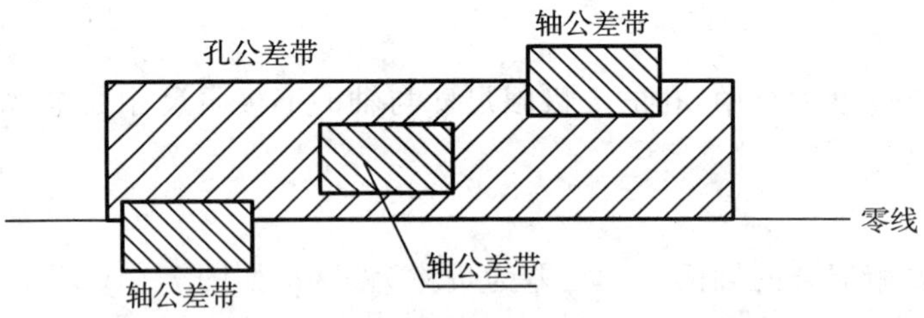

图 7－13　过渡配合的示意图

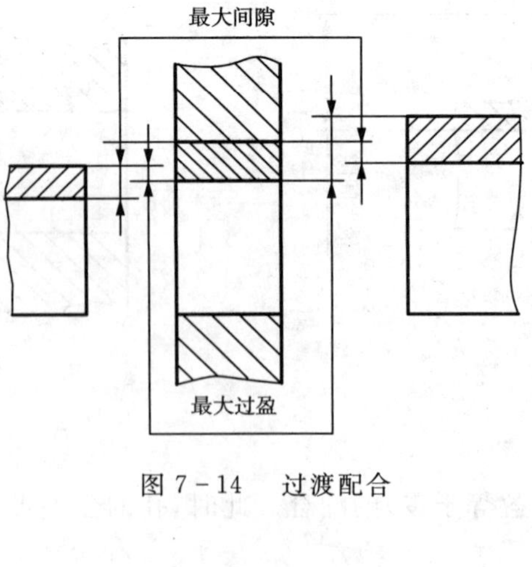

图 7－14　过渡配合

11. 配合公差

组成配合的孔与轴的公差之和。它是允许间隙或过盈的变动量。配合公差是一个没有符号的绝对值。

7.2　配合制

配合制是指同一极限制的孔和轴组成的一种配合制度。

1. 基轴制配合

基轴制配合是指，基本偏差为一定的轴的公差带，与不同基本偏差的孔的公差带形成各种配合的一种制度。国家标准 GB/T 1800.1—2009 中的极限与配合制，是轴的上极限尺寸与公称尺寸相等、轴的上极限偏差为零的一种配合制，如图 7-15 所示。

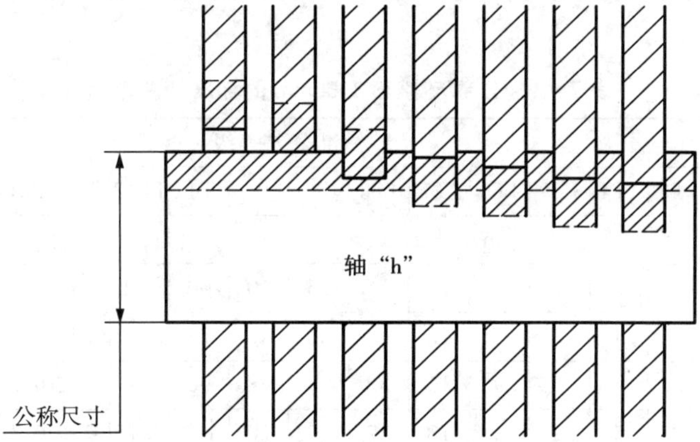

注：水平实线代表孔或轴的基本偏差。虚线代表另一个极限，表示孔与轴之间可能的不同组合与它们的公差等级有关。

图 7-15　基轴制配合

2. 基孔制配合

基孔制配合是指，基本偏差为一定的孔的公差带，与不同基本偏差的轴的公差带形成各种配合的一种制度。国家标准 GB/T 1800.1—2009 中的极限与配合制，是孔的下极限尺寸与公称尺寸相等、孔的下极限偏差为零的一种配合制，如图 7-16 所示。

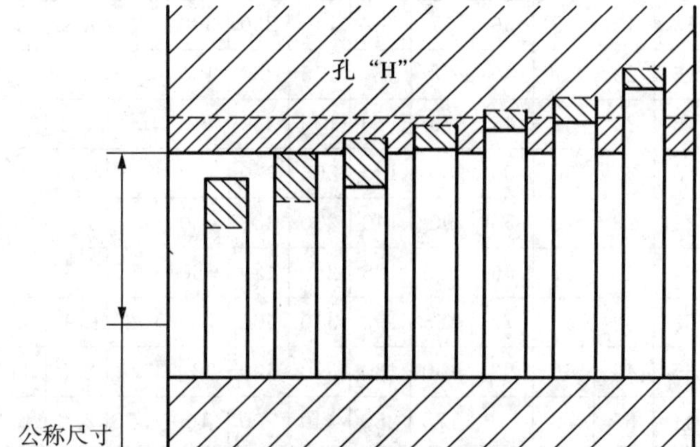

注：水平实线代表孔或轴的基本偏差。虚线代表另一个极限，表示孔与轴之间可能的不同组合与它们的公差等级有关。

图 7-16　基孔制配合

7.3 公差、偏差和配合的代号及表示

7.3.1 公差、偏差和配合的代号及表示

1. 标准公差等级代号

标准公差等级代号用符号 IT 和数字组成，如 IT7。当其与代表基本偏差的字母一起组成公差带时，省略 IT 字母，如 h7。标准公差等级分 IT01、IT0、IT1～IT18，共 20 级。公称尺寸至 3150mm 的各级标准公差数值见表 7－1 所列。IT01 和 IT0 的标准公差数值见表7－2 所列。

表 7－1 公称尺寸至 3150mm 的标准公差数值

公称尺寸/mm		标准公差等级																	
		IT1	IT2	IT3	IT4	IT5	IT6	IT7	IT8	IT9	IT10	IT11	IT12	IT13	IT14	IT15	IT16	IT17	IT18
大于	至	μm											mm						
—	3	0.8	1.2	2	3	4	6	10	14	25	40	60	0.1	0.14	0.25	0.4	0.6	1	1.4
3	6	1	1.5	2.5	4	5	8	12	18	30	48	75	0.12	0.18	0.3	0.48	0.75	1.2	1.8
6	10	1	1.5	2.5	4	6	9	15	22	36	58	90	0.15	0.22	0.36	0.58	0.9	1.5	2.2
10	18	1.2	2	3	5	8	11	18	27	43	70	110	0.18	0.27	0.43	0.7	1.1	1.8	2.7
18	30	1.5	2.5	4	6	9	13	21	33	52	84	130	0.21	0.33	0.52	0.84	1.3	2.1	3.3
30	50	1.5	2.5	4	7	11	16	25	39	62	100	160	0.25	0.39	0.62	1	1.6	2.5	3.9
50	80	2	3	5	8	13	19	30	46	74	120	190	0.3	0.46	0.74	1.2	1.9	3	4.6
80	120	2.5	4	6	10	15	22	35	54	87	140	220	0.35	0.54	0.87	1.4	2.2	3.5	5.4
120	180	3.5	5	8	12	18	25	40	63	100	160	250	0.4	0.63	1	1.6	2.5	4	6.3
180	250	4.5	7	10	14	20	29	46	72	115	185	290	0.46	0.72	1.15	1.85	2.9	4.6	7.2
250	315	6	8	12	16	23	32	52	81	130	210	320	0.52	0.81	1.3	2.1	3.2	5.2	8.1
315	400	7	9	13	18	25	36	57	89	140	230	360	0.57	0.89	1.4	2.3	3.6	5.7	8.9
400	500	8	10	15	20	27	40	63	97	155	250	400	0.63	0.97	1.55	2.5	4	6.3	9.7
500	630	9	11	16	22	32	44	70	110	175	280	440	0.7	1.1	1.75	2.8	4.4	7	11
630	800	10	13	18	25	36	50	80	125	200	320	500	0.8	1.25	2	3.2	5	8	12.5
800	1000	11	15	21	28	40	56	90	140	230	360	560	0.9	1.4	2.3	3.6	5.6	9	14
1000	1250	13	18	24	33	47	66	105	165	260	420	660	1.05	1.65	2.6	4.2	6.6	10.5	16.5
1250	1600	15	21	29	39	55	78	125	195	310	500	780	1.25	1.95	3.1	5	7.8	12.5	19.5
1600	2000	18	25	35	46	65	92	150	230	370	600	920	1.5	2.3	3.7	6	9.2	15	23
2000	2500	22	30	41	55	78	110	175	280	440	700	1100	1.75	2.8	4.4	7	11	17.5	28
2500	3150	26	36	50	68	96	135	210	330	540	860	1350	2.1	3.3	5.4	8.6	13.5	21	33

注：1. 公称尺寸大于 500mm 的 IT1～IT5 的标准公差数值为试行的。

2. 公称尺寸小于或等于 1mm 时，无 IT14～IT18。

表 7-2　IT01 和 IT0 的标准公差数值

公称尺寸/mm		标准公差等级	
		IT01	IT0
大于	至	公差/μm	
—	3	0.3	0.5
3	6	0.4	0.6
6	10	0.4	0.6
10	18	0.5	0.8
18	30	0.6	1
30	50	0.6	1
50	80	0.8	1.2
80	120	1	1.5
120	180	1.2	2
180	250	2	3
250	315	2.5	4
315	400	3	5
400	500	4	6

2. 基本偏差代号

基本偏差代号，对孔用大写字母 A，…，ZC 表示，对轴用小写字母 a，…，zc 表示，如图 7-17、图 7-18、图 7-19 所示，各 28 个。其中，基本偏差 H 代表基准孔，h 代表基准轴。为了避免混淆，不用下列字母：I，i；L，l；O，o；Q，q；W，w。

公称尺寸至 3150mm 的轴、孔的基本偏差数值分别见表 7-3 和表 7-4 所列。

3. 上极限偏差代号

上极限偏差代号，对孔用大写字母“ES”表示，对轴用小写字母“es”表示。

4. 下极限偏差代号

下极限偏差代号，对孔用大写字母“EI”表示，对轴用小写字母“ei”表示。

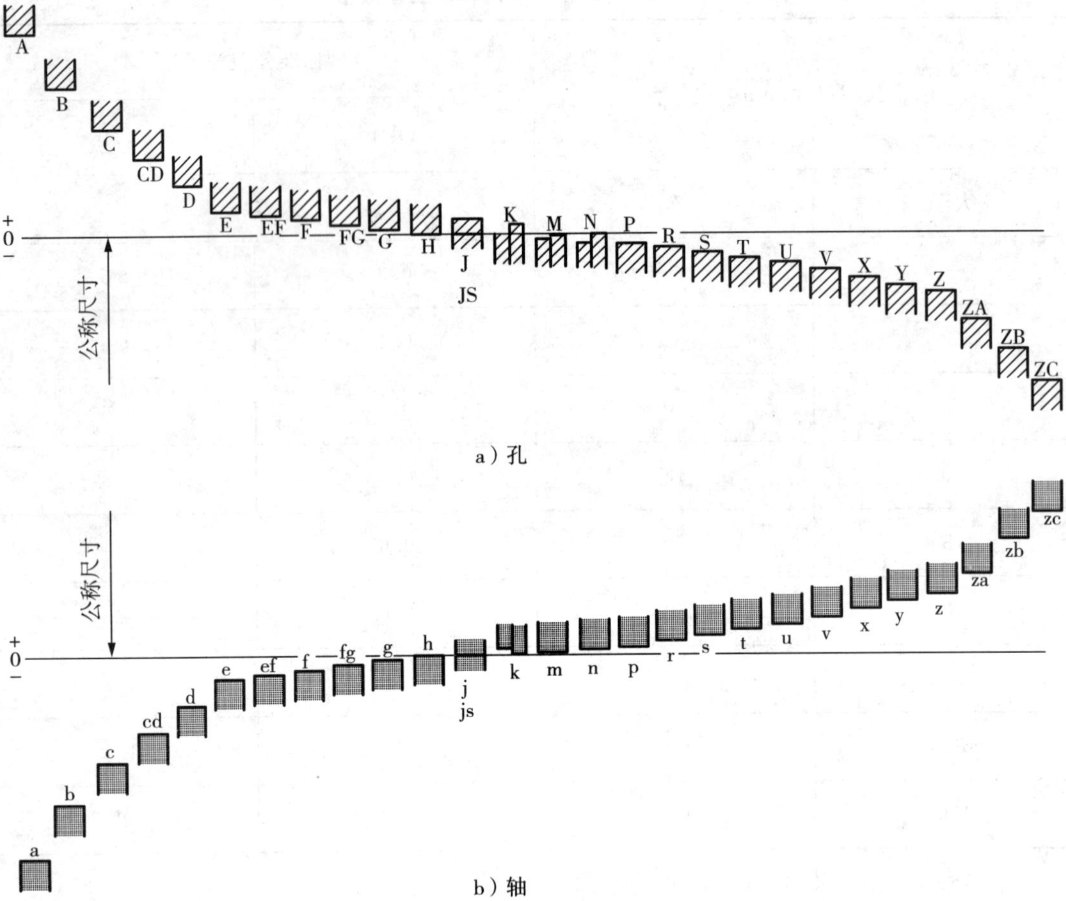

图 7-17　基本偏差系列示意图

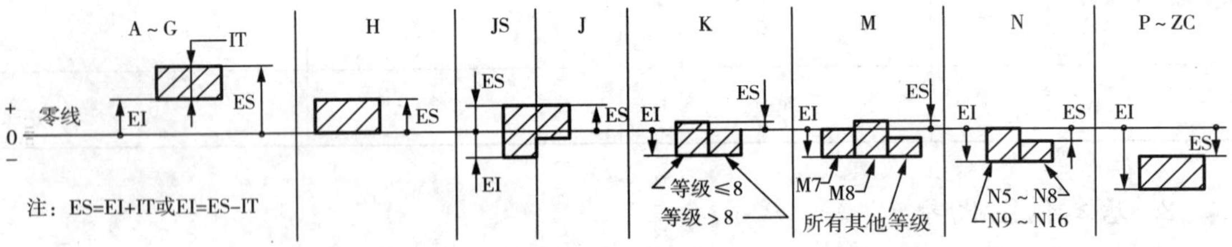

图 7-18　孔的偏差

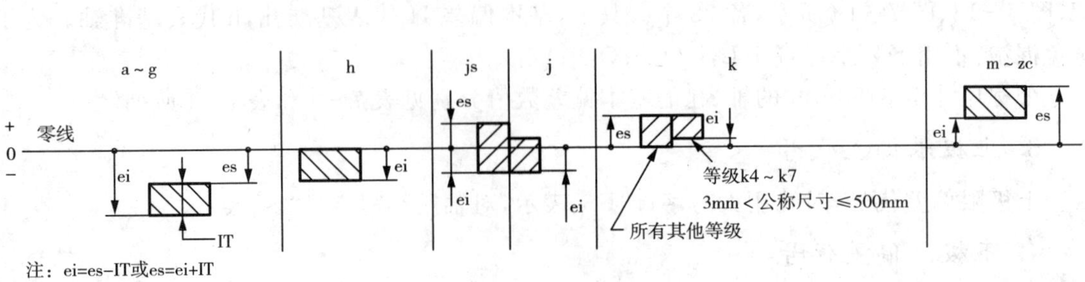

图 7-19　轴的偏差

表 7-3　轴的基本偏差数值(GB/T 1800.1—2009)

单位:μm

公称尺寸/mm		基本偏差数值(上极限偏差 es)											
		所有标准公差等级											
大于	至	a	b	c	cd	d	e	ef	f	fg	g	h	js
—	3	−270	−140	−60	−34	−20	−14	−10	−6	−4	−2	0	偏差 $=\pm\frac{IT_n}{2}$,式中 IT_n 是 IT 值数
3	6	−270	−140	−70	−46	−30	−20	−14	−10	−6	−4	0	
6	10	−280	−150	−80	−56	−40	−25	−18	−13	−8	−5	0	
10	14	−290	−150	−95		−50	−32		−16		−6	0	
14	18												
18	24	−300	−160	−110		−65	−40		−20		−7	0	
24	30												
30	40	−310	−170	−120		−80	−50		−25		−9	0	
40	50	−320	−180	−130									
50	65	−340	−190	−140		−100	−60		−30		−10	0	
65	80	−360	−200	−150									
80	100	−380	−220	−170		−120	−72		−36		−12	0	
100	120	−410	−240	−180									
120	140	−460	−260	−200		−145	−85		−43		−14	0	
140	160	−520	−280	−210									
160	180	−580	−310	−230									
180	200	−660	−340	−240		−170	−100		−50		−15	0	
200	225	−740	−380	−260									
225	250	−820	−420	−280									
250	280	−920	−480	−300		−190	−110		−56		−17	0	
280	315	−1050	−540	−330									
315	355	−1200	−600	−360		−210	−125		−62		−18	0	
355	400	−1350	−680	−400									
400	450	−1500	−760	−440		−230	−135		−68		−20	0	
450	500	−1650	−840	−480									
500	560					−260	−145		−76		−22	0	
560	630												
630	710					−290	−160		−80		−24	0	
710	800												
800	900					−320	−170		−86		−26	0	
900	1000												
1000	1120					−350	−195		−98		−28	0	
1120	1250												
1250	1400					−390	−220		−110		−30	0	
1400	1600												
1600	1800					−430	−240		−120		−32	0	
1800	2000												
2000	2240					−480	−260		−130		−34	0	
2240	2500												
2500	2800					−520	−290		−145		−38	0	
2800	3150												

（续表）

公称尺寸/mm		基本偏差数值（下极限偏差 ei）																		
		IT5～IT6	IT7	IT8	IT4～IT7	≤IT3 >IT7	所有标准公差等级													
		j			k		m	n	p	r	s	t	u	v	x	y	z	za	zb	zc
大于	至																			
–	3	−2	−4	−6	0	0	+2	+4	+6	+10	+14		+18		+20		+26	+32	+40	+60
3	6	−2	−4		+1	0	+4	+8	+12	+15	+19		+23		+28		+35	+42	+50	+80
6	10	−2	−5		+1	0	+6	+10	+15	+19	+23		+28		+34		+42	+52	+67	+97
10	14	−3	−6		+1	0	+7	+12	+18	+23	+28		+33		+40		+50	+64	+90	+130
14	18													+39	+45		+60	+77	+108	+150
18	24	−4	−8		+2	0	+8	+15	+22	+28	+35		+41	+47	+54	+63	+73	+98	+136	+188
24	30											+41	+48	+55	+64	+75	+88	+118	+160	+218
30	40	−5	−10		+2	0	+9	+17	+26	+34	+43	+48	+60	+68	+80	+94	+112	+148	+200	+274
40	50											+54	+70	+81	+97	+114	+136	+180	+242	+325
50	65	−7	−12		+2	0	+11	+20	+32	+41	+53	+66	+87	+102	+122	+144	+172	+226	+300	+405
65	80									+43	+59	+75	+102	+120	+146	+174	+210	+274	+360	+480
80	100	−9	−15		+3	0	+13	+23	+37	+51	+71	+91	+124	+146	+178	+214	+258	+335	+445	+585
100	120									+54	+79	+104	+144	+172	+210	+254	+310	+400	+525	+690
120	140	−11	−18		+3	0	+15	+27	+43	+63	+92	+122	+170	+202	+248	+300	+365	+470	+620	+800
140	160									+65	+100	+134	+190	+228	+280	+340	+415	+535	+700	+900
160	180									+68	+108	+146	+210	+252	+310	+380	+465	+600	+780	+1000
180	200	−13	−21		+4	0	+17	+31	+50	+77	+122	+166	+236	+284	+350	+425	+520	+670	+880	+1150
200	225									+80	+130	+180	+258	+310	+385	+470	+575	+740	+960	+1250
225	250									+84	+140	+196	+284	+340	+425	+520	+640	+820	+1050	+1350
250	280	−16	−26		+4	0	+20	+34	+56	+94	+158	+218	+315	+385	+475	+580	+710	+920	+1200	+1550
280	315									+98	+170	+240	+350	+425	+525	+650	+790	+1000	+1300	+1700
315	355	−18	−28		+4	0	+21	+37	+62	+108	+190	+268	+390	+475	+590	+730	+900	+1150	+1500	+1900
355	400									+114	+208	+294	+435	+530	+660	+820	+1000	+1300	+1650	+2100
400	450	−20	−32		+5	0	+23	+40	+68	+126	+232	+330	+490	+595	+740	+920	+1100	+1450	+1850	+2400
450	500									+132	+252	+360	+540	+660	+820	+1000	+1250	+1600	+2100	+2600
500	560				0	0	+26	+44	+78	+150	+280	+400	+600							
560	630									+155	+310	+450	+660							
630	710				0	0	+30	+50	+88	+175	+340	+500	+740							
710	800									+185	+380	+560	+840							
800	900				0	0	+34	+56	+100	+210	+430	+620	+940							
900	1000									+220	+470	+680	+1050							
1000	1120				0	0	+40	+66	+120	+250	+520	+780	+1150							
1120	1250									+260	+580	+840	+1300							
1250	1400				0	0	+48	+78	+140	+300	+640	+960	+1450							
1400	1600									+330	+720	+1050	+1600							
1600	1800				0	0	+58	+92	+170	+370	+820	+1200	+1850							
1800	2000									+400	+920	+1350	+2000							
2000	2240				0	0	+68	+110	+195	+440	+1000	+1500	+2300							
2240	2500									+460	+1100	+1650	+2500							
2500	2800				0	0	+76	+135	+240	+550	+1250	+1900	+2900							
2800	3150									+580	+1400	+2100	+3200							

注：公称尺寸小于或等于1mm时，基本偏差a和b均不采用。公差带js7～js11，若IT_n值数是奇数，则取偏差=$\pm\frac{IT_n-1}{2}$。

表7－4　孔的基本偏差数值（GB/T 1800.1—2009）

单位：μm

公称尺寸/mm		基本偏差数值																					
		下极限偏差EI												上极限偏差ES									
		所有标准公差等级												IT6	IT7	IT8	≤IT8	>IT8	≤IT8	>IT8	≤IT8	>IT8	≤IT7
大于	至	A	B	C	CD	D	E	EF	F	FG	G	H	JS	J			K		M		N		P至ZC
—	3	+270	+140	+60	+34	+20	+14	+10	+6	+4	+2	0	偏差=$\pm\frac{IT_n-1}{2}$ 式中IT_n是IT值数	+2	+4	+6	0	0	−2	−2	−4	−4	在大于IT7的相应数值上加一个Δ值
3	6	+270	+140	+70	+46	+30	+20	+14	+10	+6	+4	0		+5	+6	+10	−1+Δ		−4+Δ	−4	−8+Δ	0	
6	10	+280	+150	+80	+56	+40	+25	+18	+13	+8	+5	0		+5	+8	+12	−1+Δ		−6+Δ	−6	−10+Δ	0	
10	14	+290	+150	+95		+50	+32		+16		+6	0		+6	+10	+15	−1+Δ		−7+Δ	−7	−12+Δ	0	
14	18																						
18	24	+300	+160	+110		+65	+40		+20		+7	0		+8	+12	+20	−2+Δ		−8+Δ	−8	−15+Δ	0	
24	30																						
30	40	+310	+170	+120		+80	+50		+25		+9	0		+10	+14	+24	−2+Δ		−9+Δ	−9	−17+Δ	0	
40	50	+320	+180	+130																			
50	65	+340	+190	+140		+100	+60		+30		+10	0		+13	+18	+28	−2+Δ		−11+Δ	−11	−20+Δ	0	
65	80	+360	+200	+150																			
80	100	+380	+220	+170		+120	+72		+36		+12	0		+16	+22	+34	−3+Δ		−13+Δ	−13	−23+Δ	0	
100	120	+410	+240	+180																			
120	140	+460	+260	+200		+145	+85		+43		+14	0		+18	+26	+41	−3+Δ		−15+Δ	−15	−27+Δ	0	
140	160	+520	+280	+210																			
160	180	+580	+310	+230																			
180	200	+660	+340	+240		+170	+100		+50		+15	0		+22	+30	+47	−4+Δ		−17+Δ	−17	−31+Δ	0	
200	225	+740	+380	+260																			
225	250	+820	+420	+280																			
250	280	+920	+480	+300		+190	+110		+56		+17	0		+25	+36	+55	−4+Δ		−20+Δ	−20	−34+Δ	0	
280	315	+1050	+540	+330																			
315	355	+1200	+600	+360		+210	+125		+62		+18	0		+29	+39	+60	−4+Δ		−21+Δ	−21	−37+Δ	0	
355	400	+1350	+680	+400																			
400	450	+1500	+760	+440		+230	+135		+68		+20	0		+33	+43	+66	−5+Δ		−23+Δ	−23	−40+Δ	0	
450	500	+1650	+840	+480																			
500	560					+260	+145		+76		+22	0					0		−26		−44		
560	630																						
630	710					+290	+160		+80		+24	0					0		−30		−50		
710	800																						
800	900					+320	+170		+86		+26	0					0		−34		−56		
900	1000																						
1000	1120					+350	+195		+98		+28	0					0		−40		−66		
1120	1250																						
1250	1400					+390	+220		+110		+30	0					0		−48		−78		
1400	1600																						
1600	1800					+430	+240		+120		+32	0					0		−58		−92		
1800	2000																						
2000	2240					+480	+260		+130		+34	0					0		−68		−110		
2240	2500																						
2500	2800					+520	+290		+145		+38	0					0		−76		−135		
2800	3150																						

（续表）

公称尺寸/mm		基本偏差数值 上极限偏差ES 标准公差等级大于IT7												Δ值 标准公差等级					
大于	至	P	R	S	T	U	V	X	Y	Z	ZA	ZB	ZC	IT3	IT4	IT5	IT6	IT7	IT8
—	3	-6	-10	-14		-18		-20		-26	-32	-40	-60	0	0	0	0	0	0
3	6	-12	-15	-19		-23		-28		-35	-42	-50	-80	1	1.5	1	3	4	6
6	10	-15	-19	-23		-28		-34		-42	-52	-67	-97	1	1.5	2	3	6	7
10	14	-18	-23	-28		-33		-40		-50	-64	-90	-130	1	2	3	3	7	9
14	18						-39	-45		-60	-77	-108	-150						
18	24	-22	-28	-35		-41	-47	-54	-63	-73	-98	-136	-188	1.5	2	3	4	8	12
24	30				-41	-48	-55	-64	-75	-88	-118	-160	-218						
30	40	-26	-34	-43	-48	-60	-68	-80	-94	-112	-148	-200	-274	1.5	3	4	5	9	14
40	50				-54	-70	-81	-97	-114	-136	-180	-242	-325						
50	65	-32	-41	-53	-66	-87	-102	-122	-144	-172	-226	-300	-405	2	3	5	6	11	16
65	80		-43	-59	-75	-102	-120	-146	-174	-210	-274	-360	-480						
80	100	-37	-51	-71	-91	-124	-146	-178	-214	-258	-335	-445	-585	2	4	5	7	13	19
100	120		-54	-79	-104	-144	-172	-210	-254	-310	-400	-525	-690						
120	140	-43	-63	-92	-122	-170	-202	-248	-300	-365	-470	-620	-800	3	4	6	7	15	23
140	160		-65	-100	-134	-190	-228	-280	-340	-415	-535	-700	-900						
160	180		-68	-108	-146	-210	-252	-310	-380	-465	-600	-780	-1000						
180	200	-50	-77	-122	-166	-236	-284	-350	-425	-520	-670	-880	-1150	3	4	6	9	17	26
200	225		-80	-130	-180	-258	-310	-385	-470	-575	-740	-960	-1250						
225	250		-84	-140	-196	-284	-340	-425	-520	-640	-820	-1050	-1350						
250	280	-56	-94	-158	-218	-315	-385	-475	-580	-710	-920	-1200	-1550	4	4	7	9	20	29
280	315		-98	-170	-240	-350	-425	-525	-650	-790	-1000	-1300	-1700						
315	355	-62	-108	-190	-268	-390	-475	-590	-730	-900	-1150	-1500	-1900	4	5	7	11	21	32
355	400		-114	-208	-294	-435	-530	-660	-820	-1000	-1300	-1650	-2100						
400	450	-68	-126	-232	-330	-490	-595	-740	-920	-1100	-1450	-1850	-2400	5	5	7	13	23	34
450	500		-132	-252	-360	-540	-660	-820	-1000	-1250	-1600	-2100	-2600						
500	560	-78	-150	-280	-400	-600													
560	630		-155	-310	-450	-660													
630	710	-88	-175	-340	-500	-740													
710	800		-185	-380	-560	-840													
800	900	-100	-210	-430	-620	-940													
900	1000		-220	-470	-680	-1050													
1000	1120	-120	-250	-520	-780	-1150													
1120	1250		-260	-580	-840	-1300													
1250	1400	-140	-300	-640	-960	-1450													
1400	1600		-330	-720	-1050	-1600													
1600	1800	-170	-370	-820	-1200	-1850													
1800	2000		-400	-920	-1350	-2000													
2000	2240	-195	-440	-1000	-1500	-2300													
2240	2500		-460	-1100	-1650	-2500													
2500	2800	-240	-550	-1250	-1900	-2900													
2800	3150		-580	-1400	-2100	-3200													

注：1.公称尺寸小于或等于1mm时，基本偏差A和B及大于IT8的N均不采用。公差带JS7至JS11，若IT_n值数是奇数，则取偏差=$\pm\frac{IT_n-1}{2}$。

2.对小于或等于IT8的K、M、N和小于或等于IT7的P至ZC，所需Δ值从表内右侧选取。例如：18～30mm段的K7，Δ=8μm，所以ES=-2+8=+6（μm）；18～30mm段的S6，Δ=4μm，所以ES=-35+4=-31（μm）。特殊情况：250～315mm段的M6，Δ=4μm，ES=-9μm（代替-11μm）。

7.3.2　公差、偏差和配合的表示(GB/T 1800.1—2009、GB/T 4458.5—2003)

1. 公差带的表示

公差带用基本偏差的字母和公差等级数字表示。例如：H7 为孔的公差带；h7 为轴的公差带。

2. 注公差尺寸的表示

注公差的尺寸用公称尺寸后跟所要求的公差带或(和)对应的偏差数值表示。例如：32H7、80js15、100g6、$100^{-0.012}_{-0.034}$、100g6($^{-0.012}_{-0.034}$)。尺寸公差带代号，如图 7-20 所示。

图 7-20　公称尺寸及公差带代号

3. 公差在图样中的注法

零件图中尺寸公差带的标注有三种形式。

(1)标注公称尺寸和公差带代号，如图 7-21 所示。此种标注一般用于大批量生产的产品零件。公差带代号注在公称尺寸的右边，代号字体与尺寸数字字体的高度相同。

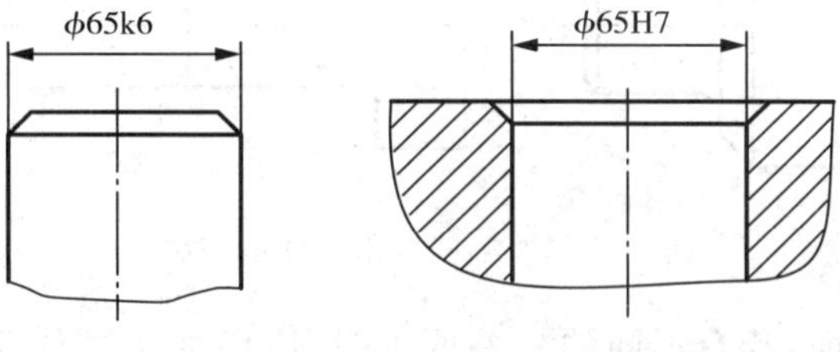

图 7-21　标注公称尺寸和公差带代号

(2)标注公称尺寸和极限偏差值，如图 7-22 所示。此种标注一般用于小量或单件生产的产品零件。上极限偏差注在公称尺寸的右上方，下极限偏差与公称尺寸注在同一底线上。上、下极限偏差的数字的字号应比公称尺寸的数字的字号小一号，小数点必须对齐，小数点后的位数也必须相同。当某一极限偏差为 0 时，0 与上极限偏差或下极限偏差的小数点前的个位数对齐。当公差带相对于公称尺寸对称地配置，即上下极限偏差或上极限偏差的绝对值相同时，偏差数字可以只注写一次，并应在偏差数字与公称尺寸之间注写符号“±”，且两者数字高度相同。

(3)标注公称尺寸、公差带代号和极限偏差值，如图 7-23 所示。此种标注一般用于中小批量生产的产品零件。极限偏差数值注在尺寸公差带代号后面，并加上圆括号。

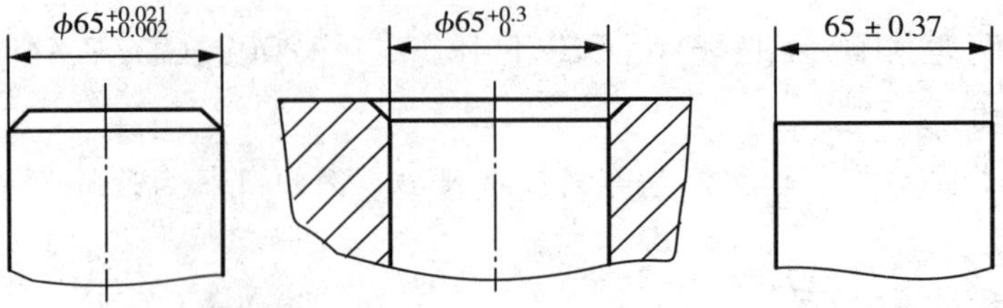

图 7-22　标注公称尺寸和极限偏差值

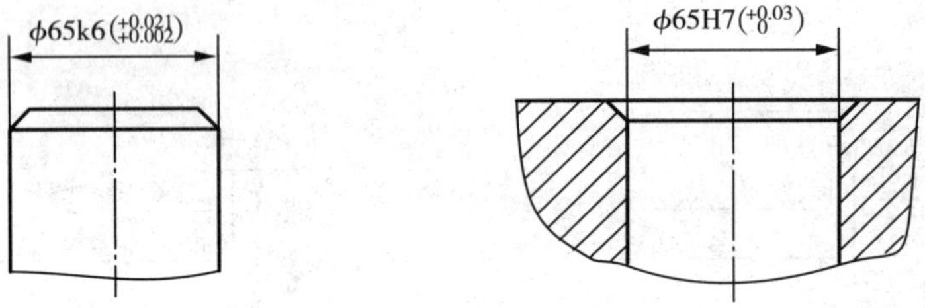

图 7-23　同时标注公称尺寸、公差带代号和极限偏差值

4. 线性尺寸公差的附加符号注法

如图 7-24 所示，当尺寸仅需要限制单个方向的极限值时，应在该极限尺寸的右边加注符号“max”或“min”。

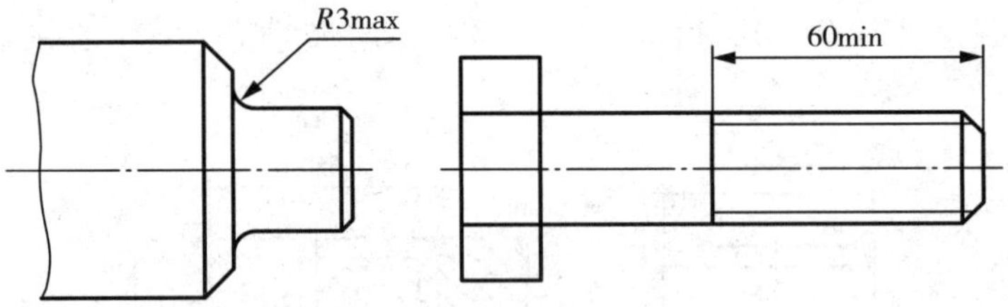

图 7-24　单向极限尺寸的注法

同一公称尺寸的表面，若有不同的公差要求时，应用细实线分开，且按规定的形式分别标注其公差，如图 7-25 所示。

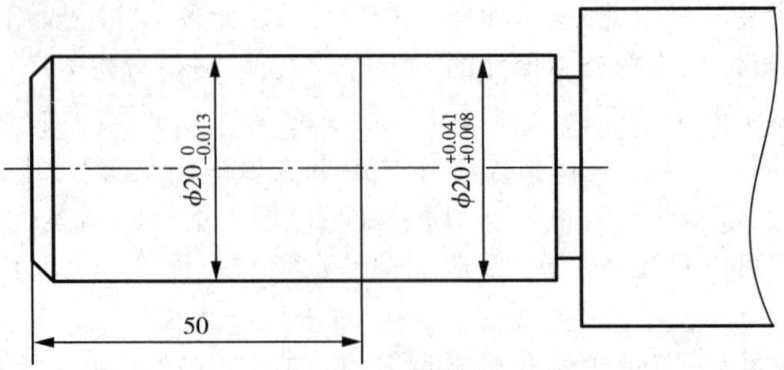

图 7-25　同一公称尺寸的表面有不同公差要求的注法

5. 配合的表示

配合用相同的公称尺寸后跟孔、轴公差带表示。孔、轴公差带写成分数形式，分子为孔公差带，分母为轴公差带，例如 52H7/g6 或 $50\ \dfrac{H7}{g6}$；这里，分子和分母上的字体高度与公称尺寸的字体高度相同。

配合在装配图上的标注有两种形式：

装配图中标注线性尺寸的配合代号时，可在尺寸线的上方用分数的形式表示，分子位置注孔的公差带代号，分母位置注轴的公差带代号；也可将公称尺寸和配合代号标注在尺寸线的中断处，或将配合代号写成分子与分母用斜线隔开的形式注在尺寸线的上方；如图 7 - 26 所示。

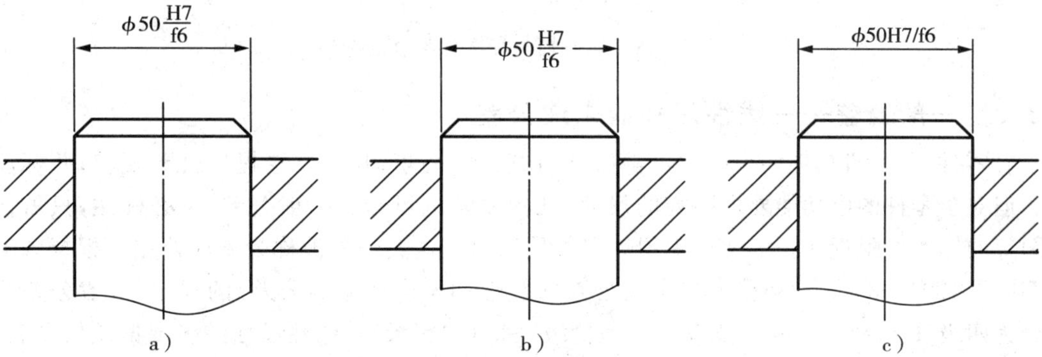

图 7 - 26　装配图中配合代号的标注

在装配图中标注相配零件的极限偏差时，通常将孔的公称尺寸和极限偏差注写在尺寸线的上方；轴的公称尺寸和极限偏差注在尺寸线的下方，如图 7 - 27a 所示。也允许公称尺寸只注写一次的标注，如图 7 - 27b 所示。

若需要明确指出装配件的代号时，可按如图 7 - 27c 所示的形式标注。

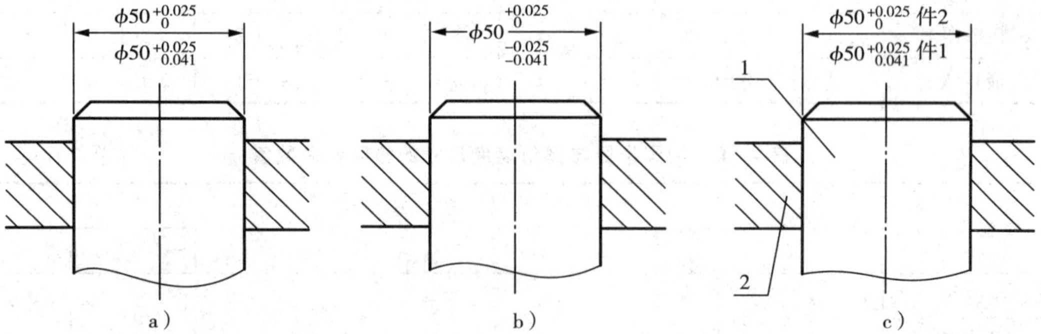

图 7 - 27　极限偏差在装配图中的标注

在装配图中，零件上的孔或轴与标准件配合时，可以仅标注该零件的公差带代号，如图 7 - 28所示。

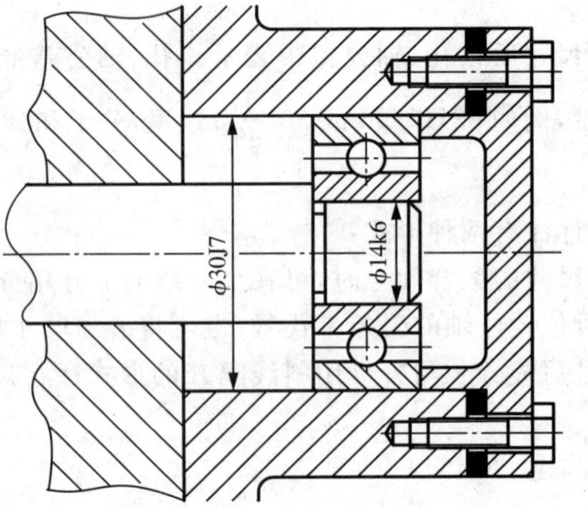

图 7－28　孔或轴与标准件配合的标注

7.3.3　一般公差——线性尺寸的未注公差

在零件图中，有功能要求的要素都必须对其尺寸要素、几何要素提出公差要求，并标注出来。但对于零件图中功能要求不高的尺寸、几何要素则可给出一般公差，不必标注，只需在零件图等的标题栏附近或技术文件中用规定符号注出。这类公差被称为未注公差。根据国家标准 GB/T 1804—2000《一般公差　未注公差的线性和角度尺寸的公差》的规定，一般公差等级共分为四级：f(精密级)、m(中等级)、c(粗糙级)和 v(最粗级)。线性尺寸的极限偏差值见表 7－5 所列，倒圆半径与倒角高度尺寸的极限偏差数值见表 7－6 所列。

表 7－5　线性尺寸的未注极限偏差数值　　单位：mm

公差等级	尺寸分段							
	0.5～3	＞3～6	＞6～30	＞30～120	＞120～400	＞400～1000	＞1000～2000	＞2000～4000
f(精密级)	±0.05	±0.05	±0.1	±0.15	±0.2	±0.3	±0.5	—
m(中等级)	±0.1	±0.1	±0.2	±0.3	±0.5	±0.8	±1.2	±2
c(粗糙级)	±0.2	±0.3	±0.5	±0.8	±1.2	±2	±3	±4
v(最粗级)	—	±0.5	±1	±1.5	±2.5	±4	±6	±8

表 7－6　倒圆半径与倒角高度尺寸的极限偏差数值　　单位：mm

公差等级	尺寸分段			
	0.5～3	＞3～6	＞6～30	＞30
f(精密级)	±0.2	±0.5	±1	±2
m(中等级)				
c(粗糙级)	±0.4	±1	±2	±4
v(最粗级)				

注：倒圆半径与倒角高度的含义参见 GB/T 6403.4—2008《零件倒圆与倒角》。

若采用国家标准规定的一般公差，应在标题栏上方或技术文件中用公差标准号和公差等级号表示出未注公差。例如在图样标题栏上方注明：未注公差尺寸按GB/T 1804—m。

7.4　公差与配合的选用

公差与配合的选择，主要是基准制的选择、公差等级的选择和配合种类的选择。

7.4.1　基准制的选择

基准制的选择应从结构工艺和经济性等方面综合考虑：

(1)通常情况下，优先采用基孔制，这样可以避免定制刀具和量具规格不必要的繁杂。

(2)具有明显经济效益时选用基轴制。例如，直接用冷拉钢材作轴，外圆不需要加工；或同一公称尺寸的各个部分需要安装不同类型的零件等。

(3)与标准件配合时，基准制的选择依标准件而定；例如，与滚动轴承配合的轴采用基孔制，与滚动轴承外圈配合的孔应按基轴制处理。

(4)为了满足配合的特殊需要，允许采用任一孔、轴公差带组成配合。

7.4.2　公差等级的选择

公差等级的选择，就是为了正确合理地解决机器零件的使用要求与制造工艺成本之间的关系。选择公差等级，应充分考虑公差等级的应用范围和各种加工方法所能达到的公差等级。

(1)选择公差等级应保证满足使用要求，可参考表7-7。

表7-7　公差等级的应用

应　　用	公差等级(IT)																			
	01	0	1	2	3	4	5	6	7	8	9	10	11	12	13	14	15	16	17	18
量块	—	—	—																	
量规			—	—	—	—	—	—	—											
配合尺寸							—	—	—	—	—	—	—	—	—					
特别精密的配合				—	—	—	—													
非配合尺寸														—	—	—	—	—	—	—
原材料尺寸										—	—	—	—	—	—	—				

注："—"表示应用的公差等级。

(2)对公称尺寸1～500mm、公差等级不大于IT8的配合，由于高精度的孔加工难度大，推荐选择孔的公差等级比轴低一级；但是对公称尺寸大于500mm的配合，由于孔的测量精度往往比轴容易保证，推荐采用同级孔、轴配合。

(3)选择公差等级既要满足设计要求，又要考虑工艺的可能性和经济性。孔、轴公差等级应同有关零件的精度、结构设计、加工及装配方法相适应。例如，与滚动轴承配合的轴颈和外壳精度就与滚动轴承的精度有关；齿轮孔与轴的配合精度就同齿轮本身的精度有关。

各种加工方法可达到的公差等级，可参考表7-8。

表 7-8 各种加工方法可达到的公差等级

加工方法	公差等级(IT)																			
	01	0	1	2	3	4	5	6	7	8	9	10	11	12	13	14	15	16	17	18
研磨	—	—	—	—	—	—	—													
珩磨						—	—	—	—											
圆磨							—	—	—	—										
平磨							—	—	—	—										
金刚石车							—	—	—											
金刚石镗							—	—	—											
拉削							—	—	—	—										
铰孔								—	—	—	—	—								
车									—	—	—	—	—							
镗									—	—	—	—	—							
铣										—	—	—	—							
刨、插												—	—							
钻												—	—	—	—					
液压、挤压												—	—							
冲压												—	—	—	—	—				
压铸													—	—	—	—				
粉末冶金成型								—	—	—										
粉末冶金烧结									—	—	—	—								
砂型铸造、气割																		—	—	—
锻造																		—	—	

注:"—"表示可达到的公差等级。

(4)一般、常用和优先公差带代号如下：

国家标准 GB/T 1801—2009 规定了公称尺寸不大于 500mm 的轴:一般公差带 116 种、常用公差带 59 种(方框内)、优先公差带 13 种(圆圈内),如图 7-29 所示。选择时,应优先选用圆圈内的公差带,其次选用方框中的公差带,最后选用其他公差带。

国家标准 GB/T 1801—2009 规定了公称尺寸不大于 500mm 的孔:一般公差带 105 种、常用公差带 44 种(方框内)、优先公差带 13 种(圆圈内),如图 7-30 所示。选择时,应优先选用圆圈内的公差带,其次选用方框中的公差带,最后选用其他公差带。

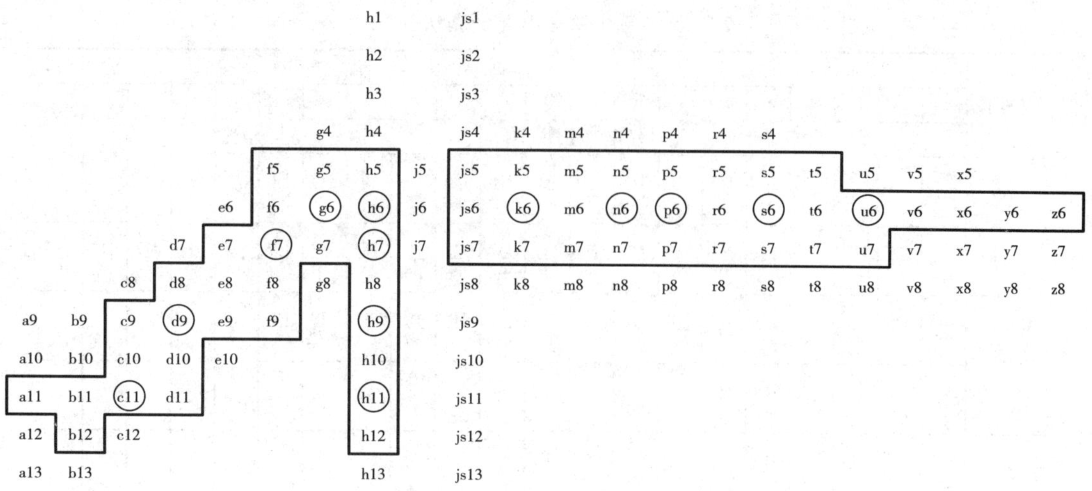

图 7－29　一般、常用和优先轴的公差带

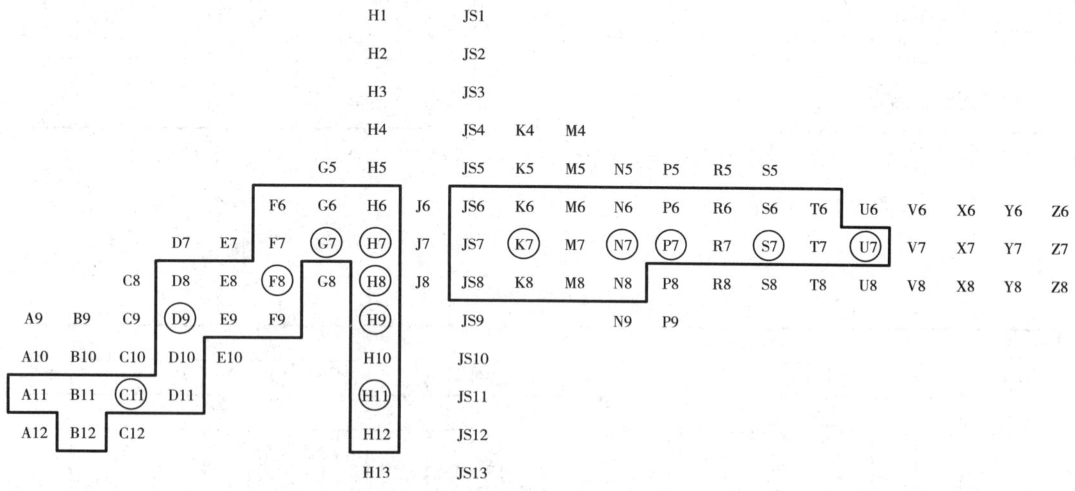

图 7－30　一般、常用和优先孔的公差带

7.4.3　配合的选择

(1)确定基准制,优先采用基孔制。采用基孔制时,选择配合主要是确定轴的基本偏差代号;采用基轴制时,则主要是确定孔的基本偏差代号;同时确定孔、轴的公差等级。

(2)对于间隙配合,由于基本偏差的绝对值等于最小间隙的绝对值,故可根据最小间隙确定基本偏差代号;对于过盈配合,在确定基准孔(或轴)公差等级后,即可根据最小过盈确定基本偏差代号;孔和轴的公差等级根据配合公差要求确定。

(3)选择配合时,必须考虑零件的相对运动特性、材料许用应力、承受载荷性质、工作温度、配合面长度、装配条件等因素,并注意尺寸公差、几何公差以及表面粗制度之间的协调。通常采用类比法来选定配合。类比法选择,是参考从生产实践中总结出来的经验资料,进行比较选择。

(4)尽可能采用优先配合。常用配合和优先配合代号:国家标准 GB/T 1801—2009 规定了基孔制常用配合 59 种,优先配合 13 种,见表 7－9 所列;规定了基轴制常用配合 47 种,优先配合 13 种,见表 7－10 所列。

表 7－9　基孔制常用配合和优先配合

基准孔	轴																				
	a	b	c	d	e	f	g	h	js	k	m	n	p	r	s	t	u	v	x	y	z
	间隙配合								过渡配合				过盈配合								
H6						$\frac{H6}{f5}$	$\frac{H6}{g5}$	$\frac{H6}{h5}$	$\frac{H6}{js5}$	$\frac{H6}{k5}$	$\frac{H6}{m5}$	$\frac{H6}{n5}$	$\frac{H6}{p5}$	$\frac{H6}{r5}$	$\frac{H6}{s5}$	$\frac{H6}{t5}$					
H7						$\frac{H7}{f6}$	◤$\frac{H7}{g6}$	◤$\frac{H7}{h6}$	$\frac{H7}{js6}$	◤$\frac{H7}{k6}$	$\frac{H7}{m6}$	◤$\frac{H7}{n6}$	◤$\frac{H7}{p6}$	$\frac{H7}{r6}$	◤$\frac{H7}{s6}$	$\frac{H7}{t6}$	◤$\frac{H7}{u6}$	$\frac{H7}{v6}$	$\frac{H7}{x6}$	$\frac{H7}{y6}$	$\frac{H7}{z6}$
H8					$\frac{H8}{e7}$	◤$\frac{H8}{f7}$	$\frac{H8}{g7}$	◤$\frac{H8}{h7}$	$\frac{H8}{js7}$	$\frac{H8}{k7}$	$\frac{H8}{m7}$	$\frac{H8}{n7}$	$\frac{H8}{p7}$	$\frac{H8}{r7}$	$\frac{H8}{s7}$	$\frac{H8}{t7}$	$\frac{H8}{u7}$				
				$\frac{H8}{d8}$	$\frac{H8}{e8}$	$\frac{H8}{f8}$		$\frac{H8}{h8}$													
H9			$\frac{H9}{c9}$	◤$\frac{H9}{d9}$	$\frac{H9}{e9}$	$\frac{H9}{f9}$		◤$\frac{H9}{h9}$													
H10			$\frac{H10}{c10}$	$\frac{H10}{d10}$				$\frac{H10}{h10}$													
H11	$\frac{H11}{a11}$	$\frac{H11}{b11}$	◤$\frac{H11}{c11}$	$\frac{H11}{d11}$				◤$\frac{H11}{h11}$													
H12		$\frac{H12}{b12}$						$\frac{H12}{h12}$													

注：1. $\frac{H6}{n5}$、$\frac{H7}{p6}$在公称尺寸小于或等于3mm和$\frac{H8}{r7}$在公称尺寸小于或等于100mm时，为过渡配合。

2.标注◤的配合为优先配合。

表 7－10　基轴制常用配合和优先配合

基准孔	孔																				
	A	B	C	D	E	F	G	H	JS	K	M	N	P	R	S	T	U	V	X	Y	Z
	间隙配合								过渡配合				过盈配合								
h5						$\frac{F6}{h5}$	$\frac{G6}{h5}$	$\frac{H6}{h5}$	$\frac{JS6}{h5}$	$\frac{K6}{h5}$	$\frac{M6}{h5}$	$\frac{N6}{h5}$	$\frac{P6}{h5}$	$\frac{R6}{h5}$	$\frac{S6}{h5}$	$\frac{T6}{h5}$					
h6						$\frac{F7}{h6}$	◤$\frac{G7}{h6}$	◤$\frac{H7}{h6}$	$\frac{JS7}{h6}$	◤$\frac{K7}{h6}$	$\frac{M7}{h6}$	◤$\frac{N7}{h6}$	◤$\frac{P7}{h6}$	$\frac{R7}{h6}$	◤$\frac{S7}{h6}$	$\frac{T7}{h6}$	◤$\frac{U7}{h6}$				
h7					$\frac{E8}{h7}$	◤$\frac{F8}{h7}$		◤$\frac{H8}{h7}$	$\frac{JS8}{h7}$	$\frac{K8}{h7}$	$\frac{M8}{h7}$	$\frac{N8}{h7}$									
h8				$\frac{D8}{h8}$	$\frac{E8}{h8}$	$\frac{F8}{h8}$		$\frac{H8}{h8}$													
h9				◤$\frac{D9}{h9}$	$\frac{E9}{h9}$	$\frac{F9}{h9}$		◤$\frac{H9}{h9}$													
h10				$\frac{D10}{h10}$				$\frac{H10}{h10}$													
h11	$\frac{A11}{h11}$	$\frac{B11}{h11}$	◤$\frac{C11}{h11}$	$\frac{D11}{h11}$				◤$\frac{H11}{h11}$													
h12		$\frac{B12}{h12}$						$\frac{H12}{h12}$													

注：标注◤的配合为优先配合。

4. 应用示例

(1)各种基本偏差的应用示例,可参考表7-11。

表7-11　基本偏差的应用

配合	基本偏差	配合的特性及应用
间隙配合	a、b	可得到特别大的间隙,应用很少
	c	可得到很大的间隙,一般适用于缓慢、松弛的间隙配合。用于工作条件较差(如农业机械),受力变形,或为了便于装配,而必须保证有很大的间隙时。推荐配合为H11/c11,其较高等级的配合,如H8/c7适用于轴在高温条件下工作的紧密间隙配合,例如内燃机排气阀和导管
	d	一般用IT7~11级,适用于松的转动配合,如密封盖、滑轮、空转皮带轮等与轴的配合;也适用于大直径滑动轴承配合,如汽轮机、球磨机、轧滚成型和重型弯曲机,以及其他重型机械中的一些滑动轴承
	e	多用于IT7~IT9级,适用于要求有明显间隙、易于转动的支承配合,如大跨距支承、多支承点支承的配合。高等级的e轴适用于大型、高速、重载的支承,如汽轮发电机、大电动机的支承等。也适用于内燃机主要轴承、凸轮轴支承、摇臂支承等的配合
	f	多用于IT6~IT8级的一般转动配合,当温度差别不大、对配合基本上没有影响时,被广泛用于使用普通润滑油(或润滑脂)润滑的轴承,如齿轮箱、小电动机、泵等的转轴与滑动轴承的配合
	g	多用于IT5~IT7级,配合间隙很小、制造成本高的配合;除很轻负荷的精密装置外,一般不推荐用于转动配合。最适合用于不回转的精密滑动配合,也用于销等定位配合,如精密连杆轴承、活塞及滑阀、连杆销等
	h	多用于IT4~IT11级,广泛用于无相对转动的零件,作为一般的定位配合。若没有温度和变形的影响,也用于精密滑动配合
过渡配合	js	为完全对称偏差(±IT/2),平均起来为稍有间隙的配合。多用于IT4~IT7级,要求间隙比h轴配合时稍小,并允许略有过盈的定位配合,如联轴器、齿圈与钢制轮毂等。一般可用手锤或木锤装配
	k	平均起来没有间隙的配合,适用于IT4~IT7级。推荐用于要求稍有过盈的定位配合,如为了消除振动的定位配合。一般用木锤装配
	m	平均起来具有不大过盈的过渡配合,适用于IT4~IT7级。一般用木锤装配,但在最大过盈时,要求相当的压入力
	n	平均过盈比用m轴时稍大,很少得到间隙,适用于IT4~IT7级。用锤或压力机装配。推荐用于紧密的组件配合。H6/n5为过盈配合

（续表）

配合	基本偏差	配合的特性及应用
过盈配合	p	与 H6 或 H7 孔配合时是过盈配合，而与 H8 孔配合时为过渡配合。对非铁类零件，为较轻的压入配合，当需要时易于拆卸。对钢、铸铁或铜-钢组件装配是标准压入配合。对弹性材料，如轻合金等，要求很小的过盈时可采用 p 轴配合
	r	对铁类零件为中等打入配合，对非铁类零件为轻的打入配合，需要时可以拆卸。与 H8 孔配合，直径在 100mm 以上时为过盈配合，直径小时为过渡配合
	s	用于钢或铁制零件的永久性和半永久性装配，过盈量充分，可产生相当大的结合力。当用弹性材料（如轻合金）时，配合性质与铁类零件的 p 轴相当。如套环压在轴上、阀座压在阀体上等。尺寸较大时，为了避免损伤配合表面，需用热胀或冷缩法装配
	t、u、v、x、y、z	过盈量依次增大，除 u 外，一律不推荐

（2）优先配合的应用，可参考表 7－12。

表 7－12　优先配合的应用

基孔制	基轴制	优先配合的应用
$\frac{H11}{c11}$	$\frac{c11}{h11}$	间隙非常大，用于很松的、转动很慢的转动配合，用于要求大公差及大间隙的外露组件，也用于要求装配方便的很松的配合
$\frac{H9}{d9}$	$\frac{D9}{h9}$	间隙很大的自由转动配合，用于精度作为非主要要求的场合，如有大的温度变动、高转速或存在大的轴颈压力等
$\frac{H8}{f7}$	$\frac{F8}{h7}$	间隙不大的转动配合，用于中等转速和中等轴颈压力的精确转动，也用于装配较易的中等定位配合
$\frac{H7}{g6}$	$\frac{G7}{h6}$	间隙很小的滑动配合，用于不希望自由旋转、但可自由移动和转动并要求精密定位时，也可用于要求明确的定位配合
$\frac{H7}{h6}$	$\frac{H7}{h6}$	均为间隙定位配合，零件可自由装拆，工作时一般相对静止不动； 在最大实体状态下的间隙为零； 在最小实体状态下的间隙由公差等级决定
$\frac{H8}{h7}$	$\frac{H8}{h7}$	
$\frac{H9}{h9}$	$\frac{H9}{h9}$	
$\frac{H11}{h11}$	$\frac{H11}{h11}$	
$\frac{H7}{k6}$	$\frac{K7}{h6}$	过渡配合，用于精密定位
$\frac{H7}{n6}$	$\frac{N7}{h6}$	过渡配合，用于允许有较大过盈的更精密定位
$\frac{H7}{p6}$	$\frac{P7}{h6}$	过盈定位配合，即小过盈配合；用于定位精度特别重要的场合，能以最好的定位精度达到部件的刚性及对中性要求，而对内孔承受压力无特殊要求，不依靠配合的紧固性传递摩擦负荷
$\frac{H7}{s6}$	$\frac{S7}{h6}$	中等压入配合，适用于一般钢件，或用于薄壁件的冷缩配合，用于铸铁件可得到最紧的配合
$\frac{H7}{76}$	$\frac{U7}{h6}$	压入配合，适用于可以承受高压力的零件，或不宜承受大压力的冷缩配合

第8章 几何公差

本章根据国家标准 GB/T 1182—2008《产品几何技术规范(GPS) 几何公差 形状、方向、位置和跳动公差标注》和 GB/T 1800.1—2009《产品几何技术规范(GPS) 极限与配合 第1部分:公差、偏差和配合的基础》的规定编写。

几何公差是零件上各要素的实际形状、方向和位置,相对于理想形状、方向和位置偏离程度的控制要求。几何公差主要分为形状公差、方向公差、位置公差和跳动公差。

8.1 几何公差的基本知识

8.1.1 几何公差的几何特征与符号

1. 几何公差特征符号

为限制机械零件的几何误差、提高机器设备的精度、增加寿命、保证互换性生产,我国已制定了相应的国家标准。国家标准 GB/T 1182—2008 规定了几何公差的几何特征、符号和附加符号,见表 8-1、表 8-2。

表 8-1 公差的几何特征及符号

公差类型	几何特征	符号	有无基准	公差类型	几何特征	符号	有无基准
形状公差	直线度	—	无	位置公差	位置度	⌖	有或无
	平面度	▱	无		同心度(用于中心点)	◎	有
	圆度	○	无		同轴度(用于轴线)	◎	有
	圆柱度	⌭	无		对称度	⌯	有
	线轮廓度	⌒	无		线轮廓度	⌒	有
	面轮廓度	⌓	无		面轮廓度	⌓	有
方向公差	平行度	//	有	跳动公差	圆跳动	↗	有
	垂直度	⊥	有		全跳动	⌰	有
	倾斜度	∠	有		—		
	线轮廓度	⌒	有				
	面轮廓度	⌓	有				

注:若线轮廓度和面轮廓度不带基准,则为形状公差;若带基准,则为方向公差或位置公差。

表 8-2　几何公差的附加符号

说　明	符　号	依据标准	说　明	符　号	依据标准
被测要素	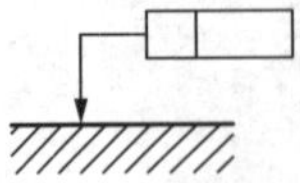	GB/T 1182	自由状态条件（非刚性零件）	Ⓕ	GB/T 16892
基准要素	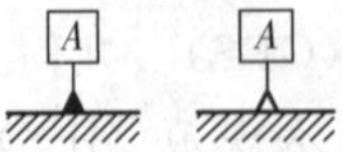	GB/T 17851	全周（轮廓）	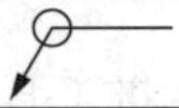	GB/T 1182
			包容要求	Ⓔ	GB/T 4249
基准目标	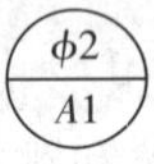	GB/T 17851	公共公差带	CZ	GB/T 1182
			小径	LD	GB/T 1182
理论正确尺寸	50 (framed)	GB/T 1182	大径	MD	GB/T 1182
延伸公差带	Ⓟ	GB/T 17773	中径、节径	PD	GB/T 1182
最大实体要求	Ⓜ	GB/T 16671	线素	LE	GB/T 1182
最小实体要求	Ⓛ	GB/T 16671	不凸起	NC	GB/T 1182
可逆要求	Ⓡ	GB/T 16671	任意横截面	ACS	GB/T 1182

2. 几何公差特征符号的画法

几何公差特征符号的标准画法，如图 8-1 所示。

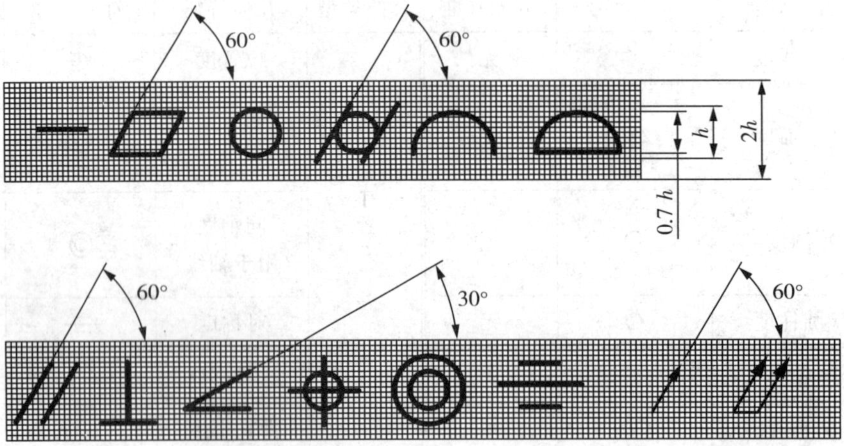

图 8-1　几何公差符号的画法

8.1.2　几何公差标注

在技术图样中，规定几何公差一般应采用代号标注。当无法采用代号标注时，允许在技术要求中用文字说明。代号标注要清楚醒目，如图 8-2 所示。几何公差代号用框格表示，并用带箭头的指引线指向被测要素；几何公差框格和附加符号的画法，如图 8-3 所示；公差框格及其有关尺寸(B 型字体)，见表8-3。

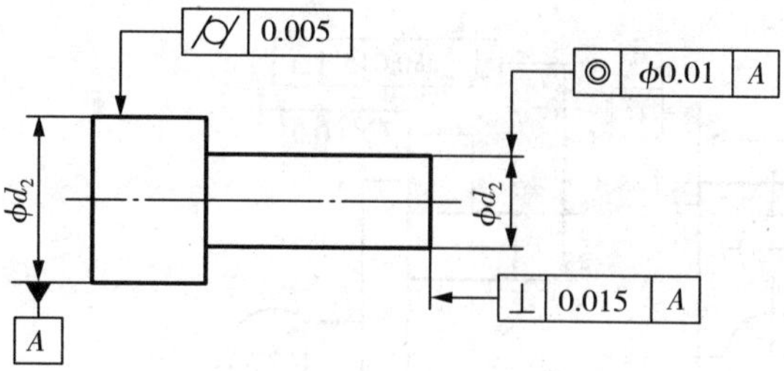

图 8-2 几何公差代号标注、被测要素和基准要素

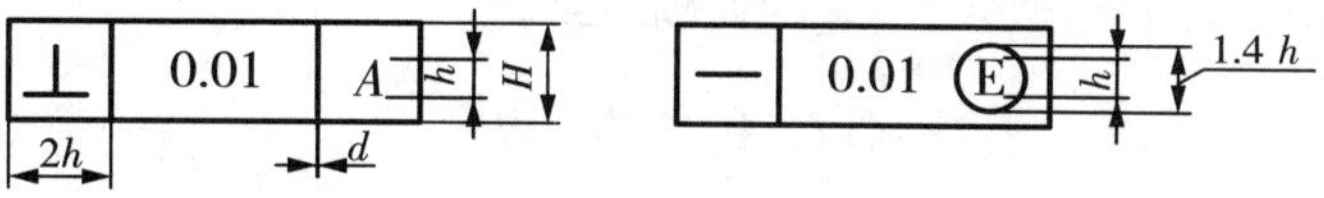

图 8-3 几何公差框格和附加符号的画法

表 8-3 公差框格有关尺寸

单位:mm

特 征	推 荐 尺 寸						
框格高度(H)	5	7	10	14	20	28	40
字体高度(h)	2.5	3.5	5	7	10	14	20
直径(D)	10	14	20	28	40	56	80
实线宽度(d)	0.25	0.35	0.5	0.7	1	1.4	2

注:直径(D)是指基准目标符号中圆的直径,见表 8-2。

被测要素是指在图样上给出几何公差要求的要素。如图 8-2 中的 ϕd_2 圆柱面、零件的右端面和 ϕd_1 圆柱的中心线都给出了几何公差要求,因此是被测要素。

基准要素是指用于确定被测要素的方向或(和)位置的要素。如图 8-2 中 ϕd_2 圆柱中心线用来确定零件的右端面的方向和 ϕd_1 圆柱中心线的位置,因此 ϕd_2 圆柱中心线是基准要素。

1. 被测要素的标注

(1)公差框格:公差框格用带箭头的指引线指向被测要素时,公差要求注写在划分成两格或多格的矩形框格内,当框格水平放置时,各格自左至右顺序标注相关内容,如图 8-4、图 8-5 所示。

第一格:填写几何特征符号,如图 8-4、图 8-5 所示。

第二格:填写公差值,它是以线性尺寸单位表示的量值。如果公差带为圆形或圆柱形,公差值前应加注符号“ϕ”;如果公差带为圆球形,公差值前应加注符号“$S\phi$”;根据设计需要,还能填写其他有关符号,如图 8-4 所示。

第三格:第三格以后填写基准字母及其他符号。以单个要素作基准时,用一个大写字母表示,如图 8-4 所示。以两个要素建立公共基准时,用中间加连字符的两个大写字母表示,如图 8-5 所示。以两个或三个基准建立基准体系(即采用多基准)时,表示基准的大写字母按基准的优先顺序自左至右填写在各框格内,如图 8-4 所示。

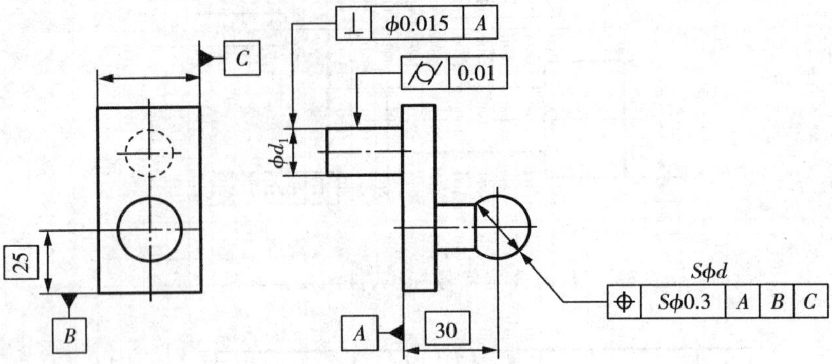

图 8－4 框格的内容

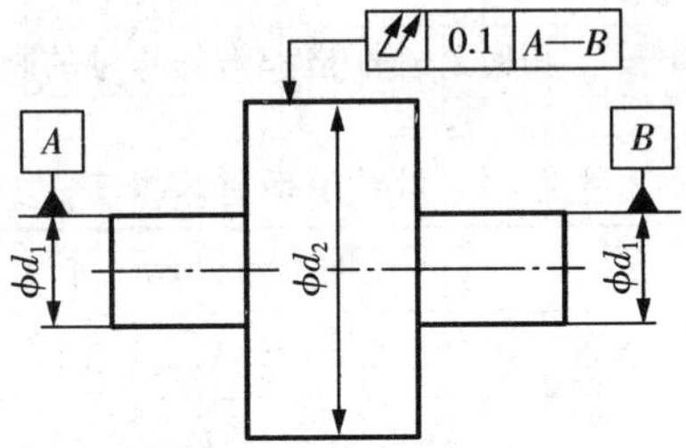

图 8－5 公共基准

注：当框格与水平方向垂直，各格自下往上顺序注写相关内容。

(2)箭头的位置：代号标注时，按下列方式之一用指引线连接被测要素和公差框格。指引线引自框格的任意一侧，终端带一箭头。当被测要素是轮廓线或面时，箭头指向该要素的轮廓线或其延长线，并与尺寸线明显错开；箭头也可指向引出线的水平线，引出线引自被测面；如图 8－6 所示。当被测要素是中心线、中心面或中心点时，箭头应位于相应尺寸线的延长线上，如图 8－7 所示。

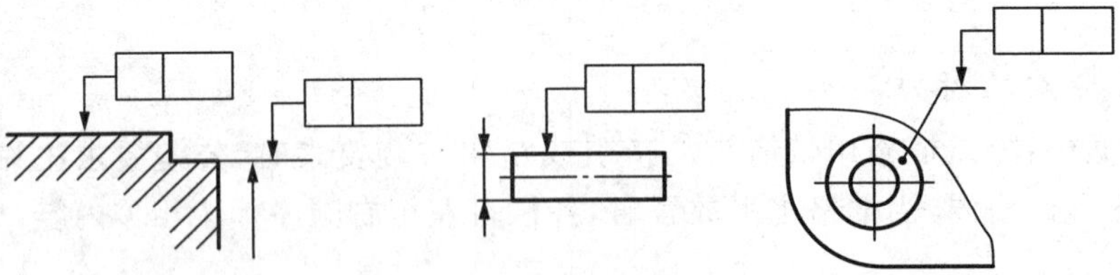

图 8－6 被测要素是组成要素时的箭头指向

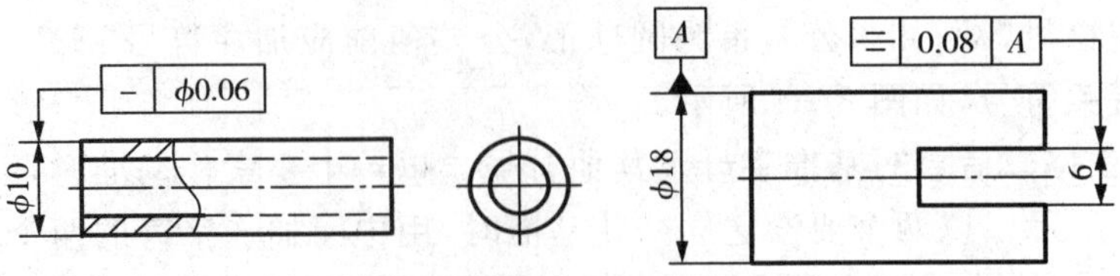

图 8－7 被测要素是导出要素时的箭头指向

2. 基准

与被测要素相关的基准用一个大写字母(不用 E、I、J、M、O、P、R、L、F)表示。字母标注在基准方格内,与一个涂黑的或空白的三角形相连以表示基准,如图 8-8 所示;表示基准的字母还应标注在公差框格内。涂黑的和空白的基准三角形含义相同。

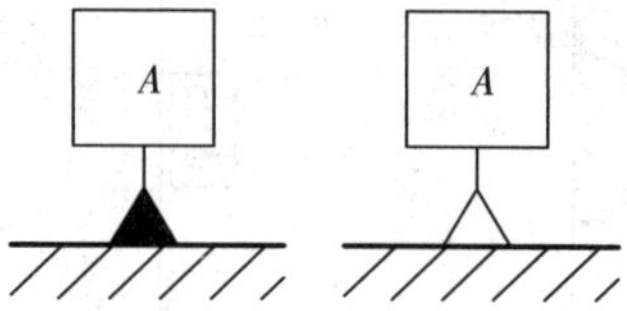

图 8-8 基准的表示方式

带基准字母的基准三角形应按如下规定放置:

(1)当基准要素是轮廓线或轮廓面时,基准三角形放置在要素的轮廓线或其延长线上,并与尺寸线明显错开;基准三角形也可放置在该轮廓面引出线的水平线上;如图 8-9 所示。

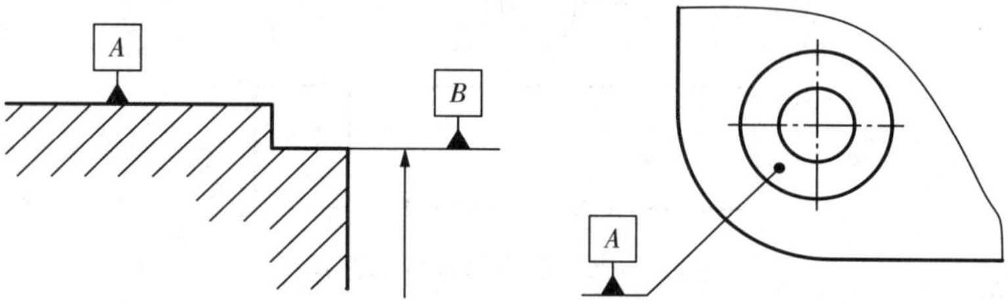

图 8-9 基准要素是组成要素时的三角形位置

(2)当基准是轴线、中心平面或中心点时,基准三角形应放置在该尺寸线的延长线上,如图 8-10 所示。如果没有足够的位置标注基准要素尺寸的两个尺寸箭头,则其中一个箭头可用三角形代替,如图 8-10 所示。

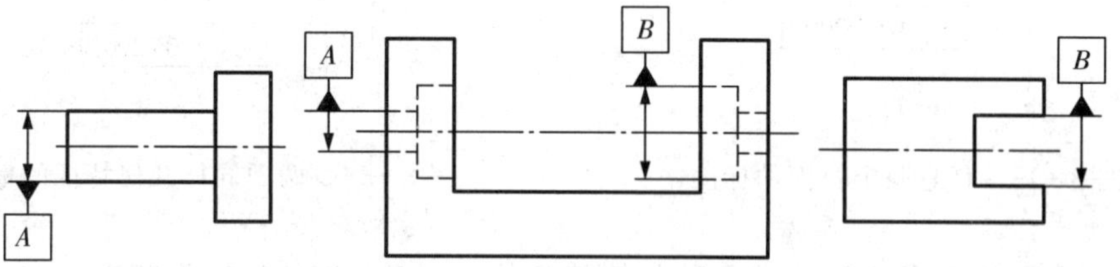

图 8-10 基准要素是导出要素时的三角形位置

3. 几何公差标注中必须注意的问题

(1)当某项公差应用于几个相同要素时,应在公差框格的上方被测要素的尺寸之前注明要素的个数,并在两者之间加上"×",如图 8-11 所示。

当被测范围需要延长到被测要素之外时,应采用延伸公差带的标注方法,延伸部分用细双点画线绘制,并在图样上注出其延伸长度。在延伸部分的尺寸前和公差框格中公差值后加注符号Ⓟ,如图 8-11 所示。

(2)如果需要限制被测要素在公差带内的形状,应在公差框格的下方注明,如图 8-12 所示。NC 表示"不凸起"。

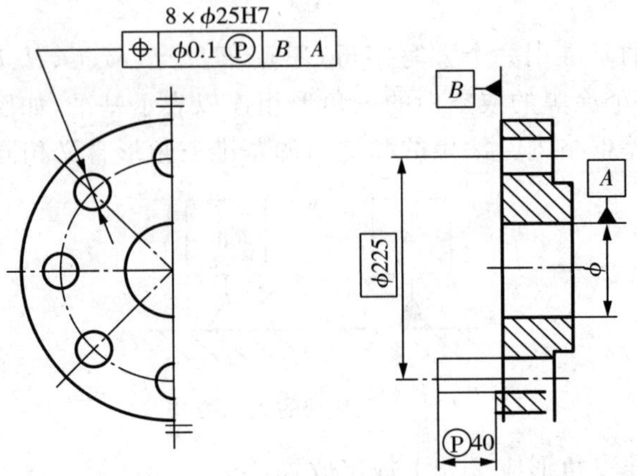

图 8-11 相同几何公差要求的被测要素标注

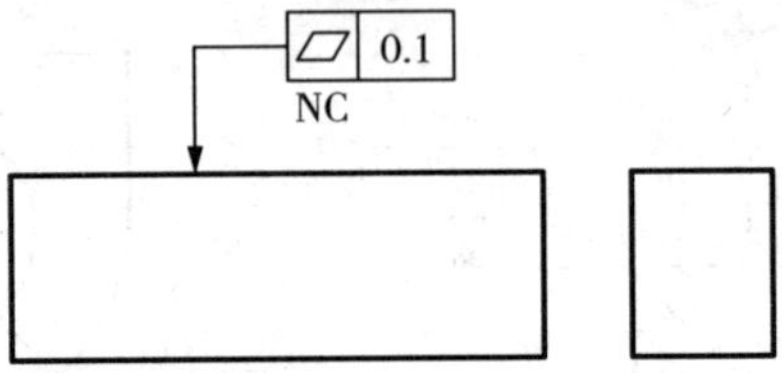

图 8-12 不凸起符号的标注

(3)需要对整个被测要素上任意限定范围标注同样几何特征的公差时，可在公差值的后面加注限定范围的线性尺寸值，并将两者用斜线隔开，如图 8-13 所示。如果标注的是两项或两项以上同样几何特征的公差，可直接在整个要素公差框格的下方放置另一个公差框格，如图 8-14 所示。

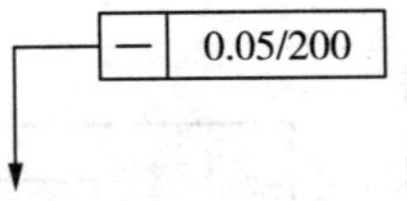

图 8-13 任意限定范围的标注

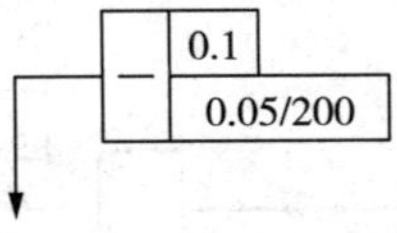

图 8-14 两项同样几何特征的标注

(4)如果需要就某个要素给出几种几何特征的公差，可将一个公差框格放在另一个公差框格的下面，如图 8-15 所示。这里公差带宽度方向一致。

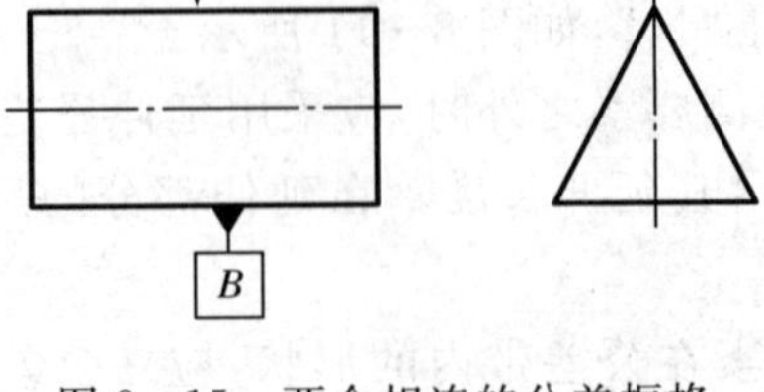

图 8-15 两个相连的公差框格

(5)如果给出的公差仅适用于要素的某一指定局部，应采用粗点画线标示出该局部的范围，并加注尺寸，如图 8-16 所示。

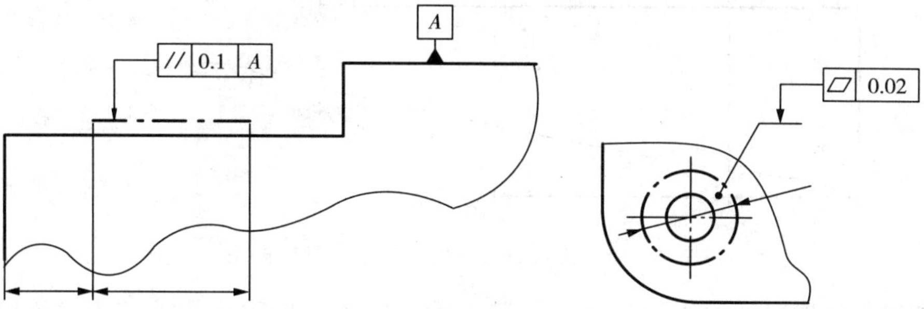

图 8-16　公差仅适用于要素的某一指定局部的标注

(6)一个公差框格可以用于具有相同几何特征和公差值的若干个分离要素，如图 8-17 所示。

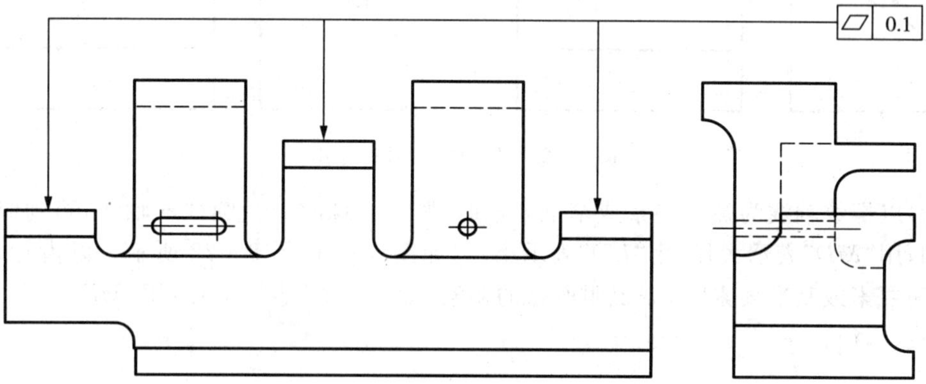

图 8-17　几个分离要素有同样公差要求的标注

(7)若干个分离要素给出单一公差带时，可在公差框格内公差值的后面加注公差带的符号 CZ，如图 8-18 所示。CZ 表示“公共公差带”。

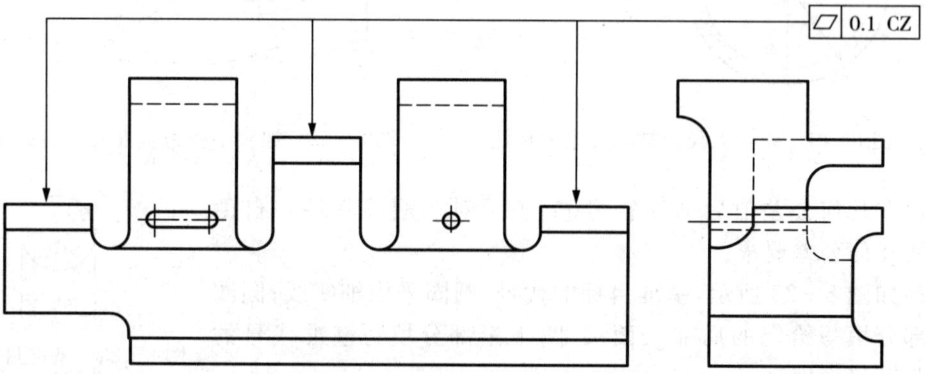

图 8-18　若干个分离要素给出单一公差带时的标注

(8)如果只以要素的某一局部作基准，则应用粗点画线示出该部分并加注尺寸，如图 8-19 所示。

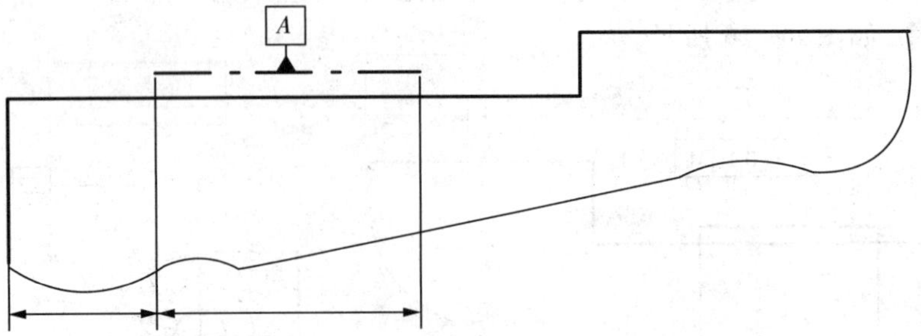

图 8-19　要素的某一局部作基准时的标注

(9)如果轮廓度特征适用于横截面的整周轮廓或由该轮廓所示的整周表面时，应采用“全周”符号表示，如图 8-20 所示。“全周”符号并不包括整个工件的所有表面，只包括由轮廓和公差标注所表示的表面。

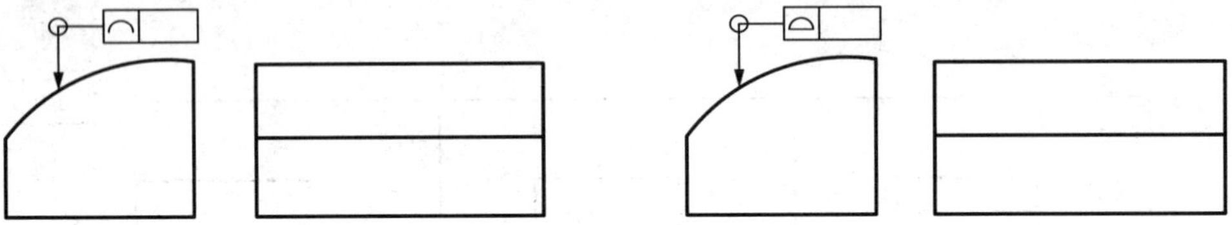

图 8-20　“全周”符号的应用

(10)以螺纹轴线为被测要素或基准要素时，默认为螺纹中径圆柱的轴线，否则应另有说明，例如，用“*MD*”表示大径，用“*LD*”表示小径，如图 8-21、图 8-22 所示。以齿轮、花键轴线为被测要素或基准要素时，需说明所指的要素，如用“*PD*”表示节径，用“*MD*”表示大径，用“*LD*”表示小径。

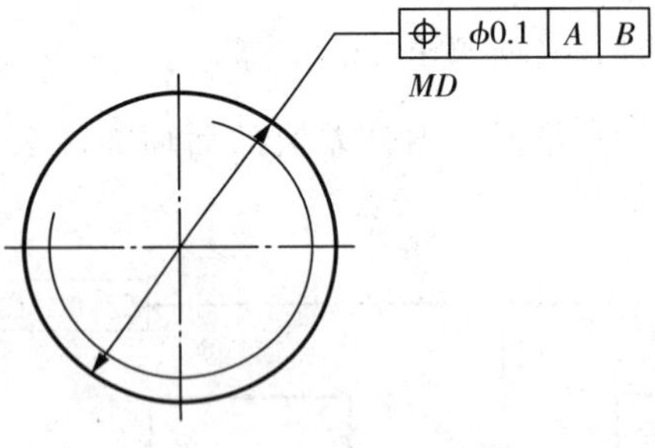

图 8-21　螺纹大径为被测要素的标注

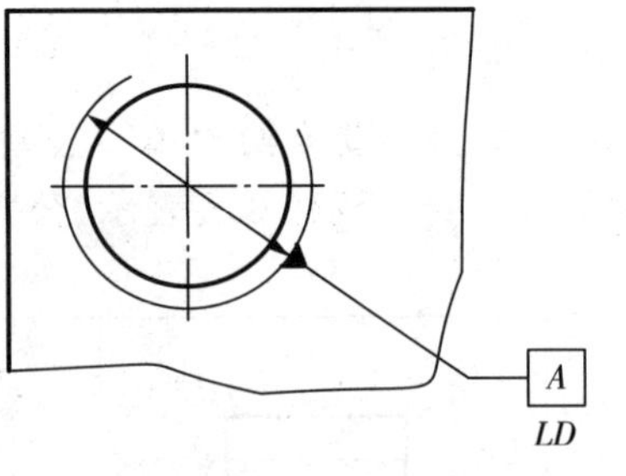

图 8-22　螺纹小径为基准要素的标注

(11)在几何公差值后加注符号Ⓕ，表示对非刚性零件在自由状态下的几何公差要求。

(12)如图 8-23 所示，基准目标的代号，圆圈采用细实线；圆圈内上半部分填写给定的局部表面尺寸；下半部分填写基准代号的字母和基准目标序号。

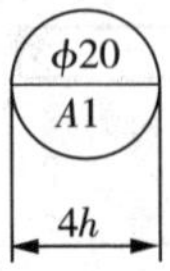

图 8-23　基准目标符号

总之，在图样上标注几何公差时，在熟悉上面相关规定的基础上，还需要掌握标准中的典型示例。

8.2 形状公差

从结构性能考虑，被测要素可分为单一要素和关联要素。单一要素即仅对其本身给出形状公差要求的要素；关联要素即对其他要素有功能关系的要素。所谓功能关系，就是指要素之间存在的某种确定的方向或位置关系，如垂直、平行、对称、同轴等。给出方向公差、位置公差、跳动公差要求时，所涉及的被测要素和基准要素都是关联要素。

几何公差带是指控制被测提取要素的变动区域，它的宽度方向为被测要素的法向（另有说明时除外）。形状公差是指单一提取要素的形状对其理想形状所允许的变动全量。形状公差包括直线度、平面度、圆度、圆柱度、线轮廓度及面轮廓度等几何特征。形状公差的标注，见表 8 - 4。

表 8 - 4　形状公差标注及解释

特征项目	标注示例及其公差带	说　明
直线度	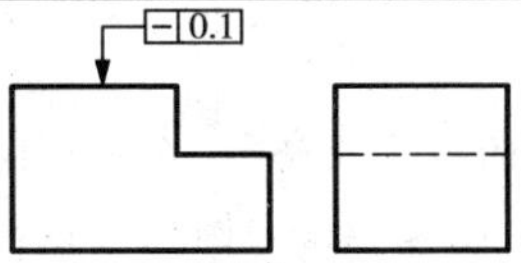 a） 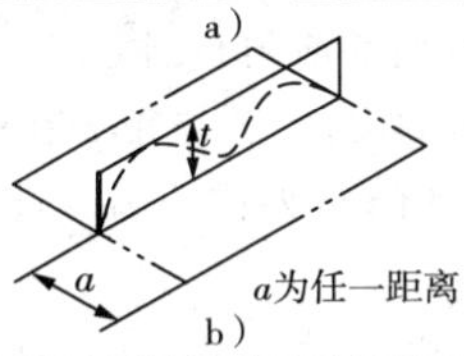 b）	给定平面内直线度公差标注及解释：在任一平行于图示投影面的平面内，上平面的提取（实际）线应限定在间距等于 0.1mm 的两平行直线之间。 给定平面内的直线度公差带定义：给定平面内和给定方向上，间距等于公差值 t 的两平行直线所限定的区域
	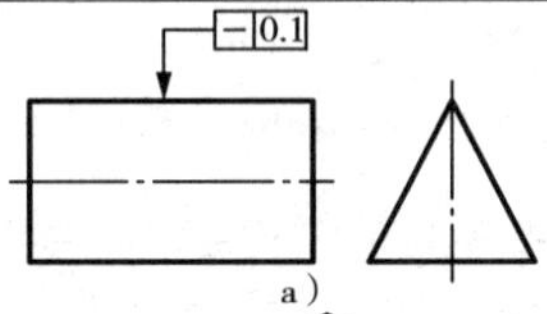 a） 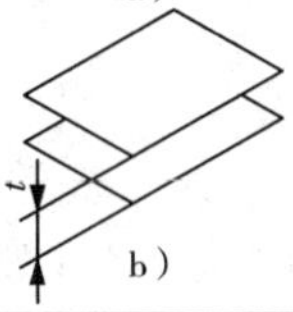 b）	给定方向上直线度公差标注及解释：提取（实际）的棱边应限定在间距等于 0.1mm 的两平行平面之间。 给定方向上直线度公差带定义：公差带为间距等于公差值 t 的两平行平面所限定的区域
	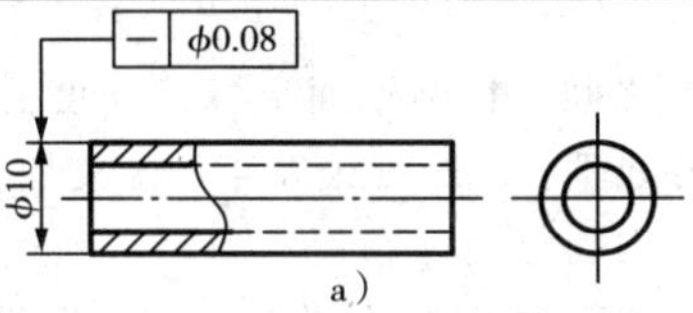 a） 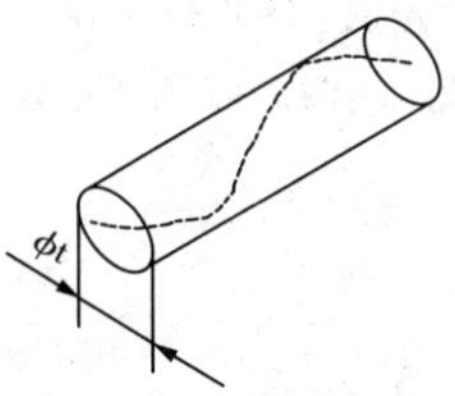 b）	任意方向上直线度公差标注及解释：外圆柱面的提取（实际）中心线应限定在直径等于 ϕ0.08mm 的圆柱面内。这里，在公差值前面加注符号“ϕ”，表示其公差带为一圆柱体。当被测要素是中心线时，箭头应与尺寸线对齐。 任意方向上直线度公差带的定义：公差值前加注符号 ϕ，公差带为直径等于公差值 ϕt 的圆柱面所限定的区域

（续表）

特征项目	标注示例及其公差带	说　明
平面度	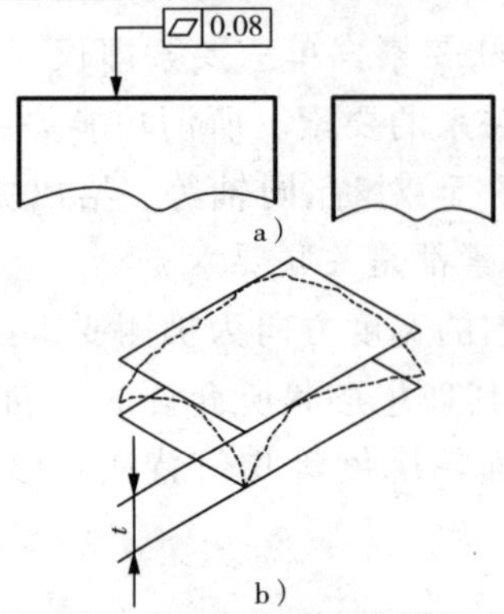 a）　b）	平面度公差标注及解释：提取（实际）表面应限定在间距等于 0.08mm 的两平行平面之间。 平面度公差带定义：公差带为间距等于公差值 t 的两平行平面所限定的区域
圆度	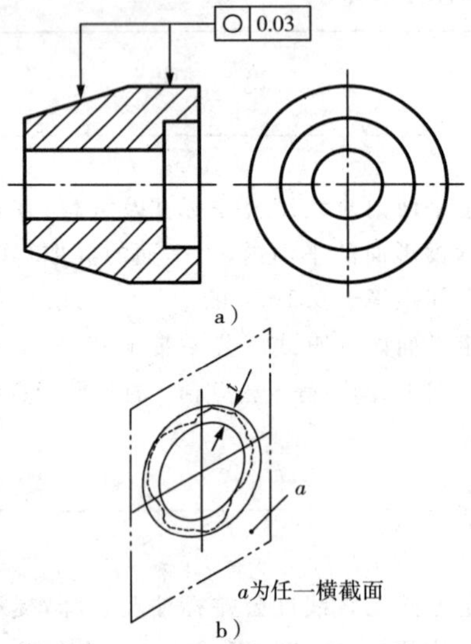 a） a为任一横截面 b）	圆度公差的标注及解释：在圆柱面和圆锥面的任意横截面内，提取（实际）圆周应该限定在半径差等于 0.03mm 的两共面同心圆之间。 圆度公差带的定义：公差带为在给定横截面内、半径差等于公差值 t 的两同心圆所限定的区域
	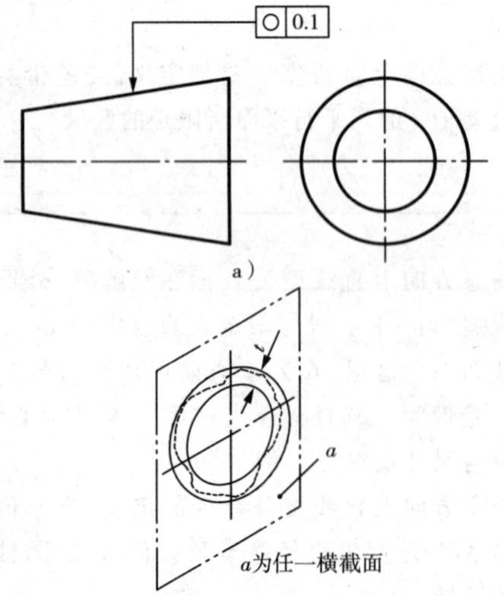 a） a为任一横截面 b）	圆度公差的标注及解释：在圆锥面的任意横截面内，提取（实际）圆周应限定在半径差等于 0.1mm 的两同心圆之间。在圆锥面上标注圆度公差时，箭头应与中心线垂直。圆度公差带的宽度应在垂直于轴线的平面内确定。 圆度公差带的定义：公差带为在给定横截面内、半径差等于公差值 t 的两同心圆所限定的区域

（续表）

特征项目	标注示例及其公差带	说　明
圆柱度	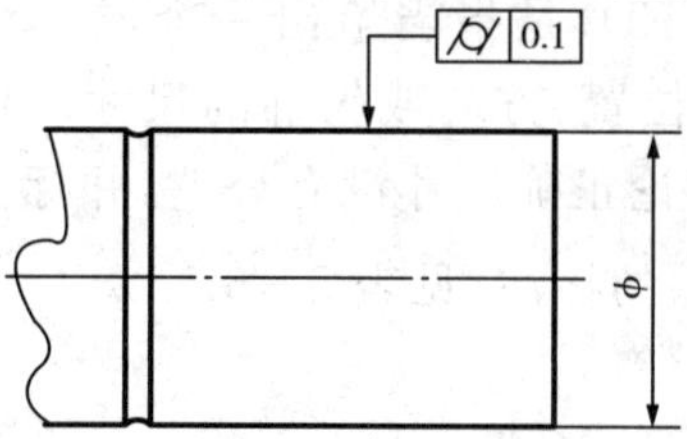 a) 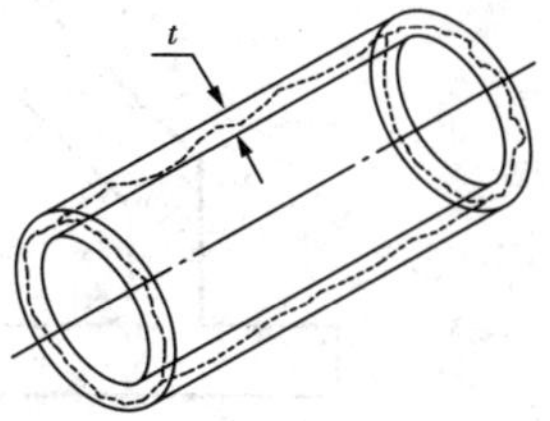 b)	圆柱度公差的标注及解释：提取（实际）圆柱面应限定在半径差等于 0.1mm 的两同轴圆柱面之间。 圆柱度公差带定义：公差带为半径差等于公差值 t 的两同轴圆柱面所限定的区域
线轮廓度	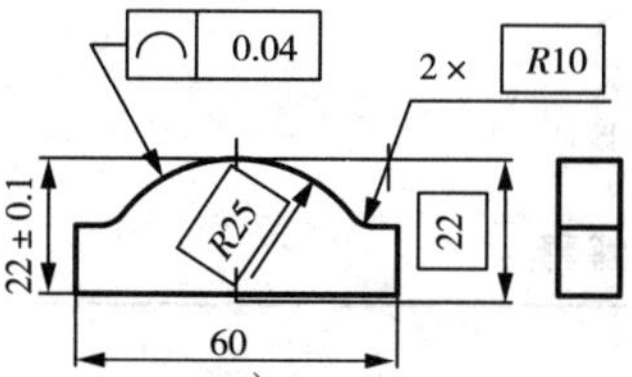 a) 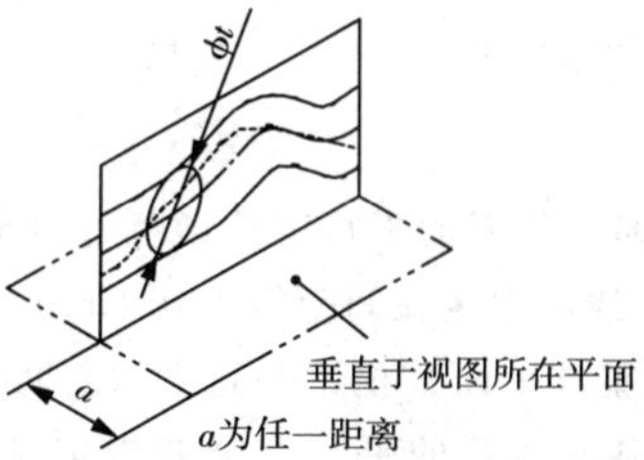 b)	无基准的线轮廓度公差标注及解释：在任一平行于图示投影面的截面内，提取（实际）轮廓线应限定在直径等于 0.04mm、圆心位于被测要素理论正确几何形状上的一系列圆的两包络线之间。 无基准的线轮廓度公差带定义：公差带为直径等于公差值 t、圆心位于具有理论正确几何形状上的一系列圆的两包络线所限定的区域
面轮廓度	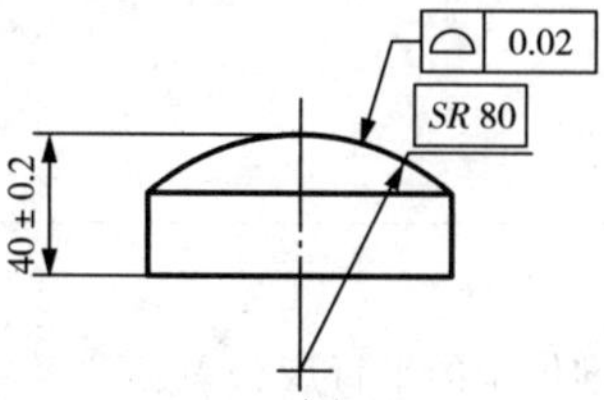 a) 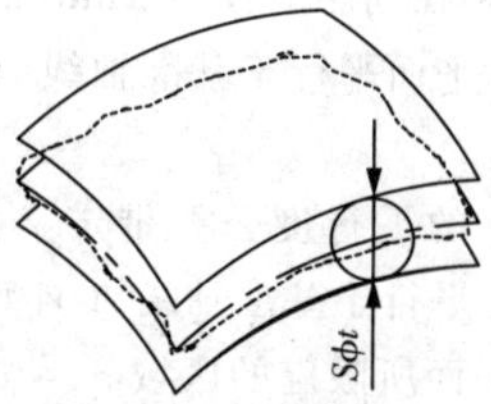 b)	无基准的面轮廓度公差的标注及解释：提取（实际）轮廓面应限定在直径等于 0.02mm、球心位于被测要素理论正确几何形状上的一系列圆球的两等距包络面之间。无基准线轮廓度及面轮廓度公差在标注时，箭头应是被测曲线、曲面的法向。 无基准的面轮廓度公差带定义：公差带为直径等于公差值 t、球心位于被测要素理论正确形状上的一系列圆球的两包络面所限定的区域

8.3 方向公差

理论正确尺寸(theoretically exact dimension,TED)是指当给出一个或一组要素的位置、方向或轮廓度公差时,分别用来确定其理论正确位置、方向或轮廓的尺寸。理论正确尺寸也用于确定基准与基准之间的方向、位置关系。理论正确尺寸没有公差,并标注在一个方框中,如图8-24中的15、20、30、40°等。方向公差的标注,见表8-5。

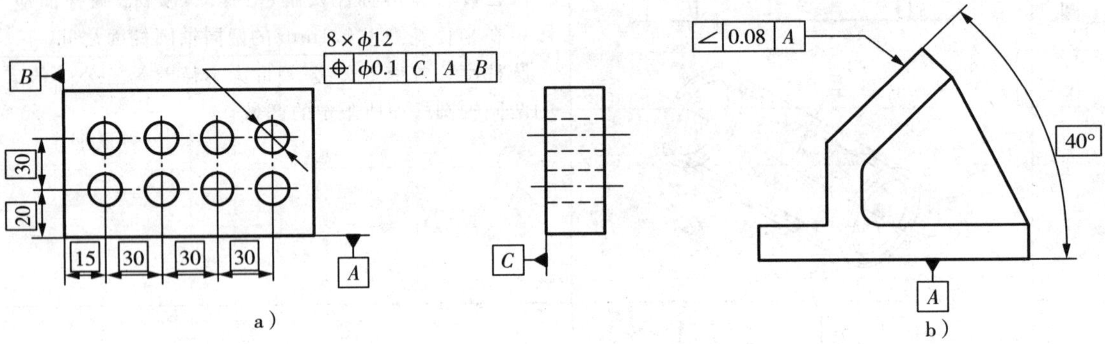

图 8-24 理论正确尺寸

表 8-5 方向公差标注及解释

特征项目	标注示例及其公差带	说明
平行度	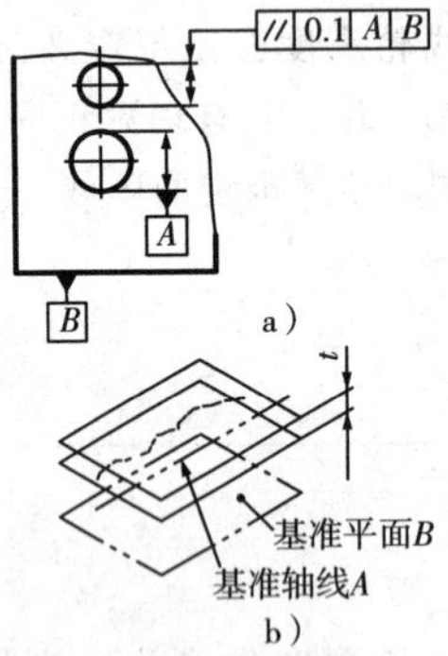	线对基准体系的平行度公差标注及解释:提取(实际)中心线应限定在间距等于 0.1mm、平行于基准轴线 A 和基准平面 B 的两平行平面之间。 线对基准体系的平行度公差带定义:公差带为间距等于公差值 t,且平行于两基准的两平行平面所限定的区域
	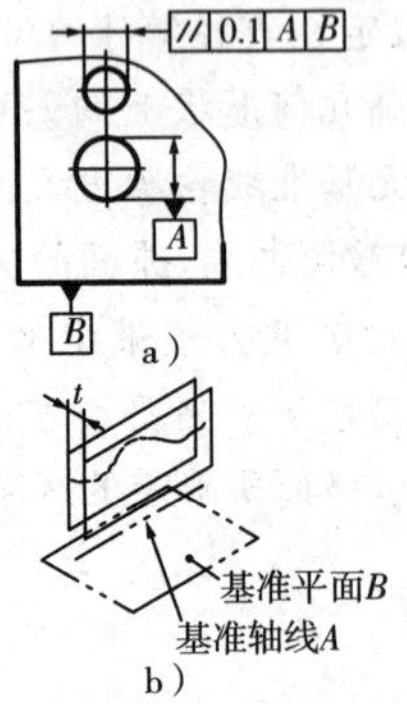	线对基准体系的平行度公差标注及解释:提取(实际)中心线应限定在间距等于 0.1mm 的两平行平面之间。该两平行平面平行于基准轴线 A 且垂直于基准平面 B。 线对基准体系的平行度公差带定义:公差带为间距等于公差值 t、平行于基准轴线 A 且垂直于基准平面 B 的两平行平面所限定的区域

（续表）

特征项目	标注示例及其公差带	说明
平行度	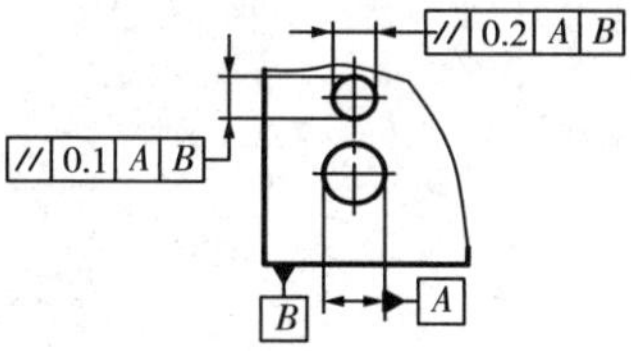 a） 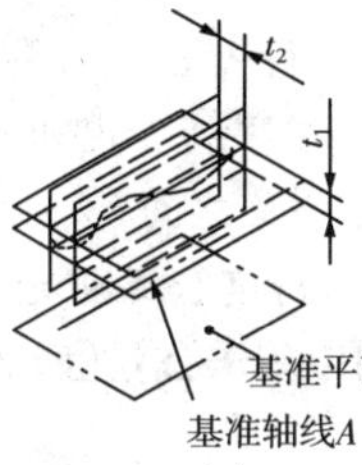 b）	线对基准体系平行度公差标注及解释：提取（实际）中心线应限定在平行于基准轴线 A 和平行或垂直于基准平面 B、间距分别等于公差值 0.1mm 和 0.2mm，且相互垂直的两组平行平面之间。 线对基准体系的平行度公差带定义：公差带为平行于基准轴线和平行或垂直于基准平面、间距分别等于公差值 t_1 和 t_2，且相互垂直的两组平行平面所限定的区域
	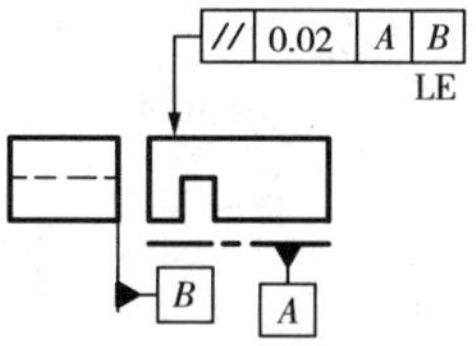 a） 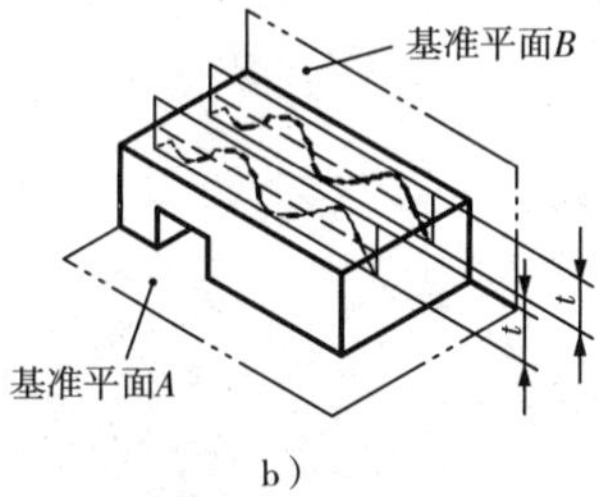 b）	线对基准体系的平行度公差标注及解释：提取（实际）线应限定在间距等于 0.02mm 的两平行直线之间。该两平行直线平行于基准平面 A，且处于平行于基准平面 B 的平面内。 注：LE 表示“线素”。需要指明被测要素的形式（是线而不是面）时，应在公差框格附近注明。当被测要素是线素时，可能需要规定被测线素所在截面的方向。 线对基准体系的平行度公差带定义：公差带为间距等于公差值 t 的两平行直线所限定的区域。该两平行直线平行于基准平面 A，且处于平行于基准平面 B 的平面内
	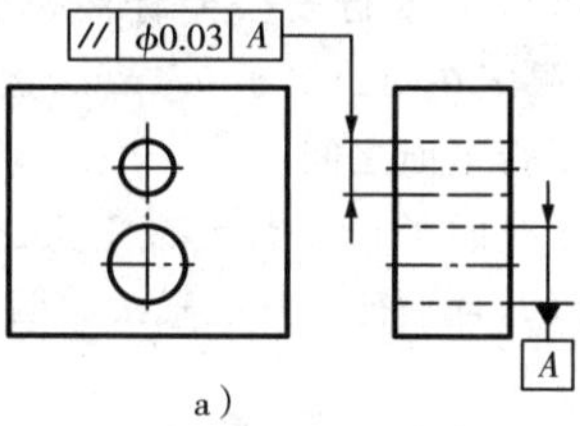 a） 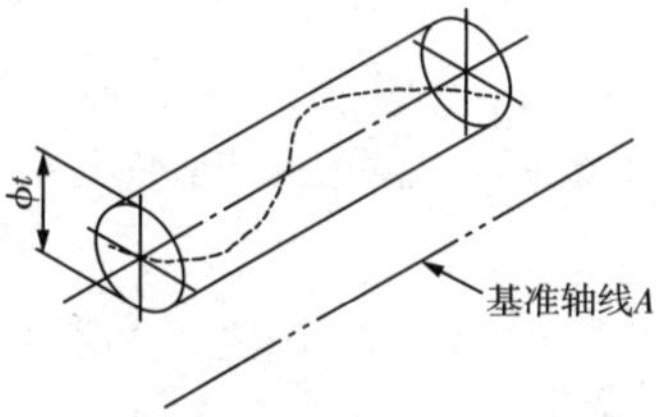 b）	线对基准线的平行度公差标注及解释：提取（实际）中心线应限定在平行于基准轴线 A、直径等于 $\phi 0.03$mm 的圆柱面内。 线对基准线的平行度公差带定义：若公差值前加注符号 ϕ，公差带为平行于基准轴线、直径等于公差值 ϕt 的圆柱面所限定的区域

（续表）

特征项目	标注示例及其公差带	说　明
平行度	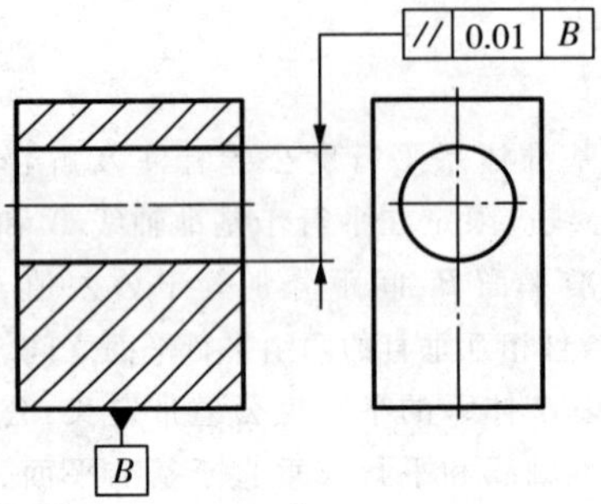 a） 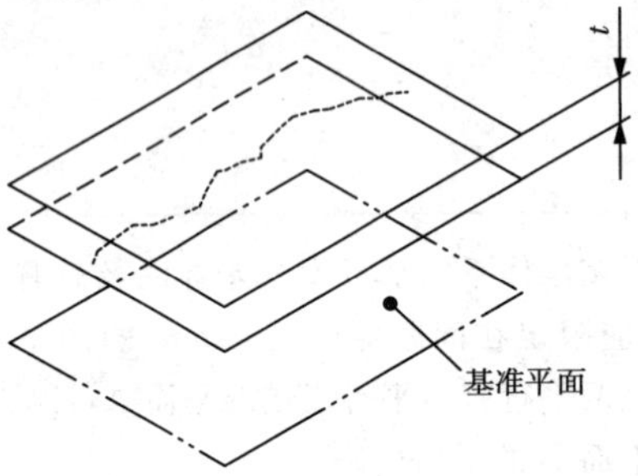 b）	线对基准面的平行度公差标注及解释：提取（实际）中心线应限定在平行于基准平面 B、间距等于 0.01mm 的两平行平面之间。 线对基准面的平行度公差带定义：公差带为平行于基准平面，且间距等于公差值 t 的两平行平面所限定的区域
	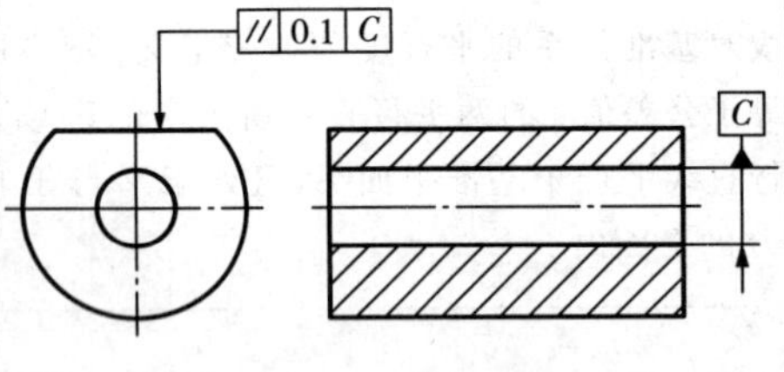 a） 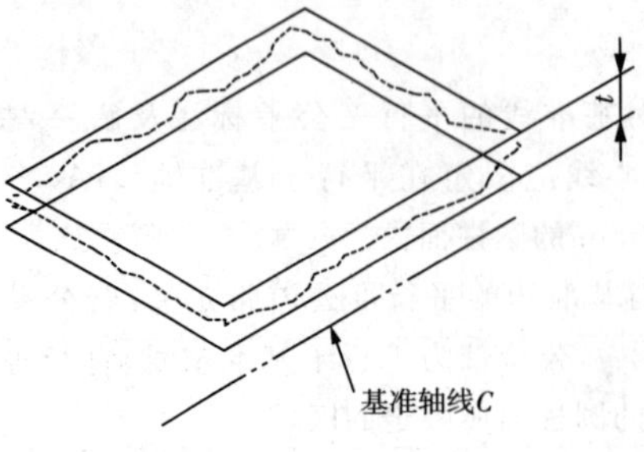 b）	面对基准线的平行度公差标注及解释：提取（实际）表面应限定在间距等于 0.1mm，且平行于基准轴线 C 的两平行平面之间。 面对基准线的平行度公差带定义：公差带为间距等于公差值 t，且平行于基准轴线的两平行平面所限定的区域

（续表）

特征项目	标注示例及其公差带	说　明
平行度	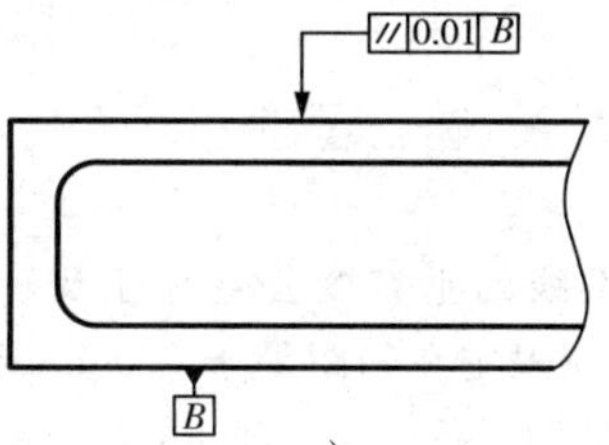 a） 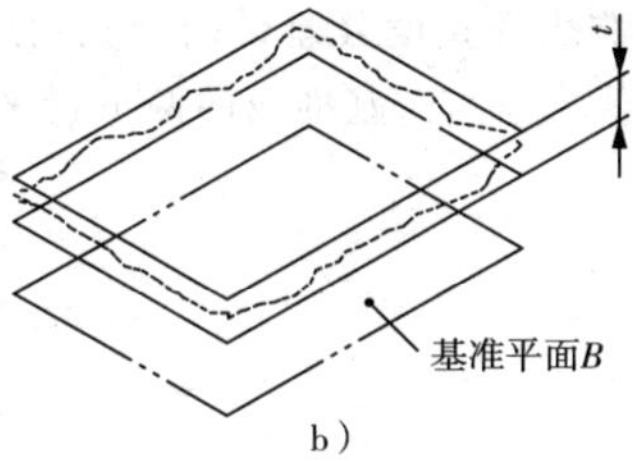 b）	面对基准面的平行度公差标注及解释：提取（实际）表面应限定在间距等于 0.01mm、平行于基准 B 的两平行平面之间。 面对基准面的平行度公差带定义：公差带为间距等于公差值 t，且平行于基准平面的两平行平面所限定的区域
垂直度	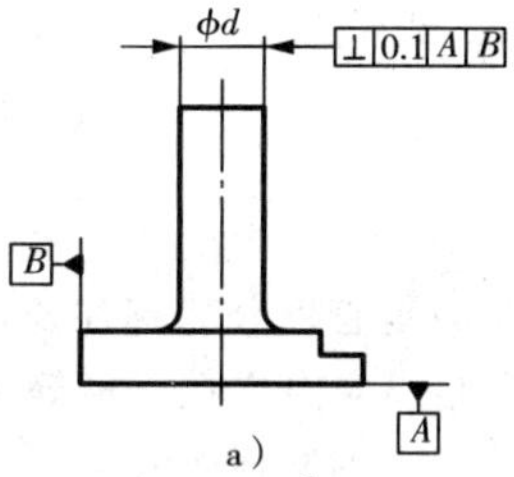 a） 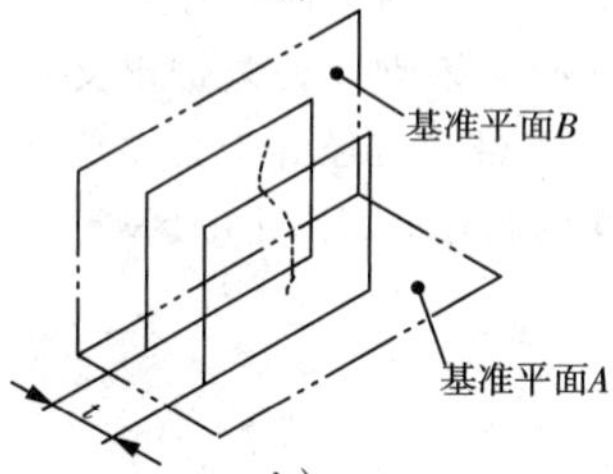 b）	线对基准体系垂直度公差标注及解释：圆柱面的提取（实际）中心线应限定在间距等于 0.1mm 的两平行平面之间。该两平行平面垂直于基准平面 A，且平行于基准平面 B。 线对基准体系的垂直度公差带定义：公差带为间距等于公差值 t 的两平行平面所限定的区域。该两平行平面垂直于基准平面 A，且平行于基准平面 B
	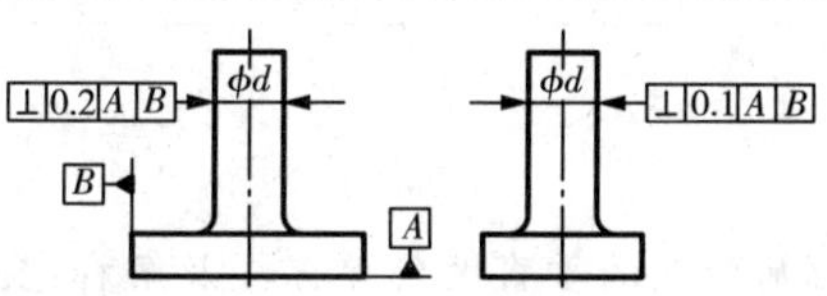 a） 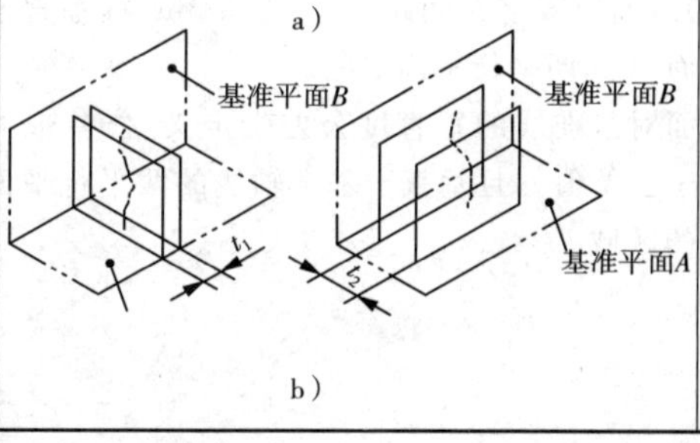 b）	线对基准体系的垂直度公差标注及解释：圆柱的提取（实际）中心线应限定在间距分别等于 0.1mm 和 0.2mm，且相互垂直的两组平行平面内。该两组平行平面垂直于基准平面 A，且垂直或平行于基准平面 B。 线对基准体系的垂直度公差带定义：公差带为间距分别等于公差值 t_1 和 t_2，且互相垂直的两组平行平面所限定的区域。该两组平行平面都垂直于基准平面 A。其中一组平行平面垂直于基准平面 B，另一组平行平面平行于基准平面 B

（续表）

特征项目	标注示例及其公差带	说　明
垂直度	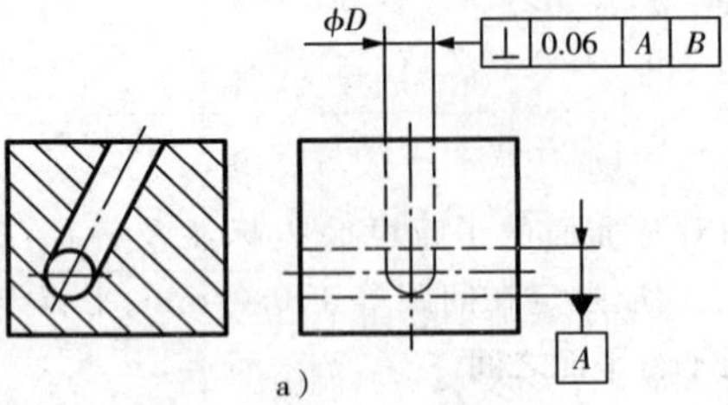 a） 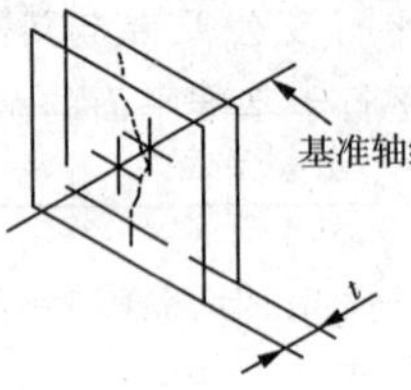 b）	线对基准线的垂直度公差标注及解释：提取（实际）中心线应限定在间距等于 0.06mm，且垂直于基准轴线 A 的两平行平面之间。 线对基准线垂直度公差带的定义：公差带为间距等于公差值 t、垂直于基准线的两平行平面所限定的区域
	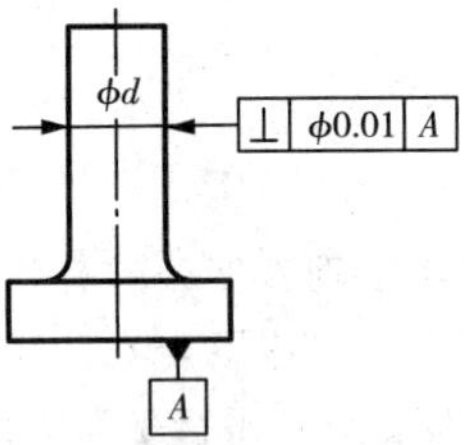 a） 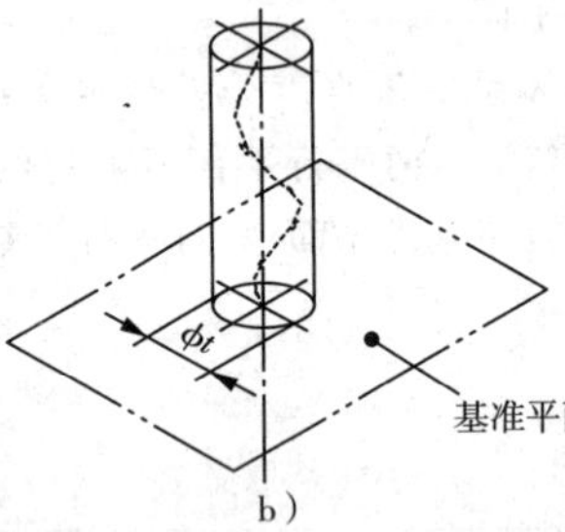 b）	线对基准面的垂直度公差标注及解释：圆柱面的提取（实际）中心线应限定在直径等于 ϕ0.01mm，且垂直于基准平面 A 的圆柱面内。 线对基准面的垂直度公差带定义：若公差值前加注符号 ϕ，公差带为直径等于公差值 ϕt，且轴线垂直于基准平面的圆柱面所限定的区域
	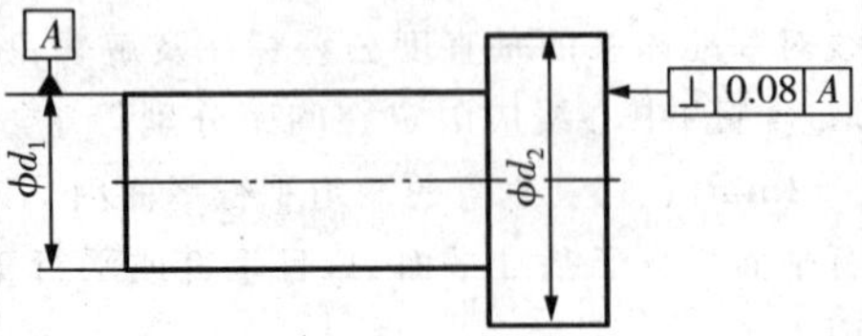 a） 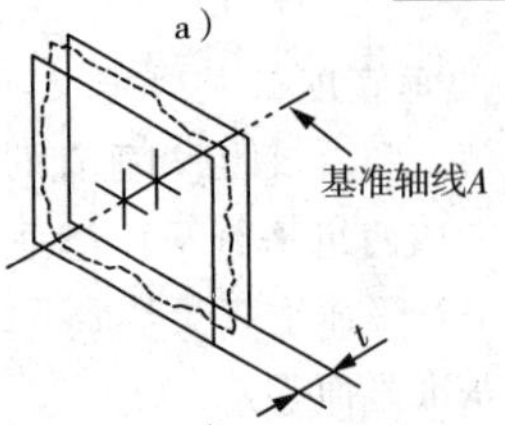 b）	面对基准线的垂直度公差标注及解释：提取（实际）表面应限定在间距等于 0.08mm，且垂直于基准平面 A 的两平行平面之间。 面对基准线的垂直度公差带定义：公差带为间距等于公差值 t，且垂直于基准轴线的两平行平面所限定的区域

（续表）

特征项目	标注示例及其公差带	说　　明
垂直度	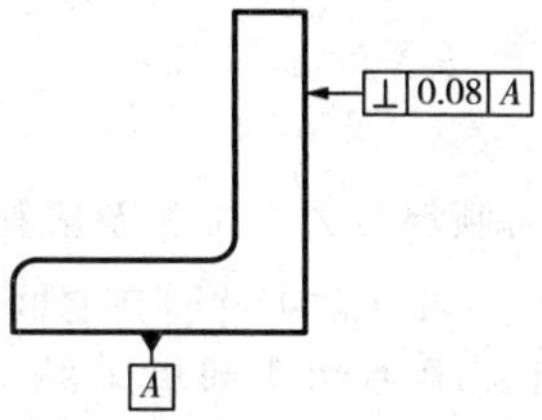 a） 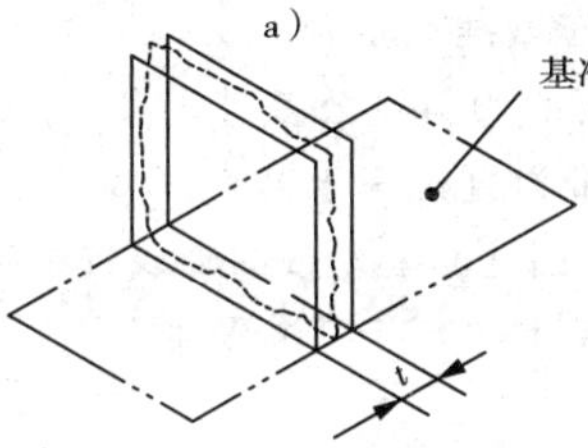 b）	面对基准平面的垂直度公差标注及解释：提取（实际）表面应限定在间距等于 0.08mm，且垂直于基准平面 A 的两平行平面之间。 面对基准平面的垂直度公差带定义：公差带为间距等于公差值 t，且垂直于基准平面的两平行平面所限定的区域
倾斜度	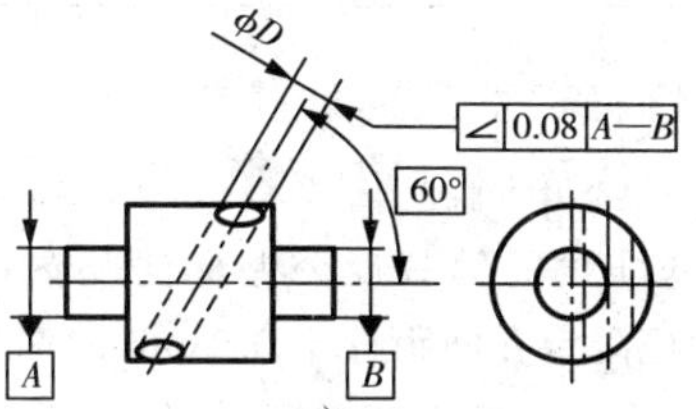 a） 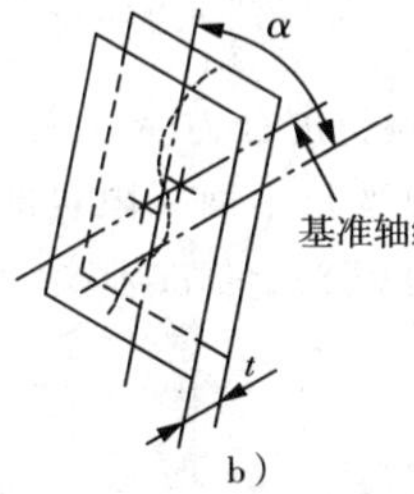 b）	线对基准线倾斜度公差标注及解释：提取（实际）中心线应限定在间距等于 0.08mm 的两平行平面之间。该两平行平面按理论正确角度 60°倾斜于公共基准轴线 $A—B$。 线对基准线倾斜度公差带定义：公差带为间距等于公差值 t 的两平行平面所限定的区域。该两平行平面按给定角度倾斜于基准轴线
	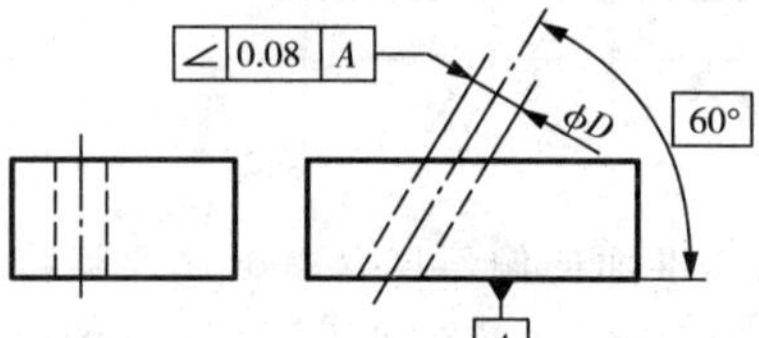 a） 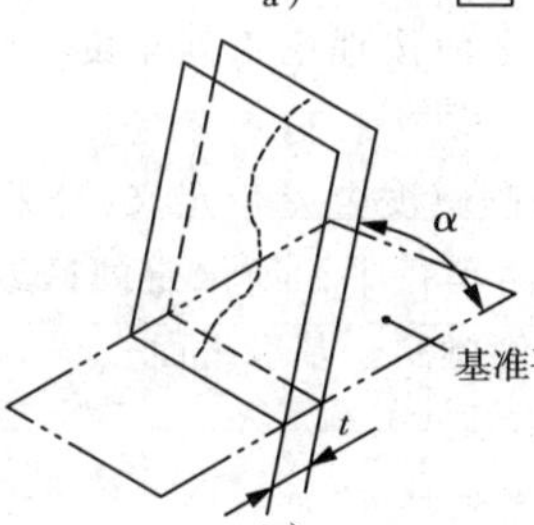 b）	线对基准面的倾斜度公差标注及解释：提取（实际）中心线应限定在间距等于 0.08mm 的两平行平面之间。该两平行平面按理论正确角度 60°倾斜于基准平面 A。 线对基准面的倾斜度公差带定义：公差带为间距等于公差值 t 的两平行平面所限定的区域。该两平行平面按给定角度倾斜于基准平面

（续表）

特征项目	标注示例及其公差带	说　明
倾斜度	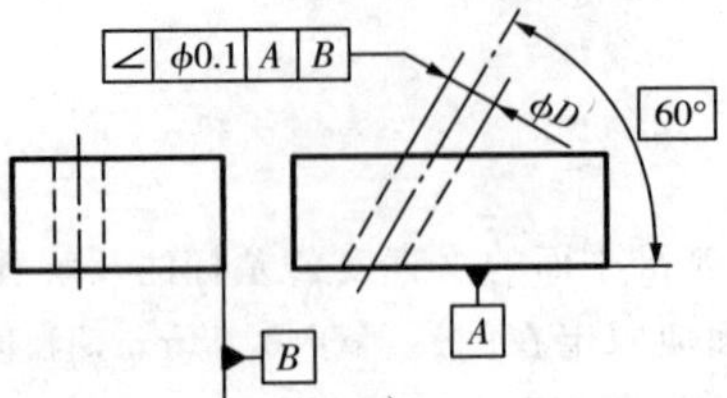 a） 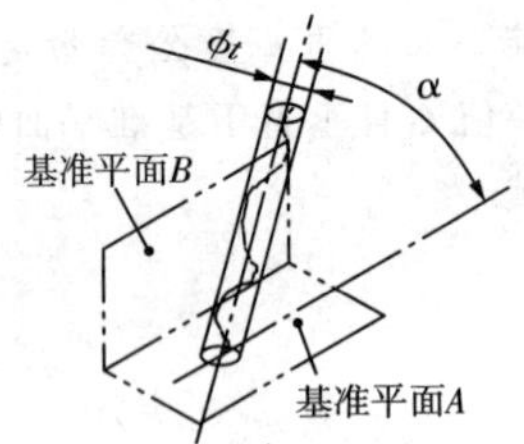 b）	线对基准面倾斜度公差标注及解释：提取（实际）中心线应限定在直径等于 ϕ0.1mm 的圆柱面内。该圆柱面的中心线按理论正确角度 60°倾斜于基准平面 A，且平行于基准平面 B。 线对基准面的倾斜度公差带定义：公差值前加注符号 ϕ，公差带为直径等于公差值 ϕt 的圆柱面所限定的区域。该圆柱面公差带的轴线按给定角度倾斜于基准平面 A，且平行于基准平面 B
	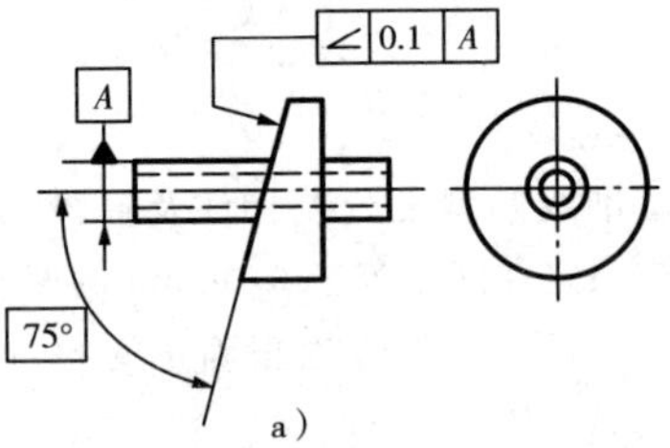 a） 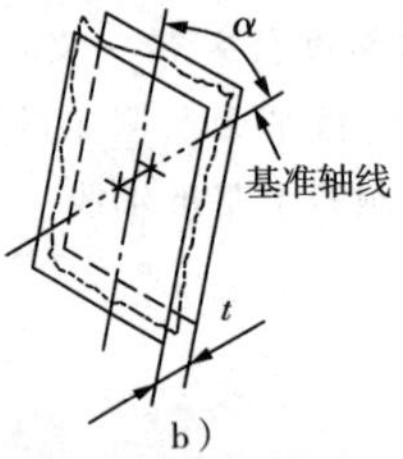 b）	面对基准线的倾斜度公差标注及解释：提取（实际）表面应限定在间距等于 0.1mm 的两平行平面之间。该两平行平面按理论正确角度 75°倾斜于基准轴线 A。 面对基准线的倾斜度公差带定义：公差带为间距等于公差值 t 的两平行平面所限定的区域。该两平行平面按给定角度倾斜于基准轴线
	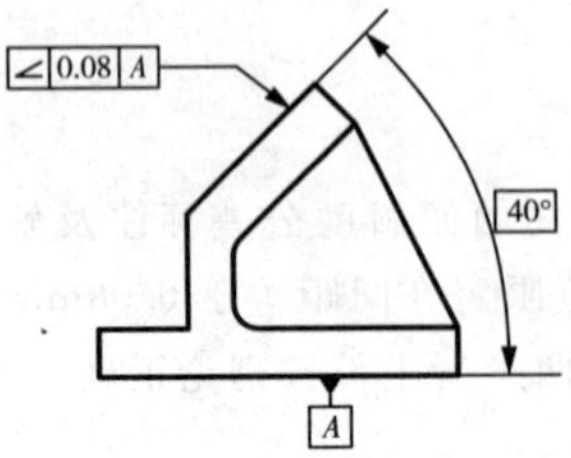 a） 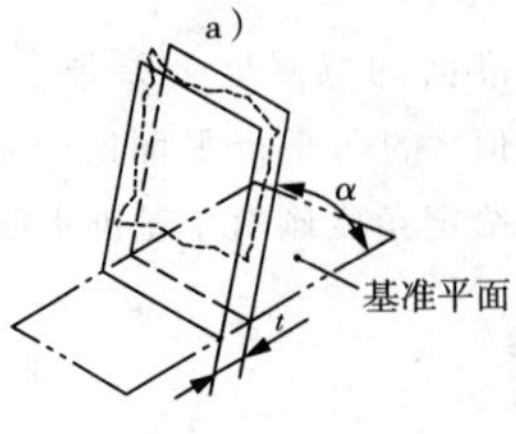 b）	面对基准面的倾斜度公差标注及解释：提取（实际）表面应限定在间距等于 0.08mm 的两平行平面之间。该两平行平面按理论正确角度 40°倾斜于基准平面 A。 面对基准面的倾斜度公差带定义：公差带为间距等于公差值 t 的两平行平面所限定的区域。该两平行平面按给定角度倾斜于基准平面

8.4 位置公差

零件的几何要素中，有的要素对其他要素（基准）有方位要求，如机床主轴后轴颈对前轴颈有同轴要求。为了限制被测要素对基准的方位误差，规定了位置公差。位置公差是允许被测要素对基准在位置上的变动全量。位置公差的标注，见表 8－6。

表 8－6 位置公差标注及解释

特征项目	标注示例及其公差带	说明
位置度	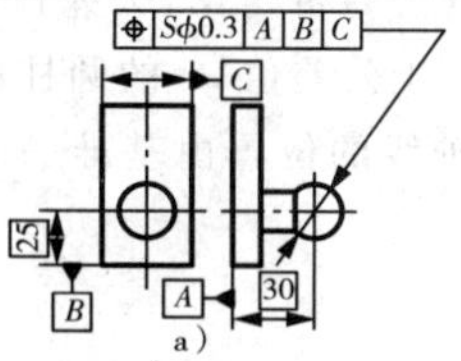a） 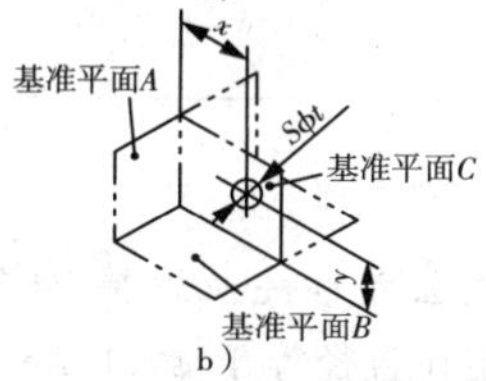b）	点的位置度公差标注及解释：提取（实际）球心应限定在直径等于 Sϕ0.3mm 的圆球面内。该圆球面的中心由基准平面 A、基准平面 B、基准中心平面 C 和理论正确尺寸 30mm、25mm 确定。 点的位置度公差带定义：公差值前加注 Sϕ，公差带为直径等于公差值 Sϕt 的圆球面所限定的区域。该圆球面中心的理论正确位置由基准 A、B、C 和理论正确尺寸确定
	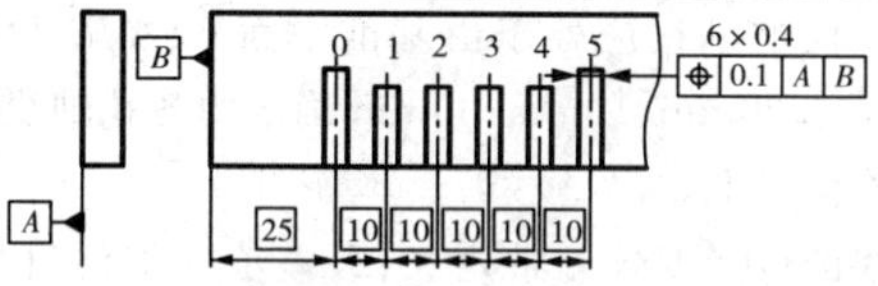a） 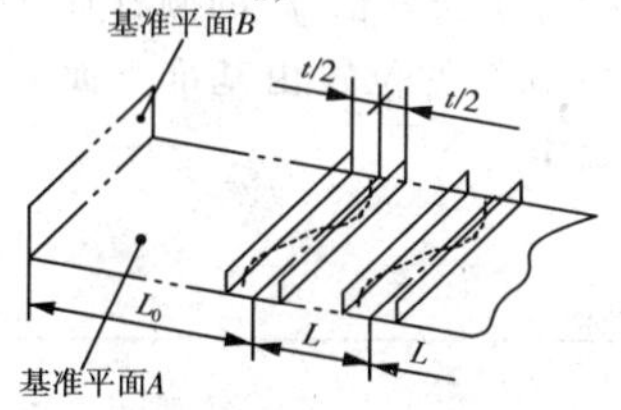b）	线的位置度公差标注及解释：各条刻线的提取（实际）中心线应限定在间距等于 0.1mm，且对称于基准平面 A、B 和理论正确尺寸 25mm、10mm 确定的理论正确位置的两平行平面之间。 线的位置度公差带定义：给定一个方向的公差时，公差带为间距等于公差值 t，且对称于线的理论正确位置的两平行平面所限定的区域。线的理论正确位置由基准平面 A、B 和理论正确尺寸确定。线的位置公差只在一个方向上给定
	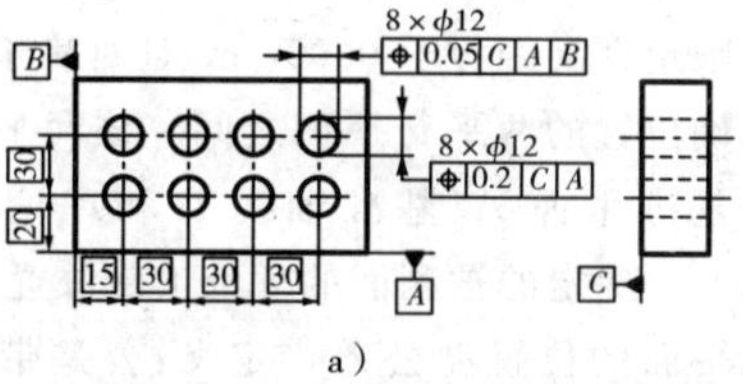a） 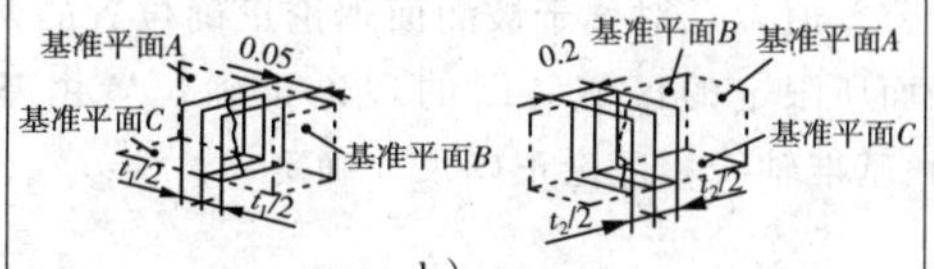b）	线的位置度公差标注及解释：各孔的测得（实际）中心线在给定方向上应各自限定在间距分别等于 0.05mm 和 0.2mm，且相互垂直的两对平行平面内。每对平行平面对称于基准平面 C、A、B 和理论正确尺寸 20mm、15mm、30mm 确定的各孔轴线的理论正确位置。 线的位置度公差带定义：给定两个方向的公差时，公差带为间距分别等于公差值 t_1 和 t_2，且对称于线的理论正确（理想）位置的两对相互垂直的平行平面所限定的区域。线的理论正确位置由基准平面 C、A 和 B 及理论正确尺寸确定。该公差在基准体系的两个方向上给定

（续表）

特征项目	标注示例及其公差带	说明
	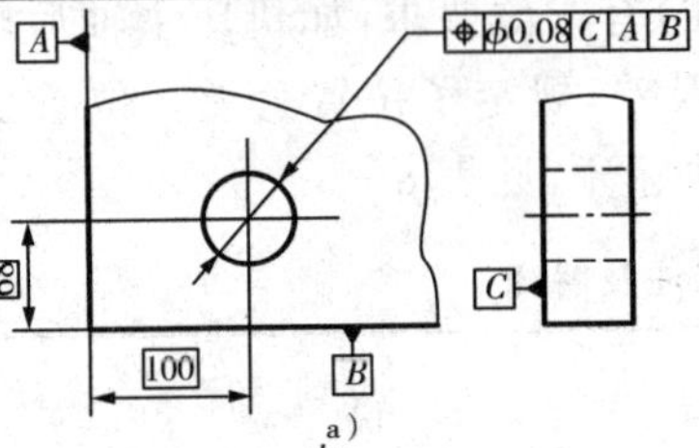 a） 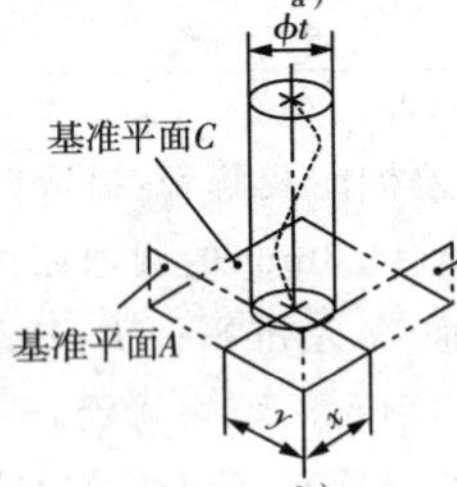 b）	线的位置度公差标注及解释：提取（实际）中心线应限定在直径等于 $\phi0.08$mm 的圆柱面内。该圆柱面的轴线的位置应处于由基准平面 C、A、B 和理论正确尺寸 100mm、68mm 确定的理论正确位置上。 线的位置度公差带定义：公差值前加注符号 ϕ，公差带为直径等于公差值 ϕt 的圆柱面所限定的区域。该圆柱面的轴线的位置由基准平面 C、A、B 和理论正确尺寸确定
位置度	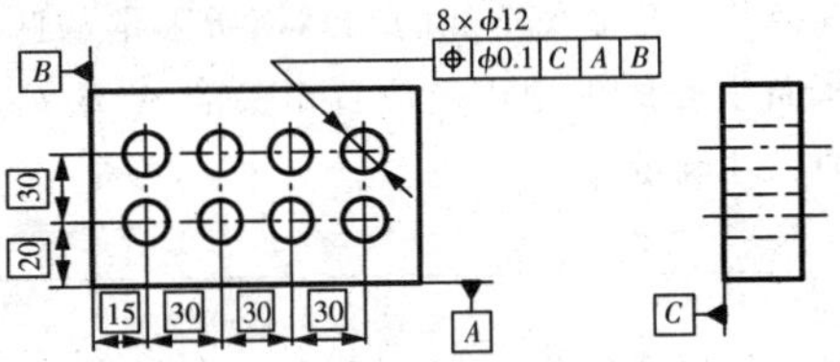 a） 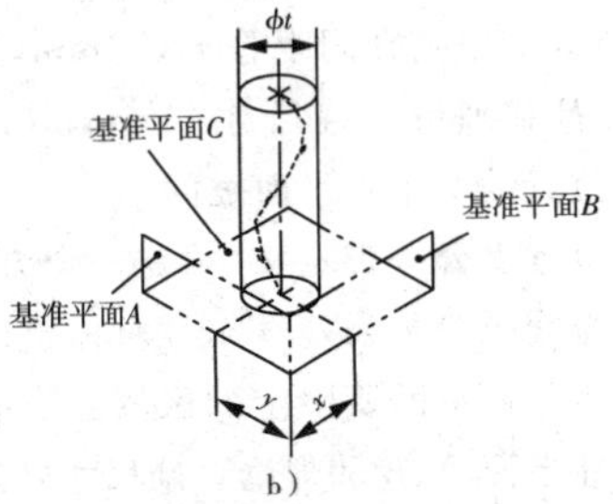 b）	线的位置度公差标注及解释：各提取（实际）中心线应各自限定在直径等于 $\phi0.1$mm 的圆柱面内。该圆柱面的轴线应处于由基准平面 C、A、B 和理论正确尺寸 20mm、15mm、30mm 确定的各孔轴线的理论正确位置上。 线的位置度公差带定义：公差值前加注符号 ϕ，公差带为直径等于公差值 ϕt 的圆柱面所限定的区域。该圆柱面的轴线的位置由基准平面 C、A、B 和理论正确尺寸确定
	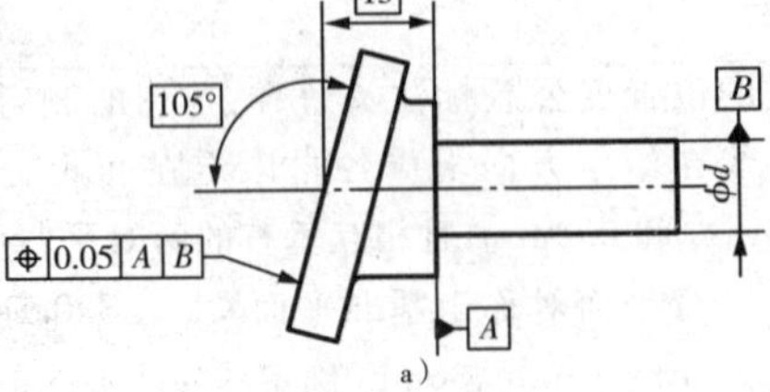 a） 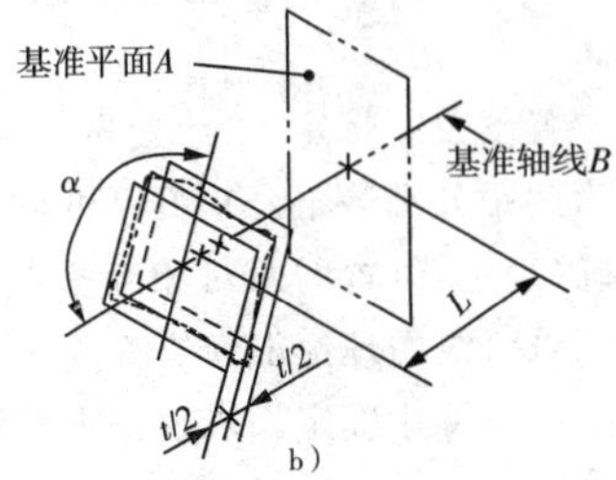 b）	轮廓平面的位置度公差标注及解释：提取（实际）表面应限定在间距等于 0.05mm，且对称于被测面的理论正确位置的两平行平面之间。该两平行平面对称于由基准平面 A、基准轴线 B 和理论正确尺寸 15mm、105°确定的被测面的理论正确位置。 轮廓平面的位置度公差带定义：公差带为间距等于公差值 t，且对称于被测面理论正确位置的两平行平面所限定的区域。面的理论正确位置由基准平面、基准轴线和理论正确尺寸确定

（续表）

特征项目	标注示例及其公差带	说　明
同心度和同轴度	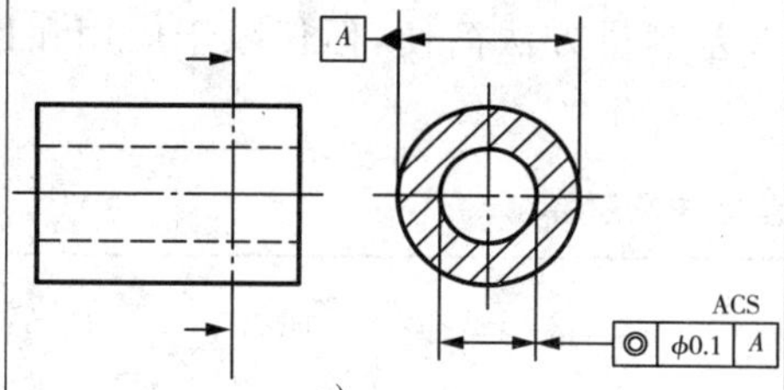 a） 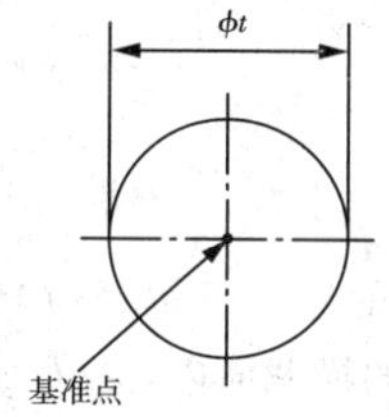 b）	同心度公差的标注及解释：在任意横截面内，内圆的提取（实际）中心应限定在直径等于 $\phi0.1$mm，以基准点 A 为圆心的圆周内。 注：ACS表示“任意横截面”。 同心度公差带的定义：公差值前标注符号 ϕ，公差带为直径等于公差值 ϕt 的圆周所限定的区域。该圆周的圆心与基准点重合
	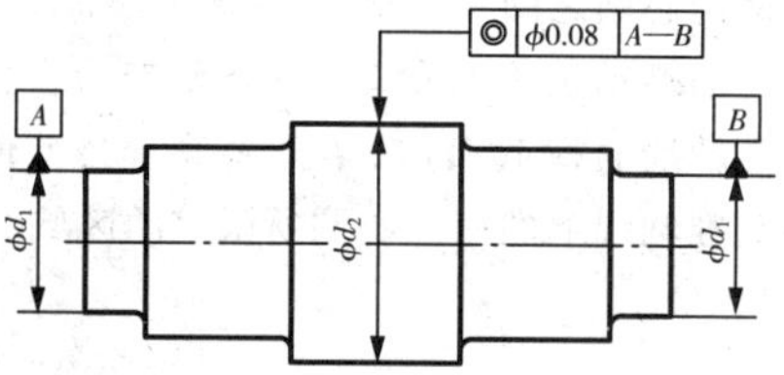 a） 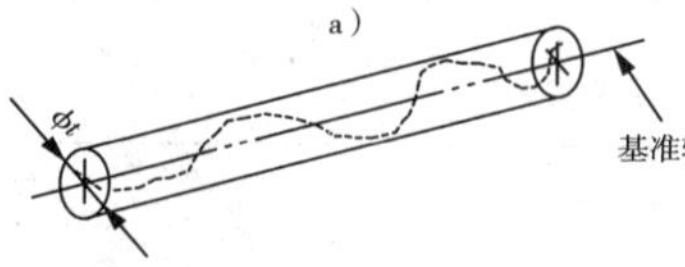 b）	轴线的同轴度公差标注及解释：大圆柱面的提取（实际）中心线应限定在直径等于 $\phi0.08$mm，且以公共基准轴线 A—B 为轴线的圆柱面内。 轴线的同轴度公差带定义：公差值前加注符号 ϕ，公差带为直径等于公差值 ϕt 的圆柱面所限定的区域。该圆柱面的轴线与基准轴线重合
对称度	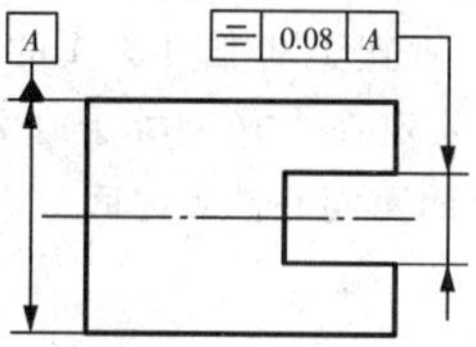 a） 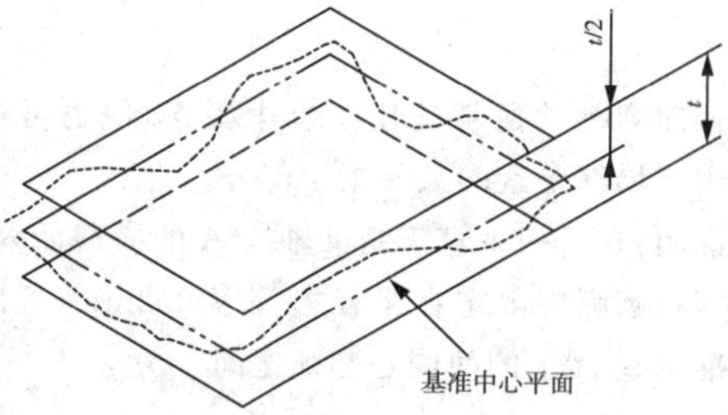 b）	对称度公差的标注及解释：提取（实际）中心面应限定在间距等于0.08mm，且对称于基准中心平面 A 的两平行平面之间。 对称度公差带的定义：公差带为间距等于公差值 t，且对称于基准中心平面的两平行平面所限定的区域

8.5 跳动公差

跳动公差是被测提取要素绕基准轴线回转一周，或连续回转时所允许的最大跳动量。跳动公差是按测量方式定出的公差项目。跳动误差测量方法简便，但仅限于应用在回转表面。跳动公差的标注，见表 8-7。

表 8-7 跳动公差标注及解释

特征项目	标注示例及其公差带	说明
径向圆跳动	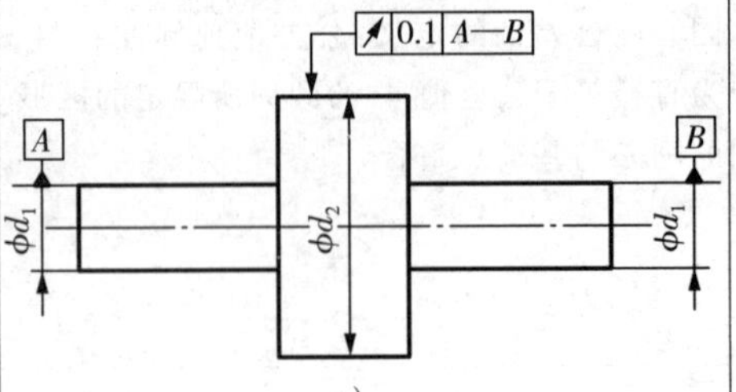 a) 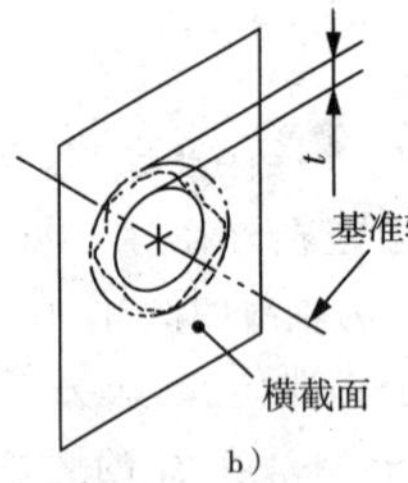 b)	径向圆跳动公差的标注及解释：在任一垂直于公共基准轴线 A—B 的横截面内，提取（实际）圆应限定在半径差等于 0.1mm、圆心在公共基准轴线 A—B 上的两同心圆之间。 径向圆跳动公差带的定义：公差带为在任一垂直于基准轴线的横截面内、半径差等于公差值 t，且圆心在基准轴线上的两同心圆所限定的区域
	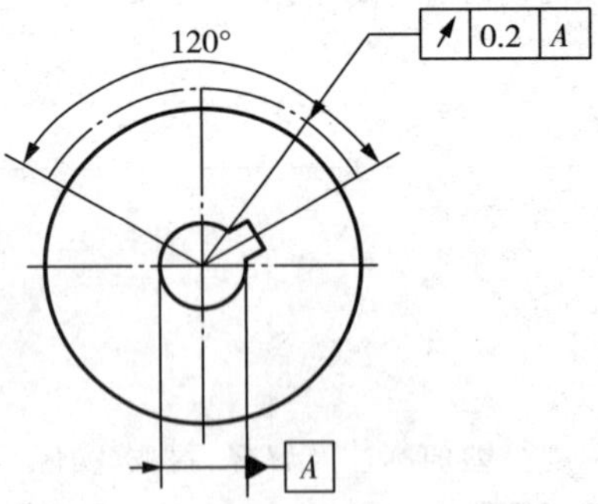	径向圆跳动通常适用于整个要素，但也可规定只适用于局部要素的某一指定部分。 说明：在任一垂直于基准轴线 A 的横截面内，提取（实际）圆弧应限定在半径差等于 0.2mm，且圆心在基准轴线 A 上的两同心圆弧之间
	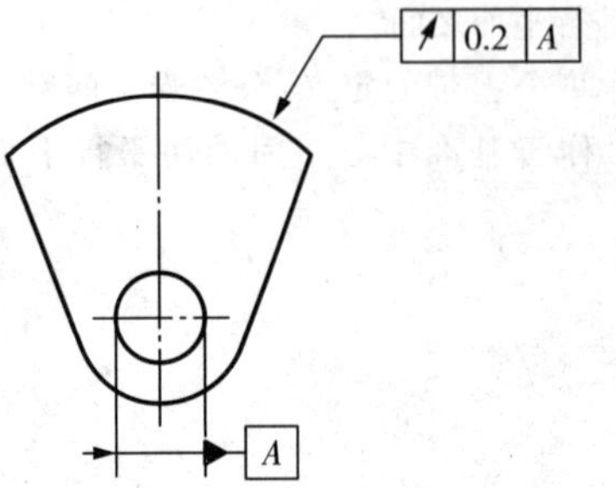	径向圆跳动通常适用于整个要素，但也可规定只适用于局部要素的某一指定部分。 说明：在任一垂直于基准轴线 A 的横截面内，提取（实际）圆弧应限定在半径差等于 0.2mm，且圆心在基准轴线 A 上的两同心圆弧之间

（续表）

特征项目	标注示例及其公差带	说　明
径向圆跳动	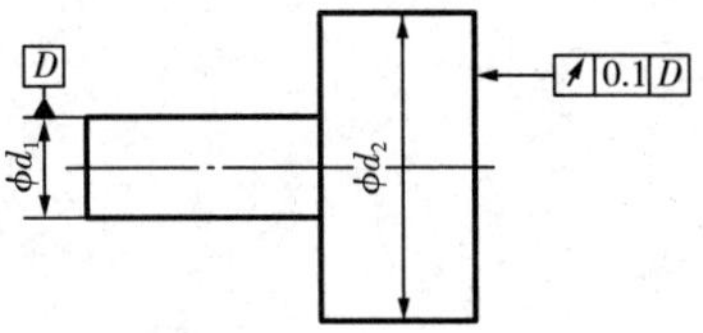 a） 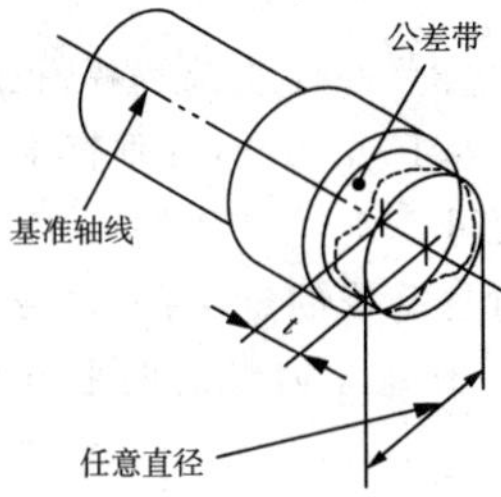 b）	轴向圆跳动公差标注及解释：在与基准轴线 D 同轴的任一圆柱形截面上，提取（实际）圆应限定在轴向距离等于 0.1mm 的两个等圆之间。 轴向圆跳动公差带的定义：公差带为与基准轴线同轴的任一半径的圆柱截面上，间距等于公差值 t 的两圆所限定的圆柱面区域
斜向圆跳动	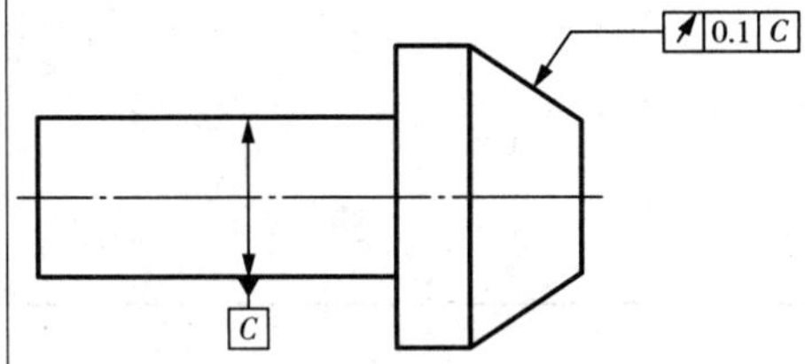 a） 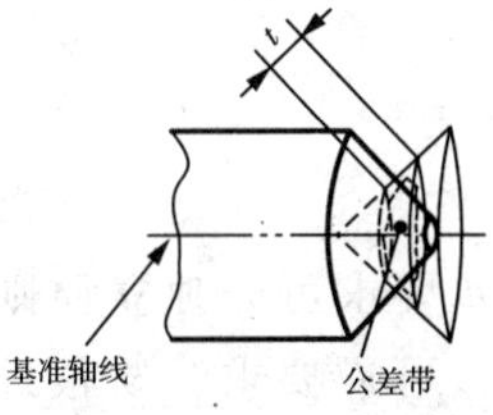 b）	斜向圆跳动公差的标注及解释：在与基准轴线 C 同轴的任一圆锥截面上，提取（实际）线应限定在素线方向间距等于 0.1mm 的两不等圆之间。 斜向圆跳动公差带的定义：公差带为与基准轴线同轴的某一圆锥截面上，间距等于公差值 t 的两圆所限定的圆锥面区域，该圆锥截面素线应与被测表面垂直（除非另有规定）。 注：除非另有规定，测量方向应沿被测表面的法向
径向全跳动	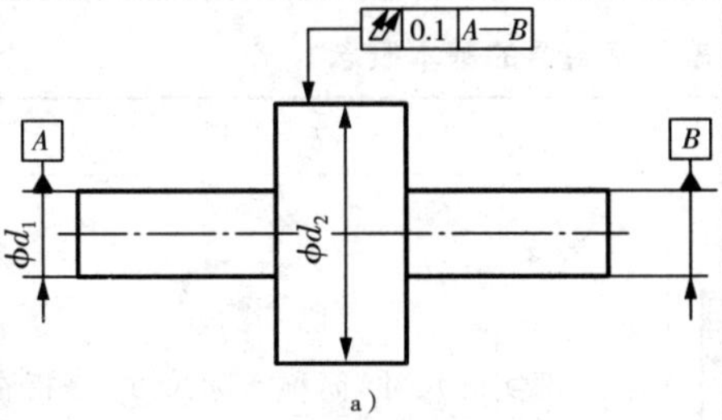 a） 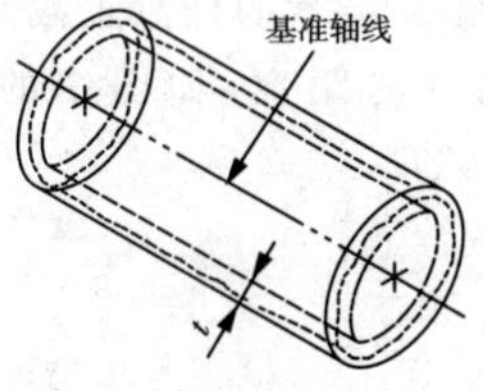 b）	径向全跳动公差标注及解释：提取（实际）表面应限定在半径差等于 0.1mm，且与公共基准轴线 $A—B$ 同轴的两圆柱面之间。 径向全跳动公差带：公差带为半径差等于公差值 t，且与基准轴线同轴的两圆柱面所限定的区域

（续表）

特征项目	标注示例及其公差带	说　明
轴向全跳动	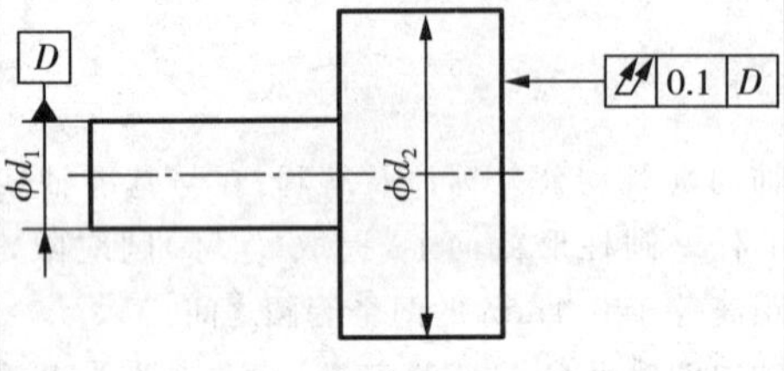 a） 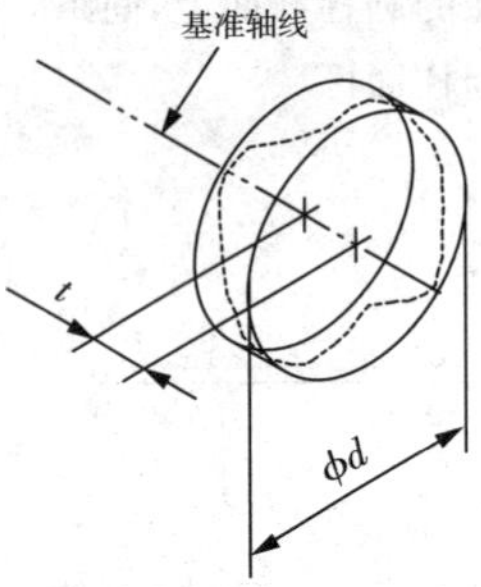 b）	轴向全跳动公差的标注及解释：提取（实际）表面应限定在间距等于0.1mm，且垂直于基准轴线 D 的两平行平面之间。 轴向全跳动公差带的定义：公差带为间距等于公差值 t，且垂直于基准轴线的两平行平面所限定的区域

8.6 几何公差与尺寸公差的关系

8.6.1 几何公差与尺寸公差关系的基本概念

公差要求明确规定了几何公差与尺寸公差的相互关系，公差要求可分独立原则和相关要求。相关要求又分为包容要求、最大实体要求、最小实体要求、可逆要求。要很好地理解几何公差与尺寸公差的关系，就必须熟悉相关的基本概念，见表8-8。

表8-8　几何公差与尺寸公差关系需要的基本概念

基本概念	示　例	说　明
局部实际尺寸	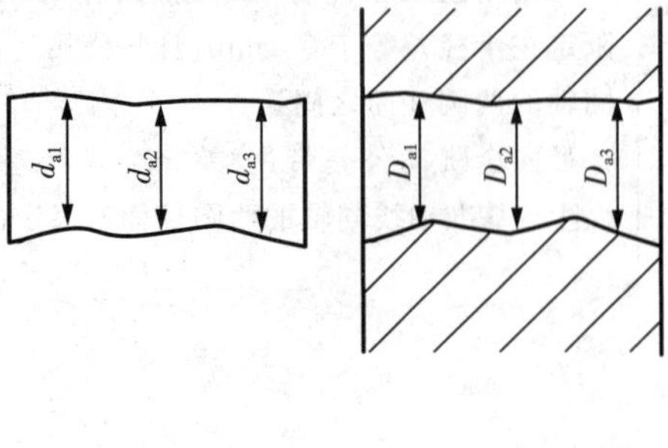	局部实际尺寸，简称实际尺寸，是指在实际（组成）要素的任意正截面上，两对应点之间测得的距离，如图中的 d_{a1}、d_{a2}、d_{a3}、D_{a1}、D_{a2}、D_{a3}

（续表）

基本概念	示　　例	说　　明
单一要素的体外作用尺寸	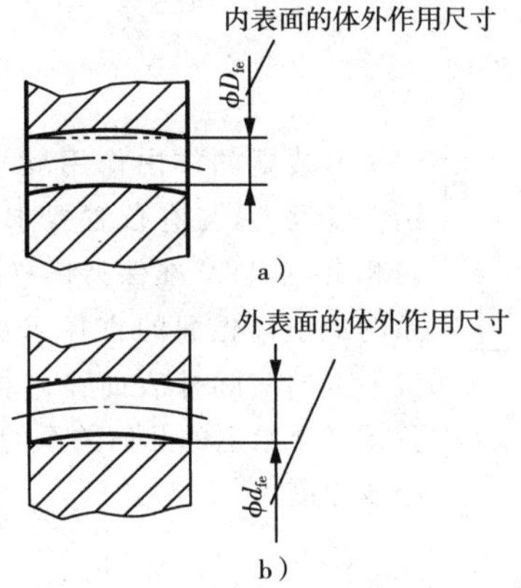	在被测要素给定长度上，与实际内表面体外相接的最大理想面或与实际外表面体外相接的最小理想面的直径或宽度
单一要素的体内作用尺寸	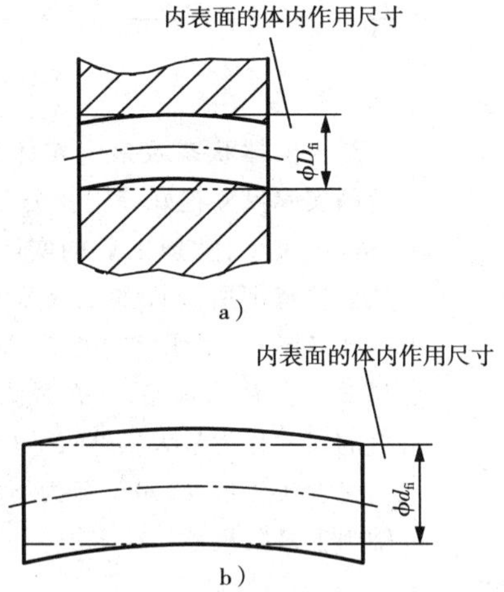	在被测要素给定长度上，与实际内表面体内相接的最小理想面或与实际外表面体内相接的最大理想面的直径或宽度
关联要素的体外作用尺寸	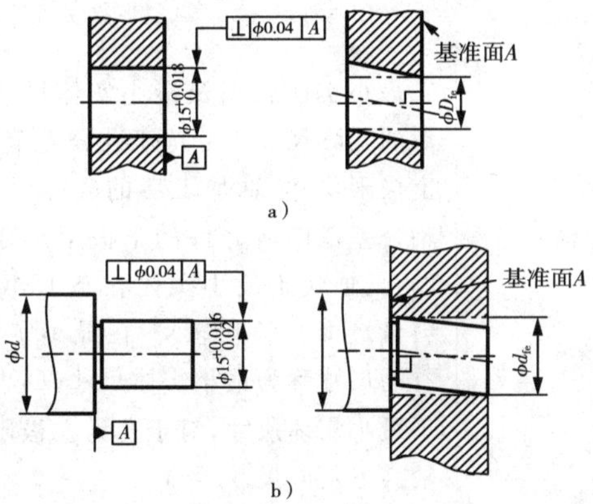	关联要素的体外作用尺寸，是在被测要素给定长度上，与有位置要求的实际内表面体外相接，且与基准保持图样上给定的几何关系的最大理想面的直径或宽度，或者与有位置要求的实际外表面体外相接，且与基准保持图样上给定的几何关系的最小理想面的直径或宽度

（续表）

基本概念	示　　例	说　　明
关联要素的体内作用尺寸	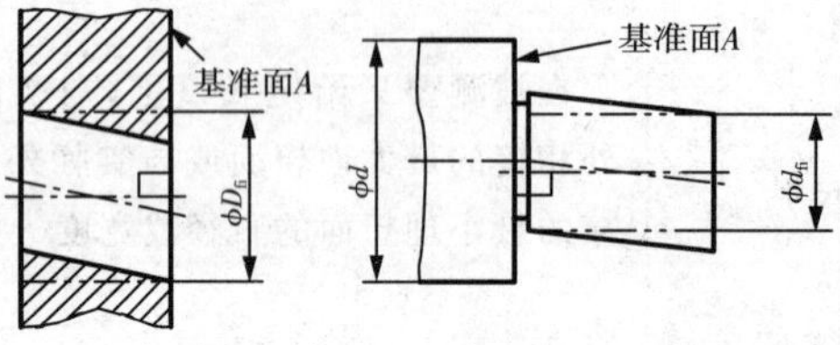 a）　b）	关联要素的体内作用尺寸，是在被测要素给定长度上，与有位置要求的实际内表面体内相接，且与基准保持图样上给定的几何关系的最小理想面的直径或宽度，或者与有位置要求的实际外表面体内相接，且与基准保持图样上给定的几何关系的最大理想面的直径或宽度
最大实体状态	—	最大实体状态及最大实体尺寸：当孔加工后的实际尺寸正好等于孔公差范围所允许的下极限尺寸、轴加工后的实际尺寸正好等于轴公差范围所允许的上极限尺寸时，称此时的孔、轴处于最大实体状态 MMC（即具有材料量最多时的状态）。在最大实体状态时具有的尺寸称为最大实体尺寸（D_M与d_M）。 最大实体尺寸，对于孔为下极限尺寸，对于轴为上极限尺寸
最小实体状态	—	最小实体状态及最小实体尺寸：当孔加工后的实际尺寸正好等于孔公差范围所允许的上极限尺寸、轴加工后的实际尺寸正好等于轴公差范围所允许的下极限尺寸时，称此时的孔、轴处于最小实体状态 LMC（即具有材料量最少时的状态）。在最小实体状态时具有的尺寸称为最小实体尺寸（D_L与d_L）。 最小实体尺寸，对于孔为上极限尺寸，对于轴为下极限尺寸

（续表）

<table>
<tr><th>基本概念</th><th>示 例</th><th>说 明</th></tr>
<tr><td>最大实体实效状态、最大实体实效尺寸</td><td>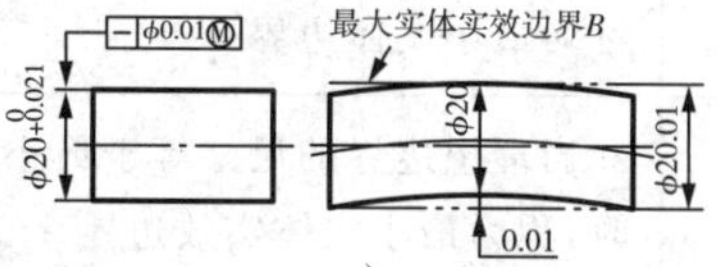
a）
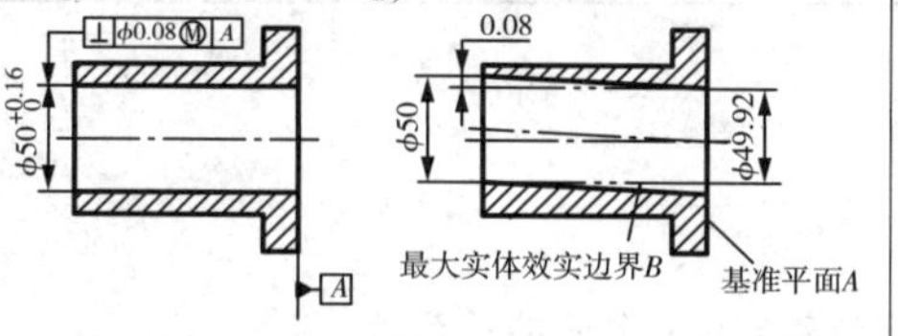
b）</td><td>最大实体实效状态（MMVC），是在给定长度上，实际（组成）要素处于最大实体状态，且其导出要素的几何误差等于给出公差值时的综合极限状态。最大实体实效状态下的体外作用尺寸称为最大实体实效尺寸，用 D_{MV} 与 d_{MV} 表示。
最大实体实效尺寸：
孔或内表面
$D_{MV}=D_M-$带Ⓜ的几何公差值
轴或外表面
$d_{MV}=d_M+$带Ⓜ的几何公差值
式中：D_{MV}、d_{MV} 分别为孔（内表面）、轴（外表面）的最大实体实效尺寸；
D_M、d_M 分别为孔（内表面）、轴（外表面）的最大实体尺寸</td></tr>
<tr><td>最小实体实效状态、最小实体实效尺寸</td><td>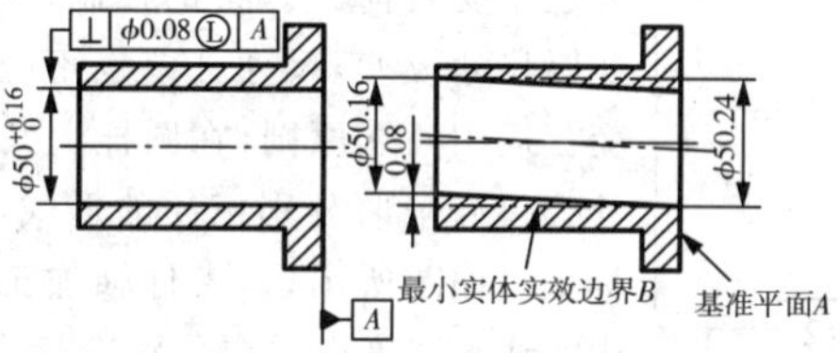
a）
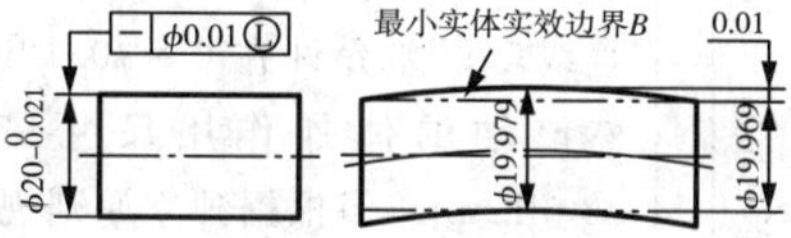
b）</td><td>最小实体实效状态（LMVC），是在给定长度上，实际（组成）要素处于最小实体状态，且其导出要素的几何误差等于给出公差值时的综合极限状态。最小实体状态下的体内作用尺寸称为最小实体实效尺寸，用 D_{LV} 与 d_{LV} 表示。
最小实体实效尺寸：
孔或内表面
$D_{LV}=D_L+$带Ⓛ的几何公差值
轴或外表面
$d_{LV}=d_L-$带Ⓛ的几何公差值
式中：D_{LV}、d_{LV} 分别为孔（内表面）、轴（外表面）的最小实体实效尺寸；
D_L、d_L 分别为孔（内表面）、轴（外表面）的最小实体尺寸</td></tr>
<tr><td>理想边界</td><td>—</td><td>理想边界是由设计给定的具有理想形状的极限包容面。其尺寸为极限包容面的直径或距离</td></tr>
<tr><td>最大实体边界（MMB）</td><td>—</td><td>理想边界的尺寸等于最大实体尺寸时，称为最大实体边界</td></tr>
</table>

（续表）

基本概念	示　　例	说　　明
最大实体实效边界（MMVB）	—	当理想边界的尺寸等于最大实体实效尺寸时，称为最大实体实效边界
最小实体边界（LMB）	—	当理想边界的尺寸等于最小实体尺寸时，称为最小实体边界
最小实体实效边界（LMVB）	—	当理想边界的尺寸等于最小实体实效尺寸时，称为最小实体实效边界

8.6.2 几何公差与尺寸公差的关系

几何公差与尺寸公差的关系，见表 8－9。

表 8－9　几何公差与尺寸公差的关系

几何公差与尺寸公差之间的关系	示　　例	说　　明
独立原则：对图样上给定的几何公差与尺寸公差采取彼此无关的处理原则，称为独立原则	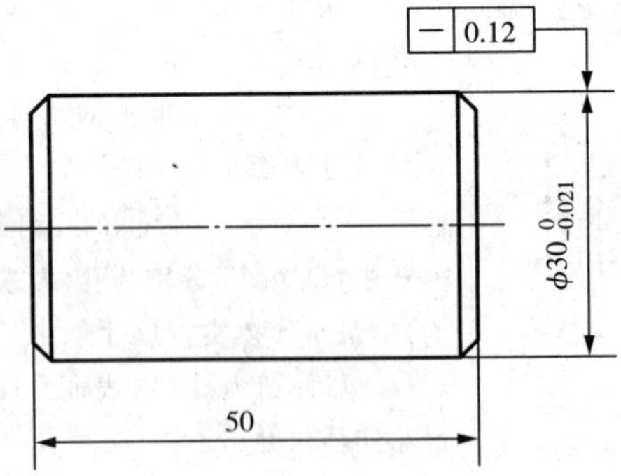	采用独立原则时，尺寸公差和几何公差各自独立地控制被测要素的尺寸误差和几何误差，几何误差不受尺寸公差带的控制，实际尺寸也不受几何公差带的控制；几何公差不随实际尺寸改变，尺寸公差也不随几何误差改变。运用独立原则，在图样上几何公差与尺寸公差应采取分别标注的形式，不附加任何标记。如图所示，该零件轴加工后其尺寸与中心线直线度误差应分别进行检验。要求轴的实际尺寸在 $\phi 29.979 \sim \phi 30$mm 的范围内；直线度误差允许在 $0 \sim \phi 0.12$mm 范围内，显然该轴的体外作用尺寸最大值可达到 $\phi 30.12$mm，但根据独立原则规定不需要控制体外作用尺寸。 独立原则一般用于非配合零件，或对形状和位置要求严格，而对尺寸精度要求相对较低的场合。例如印刷机的滚筒，尺寸精度要求不高，但对圆柱度要求高，以保证印刷清晰，因而按独立原则给出圆柱度公差 t，而其尺寸公差则按未注公差处理。又譬如，液压传动中常用的液压缸的内孔，为防止泄漏，对液压缸内孔的形状精度（圆柱度、中心线直线度）提出了较严格的要求，而对其尺寸精度要求不高，故尺寸公差与几何公差按独立原则给出

（续表）

几何公差与尺寸公差之间的关系	示　　例	说　　明
包容要求：包容要求表示实际（组成）要素应遵守其最大实体边界，其局部实际尺寸不得超出最小实体尺寸	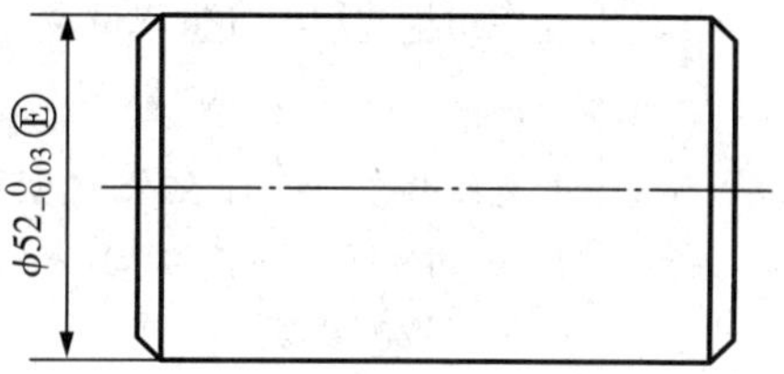	采用包容要求的单一要素应在其尺寸极限偏差或公差带之后加符号Ⓔ。如图所示，$\phi52_{-0.03}^{0}$mm 的轴按包容要求给出了尺寸公差。该轴实际轮廓必须在最大实体边界内，其边界的尺寸为最大实体尺寸 $\phi52$mm，局部实际尺寸不得小于 $\phi51.97$mm。轴径的任一局部实际尺寸都应在极限尺寸 $\phi51.97$～$\phi52$mm 范围内。 当轴的实际直径为最小实体尺寸 $\phi51.97$mm 时，中心线的直线度误差允许达到 $\phi0.03$mm。当轴的实际直径为最大实体尺寸 $\phi52$mm 时，中心线的直线度误差只能为0。当轴的实际直径为最大实体尺寸和最小实体尺寸之间的任一尺寸时，轴中心线的直线度误差允许值将为最大实体尺寸减实际尺寸的差值。如实际尺寸为 $\phi51.98$mm，则轴的中心线直线度误差值允许达到 52mm－51.98mm＝0.02mm。总之，该轴的实体不得超出最大实体尺寸 $\phi52$mm 理想形状的包容圆柱面，这时的尺寸公差控制了形状误差。 标注包容要求的几何要素应检验其实际尺寸，同时还应检验其体外作用尺寸。局部实际尺寸不超出最小实体尺寸，体外作用尺寸则应不超出最大实体尺寸。局部实际尺寸可以用通用量具按两点法测量，体外作用尺寸用综合量规检验。 包容要求适用于单一要素，如圆柱面或两平行平面。包容要求用于机器上孔轴配合性质要求较严的配合表面。如回转轴的轴颈和滑动轴承、滑动套筒和孔、滑块和滑块槽等

（续表）

几何公差与尺寸公差之间的关系	示　　例	说　　明
最大实体要求：被测要素的实际轮廓应遵守其最大实体实效边界，当其实际尺寸偏离最大实体尺寸时，允许其几何误差值超出在最大实体状态下给出的公差值	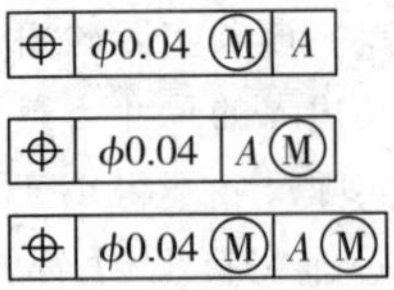	最大实体要求既可以用于被测要素，也可用于基准要素。当最大实体要求用于被测要素时，应在几何公差框格中的几何公差值后加注符号Ⓜ。当最大实体要求用于基准要素时，应在几何公差框格中相应基准字母后加注符号Ⓜ。 最大实体要求应用于被测要素，图样上给定的几何公差值是在被测要素的实际轮廓处于最大实体状态时给出的，当被测要素的实际轮廓偏离其最大实体状态，即被测要素的实际轮廓尺寸偏离最大实体尺寸时，几何公差值可得到一个补偿值。 最大实体要求仅用于导出要素。采用最大实体要求的目的是保证装配互换。必须指出的是，采用最大实体要求时，被测要素对应轮廓的实际尺寸用两点法测量，实际轮廓的体外作用尺寸用综合量规检验
最大实体要求应用于单一要素	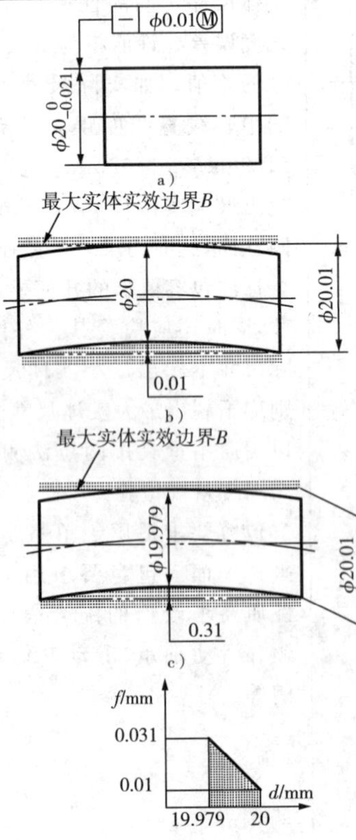	如图 a 所示，给出 $\phi 20_{-0.021}^{\ 0}$ mm 销轴中心线的直线度公差，且在公差框格内的公差值 $\phi 0.01$mm 后加注符号Ⓜ，表示最大实体要求应用于被测要素。 示例分析如下： (1)该轴的实际尺寸应为 $\phi 19.979$～$\phi 20$mm。 (2)该轴的实际轮廓不得超出最大实体实效边界，其体外作用尺寸不大于最大实体实效尺寸，即 20mm＋0.01mm＝20.01mm。 (3)当轴处于最大实体状态时，允许其中心线产生直线度误差值为图样上给定的几何公差值 $\phi 0.01$mm，如图 b 所示。 (4)当轴处于最小实体状态时，其中心线直线度误差允许达到最大值，即等于图样上给定的直线度公差值($\phi 0.01$mm)与轴的尺寸公差(0.021mm)之和(等于 $\phi 0.031$mm)，如图 c 所示。 (5)当轴处于最大实体与最小实体之间任一状态时，其中心线直线度误差可以得到相应的补偿，动态公差图如图 d 所示

（续表）

几何公差与尺寸公差之间的关系	示　　例	说　　明
最大实体要求应用于关联要素中的被测要素	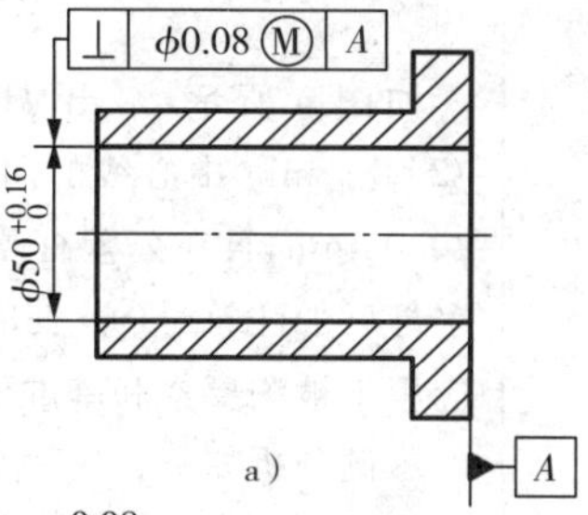 a） 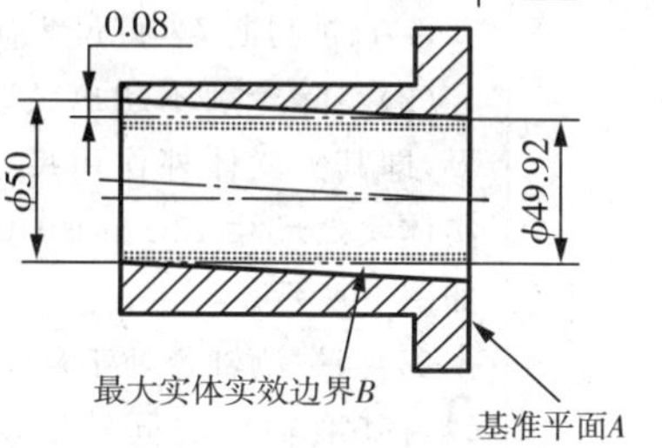 b） 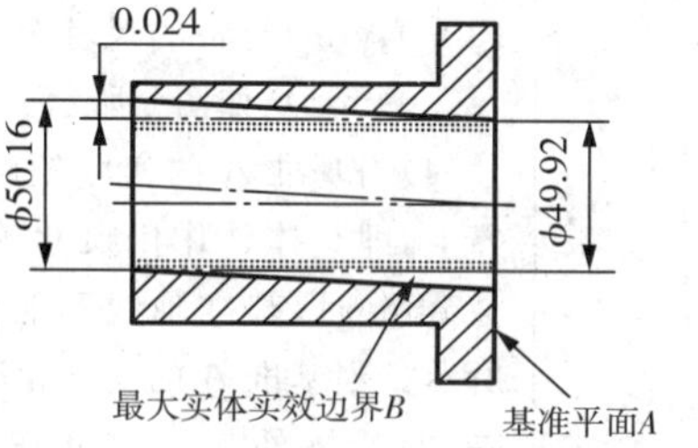 c） 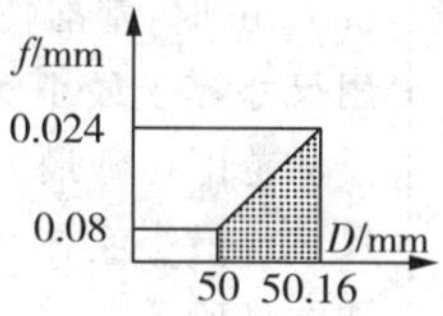 d）	如图 a 所示，给出 $\phi50^{+0.16}_{0}$ mm 孔的中心线对基准面 A 的垂直度公差，且在公差框格内的公差值 ϕ0.08mm 后加注符号Ⓜ，表示最大实体要求应用于被测要素。 示例分析如下： (1)该孔的实际尺寸应为 ϕ50～ϕ50.16mm。 (2)孔的实际轮廓不超出最大实体实效边界，其关联体外作用尺寸不小于关联最大实体实效尺寸，即 50mm － 0.08mm = 49.92mm，如图 b 所示。 (3)当该孔处于最大实体状态时，其中心线对基准 A 的垂直度误差允许达到图样上给定的公差值 ϕ0.08mm，如图 b 所示。 (4)当该孔处于最小实体状态时，其中心线对基准 A 的垂直度误差允许达到最大值，即等于图样上给出的垂直度公差（ϕ0.08mm）与孔的尺寸公差（0.16mm）之和（ϕ0.24mm），如图 c 所示。 (5)当孔处于最大实体与最小实体之间任一状态时，其中心线垂直度误差可以得到相应的补偿，动态公差图如图 d 所示
最大实体要求应用于基准要素		当基准要素自身采用最大实体要求时，在基准字母后加注符号Ⓜ，基准要素应遵循相应的边界。当其实际轮廓偏离其边界时，允许基准要素在一定范围内浮动，其浮动范围等于基准要素的体外作用尺寸与其边界尺寸之差

（续表）

几何公差与尺寸公差之间的关系	示　　例	说　　明
最大实体要求应用于基准要素，当基准要素自身采用最大实体要求时，则其边界为最大实体实效边界。 基准要素自身采用独立原则或包容要求时，其边界为最大实体边界	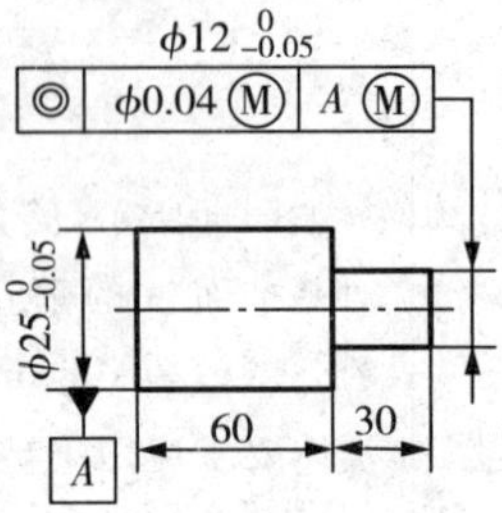 a） 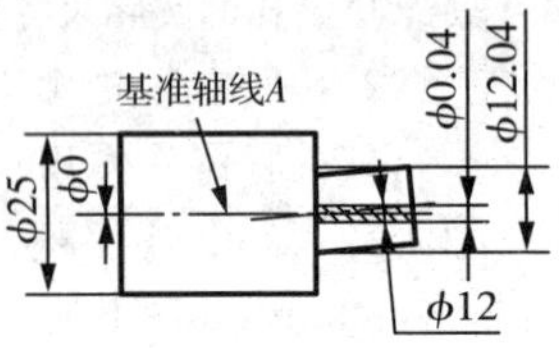 b） 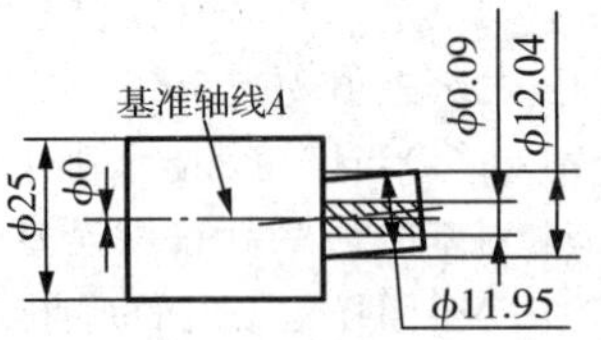 c） 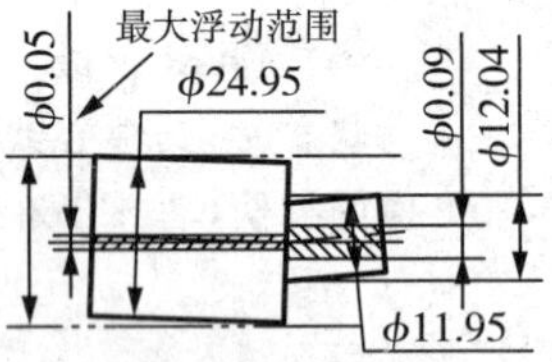 d）	如图 a 所示，给出 $\phi12_{-0.05}^{\ 0}$ mm 中心线对 $\phi25_{-0.05}^{\ 0}$ mm 中心线的同轴度公差，公差值为 ϕ0.04mm，且在公差框格内的公差值与基准字母后加注符号Ⓜ，表示最大实体要求同时应用于被测要素和基准要素。 示例分析如下： (1)该被测轴径实际尺寸应为ϕ11.95～ϕ12mm。 (2)实际轮廓不超出关联最大实体实效边界，即其关联体外作用尺寸不大于关联最大实体实效尺寸 12mm＋0.04mm＝12.04mm，如图 b 所示。 (3)当被测轴径处于最小实体状态时，其轴线对基准轴线的同轴度误差允许达到最大值，即等于图样上给出的同轴度公差(ϕ0.04mm)与轴的尺寸公差(0.05mm)之和(ϕ0.09mm)，如图 c 所示。 (4)当基准 A 的实际轮廓处于最大实体边界上，即其体外作用尺寸等于最大实体尺寸 ϕ25mm 时，基准轴线不能浮动，如图 b、图 c 所示。当基准 A 的实际轮廓偏离最大实体边界，即其体外作用尺寸偏离最大实体尺寸 ϕ25mm 时，基准轴线可以浮动。当其体外作用尺寸等于最小实体尺寸 ϕ24.95mm 时，其浮动范围达到最大值 ϕ0.05mm(即最大实体尺寸－最小实体尺寸＝25mm－24.95mm)，如图 d 所示
—	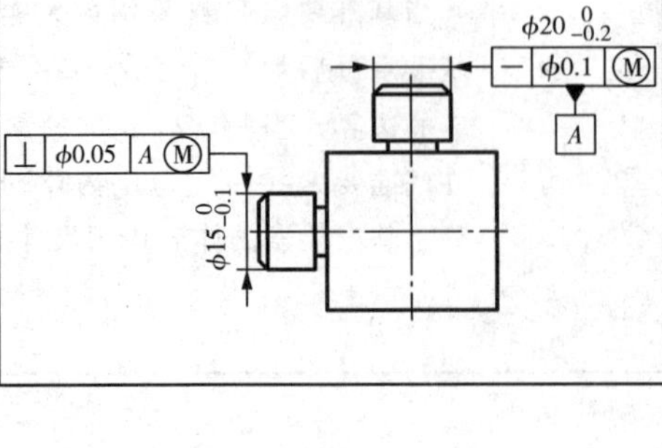	必须强调的是，当基准要素本身采用最大实体要求时，基准三角形此时只能标注在基准要素的公差框格下端（如图所示），而不能将基准三角形与基准要素的尺寸线对齐

（续表）

几何公差与尺寸公差之间的关系	示　　例	说　　明
最大实体要求采用零几何公差	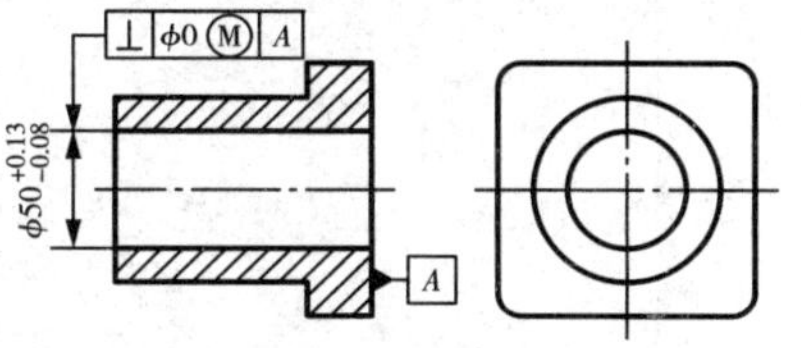 a） 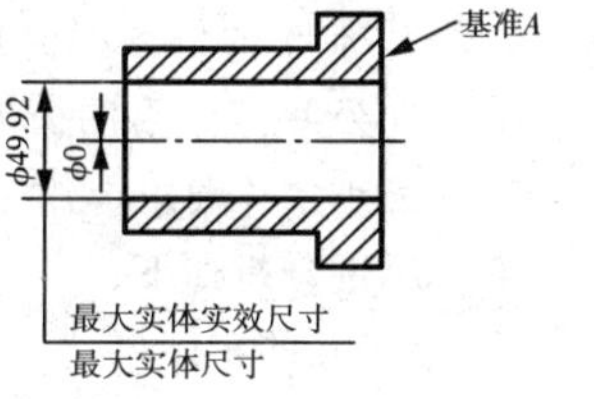 b） 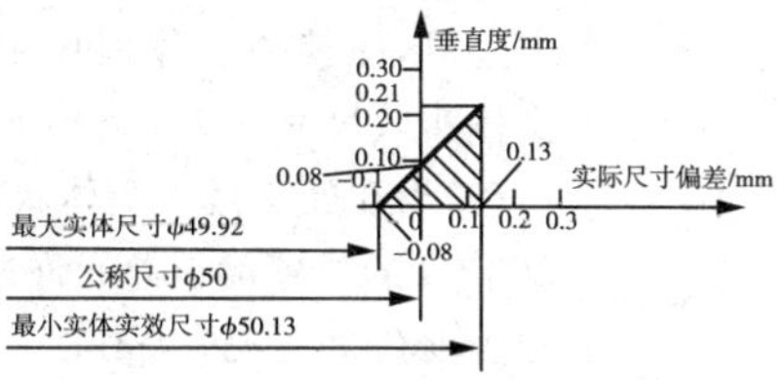 c）	关联要素遵守最大实体边界时，可以应用最大实体要求的零几何公差。即，当被测要素采用最大实体要求，给出的几何公差值为零，在公差框格第二格中注写 $\phi0$ Ⓜ，如图 a 所示。 如图 a 所示，给出孔 $\phi50^{+0.13}_{-0.08}$mm 的轴线对基准 A 的垂直度公差，公差值为 0，且在框格内公差值后加注符号Ⓜ，表示垂直度公差采用最大实体要求的零几何公差。 示例分析如下： （1）孔的实际尺寸不大于其最小实体尺寸 $\phi50.13$mm。 （2）孔的实际轮廓不超出关联最大实体实效边界（这里是最大实体边界），其关联体外作用尺寸不小于最大实体尺寸 $\phi49.92$mm。 （3）当孔处于最大实体状态时，其中心线对基准 A 的垂直度误差值应为零，如图 b 所示。 （4）当孔处于最小实体状态时，其中心线对基准 A 的垂直度误差允许达到最大值，即孔的尺寸公差 $\phi0.21$mm。 （5）当孔处于最大与最小实体之间任一状态时，其垂直度公差可由尺寸公差中得到相应的补偿，动态公差图如图 c 所示
最小实体要求：被测要素的实际轮廓应遵守其最小实体实效边界，当其实际尺寸偏离最小实体尺寸时，允许其几何误差值超出在最小实体状态下给出的公差值	⊕ │ φ0.5 Ⓛ │ A ⊕ │ φ0.5 Ⓛ │ A ⊕ │ φ0.5 Ⓛ │ A Ⓛ	最小实体要求既可用于被测要素，也可用于基准要素。当最小实体要求用于被测要素时，应在几何公差框格中的几何公差值后加注符号Ⓛ；当最小实体要求用于基准要素时，应在几何公差框格中相应基准字母后加注符号Ⓛ，如图所示。 最小实体要求应用于被测要素时，图样上给出的公差值是被测要素的实际轮廓处于最小实体状态时给出的。当被测要素的实际轮廓偏离其最小实体状态，即实际尺寸偏离最小实体尺寸时，几何公差值可得到一个补偿值，该补偿值是最小实体尺寸和局部实际尺寸之差的绝对值。 最小实体要求仅用于导出要素。采用最小实体要求的目的是保证零件的最小壁厚和设计强度

（续表）

几何公差与尺寸公差之间的关系	示　例	说　明
最小实体要求应用于被测要素	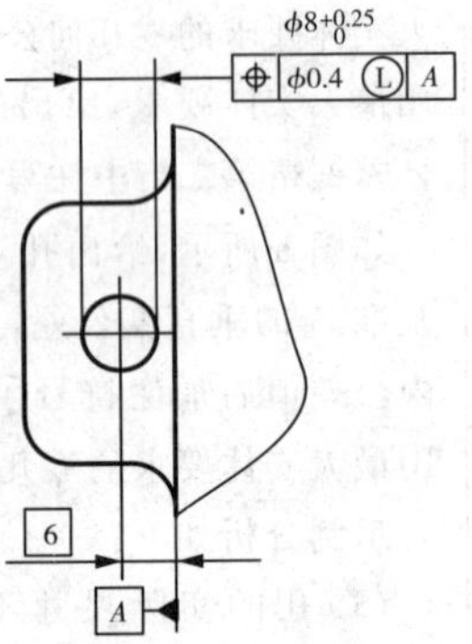 a） 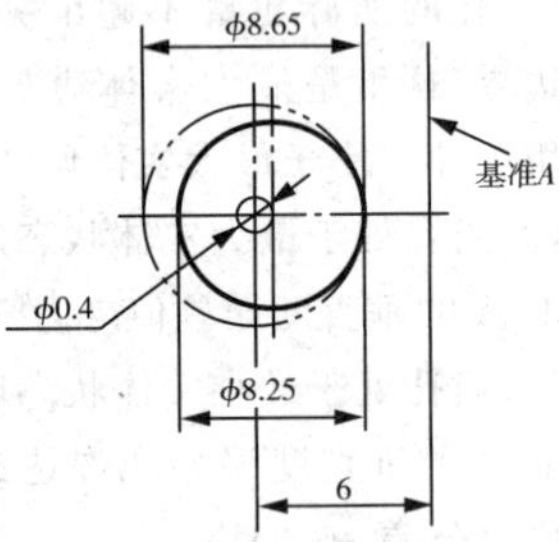 b） 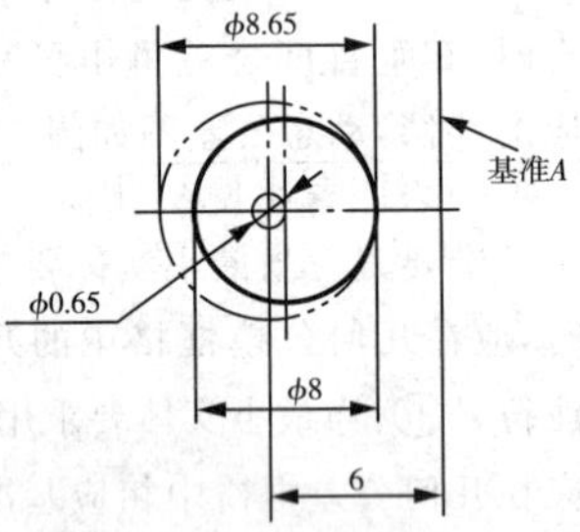 c） 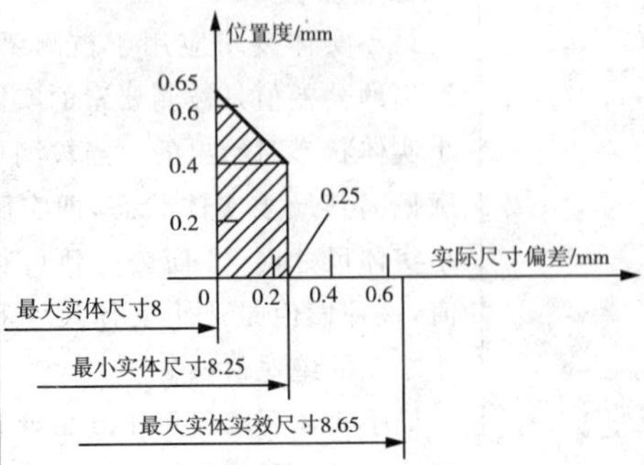 d）	如图a所示，给出$\phi 8^{+0.25}_{0}$mm孔的中心线对基准A的位置度公差，公差值为ϕ0.4mm，且在公差框格内的公差值后加注符号Ⓛ，表示最小实体要求应用于被测要素。 示例分析如下： (1)孔的实际尺寸为ϕ8～ϕ8.25mm。 (2)孔的实际轮廓不超出关联最小实体实效边界，即其关联体内作用尺寸不大于最小实体实效尺寸8.25mm＋0.4mm＝8.65mm。 (3)当孔处于最小实体状态时，孔中心线对基准A的位置度误差允许达到图样上给出的位置度公差值(ϕ0.4mm)，如图b所示。 (4)当孔处于最大实体状态时，孔中心线对基准A的位置度误差允许达到最大值，即等于图样上给出的位置度公差(ϕ0.4mm)与孔的尺寸公差(ϕ0.25mm)之和(等于ϕ0.65mm)，如图c所示。 (5)当孔处于最小实体与最大实体之间任一状态时，其中心线位置度误差可以得到相应的补偿，动态公差图如图d所示。 通过上面的分析，可以知道孔边距平面A的最小距离为$s_{\min}=(6-4.325)$mm＝1.675mm，这里就是为了保证孔边与平面A的最小距离，采用了最小实体要求

（续表）

几何公差与尺寸公差之间的关系	示　　例	说　　明
最小实体要求应用于基准要素：最小实体要求应用于基准要素时，基准要素实际轮廓应遵守相应的边界。若基准要素的实际轮廓偏离相应的边界，即其体内作用尺寸偏离相应的边界尺寸，则允许基准要素在一定范围内浮动，其浮动范围等于基准要素实际轮廓的体内作用尺寸与相应的边界尺寸之差。 基准要素本身不采用最小实体要求时，其控制边界为最小实体边界。基准要素本身采用最小实体要求时，则相应的边界为最小实体实效边界	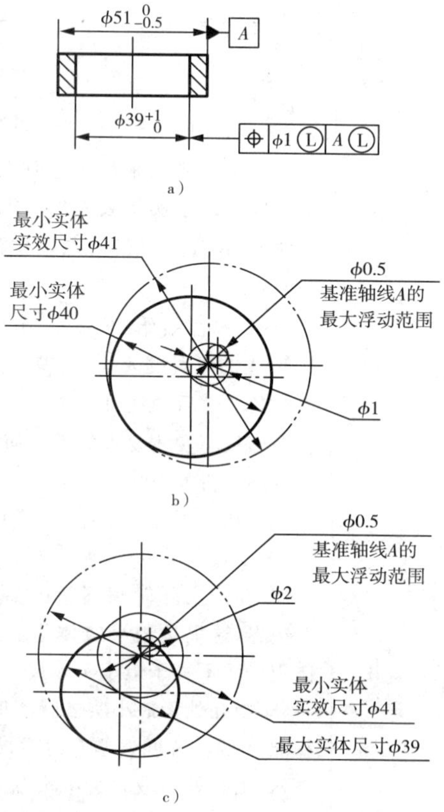	如图a所示，给出孔 $\phi 39^{+0.1}_{0}$ mm的轴线对外圆 $\phi 51_{-0.5}^{0}$ mm轴线的同轴度公差，公差值为 ϕ1mm，且在公差框格内的公差值和基准字母后加注符号Ⓛ，表示该零件被测要素和基准要素同时采用最小实体要求。 示例分析如下： （1）孔的实际尺寸为 ϕ39～ϕ40mm。 （2）孔的实际轮廓不超出关联最小实体实效边界，即其关联体内作用尺寸不大于关联最小实体实效尺寸40mm＋1mm＝41mm，如图b所示。 （3）当被测孔处于最小实体状态时，其中心线对基准 A 的同轴度误差允许达到图样上给出的同轴度公差（ϕ1mm），如图b所示。 （4）当被测孔处于最大实体状态时，其中心线对基准 A 的同轴度误差允许达到最大值，即等于图样上给出的同轴度公差（ϕ1mm）与孔的尺寸公差（ϕ1mm）之和（等于 ϕ2mm），如图c所示。 （5）当基准要素的实轮廓偏离最小实体边界，即其体内作用尺寸偏离最小实体尺寸时，允许基准要素在一定范围内浮动，其最大浮动范围是直径等于基准要素实际轮廓的尺寸公差0.5mm的圆柱形区域，如图b（被测要素处于最小实体状态）和图c（被测要素处于最大实体状态）所示

（续表）

<table>
<tr><th>几何公差与尺寸公差之间的关系</th><th>示　例</th><th>说　明</th></tr>
<tr><td>—</td><td>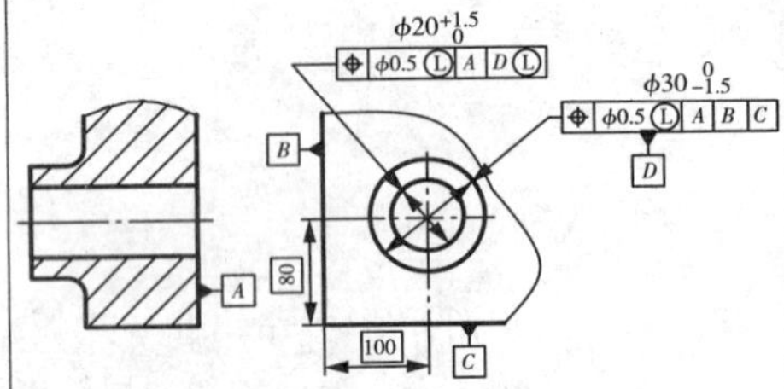</td><td>必须强调的是，当基准要素本身采用最小实体要求时，基准三角形应直接标注在公差框格下面，如图所示</td></tr>
<tr><td>最小实体要求采用零几何公差</td><td>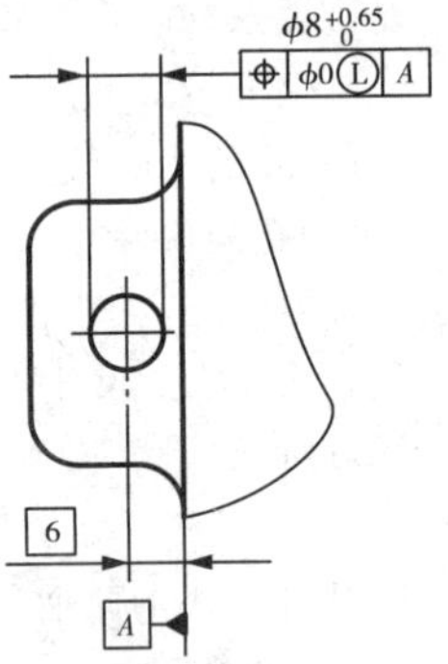
a）
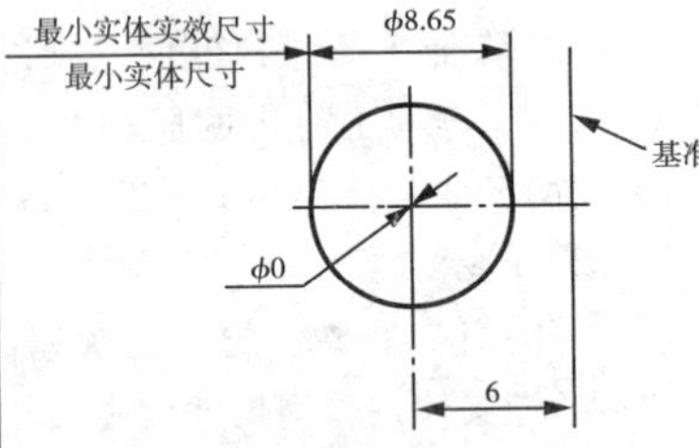
b）
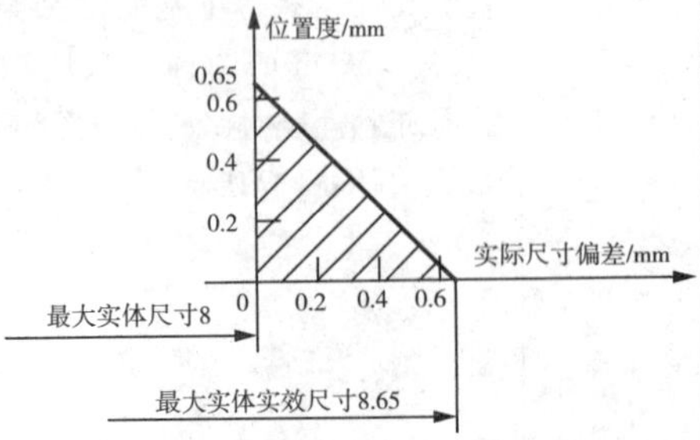
c）</td><td>最小实体要求采用零几何公差，是指被测要素采用最小实体要求时，给出的几何公差值为零，在公差框格第二格中注写 $\phi0$ Ⓛ，如图 a 所示。
如图 a 所示，给出 $\phi8^{+0.65}_{0}$mm 孔的轴线对基准 A 的位置度公差，公差值为 0，且公差框格内公差值后加注符号Ⓛ。表示该位置度公差采用最小实体要求的零几何公差。
示例分析如下：
（1）孔的实际尺寸不小于最大实体尺寸 $\phi8$mm。
（2）孔的实际轮廓不超出关联最小实体实效边界（这里是最小实体边界），即关联体内作用尺寸不大于最小实体尺寸 $\phi8.65$mm。
（3）当孔处于最小实体状态时，其中心线对基准 A 的位置度误差应为零，如图 b 所示。
（4）当孔处于最大实体状态时，其中心线对基准 A 的位置度误差允许达到最大值，即孔的尺寸公差 $\phi0.65$mm。
（5）当孔处于最小与最大实体之间任意状态时，其位置度误差可由尺寸公差中得到相应的补偿，动态公差图如图 c 所示</td></tr>
</table>

（续表）

几何公差与尺寸公差之间的关系	示例	说明
可逆要求：在不影响零件功能的前提下，当被测轴线或中心平面的几何误差值小于给出的几何公差值时，允许相应的尺寸增大，称为可逆要求	⌖ | ϕ0.1 Ⓜ Ⓡ | *A* ⌖ | ϕ0.2 Ⓛ Ⓡ | *A*	可逆要求本身不能单独使用，也没有自己的边界，它必须与最大实体要求或最小实体要求一起使用。当它与最大实体要求合用时，应将符号Ⓡ注在最大实体符号Ⓜ后面，即在公差值后面加注"ⓂⓇ"。与最小实体要求合用时，应将符号标注在最小实体符号Ⓛ的后面，即在公差值后面加注"ⓁⓇ"，如图所示。 可逆要求仅适用于轴线或中心平面，且只应用于被测要素，不能用于基准要素。应用可逆要求时，图样中给出的几何公差值是动态公差；尺寸公差是与几何误差有关的，且随几何误差值的减小而增大，即允许几何误差补偿给尺寸公差
可逆要求用于最大实体要求	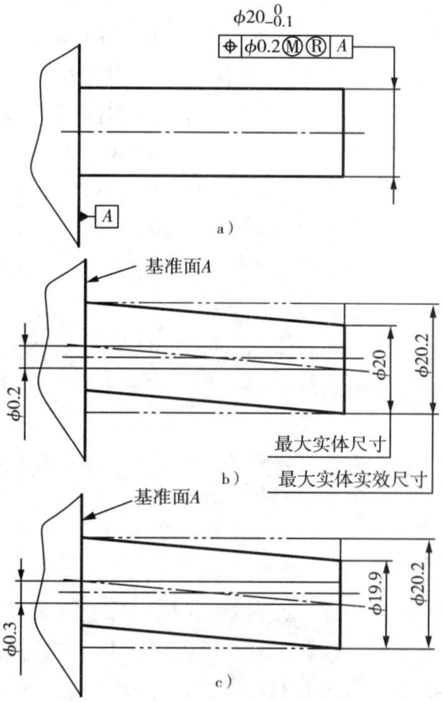	当公差框格中公差值后标注有"ⓂⓇ"时，表示被测要素同时采用最大实体要求与可逆要求，被测要素的实际轮廓应遵守其最大实体实效边界，当其实际尺寸偏离最大实体尺寸时，允许其几何误差值超出在最大实体状态下给出的几何公差值，当几何误差值小于给出的几何公差值时，也允许实际尺寸超出最大实体尺寸。 如图a所示，给出 $\phi 20_{-0.1}^{0}$ mm 的轴线对基准平面 *A* 的垂直度公差，公差值为 ϕ0.2mm，且在公差框格内的公差值后加注了符号"ⓂⓇ"，表示该垂直度公差既采用最大实体要求，又同时采用可逆要求。 示例分析如下： （1）轴的实际直径不能小于最小实体尺寸 ϕ19.9mm。 （2）被测要素的实际轮廓不得超出最大实体实效边界，即其关联体外作用尺寸不超出最大实体实效尺寸 20mm＋0.2mm＝20.2mm，如图b所示。 （3）当轴的局部实际尺寸处处是最小实体尺寸 ϕ19.9mm 时，按照最大实体要求，其中心线的垂直度误差可得到尺寸公差最大补偿值 0.1mm，此时垂直度误差允许达到最大值等于 0.2mm＋0.1mm＝0.3mm，如图c所示。

（续表）

几何公差与尺寸公差之间的关系	示　例	说　明
可逆要求用于最大实体要求	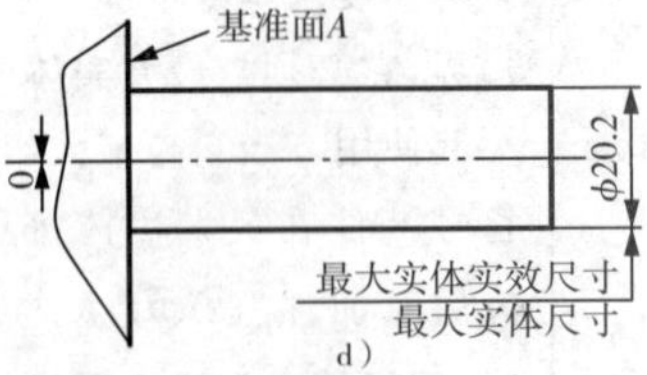 d） 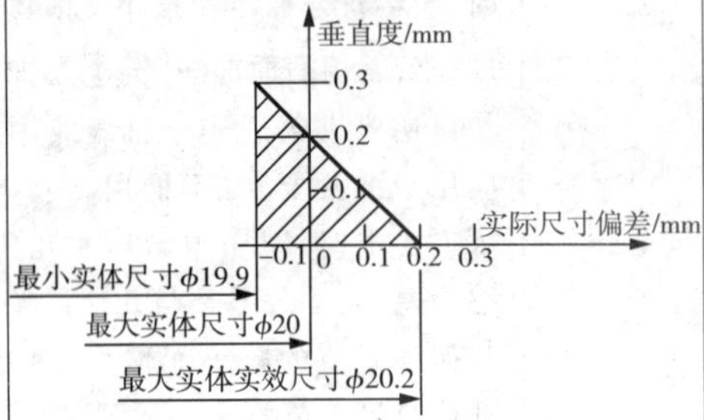 e）	（4）当垂直度误差为 ϕ0mm 时，按照可逆要求，其实际直径可得到垂直度公差最大补偿值 ϕ0.2mm，此时局部实际尺寸可为 20mm＋0.2mm＝20.2mm，如图 d 所示。 （5）垂直度误差和实际尺寸无论怎样变化，其实际轮廓均不能超出其控制边界，它们之间变化的动态公差图如图 e 所示
可逆要求用于最小实体要求	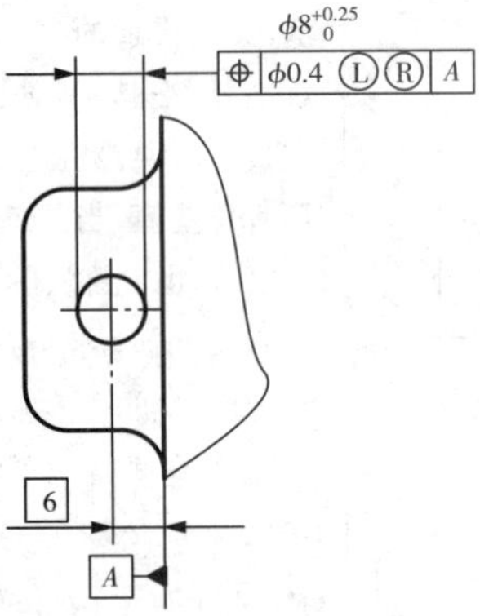 a） 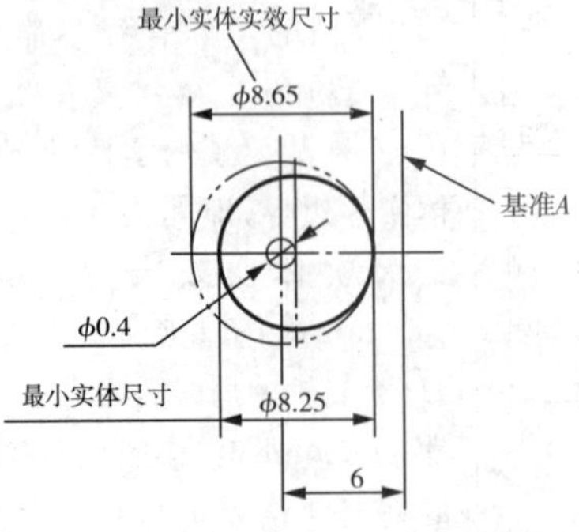 b）	当公差框格中公差值后标注有“ⓁⓇ”时，表示被测要素同时采用最小实体要求与可逆要求，被测要素的实际轮廓应遵守其最小实体实效边界，当其实际尺寸偏离最小实体尺寸时，允许其几何误差值超出在最小实体状态下给出的几何公差值，当几何误差值小于给出的几何公差值时，也允许实际尺寸超出最小实体尺寸。 如图 a 所示，给出 $\phi 8^{+0.25}_{0}$mm 孔的轴线对基准平面 A 的位置度公差，公差值为 ϕ0.4mm，且在公差框格内的公差值后加注了符号“ⓁⓇ”，表示该位置度公差既采用最小实体要求，又同时采用可逆要求。 示例分析如下： （1）孔的实际直径不能小于最大实体尺寸 ϕ8mm。 （2）被测孔的实际轮廓面不得超出最小实体实效边界，即其控制边界是直径为 8.25mm＋0.4mm＝8.65mm 的理想圆柱面，如图 b 所示。

（续表）

<table>
<tr><th>几何公差与尺寸公差之间的关系</th><th>示　　例</th><th>说　　明</th></tr>
<tr><td>可逆要求用于最小实体要求</td><td>

c）
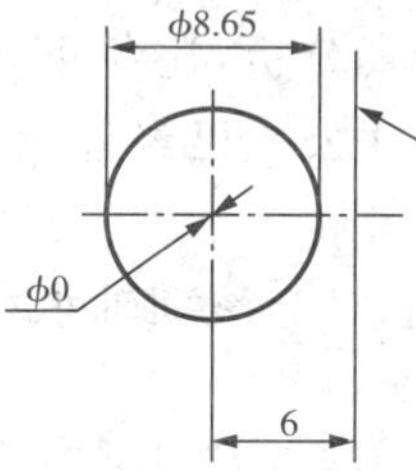

d）
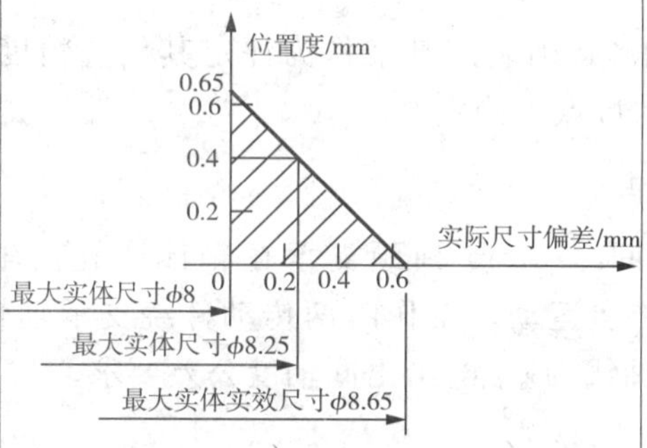

e）</td><td>可逆要求用于最小实体要求（3）当孔的局部实际尺寸处处都是最大实体尺寸 ϕ8mm 时，按照最小实体要求，其中心线位置度误差可得到尺寸公差的最大补偿值 0.4mm，此时允许位置度误差达到最大值 0.4mm＋0.25mm＝0.65mm，如图 c 所示。
（4）当位置度误差为 ϕ0mm 时，按照可逆要求，其实际直径可得到位置度公差最大补偿值 0.4mm，此时孔的实际尺寸可达到 8.25mm＋0.4mm＝8.65mm，如图 d 所示。
（5）位置度误差和实际尺寸无论怎样变化，其实际轮廓均不能超出其控制边界，它们之间的变化如图 e 动态公差图所示</td></tr>
</table>

8.7 几何公差的选用[1]

零部件的几何误差对机器的正常使用有很大的影响，正确地选用几何公差项目，合理地确定几何公差数值，对提高产品质量和降低成本，具有十分重要的意义。

1　本节摘自刘霞主编《公差配合与测量技术》，机械工业出版社 2010 年 8 月出版。

几何公差的选用，主要包括几何公差项目的选择、基准的选择、公差值的选择及公差原则的选择。

8.7.1 几何公差项目的选择

几何公差的选择应根据零件的具体结构和功能要求来选择。选择原则是，在保证零件功能要求的前提下，应使控制几何误差的方法简便，尽量减少图样上注出几何公差的项目。

(1)根据零件要素的几何特征，按照标准规定的14个几何特征项目的误差控制特性，选取适宜项目。如圆柱形要素可选用圆度、圆柱度，平面要素可选用平面度等。

(2)在满足功能要求的前提下，应根据零件的几何特征及特征项目的公差带特点，选用测量简便的项目代替测量较难的项目。例如，为使测量方便，同轴度公差常常可以用径向圆跳动公差或径向全跳动公差代替，不过应注意的是，径向圆跳动是同轴度误差与圆柱面形状误差的综合结果，故当同轴度由径向圆跳动代替时，给出的跳动公差值应略大于同轴度公差值，否则会要求过严。

(3)如果在同一要素上标注几个几何公差项目，则应认真分析，避免重复标注。若标注了综合性项目，则不要标注其他项目。例如，若标注了圆柱度公差已经能满足功能要求，则不要再标注圆度公差。

(4)确定几何公差项目要参照有关专业标准的规定。例如，与滚动轴承相配合的孔(轴)的几何公差项目，在滚动轴承标准中已有规定。

8.7.2 基准的选择

关联要素之间的方向和位置精度要求，必须确定基准作为评定其位置精度的依据。基准的选择主要根据零件的功能要求和结构特点来确定。

1. 根据零件的功能作用选择基准

如图8-25所示的传动轴，通过中间ϕ35mm轴颈支承在箱体座孔内轴承上，两端ϕ25mm轴颈处分别固定有传动件，用以传递运动。工作时两传动件绕支承轴轴线旋转，为保持运动平稳，故选择以ϕ35mm圆柱的轴线为基准，给出同轴度公差要求。

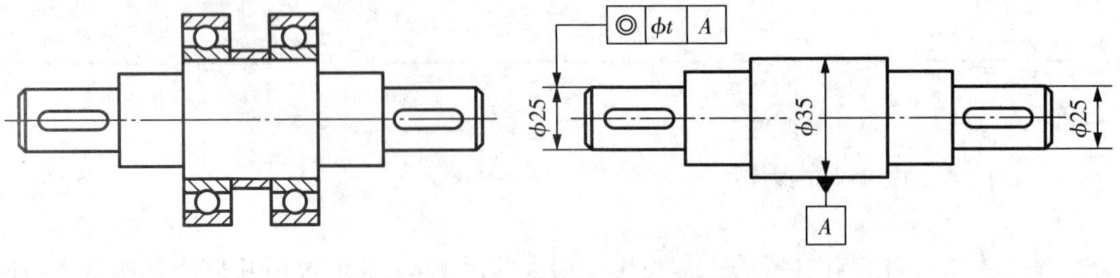

图8-25 根据功能要求选择基准(一)

又如图8-26所示中间轴，该轴两端ϕ25mm轴颈通过轴承支承在箱体座孔内，中间ϕ35mm轴颈上固定着传动件，故应选择两端轴颈的公共轴线"A—B"为基准。

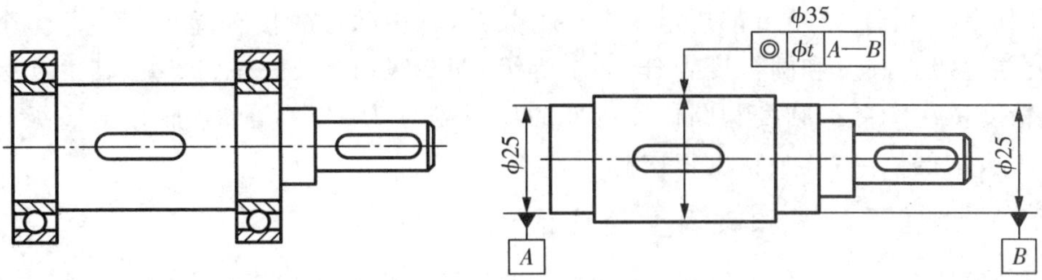

图 8-26 根据功能要求选择基准(二)

2. 根据零件的结构特点选择基准

如图 8-27 所示的中间轮轴用于齿轮传动机构中间齿轮支承,为保证齿轮正确啮合位置,在零件左侧加工 ϕ25mm 定位圆柱面,以确保齿轮安装位置正确,为此给出 ϕ20mm 圆柱面轴线对 ϕ25mm 轴线间同轴度公差要求。但是,ϕ25mm 圆柱面长度很短,仅能确定一个正确定位点,而其轴线的方向具有很大的不确定性,为此又给出定位面 B 作为第二基准,由此确定基准轴线应为由 ϕ25mm 圆柱面中心所确定的位置,同时垂直于基准平面 B 的直线。故选用 A、B 两个基准。

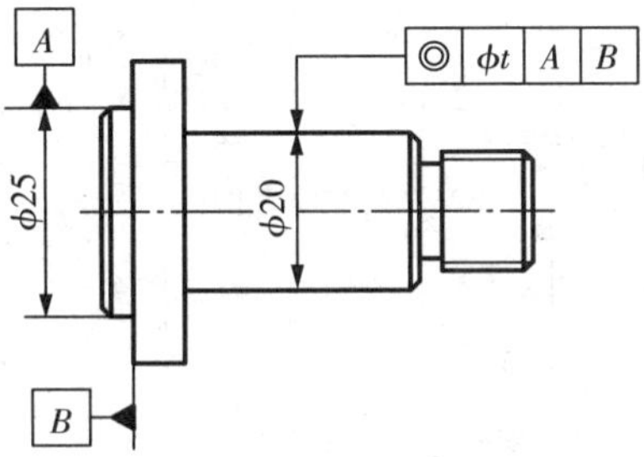

图 8-27 根据零件的结构特点选择基准

3. 根据公差项目的特点选择基准

如位置度公差通常选择构成三基面体系的要素作为基准要素。

4. 根据误差检测要求选择基准

如小的传动件可选用两端中心孔的公共轴线作为基准。

8.7.3 几何公差等级(或公差值)的选择

零件要素的几何公差值决定了几何公差带的宽度或直径,是控制零件制造精度的重要指标。合理地给出公差值,对于保证产品的功能、提高产品质量、降低制造成本具有重要意义。

1. 公差等级

几何公差值的确定:须根据零件的功能要求,并考虑加工经济性和零件的结构、刚度等情况,参考相关标准给出合理的公差值。几何公差值的大小由几何公差等级确定(几何主参数)，因此，确定几何公差值实际上就是确定几何公差等级。在国家标准中除线轮廓度和面轮廓度外其余12个公差项目都规定了公差值数系，其中除位置度公差外，其余11个项目还划分了公差等级。圆度和圆柱度划分13个等级，即0级、1级、……、12级，其中0级精度最高，其余精度依次降低。圆度和圆柱度以外的项目划分为12个等级，即1级、2级、……、12级，其中1级精度最高，其余精度依次降低。

2. 几何公差等级与相关因素的关系

几何公差等级与尺寸公差等级、表面粗糙度、加工方法等因素有关，故选择几何公差值时，可参照这些因素综合加以确定，详见表8-10～表8-27。

表8-10 直线度和平面度公差值 单位：μm

主参数 L /mm	公差等级											
	1	2	3	4	5	6	7	8	9	10	11	12
≤10	0.2	0.4	0.8	1.2	2	3	5	8	12	20	30	60
>10～16	0.25	0.5	1	1.5	2.5	4	6	10	15	25	40	80
>16～25	0.3	0.6	1.2	2	3	5	8	12	20	30	50	100
>25～40	0.4	0.8	1.5	2.5	4	6	10	15	25	40	60	120
>40～63	0.5	1	2	3	5	8	12	20	30	50	80	150
>63～100	0.6	1.2	2.5	4	6	10	15	25	40	60	100	200
>100～160	0.8	1.5	3	5	8	12	20	30	50	80	120	250
>160～250	1	2	4	6	10	15	25	40	60	100	150	300
>250～400	1.2	2.5	5	8	12	20	30	50	80	120	200	400
>400～630	1.5	3	6	10	15	25	40	60	100	150	250	500
>630～1000	2	4	8	12	20	30	50	80	120	200	300	600
>1000～1600	2.5	5	10	15	25	40	60	100	150	250	400	800
>1600～2500	3	6	12	20	30	50	80	120	200	300	500	1000
>2500～4000	4	8	15	25	40	60	100	150	250	400	600	1200
>4000～6300	5	10	20	30	50	80	120	200	300	500	800	1500
>6300～10000	6	12	25	40	60	100	150	250	400	600	1000	2000

注：两公差值数系主参数，如图8-28、图8-29所示。

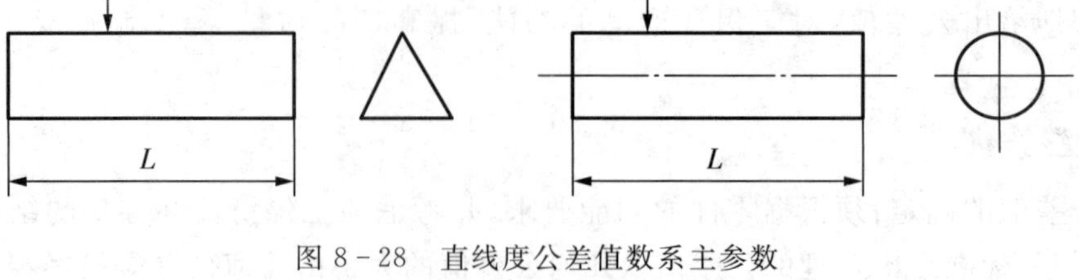

图8-28 直线度公差值数系主参数

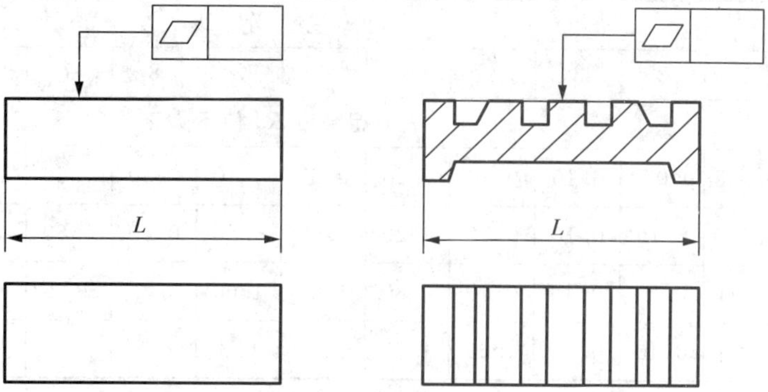

图8-29　平面度公差值数系主参数

表8-11　常用加工方法可达到的直线度、平面度公差等级

加工方法		直线度、平面度公差等级											
		1	2	3	4	5	6	7	8	9	10	11	12
车	粗											○	○
	细									○	○		
	精					○	○	○	○				
铣	粗											○	○
	细										○	○	
	精						○	○	○	○			
刨	粗											○	○
	细									○	○		
	精							○	○	○			
磨	粗									○	○	○	
	细							○	○	○			
	精		○	○	○	○	○	○					
研磨	粗				○	○							
	细			○									
	精	○	○										
刮研	粗						○	○					
	细				○	○							
	精	○	○	○									

注："○"表示可达到的等级。

表 8-12 直线度和平面度公差等级与表面粗糙度 *Ra* 的对应关系 单位：μm

主参数/mm	公差等级											
	1	2	3	4	5	6	7	8	9	10	11	12
	表面粗糙度 *Ra* 值不大于											
≤25	0.025	0.050	0.10	0.10	0.20	0.20	0.40	0.80	1.60	1.60	3.2	6.3
>25～160	0.050	0.10	0.10	0.20	0.20	0.40	0.80	0.80	1.60	3.2	6.3	12.5
>160～1000	0.10	0.20	0.40	0.40	0.80	1.60	1.60	3.2	3.2	6.3	12.5	12.5
>1000～10000	0.20	0.40	0.80	1.60	1.60	3.2	6.3	6.3	12.5	12.5	12.5	12.5

注：6、7、8、9 级为常用的几何公差等级，6 级为基本级。

表 8-13 直线度和平面度公差等级应用举例

公差等级	应用举例
1、2	用于精密量具、测量仪器以及精度要求较高的精密机械零件，如零级样板、平尺、零级宽平尺、高精度量规、工具显微镜等精密测量仪器的导轨面，喷油嘴针阀体端面平面度，油泵柱塞套端面的平面度等
3	用于 0 级及 1 级宽平尺的工作面，1 级样板平尺的工作面，测量仪器圆弧导轨的直线度，测量仪器的测杆等
4	用于量具、测量仪器和高精度机床的导轨，如 1 级宽平尺、零级平板，测量仪器的 V 型导轨，高精度平面磨床的 V 型导轨和滚动导轨，轴承磨床及平面磨床床身直线度等
5	用于 1 级平板，2 级宽平尺，平面磨床的纵导轨、垂直导轨、立柱导轨和平面磨床的工作台，液压龙门刨床导轨面，六角车床床身导轨面，柴油机进排气门导杆等
6	用于 1 级平板，普通车床床身导轨面，龙门刨床导轨面，滚齿机立柱导轨，床身导轨及工作台，自动车床床身导轨，平面磨床垂直导轨，卧式镗床工作台，铣床工作台以及机床主轴箱导轨，柴油机进排气门导杆直线度，柴油机机体上部结合面等
7	用于 2 级平板，0.02mm 游标卡尺尺身的直线度，机床主轴箱体，滚齿机床身导轨的直线度，镗床工作台，摇臂钻床底座工作台，柴油机气门导杆，液压泵盖的平面度，压力机导轨及滑块等
8	用于 2 级平板，车床溜板箱体、机床主轴箱体、机床传动箱体、自动车床底座的直线度，柴油机气缸体和连杆分离面，缸盖结合面，汽车发动机缸盖，曲轴箱体等平面度，减速箱壳体的结合面等

(续表)

公差等级	应用举例
9	用于3级平板,机床溜板箱,立钻工作台,螺纹磨床的挂轮架,金相显微镜的载物台,柴油机气缸体和连杆的分离面,缸盖结合面,阀片的平面度,空气压缩机的汽缸体,柴油机缸孔环面的平面度,以及辅助机构及手动机械的支承面等
10	用于3级平板,自动车床床身底面的平面度,车床挂轮架的平面度,柴油机气缸体,摩托车的曲轴箱体,汽车变速箱的壳体与汽车发动机缸盖结合面,阀片的平面度,以及液压管件和法兰的连接面等
11、12	用于易变形的薄片、薄壳零件,如离合器的摩擦片、汽车发动机缸盖结合面、手动机械支架、机床法兰等

表8-14 圆度、圆柱度公差值 单位:μm

主参数 $d(D)$ /mm	公差等级												
	0	1	2	3	4	5	6	7	8	9	10	11	12
≤3	0.1	0.2	0.3	0.5	0.8	1.2	2	3	4	6	10	14	25
>3~6	0.1	0.2	0.4	0.6	1	1.5	2.5	4	5	8	12	18	30
>6~10	0.12	0.25	0.4	0.6	1	1.5	2.5	4	6	9	15	22	36
>10~18	0.15	0.25	0.5	0.8	1.2	2	3	5	8	11	18	27	43
>18~30	0.2	0.3	0.6	1	1.5	2.5	4	6	9	13	21	33	52
>30~50	0.25	0.4	0.6	1	1.5	2.5	4	7	11	16	25	39	62
>50~80	0.3	0.5	0.8	1.2	2	3	5	8	13	19	30	46	74
>80~120	0.4	0.6	1	1.5	2.5	4	6	10	15	22	35	54	87
>120~180	0.6	1	1.2	2	3.5	5	8	12	18	25	40	63	100
>180~250	0.8	1.2	2	3	4.5	7	10	14	20	29	46	72	115
>250~315	1.0	1.6	2.5	4	6	8	12	16	23	32	52	81	130
>315~400	1.2	2	3	5	7	9	13	18	25	36	57	89	140
>400~500	1.5	2.5	4	6	8	10	15	20	27	40	63	97	155

注:两公差值数系主参数,如图8-30所示。

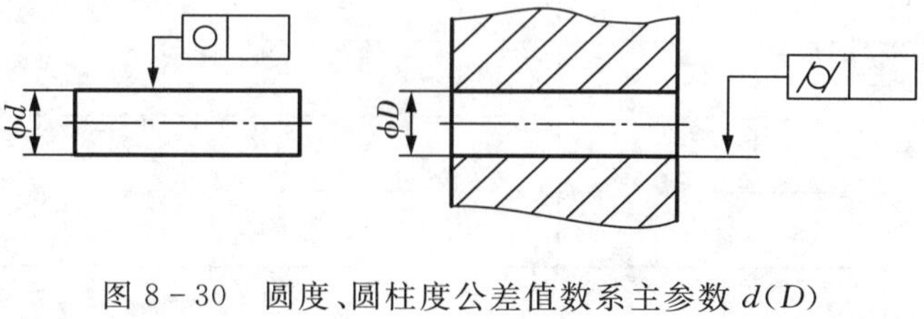

图8-30 圆度、圆柱度公差值数系主参数 $d(D)$

表 8－15　常用加工方法可达到的圆度、圆柱度公差等级

表面	加工方法		1	2	3	4	5	6	7	8	9	10	11	12
			公差等级											
轴	精密车削				○	○	○							
	普通车削						○	○	○	○	○	○		
	普通立车	粗						○	○	○	○	○		
		细					○	○	○					
	自动、半自动车	粗								○	○			
		细							○	○				
		精						○	○					
	外圆磨	粗					○	○	○					
		细			○	○	○							
		精	○	○	○									
	无心磨	粗						○	○					
		细		○	○	○	○							
	研磨			○	○	○	○							
	精磨		○	○										
孔	钻								○	○	○	○	○	○
	镗 普通镗	粗							○	○	○	○		
		细					○	○	○	○				
		精				○	○							
	镗 金刚石镗	细			○	○								
		精	○	○	○									
	铰孔						○	○	○					
	扩孔						○	○	○					
	内圆磨	细				○	○							
		精			○	○								
	研磨	细				○	○	○						
		精	○	○	○	○								
	珩磨						○	○	○					

注："○"表示可达到的等级。

表 8-16 圆度和圆柱度公差等级与尺寸公差等级的对应关系

尺寸公差等级(IT)	圆度、圆柱度公差等级	公差带占尺寸公差的百分比	尺寸公差等级(IT)	圆度、圆柱度公差等级	公差带占尺寸公差的百分比	尺寸公差等级(IT)	圆度、圆柱度公差等级	公差带占尺寸公差的百分比
01	0	66	5	4	40	9	10	80
0	0	40		5	60	10	7	15
	1	80		6	95		8	20
1	0	25	6	3	16		9	30
	1	50		4	26		10	50
	2	75		5	40		11	70
2	0	16		6	66	11	8	13
	1	33		7	95		9	20
	2	50	7	4	16		10	33
	3	85		5	24		11	46
3	0	10		6	40		12	83
	1	20		7	60	12	9	12
	2	30		8	80		10	20
	3	50	8	5	17		11	28
	4	80		6	28		12	50
4	1	13		7	43	13	10	14
	2	20		8	57		11	20
	3	33		9	85		12	35
	4	53	9	6	16	14	11	11
	5	80		7	24		12	20
5	2	15		8	32	15	12	12
	3	25		9	48			

表 8-17 圆度和圆柱度公差等级与表面粗糙度 *Ra* 的对应关系 单位:μm

主参数/mm	公差等级												
	0	1	2	3	4	5	6	7	8	9	10	11	12
	表面粗糙度 *Ra* 值不大于												
≤3	0.00625	0.0125	0.0125	0.025	0.05	0.1	0.2	0.2	0.4	0.8	1.6	3.2	3.2
>3~18	0.00625	0.0125	0.025	0.05	0.1	0.2	0.4	0.4	0.8	1.6	3.2	6.3	12.5
>18~120	0.0125	0.025	0.05	0.1	0.2	0.2	0.4	0.8	1.6	3.2	6.3	12.5	12.5
>120~500	0.025	0.05	0.1	0.2	0.4	0.8	0.8	1.6	3.2	6.3	12.5	12.5	12.5

注:7、8、9 级为常用的几何公差等级,7 级为基本级。

表 8-18　圆度和圆柱度公差等级应用举例

公差等级	应　用　举　例
1	高精度量仪主轴，高精度机床主轴，滚动轴承滚珠和滚柱等
2	精密量仪主轴、外套、阀套，高压油泵柱塞及套，纺锭轴承，高速柴油机进排气门，精密机床主轴轴颈，针阀圆柱表面，喷油泵柱塞及柱塞套等
3	工具显微镜套管外圆，高精度外圆磨床轴承，磨床砂轮主轴套筒，喷油嘴针、阀体，高精度微型轴承内外圈等
4	较精密机床主轴，精密机床主轴箱孔，高压阀门活塞、活塞销、阀体孔，工具显微镜顶针，高压液压泵柱塞，较高精度滚动轴承配合轴，铣床动力头箱体孔等
5	一般量仪主轴、测杆外圆、陀螺仪轴颈，一般机床主轴，较精密机床主轴及主轴箱孔，柴油机和汽油机活塞、活塞销孔，铣床动力头轴承箱座孔，高压空气压缩机十字头销、活塞，较低精度滚动轴承配合的轴等
6	仪表端盖外圆，一般机床主轴及箱体孔，中等压力液压装置工作面（包括泵、压缩机的活塞和气缸），汽车发动机凸轮轴，纺机锭子，通用减速器轴颈，高速船用发动机曲轴、拖拉机曲轴主轴颈等
7	大功率低速柴油机曲轴、活塞、活塞销、连杆、气缸，高速柴油机箱体孔，千斤顶或压力液压缸活塞，液压传动系统的分配机构，机床传动轴，水泵及一般减速器轴颈等
8	低速发动机，减速器，大功率曲轴轴颈，压气机连杆盖和体，拖拉机气缸体、活塞，炼胶机冷铸轴辊，印刷机传墨辊，内燃机曲轴，柴油机机体孔、凸轮轴，拖拉机和小型船用柴油机气缸套等
9	空气压缩机缸体，液压传动筒，通用机械杠杆与拉杆用套筒销子，拖拉机活塞环和套筒孔等
10	印刷机导布辊，绞车、吊车、起重机滑动轴承轴颈等

表 8-19　平行度、垂直度和倾斜度公差值　　单位：μm

主参数 L、$d(D)$/mm	公差等级											
	1	2	3	4	5	6	7	8	9	10	11	12
≤10	0.4	0.8	1.5	3	5	8	12	20	30	50	80	120
>10～16	0.5	1	2	4	6	10	15	25	40	60	100	150
>16～25	0.6	1.2	2.5	5	8	12	20	30	50	80	120	200
>25～40	0.8	1.5	3	6	10	15	25	40	60	100	150	250
>40～63	1	2	4	8	12	20	30	50	80	120	200	300
>63～100	1.2	2.5	5	10	15	25	40	60	100	150	250	400
>100～160	1.5	3	6	12	20	30	50	80	120	200	300	500
>160～250	2	4	8	15	25	40	60	100	150	250	400	600
>250～400	2.5	5	10	20	30	50	80	120	200	300	500	800
>400～630	3	6	12	25	40	60	100	150	250	400	600	1000
>630～1000	4	8	15	30	50	80	120	200	300	500	800	1200
>1000～1600	5	10	20	40	60	100	150	250	400	600	1000	1500
>1600～2500	6	12	25	50	80	120	200	300	500	800	1200	2000
>2500～4000	8	15	30	60	100	150	250	400	600	1000	1500	2500
>4000～6300	10	20	40	80	120	200	300	500	800	1200	2000	3000
>6300～10000	12	25	50	100	150	250	400	600	1000	1500	2500	4000

注：三公差值数系主参数，如图 8-31 所示。

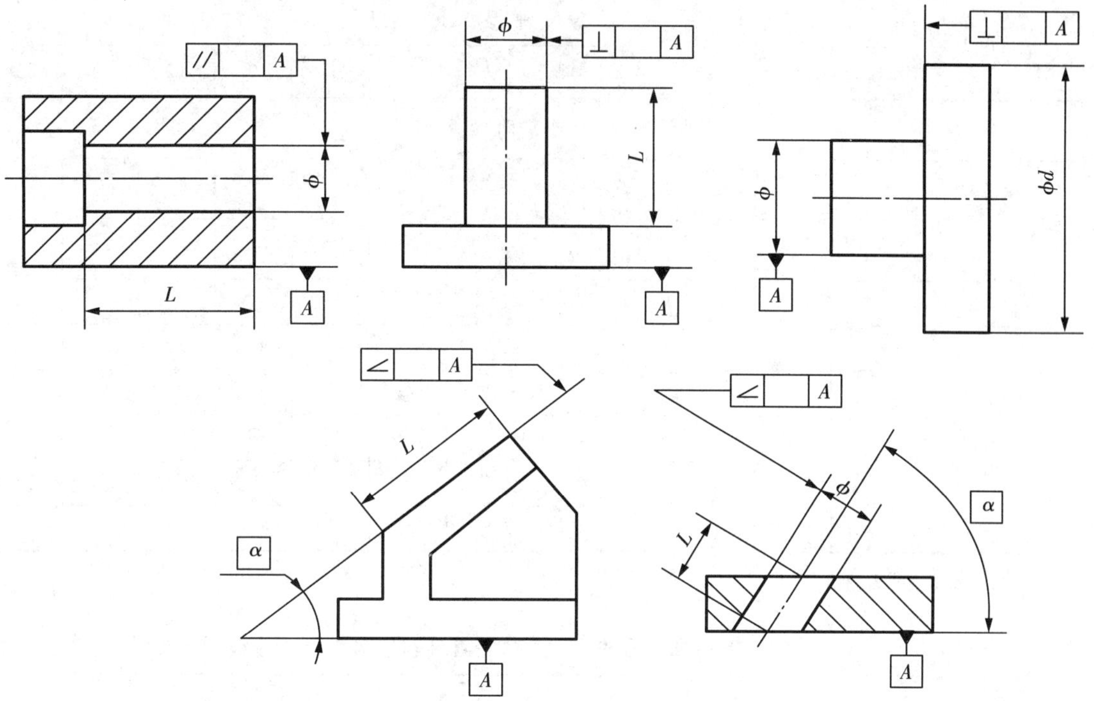

图 8－31　平行度、垂直度和倾斜度公差值数系主参数 L、$d(D)$

表 8－20　常用加工方法可达到的平行度公差等级

加工方法		平行度公差等级											
		1	2	3	4	5	6	7	8	9	10	11	12
平面对平面的平行度													
超精磨		○	○										
研磨		○	○	○	○								
刮	粗					○	○						
	细			○	○								
	精	○	○										
磨	粗					○	○	○	○				
	细				○	○	○						
	精		○	○									
拉								○	○	○			
铣	粗							○	○	○	○	○	
	细						○	○	○				
刨	粗								○	○	○	○	
	细							○	○	○			

（续表）

加工方法		平行度公差等级											
		1	2	3	4	5	6	7	8	9	10	11	12
轴线对轴线（或平面）的平行度													
坐标镗钻					○	○	○						
磨						○	○	○	○				
镗	粗									○	○		
	细								○				
	精						○	○					
钻										○	○		
车	粗										○	○	
	细							○	○	○	○		

注："○"表示可达到的等级。

表 8－21　常用加工方法能达到的垂直度和倾斜度公差等级

加工方法		垂直度和倾斜度公差等级											
		1	2	3	4	5	6	7	8	9	10	11	12
研磨				○	○	○							
刮	细					○	○	○					
	精				○	○							
磨	粗								○				
	细					○	○	○					
	精			○	○								
平面对平面的垂直度和倾斜度													
插	粗								○				
	细							○					
铣	粗								○	○	○	○	
	细						○	○	○	○	○		
刨	粗								○	○	○	○	
	细							○	○	○	○		
	精						○						

（续表）

加工方法			垂直度和倾斜度公差等级											
			1	2	3	4	5	6	7	8	9	10	11	12
轴线对轴线（或对平面）的垂直度和倾斜度														
磨	粗								○	○				
磨	细						○	○	○					
金刚石镗						○	○	○						
镗	镗床	粗								○	○	○		
镗	镗床	细							○	○				
镗	镗床	精						○	○					
镗	车立铣	细								○	○	○		
镗	车立铣	精						○	○	○				
钻												○	○	○
车	粗											○	○	
车	细									○	○	○		

注："○"表示可达到的等级。

表 8-22　平行度、垂直度和倾斜度公差等级与尺寸公差等级的对应关系

<table>
<tr><td>平行度（线对面、面对面）公差等级</td><td colspan="2">3</td><td colspan="2">4</td><td colspan="2">5</td><td colspan="2">6</td><td colspan="2">7</td><td colspan="2">8</td><td colspan="2">9</td><td colspan="2">10</td><td colspan="2">11</td><td colspan="2">12</td></tr>
<tr><td>尺寸公差等级（IT）</td><td colspan="7"></td><td colspan="2">3,4</td><td colspan="2">5,6</td><td colspan="2">7,8,9</td><td colspan="2">10,11,12</td><td colspan="2">12,13,14</td><td colspan="2">14,15,16</td><td colspan="1"></td></tr>
<tr><td>垂直度和倾斜度公差等级</td><td colspan="2">3</td><td colspan="2">4</td><td colspan="2">5</td><td colspan="2">6</td><td colspan="2">7</td><td colspan="2">8</td><td colspan="2">9</td><td colspan="2">10</td><td colspan="2">11</td><td colspan="2">12</td></tr>
<tr><td>尺寸公差等级（IT）</td><td colspan="1"></td><td colspan="2">5</td><td colspan="2">6</td><td colspan="2">7,8</td><td colspan="2">8,9</td><td colspan="2">10</td><td colspan="2">11,12</td><td colspan="2">12,13</td><td colspan="2">14</td><td colspan="2">15</td><td colspan="1"></td></tr>
</table>

注：6、7、8、9 级为常用的几何公差等级，6 级为基本级。

表 8 - 23　平行度公差等级应用举例

公差等级	面对面平行度应用举例	面对线、线对线平行度应用举例	垂直度应用举例
1	高精度机床，高精度测量仪器以及量具等主要基准面和工作面	—	高精度机床，高精度测量仪器以及量具等主要基准面和工作面等
2、3	精密机床，精密测量仪器、量具以及夹具的基准面和工作面等	精密机床上重要箱体主轴孔对基准面及对其他孔的要求等	精密机床导轨，普通机床重要导轨，机床主轴轴向定位面，精密机床主轴轴肩端面，滚动轴承座圈端面，齿轮测量仪的心轴，光学分度头心轴端面，精密刀具、量具的工作面和基准面等
4、5	普通车床，测量仪器、量具的基准面和工作面，高精度轴承座圈，端盖，挡圈的端面等	机床主轴孔对基准面要求，重要轴承孔对基准面要求，主轴箱体重要孔间要求，齿轮泵的端面等	普通机床导轨，精密机床重要零件，机床重要支承面，普通机床主轴偏摆，测量仪器，刀具，量具，液压传动轴瓦端面，刀具、量具的工作面和基准面等
6、7、8	一般机床零件的工作面和基准面，一般刀具、量具以及夹具等	机床一般轴承孔对基准面要求，床头箱一般孔间要求，主轴花键对定心直径要求，刀具，量具，模具等	普通精度机床主要工作面和基准面，回转工作台端面，一般导轨，主轴箱体孔、刀架、砂轮架及工作台回转中心，一般轴肩对其轴线等
9、10	低精度零件，重型机械滚动轴承端盖等	柴油机和煤气发动机的曲轴孔、轴颈等	花键轴轴肩端面，传动带运输机法兰盘等对端面、轴线，手动卷扬机及传动装置中轴承端面，减速器壳体平面等
11、12	零件的非工作面，卷扬机、运输机上用的减速器壳体平面等	—	农业机械齿轮端面等

注：1. 在满足设计要求的前提下，考虑到零件加工的经济性，对于线对线和线对面的平行度和垂直度公差等级，应选用低于面对面的平行度和垂直度公差等级。

2. 使用本表选择面对面平行度和垂直度时，宽度应不大于 1/2 长度；若大于 1/2 长度，则选用低一级公差等级。

表 8-24 同轴度、对称度、圆跳动和全跳动公差值 单位:μm

主参数 $d(D)$，B,L/mm	主参数											
	1	2	3	4	5	6	7	8	9	10	11	12
≤1	0.4	0.6	1.0	1.5	2.5	4	6	10	15	25	40	60
>1～3	0.4	0.6	1.0	1.5	2.5	4	6	10	20	40	60	120
>3～6	0.5	0.8	1.2	2	3	5	8	12	25	50	80	150
>6～10	0.6	1	1.5	2.5	4	6	10	15	30	60	100	200
>10～18	0.8	1.2	2	3	5	8	12	20	40	80	120	250
>18～30	1	1.5	2.5	4	6	10	15	25	50	100	150	300
>30～50	1.2	2	3	5	8	12	20	30	60	120	200	400
>50～120	1.5	2.5	4	6	10	15	25	40	80	150	250	500
>120～250	2	3	5	8	12	20	30	50	100	200	300	600
>250～500	2.5	4	6	10	15	25	40	60	120	250	400	800
>500～800	3	5	8	12	20	30	50	80	150	300	500	1000
>800～1250	4	6	10	15	25	40	60	100	200	400	600	1200
>1250～2000	5	8	12	20	30	50	80	120	250	500	800	1500
>2000～3150	6	10	15	25	40	60	100	150	300	600	1000	2000
>3150～5000	8	12	20	30	50	80	120	200	400	800	1200	2500
>5000～8000	10	15	25	40	60	100	150	250	500	1000	1500	3000
>8000～10000	12	20	30	50	80	120	200	300	600	1200	2000	4000

注:1. 当被测要素为圆锥面时,主参数是被测圆锥面大小头直径的平均值,取 $\phi d=(\phi d_2+\phi d_3)/2$。

2. 各公差值数系主参数,如图 8-32 所示。

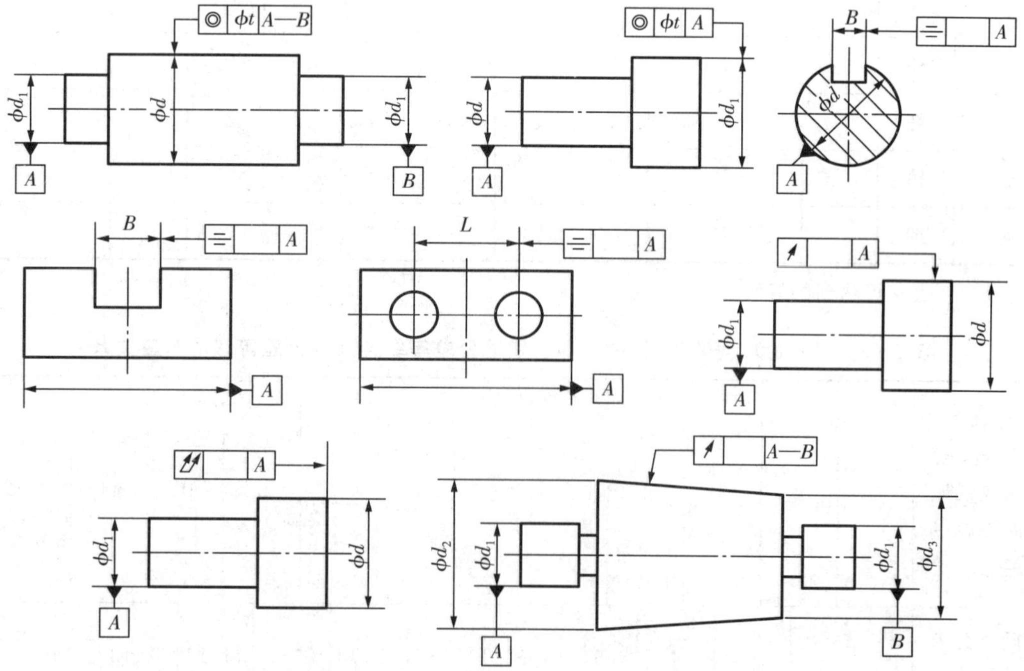

图 8-32 同轴度、对称度、圆跳动和全跳动公差值数系主参数 $d(D)$、B、L

表 8-25　几种主要加工方法可达到的同轴度、对称度和圆跳动公差等级

加工方法		公差等级											
		1	2	3	4	5	6	7	8	9	10	11	12
同轴度、对称度和径向圆跳动													
车	粗								○	○	○		
	细							○	○				
镗	精				○	○	○	○					
铰	细						○	○					
磨	粗							○	○				
	细					○	○						
	精	○	○	○	○								
内圆磨	细				○	○	○						
珩磨			○	○	○								
研磨		○	○	○	○								
斜向和轴向圆跳动													
车	粗										○	○	
	细								○	○	○		
	精						○	○	○	○			
磨	细					○	○	○	○	○			
	精				○	○	○	○					
刮	细		○	○	○	○							

注："○"表示可达到的等级。

表 8-26　同轴度、对称度、圆跳动和全跳动公差等级与尺寸公差等级的对应关系

同轴度、对称度、径向圆跳动、径向全跳动公差等级	1	2	3	4	5	6	7	8	9	10	11	12
尺寸公差等级(IT)	2	3	4	5	6	7,8	8,9	10	11,12	12,13	14	15

（续表）

轴向圆跳动、斜向圆跳动、轴向全跳动公差等级	1	2	3	4	5	6	7	8	9	10	11	12	
尺寸公差等级(IT)	1	2	3	4	5	6	7,8	8,9	10	11,12	12,13	14	

注:6、7、8、9级为常用的几何公差等级,7级为基本级。

表8-27 同轴度、对称度、圆跳动和全跳动公差等级应用举例

公差等级	应用举例
1,2,3,4	用于同轴度或旋转精度要求很高的零件,一般需要按尺寸精度1级或高于1级制造的零件。如1、2级用于精密测量仪器的主轴和顶尖,柴油机喷油嘴针阀等;3、4级用于机床主轴轴颈,砂轮轴轴颈,汽轮机主轴,测量仪器的小齿轮轴,高精度滚动轴承内、外圈等
5,6,7	应用范围较广的公差等级;用于精度要求比较高,一般按尺寸公差等级2级或3级制造的零件。如5级常用于机床轴颈,测量仪器的测量杆,汽轮机主轴,柱塞液压泵转子,高精度滚动轴承外圈,一般精度轴承内圈;6、7级用于内燃机曲轴、凸轮轴轴颈、水泵轴、齿轮轴、汽车后桥输出轴、电机转子,0级精度滚动轴承内圈,印刷机传墨辊等
8,9,10	用于一般精度要求,通常按尺寸公差等级4～6级制造的零件。如8级用于拖拉机、发动机分配轴轴颈,9级以下齿轮轴的配合面,水泵叶轮,离心泵泵体,棉花精梳机前后滚子;9级用于内燃机气缸套配合面,自行车中轴;10级用于摩托车活塞,印染机导布辊,内燃机活塞环槽底径对活塞中心,汽缸套外圈对内孔等
11,12	用于无特殊要求,一般按尺寸公差等级7级制造的零件

注:选用公差等级时,除根据零件使用要求外,还应注意零件结构特征,如细长的零件或两孔距离较大的零件,应相应地降低公差等级1～2级。

3. 注意事项

在使用类比法确定几何公差值时,还应注意以下几点:

(1)同一要素上给出的形状公差值应小于方向、位置和跳动公差值,如要求平行的两个平面,其平面度公差值应小于平行度公差值。

(2)圆柱形零件的形状公差值(中心线的直线度除外)一般情况下应小于尺寸公差值。

(3)平行度公差值应小于相应的尺寸公差值。

(4)综合公差大于单项公差,如圆柱度公差大于圆度公差。

(5)形状公差与表面粗糙度之间的关系也应协调。通常,对于中等尺寸和中等精度的零件,表面粗糙度参数 Ra 值可占形状公差的20%～25%。

8.7.4 公差原则和公差要求的选择

1. 独立原则

独立原则是处理几何公差与尺寸公差关系的基本原则，主要应用在以下场合：

(1)尺寸精度和几何精度要求都较严，并需要分别满足的场合。如齿轮箱体上的孔，为保证与轴承的配合和齿轮的正确啮合，要分别保证孔的尺寸精度和孔中心线的平行度公差要求。

(2)尺寸精度与几何精度要求相差较大的场合。如印刷机的滚筒、轧钢机的轧辊等，尺寸精度要求低、圆柱度要求高，平板的尺寸精度要求低、平面度要求高，应分别予以满足。

(3)为保证运动精度、密封性等特殊要求，需单独提出与尺寸精度无关的几何公差要求的场合。例如，机床导轨为保证运动精度，提出直线度要求，与尺寸精度无关；气缸套筒内孔与活塞配合，为使内、外圆柱面均匀接触，并有良好的密封性能，保证尺寸精度的同时，还要单独提出很高的圆度、圆柱度要求。

(4)零件上的未注几何公差一律遵循独立原则。

运用独立原则时，需要用计量器具分别测量零件的尺寸和几何误差，测量较不方便。

2. 包容要求

包容要求主要用于需保证配合性质，特别是要求精密配合的场合，用最大实体边界来控制零件的尺寸和几何误差的综合结果，以保证配合要求的最小间隙或最大过盈。例如，ϕ30H7Ⓔ的孔与ϕ30h6Ⓔ的轴配合可保证最小间隙为零。

选用包容要求时，可用光滑极限量规来测量实际尺寸和体外作用尺寸，测量方便。

3. 最大实体要求

最大实体要求主要用于保证可装配性的场合。例如，用于穿过螺栓的通孔的位置公差。选用最大实体要求时，其实际尺寸用两点法测量；体外作用尺寸用功能量规(即位置量规)进行检验，其检测方法简单易行。

4. 最小实体要求

最小实体要求主要用于需要保证零件的强度和最小壁厚等场合。选用最小实体要求时，因其体内作用尺寸不可能用量规检测，一般采用测量壁厚或要素间的实际距离等近似方法。

5. 可逆要求

可逆要求与最大(或最小)实体要求联用，能充分利用公差带，扩大被测要素实际尺寸的范围，使实际尺寸超出了最大(或最小)实体尺寸而体外(或体内)作用尺寸未超过最大(或最小)实体实效边界的废品变成了合格品，提高了经济效益。在不影响使用要求的情况下可以选用。

8.7.5 几何公差的未注公差值

零件上所有要素都有几何公差要求，但其中大部分要素的几何公差值是工厂中常用设备能保证的精度，因此不需要在图样中用框格给出几何公差要求和注出其公差值，而是按照国家标准 GB/T 1184 规定在标题栏附近或在技术要求、技术文件(如企业标准)中注出公差等级代号及所确定的公差值即可。该类公差值称作未注公差值。

(1)直线度、平面度的未注公差值　共分H、K、L三个等级,表中"基本长度"是指被测要素长度,对于平面是指被测面的长边或圆平面的直径,见表8-28。

表8-28　直线度和平面度未注公差值　单位:mm

公差等级	基本长度范围					
	≤10	>10~30	>30~100	>100~300	>300~1000	>1000~3000
H	0.02	0.05	0.1	0.2	0.3	0.4
K	0.05	0.1	0.2	0.4	0.6	0.8
L	0.1	0.2	0.4	0.8	1.2	1.6

(2)圆度的未注公差值　规定采用相应标准的直径公差值,但不能大于表8-31中的径向圆跳动值。

(3)圆柱度　圆柱度误差由圆度、直线度和相对素线的平行度误差三部分组成,而其中每一项误差均由它们的注出公差或未注公差控制。

(4)线、面轮廓度　未作具体规定,受线、面轮廓的线性尺寸或角度公差控制。

(5)平行度　平行度的未注公差值等于相应的尺寸公差值,或是取直线度和平面度未注公差值中相应公差值的较大者。应取两要素中的较长者作为基准,若两要素的长度相等则可选任一要素为基准。

(6)垂直度　参见表8-29,分为H、K、L三个等级。取形成直角的两边中较长的一边作为基准,较短的一边作为被测要素;若两边的长度相等则可取其中的任意一边作为基准。

表8-29　垂直度未注公差值　单位:mm

公差等级	基本长度范围			
	≤100	>100~300	>300~1000	>1000~3000
H	0.2	0.3	0.4	0.5
K	0.4	0.6	0.8	1
L	0.6	1	1.5	2

(7)对称度　参见表8-30,分为H、K、L三个等级。取两要素中较长者作为基准,较短者作为被测要素;若两要素长度相等则可选任一要素为基准。

表8-30　对称度未注公差值　单位:mm

公差等级	基本长度范围			
	≤100	>100~300	>300~1000	>1000~3000
H	0.5			
K	0.6		0.8	1
L	0.6	1	1.5	2

(8)位置度　未作规定。因为综合性误差，由分项公差控制。

(9)同轴度　未作规定。在极限状态下，同轴度的未注公差值可以和表 8－31 规定的径向圆跳动的未注公差值相等。应选两要素中较长者为基准；若两要素长度相等则可选任一要素为基准。

(10)圆跳动　参见表 8－31，分为 H、K、L 三个等级。对于圆跳动的未注公差值，应以设计或工艺给出的支承面作为基准，否则应取两要素中较长的一个作为基准；若两要素的长度相等则可选任一要素为基准。

表 8－31　圆跳动未注公差值　　单位：mm

公差等级	公差值
H	0.1
K	0.2
L	0.5

(11)全跳动　未作规定。因全跳动是综合项目，故可通过圆跳动公差值、素线直线度公差值或其他注出或未注出的尺寸公差来控制。

未注公差值的标注：在图样上采用未注公差值时，应在图样的标题栏附近或在技术要求中注出标准号及公差等级代号，如 GB/T 1184—K、GB/T 1184—H 等，也可在企业标准中作统一规定。在同一张图样中，未注公差值应采用同一个等级。

8.8　几何误差的检测原则[1]

几何公差项目有 14 项，每个公差项目均随着被测零件的精度要求、结构形状、尺寸大小和生产批量的不同，其检测方法和所用器具也不相同，所以检测方法很多。在《产品几何量技术规范(GPS)形状和位置公差　检测规定》(GB/T 1958—2004)里，国家标准将生产实际中行之有效的检测方法作了概括，归纳为五种检测原则，即通常所称的五大原则。

8.8.1　第 1 检测原则——与拟合要素比较原则

将被测提取要素与其拟合要素相比较，量值由直接法或间接法获得。拟合要素用模拟法获得。

应用该原则时，拟合要素可用不同的方法体现。例如，用实物体现，刀口尺的刃口、平尺的工作面、一条拉紧的钢丝绳、平台和平板的工作面以及样板的轮廓等都可作为拟合要素。如图 8－33 所示，用刀口尺测量直线度误差时以刃口作为拟合直线，将被测直线与之比较，根据光隙大小或用塞尺来确定直线度误差。

拟合要素还可以用一束光线、水平线(面)来体现。如图 8－34 所示用自准直仪测量导轨直线度误差，以光线作为模拟拟合要素。

1　本节摘自刘霞主编《公差配合与测量技术》，机械工业出版社 2010 年 8 月出版。

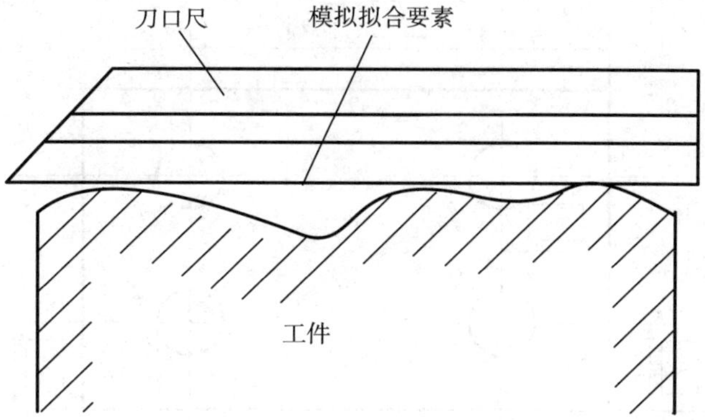

图 8－33 用刀口尺测量直线度误差

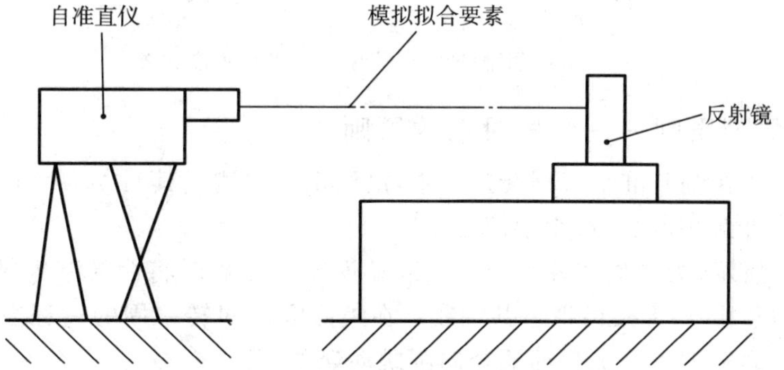

图 8－34 用自准直仪测量直线度误差

8.8.2 第2检测原则——测量坐标值原则

测量被测提取要素的坐标值如直角坐标值、极坐标值、圆柱面坐标值，并经过数据处理获得几何误差值。

测量坐标值原则对轮廓度、位置度的测量应用更为广泛。如图 8－35 所示为用测量坐标值原则测量位置度误差的示例。由坐标测量机测得各孔实际位置的坐标值(x_1, y_1)，(x_2, y_2)，(x_3, y_3)，(x_4, y_4)计算出实际坐标相对于理论正确尺寸的偏差Δx_i、Δy_i，于是各孔的位置度误差值可按下式求得：

$$\Delta f_i = 2\sqrt{\Delta x_i^2 + \Delta y_i^2} \qquad i = 1, 2, 3, 4$$

8.8.3 第3检测原则——测量特征参数的原则

测量被测提取要素上具有代表性的参数即特征参数来评定几何误差值。例如，用两点法测量圆度误差，即在一个横截面内的几个方向上测量直径，取最大直径、最小直径差的一半作为圆度误差。

用该原则所得到的几何误差值只是按定义确定的几何误差值的一个近似值。但应用该原则往往可以简化测量过程和精简设备，也不需要复杂的数据处理，所以在满足功能要求的情况下，采用该原则可以取得明显的经济效益。这类方法在生产现场用得较多。

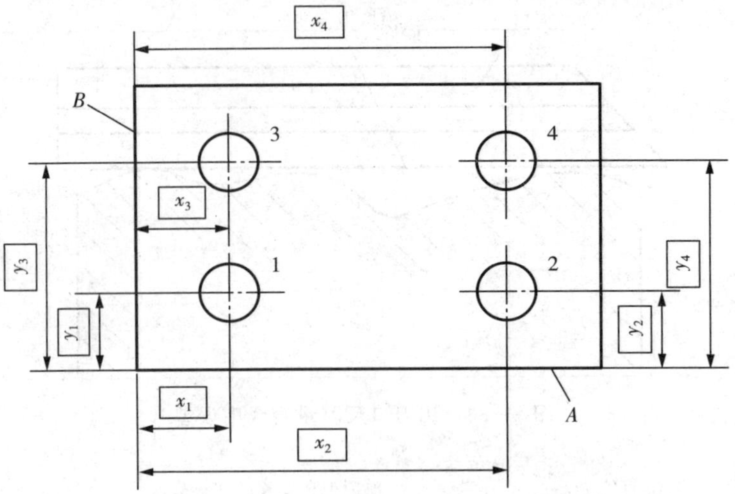

图 8-35　用测量坐标值原则测量位置度误差

8.8.4　第 4 检测原则——测量跳动的原则

被测提取要素在绕基准轴线回转过程中，沿给定方向测量其对某参考点或线的变动量。变动量是指指示计最大示值、最小示值之差。

如图 8-36 所示，为测量圆柱面径向圆跳动误差。测量时将两端基准轴线放在 V 形架上，并在轴向定位，由 V 形架模拟公共轴线。在被测零件回转一周的过程当中，指示器读数最大与最小读数之差即为该测量面的径向圆跳动误差。

测量跳动原则是根据跳动误差的定义提出的，主要用于圆跳动和全跳动误差检测。根据该原则所实施的检测方法很简单，便于生产中应用。

8.8.5　第 5 检测原则——控制实效边界原则

通过检测被测提取要素是否超过实效边界，可以判断合格与否。

如图 3-37 所示，为检测两孔的同轴度误差。用具有实效尺寸的综合量规插入两孔内，根据量规是否能通过被测零件来判断其同轴度误差是否合格。

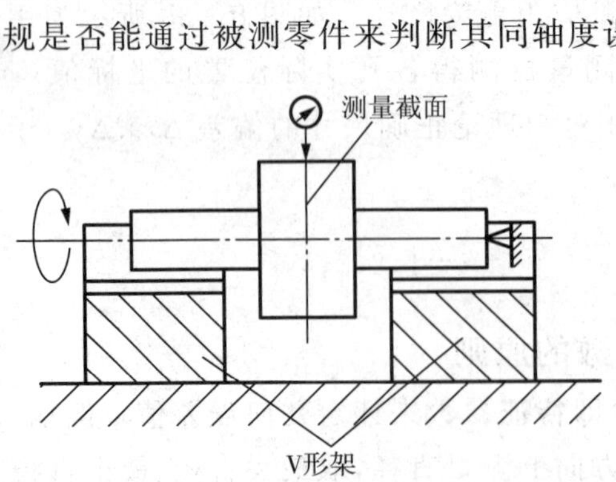

图 8-36　测量跳动的原则示例

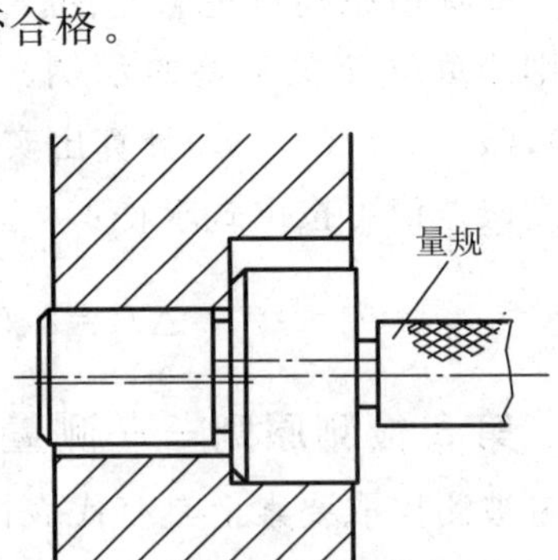

图 8-37　控制实效边界原则示例

控制实效边界原则仅适用于相关要求的零件，检验结果也只能判别被测零件合格与否，而得不到误差的具体数值。生产中采用综合量规检验零件的几何误差，能够满足产品功能要求，保证产品质量，且可以提高检测效率，在成批或大量生产中得到了广泛应用。

在国家标准《产品几何量技术规范（GPS） 形状和位置公差 检测规定》(GB/T 1958—2004)的附录中，按照五种检测原则对几何公差各特征项目分别提供了多种误差检测方案，生产中可根据具体情况选用。每种检测方案都规定了固定代号表示。该代号由两个数字组成：前一个数字表示检测原则；后一个数字表示检测方法，两数字之间用连字符“-”隔开。每一检测方案都对应一个固定的代号，不可随意更改。例如，平面度误差检测方案1-4，表示平面度误差按第1检测原则中第4检测方法进行。

第9章　表面粗糙度

表面粗糙度是指加工表面上具有的较小间距和峰谷所组成的微观几何特性，其形成通常由所采用的加工方法和(或)其他因素所致。

9.1　表面粗糙度的术语及定义(GB/T 3505—2009)

9.1.1　一般术语

1. 轮廓滤波器

轮廓滤波器，是把轮廓分成长波和短波的滤波器。在测量粗糙度、波纹度和原始轮廓的仪器中使用三种滤波器，如图 9-1 所示。它们的传输特性相同，但截止波长不同。

(1)λs 滤波器

确定存在于表面上的粗糙度与比它更短的波的成分之间相交界限的滤波器，如图 9-1 所示。

(2)λc 滤波器

确定粗糙度与波纹度成分之间相交界限的滤波器，如图 9-1 所示。

(3)λf 滤波器

确定存在于表面上的波纹度与比它更长的波的成分之间相交界限的滤波器，如图 9-1 所示。

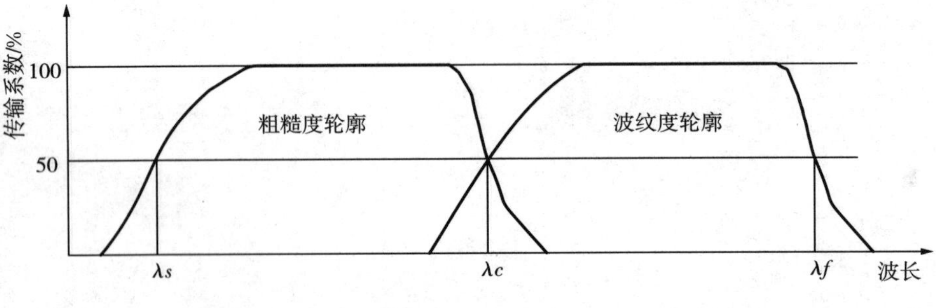

图 9-1　粗糙度和波纹度轮廓的传输特性

2. 坐标系

坐标系是指定义表面结构参数的坐标体系。通常采用一个直角坐标体系，其轴线形成一个右旋笛卡尔坐标系，X 轴与中线方向一致，Y 轴也处于实际表面中，而 Z 轴则在从材料到周围介质的外延方向上。国家标准 GB/T 3505—2009 的参数和术语都是在此坐标系中定义的。

3. 实际表面

实际表面是指物体与周围介质分离的表面。

4. 表面轮廓

表面轮廓是指一个指定平面与实际表面相交所得的轮廓，如图 9-2 所示。实际上，通常采用一条名义上与实际表面平行，并在一个适当方向上的法线来选择一个平面。

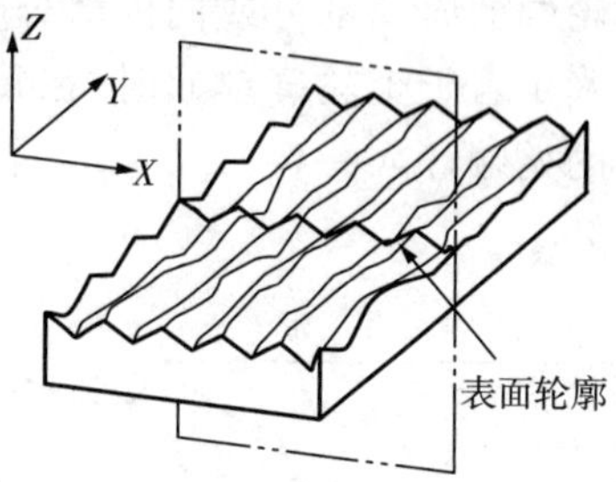

图 9-2　表面轮廓

5. 原始轮廓

原始轮廓是指通过 λs 轮廓滤波器后的总轮廓。原始轮廓是评定原始轮廓参数的基础。

6. 粗糙度轮廓

粗糙度轮廓是指粗糙度轮廓是对原始轮廓采用 λc 滤波器抑制长波成分以后形成的轮廓，是经过人为修正的轮廓，如图 9-1 所示。

粗糙度轮廓的传输频带是由 λs 和 λc 轮廓滤波器来限定的；粗糙度轮廓是评定粗糙度轮廓参数的基础；λc 和 λs 之间的关系，可参见国家标准 GB/T 6062—2009。

7. 中线

中线是具有几何轮廓形状并划分轮廓的基准线。

8. 粗糙度轮廓中线

粗糙度轮廓中线是用 λc 轮廓滤波器所抑制的长波轮廓成分对应的中线。

9. 取样长度 lr

取样长度是在 X 轴方向判别被评定轮廓不规则特征的长度。评定粗糙度的取样长度 lr 在数值上与 λc 轮廓滤波器的截止波长相等。

10. 评定长度 ln

评定长度是用于评定被评定轮廓在 X 轴方向上的长度。评定长度包含一个或几个取样长度。

11. R 参数

在粗糙度轮廓上计算所得的参数。

12. 轮廓峰

被评定轮廓上连接轮廓与 X 轴两相邻交点的向外（从材料到周围介质）的轮廓部分，如图 9-3 所示。

13. 轮廓谷

被评定轮廓上连接轮廓与 X 轴两相邻交点向内（从周围介质到材料）的轮廓部分，如图 9-3 所示。

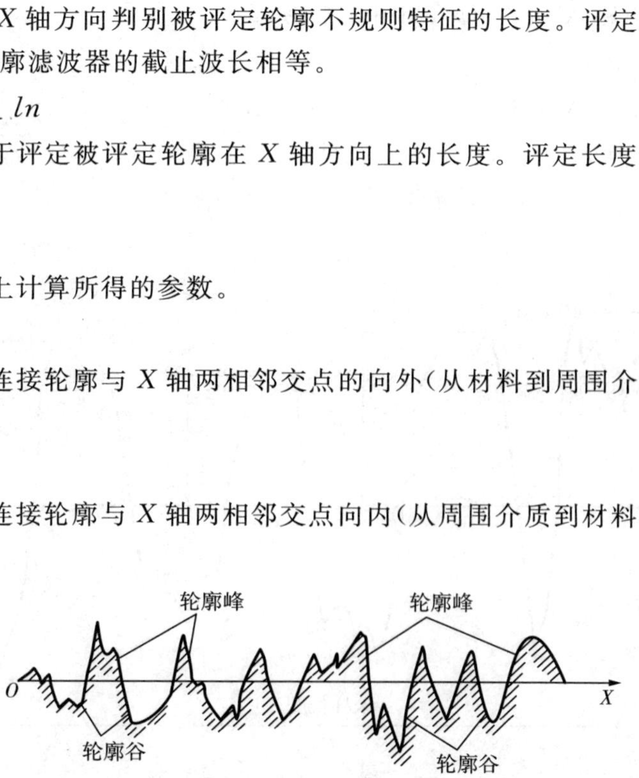

图 9-3　轮廓峰与轮廓谷

14. 轮廓单元

轮廓单元是轮廓峰和相邻轮廓谷的组合，如图 9-4 所示。在取样长度始端或末端的被评定轮廓的向外部分或向内部分看作一个轮廓峰或一个轮廓谷。当在若干个连续的取样长度上确定若干个轮廓单元时，在每一个取样长度的始端或末端评定的峰和谷仅在每个取样长度的始端计入一次。

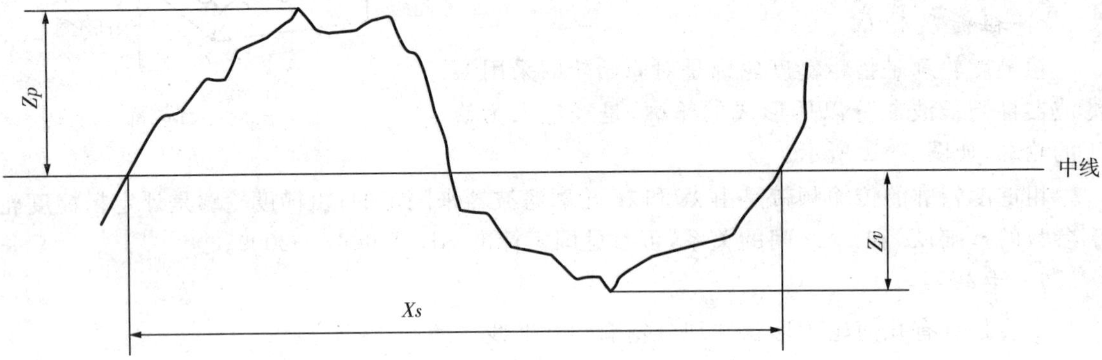

图 9-4　轮廓单元

15. 轮廓峰高 Zp

轮廓峰的最高点距 X 轴的距离，如图 9-4 所示。

16. 轮廓谷深 Zv

轮廓谷的最低点距 X 轴的距离，如图 9-4 所示。

17. 最大轮廓峰高 Zp

在一个取样长度内最大的轮廓峰高 Zp，如图 9-5 所示。

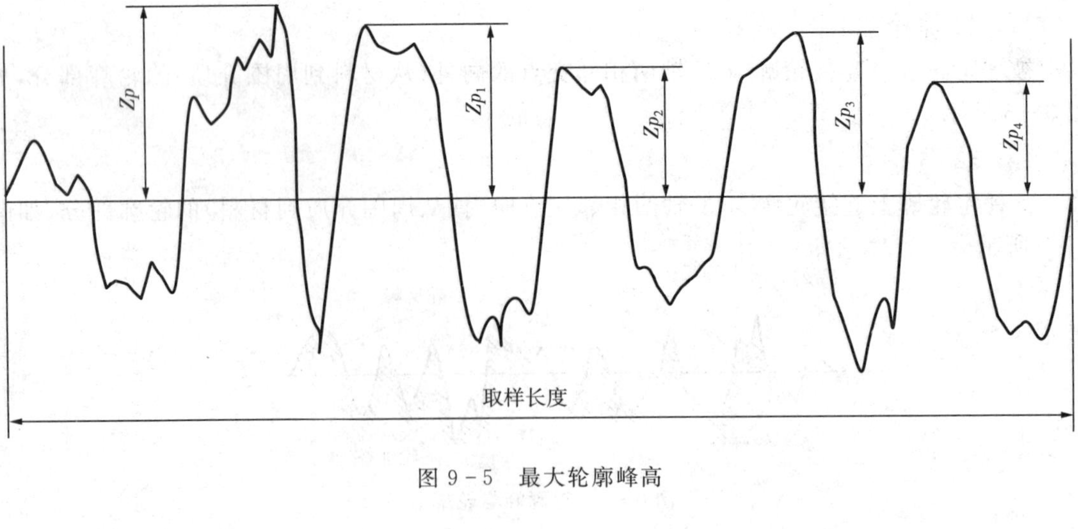

图 9-5　最大轮廓峰高

18. 最大轮廓谷深 Zv

在一个取样长度内最大的轮廓谷深 Zv，如图 9－6 所示。

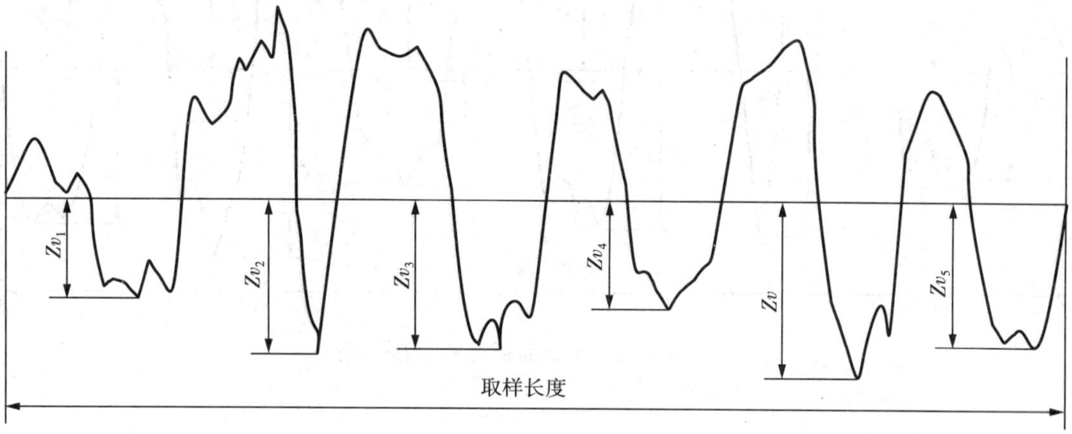

图 9－6　最大轮廓谷深

9.1.2　表面粗糙度主要参数

1. 轮廓的算术平均偏差 Ra

在一个取样长度内纵坐标值 $Z(x)$ 绝对值的算术平均值，如图 9－7 所示。计算公式为

$$Ra=\frac{1}{lr}\int_0^{lr}|Z(x)|\mathrm{d}x$$

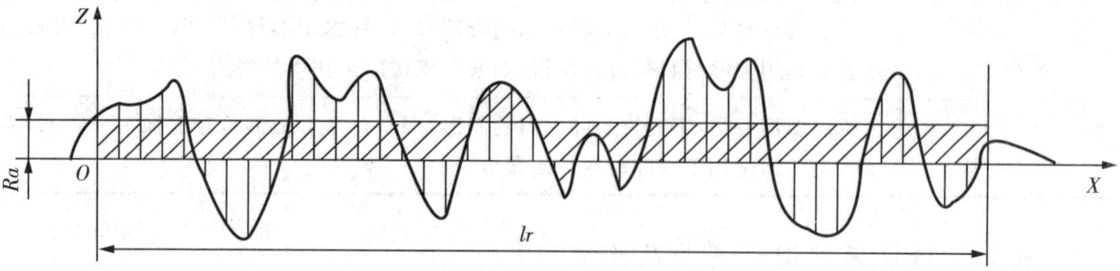

图 9－7　轮廓的算术平均偏差 Ra

2. 轮廓的最大高度 Rz

在一个取样长度内，最大轮廓峰高与最大轮廓谷深之和，如图 9－8 所示。公式为

$$Rz=Zp+Zv$$

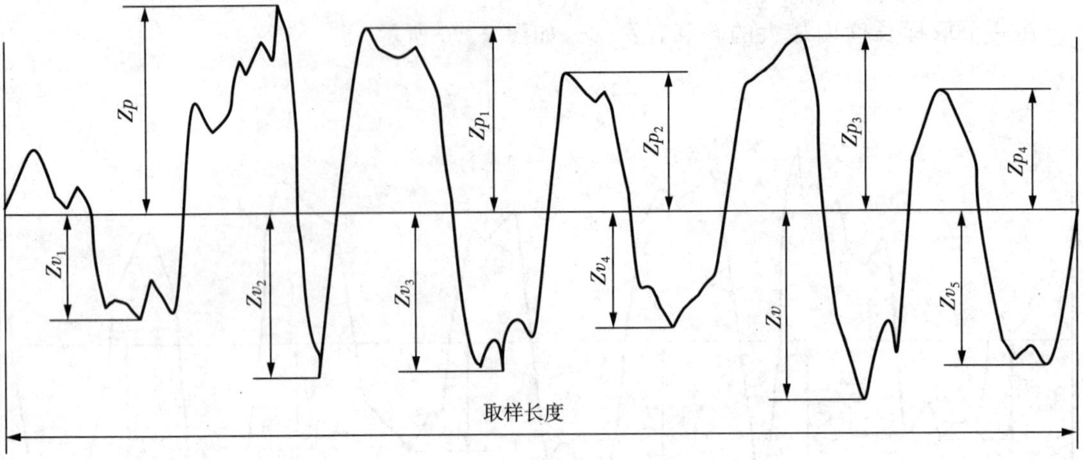

图 9-8　轮廓的最大高度 Rz

9.2　表面粗糙度的标注(GB/T 131—2006)

9.2.1　术语和定义

1. 表面粗糙度基本图形符号、扩展图形符号及其意义

表面粗糙度图形符号的意义,参见表 9-1。

表 9-1　表面粗糙度图形符号的意义

符　号	意义及说明
	基本图形符号,对表面结构有要求的图形符号,简称基本图形符号。没有补充说明不能单独使用
	扩展图形符号,要求去除材料的图形符号,在基本图形符号上加一短横,表示指定表面是用去除材料的方法获得,如通过机械加工获得的表面
	扩展图形符号,不允许去除材料的图形符号,在基本图形符号上加一个圆圈,表示指定表面是用不去除材料方法获得

2. 表面粗糙度完整图形符号及意义

当要求标注表面粗糙度的补充信息时,应在表 9-1 所示的图形符号的长边上加一横线。表面粗糙度的完整图形符号及其意义,参见表 9-2。

表 9-2　表面粗糙度完整图形符号的意义

符　号	意义及说明
	允许任何工艺,表示指定表面可采用去除材料方法和不去除材料方法获得

（续表）

符　号	意义及说明
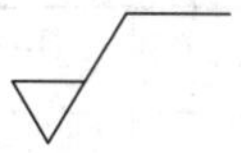	去除材料，表示指定表面是用去除材料的方法获得
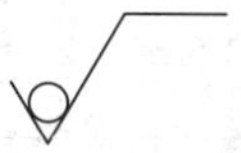	不去除材料，表示指定表面是用不去除材料方法获得

3．表面粗糙度图形符号的比例和尺寸

（1）表面粗糙度图形符号的比例，如图 9－9、图 9－10、图 9－11 所示。

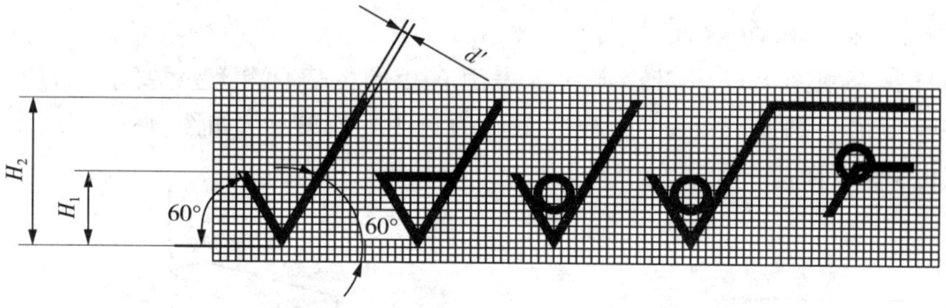

图 9－9　表面粗糙度图形符号的比例

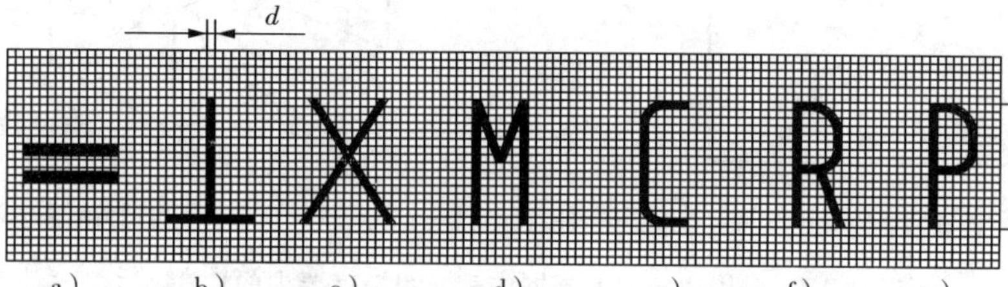

图 9－10　表面粗糙度附加符号的比例

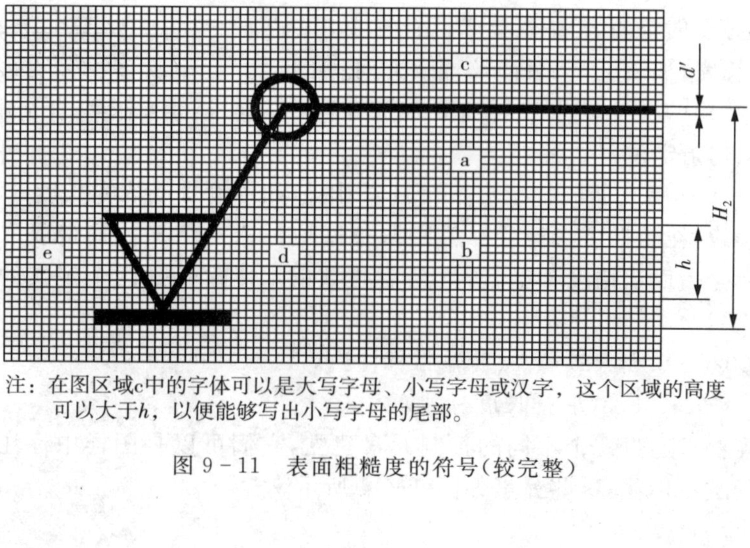

注：在图区域c中的字体可以是大写字母、小写字母或汉字，这个区域的高度可以大于h，以便能够写出小写字母的尾部。

图 9－11　表面粗糙度的符号（较完整）

(2)表面粗糙度图形符号和附加符号的尺寸,参见表 9-3。

表 9-3　表面粗糙度图形符号的尺寸　　单位:mm

数字和字母高度 h	2.5	3.5	5	7	10	14	20
符号线宽 d' 字母线宽度 d	0.25	0.35	0.5	0.7	1	1.4	2
高度 H_1	3.5	5	7	10	14	20	28
高度 H_2(最小值)①	7.5	10.5	15	21	30	42	60

注:① H_2 取决于标注内容。

4. 工件轮廓各表面的图形符号

当在图样某个视图上成封闭轮廓的各表面有相同的表面粗糙度要求时,应在图样中的完整图形符号上加一圆圈,标注在图样中工件的封闭轮廓线上,如图 9-12 所示。如果标注会引起歧义时,各表面应分别标注。

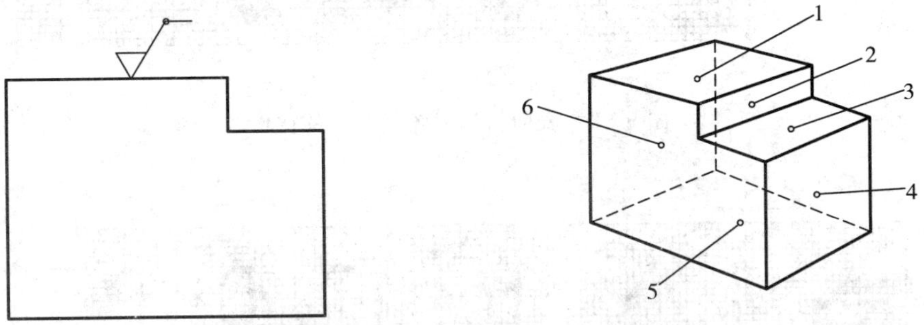

注:图示的表面粗糙度符号是指对图形中封闭轮廓的六个面的共同要求(不包括前后面)。

图 9-12　对周边各面有相同的表面粗糙度要求的注法

5. 表面粗糙度完整图形符号的组成

在表面粗糙度完整符号中,除了标注表面粗糙度参数和数值外,必要时应标注补充要求。补充要求包括传输带、取样长度、加工工艺、表面纹理及方向、加工余量等;对表面结构的单一要求和补充要求应注写在如图 9-13 所示的指定位置。

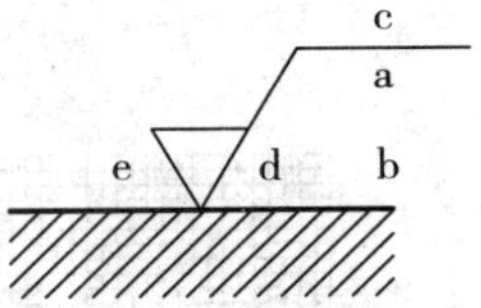

图 9-13　补充要求的注写位置(a~e)

(1)位置 a——注写表面粗糙度参数代号、极限值和传输带或取样长度

为了避免误解,在粗糙度参数代号和极限值间应插入空格。传输带或取样长度后应有一斜线"/",之后是表面粗糙度参数代号,最后是数值。传输带是两个定义的滤波器之间的波长范围。

示例 1:0.0025-0.8/Rz　6.3(传输带标注)。

示例 2:-0.8/Rz　6.3(取样长度标注)。

表面粗糙度要求通过几个不同的控制元素建立,它们可以是图样中标注的一部分或其他文件中给出的文本标注,这些元素如图 9-14 所示。

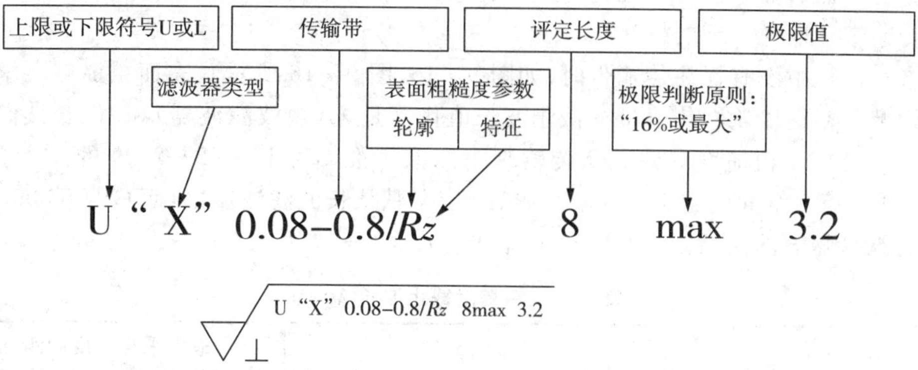

图 9-14 技术产品文件中的表面结构要求标注的控制元素

1）极限值判断原则的标注

16%原则：当参数的规定值为上限值时，如果所选参数的同一评定长度上的全部实测值中，大于图样或技术产品文件中规定值的个数不超过实测值总数的16%，则该表面合格。当参数的规定值为下限值时，如果所选参数在同一评定长度上的全部实测值中，小于图样或技术文件规定值的个数不超过实测值总数的16%，则表面合格。16%规则是所有表面粗糙度要求标注的默认规则，默认规则标注时，参数前面不加16%，如图9-15所示。

最大规则：检验时，若参数的规定值为最大值，则在被检表面的全部区域内测得的参数值一个也不应超过图样或技术产品文件中的规定值。如果最大规则应用于表面粗糙度要求时，则参数符号后面加上一个“max”标记，如图9-14、图9-16所示。

2）单向极限或双向极限的标注

标注单向极限时，当只标注参数代号、参数值和传输带时，它们应默认为参数的上限值（16%规则或最大化规则的极限值）；当参数代号、参数值和传输带作为参数的单向下限值（16%规则或最大化规则的极限值）标注时，参数代号应加L，例如：L *Ra* 0.32。标注双向极限时，在完整符号中表示双向极限时应标注极限代号，上限值在上方用U表示，下极限在下方用L表示，上下极限值为16%规则或最大规则的极限值，如图9-17所示。如果同一参数具有双向极限要求，在不引起歧义的情况下，可以不加U、L。上下限极限值可以用不同的参数代号和传输带表达。

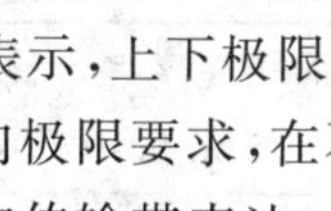

图 9-15 当应用16%规则（默认传输带）时参数的注法

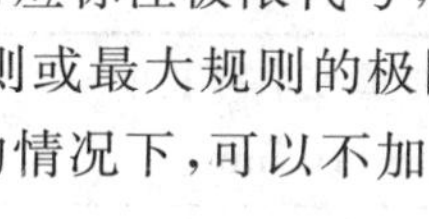

图 9-16 当应用最大规则（默认传输带）时参数的注法

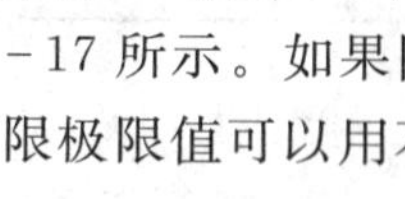

图 9-17 双向极限的注法

3）滤波器

如图9-14所示，滤波器类型“X”。标准滤波器是高斯滤波器（GB/T 18777）。以前的标准滤波器是2RC滤波器。将来也可能对其他的滤波器进行标准化。在转换期间，在图样上标注滤波器类型对某些公司比较方便。滤波器类型可以标注为“高斯滤波器”或“2RC”。滤波器名称并没有标准化，但这里所建议的标注名称是明确的、无争议的。

因为滤波器名称并没有标准化，除非无争议，一般不标注。

4)传输带和取样长度的标注

当参数代号中没有标注传输带时(如图 9-15、图 9-16 所示)，表面粗糙度要求采用默认的传输带。粗糙度轮廓传输带的截止波长值代号是 λs(短波滤波器)和 λc(长波滤波器)，λc 表示取样长度。粗糙度参数默认传输带由国家标准 GB/T 6062—2009 的 4.4 和 GB/T 10610—2009 第 7 章共同定义。GB/T 10610 定义默认长波滤波器 λc，而 GB/T 6062 定义与 λc 相关的默认短波滤波器 λs，见表 9-4、表 9-5、表 9-6。

表 9-4　粗糙度截止波长 λc、λs

λc/mm	λs/μm	最大采样长度间距/μm
0.08	2.5	0.5
0.25	2.5	0.5
0.8	2.5	0.5
2.5	8	1.5
8	25	5

表 9-5　*Ra* 参数的粗糙度取样长度

Ra/μm	粗糙度取样长度 *lr*/mm	表面粗糙度评定长度 *ln*/mm
(0.008)<*Ra*≤0.02	0.08	0.4
0.02<*Ra*≤0.1	0.25	1.25
0.1<*Ra*≤2	0.8	4
2<*Ra*≤10	2.5	12.5
10<*Ra*≤80	8	40

表 9-6　*Rz* 参数的粗糙度取样长度

Rz/μm	粗糙度取样长度 *lr*/mm	表面粗糙度评定长度 *ln*/mm
(0.025)<*Rz*≤0.1	0.08	0.4
0.1<*Rz*≤0.5	0.25	1.25
0.5<*Rz*≤10	0.8	4
10<*Rz*≤50	2.5	12.5
50<*Rz*≤200	8	40

如果表面粗糙度参数没有定义默认传输带、默认的短波滤波器或默认的取样长度(长波滤波器)，则表面粗糙度标注应该指定传输带，及短波滤波器或长波滤波器，以保证表面粗糙度明确的要求。传输带应标注在参数代号的前面，并用斜线“/”隔开。传输带标注包括滤波器截止波长(mm)，短波滤波器在前，长波滤波器在后，并用连字符“-”隔开。

粗糙度轮廓，如果标注传输带，可只标注滤波器 λc(如-0.8)。短波滤波器 λs 值由国家标准 GB/T 6062—2009 给定，参见表 9-4。

如果要求控制用于粗糙度参数的传输带内的短波滤波器和长波滤波器，二者应与参数代号一起标注，如图 9 - 18 所示。

5)表面粗糙度

主要参数 Ra、Rz，如图 9 - 14 所示。

6)评定长度的标注

粗糙度参数默认评定长度 ln，由 5 个取样长度 lr 构成：$ln=5\times lr$。

当评定长度为默认长度时，不必标注取样长度的个数。如果评定长度内的取样长度个数不等于 5，应在相应参数代号后标注其个数，如图 9 - 19 所示，表示取样长度个数为 8。

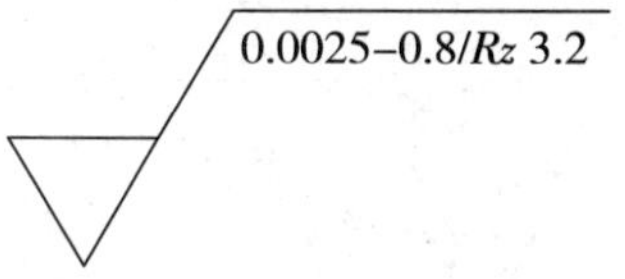

图 9 - 18　与表面粗糙度相关的传输带的注法

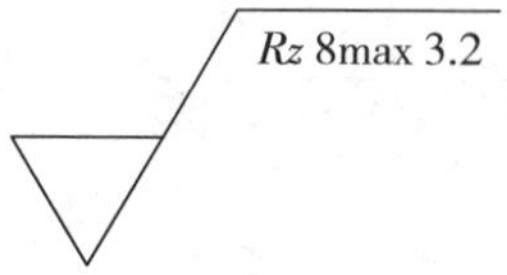

图 9 - 19　不是默认评定长度的注法

7)数值

以微米为单位的极限值，如图 9 - 14 所示。

(2)位置 a 和 b——注写两个或多个表面结构要求

在位置 a 注写第一个表面粗糙度要求，方法同 1。在位置 b 注写第二个表面粗糙度要求，如果注写第三个或更多个表面粗糙度要求，图形符号应在垂直方向扩大，以空出足够的空间。扩大图形符号时，a 和 b 的位置上移，如图 9 - 20 所示。

(3)位置 c——注写加工方法

注写加工方法、表面处理、涂层或其他加工工艺要求等，如车、磨、镀等加工表面。加工方法的标注，如图 9 - 21、图 9 - 22 所示。

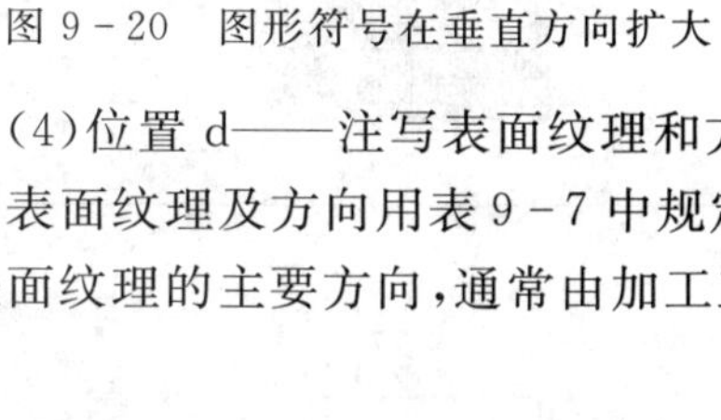

图 9 - 20　图形符号在垂直方向扩大

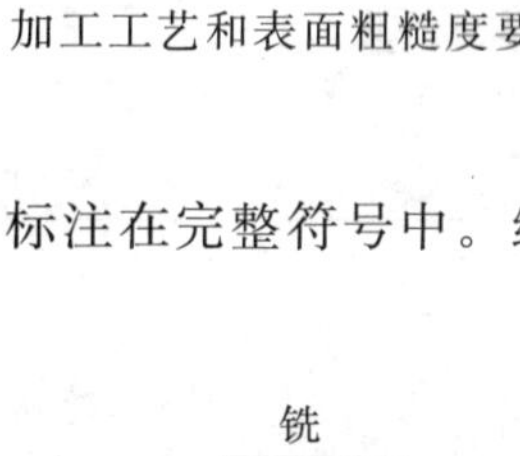

图 9 - 21　加工工艺和表面粗糙度要求的注法

(4)位置 d——注写表面纹理和方向

表面纹理及方向用表 9 - 7 中规定的符号按照图 9 - 23 标注在完整符号中。纹理方向是指表面纹理的主要方向，通常由加工工艺决定。

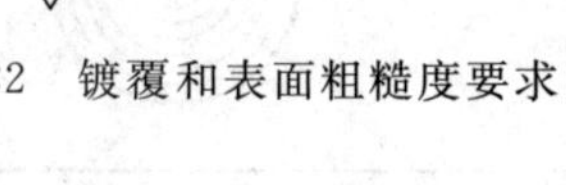

图 9 - 22　镀覆和表面粗糙度要求的标注

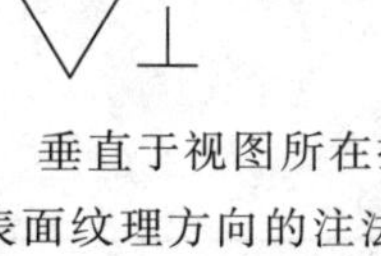

图 9 - 23　垂直于视图所在投影面的表面纹理方向的注法

表 9－7　表面纹理标注(GB/T 131—2006)

符　号	解释和示例	
=	纹理平行于视图所在的投影面	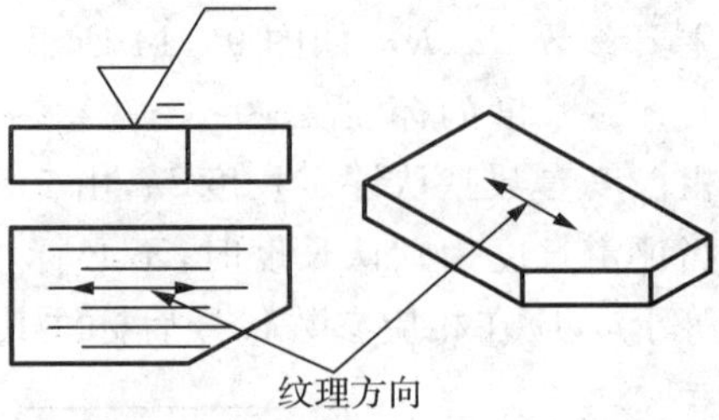
⊥	纹理垂直于视图所在的投影面	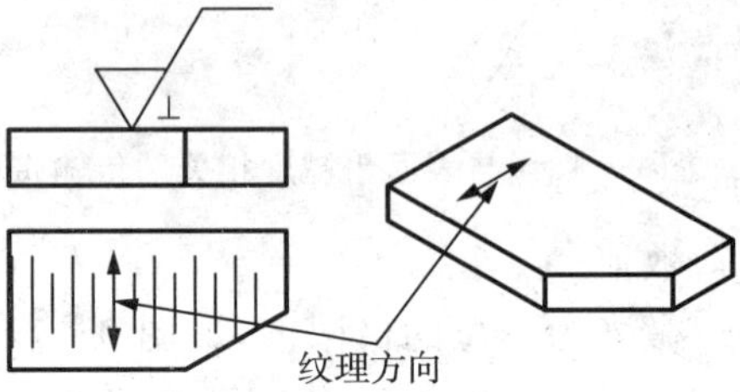
X	纹理呈两斜向交叉且与视图所在的投影面相交	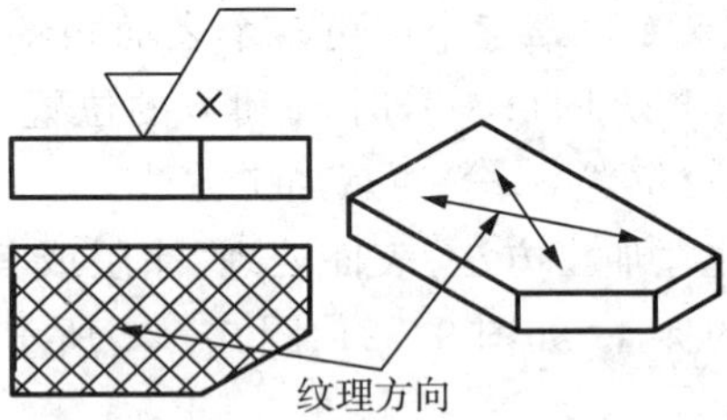
M	纹理呈多方向	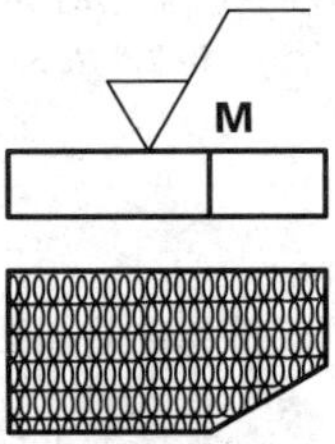
C	纹理呈近似同心圆且圆心与表面中心相关	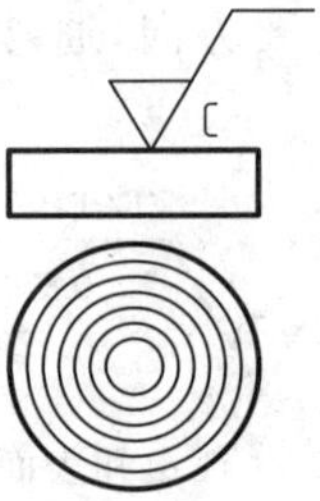

（续表）

符 号	解释和示例	
R	纹理呈近似放射状且与表面圆心相关	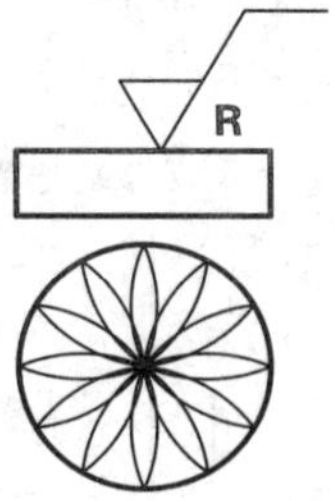
P	纹理呈微粒、凸起，无方向	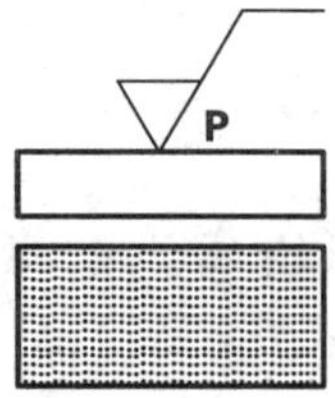

注：如果表面纹理不能清楚地用这些符号表示，必要时，可以在图样上加注说明。

（5）位置 e——注写加工余量

注写所要求的加工余量，以毫米为单位给出数值。在同一图样中，有多个加工工序的表面可标注加工余量，例如，在表示完工零件形状的铸锻件图样中给出加工余量，如图 9 - 24 所示。

加工余量可以是加注在完整符号上的唯一要求。加工余量也可以同表面粗糙度要求一起标注，如图 9 - 24 所示。

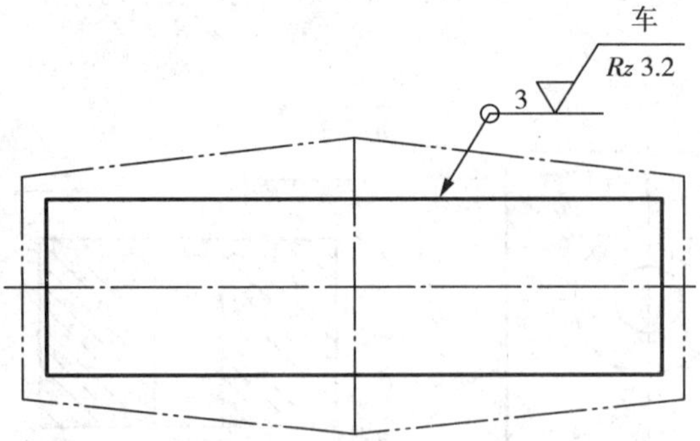

图 9 - 24 在表示完工零件的图样中给出加工余量的注法
（所有表面均有 3mm 加工余量）

9.2.2 表面粗糙度在图样和其他技术产品文件中的注法

表面粗糙度要求对每一表面一般只标注一次，并尽可能注在相应的尺寸及其公差的同一视图上。除非另有说明，所标注的表面粗糙度要求是对完工零件表面的要求。

1. 标注的总的原则

表面粗糙度结构符号、代号的标注，总的原则是：根据国家标准 GB/T 4459.4 的规定，使表面粗糙度的注写和读取方向与尺寸的注写和读取方向一致，如图 9－25 所示。

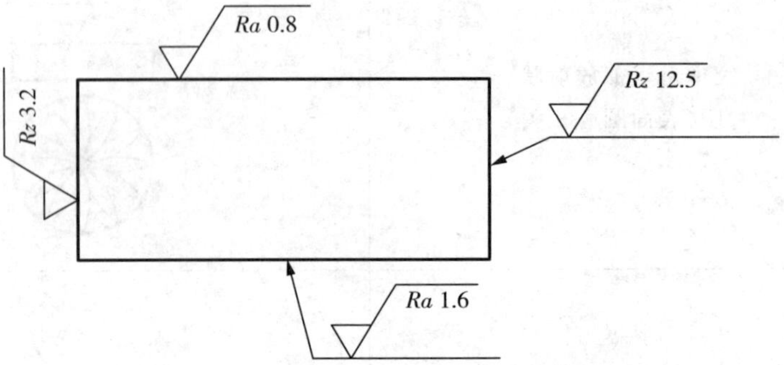

图 9－25　表面粗糙度要求的注写方向

2. 标注在轮廓线或指引线上

表面粗糙度要求可以标注在轮廓线上，其符号应从材料外指向并接触表面。必要时，表面粗糙度符号也可用带箭头或黑点的指引线引出标注，如图 9－26、图 9－27 所示。

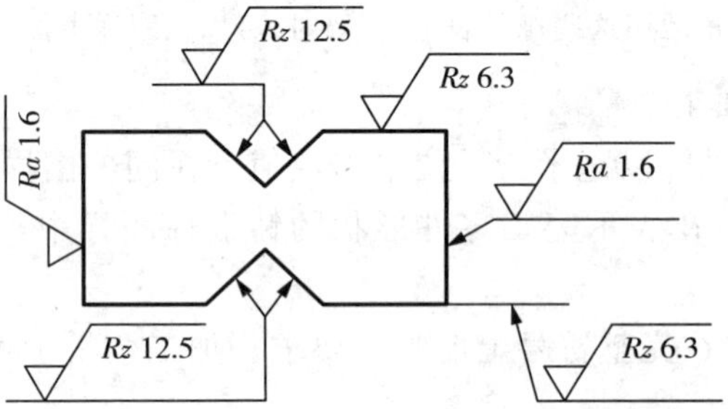

图 9－26　表面粗糙度要求在轮廓线上的标注

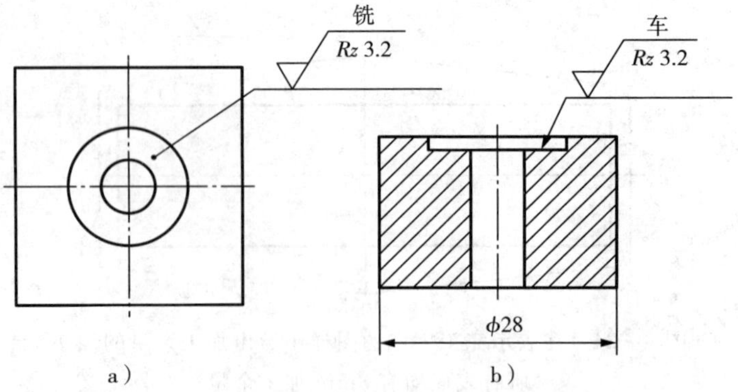

图 9－27　用指引线引出标注表面粗糙度要求

3. 标注在特征尺寸的尺寸线上

在不致引起误解时，表面粗糙度要求可以标注在给定的尺寸线上，如图 9－28 所示。

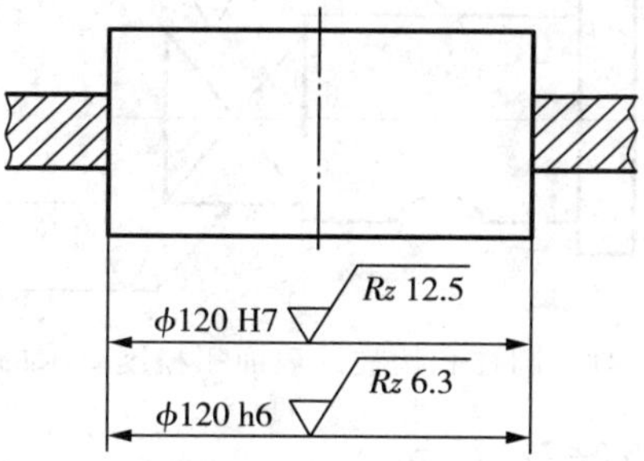

图 9－28 表面粗糙度要求标注在尺寸线上

4. 标注在几何公差的框格上

表面粗糙度要求可标注在几何公差框格的上方，如图 9－29 所示。

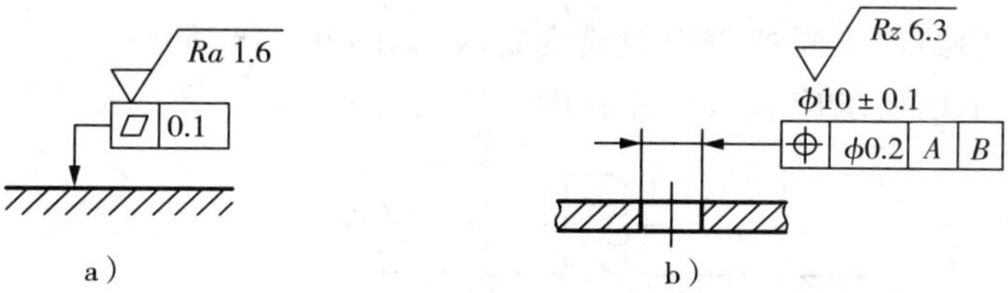

图 9－29 表面粗糙度要求标注在几何公差框格的上方

5. 标注在延长线上

表面粗糙度要求可以直接标注在延长线上，或用带箭头的指引线引出标注，如图 9－26、图 9－30 所示。

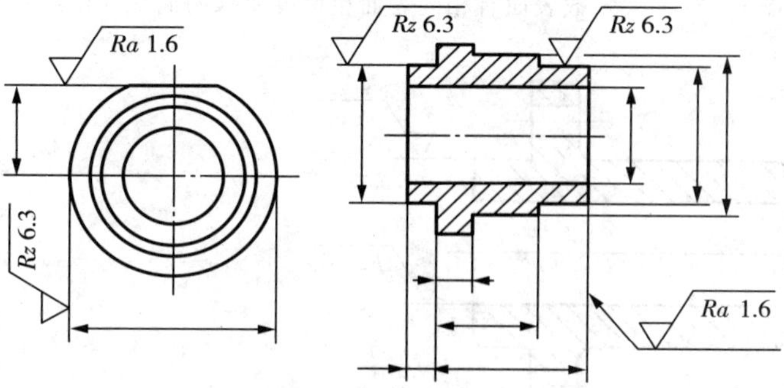

图 9－30 表面粗糙度要求标注在圆柱特征的延长线上

6. 标注在圆柱和棱柱表面上

圆柱和棱柱表面的粗糙度要求只标注一次，如图 9－30 所示。如果棱柱的每个表面有不同的表面粗糙度要求，则应分别单独标注，如图 9－31 所示。

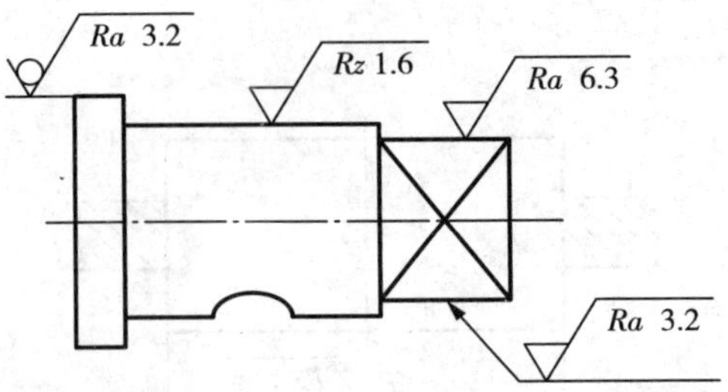

图 9－31　圆柱和棱柱的表面粗糙度要求的注法

9.2.3　表面粗糙度要求的简化注法

1. 有相同表面粗糙度要求的简化注法

如果工件的多数(包括全部)表面有相同的表面粗糙度要求,则其表面粗糙度要求可统一注在图样的标题栏附近。此时(除全部表面有相同要求的情况外),表面粗糙度要求的符号后面应有:

——在圆括号内给出无任何其他标注的基本符号,如图 9－32 所示;

——在圆括号内给出不同的表面粗糙度要求,如图 9－33 所示。

不同的表面粗糙度要求应直接标注在图形中,如图 9－32、图 9－33 所示。

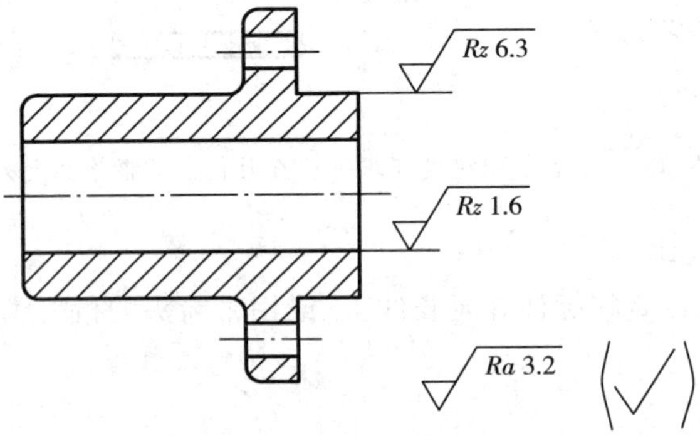

图 9－32　大多数表面有相同表面粗糙度要求的简化注法(一)

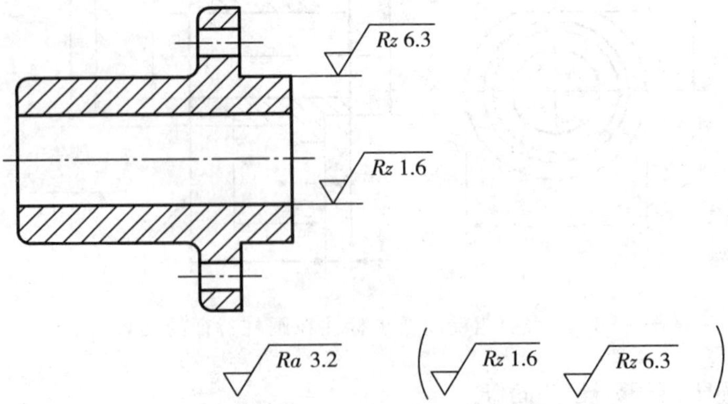

图 9－33　大多数表面有相同表面粗糙度要求的简化注法(二)

2. 多个表面有共同要求的注法

当多个表面具有相同的表面粗糙度要求或图纸空间有限时，可以采用简化注法。有两种简化注法：(1)可用带字母的完整符号，以等式的形式，在图形或标题栏附近，对有相同表面粗糙度要求的表面进行简化标注，如图 9－34 所示。(2)只用表面粗糙度符号的简化画法，可用、和的表面结构符号，以等式的形式给出对多个表面共同的表面粗糙度要求，如图 9－35、图 9－36、图 9－37 所示。

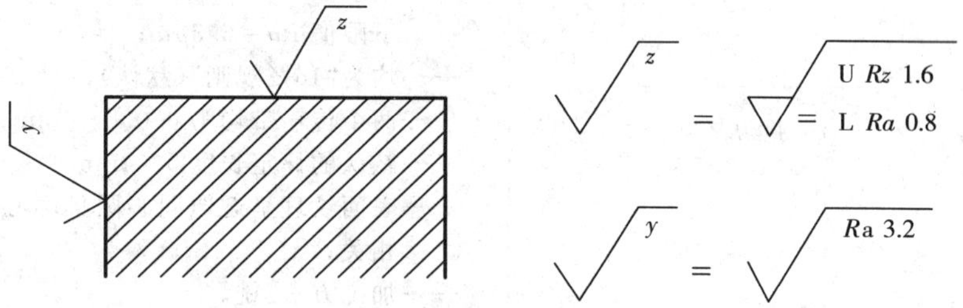

图 9－34　在图纸空间有限时的简化画法

图 9－35　未指定工艺方法的多个表面粗糙度要求的简化注法

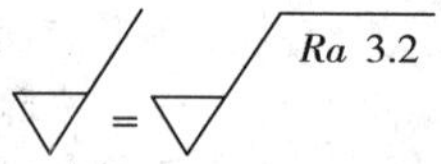

图 9－36　要求去除材料的多个表面粗糙度要求的简化注法

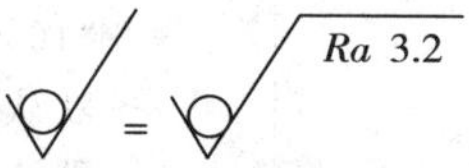

图 9－37　不允许去除材料的多个表面粗糙度要求的简化注法

9.2.4　两种或多种工艺获得的同一表面的注法

由几种不同的工艺方法获得的同一表面，当需要明确每种工艺方法的表面粗糙度要求时，可按图 9－38 所示进行标注。

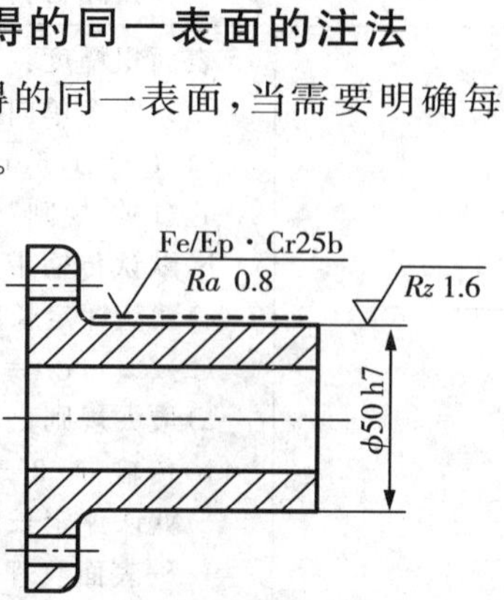

图 9－38　同时给出镀覆前后的表面粗糙度要求的注法

9.2.5 表面粗糙度要求的标注示例

表面粗糙度要求标注示例,参见表 9-8。

表 9-8 表面粗糙度要求标注示例

序号	示例	说明
1	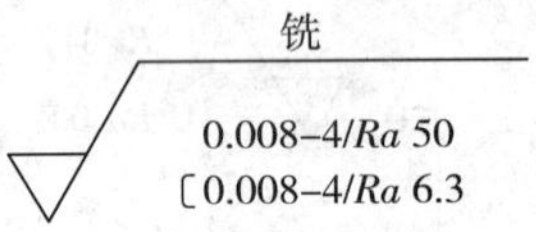	表面粗糙度: ——双向极限值; ——上限值 $Ra=50\mu m$; ——下限值 $Ra=6.3\mu m$; ——均为"16%规则"(默认); ——两个传输带均为 0.008-4mm; ——默认的评定长度 5×4mm=20mm; ——表面纹理呈近似同心圆且圆心与表面中心相关; ——加工方法:铣。 注:因为不会引起争议,不必加 U 和 L
2	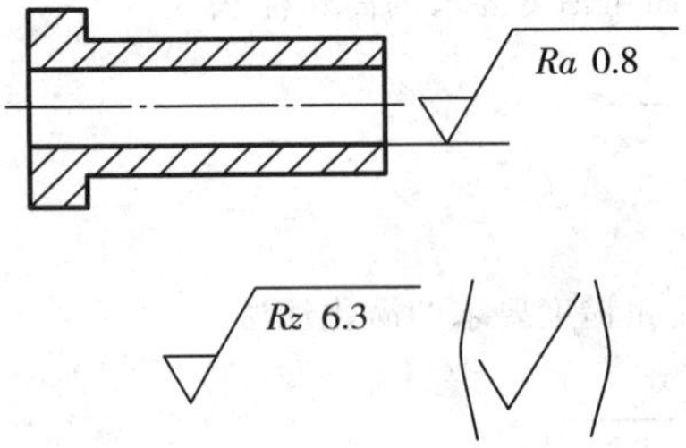	除一个表面以外,所有表面的粗糙度为: ——单向上限值; ——$Rz=6.3\mu m$ ——"16%规则"(默认); ——默认传输带; ——默认评定长度($5\times\lambda c$); ——表面纹理没有要求; ——去除材料的工艺 不同要求的表面的表面粗糙度为: ——单向上限值; ——$Ra=0.8\mu m$; ——"16%规则"(默认); ——默认传输带; ——默认评定长度($5\times\lambda c$); ——表面纹理没有要求; ——去除材料的工艺
3	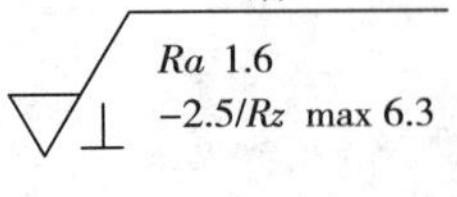	表面粗糙度: ——两个单向上限值: (1)$Ra=1.6\mu m$ a)"16%规则"(默认); b)默认传输带; c)默认评定长度($5\times\lambda c$) (2)$Rz\max=6.3\mu m$ a)最大规则; b)传输带-2.5μm; c)默认评定长度(5×2.5mm) ——表面纹理垂直于视图的投影面; ——加工方法:磨削

（续表）

序号	示　　例	说　　明
4	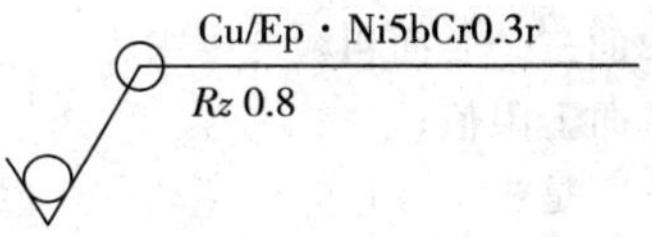	表面粗糙度： ——单向上限值； ——Rz =0.8μm； ——“16％规则”（默认）； ——默认传输带； ——默认评定长度（5×λc）； ——表面纹理没有要求； ——表面处理：铜件，镀镍/铬； ——表面要求对封闭轮廓的所有表面有效
5	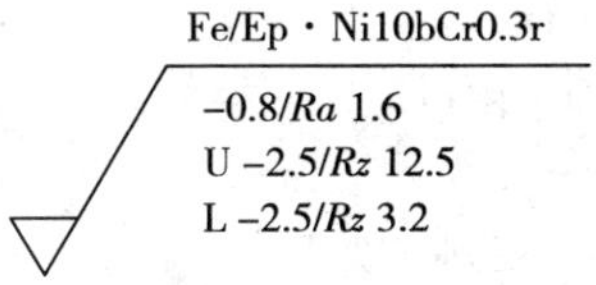	表面粗糙度： ——单向上限值和一个双向极限值： (1)单向 Ra=1.6μm a)“16％规则”（默认）； b)传输带-0.8mm； c)评定长度 5×0.8mm=4mm (2)双向 Rz a)上限值 Rz=12.5μm； b)下限值 Rz=3.2μm； c)“16％规则”（默认）； d)上下极限传输带均为-2.5mm； e)上下极限评定长度均为 5×2.5mm=12.5mm （即使不会引起争议，也可以标注 U 和 L 符号） ——表面处理：钢件，镀镍/铬
6	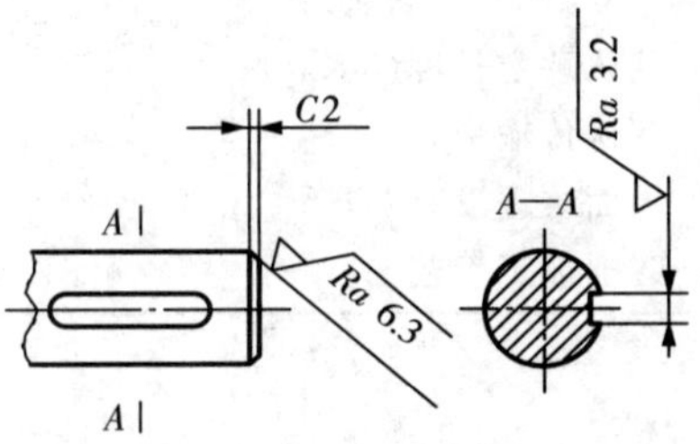	表面粗糙度和尺寸可以标注在同一尺寸线上。 键槽侧壁的表面粗糙度： —— 一个单向上限值； ——Ra=3.2μm； ——“16％规则”（默认）； ——默认评定长度（5×λc）； ——默认传输带； ——表面纹理没有要求； ——去除材料的工艺。 倒角的表面粗糙度： —— 一个单向上限值； ——Ra=6.3μm； ——“16％规则”（默认）； ——默认评定长度（5×λc）； ——默认传输带； ——表面纹理没有要求； ——去除材料的工艺

（续表）

序号	示例	说明
7	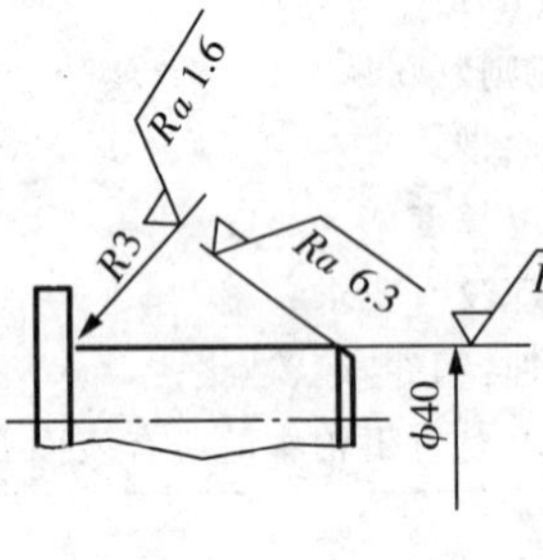	表面粗糙度和尺寸可以标注为： —— 一起标注在延长线上，或 ——分别标注在轮廓线和尺寸界线上。 示例中的三个表面粗糙度要求为： ——单向上限值； ——分别是：$Ra=1.6\mu m$，$Ra=6.3\mu m$，$Rz=12.5\mu m$； ——“16％规则”（默认）； ——默认评定长度（$5\times\lambda c$）； ——默认传输带； ——表面纹理没有要求； ——去除材料的工艺
8	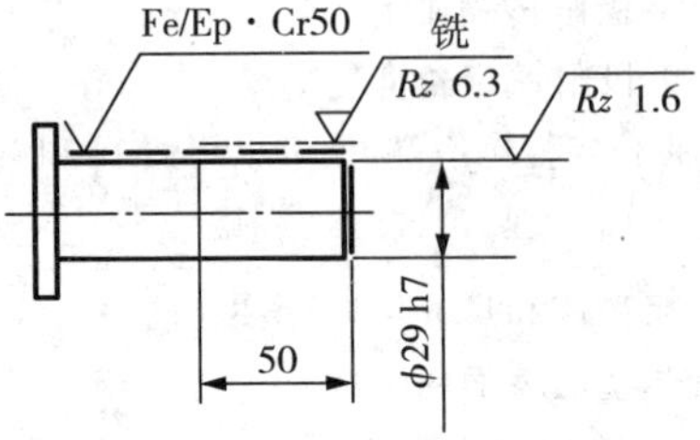	表面粗糙度、尺寸和表面处理的标注： 示例是三个连续的加工工艺。 第一道工序： ——单向上限值； ——$Rz=1.6\mu m$； ——“16％规则”（默认）； ——默认评定长度（$5\times\lambda c$）； ——默认传输带； ——表面纹理没有要求； ——去除材料的工艺。 第二道工序： ——镀铬，无其他表面结构要求。 第三道工序： —— 一个单向上限值，仅对长度为 50mm 的圆柱表面有效； ——$Rz=6.3\mu m$； ——“16％规则”（默认）； ——默认评定长度（$5\times\lambda c$）； ——默认传输带； ——表面纹理没有要求； ——磨削加工工艺

9.3 表面粗糙度参数及数值(GB/T 1031—2009)

表面粗糙度主要参数是轮廓的算术平均偏差 Ra 和轮廓的最大高度 Rz。在幅度参数（峰和谷）常用的参数值范围内（Ra 为 $0.025\sim6.3\mu m$，Rz 为 $0.1\sim25\mu m$），推荐优先选用 Ra。

1. 轮廓的算术平均偏差 Ra 的数值

一般情况下，轮廓的算术平均偏差 Ra 的数值，参见表 9－9。

表 9－9 轮廓的算术平均偏差 Ra 的基本系列数值(GB/T 1031—2009) 单位：μm

Ra	0.012	0.2	3.2	50
	0.025	0.4	6.3	100
	0.05	0.8	12.5	
	0.1	1.6	25	

轮廓的算术平均偏差 Ra 的补充系列数值，参见表 9－10。

表 9－10 轮廓的算术平均偏差 Ra 的补充系列数值(GB/T 1031—2009) 单位：μm

Ra	0.008	0.080	1.00	10.0
	0.010	0.125	1.25	16.0
	0.016	0.160	2.0	20
	0.020	0.25	2.5	32
	0.032	0.32	4.0	40
	0.040	0.50	5.0	63
	0.063	0.63	8.0	80

2. 轮廓的最大高度 Rz 的数值

一般情况下，轮廓的最大高度的数值 Rz 的数值，参见表 9－11。

表 9－11 轮廓的最大高度 Rz 的基本系列数值(GB/T 1031—2009) 单位：μm

Rz	0.025	0.4	6.3	100	1600
	0.05	0.8	12.5	200	
	0.1	1.6	25	400	
	0.2	3.2	50	800	

轮廓的最大高度 Rz 的补充系列数值，参见表 9－12。

表 9－12 轮廓的最大高度 Rz 的补充系列数值(GB/T 1031—2009) 单位：μm

Rz	0.032	0.50	8.0	125
	0.040	0.63	10.0	160
	0.063	1.00	16.0	250
	0.080	1.25	20	320
	0.125	2.0	32	500
	0.160	2.5	40	630
	0.25	4.0	63	1000
	0.32	5.0	80	1250

9.4 表面粗糙度 Ra 优先选用的参数值

表面粗糙度 Ra 优先选用的参数值及其应用举例，参见表 9－13。

表 9-13 表面粗糙度 *Ra* 的应用举例

粗糙度 *Ra*	应用举例
Ra 100	粗加工表面,如粗车、粗刨、切断等表面
Ra 50	粗加工表面,如焊接前的焊缝表面、粗钻孔等
Ra 25	粗加工表面中比较精确的一级。应用范围较广,一般用于非结合面。如轴的端面、倒角、钻孔,齿轮和皮带轮的侧面,键槽的非工作表面,不重要的安装支承面,垫圈的接触面、螺栓孔、铆钉孔、油孔以及为了减轻重量的孔表面
Ra 12.5	半精加工表面。一般用于没有相对运动和不重要零件的非配合面,如轴、支柱、衬套、盖等的端面,外壳、支架的底面;紧固件的自由表面,如螺栓、螺钉、双头螺柱及螺母的表面;不要求定心与配合特性的表面,如螺栓孔、螺钉孔、皮带轮、飞轮、凸轮、联轴节、偏心轮等的侧面,平键和键槽的上下非配合表面,楔键侧面,花键非定心表面,齿轮顶圆表面,圆柱销与圆锥销的非工作面,开口销的工作面
Ra 6.3	半精加工表面。与其他零件连接而不形成配合的表面:外壳、座架、盖等的结合面,重要的安装基面;要求有定心及配合特性的固定支承表面;定心的轴肩,键和键槽的工作表面,不重要的紧固螺纹表面,非传动用的梯形螺纹表面,燕尾槽,与密封毡圈摩擦的轴表面,低速轴和孔的摩擦表面,低速工作的支承轴肩、止推滑动轴承及中间垫片的工作表面,对工作精度及可靠性有影响的杆件机构的铰接表面,滑块和导向面,销轴工作面,链轮齿面,联轴节结合面,螺旋压缩弹簧支承面
Ra 3.2	接近于精加工表面。要求有粗略定心的配合表面及固定支承表面:衬套、轴承和定位销的压入孔;不要求定心及配合特性的活动支承面:花键结合,活动关节,8 级齿轮的齿面,传动螺纹工作面,楔形键与槽的上下工作面,低速转动的轴颈;轴承盖凸肩定位面,端盖内侧面,联轴节轴孔、柱销孔,平键、半圆键及键槽工作面,滑块及导向面,电镀前金属表面,铰制螺栓的配合面,三角皮带轮槽表面,弹簧挡圈工作面,气门摇臂内孔,联轴节柱销工作面
Ra 1.6	要求保证定心及配合特性的表面:圆锥销与圆柱销,与 G 级精度滚动轴承配合的孔与轴,中速转动的轴颈,过盈配合的孔 H7,间隙配合孔 H8、H9;花键轴的定心表面;不要求定心及配合特性的活动支承面;高精度的活动球状接头表面,轴衬内孔,磨削的齿轮表面,活塞外圆柱面
Ra 0.8	要求能长期保持所规定配合特性的 7 级孔和轴的配合表面,高速工作的轴颈及衬套工作表面,蜗轮与齿轮的齿面,与滚动轴承配合的轴颈;要求保证定心和配合特性的表面:滑动轴承轴瓦的工作面,阻尼阀的针面;不要求保证定心及配合特性的活动支承面:一般机械的导杆与推杆;受力螺栓的螺杆配合面,较大的重要零件过盈配合面,有导向要求的滑槽,发动机气门的圆锥面,曲轴与凸轮轴工作面,与橡胶油封配合的轴表面
Ra 0.4	工作时承受交变应力的重要零件表面。保证零件的疲劳强度、防腐性及耐久性,并在工作时不破坏配合特性的表面:轴颈、活塞和柱塞;要求气密的表面和支承表面,圆锥定心表面,5 级、6 级配合表面,齿轮的轮齿工作面,G 级精度滚动轴承配合面,液压油缸与柱塞的表面,活塞泵缸套内表面,齿轮泵轴颈,活塞销孔

（续表）

粗糙度 *Ra*	应 用 举 例
Ra 0.2	工作时承受较大交变应力的重要零件表面。保证零件的疲劳强度、防腐性能和在活动接头中保持工作耐久性的一些表面：活塞销，液压传动用的孔，保证精确定心的锥面，密封配合面
Ra 0.1	特别精密的滚珠轴承内外圈滚道，滚动轴承的滚珠和滚柱，摩擦离合器的摩擦表面，工作验规的测量表面
Ra 0.05	特别精密或高速滚动轴承的滚珠与滚柱表面，量仪中中等精度间隙配合零件的工作表面，柴油机高压油泵的柱塞和柱塞套配合面
Ra 0.025	仪器的测量表面，量仪中高精度间隙配合零件的工作表面，尺寸超过 100mm 的块规工作面
Ra 0.012	块规工作表面，高精度测量仪器的测量面，光学测量仪器中金属镜面，高精度仪器摩擦机构的支承面

9.5 常用加工方法可达到的表面粗糙度 *Ra* 数值

常用加工方法可达到的表面粗糙度 *Ra* 的数值，参见表 9－14。

表 9－14 常用加工方法可达到的表面粗糙度 *Ra* 的数值

加工方法	表面粗糙度参数值 *Ra*/μm													
	0.012	0.025	0.05	0.1	0.2	0.4	0.8	1.6	3.2	6.3	12.5	25	50	100
砂模铸造											—	—	—	—
型壳铸造											—	—	—	—
金属模铸造									—	—	—	—	—	
离心铸造									—	—	—	—	—	
精密铸造								—	—	—	—			
蜡模铸造							—	—	—	—	—			
压力铸造							—	—	—	—				
热轧											—	—	—	—
模锻									—	—	—	—	—	—
冷轧						—	—	—	—	—	—			
挤压							—	—	—	—	—			
冷拉						—	—	—	—	—				
锉							—	—	—	—	—	—		
刮削							—	—	—	—	—			

（续表）

加工方法		表面粗糙度参数值 $Ra/\mu m$													
		0.012	0.025	0.05	0.1	0.2	0.4	0.8	1.6	3.2	6.3	12.5	25	50	100
刨削	粗											—	—	—	
	半精									—	—				
	精							—	—						
插削										—	—	—	—		
钻孔									—	—	—	—	—		
扩孔	粗											—	—		
	精									—	—				
金刚石镗孔					—	—	—								
镗孔	粗											—	—	—	
	半精								—	—	—				
	精							—	—						
铰孔	粗									—	—	—			
	半精							—	—	—					
	精					—	—	—	—						
拉削	半精							—	—	—					
	精					—	—								
滚铣	粗										—	—	—		
	半精								—	—	—				
	精							—	—						
端面铣	粗										—	—			
	半精							—	—	—	—				
	精						—	—	—						
车外圆	粗											—	—		
	半精									—	—	—			
	精						—	—	—						
金刚石车				—	—	—									
车端面	粗											—	—		
	半精									—	—	—			
	精							—	—						
磨外圆	粗								—	—	—				
	半精						—	—	—						
	精			—	—	—	—								

（续表）

加工方法		表面粗糙度参数值 $Ra/\mu m$													
		0.012	0.025	0.05	0.1	0.2	0.4	0.8	1.6	3.2	6.3	12.5	25	50	100
磨平面	粗									—					
	半精							—	—						
	精			—	—	—	—								
珩磨	平面			—	—	—	—	—	—						
	圆柱面		—	—	—	—	—								
研磨	粗						—	—	—						
	半精				—	—	—								
	精		—	—	—										
抛光	一般					—	—	—	—						
	精		—	—	—										
液压抛光					—	—	—	—	—	—					
超精加工	平面		—	—	—	—	—								
	圆柱面	—	—	—	—	—	—								
化学磨									—	—	—	—	—		
电解磨			—	—	—	—	—	—	—						
电火花加工									—	—	—	—	—		
切割	气割											—	—	—	—
	锯									—	—	—	—	—	—
	车										—	—	—		
	铣												—	—	
	磨									—	—				
螺纹加工	丝锥板牙								—	—	—				
	梳铣								—	—	—				
	滚						—	—							
	车								—	—	—	—			
	搓丝								—	—	—				
	滚压							—	—	—					
	磨						—	—	—						
	研磨				—	—	—	—	—						

（续表）

加工方法		表面粗糙度参数值 $Ra/\mu m$													
		0.012	0.025	0.05	0.1	0.2	0.4	0.8	1.6	3.2	6.3	12.5	25	50	100
齿轮、花键	刨								—	—	—				
	滚								—	—	—				
	插								—	—	—				
	磨					—	—	—							
	剃						—	—	—						

注：“—”表示可达到的表面粗糙度等级，本表适用于钢及有色金属加工。

第 10 章　圆锥的尺寸和公差注法

本章根据国家标准 GB/T 15754—1995《技术制图　圆锥的尺寸和公差注法》的规定编写。

10.1　圆锥的尺寸注法

10.1.1　特征参数

根据圆锥的功能要求(如连接、装配、定心、密封及调节等)，应选用表 10-1 中的特征参数相互组合进行标注。

表 10-1　圆锥的特征参数

特征参数	字母符号	标注示例	
		优先方法	可选方法
锥度	C	1∶5 1/5	0.2∶1 20%
圆锥角	α	35°	0.6rad
最大圆锥直径	D		
最小圆锥直径	d		
给定横截面处圆锥直径	d_x		
圆锥长度	L		
总长	L'		
给定横截面的长度	L_x		

10.1.2　尺寸标注

圆锥的尺寸标注如图 10-1～图 10-4 所示。附加尺寸(如 $\alpha/2$)等，可采用参考尺寸的形式标注。

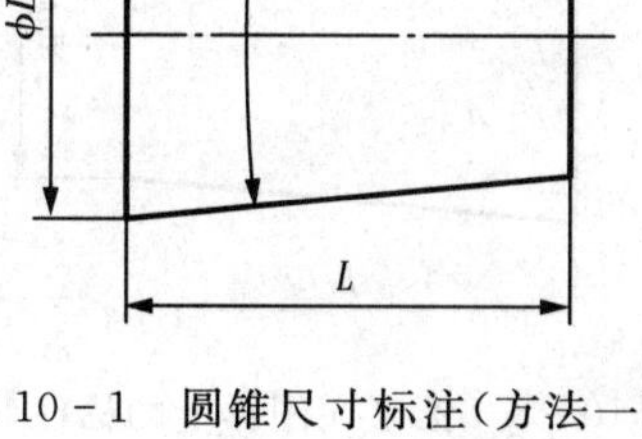

图 10-1　圆锥尺寸标注(方法一)

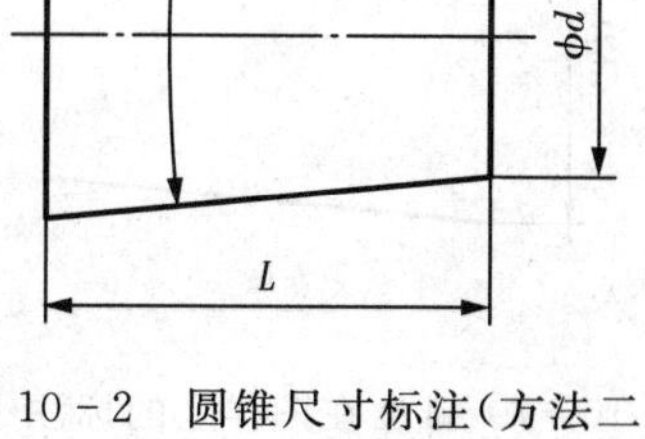

图 10-2　圆锥尺寸标注(方法二)

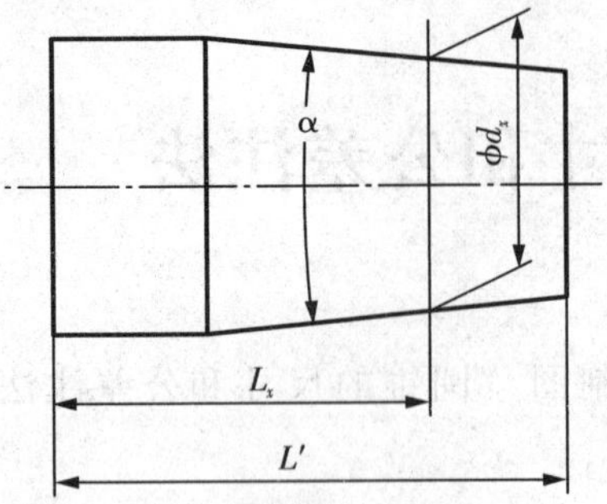

图 10-3　圆锥尺寸标注(方法三)

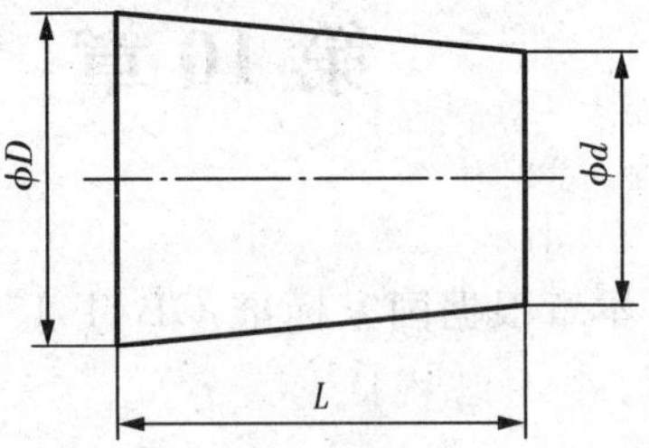

图 10-4　圆锥尺寸标注(方法四)

10.1.3　锥度标注

1. 标注锥度的图形符号

在图样上应采用如图 10-5 所示的图形符号表示圆锥,该符号应配置在基准线上,如图 10-6 所示。表示圆锥的图形符号和锥度应靠近圆锥轮廓标注,基准线应通过引出线与圆锥的轮廓素线相连。基准线应与圆锥的轴线平行,图形符号的方向应与圆锥方向相一致。

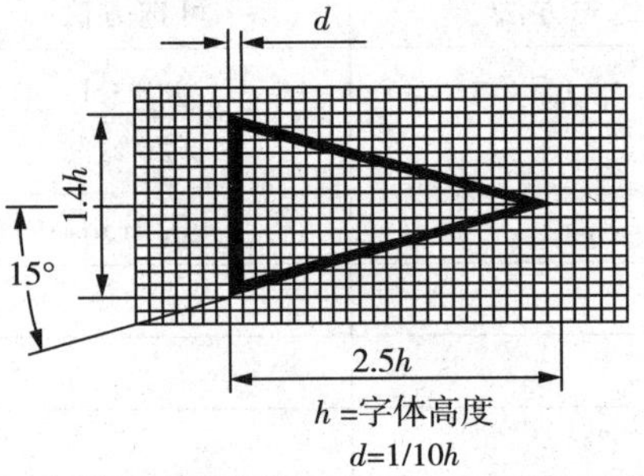

图 10-5　表示锥度的图形符号

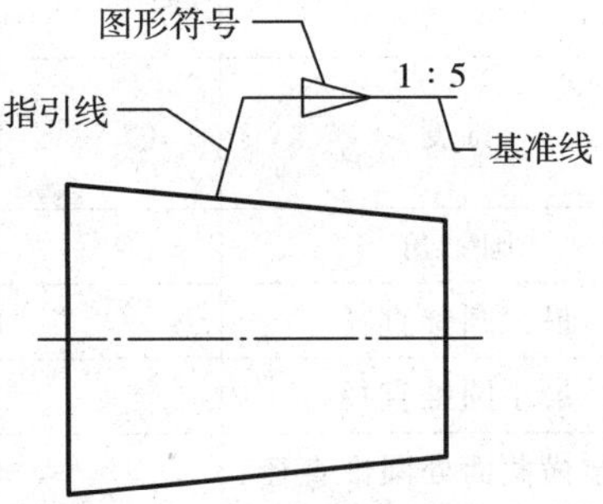

图 10-6　符号应配置在基准线上

2. 标注方法

锥度在图样上的标注如图 10-7、图 10-8、图 10-9 所示。当所标注的锥度是标准圆锥系列之一(尤其是莫氏锥度或米制锥度,见国家标准 GB/T 1443)时,可用标准系列号和相应的标记表示,如图 10-10 所示。

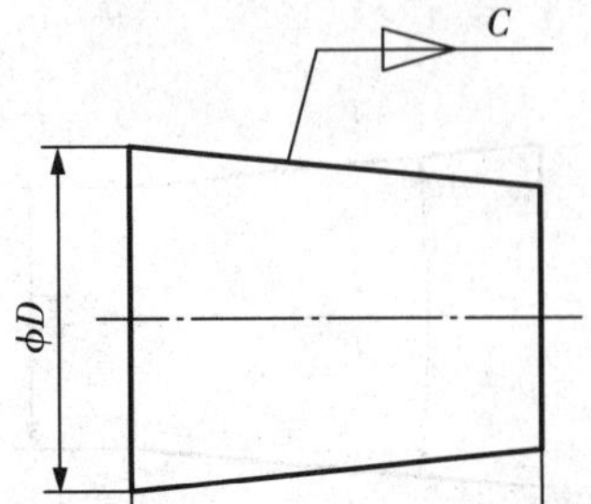

图 10-7　锥度在图样上的标注(一)

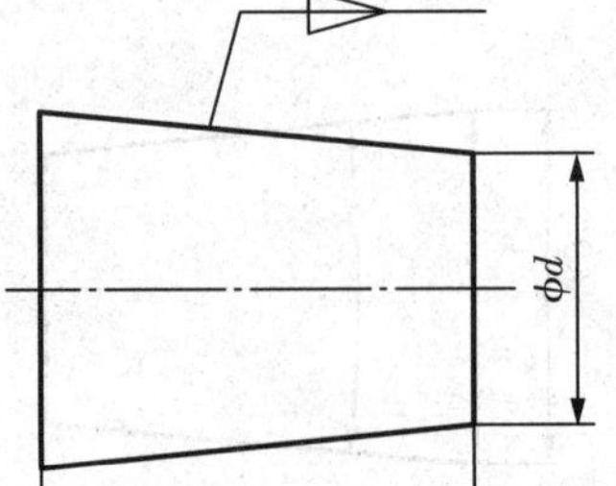

图 10-8　锥度在图样上的标注(二)

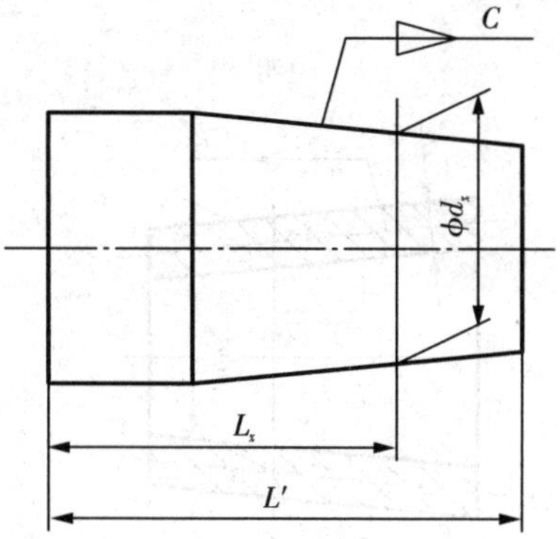

图 10－9　锥度在图样上的标注(三)

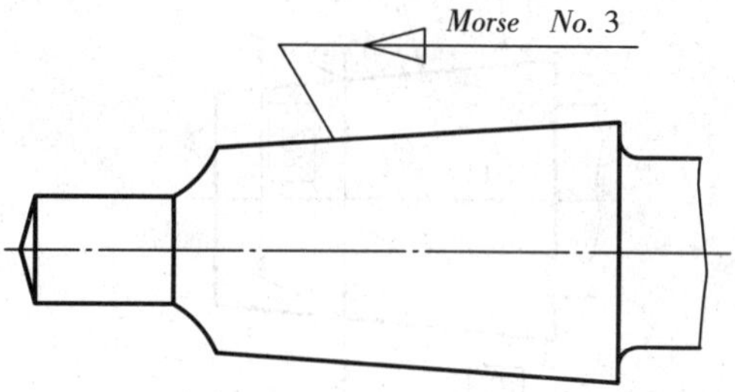

图 10－10　莫氏锥度在图样上的标注

10.2　圆锥的公差注法

1. 给定圆锥角的圆锥公差注法,如图 10－11 所示。

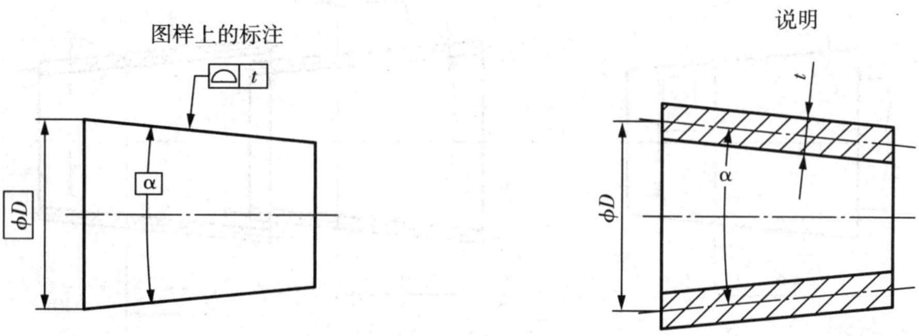

图 10－11　给定圆锥角的圆锥公差注法

2. 给定锥度的圆锥公差注法,如图 10－12 所示。

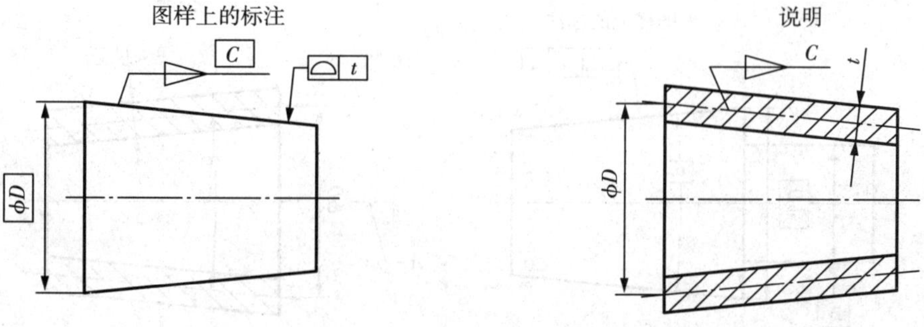

图 10－12　给定锥度的圆锥公差注法

3. 给定圆锥轴向位置的圆锥公差注法，如图 10－13 所示。

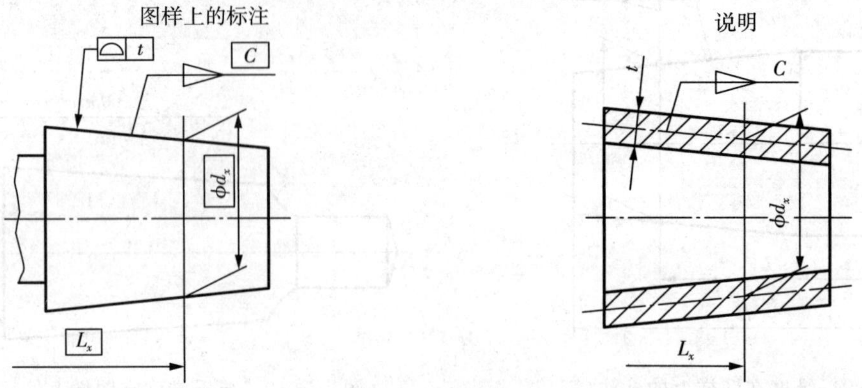

图 10－13　给定圆锥轴向位置的圆锥公差注法

4. 给定圆锥轴向位置公差的圆锥公差注法，如图 10－14 所示。

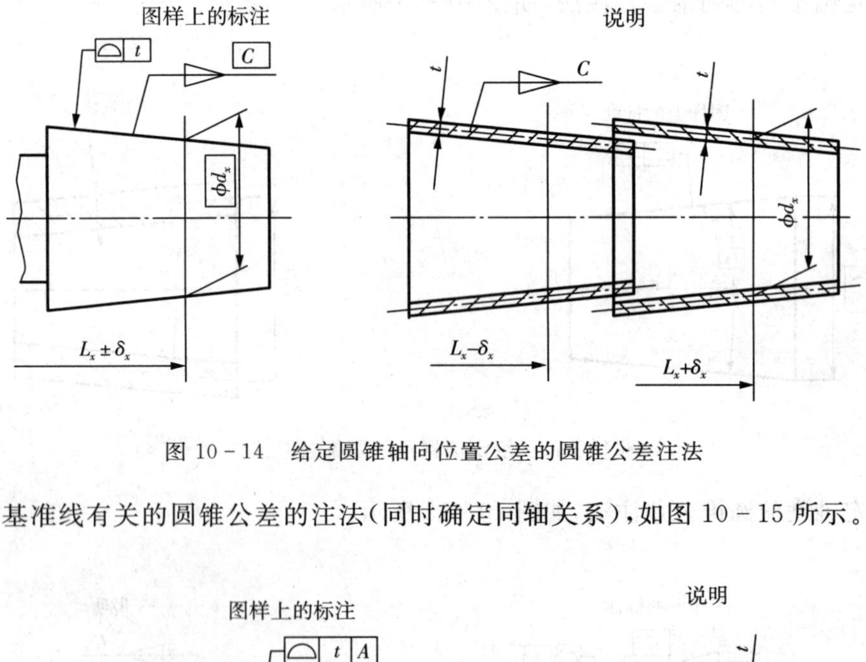

图 10－14　给定圆锥轴向位置公差的圆锥公差注法

5. 与基准线有关的圆锥公差的注法（同时确定同轴关系），如图 10－15 所示。

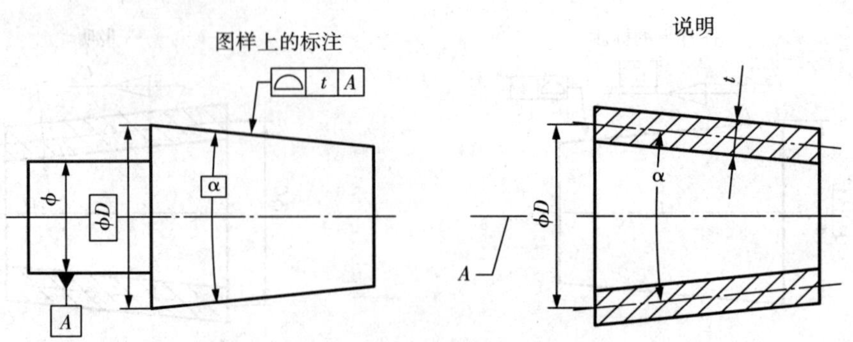

图 10－15　与基准线有关的圆锥公差的注法

6. 相配合的圆锥的公差注法，如图 10－16、图 10－17 所示。

根据国家标准 GB/T 12360 的要求，相配合的圆锥应保证各装配件的径向和（或）轴向位置。标注两个相配合圆锥的尺寸及公差时，应确定：

——具有相同的锥度或锥角；

——标注尺寸公差的圆锥直径的公称尺寸应一致；

——直径（如图 10－16 所示）和位置（如图 10－17 所示）的理论正确尺寸与两装配件的基准平面有关。

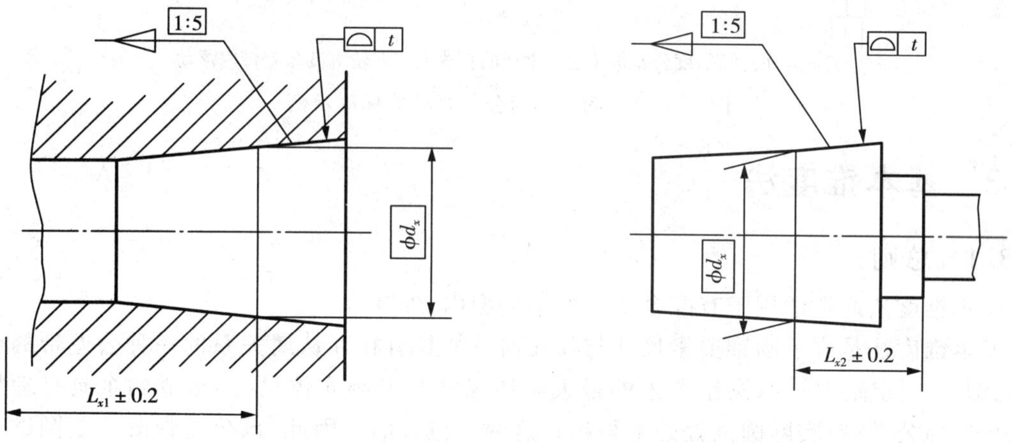

图 10－16　相配合的圆锥的公差注法（确定直径）

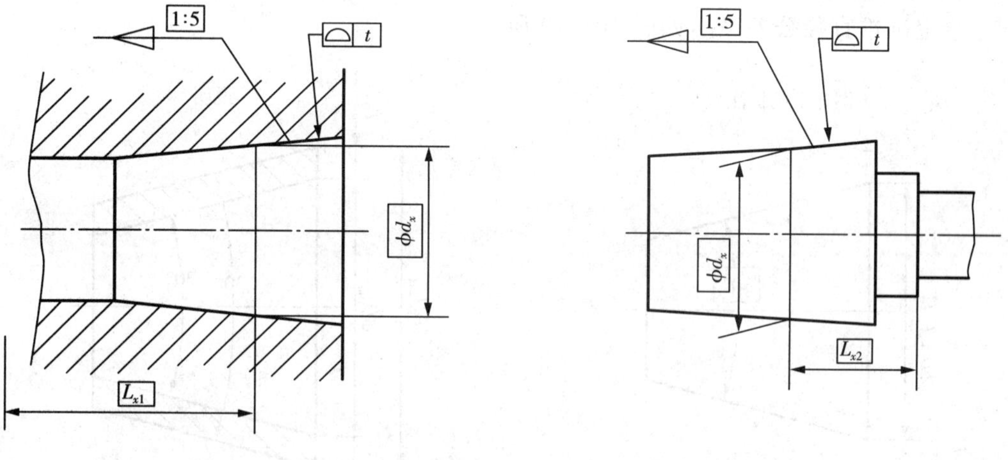

图 10－17　相配合的圆锥的公差注法（确定位置）

7. 限定条件如下。必要时，可给出限定条件以保证圆锥实际要素不超过给定的公差带。这些限定条件可在图样上直接给出或在技术要求中说明：

(1)附加几何公差要求，如图 10－18 所示。

(2)在技术要求中说明，如：量规涂色检验，接触率大于 80%。

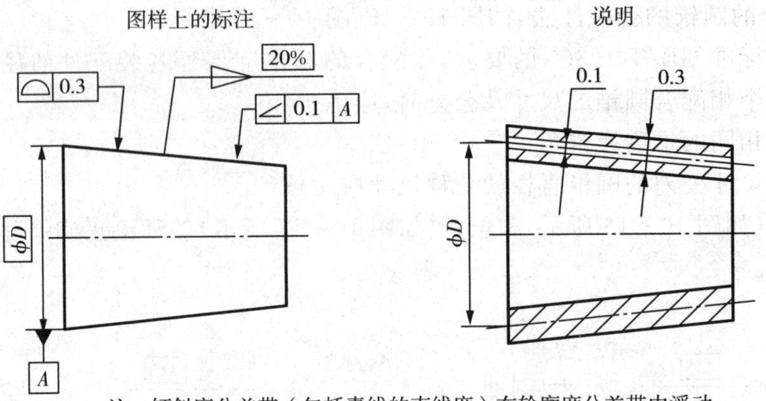

注：倾斜度公差带（包括素线的直线度）在轮廓度公差带内浮动。

图 10－18　附加几何公差要求的标注示例

10.3　基本锥度法

10.3.1　总则

基本锥度法通常适用于有配合要求的结构型内、外圆锥。

基本锥度法是表示圆锥要素尺寸与其几何特征具有相互从属关系的一种公差带的标注方法，即由二同轴圆锥面(圆锥要素的最大实体尺寸和最小实体尺寸)形成两个具有理想形状的包容面公差带，实际圆锥处处不得超越这两个包容面。因此，该公差带既控制圆锥直径的大小及圆锥角的大小，也控制圆锥表面的形状。若有需要，可附加给出圆锥角公差和有关几何公差要求做进一步的控制。

10.3.2　标注示例

1. 给定圆锥直径公差 T_D，如图 10－19 所示。

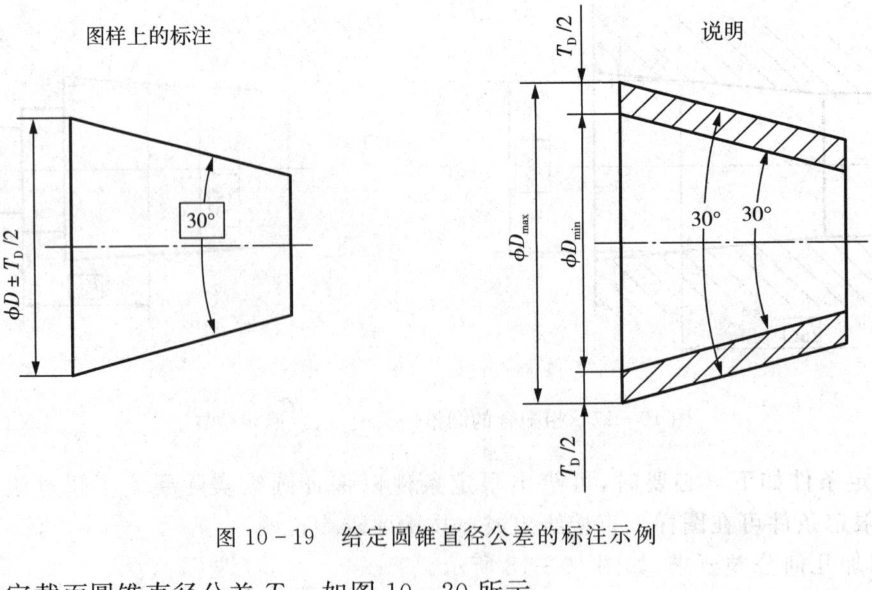

图 10－19　给定圆锥直径公差的标注示例

2. 给定截面圆锥直径公差 T_{DS}，如图 10－20 所示。

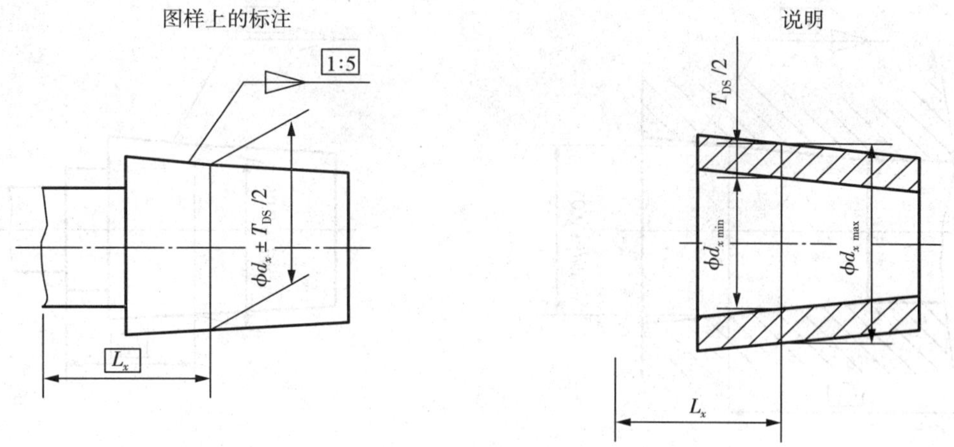

图 10－20　给定截面圆锥直径公差的标注示例

3. 给定圆锥的形状公差 T_F，如图 10－21 所示。

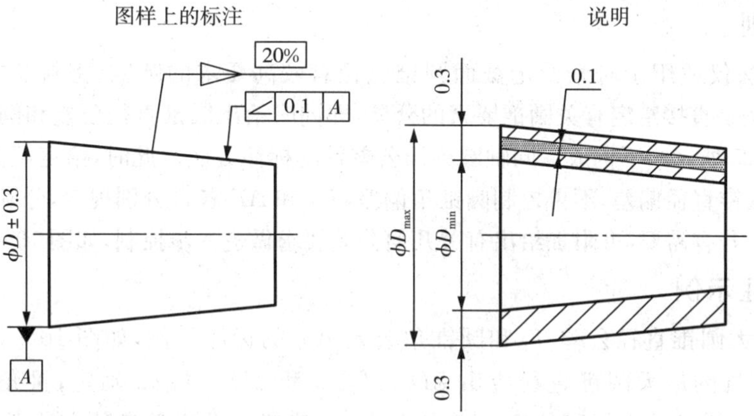

注：倾斜度公差带（包括素线的直线度）在轮廓度公差带内浮动。

图 10－21　给定圆锥的形状公差的标注示例

4. 相互配合的圆锥公差注法，如图 10－22、图 10－23 所示。

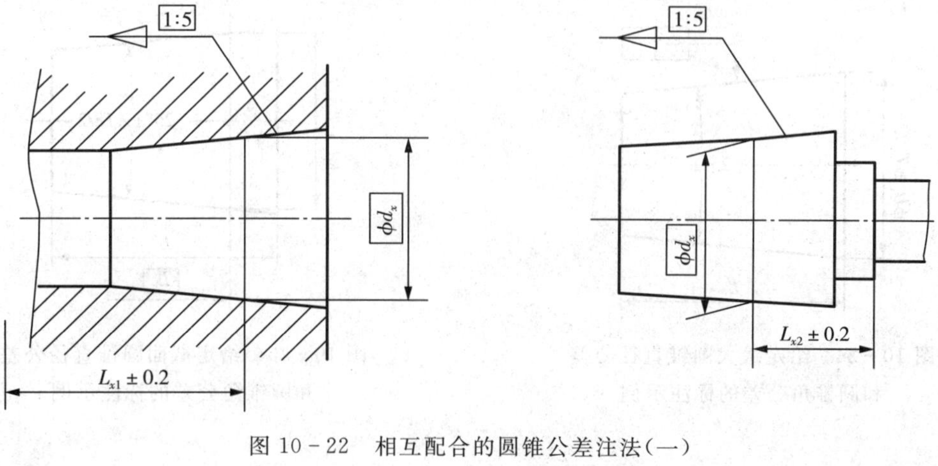

图 10－22　相互配合的圆锥公差注法(一)

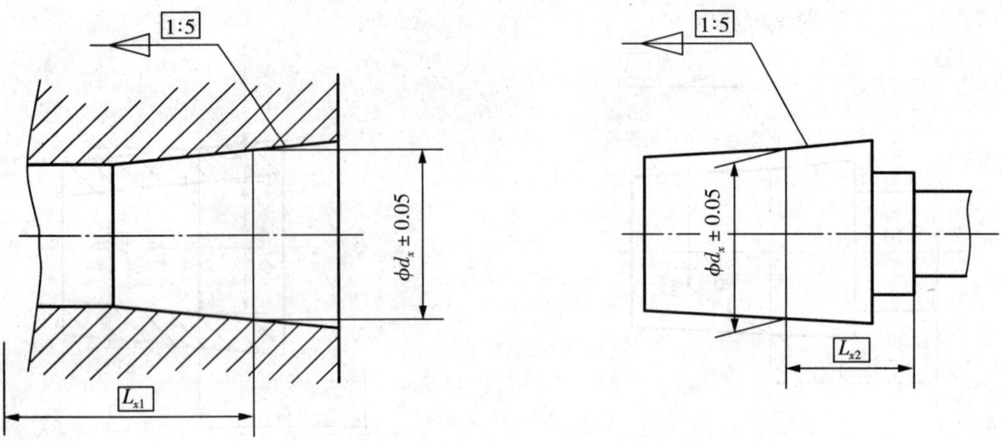

图 10－23　相配合的圆锥的公差注法(二)

10.4　公差锥度法

10.4.1　总则

公差锥度法仅适用于对某给定截面圆锥直径有较高要求的圆锥、密封及非配合圆锥。

公差锥度法是直接给定有关圆锥要素的公差，即同时给出圆锥直径公差和圆锥角公差(如图 10－24、图 10－25 所示)，不构成二同轴圆锥面公差带的标注方法。此时，给定截面圆锥直径公差仅控制该截面圆锥直径偏差，不再控制圆锥角偏差，T_{DS}和 AT 各自分别规定，分别满足要求，故按独立原则解释。若有需要，可附加给出有关几何公差要求做进一步控制，如图 10－24 所示。

10.4.2　标注示例

1. 给定最大圆锥直径公差 T_D和圆锥角公差 AT 的标注示例，如图 10－24 所示。

说明：该圆锥的最大圆锥直径应由 $\phi D+T_D/2$ 和 $\phi D-T_D/2$ 确定；锥角应在 24°30′与 25°30′之间变化；圆锥的素线直线度公差要求为 t。这些要求应各自独立地考虑。

2. 给定截面圆锥直径公差 T_{DS}和圆锥角公差 AT_D的标注示例，如图 10－25 所示。

说明：该圆锥的给定截面圆锥直径应由 $\phi d_x+T_{DS}/2$ 和 $\phi d_x-T_{DS}/2$ 确定；锥角应在 25°$-AT8/2$ 与 25°$+AT8/2$ 之间变化。这些要求应各自独立地考虑。

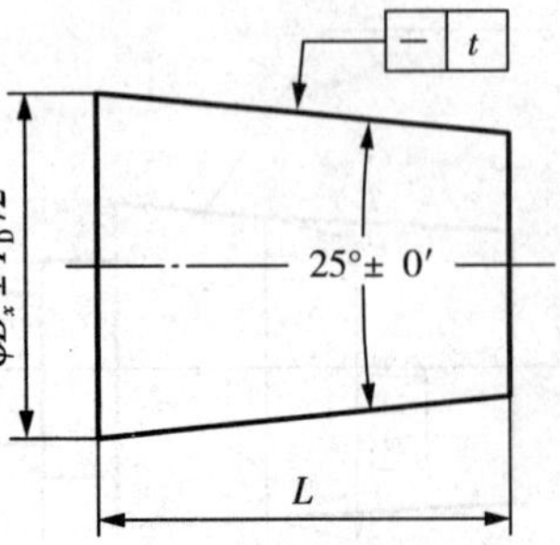

图 10－24　给定最大圆锥直径公差和圆锥角公差的标注示例

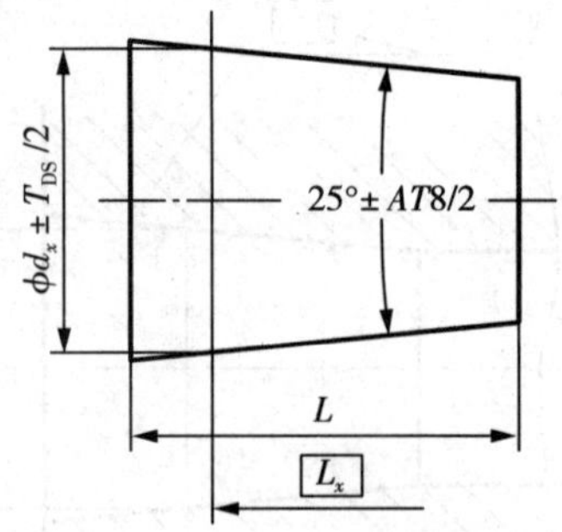

图 10－25　给定截面圆锥直径公差和圆锥角公差的标注示例

第11章　螺纹连接

11.1　螺纹的基本术语(GB/T 14791—2013)

1. 螺旋线

螺旋线是沿着圆柱或圆锥表面运动点的轨迹，该点的轴向位移与相应角位移成定比，如图 11－1 所示。

2. 螺纹

如图 11－2 所示，在圆柱或圆锥表面上，具有相同牙型，沿螺旋线连续凸起的牙体。

3. 外螺纹

如图 11－2a 所示，在圆柱或圆锥外表面上所形成的螺纹。

4. 内螺纹

如图 11－2b 所示，在圆柱或圆锥内表面上所形成的螺纹。

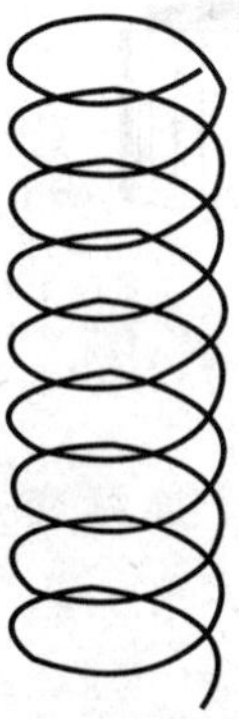

图 11－1　螺旋线

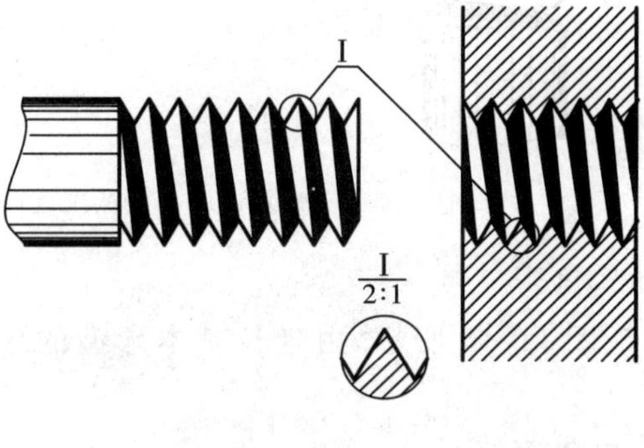

a）外螺纹　　b）内螺纹

图 11－2　外螺纹和内螺纹

5. 单线螺纹

如图 11－3a 所示，只有一个起始点的螺纹。

6. 多线螺纹

如图 11－3b、图 11－3c 所示，具有两个或两个以上起始点的螺纹。

7. 右旋螺纹(RH)

如图 11－4a 所示，顺时针旋转时旋入的螺纹。

8. 左旋螺纹(LH)

如图 11－4b 所示，逆时针旋转时旋入的螺纹。

9. 螺纹收尾(螺尾)

由切削刀具的倒角或退出所形成的牙底不完整的螺纹(如图 11 - 4 中最下面不完整的螺纹部分)。

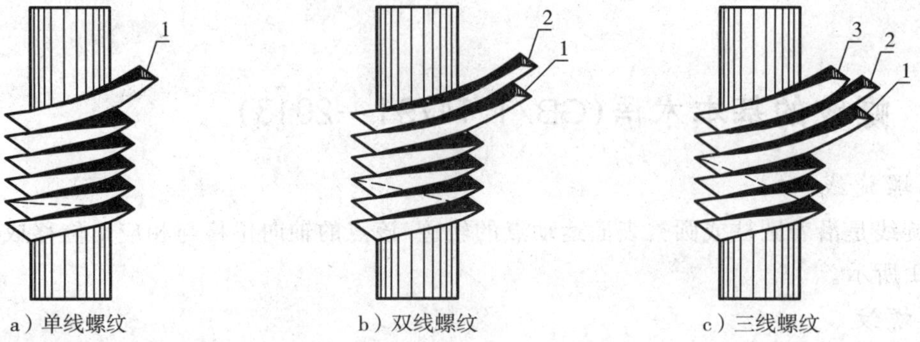

图 11 - 3　单线螺纹和多线螺纹

图 11 - 4　螺纹旋向

10. 原始三角形

如图 11 - 5、图 11 - 6 所示,由延长基本牙型的牙侧获得的三个连续交点所形成的三角形。

11. 原始三角形高度

原始三角形底边与此底边相对的原始三角形顶点间的径向距离,如图 11 - 5 所示的 H。

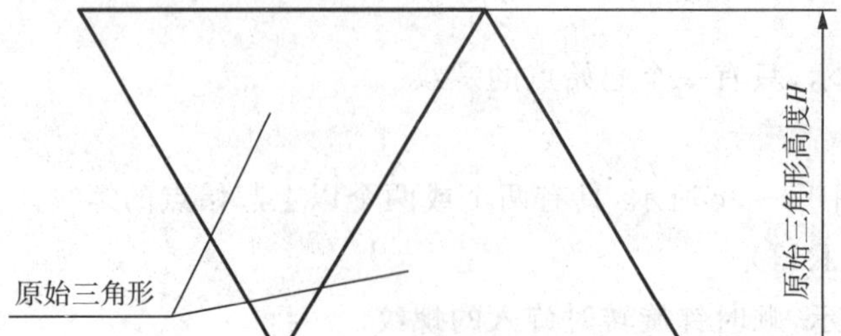

图 11 - 5　原始三角形

12. 基本牙型

如图 11－6 所示，在螺纹轴线平面内，由理论尺寸、角度和削平高度所形成的内、外螺纹共有的理论牙型。它是确定螺纹设计牙型的基础。

13. 削平高度

如图 11－6 所示，在螺纹牙型上，从牙顶或牙底到它所在原始三角形的最邻近顶点间的径向距离。

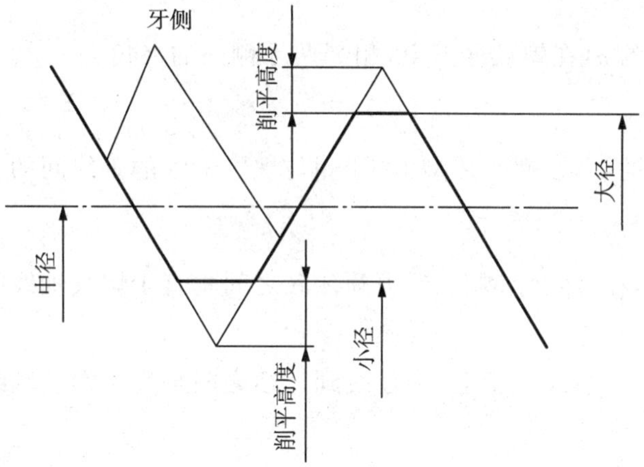

图 11－6　基本牙型

14. 螺纹牙型

如图 11－7 所示，在通过螺纹轴线的剖面上，螺纹的轮廓形状。

15. 牙侧

如图 11－7 所示，由不平行于螺纹中径线的原始三角形的一个边所形成的螺旋表面。

16. 牙体

如图 11－7 所示，相邻牙侧间的材料实体。

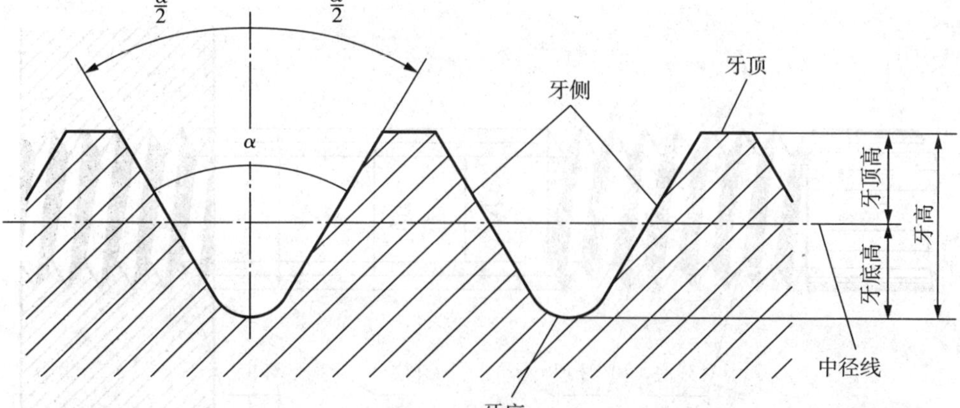

图 11－7　螺纹牙型

17. 牙槽

如图 11－7 所示，相邻牙侧间的非实体空间。

18. 牙顶

如图 11－7 所示，连接两个相邻牙侧的牙体顶部表面。

19. 牙底

如图 11－7 所示，连接两个相邻牙侧的牙槽底部表面。

20. 牙型角

如图 11－7 所示的 α，在螺纹牙型上，相邻两牙侧间的夹角。

21. 牙型半角

如图 11－7 所示的 $\frac{\alpha}{2}$，在螺纹牙型上，牙侧与螺纹轴线的垂线间的夹角。

22. 牙型高度

如图 11－7 所示，在螺纹牙型上，牙顶到牙底之间垂直于螺纹轴线的距离。

23. 牙顶高

如图 11－7 所示，在螺纹牙型上，中径线到牙顶之间垂直于螺纹轴线的距离。

24. 牙底高

如图 11－7 所示，在螺纹牙型上，中径线到牙底之间垂直于螺纹轴线的距离。

25. 大径

如图 11－8 所示，与外螺纹牙顶或内螺纹牙底相切的假想圆柱或圆锥的直径。

26. 小径

如图 11－8 所示，与外螺纹牙底或内螺纹牙顶相切的假想圆柱或圆锥的直径。

27. 顶径

如图 11－8 所示，与螺纹牙顶相切的假想圆柱或圆锥的直径，即外螺纹大径或内螺纹小径。

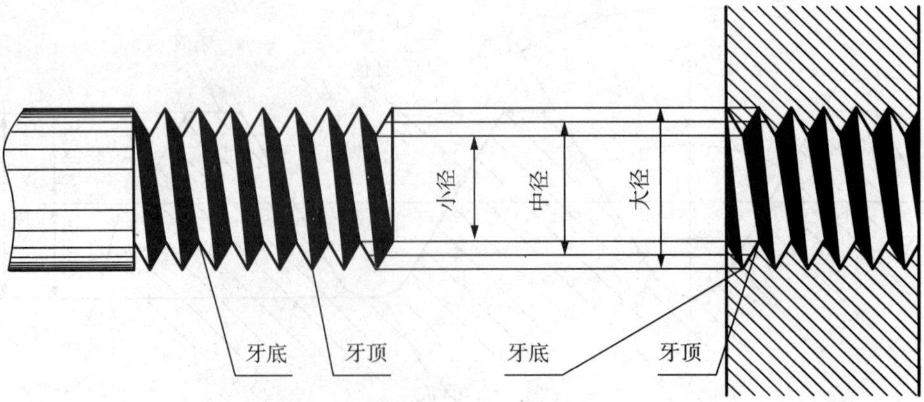

图 11－8　螺纹的直径(一)

28. 底径

如图 11－8 所示，与螺纹牙底相切的假想圆柱或圆锥的直径，即外螺纹小径或内螺纹大径。

29. 公称直径

如图 11－8 所示，代表螺纹尺寸的直径，指螺纹大径的尺寸。

30. 中径

如图 11－6、图 11－9 所示，中径是一个假想圆柱的直径，该圆柱的母线通过牙型上的沟槽和凸起宽度相等的地方，此假想圆柱称为中径圆柱。

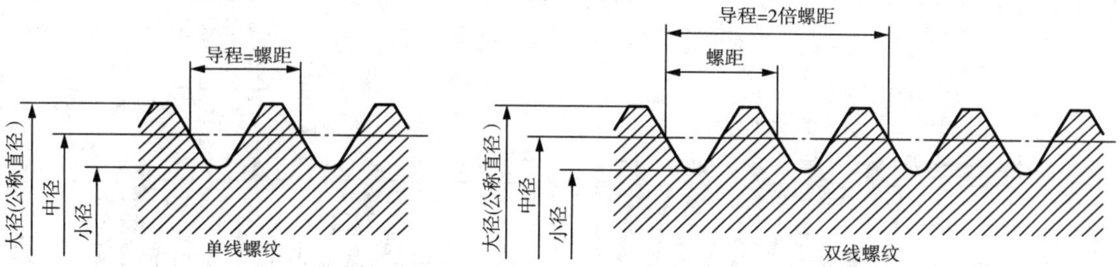

图 11－9　螺纹的直径(二)

31. 螺纹轴线

中径圆柱的轴线。

32. 中径线

中径螺纹或中径圆锥的母线。

33. 螺距

如图 11－10、图 11－11 所示，相邻两牙体上的对应牙侧与中径线相交两点间的轴向距离。

34. 导程

如图 11－10、图 11－11 所示，同一条螺旋线上的相邻两牙在中径线上对应两点之间的轴向距离。

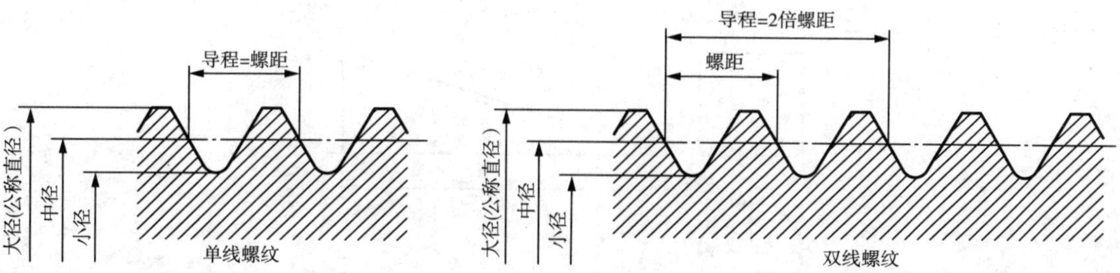

图 11－10　导程和螺距(一)

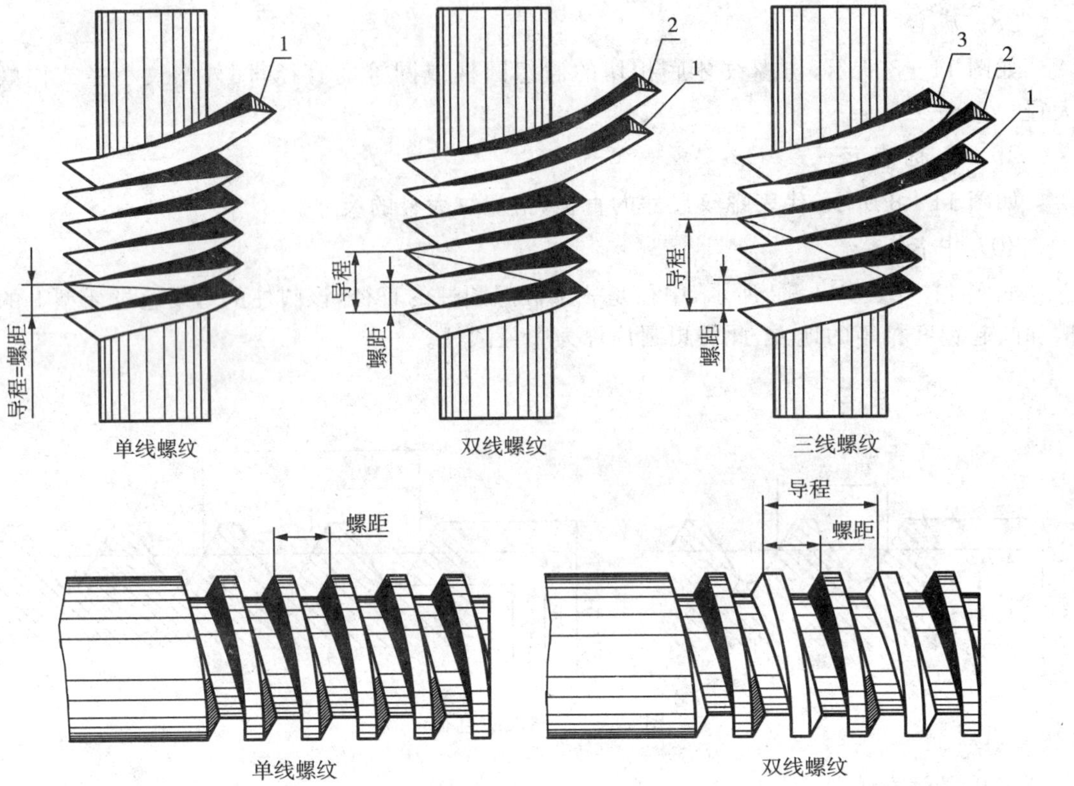

图 11－11　导程和螺距(二)

35．螺纹升角

在中径圆柱或中径圆锥上螺旋线的切线与垂直于螺纹轴线的平面间的夹角，如图 11－12 所示。

$$\tan\psi=\frac{np}{\pi d_2}$$

式中，ψ ——螺纹升角；

n ——螺纹线数；

P ——螺距；

d_2——中径。

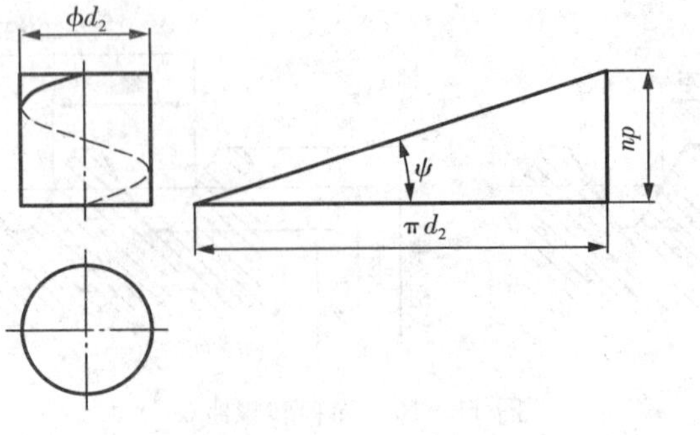

图 11－12　螺纹升角

36. 螺纹接触高度

如图 11－13 所示，在两个同轴配合螺纹的牙型上，牙侧重合部分在垂直于螺纹轴线方向上的距离。

37. 螺纹旋合长度

如图 11－14 所示，两个配合螺纹的有效螺纹长度相互接触的轴向长度。

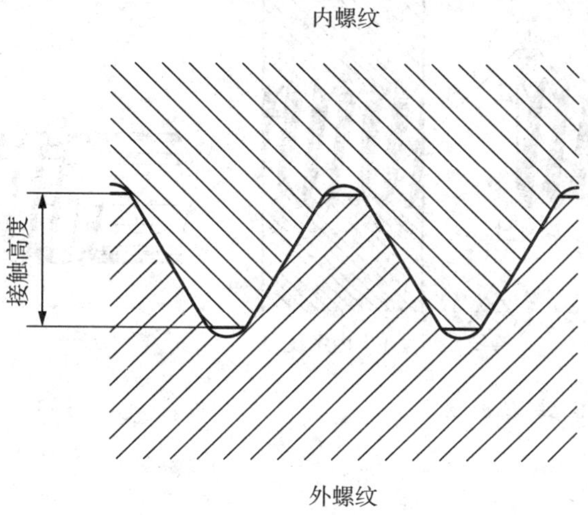

图 11－13 螺纹接触高度

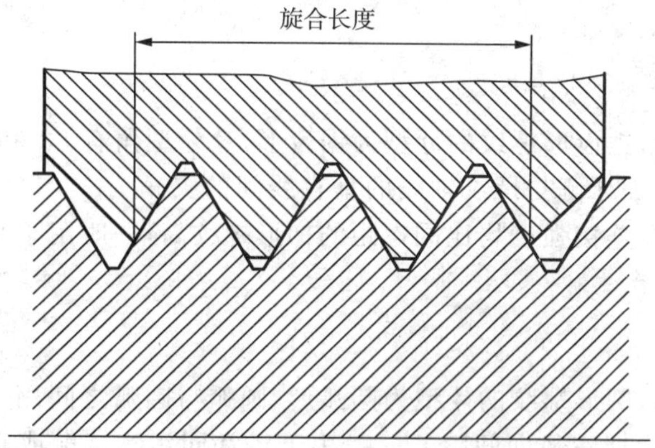

图 11－14 螺纹旋合长度

11.2 一般螺纹的分类、特点及应用(GB/T 14791—2013)

1. 三角形螺纹

如图 11－15 所示，三角形螺纹的牙型为三角形，牙顶和牙底处均削平，用于连接。三角形螺纹分为公制和英寸制两类，一般采用公制螺纹(普通螺纹)，其牙型角 α 为 60°；英寸制螺纹除用于管螺纹外，只用于英寸制螺纹的配件，其牙型角 α 为 55°。

普通螺纹按螺距 P 分为粗牙和细牙两种；细牙普通螺纹牙型高度小，连接强度高，自锁性好，一般用于薄壁零件或受变载、冲击和震动的连接中，也常用于精密机构的调整件上。

2. 矩形螺纹

如图 11－16 所示，矩形螺纹的牙型为正方形。其传动效率较其他螺纹高，但与相同螺距的其他螺纹比，连接强度较低，精确制造较困难，对中准确性较差，磨损后所造成的轴向和径向间隙较大；一般用于传动。矩形螺纹尚未标准化。

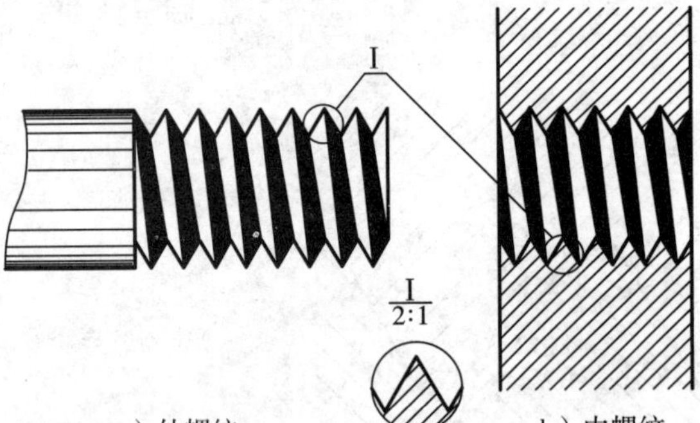

a）外螺纹　　b）内螺纹

图 11－15　三角形螺纹

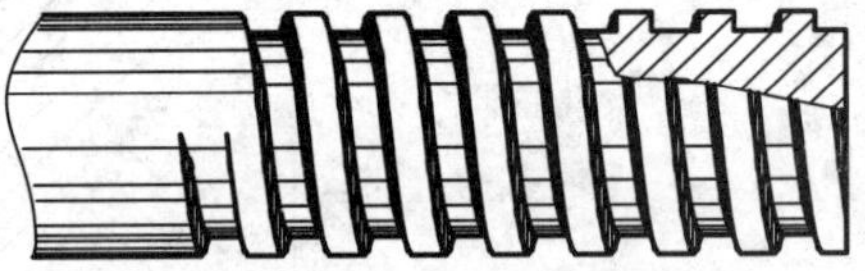

图 11－16　矩形螺纹

3. 梯形螺纹

如图 11－17 所示，梯形螺纹的牙型为等腰梯形，牙型角 α 为 30°。梯形螺纹与相同螺距的矩形螺纹比较，其传动效率较低，连接强度较高，比较容易加工，配合精度较高，是传动螺纹的主要形式，如丝杆。

4. 锯齿形螺纹

如图 11－18 所示，锯齿形螺纹的牙型为锯齿形，其牙型角有 33°和 45°两种。33°牙型角的锯齿形螺纹，其工作面牙侧与螺纹轴线的垂直线间的夹角为 3°，非工作面牙侧为 30°。锯齿形螺纹的传动效率及连接强度均比同螺距的梯形螺纹高，一般用于承受单向载荷，如螺旋压力机。

5. 圆形螺纹

如图 11－19 所示，圆形螺纹的牙型为圆弧形，圆弧与圆弧之间用一小段直线连接，牙型角为 30°，内外螺纹配合时有径向间隙。一般用于经常同污物接触或容易生锈的地方，也往往用于薄壁空心工件上；在需要经常拆卸的地方，圆形螺纹有较长的使用寿命，如电灯的灯头和灯座。

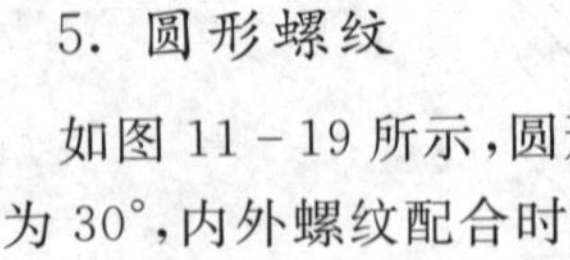

图 11－17　梯形螺纹

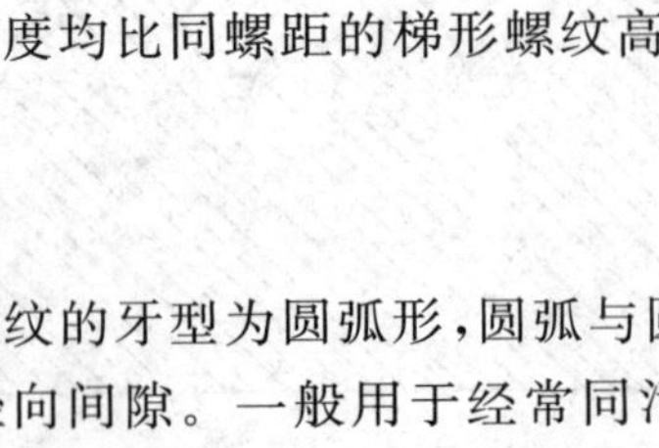

图 11－18　锯齿形螺纹

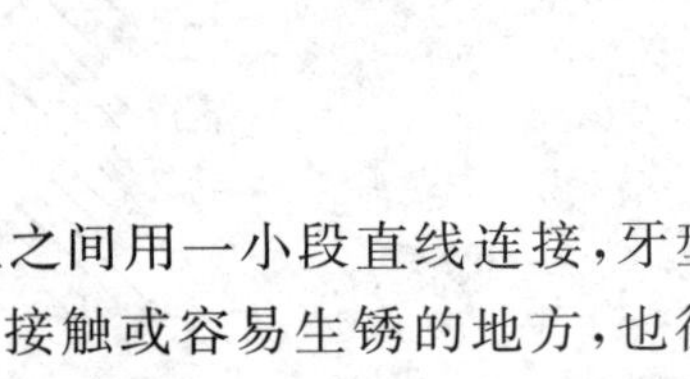

图 11－19　圆形螺纹

常用标准螺纹的分类、牙型及符号，参见表 11－1。

表 11－1 常用标准螺纹的分类、牙型及符号

<table>
<tr><th colspan="4">螺纹分类</th><th>牙型及牙型角</th><th>特征代号</th><th>说明</th></tr>
<tr><td rowspan="6">连接螺纹</td><td rowspan="2">普通螺纹</td><td colspan="2">粗牙</td><td rowspan="2">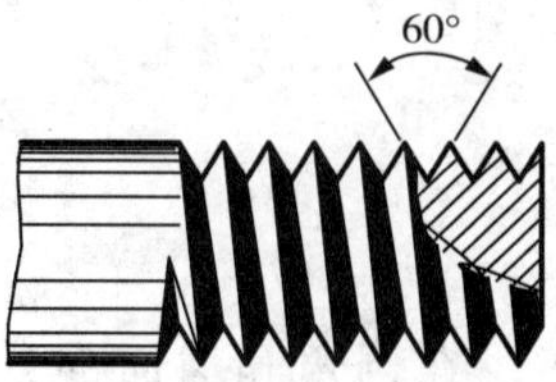
</td><td rowspan="2">M</td><td>粗牙，用于一般零件的连接</td></tr>
<tr><td colspan="2">细牙</td><td>细牙，与粗牙螺纹大径相同时，螺距小，小径大，连接强度高，多用于精密零件，薄壁零件</td></tr>
<tr><td rowspan="4">管螺纹</td><td colspan="2">非螺纹密封的管螺纹</td><td>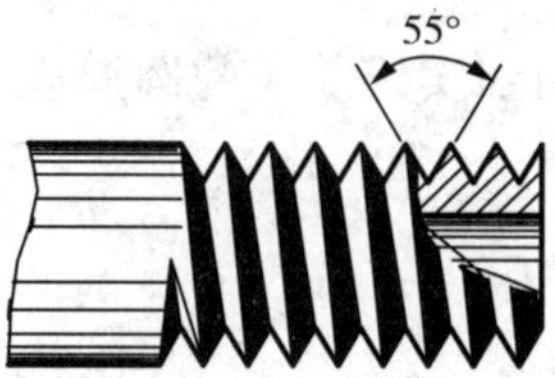
</td><td>G</td><td>用于非螺纹密封的低压管路的连接</td></tr>
<tr><td rowspan="3">用于螺纹密封的</td><td>圆锥外螺纹</td><td>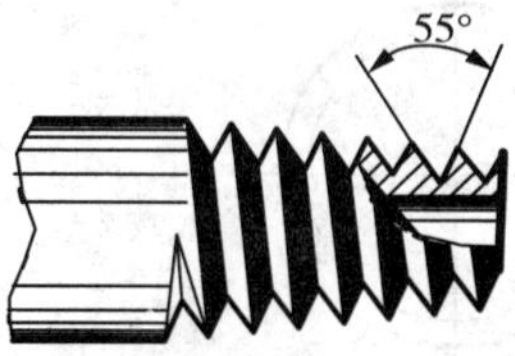
</td><td>R</td><td rowspan="3">用于螺纹密封的中、高压管路的连接</td></tr>
<tr><td>圆锥内螺纹</td><td>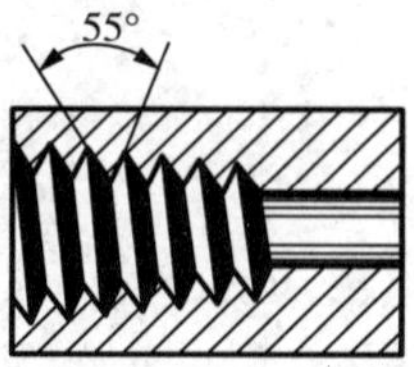
</td><td>R_c</td></tr>
<tr><td>圆柱内螺纹</td><td>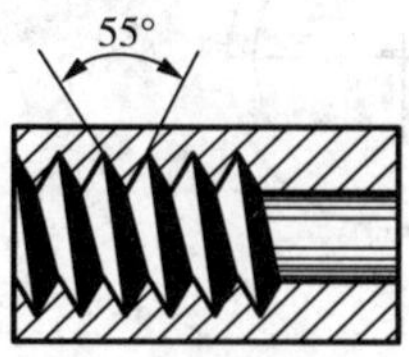
</td><td>R_p</td></tr>
<tr><td rowspan="2">传动螺纹</td><td colspan="3">梯形螺纹</td><td>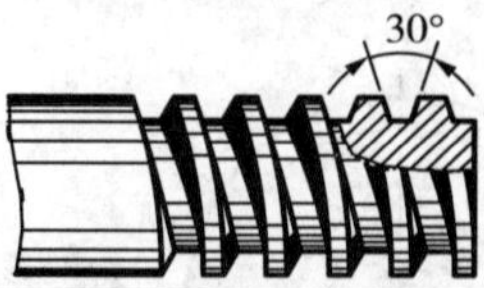
</td><td>T_r</td><td>可双向传递运动及动力，常用于承受双向力的丝杆传动</td></tr>
<tr><td colspan="3">锯齿形螺纹</td><td>
</td><td>B</td><td>只能传递单向动力</td></tr>
</table>

11.3 圆柱螺纹的规定画法(GB/T 4459.1—1995)

1. 外螺纹

外螺纹的画法,如图 11-20 所示。

牙顶——用粗实线表示。

牙底——用细实线表示。

螺纹终止线——用粗实线表示。

倒角和球面部分——表示螺纹牙底的细实线在倒角和球面部分应画出,如图 11-20 所示。

螺纹的端视图——牙顶画粗实线圆;牙底用细实线 3/4 的圆周表示(空出约 1/4 圈的位置不作规定);倒角圆省略不画。

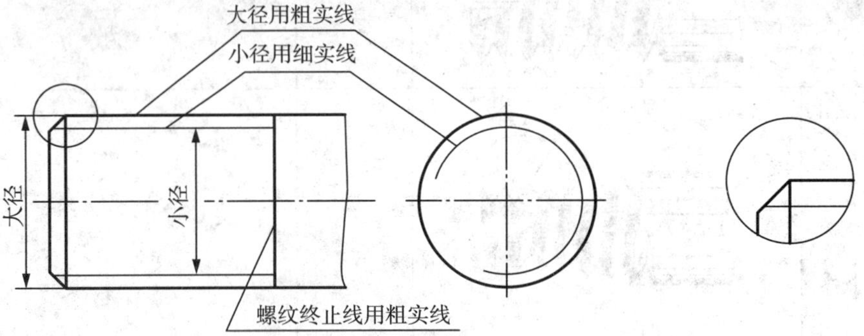

a)

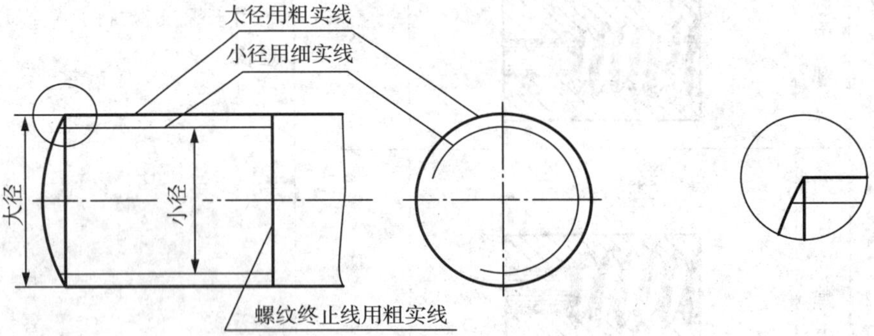

b)

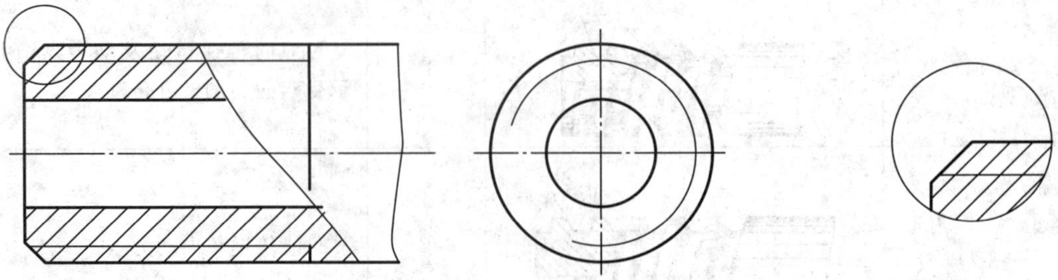

c)

图 11-20 外螺纹的表示法

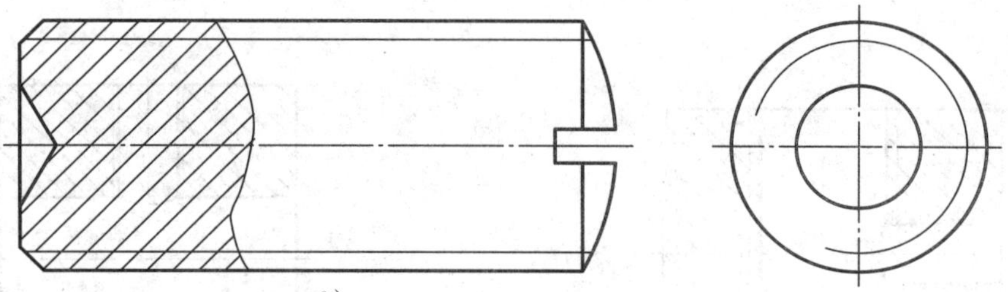

d)

图 11-20 外螺纹的表示法(续)

2. 内螺纹

内螺纹不剖情况:在与内螺纹轴线平行的视图上,牙顶、牙底和终止线均用虚线表示;根据投影关系,端视图分两种情况:(1)如图 11-21 所示,牙顶用粗实线表示,牙底用细实线画 3/4 的圆周表示,倒角圆省略不画。(2)如图 11-22 所示,不可见螺纹的所有图线用虚线绘制。

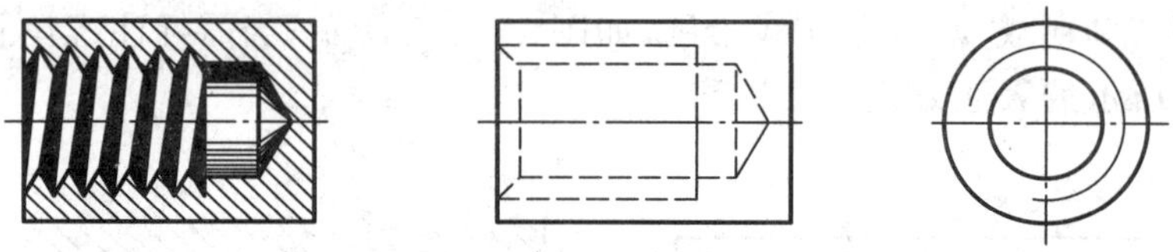

图 11-21 内螺纹不剖情况下的画法

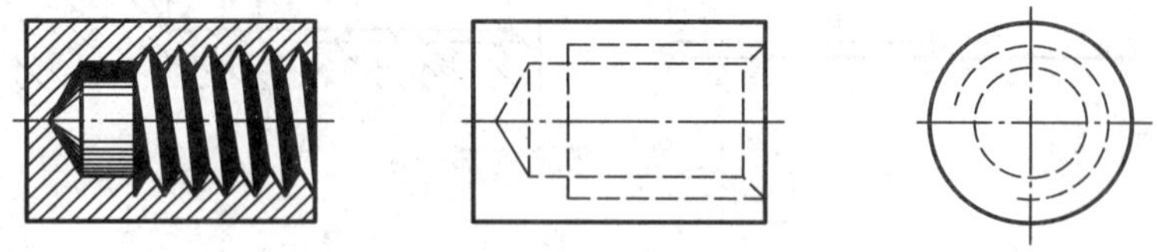

图 11-22 不可见螺纹的所有图线用虚线表示

内螺纹剖开情况:在与内螺纹轴线平行的视图上,牙顶用粗实线表示,牙底用细实线表示,终止线用粗实线表示;剖面线要画到表示牙顶的粗实线;绘制不穿通的螺孔时,一般应将钻孔深度和螺纹深度分别画出。在内螺纹的端视图上,牙顶用粗实线表示,牙底用细实线画 3/4 的圆表示;倒角圆省略不画,如图 11-23 所示。螺纹孔与其他孔的交线,只画出牙顶的交线(用粗实线表示),如图 11-24 所示。

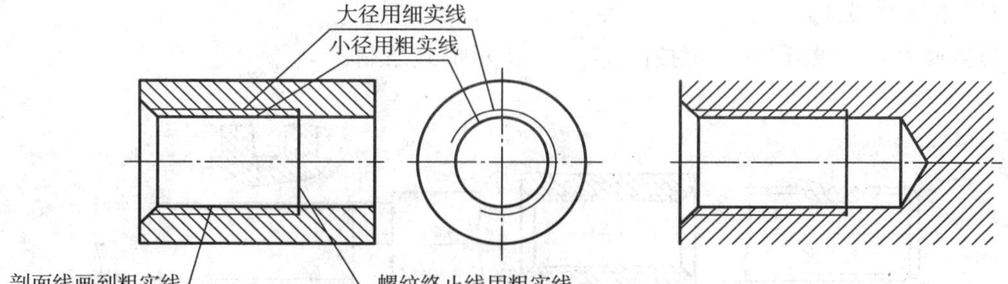

a) b)

图 11-23 内螺纹剖开情况下的画法

图 11-24　螺纹孔与其他孔的交线

3. 螺纹尾部的表示法

图样中所标注的螺纹长度，均指不包括螺纹尾在内的有效长度。当需要表示螺纹尾部时，螺尾部分用与轴向成 30°的细实线绘制，如图 11-25 所示；当需标注螺尾长度尺寸时，可用如图 11-26 所示的表达方式单独标注。

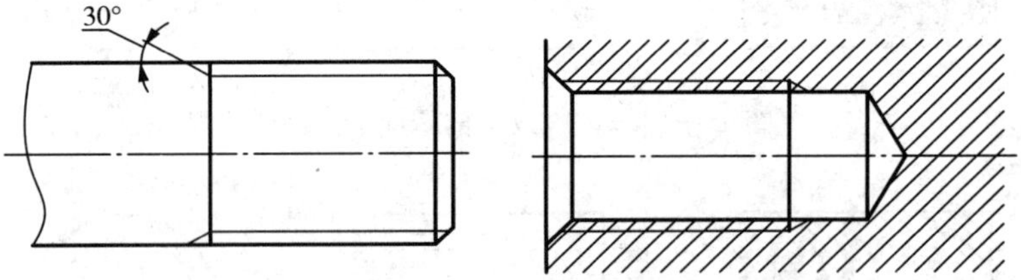

图 11-25　螺纹尾部画法

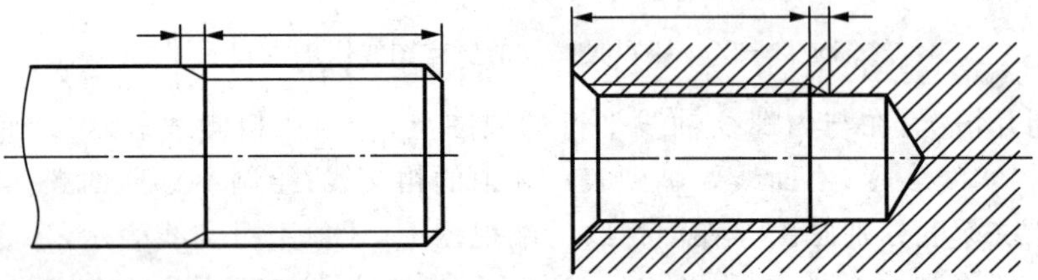

图 11-26　螺纹尾部长度尺寸标注

4. 螺纹牙型的表示

当需要表示螺纹牙型时，可按图 11-27 所示形式绘制。

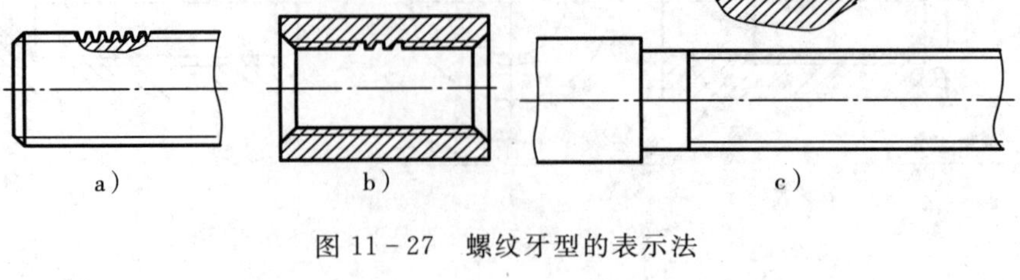

图 11-27　螺纹牙型的表示法

5. 螺纹连接的画法

用剖视图表示螺纹连接时，内、外螺纹的旋合部分按照外螺纹的画法绘制，其余部分仍按各自的画法表示，如图 11－28 所示。

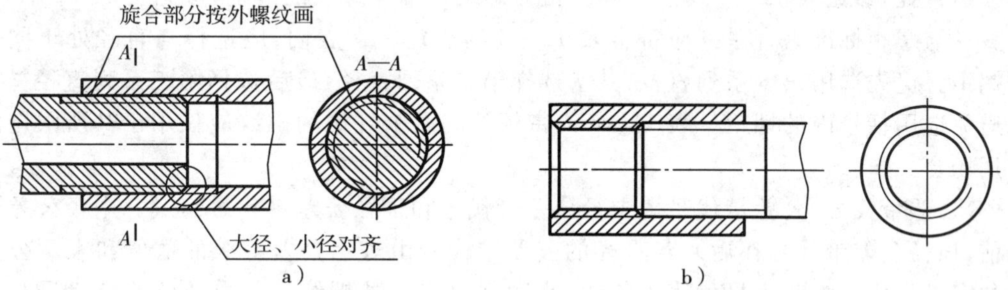

图 11－28　螺纹连接的画法

11.4　圆锥螺纹的规定画法(GB/T 4459.1—1995)

圆锥外螺纹和圆锥内螺纹的表示法，如图 11－29 所示。

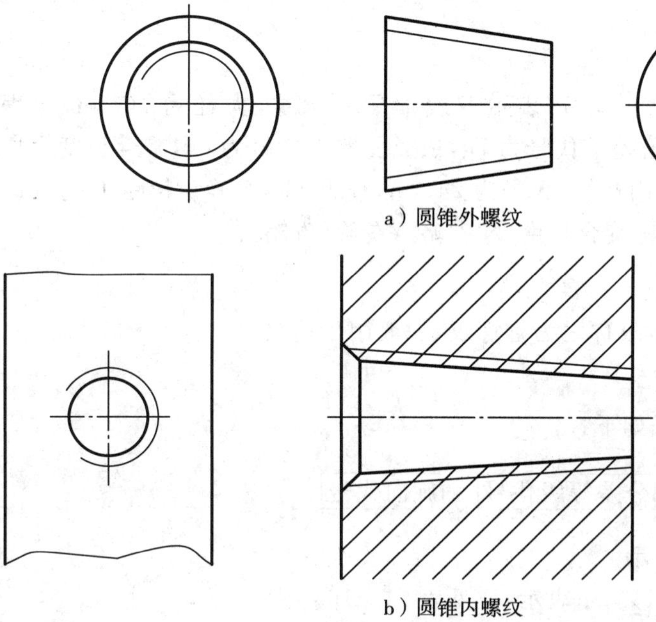

图 11－29　圆锥外螺纹和圆锥内螺纹的表示法

11.5　螺纹的标注方法(GB/T 4459.1—1995)

11.5.1　普通螺纹的标记

普通螺纹即普通用途的螺纹，其标记格式如下：

|螺纹特征代号|公称直径×Ph 导程 P 螺距|—|公差带代号|—|旋合长度代号|—|旋向代号|

(1)螺纹特征代号:用 M 表示。

(2)尺寸代号:公称直径为螺纹大径。单线螺纹的尺寸代号为"公称直径×螺距",不必标注"Ph"和"P"。粗牙普通螺纹不标注螺距,即不标"P 螺距"。

公称直径,参见表 11-5、表 11-6。粗牙螺纹与细牙螺纹的区别,参见表 11-6。

直径与螺距标准组合系列应符合表 11-6 的规定。在表内,应选择与直径处于同一行内的螺距。优先选用第一系列直径,其次选择第二系列直径,最后选择第三系列直径。尽可能地避免选用括号内的螺距。表 11-6 内带标注的两个规格的螺纹应仅用于其所限定的特定使用场合。

(3)公差带代号:公差带代号由中径公差带代号和顶径公差带代号组成。中径公差带代号在前,顶径公差带代号在后。各直径的公差带代号由表示公差等级的数值和表示公差带位置的字母组成。大写字母代表内螺纹,小写字母代表外螺纹。若中径公差带代号与顶径公差带代号相同,则只注写一个代号。螺纹尺寸代号与公差带代号间用"—"号分开。最常用的中等公差精度螺纹(6g 和 6H)不标注公差带代号。

(4)旋合长度:旋合长度有短(S)、中等(N)、长(L)三种。一般采用中等旋合长度,N 省略不注。螺纹旋合长度参见表 11-13。

(5)旋向代号:左旋螺纹以"LH"表示,右旋螺纹不标注旋向(所有螺纹旋向的标记,均与此相同)。

(6)标记示例:

"M16×Ph3P1.5—7g6g—L—LH"表示双线细牙外螺纹,大径为 16mm,导程 *Ph* 为 3mm,螺距 *P* 为 1.5mm,中径公差带代号为 7g,顶径公差带代号为 6g,旋合长度为长,左旋。

"M24—7G"表示粗牙普通内螺纹,大径为 24mm,查表 11-5 确认螺距 *P* 为 3mm,中径和顶径公差带代号均为 7G,中等旋合长度(N 省略),右旋(省略)。

11.5.2 管螺纹的标记

管螺纹是在管子上加工的,故称之为管螺纹,一般用于连接管件。

1. 55°非密封管螺纹标记

55°非密封管螺纹标记格式如下:

螺纹特征代号	尺寸代号	公差等级代号	—	旋向代号

(1)螺纹特征代号:用 G 表示。

(2)尺寸代号:用½,¾,1,1½,…表示,详见表 11-16。

(3)螺纹公差等级代号:对外螺纹分 A、B 两级标记;对内螺纹,不标记公差等级代号。管螺纹的公差,参见表 11-17。

(4)旋向代号:左旋螺纹以"LH"表示,右旋螺纹不标注旋向。

(5)标记示例:

"G 1½ A"表示圆柱外螺纹,尺寸代号为 1½(查表 11-16,得其大径为 47.803mm,螺距为 2.309mm),公差等级为 A 级,右旋(不注)。

"G ½"表示圆柱内螺纹(未注螺纹公差等级),尺寸代号为½(查表 11-16,得其大径为 20.955mm,螺距为 1.814mm),右旋(不注)。

"G ½LH"表示圆柱内螺纹(未注螺纹公差等级),尺寸代号为½(查表11-16,得其大径为20.955mm,螺距为1.814mm),左旋。

注:表示螺纹副时,仅需标注外螺纹的标记代号。

2. 55°密封管螺纹标记

55°密封管螺纹标记格式如下:

螺纹特征代号 尺寸代号 旋向代号

(1)螺纹特征代号:用Rc表示圆锥内螺纹,用Rp表示圆柱内螺纹,用R_1表示与圆柱内螺纹相配合的圆锥外螺纹,用R_2表示与圆锥内螺纹相配合的圆锥外螺纹。

(2)尺寸代号:用½,¾,1,1½,…表示,详见表11-18。

(3)旋向代号:左旋螺纹以"LH"表示,右旋螺纹不标注旋向。

"Rc½":表示圆锥内螺纹,尺寸代号½(查表11-18,其大径为20.955mm,螺距为1.814mm),右旋(不注)。

"Rp1½LH":表示圆柱内螺纹,尺寸代号为1½(查表11-18,其大径为47.803mm,螺距为2.309mm),左旋。

"R_2¾":表示与圆柱内螺纹相配合的圆锥外螺纹,尺寸代号为¾(查表11-18,其大径为26.441mm,螺距为1.814mm),右旋(不注)。

11.5.3 梯形螺纹的标记

单线梯形螺纹标记格式如下:

螺纹特征代号 公称直径 × 螺距 旋向代号 — 中径公差带代号 — 旋合长度代号

多线梯形螺纹标记格式如下:

螺纹特征代号 公称直径 × 导程(螺距代号P和数值) 旋向代号 — 中径公差带代号 — 旋合长度代号

(1)特征代号:用Tr表示。

(2)尺寸代号:由公称直径和导程的毫米值、螺距代号"P"和螺距毫米值组成。公称直径与导程之间用"×"号分开;螺距代号"P"和螺距值用圆括号括上。对单线梯形螺纹,其标记应省略圆括号和代号"P"。

(3)旋向代号:对标准左旋梯形螺纹,其标记内应加左旋代号"LH"。右旋梯形螺纹不标注其旋向代号。

(4)公差带代号:公差带代号为中径公差带代号。

(5)旋合长度代号:梯形螺纹旋合长度分为中等旋合长度组N和长旋合长度组L,参见表11-23。中等旋合长度组螺纹不标注旋合长度代号N。

(6)梯形螺纹标记示例:

中径公差带为7H的内螺纹:Tr40×7—7H;

中径公差带为7e的外螺纹:Tr40×7—7e;

中径公差带为7e的双线左旋外螺纹:Tr40×14(P7)LH—7e。

表示内、外螺纹配合时,内螺纹公差带代号在前,外螺纹公差带代号在后,中间用斜线分开。

公差带为7H的内螺纹与公差带为7e的外螺纹组成配合：Tr40×7—7H/7e；

公差带为7H的双线内螺纹与公差带为7e的双线外螺纹组成配合：Tr40×14(P7)—7H/7e。

对长旋合长度组的螺纹，应在公差带代号后标注代号L。旋合长度代号与公差带间用"—"号分开。

长旋合长度的配合螺纹：Tr40×7—7H/7e—L；

中等旋合长度的配合螺纹：Tr40×7—7H/7e。

11.5.4 锯齿形螺纹的标记

单线锯齿形螺纹标记格式如下：

[螺纹特征代号] [公称直径]×[螺距] [旋向代号]—[中径公差带代号]—[旋合长度代号]

多线锯齿形螺纹标记格式如下：

[螺纹特征代号] [公称直径]×[导程(螺距代号P和数值)][旋向代号]—[中径公差带代号]—[旋合长度代号]

(1)特征代号：用B表示。

(2)尺寸代号：公称直径为螺纹大径。单线螺纹的尺寸代号为"公称直径×螺距"；多线螺纹的尺寸代号为"公称直径×导程(螺距代号P和数值)"。

(3)旋向代号：对标准左旋梯形螺纹，其标记内应加左旋代号"LH"。右旋梯形螺纹不标注其旋向代号。

(4)公差带代号：公差带代号为中径公差带代号。

(5)旋合长度代号：梯形螺纹旋合长度分为中等旋合长度组N和长旋合长度组L，参见表11-45。中等旋合长度组螺纹不标注旋合长度代号"N"。

(6)锯齿形螺纹的标记示例：

中径公差带为7H的内螺纹：B40×7—7H；

中径公差带为7e的外螺纹：B40×7—7e；

中径公差带为7e的双线左旋外螺纹：B40×14(P7)LH—7e。

表示内、外螺纹配合时，内螺纹公差带代号在前，外螺纹的公差带代号在后，中间用斜线分开。

公差带为7H的内螺纹与公差带为7e的外螺纹组成配合：B40×7—7H/7e；

公差带为7H的双线内螺纹与公差带为7e的双线外螺纹组成配合：B40×14(P7)—7H/7e。

对长旋合长度组的螺纹，应在公差带代号后标注代号"L"。旋合长度代号与公差带间用"—"号分开。中等旋转合长度组螺纹不标注旋合长度代号"N"。

长旋合长度的配合螺纹：B40×7—7H/7e—L；

中等旋合长度的外螺纹：B40×7—7e。

11.5.5 标准螺纹的标记

标准螺纹应注出相应标准所规定的螺纹标记，参见表11-2。

表 11-2 标准螺纹的标记(GB/T 4459.1—1995)

螺纹类别		特征代号	标记示例	螺纹副标记示例	附注
普通螺纹		M	M10－5g6g－S M20×2LH－6H	M20×2LH－6H/6g	普通螺纹粗牙不注螺距 中等旋合长度不标 N(以下同)
小螺纹		S	S0.8 4H5 S1.2 LH5h3	S0.94H5/5h3	内螺纹中径公差带为 4H,顶径公差等级为 5 级 外螺纹中径公差带为 5h,顶径公差等级为 3 级
梯形螺纹		Tr	Tr40×7－7H Tr40×14(P7) LH－7e	Tr36×6－7H/7e	多线螺纹螺距和导程可参照此格式标注
锯齿形螺纹		B	B40×7－7A B40×14(P7) LH－8c－L	B40×7－7A/7c	
米制锥螺纹		ZM	ZM10 M10×1·GB1415 ZM10－S	ZM10/ZM10 M10×1·GB1415/ ZM10－S	圆锥内螺纹与圆锥外螺纹配合 圆柱内螺纹与圆锥外螺纹配合 S 为短基距代号,标准基距不注代号(以下同)
60°圆锥管螺纹		NPT	NPT3/8－LH		内、外螺纹均仅有一种公差带,故不注公差带代号(以下同)
非螺纹密封的管螺纹		G	G1½A G½－LH	G1½ G1½A	外螺纹公差等级分 A 级和 B 级两种 内螺纹公差等级只有一种
用螺纹密封的管螺纹	圆锥外螺纹	R	R½－LH	Rc1½/ R1½	内外螺纹均只有一种公差带
	圆锥内螺纹	Rc	Rc1½—LH	Rc1½/ R1½－LH	
	圆柱内螺纹	Rp	Rp½	Rp1½/ R1½	
自攻螺钉用螺纹		ST	GB5280 ST3.5		使用时,应先制出螺纹底孔(预制孔)
自攻锁紧螺钉用螺纹(粗牙普通螺纹)		M	GB6559 M5×20		使用时,应先制出螺纹底孔(预制孔) 标记示例中的 20 指螺杆长度

11.5.6 常用螺纹标注示例

1. 公称直径以 mm 为单位的螺纹,其标记应直接注在大径的尺寸线上(如图 11-30 所示)或其引出线上(如图 11-31、图 11-32 所示)。

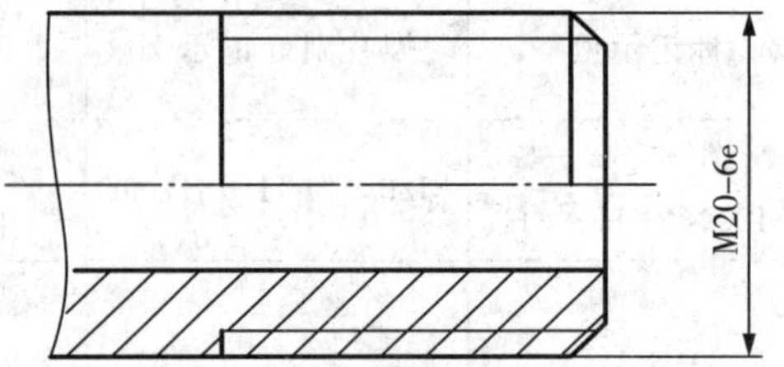

图 11-30　注在大径尺寸线上

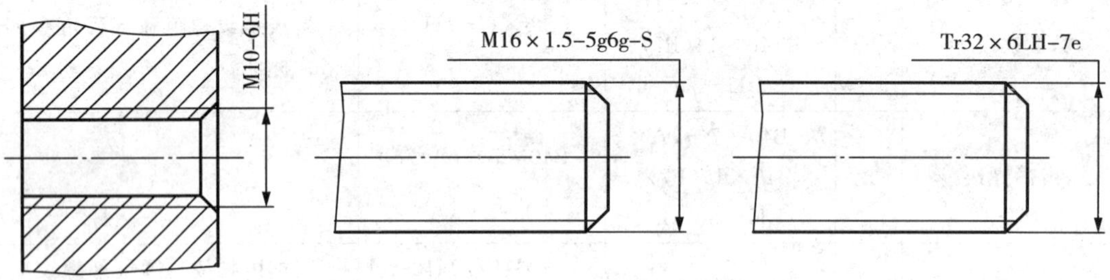

图 11-31　注在尺寸线的引出线上

2. 管螺纹，其标记一律注在引出线上，引出线应由大径处引出（如图 11-32 所示）或由对称中心线处引出（如图 11-33 所示）。

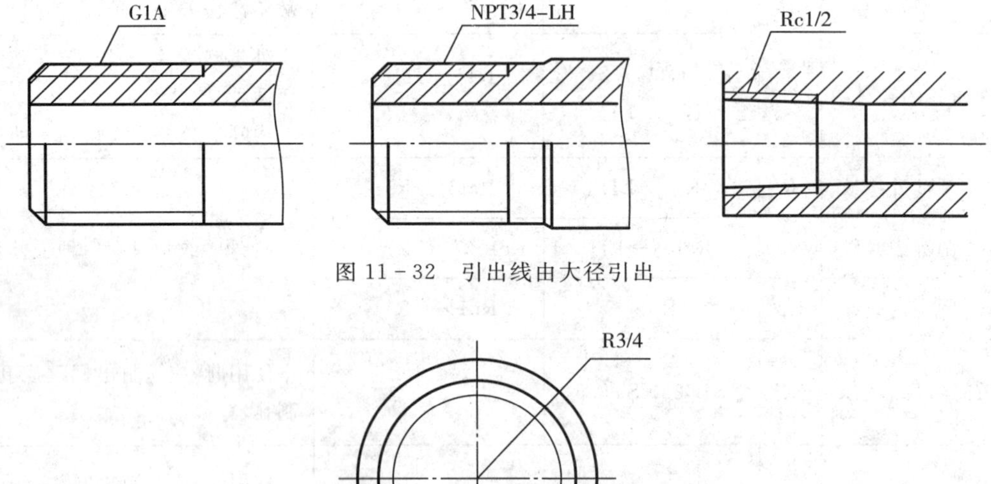

图 11-32　引出线由大径引出

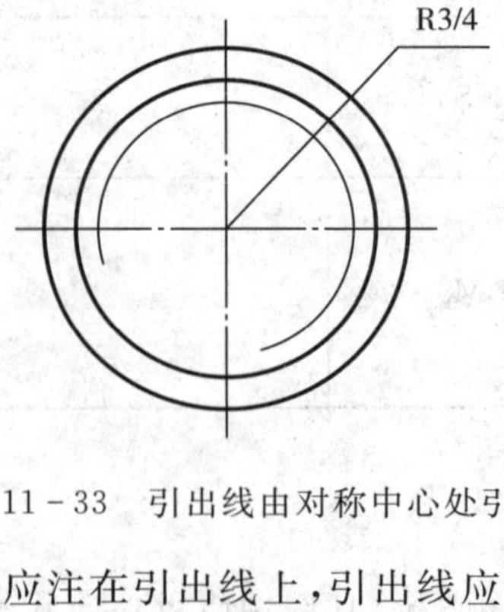

图 11-33　引出线由对称中心处引出

3. 米制锥螺纹，其标记一般应注在引出线上，引出线应由大径（如图 11-34 所示）或对称中心处引出。也可以直接标注在从基面处画出的尺寸线上（如图 11-35 所示）。

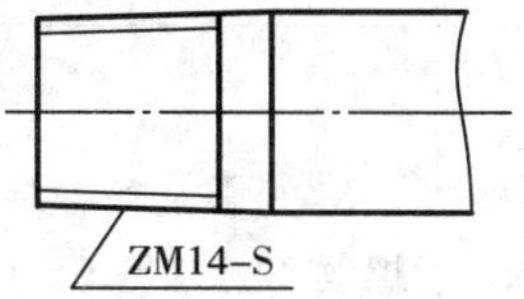

图 11-34 引出线由大径引出

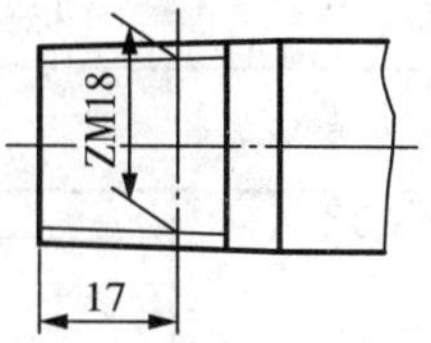

图 11-35 直接标注在尺寸线上

4. 非标准的螺纹，应画出螺纹的牙型，并注出所需要的尺寸及有关要求，如图 11-36 所示。

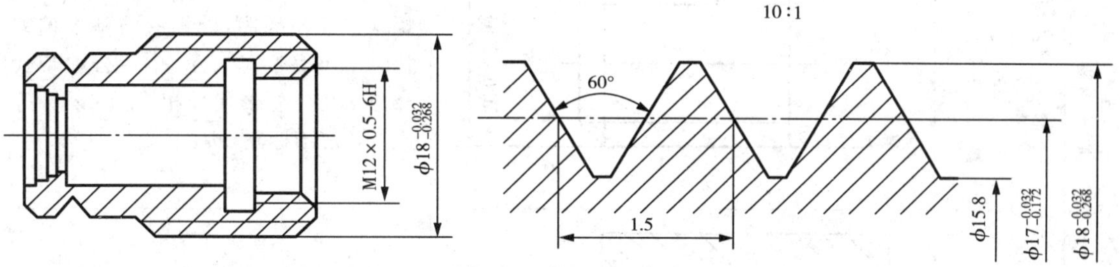

图 11-36 非标准螺纹的标注方法

5. 图样中标注的螺纹长度，均指不包括螺尾在内的有效螺纹长度，如图 11-37 所示；否则应另加说明或按实际需要标注，如图 11-38 所示。

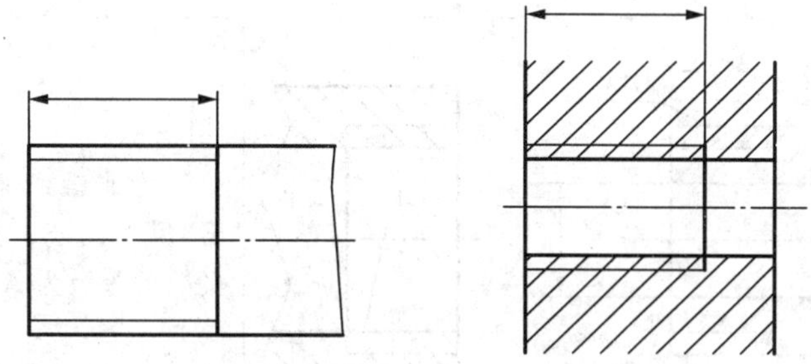

图 11-37 螺纹有效长度

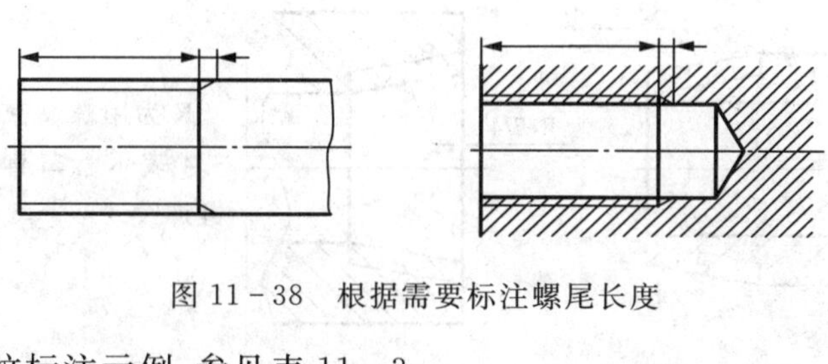

图 11-38 根据需要标注螺尾长度

6. 常用标准螺纹标注示例，参见表 11-3。

表 11-3　常用标准螺纹标注示例

螺纹分类			标注示例	说明
连接螺纹	普通螺纹	粗牙	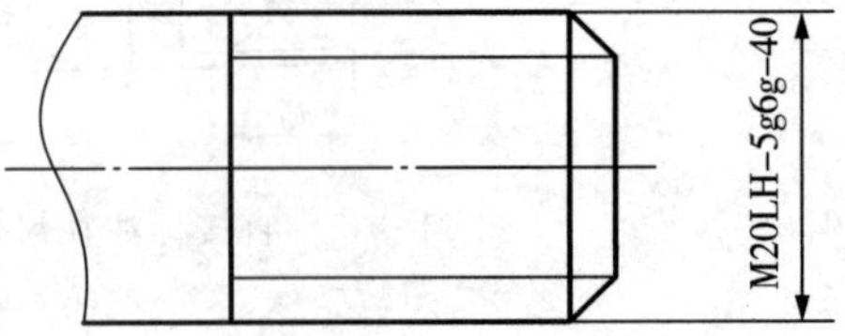	M 为普通螺纹特征代号，粗牙普通螺纹不标注螺距，LH 表示左旋，中径公差带代号 5g，顶径公差带代号 6g，旋合长度 40mm
		细牙外螺纹	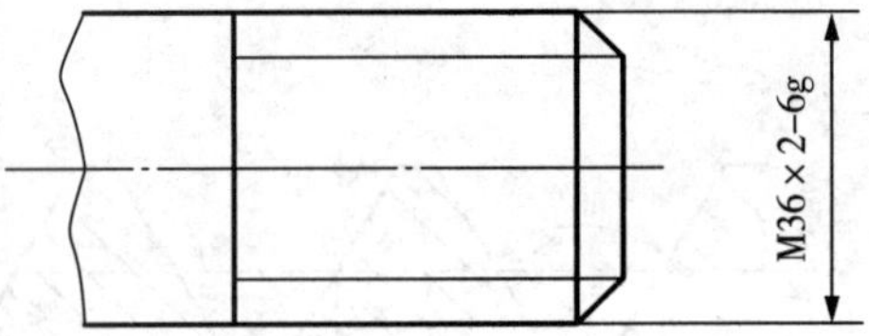	M 为普通螺纹特征代号，细牙普通螺纹应标注螺距，外螺纹的基本偏差代号用小写字母表示，中径公差带代号与顶径公差带代号相同为 6g，中等旋合长度不标注
		细牙内螺纹	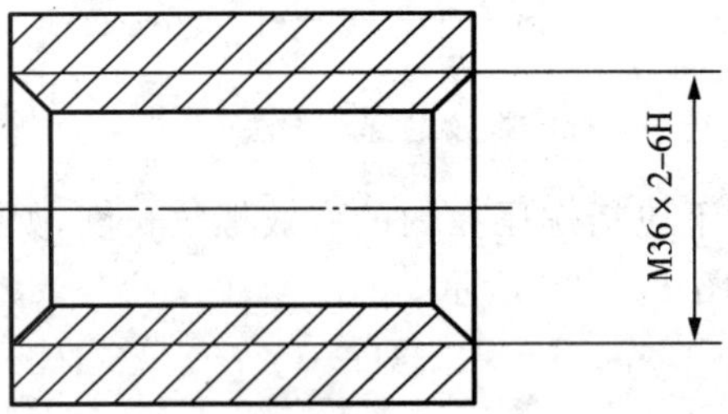	M 为普通螺纹特征代号，细牙普通螺纹应标注螺距，中径公差带代号与顶径公差带代号相同为 6H，内螺纹的基本偏差代号用大写字母表示，中等旋合长度不标注
	管螺纹	非螺纹密封的管螺纹	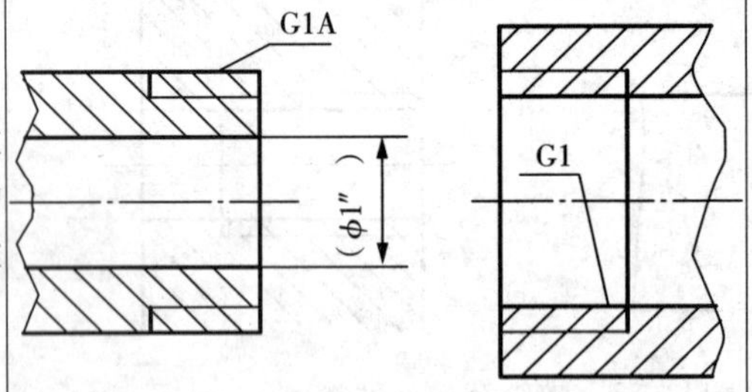	G 为非螺纹密封的管螺纹特征符号，尺寸代号 1 表示管口直径，外螺纹的公差等级为 A
		用螺纹密封的管螺纹	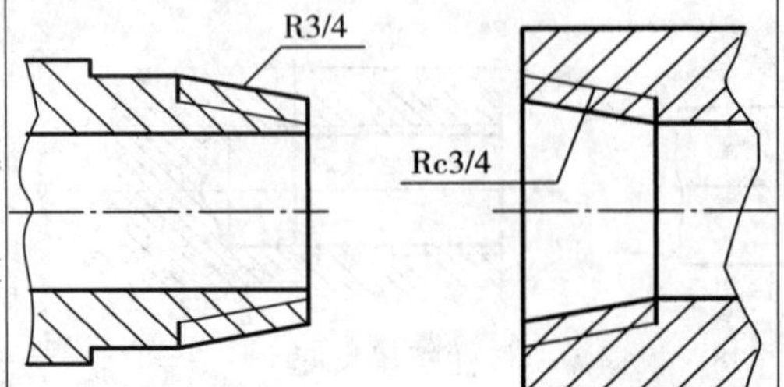	R 为用螺纹密封的管螺纹，尺寸代号 3/4 表示管口直径，内、外螺纹均为圆锥螺纹

（续表）

螺纹分类		标注示例	说　明
传动螺纹	梯形螺纹	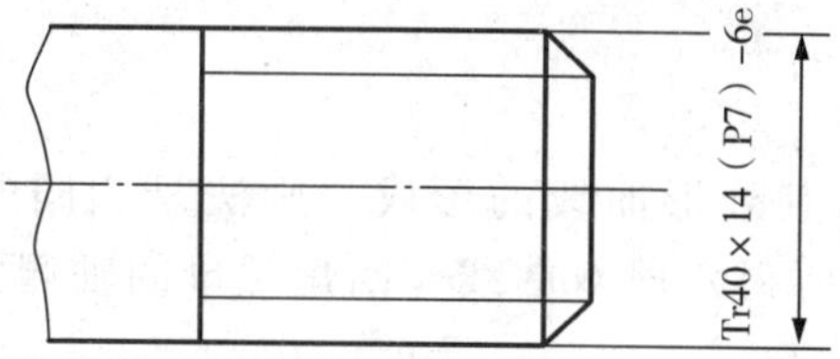	Tr 是梯形螺纹特征代号，梯形螺纹导程为 14mm，螺距为 7mm，线数为 2，中径公差带代号为 6e
	锯齿形螺纹	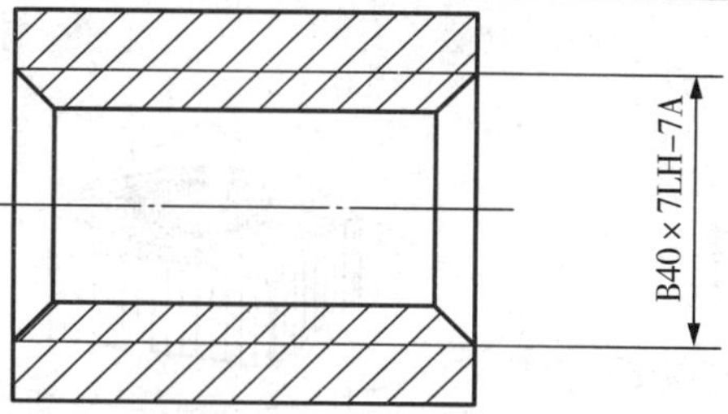	B 是锯齿形螺纹特征代号，螺距为 7mm，左旋，中径公差带代号为 7A

11.6 螺纹副的标注方法（GB/T 4459.1—1995）

1. 需要时，在装配图中应标注出螺纹副的标记。该标记的表示方法应符合相应螺纹标准的规定，参见表 11－2。

2. 螺纹副标记的标注方法与螺纹标记的标注方法相同。米制螺纹：其标记应直接标注在大径的尺寸线上或其引出线上，如图 11－39 所示；管螺纹：其标记应采用引出线，由配合部分的大径处引出标注，如图 11－40 所示；米制锥螺纹：其标记一般应采用引出线，由配合部分的大径处引出标注，也可直接标注在从基面处画出的尺寸线上，如图 11－41 所示。

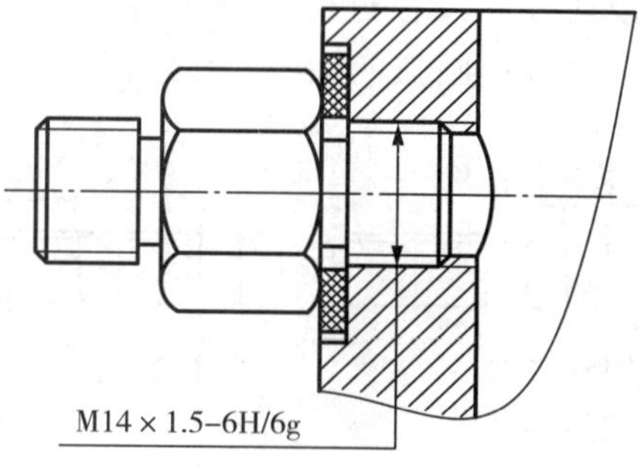

图 11－39　米制螺纹副标记

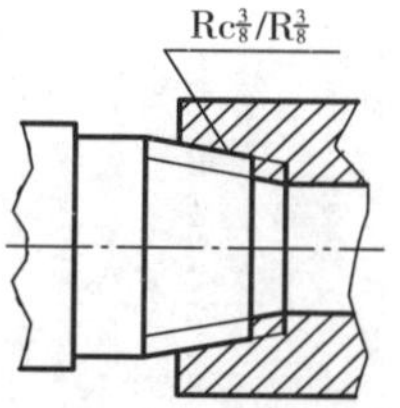

图 11－40　管螺纹副标记

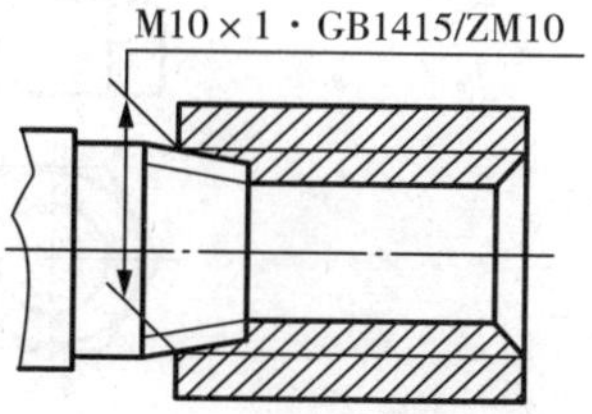

图 11－41　米制锥螺纹副标记

11.7 常用螺纹连接件及装配画法(GB/T 4459.1—1995)

11.7.1 六角头的画法

螺栓、螺钉的六角头和六角螺母，其外形曲线的形成与画法是相同的(具体尺寸有差别)，即六棱柱的六个棱面截切圆锥面所得六段双曲线。四角螺母的轴测图，其画法同六角螺母类似。

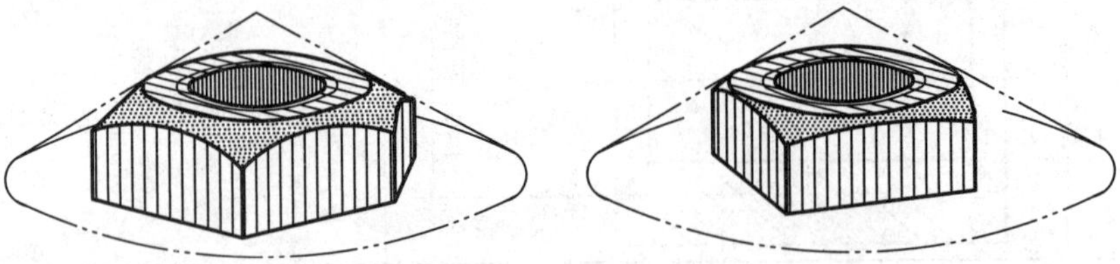

图 11-42　六角螺母和四角螺母轴测图

1. 六角头的理论近似画法

(1)已知给定的螺纹公称直径 d=20mm，查表 11-53，可得 e=32.95mm、s=30mm、m=18mm 等尺寸数值，以此作六棱柱的三个视图；再根据六角头顶面倒角圆直径 e_1=0.95e，在主视图上作出 30°倒角，从而得到各段双曲线的起止点(即双曲线的最低点)1，如图 11-43a 所示。

(2)在左视图上，依据 e_1=0.95e 也同样作 30°倒角，从而得到各段双曲线中间的最高点 2，如图 11-43b 所示。

(3)为了简化作图，用圆规代替曲线板近似地画出各段双曲线的投影；即根据各段曲线上已求得的三个点(1,2,1)，找出各段圆弧的圆心，完成作图，如图 11-43c 所示。

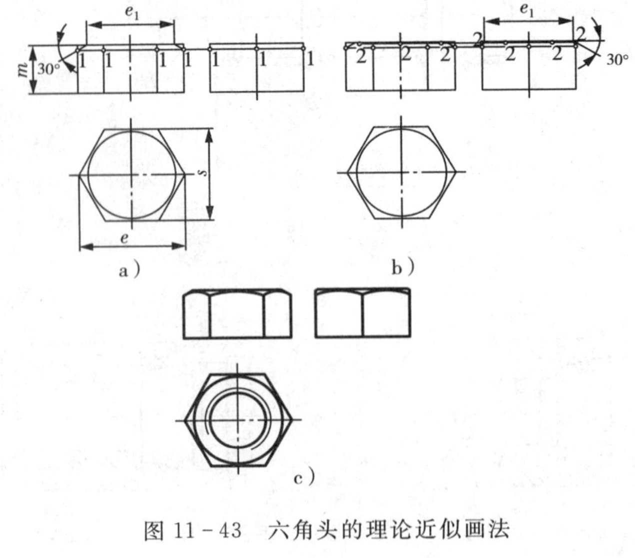

图 11-43　六角头的理论近似画法

2. 六角头的简化画法

(1)如图 11-44 所示,已知给定的公称直径 $d=20\text{mm}$,查表 11-53,可得 $e=32.95\text{mm}$、$s=30\text{mm}$、$m=18\text{mm}$ 等尺寸数值,作出六棱柱的三视图。

(2)在主视图的中心线上距顶面中点 2 为 $1.5d$ 处取一点为圆心,以 $1.5d$ 为半径画圆弧与六棱柱的顶面相切,交六棱柱正面中间的两个棱于点 1,从而得到圆弧的起止点 1。

(3)各棱面中间的最高点 2 也就是各段圆弧的中间最高点。

(4)参照图中标出的圆心位置和半径画各段圆弧(图中 r 根据作图确定)。

(5)在主视图上作出 30°倒角,在俯视图上作出六边形的内切圆。

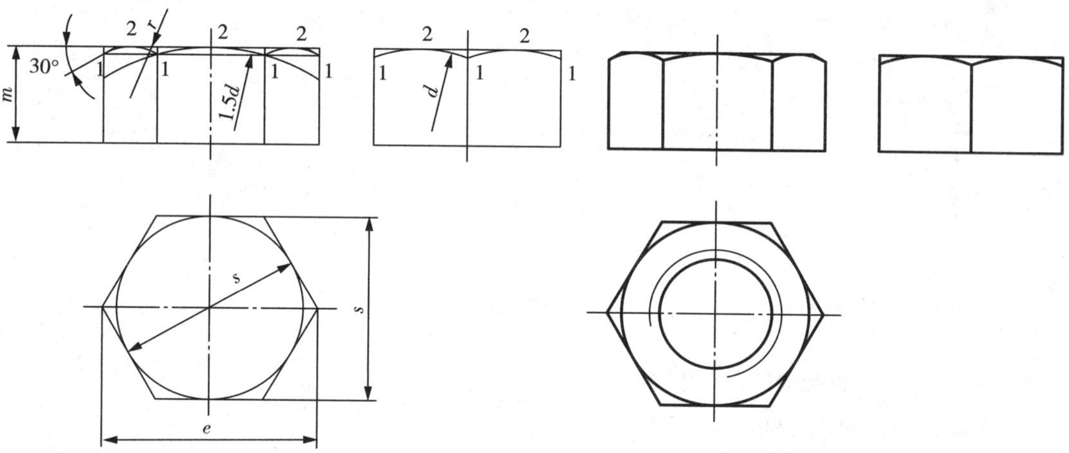

图 11-44　六角头的简化画法

3. 六角螺母和垫圈的简化画法

六角螺母和垫圈的简化画法,如图 11-45 所示。

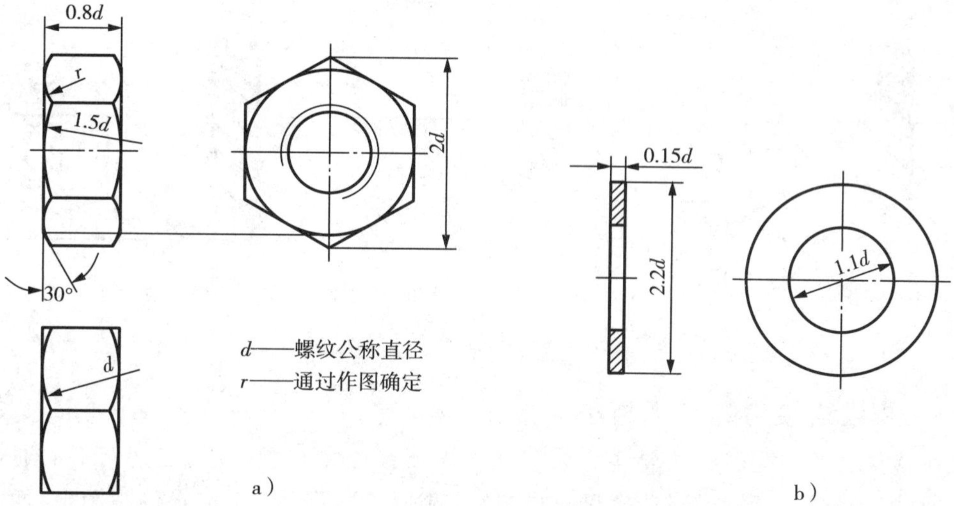

a)　　b)

图 11-45　六角螺母和垫圈的简化画法

4. 六角螺栓的简化画法

六角螺栓的简化画法，如图 11－46 所示。

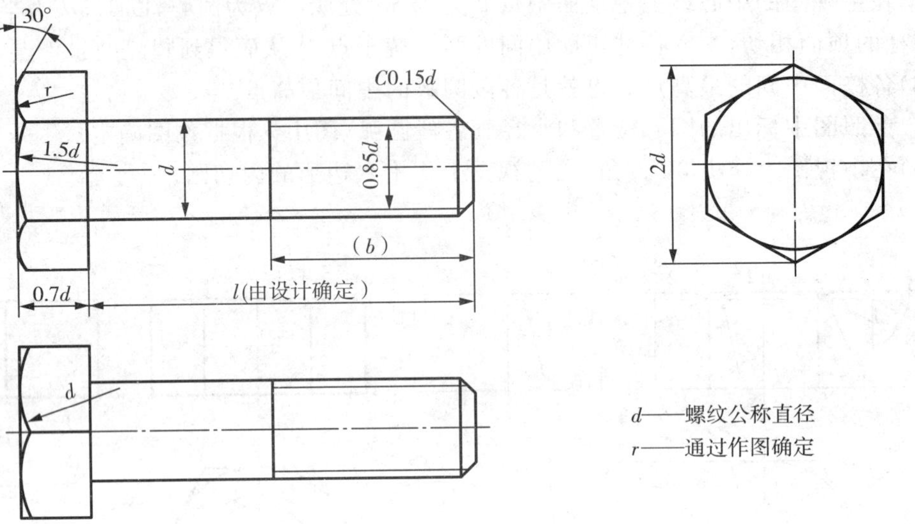

图 11－46　六角螺栓的简化画法

11.7.2　钻孔底部与阶梯孔的画法

钻孔底部与阶梯孔的画法，如图 11－47 所示。

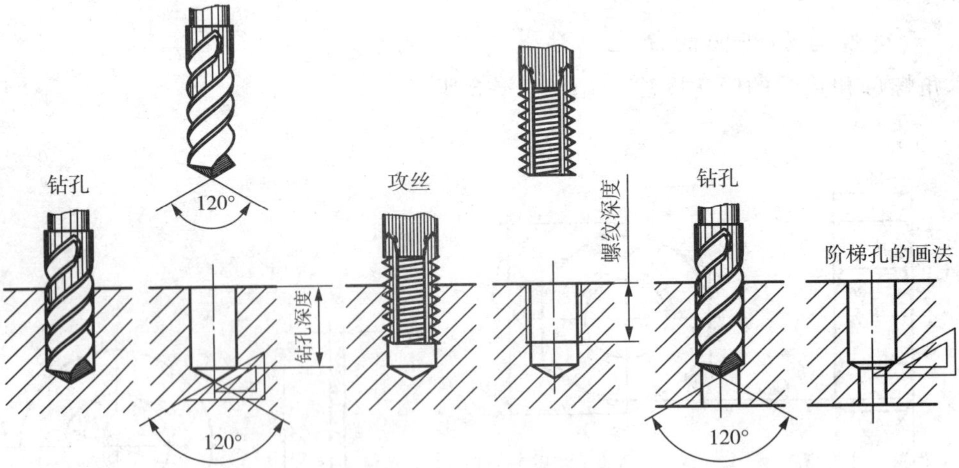

图 11－47　钻孔底部与阶梯孔的画法

11.7.3　螺纹连接件的装配画法

螺纹连接件的装配图画法要注意以下几点事项：(1)在装配图中，当剖切平面通过螺杆的轴线时，对于螺柱、螺栓、螺钉、螺母及垫圈等均按未剖切绘制。(2)在剖视图上，两零件接触表面画一条线，不接触表面画两条线。(3)在装配图中，相接触两零件的剖面线方向相反，或剖面线方向相同但间距不等。(4)螺纹紧固件的工艺结构,如倒角、退刀槽、缩颈、凸肩等均可省略不画。(5)在装配图中,不穿孔的螺纹孔可不画出钻孔深度,仅按有效螺纹部分的深度(不包括螺尾)画出。

1. 螺栓连接

如图 11－48 所示,螺栓连接的比例画法相应数值取:

$C=0.15d$　$a=0.3d$　$m=0.8d$　$h=0.15d$　$k=0.7d$　$b=2d$　$e=2d$　$d_2=2.2d$

螺栓的长度为 $l \geqslant \delta_1+\delta_2+h+m+a$;计算得出 l 后,仍应从螺栓标准所规定的长度系列里,选取接近标准长度的值。

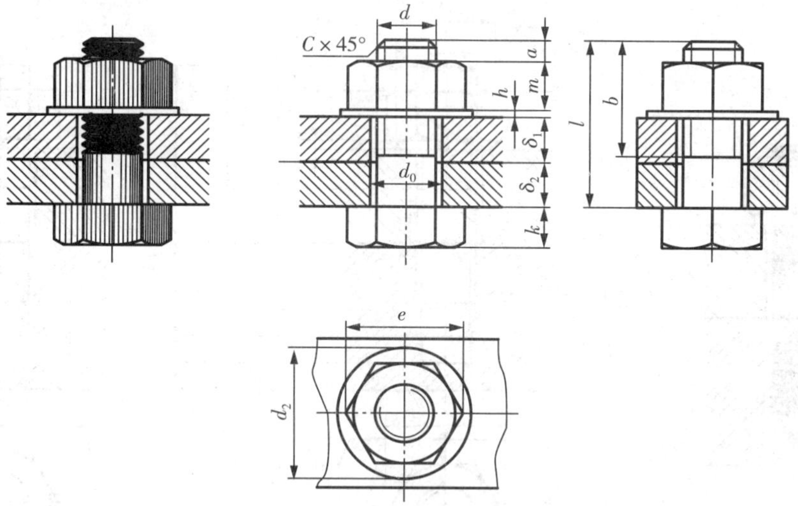

图 11－48　螺栓连接的比例画法

螺栓的简化画法,如图 11－49 所示。

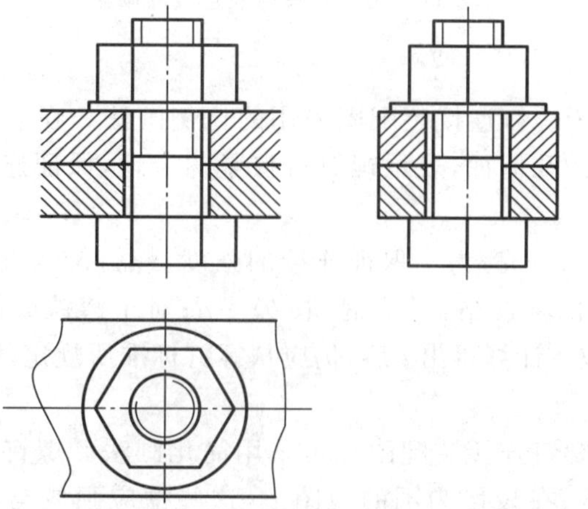

图 11－49　螺栓的简化画法

2. 双头螺柱连接

如图 11－50 所示，旋入端的螺纹终止线应与结合面平齐，表示旋入端已拧紧；双头螺柱连接比例画法的相应数值取：

$$C=0.15d \quad a=0.3d \quad m=0.8d \quad s=0.2d \quad b=2d \quad m'=0.1d \quad D=1.5d \quad e=2d$$

为了保证连接的强度，螺柱旋入端的长度 b_m 随被旋入零件（机体）材料的不同而有四种规格：对于钢，取 $b_m=d$；对于铸铁或铜，取 $b_m=1.25d$ 或 $b_m=1.5\ d$；对于铝，取 $b_m=2d$。

螺柱的公称长度为 $l=\delta+s+m+a$；计算得出 l 后，仍应从双头螺柱标准所规定的长度系列里，选取接近标准长度的值。

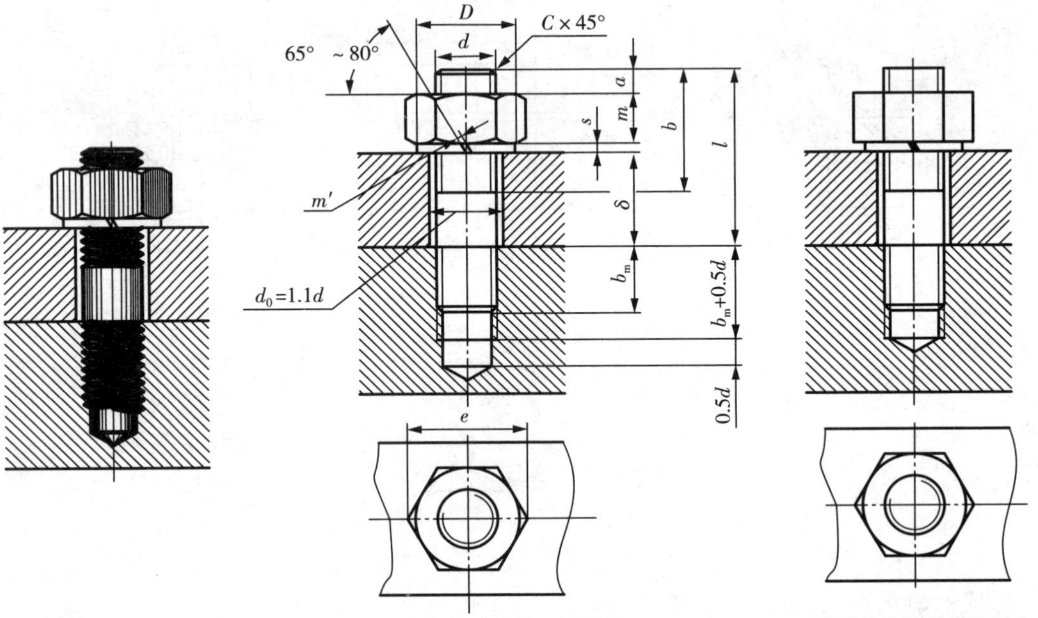

双头螺柱连接的比例画法　　双头螺柱连接的简化画法

图 11－50　双头螺柱连接的画法

3. 螺钉连接

如图 11－51 所示，为螺钉连接装配图采用的比例画法。在装配图中，螺钉螺纹终止线应超出两个被连接零件的几何面，表示螺钉有拧紧的余地，保证连接紧固，或者在螺杆的全长上都有螺纹。

螺钉的公称长度 $l=b_m+\delta$，为了保证连接的强度，螺钉旋入端的长度 b_m 随被旋入零件（机体）材料的不同而有四种规格：对于钢，取 $b_m=d$；对于铸铁或铜，取 $b_m=1.25d$ 或 $b_m=1.5d$；对于铝，取 $b_m=2d$。计算得出 l 后，仍应从螺钉标准所规定的长度系列里，选取接近标准长度的值。

如图 11－52 所示，螺钉连接装配图也可采用简化画法。螺钉的头部的一字槽（或十字槽）的投影可以涂黑表示，在投影为圆的视图上，这些槽应画成与水平面向右倾斜 45°的位置，线宽为粗实线线宽的两倍。

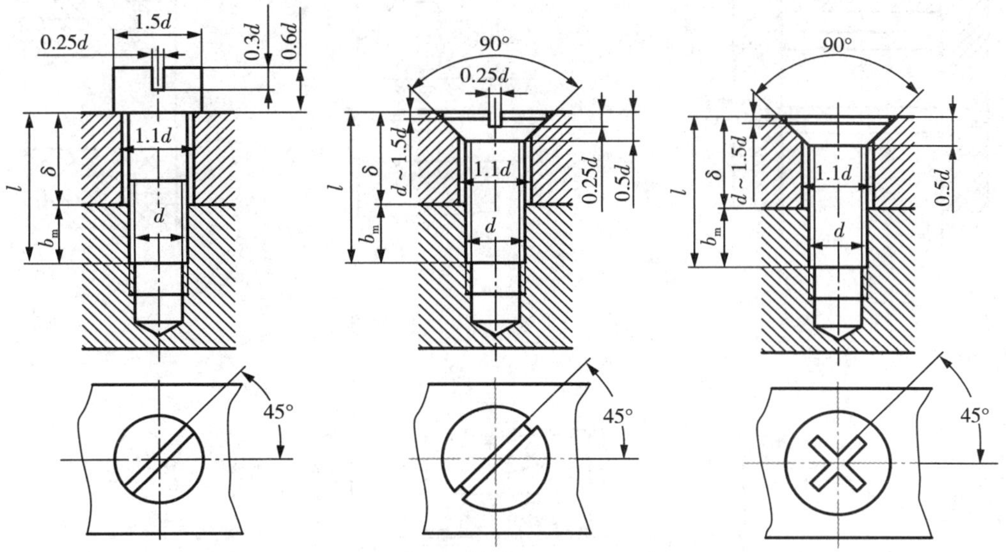

开槽圆柱头螺钉连接　　开槽沉头螺钉连接　　十字槽沉头螺钉连接

图 11－51　螺钉连接装配图比例画法

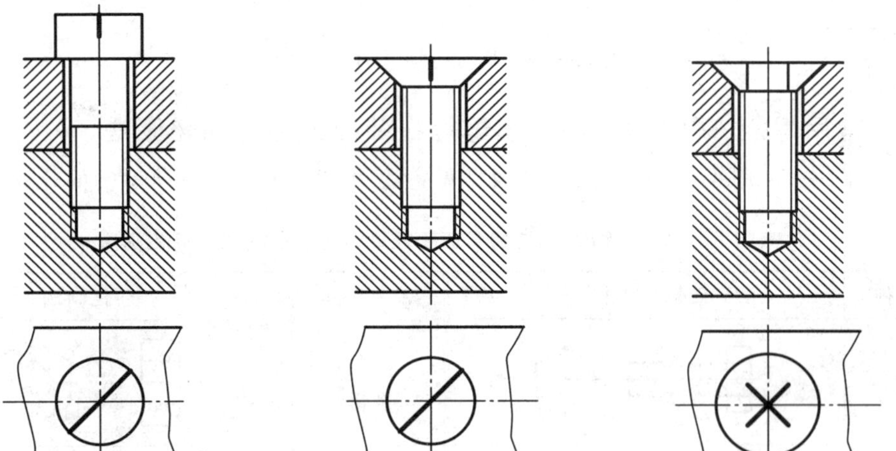

开槽圆柱头螺钉连接　　开槽沉头螺钉连接　　十字槽沉头螺钉连接

图 11－52　螺钉连接装配图的简化画法

4. 紧定螺钉连接

常用的紧定螺钉连接，如图 11－53 所示。

5. 螺纹传动件的装配画法

如图 11－54 所示，1 为固定机架；2 为手动螺杆（只做转动）；3 为螺母（通过摇柄使螺杆转动时，螺母可在螺杆上沿着轴向往复移动）。

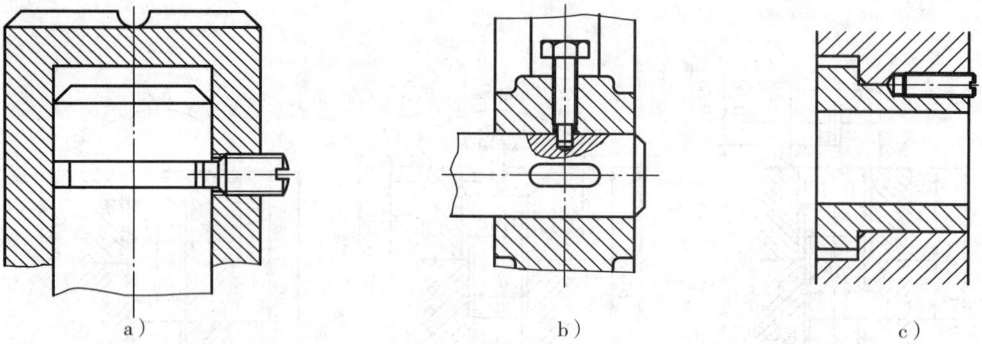

图 11-53　紧定螺钉连接画法

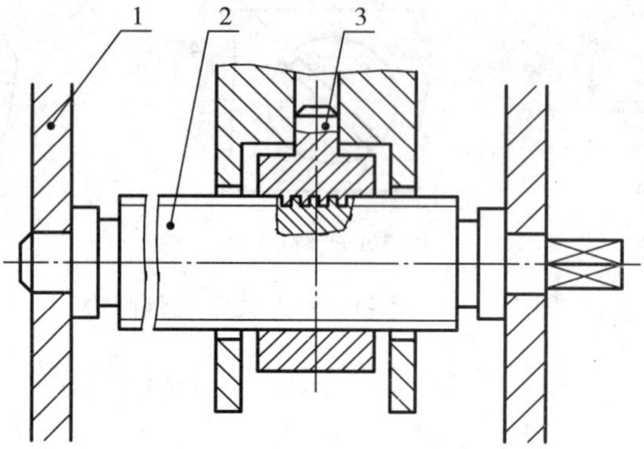

图 11-54　螺纹传动件的装配画法

11.7.4　常用螺栓、螺钉的头部及螺母等在装配图中的简化画法

在装配图中，常用螺栓、螺钉的头部及螺母等也可采用表 11-4 所示的简化画法。

表 11-4　常用螺栓、螺钉的头部及螺母等在装配图中的简化画法

名　　称	简化画法	名　　称	简化画法
六角头（螺栓）	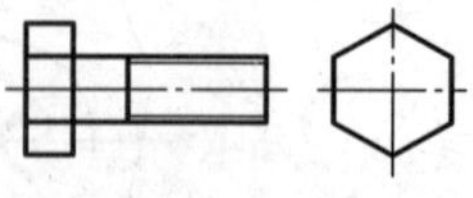	六角（螺母）	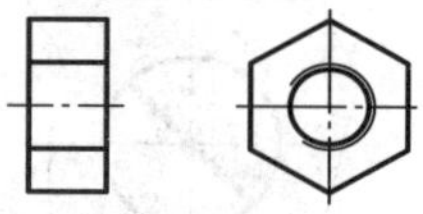
方头（螺栓）	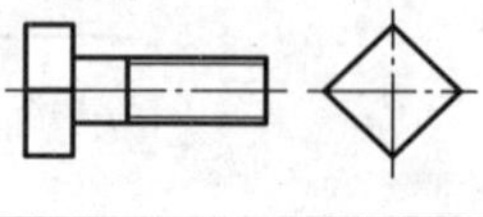	方头（螺母）	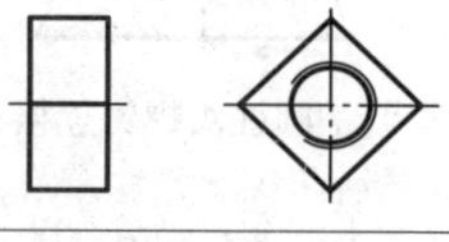
圆柱头内六角（螺钉）	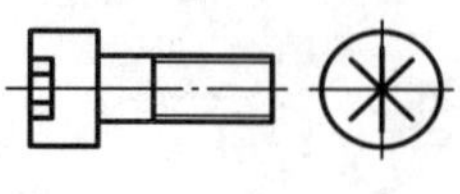	六角开槽（螺母）	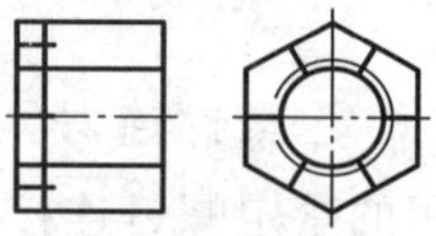
无头内六角（螺钉）	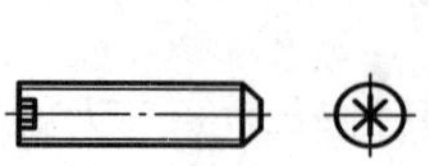	六角法兰面（螺母）	

（续表）

名　　称	简化画法	名　　称	简化画法
无头开槽（螺钉）	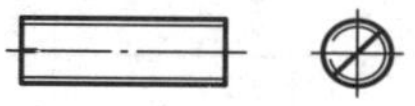	蝶形（螺母）	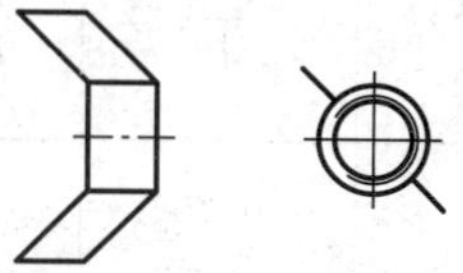
沉头开槽（螺钉）	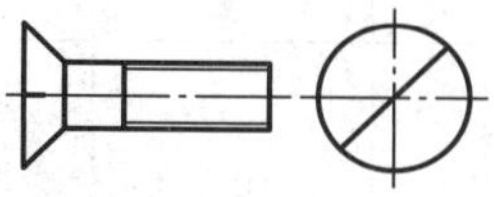	沉头十字槽（螺钉）	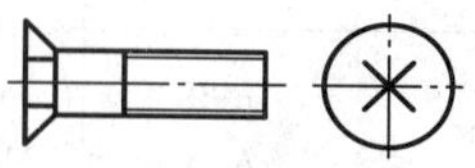
半沉头开槽（螺钉）	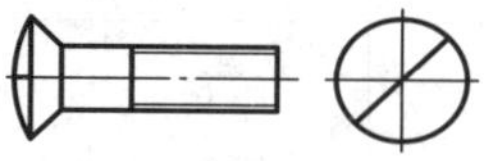	半沉头十字槽（螺钉）	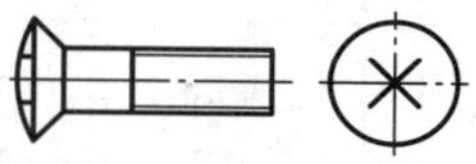
圆柱头开槽（螺钉）	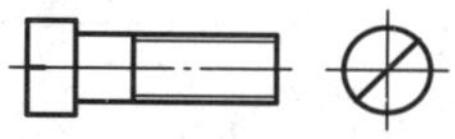	盘头十字槽（螺钉）	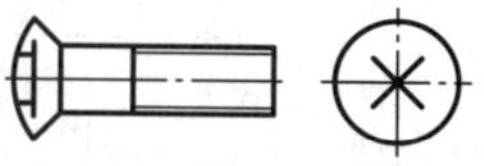
盘头开槽（螺钉）	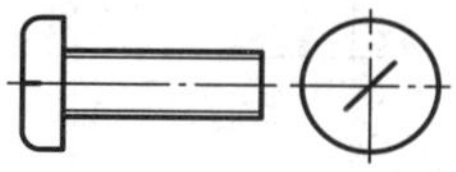	六角法兰面（螺栓）	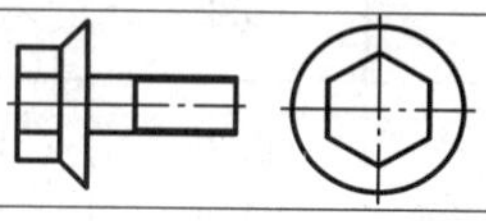
沉头开槽（自攻螺钉）	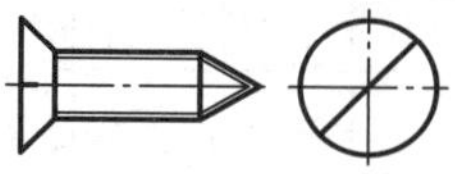	圆头十字槽（木螺钉）	

11.8 螺纹基本牙型、基本尺寸、公差等级

11.8.1 普通螺纹

1. 普通螺纹基本牙型和基本尺寸

普通螺纹基本牙型和基本尺寸，见表 11－5～表 11－13。

表 11－5 普通螺纹的基本牙型和基本尺寸（GB/T 192—2003、GB/T 196—2003） 单位：mm

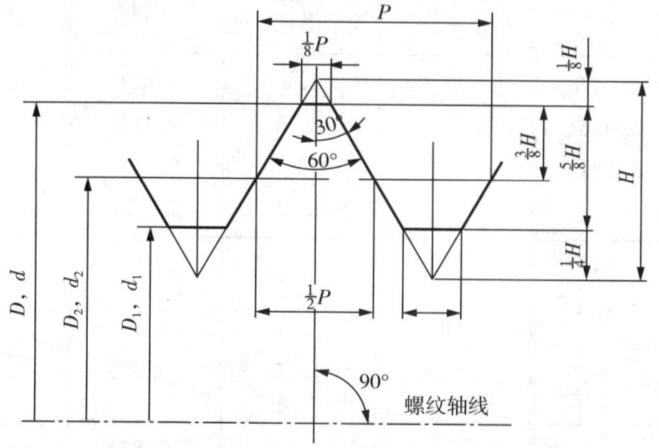

D——内螺纹基本大径（公称直径）
d——外螺纹基本大径（公称直径）
D_2——内螺纹的基本中径
d_2——外螺纹的基本中径
D_1——内螺纹基本小径
d_1——外螺纹基本小径
P——螺距
H——原始三角形高度

$D_2=D-2\times\frac{3}{8}H=D-0.6495P$

$d_2=d-2\times\frac{3}{8}H=D-0.6495P$

$D_1=D-2\times\frac{5}{8}H=D-1.0825P$

$d_1=d-2\times\frac{5}{8}H=D-1.0825P$

其中：$H=\frac{\sqrt{3}}{2}P=0.866025404P$

（续表）

公称直径（大径）D、d	螺距 P	中径 D_2、d_2	小径 D_1、d_1	公称直径（大径）D、d	螺距 P	中径 D_2、d_2	小径 D_1、d_1
1	0.25 0.2	0.838 0.870	0.729 0.783	4	0.7 0.5	3.545 3.675	3.242 3.459
1.1	0.25 0.2	0.938 0.970	0.829 0.883	4.5	0.75 0.5	4.013 4.175	3.688 3.959
1.2	0.25 0.2	1.038 1.070	0.929 0.983	5	0.8 0.5	4.480 4.675	4.134 4.459
1.4	0.3 0.2	1.205 1.270	1.075 1.183	5.5	0.5	5.175	4.959
1.6	0.35 0.2	1.373 1.470	1.221 1.383	6	1 0.75	5.350 5.513	4.917 5.188
1.8	0.35 0.2	1.573 1.670	1.421 1.583	7	1 0.75	6.350 6.513	5.917 6.188
2	0.4 0.25	1.740 1.838	1.567 1.729	8	1.25 1 0.75	7.188 7.350 7.513	6.647 6.917 7.188
2.2	0.45 0.25	1.908 2.038	1.713 1.929	9	1.25 1 0.75	8.188 8.350 8.513	7.647 7.917 8.188
2.5	0.45 0.35	2.208 2.273	2.013 2.121	10	1.5 1.25 1 0.75	9.026 9.188 9.350 9.513	8.376 8.647 8.917 9.188
3	0.5 0.35	2.675 2.773	2.459 2.621	11	1.5 1 0.75	10.026 10.350 10.513	9.376 9.917 10.188
3.5	0.6 0.35	3.110 3.273	2.850 3.121	12	1.75 1.5 1.25 1	10.863 11.026 11.188 11.350	10.106 10.376 10.647 10.917

（续表）

公称直径（大径）D、d	螺距 P	中径 D_2、d_2	小径 D_1、d_1	公称直径（大径）D、d	螺距 P	中径 D_2、d_2	小径 D_1、d_1
14	2 1.5 1.25 1	12.701 13.026 13.188 13.350	11.835 12.376 12.647 12.917	27	3 2 1.5 1	25.051 25.701 26.026 26.350	23.752 24.835 25.376 25.917
15	1.5 1	14.026 14.350	13.376 13.917	28	2 1.5 1	26.701 27.026 27.350	25.835 26.376 26.917
16	2 1.5 1	14.701 15.026 15.350	13.835 14.376 14.917	30	3.5 3 2 1.5 1	27.727 28.051 28.701 29.026 29.350	26.211 26.752 27.835 28.376 28.917
17	1.5 1	16.026 16.350	15.376 15.917	32	2 1.5	30.701 31.026	29.835 30.376
18	2.5 2 1.5 1	16.376 16.701 17.026 17.350	15.294 15.835 16.376 16.917	33	3.5 3 2 1.5	30.727 31.051 31.701 32.026	29.211 29.752 30.835 31.376
20	2.5 2 1.5 1	18.376 18.701 19.026 19.350	17.294 17.835 18.376 18.917	35	1.5	34.026	33.376
22	2.5 2 1.5 1	20.376 20.701 21.026 21.350	19.294 19.835 20.376 20.917	36	4 3 2 1.5	33.402 34.051 34.701 35.026	31.670 32.752 33.835 34.376
24	3 2 1.5 1	22.051 22.701 23.026 23.350	20.752 21.835 22.376 22.917	38	1.5	37.026	36.376
25	2 1.5 1	23.701 24.026 24.350	22.835 23.376 23.917	39	4 3 2 1.5	36.402 37.051 37.701 38.026	34.670 35.752 36.835 37.376
26	1.5	25.026	24.376	40	3 2 1.5	38.051 38.701 39.026	36.752 37.835 38.376

（续表）

公称直径（大径）D、d	螺距 P	中径 D_2、d_2	小径 D_1、d_1	公称直径（大径）D、d	螺距 P	中径 D_2、d_2	小径 D_1、d_1
42	4.5	39.077	37.129	60	5.5	56.428	54.046
	4	39.402	37.670		4	57.402	55.670
	3	40.051	38.752		3	58.051	56.752
	2	40.701	39.835		2	58.701	57.835
	1.5	41.026	40.376		1.5	59.026	58.376
45	4.5	42.077	40.129	62	4	59.402	57.670
	4	42.402	40.670		3	60.051	58.752
	3	43.051	41.752		2	60.701	59.835
	2	43.701	42.835		1.5	61.026	60.376
	1.5	44.026	43.376				
48	5	44.752	42.587	64	6	60.103	57.505
	4	45.402	43.670		4	61.402	59.670
	3	46.051	44.752		3	62.051	60.752
	2	46.701	45.835		2	62.701	61.835
	1.5	47.026	46.376		1.5	63.026	62.376
50	3	48.051	46.752	65	4	62.402	60.670
	2	48.701	47.835		3	63.051	61.752
	1.5	49.026	48.376		2	63.701	62.835
					1.5	64.026	63.376
52	5	48.752	46.587	68	6	64.103	61.505
	4	49.402	47.670		4	65.402	63.670
	3	50.051	48.752		3	66.051	64.752
	2	50.701	49.835		2	66.701	65.835
	1.5	51.026	50.376		1.5	67.026	66.376
55	4	52.402	50.670	70	6	66.103	63.505
	3	53.051	51.752		4	67.402	65.670
	2	53.701	52.835		3	68.051	66.752
	1.5	54.026	53.376		2	68.701	67.835
					1.5	69.026	68.376
56	5.5	52.428	50.046	72	6	68.103	65.505
	4	53.402	51.670		4	69.402	67.670
	3	54.051	52.752		3	70.051	68.752
	2	54.701	53.835		2	70.701	69.835
	1.5	55.026	54.376		1.5	71.026	70.376
58	4	55.402	53.670	75	4	72.402	70.670
	3	56.051	54.752		3	73.051	71.752
	2	56.701	55.835		2	73.701	72.835
	1.5	57.026	56.376		1.5	74.026	73.376

（续表）

公称直径（大径）D、d	螺距 P	中径 D_2、d_2	小径 D_1、d_1	公称直径（大径）D、d	螺距 P	中径 D_2、d_2	小径 D_1、d_1
76	6 4 3 2 1.5	72.103 73.402 74.051 74.701 75.026	69.505 71.670 72.752 73.835 74.376	105	6 4 3 2	101.103 102.402 103.051 103.701	98.505 100.670 101.752 102.835
78	2	76.700	75.835	110	6 4 3 2	106.103 107.402 108.051 108.701	103.505 105.670 106.752 107.835
80	6 4 3 2 1.5	76.103 77.402 78.051 78.701 79.026	73.505 75.670 76.752 77.835 78.376	115	6 4 3 2	111.103 112.402 113.051 113.701	108.505 110.670 111.752 112.835
82	2	80.701	79.835	120	6 4 3 2	116.103 117.402 118.051 118.701	113.505 115.670 116.752 117.835
85	6 4 3 2	81.103 82.402 83.051 83.701	78.505 80.670 81.752 82.835	125	6 4 3 2	121.103 122.402 123.051 123.701	118.505 120.670 121.752 122.835
90	6 4 3 2	86.103 87.402 88.051 88.701	83.505 85.670 86.752 87.835	130	6 4 3 2	126.103 127.402 128.051 128.701	123.505 125.670 126.752 127.835
95	6 4 3 2	91.103 92.402 93.051 93.701	88.505 90.670 91.752 92.835	135	6 4 3 2	131.103 132.402 133.051 133.701	128.505 130.670 131.752 132.835
100	6 4 3 2	96.103 97.402 98.051 98.701	93.505 95.670 96.752 97.835	140	6 4 3 2	136.103 137.402 138.051 138.701	133.505 135.670 136.752 137.835

（续表）

公称直径（大径）D、d	螺距 P	中径 D_2、d_2	小径 D_1、d_1	公称直径（大径）D、d	螺距 P	中径 D_2、d_2	小径 D_1、d_1
145	6 4 3 2	141.103 142.402 143.051 143.701	138.505 140.670 141.752 142.835	185	6 4 3	181.103 182.402 183.051	178.505 180.670 181.752
150	8 6 4 3 2	144.804 146.103 147.402 148.051 148.701	141.340 143.505 145.670 146.752 147.835	190	8 6 4 3	184.804 186.103 187.402 188.051	181.340 183.505 185.670 186.752
155	6 4 3	151.103 152.402 153.051	148.505 150.670 151.752	195	6 4 3	191.103 192.402 193.051	188.505 190.670 191.752
160	8 6 4 3	154.804 156.103 157.402 158.051	151.340 153.505 155.670 156.752	200	8 6 4 3	194.804 196.103 197.402 198.051	191.340 193.505 195.670 196.752
165	6 4 3	161.103 162.402 163.051	158.505 160.670 161.752	205	6 4 3	201.103 202.402 203.051	198.505 200.670 201.752
170	8 6 4 3	164.804 166.103 167.402 168.051	161.340 163.505 165.670 166.752	210	8 6 4 3	204.804 206.103 207.402 208.051	201.340 203.505 205.670 206.752
175	6 4 3	171.103 172.402 173.051	168.505 170.670 171.752	215	6 4 3	211.103 212.402 213.051	208.505 210.670 211.752
180	8 6 4 3	174.804 176.103 177.402 178.051	171.340 173.505 175.670 176.752	220	8 6 4 3	214.804 216.103 217.402 218.051	211.340 213.505 215.670 216.752

（续表）

公称直径（大径）D、d	螺距 P	中径 D_2、d_2	小径 D_1、d_1	公称直径（大径）D、d	螺距 P	中径 D_2、d_2	小径 D_1、d_1
225	6 4 3	221.103 222.402 223.051	218.505 220.670 221.752	265	6 4	261.103 262.402	258.505 260.670
230	8 6 4 3	224.804 226.103 227.402 228.051	221.340 223.505 225.670 226.752	270	8 6 4	264.804 266.103 267.402	261.340 263.505 265.670
235	6 4 3	231.103 232.402 233.051	228.505 230.670 231.752	275	6 4	271.103 272.402	268.505 270.670
240	8 6 4 3	234.804 236.103 237.402 238.051	231.340 233.505 235.670 236.752	280	8 6 4	274.804 276.103 277.402	271.340 273.505 275.670
245	6 4 3	241.103 242.402 243.051	238.505 240.670 241.752	285	6 4	281.103 282.402	278.505 280.670
250	8 6 4 3	244.804 246.103 247.402 248.051	241.340 243.505 245.670 246.752	290	8 6 4	284.804 286.103 287.402	281.340 283.505 285.670
255	6 4	251.103 252.402	248.505 250.670	295	6 4	291.103 292.402	288.505 290.670
260	8 6 4	254.804 256.103 257.402	251.340 253.505 255.670	300	8 6 4	294.804 296.103 297.402	291.340 293.505 295.670

表 11－6 普通螺纹的直径与螺距标准组合系列(GB/T 193—2003) 单位:mm

公称直径 D、d			螺距 P											
第 1 系列	第 2 系列	第 3 系列	粗牙	细牙									
				3	2	1.5	1.25	1	0.75	0.5	0.35	0.25	0.2
1			0.25										0.2
	1.1		0.25										0.2
1.2			0.25										0.2
	1.4		0.3										0.2

（续表）

公称直径 D、d			螺距 P										
第 1 系列	第 2 系列	第 3 系列	粗牙	细牙									
				3	2	1.5	1.25	1	0.75	0.5	0.35	0.25	0.2
1.6			0.35										0.2
	1.8		0.35										0.2
2			0.4									0.25	
	2.2		0.45									0.25	
2.5			0.45								0.35		
3			0.5								0.35		
	3.5		0.6								0.35		
4			0.7							0.5			
	4.5		0.75							0.5			
5			0.8							0.5			
		5.5								0.5			
6			1						0.75				
	7		1						0.75				
8			1.25					1	0.75				
		9	1.25					1	0.75				
10			1.5				1.25	1	0.75				
		11	1.5			1.5		1	0.75				
12			1.75				1.25	1					
	14		2			1.5	1.25[1]	1					
		15				1.5		1					
16			2			1.5		1					
		17				1.5		1					
	18		2.5		2	1.5		1					
20			2.5		2	1.5		1					
	22		2.5		2	1.5		1					
24			3		2	1.5		1					
		25			2	1.5		1					
		26				1.5							
	27		3		2	1.5		1					
		28			2	1.5		1					
30			3.5	(3)	2	1.5		1					
		32			2	1.5							
	33		3.5	(3)	2	1.5							
		35[2]				1.5							
36			4	3	2	1.5							
		38				1.5							
	39		4	3	2	1.5							

（续表）

公称直径 D、d			螺距 P						
第1系列	第2系列	第3系列	粗牙	细牙					
				8	6	4	3	2	1.5
		40					3	2	1.5
42			4.5			4	3	2	1.5
	45		4.5			4	3	2	1.5
48			5			4	3	2	1.5
		50					3	2	1.5
	52		5			4	3	2	1.5
		55				4	3	2	1.5
56			5.5			4	3	2	1.5
		58				4	3	2	1.5
	60		5.5			4	3	2	1.5
		62				4	3	2	1.5
64			6			4	3	2	1.5
		65				4	3	2	1.5
	68		6			4	3	2	1.5
		70			6	4	3	2	1.5
72					6	4	3	2	1.5
		75				4	3	2	1.5
	76				6	4	3	2	1.5
		78						2	
80					6	4	3	2	1.5
		82						2	
	85				6	4	3	2	
90					6	4	3	2	
	95				6	4	3	2	
100					6	4	3	2	
	105				6	4	3	2	
110					6	4	3	2	
	115				6	4	3	2	
	120				6	4	3	2	
125				8	6	4	3	2	
	130			8	6	4	3	2	
		135			6	4	3	2	
140				8	6	4	3	2	

（续表）

公称直径 D、d			螺距 P												
			粗牙	细牙									
第1系列	第2系列	第3系列		3	2	1.5	1.25	1	0.75	0.5	0.35	0.25	0.2
		145			6	4	3	2					
	150			8	6	4	3	2					
		155			6	4	3						
160				8	6	4	3						
		165			6	4	3						
	170			8	6	4	3						
		175			6	4	3						
180				8	6	4	3						
		185			6	4	3						
	190			8	6	4	3						
		195			6	4	3						
200				8	6	4	3						
		205			6	4	3						
	210			8	6	4	3						
		215			6	4	3						
220				8	6	4	3						
		225			6	4	3						
		230		8	6	4	3						
		235			6	4	3						
	240			8	6	4	3						
		245			6	4	3						
250				8	6	4	3						
		255			6	4							
	260			8	6	4							
		265			6	4							
		270		8	6	4							
		275			6	4							
280				8	6	4							
		285			6	4							
		290		8	6	4							
		295			6	4							
	300			8	6	4							

注：①仅用于发动机的火花塞。

②仅用于轴承的锁紧螺母。

表 11-7　普通螺纹的最大公称直径(GB/T 193—2003)　　单位:mm

螺　　距	最大公称直径
0.5	22
0.75	33
1	80
1.5	150
2	200
3	300

表 11-8　普通螺纹的内、外螺纹的基本偏差(GB/T 197—2003)　　单位:μm

螺距 P/mm	基　本　偏　差					
	内　螺　纹		外　螺　纹			
	G EI	H EI	e es	f es	g es	h es
0.2	+17	0	—	—	−17	0
0.25	+18	0	—	—	−18	0
0.3	+18	0	—	—	−18	0
0.35	+19	0	—	−34	−19	0
0.4	+19	0	—	−34	−19	0
0.45	+20	0	—	−35	−20	0
0.5	+20	0	−50	−36	−20	0
0.6	+21	0	−53	−36	−21	0
0.7	+22	0	−56	−38	−22	0
0.75	+22	0	−56	−38	−22	0
0.8	+24	0	−60	−38	−24	0
1	+26	0	−60	−40	−26	0
1.25	+28	0	−63	−42	−28	0
1.5	+32	0	−67	−45	−32	0
1.75	+34	0	−71	−48	−34	0
2	+38	0	−71	−52	−38	0
2.5	+42	0	−80	−58	−42	0
3	+48	0	−85	−63	−48	0
3.5	+53	0	−90	−70	−53	0
4	+60	0	−95	−75	−60	0
4.5	+63	0	−100	−80	−63	0

（续表）

螺距 P/mm	基本偏差					
	内螺纹		外螺纹			
	G EI	H EI	e es	f es	g es	h es
5	+71	0	−106	−85	−71	0
5.5	+75	0	−112	−90	−75	0
6	+80	0	−118	−95	−80	0
8	+100	0	−140	−118	−100	0

表 11-9 普通螺纹的内螺纹小径公差(GB/T 197—2003) 单位：μm

螺距 P/mm	公差等级				
	4	5	6	7	8
0.2	38	—	—	—	—
0.25	45	56	—	—	—
0.3	53	67	85	—	—
0.35	63	80	100	—	—
0.4	71	90	112	—	—
0.45	80	100	125	—	—
0.5	90	112	140	180	—
0.6	100	125	160	200	—
0.7	112	140	180	224	—
0.75	118	150	190	236	—
0.8	125	160	200	250	315
1	150	190	236	300	375
1.25	170	212	265	335	425
1.5	190	236	300	375	475
1.75	212	265	335	425	530
2	236	300	375	475	600
2.5	280	355	450	560	710
3	315	400	500	630	800
3.5	355	450	560	710	900
4	375	475	600	750	950
4.5	425	530	670	850	1060
5	450	560	710	900	1120
5.5	475	600	750	950	1180
6	500	630	800	1000	1250
8	630	800	1000	1250	1600

表 11-10 普通螺纹的外螺纹大径公差(GB/T 197—2003) 单位:μm

螺距 P/mm	公差等级		
	4	6	8
0.2	36	56	—
0.25	42	67	—
0.3	48	75	—
0.35	53	85	—
0.4	60	95	—
0.45	63	100	—
0.5	67	106	—
0.6	80	125	—
0.7	90	140	—
0.75	90	140	—
0.8	95	150	236
1	112	180	280
1.25	132	212	335
1.5	150	236	375
1.75	170	265	425
2	180	280	450
2.5	212	335	530
3	236	375	600
3.5	265	425	670
4	300	475	750
4.5	315	500	800
5	335	530	850
5.5	355	560	900
6	375	600	950
8	450	710	1180

表 11-11 普通螺纹的内螺纹中径公差(GB/T 197—2003) 单位:μm

基本大径 D/mm		螺距	公差等级				
>	≤	P/mm	4	5	6	7	8
0.99	1.4	0.2	40	—	—	—	—
		0.25	45	56	—	—	—
		0.3	48	60	75	—	—
1.4	2.8	0.2	42	—	—	—	—
		0.25	48	60	—	—	—
		0.35	53	67	85	—	—
		0.4	56	71	90	—	—
		0.45	60	75	95	—	—

（续表）

基本大径 D/mm		螺距	公差等级				
>	≤	P/mm	4	5	6	7	8
2.8	5.6	0.35	56	71	90	—	—
		0.5	63	80	100	125	—
		0.6	71	90	112	140	—
		0.7	75	95	118	150	—
		0.75	75	95	118	150	—
		0.8	80	100	125	160	200
5.6	11.2	0.75	85	106	132	170	—
		1	95	118	150	190	236
		1.25	100	125	160	200	250
		1.5	112	140	180	224	280
11.2	22.4	1	100	125	160	200	250
		1.25	112	140	180	224	280
		1.5	118	150	190	236	300
		1.75	125	160	200	250	315
		2	132	170	212	265	335
		2.5	140	180	224	280	355
22.4	45	1	106	132	170	212	—
		1.5	125	160	200	250	315
		2	140	180	224	280	355
		3	170	212	265	335	425
		3.5	180	224	280	355	450
		4	190	236	300	375	475
		4.5	200	250	315	400	500
45	90	1.5	132	170	212	265	335
		2	150	190	236	300	375
		3	180	224	280	355	450
		4	200	250	315	400	500
		5	212	265	335	425	530
		5.5	224	280	355	450	560
		6	236	300	375	475	600
90	180	2	160	200	250	315	400
		3	190	236	300	375	475
		4	212	265	335	425	530
		6	250	315	400	500	630
		8	280	355	450	560	710
180	355	3	212	265	335	425	530
		4	236	300	375	475	600
		6	265	335	425	530	670
		8	300	375	475	600	750

表 11-12 普通螺纹的外螺纹中径公差(GB/T 197—2003) 单位:μm

基本大径 d/mm		螺距	公差等级						
>	≤	P/mm	3	4	5	6	7	8	9
0.99	1.4	0.2	24	30	38	48	—	—	—
		0.25	26	34	42	53	—	—	—
		0.3	28	36	45	56	—	—	—
1.4	2.8	0.2	25	32	40	50	—	—	—
		0.25	28	36	45	56	—	—	—
		0.35	32	40	50	63	80	—	—
		0.4	34	42	53	67	85	—	—
		0.45	36	45	56	71	90	—	—
2.8	5.6	0.35	34	42	53	67	85	—	—
		0.5	38	48	60	75	95	—	—
		0.6	42	53	67	85	106	—	—
		0.7	45	56	71	90	112	—	—
		0.75	45	56	71	90	112	—	—
		0.8	48	60	75	95	118	150	190
5.6	11.2	0.75	50	63	80	100	125	—	—
		1	56	71	90	112	140	180	224
		1.25	60	75	95	118	150	190	236
		1.5	67	85	106	132	170	212	265
11.2	22.4	1	60	75	95	118	150	190	236
		1.25	67	85	106	132	170	212	265
		1.5	71	90	112	140	180	224	280
		1.75	75	95	118	150	190	236	300
		2	80	100	125	160	200	250	315
		2.5	85	106	132	170	212	265	335
22.4	45	1	63	80	100	125	160	200	250
		1.5	75	95	118	150	190	236	300
		2	85	106	132	170	212	265	335
		3	100	125	160	200	250	315	400
		3.5	106	132	170	212	265	335	425
		4	112	140	180	224	280	355	450
		4.5	118	150	190	236	300	375	475
45	90	1.5	80	100	125	160	200	250	315
		2	90	112	140	180	224	280	355
		3	106	132	170	212	265	335	425
		4	118	150	190	236	300	375	475
		5	125	160	200	250	315	400	500
		5.5	132	170	212	265	335	425	530
		6	140	180	224	280	355	450	560

（续表）

基本大径 d/mm		螺距	公差等级						
>	≤	P/mm	3	4	5	6	7	8	9
90	180	2	95	118	150	190	236	300	375
		3	112	140	180	224	280	355	450
		4	125	160	200	250	315	400	500
		6	150	190	236	300	375	475	600
		8	170	212	265	335	425	530	670
180	355	3	125	160	200	250	315	400	500
		4	140	180	224	280	355	450	560
		6	160	200	250	315	400	500	630
		8	180	224	280	355	450	560	710

表 11-13　普通螺纹的旋合长度(GB/T 197—2003)　　单位：μm

公称直径 D、d		螺距 P	旋合长度			
			S	N		L
>	≤		≤	>	≤	>
0.99	1.4	0.2	0.5	0.5	1.4	1.4
		0.25	0.6	0.6	1.7	1.7
		0.3	0.7	0.7	2	2
1.4	2.8	0.2	0.5	0.5	1.5	1.5
		0.25	0.6	0.6	1.9	1.9
		0.35	0.8	0.8	2.6	2.6
		0.4	1	1	3	3
		0.45	1.3	1.3	3.8	3.8
2.8	5.6	0.35	1	1	3	3
		0.5	1.5	1.5	4.5	4.5
		0.6	1.7	1.7	5	5
		0.7	2	2	6	6
		0.75	2.2	2.2	6.7	6.7
		0.8	2.5	2.5	7.5	7.5
5.6	11.2	0.75	2.4	2.4	7.1	7.1
		1	3	3	9	9
		1.25	4	4	12	12
		1.5	5	5	15	15

（续表）

公称直径 D、d		螺距 P	旋合长度			
			S	N		L
>	≤		≤	>	≤	>
11.2	22.4	1 1.25 1.5 1.75 2 2.5	3.8 4.5 5.6 6 8 10	3.8 4.5 5.6 6 8 10	11 13 16 18 24 30	11 13 16 18 24 30
22.4	45	1 1.5 2 3 3.5 4 4.5	4 6.3 8.5 12 15 18 21	4 6.3 8.5 12 15 18 21	12 19 25 36 45 53 63	12 19 25 36 45 53 63
45	90	1.5 2 3 4 5 5.5 6	7.5 9.5 15 19 24 28 32	7.5 9.5 15 19 24 28 32	22 28 45 56 71 85 95	22 28 45 56 71 85 95
90	180	2 3 4 6 8	12 18 24 36 45	12 18 24 36 45	36 53 71 106 132	36 53 71 106 132
180	355	3 4 6 8	20 26 40 50	20 26 40 50	60 80 118 150	60 80 118 150

2. 普通螺纹的公差

(1)公差精度

根据使用场合，普通螺纹的公差精度分为下面三级：

——精密：用于精密螺纹；

——中等:用于一般用途螺纹;

——粗糙:用于制造螺纹有困难的场合,例如在热轧棒料上和深盲孔内加工螺纹。

(2)普通螺纹的公差带位置

普通螺纹按下面的规定选取内、外螺纹公差带位置。

内螺纹:G——其基本偏差(EI)为正值;

H——其基本偏差(EI)为零。

外螺纹:e、f、g——其基本偏差(es)为负值;

h——其基本偏差(es)为零。

内、外螺纹的基本偏差,参见表 11-8。

内、外螺纹的公差等级,参见表 11-9~表 11-12。

(3)普通螺纹推荐公差带及其选用原则

宜优先按表 11-14 和表 11-15 的规定选取螺纹公差带。

除特殊情况外,表 11-14 和表 11-15 以外的其他公差带不宜选用。

如果不知道螺纹旋合长度的实际值(例如标准螺栓),推荐按中等旋合长度(N)选取螺纹公差带。

公差带优先选用顺序为:粗字体公差带、一般字体公差带、括号内公差带。带方框的粗字体公差带用于大量生产的紧固件螺纹。

表 11-14 普通螺纹的内螺纹推荐公差带

公差精度	公差带位置 G			公差带位置 H		
	S	N	L	S	N	L
精密	—	—	—	4H	5H	6H
中等	(5G)	6G	(7G)	5H	6H	7H
粗糙	—	(7G)	(8G)	—	7H	8H

表 11-15 普通螺纹的外螺纹推荐公差带

公差精度	公差带位置 e			公差带位置 f			公差带位置 g			公差带位置 h		
	S	N	L	S	N	L	S	N	L	S	N	L
精密	—	—	—	—	—	—	—	(4g)	(5g4g)	(3h4h)	4h	(5h4h)
中等	—	6e	(7e6e)		6f	—	(5g6g)	6g	(7g6g)	(5h6h)	6h	(7h6h)
粗糙	—	(8e)	(9e8e)	—	—	—		8g	(9g8g)	—	—	—

(4)内、外普通螺纹的公差带组合

表 11-14 的内螺纹公差带能与表 11-15 的外螺纹公差带形成任意组合。但是,为了保证内、外螺纹间有足够的螺纹接触高度,完工后的螺纹零件宜优先组成 H/g、H/h 或G/h配合。对公称直径小于和等于 1.4mm 的螺纹,应选用 5H/6h、4H/6h 或更精密的配合。

11.8.2 管螺纹

1. 55°非密封管螺纹的牙型、基本尺寸及公差

55°非密封管螺纹的牙型、基本尺寸及公差,见表 11-16、表 11-17。

表 11-16 55°非密封管螺纹的牙型及相关尺寸(GB/T 7307—2001) 单位:mm

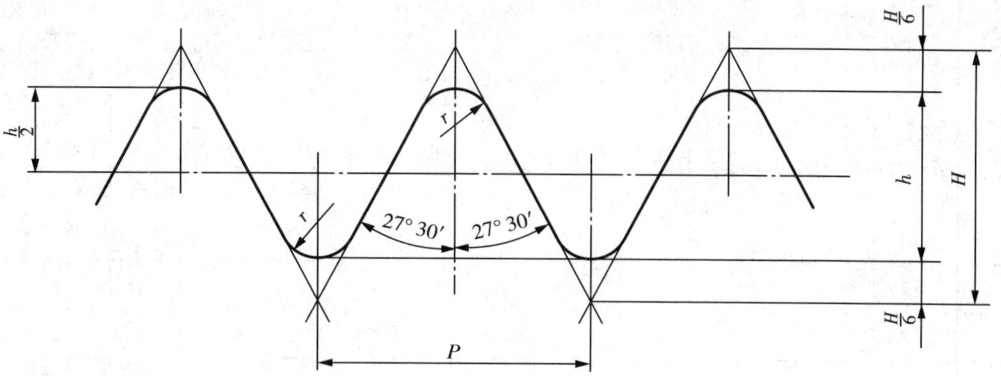

圆柱管螺纹的设计牙型应符合上图规定。其左、右两牙侧的牙侧角相等，相关尺寸按下列公式计算：

H=0.960491P；h=0.640327P；r=0.137329P

尺寸代号	每 25.4mm 内所包含的牙数 n	螺距 P	牙高 h	基本直径		
				大径 $d=D$	中径 $d_2=D_2$	小径 $d_1=D_1$
1/16	28	0.907	0.581	7.723	7.142	6.561
1/8	28	0.907	0.581	9.728	9.147	8.566
1/4	19	1.337	0.856	13.157	12.301	11.445
3/8	19	1.337	0.856	16.662	15.806	14.950
1/2	14	1.814	1.162	20.955	19.793	18.631
5/8	14	1.814	1.162	22.911	21.749	20.587
3/4	14	1.814	1.162	26.441	25.279	24.117
7/8	14	1.814	1.162	30.201	29.039	27.877
1	11	2.309	1.479	33.249	31.770	30.291
1⅛	11	2.309	1.479	37.897	36.418	34.939
1¼	11	2.309	1.479	41.910	40.431	38.952
1½	11	2.309	1.479	47.803	46.324	44.845
1¾	11	2.309	1.479	53.746	52.267	50.788
2	11	2.309	1.479	59.614	58.135	56.656
2¼	11	2.309	1.479	65.710	64.231	62.752
2½	11	2.309	1.479	75.184	73.705	72.226
2¾	11	2.309	1.479	81.534	80.055	78.576
3	11	2.309	1.479	87.884	86.405	84.926
3½	11	2.309	1.479	100.330	98.851	97.372
4	11	2.309	1.479	113.030	111.551	110.072
4½	11	2.309	1.479	125.730	124.251	122.772
5	11	2.309	1.479	138.430	136.951	135.472
5½	11	2.309	1.479	151.130	149.651	148.172
6	11	2.309	1.479	163.830	162.351	160.872

表 11-17　55°非密封圆柱管螺纹的基本尺寸及其公差(GB/T 7307—2001)　单位:mm

尺寸代号	基本直径			中径公差①					小径公差		大径公差	
				内螺纹		外螺纹			内螺纹		外螺纹	
	大径 $d=D$	中径 $d_2=D_2$	小径 $d_1=D_1$	下极限偏差	上极限偏差	下极限偏差		上极限偏差	下极限偏差	上极限偏差	下极限偏差	上极限偏差
						A级	B级					
1/16	7.723	7.142	6.561	0	+0.107	−0.107	−0.214	0	0	+0.282	−0.214	0
1/8	9.728	9.147	8.566	0	+0.107	−0.107	−0.214	0	0	+0.282	−0.214	0
1/4	13.157	12.301	11.445	0	+0.125	−0.125	−0.250	0	0	+0.445	−0.250	0
3/8	16.662	15.806	14.950	0	+0.125	−0.125	−0.250	0	0	+0.445	−0.250	0
1/2	20.955	19.793	18.631	0	+0.142	−0.142	−0.284	0	0	+0.541	−0.284	0
5/8	22.911	21.749	20.587	0	+0.142	−0.142	−0.284	0	0	+0.541	−0.284	0
3/4	26.441	25.279	24.117	0	+0.142	−0.142	−0.284	0	0	+0.541	−0.284	0
7/8	30.201	29.039	27.877	0	+0.142	−0.142	−0.284	0	0	+0.541	−0.284	0
1	33.249	31.770	30.291	0	+0.180	−0.180	−0.360	0	0	+0.640	−0.360	0
1⅛	37.897	36.418	34.939	0	+0.180	−0.180	−0.360	0	0	+0.640	−0.360	0
1¼	41.910	40.431	38.952	0	+0.180	−0.180	−0.360	0	0	+0.640	−0.360	0
1½	47.803	46.324	44.845	0	+0.180	−0.180	−0.360	0	0	+0.640	−0.360	0
1¾	53.746	52.267	50.788	0	+0.180	−0.180	−0.360	0	0	+0.640	−0.360	0
2	59.614	58.135	56.656	0	+0.180	−0.180	−0.360	0	0	+0.640	−0.360	0
2¼	65.710	64.231	62.752	0	+0.217	−0.217	−0.434	0	0	+0.640	−0.434	0
2½	75.184	73.705	72.226	0	+0.217	−0.217	−0.434	0	0	+0.640	−0.434	0
2¾	81.534	80.055	78.576	0	+0.217	−0.217	−0.434	0	0	+0.640	−0.434	0
3	87.884	86.405	84.926	0	+0.217	−0.217	−0.434	0	0	+0.640	−0.434	0
3½	100.330	98.851	97.372	0	+0.217	−0.217	−0.434	0	0	+0.640	−0.434	0
4	113.030	111.551	110.072	0	+0.217	−0.217	−0.434	0	0	+0.640	−0.434	0
4½	125.730	124.251	122.772	0	+0.217	−0.217	−0.434	0	0	+0.640	−0.434	0
5	138.430	136.951	135.472	0	+0.217	−0.217	−0.434	0	0	+0.640	−0.434	0
5½	151.130	149.651	148.172	0	+0.217	−0.217	−0.434	0	0	+0.640	−0.434	0
6	163.830	162.351	160.872	0	+0.217	−0.217	−0.434	0	0	+0.640	−0.434	0

注:①对薄壁件,此公差适用于平均中径,该中径是测量两个相互垂直直径的算术平均值。

2.55°密封管螺纹的牙型、基本尺寸及公差

55°密封管螺纹的牙型、基本尺寸及公差,见表 11-18。

表 11-18 55°密封管螺纹(圆柱内螺纹、圆锥外螺纹)的牙型及基本尺寸(GB/T 7306.1—2000) 单位:mm

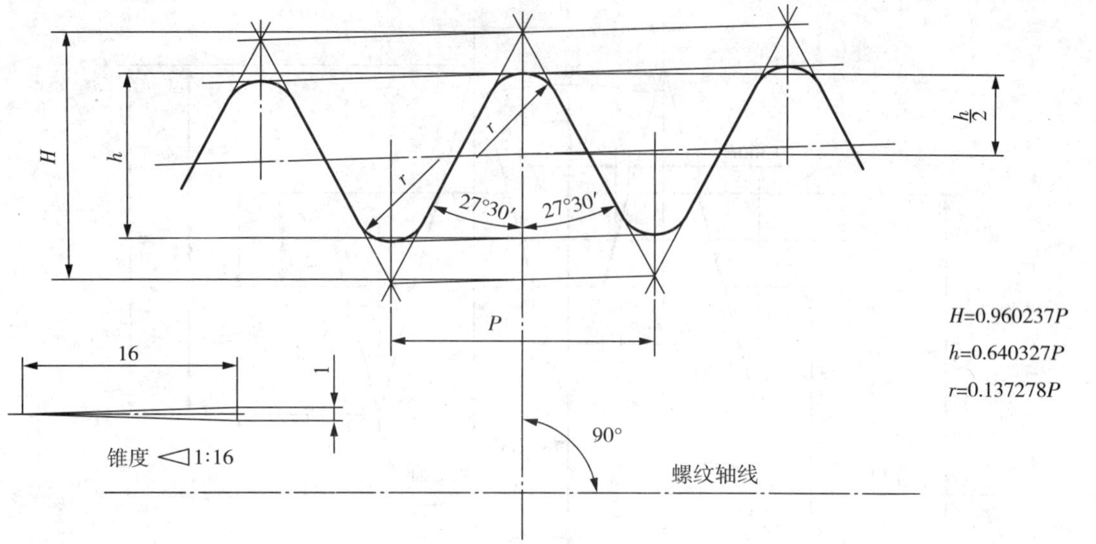

尺寸代号	每 25.4mm 内所包含的牙数 n	螺距 P	牙高 H	基准平面内的基本直径		
				大径(基准直径) $d=D$	中径 $d_2=D_2$	小径 $d_1=D_1$
1/16	28	0.907	0.581	7.723	7.142	6.561
1/8	28	0.907	0.581	9.728	9.147	8.566
1/4	19	1.337	0.856	13.157	12.301	11.445
3/8	19	1.337	0.856	16.662	15.806	14.950
1/2	14	1.814	1.162	20.955	19.793	18.631
3/4	14	1.814	1.162	26.441	25.279	24.117
1	11	2.309	1.479	33.249	31.770	30.291
1½	11	2.309	1.479	41.910	40.431	38.952
1½	11	2.309	1.479	47.803	46.324	44.845
2	11	2.309	1.479	59.614	58.135	56.656
2½	11	2.309	1.479	75.184	73.705	72.226
3	11	2.309	1.479	87.884	86.405	84.926
4	11	2.309	1.479	113.030	111.551	110.072
5	11	2.309	1.479	138.430	136.951	135.472
6	11	2.309	1.479	163.830	162.351	160.872

11.8.3 梯形螺纹(GB/T 5796—2005)

1. 梯形螺纹的牙型及其尺寸

梯形螺纹的基本牙型及其尺寸,见表 11-19。

表 11-19　梯形螺纹的基本牙型及其尺寸　　单位:mm

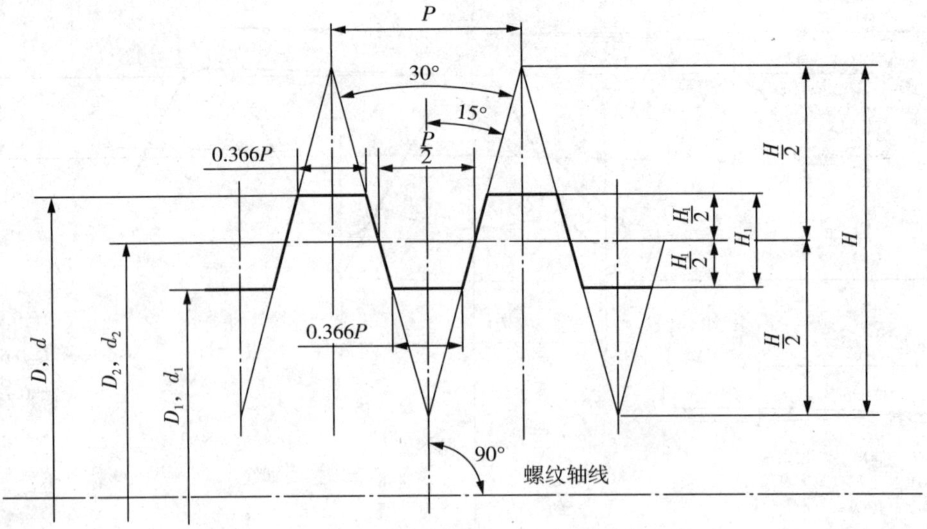

螺距 P	H $1.866P$	$H/2$ $0.933P$	H_1 $0.5P$	牙顶和牙底宽 $0.366P$
1.5	2.779	1.400	0.75	0.549
2	3.732	1.866	1	0.732
3	5.598	2.799	1.5	1.098
4	7.464	3.732	2	1.464
5	9.330	4.665	2.5	1.830
6	11.196	5.598	3	2.196
7	13.062	6.531	3.5	2.562
8	14.928	7.464	4	2.928
9	16.794	8.397	4.5	3.294
10	18.660	9.330	5	3.660
12	22.392	11.196	6	4.392
14	26.124	13.062	7	5.124
16	29.856	14.928	8	5.856
18	33.588	16.794	9	6.588
20	37.320	18.660	10	7.320
22	41.052	20.526	11	8.052
24	44.784	22.392	12	8.784
28	52.248	26.124	14	10.248
32	59.712	29.856	16	11.712
36	67.176	33.588	18	13.176
40	74.640	37.320	20	14.640
44	82.104	41.052	22	16.104

梯形螺纹的设计牙型及其尺寸,见表 11-20。

表 11-20 梯形螺纹的设计牙型及其尺寸(GB/T 5796.1—2005) 单位:mm

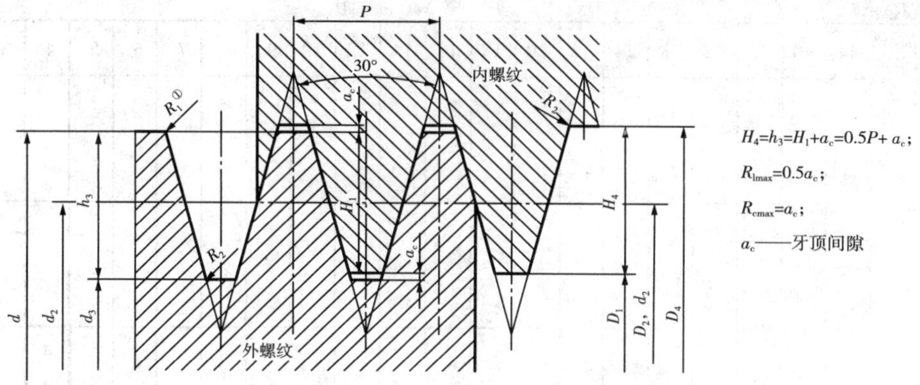

注:图中的粗实线代表设计牙型。当采用滚压方法加工外螺纹时,可以修改其牙底形状,以便在外螺纹的牙底上能够生成较大的圆弧底,此时其小径d_3,可以减小0.15P。因采用特殊制造方法而需要修改螺纹设计牙型时,修改内容应征得用户和制造者双方的一致认可。

①在外螺纹大径上,推荐采用等于或小于0.5a_c的倒圆或倒角。对螺距为2~12mm的滚压外螺纹,在大径上推荐采用等于或小于0.6a_c的倒圆或倒角。

螺距 P	a_c	$H_4=h_3$	$R_{1\,max}$	$R_{2\,max}$
1.5	0.15	0.9	0.075	0.15
2	0.25	1.25	0.125	0.25
3	0.25	1.75	0.125	0.25
4	0.25	2.25	0.125	0.25
5	0.25	2.75	0.125	0.25
6	0.5	3.5	0.25	0.5
7	0.5	4	0.25	0.5
8	0.5	4.5	0.25	0.5
9	0.5	5	0.25	0.5
10	0.5	5.5	0.25	0.5
12	0.5	6.5	0.25	0.5
14	1	8	0.5	1
16	1	9	0.5	1
18	1	10	0.5	1
20	1	11	0.5	1
22	1	12	0.5	1
24	1	13	0.5	1
28	1	15	0.5	1
32	1	17	0.5	1
36	1	19	0.5	1
40	1	21	0.5	1
44	1	23	0.5	1

梯形螺纹直径与螺距的标准组合系列,见表 11-21。

表 11－21　梯形螺纹直径与螺距的标准组合系列(GB/T 5796.2—2005)　单位:mm

公称直径			螺距																					
第一系列	第二系列	第三系列	44	40	36	32	28	24	22	20	18	16	14	12	10	9	8	7	6	5	4	3	2	1.5
8																								1.5
	9																						2	1.5
10																							2	1.5
	11																					3	2	
12																						3	2	
	14																					3	2	
16																					4		2	
	18																				4		2	
20																					4		2	
	22																8			5		3		
24																	8			5		3		
	26																8			5		3		
28																	8			5		3		
	30														10				6			3		
32															10				6			3		
	34														10				6			3		
36															10				6			3		
	38														10			7				3		
40															10			7				3		
	42														10			7				3		
44														12				7				3		
	46													12			8					3		
48														12			8					3		
	50													12			8					3		
52														12			8					3		
	55												14			9						3		
60													14			9						3		
	65											16			10						4			
70												16			10						4			
	75											16			10						4			
80												16			10						4			
	85										18			12							4			
90											18			12							4			
	95										18			12							4			
100										20				12							4			
		105								20				12							4			

（续表）

公称直径			螺距																					
第一系列	第二系列	第三系列	44	40	36	32	28	24	22	20	18	16	14	12	10	9	8	7	6	5	4	3	2	1.5
	110									20				12							4			
		115							22				14							6				
120									22				14							6				
		125							22				14							6				
	130								22				14							6				
		135						24					14							6				
140								24					14							6				
		145											14							6				
	150							24				16								6				
		155						24				16								6				
160							28					16								6				
		165					28					16								6				
	170						28					16								6				
		175					28					16						8						
180							28				18							8						
		185				32					18							8						
	190					32					18							8						
		195				32					18							8						
200					36						18							8						
	210					32				20								8						
220					36					20								8						
	230				36					20								8						
240					36				22									8						
	250			40					22						12									
260				40					22						12									
	270			40				24							12									
280				40				24							12									
	290		44					24							12									
300			44					24							12									

注：表中规定了梯形螺纹的直径与螺距标准组合系列。在表内应选择与直径处于同一行内的螺距。表中优先选用第一系列直径，其次选用第二系列直径。新产品设计时，不宜选用表内的第三系列直径。优先选用粗黑框内的螺距。如果需要使用表内规定以外的螺距，则应选用表中邻近直径所对应的螺距。

梯形螺纹的设计牙型及螺纹基本尺寸，见表 11 - 22。

表 11 - 22 梯形螺纹的设计牙型及螺纹基本尺寸(GB/T 5796. 3—2005) 单位：mm

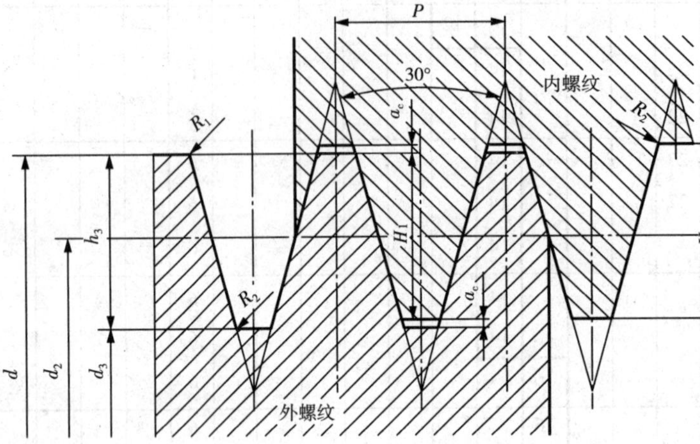

a_c——牙顶间隙；
D_4——设计牙型上的内螺纹大径；
D_2——设计牙型上的内螺纹中径；
D_1——设计牙型上的内螺纹小径；
d——设计牙型上的外螺纹大径（公称直径）；
d_2——设计牙型上的外螺纹中径；
d_3——设计牙型上的外螺纹小径；
H_1——基本牙型牙高；
H_4——设计牙型上的内螺纹牙高；
h_3——设计牙型上的外螺纹牙高；
P——螺距

$D_1=d-2\times H_1=d-P$；$D_4=d+2a_c$；$d_3=d-2h_3=d-P-2a_c$；$d_2=D_2=d-H_1=d-0.5P$

公称直径			螺距	中径	大径	小径	
第一系列	第二系列	第三系列	P	$d_2=D_2$	D_4	d_3	D_1
8			1.5	7.250	8.300	6.200	6.500
	9		1.5	8.250	9.300	7.200	7.500
			2	8.000	9.500	6.500	7.000
10			1.5	9.250	10.300	8.200	8.500
			2	9.000	10.500	7.500	8.000
	11		2	10.000	11.500	8.500	9.000
			3	9.500	11.500	7.500	8.000
12			2	11.000	12.500	9.500	10.000
			3	10.500	12.500	8.500	9.000
	14		2	13.000	14.500	11.500	12.000
			3	12.500	14.500	10.500	11.000
16			2	15.000	16.500	13.500	14.000
			4	14.000	16.500	11.500	12.000
	18		2	17.000	18.500	15.500	16.000
			4	16.000	18.500	13.500	14.000
20			2	19.000	20.500	17.500	18.000
			4	18.000	20.500	15.500	16.000
	22		3	20.500	22.500	18.500	19.000
			5	19.500	22.500	16.500	17.000
			8	18.000	23.000	13.000	14.000

（续表）

公称直径			螺距	中径	大径	小径	
第一系列	第二系列	第三系列	P	$d_2=D_2$	D_4	d_3	D_1
24			3	22.500	24.500	20.500	21.000
			5	21.500	24.500	18.500	19.000
			8	20.000	25.000	15.000	16.000
	26		3	24.500	26.500	22.500	23.000
			5	23.500	26.500	20.500	21.000
			8	22.000	27.000	17.000	18.000
28			3	26.500	28.500	24.500	25.000
			5	25.500	28.500	22.500	23.000
			8	24.00	29.000	19.000	20.000
	30		3	28.500	30.500	26.500	27.000
			6	27.000	31.000	23.000	24.000
			10	25.000	31.000	19.000	20.000
32			3	30.500	32.500	28.500	29.000
			6	29.000	33.000	25.000	26.000
			10	27.000	33.000	21.000	22.000
	34		3	32.500	34.500	30.500	31.000
			6	31.000	35.000	27.000	28.000
			10	29.000	35.000	23.000	24.000
36			3	34.500	36.500	32.500	33.000
			6	33.000	37.000	29.000	30.000
			10	31.000	37.000	25.000	26.000
	38		3	36.500	38.500	34.500	35.000
			7	34.500	39.000	30.000	31.000
			10	33.000	39.000	27.000	28.000
40			3	38.500	40.500	36.500	37.000
			7	36.500	41.000	32.000	33.000
			10	35.000	41.000	29.000	30.000
	42		3	40.500	42.500	38.500	39.000
			7	38.500	43.000	34.000	35.000
			10	37.000	43.000	31.000	32.000
44			3	42.500	44.500	40.500	41.000
			7	40.500	45.000	36.000	37.000
			12	38.000	45.000	31.000	32.000

（续表）

公称直径			螺距	中径	大径	小径	
第一系列	第二系列	第三系列	P	$d_2=D_2$	D_4	d_3	D_1
	46		3	44.500	46.500	42.500	43.000
			8	42.000	47.000	37.000	38.000
			12	40.000	47.000	33.000	34.000
48			3	46.500	48.500	44.500	45.000
			8	44.000	49.000	39.000	40.000
			12	42.000	49.000	35.000	36.000
	50		3	48.500	50.500	46.500	47.000
			8	46.000	51.000	41.000	42.000
			12	44.000	51.000	37.000	38.000
52			3	50.500	52.500	48.500	49.000
			8	48.000	53.000	43.000	44.000
			12	46.000	53.000	39.000	40.000
	55		3	53.500	55.500	51.500	52.000
			9	50.500	56.000	45.000	46.000
			14	48.000	57.000	39.000	41.000
60			3	58.500	60.500	56.500	57.000
			9	55.500	61.000	50.000	51.000
			14	53.000	62.000	44.000	46.000
	65		4	63.000	65.500	60.500	61.000
			10	60.000	66.000	54.000	55.000
			16	57.000	67.000	47.000	49.000
70			4	68.000	70.500	65.500	66.000
			10	65.000	71.000	59.000	60.000
			16	62.000	72.000	52.000	54.000
	75		4	73.000	75.500	70.500	71.000
			10	70.000	76.000	64.000	65.000
			16	67.000	77.000	57.000	59.000
80			4	78.000	80.500	75.500	76.000
			10	75.000	81.000	69.000	70.000
			16	72.000	82.000	62.000	64.000
	85		4	83.000	85.500	80.500	81.000
			12	79.000	86.000	72.000	73.000
			18	76.000	87.000	65.000	67.000

（续表）

公称直径			螺距	中径	大径	小径	
第一系列	第二系列	第三系列	P	$d_2=D_2$	D_4	d_3	D_1
90			4 12 18	88.000 84.000 81.000	90.500 91.000 92.000	85.500 77.000 70.000	86.000 78.000 72.000
	95		4 12 18	93.000 89.000 86.000	95.500 96.000 97.000	90.500 82.000 75.000	91.000 83.000 77.000
100			4 12 20	98.000 94.000 90.000	100.500 101.000 102.000	95.500 87.000 78.000	96.000 88.000 80.000
		105	4 12 20	103.000 99.000 95.000	105.500 106.000 107.000	100.500 92.000 83.000	101.000 93.000 85.000
	110		4 12 20	108.000 104.000 100.000	110.500 111.000 112.000	105.500 97.000 88.000	106.000 98.000 90.000
		115	6 14 22	112.000 108.000 104.000	116.000 117.000 117.000	108.000 99.000 91.000	109.000 101.000 93.000
120			6 14 22	117.000 113.000 109.000	121.000 122.000 122.000	113.000 104.000 96.000	114.000 106.000 98.000
		125	6 14 22	122.000 118.000 114.000	126.000 127.000 127.000	118.000 109.000 101.000	119.000 111.000 103.000
	130		6 14 22	127.000 123.000 119.000	131.000 132.000 132.000	123.000 114.000 106.000	124.000 116.000 108.000
		135	6 14 24	132.000 128.000 123.000	136.000 137.000 137.000	128.000 119.000 109.000	129.000 121.000 111.000
140			6 14 24	137.000 133.000 128.000	141.000 142.000 142.000	133.000 124.000 114.000	134.000 126.000 116.000

（续表）

公称直径			螺距	中径	大径	小径	
第一系列	第二系列	第三系列	P	$d_2=D_2$	D_4	d_3	D_1
		145	6 14 24	142.000 138.000 133.000	146.000 147.000 147.000	138.000 129.000 119.000	139.000 131.000 121.000
	150		6 16 24	147.000 142.000 138.000	151.000 152.000 152.000	143.000 132.000 124.000	144.000 134.000 126.000
		155	6 16 24	152.000 147.000 143.000	156.000 157.000 157.000	148.000 137.000 129.000	149.000 139.000 131.000
160			6 16 28	157.000 152.000 146.000	161.000 162.000 162.000	153.000 142.000 130.000	154.000 144.000 132.000
		165	6 16 28	162.000 157.000 151.000	166.000 167.000 167.000	158.000 147.000 135.000	159.000 149.000 137.000
	170		6 16 28	167.000 162.000 156.000	171.000 172.000 172.000	163.000 152.000 140.000	164.000 154.000 142.000
		175	8 16 28	171.000 167.000 161.000	176.000 177.000 177.000	166.000 157.000 145.000	167.000 159.000 147.000
180			8 18 28	176.000 171.000 166.000	181.000 182.000 182.000	171.000 160.000 150.000	172.000 162.000 152.000
		185	8 18 32	181.000 176.000 169.000	186.000 187.000 187.000	176.000 165.000 151.000	177.000 167.000 153.000
	190		8 18 32	186.000 181.000 174.000	191.000 192.000 192.000	181.000 170.000 156.000	182.000 172.000 158.000
		195	8 18 32	191.000 186.000 179.000	196.000 197.000 197.000	186.000 175.000 161.000	187.000 177.000 163.000

（续表）

公称直径			螺距	中径	大径	小径	
第一系列	第二系列	第三系列	P	$d_2=D_2$	D_4	d_3	D_1
200			8	196.000	201.000	191.000	192.000
			18	191.000	202.000	180.000	182.000
			32	184.000	202.000	166.000	168.000
	210		8	206.000	211.000	201.000	202.000
			20	200.000	212.000	188.000	190.000
			36	192.000	212.000	172.000	174.000
220			8	216.000	221.000	211.000	212.000
			20	210.000	222.000	198.000	200.000
			36	202.000	222.000	182.000	184.000
	230		8	226.000	231.000	221.000	222.000
			20	220.000	232.000	208.000	210.000
			36	212.000	232.000	192.000	194.000
240			8	236.000	241.000	231.000	232.000
			22	229.000	242.000	216.000	218.000
			36	222.000	242.000	202.000	204.000
	250		12	244.000	251.000	237.000	238.000
			22	239.000	252.000	226.000	228.000
			40	230.000	252.000	208.000	210.000
260			12	254.000	261.000	247.000	248.000
			22	249.000	262.000	236.000	238.000
			40	240.000	262.000	218.000	220.000
	270		12	264.000	271.000	257.000	258.000
			24	258.000	272.000	244.000	246.000
			40	250.000	272.000	228.000	230.000
280			12	274.000	281.000	267.000	268.000
			24	268.000	282.000	254.000	256.000
			40	260.000	282.000	238.000	240.000
	290		12	284.000	291.000	277.000	278.000
			24	278.000	292.000	264.000	266.000
			44	268.000	292.000	244.000	246.000
300			12	294.000	301.000	287.000	288.000
			24	288.000	302.000	274.000	276.000
			44	278.000	302.000	254.000	256.000

梯形螺纹的旋合长度，见表 11－23。

表 11－23　梯形螺纹的旋合长度(GB/T 5796.4—2005)　单位：mm

基本大径 d		螺距 P	旋合长度		
			N		L
>	≤		>	≤	>
5.6	11.2	1.5	5	15	15
		2	6	19	19
		3	10	28	28
11.2	22.4	2	8	24	24
		3	11	32	32
		4	15	43	43
		5	18	53	53
		8	30	85	85
22.4	45	3	12	36	36
		5	21	63	63
		6	25	75	75
		7	30	85	85
		8	34	100	100
		10	42	125	125
		12	50	150	150
45	90	3	15	45	45
		4	19	56	56
		8	38	118	118
		9	43	132	132
		10	50	140	140
		12	60	170	170
		14	67	200	200
		16	75	236	236
		18	85	265	265
90	180	4	24	71	71
		6	36	106	106
		8	45	132	132
		12	67	200	200
		14	75	236	236
		16	90	265	265
		18	100	300	300
		20	112	335	335
		22	118	355	355
		24	132	400	400
		28	150	450	450

（续表）

基本大径 d		螺距 P	旋合长度		
			N		L
>	≤		>	≤	>
180	355	8	50	150	150
		12	75	224	224
		18	112	335	335
		20	125	375	375
		22	140	425	425
		24	150	450	450
		32	200	600	600
		36	224	670	670
		40	250	750	750
		44	280	850	850

2. 梯形螺纹的公差(GB/T 5796.4—2005)

(1)梯形螺纹的公差带位置

按下面规定选取梯形螺纹的公差带位置。

内螺纹大径 D_4、中径 D_2 和小径 D_1 的公差带位置为 H，其基本偏差 EI 为零。

外螺纹中径 d_2 的公差带位置为 e 和 c，其基本偏差 es 为负值；外螺纹大径 d 和小径 d_3 的公差带位置为 h，其基本偏差 es 为零。

外螺纹大径和小径的公差带基本偏差为零，与中径公差带位置无关。

梯形螺纹中径的基本偏差值见表 11－24 所列。

表 11－24　梯形螺纹中径的基本偏差　　单位：μm

螺距 P/mm	内螺纹 D_2	外螺纹 d_2	
	H EI	c es	e es
1.5	0	−140	−67
2	0	−150	−71
3	0	−170	−85
4	0	−190	−95
5	0	−212	−106
6	0	−236	−118
7	0	−250	−125
8	0	−265	−132
9	0	−280	−140

（续表）

螺距 P/mm	内螺纹 D_2	外螺纹 d_2	
	H EI	c es	e es
10	0	−300	−150
12	0	−335	−160
14	0	−355	−180
16	0	−375	−190
18	0	−400	−200
20	0	−425	−212
22	0	−450	−224
24	0	−475	−236
28	0	−500	−250
32	0	−530	−265
36	0	−560	−280
40	0	−600	−300
44	0	−630	−315

(2)梯形螺纹的公差等级

梯形螺纹各直径的公差等级，见表 11－25 所列。其中外螺纹的小径 d_3 与其中径 d_2 应选取相同的公差等级。

表 11－25　梯形螺纹的公差等级

螺　纹　直　径	公　差　等　级
内螺纹小径 D_1	4
外螺纹大径 d	4
内螺纹中径 D_2	7,8,9
外螺纹中经 d_2	7,8,9
外螺纹小径 d_3	7,8,9

梯形螺纹各直径的公差值，见表 11－26～表 11－30 所列。

表 11－26　梯形螺纹的内螺纹小径公差　　单位：μm

螺　距　P/mm	4　级　公　差
1.5	190
2	236
3	315

（续表）

螺 距 P/mm	4 级 公 差
4	375
5	450
6	500
7	560
8	630
9	670
10	710
12	800
14	900
16	1000
18	1120
20	1180
22	1250
24	1320
28	1500
32	1600
36	1800
40	1900
44	2000

表 11－27 梯形螺纹的外螺纹大径公差 单位：μm

螺 距 P/mm	4 级 公 差
1.5	150
2	180
3	236
4	300
5	335
6	375
7	425
8	450
9	500
10	530

（续表）

螺　距　P/mm	4　级　公　差
12	600
14	670
16	710
18	800
20	850
22	900
24	950
28	1060
32	1120
36	1250
40	1320
44	1400

表 11－28　梯形螺纹的外螺纹小径公差　　单位：μm

基本大径 d/mm		螺距 P/mm	中径公差带位置 c			中径公差带位置为 e		
			公差等级			公差等级		
>	≤		7	8	9	7	8	9
5.6	11.2	1.5	352	405	471	279	332	398
		2	388	445	525	309	366	446
		3	435	501	589	350	416	504
11.2	22.4	2	400	462	544	321	383	465
		3	450	520	614	365	435	529
		4	521	609	690	426	514	595
		5	562	656	775	456	550	669
		8	709	828	965	576	695	832
22.4	45	3	482	564	670	397	479	585
		5	587	681	806	481	575	700
		6	655	767	899	537	649	781
		7	694	813	950	569	688	825
		8	734	859	1015	601	726	882
		10	800	925	1087	650	775	937
		12	866	998	1223	691	823	1048

（续表）

基本大径 d/mm		螺距 P/mm	中径公差带位置 c			中径公差带位置为 e		
			公差等级			公差等级		
>	≤		7	8	9	7	8	9
45	90	3	501	589	701	416	504	616
		4	565	659	784	470	564	689
		8	765	890	1052	632	757	919
		9	811	943	1118	671	803	978
		10	831	963	1138	681	813	988
		12	929	1085	1273	754	910	1098
		14	970	1142	1355	805	967	1180
		16	1038	1213	1438	853	1028	1253
		18	1100	1288	1525	900	1088	1320
90	180	4	584	690	815	489	595	720
		6	705	830	986	587	712	868
		8	796	928	1103	663	795	970
		12	960	1122	1335	785	947	1160
		14	1018	1193	1418	843	1018	1243
		16	1075	1263	1500	890	1078	1315
		18	1150	1338	1588	950	1138	1388
		20	1175	1363	1613	962	1150	1400
		22	1232	1450	1700	1011	1224	1474
		24	1313	1538	1800	1074	1299	1561
		28	1388	1625	1900	1138	1375	1650
180	355	8	828	965	1153	695	832	1020
		12	998	1173	1398	823	998	1223
		18	1187	1400	1650	987	1200	1450
		20	1263	1488	1750	1050	1275	1537
		22	1288	1513	1775	1062	1287	1549
		24	1363	1600	1875	1124	1361	1636
		32	1530	1780	2092	1265	1515	1827
		36	1623	1885	2210	1343	1605	1930
		40	1663	1925	2250	1363	1625	1950
		44	1755	2030	2380	1440	1715	2065

表 11－29　梯形螺纹的内螺纹中径公差　　单位：μm

基本大径 d/mm		螺距 P/mm	公差等级		
>	≤		7	8	9
5.6	11.2	1.5	224	280	355
		2	250	315	400
		3	280	355	450
11.2	22.4	2	265	335	425
		3	300	375	475
		4	355	450	560
		5	375	475	600
		8	475	600	750
22.4	45	3	335	425	530
		5	400	500	630
		6	450	560	710
		7	475	600	750
		8	500	630	800
		10	530	670	850
		12	560	710	900
45	90	3	355	450	560
		4	400	500	630
		8	530	670	850
		9	560	710	900
		10	560	710	900
		12	630	800	1000
		14	670	850	1060
		16	710	900	1120
		18	750	950	1180

（续表）

基本大径 d/mm		螺距 P/mm	公差等级		
>	≤		7	8	9
90	180	4	425	530	670
		6	500	630	800
		8	560	710	900
		12	670	850	1060
		14	710	900	1120
		16	750	950	1180
		18	800	1000	1250
		20	800	1000	1250
		22	850	1060	1320
		24	900	1120	1400
		28	950	1180	1500
180	355	8	600	750	950
		12	710	900	1120
		18	850	1060	1320
		20	900	1120	1400
		22	900	1120	1400
		24	950	1180	1500
		32	1060	1320	1700
		36	1120	1400	1800
		40	1120	1400	1800
		44	1250	1500	1900

表 11－30　梯形螺纹的外螺纹中径公差　　单位：μm

基本大径 d/mm		螺距 P/mm	公差等级		
>	≤		7	8	9
5.6	11.2	1.5	170	212	265
		2	190	236	300
		3	212	265	335
11.2	22.4	2	200	250	315
		3	224	280	355
		4	265	335	425
		5	280	355	450
		8	355	450	560

（续表）

基本大径 d/mm		螺距 P/mm	公差等级		
＞	≤		7	8	9
22.4	45	3 5 6	250 300 335	315 375 425	400 475 530
		7 8 10 12	355 375 400 425	450 475 500 530	560 600 630 670
45	90	3 4 8	265 300 400	335 375 500	425 475 630
		9 10 12	425 425 475	530 530 600	670 670 750
		14 16 18	500 530 560	630 670 710	800 850 900
90	180	4 6 8 12	315 375 425 500	400 475 530 630	500 600 670 800
		14 16 18	530 560 600	670 710 750	850 900 950
		20 22 24 28	600 630 670 710	750 800 850 900	950 1000 1060 1120
180	355	8 12 18	450 530 630	560 670 800	710 850 1000

（续表）

基本大径 d/mm		螺距 P/mm	公差等级		
>	⩽		7	8	9
180	355	20	670	850	1060
		22	670	850	1060
		24	710	900	1120
		32	800	1000	1250
		36	850	1060	1320
		40	850	1060	1320
		44	900	1120	1400

(3)梯形螺纹推荐公差带

应优先按表 11－31 和表 11－32 的规定选取螺纹公差带。

根据使用场合，选择梯形螺纹的精度等级。

——中等：用于一般用途螺纹；

——粗糙：用于制造螺纹有困难的场合。

如果不能确定螺纹旋合长度的实际值，推荐按中等旋合长度组 N 选取螺纹公差带。

表 11－31 梯形螺纹的内螺纹推荐公差带

公差精度	中径公差	
	N	L
中等	7H	8H
粗糙	8H	9H

表 11－32 梯形螺纹的外螺纹推荐公差带

公差精度	中径公差	
	N	L
中等	7e	8e
粗糙	8c	9c

(4)多线螺纹公差

多线螺纹的顶径和底径公差与具有相同螺距单线螺纹的顶径和底径公差相等。

多线螺纹的中径公差等于具有相同螺距单线螺纹的中径公差（见表 11－29 和表 11－30）乘以修正系数。修正系数见表 11－33。

表 11－33 梯形螺纹多线螺纹的中径公差修正系数

线数	2	3	4	⩾5
修正系数	1.12	1.25	1.4	1.6

11.8.4 锯齿形螺纹（GB/T 13576—2008）

1. 锯齿形螺纹的牙型及尺寸

锯齿形(3°、30°)螺纹的基本牙型及其尺寸，见表 11－34。

表 11－34　锯齿形(3°、30°)螺纹的基本牙型及其尺寸　　单位:mm

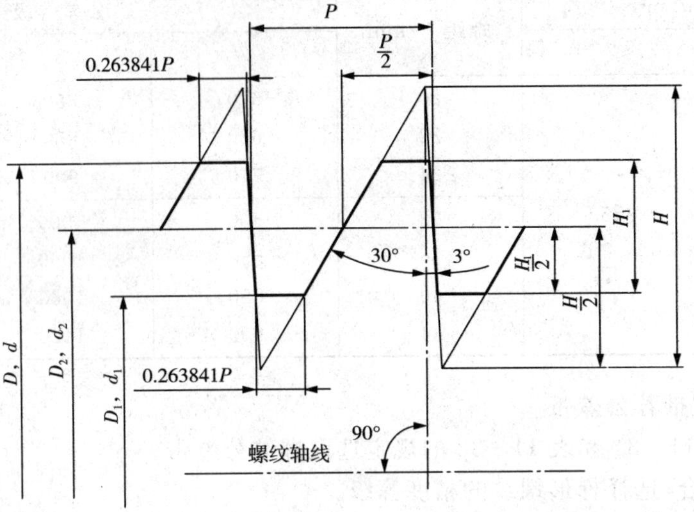

螺距 P	H 1.587911P	$H/2$ 0.793956 P	H_1 0.75 P	牙顶和牙底宽 0.263841 P
2	3.176	1.588	1.500	0.528
3	4.764	2.382	2.250	0.792
4	6.352	3.176	3.000	1.055
5	7.940	3.970	3.750	1.319
6	9.527	4.764	4.500	1.583
7	11.115	5.558	5.250	1.847
8	12.703	6.352	6.000	2.111
9	14.291	7.146	6.750	2.375
10	15.879	7.940	7.500	2.638
12	19.055	9.527	9.000	3.166
14	22.231	11.115	10.500	3.694
16	25.407	12.703	12.000	4.221
18	28.582	14.291	13.500	4.749
20	31.758	15.879	15.000	5.277
22	34.934	17.467	16.500	5.805
24	38.110	19.055	18.000	6.332
28	44.462	22.231	21.000	7.388
32	50.813	25.407	24.000	8.443
36	57.165	28.582	27.000	9.498
40	63.516	31.758	30.000	10.554
44	69.868	34.934	33.000	11.609

锯齿形(3°、30°)螺纹的设计牙型及其尺寸,见表 11－35。

表 11－35　锯齿形(3°、30°)螺纹的设计牙型及其尺寸　　单位:mm

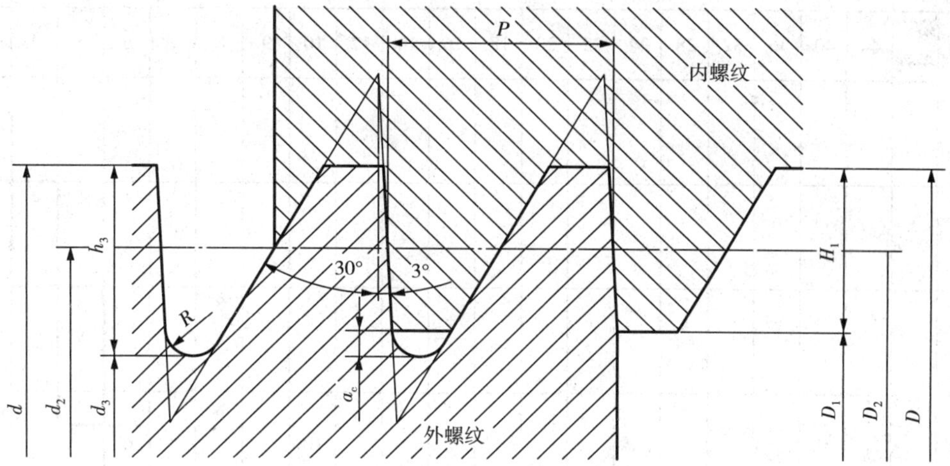

图中的粗实线代表设计牙型

螺距 P	a_c $0.117767P$	h_3 $0.867767P$	R $0.1242710P$
2	0.236	1.736	0.249
3	0.353	2.603	0.373
4	0.471	3.471	0.497
5	0.589	4.339	0.621
6	0.707	5.207	0.746
7	0.824	6.074	0.870
8	0.942	6.942	0.994
9	1.060	7.810	1.118
10	1.178	8.678	1.243
12	1.413	10.413	1.491
14	1.649	12.149	1.740
16	1.884	13.884	1.988
18	2.120	15.620	2.237
20	2.355	17.355	2.485
22	2.591	19.091	2.734
24	2.826	20.826	2.983
28	3.297	24.297	3.480
32	3.769	27.769	3.977
36	4.240	31.240	4.474
40	4.711	34.711	4.971
44	5.182	38.182	5.468

锯齿形(3°、30°)螺纹直径与螺距的标准组合系列,见表 11－36。

表 11-36 锯齿形(3°、30°)螺纹直径与螺距的标准组合系列 单位:mm

公称直径			螺距																				
第一系列	第二系列	第三系列	44	40	36	32	28	24	22	20	18	16	14	12	10	9	8	7	6	5	4	3	2
10																							2
12																						3	2
	14																					3	2
16																					4		2
	18																				4		2
20																					4		2
	22																8			5		3	
24																	8			5		3	
	26																8			5		3	
28																	8			5		3	
	30														10				6			3	
32															10				6			3	
	34														10				6			3	
36															10				6			3	
	38														10			7				3	
40															10			7				3	
	42														10			7				3	
44														12				7				3	
	46													12			8					3	
48														12			8					3	
	50													12			8					3	
52														12			8					3	
	55												14			9						3	
60													14			9						3	
	65											16			10						4		
70												16			10						4		
	75											16			10						4		
80												16			10						4		
	85										18			12							4		
90											18			12							4		
	95										18			12							4		
100										20				12							4		
		105								20				12							4		
	110									20				12							4		
		115							22				14							6			
120									22				14							6			
		125							22				14							6			
	130								22				14							6			
		135						24					14							6			
140								24					14							6			
		145						24					14							6			
	150							24				16								6			

（续表）

公称直径			螺距																				
第一系列	第二系列	第三系列	44	40	36	32	28	24	22	20	18	16	14	12	10	9	8	7	6	5	4	3	2
		155						24				**16**								6			
160							28					**16**								6			
		165					28					**16**								6			
	170						28					**16**								6			
		175					28					**16**						8					
180							28				**18**							8					
		185				32					**18**							8					
	190					32					**18**							8					
		195				32					**18**							8					
200						32					**18**							8					
	210				36					**20**								8					
220					36					**20**								8					
	230				36					**20**								8					
240					36				**22**									8					
	250			40					**22**						12								
260				40					**22**						12								
	270			40				**24**							12								
280				40				**24**							12								
	290		44					**24**							12								
300			44					**24**							12								
	320		44												12								
340			44												12								
	360														12								
380															12								
	400														12								
420														18									
	440													18									
460														18									
	480													18									
500														18									
	520										24												
540											24												
	560										24												
580											24												
	600										24												
620											24												
	640										24												

注：表中规定了锯齿形螺纹的直径与螺距标准组合系列。表中优先选用第一系列直径，其次选用第二系列直径。新产品设计时，不宜选用表内的第三系列直径。表中应选择直径处于同一行内的螺距，优先选用粗黑框内的螺距。如果需要使用表规定以外的螺距，则选用表中邻近直径所对应的螺距。

锯齿形(3°、30°)螺纹基本尺寸,见表 11-37。

表 11-37 锯齿形(3°、30°)螺纹基本尺寸(GB/T 13576.3—2008)　单位:mm

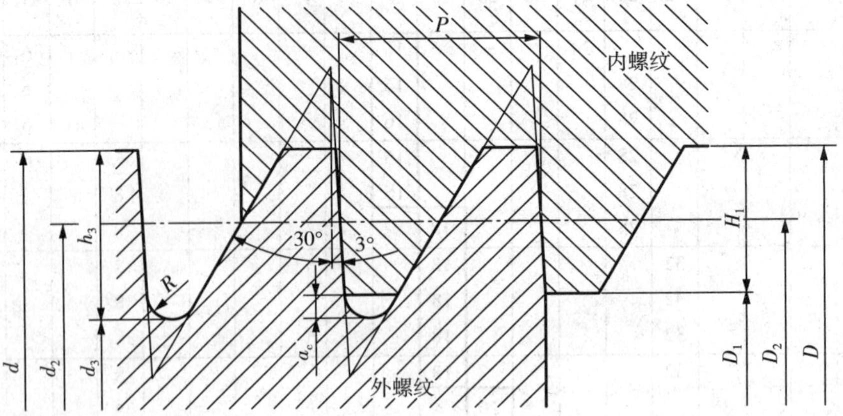

a_c—小径间隙;D—设计牙型上的内螺纹大径;D_2—设计牙型上的内螺纹中径;D_1—设计牙型上的内螺纹小径;d—设计牙型上的外螺纹大径(公称直径);d_2—设计牙型上的外螺纹中径;d_3—设计牙型上的外螺纹小径;H_1—基本牙型牙高和设计牙型上的内螺纹牙高;h_3—设计牙型上的外螺纹牙高;P—螺距;R—外螺纹牙底倒角圆弧半径

$$d_2 = D_2 = d - H_1 = d - 0.75P$$
$$D_1 = d - 2H_1 = d - 1.5P$$
$$d_3 = d - 2h_3 = d - 1.735534P$$

公称直径			螺距	中径	小径	
第一系列	第二系列	第三系列	P	$d_2 = D_2$	d_3	D_1
10			2	8.500	6.529	7.000
12			2	10.500	8.529	9.000
			3	9.750	6.793	7.500
	14		2	12.500	10.529	11.000
			3	11.750	8.793	9.500
16			2	14.500	12.529	13.000
			4	13.500	9.058	10.000
	18		2	16.500	14.529	15.000
			4	15.000	11.058	12.000
20			2	18.500	16.529	17.000
			4	17.000	13.058	14.000
	22		3	19.750	16.793	17.500
			5	18.250	13.322	14.500
			8	16.000	8.116	10.000
24			3	21.750	18.793	19.500
			5	20.250	15.322	16.500
			8	18.000	10.116	12.000

（续表）

公称直径			螺距	中径	小径	
第一系列	第二系列	第三系列	P	$d_2=D_2$	d_3	D_1
	26		3	23.750	20.793	21.500
			5	22.250	17.322	18.500
			8	20.000	12.116	14.000
28			3	25.750	22.793	23.500
			5	24.250	19.322	20.500
			8	22.000	14.116	16.000
	30		3	27.750	24.793	25.500
			6	25.500	19.587	21.000
			10	22.500	12.645	15.000
32			3	29.750	26.793	27.500
			6	27.500	21.587	23.000
			10	24.500	14.645	17.000
	34		3	31.750	28.793	29.500
			6	29.500	23.587	25.000
			10	26.500	16.645	19.000
36			3	33.750	30.793	31.500
			6	31.500	25.587	27.500
			10	28.500	18.645	21.000
	38		3	35.750	32.793	33.500
			7	32.750	25.851	27.500
			10	30.500	20.645	23.000
40			3	37.750	34.793	35.500
			7	34.750	27.851	29.500
			10	32.500	22.645	25.000
	42		3	39.750	36.793	37.500
			7	36.750	29.851	31.500
			10	34.500	24.645	27.000
44			3	41.750	38.793	39.500
			7	38.750	31.851	33.500
			12	35.000	23.174	26.000
	46		3	43.750	40.793	41.500
			8	40.000	32.116	34.000
			12	37.000	25.174	28.000
48			3	45.750	42.793	43.500
			8	42.000	34.116	36.000
			12	39.000	27.174	30.000
	50		3	47.750	44.793	45.500
			8	44.000	36.116	38.000
			12	41.000	29.174	32.000

（续表）

公称直径			螺距	中径	小径	
第一系列	第二系列	第三系列	P	$d_2=D_2$	d_3	D_1
52			3	49.750	46.793	47.500
			8	46.000	38.116	40.000
			12	43.000	31.174	34.000
	55		3	52.750	49.793	50.500
			9	48.250	39.380	41.500
			14	44.500	30.703	34.000
60			3	57.750	54.793	55.500
			9	53.250	44.380	46.500
			14	49.500	35.703	39.000
	65		4	62.000	58.058	59.000
			10	57.500	47.645	50.000
			16	53.000	37.231	41.000
70			4	67.000	63.058	64.000
			10	62.500	52.645	55.000
			16	58.000	42.231	46.000
	75		4	72.000	68.058	69.000
			10	67.500	57.645	60.000
			16	63.000	47.231	51.000
80			4	77.000	73.058	74.000
			10	72.500	62.645	65.000
			16	68.000	52.231	56.000
	85		4	82.000	78.058	79.000
			12	76.000	64.174	67.000
			18	71.500	53.760	58.000
90			4	87.000	83.058	84.000
			12	81.000	69.174	72.000
			18	76.500	58.760	63.000
	95		4	92.000	88.058	89.000
			12	86.000	74.174	77.000
			18	81.500	63.760	68.000
100			4	97.000	93.058	94.000
			12	91.000	79.174	82.000
			20	85.000	65.289	70.000
		105	4	102.000	98.058	99.000
			12	96.000	84.174	87.000
			20	90.000	70.289	75.000
	110		4	107.000	103.058	104.000
			12	101.000	89.174	92.000
			20	95.000	75.289	80.000

（续表）

公称直径			螺距	中径	小径	
第一系列	第二系列	第三系列	P	$d_2=D_2$	d_3	D_1
		115	6	110.500	104.587	106.000
			14	104.500	90.703	94.000
			22	98.500	76.818	82.000
120			6	115.500	109.587	111.000
			14	109.500	95.703	99.000
			22	103.500	81.818	87.000
		125	6	120.500	114.587	116.000
			14	114.500	100.703	104.000
			22	108.500	86.818	92.000
	130		6	125.500	119.587	121.000
			14	119.500	105.703	109.000
			22	113.500	91.818	97.000
		135	6	130.500	124.587	126.000
			14	124.500	110.703	114.000
			24	117.000	93.347	99.000
140			6	135.500	129.587	131.000
			14	129.500	115.703	119.000
			24	122.000	98.347	104.000
		145	6	140.500	134.587	136.000
			14	134.500	120.703	124.000
			24	127.000	103.347	109.000
	150		6	145.500	139.587	141.000
			16	138.000	122.231	126.000
			24	132.000	108.347	114.000
		155	6	150.500	144.587	146.000
			16	143.000	127.231	131.000
			24	137.000	113.347	119.000
160			6	155.500	149.587	151.000
			16	148.000	132.231	136.000.
			28	139.000	111.405	118.000
		165	6	160.500	154.587	156.000
			16	153.000	137.231	141.000
			28	144.000	116.405	123.000
	170		6	165.500	159.587	161.000
			16	158.000	142.231	146.000
			28	149.000	121.405	128.000
		175	8	169.000	161.116	163.000
			16	163.000	147.231	151.000
			28	154.000	126.405	133.000

（续表）

公称直径			螺距	中径	小径	
第一系列	第二系列	第三系列	P	$d_2=D_2$	d_3	D_1
180			8	174.000	166.116	168.000
			18	166.500	148.760	153.000
			28	159.000	131.405	138.000
		185	8	179.000	171.116	173.000
			18	171.500	153.760	158.000
			32	161.000	129.463	137.000
	190		8	184.000	176.116	178.000
			18	176.500	158.760	163.000
			32	166.000	134.463	142.000
		195	8	189.000	181.116	183.000
			18	181.500	163.760	168.000
			32	171.000	139.463	147.000
200			8	194.000	186.116	188.000
			18	186.500	168.760	173.000
			32	176.000	144.463	152.000
	210		8	204.000	196.116	198.000
			20	195.000	175.289	180.000
			36	183.000	147.521	156.000
220			8	214.000	206.116	208.000
			20	205.000	185.289	190.000
			36	193.000	157.521	166.000
	230		8	224.000	216.116	218.000
			20	215.000	196.289	200.000
			36	203.000	167.521	176.000
240			8	234.000	226.116	228.000
			22	223.500	201.818	207.000
			36	213.000	177.521	186.000
	250		12	241.000	229.174	232.000
			22	233.500	211.818	217.000
			40	220.000	180.579	190.000
260			12	251.000	239.174	242.000
			22	243.500	221.818	227.000
			40	230.000	190.579	200.000
	270		12	261.000	249.174	252.000
			24	252.000	228.347	234.000
			40	240.000	200.579	210.000
280			12	271.000	259.174	262.000
			24	262.000	238.347	244.000
			40	250.000	210.579	220.000

（续表）

公称直径			螺距	中径	小径	
第一系列	第二系列	第三系列	P	$d_2=D_2$	d_3	D_1
	290		12	281.000	269.174	272.000
			24	272.000	248.347	254.000
			44	257.000	213.637	224.000
300			12	291.000	279.174	282.000
			24	282.000	258.347	264.000
			44	267.000	223.637	234.000
	320		12	311.000	299.174	302.000
			44	287.000	243.637	254.000
340			12	331.000	319.174	322.000
			44	307.000	263.637	274.000
	360		12	351.000	339.174	342.000
380			12	371.000	359.174	362.000
	400		12	391.000	379.174	382.000
420			18	406.500	388.760	393.000
	440		18	426.500	408.760	413.000
460			18	446.500	428.760	433.000
	480		18	466.500	448.760	453.000
500			18	486.500	468.760	473.000
	520		24	502.000	478.347	484.000
540			24	522.000	498.347	504.000
	560		24	542.000	518.347	524.000
580			24	562.000	538.347	544.000
	600		24	582.000	558.347	564.000
620			24	602.000	578.347	584.000
	640		24	622.000	598.347	604.000

2. 锯齿形螺纹的公差(GB/T 13576.4—2008)

(1)锯齿形螺纹公差带位置

内螺纹大径 D、中径 D_2 和小径 D_1 的公差带位置为 H，其基本偏差 EI 为零。

外螺纹大径 d 和小径 d_3 的公差带位置为 h，其基本偏差 es 为零；外螺纹中径 d_2 的公差带位置为 e 和 c，其基本偏差 es 为负值。

外螺纹大径和小径的公差带基本偏差总为零，与中径公差带位置无关。

锯齿形螺纹中径的基本偏差值见表 11-38。

表 11－38　锯齿形螺纹中径的基本偏差　　单位：μm

螺距 P/mm	内螺纹 D_2	外螺纹 d_2	
	H EI	c es	e es
2	0	−150	−71
3	0	−170	−85
4	0	−190	−95
5	0	−212	−106
6	0	−236	−118
7	0	−250	−125
8	0	−265	−132
9	0	−280	−140
10	0	−300	−150
12	0	−335	−160
14	0	−355	−180
16	0	−375	−190
18	0	−400	−200
20	0	−425	−212
22	0	−450	−224
24	0	−475	−236
28	0	−500	−250
32	0	−530	−265
36	0	−560	−280
40	0	−600	−300
44	0	−630	−315

(2)公差等级

锯齿形螺纹中径和小径的公差等级，见表 11－39 所列。其中外螺纹的小径 d_3 与其中径 d_2 应选取相同的公差等级。锯齿形螺纹各直径的公差值见表 11－40～表 11－44 所列。锯齿形螺纹的旋合长度见表 11－45 所列。

表 11－39　锯齿形螺纹的公差等级

螺　纹　直　径	公　差　等　级
内螺纹中径 D_2	7,8,9
外螺纹中径 d_2	7,8,9
外螺纹小径 d_3	7,8,9
内螺纹小径 D_1	4

表 11-40 锯齿形螺纹的内螺纹小径公差 单位：μm

螺距 P/mm	4级公差	螺距 P/mm	4级公差
2	236	18	1120
3	315	20	1180
4	375	22	1250
5	450	24	1320
6	500	28	1500
7	560	32	1600
8	630	36	1800
9	670	40	1900
10	710	44	2000
12	800		
14	900		
16	1000		

表 11-41 锯齿形螺纹的内、外螺纹大径公差 单位：μm

公称直径 d/mm		内螺纹大径公差 H10	外螺纹大径公差 h9
>	≤		
6	10	58	36
10	18	70	43
18	30	84	52
30	50	100	62
50	80	120	74
80	120	140	87
120	180	160	100
180	250	185	115
250	315	210	130
315	400	230	140
400	500	250	155
500	630	280	175
630	800	320	200

表 11-42 锯齿形螺纹的外螺纹小径公差 单位:μm

基本大径 d/mm		螺距 P/mm	中径公差带位置为 c			中径公差带位置为 e		
			公差等级			公差等级		
>	≤		7	8	9	7	8	9
5.6	11.2	2	388	445	525	309	366	446
		3	435	501	589	350	416	504
11.2	22.4	2	400	462	544	321	383	465
		3	450	520	614	365	435	529
		4	521	609	690	426	514	595
		5	562	656	775	456	550	669
		8	709	828	965	576	695	832
22.4	45	3	482	564	670	397	479	585
		5	587	681	806	481	575	700
		6	655	767	899	537	649	781
		7	694	813	950	569	688	825
		8	734	859	1015	601	726	882
		10	800	925	1087	650	775	937
		12	866	998	1223	691	823	1048
45	90	3	501	589	701	416	504	616
		4	565	659	784	470	564	689
		8	765	890	1052	632	757	919
		9	811	943	1118	671	803	978
		10	831	963	1138	681	813	988
		12	929	1085	1273	754	910	1098
		14	970	1142	1355	805	967	1180
		16	1038	1213	1438	853	1028	1253
		18	1100	1288	1525	900	1088	1320
90	180	4	584	690	815	489	595	720
		6	705	830	986	587	712	868
		8	796	928	1103	663	795	970
		12	960	1122	1335	785	947	1160
		14	1018	1193	1418	843	1018	1243
		16	1075	1263	1500	890	1078	1315
		18	1150	1338	1588	950	1138	1388
		20	1175	1363	1613	962	1150	1400
		22	1232	1450	1700	1011	1224	1474
		24	1313	1538	1800	1074	1299	1561
		28	1388	1625	1900	1138	1375	1650

（续表）

基本大径 d/mm		螺距 P/mm	中径公差带位置为 c			中径公差带位置为 e		
			公差等级			公差等级		
>	≤		7	8	9	7	8	9
180	355	8	828	965	1153	695	832	1020
		12	998	1173	1398	823	998	1223
		18	1187	1400	1650	987	1200	1450
		20	1263	1488	1750	1050	1275	1537
		22	1288	1513	1775	1062	1287	1549
		24	1363	1600	1875	1124	1361	1636
		32	1530	1780	2092	1265	1515	1827
		36	1623	1885	2210	1343	1605	1930
		40	1663	1925	2250	1363	1625	1950
		44	1755	2030	2380	1440	1715	2065
355	640	12	1035	1223	1460	870	1058	1295
		18	1238	1462	1725	1038	1263	1525
		24	1363	1600	1875	1124	1361	1636
		44	1818	2155	2530	1503	1840	2215

表 11－43　锯齿形螺纹的内螺纹中径公差　单位：μm

基本大径 d/mm		螺距 P/mm	公差等级		
>	≤		7	8	9
5.6	11.2	2	250	315	400
		3	280	355	450
11.2	22.4	2	265	335	425
		3	300	375	475
		4	355	450	560
		5	375	475	600
		8	475	600	750
22.4	45	3	335	425	530
		5	400	500	630
		6	450	560	710
		7	475	600	750
		8	500	630	800
		10	530	670	850
		12	560	710	900

（续表）

基本大径 d/mm		螺距 P/mm	公差等级		
>	⩽		7	8	9
45	90	3	355	450	560
		4	400	500	630
		8	530	670	850
		9	560	710	900
		10	560	710	900
		12	630	800	1000
		14	670	850	1060
		16	710	900	1120
		18	750	950	1180
90	180	4	425	530	670
		6	500	630	800
		8	560	710	900
		12	670	850	1060
		14	710	900	1120
		16	750	950	1180
		18	800	1000	1250
		20	800	1000	1250
		22	850	1060	1320
		24	900	1120	1400
		28	950	1180	1500
180	355	8	600	750	950
		12	710	900	1120
		18	850	1060	1320
		20	900	1120	1400
		22	900	1120	1400
		24	950	1180	1500
		32	1060	1320	1700
		36	1120	1400	1800
		40	1120	1400	1800
		44	1250	1500	1900
355	640	12	760	950	1200
		18	900	1120	1400
		24	950	1180	1480
		44	1290	1610	2000

表 11-44 锯齿形螺纹的外螺纹中径公差 单位：μm

基本大径 d/mm		螺距 P/mm	公差等级		
>	≤		7	8	9
5.6	11.2	2	190	236	300
		3	212	265	335
11.2	22.4	2	200	250	315
		3	224	280	355
		4	265	335	425
		5	280	355	450
		8	355	450	560
22.4	45	3	250	315	400
		5	300	375	475
		6	335	425	530
		7	355	450	560
		8	375	475	600
		10	400	500	630
		12	425	530	670
45	90	3	265	335	425
		4	300	375	475
		8	400	500	630
		9	425	530	670
		10	425	530	670
		12	475	600	750
		14	500	630	800
		16	530	670	850
		18	560	710	900
90	180	4	315	400	500
		6	375	475	600
		8	425	530	670
		12	500	630	800
		14	530	670	850
		16	560	710	900
		18	600	750	950
		20	600	750	950
		22	630	800	1000
		24	670	850	1060
		28	710	900	1120

（续表）

基本大径 d/mm		螺距 P/mm	公差等级		
>	≤		7	8	9
180	355	8	450	560	710
		12	530	670	850
		18	630	800	1000
		20	670	850	1060
		22	670	850	1060
		24	710	900	1120
		32	800	1000	1250
		36	850	1060	1320
		40	850	1060	1320
		44	900	1120	1400
355	640	12	560	710	900
		18	670	850	1060
		24	710	900	1120
		44	950	1220	1520

表 11-45 锯齿形螺纹的旋合长度 单位：mm

基本大径 d/mm		螺距 P/mm	旋合长度		
			N		L
>	≤		>	≤	>
5.6	11.2	2	6	19	19
		3	10	28	28
11.2	22.4	2	8	24	24
		3	11	32	32
		4	15	43	43
		5	18	53	53
		8	30	85	85
22.4	45	3	12	36	36
		5	21	63	63
		6	25	75	75
		7	30	85	85
		8	34	100	100
		10	42	125	125
		12	50	150	150

（续表）

基本大径 d/mm		螺距 P/mm	旋合长度		
			N		L
>	≤		>	≤	>
45	90	3	15	45	45
		4	19	56	56
		8	38	118	118
		9	43	132	132
		10	50	140	140
		12	60	170	170
		14	67	200	200
		16	75	236	236
		18	85	265	265
90	180	4	24	71	71
		6	36	106	106
		8	45	132	132
		12	67	200	200
		14	75	236	236
		16	90	265	265
		18	100	300	300
		20	112	335	335
		22	118	355	355
		24	132	400	400
		28	150	450	450
180	355	8	50	150	150
		12	75	224	224
		18	112	335	335
		20	125	375	375
		22	140	425	425
		24	150	450	450
		32	200	600	600
		36	224	670	670
		40	250	750	750
		44	280	850	850
355	640	12	87	260	260
		18	132	390	390
		24	174	520	520
		44	319	950	950

(3)锯齿形螺纹推荐公差带

应优先按表 11－46 和表 11－47 的规定选取螺纹公差带。

根据使用场合，选择锯齿形螺纹的精度等级：

——中等：用于一般用途螺纹；

——粗糙：用于制造螺纹有困难的场合。

如果不能确定螺纹旋合长度的实际值，推荐按中等旋合长度组 N 选取螺纹公差带。

表 11－46 锯齿形螺纹的内螺纹推荐公差带

精度等级	中径公差带	
	N	L
中等	7H	8H
粗糙	8H	9H

表 11－47 锯齿形螺纹的外螺纹推荐公差带

精度等级	中径公差带	
	N	L
中等	7e	8e
粗糙	8c	9c

(4)多线螺纹公差

多线螺纹的顶径和底径公差与具有相同螺距单线螺纹的顶径和底径公差相等。

多线螺纹的中径公差等于具有相同螺距单线螺纹的中径公差(表 11－43 和表 11－44)乘以修正系数。修正系数见表 11－48 所列。

表 11－48 多线螺纹的中径公差修正系数

线　　数	2	3	4	≥5
修正系数	1.12	1.25	1.4	1.6

11.9 常用螺纹连接件标准画法及尺寸

11.9.1 六角头螺栓、六角螺母、垫圈、弹性垫圈

1. 六角头螺栓(GB/T 5782—2016)

国家标准 GB/T 5782—2016《六角头螺栓》规定了螺纹规格为 M1.6～M64、一定的性能等级、产品等级为 A 级和 B 级的六角头螺栓。A 级用于 d 为 1.6～24mm 和 $l \leqslant 10d$ 或 $l \leqslant$ 150mm(按较小值)的螺栓；B 级用于 $d>$24mm 或 $l>10d$ 或 $l>$150mm(按较小值)的螺栓。

(1)画法及尺寸

六角头螺栓的画法及尺寸参见表 11－49。

表 11－49 六角头螺栓画法及优先选用的螺纹规格（GB/T 5782—2016） 单位：mm

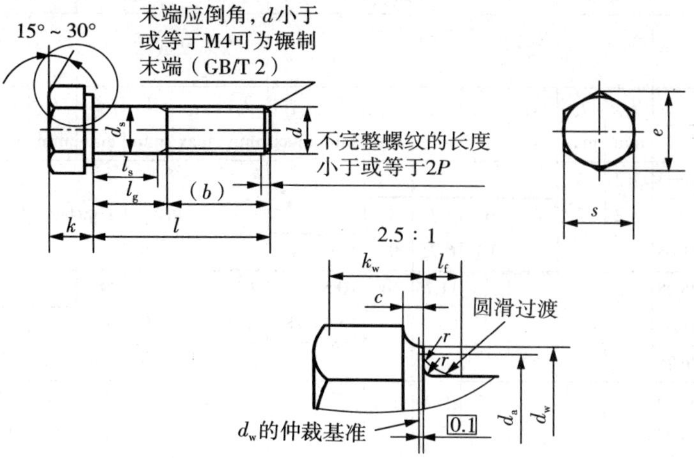

螺纹规格 d				M1.6	M2	M2.5	M3	M4	M5	M6	M8	M10
螺距 P				0.35	0.4	0.45	0.5	0.7	0.8	1	1.25	1.5
b 参考	①			9	10	11	12	14	16	18	22	26
	②			15	16	17	18	20	22	24	28	32
	③			28	29	30	31	33	35	37	41	45
c	max			0.25	0.25	0.25	0.40	0.40	0.50	0.50	0.60	0.60
	min			0.10	0.10	0.10	0.15	0.15	0.15	0.15	0.15	0.15
d_a	max			2	2.6	3.1	3.6	4.7	5.7	6.8	9.2	11.2
d_s	公称=max			1.60	2.00	2.50	3.00	4.00	5.00	6.00	8.00	10.00
	min	产品等级	A	1.46	1.86	2.36	2.86	3.82	4.82	5.82	7.78	9.78
			B	1.35	1.75	2.25	2.75	3.70	4.70	5.70	7.64	9.64
d_w	min	产品等级	A	2.27	3.07	4.07	4.57	5.88	6.88	8.88	11.63	14.63
			B	2.30	2.95	3.95	4.45	5.74	6.74	8.74	11.47	14.47
e	min	产品等级	A	3.41	4.32	5.45	6.01	7.66	8.79	11.05	14.38	17.77
			B	3.28	4.18	5.31	5.88	7.50	8.63	10.89	14.20	17.59
l_f	max			0.6	0.8	1	1	1.2	1.2	1.4	2	2
k	公称			1.1	1.4	1.7	2	2.8	3.5	4	5.3	6.4
	产品等级	A	max	1.225	1.525	1.825	2.125	2.925	3.65	4.15	5.45	6.58
			min	0.975	1.275	1.575	1.875	2.675	3.35	3.85	5.15	6.22
		B	max	1.3	1.6	1.9	2.2	3.0	3.74	4.24	5.54	6.69
			min	0.9	1.2	1.5	1.8	2.6	3.26	3.76	5.06	6.11
k_w④	产品等级	A		0.68	0.89	1.10	1.31	1.87	2.35	2.70	3.61	4.35
		B		0.63	0.84	1.05	1.26	1.82	2.28	2.63	3.54	4.28
r	min			0.1	0.1	0.1	0.1	0.2	0.2	0.25	0.4	0.4
s	公称=max			3.20	4.00	5.00	5.50	7.00	8.00	10.00	13.00	16.00
	min	产品等级	A	3.02	3.82	4.82	5.32	6.78	7.78	9.78	12.73	15.73
			B	2.90	3.70	4.70	5.20	6.64	7.64	9.64	12.57	15.57

（续表）

螺纹规格d					M1.6		M2		M2.5		M3		M4		M5		M6		M8		M10	
l					l_s或l_g⑤																	
公称	产品等级																					
	A		B		l_s	l_g	l_s	l_g	l_s	l_g	l_s	l_g	l_s	l_g	l_s	l_g	l_s	l_g	l_s	l_g	l_s	l_g
	min	max	min	max	min	max	min	max	min	max	min	max	min	max	min	max	min	max	min	max	min	max
12	11.65	12.35	—	—	1.2	3																
16	15.65	16.35	—	—	5.2	7	4	6	2.75	5												
20	19.58	20.42	18.95	21.05			8	10	6.75	9	5.5	8										
25	24.58	25.42	23.95	26.05					11.75	14	10.5	13	7.5	11	5	9						
30	29.58	30.42	28.95	31.05							15.5	18	12.5	16	10	14	7	12				
35	34.5	35.5	33.75	36.25									17.5	21	15	19	12	17				
40	39.5	40.5	38.75	41.25									22.5	26	20	24	17	22	11.75	18		
45	44.5	45.5	43.75	46.25											25	29	22	27	16.75	23	11.5	19
50	49.5	50.5	48.75	51.25											30	34	27	32	21.75	28	16.5	24
55	54.4	55.6	53.5	56.5													32	37	26.75	33	21.5	29
60	59.4	60.6	58.5	61.5													37	42	31.75	38	26.5	34
65	64.4	65.6	63.5	66.5															36.75	43	31.5	39
70	69.4	70.6	68.5	71.5															41.75	48	36.5	44
80	79.4	80.6	78.5	81.5															51.75	58	46.5	54
90	89.3	90.7	88.25	91.75																	56.5	64
100	99.3	100.7	98.25	101.75																	66.5	74
110	109.3	110.7	108.25	111.75																		
120	119.3	120.7	118.25	121.75																		

折线以上的规格推荐采用GB/T 5783

螺纹规格d				M12	M16	M20	M24	M30	M36	M42	M48	M56	M64
螺距P				1.75	2	2.5	3	3.5	4	4.5	5	5.5	6
b参考			①	30	38	46	54	66	—	—	—	—	—
			②	36	44	52	60	72	84	96	108	—	—
			③	49	57	65	73	85	97	109	121	137	153
c			max	0.60	0.8	0.8	0.8	0.8	0.8	1.0	1.0	1.0	1.0
			min	0.15	0.2	0.2	0.2	0.2	0.2	0.3	0.3	0.3	0.3
d_a			max	13.7	17.7	22.4	26.4	33.4	39.4	45.6	52.6	63	71
d_s	公称=max			12.00	16.00	20.00	24.00	30.00	36.00	42.00	48.00	56.00	64.00
	产品等级	A	min	11.73	15.73	19.67	23.67	—	—	—	—	—	—
		B		11.57	15.57	19.48	23.48	29.48	35.38	41.38	47.38	55.26	63.26
d_w	产品等级	A	min	16.63	22.49	28.19	33.61	—	—	—	—	—	—
		B		16.47	22	27.7	33.25	42.75	51.11	59.95	69.45	78.66	88.16
e	产品等级	A	min	20.03	26.75	33.53	39.98	—	—	—	—	—	—
		B		19.85	26.17	32.95	39.95	50.85	60.79	71.3	82.6	93.56	104.86
l_f			max	3	3	4	4	6	6	8	10	12	13
k	公称			7.5	10	12.5	15	18.7	22.5	26	30	35	40
	产品等级	A	max	7.68	10.18	12.715	15.215	—	—	—	—	—	—
			min	7.32	9.82	12.285	14.785	—	—	—	—	—	—
		B	max	7.79	10.29	12.85	15.35	19.12	22.92	26.42	30.42	35.5	40.5

(2)技术条件和引用标准

六角头螺栓(全螺纹)的技术条件和引用标准见表 11－52。

表 11－52　六角头螺栓(全螺纹)的技术条件和引用标准

材　　料		钢	不锈钢	有色金属
通用技术条件		GB/T 16938		
螺纹	公差	6g		
	标准	GB/T 196、GB/T 197		
机械性能	等级	$d<3$mm：按协议 3mm$\leqslant d \leqslant$39mm： 5.6、8.8、10.9 3mm$\leqslant d \leqslant$16mm：9.8 $d>$39mm：按协议	$d\leqslant$24mm： A2－70、A4－70 24mm$<d\leqslant$39mm： A2－50、A4－50 $d>$39mm：按协议	CU2、CU3、AL4
	标准	$d\leqslant$39mm：GB/T 3098.1 $d<$3mm 和 $d>$39mm： 按协议	$d\leqslant$39mm：GB/T 3098.6 $d>$39mm：按协议	GB/T 3098.10
公差	产品等级	$d\leqslant$24mm 和 $l\leqslant 10d$ 或 $l\leqslant$150mm(按较小值)：A $d>$24mm 或 $l>10d$ 或 $l>$150mm(按较小值)：B		
	标准	GB/T 3103.1		
表面缺陷		GB/T 5779.1、GB/T 5779.3		
表面处理		氧化	简单处理	简单处理
		电镀技术要求按 GB/T 5267； 非电解锌粉覆盖层技术要求按 ISO 10683； 如需其他表面镀层或表面处理，应由供需双方协议		
验收及包装		GB/T 90		

(3)标记示例

标记方法按国家标准 GB/T 1237 的规定执行。

螺纹规格 d 为 M12、公称长度 l 为 80mm、性能等级为 4.8 级、表面氧化、全螺纹、产品等级为 A 级的六角头螺栓的标记：

螺栓　GB/T5783　M12×80

3. 1 型六角螺母(GB/T 6170—2015)

国家标准 GB/T 6170—2015《1 型六角螺母》规定了螺纹规格为 M1.6～M64、一定的性能等级、产品等级为 A 级和 B 级的 1 型六角螺母。A 级用于 $D\leqslant$16mm 的螺母；B 级用于 $D>$16mm 的螺母。

(1)画法及尺寸

1 型六角螺母的画法及尺寸见表 11－53。

（续表）

螺纹规格*d*					M12		M16		M20		M24		M30		M36		M42		M48		M56		M64	
l					l_s或l_g⑤																			
公称	产品等级																							
	A		B		l_s	l_g	l_s	l_g	l_s	l_g	l_s	l_g	l_s	l_g	l_s	l_g	l_s	l_g	l_s	l_g	l_s	l_g	l_s	l_g
	min	max	min	max	min	max	min	max	min	max	min	max	min	max	min	max	min	max	min	max	min	max	min	max
50	49.5	50.5	—	—	11.25	20																		
55	54.4	55.6	53.5	56.5	16.25	25																		
60	59.4	60.6	58.5	61.5	21.25	30																		
65	64.4	65.6	63.56	66.5	26.25	35	17	27																
70	69.4	70.6	68.5	71.5	31.25	40	22	32																
80	79.4	80.6	78.5	81.5	41.25	50	32	42	21.5	34														
90	89.3	90.7	88.25	91.75	51.25	60	42	52	31.5	44	21	36												
100	99.3	100.7	98.25	101.75	61.25	70	52	62	41.5	54	31	46												
110	109.3	120.7	108.25	111.75	71.25	80	62	72	51.5	64	41	56	26.5	44										
120	129.2	130.8	118.25	121.75	81.25	90	72	82	61.5	74	51	66	36.5	54										
130	139.2	140.8	128	132			76	86	65.5	78	55	70	40.5	58										
140	149.2	150.8	138	142			86	96	75.5	88	65	80	50.5	68	36	56								
150	—	—	148	152			96	106	85.5	98	75	90	60.5	78	46	66								
160	—	—	158	162			106	116	95.5	108	85	100	70.5	88	56	76	41.5	64						
180	—	—	178	182					115.5	128	105	120	90.5	108	76	96	61.5	84	47	72				
200	—	—	197.7	202.3					135.5	148	125	140	110.5	128	96	103	81.5	104	67	92				
220	—	—	217.7	222.3							132	147	117.5	135	103	123	88.5	111	74	99	55.5	83		
240	—	—	237.7	242.3							152	167	137.5	155	123	143	108.5	131	94	119	75.5	10		
260	—	—	257.4	262.6									157.5	175	143	163	128.5	151	114	139	95.5	123	77	107
280	—	—	277.4	282.6									177.5	195	163	183	148.5	171	134	159	115.5	143	97	127
300	—	—	297.4	302.6									197.5	215	183	203	168.5	191	154	179	135.5	163	117	147
320	—	—	317.15	322.85											203	223	188.5	211	174	199	155.5	183	137	167
340	—	—	337.15	342.85											233	243	208.5	231	194	219	175.5	203	157	187
360	—	—	357.15	362.85											243	263	228.5	251	214	239	195.5	223	177	207
380	—	—	377.15	382.85													248.5	271	234	259	215.5	243	197	227
400	—	—	397.15	402.85													268.5	291	254	279	235.5	263	217	247
420	—	—	416.85	423.15													288.5	311	274	299	255.5	283	237	267
440	—	—	436.85	443.15													308.5	331	294	319	275.5	303	257	287
460	—	—	456.85	463.15															314	339	295.5	323	277	307
480	—	—	476.85	483.15															334	359	315.5	343	297	327
500	—	—	496.85	503.15																	335.5	363	317	347

注：优选长度由l_{smin}和l_{gmax}确定。

——阶梯虚线以上为A级；

——阶梯虚线以下为B级。

① $l_{公称} \leqslant 125mm$。

② $125mm < l_{公称} \leqslant 200mm$。

③ $l_{公称} > 200mm$。

④ $k_{wmin}=0.7k_{min}$。

⑤ $l_{gmax}=l_{公称}-b$；$l_{smin}=l_{gmax}-5P$。

(2)技术条件和引用标准

六角头螺栓的技术条件和引用标准见表 11－50 所列。

表 11－50　六角头螺栓的技术条件和引用标准

材　料		钢	不锈钢	有色金属
通用技术条件		GB/T 16938		
螺纹	公差	6g		
	标准	GB/T 196、GB/T 197		
机械性能	等级	$d<3$mm：按协议 3mm$\leqslant d\leqslant$39mm： 5.6、8.8、10.9 3mm$\leqslant d\leqslant$16mm：9.8 $d>$39mm：按协议	$d\leqslant$24mm： A2－70、A4－70 24mm$<d\leqslant$39mm A2－50、A4－50 $d>$39mm：按协议	CU2、CU3、AL4
	标准	3mm$\leqslant d\leqslant$39mm： GB/T 3098.1 $d<3$mm 和 $d>$39mm： 按协议	$d\leqslant$39mm： GB/T 3098.6 $d>$39mm：按协议	GB/T 3098.10
公差	产品等级	$d\leqslant$24mm 和 $l\leqslant 10d$ 或 $l\leqslant$150mm(按较小值)：A $d>$24mm 和 $l>10d$ 或 $l>$150mm(按较小值)：B		
	标准	GB/T 3103.1		
表面缺陷		GB/T 5779.1、GB/T 5779.3		
表面处理		氧化	简单处理	简单处理
		电镀技术要求按 GB/T 5267； 非电解锌粉覆盖层技术要求按 ISO 10683； 如需其他表面镀层或表面处理，应由供需双方协议		
验收及包装		GB/T 90		

(3)标记示例

标记方法按国家标准 GB/T 1237 的规定执行。

螺纹规格 d 为 M12、公称长度 l 为 80mm、性能等级为 8.8 级、表面氧化、产品等级为 A 级的六角头螺栓的标记：

螺栓　GB/T5782　M12×80

2. 六角头螺栓(全螺纹)(GB/T 5783—2016)

国家标准 GB/T 5783—2016《六角头螺栓　全螺纹》规定了螺纹规格为 M1.6～M64、全螺纹、一定的性能等级、产品等级为 A 级和 B 级的六角头螺栓。A 级用于 d 为 1.6～24mm 和 $l\leqslant 10d$ 或 $l\leqslant$150mm(按较小值)的螺栓；B 级用于 $d>$24mm 或 $l>10d$ 或 $l>$150mm(按较小值)的螺栓。

(1)画法及尺寸

六角头螺栓(全螺纹)的画法及尺寸参见表 11－51。

表 11－51 六角头螺栓(全螺纹)画法及优先选用的螺纹规格（GB/T 5783—2016） 单位：mm

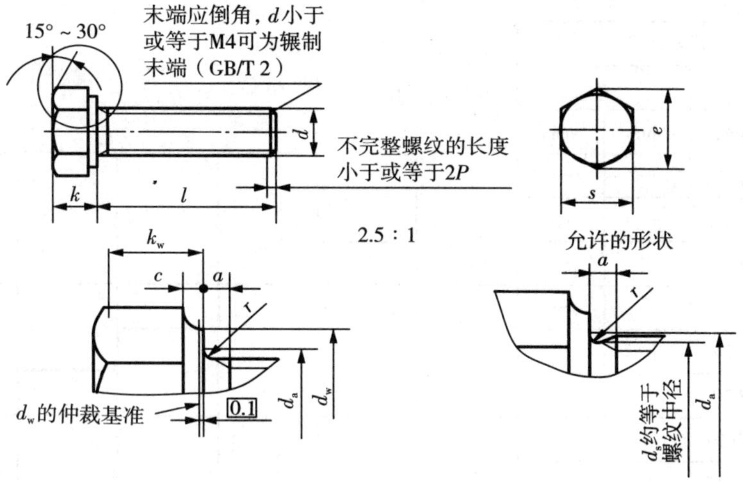

螺纹规格d				M1.6	M2	M2.5	M3	M4	M5	M6
螺距P				0.35	0.4	0.45	0.5	0.7	0.8	1
a			max[①]	1.05	1.2	1.35	1.5	2.1	2.4	3
			min	0.35	0.4	0.45	0.5	0.7	0.8	1
c			max	0.25	0.25	0.25	0.40	0.40	0.50	0.50
			min	0.10	0.10	0.10	0.15	0.15	0.15	0.15
d_a			max	2	2.6	3.1	3.6	4.7	5.7	6.8
d_w	产品等级	A	min	2.27	3.07	4.07	4.57	5.88	6.88	8.88
		B		2.30	2.95	3.95	4.45	5.74	6.74	8.74
e	产品等级	A	min	3.41	4.32	5.45	6.01	7.66	8.79	11.05
		B		3.28	4.18	5.31	5.88	7.50	8.63	10.89
k	公称			1.1	1.4	1.7	2	2.8	3.5	4
	产品等级	A	max	1.225	1.525	1.825	2.125	2.925	3.65	4.15
			min	0.975	1.275	1.575	1.875	2.675	3.35	3.85
		B	max	1.3	1.6	1.9	2.2	3.0	3.74	4.24
			min	0.9	1.2	1.5	1.8	2.6	3.26	3.76
k_w[②]	产品等级	A		0.68	0.89	1.10	1.31	1.87	2.35	2.70
		B		0.63	0.84	1.05	1.26	1.82	2.28	2.63
r			min	0.1	0.1	0.1	0.1	0.2	0.2	0.25
s	公称=		max	3.20	4.00	5.00	5.50	7.00	8.00	10.00
	min	产品等级	A	3.02	3.82	4.82	5.32	6.78	7.78	9.78
			B	2.90	3.70	4.70	5.20	6.64	7.64	9.64

（续表）

螺纹规格d					M1.6	M2	M2.5	M3	M4	M5	M6
l											
公称	产品等级										
	A		B								
	min	max	min	max							
2	1.8	2.2	—	—							
3	2.8	3.2	—	—							
4	3.76	4.24	—	—							
5	4.76	5.24	—	—							
6	5.76	6.24	—	—							
8	7.71	8.29	—	—							
10	9.71	10.29	—	—							
12	11.65	12.35	—	—							
16	15.65	16.35	—	—							
20	19.58	20.42	18.95	21.05							
25	24.58	25.42	23.95	26.05							
30	29.58	30.42	28.95	31.05							
35	34.5	35.5	33.75	36.25							
40	39.5	40.5	38.75	41.25							
45	44.5	45.5	43.75	46.25							
50	49.5	50.5	48.75	51.25							
55	54.4	55.6	53.5	56.5							
60	59.4	60.6	58.5	61.5							
65	64.4	65.6	63.5	66.5							
70	69.4	70.6	68.5	71.5							
80	79.4	80.6	78.5	81.5							
90	89.3	90.7	88.25	91.75							
100	99.3	100.7	98.25	101.75							
110	109.3	110.7	108.25	111.75							
120	119.3	120.7	118.25	121.75							
130	129.2	130.8	128	132							
140	139.2	140.8	138	142							
150	149.2	150.8	148	152							
160	—	—	158	162							
180	—	—	178	182							
200	—	—	197.7	202.3							

（续表）

螺纹规格d				M8	M10	M12	M16	M20	M24
螺距P				1.25	1.5	1.75	2	2.5	3
a			max[1]	4	4.5	5.3	6	7.5	9
			min	1.25	1.5	1.75	2	2.5	3
c			max	0.60	0.60	0.60	0.8	0.8	0.8
			min	0.15	0.15	0.15	0.2	0.2	0.2
d_a			max	9.2	11.2	13.7	17.7	22.4	26.4
d_w	产品等级	A	min	11.63	14.63	16.63	22.49	28.19	33.61
		B		11.47	14.47	16.47	22	27.7	33.25
e	产品等级	A	min	14.38	17.77	20.03	26.75	33.53	39.98
		B		14.20	17.59	19.85	26.17	32.95	39.55
k	公称			5.3	6.4	7.5	10	12.5	15
	产品等级	A	max	5.45	6.58	7.68	10.18	12.715	15.215
			min	5.15	6.22	7.32	9.82	12.285	14.785
		B	max	5.54	6.69	7.79	10.29	12.85	15.35
			min	5.06	6.11	7.21	9.71	12.15	14.65
k_w[2]	产品等级	A	min	3.61	4.35	5.12	6.87	8.6	10.35
		B		3.54	4.28	5.05	6.8	8.51	10.26
r			min	0.4	0.4	0.6	0.6	0.8	0.8
s	公称=		max	13.00	16.00	18.00	24.00	30.00	36.00
	min	产品等级	A	12.73	15.73	17.73	23.67	29.67	35.38
			B	12.57	15.57	17.57	23.16	29.16	35.00

l										
公称	产品等级									
	A		B							
	min	max	min	max						
2	1.8	2.2	—	—						
3	2.8	3.2	—	—						
4	3.76	4.24	—	—						
5	4.76	5.24	—	—						
6	5.76	6.24	—	—						
8	7.71	8.29	—	—						
10	9.71	10.29	—	—						
12	11.65	12.35	—	—						
16	15.65	16.35	—	—						
20	19.58	20.42	18.95	21.05						
25	24.58	25.42	23.95	26.05						
30	29.58	30.42	28.95	31.05						

（续表）

螺纹规格d					M8	M10	M12	M16	M20	M24
35	34.5	35.5	33.75	36.25						
40	39.5	40.5	38.75	41.25						
45	44.5	45.5	43.75	46.25						
50	49.5	50.5	48.75	51.25						
55	54.4	55.6	53.5	56.5						
60	59.4	60.6	58.5	61.5						
65	64.4	65.6	63.5	66.5						
70	69.4	70.6	68.5	71.5						
80	79.4	80.6	78.5	81.5						
90	89.3	90.7	88.25	91.75						
100	99.3	100.7	98.25	101.75						
110	109.3	110.7	108.25	111.75						
120	119.3	120.7	118.25	121.75						
130	129.2	130.8	128	132						
140	139.2	140.8	138	142						
150	149.2	150.8	148	152						
160	—	—	158	162						
180	—	—	178	182						
200	—	—	197.7	202.3						

螺纹规格d				M30	M36	M42	M48	M56	M64
螺距P				3.5	4	4.5	5	5.5	6
a			max①	10.5	12	13.5	15	16.5	18
			min	3.5	4	4.5	5	5.5	6
c			max	0.8	0.8	1.0	1.0	1.0	1.0
			min	0.2	0.2	0.3	0.3	0.3	0.3
d_a			max	33.4	39.4	45.6	52.6	63	71
d_w	产品等级	A	min	—	—	—	—	—	—
		B		42.75	51.11	59.95	69.45	78.66	88.16
e	产品等级	A	min	—	—	—	—	—	—
		B		50.85	60.79	71.3	82.6	93.56	104.86
k	公称			18.7	22.5	26	30	35	40
	产品等级	A	max	—	—	—	—	—	—
			min	—	—	—	—	—	—
		B	max	19.12	22.92	26.42	30.42	35.5	40.5
			min	18.28	22.08	25.58	29.58	34.5	39.5
k_w②	产品等级	B	min	—	—	—	—	—	—
				12.8	15.46	17.91	20.71	24.15	27.65
r			min	1	1	1.2	1.6	2	2

（续表）

螺纹的规格d					M30	M36	M42	M48	M56	M64
s	公称=max				46	55.0	65.0	75.0	85.0	95.0
	min	产品等级	A		—	—	—	—	—	—
			B		45	53.8	63.1	73.1	82.8	92.8
l										
公称	产品等级									
	A		B							
	min	max	min	max						
2	1.8	2.2	—	—						
3	2.8	3.2	—	—						
4	3.76	4.24	—	—						
5	4.76	5.24	—	—						
6	5.76	6.24	—	—						
8	7.71	8.29	—	—						
10	9.71	10.29	—	—						
12	11.65	12.35	—	—						
16	15.65	16.35	—	—						
20	19.58	20.42	18.95	21.05						
25	24.58	25.42	23.95	26.05						
30	29.58	30.42	28.95	31.05						
35	34.5	35.5	33.75	36.25						
40	39.5	40.5	38.75	41.25						
45	44.5	45.5	43.75	46.25						
50	49.5	50.5	48.75	51.25						
55	54.4	55.6	53.5	56.5						
60	59.4	60.6	58.5	61.5						
65	64.4	65.6	63.5	66.5						
70	69.4	70.6	68.5	71.5						
80	79.4	80.6	78.5	81.5						
90	89.3	90.7	88.25	91.75						
100	99.3	100.7	98.25	101.75						
110	109.3	110.7	108.25	111.75						
120	119.3	120.7	118.25	121.75						
130	129.2	130.8	128	132						
140	139.2	140.8	138	142						
150	149.2	150.8	148	152						
160	—	—	158	162						
180	—	—	178	182						
200	—	—	197.7	202.3						

注：阶梯实线间为商品长度规格范围。阶梯虚线以上的为A级产品，以下的为B级产品。

① 按GB/T 3标准系列给出的a_{max}值。

② k_{wmin}=0.7k_{min}。

表 11－53 1 型六角螺母画法及优先选用的螺纹规格(GB/T 6170—2015) 单位:mm

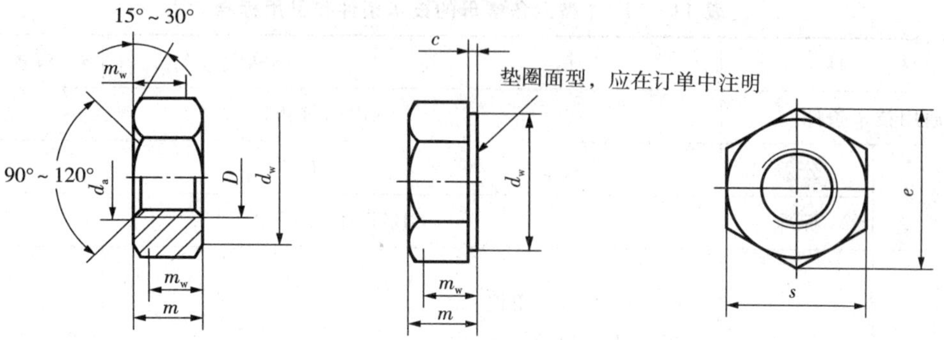

螺纹规格 D		M1.6	M2	M2.5	M3	M4	M5	M6	M8	M10	M12
螺距 P		0.35	0.4	0.45	0.5	0.7	0.8	1	1.25	1.5	1.75
c	max	0.2	0.2	0.3	0.40	0.40	0.50	0.50	0.60	0.60	0.60
	min	0.1	0.1	0.1	0.15	0.15	0.15	0.15	0.15	0.15	0.15
d_a	max	1.84	2.3	2.9	3.45	4.6	5.75	6.75	8.75	10.8	13
	min	1.60	2.0	2.5	3.00	4.0	5.00	6.00	8.00	10.0	12
d_w	min	2.4	3.1	4.1	4.6	5.9	6.9	8.9	11.6	14.6	16.6
e	min	3.41	4.32	5.45	6.01	7.66	8.79	11.05	14.38	17.77	20.03
m	max	1.30	1.60	2.00	2.40	3.2	4.7	5.2	6.80	8.40	10.80
	min	1.05	1.35	1.75	2.15	2.9	4.4	4.9	6.44	8.04	10.37
m_w	min	0.8	1.1	1.4	1.7	2.3	3.5	3.9	5.2	6.4	8.3
s	公称＝max	3.20	4.00	5.00	5.50	7.00	8.00	10.00	13.00	16.00	18.00
	min	3.02	3.82	4.82	5.32	6.78	7.78	9.78	12.73	15.73	17.73

螺纹规格 D		M16	M20	M24	M30	M36	M42	M48	M56	M64
螺距 P		2	2.5	3	3.5	4	4.5	5	5.5	6
c	max	0.8	0.8	0.8	0.8	0.8	1.0	1.0	1.0	1.0
	min	0.2	0.2	0.2	0.2	0.2	0.3	0.3	0.3	0.3
d_a	max	17.3	21.6	25.9	32.4	38.9	45.4	51.8	60.5	69.1
	min	16.0	20.0	24.0	30.0	36.0	42.0	48.0	56.0	64.0
d_w	min	22.5	27.7	33.3	42.8	51.1	60	69.5	78.7	88.2
e	min	26.75	32.95	39.55	50.85	60.79	71.3	82.6	93.56	104.86
m	max	14.8	18.0	21.5	25.6	31.0	34.0	38.0	45.0	51.0
	min	14.1	16.9	20.2	24.3	29.4	32.4	36.4	43.4	49.1
m_w	min	11.3	13.5	16.2	19.4	23.5	25.9	29.1	34.7	39.3
s	公称＝max	24.00	30.00	36	46	55.0	65.0	75.0	85.0	95.0
	min	23.67	29.16	35	45	53.8	63.1	73.1	82.8	92.8

(2)技术条件和引用标准

1 型六角螺母的技术条件和引用标准见表 11－54。

表 11－54　1 型六角螺母的技术条件和引用标准

材料		钢	不锈钢	有色金属
通用技术条件		GB/T 16938		
螺纹	公差	6H		
	标准	GB/T 196、GB/T 197		
机械性能	等级	$D<\mathrm{M3}$：按协议 $\mathrm{M3}\leqslant D\leqslant\mathrm{M39}$：6、8、10 $D>\mathrm{M39}$：按协议	$D\leqslant\mathrm{M24}$：A2－70、A4－70 $\mathrm{M24}<D\leqslant\mathrm{M39}$： A2－50、A4－50 $D>\mathrm{M39}$：按协议	CU2、CU3、AL4
	标准	$\mathrm{M3}\leqslant D\leqslant\mathrm{M39}$： GB/T 3098.2 $D<\mathrm{M3}$ 和 $D>\mathrm{M39}$：按协议	$D\leqslant\mathrm{M39}$：GB/T 3098.15 $D>\mathrm{M39}$：按协议	GB/T 3098.10
公差	产品等级	$D\leqslant16\mathrm{mm}$：A；$D>16\mathrm{mm}$：B		
	标准	GB/T 3103.1		
表面缺陷		GB/T 5779.2		
表面处理		不经处理	简单处理	简单处理
		电镀技术要求按 GB/T 5267； 非电解锌粉覆盖层技术要求按 ISO 10683； 如需其他表面镀层或表面处理，应由供需双方协议		
验收及包装		GB/T 90		

(3)标记示例

标记方法按国家标准 GB/T 1237 的规定执行。

螺纹规格 D 为 M12、性能等级为 8 级、不经表面处理、产品等级为 A 级的 1 型六角螺母的标记：

螺母　GB/T 6170　M12

4. 2 型六角螺母(GB/T 6175—2016)

国家标准 GB/T 6175—2016《2 型六角螺母》规定了螺纹规格为 M5～M36、性能等级为 10 级和 12 级、产品等级为 A 级和 B 级的 2 型六角螺母。A 级用于 $D\leqslant16\mathrm{mm}$ 的螺母；B 级用于 $D>16\mathrm{mm}$ 的螺母。

(1)画法及尺寸

2 型六角螺母的画法及尺寸见表 11－55。

表 11-55 2型六角螺母画法及优先选用的螺纹规格(GB/T 6175—2016) 单位:mm

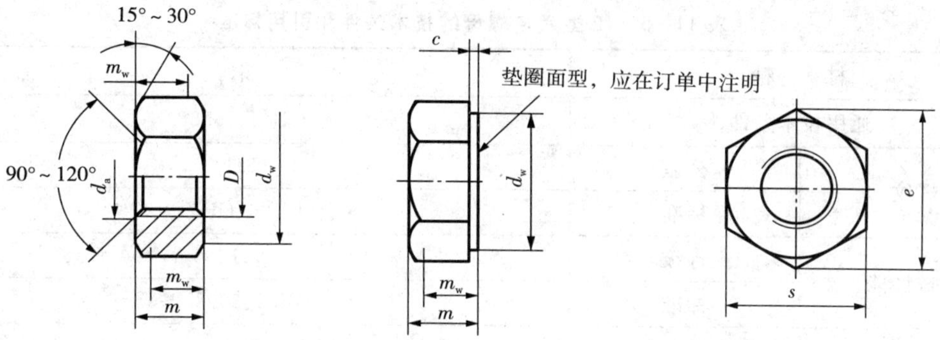

螺纹规格 D		M5	M6	M8	M10	M12	(M14)
螺距 P		0.8	1	1.25	1.5	1.75	2
c	max	0.5	0.5	0.6	0.6	0.6	0.6
d_a	max	5.75	6.75	8.75	10.8	13	15.1
	min	5.00	6.00	8.00	10.0	12	14.0
d_w	min	6.9	8.9	11.6	14.6	16.6	19.6
e	min	8.79	11.05	14.38	17.77	20.03	23.36
m	max	5.1	5.7	7.5	9.3	12.00	14.1
	min	4.8	5.4	7.14	8.94	11.57	13.4
m_w	min	3.84	4.32	5.71	7.15	9.26	10.7
s	max	8.00	10.00	13.00	16.00	18.00	21.00
	min	7.78	9.78	12.73	15.73	17.73	20.67

螺纹规格 D		M16	M20	M24	M30	M36
螺距 P		2	2.5	3	3.5	4
c	max	0.8	0.8	0.8	0.8	0.8
d_a	max	17.3	21.6	25.9	32.4	38.9
	min	16.0	20.0	24.0	30.0	36.0
d_w	min	22.5	27.7	33.2	42.7	51.1
e	min	26.75	32.95	39.55	50.85	60.79
m	max	16.4	20.3	23.9	28.6	34.7
	min	15.7	19.0	22.6	27.3	33.1
m_w	min	12.6	15.2	18.1	21.8	26.5
s	max	24.00	30.00	36	46	55.0
	min	23.67	29.16	35	45	53.8

注:尽可能不采用括号内的规格。

(2)技术条件和引用标准

2 型六角螺母的技术条件和引用标准见表 11－56。

表 11－56　2 型六角螺母的技术条件和引用标准

材　　料		钢
通用技术条件		GB/T 16938
螺纹	公差	6H
	标准	GB/T 196、GB/T 197
机械性能	等级	9、12
	标准	GB/T 3098.2
公差	产品等级	$D\leqslant$16mm：A；$D>$16mm：B
	标准	GB/T 3103.1
表面缺陷		GB/T 5779.2
表面处理		氧化 电镀技术要求按 GB/T 5267； 非电解锌粉覆盖层技术要求按 ISO 10683； 如需其他表面镀层或表面处理，应由供需双方协议
验收及包装		GB/T 90

(3)标记示例

标记方法按国家标准 GB/T 1237 的规定执行。

螺纹规格 D 为 M12、性能等级为 9 级、表面氧化、产品等级为 A 级的 2 型六角螺母的标记：

螺母　GB/T 6175　M12

5. 六角薄螺母(GB/T 6172.1—2001)

国家标准 GB/T 6172.1—2001《六角薄螺母》规定了螺纹规格为 M1.6～M64、一定的性能等级、产品等级为 A 级和 B 级的六角薄螺母。A 级用于 $D\leqslant$16mm 的螺母；B 级用于 $D>$16mm 的螺母。

(1)画法及尺寸

六角薄螺母的画法及尺寸见表 11－57。

表 11－57　六角薄螺母画法及优先选用的螺纹规格(GB/T 6172.1—2001)　单位：mm

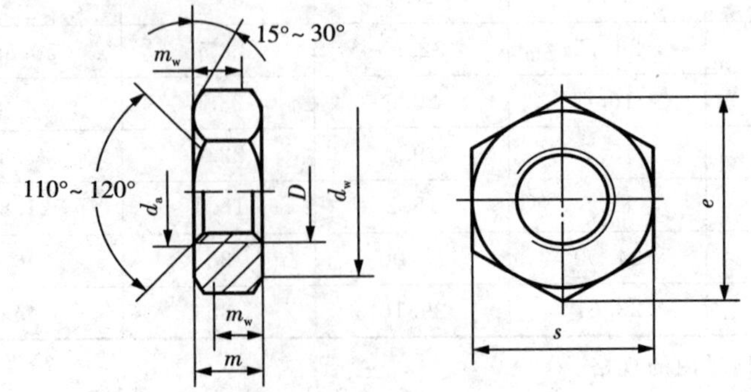

（续表）

螺纹规格 D		M1.6	M2	M2.5	M3	M4	M5	M6	M8	M10	M12
螺距 P		0.35	0.4	0.45	0.5	0.7	0.8	1	1.25	1.5	1.75
d_a	min	1.6	2	2.5	3	4	5	6	8	10	12
	max	1.84	2.3	2.9	3.45	4.6	5.75	6.75	8.75	10.8	13
d_w	min	2.4	3.1	4.1	4.6	5.9	6.9	8.9	11.6	14.6	16.6
e	min	3.41	4.32	5.45	6.01	7.66	8.79	11.05	14.38	17.77	20.03
m	max	1	1.2	1.6	1.8	2.2	2.7	3.2	4	5	6
	min	0.75	0.95	1.35	1.55	1.95	2.45	2.9	3.7	4.7	5.7
m_w	min	0.6	0.8	1.1	1.2	1.6	2	2.3	3	3.8	4.6
s	公称＝max	3.2	4	5	5.5	7	8	10	13	16	18
	min	3.02	3.82	4.82	5.32	6.78	7.78	9.78	12.73	15.73	17.73

螺纹规格 D		M16	M20	M24	M30	M36	M42	M48	M56	M64
螺距 P		2	2.5	3	3.5	4	4.5	5	5.5	6
d_a	min	16	20	24	30	36	42	48	56	64
	max	17.3	21.6	25.9	32.4	38.9	45.4	51.8	60.5	69.1
d_w	min	22.5	27.7	33.2	42.8	51.1	60	69.5	78.7	88.2
e	min	26.75	32.95	39.55	50.85	60.79	71.3	82.6	93.56	104.86
m	max	8	10	12	15	18	21	24	28	32
	min	7.42	9.10	10.9	13.9	16.9	19.7	22.7	26.7	30.4
m_w	min	5.9	7.3	8.7	11.1	13.5	15.8	18.2	21.4	24.3
s	公称＝max	24	30	36	46	55	65	75	85	95
	min	23.67	29.16	35	45	53.8	63.1	73.1	82.8	92.8

(2)技术条件和引用标准

六角薄螺母的技术条件和引用标准见表11－58。

表11－58 六角薄螺母的技术条件和引用标准

材料		钢	不锈钢	有色金属
通用技术条件		GB/T 16938		
螺纹	公差	6H		
	标准	GB/T 196、GB/T 197		
机械性能	等级	D＜M3:按协议 M3≤D≤M39:04、05 D＞M39:按协议	D≤M24:A2－035、A4－035 M24＜D≤M39: A2－035、A4－025 D＞M39:按协议	CU2、CU3、AL4
	标准	D＜M3:GB/T 3098.3 M3≤D≤M39:GB/T 3098.2 D＞M39:按协议	D≤M39:GB/T 3098.15 D＞M39:按协议	参照 GB/T 3098.10 由供需双方协议

（续表）

材　料		钢	不锈钢	有色金属
公差	产品等级	$D\leqslant16$mm：A；$D>16$mm：B		
	标准	GB/T 3103.1		
表面缺陷		GB/T 5779.2		
表面处理		不经处理	简单处理	简单处理
		电镀技术要求按 GB/T 5267； 非电解锌粉覆盖层技术要求按 ISO 10683； 如需其他表面镀层或表面处理，应由供需双方协议		
验收及包装		GB/T 90		

（3）标记示例

标记方法按国家标准 GB/T 1237 的规定执行。

螺纹规格 D 为 M12、性能等级为 04 级、不经表面处理、产品等级为 A 级的六角薄螺母的标记：

螺母　GB/T 6172.1　M12

6. 1 型六角开槽螺母—A 和 B 级（GB 6178—86）

国家标准 GB 6178—86《1 型六角开槽螺母—A 和 B 级》规定了螺纹规格为 M4～M36、A 级和 B 级的 1 型六角开槽螺母。A 级用于 $D\leqslant16$mm 的螺母；B 级用于 $D>16$mm 的螺母。

（1）画法及尺寸

1 型开槽螺母的画法及尺寸见表 11-59。

表 11-59　1 型开槽螺母的画法及尺寸（GB 6178—86）　　单位：mm

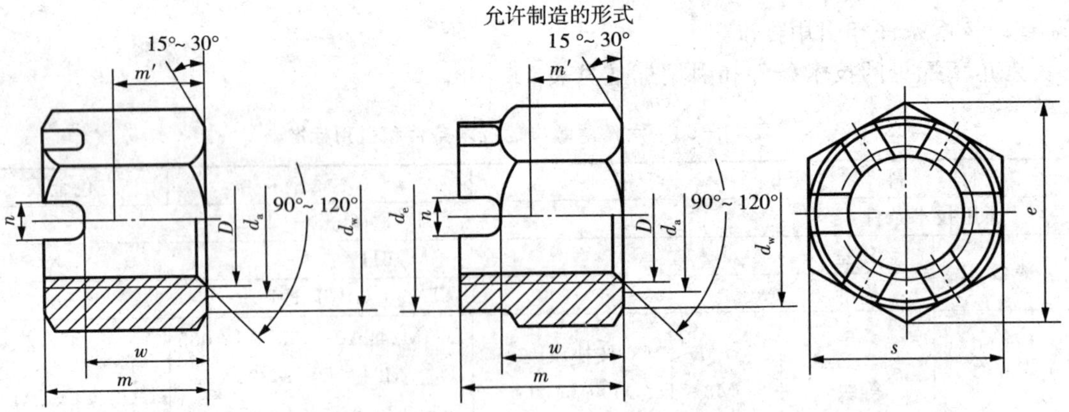

槽的底部允许制成平底；

（$m-w$）长度内允许制成喇叭形的螺纹孔；

六角与螺母开槽端的端面交接处允许有圆钝。

（续表）

螺纹规格 D		M4	M5	M6	M8	M10	M12	(M14)	M16	M20	M24	M30	M36
d_a	max	4.6	5.75	6.75	8.75	10.3	13	15.1	17.3	21.6	25.9	32.4	38.9
	min	4	5	6	8	10	12	14	16	20	24	30	36
d_e	max	—	—	—	—	—	—	—	—	28	34	42	50
	min	—	—	—	—	—	—	—	—	27.16	33	41	49
d_w	min	5.9	6.9	8.9	11.6	14.6	16.6	19.6	22.5	27.7	33.2	42.7	51.1
e	min	7.66	8.79	11.05	14.38	17.77	20.03	23.35	26.75	32.95	39.55	50.85	60.79
m	max	5	6.7	7.7	9.8	12.4	15.8	17.8	20.8	24	29.5	34.6	40
	min	4.7	6.4	7.34	9.44	11.97	15.37	17.37	20.28	23.16	28.66	33.6	39
m'	min	2.32	3.52	3.92	5.15	6.43	8.3	9.68	11.28	13.52	16.16	19.44	23.52
n	min	1.2	1.4	2	2.5	2.8	3.5	3.5	4.5	4.5	5.5	7	7
	max	1.8	2	2.6	3.1	3.4	4.25	4.25	5.7	5.7	6.7	8.5	8.5
s	max	7	8	10	13	16	18	21	24	30	36	46	55
	min	6.78	7.78	9.78	12.73	15.73	17.73	20.67	23.67	29.16	35	45	53.8
ω	max	3.2	4.7	5.2	6.8	8.4	10.8	12.8	14.8	18	21.5	25.6	31
	min	2.9	4.4	4.9	6.44	8.04	10.37	12.37	14.37	17.37	20.88	24.98	30.38
开口销		1×10	1.2×12	1.6×14	2×16	2.5×20	3.2×22	3.2×25	4×28	4×36	5×40	6.3×50	6.3×63

注：尽可能不采用括号内的规格。

(2)技术条件和引用标准

1型开槽螺母的技术条件和引用标准见表11-60。

表11-60 1型开槽螺母的技术条件和引用标准

材　料		钢
螺纹	公差	6H
	标准	GB 196—81、GB 197—81
机械性能	等级	6、8、10
	标准	GB 3098.2—82
公差	产品等级	$D \leqslant 16$mm：A；$D > 16$mm：B
	标准	GB 3103.1—82
表面缺陷		GB 5779.2—86
表面处理		①不经处理　②镀锌钝化 GB 5267—85
验收及包装		GB 90—85

(3)标记示例

螺纹规格 D 为 M5、性能等级为8级、不经表面处理、A级的1型六角开槽螺母的标记：螺母　GB 6178—86—M5。

7．平垫圈(C 级)(GB/T 95—2002)

国家标准 GB/T 95—2002《平垫圈　C 级》规定了公称规格(螺纹大径)为 1.6～64mm、标准系列、硬度等级为 100HV、产品等级为 C 级的平垫圈。

(1)画法及尺寸

平垫圈(C 级)的画法及尺寸见表 11－61。

表 11－61　平垫圈(C 级)的画法及优选尺寸(GB/T 95—2002)　单位：mm

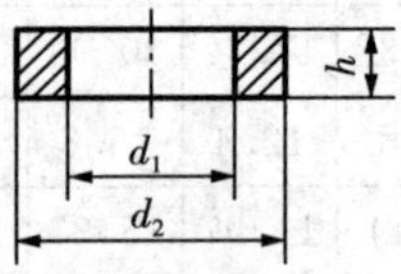

公称规格(螺纹大径 d)	内径 d_1		内径 d_2		厚度 h		
	公称(min)	max	公称(max)	min	公称	max	min
1.6	1.8	2.05	4	3.25	0.3	0.4	0.2
2	2.4	2.65	5	4.25	0.3	0.4	0.2
2.5	2.9	3.15	6	5.25	0.5	0.6	0.4
3	3.4	3.7	7	6.1	0.5	0.6	0.4
4	4.5	4.8	9	8.1	0.8	1.0	0.6
5	5.5	5.8	10	9.1	1	1.2	0.8
6	6.6	6.96	12	10.9	1.6	1.9	1.3
8	9	9.36	16	14.9	1.6	1.9	1.3
10	11	11.43	20	18.7	2	2.3	1.7
12	13.5	13.93	24	22.7	2.5	2.8	2.2
16	17.5	17.93	30	28.7	3	3.6	2.4
20	22	22.52	37	35.4	3	3.6	2.4
24	26	26.52	44	42.4	4	4.6	3.4
30	33	33.62	56	54.1	4	4.6	3.4
36	39	40	66	64.1	5	6	4
42	45	46	78	76.1	8	9.2	6.8
48	52	53.2	92	89.8	8	9.2	6.8
56	62	63.2	105	102.8	10	11.2	8.8
64	70	71.2	115	112.8	10	11.2	8.8

(2)技术条件和引用标准

平垫圈(C 级)的技术条件和引用标准见表 11－62。

表 11-62 平垫圈(C级)的技术条件和引用标准

材 料[①]		钢
机械性能	硬度等级	100 HV
	硬度范围[②]	100 HV～200 HV
公差	产品等级	C
	标准	GB/T 3103.3
表面处理		不经表面处理，即垫圈应是本色的并涂有防锈油或按供需双方协议的涂层； 电镀技术要求按 GB/T 5267.1； 非电解锌片涂层技术要求按 GB/T 5267.2； 所有公差适用于涂或镀前尺寸
表面缺陷		零件不允许有不规则的或有害的缺陷。垫圈表面不得有突出的毛刺
验收及包装		GB/T 90.1、GB/T 90.2

注：①经供需双方协议的其他金属材料。

②硬度试验按国家标准 GB/T 4340.1 规定。

试验力：HV2 用于公称厚度 $h \leqslant 0.6$mm；

HV10 用于公称厚度 $0.6\text{mm} < h \leqslant 1.2$mm；

HV30 用于公称厚度 $h > 1.2$mm

(3)标记示例

标记方法按国家标准 GB/T 1237 的规定执行。

标准系列、公称规格 8mm、硬度等级 100HV、不经表面处理、产品等级为 C 级的平垫圈的标记：

垫圈 GB/T 95 8

8. 平垫圈 倒角型 A 级(GB/T 97.2—2002)

国家标准 GB/T 97.2—2002《平垫圈 倒角型 A 级》规定了公称规格（螺纹大径）为 5～64mm、标准系列、硬度等级为 200HV 和 300HV、产品等级为 A 级的平垫圈。

(1)画法及尺寸

平垫圈(倒角型、A 级)的画法及尺寸见表 11-63。

表 11-63 平垫圈(倒角型、A 级)的画法及优选尺寸(GB/T 97.2—2002) 单位：mm

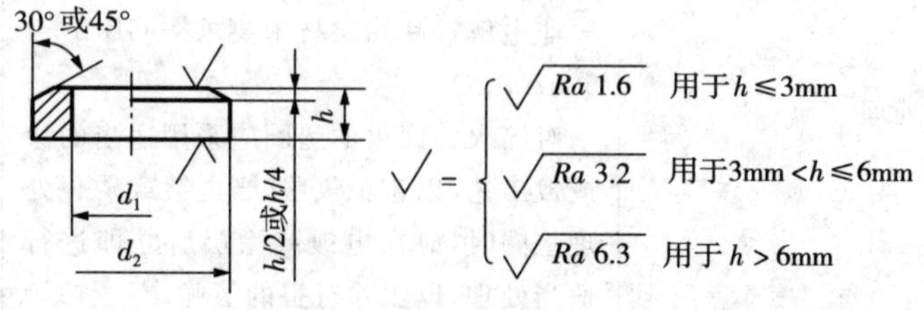

（续表）

公称规格（螺纹大径 d）	内径 d_1		外径 d_2		厚度 h		
	公称(min)	max	公称(max)	min	公称	max	min
5	5.3	5.48	10	9.64	1	1.1	0.9
6	6.4	6.62	12	11.57	1.6	1.8	1.4
8	8.4	8.62	16	15.57	1.6	1.8	1.4
10	10.5	10.77	20	19.48	2	2.2	1.8
12	13	13.27	24	23.48	2.5	2.7	2.3
16	17	17.27	30	29.48	3	3.3	2.7
20	21	21.33	37	36.38	3	3.3	2.7
24	25	25.33	44	43.38	4	4.3	3.7
30	31	31.39	56	55.26	4	4.3	3.7
36	37	37.62	66	64.8	5	5.6	4.4
42	45	45.62	78	76.8	8	9	7
48	52	52.74	92	90.6	8	9	7
56	62	62.74	105	103.6	10	11	9
64	70	70.74	115	113.6	10	11	9

（2）技术条件和引用标准

平垫圈（倒角型、A 级）的技术条件和引用标准见表 11－64。

表 11－64　平垫圈（倒角型、A 级）的技术条件和引用标准

材料①	种类	钢		不锈钢
	组别②	—		A2、F1、C1、A4、C4
	标准	—		GB/T 3098.6
机械性能	硬度等级	200 HV	300 HV③	200 HV
	硬度范围④	200 HV～300 HV	300 HV～370 HV	200 HV～300 HV
公差	产品等级	A		
	标准	GB/T 3103.3		
表面处理		不经表面处理，即垫圈应是本色的并涂有防锈油或按供需双方协议的涂层； 电镀技术要求按 GB/T 5267.1； 非电解锌片涂层技术要求按 GB/T 5267.2； 对淬火并回火的垫圈应采用适当的涂或镀工艺，以避免氢脆，当电镀或磷化处理垫圈时，应在电镀或涂层后立即进行适当处理，以驱除有害的氢脆； 所有公差适用于涂或镀前尺寸		不经表面处理，即垫圈应是本色的

（续表）

材料①	种类	钢	不锈钢
	组别②	—	A2、F1、C1、A4、C4
	标准	—	GB/T 3098.6
表面缺陷		零件不允许有不规则的或有害的缺陷。垫圈表面不得有突出的毛刺	
验收及包装		GB/T 90.1、GB/T 90.2	

注：① 其他金属材料需经供需双方协议。
② 仅与化学成分有关。
③ 淬火并回火。
④ 硬度试验按国家标准 GB/T 4340.1 规定。
试验力：HV10 用于公称厚度 $h \leqslant 1.2$mm；
HV30 用于公称厚度 $h > 1.2$mm。

（3）标记示例

标记方法按国家标准 GB/T 1237 的规定执行。

标准系列、公称规格 8mm、由钢制造、硬度等级 200HV、不经表面处理、产品等级为 A 级、倒角型平垫圈的标记：

垫圈　GB/T 97.2　8

标准系列、公称规格 8mm、由 A2 组不锈钢制造、硬度等级 200HV、不经表面处理、产品等级为 A 级、倒角型平垫圈的标记：

垫圈　GB/T 97.28 A2

9. 小垫圈（A 级）（GB/T 848—2002）

国家标准 GB/T 848—2002《小垫圈　A 级》规定了公称规格（螺纹大径）为 1.6～36mm、小系列、硬度等级为 200HV 和 300HV、产品等级为 A 级的平垫圈。

（1）画法及尺寸

小垫圈（A 级）的画法及尺寸见表 11－65。

表 11－65　小垫圈（A 级）的画法及优选尺寸（GB/T 848—2002）　　单位：mm

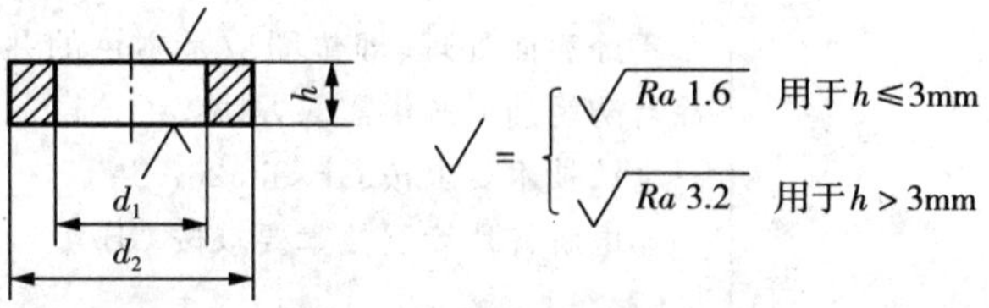

公称规格（螺纹大径 d）	内径 d_1		外径 d_2		厚度 h		
	公称（min）	max	公称（max）	min	公称	max	min
1.6	1.7	1.84	3.5	3.2	0.3	0.35	0.25
2	2.2	2.34	4.5	4.2	0.3	0.35	0.25

（续表）

公称规格（螺纹大径 d）	内径 d_1		外径 d_2		厚度 h		
	公称（min）	max	公称（max）	min	公称	max	min
2.5	2.7	2.84	5	4.7	0.5	0.55	0.45
3	3.2	3.38	6	5.7	0.5	0.55	0.45
4	4.3	4.48	8	7.64	0.5	0.55	0.45
5	5.3	5.48	9	8.64	1	1.1	0.9
6	6.4	6.62	11	10.57	1.6	1.8	1.4
8	8.4	8.62	15	14.57	1.6	1.8	1.4
10	10.5	10.77	18	17.57	1.6	1.8	1.4
12	13	13.27	20	19.48	2	2.2	1.8
16	17	17.27	28	27.48	2.5	2.7	2.3
20	21	21.33	34	33.38	3	3.3	2.7
24	25	25.33	39	38.38	4	4.3	3.7
30	31	31.39	50	49.38	4	4.3	3.7
36	37	37.62	60	58.8	5	5.6	4.4

(2)技术条件和引用标准

小垫圈(A级)的技术条件和引用标准见表11－66。

表11－66　小垫圈(A级)的技术条件和引用标准

材料[①]	种类	钢		不锈钢
	组别[②]	—		A2、F1、C1、A4、C4
	标准	—		GB/T 3098.6
机械性能	硬度等级	200 HV	300 HV[③]	200 HV
	硬度范围[④]	200 HV～300 HV	300 HV～370 HV	200 HV～300 HV
公差	产品等级	A		
	标准	GB/T 3103.3		
表面处理		不经表面处理，即垫圈应是本色的并涂有防锈油或按供需双方协议的涂层； 电镀技术要求按GB/T 5267.1； 非电解锌片涂层技术要求按GB/T 5267.2； 对淬火并回火的垫圈应采用适当的涂或镀工艺，以避免氢脆，当电镀或磷化处理垫圈时，应在电镀或涂层后立即进行适当处理，以驱除有害的氢脆； 所有公差适用于涂或镀前尺寸		不经表面处理，即垫圈应是本色的

（续表）

材料[①]	种类	钢	不锈钢
	组别[②]	—	A2、F1、C1、A4、C4
	标准	—	GB/T 3098.6
表面缺陷		零件不允许有不规则的或有害的缺陷。垫圈表面不得有突出的毛刺	
验收及包装		GB/T 90.1、GB/T 90.2	

注：① 其他金属材料需经供需双方协议。

② 仅与化学成分有关。

③ 淬火并回火。

④ 硬度试验按国家标准 GB/T 4340.1 规定。

试验力：HV2 用于公称厚度 $h \leqslant 0.6$mm；

HV10 用于公称厚度 $0.6\text{mm} < h \leqslant 1.2$mm；

HV30 用于公称厚度 $h > 1.2$mm。

(3)标记示例

标记方法按国家标准 GB/T 1237 的规定执行。

小系列、公称规格 8mm、由钢制造、硬度等级 200HV、不经表面处理、产品等级为 A 级的平垫圈的标记：

垫圈　GB/T848　8

小系列、公称规格 8mm、由 A2 组不锈钢制造、硬度等级 200HV、不经表面处理、产品等级为 A 级的平垫圈的标记：

垫圈　GB/T 8488 A2

10. 标准型弹簧垫圈(GB 93—87)

国家标准 GB 93—87《标准型弹簧垫圈》规定了公称规格为 2～48mm 的标准型弹簧垫圈，其画法及尺寸见表 11-67。

表 11-67　标准型弹簧垫圈的画法及尺寸(GB 93—87)　　单位：mm

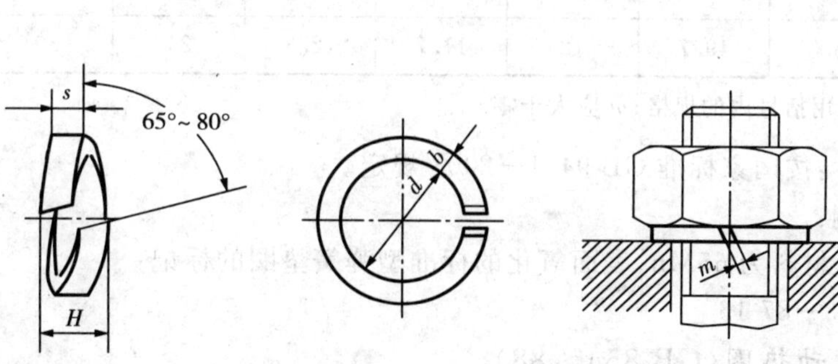

（续表）

规格（螺纹大径）	d		S(b)			H		m
	min	max	公称	min	max	min	max	≤
2	2.1	2.35	0.5	0.42	0.58	1	1.25	0.25
2.5	2.6	2.85	0.65	0.57	0.73	1.3	1.63	0.33
3	3.1	3.4	0.8	0.7	0.9	1.6	2	0.4
4	4.1	4.4	1.1	1	1.2	2.2	2.75	0.55
5	5.1	5.4	1.3	1.2	1.4	2.6	3.25	0.65
6	6.1	6.68	1.6	1.5	1.7	3.2	4	0.8
8	8.1	8.68	2.1	2	2.2	4.2	5.25	1.05
10	10.2	10.9	2.6	2.45	2.75	5.2	6.5	1.3
12	12.2	12.9	3.1	2.95	3.25	6.2	7.75	1.55
(14)	14.2	14.9	3.6	3.4	3.8	7.2	9	1.8
16	16.2	16.9	4.1	3.9	4.3	8.2	10.25	2.05
(18)	18.2	19.04	4.5	4.3	4.7	9	11.25	2.25
20	20.2	21.04	5	4.8	5.2	10	12.5	2.5
(22)	22.5	23.34	5.5	5.3	5.7	11	13.75	2.75
24	24.5	25.5	6	5.8	6.2	12	15	3
(27)	27.5	28.5	6.8	6.5	7.1	13.6	17	3.4
30	30.5	31.5	7.5	7.2	7.8	15	18.75	3.75
(33)	33.5	34.7	8.5	8.2	8.8	17	21.25	4.25
36	36.5	37.7	9	8.7	9.3	18	22.5	4.5
(39)	39.5	40.7	10	9.7	10.3	20	25	5
42	42.5	43.7	10.5	10.2	10.8	21	26.25	5.25
(45)	45.5	46.7	11	10.7	11.3	22	27.5	5.5
48	48.5	49.7	12	11.7	12.3	24	30	6

注：尽可能不采用括号内的规格；m 应大于零。

(1)技术条件：按国家标准 GB 94.1—2008 规定。

(2)标记示例：

规格 16mm、材料为 65Mn、表面氧化的标准型弹簧垫圈的标记：

垫圈　GB 93—87 16

11. 单耳止动垫圈(GB 854—88)

单耳止动垫圈的画法及尺寸见表 11-68。

表 11－68　单耳止动垫圈的画法及尺寸(GB 854—88)　　单位:mm

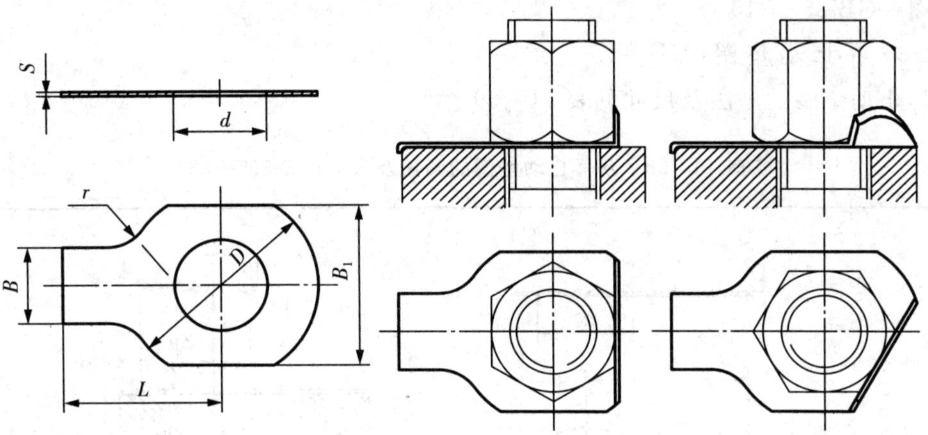

规格（螺纹大径）	d		D		L			S	B	B_1	r
	max	min	max	min	公称	min	max				
2.5	2.95	2.7	8	7.64	10	9.17	10.29	0.4	3	6	2.5
3	3.5	3.2	10	9.64	12	11.65	12.35		4	7	
4	4.5	4.2	14	13.57	14	13.65	14.35		5	9	
5	5.6	5.3	17	16.57	16	15.65	16.35	0.5	6	11	
6	6.76	6.4	19	18.48	18	17.65	18.35		7	12	4
8	8.76	8.4	22	21.48	20	19.58	20.42		8	16	
10	10.93	10.5	26	25.48	22	21.58	22.42		10	19	6
12	13.43	13	32	31.38	28	27.58	28.42	1	12	21	10
(14)	15.43	15	32	31.38	28	27.58	28.42			25	
16	17.43	17	40	39.38	32	31.50	32.50		15	32	
(18)	19.52	19	45	44.38	36	35.50	36.50		18	38	
20	21.52	21	45	49.38	36	36.50	36.50				
(22)	23.52	23	50	49.38	42	41.50	42.50		20	39	
24	25.52	25	50	49.38	42	41.50	42.50			42	
(27)	28.52	28	58	57.26	48	47.50	48.50	1.5	24	48	16
30	31.62	31	63	62.26	52	51.40	52.60		26	55	
36	37.62	37	75	74.26	62	61.40	62.60		30	65	
42	43.62	43	88	87.13	70	69.40	70.60		35	78	
43	50.62	50	100	99.13	80	79.40	80.60		40	90	

注:尽可能不采用括号内的规格。

(1)技术条件:按国家标准 GB 98 规定。

(2)标记示例：

规格为 10mm、材料为 A3、经退火、不经表面处理的单耳止动垫圈的标记：

垫圈　GB 854　10

12. 双耳止动垫圈(GB 855—88)

双耳止动垫圈的画法及尺寸见表 11-69。

表 11-69　双耳止动垫圈的画法及尺寸(GB 855—88)　　单位：mm

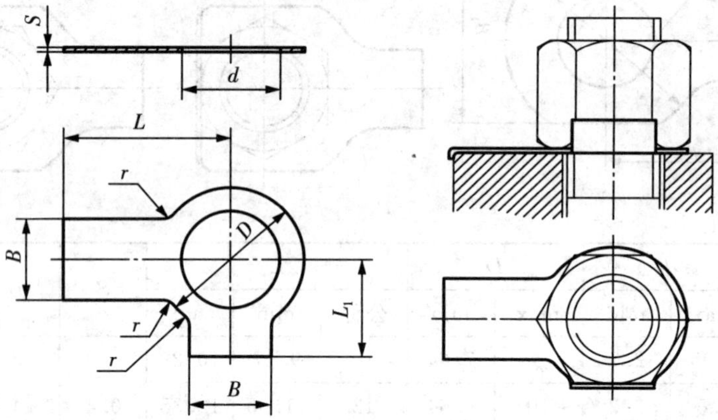

规格（螺纹大径）	d		D		L			L_1			B	S	r
	max	min	max	min	公称	min	max	公称	min	max			
2.5	2.95	2.7	5	4.7	10	9.71	10.29	4	3.76	4.24	3	0.4	1
3	3.5	3.2	5	4.7	12	11.65	12.35	5	4.76	5.24	4		
4	4.5	4.2	8	7.64	14	13.65	14.35	7	6.71	7.29	5		
5	5.6	5.3	9	8.64	16	15.65	16.35	8	7.71	8.29	6	0.5	
6	6.76	6.4	11	10.57	18	17.65	18.35	9	8.71	9.29	7		
8	8.76	8.4	14	12.57	20	19.58	20.42	11	10.65	11.35	8		2
10	10.93	10.5	17	15.57	22	21.58	22.42	13	12.65	13.35	10		
12	13.43	13	22	21.48	28	27.58	28.42	16	15.65	16.35	12	1	
(14)	15.43	15	22	21.48	28	27.58	28.42	16	15.65	16.35			
16	17.43	17	27	26.48	32	31.5	32.5	20	19.58	20.42	15		
(18)	19.52	19	32	31.38	36	35.5	36.5	22	21.58	22.42	18		3
20	21.52	21	32	31.38	36	35.5	36.5	22	21.58	22.42			
(22)	23.52	23	30	35.38	42	41.5	42.5	25	24.58	25.42	20		
24	25.52	25	36	35.38	42	41.5	42.5	25	24.58	25.42			
(27)	28.52	28	41	40.38	48	47.5	48.5	30	29.58	30.42	24	1.5	
30	31.62	31	46	45.38	52	51.4	52.6	32	31.50	32.50	26		
36	37.62	37	55	54.26	62	61.4	62.6	38	37.50	38.50	30		
42	43.62	43	65	64.26	70	69.4	70.6	44	43.50	44.50	35		4
48	50.62	50	75	74.26	80	79.4	80.6	50	49.50	50.50	40		

注：尽可能不采用括号内的规格。

(1)技术条件:按国家标准 GB 98 规定。

(2)标记示例:

标记方法按国家标准 GB/T 1237 规定执行。

规格为 10mm、材料为 A3、经退火、不经表面处理的双耳止动垫圈的标记:

垫圈 GB 855 10

11.9.2 圆螺母、圆螺母用止动垫圈

1. 圆螺母(GB/T 812—88)

(1)画法及尺寸

圆螺母的画法及尺寸见表 11-70。

表 11-70 圆螺母的画法及尺寸(GB 812—88) 单位:mm

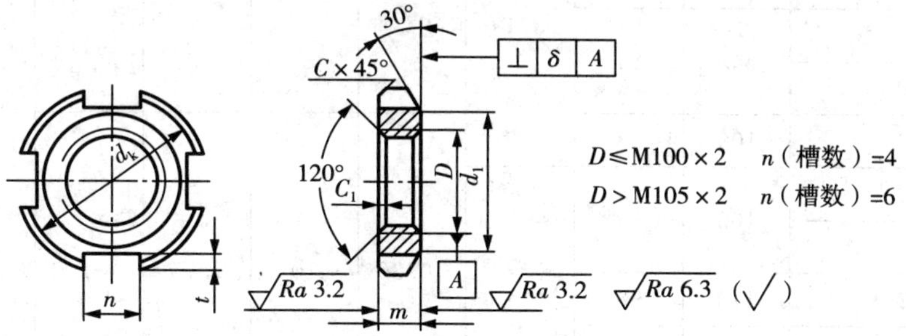

螺纹规格 D×P	d_k	d_1	m	n max	n min	t max	t min	C	C_1
M10×1	22	16	8	4.3	4	2.6	2	0.5	0.5
M12×1.25	25	19							
M14×1.5	28	20		5.3	5	3.1	2.5		
M16×1.5	30	22							
M18×1.5	32	24							
M20×1.5	35	27							
M22×1.5	38	30	10						
M24×1.5	42	34						1	
M25×1.5[①]									
M27×1.5	45	37							
M30×1.5	48	40							
M33×1.5	52	43		6.3	6	3.6	3		
M35×1.5[①]									
M36×1.5	55	46							
M39×1.5	58	49						1.5	
M40×1.5[①]									

（续表）

螺纹规格 $D\times P$	d_k	d_1	m	n		t		C	C_1
				max	min	max	min		
M42×1.5	62	53	10	6.3	6	3.6	3	1.5	0.5
M45×1.5	68	59							
M48×1.5	72	61	12	8.36	8	4.25	3.5		
M50×1.5[①]									
M52×1.5	78	67							
M55×2[①]									
M56×2	85	74							1
M60×2	90	79							
M64×2	95	84							
M65×2[①]									
M68×2	100	88		10.36	10	4.75	4		
M72×2	105	93	15						
M75×2[①]									
M76×2	110	98							
M80×2	115	103							
M85×2	120	108							
M90×2	125	112	18	12.43	12	5.75	5		
M95×2	130	117							
M100×2	135	122							
M105×2	140	127							
M110×2	150	135		14.43	14	6.75	6		
M115×2	155	140	22						
M120×2	160	145							
M125×2	165	150							
M130×2	170	155							
M140×2	180	165	26						
M150×2	200	180		16.43	16	7.9	7		
M160×3	210	190						2	1.5
M170×3	220	200							
M180×3	230	210	30						
M190×3	240	220							
M200×3	250	230							

注：① 仅用于滚动轴承锁紧装置。

(2)技术条件和引用标准

圆螺母的技术条件和引用标准见表 11－71。

表 11－71 圆螺母的技术条件和引用标准

材料		45 钢(GB 699)
螺纹	公差	6H
	标准	GB 196、GB 197
垂直度	δ	按 9 级规定
	标准	GB 1184
热处理及表面处理	① 槽或全部热处理后 HRC 35～45； ② 调质 HRC 24～30； ③ 氧化	
验收及包装		GB 90

(3)标记示例

标记方法按国家标准 GB/T 1237 的规定执行。

螺纹规格 D 为 M16×1.5、材料为 45 钢、槽或全部热处理后硬度 HRC 35～45、表面氧化的圆螺母的标记：

螺母 GB812 M16×1.5

2. 圆螺母用止动垫圈(GB 858—88)

圆螺母用止动垫圈的画法及尺寸见表 11－72。

表 11－72 圆螺母用止动垫圈的画法及尺寸(GB 858—88) 单位：mm

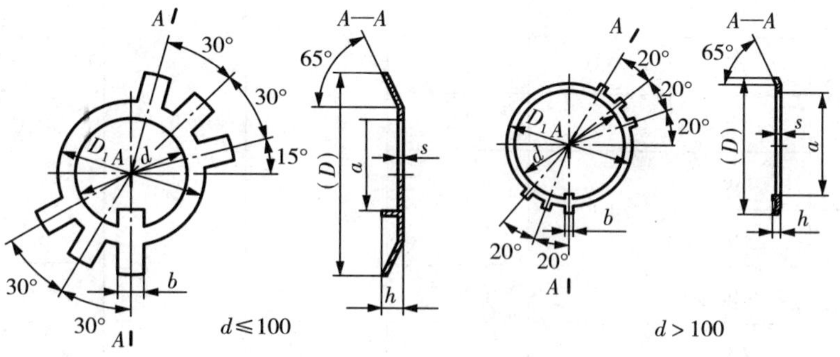

规格(螺纹大径)	d	D(参考)	D_1	S	h	b	a
10	10.5	25	16	1	3	3.8	8
12	12.5	28	19				9
14	14.5	32	20				11
16	16.5	34	22			4.8	13

（续表）

<table>
<tr><th>规格（螺纹大径）</th><th>d</th><th>D（参考）</th><th>D_1</th><th>S</th><th>h</th><th>b</th><th>a</th></tr>
<tr><td>18</td><td>18.5</td><td>35</td><td>24</td><td rowspan="7">1</td><td rowspan="4">4</td><td rowspan="7">4.8</td><td>15</td></tr>
<tr><td>20</td><td>20.5</td><td>38</td><td>27</td><td>17</td></tr>
<tr><td>22</td><td>22.5</td><td>42</td><td>30</td><td>19</td></tr>
<tr><td>24</td><td>24.5</td><td>45</td><td>34</td><td>21</td></tr>
<tr><td>25①</td><td>25.5</td><td>45</td><td>34</td><td rowspan="12">5</td><td>22</td></tr>
<tr><td>27</td><td>27.5</td><td>48</td><td>37</td><td>24</td></tr>
<tr><td>30</td><td>30.5</td><td>52</td><td>40</td><td>27</td></tr>
<tr><td>33</td><td>33.5</td><td rowspan="2">56</td><td rowspan="2">43</td><td rowspan="21">1.5</td><td rowspan="7">5.7</td><td>30</td></tr>
<tr><td>35①</td><td>35.5</td><td>32</td></tr>
<tr><td>36</td><td>36.5</td><td>60</td><td>46</td><td>33</td></tr>
<tr><td>39</td><td>39.5</td><td rowspan="2">62</td><td rowspan="2">49</td><td>36</td></tr>
<tr><td>40①</td><td>40.5</td><td>37</td></tr>
<tr><td>42</td><td>42.5</td><td>66</td><td>53</td><td>39</td></tr>
<tr><td>45</td><td>45.5</td><td>72</td><td>59</td><td>42</td></tr>
<tr><td>48</td><td>48.5</td><td rowspan="2">76</td><td rowspan="2">61</td><td rowspan="8">7.7</td><td>45</td></tr>
<tr><td>50①</td><td>50.5</td><td>47</td></tr>
<tr><td>52</td><td>52.5</td><td rowspan="2">82</td><td rowspan="2">67</td><td rowspan="7">6</td><td>49</td></tr>
<tr><td>55①</td><td>56</td><td>52</td></tr>
<tr><td>56</td><td>57</td><td>90</td><td>74</td><td>53</td></tr>
<tr><td>60</td><td>61</td><td>94</td><td>79</td><td>57</td></tr>
<tr><td>64</td><td>65</td><td rowspan="2">100</td><td rowspan="2">84</td><td>61</td></tr>
<tr><td>65①</td><td>66</td><td>62</td></tr>
<tr><td>68</td><td>69</td><td>105</td><td>88</td><td rowspan="6">9.6</td><td>65</td></tr>
<tr><td>72</td><td>73</td><td rowspan="2">110</td><td rowspan="2">93</td><td rowspan="6">7</td><td>69</td></tr>
<tr><td>75①</td><td>76</td><td>71</td></tr>
<tr><td>76</td><td>77</td><td>115</td><td>98</td><td>72</td></tr>
<tr><td>80</td><td>81</td><td>120</td><td>103</td><td>76</td></tr>
<tr><td>85</td><td>86</td><td>125</td><td>108</td><td>81</td></tr>
<tr><td>90</td><td>91</td><td>130</td><td>112</td><td>2</td><td>11.6</td><td>86</td></tr>
</table>

（续表）

规格（螺纹大径）	d	D（参考）	D_1	S	h	b	a
95	96	135	117	2	7	11.6	91
100	101	140	122				96
105	106	145	127				101
110	111	156	135			13.5	106
115	116	160	140				111
120	121	166	145				116
125	126	170	150				121
130	131	176	155				126
140	141	186	165				136
150	151	206	180	2.5		15.5	146
160	161	216	190		8		156
170	171	226	200				166
180	181	236	210				176
190	191	246	220				186
200	201	256	230				196

注：①仅用于滚动轴承锁紧装置。

（1）技术条件：按国家标准 GB 98 规定。

（2）标记示例：

标记方法按国家标准 GB/T 1237 的规定执行。

规格为 16mm、材料为 A3、经退火、表面氧化的圆螺母用止动垫圈的标记示例：

垫圈　GB 858　16

11.9.3　双头螺柱、螺钉

1. 双头螺柱（$b_m=2d$）（GB/T 900—88）

（1）画法及尺寸

双头螺柱（$b_m=2d$）的画法及尺寸见表 11－73。

表 11－73　双头螺柱（$b_m=2d$）的画法及尺寸（GB/T 900—88）　　单位：mm

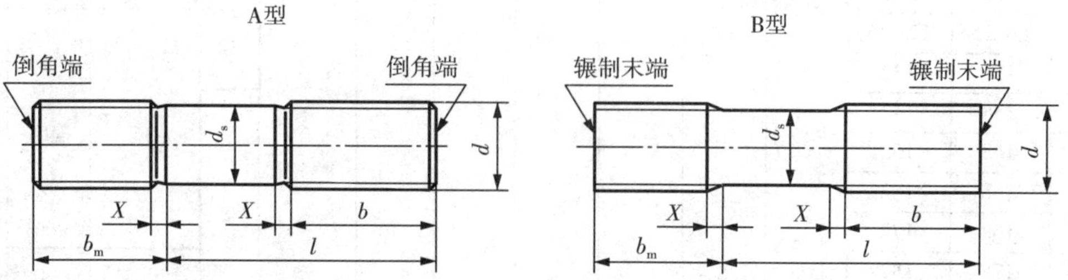

末端按GB 2规定；d_s≈螺纹中径（仅适用于B型）。

（续表）

螺纹规格*d*			M2	M2.5	M3	M4	M5	M6	M8	M10	M12	(M14)	M16
b_m	nom		4	5	6	8	10	12	16	20	24	28	32
	min		3.40	4.40	5.40	7.25	9.25	11.10	15.10	18.95	22.95	26.95	31.75
	max		4.60	5.60	6.60	8.75	10.75	12.90	16.90	21.05	25.05	29.05	33.25
d_s	max		2	2.5	3	4	5	6	8	10	12	14	16
	min		1.75	2.25	2.75	3.7	4.7	5.7	7.64	9.64	11.57	13.57	15.57
X	max		1.5*P*										
l			*b*										
nom	min	max											
12	11.10	12.90											
(14)	13.10	14.90	6										
16	15.10	16.90		8									
(18)	17.10	18.90			6	8							
20	18.95	21.05	10				10	10	12				
(22)	20.95	23.05								14	16		
25	23.95	26.05		11				14	16			18	
(28)	26.95	29.05								16			20
30	28.95	31.05			12	14					20		
(32)	30.75	33.25					16					25	
35	33.75	36.25											
(38)	36.75	39.25											30
40	38.75	41.25						18					
45	43.75	46.25											
50	48.75	51.25											
(55)	53.5	56.5											
60	58.5	61.5							22				
(65)	63.5	66.5								26			
70	68.5	71.5									30	34	
(75)	73.5	76.5											38
80	78.5	81.5											
(85)	83.25	86.75											
90	88.25	91.75											
(95)	93.25	96.75											
100	98.25	101.75											
110	108.25	111.75											
120	118.25	121.75								32			
130	128	132											
140	138	142									36	40	
150	148	152											
160	158	162											44
170	168	172											
180	178	182											
190	187.7	192.3											
200	197.7	202.3											

（续表）

螺纹规格d			(M18)	M20	(M22)	M24	(M27)	M30	(M33)	M36	(M39)	M42	M48
b_m	nom		36	40	44	48	54	60	66	72	78	84	96
	min		34.75	38.75	42.75	46.75	52.5	58.5	64.5	70.5	76.5	82.25	94.25
	max		37.25	41.25	45.25	49.25	55.5	61.5	67.5	73.5	79.5	85.75	97.75
d_s	max		18	20	22	24	27	30	33	36	39	42	48
	min		17.57	19.48	21.48	23.48	26.48	29.48	32.38	35.38	38.38	41.38	47.38
X	max		1.5P										
l			b										
nom	min	max											
35	33.75	36.25	22	25									
(38)	35.75	39.25											
40	38.75	41.25			30								
45	43.75	46.25	35	35		30							
50	48.75	51.25			40		35						
(55)	53.5	56.5				45		40					
60	58.5	61.5					50		45	45			
(65)	63.5	66.5	42					50			50	50	
70	68.5	71.5		46					60				
(75)	73.5	76.5								60			60
80	78.5	81.5			50	54					65	70	
(85)	83.25	86.75					60						
90	88.25	91.75						66					
(95)	93.25	96.75							72				80
100	98.25	101.75											
110	108.25	111.75											
120	118.25	121.75								78	84	90	102
130	128	132	48	52	56	60	66	72	78	84	90	96	108
140	138	142											
150	148	152											
160	158	162											
170	168	172											
180	178	182											
190	187.7	192.3											
200	197.7	202.3											
210	207.7	212.3						85	91	97	103	109	121
220	217.7	222.3											
230	227.7	232.3											
240	237.7	242.3											
250	247.7	252.3											
260	257.4	262.6											
280	277.4	282.6											
300	297.4	302.6											

注：1. 尽可能不采用括号内的规格。
2. P为粗牙螺距。
3. 折线之间为通用规格范围。
4. 当$b-b_m \leqslant 5$mm时，旋螺母一端应制成倒圆端，或在断面中心制出凹点。
5. 允许采用细牙螺纹和过渡配合螺纹。

(2)技术条件和引用标准

双头螺柱($b_m=2d$)的技术条件和引用标准见表 11-74。

表 11-74　双头螺柱($b_m=2d$)的技术条件和引用标准

材　料		钢	不锈钢
普通螺纹	公差	6g	
	标准	GB 196、GB 197	
过渡及过盈配合螺纹	代号	GM、G2M、YM	
	标准	GB 1167、GB 1181	
机械性能	等级	4.8、5.8、6.8、8.8、10.9、12.9	A2-50 A2-70
	标准	GB 3098.1	GB 3098.6
公差	产品等级	B	
	标准	GB 3103.1	
表面处理		①不经处理　②氧化 ③镀锌钝化　GB 5267	不经处理
表面缺陷		GB 5779.1、GB 5779.3	
验收及包装		GB 90	

(3)标记示例

标记方法按国家标准 GB/T 1237 的规定执行。

两端均为粗牙普通螺纹,$d=10$mm、$l=50$mm、性能等级为 4.8 级、不经表面处理、B 型、$b_m=2d$ 的双头螺柱的标记:

螺柱　GB900　M10×50

旋入机体一端为粗牙普通螺纹,旋螺母一端为螺距 $P=1$mm 的细牙普通螺纹,$d=10$mm、$l=50$mm、性能等级为 4.8 级、不经表面处理、A 型、$b_m=2d$ 的双头螺柱的标记:

螺柱　GB 900　AM10—M10×1×50

2. 双头螺柱($b_m=1.5d$)(GB/T 899—88)

(1)画法及尺寸

双头螺柱($b_m=1.5d$)的画法及尺寸见表 11-75。

表 11-75　双头螺柱($b_m=1.5d$)的画法及尺寸(GB/T 899—88)　　单位:mm

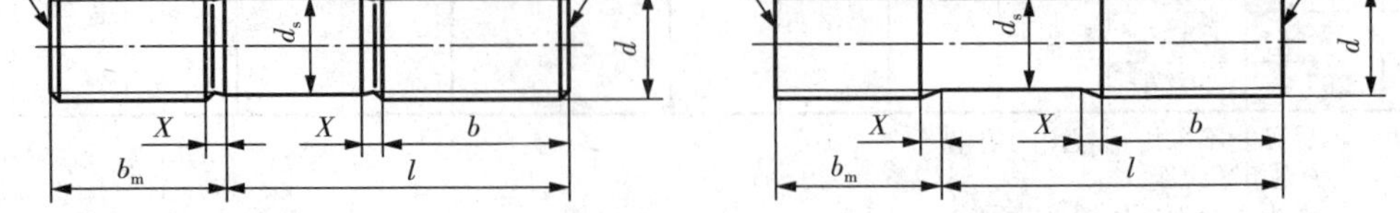

末端按GB 2规定;d_s≈螺纹中径(仅适用于B型)。

（续表）

<table>
<tr><td colspan="3">螺纹规格d</td><td>M2</td><td>M2.5</td><td>M3</td><td>M4</td><td>M5</td><td>M6</td><td>M8</td><td>M10</td><td>M12</td><td>(M14)</td><td>M16</td></tr>
<tr><td rowspan="3">b_m</td><td colspan="2">公称</td><td>3</td><td>3.5</td><td>4.5</td><td>6</td><td>8</td><td>10</td><td>12</td><td>15</td><td>18</td><td>21</td><td>24</td></tr>
<tr><td colspan="2">min</td><td>2.40</td><td>2.90</td><td>3.90</td><td>5.40</td><td>7.25</td><td>9.25</td><td>11.10</td><td>14.10</td><td>17.10</td><td>19.95</td><td>22.95</td></tr>
<tr><td colspan="2">max</td><td>3.60</td><td>4.10</td><td>5.10</td><td>6.60</td><td>8.75</td><td>10.75</td><td>12.90</td><td>15.90</td><td>18.90</td><td>22.05</td><td>25.05</td></tr>
<tr><td rowspan="2">d_s</td><td colspan="2">max</td><td>2</td><td>2.5</td><td>3</td><td>4</td><td>5</td><td>6</td><td>8</td><td>10</td><td>12</td><td>14</td><td>16</td></tr>
<tr><td colspan="2">min</td><td>1.75</td><td>2.25</td><td>2.75</td><td>3.7</td><td>4.7</td><td>5.7</td><td>7.64</td><td>9.64</td><td>11.57</td><td>13.57</td><td>15.57</td></tr>
<tr><td>X</td><td colspan="2">max</td><td colspan="11">1.5P</td></tr>
<tr><td colspan="3">l</td><td colspan="11" rowspan="2">b</td></tr>
<tr><td>公称</td><td>min</td><td>max</td></tr>
<tr><td>12</td><td>11.10</td><td>12.90</td><td rowspan="3">6</td><td rowspan="1"></td><td rowspan="2"></td><td rowspan="2"></td><td rowspan="2"></td><td rowspan="4"></td><td rowspan="4"></td><td rowspan="6"></td><td rowspan="6"></td><td rowspan="8"></td><td rowspan="8"></td></tr>
<tr><td>（14）</td><td>13.10</td><td>14.90</td><td rowspan="3">8</td></tr>
<tr><td>16</td><td>15.10</td><td>16.90</td><td rowspan="3">6</td><td rowspan="4">8</td><td rowspan="4">10</td></tr>
<tr><td>（18）</td><td>17.10</td><td>18.90</td><td rowspan="4">10</td></tr>
<tr><td>20</td><td>18.95</td><td>21.05</td><td rowspan="5">11</td><td rowspan="2">10</td><td rowspan="2">12</td></tr>
<tr><td>（22）</td><td>20.95</td><td>23.05</td><td rowspan="8">12</td></tr>
<tr><td>25</td><td>23.95</td><td>26.05</td><td rowspan="7">14</td><td rowspan="9">16</td><td rowspan="3">14</td><td rowspan="3">16</td><td rowspan="2">14</td><td rowspan="3">16</td></tr>
<tr><td>（28）</td><td>26.95</td><td>29.05</td><td rowspan="28"></td></tr>
<tr><td>30</td><td>28.95</td><td>31.05</td><td rowspan="4">16</td><td rowspan="3">18</td><td rowspan="4">20</td></tr>
<tr><td>（32）</td><td>30.75</td><td>33.25</td><td rowspan="26"></td><td rowspan="11">18</td><td rowspan="14">22</td><td rowspan="4">20</td></tr>
<tr><td>35</td><td>33.75</td><td>36.25</td></tr>
<tr><td>（38）</td><td>36.75</td><td>39.25</td><td rowspan="3">25</td></tr>
<tr><td>40</td><td>38.75</td><td>41.25</td><td rowspan="15">26</td><td rowspan="4">30</td></tr>
<tr><td>45</td><td>43.75</td><td>46.25</td><td rowspan="22"></td><td rowspan="22"></td><td rowspan="14">30</td></tr>
<tr><td>50</td><td>48.75</td><td>51.25</td><td rowspan="13">34</td></tr>
<tr><td>（55）</td><td>53.5</td><td>56.5</td><td rowspan="20"></td></tr>
<tr><td>60</td><td>58.5</td><td>61.5</td><td rowspan="11">38</td></tr>
<tr><td>（65）</td><td>63.5</td><td>66.5</td></tr>
<tr><td>70</td><td>68.5</td><td>71.5</td></tr>
<tr><td>（75）</td><td>73.5</td><td>76.5</td></tr>
<tr><td>80</td><td>78.5</td><td>81.5</td><td rowspan="15"></td></tr>
<tr><td>（85）</td><td>83.25</td><td>86.75</td></tr>
<tr><td>90</td><td>88.25</td><td>91.75</td></tr>
<tr><td>（95）</td><td>93.25</td><td>96.75</td><td rowspan="12"></td></tr>
<tr><td>100</td><td>98.25</td><td>101.75</td></tr>
<tr><td>110</td><td>108.25</td><td>111.75</td></tr>
<tr><td>120</td><td>118.25</td><td>121.75</td></tr>
<tr><td>130</td><td>128</td><td>132</td><td>32</td><td rowspan="6">36</td><td rowspan="6">40</td><td rowspan="8">44</td></tr>
<tr><td>140</td><td>138</td><td>142</td><td rowspan="7"></td></tr>
<tr><td>150</td><td>148</td><td>152</td></tr>
<tr><td>160</td><td>158</td><td>162</td></tr>
<tr><td>170</td><td>168</td><td>172</td></tr>
<tr><td>180</td><td>178</td><td>182</td></tr>
<tr><td>190</td><td>187.7</td><td>192.3</td><td rowspan="2"></td><td rowspan="2"></td></tr>
<tr><td>200</td><td>197.7</td><td>202.3</td></tr>
</table>

（续表）

<table>
<tr><td colspan="3">螺纹规格d</td><td>(M18)</td><td>M20</td><td>(M22)</td><td>M24</td><td>(M27)</td><td>M30</td><td>(M33)</td><td>M36</td><td>(M39)</td><td>M42</td><td>M48</td></tr>
<tr><td colspan="2" rowspan="3">b_m</td><td>公称</td><td>27</td><td>30</td><td>33</td><td>36</td><td>40</td><td>45</td><td>49</td><td>54</td><td>58</td><td>63</td><td>72</td></tr>
<tr><td>min</td><td>22.05</td><td>28.95</td><td>32.75</td><td>34.75</td><td>38.75</td><td>43.75</td><td>47.75</td><td>53.5</td><td>56.5</td><td>61.5</td><td>70.5</td></tr>
<tr><td>max</td><td>25.95</td><td>31.05</td><td>34.25</td><td>37.25</td><td>41.25</td><td>46.25</td><td>50.25</td><td>55.5</td><td>59.5</td><td>64.5</td><td>73.5</td></tr>
<tr><td colspan="2" rowspan="2">d_s</td><td>max</td><td>18</td><td>20</td><td>22</td><td>24</td><td>27</td><td>30</td><td>33</td><td>36</td><td>39</td><td>42</td><td>48</td></tr>
<tr><td>min</td><td>17.57</td><td>19.48</td><td>21.48</td><td>23.48</td><td>26.48</td><td>29.48</td><td>32.38</td><td>35.38</td><td>38.38</td><td>41.38</td><td>47.38</td></tr>
<tr><td colspan="2">X</td><td>max</td><td colspan="11">1.5P</td></tr>
<tr><td colspan="3">l</td><td colspan="11" rowspan="2">b</td></tr>
<tr><td>公称</td><td>min</td><td>max</td></tr>
<tr><td>35</td><td>33.75</td><td>36.25</td><td rowspan="3">22</td><td rowspan="3">25</td><td rowspan="2"></td><td rowspan="3"></td><td rowspan="4"></td><td rowspan="6"></td><td rowspan="7"></td><td rowspan="7"></td><td rowspan="8"></td><td rowspan="8"></td><td rowspan="10"></td></tr>
<tr><td>（38）</td><td>36.75</td><td>39.25</td></tr>
<tr><td>40</td><td>38.75</td><td>41.25</td><td rowspan="2">30</td></tr>
<tr><td>45</td><td>43.75</td><td>46.25</td><td rowspan="4">35</td><td rowspan="5">35</td><td rowspan="2">30</td></tr>
<tr><td>50</td><td>48.75</td><td>51.25</td><td rowspan="5">40</td><td rowspan="3">35</td></tr>
<tr><td>（55）</td><td>53.5</td><td>56.5</td><td rowspan="5">45</td></tr>
<tr><td>60</td><td>58.5</td><td>61.5</td><td rowspan="2">40</td></tr>
<tr><td>（65）</td><td>63.5</td><td>66.5</td><td rowspan="10">42</td><td rowspan="5">50</td><td rowspan="2">45</td><td rowspan="3">45</td></tr>
<tr><td>70</td><td>68.5</td><td>71.5</td><td rowspan="9">46</td><td rowspan="5">50</td><td rowspan="3">50</td><td rowspan="3">50</td></tr>
<tr><td>（75）</td><td>73.5</td><td>76.5</td><td rowspan="8">50</td><td rowspan="5">60</td></tr>
<tr><td>80</td><td>78.5</td><td>81.5</td><td rowspan="7">54</td><td rowspan="6">60</td><td rowspan="3">60</td></tr>
<tr><td>（85）</td><td>83.25</td><td>86.75</td><td rowspan="5">65</td><td rowspan="5">70</td></tr>
<tr><td>90</td><td>88.25</td><td>91.75</td><td rowspan="5">60</td></tr>
<tr><td>（95）</td><td>93.25</td><td>96.75</td><td rowspan="4">66</td><td rowspan="3">80</td></tr>
<tr><td>100</td><td>98.25</td><td>101.75</td><td rowspan="3">72</td></tr>
<tr><td>110</td><td>108.25</td><td>111.75</td></tr>
<tr><td>120</td><td>118.25</td><td>121.75</td><td>78</td><td>84</td><td>90</td><td>102</td></tr>
<tr><td>130</td><td>128</td><td>132</td><td rowspan="8">48</td><td rowspan="8">52</td><td rowspan="8">56</td><td rowspan="8">60</td><td rowspan="8">66</td><td rowspan="8">72</td><td rowspan="8">78</td><td rowspan="8">84</td><td rowspan="8">90</td><td rowspan="8">96</td><td rowspan="8">108</td></tr>
<tr><td>140</td><td>138</td><td>142</td></tr>
<tr><td>150</td><td>148</td><td>152</td></tr>
<tr><td>160</td><td>158</td><td>162</td></tr>
<tr><td>170</td><td>168</td><td>172</td></tr>
<tr><td>180</td><td>178</td><td>182</td></tr>
<tr><td>190</td><td>187.7</td><td>192.3</td></tr>
<tr><td>200</td><td>197.7</td><td>202.3</td></tr>
<tr><td>210</td><td>207.7</td><td>212.3</td><td rowspan="8"></td><td rowspan="8"></td><td rowspan="8"></td><td rowspan="8"></td><td rowspan="8"></td><td rowspan="5">85</td><td rowspan="8">91</td><td rowspan="8">97</td><td rowspan="8">103</td><td rowspan="8">109</td><td rowspan="8">121</td></tr>
<tr><td>220</td><td>217.7</td><td>222.3</td></tr>
<tr><td>230</td><td>227.7</td><td>232.3</td></tr>
<tr><td>240</td><td>237.7</td><td>242.3</td></tr>
<tr><td>250</td><td>247.7</td><td>252.3</td></tr>
<tr><td>260</td><td>257.4</td><td>262.6</td><td rowspan="3"></td></tr>
<tr><td>280</td><td>277.4</td><td>282.6</td></tr>
<tr><td>300</td><td>297.4</td><td>302.6</td></tr>
</table>

注：1. 尽可能不采用括号内的规格。
2. P为粗牙螺距。
3. 折线之间为通用规格范围。
4. 当$b-b_m \leqslant 5$mm时，旋螺母一端应制成倒圆端，或在断面中心制出凹点。
5. 允许采用细牙螺纹和过渡配合螺纹。

(2)技术条件和引用标准

双头螺柱($b_m=1.5d$)的技术条件和引用标准见表 11-76。

表 11-76 双头螺柱($b_m=1.5d$)的技术条件和引用标准

材料		钢	不锈钢
普通螺纹	公差	6g	
	标准	GB 196、GB 197	
过渡配合螺纹	代号	GM、G2M	
	标准	GB 1167	
机械性能	等级	4.8、5.8、6.8、8.8、10.9、12.9	A2-50 A2-70
	标准	GB 3098.1	GB 3098.6
公差	产品等级	B	
	标准	GB 3103.1	
表面处理		①不经处理 ② 氧化 ③镀锌钝化 GB 5267	不经处理
表面缺陷	GB 5779.1、GB 5779.3		
验收及包装	GB 90		

(3)标记示例

标记方法按国家标准 GB/T 1237 的规定执行。

两端均为粗牙普通螺纹,$d=10$mm、$l=50$mm、性能等级为 4.8 级、不经表面处理、B 型、$b_m=1.5d$ 的双头螺柱的标记:

螺柱 GB899 M10×50

旋入机体一端为粗牙普通螺纹,旋螺母一端为螺距 $P=1$mm 的细牙普通螺纹,$d=10$mm、$l=50$mm、性能等级为 4.8 级、不经表面处理、A 型、$b_m=1.5d$ 的双头螺柱的标记:

螺柱 GB 899 AM10—M10×1×50

旋入机体一端为过渡配合螺纹的第一种配合,旋螺母一端粗牙普通螺纹,$d=10$mm、$l=50$mm、性能等级为 8.8 级、镀锌钝化、B 型、$b_m=1.5d$ 的双头螺柱的标记:

螺柱 GB 899 GM10—M10×50—8.8—Zn・D

3. 双头螺柱($b_m=1.25d$)(GB/T 898—88)

(1)画法及尺寸

双头螺柱($b_m=1.25d$)的画法及尺寸见表 11-77。

表 11-77 双头螺柱($b_m=1.25d$)的画法及尺寸(GB/T 898—88) 单位:mm

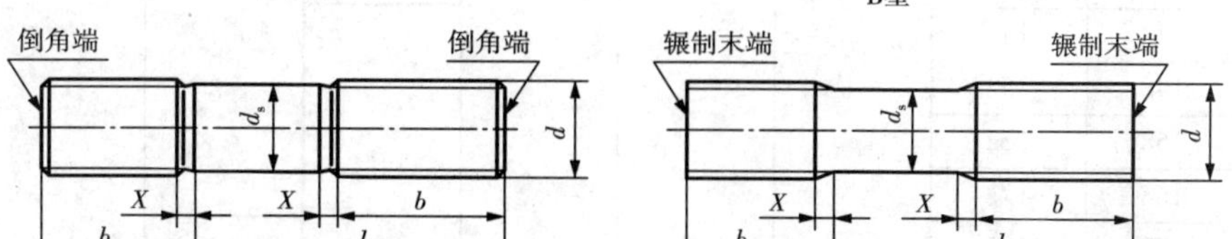

末端按GB 2规定;d_s≈螺纹中径(仅适用于B型)。

（续表）

螺纹规格 d			M5	N6	M8	M10	M12	M16	M20
b_m		nom	6	8	10	12	15	20	25
		min	5.40	7.25	9.25	11.10	14.10	18.95	23.95
		max	6.60	8.75	10.75	12.90	15.90	21.05	26.05
d_s		max	5	6	8	10	12	16	20
		min	4.7	5.7	7.64	9.64	11.57	15.57	19.48
X		max	1.5P						
l			b						
nom	min	max							
16	15.10	16.90	10						
(18)	17.10	18.90							
20	18.95	21.05		10	12				
(22)	20.95	23.05							
25	23.95	26.05	16	14	16	14	16		
(28)	26.95	29.05							
30	28.95	31.05				16		20	
(32)	30.75	33.25		18	22		20		
35	33.75	36.25							25
(38)	36.75	39.25							
40	38.75	41.25				26			
45	43.75	46.25					30	30	35
50	48.75	51.25							
(55)	53.5	56.5						38	
60	58.5	61.5							45
(65)	63.5	66.5							
70	68.5	71.5							
(75)	73.5	76.5							
80	78.5	81.5							
(85)	83.25	86.75							
90	88.25	91.75							
(95)	93.25	96.75							
100	98.25	101.75							
110	108.25	111.75							
120	118.25	121.75							
130	128	132				32	36	44	52
140	138	142							
150	148	152							
160	158	162							
170	168	172							
180	178	182							
190	187.7	192.3							
200	197.7	202.3							

（续表）

<table>
<tr><td colspan="3">螺纹规格 d</td><td>M24</td><td>M30</td><td>M36</td><td>M42</td><td>M48</td></tr>
<tr><td colspan="2" rowspan="3">b_m</td><td>nom</td><td>30</td><td>38</td><td>45</td><td>52</td><td>60</td></tr>
<tr><td>min</td><td>28.95</td><td>36.75</td><td>43.75</td><td>50.50</td><td>58.50</td></tr>
<tr><td>max</td><td>31.05</td><td>39.25</td><td>46.25</td><td>53.50</td><td>61.50</td></tr>
<tr><td colspan="2" rowspan="2">d_s</td><td>max</td><td>24</td><td>30</td><td>36</td><td>42</td><td>48</td></tr>
<tr><td>min</td><td>23.48</td><td>29.48</td><td>35.38</td><td>41.38</td><td>47.38</td></tr>
<tr><td colspan="2">X</td><td>max</td><td colspan="5">1.5P</td></tr>
<tr><td colspan="3">l</td><td colspan="5" rowspan="2">b</td></tr>
<tr><td>nom</td><td>min</td><td>max</td></tr>
<tr><td>40</td><td>38.75</td><td>41.25</td><td></td><td rowspan="4"></td><td rowspan="5"></td><td rowspan="6"></td><td rowspan="8"></td></tr>
<tr><td>45</td><td>43.75</td><td>46.25</td><td rowspan="2">30</td></tr>
<tr><td>50</td><td>48.75</td><td>51.25</td></tr>
<tr><td>(55)</td><td>53.5</td><td>56.5</td><td rowspan="5">45</td></tr>
<tr><td>60</td><td>58.5</td><td>61.5</td><td rowspan="2">40</td></tr>
<tr><td>(65)</td><td>63.5</td><td>66.5</td><td rowspan="3">45</td></tr>
<tr><td>70</td><td>68.5</td><td>71.5</td><td rowspan="5">50</td><td rowspan="3">50</td></tr>
<tr><td>(75)</td><td>73.5</td><td>76.5</td></tr>
<tr><td>80</td><td>78.5</td><td>81.5</td><td rowspan="7">54</td><td rowspan="6">60</td><td rowspan="3">60</td></tr>
<tr><td>(85)</td><td>83.25</td><td>86.75</td><td rowspan="5">70</td></tr>
<tr><td>90</td><td>88.25</td><td>91.75</td></tr>
<tr><td>(95)</td><td>93.25</td><td>96.75</td><td rowspan="4">66</td><td rowspan="3">80</td></tr>
<tr><td>100</td><td>98.25</td><td>101.75</td></tr>
<tr><td>110</td><td>108.25</td><td>111.75</td></tr>
<tr><td>120</td><td>118.25</td><td>121.75</td><td>78</td><td>90</td><td>102</td></tr>
<tr><td>130</td><td>128</td><td>132</td><td rowspan="8">60</td><td rowspan="8">72</td><td rowspan="8">84</td><td rowspan="8">96</td><td rowspan="8">108</td></tr>
<tr><td>140</td><td>138</td><td>142</td></tr>
<tr><td>150</td><td>148</td><td>152</td></tr>
<tr><td>160</td><td>158</td><td>162</td></tr>
<tr><td>170</td><td>168</td><td>172</td></tr>
<tr><td>180</td><td>178</td><td>182</td></tr>
<tr><td>190</td><td>187.7</td><td>192.3</td></tr>
<tr><td>200</td><td>197.7</td><td>202.3</td></tr>
<tr><td>210</td><td>207.7</td><td>212.3</td><td rowspan="10"></td><td rowspan="5">85</td><td rowspan="10">97</td><td rowspan="10">109</td><td rowspan="10">121</td></tr>
<tr><td>220</td><td>217.7</td><td>222.3</td></tr>
<tr><td>230</td><td>227.7</td><td>232.3</td></tr>
<tr><td>240</td><td>237.7</td><td>242.3</td></tr>
<tr><td>250</td><td>247.7</td><td>252.3</td></tr>
<tr><td>260</td><td>257.4</td><td>262.6</td><td rowspan="3"></td></tr>
<tr><td>280</td><td>277.4</td><td>282.6</td></tr>
<tr><td>300</td><td>297.4</td><td>302.6</td></tr>
</table>

（续表）

<table>
<tr><td colspan="2">螺纹规格d</td><td></td><td>M14</td><td>M18</td><td>M22</td><td>M27</td><td>M33</td><td>M39</td></tr>
<tr><td colspan="2" rowspan="3">b_m</td><td>nom</td><td>18</td><td>22</td><td>28</td><td>35</td><td>41</td><td>49</td></tr>
<tr><td>min</td><td>17.10</td><td>20.95</td><td>26.95</td><td>33.75</td><td>39.75</td><td>47.75</td></tr>
<tr><td>max</td><td>18.90</td><td>23.05</td><td>39.05</td><td>36.25</td><td>42.25</td><td>50.25</td></tr>
<tr><td colspan="2" rowspan="2">d_s</td><td>max</td><td>14</td><td>18</td><td>22</td><td>27</td><td>33</td><td>39</td></tr>
<tr><td>min</td><td>13.57</td><td>17.57</td><td>21.48</td><td>26.48</td><td>32.38</td><td>38.38</td></tr>
<tr><td colspan="2">X</td><td>max</td><td colspan="6">1.5P</td></tr>
<tr><td colspan="3">l</td><td colspan="6" rowspan="2">b</td></tr>
<tr><td>nom</td><td>min</td><td>max</td></tr>
<tr><td>30</td><td>28.95</td><td>31.05</td><td rowspan="3">18</td><td rowspan="2"></td><td rowspan="4"></td><td rowspan="6"></td><td rowspan="9"></td><td rowspan="10"></td></tr>
<tr><td>32</td><td>30.75</td><td>33.25</td></tr>
<tr><td>35</td><td>33.75</td><td>36.25</td><td rowspan="3">22</td></tr>
<tr><td>38</td><td>36.75</td><td>39.25</td><td rowspan="3">25</td></tr>
<tr><td>40</td><td>38.75</td><td>41.25</td><td rowspan="2">30</td></tr>
<tr><td>45</td><td>43.75</td><td>46.25</td><td rowspan="4">35</td></tr>
<tr><td>50</td><td>48.75</td><td>51.25</td><td rowspan="13">34</td><td rowspan="5">40</td><td rowspan="3">35</td></tr>
<tr><td>55</td><td>53.50</td><td>56.50</td></tr>
<tr><td>60</td><td>58.50</td><td>61.50</td></tr>
<tr><td>65</td><td>63.50</td><td>66.50</td><td rowspan="10">42</td><td rowspan="5">50</td><td rowspan="2">45</td></tr>
<tr><td>70</td><td>68.50</td><td>71.50</td><td rowspan="3">50</td></tr>
<tr><td>75</td><td>73.50</td><td>76.50</td><td rowspan="8">50</td><td rowspan="5">60</td></tr>
<tr><td>80</td><td>78.50</td><td>81.50</td></tr>
<tr><td>85</td><td>83.25</td><td>86.75</td><td rowspan="5">65</td></tr>
<tr><td>90</td><td>88.25</td><td>91.75</td><td rowspan="5">60</td></tr>
<tr><td>95</td><td>93.25</td><td>96.75</td></tr>
<tr><td>100</td><td>98.25</td><td>101.75</td><td rowspan="3">72</td></tr>
<tr><td>110</td><td>108.25</td><td>111.75</td></tr>
<tr><td>120</td><td>118.25</td><td>121.75</td><td>84</td></tr>
<tr><td>130</td><td>128.0</td><td>132.0</td><td rowspan="6">40</td><td rowspan="8">48</td><td rowspan="8">56</td><td rowspan="8">66</td><td rowspan="8">78</td><td rowspan="8">90</td></tr>
<tr><td>140</td><td>138.0</td><td>142.0</td></tr>
<tr><td>150</td><td>148.0</td><td>152.0</td></tr>
<tr><td>160</td><td>158.0</td><td>162.0</td></tr>
<tr><td>170</td><td>168.0</td><td>172.0</td></tr>
<tr><td>180</td><td>178.0</td><td>182.0</td></tr>
<tr><td>190</td><td>187.7</td><td>192.3</td><td rowspan="10"></td></tr>
<tr><td>200</td><td>197.7</td><td>202.3</td></tr>
<tr><td>210</td><td>207.7</td><td>212.3</td><td rowspan="8"></td><td rowspan="8"></td><td rowspan="8"></td><td rowspan="8">91</td><td rowspan="8">103</td></tr>
<tr><td>220</td><td>217.7</td><td>222.3</td></tr>
<tr><td>230</td><td>227.7</td><td>232.3</td></tr>
<tr><td>240</td><td>237.7</td><td>242.3</td></tr>
<tr><td>250</td><td>247.7</td><td>252.3</td></tr>
<tr><td>260</td><td>257.4</td><td>262.6</td></tr>
<tr><td>280</td><td>277.4</td><td>282.6</td></tr>
<tr><td>300</td><td>297.4</td><td>302.6</td></tr>
</table>

注：1. 尽可能不采用括号内的规格。2. P为粗牙螺距。3. 折线之间为通用规格范围。4. 当$b-b_m \leq 5$mm时，旋螺母一端应制成倒圆端，或在断面中心制出凹点。5. 允许采用细牙螺纹和过渡配合螺纹。

(2)技术条件和引用标准

双头螺柱($b_m=1.25d$)的技术条件和引用标准见表11-78。

表11-78 双头螺柱($b_m=1.25d$)的技术条件和引用标准

材料		钢	不锈钢
普通螺纹	公差	6g	
	标准	GB 196、GB 197	
过渡配合螺纹	代号	GM、G2M	
	标准	GB 1167	
机械性能	等级	4.8、5.8、6.8、8.8、10.9、12.9	A2-50、A2-70
	标准	GB 3098.1	GB 3098.6
公差	产品等级	B	
	标准	GB 3103.1	
表面处理		① 不经处理 ② 氧化 ③镀锌钝化 GB 5267	
表面缺陷		GB 5779.1、GB 5779.3	
验收及包装		GB90	

(3)标记示例

标记方法按国家标准GB/T 1237规定执行。

两端均为粗牙普通螺纹,$d=10$mm、$l=50$mm、性能等级为4.8级、不经表面处理、B型、$b_m=1.25d$的双头螺柱的标记:

螺柱 GB 898 M10×50

旋入机体一端为粗牙普通螺纹,旋螺母一端为螺距$P=1$mm的细牙普通螺纹,$d=10$mm、$l=50$mm、性能等级为4.8级、不经表面处理、A型、$b_m=1.25d$的双头螺柱的标记:

螺柱 GB 898 AM10—M10×1×50

旋入机体一端过渡配合螺纹的第一种配合,旋螺母一端为粗牙普通螺纹,$d=10$mm、$l=50$mm、性能等级为8.8级、镀锌钝化、B型、$b_m=1.25d$的双头螺柱的标记:

螺柱 GB 898 GM10—M10×50—8.8—Zn·D

4. 开槽圆柱头螺钉(GB/T 65—2016)

国家标准GB/T 65—2016《开槽圆柱头螺钉》规定了螺纹规格为M1.6～M10,性能等级为4.8、5.8、A2-50、A2-70、CU2、CU3和AL4,产品等级为A级的开槽圆柱头螺钉。

(1)画法及尺寸

开槽圆柱头螺钉的画法及尺寸见表11-79。

表11-79 开槽圆柱头螺钉的画法及尺寸(GB/T 65—2016) 单位:mm

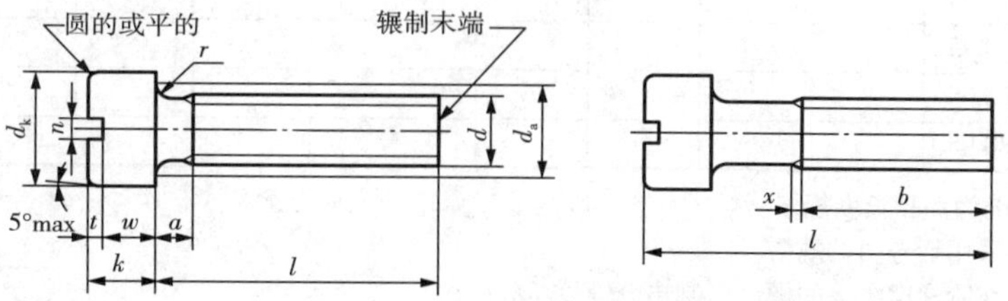

（续表）

螺纹规格*d*		M1.6	M2	M2.5	M3	（M3.5）①	M4	M5	M6	M8	M10
螺距*P*		0.35	0.4	0.45	0.5	0.6	0.7	0.8	1	1.25	1.5
a	max	0.7	0.8	0.9	1	1.2	1.4	1.6	2	2.5	3
b	min	25	25	25	25	38	38	38	38	38	38
d_k	公称=max	3.00	3.80	4.50	5.50	6.00	7.00	8.50	10.00	13.00	16.00
	min	2.86	3.62	4.32	5.32	5.82	6.78	8.28	9.78	12.73	15.73
d_a	max	2	2.6	3.1	3.6	4.1	4.7	5.7	6.8	9.2	11.2
k	公称=max	1.10	1.40	1.80	2.00	2.40	2.60	3.30	3.9	5.0	6.0
	min	0.96	1.26	1.66	1.86	2.26	2.46	3.12	3.6	4.7	5.7
n	公称	0.4	0.5	0.6	0.8	1	1.2	1.2	1.6	2	2.5
	max	0.60	0.70	0.80	1.00	1.20	1.51	1.51	1.91	2.31	2.81
	min	0.46	0.56	0.66	0.86	1.06	1.26	1.26	1.66	2.06	2.56
r	min	0.1	0.1	0.1	0.1	0.1	0.2	0.2	0.25	0.4	0.4
t	min	0.45	0.6	0.7	0.85	1	1.1	1.3	1.6	2	2.4
w	min	0.4	0.5	0.7	0.75	1	1.1	1.3	1.6	2	2.4
x	max	0.9	1	1.1	1.25	1.5	1.75	2	2.5	3.2	3.8

螺纹规格*d*			M1.6	M2	M2.5	M3	（M3.5）①	M4	M5	M6	M8	M10
*l*①②			每1000件钢螺钉的质量（ρ=7.85kg/dm³）≈kg									
公称	min	max										
2	1.8	2.2	0.07									
3	2.8	3.2	0.082	0.16	0.272							
4	3.76	4.24	0.094	0.179	0.302	0.515						
5	4.76	5.24	0.105	0.198	0.332	0.56	0.786	1.09				
6	5.76	6.24	0.117	0.217	0.362	0.604	0.845	1.17	2.06			
8	7.71	8.29	0.14	0.254	0.422	0.692	0.966	1.33	2.3	3.56		
10	9.71	10.29	0.163	0.291	0.482	0.78	1.08	1.47	2.55	3.92	7.85	
12	11.65	12.35	0.186	0.329	0.542	0.868	1.2	1.63	2.8	4.27	8.49	14.6
（14）	13.65	14.35	0.209	0.365	0.602	0.956	1.32	1.79	3.05	4.62	9.13	15.6
16	15.65	16.35	0.232	0.402	0.662	1.04	1.44	1.95	3.3	4.98	9.77	16.6
20	19.58	20.42		0.478	0.782	1.22	1.68	2.25	3.78	5.69	11	18.6
25	24.58	25.42			0.932	1.44	1.98	2.64	4.4	6.56	12.6	21.1
30	29.58	30.42				1.66	2.28	3.02	5.02	7.45	14.2	23.6
35	34.5	35.5					2.57	3.41	5.62	8.25	15.8	26.1
40	39.5	40.5						3.8	6.25	9.2	17.4	28.6
45	44.5	45.5							6.88	10	18.9	31.1
50	49.5	50.5							7.5	10.9	20.6	33.6
（55）	54.05	55.95								11.8	22.1	36.1
60	59.05	60.95								12.7	23.7	38.6
（65）	64.05	65.95									25.2	41.1
70	69.05	70.95									26.8	43.6
（75）	74.05	75.95									28.3	46.1
80	79.05	80.95									29.8	48.6

注：阶梯实线间的为商品长度规格。

① 尽可能不采用括号内的规格。

② 公称长度在阶梯虚线上的螺钉，制出全螺纹（*b*=*l*−*a*）。

(2)技术条件和引用标准

开槽圆柱头螺钉的技术条件和引用标准见表 11－80。

表 11－80　开槽圆柱头螺钉的技术条件和引用标准

材　料		钢	不锈钢	有色金属
通用技术条件		GB/T 16938		
螺纹	公差	6g		
	标准	GB/T 196、GB/T 197		
机械性能	等级	4.8、5.8	A2－50、A2－70	CU2、CU3、AL4
	标准	GB/T 3098.1	GB/T 3098.6	GB/T 3098.10
公差	产品等级	A		
	标准	GB/T 3103.1		
表面缺陷		GB/T 5779.1		
表面处理		不经处理	简单处理	简单处理
		电镀技术要按 GB/T 5267。 如需其他表面镀层或表面处理，应由供需双方协议		
验收及包装		GB/T 90		

(3)标记示例

标记方法按国家标准 GB/T 1237 的规定执行。

螺纹规格 d 为 M5、公称长度 l 为 20mm、性能等级为 4.8 级、不经表面处理的 A 级开槽圆柱头螺钉的标记：

螺钉　GB/T65　M5×20

5. 开槽盘头螺钉(GB/T 67—2016)

国家标准 GB/T 67—2016《开槽盘头螺钉》规定了规格为 M1.6～M10，性能等级为 4.8、5.8、A2－50、A2－70、CU2、CU3 和 AL4，产品等级为 A 级的开槽盘头螺钉。

(1)画法及尺寸

开槽盘头螺钉的画法及尺寸见表 11－81。

表 11－81　开槽盘头螺钉的画法及尺寸(GB/T 67—2016)　　单位：mm

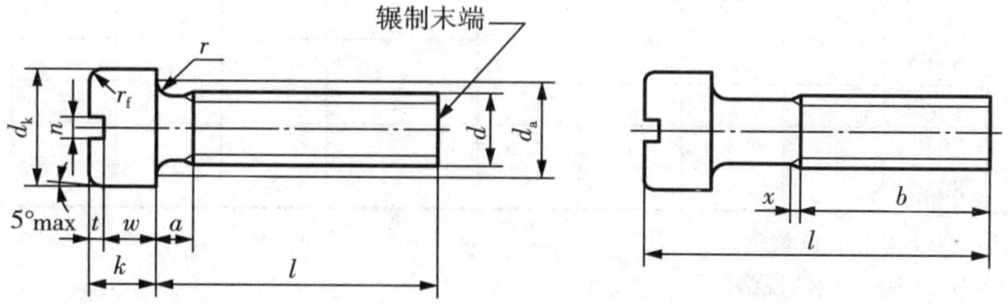

（续表）

螺纹规格d		M1.6	M2	M2.5	M3	（M3.5）①	M4	M5	M6	M8	M10
螺距P		0.35	0.4	0.45	0.5	0.6	0.7	0.8	1	1.25	1.5
a	max	0.7	0.8	0.9	1	1.2	1.4	1.6	2	2.5	3
b	min	25	25	25	25	38	38	38	38	38	38
d_k	公称=max	3.2	4.0	5.0	5.6	7.00	8.00	9.50	12.00	16.00	20.00
	min	2.9	3.7	4.7	5.3	6.64	7.64	9.14	11.57	15.57	19.48
d_a	max	2	2.6	3.1	3.6	4.1	4.7	5.7	6.8	9.2	11.2
k	公称=max	1.00	1.30	1.50	1.80	2.10	2.40	3.00	3.6	4.8	6.0
	min	0.86	1.16	1.36	1.66	1.96	2.26	2.86	3.3	4.5	5.7
n	公称	0.4	0.5	0.6	0.8	1	1.2	1.2	1.6	2	2.5
	max	0.60	0.70	0.80	1.00	1.20	1.51	1.51	1.91	2.31	2.81
	min	0.46	0.56	0.66	0.86	1.06	1.26	1.26	1.66	2.06	2.56
r	min	0.1	0.1	0.1	0.1	0.1	0.2	0.2	0.25	0.4	0.4
r_f	参考	0.5	0.6	0.8	0.9	1	1.2	1.5	1.8	2.4	3
t	min	0.35	0.5	0.6	0.7	0.8	1	1.2	1.4	1.9	2.4
w	min	0.3	0.4	0.5	0.7	0.8	1	1.2	1.4	1.9	2.4
x	max	0.9	1	1.1	1.25	1.5	1.75	2	2.5	3.2	3.8

螺纹规格d			M1.6	M2	M2.5	M3	（M3.5）①	M4	M5	M6	M8	M10
l①②			每1000件钢螺钉的质量（ρ=7.85kg/dm³）≈kg									
公称	min	max										
2	1.8	2.2	0.075									
2.5	2.3	2.7	0.081	0.152								
3	2.8	3.2	0.087	0.161	0.281							
4	3.76	4.24	0.099	0.18	0.311	0.463						
5	4.76	5.24	0.11	0.198	0.341	0.507	0.825	1.16				
6	5.76	6.24	0.122	0.217	0.371	0.551	0.885	1.24	2.12			
8	7.71	8.29	0.145	0.254	0.431	0.639	1	1.39	2.37	4.02		
10	9.71	10.29	0.168	0.292	0.491	0.727	1.12	1.55	2.61	4.37	9.38	
12	11.65	12.35	0.192	0.329	0.551	0.816	1.24	1.7	2.86	4.72	10	18.2
（14）	13.65	14.35	0.215	0.366	0.611	0.904	1.36	1.86	3.11	5.1	10.6	19.2
16	15.65	16.35	0.238	0.404	0.671	0.992	1.48	2.01	3.36	5.45	11.2	20.2
20	19.58	20.42		0.478	0.792	1.17	1.72	2.32	3.85	6.14	12.6	22.2
25	24.58	25.42			0.942	1.39	2.02	2.71	4.47	7.01	14.1	24.7
30	29.58	30.42				1.61	2.32	3.1	5.09	7.9	15.7	27.2
35	34.5	35.5					2.62	3.48	5.71	8.78	17.3	29.7
40	39.5	40.5						3.87	6.32	9.66	18.9	32.2
45	44.5	45.5							6.94	10.5	20.5	34.7
50	49.5	50.5							7.56	11.4	22.1	37.2
（55）	54.05	55.95								12.3	33.7	39.7
60	59.05	60.95								13.2	25.3	42.2
（65）	64.05	65.95									26.9	44.7
70	69.05	70.95									28.5	47.2
（75）	74.05	75.95									30.1	49.7
80	79.05	80.95									31.7	52.2

注：阶梯实线间的为商品长度规格。

① 尽可能不采用括号内的规格。

② 公称长度在阶梯虚线上的螺钉，制出全螺纹（$b=l-a$）。

(2)技术条件和引用标准

开槽盘头螺钉的技术条件和引用标准见表 11－82。

表 11－82　开槽盘头螺钉的技术条件和引用标准

材　　料		钢	不锈钢	有色金属
通用技术条件		GB/T 16938		
螺纹	公差	6g		
	标准	GB/T 196、GB/T 197		
机械性能	等级	4.8、5.8	A2－50、A2－70	CU2、CU3、AL4
	标准	GB/T 3098.1	GB/T 3098.6	GB/T 3098.10
公差	产品等级	A		
	标准	GB/T 3103.1		
表面缺陷		GB/T 5779.1		
表面处理		不经处理	简单处理	简单处理
		电镀技术要按 GB/T 5267。 如需其他表面镀层或表面处理，应由供需双方协议		
验收及包装		GB/T 90		

(3)标记示例

标记方法按国家标准 GB/T 1237 的规定执行。

螺纹规格 d 为 M5、公称长度 l 为 20mm、性能等级为 4.8 级、不经表面处理的 A 级开槽盘头螺钉的标记：

螺钉　GB/T 67　M5×20

6. 开槽沉头螺钉(GB/T 68—2016)

国家标准 GB/T 68—2016《开槽沉头螺钉》规定了规格为 M1.6～M10，性能等级为 4.8、5.8、A2－50、A2－70、CU2、CU3 和 AL4，产品等级为 A 级的开槽沉头螺钉。

(1)画法及尺寸

开槽沉头螺钉的画法及尺寸见表 11－83。

表 11－83　开槽沉头螺钉的画法及尺寸(GB/T 68—2016)　　单位：mm

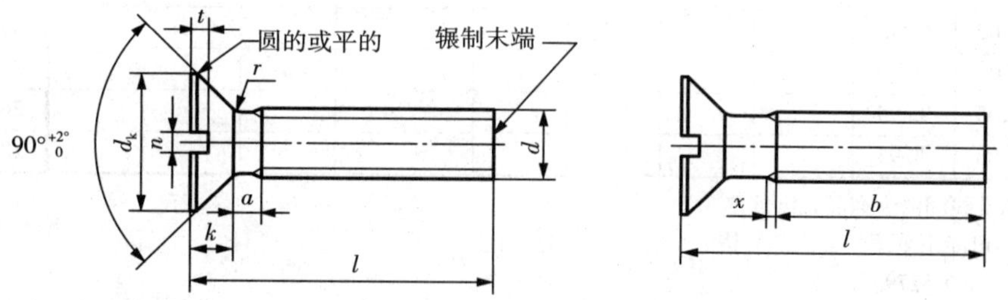

（续表）

螺纹规格d			M1.6	M2	M2.5	M3	（M3.5）①	M4	M5	M6	M8	M10
螺距P			0.35	0.4	0.45	0.5	0.6	0.7	0.8	1	1.25	1.5
a		max	0.7	0.8	0.9	1	1.2	1.4	1.6	2	2.5	3
b		min	25	25	25	25	38	38	38	38	38	38
d_k②	理论值	max	3.6	4.4	5.5	6.3	8.2	9.4	10.4	12.6	17.3	20
	实际值	公称=max	3.0	3.8	4.7	5.5	7.30	8.40	9.30	11.30	15.80	18.30
		min	2.7	3.5	4.4	5.2	6.94	8.04	8.94	10.87	15.37	17.78
k③		公称=max	1	1.2	1.5	1.65	2.35	2.7	2.7	3.3	4.65	5
n		nom	0.4	0.5	0.6	0.8	1	1.2	1.2	1.6	2	2.5
		max	0.60	0.70	0.80	1.00	1.20	1.51	1.51	1.91	2.31	2.81
		min	0.46	0.56	0.66	0.86	1.06	1.26	1.26	1.66	2.06	2.56
r		max	0.4	0.5	0.6	0.8	0.9	1	1.3	1.5	2	2.5
t		max	0.50	0.60	0.75	0.85	1.2	1.3	1.4	1.6	2.3	2.6
		min	0.32	0.4	0.50	0.60	0.9	1.0	1.1	1.2	1.8	2.0
x		max	0.9	1	1.1	1.25	1.5	1.75	2	2.5	3.2	3.8

螺纹规格d			M1.6	M2	M2.5	M3	（M3.5）①	M4	M5	M6	M8	M10
l①③			每1000件钢螺钉的质量（ρ=7.85kg/dm³）≈kg									
公称	min	max										
2.5	2.3	2.7	0.053									
3	2.8	3.2	0.058	0.101								
4	3.76	4.24	0.069	0.119	0.206							
5	4.76	5.24	0.081	0.137	0.236	0.335						
6	5.76	6.24	0.093	0.152	0.266	0.379	0.633	0.903				
8	7.71	8.29	0.116	0.193	0.326	0.467	0.753	1.06	1.48	2.38		
10	9.71	10.29	0.139	0.231	0.386	0.555	0.873	1.22	1.72	2.73	5.68	
12	11.65	12.35	0.162	0.268	0.446	0.643	0.993	1.37	1.96	3.08	6.32	9.54
（14）	13.65	14.35	0.185	0.306	0.507	0.731	1.11	1.53	2.2	3.43	6.96	10.6
16	15.65	16.35	0.208	0.343	0.567	0.82	1.23	1.68	2.44	3.78	7.6	11.6
20	19.58	20.42		0.417	0.687	0.996	1.47	2	2.92	4.48	8.88	13.6
25	24.58	25.42			0.838	1.22	1.77	2.39	3.52	5.36	10.5	16.1
30	29.58	30.42				1.44	2.07	2.78	4.12	6.23	12.1	18.7
35	34.5	35.5					2.37	3.17	4.72	7.11	13.7	21.2
40	39.5	40.5						3.56	5.32	7.98	15.3	23.7
45	44.5	45.5							5.92	8.86	16.9	26.2
50	49.5	50.5							6.52	9.73	18.5	28.8
（55）	54.05	55.95								10.6	20.1	31.3
60	59.05	60.95								11.5	21.7	33.8
（65）	64.05	65.95									23.3	36.3
70	69.05	70.95									24.9	38.9
（75）	74.05	75.95									26.5	41.4
80	79.05	80.95									28.1	43.9

注：阶梯实线间的为商品长度规格。

① 尽可能不采用括号内的规格。

② 见GB/T 5279。

③ 公称长度在阶梯虚线上的螺钉，制出全螺纹（$b=l-a$）。

(2)技术条件和引用标准

开槽沉头螺钉的技术条件和引用标准见表 11-84。

表 11-84 开槽沉头螺钉的技术条件和引用标准

材料		钢	不锈钢	有色金属
通用技术条件		GB/T 16938		
螺纹	公差	6g		
	标准	GB/T 196、GB/T 197		
机械性能	等级	4.8、5.8	A2-50、A2-70	CU2、CU3、AL4
	标准	GB/T 3098.1	GB/T 3098.6	GB/T 3098.10
公差	产品等级	A		
	标准	GB/T 3103.1		
表面缺陷		GB/T 5779.1		
表面处理		不经处理	简单处理	简单处理
		电镀技术要按 GB/T 5267。 如需其他表面镀层或表面处理，应由供需双方协议		
验收及包装		GB/T 90		

(3)标记示例

标记方法按国家标准 GB/T 1237 的规定执行。

螺纹规格 d 为 M5、公称长度 l 为 20mm、性能等级为 4.8 级、不经表面处理的 A 级开槽沉头螺钉的标记：

螺钉 GB/T 68 M5×20

7. 开槽锥端紧定螺钉(GB 71—85)

(1)画法及尺寸

开槽锥端紧定螺钉的画法及尺寸见表 11-85。

表 11-85 开槽锥端紧定螺钉的画法及尺寸(GB 71—85) 单位：mm

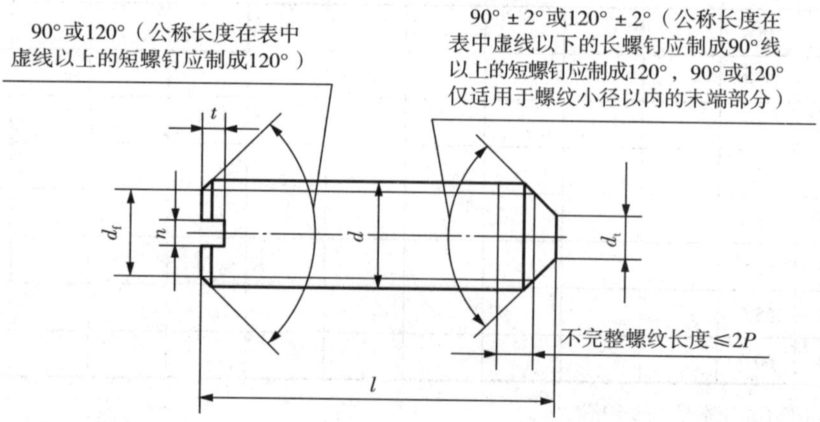

（续表）

螺纹规格d		M1.2	M1.6	M2	M2.5	M3	M4	M5	M6	M8	M10	M12
螺距P		0.25	0.35	0.4	0.45	0.5	0.7	0.8	1	1.25	1.5	1.75
$d_f \approx$		螺纹小径										
d_t	min	—	—	—	—	—	—	—	—	—	—	—
	max	0.12	0.16	0.2	0.25	0.3	0.4	0.5	1.5	2	2.5	3
n	nom	0.2	0.25	0.25	0.4	0.4	0.6	0.8	1	1.2	1.6	2
	min	0.26	0.31	0.31	0.46	0.46	0.66	0.86	1.06	1.26	1.66	2.06
	max	0.4	0.45	0.45	0.6	0.6	0.8	1	1.2	1.51	1.91	2.31
t	min	0.4	0.56	0.64	0.72	0.8	1.12	1.28	1.6	2	2.4	2.8
	max	0.52	0.74	0.84	0.95	1.05	1.42	1.63	2	2.5	3	3.6

l nom	l min	l max	M1.2	M1.6	M2	M2.5	M3	M4	M5	M6	M8	M10	M12
2	1.8	2.2											
2.5	2.3	2.7											
3	2.8	3.2											
4	3.7	4.3											
5	4.7	5.3			商品								
6	5.7	6.3											
8	7.7	8.3											
10	9.7	10.3						规格					
12	11.6	12.4											
(14)	13.6	14.4											
16	15.6	16.4									范围		
20	19.6	20.4											
25	24.6	25.4											
30	29.6	30.4											
35	34.5	35.5											
40	39.5	40.5											
45	44.5	45.5											
50	49.5	50.5											
(55)	54.4	55.6											
60	59.4	60.6											

注：1. 尽可能不采用括号内的规格。

2. ≤M5的螺钉不要求锥端有平面部分（d_t），可以倒圆。

(2)技术条件和引用标准

开槽锥端紧定螺钉的技术条件和引用标准见表11-86。

表11-86 开槽锥端紧定螺钉的技术条件和引用标准

材料		钢	不锈钢
螺纹	公差	6g	
	标准	GB 196—81、GB 197—81	
机械性能	等级	14H、22H	A 1-50
	标准	GB 3098.3—82	GB 3098.6—85
公差	产品等级	A	
	标准	GB 3103.1—82	
表面处理		①氧化 ②镀锌钝化 GB 5267—85	不经处理
验收及包装		GB 90—85	

(3)标记示例

螺纹规格 d 为M5、公称长度 l 为12mm、性能等级为14H级、表面氧化的开槽锥端紧定螺钉的标记：

螺钉 GB 71—85-M5×12-

8. 开槽长圆柱端紧定螺钉(GB 75—85)

(1)画法及尺寸

开槽长圆柱端紧定螺钉的画法及尺寸见表11-87。

表11-87 开槽长圆柱端紧定螺钉的画法及尺寸(GB 75—85) 单位：mm

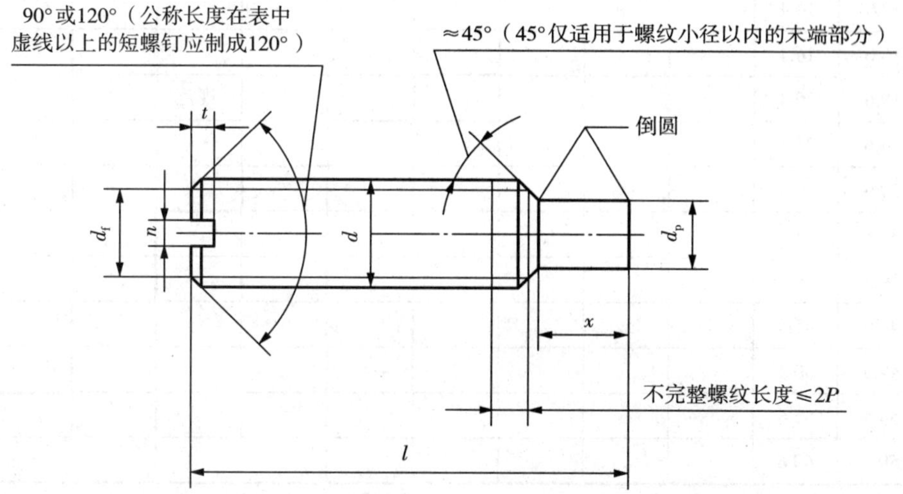

（续表）

螺纹规格d			M1.6	M2	M2.5	M3	M4	M5	M6	M8	M10	M12
螺距P			0.35	0.4	0.45	0.5	0.7	0.8	1	1.25	1.5	1.75
$d_f\approx$			螺纹小径									
d_p	min		0.55	0.75	1.25	1.75	2.25	3.2	3.7	5.2	6.64	8.14
	max		0.8	1	1.5	2	2.5	3.5	4	5.5	7	8.5
n	nom		0.25	0.25	0.4	0.4	0.6	0.8	1	1.2	1.6	2
	min		0.31	0.31	0.46	0.46	0.66	0.86	1.06	1.26	1.66	2.02
	max		0.45	0.45	0.6	0.6	0.8	1	1.2	1.51	1.91	2.31
t	min		0.56	0.64	0.72	0.8	1.12	1.28	1.6	2	2.4	2.8
	max		0.74	0.84	0.95	1.05	1.42	1.63	2	2.5	3	3.6
x	min		0.8	1	1.25	1.5	2	2.5	3	4	5	6
	max		1.05	1.25	1.5	1.75	2.25	2.75	3.25	4.3	5.3	6.3
l												
nom	min	max										
2	1.8	2.2										
2.5	2.3	2.7										
3	2.8	3.2										
4	3.7	4.3										
5	4.7	5.3										
6	5.7	6.3			商品							
8	7.7	8.3										
10	9.7	10.3										
12	11.6	12.4					规格					
(14)	13.6	14.4										
16	15.6	16.4										
20	19.6	20.4							规范			
25	24.6	25.4										
30	29.6	30.4										
35	34.5	35.5										
40	39.5	40.5										
45	44.5	45.5										
50	49.5	50.5										
55	54.4	55.6										
60	59.4	60.6										

注：尽可能不采用括号内的规格。

(2)技术条件和引用标准

开槽长圆柱端紧定螺钉的技术条件和引用标准见表 11－88。

表 11－88　开槽长圆柱端紧定螺钉的技术条件和引用标准

材　　料		钢	不锈钢
螺纹	公差	6g	
	标准	GB 196、GB 197	
机械性能	等级	14H、22H	A1－50
	标准	GB 3098.3	GB 3098.6
公差	产品等级	A	
	标准	GB 3103.1	
表面处理		①氧化 ②镀锌钝化 GB 5267	不经处理
验收及包装		GB 90	

(3)标记示例

标记方法按国家标准 GB 1237 的规定执行。

螺纹规格 d 为 M5、公称长度 l 为 12mm、性能等级为 14H 级、表面氧化的开槽长圆柱端紧定螺钉的标记：

螺钉　GB 75　M5×12

9. 开槽平端紧定螺钉(GB 73—85)

(1)画法及尺寸

开槽平端紧定螺钉的画法及尺寸见表 11－89。

表 11－89　开槽平端紧定螺钉的画法及尺寸(GB 73—85)　　单位：mm

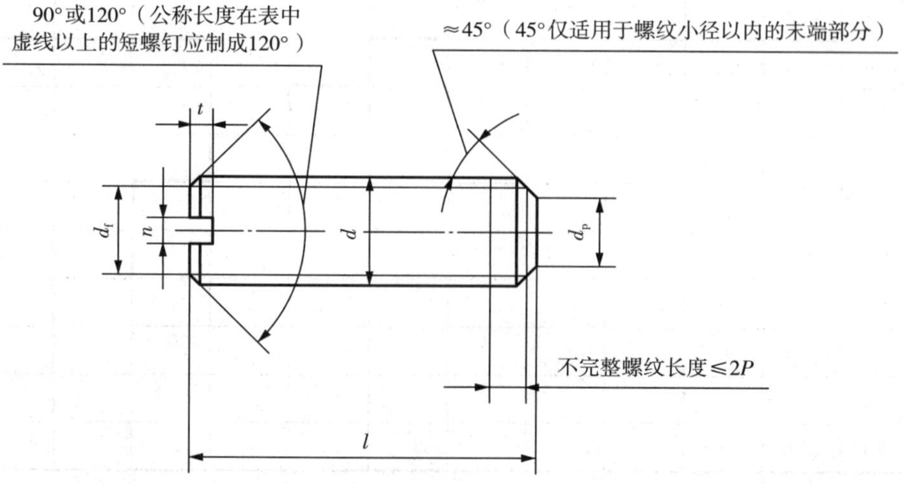

（续表）

螺纹规格d			M1.2	M1.6	M2	M2.5	M3	M4	M5	M6	M8	M10	M12
螺距P			0.25	0.35	0.4	0.45	0.5	0.7	0.8	1	1.25	1.5	1.75
d_f		max	螺纹小径										
d_p		min	0.35	0.55	0.75	1.25	1.75	2.25	3.2	3.7	5.2	6.64	8.14
		max	0.6	0.8	1	1.5	2	2.5	3.5	4	5.5	7	8.5
n		nom	0.2	0.25	0.25	0.4	0.4	0.6	0.8	1	1.2	1.6	2
		min	0.26	0.31	0.31	0.46	0.46	0.66	0.86	1.06	1.26	1.66	2.06
		max	0.4	0.45	0.45	0.6	0.6	0.8	1	1.2	1.51	1.91	2.8
t		min	0.4	0.56	0.64	0.72	0.8	1.12	1.28	1.6	2	2.4	2.8
		max	0.52	0.74	0.84	0.95	1.05	1.42	1.63	2	2.5	3	3.6
l													
nom	min	max											
2	1.8	2.2											
2.5	2.3	2.7											
3	2.8	3.2											
4	3.7	4.3											
5	4.7	5.3			商品								
6	5.7	6.3											
8	7.7	8.3											
10	9.7	10.3						规格					
12	11.6	12.4											
（14）	13.6	14.4											
16	15.6	16.4									范围		
20	19.6	20.4											
25	24.6	25.4											
30	29.6	30.4											
35	34.5	35.5											
40	39.5	40.5											
45	44.5	45.5											
50	49.5	50.5											
（55）	54.4	55.6											
60	59.4	60.6											

注：尽可能不采用括号内的规格。

(2)技术条件和引用标准

开槽平端紧定螺钉的技术条件和引用标准见表 11－90。

表 11－90　开槽平端紧定螺钉的技术条件和引用标准

材　料		钢	不锈钢
螺纹	公差	6g	
	标准	GB 196—81、GB 197—81	
机械性能	等级	14H、22H	A1－50
	标准	GB 3098.3—82	GB 3098.6—85
公差	产品等级	A	
	标准	GB 3103.1—82	
表面处理		①氧化 ②镀锌钝化 GB 5267—85	不经处理
验收及包装		GB 90—85	

(3)标记示例

螺纹规格 d 为 M5、公称长度 l 为 12mm、性能等级为 14H 级、表面氧化的开槽平端紧定螺钉的标记:

螺钉　GB 73—85－M5×12－

11.9.4　外六角螺塞(JB/ZQ 4450—2006)

(1)外六角螺塞的画法及尺寸见表 11－91。

表 11－91　外六角螺塞的画法及尺寸　　单位:mm

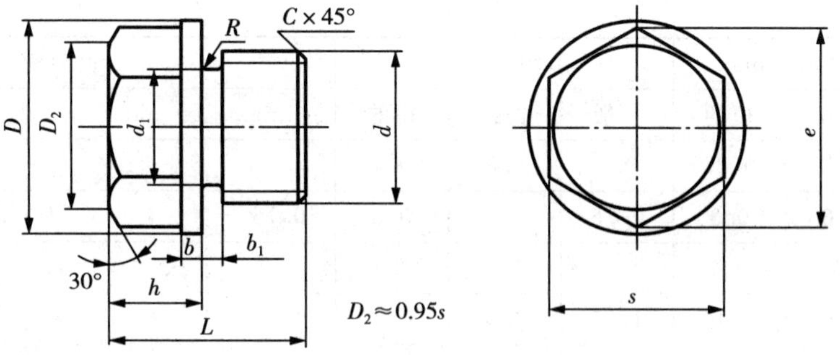

d	d_1	D	e	s 基本尺寸	s 极限偏差	L	h	b	b_1	R	C	质量(kg)
M12×1.25	10.2	22	15	13	$^{0}_{-0.24}$	24	12	3	3	1	1.0	0.032
M20×1.5	17.8	30	24.2	21	$^{0}_{-0.28}$	30	15	4				0.090
M24×2	21	34	31.2	27		32	16		4		1.5	0.145
M30×2	27	42	39.3	34	$^{0}_{-0.34}$	38	18					0.252

(2)材料:35 钢。

(3)技术要求:表面发蓝处理。

(4)标记示例:

d 为 M12×1.25 的外六角螺塞:

螺塞　M12×1.25　JB/ZQ 4450—2006

11.9.5　普通螺纹收尾、肩距、退刀槽和倒角(GB/T 3—1997)

1. 外螺纹

(1)外螺纹始端端面的倒角一般为 45°,也可采用 60°或 30°倒角;倒角深度应大于或等于螺纹牙型高度。对搓(滚)丝加工外螺纹,其始端不完整螺纹的轴向长度不能大于 $2P$。

(2)外螺纹退刀槽的过渡角 α 不应小于 30°。

(3)外螺纹收尾的牙底圆弧半径不应小于对完整螺纹所规定的最小牙底圆弧半径。

普通外螺纹收尾、肩距和退刀槽的画法及尺寸见表 11-92。

表 11-92　普通外螺纹收尾、肩距和退刀槽的画法及尺寸(GB/T 3—1997) 单位:mm

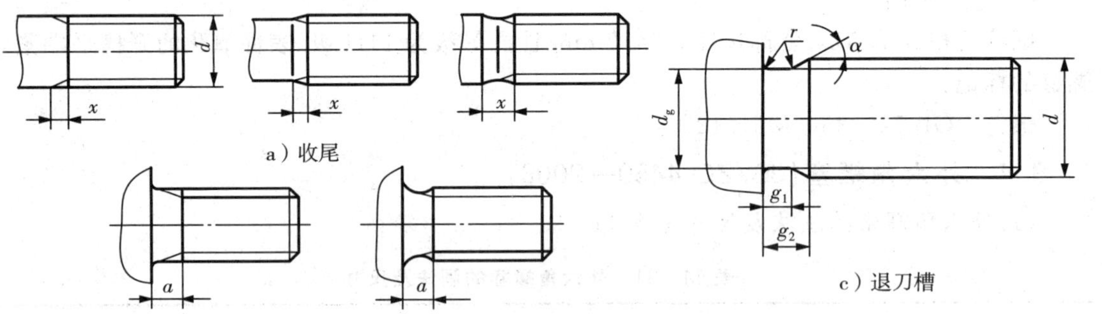

a)收尾　b)肩距　c)退刀槽

螺距 P	收尾 x max		肩距 a max			退刀槽			
	一般	短的	一般	长的	短的	g_2 max	g_1 min	d_g	$r\approx$
0.2	0.5	0.25	0.6	0.8	0.4	—	—	—	—
0.25	0.6	0.3	0.75	1	0.5	0.75	0.4	$d-0.4$	0.12
0.3	0.75	0.4	0.9	1.2	0.6	0.9	0.5	$d-0.5$	0.16
0.35	0.9	0.45	1.05	1.4	0.7	1.05	0.6	$d-0.6$	0.16
0.4	1	0.5	1.2	1.6	0.8	1.2	0.6	$d-0.7$	0.2
0.45	1.1	0.6	1.35	1.8	0.9	1.35	0.7	$d-0.7$	0.2
0.5	1.25	0.7	1.5	2	1	1.5	0.8	$d-0.8$	0.2
0.6	1.5	0.75	1.8	2.4	1.2	1.8	0.9	$d-1$	0.4
0.7	1.75	0.9	2.1	2.8	1.4	2.1	1.1	$d-1.1$	0.4
0.75	1.9	1	2.25	3	1.5	2.25	1.2	$d-1.2$	0.4
0.8	2	1	2.4	3.2	1.6	2.4	1.3	$d-1.3$	0.4

（续表）

螺距 P	收尾 x max		肩距 a max			退刀槽			
	一般	短的	一般	长的	短的	g_2 max	g_1 min	d_g	$r\approx$
1	2.5	1.25	3	4	2	3	1.6	$d-1.6$	0.6
1.25	3.2	1.6	4	5	2.5	3.75	2	$d-2$	0.6
1.5	3.8	1.9	4.5	6	3	4.5	2.5	$d-2.3$	0.8
1.75	4.3	2.2	5.3	7	3.5	5.25	3	$d-2.6$	1
2	5	2.5	6	8	4	6	3.4	$d-3$	1
2.5	6.3	3.2	7.5	10	5	7.5	4.4	$d-3.6$	1.2
3	7.5	3.8	9	12	6	9	5.2	$d-4.4$	1.6
3.5	9	4.3	10.5	14	7	10.5	6.2	$d-5$	1.6
4	10	5	12	16	8	12	7	$d-5.7$	2
4.5	11	5.5	13.5	18	9	13.5	8	$d-6.4$	2.5
5	12.5	6.3	15	20	10	15	9	$d-7$	2.5
5.5	14	7	16.5	22	11	17.5	11	$d-7.7$	3.2
6	15	7.5	18	24	12	18	11	$d-8.3$	3.2
参考值	$\approx 2.5P$	$\approx 1.25P$	$\approx 3P$	$=4P$	$=2P$	$\approx 3P$	—	—	—

注：1. 应优先选用“一般”长度的收尾和肩距；“短”收尾和“短”肩距仅用于结构受限制的螺纹件上；产品等级为 B 级或 C 级的螺纹紧固件可采用“长”肩距。

2. d 为螺纹公称直径代号。

3. d_g 公差为：h13（$d>3$mm）；h12（$d\leqslant 3$mm）。

2. 内螺纹

普通内螺纹入口端面的倒角一般为 120°，有时也可采用 90°倒角；端面倒角直径为：(1.05～1)D。

普通内螺纹收尾、肩距和退刀槽的画法及尺寸见表 11－93。

表 11－93 普通内螺纹收尾、肩距和退刀槽的画法及尺寸（GB/T 3—1997） 单位：mm

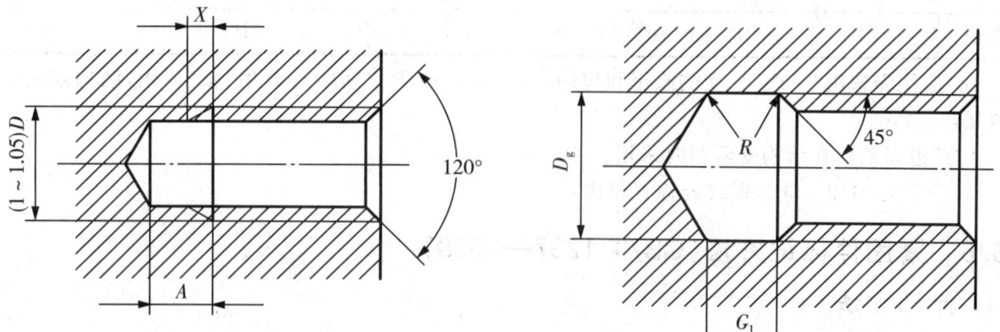

a）收尾和间距　　b）退刀槽

（续表）

螺距 P	收尾 X max		肩距 a max		退刀槽 G_1		退刀槽 D_g	退刀槽 $R\approx$
	一般	短的	一般	长的	一般	短的		
0.2	0.8	0.4	1.2	1.6				
0.25	1	0.5	1.5	2				
0.3	1.2	0.6	1.8	2.4				
0.35	1.4	0.7	2.2	2.8			—	
0.4	1.6	0.8	2.5	3.2				
0.45	1.8	0.9	2.8	3.6				
0.5	2	1	3	4	2	1		0.2
0.6	2.4	1.2	3.2	4.8	2.4	1.2		0.3
0.7	2.8	1.4	3.5	5.6	2.8	1.4	D+0.3	0.4
0.75	3	1.5	3.8	6	3	1.5		0.4
0.8	3.2	1.6	4	6.4	3.2	1.6		0.4
1	4	2	5	8	4	2		0.5
1.25	5	2.5	6	10	5	2.5		0.6
1.5	6	3	7	12	6	3		0.8
1.75	7	3.5	9	14	7	3.5		0.9
2	8	4	10	16	8	4		1
2.5	10	5	12	18	10	5		1.2
3	12	6	14	22	12	6	D+0.5	1.5
3.5	14	7	16	24	14	7		1.8
4	16	8	18	26	16	8		2
4.5	18	9	21	29	18	9		2.2
5	20	10	23	32	20	10		2.5
5.5	22	11	25	35	22	11		2.8
6	24	12	28	38	24	12		3
参考值	$=4P$	$=2P$	$6P\sim5P$	$8P\sim6.5P$	$=4P$	$=2P$	—	$\approx0.5P$

注：1. 应优先选用“一般”长度的收尾和肩距；容屑需要较大空间时可选用“长”肩距，结构限制时选用“短”收尾。

2. “短”退刀槽仅在结构受限制时采用。

3. D_g公差为 H13。D 为螺纹公称直径代号。

11.9.6　紧固件标记方法(GB/T 1237—2000)

1. 标记方法

(1)紧固件产品的完整标记应按图 11－55 规定的内容及顺序表示。

(2)紧固件名称、标记编号、形式与尺寸的标记方法按相应的紧固件产品国家标准的规定。

(3)紧固件性能等级或材料、热处理(硬度)、产品等级和扳拧形式的标记方法按有关基础标准的规定。

(4)紧固件表面处理的标记方法按国家标准 GB/T 13911 的规定执行。

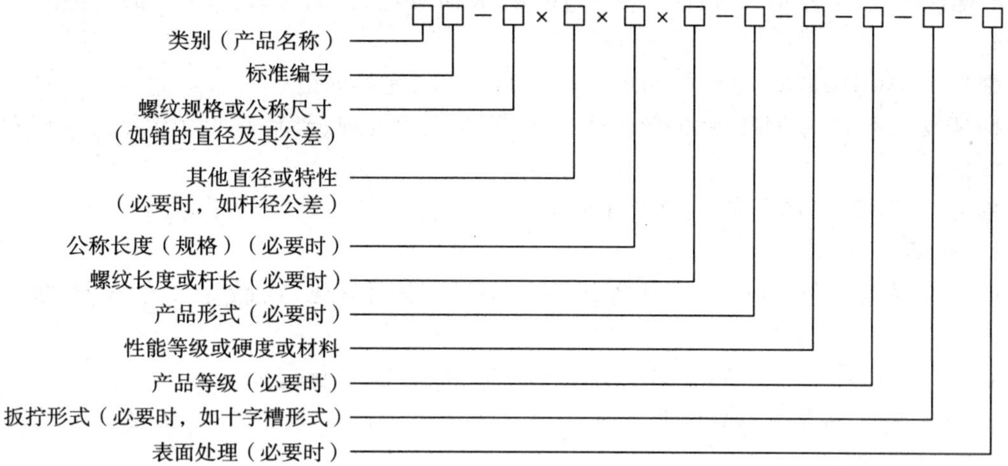

图 11－55　紧固件产品的完整标记

2. 简化原则

(1)类别(名称)、标准年代号及其前面的“—”,允许全部或部分省略。省略年代号的标准应以现行标准为准。

(2)标记中“—”允许全部或部分省略;标记中“其他直径或特性”前面的“×”允许省略。但省略后不应导致对标记的误解,一般以空格代替。

(3)当产品标准中只规定一种产品形式、性能等级或硬度或材料、产品等级、扳拧形式及表面处理时,允许全部或部分省略。

(4)当产品标准中规定两种及以上的产品形式、性能等级或硬度或材料、产品等级、扳拧形式及表面处理时,应规定可以省略其中的一种,并在产品标准的标记示例中给出省略后的简化标记。

3. 标记示例

(1)外螺纹件

a)螺纹规格 d 为 M12、公称长度 l 为 80mm、性能等级为 10.9 级、表面氧化、产品等级为 A 级的六角头螺栓的标记:

螺栓　GB/T 5782—2000—M12×80—10.9—A—O　(完整标记)

b)螺纹规格 d 为 M12、公称长度 l 为 80mm、性能等级为 8.8 级、表面氧化、产品等级为 A 级的六角头螺栓的标记:

螺栓　GB/T 5782　M12×80　(简化标记)

c)螺纹规格 d 为 M6、公称长度 l 为 6mm、长度 z 为 4mm、性能等级为 33H 级、表面氧化的开槽盘头定位螺钉的标记:

螺钉　GB/T 828—1988—M6×6×4—33H—O　(完整标记)

d)螺纹规格 d 为 M6、公称长度 l 为 6mm、长度 z 为 4mm、性能等级为 14H 级、不经表面处理的开槽盘头定位螺钉的标记：

螺钉 GB/T 828 M6×6×4 （简化标记）

(2)内螺纹件

a)螺纹规格 D 为 M12、性能等级为 10 级、表面氧化、产品等级为 A 级的 1 型六角螺母的标记：

螺母 GB/T 6170—2000—M12—10—A—O （完整标记）

b)螺纹规格 D 为 M12、性能等级为 8 级、不经表面处理、产品等级为 A 级的 1 型六角螺母的标记：

螺母 GB/T 6170 M12 （简化标记）

(3)垫圈

a)标准系列、规格 8mm、性能等级为 300HV、表面氧化、产品等级为 A 级的平垫圈标记：

垫圈 GB/T 97.1—1985—8—300HV—A—O （完整标记）

b)标准系列、规格 8mm、性能等级为 140HV、不经表面处理、产品等级为 A 级的平垫圈标记：

垫圈 GB/T 97.1 8 （简化标记）

(4)销

a)公称直径 d 为 6mm、公差为 m6、公称长度 l 为 30mm、材料为 C1 组马氏体不锈钢、表面简单处理的圆柱销的标记：

销 GB/T 119.2—2000—6 m6×30—C1—简单处理 （完整标记）

b)公称直径 d 为 6mm、公差为 m6、公称长度 l 为 30mm、材料为钢、普通淬火(A 型)、表面氧化的圆柱销的标记：

销 GB/T 119.2 6×30 （简化标记）

(5)铆钉

a)公称直径 d 为 5mm、公称长度 l 为 10mm、性能等级为 08 级的开口型扁圆头抽芯铆钉的标记：

抽芯铆钉 GB/T 12618—1990—5×10—08 （完整标记）

a)公称直径 d 为 5mm、公称长度 l 为 10mm、性能等级为 10 级的开口型扁圆头抽芯铆钉的标记：

抽芯铆钉 GB/T 12618 5×10 （简化标记）

(6)挡圈

a)公称直径 d 为 30mm、外径 D 为 40mm、材料为 35 钢、热处理硬度 25～35HRC、表面氧化的轴肩挡圈的标记：

挡圈 GB/T 886—1986—30×40—35 钢、热处理 25～35HRC—O （完整标记）

b)公称直径 d 为 30mm、外径 D 为 40mm、材料为 35 钢、不经热处理及表面处理的轴肩挡圈的标记：

挡圈 GB/T 886 30×40 （简化标记）

第12章 键 连 接

键主要用来实现轴和轴上零件之间的周向固定以传递转矩，其中部分类型的键还可以实现轴上零件的轴向固定或轴向移动。轴与轮毂孔周向均布的多个键齿构成的连接称为花键连接。

12.1 普通平键

普通平键靠侧面传递转矩，对中性良好，装拆方便；适用于高精度、高速或承受变载、冲击的场合；应用广泛。普通平键主要分为普通A型平键(圆头)、普通B型平键(平头)、普通C型平键(单圆头)等，如图12-1所示。

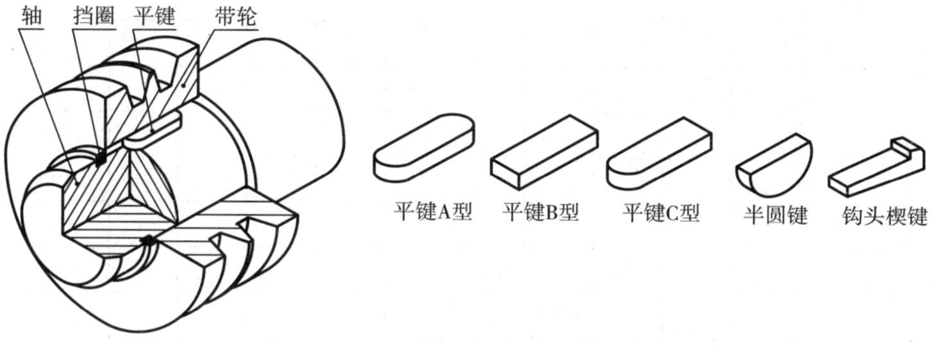

图12-1 普通平键

12.1.1 普通平键的形式(GB/T 1096—2003)

普通平键的画法，如图12-2所示。

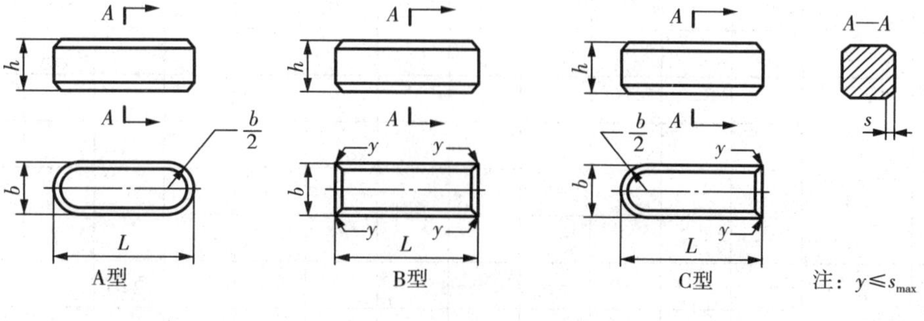

图12-2 普通平键的形式和尺寸

12.1.2 普通平键的尺寸、公差、技术条件及标记

1. 键的尺寸与公差

普通平键的尺寸与公差见表 12-1。

表 12-1 普通平键的尺寸与公差(GB/T 1096—2003) 单位:mm

宽度 *b*	基本尺寸	2	3	4	5	6	8	10	12	14	16	18	20	22
	极限偏差(h8)	0 −0.014		0 −0.018			0 −0.022		0 −0.027				0 −0.033	
高度 *h*	基本尺寸	2	3	4	5	6	7	8	8	9	10	11	12	14
	极限偏差 矩形(h11)	—		—			0 0.090						0 −0.110	
	极限偏差 方形(h8)	0 −0.014		0 −0.018			—						—	
倒角或倒圆 *s*		0.16～0.25			0.25～0.40			0.40～0.60					0.60～0.80	
长度 *L*														
基本尺寸	极限偏差(h14)													
6	0 −0.36			—	—	—	—	—	—	—	—	—	—	—
8					—	—	—	—	—	—	—	—	—	—
10						—	—	—	—	—	—	—	—	—
12	0 −0.43					—	—	—	—	—	—	—	—	—
14							—	—	—	—	—	—	—	—
16							—	—	—	—	—	—	—	—
18								—	—	—	—	—	—	—
20	0 −0.52							—	—	—	—	—	—	—
22		—			标准				—	—	—	—	—	—
25		—							—	—	—	—	—	—
28		—								—	—	—	—	—
32	0 −0.62	—								—	—	—	—	—
36		—									—	—	—	—
40		—	—								—	—	—	—
45		—	—					长度				—	—	—
50		—	—	—									—	—
56	0 −0.74	—	—	—										—
63		—	—	—	—									
70		—	—	—	—									
80		—	—	—	—	—								
90	0 −0.87	—	—	—	—	—					范围			
100		—	—	—	—	—	—							
110		—	—	—	—	—	—							

（续表）

宽度 *b*	基本尺寸	2	3	4	5	6	8	10	12	14	16	18	20	22
	极限偏差(h8)	0 −0.014		0 −0.018			0 −0.022		0 −0.027				0 −0.033	
高度 *h*	基本尺寸	2	3	4	5	6	7	8	8	9	10	11	12	14
	极限偏差 矩形(h11)	—		—			0 0.090						0 −0.110	
	极限偏差 方形(h8)	0 −0.014		0 −0.018			—						—	
倒角或倒圆 *s*		0.16～0.25			0.25～0.40			0.40～0.60					0.60～0.80	
长度 *L*														
基本尺寸	极限偏差(h14)													
125	0 −1.00	—	—	—	—	—	—	—						
140		—	—	—	—	—	—	—						
160		—	—	—	—	—	—	—	—					
180		—	—	—	—	—	—	—	—	—				
200	0 −1.15	—	—	—	—	—	—	—	—	—	—			
220		—	—	—	—	—	—	—	—	—	—	—		
250		—	—	—	—	—	—	—	—	—	—	—	—	

宽度 *b*	基本尺寸	25	28	32	36	40	45	50	56	63	70	80	90	100
	极限偏差(h8)	0 −0.033		0 −0.039					0 −0.046				0 −0.054	
高度 *h*	基本尺寸	14	16	18	20	22	25	28	32	32	36	40	45	50
	极限偏差 矩形(h11)	0 −0.110			0 −0.130				0 −0.160					
	极限偏差 方形(h8)	—			—				—					
倒角或倒圆 *s*		0.60～0.80			1.00～1.20				1.60～2.00			2.50～3.00		
长度 *L*														
基本尺寸	极限偏差(h14)													
70	0 −0.074		—	—	—	—	—	—	—	—	—	—	—	—
80				—	—	—	—	—	—	—	—	—	—	—
90	0 −0.087				—	—	—	—	—	—	—	—	—	—
100							—	—	—	—	—	—	—	—
110								—	—	—	—	—	—	—

（续表）

宽度 b	基本尺寸	25	28	32	36	40	45	50	56	63	70	80	90	100
	极限偏差(h8)	0 −0.033			0 −0.039				0 −0.046				0 −0.054	
高度 h	基本尺寸	14	16	18	20	22	25	28	32	32	36	40	45	50
	极限偏差 矩形(h11)	0 −0.110			0 −0.130				0 −0.160					
	极限偏差 方形(h8)	—			—				—					
倒角或倒圆 s		0.60～0.80			1.00～1.20				1.60～2.00			2.50～3.00		
长度 L 基本尺寸	极限偏差(h14)													
125	0 −1.00								—	—	—	—	—	—
140										—	—	—	—	—
160					标准						—	—	—	—
180												—	—	—
200	0 −1.15												—	—
220														—
250								长度						
280	0 −1.30													
320	0 −1.40	—												
360		—	—								范围			
400		—	—	—										
450	0 −1.55	—	—	—	—	—								
500		—	—	—	—	—	—							

2. 技术条件

(1)普通型平键的技术条件应符合国家标准 GB/T 1568 的规定。

(2)键槽的尺寸应符合国家标准 GB/T 1095 的规定。

(3)当键长大于 500mm 时，其长度应按国家标准 GB/T 321 的 R20 系列选取，为减小由于直线度而引起的问题，键长应小于 10 倍的键宽。

3. 标记示例

宽度 b 为 16mm、高度 h 为 10mm、长度 L 为 100mm 普通 A 型平键的标记为：

GB/T 1096　键 16×10×100

宽度 b 为 16mm、高度 h 为 10mm、长度 L 为 100mm 普通 B 型平键的标记为：
GB/T 1096 键 B16×10×100

宽度 b 为 16mm、高度 h 为 10mm、长度 L 为 100mm 普通 C 型平键的标记为：
GB/T 1096 键 C16×10×100

4. 普通平键的起键螺孔尺寸

当需要时，键允许带起键螺孔，起键螺孔的画法及尺寸见表 12-2。

表 12-2 起键螺孔的画法及尺寸 单位：mm

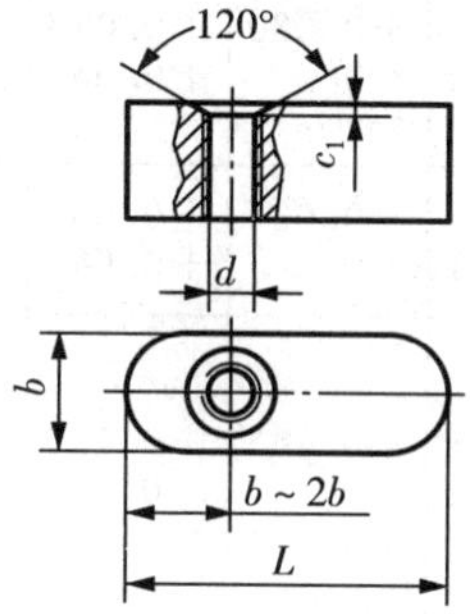

b	8	10	12	14	16	18	20	22	25	28	32	36	40	45	50	56	63	70	80	90	100
d	M3		M4	M5		M6			M8		M10	M12						M16		M20	
c_1	0.3		0.5									1						2			

注：较长的键可以采用两个对称的起键螺孔。

12.1.3 普通平键键槽的剖面尺寸(GB/T 1095—2003)

国家标准 GB/T 1095—2003《平键 键槽的剖面尺寸》规定了宽度 b 为 2～100mm 的普通型、导向型平键槽的剖面尺寸。

1. 普通平键键槽的剖面尺寸

普通平键键槽的剖面尺寸见表 12-3。

表 12-3 普通平键键槽的剖面尺寸(GB/T 1095—2003) 单位：mm

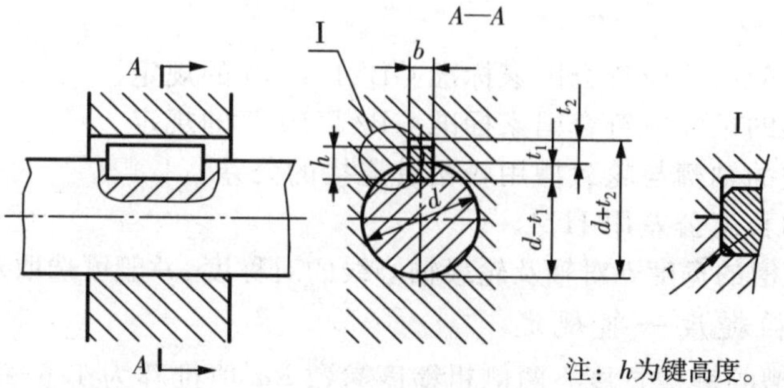

注：h为键高度。

（续表）

键尺寸 $b\times h$	键槽											
	宽度 b						深度				半径 r	
	基本尺寸	极限偏差					轴 t_1		毂 t_2			
		正常连接		紧密连接	松连接		基本尺寸	极限偏差	基本尺寸	极限偏差	min	max
		轴 N9	毂 JS9	轴和毂 P9	轴 H9	毂 D10						
2×2	2	−0.004 −0.029	±0.0125	−0.006 −0.031	+0.025 0	+0.060 +0.020	1.2	+0.1 0	1.0	+0.1 0	0.08	0.16
3×3	3						1.8		1.4			
4×4	4	0 −0.030	±0.015	−0.012 −0.042	+0.030 0	+0.078 +0.030	2.5		1.8			
5×5	5						3.0		2.3		0.16	0.25
6×6	6						3.5		2.8			
8×7	8	0 −0.036	±0.018	−0.015 −0.051	+0.036 0	+0.098 +0.040	4.0	+0.2 0	3.3	+0.2 0		
10×8	10						5.0		3.3		0.25	0.40
12×8	12	0 −0.043	±0.0215	−0.018 −0.061	+0.043 0	+0.120 +0.050	5.0		3.3			
14×9	14						5.5		3.8			
16×10	16						6.0		4.3			
18×11	18						7.0		4.4			
20×12	20	0 −0.052	±0.026	−0.022 −0.074	+0.052 0	+0.149 +0.065	7.5		4.9		0.40	0.60
22×14	22						9.0		5.4			
25×14	25						9.0		5.4			
28×16	28						10.0		6.4			
32×18	32	0 −0.062	±0.031	−0.026 −0.088	+0.062 0	+0.180 +0.080	11.0		7.4			
36×20	36						12.0	+0.3 0	8.4	+0.3 0	0.70	1.00
40×22	40						13.0		9.4			
45×25	45						15.0		10.4			
50×28	50						17.0		11.4			
56×32	56	0 −0.074	±0.037	−0.032 −0.106	+0.074 0	+0.220 +0.100	20.0		12.4		1.20	1.60
63×32	63						20.0		12.4			
70×36	70						22.0		14.4			
80×40	80						25.0		15.4		2.00	2.50
90×45	90	0 −0.087	±0.0435	−0.037 −0.124	+0.087 0	+0.260 +0.120	28.0		17.4			
100×50	100						31.0		19.5			

2. 技术条件

（1）普通型平键的尺寸应符合国家标准 GB/T 1096 的规定。

（2）导向型平键的尺寸应符合国家标准 GB/T 1097 的规定。

（3）导向型平键的轴槽与轮毂槽用较松键连接的公差。

（4）平键轴槽的长度公差用 H14。

（5）轴槽及轮毂槽的宽度 b 对轴及轮毂轴心线的对称度，一般可选取对称度公差 7～9 级。

3. 键槽表面粗糙度一般规定

（1）轴槽、轮毂槽的键槽宽度 b 两侧粗糙度参数 Ra 值推荐为 1.6～3.2μm。

（2）轴槽底面、轮毂槽底面的表面粗糙度参数 Ra 值为 6.3μm。

12.2 普通型半圆键(GB/T 1099.1—2003)

普通型半圆键靠侧面传递转矩，键在轴槽中能绕槽底圆弧摆动，装配方便；键槽深，对轴的强度消减较大。一般用于轻载，适用于圆锥形轴伸的连接。

12.2.1 普通型半圆键的画法、尺寸与公差

1. 半圆键的画法

半圆键的画法如图 12-3 所示。

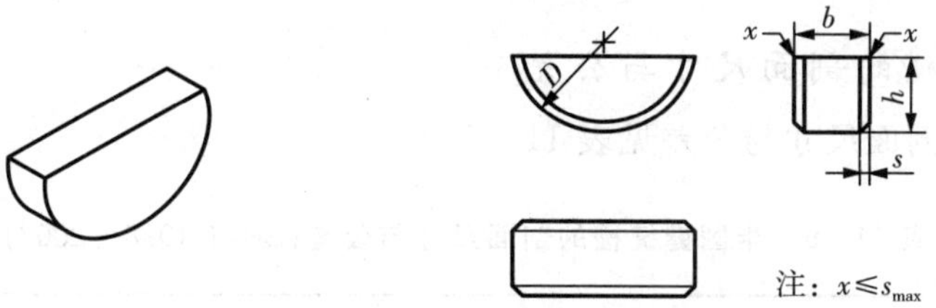

半圆键轴测图　　　　半圆键的三视图

图 12-3 半圆键的视图表达

2. 普通型半圆键的剖面尺寸与公差

普通型半圆键的剖面尺寸与公差见表 12-4。

表 12-4 普通型半圆键的尺寸与公差(GB/T 1099.1—2003)　　单位：mm

<table>
<tr><th rowspan="2">键尺寸
b×h×D</th><th colspan="2">宽度 b</th><th colspan="2">高度 h</th><th colspan="2">直径 D</th><th colspan="2">倒角或倒圆 s</th></tr>
<tr><th>基本尺寸</th><th>极限偏差</th><th>基本尺寸</th><th>极限偏差(h12)</th><th>基本尺寸</th><th>极限偏差(h12)</th><th>min</th><th>max</th></tr>
<tr><td>1×1.4×4</td><td>1</td><td rowspan="17">0
−0.025</td><td>1.4</td><td rowspan="3">0
−0.10</td><td>4</td><td>0
−0.120</td><td rowspan="7">0.16</td><td rowspan="7">0.25</td></tr>
<tr><td>1.5×2.6×7</td><td>1.5</td><td>2.6</td><td>7</td><td rowspan="4">0
−0.150</td></tr>
<tr><td>2×2.6×7</td><td>2</td><td>2.6</td><td>7</td></tr>
<tr><td>2×3.7×10</td><td>2</td><td>3.7</td><td rowspan="3">0
−0.12</td><td>10</td></tr>
<tr><td>2.5×3.7×10</td><td>2.5</td><td>3.7</td><td>10</td></tr>
<tr><td>3×5×13</td><td>3</td><td>5</td><td>13</td><td rowspan="3">0
−0.180</td></tr>
<tr><td>3×6.5×16</td><td>3</td><td>6.5</td><td rowspan="9">0
−0.15</td><td>16</td></tr>
<tr><td>4×6.5×16</td><td>4</td><td>6.5</td><td>16</td><td rowspan="8">0.25</td><td rowspan="8">0.40</td></tr>
<tr><td>4×7.5×19</td><td>4</td><td>7.5</td><td>19</td><td>0
−0.210</td></tr>
<tr><td>5×6.5×16</td><td>5</td><td>6.5</td><td>16</td><td>0
−0.180</td></tr>
<tr><td>5×7.5×19</td><td>5</td><td>7.5</td><td>19</td><td rowspan="6">0
−0.210</td></tr>
<tr><td>5×9×22</td><td>5</td><td>9</td><td>22</td></tr>
<tr><td>6×9×22</td><td>6</td><td>9</td><td>22</td></tr>
<tr><td>6×10×25</td><td>6</td><td>10</td><td>25</td></tr>
<tr><td>8×11×28</td><td>8</td><td>11</td><td rowspan="2">0
−0.18</td><td>28</td><td rowspan="2">0.40</td><td rowspan="2">0.60</td></tr>
<tr><td>10×13×32</td><td>10</td><td>13</td><td>32</td><td>0
−0.250</td></tr>
</table>

3. 技术条件

(1)半圆键的技术条件应符合国家标准 GB/T 1568 的规定。

(2)键槽的尺寸应符合国家标准 GB/T 1098 的规定。

4. 标记示例

宽度 b 为 6mm、高度 h 为 10mm、直径 D 为 25mm 普通型半圆键的标记为:

GB/T 1099.1　键 6×10×25

12.2.2　普通型半圆键键槽的剖面尺寸(GB/T 1098—2003)

1. 半圆键键槽的剖面尺寸与公差

半圆键键槽的剖面尺寸与公差见表 11－5。

表 11－5　半圆键键槽的剖面尺寸与公差(GB/T 1098—2003)　　单位:mm

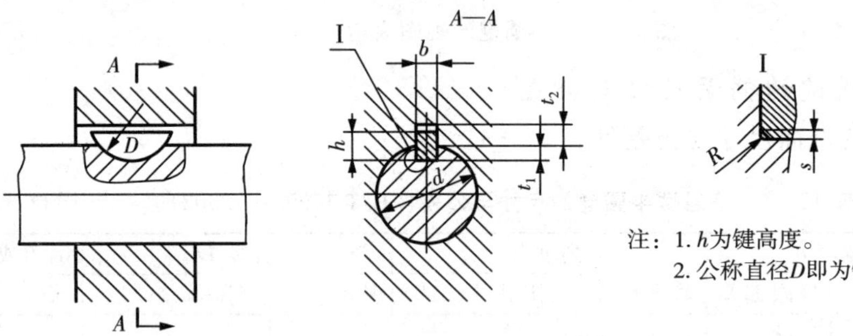

注：1. h为键高度。
2. 公称直径D即为键槽直径最小值。

<table>
<tr><th rowspan="4">键尺寸
b×h×D</th><th colspan="12">键　　槽</th></tr>
<tr><th colspan="6">宽　度　b</th><th colspan="4">深　　度</th><th colspan="2" rowspan="2">半径 r</th></tr>
<tr><th rowspan="2">基本尺寸</th><th colspan="5">极限偏差</th><th colspan="2">轴 t_1</th><th colspan="2">毂 t_2</th></tr>
<tr><th colspan="2">正常连接
轴 N9 / 毂 JS9</th><th>紧密连接
轴和毂 P9</th><th colspan="2">松连接
轴 H9 / 毂 D10</th><th>基本尺寸</th><th>极限偏差</th><th>基本尺寸</th><th>极限偏差</th><th>min</th><th>max</th></tr>
<tr><td>1×1.4×4</td><td rowspan="2">1</td><td rowspan="10">−0.004
−0.029</td><td rowspan="10">±0.0125</td><td rowspan="10">−0.006
−0.031</td><td rowspan="10">+0.025
0</td><td rowspan="10">+0.060
+0.020</td><td rowspan="2">1.0</td><td rowspan="10">+0.1
0</td><td rowspan="2">0.6</td><td rowspan="10">+0.1
0</td><td rowspan="10">0.16</td><td rowspan="10">0.08</td></tr>
<tr><td>1×1.1×4</td></tr>
<tr><td>1.5×2.6×7</td><td rowspan="2">1.5</td><td rowspan="2">2.0</td><td rowspan="2">0.8</td></tr>
<tr><td>1.5×2.1×7</td></tr>
<tr><td>2×2.6×7</td><td rowspan="2">2</td><td rowspan="2">1.8</td><td rowspan="2">1.0</td></tr>
<tr><td>2×2.1×7</td></tr>
<tr><td>2×3.7×10</td><td rowspan="2">2</td><td rowspan="2">2.9</td><td rowspan="2">1.0</td></tr>
<tr><td>2×3×10</td></tr>
<tr><td>2.5×3.7×10</td><td rowspan="2">2.5</td><td rowspan="2">2.7</td><td rowspan="2">1.2</td></tr>
<tr><td>2.5×3×10</td></tr>
</table>

（续表）

键尺寸 $b\times h\times D$	键槽											
	宽度 b						深度				半径 r	
	基本尺寸	极限偏差					轴 t_1		毂 t_2			
		正常连接		紧密连接	松连接		基本尺寸	极限偏差	基本尺寸	极限偏差	min	max
		轴 N9	毂 JS9	轴和毂 P9	轴 H9	毂 D10						
3×5×13	3	0 −0.030	±0.015	−0.012 −0.042	+0.030 0	+0.078 +0.030	3.8	+0.2 0	1.4	+0.1 0	0.25	0.16
3×4×13												
3×6.5×16	3						5.3		1.4			
3×5.2×16												
4×6.5×16	4						5.0		1.8			
4×5.2×16												
4×7.5×19	4						6.0		1.8			
4×6×19												
5×6.5×16	5						4.5		2.3			
5×5.2×19												
5×7.5×19	5						5.5		2.3			
5×6×19												
5×9×22	5						7.0	+0.3 0	2.3			
5×7.2×22												
6×9×22	6						6.5		2.8			
6×7.2×22												
6×10×25	6						7.5		2.8	+0.2 0		
6×8×25												
8×11×28	8	0 −0.036	±0.018	−0.015 −0.051	+0.036 0	+0.098 +0.040	8.0		3.3		0.40	0.25
8×8.8×28												
10×13×32	10						10		3.3			
10×10.4×32												

2. 技术条件

(1)普通型半圆键的尺寸应符合国家标准 GB/T 1099.1 的规定。

(2)平底型半圆键的尺寸应符合国家标准 GB/T 1099.2 的规定。

(3)轴槽及轮毂槽的宽度 b 对轴及轮毂轴心线的对称度，一般可选取对称度公差等级7～9级。

3. 键槽表面粗糙度一般规定

(1)轴槽、轮毂槽的键槽宽度 b 两侧面粗糙度参数按国家标准 GB/T 1031 规定，选 Ra

值为 1.6～3.2μm。

(2)轴槽底面、轮毂槽底面的表面粗糙度参数按国家标准 GB/T 1031 规定，选 Ra 值为 6.3μm。

12.3 钩头型楔键

钩头楔键上下面是工作面，键的上表面和轮毂槽的底面各有 1∶100 的斜度，装配时需打入，靠楔紧作用传递转矩。能轴向固定零件和传递单方向的轴向力，而使轴上的零件同轴的配合产生偏心和偏斜。用于精度要求不高、转速较低时传递较大的、双向的或有振动的转矩。钩头用于拆卸时不能从另一端将键打出的场合。钩头楔键，如图 12-4 所示。

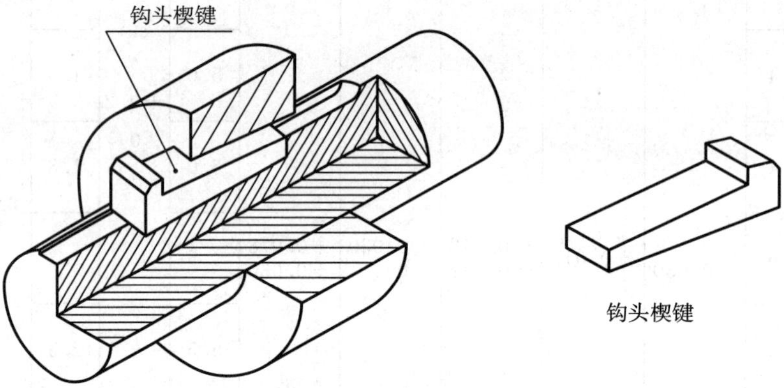

图 12-4　钩头楔键

12.3.1 钩头楔键的画法、尺寸与公差(GB/T 1565—2003)

1. 钩头楔键的画法

钩头楔键的画法，如图 12-5 所示。

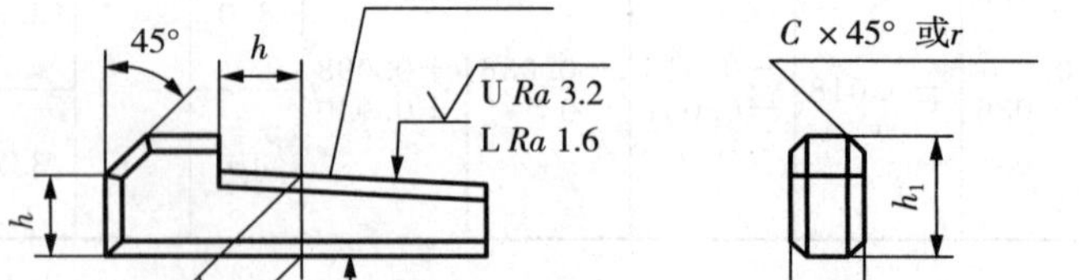

图 12-5　钩头楔键的画法

2. 钩头楔键的尺寸与公差

钩头楔键的尺寸与公差见表12-6。

表12-6 钩头型楔键的尺寸与公差 单位:mm

宽度 b	基本尺寸	4	5	6	8	10	12	14	16	18	20	22	25
	极限偏差(h8)	0 −0.018			0 −0.022		0 −0.027				0 −0.033		
高度 h	基本尺寸	4	5	6	7	8	8	9	10	11	12	14	14
	极限偏差(h11)	0 −0.075			0 −0.090		0 −0.110						
h_1		7	8	10	11	12	12	14	16	18	20	22	22
倒角或倒圆(C或r)		0.16~0.25	0.25~0.40			0.40~0.60					0.60~0.80		
长度L													
基本尺寸	极限偏差(h14)												
14	0 −0.43				—	—	—	—	—	—	—	—	—
16					—	—	—	—	—	—	—	—	—
18						—	—	—	—	—	—	—	—
20	0 −0.52					—	—	—	—	—	—	—	—
22							—	—	—	—	—	—	—
25							—	—	—	—	—	—	—
28	0 −0.62							—	—	—	—	—	—
32								—	—	—	—	—	—
36									—	—	—	—	—
40					标准				—	—	—	—	—
45										—	—	—	—
50		—									—	—	—
56	0 −0.74	—										—	—
63		—	—										—
70		—	—					长度					
80		—	—	—									
90	0 −0.87	—	—	—									
100		—	—	—	—								
110		—	—	—	—						范围		
125	0 −1.00	—	—	—	—	—							
140		—	—	—	—	—							
160		—	—	—	—	—	—						
180		—	—	—	—	—	—	—					

（续表）

宽度 *b*	基本尺寸	4	5	6	8	10	12	14	16	18	20	22	25
	极限偏差（h8）	0 −0.018			0 −0.022		0 −0.027				0 −0.033		
高度 *h*	基本尺寸	4	5	6	7	8	8	9	10	11	12	14	14
	极限偏差（h11）	0 −0.075			0 −0.090		0 −0.110						
h_1		7	8	10	11	12	12	14	16	18	20	22	22
倒角或倒圆（*C* 或 *r*）		0.16～0.25	0.25～0.40			0.40～0.60					0.60～0.80		
长度 *L*													
基本尺寸	极限偏差（h14）												
200	0 −1.15	—	—	—	—	—	—	—	—				
220		—	—	—	—	—	—	—	—	—			
250		—	—	—	—	—	—	—	—	—	—		
280	0 −1.30	—	—	—	—	—	—	—	—	—	—	—	

宽度 *b*	基本尺寸	28	32	36	40	45	50	56	63	70	80	90	100
	极限偏差（h8）	0 −0.033	0 −0.039					0 −0.046				0 −0.054	
高度 *h*	基本尺寸	16	18	20	22	25	28	32	32	36	40	45	50
	极限偏差（h11）	0 −0.110	0 −0.130					0 −0.160					
h_1		25	28	32	36	40	45	50	50	56	63	70	80
倒角或倒圆（*C* 或 *r*）		0.60～0.80		1.00～1.20				1.60～2.00			2.50～3.00		
长度 *L*													
基本尺寸	极限偏差（h14）												
80	0 −0.74		—	—	—	—	—	—	—	—	—	—	—
90	0 −0.87			—	—	—	—	—	—	—	—	—	—
100						—	—	—	—	—	—	—	—
110							—	—	—	—	—	—	—
125	0 −1.00							—	—	—	—	—	—
140									—	—	—	—	—
160					标准					—	—	—	—
180											—	—	—
200	0 −1.15											—	—
220													—
250								长度					

（续表）

宽度 b	基本尺寸	28	32	36	40	45	50	56	63	70	80	90	100
	极限偏差 (h8)	0 −0.033			0 −0.039				0 −0.046			0 −0.054	
高度 h	基本尺寸	16	18	20	22	25	28	32	32	36	40	45	50
	极限偏差 (h11)	0 −0.110			0 −0.130				0 −0.160				
h_1		25	28	32	36	40	45	50	50	56	63	70	80
倒角或倒圆（C 或 r）		0.60～0.80		1.00～1.20				1.60～2.00			2.50～3.00		
长度 L													
基本尺寸	极限偏差 (h14)												
280	0 −1.30												
320	0 −1.40												
360		—									范围		
400		—	—										
450	0 −1.55	—		—	—	—							
500		—	—	—	—	—							

3. 技术条件

(1)普通型楔键的技术条件应符合国家标准 GB/T 1568 的规定。

(2)键槽的尺寸应符合国家标准 GB/T 1563 的规定。

(3)当键长大于 500mm 时，其长度应按国家标准 GB/T 321 的 R20 系列选取。为减小由于直线度而引起的问题，键长应小于 10 倍的键宽。

4. 标记示例

宽度 b 为 16mm、高度 h 为 10mm、长度 L 为 100mm 钩头型楔键的标记为：

GB/T 1565 键 16×100

12.3.2　楔键键槽的剖面尺寸

1. 楔键键槽的剖面画法、尺寸与公差

楔键键槽的剖面画法、尺寸与公差见表 12－7。

表 12－7　楔键键槽剖面的画法、尺寸与公差（GB/T 1563—2003）　　单位：mm

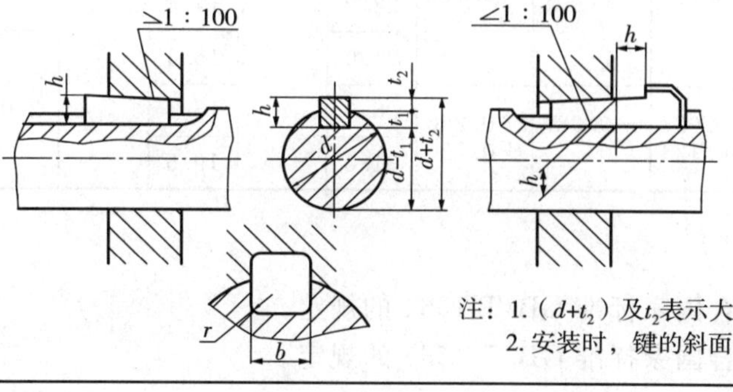

注：1.（$d+t_2$）及 t_2 表示大端轮毂槽深度。

2. 安装时，键的斜面与轮毂槽的斜面必须紧密贴合。

键尺寸 $b\times h$	键槽											
	宽度 b						深度				半径 r	
	基本尺寸	极限偏差					轴 t_1		毂 t_2			
		正常连接		紧密连接	松连接		基本尺寸	极限偏差	基本尺寸	极限偏差		
		轴 N9	毂 JS9	轴和毂 P9	轴 H9	毂 D10					min	max
2×2	2	−0.004 −0.029	±0.0125	−0.006 −0.031	+0.025 0	+0.060 +0.020	1.2	+0.1 0	1.0	+0.1 0	0.08	0.16
3×3	3						1.8		1.4			
4×4	4	0 −0.030	±0.015	−0.012 −0.042	+0.030 0	+0.078 +0.030	2.5		1.8			
5×5	5						3.0		2.3		0.16	0.25
6×6	6						3.5		2.8			
8×7	8	0 −0.036	±0.018	−0.015 −0.051	+0.036 0	+0.098 +0.040	4.0	+0.2 0	3.3	+0.2 0		
10×8	10						5.0		3.3		0.25	0.40
12×8	12	0 −0.043	±0.0215	−0.018 −0.061	+0.043 0	+0.120 +0.050	5.0		3.3			
14×9	14						5.5		3.8			
16×10	16						6.0		4.3			
18×11	18						7.0		4.4			
20×12	20	0 −0.052	±0.026	−0.022 −0.074	+0.052 0	+0.149 +0.065	7.5		4.9		0.40	0.60
22×14	22						9.0		5.4			
25×14	25						9.0		5.4			
28×16	28						10.0		6.4			
32×18	32	0 −0.062	±0.031	−0.026 −0.088	+0.062 0	+0.180 +0.080	11.0		7.4		0.70	1.00
36×20	36						12.0		8.4			
40×22	40						13.0		9.4			
45×25	45						15.0		10.4			
50×28	50						17.0		11.4			
56×32	56	0 −0.074	±0.037	−0.032 −0.106	+0.074 0	+0.220 +0.100	20.0	+0.3 0	12.4	+0.3 0	1.20	1.60
63×32	63						20.0		12.4			
70×36	70						22.0		14.4			
80×40	80						25.0		15.4		2.00	2.50
90×45	90	0 −0.087	±0.0435	−0.037 −0.124	+0.087 0	+0.260 +0.120	28.0		17.4			
100×50	100						31.0		19.5			

2. 技术条件

(1)普通型楔键的尺寸应符合国家标准 GB/T 1564 的规定。

(2)钩头型楔键的尺寸应符合国家标准 GB/T 1565 的规定。

3. 键槽表面粗糙度的一般规定

(1)轴槽、轮毂槽的键槽宽度 b 两侧面粗糙度参数，选 Ra 值为 1.6～3.2μm。

(2)轴槽底面、轮毂槽底面的表面粗糙度参数，选 Ra 值为 6.3μm。

12.4 花键

花键齿侧面为工作面；承载能力高，定心性和导向性好，键槽浅，应力集中较小，通常需要使用专用设备和量刃具加工；适用于载荷较大和对定心精度要求较高的连接。

矩形花键分外径定心、内径定心和齿侧定心，其中，一般情况下多采用外径定心方式；按齿数和齿高的不同规定，有轻、中、重和补充四个系列。

矩形花键，如图 12-6 所示。

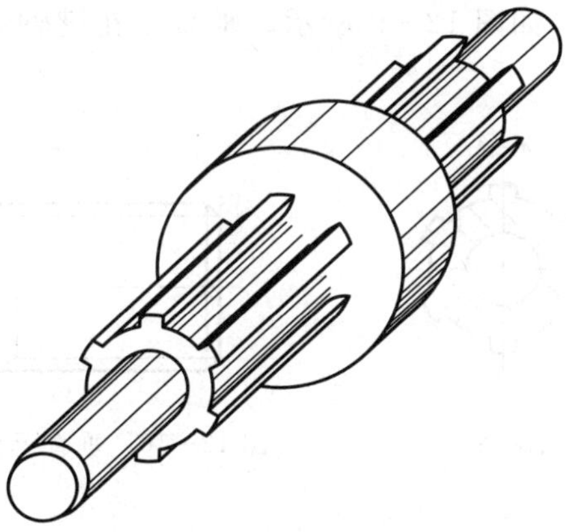

图 12-6 矩形花键轴测图

12.4.1 花键的画法及其尺寸标注(GB/T 4459.3—2000)

1. 矩形花键的画法及其尺寸标注

在平行于花键轴线的投影面的视图中，外花键的大径用粗实线、小径用细实线绘制，并在断面图中画出一部分或全部齿形，如图 12-7 所示。

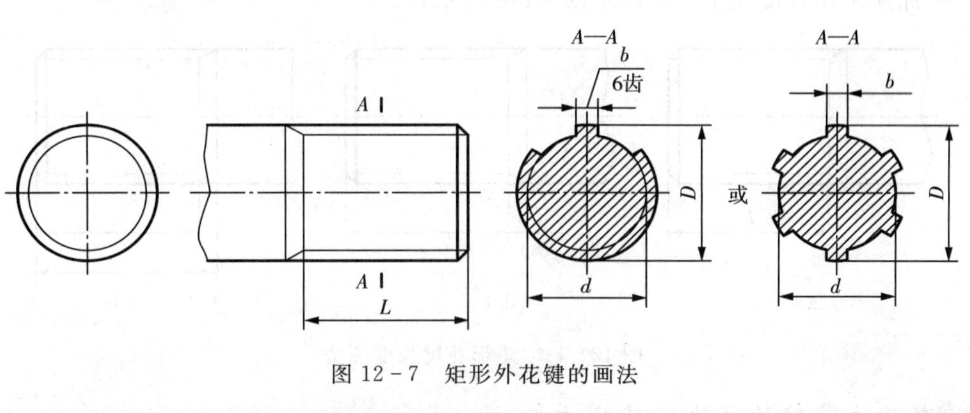

图 12-7 矩形外花键的画法

在平行于花键轴线的投影面的局部剖视图中，内花键的大径及小径均用粗实线绘制，并在局部剖视图中画出一部分或全部齿形，如图 12-8 所示。

外花键工作长度的终止端和尾部长度的末端均用细实线绘制，并与轴线垂直，尾部则画

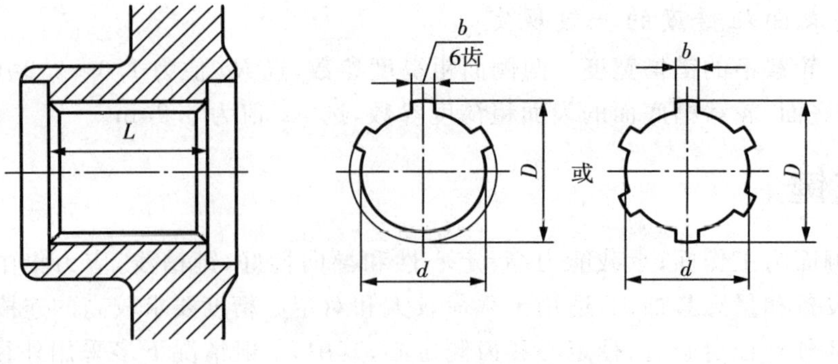

图 12-8 矩形内花键的画法

成斜线，其倾斜角度一般与轴线成 30°（如图 12-7 所示），必要时，可按实际情况画出。

外花键局部剖视的画法，如图 12-9 所示。垂直于花键轴线的投影面的视图按图 12-10 所示绘制。

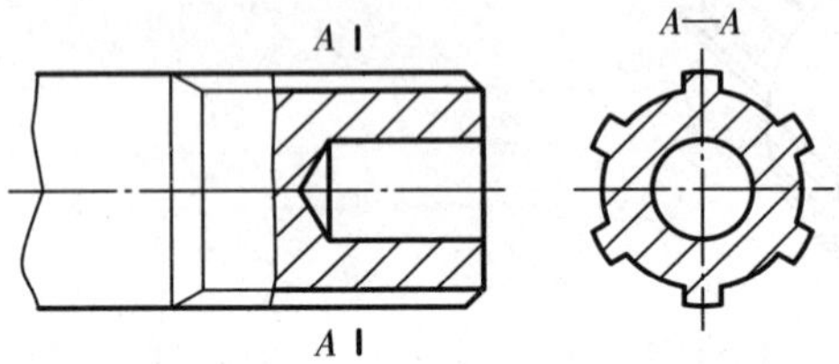

图 12-9 外花键局部剖视图画法

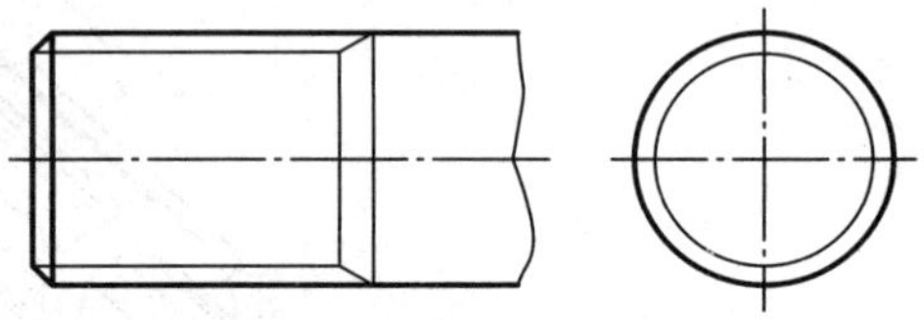

图 12-10 垂直于花键轴线的投影面的视图画法

花键的尺寸标注：

(1)大径、小径及键宽采用一般尺寸标注时，其注法如图 12-7、图 12-8 所示。也可采用有关标准规定的花键标记标注。

(2)花键长度应采用下列三种形式之一标注：

——标注工作长度，如图 12-7、图 12-8、图 12-11a 所示；

——标注工作长度及尾部长度，如图 12-11b 所示。

——标注工作长度及全长，如图 12-11c 所示。

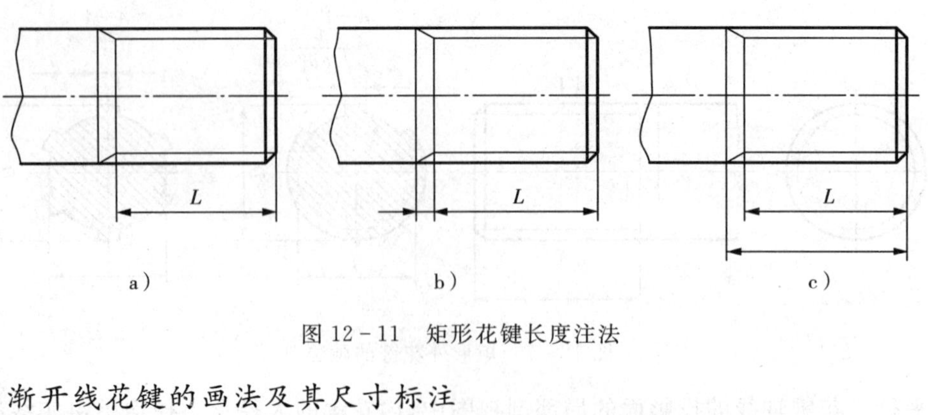

图 12-11 矩形花键长度注法

2. 渐开线花键的画法及其尺寸标注

渐开线花键的画法，如图 12-12 所示。除分度圆和分度线用细点画线绘制外，其余部分与矩形花键画法相同。

渐开线花键的尺寸标注与矩形花键相同。

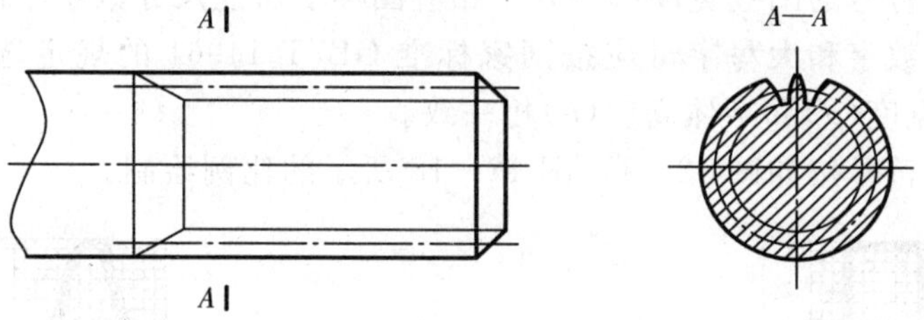

图 12 - 12 渐开线花键的画法

12.4.2 花键连接的画法(GB/T 4459.3—2000)

在装配图中,花键连接用剖视图表示时,其连接部分按外花键绘制。矩形花键的连接画法,如图 12 - 13 所示;渐开线花键的连接画法,如图 12 - 14 所示。

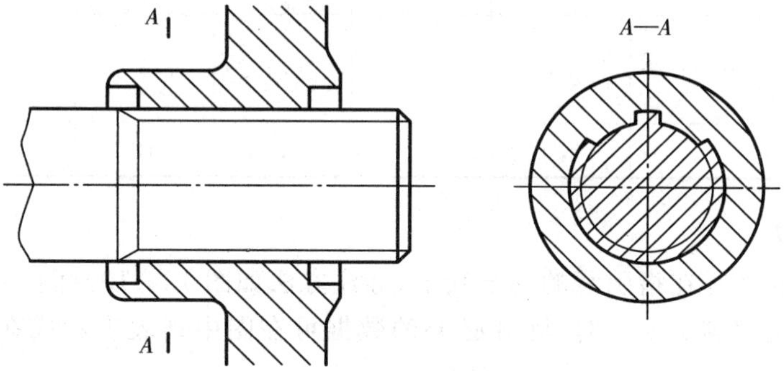

图 12 - 13 矩形花键的连接画法

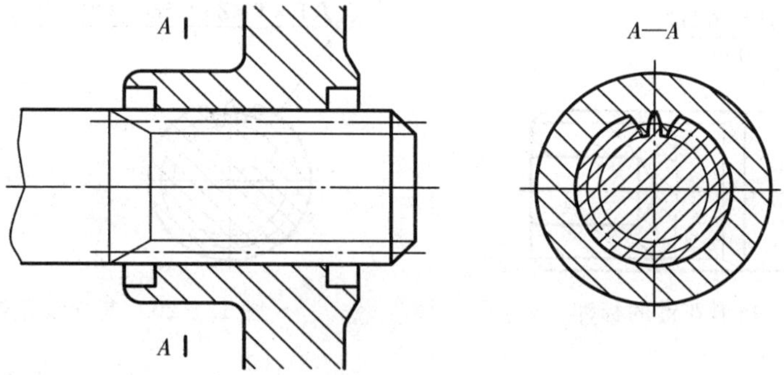

图 12 - 14 渐开线花键的连接画法

12.4.3 花键标记的注法(GB/T 4459.3—2000)

1. 图形符号

花键类型由图形符号表明,表示矩形花键(见 GB/T 1144)的图形符号,如图 12 - 15 所示;表示渐开线花键(见 GB/T 3478.1)的图形符号,如图 12 - 16 所示。

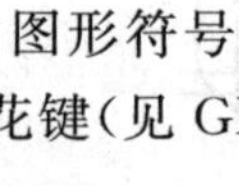

图 12 - 15 表示矩形花键的图形符号

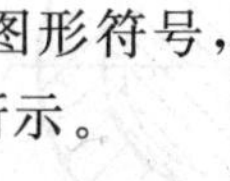

图 12 - 16 表示渐开线花键的图形符号

(1)花键类型的图形符号的大小应与图样上的其他尺寸和符号协调一致。

花键类型图形符号的图线宽度(d')等于相应图样上所注尺寸数字字高(h)的 1/10。

花键标记中的数字和大写字母应按国家标准 GB/T 14961 的规定选取,与相应图样上的字体形式、字体宽度(d)和字体高度(h)相一致。

(2)比例:图形符号按如图 12-17、图 12-18 所示的比例绘制。

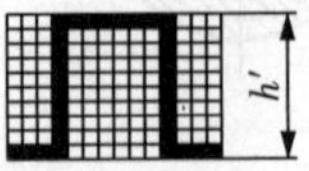

图 12-17　矩形花键比例

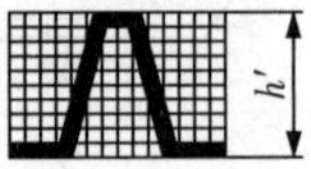

图 12-18　渐开线花键比例

(3)尺寸:花键类型图形符号的有关尺寸参数见表 12-8。

表 12-8　花键类型图形符号的有关尺寸参数　　单位:mm

数字和大写字母高度 h	3.5	5	7	10	14	20
符号线宽 d'	0.35	0.5	0.7	1	1.4	2.0
字体线宽 d						
符号高度 h'	3.5	5	7	10	14	20

2. 标注方法

花键的标记应注写在指引线的基准线上,标注方法如图 12-19～图 12-22 所示。当所注花键标记不能全部满足要求时,则其必要的数据可在图中列表表示或在其他相关文件中说明。

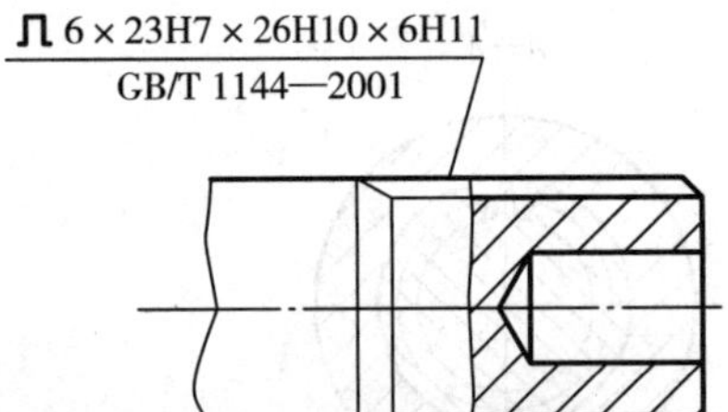

图 12-19　矩形花键的标注

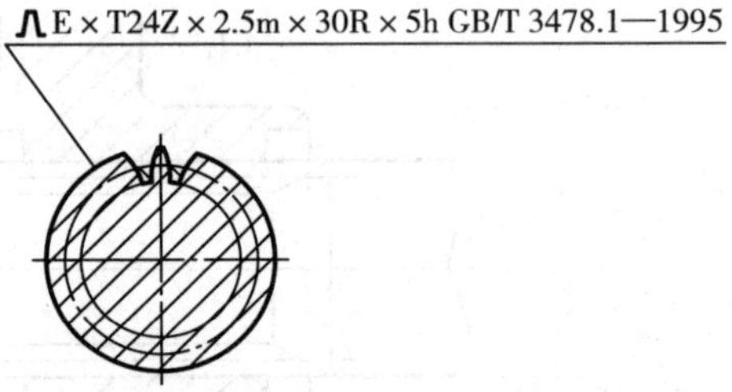

图 12-20　渐开线花键的标注

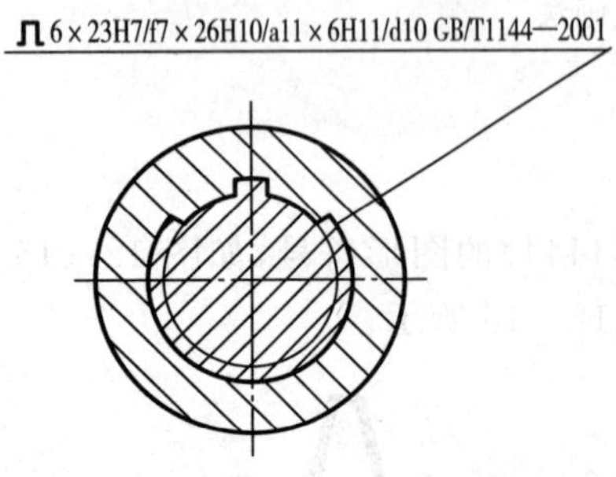

图 12-21　矩形花键的连接画法及标注

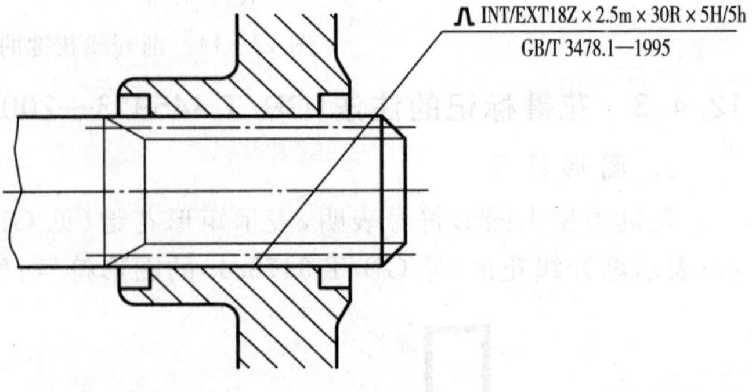

图 12-22　渐开线花键的连接画法及标注

12.4.4 矩形花键的尺寸与公差(GB/T 1144—2001)

1. 基本尺寸

国家标准对矩形花键尺寸规定了轻、中两个系列，内花键和外花键的基本尺寸见表12－9。

表 12－9 矩形花键基本尺寸系列(GB/T 1144—2001) 单位:mm

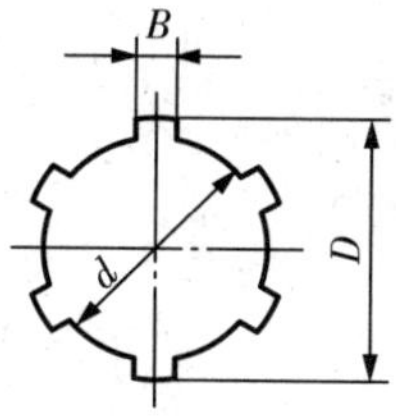

小径 d	轻系列				中系列			
	规格 $N \times d \times D \times B$	键数 N	大径 D	键宽 B	规格 $N \times d \times D \times B$	键数 N	大径 D	键宽 B
11	—	—	—	—	6×11×14×3	6	14	3
13					6×13×16×3.5		16	3.5
16					6×16×20×4		20	4
18					6×18×22×5		22	5
21					6×21×25×5		25	
23	6×23×26×6	6	26	6	6×23×28×6		28	6
26	6×26×30×6		30		6×26×32×6		32	
28	6×28×32×7		32	7	6×28×34×7		34	7
32	6×32×36×6		36	6	8×32×38×6	8	38	6
36	8×36×40×7	8	40	7	8×36×42×7		42	7
42	8×42×46×8		46	8	8×42×48×8		48	8
46	8×46×50×9		50	9	8×46×54×9		54	9
52	8×52×58×10		58	10	8×52×60×10		60	10
56	8×56×62×10		62		8×56×65×10		65	
62	8×62×68×12		68	12	8×62×72×12		72	12
72	10×72×78×12	10	78		10×72×82×12	10	82	
82	10×82×88×12		88		10×82×92×12		92	
92	10×92×98×14		98	14	10×92×102×14		102	14
102	10×102×108×16		108	16	10×102×112×16		112	16
112	10×112×120×18		120	18	10×112×125×18		125	18

2. 键槽截面形状和尺寸

矩形花键的键槽截面形状和尺寸见表 12－10。

表 12－10　矩形花键的键槽截面形状和尺寸(GB/T 1144—2001)　　单位:mm

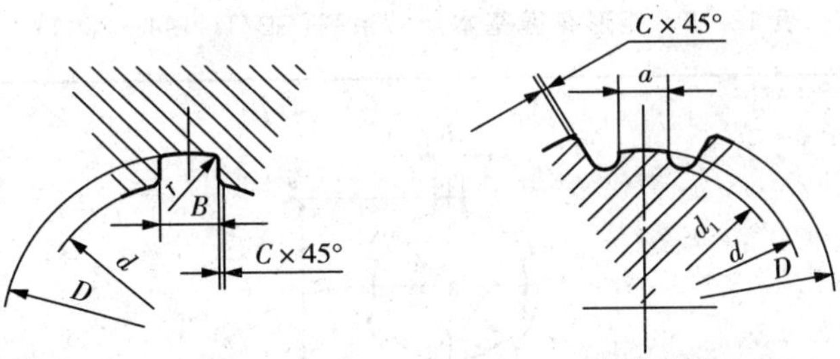

a）内花键　　b）外花键

轻系列					中系列				
规格 $N\times d\times D\times B$	C	r	$d_{1\min}$ 参考	$a_{\max}$ 参考	规格 $N\times d\times D\times B$	C	r	$d_{1\min}$ 参考	$a_{\max}$ 参考
—	—	—	—	—	6×11×14×3	0.2	0.1	—	—
					6×13×16×3.5				
					6×16×20×4	0.3	0.2	14.4	1.0
					6×18×22×5			16.6	
					6×21×25×5			19.5	2.0
6×23×26×6	0.2	0.1	22	3.5	6×23×28×6			21.2	1.2
6×26×30×6	0.3	0.2	24.5	3.8	6×26×32×6	0.4	0.3	23.6	
6×28×32×7			26.6	4.0	6×28×34×7			25.8	1.4
8×32×36×6			30.3	2.7	8×32×38×6			29.4	1.0
8×36×40×7			34.4	3.5	8×36×42×7			33.4	
8×42×46×8			40.5	5.0	8×42×48×8			39.4	2.5
8×46×50×9			44.6	5.7	8×46×54×9	0.5	0.4	42.6	1.4
8×52×58×10	0.4	0.3	49.6	4.8	8×52×60×10			48.6	2.5
8×56×62×10			53.5	6.5	8×56×65×10			52.0	
8×62×68×12			59.7	7.3	8×62×72×12	0.6	0.5	57.7	2.4
10×72×78×12			69.6	5.4	10×72×82×12			67.7	1.0
10×82×88×12			79.3	8.5	10×82×92×12			77.0	2.9
10×92×98×14			89.5	9.9	10×92×102×14			87.3	4.5
10×102×108×16			99.6	11.3	10×102×112×16			97.7	6.2
10×112×120×18	0.5	0.4	108.8	10.5	10×112×125×18			106.2	4.1

3. 花键的尺寸公差与配合

(1)内花键和外花键的尺寸公差带应符合国家标准 GB/T 1801 的规定,并按表 12-11 取值。

(2)小径的极限尺寸符合国家标准 GB/T 4249 规定的包容要求。

表 12-11 内、外花键的尺寸公差带

内花键				外花键			装配形式
d	D	B		d	D	B	
		拉销后不热处理	拉销后热处理				
一般用							
H7	H10	H9	H11	f7	a11	d10	滑动
				g7		f9	紧滑动
				h7		h10	固定
精密传动用							
H5	H10	H7、H9		f5	a11	d8	滑动
				g5		f7	紧滑动
				h5		h8	固定
H6				f6		d8	滑动
				g6		f7	紧滑动
				h6		h8	固定

注:1. 精密传动用的内花键,当需要控制键侧配合间隙时,槽宽可选 H7,一般情况下可选 H9。

2. d 为 H6 和 H7 的内花键,允许与提高一级的外花键配合。

4. 花键的几何公差

(1)采用综合检验法时,花键的位置度公差按表 12-12 的规定。

(2)采用单项检验法时,花键的对称度公差按表 12-13 的规定。

(3)对较长的花键,可根据产品性能自行规定键侧对轴线的平行度公差。

表 12-12 矩形花键位置度公差(GB/T 1144—2001) 单位:mm

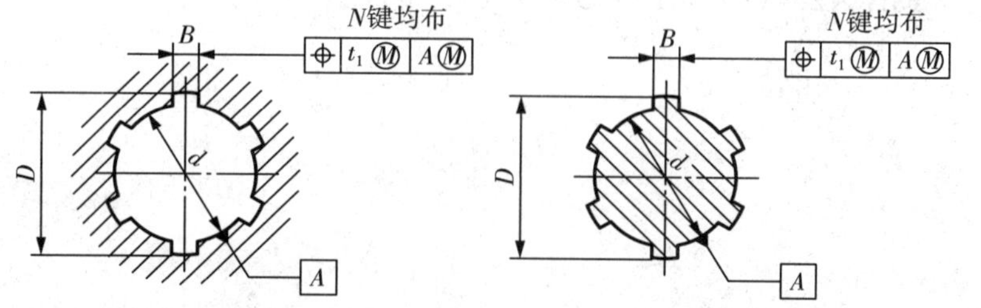

a) 内花键　　b) 外花键

（续表）

键槽宽或键宽 B			3	3.5～6	7～10	12～18
t_1	键槽宽		0.010	0.015	0.020	0.025
	键宽	滑动、固定	0.010	0.015	0.020	0.025
		紧滑动	0.006	0.010	0.013	0.016

表 12-13　矩形花键对称度公差(GB/T 1144—2001)　　单位：mm

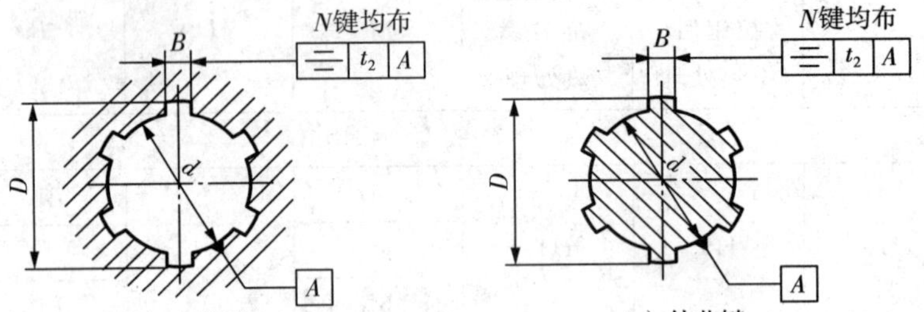

a）内花键　　b）外花键

键槽宽或键宽 B		3	3.5～6	7～10	12～18
t_2	一般用	0.010	0.012	0.015	0.018
	精密传动用	0.006	0.008	0.009	0.011

12.4.5　矩形花键的标记(GB/T 1144—2001)

矩形花键的标记代号应按次序包括下列内容：键数 N，小径 d，大径 D，键宽 B，基本尺寸及配合公差带代号和标准号。

标记示例：

花键 $N=6, d=23\,\frac{H7}{f7}, D=26\,\frac{H10}{a11}, B=6\,\frac{H11}{d10}$的标记为：

花键规格：$N \times d \times D \times B$

$6 \times 23 \times 26 \times 6$

花键副：$6 \times \frac{H7}{f7} \times 26\,\frac{H10}{a11} \times 6\,\frac{H11}{d10}$　GB/T 1144—2001

内花键：6×23H7×26H10×6H11　GB/T 1144—2001

外花键：6×23f7×26a11×6d10　GB/T 1144—2001

第13章 销 连 接

销的主要作用是固定零件之间的相互位置，并可传递不大的载荷。常用的圆锥销与圆柱销连接，如图 13－1 所示。

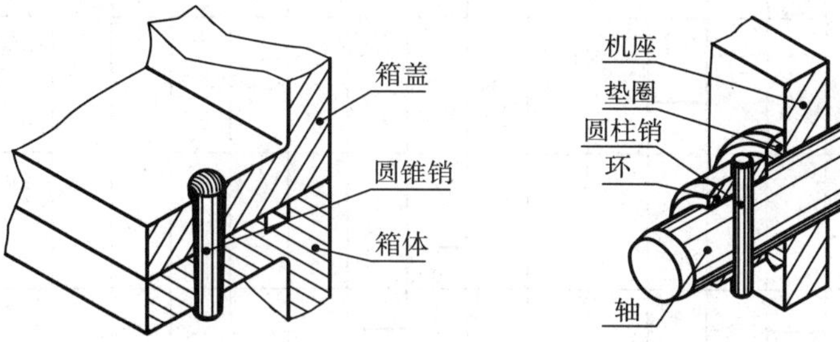

图 13－1 圆锥销与圆柱销连接

13.1 圆锥销(GB/T 117—2000)

普通圆锥销有 1∶50 的锥度，便于安装，定位精度比圆柱销高，受横向力时能自锁，销孔需铰制。主要用于定位，也可用以固定零件、传递动力，多用于经常拆卸的地方。圆锥销连接装配图，如图 13－2 所示。

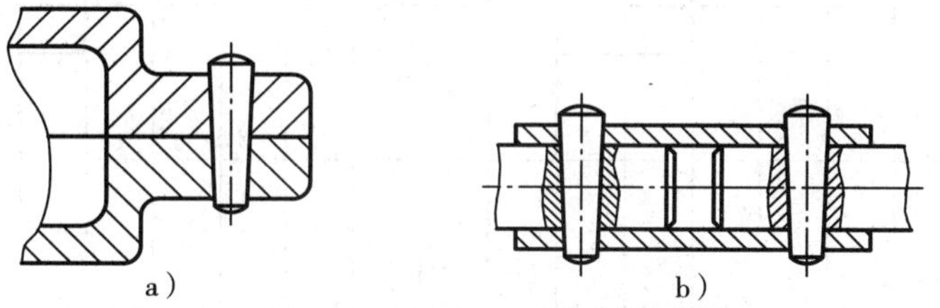

图 13－2 圆锥销连接的装配图

1. 圆锥销的画法与尺寸

国家标准 GB/T 117—2000《圆锥销》规定了公称直径 d 为 0.6～50mm、A 型和 B 型的圆锥销。

——A 型(磨削)：锥面表面粗糙度 Ra 为 0.8μm；

——B 型(切削或冷墩)：锥面表面粗糙度 Ra 为 3.2μm。

圆锥销的画法及尺寸见表 13－1。

表 13－1 圆锥销的画法及尺寸(GB/T 117—2000) 单位：mm

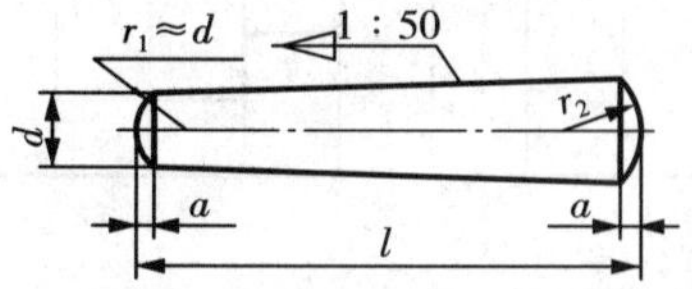

注：1. 端面的粗糙度 Ra 为 6.3μm；

2. $r_2 \approx \frac{a}{2}+d+\frac{(0.021)^2}{8a}$。

（续表）

d	h10①		0.6	0.8	1	1.2	1.5	2	2.5	3	4	5	6	8	10	12	16	20	25	30	40	50
α	≈		0.08	0.1	0.12	0.16	0.2	0.25	0.3	0.4	0.5	0.63	0.8	1	1.2	1.6	2	2.5	3	4	5	6.3
l②																						
公称	min	max																				
2	1.75	2.25																				
3	2.75	3.25																				
4	3.75	4.25																				
5	4.75	5.25																				
6	5.75	6.25																				
8	7.75	8.25																				
10	9.75	10.25																				
12	11.5	12.5																				
14	13.5	14.5																				
16	15.5	16.5																				
18	17.5	18.5						商品														
20	19.5	20.5																				
22	21.5	22.5																				
24	23.5	24.5																				
26	25.5	26.5																				
28	27.5	28.5																				
30	29.5	30.5											长度									
32	31.5	32.5																				
35	34.5	35.5																				
40	39.5	40.5																				
45	44.5	45.5																				
50	49.5	50.5																				
55	54.25	55.75																				
60	59.25	60.75																				
65	64.25	65.75																				
70	69.25	70.75															范围					
75	74.25	75.75																				
80	79.25	80.75																				
85	84.25	85.75																				
90	89.25	90.75																				
95	94.25	95.75																				
100	99.25	100.75																				
120	119.25	120.75																				
140	139.25	140.75																				
160	159.25	160.75																				
180	179.25	180.75																				
200	199.25	200.75																				

注：① 其他公差，如a11，c11和f8，由供需双方协议。

② 公称长度大于200mm，按20mm递增。

2. 技术条件和引用标准

圆锥销的技术条件和引用标准见表 13－2。

表 13－2　圆锥销的技术条件和引用标准

	钢	不锈钢
材　　料	易切钢：Y12、Y15(GB/T 8731) 碳素钢：35、45(GB/T 699) 35，HRC28～38(GB/T 699) 45，HRC38～46(GB/T 699) 合金钢：30CrMnSiA，HRC35～41(GB/T 3077)	1Cr13、2 Cr13(GB/T 1220) Cr17Ni2(GB/T 1220) 0Cr18Ni9Ti(GB/T 1220)
锥　　度	锥度公差及检验方法按 GB/T 11334 由供需双方协议	
表面缺陷	不允许有不规则的和有害缺陷； 销的任何部位不得有毛刺	
表面处理	不经处理； 氧化； 磷化按 GB/T 11376； 镀锌钝化按 GB/T 5267	简单处理
	其他表面镀层或表面处理应由供需双方协议； 所有公差仅适用于涂、镀前的公差	
验收及包装	GB/T 90	

3. 标记示例

标记方法按国家标准 GB/T 1237 的规定执行。

公称直径 d 为 6mm、公称长度 l 为 30mm、材料为 35 钢、热处理硬度 HRC 28～38、表面氧化处理的 A 型圆锥销的标记：

销　GB/T 117　6×30

13.2　圆柱销

圆柱销主要用于定位，也可用于连接，销孔需铰制，多次装拆后会降低定位精度和连接的紧固性，只能传递不大的载荷。直径偏差有 x7、n6、h8 和 h11 四种，以满足不同的使用要求。圆柱销连接的装配图画法，如图 13－3 所示。

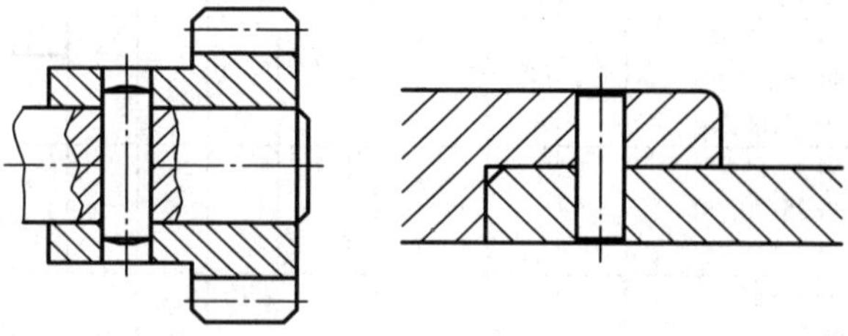

a)　　b)

图 13－3　圆柱销连接的装配图画法

13.2.1　圆柱销(不淬硬钢和奥氏体不锈钢)(GB/T 119.1—2000)

国家标准 GB/T 119.1—2000《圆柱销　不淬硬钢和奥氏体不锈钢》规定了公称直径 d 为 0.6～50mm、公差为 m6 和 h8、材料为不淬硬钢和奥氏体不锈钢的圆柱销。

1. 圆柱销(不淬硬钢和奥氏体不锈钢)的画法及尺寸

圆柱销(不淬硬钢和奥氏体不锈钢)的画法及尺寸见表 13－3。

表 13－3　圆柱销(不淬硬钢和奥氏体不锈钢)的画法及尺寸(GB/T 119.1—2000)　　单位：mm

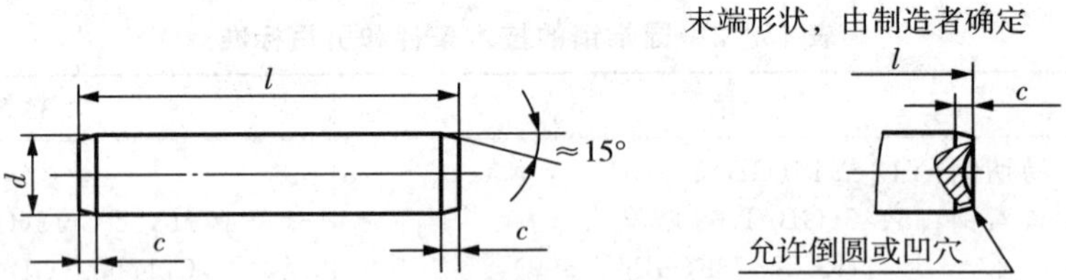

d	m6/h8①		0.6	0.8	1	1.2	1.5	2	2.5	3	4	5	6	8	10	12	16	20	25	30	40	50
c	≈		0.12	0.16	0.2	0.25	0.3	0.35	0.4	0.5	0.63	0.8	1.2	1.6	2	2.5	3	3.5	4	5	6.3	8
l②																						
公称	min	max																				
2	1.75	2.25																				
3	2.75	3.25																				
4	3.75	4.25																				
5	4.75	5.25																				
6	5.75	6.25																				
8	7.75	8.25																				
10	9.75	10.25																				
12	11.5	12.5																				
14	13.5	14.5																				
16	15.5	16.5																				
18	17.5	18.5																				
20	19.5	20.5																				
22	21.5	22.5																				
24	23.5	24.5									商品											
26	25.5	26.5																				
28	27.5	28.5																				
30	29.5	30.5																				
32	31.5	32.5																				
35	34.5	35.5																				
40	39.5	40.5													长度							
45	44.5	45.5																				
50	49.5	50.5																				
55	54.25	55.75																				
60	59.25	60.75																				
65	64.25	65.75																				
70	69.25	70.75																范围				
75	74.25	75.75																				
80	79.25	80.75																				
85	84.25	85.75																				
90	89.25	90.75																				
95	94.25	95.75																				
100	99.25	100.75																				
120	119.25	120.75																				
140	139.25	140.75																				
160	159.25	160.75																				
180	179.25	180.75																				
200	199.25	200.75																				

注：① 其他公差由供需双方协议。
② 公称长度大于200mm，按20mm递增。

3. 技术条件和引用标准

圆柱销(不淬硬钢和奥氏体不锈钢)的技术条件和引用标准见表13-4。

表13-4 圆柱销(不淬硬钢和奥氏体不锈钢)的技术条件和引用标准

材料[①]	钢	奥氏体不锈钢
	硬度125～245 HV30	A1(GB/T 3098.6) 硬度210～280 HV30
表面粗糙度	公差m6:$Ra\leqslant 0.8\mu m$ 公差h8:$Ra\leqslant 1.6\mu m$	
表面缺陷	不允许有不规则的和有害的缺陷; 销的任何部位不得有毛刺	
表面热处理	不经处理; 氧化; 镀锌钝化按GB/T 5267; 磷化按GB/T 11376	简单处理
	其他表面镀层或表面处理应由供需双方协议; 所有公差仅适用于涂、镀前的公差	
验收及包装	GB/T 90	

注:① 其他材料由供需双方协议。

4. 标记示例

标记方法按国家标准GB/T 1237的规定执行。

公称直径d为6mm、公差为m6、公称长度l为30mm、材料为钢、不经淬火、不经表面处理的圆柱销的标记:

销 GB/T 119.1 6 m6×30

公称直径d为6mm、公差为m6、公称长度l为30mm、材料为A1组奥氏体不锈钢、表面简单处理的圆柱销的标记:

销 GB/T 119.1 6 m6×30-A1

13.2.2 圆柱销(淬硬钢和马氏体不锈钢)(GB/T 119.2—2000)

国家标准GB/T 119.2—2000《圆柱销 淬硬钢和马氏体不锈钢》规定了公称直径d为1～20mm、公差为m6、材料为钢[A型(普通淬火)和B型(表面淬火)]及马氏体不锈钢的圆柱销。

1. 圆柱销(淬硬钢和马氏体不锈钢)的画法及尺寸

圆柱销(淬硬钢和马氏体不锈钢)的画法及尺寸见表13-5。

表 13－5　圆柱销(淬硬钢和马氏体不锈钢)的画法及尺寸（GB/T 119.2—2000）　　单位：mm

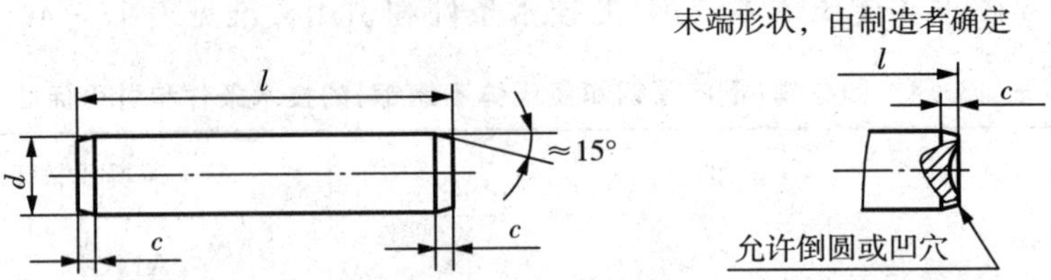

d m6①			1	1.5	2	2.5	3	4	5	6	8	10	12	16	20
c ≈			0.2	0.3	0.35	0.4	0.5	0.63	0.8	1.2	1.6	2	2.5	3	3.5
*l*②															
公称	min	max													
3	2.75	3.25													
4	3.75	4.25													
5	4.75	5.25													
6	5.75	6.25													
8	7.75	8.25													
10	9.75	10.25													
12	11.5	12.5													
14	13.5	14.5													
16	15.5	16.5													
18	17.5	18.5													
20	19.5	20.5					商品								
22	21.5	22.5													
24	23.5	24.5													
26	25.5	26.5							长度						
28	27.5	28.5													
30	29.5	30.5													
32	31.5	32.5								范围					
35	34.5	35.5													
40	39.5	40.5													
45	44.5	45.5													
50	49.5	50.5													
55	54.25	55.75													
60	59.25	60.75													
65	64.25	65.75													
70	69.25	70.75													
75	74.25	75.75													
80	79.25	80.75													
85	84.25	85.75													
90	89.25	90.75													
95	94.25	95.75													
100	99.25	100.75													

注：① 其他公差由供需双方协议。
② 公称长度大于100mm，按20mm递增。

2. 技术条件和引用标准

圆柱销(淬硬钢和马氏体不锈钢)的技术条件和引用标准见表13-6。

表13-6 圆柱销(淬硬钢和马氏体不锈钢)的技术条件和引用标准

<table>
<tr><td rowspan="5">材料[①]</td><td colspan="3">钢</td><td>马氏体不锈钢</td></tr>
<tr><td>A型 普通淬火</td><td colspan="2">B型 表面淬火</td><td>C1(GB/T 3098.6)</td></tr>
<tr><td colspan="3">化学成分(%)</td><td rowspan="3">淬火并回火硬度:
460～560 HV30</td></tr>
<tr><td rowspan="2">C:0.95～1.1
Si:0.15～0.35
Mn:0.25～0.4
P:0.03 max
S:0.025 max
Cr:1.35～1.65
硬度:550～650 HV30</td><td>其他
C:0.06～0.13
Si:0.1～0.4
Mn:0.25～0.6
P:0.025 max
S:0.05 max</td><td>或
C:0.15 max
Si:0.10 max
Mn:0.9～1.3
P:0.07 max
S:0.15 ～0.35
Pb:0.15 ～0.35</td></tr>
<tr><td colspan="2">由制造者确定
表面硬度:600～700 HV1
渗碳层深度0.25～0.4mm的硬度:
550 HV1 min</td></tr>
<tr><td>表面粗糙度</td><td colspan="4">$Ra \leqslant 0.8\mu m$</td></tr>
<tr><td>表面缺陷</td><td colspan="4">不允许有不规则的和有害的缺陷;
销的任何部位不得有毛刺</td></tr>
<tr><td rowspan="2">表面处理</td><td colspan="3">不经处理;
氧化;
镀锌钝化按GB/T 5267;
磷化按GB/T 11376</td><td>简单处理</td></tr>
<tr><td colspan="4">其他表面镀层或表面处理,应由供需双方协议;
所有公差仅适用于涂、镀前的公差</td></tr>
<tr><td>验收及包装</td><td colspan="4">GB/T 90</td></tr>
</table>

注:① 其他材料由供需双方协议。

3. 标记示例

标记方法按国家标准GB/T 1237的规定执行。

公称直径d为6mm、公差为m6、公称长度l为30mm、材料为钢、普通淬火(A型)、表面氧化处理的圆柱销的标记:

销 GB/T 119.2 6×30

公称直径d为6mm、公差为m6、公称长度l为30mm、材料为C1组马氏体不锈钢、表面简单处理的圆柱销的标记:

销 GB/T 119.2 6×30-C1

13.3 开口销(GB/T 91—2000)

开口销的主要功能是防止螺母松动或销轴脱落。螺母拧紧后,把开口销插入螺母槽与螺栓尾部孔内，并将开口销尾部扳开，防止螺母与螺栓的相对转动。

1. 开口销的画法与尺寸

开口销的画法与尺寸见表 13-7。

表 13-7 开口销的画法及尺寸(GB/T 91—2000) 单位：mm

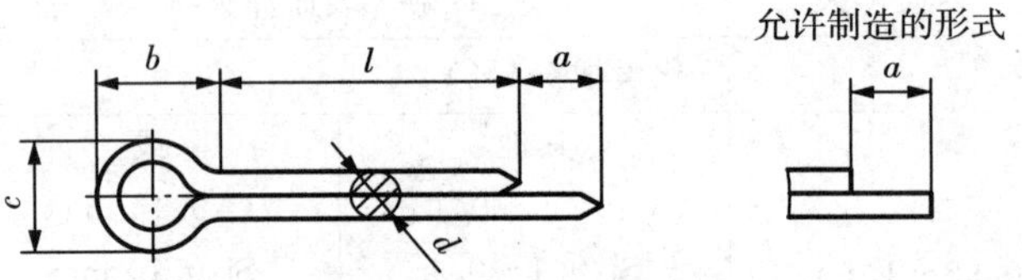

公称规格[①]			0.6	0.8	1	1.2	1.6	2	2.5	3.2
d		max	0.5	0.7	0.9	1.0	1.4	1.8	2.3	2.9
		min	0.4	0.6	0.8	0.9	1.3	1.7	2.1	2.7
a		max	1.6	1.6	1.6	2.50	2.50	2.50	2.50	3.2
		min	0.8	0.8	0.8	1.25	1.25	1.25	1.25	1.6
b ≈			2	2.4	3	3	3.2	4	5	6.4
c		max	1.0	1.4	1.8	2.0	2.8	3.6	4.6	5.8
		min	0.9	1.2	1.6	1.7	2.4	3.2	4.0	5.1
适用的直径[②]	螺栓	>	—	2.5	3.5	4.5	5.5	7	9	11
		≤	2.5	3.5	4.5	5.5	7	9	11	14
	U形销	>	—	2	3	4	5	6	8	9
		≤	2	3	4	5	6	8	9	12
公称规格[①]			4	5	6.3	8	10	13	16	20
d		max	3.7	4.6	5.9	7.5	9.5	12.4	15.4	19.3
		min	3.5	4.4	5.7	7.3	9.3	12.1	15.1	19.0
a		max	4	4	4	4	6.30	6.30	6.30	6.30
		min	2	2	2	2	3.15	3.15	3.15	3.15
b ≈			8	10	12.6	16	20	26	32	40
c		max	7.4	9.2	11.8	15.0	19.0	24.8	30.8	38.5
		min	6.5	8.0	10.3	13.1	16.6	21.7	27.0	33.8
适用的直径[②]	螺栓	>	14	20	27	39	56	80	120	170
		≤	20	27	39	56	80	120	170	—
	U形销	>	12	17	23	29	44	69	110	160
		≤	17	23	29	44	69	110	160	—

注：① 公称规格等于开口销的直径。对销孔直径推荐的公差：公称规格≤1.2 为 H13；公称规格＞1.2 为 H14。根据供需双方协议，允许采用公称规格为 3mm、6mm 和 12mm 的开口销。

② 用于铁道和在 U 形销中开口销承受交变横向力的场合，推荐使用的开口销规格应较本表规定的加大一级。

开口销连接的装配图，如图 13-4 所示。

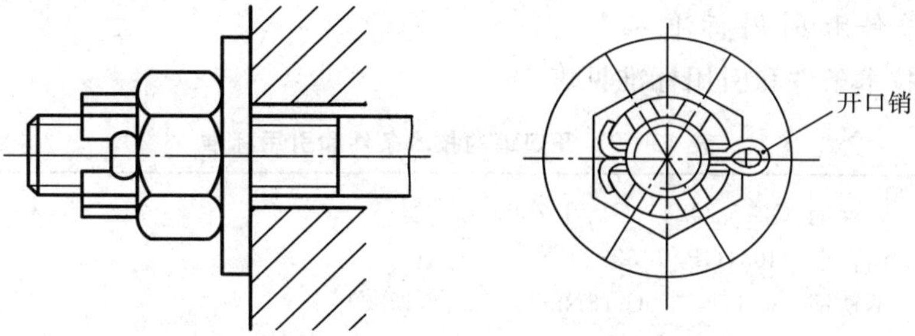

图 13-4　开口销防松结构画法

开口销的公称长度和商品长度见表 13-8。

表 13-8　开口销的公称长度和商品长度规格(GB/T 91—2000)　　单位:mm

长度l			公称规格															
公称	min	max	0.6	0.8	1	1.2	1.6	2	2.5	3.2	4	5	6.3	8	10	13	16	20
4	3.5	4.5																
5	4.5	5.5																
6	5.5	6.5																
8	7.5	8.5																
10	9.5	10.5																
12	11	13																
14	13	15																
16	15	17				商品												
18	17	19																
20	19	21																
22	21	23																
25	24	26																
28	27	29																
32	30.5	33.5							长度									
36	34.5	37.5																
40	38.5	41.5																
45	43.5	46.6																
50	48.5	51.5																
56	54.5	57.5																
63	61.5	64.5											范围					
71	69.5	72.5																
80	78.5	81.5																
90	88	92																
100	98	102																
112	110	114																
125	123	127																
140	138	142																
160	158	162																
180	178	182																
200	198	202																
224	222	226																
250	248	252																
280	278	282																

2. 技术条件和引用标准

开口销的技术条件和引用标准见表 13-9。

表 13-9 开口销的技术条件和引用标准

材料	碳素钢：Q215、Q235(GB/T 700) 铜合金：H63(GB/T 5232) 不锈钢：1Cr17Ni7、0Cr18Ni9Ti(GB/T 1220) 其他材料由供需双方协议	
韧性	开口销的每一个脚应能经受反复一次的弯曲，而在弯曲部分不发生断裂或裂缝。 弯曲方法：把开口销拉开，将其任意一只脚部分夹紧在检验模内(不应产生压扁)，然后将开口销弯曲 90°，往返一次为一次弯曲。试验速度不应超过 60 次/min。检验模应制出半圆槽孔，其直径等于开口销的公称规格，钳口应有 $r=0.5$mm 的圆角	
工作质量	①眼圈应尽可能制成圆形。 ②开口销两脚的横截面应为圆形，但允许开口销两脚平面与圆周交接处有半径 r 为 $(0.05\sim0.1)d_{max}$ 的圆角。 ③开口销两脚的间隙和两脚的错移量应不大于开口销公称规格与 d_{max} 之差值。 ④开口销允许制成开口的(α——两脚内平面的夹角)；公称规格≤1.6mm，$\alpha\leqslant8°$；2～6.3mm，$\alpha\leqslant4°$；≥8mm，$\alpha\leqslant2°$	
表面缺陷	不允许有毛刺以及不规则的和有害的缺陷	
表面处理	钢	钢、不锈钢
	不经处理； 镀锌钝化按 GB/T 5267； 磷化按 GB/T 11376	简单处理
	其他表面镀层或表面处理应由供需双方协议	
验收及包装	GB/T 90	

3. 标记示例

标记方法按国家标准 GB/T 1237 的规定执行。

公称规格为 5mm、公称长度 l 为 50mm、材料为 Q215 或 Q235、不经表面处理的开口销的标记：

销 GB/T 91 5×50

13.4 销轴(GB/T 882—2008)

销轴可作为轴用，一端有挡边，另一端加垫圈和开口销挡销轴上的转动件。起定位功能时，可用在受力较大、要求固定可靠的地方。销轴也可把某种配件组合到一起，例如，链片、链条都需要销轴。销轴的装配图，如图 13-5 所示。

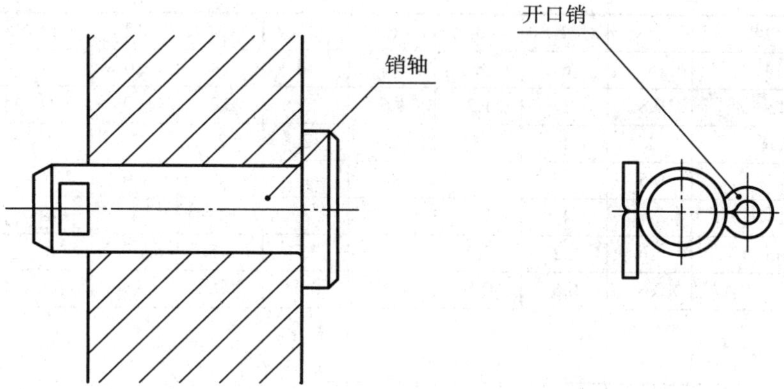

图 13-5 带开口销的销轴连接装配图

1. 销轴的画法及尺寸

销轴的画法及尺寸见表 13-10。

表 13-10 销轴的画法及尺寸(GB/T 882—2008) 单位:mm

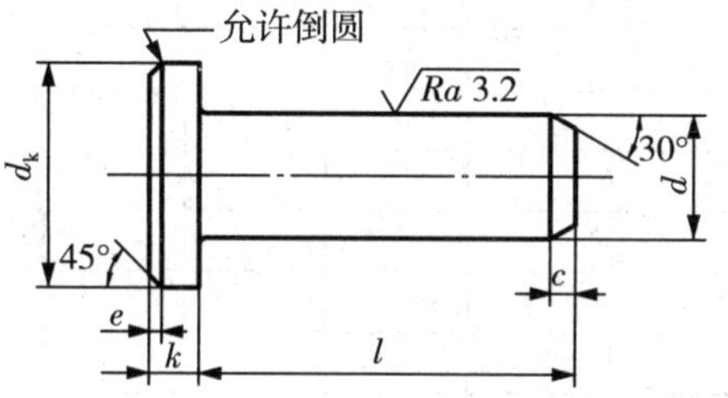

A型——无开口销孔

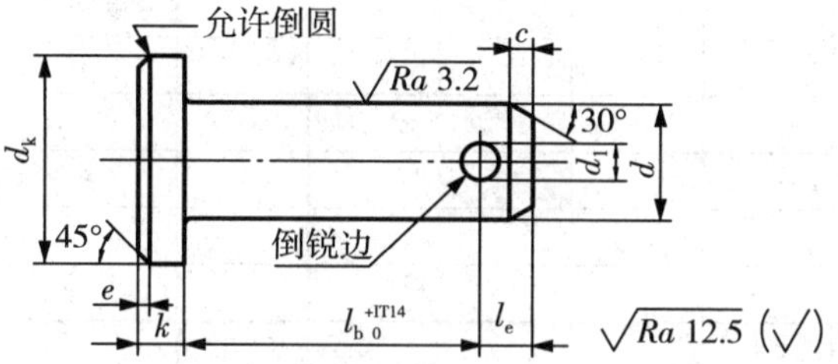

B型——带开口销孔

注:1. 用于铁路和开口销承受交变横向力的场合,推荐采用本表规定的下一挡较大的开口销及相应的孔径。

2. B型销轴在某些情况下,不能按$l-l_e$计算l_b尺寸,所需要的尺寸应在标记中注明,但不允许l_b尺寸小于本表规定的数值。

（续表）

d	h11[1]		3	4	5	6	8	10	12	14	16	18
d_k	h14		5	6	8	10	14	18	20	22	25	28
d_1	h13[2]		0.8	1	1.2	1.6	2	3.2	3.2	4	4	5
c	max		1	1	2	2	2	2	3	3	3	3
e	≈		0.5	0.5	1	1	1	1	1.6	1.6	1.6	1.6
k	js14		1	1	1.6	2	3	4	4	4	4.5	5
l_e	min		1.6	2.2	2.9	3.2	3.5	4.5	5.5	6	6	7
r			0.6	0.6	0.6	0.6	0.6	0.6	0.6	0.6	0.6	1
l[3]												
公称	min	max										
6	5.75	6.25										
8	7.75	8.25										
10	9.75	10.25										
12	11.5	12.5										
14	13.5	14.5										
16	15.5	16.5		商								
18	17.5	18.5										
20	19.5	20.5										
22	21.5	22.5										
24	23.5	24.5										
26	25.5	26.5				品						
28	27.5	28.5										
30	29.5	30.5										
32	31.5	32.5										
35	345	35.5					长					
40	39.5	40.5										
45	44.5	45.5										
50	49.5	50.5										
55	54.25	55.75						度				
60	59.25	60.75										
65	64.25	65.75										
70	69.25	70.75										
75	74.25	75.75							范			
80	79.25	80.75										
85	84.25	85.75										
90	89.25	90.75										
95	94.25	95.75										
100	99.25	100.75									围	
120	119.25	120.75										
140	139.25	140.75										
160	159.25	160.75										
180	179.25	180.75										
200	199.25	200.75										

（续表）

d	h11①		20	22	24	27	30	33	36	40
d_k	h14		30	33	36	40	44	47	50	55
d_1	h13②		5	5	6.3	6.3	8	8	8	8
c	max		4	4	4	4	4	4	4	4
e	≈		2	2	2	2	2	2	2	2
k	js14		5	5.5	6	6	8	8	8	8
l_e	min		8	8	9	9	10	10	10	10
r			1	1	1	1	1	1	1	1
l③										
公称	min	max								
40	39.5	40.5								
45	44.5	45.5								
50	49.5	50.5		商						
55	54.25	55.75								
60	59.25	60.75								
65	64.25	65.75			品					
70	69.25	70.75								
75	74.25	75.75				长				
80	79.25	80.75								
85	84.25	85.75					度			
90	89.25	90.75								
95	94.25	95.75						范		
100	99.25	100.75								
120	119.25	120.75							围	
140	139.25	140.75								
160	159.25	160.75								
180	179.25	180.75								
200	199.25	200.75								
d	h11①		45	50	55	60	70	80	90	100
d_k	h14		60	66	72	78	90	100	110	120
d_1	h13②		10	10	10	10	13	13	13	13
c	max		4	4	6	6	6	6	6	6
e	≈		2	2	3	3	3	3	3	3
k	js14		9	9	11	12	13	13	13	13
l_e	min		12	12	14	14	16	16	16	16
r			1	1	1	1	1	1	1	1
l③										
公称	min	max								
90	89.25	90.75								
95	94.25	95.75	商							
100	99.25	100.75								
120	119.25	120.75		品						
140	139.25	140.75			长					
160	159.25	160.75				度				
180	179.25	180.75					范			
200	199.25	200.75						围		

注：① 其他公差，如a11，c11，f8应由供需双方协议。

② 孔径d_1等于开口销的公称规格（见GB/T 91）。

③ 公称长度大于200mm，按20mm递增。

2. 技术条件和引用标准

销轴的技术条件和引用标准见表 13－11。

表 13－11　销轴的技术条件和引用标准

材　料	钢：易切削钢或冷墩钢；硬度：125 HV～245 HV； 其他材料由供需双方协议
表面质量	零件质量应均匀一致，而不允许有不规则的或有害的缺陷； 销的任何部位不得有毛刺
表面处理	氧化； 磷化（按 GB/T 11376）； 镀锌铬酸盐转化膜（按 GB/T 5267.1）； 其他表面镀层或表面处理应由供需双方协议； 所有公差仅适用于涂、镀前的公差
验收及包装	GB/T 90.1、GB/T 90.2

3. 标记示例

标记方法按国家标准 GB/T 1237 的规定执行。

公称直径 d 为 20mm、长度 l 为 100mm、由钢制造的硬度为 125 HV～245 HV、表面氧化处理的 B 型销轴标记：

销　GB/T 882　20×100

开口销孔为 6.3mm，其余要求与上述示例相同的销轴的标记：

销　GB/T 882　20×100×6.3

孔距 l_h 为 80mm、开口销孔为 6.3mm，其余要求与上述示例相同的销轴的标记：

销　GB/T 882　20×100×6.3×80

孔距 l_h 为 80mm，其余要求与上述示例相同的销轴的标记：

销　GB/T 882　20×100×80

第14章　焊　　接

焊接主要连接的是金属零件，用电弧或火焰在被连接处进行局部加热，同时填充熔化金属或用加压等方法，使其熔合而连接在一起。因此，焊接是一种不可拆开的连接形式，在造船、机械、电子、化工、建筑等工业领域得到了广泛的应用。

14.1　焊缝符号表示法(GB/T 324—2008)

在技术图样或文件上需要表示焊缝或接头时，推荐采用焊缝符号。必要时，也可采用一般的技术制图方法表示。焊缝符号应清晰表述所要说明的信息，不使图样增加更多的注解。完整的焊缝符号包括基本符号、指引线、补充符号、尺寸符号及数据等。为了简化，在图样上标注焊缝时通常只采用基本符号和指引线，其他内容一般在有关文件(如焊接工艺规程等)中明确。符号的比例、尺寸及标注位置见国家标准 GB/T 12212 的有关规定(本章第 2 节)。

14.1.1　焊接接头的符号标注

1. 基本符号

基本符号表示焊缝横截面的基本形式或特征，具体见表 14-1。

表 14-1　焊缝基本符号(GB/T 324—2008)

序号	名　　称	示　意　图	符　　号
1	卷边焊缝(卷边完全熔化)		
2	I 形焊缝		
3	V 形焊缝		
4	单边 V 形焊缝		
5	带钝边 V 形焊缝		
6	带钝边单边 V 形焊缝		
7	带钝边 U 形焊缝		
8	带钝边 J 形焊缝	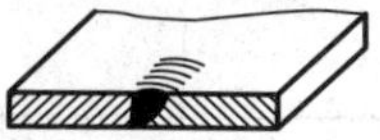	

（续表）

序号	名　称	示 意 图	符　号
9	封底焊缝		
10	角焊缝	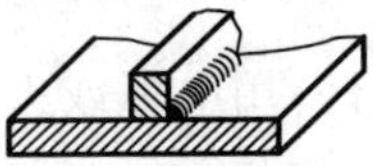	
11	塞焊缝或槽焊缝	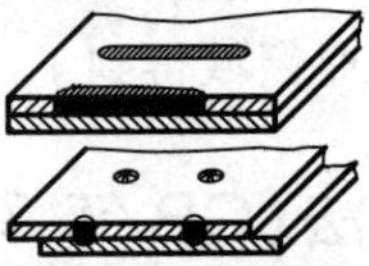	
12	点焊缝	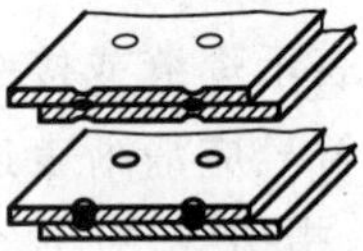	
13	缝焊缝	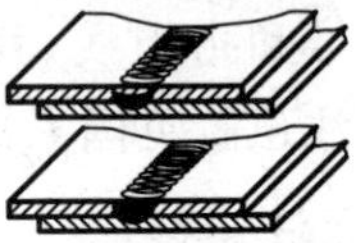	
14	陡边 V 形焊缝		
15	陡边单 V 形焊缝		
16	端焊缝		
17	堆焊缝		
18	平面连接（钎焊）	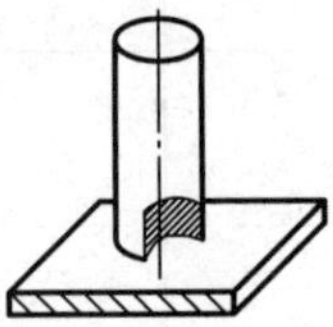 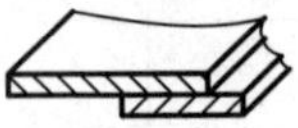	
19	斜面连接（钎焊）	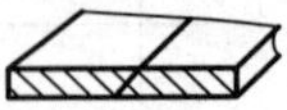	
20	折叠连接（钎焊）	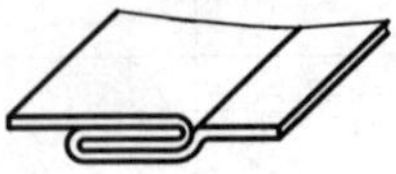	

2. 基本符号的组合

标注双面焊焊缝或接头时，基本符号可以组合使用，见表 14－2。

表 14－2　焊缝基本符号的组合(GB/T 324—2008)

序号	名　　称	示　意　图	符　　号
1	双面 V 形焊缝 （X 焊缝）		
2	双面单 V 形焊缝 （K 焊缝）	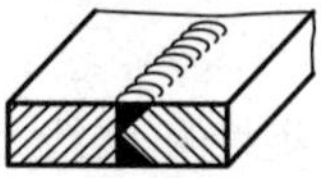	
3	带钝边的双面 V 形焊缝		
4	带钝边的双面单 V 形焊缝	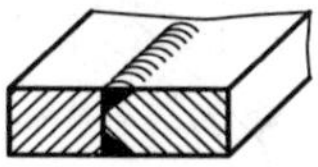	
5	双面 U 形焊缝	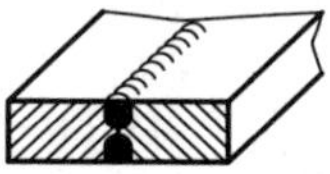	

3. 补充符号

补充符号用来补充说明有关焊缝或接头的某些特征（诸如表面形状、衬垫、焊缝分布、施焊地点等）。补充符号见表 14－3。

表 14－3　焊缝补充符号(GB/T 324—2008)

序号	名　　称	符　　号	说　　明
1	平面	—	焊缝表面通常经过加工后平整
2	凹面	⌣	焊缝表面凹陷
3	凸面	⌢	焊缝表面凸起
4	圆滑过渡		焊趾处过渡圆滑
5	永久衬垫	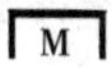	衬垫永久保留
6	临时衬垫	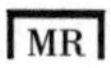	衬垫在焊接完成后拆除
7	三面焊缝		三面带有焊缝
8	周围焊缝		沿着工件周边施焊的焊缝 标注位置为基准线与箭头线的交点处
9	现场焊缝		在现场焊接的焊缝
10	尾部		可以表示所需的信息

14.1.2 基本符号和指引线的位置规定

1. 基本要求

在焊缝符号中，基本符号和指引线为基本要素。焊缝的准确位置通常由基本符号和指引线之间的相对位置决定，具体位置包括：

——箭头线的位置；

——基准线的位置；

——基本符号的位置。

2. 指引线

指引线由箭头线和基准线(实线和虚线)组成，如图 14－1 所示。

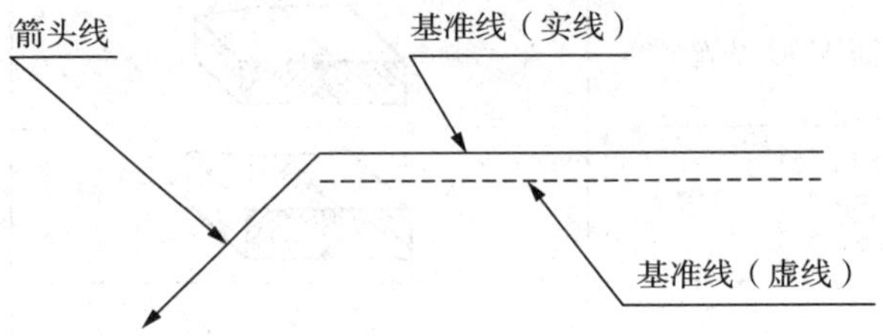

图 14－1　指引线

(1)箭头线

箭头直接指向的接头侧为“接头的箭头侧”，与之相对的则为“接头的非箭头侧”，如图 14－2所示。

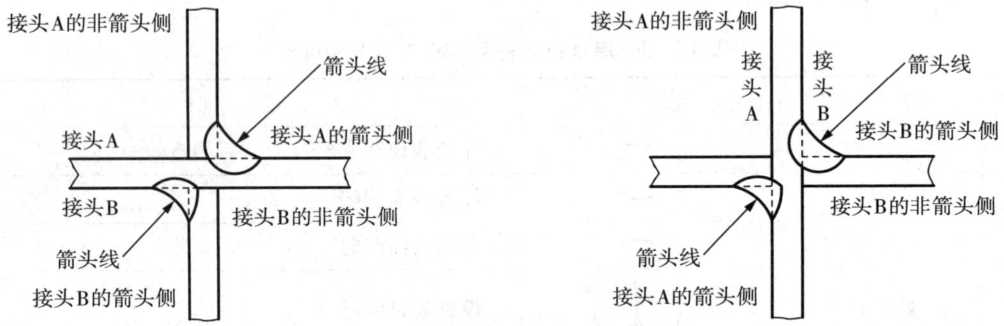

图 14－2　接头的“箭头侧”及“非箭头侧”示例

(2)基准线

基准线一般应与图样的底边平行，必要时也可与底边垂直。实线和虚线的位置可根据需要互换。

3. 基本符号与基准线的相对位置

——基本符号在实线侧时，表示焊缝在箭头侧，如图 14－3 所示；

——基本符号在虚线侧时，表示焊缝在非箭头侧，如图 14－4 所示；

——对称焊缝允许省略虚线，如图 14－5 所示；

——在明确焊缝分布位置的情况下，有些双面焊缝也可省略虚线，如图 14－6 所示。

图 14 - 3 焊缝在接头的箭头侧

图 14 - 4 焊缝在接头的非箭头侧

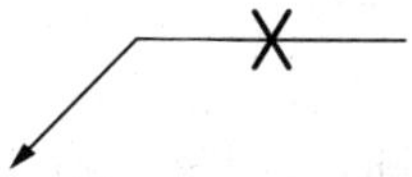

图 14 - 5 对称焊缝

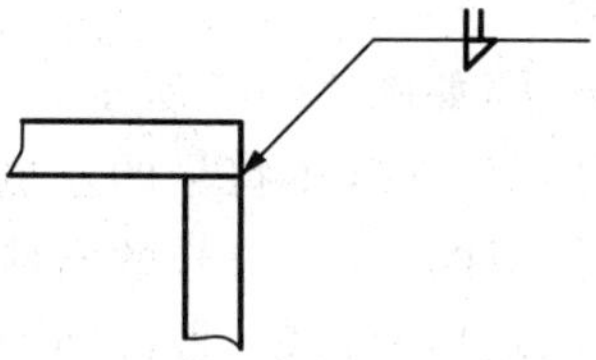

图 14 - 6 双面焊缝

14.1.3 尺寸及标注

1. 一般要求

必要时，可以在焊缝符号中标注尺寸。焊缝尺寸符号见表 14 - 4。

表 14 - 4 焊缝尺寸符号(GB/T 324—2008)

符号	名　　称	示　意　图	符号	名　　称	示　意　图
δ	工件厚度	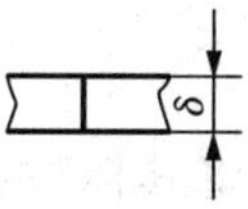	c	焊缝宽度	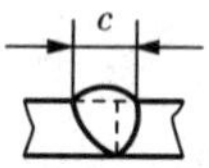
α	坡口角度	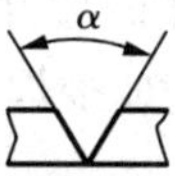	K	焊脚尺寸	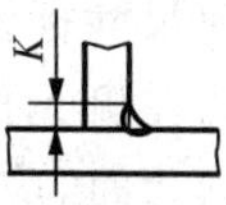
β	坡口面角度	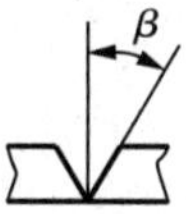	d	点焊：熔核直径 塞焊：孔径	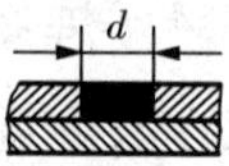
b	根部间隙	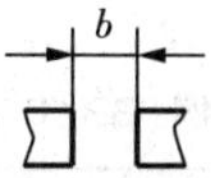	n	焊缝段数	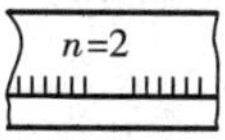
p	钝边	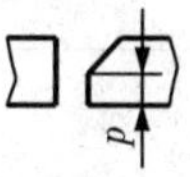	l	焊缝长度	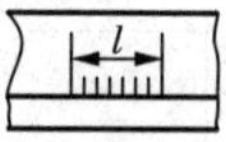
R	根部半径		e	焊缝间距	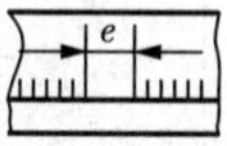

（续表）

符号	名　　称	示 意 图	符号	名　　称	示 意 图
H	坡口深度	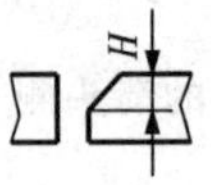	N	相同焊缝数量	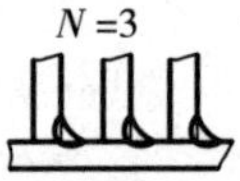
S	焊缝有效厚度	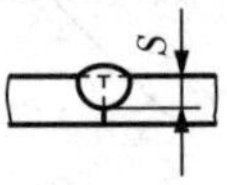	h	余高	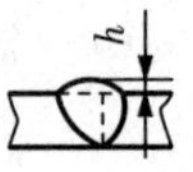

2. 标注规则

尺寸的标注方法，如图 14－7 所示。

——横向尺寸标注在基本符号的左侧；

——纵向尺寸标注在基本符号的右侧；

——坡口角度、坡口面角度、根部间隙标注在基本符号的上侧或下侧；

——相同焊缝数量标注在尾部；

——当尺寸较多不易分辨时，可在尺寸数据前标注相应的尺寸符号。

当箭头线方向改变时，上述规则不变。

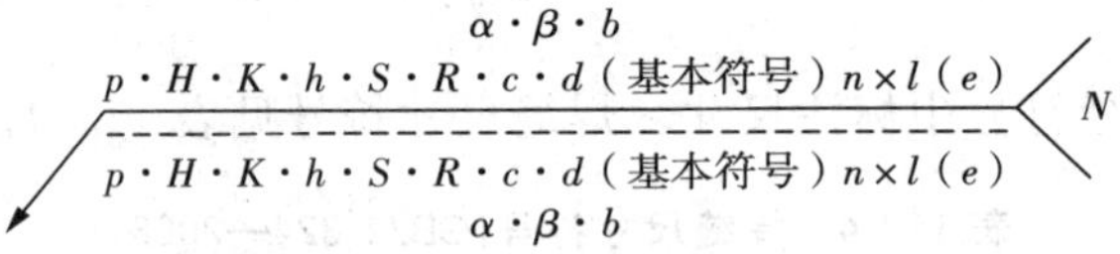

图 14－7　尺寸标注方法

3. 关于尺寸的其他规定

确定焊缝位置的尺寸不在焊缝符号中标注，应将其标注在图样上。在基本符号的右侧无任何尺寸标注又无其他说明时，意味着焊缝在工件的整个长度方向上是连续的。在基本符号的左侧无任何尺寸标注又无其他说明时，意味着对接焊缝应完全焊透。塞焊缝、槽焊缝带有斜边时，应标注其底部的尺寸。

14.1.4　焊缝符号的应用示例

1. 基本符号的应用

焊缝基本符号的应用示例见表 14－5。

表 14－5　焊缝基本符号的应用示例(GB/T 324—2008)

序号	符号	示 意 图	标 注 示 例
1	V	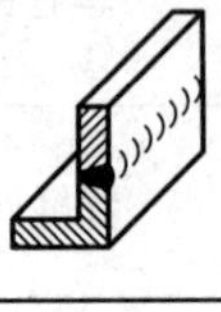	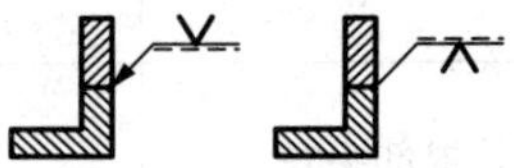

（续表）

序号	符号	示　意　图	标　注　示　例
2			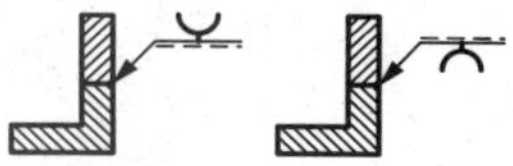
3		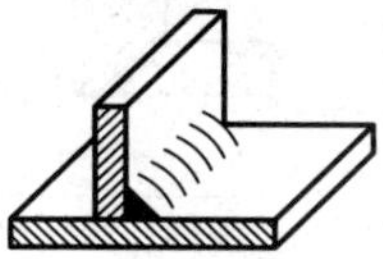	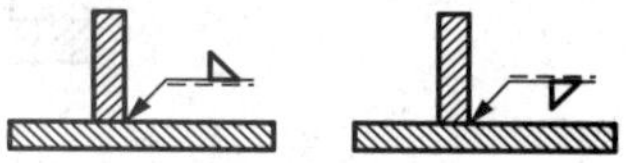
4		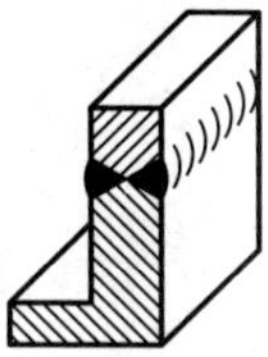	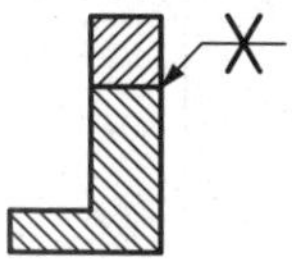
5		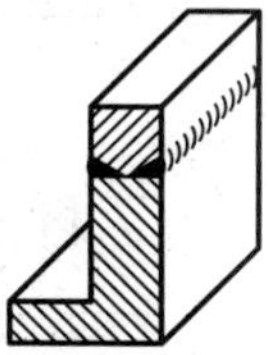	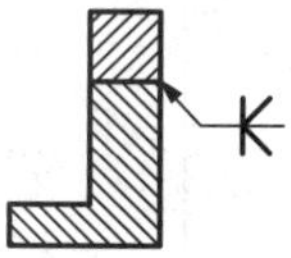

2. 补充符号应用示例

焊缝补充符号的应用示例见表 14－6。焊缝补充符号的标注示例见表 14－7。

表 14－6　焊缝补充符号的应用示例(GB/T 324—2008)

序号	名　　称	示　意　图	符　号
1	平齐的 V 形焊缝		
2	凸起的双面 V 形焊缝		
3	凹陷的角焊缝	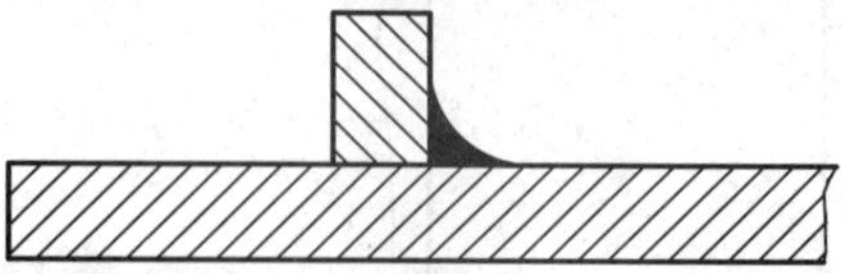	
4	平齐的 V 形焊缝和封底焊缝		
5	表面过渡平滑的角焊缝	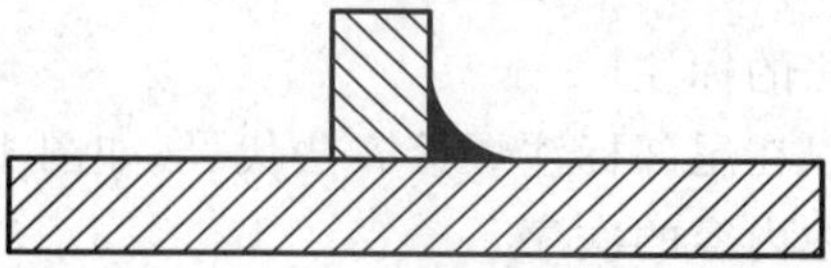	

表 14-7　焊缝补充符号的标注示例(GB/T 324—2008)

序号	符号	示　意　图	标　注　示　例
1		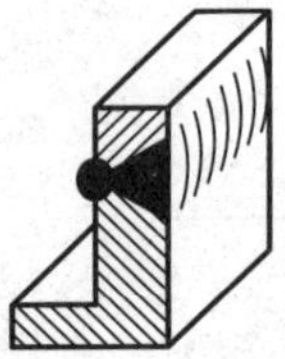	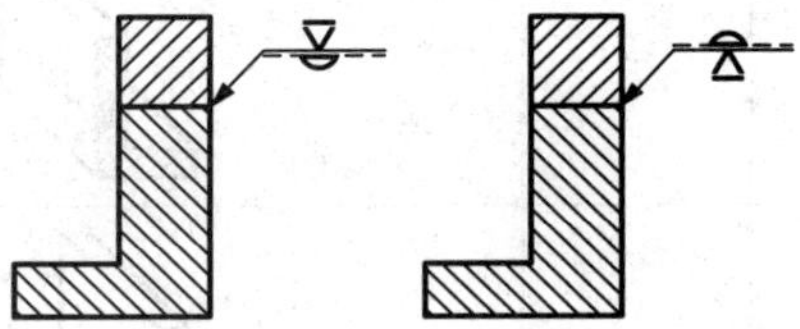
2		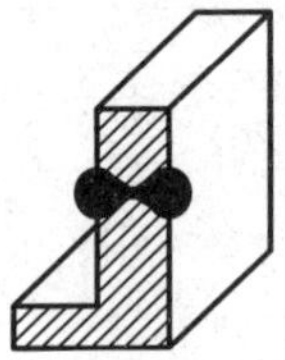	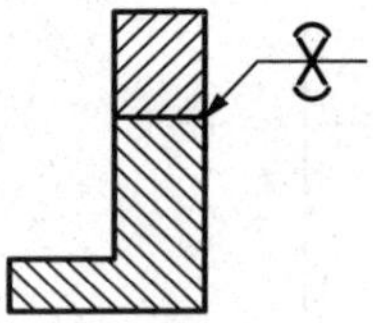
3		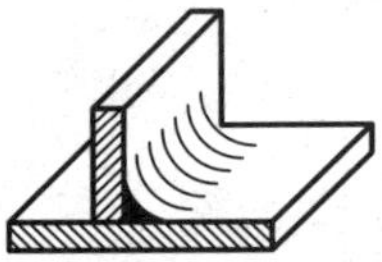	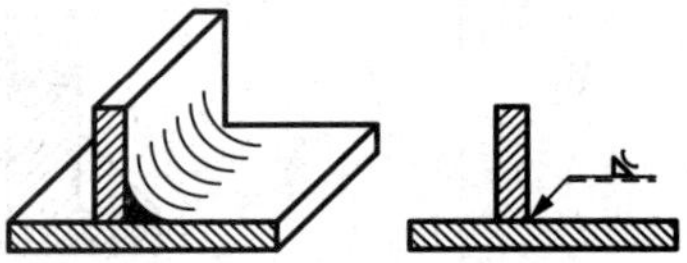

3. 其他补充说明

(1)周围焊缝

当焊缝围绕工件周边时,可采用圆形的符号,如图 14-8 所示。

(2)现场焊缝

用一个小旗表示野外或现场焊缝,如图 14-9 所示。

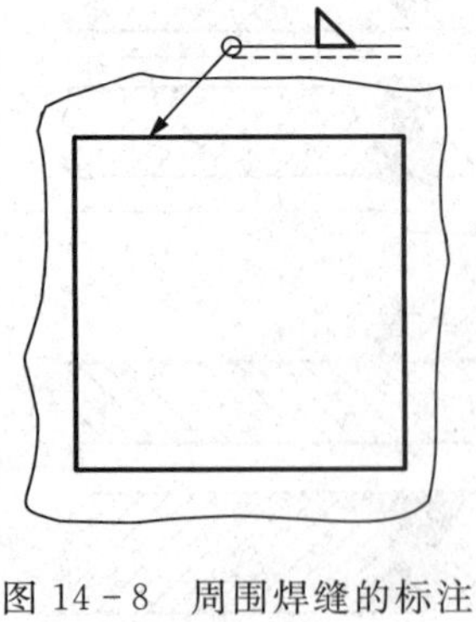

图 14-8　周围焊缝的标注

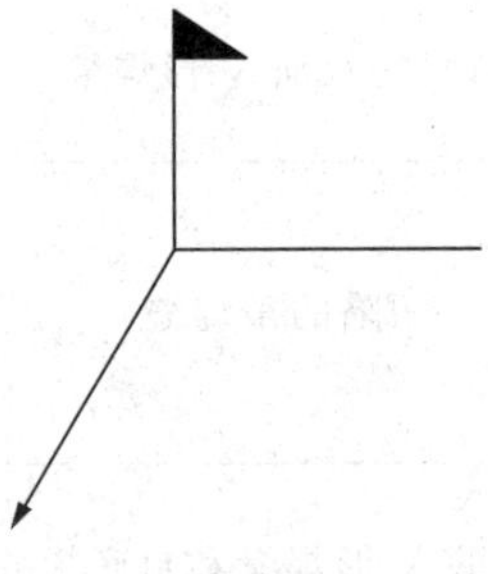

图 14-9　现场焊缝的表示

(3)焊接方法的标注

必要时,可以在尾部标注焊接方法代号,如图 14-10 所示。

(4)尾部标注内容的次序

尾部需要标注的内容较多时,可参照如下次序排列:

——相同焊缝数量；
——焊接方法代号（按照 GB/T 5185 规定）；
——缺欠质量等级（按照 GB/T 19418 规定）；
——焊接位置（按照 GB/T 16672 规定）；
——焊接材料（如按照相关焊接材料标准）；
——其他。

每个款项应用斜线“/”分开。

为了简化图样，也可以将上述有关内容包含在某个文件中，采用封闭尾部给出该文件的编号（如 WPS 编号或表格编号等），如图 14－11 所示。

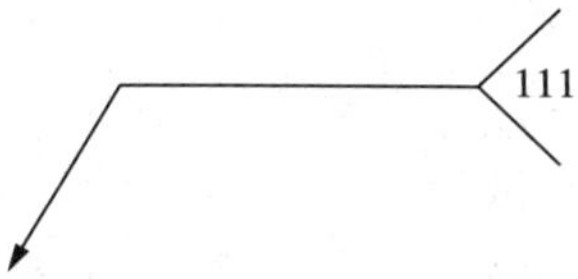

图 14－10　焊接方法的尾部标注

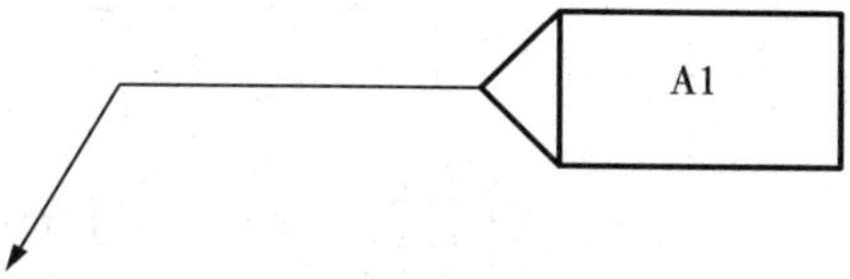

图 14－11　封闭尾部示例

14.1.5　尺寸标注示例

焊缝尺寸标注的示例见表 14－8。

表 14－8　焊缝尺寸标注的示例（GB/T 324—2008）

序号	名　称	示意图	尺寸符号	标注方法
1	对接焊缝	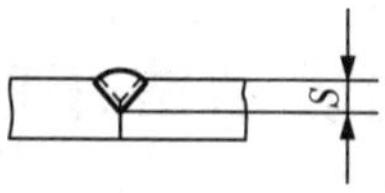	S：焊缝有效厚度	
2	连续角焊缝	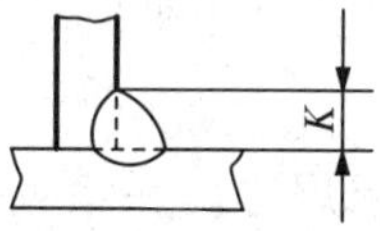	K：焊脚尺寸	
3	断续角焊缝	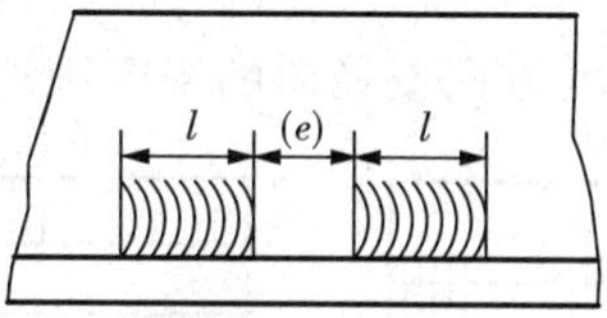	l：焊缝长度 e：间距 n：焊缝段数 K：焊脚尺寸	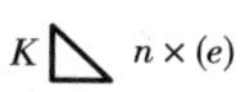
4	交错断续角焊缝	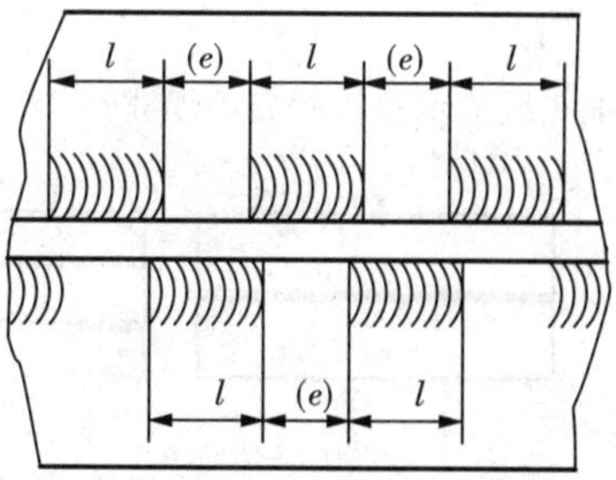	l：焊缝长度 e：间距 n：焊缝段数 K：焊脚尺寸	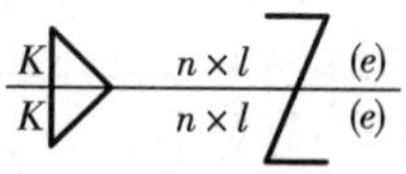

（续表）

序号	名　　称	示　意　图	尺 寸 符 号	标 注 方 法
5	塞焊缝 或 槽焊缝	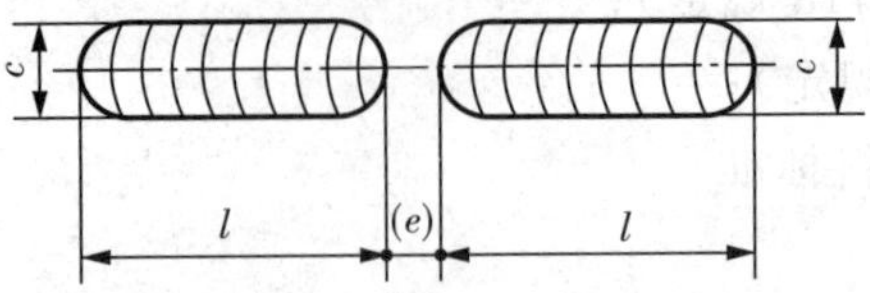	*l*:焊缝长度 *e*:间距 *n*:焊缝段数 *c*:槽宽	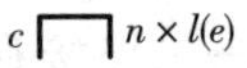
		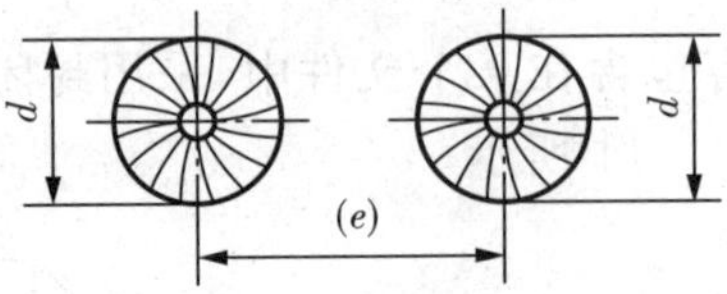	*e*:间距 *n*:焊缝段数 *d*:孔径	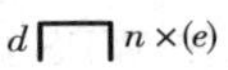
6	点焊缝	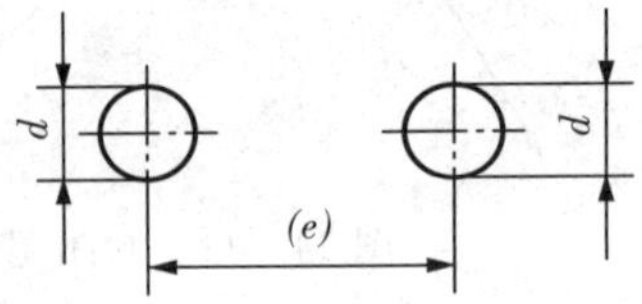	*n*:焊点数量 *e*:焊点距 *d*:熔核直径	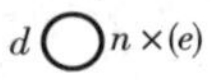
7	缝焊缝	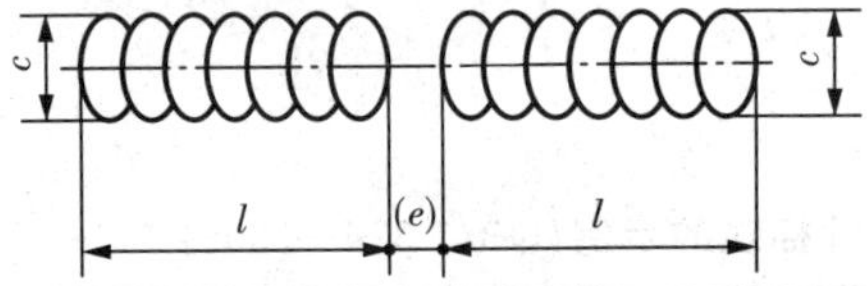	*l*:焊缝长度 *e*:间距 *n*:焊缝段数 *c*:焊缝宽度	

14.2　焊缝符号的尺寸、比例及简化表示法(GB/T 12212—2012)

绘制焊缝时，可用视图、剖视图或断面图表示，也可用轴测图示意地表示。

14.2.1　视图

1. 焊缝画法如图 14－12、图 14－13 所示，表示焊缝的一系列细实线段允许示意绘制，也允许采用加粗线($2d$～$3d$)表示焊缝，如图 14－14 所示。但在同一图样中，只允许采用一种画法。点焊缝、缝焊缝、塞焊缝和槽焊缝在长度方向或径向的视图画法见表 14－10。

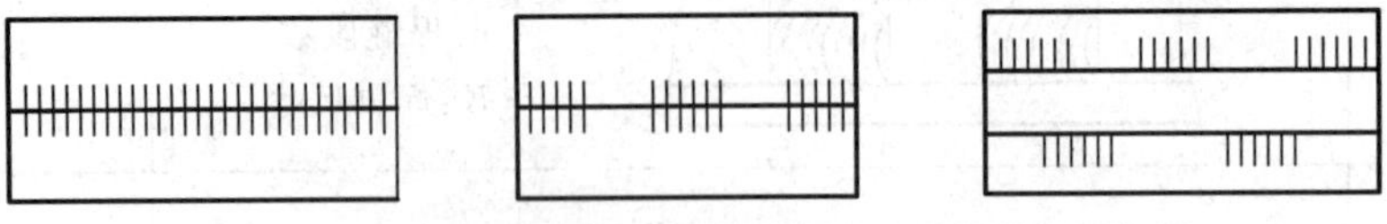

a)　　b)　　c)

图 14－12　一系列细实线段示意绘制表示焊缝

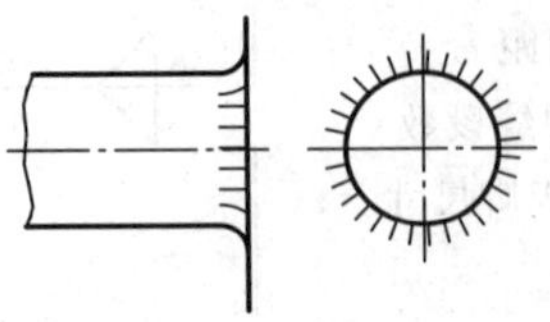

图 14－13　细实线段示意表示焊缝

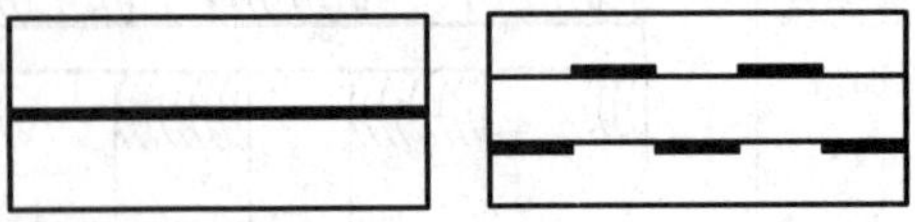

a)　　b)

图 14－14　加粗线表示焊缝

2. 在表示焊缝端面的视图中，通常用粗实线绘出焊缝的轮廓。必要时，可用细实线画出焊接前的坡口形状等，如图 14－15 所示。

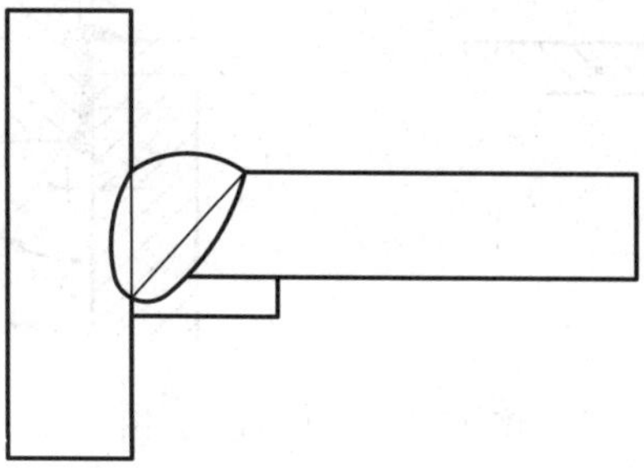

图 14－15 用细实线画出焊接前的坡口形状

14.2.2 剖视图或断面图

在剖视图或断面图上，焊缝的金属熔焊区通常应涂黑表示，如图 14－16 所示。若同时需要表示坡口等的形状时，熔焊区部分亦可按 14.2.1 第 2 项的规定绘制，如图 14－17 所示。

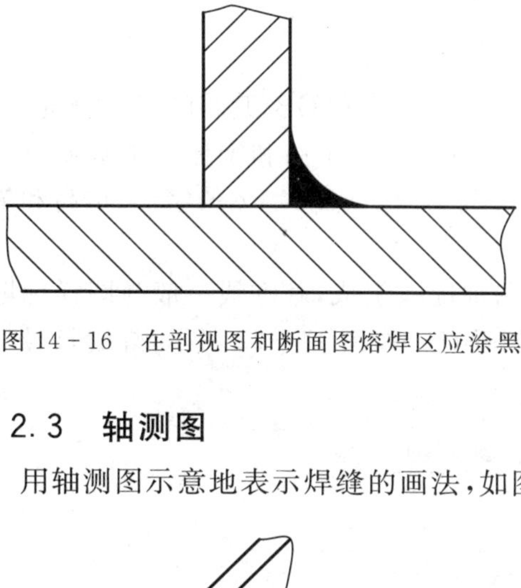

图 14－16 在剖视图和断面图熔焊区应涂黑

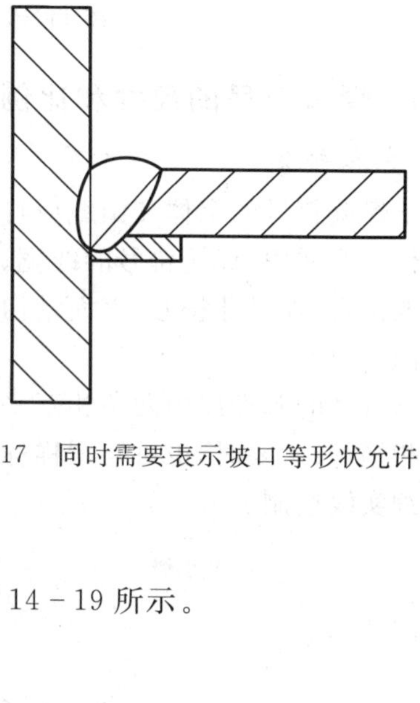

图 14－17 同时需要表示坡口等形状允许的画法

14.2.3 轴测图

用轴测图示意地表示焊缝的画法，如图 14－18、图 14－19 所示。

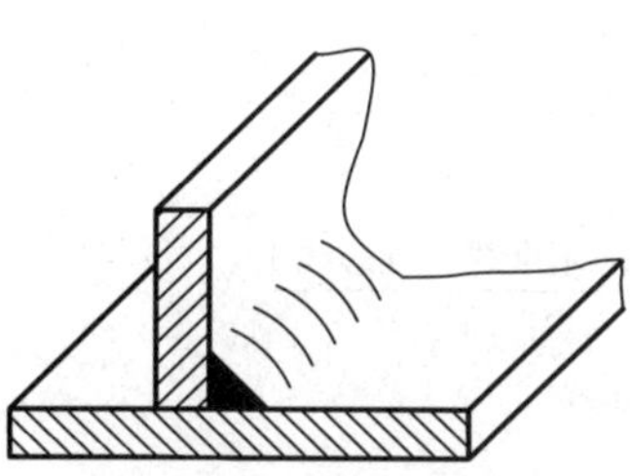

图 14－18 角焊缝轴测示意图

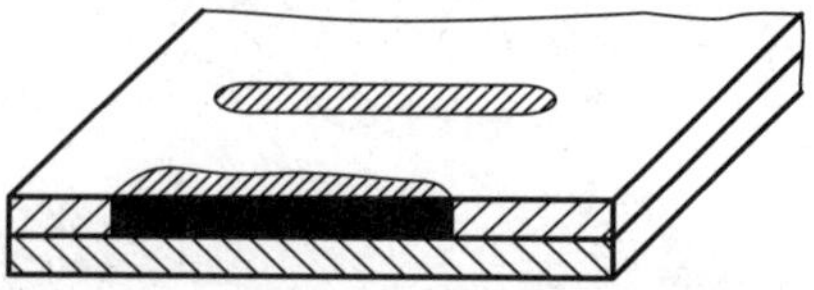

图 14－19 塞焊缝或槽焊缝轴测示意图

14.2.4 局部放大图

必要时，可将焊缝部位用局部放大图表示并标注尺寸，如图 14－20 所示。

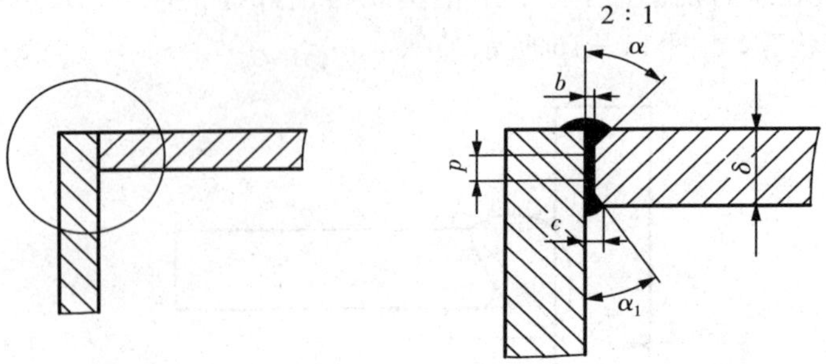

图 14－20　局部放大图

14.2.5　图示法与标注焊缝符号的关系

当在图样中采用图示法绘出焊缝时，通常应同时标注焊缝符号，如图 14－21 所示。

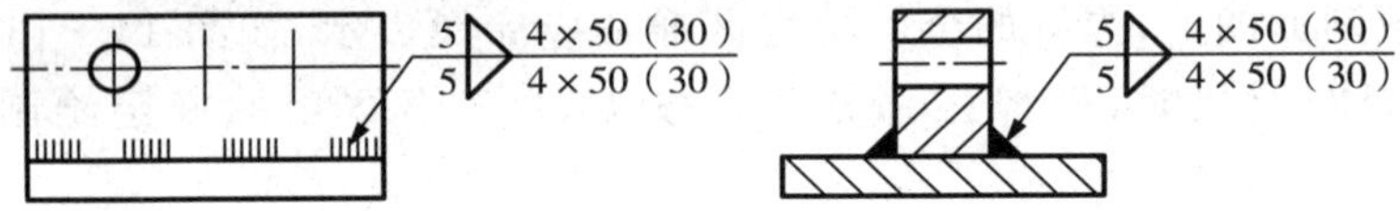

图 14－21　图示法与焊缝符号的关系

14.2.6　焊缝符号的尺寸和比例

1. 基本规定

用于焊缝符号的字体和图线应符合国家标准 GB/T 1461 和 GB/T 4457.4 的规定。

在任一图样中，焊缝符号的线宽、焊缝符号中字体的字形、字高和字体笔画宽度应与图样中其他符号(如尺寸符号、表面结构符号、几何公差符号)的线宽、字体的字形、字高和笔画宽度相同。

焊缝符号的基准线由两条相互平行的细实线和细虚线组成，基准线一般与图样标题栏的长边相平行；必要时，也可与图样标题栏的长边相垂直。如图 14－22 所示，焊缝符号的指引线用细实线绘制。

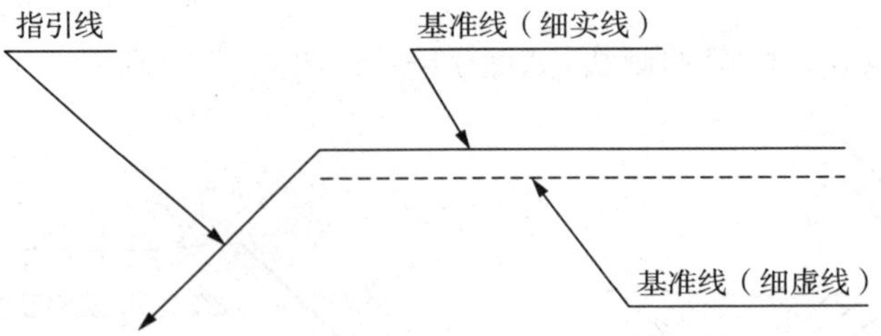

图 14－22　焊缝符号的基准线

2. 尺寸和比例

焊缝图形符号在双基准线上的位置及比例关系，如图 14－23 所示。对称焊缝图形符号在基准线上的位置及比例关系，如图 14－24 所示。

焊缝符号的尺寸系列见表 14－9。

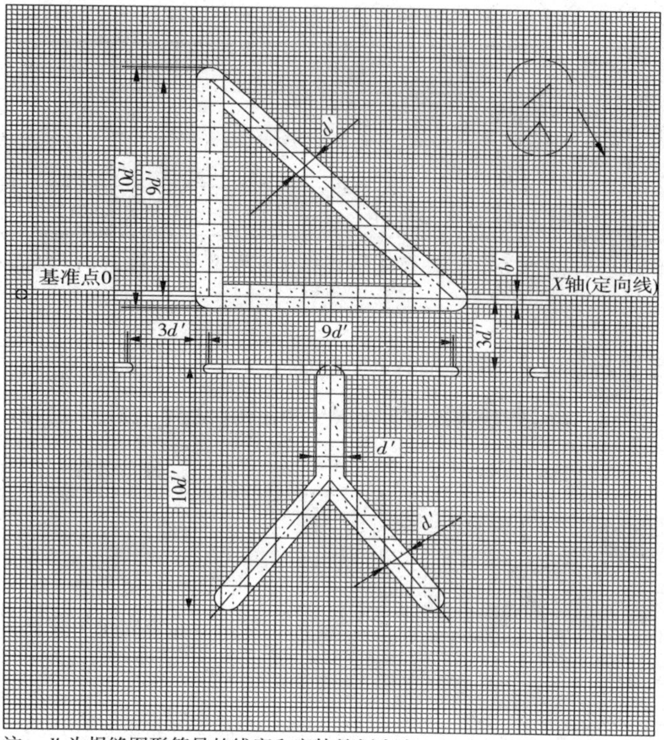

注：d' 为焊缝图形符号的线宽和字体笔划宽度；b' 为细实线的线宽。

图 14-23 焊缝图形符号在双基准线上的位置与比例关系

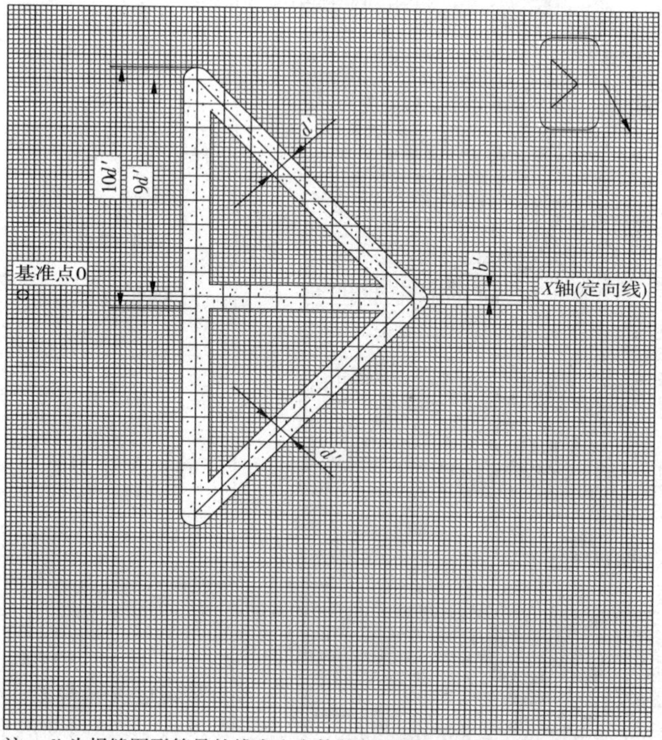

注：d' 为焊缝图形符号的线宽和字体笔划宽度；b' 为细实线的线宽。

图 14-24 对称焊缝图形符号在基准线上的位置与比例关系

表 14－9 焊缝符号的尺寸系列(GB/T 12212—2012) 单位:mm

可见轮廓线宽度	0.5	0.7	1	1.4	2
细实线宽度	0.25	0.35	0.5	0.7	1
数字和大写字母的高度(h)	3.5	5	7	10	14
焊缝图形符号的线宽[①]和字体的笔画宽度($d'=1/10h$)	0.35	0.5	0.7	1	1.4

注:① 当焊缝图形符号与基准线(细实线或细虚线)的线宽比较接近时,允许将焊缝图形符号加粗表示。

(1)焊缝基本符号的尺寸和比例见表 14－10。

表 14－10 焊缝基本符号的尺寸和比例(GB/T 12212—2012)

序号	符　号	名　称	说　明
1	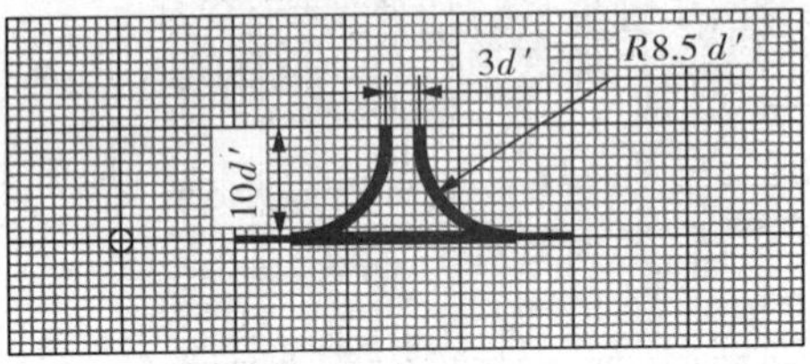	卷边焊缝 (卷边完全熔化)	$R8.5d'$指向图线中心的尺寸
2	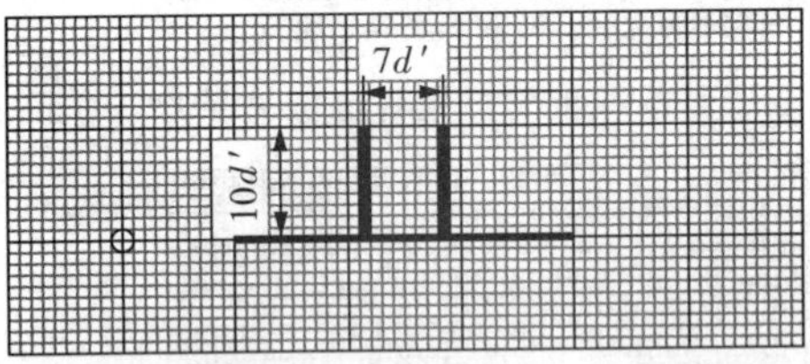	I形焊缝	
3	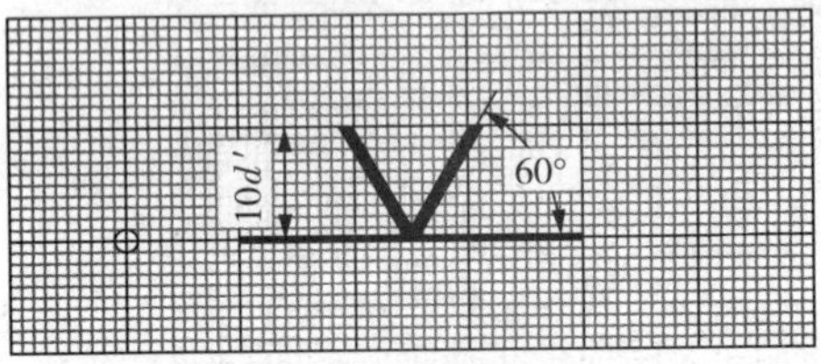	V形焊缝	
4	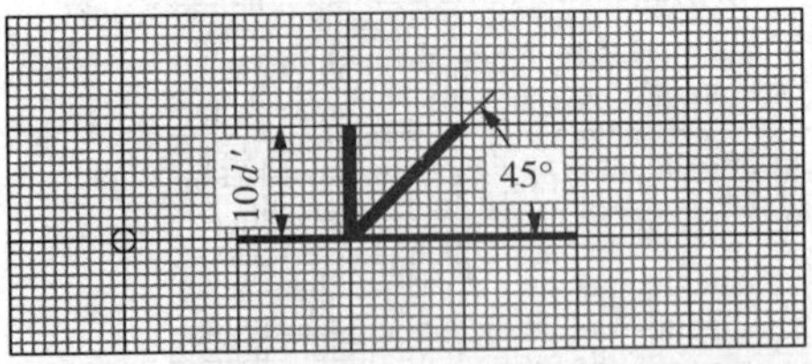	单边 V 形焊缝	
5	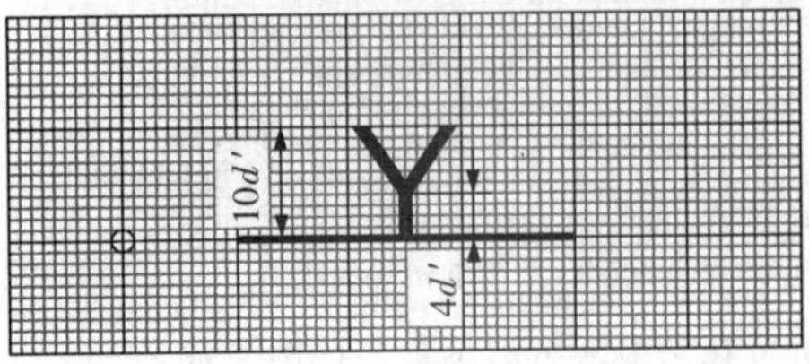	带钝边 V 形焊缝	其他尺寸参照序号 3

（续表）

序号	符 号	名 称	说 明
6	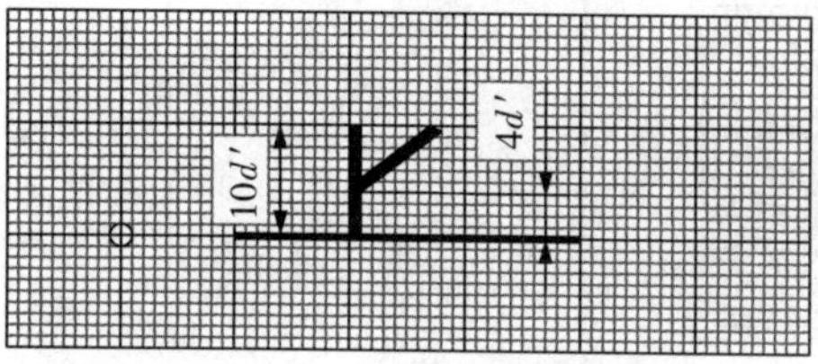	带钝边单边 V 形焊缝	其他尺寸参照序号 4
7	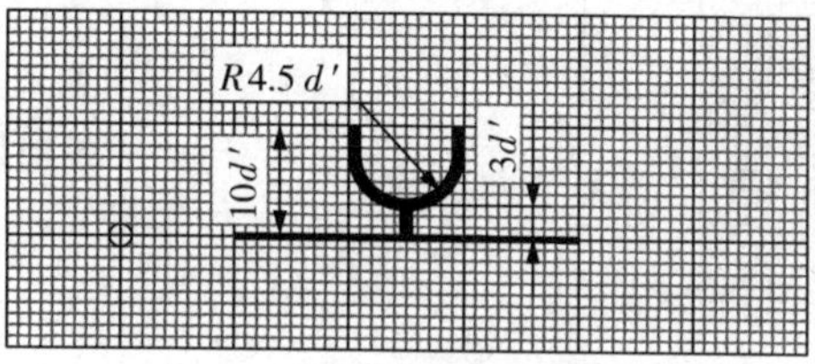	带钝边 U 形焊缝	$R4.5d'$为指向图线中心的尺寸
8	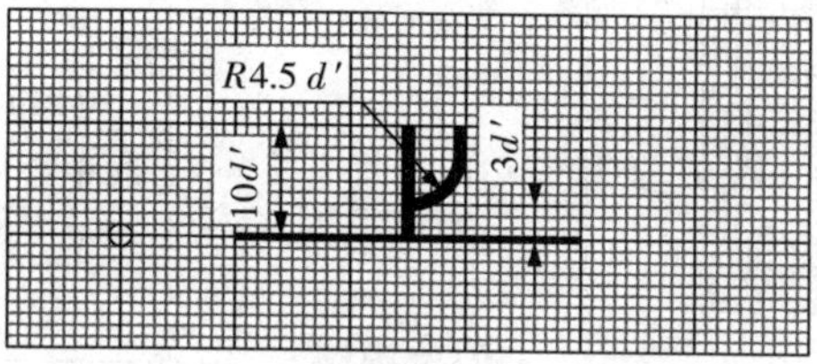	带钝边 J 形焊缝	$R4.5d'$为指向图线中心的尺寸
9	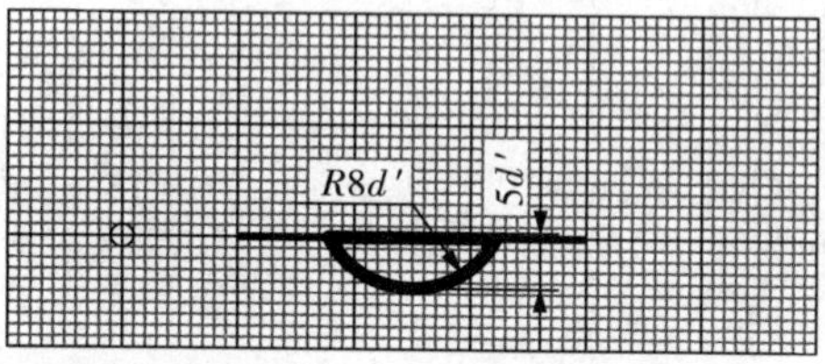	封底焊缝	$R8d'$指向图线中心的尺寸
10	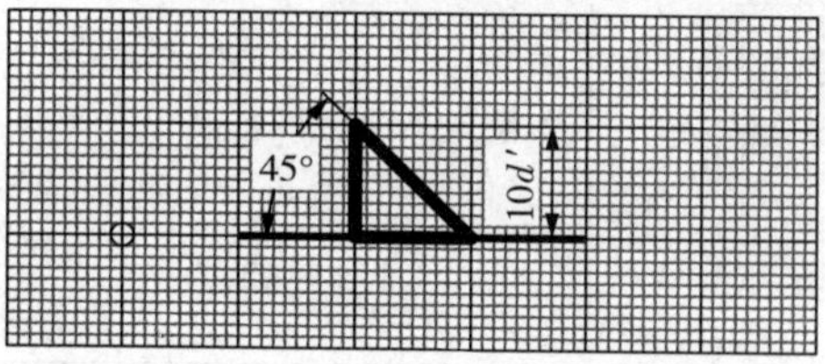	角焊缝	
11	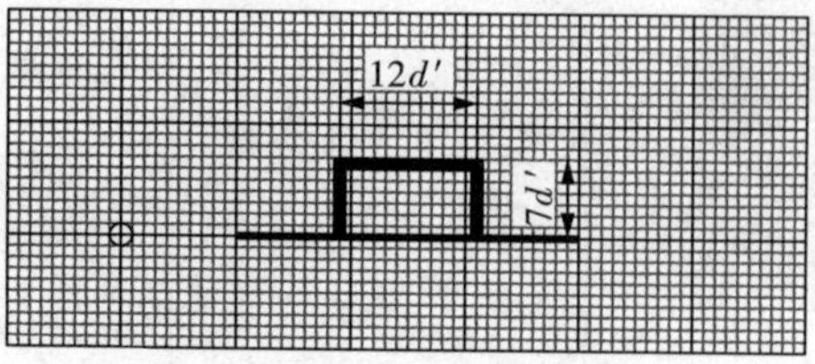	塞焊缝或槽焊缝	

（续表）

序号	符　　号	名　　称	说　　明
12	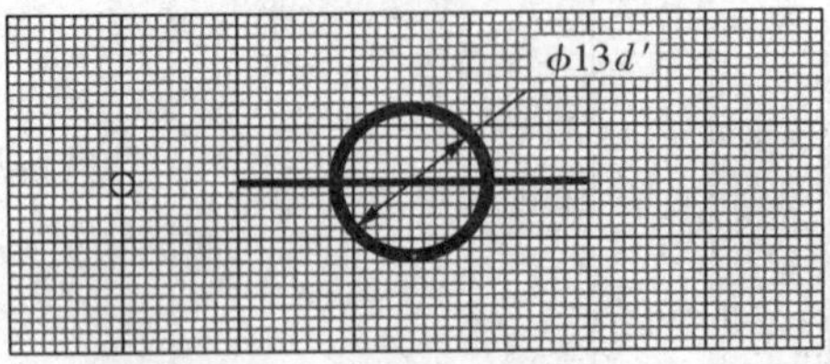	点焊缝	$\phi13d'$为指向图线中心的尺寸
	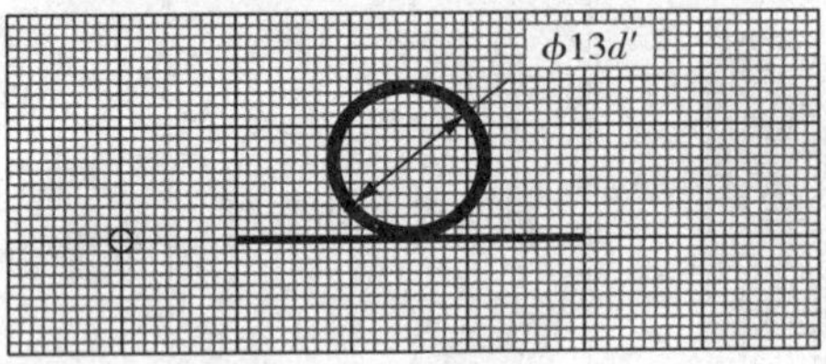		偏离中心；$\phi13d'$为指向图线中心的尺寸
13	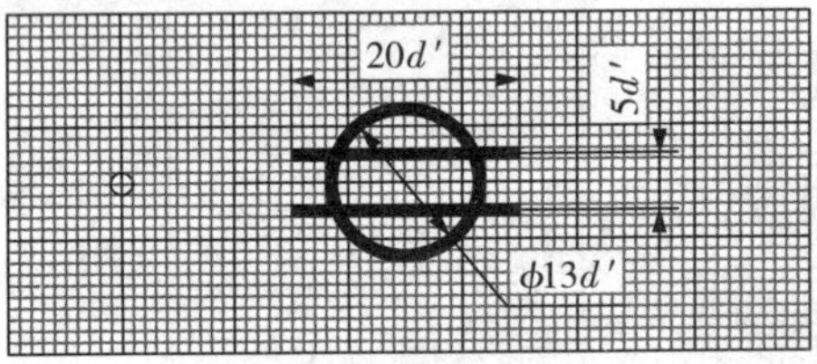	缝焊缝	$\phi13d'$为指向图线中心的尺寸
	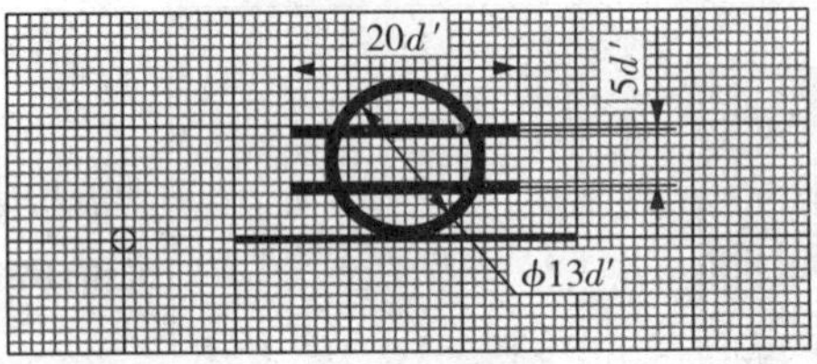		偏离中心；$\phi13d'$为指向图线中心的尺寸
14	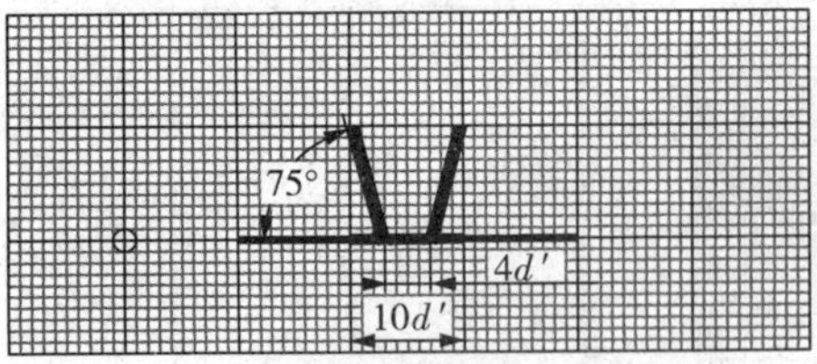	陡边 V 形焊缝	
15	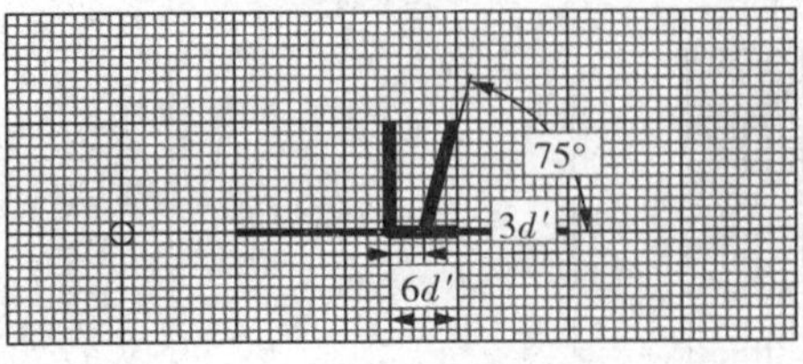	陡边单 V 形焊缝	

（续表）

序号	符　号	名　称	说　明
16	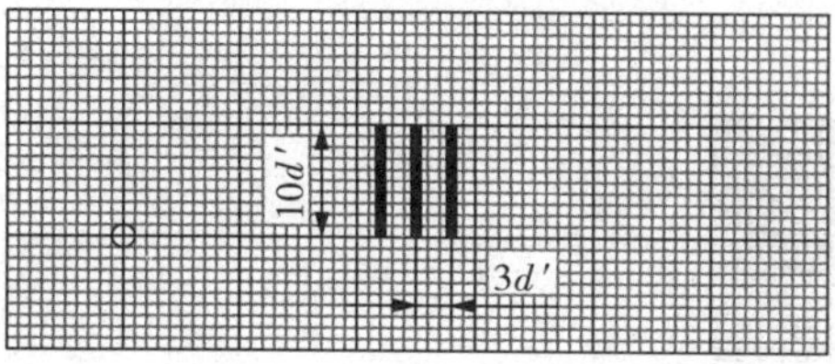	端焊缝	
17	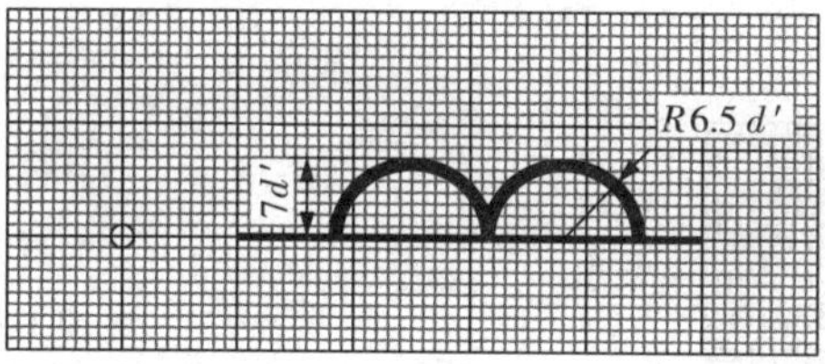	堆焊缝	
18	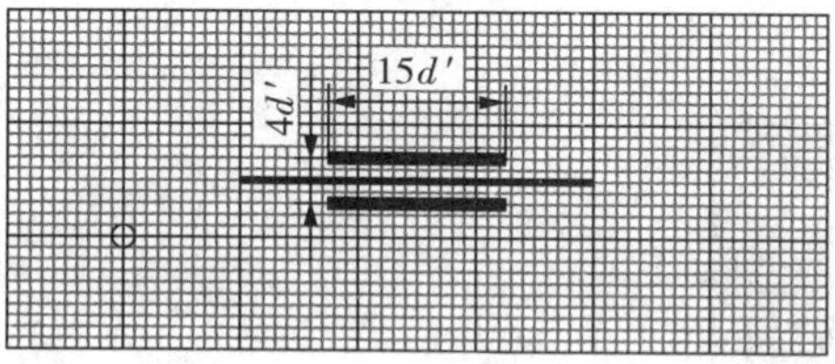	平面连接（钎焊）	
19	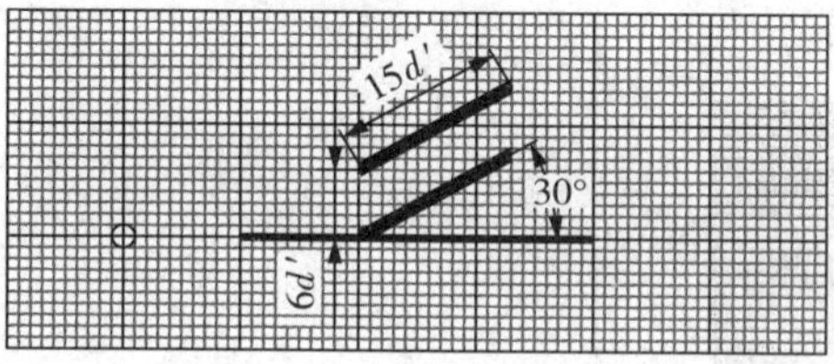	斜面连接（钎焊）	
20	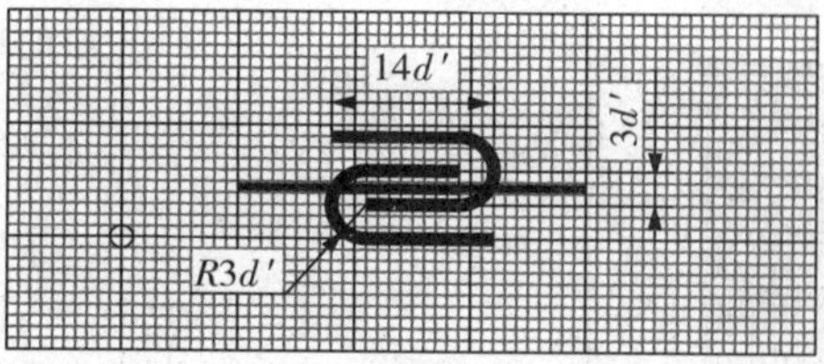	折叠连接（钎焊）	

(2)焊缝补充符号的尺寸和比例见表 14－11。

表 14－11　焊缝补充符号的尺寸和比例(GB/T 12212—2012)

<table>
<tr><th>序号</th><th>符　号</th><th>名　称</th><th>说　明</th></tr>
<tr><td rowspan="3">1</td><td>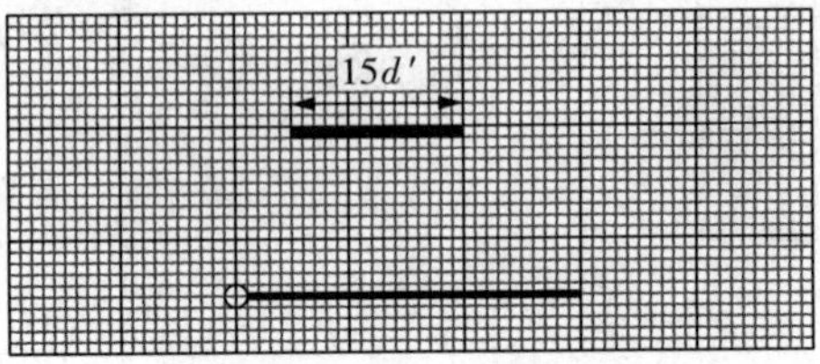
</td><td rowspan="3">平面符号</td><td rowspan="3">焊缝表面通常经过加工后平整</td></tr>
<tr><td>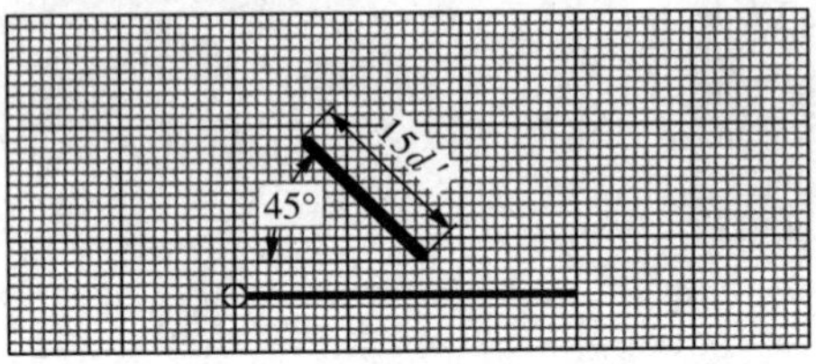
</td></tr>
<tr><td>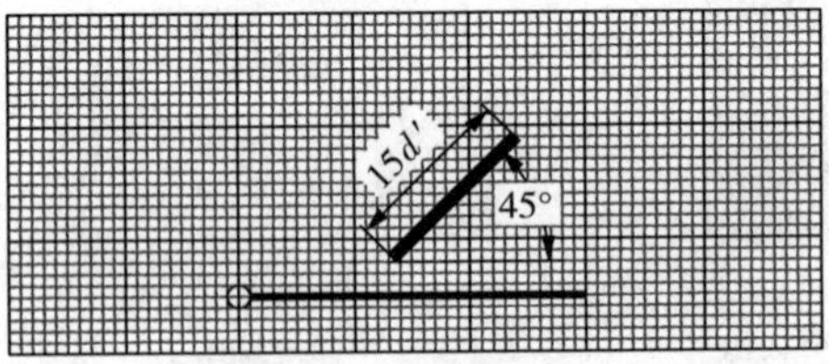
</td></tr>
<tr><td rowspan="2">2</td><td>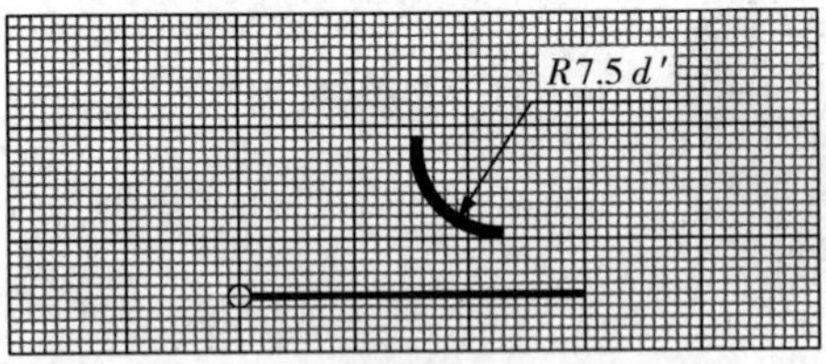
</td><td rowspan="2">凹面符号</td><td rowspan="2">焊缝表面凹陷，$R7.5d'$为指向图线中心的尺寸</td></tr>
<tr><td>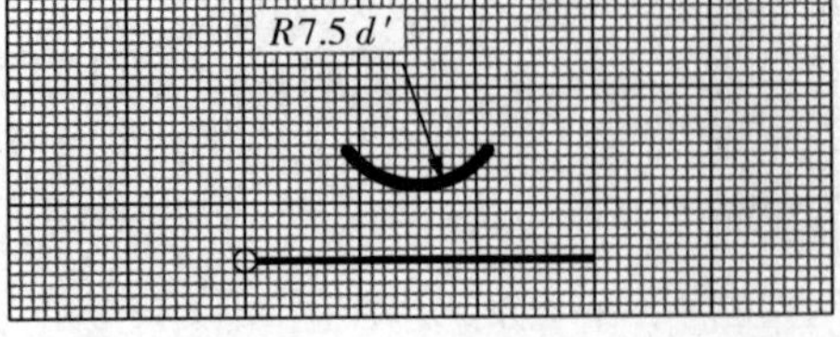
</td></tr>
</table>

（续表）

序号	符　　号	名　　称	说　　明
3	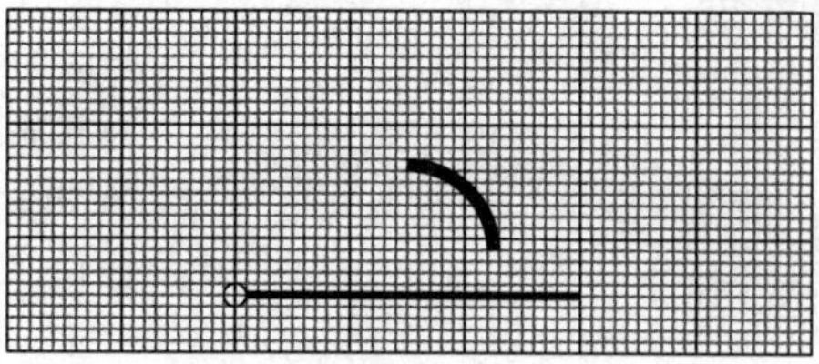 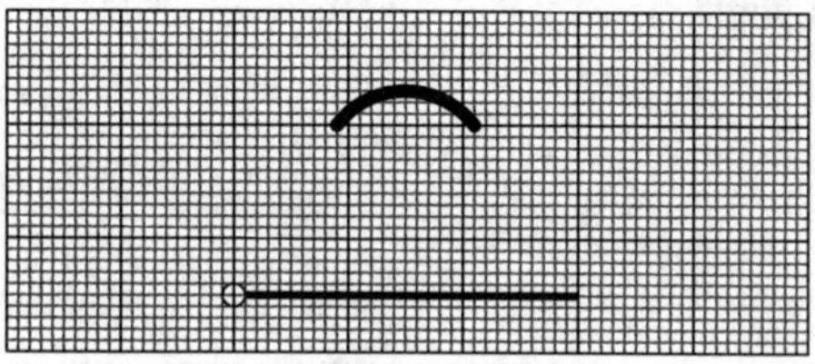	凸面符号	焊缝表面凸起，尺寸参照序号 2
4	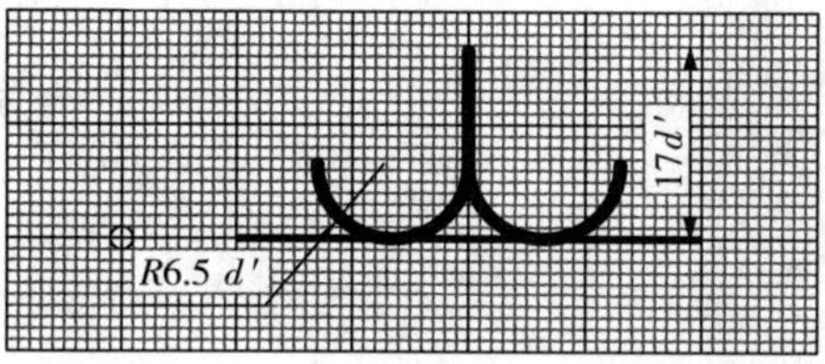	圆滑过渡	焊趾处过渡圆滑
5	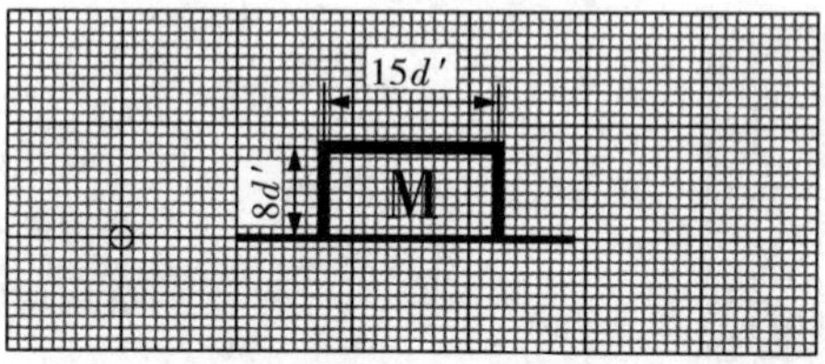	永久衬垫	衬垫永久保留
6	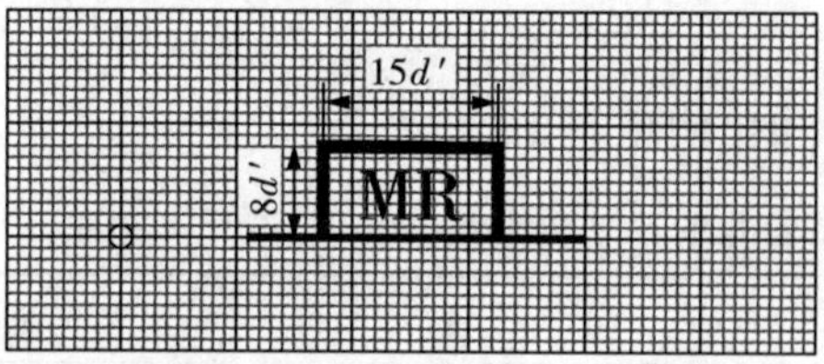	临时衬垫	衬垫在焊接完成后拆除
7	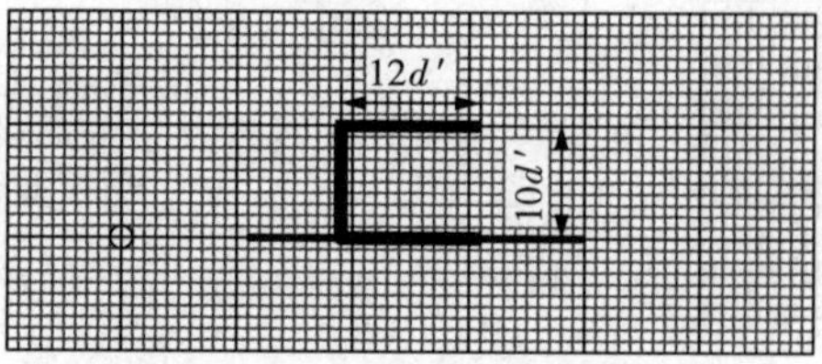	三面焊缝符号	三面带有焊缝

（续表）

序号	符　号	名　称	说　明
8	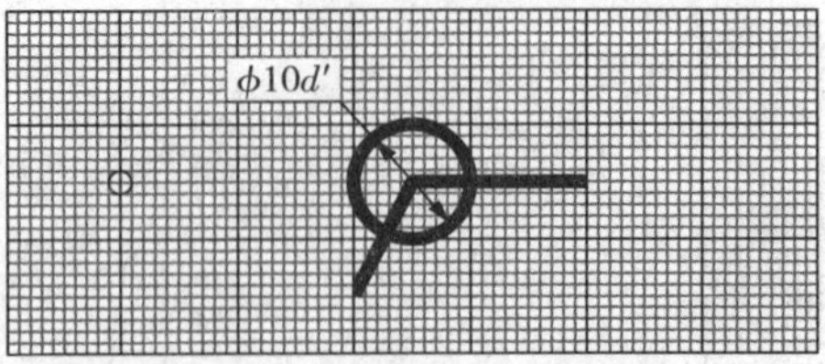	周围焊缝符号	沿着工件周边施焊的焊缝标注位置为基准线与箭头线的交点处，$\phi 10d'$为指向图线中心的尺寸
9	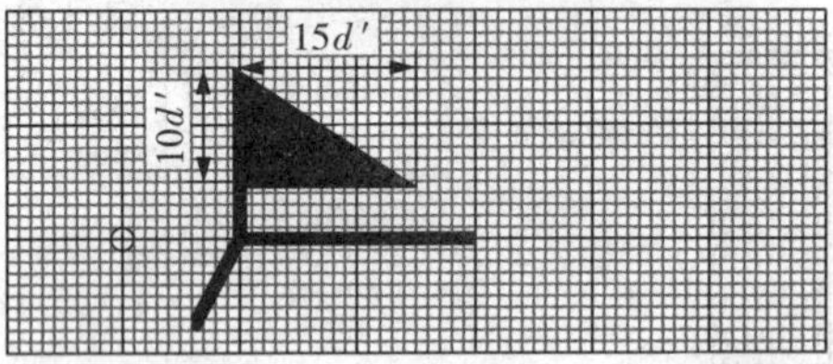	现场符号	在现场焊接的焊缝
10	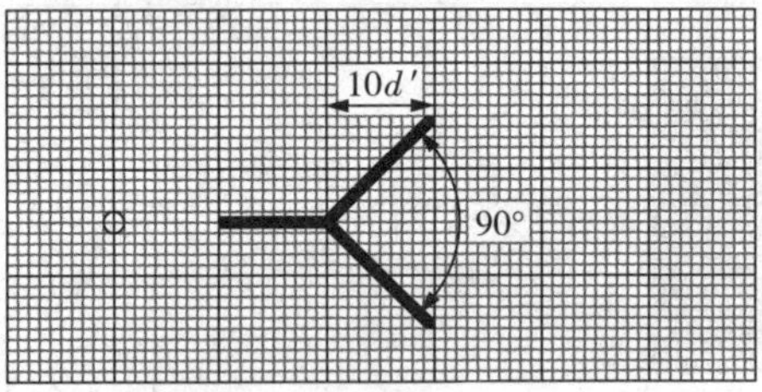	尾部符号	在该符号后面，可参照国家标准 GB/T 16901.1 标注焊接工艺方法以及焊缝条数内容
11	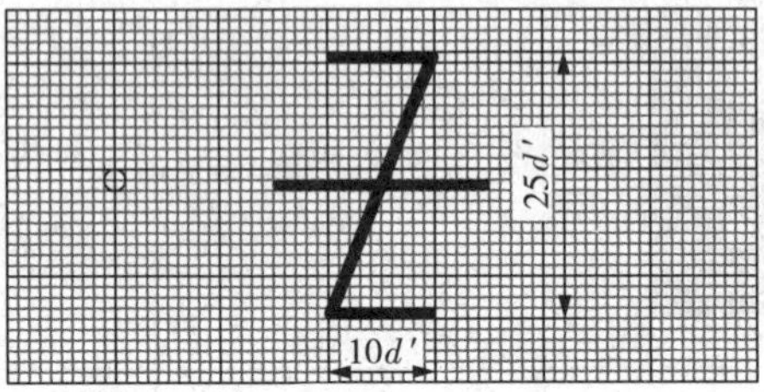	交错断续焊接符号	表示焊缝由一组交错断续的相同焊缝组成

（3）特殊情况下使用的焊缝符号的尺寸和比例见表 14－12。

表 14－12　特殊情况下使用的焊缝符号的尺寸和比例（GB/T 12212—2012）

序号	符　号	名　称	说　明
1	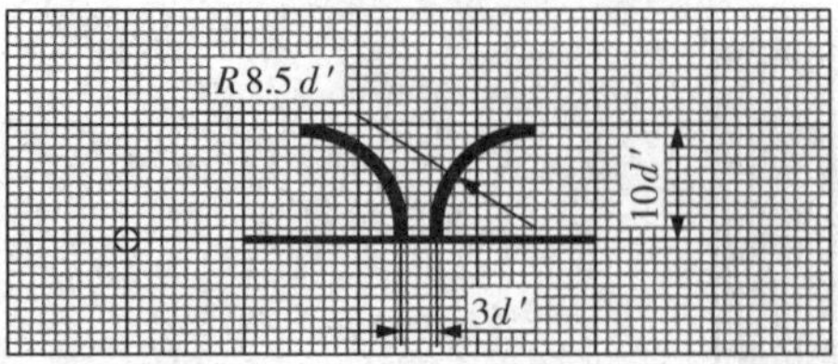	喇叭形焊缝	$R8.5d'$为指向图线中心的尺寸

（续表）

序号	符　号	名　称	说　明
2	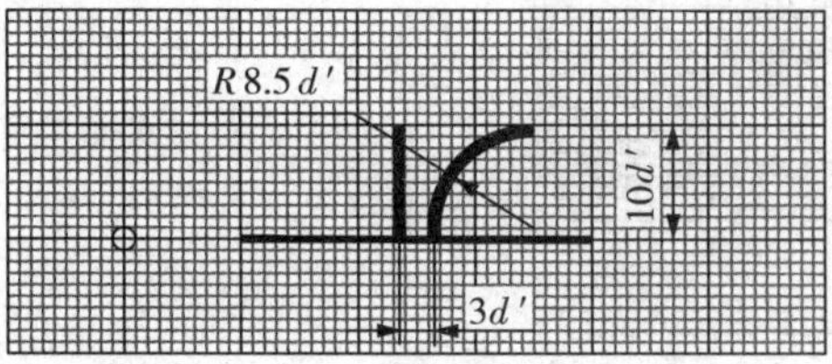	单边喇叭形焊缝	$R8.5d'$为指向图线中心的尺寸
3	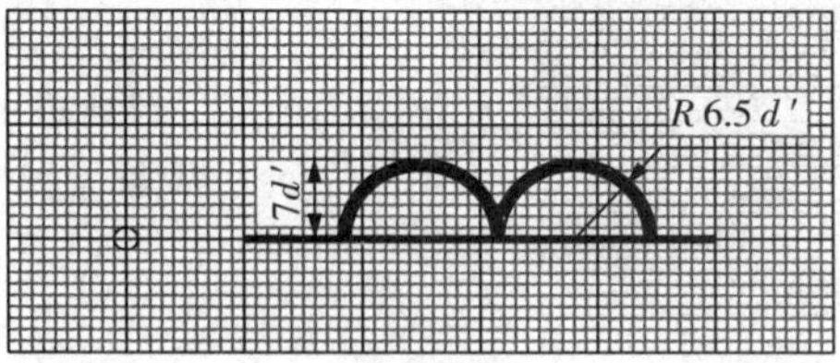	堆焊缝	$R6.5d'$为指向图线中心的尺寸
4	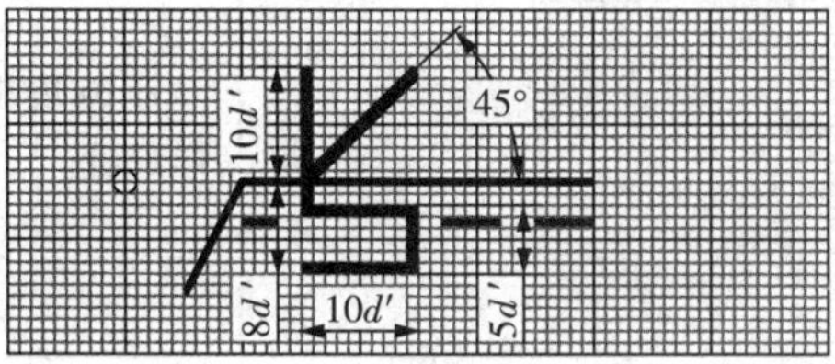	锁边焊缝	

（4）常用的几种基本符号组合的比例见表 14－13，基本符号与补充符号、焊缝尺寸符号组合的比例见表 14－14。

表 14－13　常用的几种基本符号组合的比例(GB/T 12212—2012)

序号	符　号	名　称
1	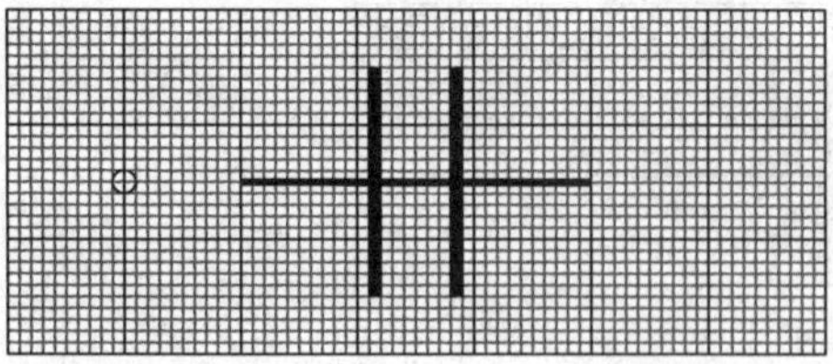	双面 I 形焊缝
2	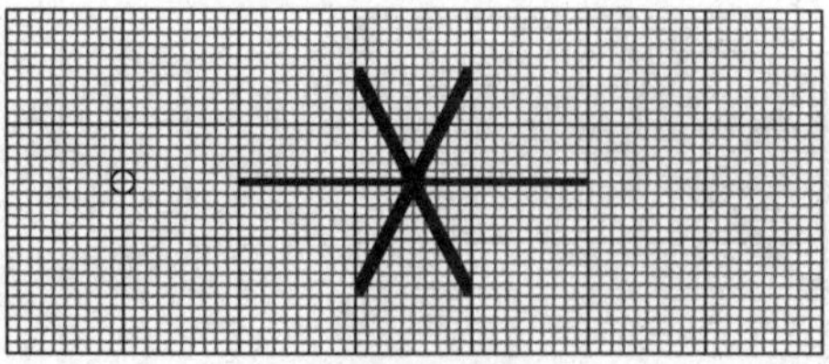	双面 V 形焊缝(X 焊缝)

（续表）

序号	符　号	名　称
3	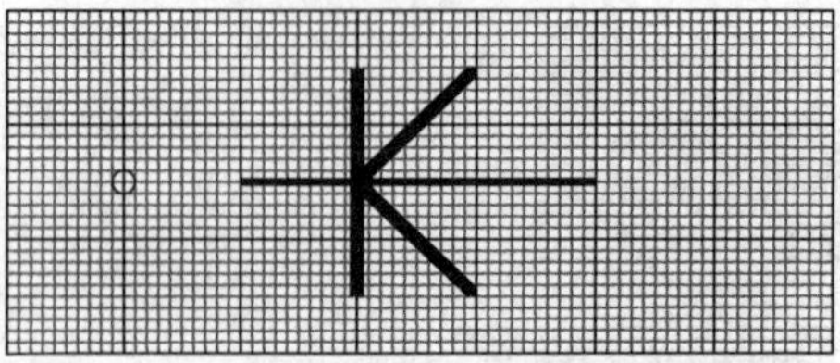	双面单 V 形焊缝（K 焊缝）
4	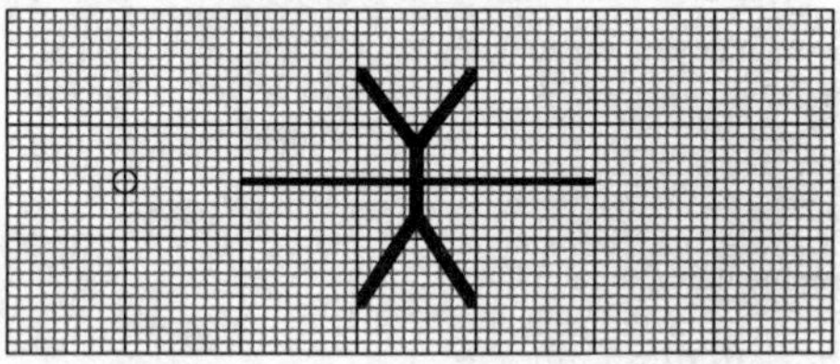	带钝边的双面 V 形焊缝
5	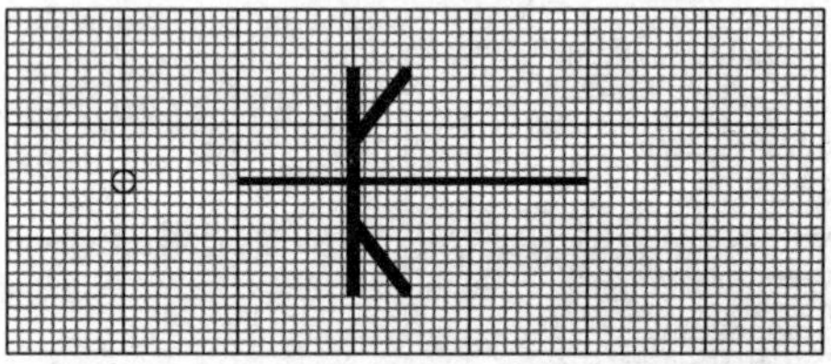	带钝边的双面单 V 形焊缝
6	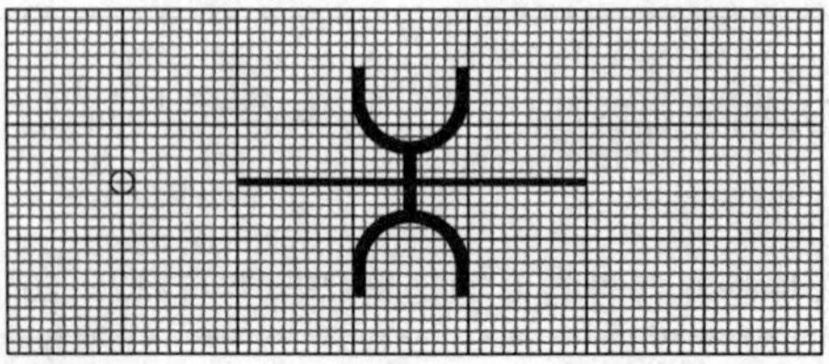	双面 U 形焊缝
7	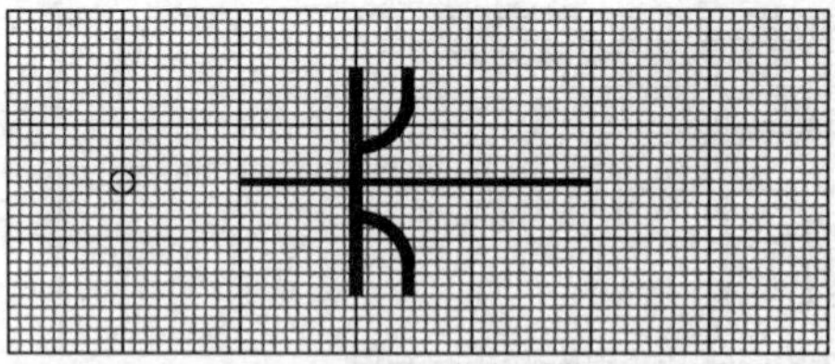	带钝边的双面 J 形焊缝
8	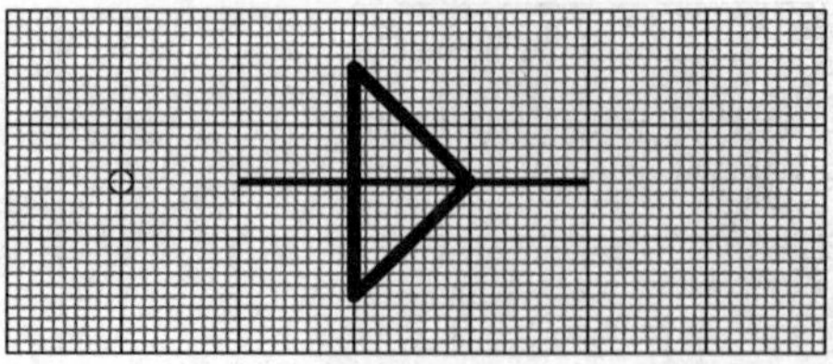	对称角焊缝

表 14-14　常用的几种基本符号与补充符号、焊缝尺寸符号组合的比例(GB/T 12212—2012)

序号	符号组合	示　例	说　明
1		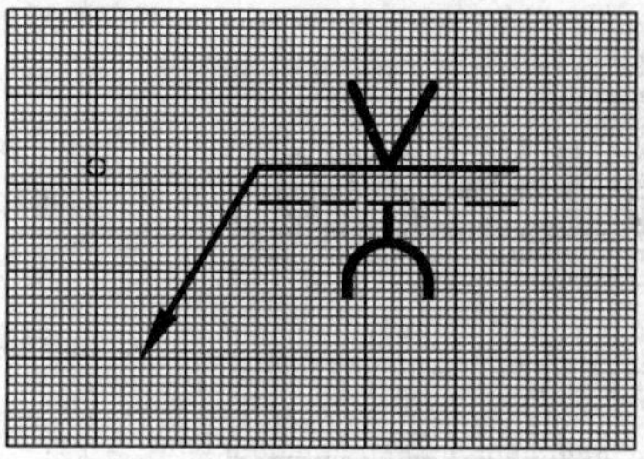	表示 V 形焊缝在箭头侧;带钝边 U 形焊缝在非箭头侧
2	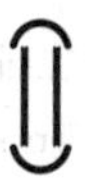	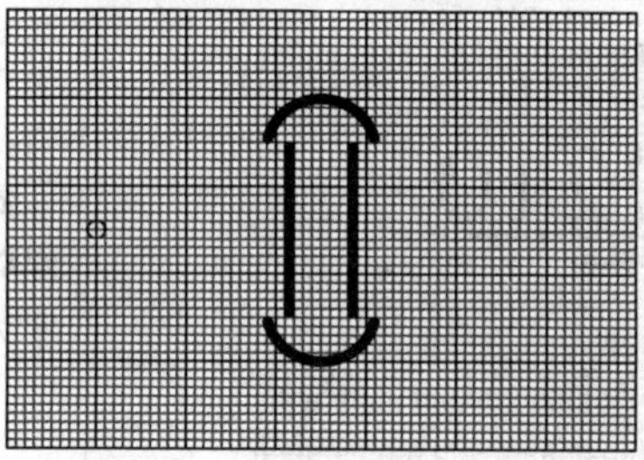	表示双面 I 形焊缝(凸面)
3		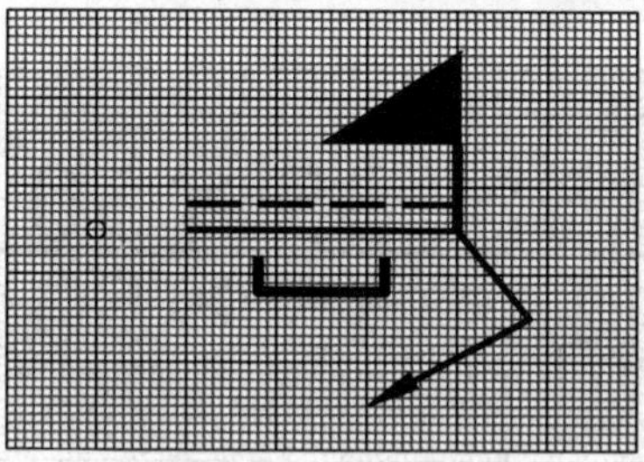	表示现场施焊;塞焊缝或槽焊缝在箭头侧。箭头线也可由基准线的左端引出,当标注位置受到限制时,允许弯折一次
4		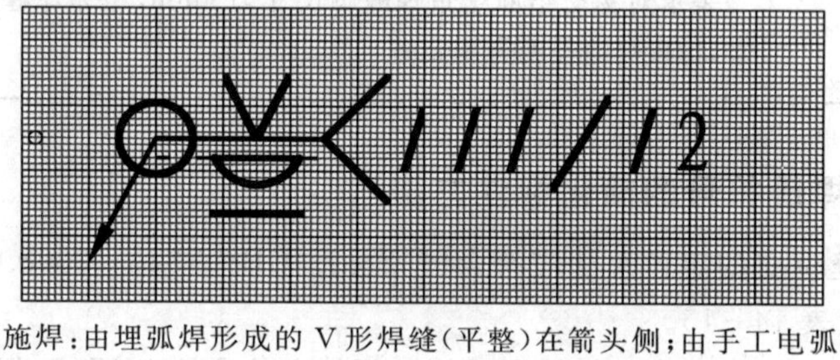	表示周围施焊:由埋弧焊形成的 V 形焊缝(平整)在箭头侧;由手工电弧焊形成的焊缝(平整)在非箭头侧
5		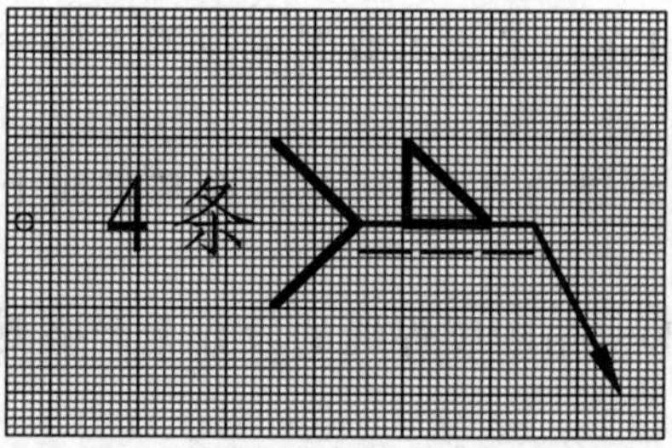	表示相同角焊缝数量 $N=4$,在箭头侧

（续表）

序号	符号组合	示　　例	说　　明
6		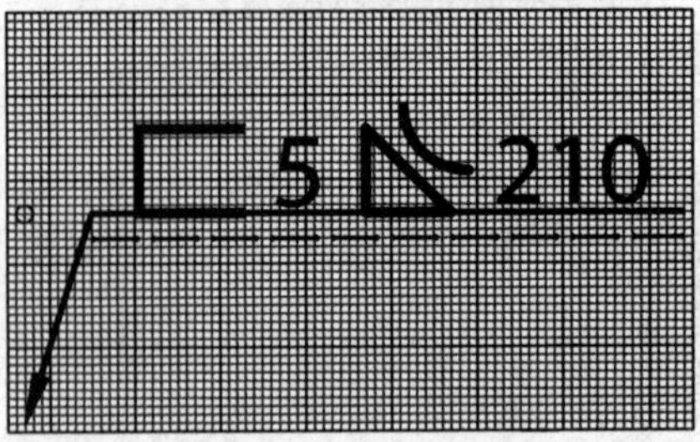	表示角焊缝（凹面）在箭头侧，焊脚尺寸为 5mm，焊缝长度为 210mm。工件三面带有焊缝
7		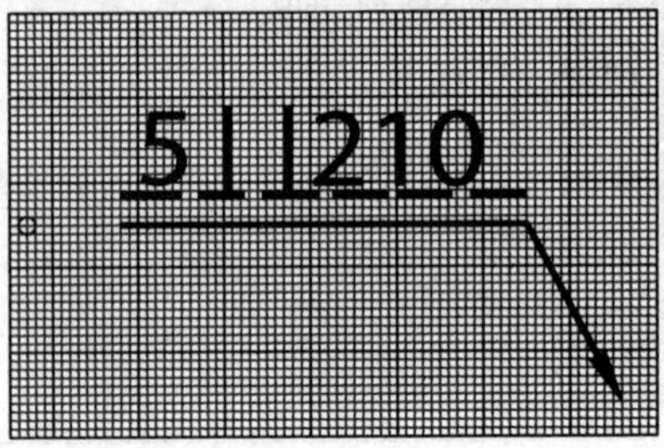	表示 I 形焊缝在非箭头侧，焊缝有效厚度为 5mm，焊缝长度为 210mm
8		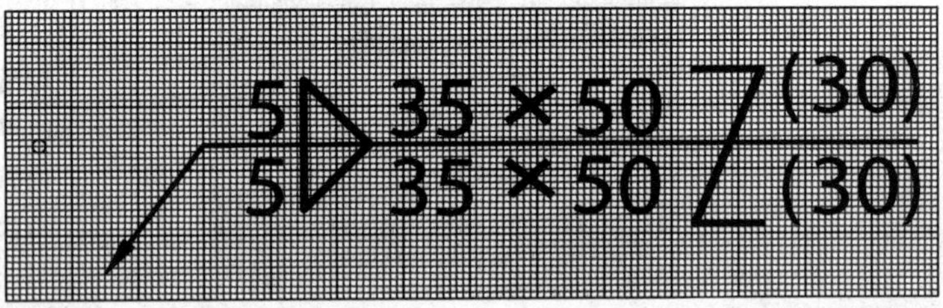 表示对称交错断续角焊缝脚尺寸为 5mm，相邻焊缝的间距为 30mm，焊缝段数为 35，每段焊缝长度为 50mm	

14.2.7　焊缝符号的简化标注方法

1. 焊缝位置的定位尺寸应符合国家标准 GB/T 324—2008 中尺寸及标注的规定，简化标注示例见表 14－15。

2. 当同一图样上全部焊缝所采用的焊接方法完全相同时，焊缝符号尾部表示焊接方法的代号可省略不注，但必须在技术要求或其他技术文件中注明“全部焊缝均采用……焊”等字样；当大部分焊接方法相同时，也可在技术要求或其他技术文件中注明“除图样中注明的焊接方法外，其余焊缝均采用……焊”等字样。

3. 在焊缝符号中标注交错对称焊缝的尺寸时，允许在基准线上只标注一次，见图 14－25 和表 14－15。

4. 当断续焊缝、对称断续焊缝和交错断续焊缝的段数无严格要求时，允许省略焊缝段数，见图 14－26 和表 14－15。

5. 在同一图样中，当若干条焊缝的坡口尺寸和焊缝符号均相同时，可采用图 14－27 所示的方法集中标注；当这些焊缝同时在接头中的位置相同时，也可采用在焊缝符号的尾部加注相同焊缝数量的方法简化标注，但其他形式的焊缝，仍需分别标注，如图 14－28 所示。

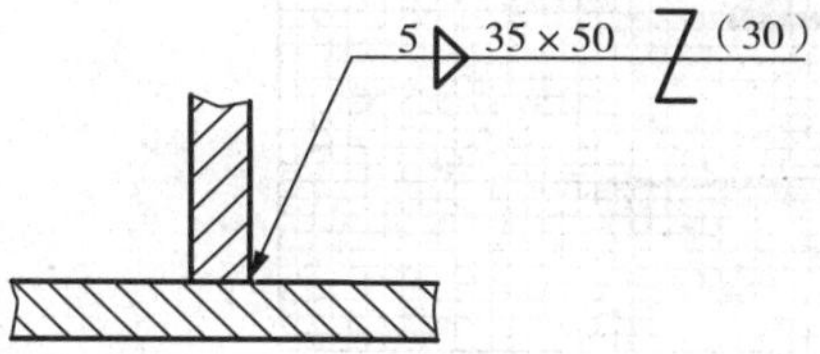

图 14－25　交错对称焊缝的尺寸标注

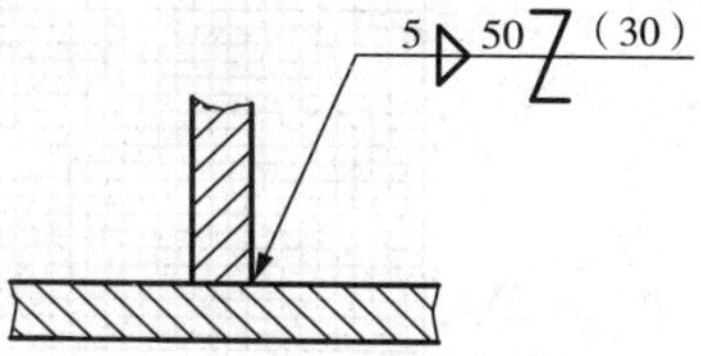

图 14－26　省略焊缝段数的标注

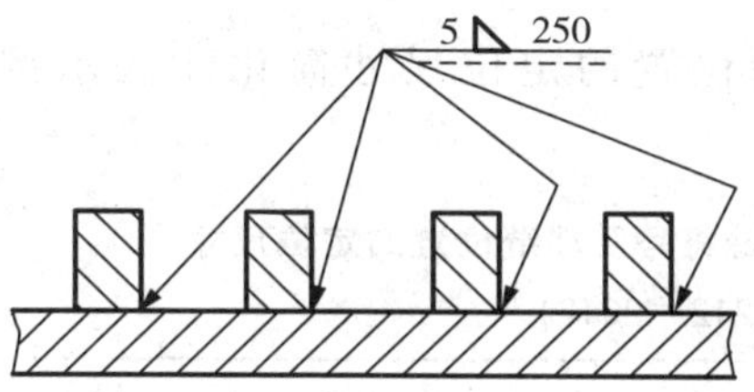

图 14－27　多条焊缝坡口尺寸和符号相同时的标注

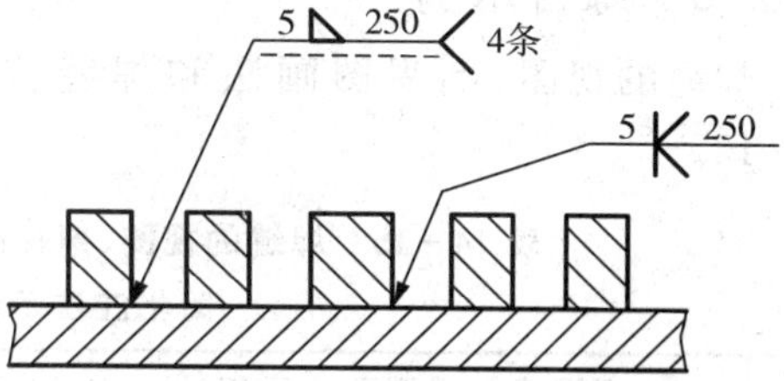

图 14－28　采用焊缝尾部加注数量的简化标注

6. 当同一图样中，全部焊缝相同且已用图示明确表示其位置时，可统一在技术要求中用符号表示或用文字说明，如“全部焊缝为 5 ◺”；当部分焊缝隙相同时，也可采用同样的方法表示，但剩余焊缝应在图样中明确标注。

7. 为了简化标注方法，或者标注位置受到限制时，可以标注焊缝简化代号，如图 14－29 所示。但必须在该图样下方或在标题栏附近说明这些简化代号的意义。当采用简化代号标注焊缝时，在图样下方或标题栏附近的代号和符号应是图形上所注代号和符号的 1.4 倍，如图 14－29 所示。

8. 在不致引起误解的情况下，当箭头线指向焊缝，而非箭头侧又无焊缝要求时，允许省略非箭头侧的基准线（虚线），见图 14－30 和表 14－15。

9. 当焊缝长度的起始和终止位置明确（已由构件的尺寸等确定）时，允许在焊缝的符号中省略焊缝长度，如图 14－30 所示。

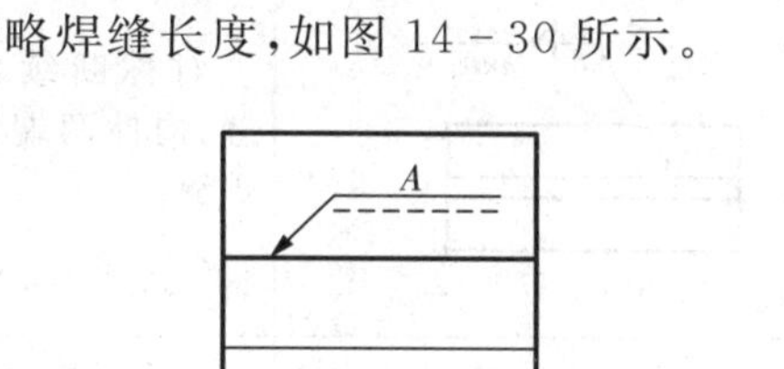

图 14－29　焊缝简化代号标注

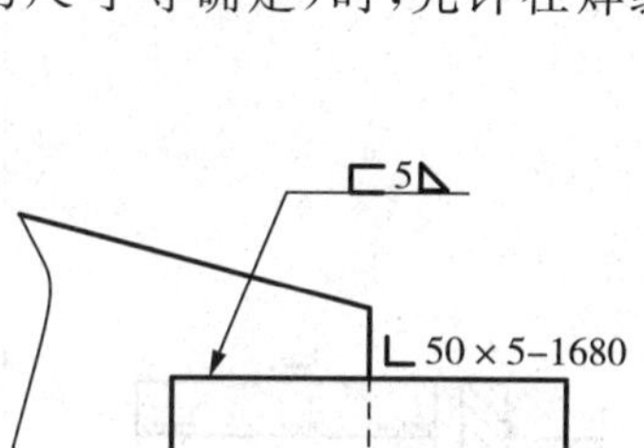

图 14－30　省略非箭头侧虚线和焊缝长度的注法

10. 现场符号允许简化，如图 14－31 所示。

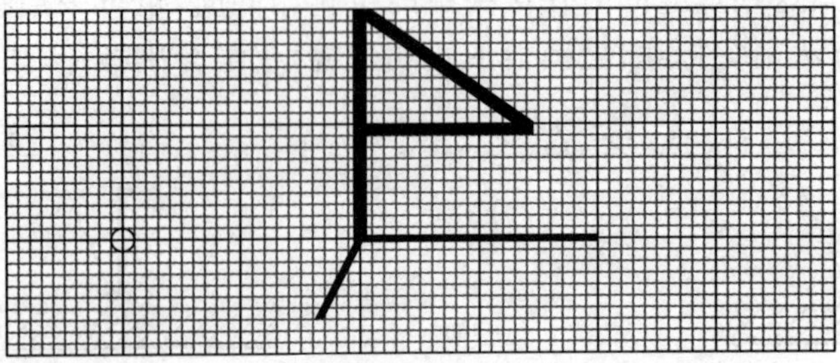

图 14 - 31　现场符号允许简化的形式

14.2.8　综合示例

焊缝的视图、剖视图画法和焊缝符号及焊缝位置的定位尺寸简化注法示例，见表 14 - 15。

表 14 - 15　焊缝的视图、剖视图画法和焊缝符号及焊缝位置的定位尺寸简化注法示例(GB/T 12212—2012)

序号	视图或剖视图画法示例	焊缝符号及定位尺寸简化注法示例	说　　明
1	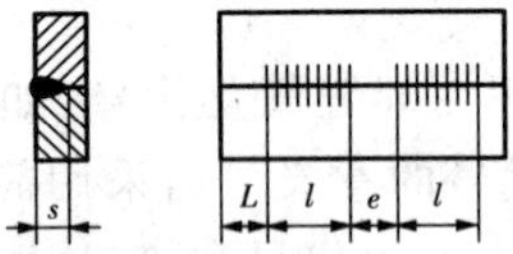	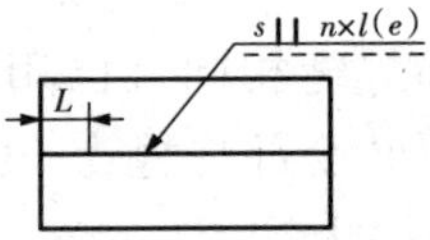	断续 I 形焊缝在箭头侧；其中 L 是确定焊缝起始位置的定位尺寸
		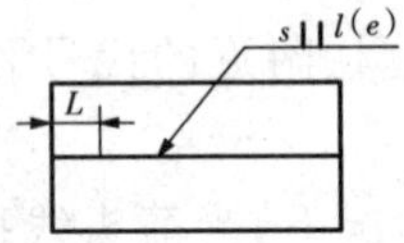	按照本章 14.2.7 中第 4 项和第 8 项的规定，焊缝符号标注中省略了焊缝段数和非箭头侧的基准线(虚线)
2	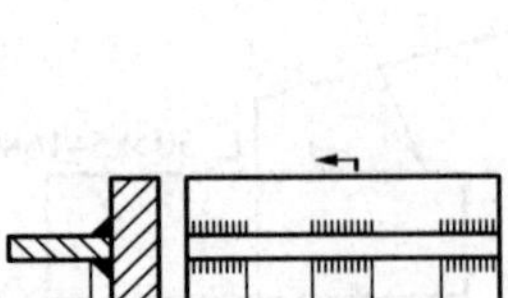	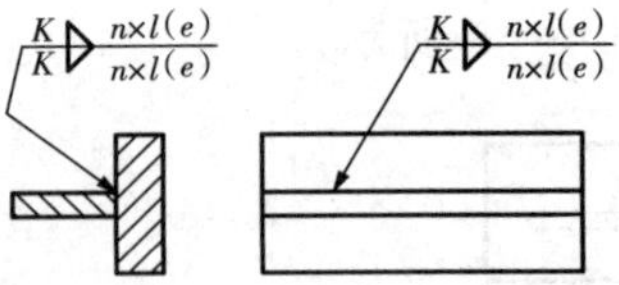	对称断续角焊缝，构件两端均有焊缝
		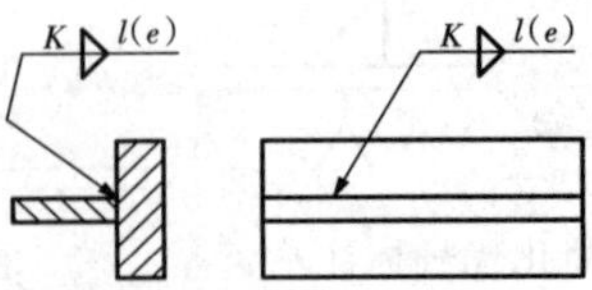	按照本章 14.2.7 中第 4 项的规定，焊缝符号标注中省略了焊缝段数；按照 14.2.7 中第 3 项的规定，焊缝符号中的尺寸只在基准线上标注一次

（续表）

序号	视图或剖视图画法示例	焊缝符号及定位尺寸简化注法示例	说　明
3	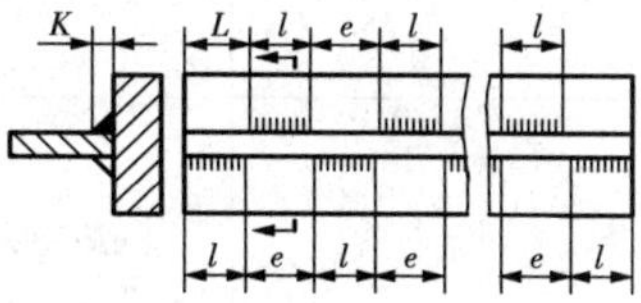	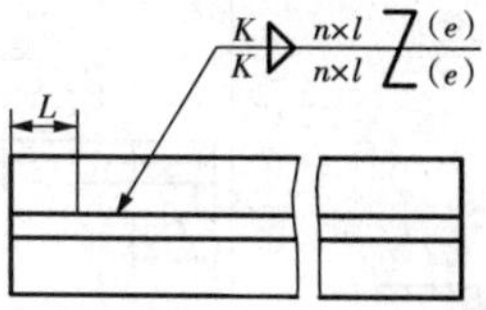	交错断续角焊缝；其中 L 是确定箭头侧焊缝起始位置的定位尺寸。工件在非箭头侧两端均有焊缝
		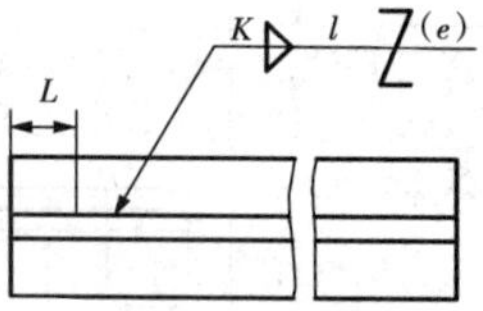	按照本章 14.2.7 中第 4 项的规定，焊缝符号标注中省略了焊缝段数；按照 14.2.7 中第 3 项的规定，焊缝符号中的尺寸只在基准线上标注一次
4	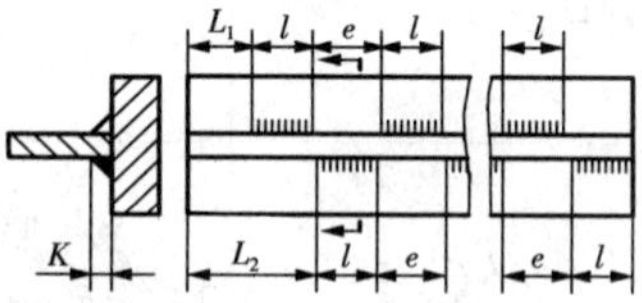	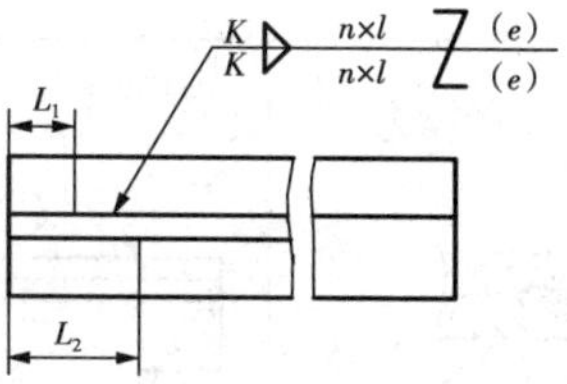	交错断续角焊缝；其中 L_1 是确定箭头侧焊缝起始位置的定位尺寸，L_2 是确定非箭头侧焊缝起始位置的定位尺寸
		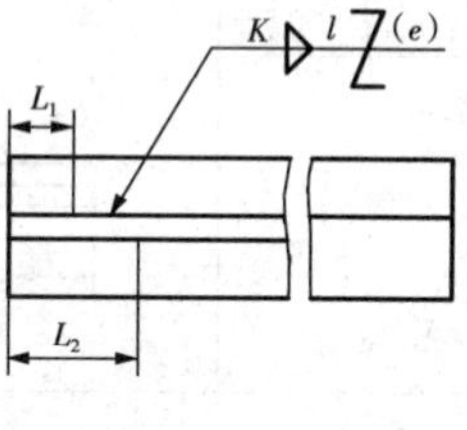	按照本章 14.2.7 中第 4 项的规定，焊缝符号标注中省略了焊缝段数；按照 14.2.7 中第 3 项的规定，焊缝符号中的尺寸只在基准线上标注一次
5	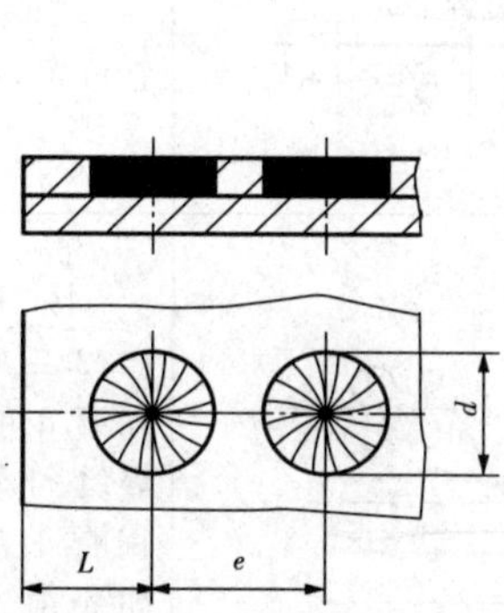	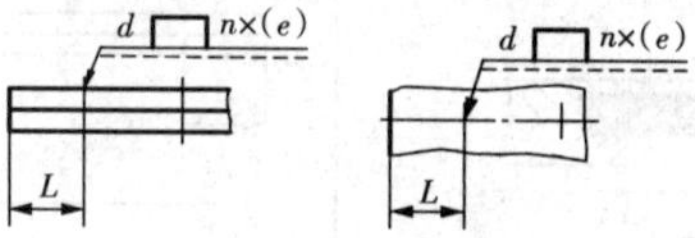	塞焊缝在箭头侧；其中 L 是确定焊缝起始孔中心位置的定位尺寸
		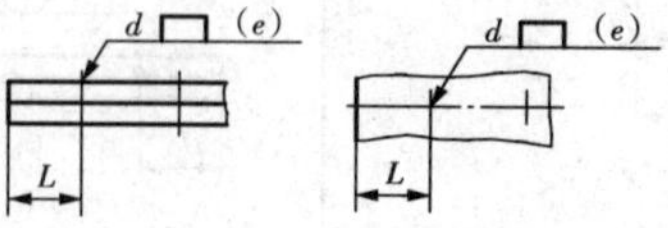	按照本章 14.2.7 中第 4 项和第 8 项的规定，焊缝符号标注中省略了焊缝段数和非箭头侧的基准线（虚线）

（续表）

序号	视图或剖视图画法示例	焊缝符号及定位尺寸简化注法示例	说　明
6	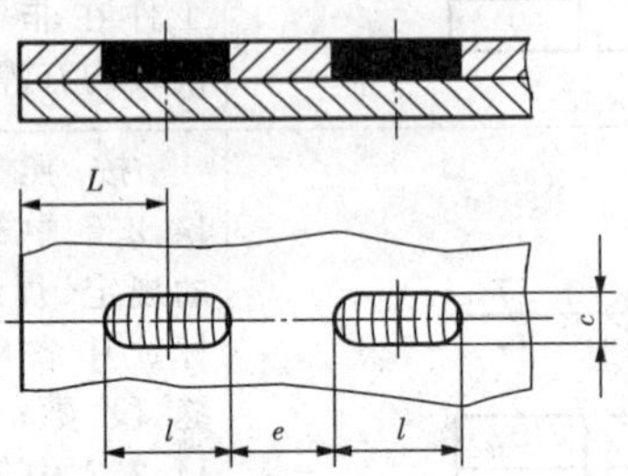	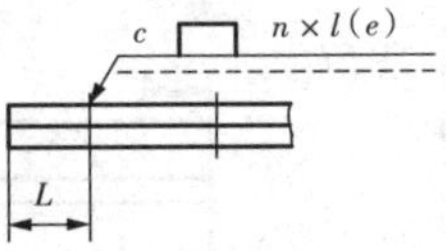	槽焊缝在箭头侧；其中 L 是确定焊缝起始槽对称中心位置的定位尺寸
		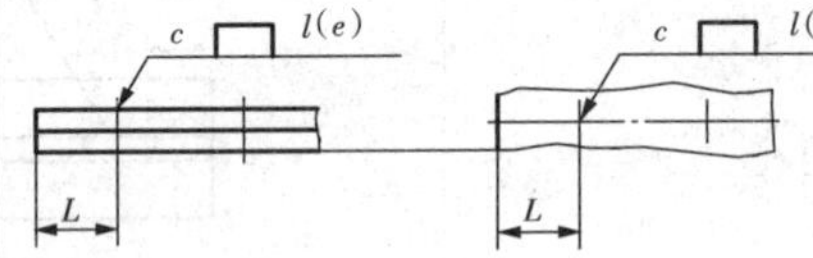	按照本章 14.2.7 中第 4 项和第 8 项的规定，焊缝符号标注中省略了焊缝段数和非箭头侧的基准线（虚线）
7	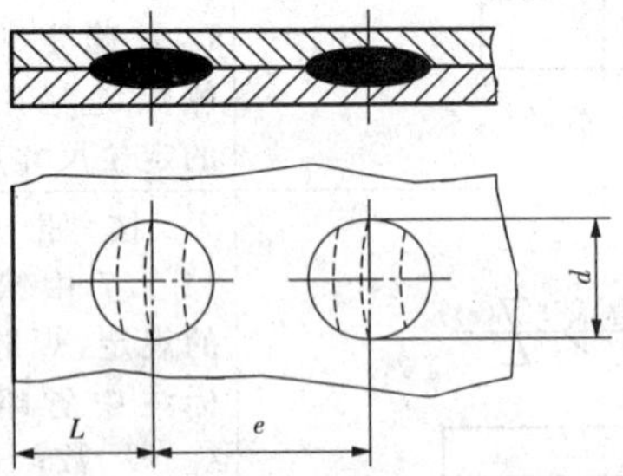	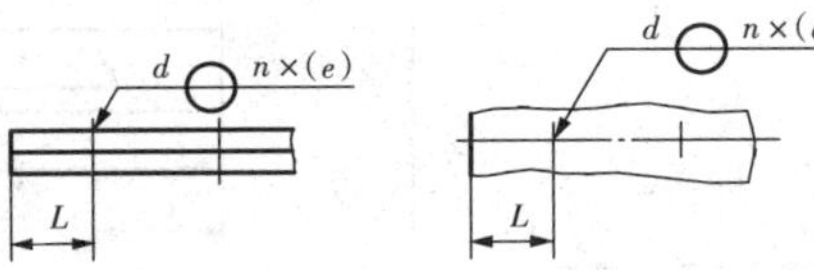	点焊缝位于中心位置；其中 L 是确定焊缝起始焊点中心位置的定位尺寸
		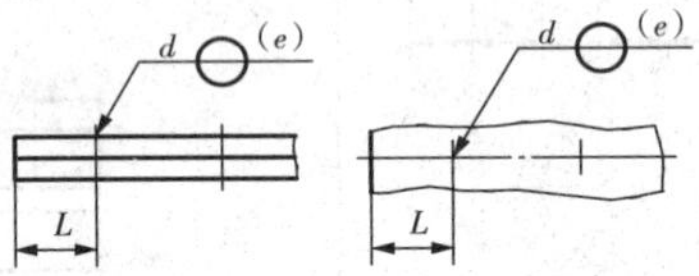	按照本章 14.2.7 中第 4 项的规定，焊缝符号标注中省略了焊缝段数
8	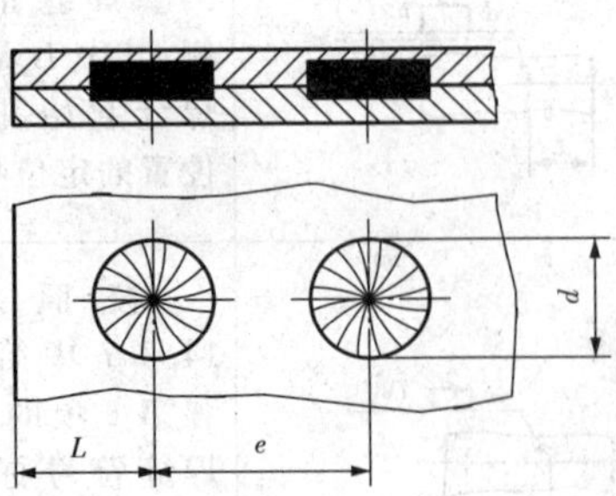	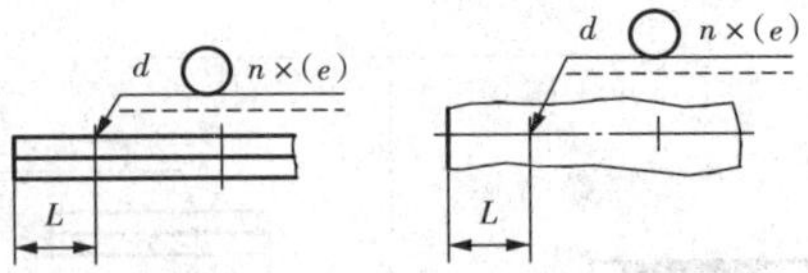	点焊缝偏离中心位置，在箭头侧
		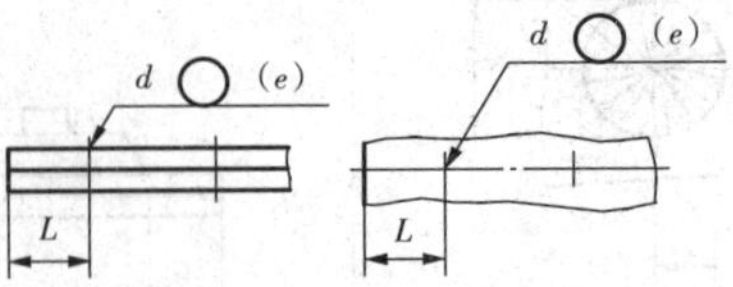	按照本章 14.2.7 中第 4 项和第 8 项的规定，焊缝符号标注中省略了焊缝段数和非箭头侧的基准线（虚线）

（续表）

序号	视图或剖视图画法示例	焊缝符号及定位尺寸简化注法示例	说 明
9	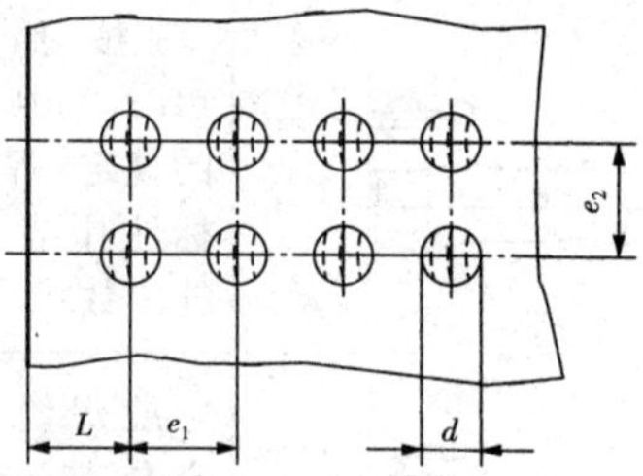	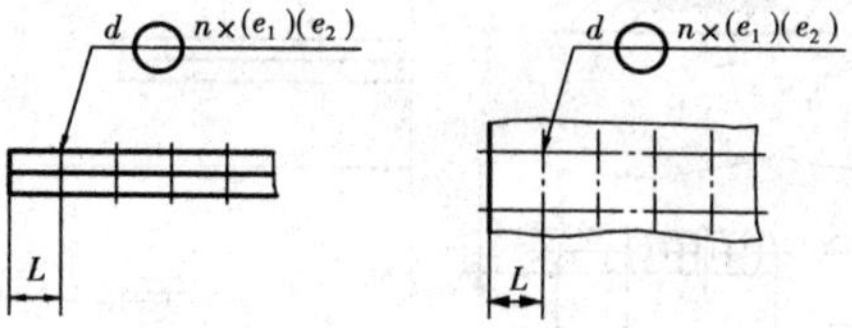	两行对称点焊缝位于中心位置；其中 e_1 是相邻两焊点中心的间距，e_2 是点焊缝的行间距，L 是确定第一列焊缝起始焊点中心位置的定位尺寸
		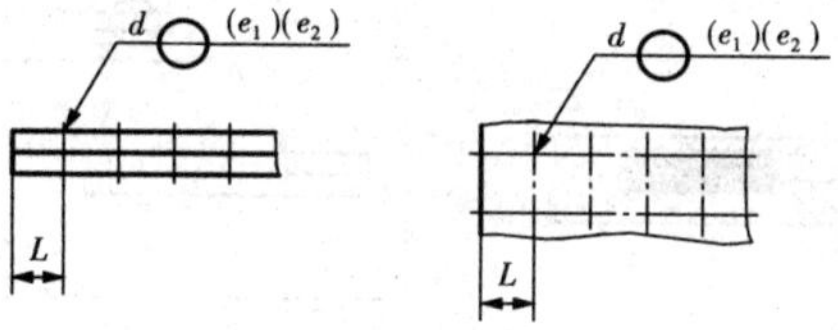	按照本章 14.2.7 中第 4 项的规定，焊缝符号标注中省略了焊缝段数
10	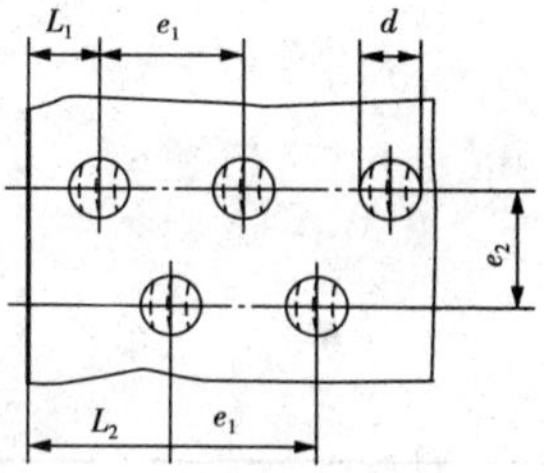	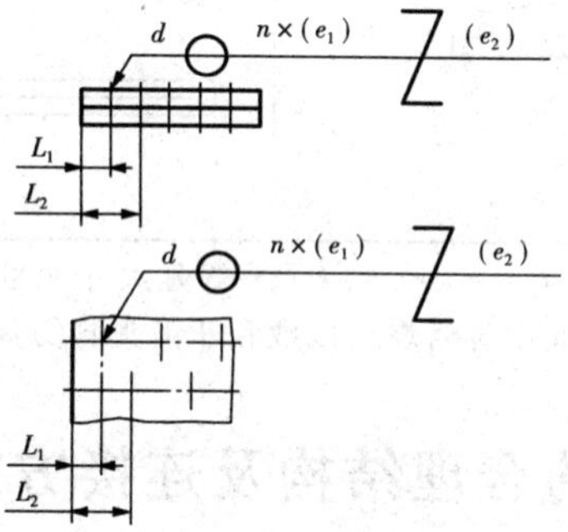	交错点焊缝位于中心位置；其中 L_1 是确定第一行焊缝起始焊点中心位置的定位尺寸，L_2 是确定第二行焊缝起始焊点中心位置的定位尺寸
		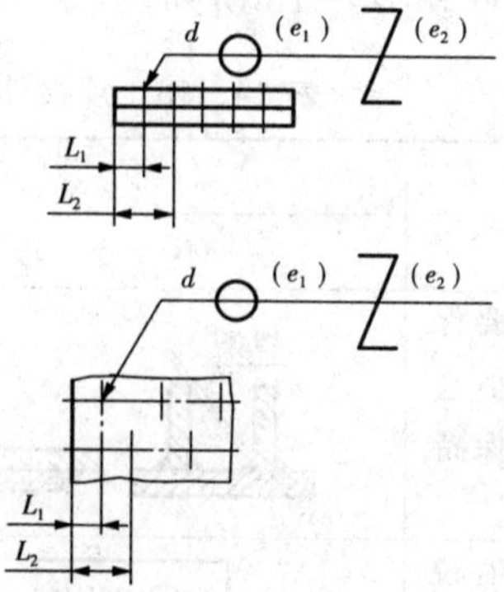	按照本章 14.2.7 中第 4 项的规定，焊缝符号标注中省略了焊缝段数；按照 14.2.7 中第 3 项的规定，焊缝符号中的尺寸只在基准线上标注一次

（续表）

序号	视图或剖视图画法示例	焊缝符号及定位尺寸简化注法示例	说　明
11	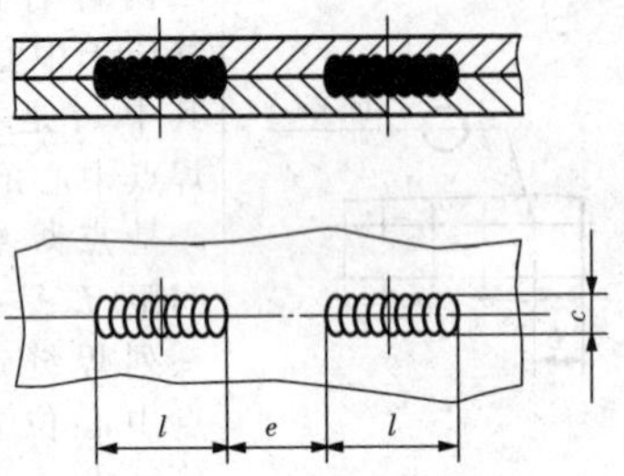	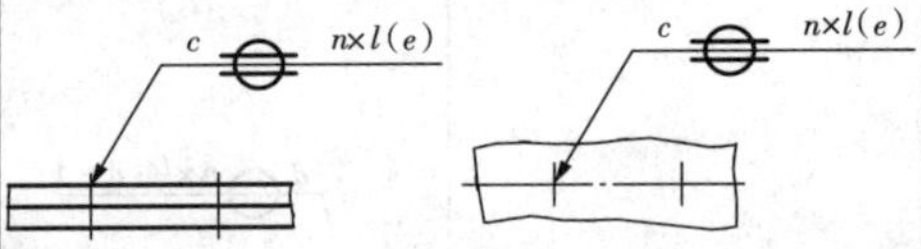	缝焊缝位于中心位置；其中 L 是确定起始焊缝对中心位置的定位尺寸
		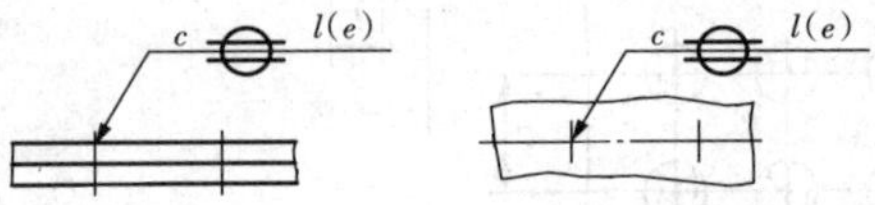	按照本章14.2.7中第4项的规定，焊缝符号标注中省略了焊缝段数
12	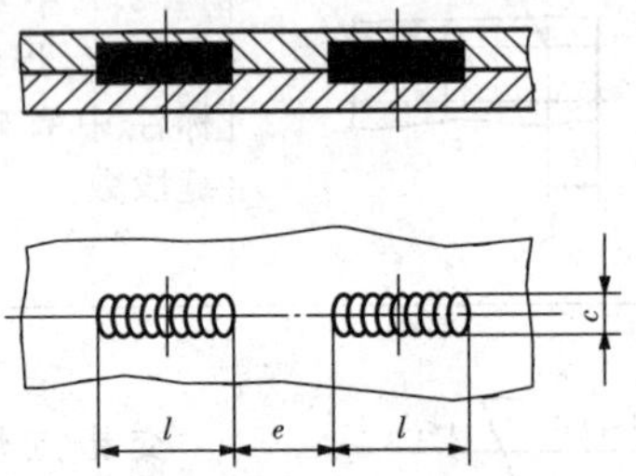	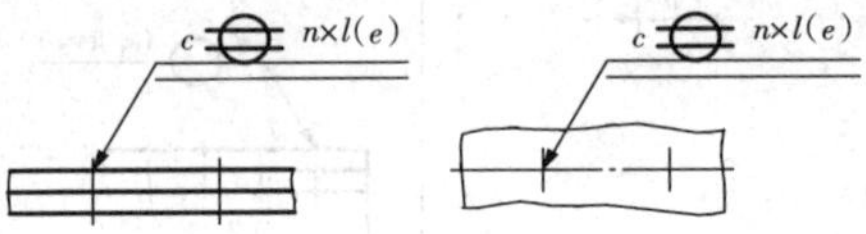	缝焊缝偏离中心位置，在箭头侧；其中 L 是确定起始焊缝对中心位置的定位尺寸
		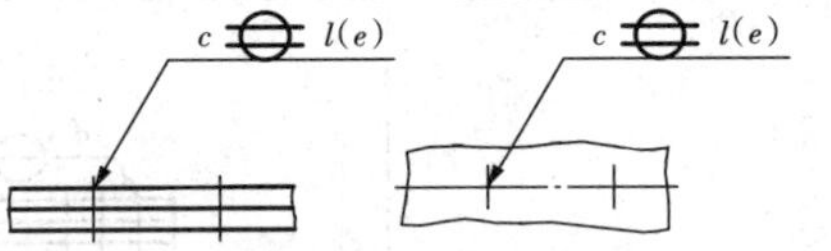	按照本章14.2.7中第4项和第8项的规定，焊缝符号标注中省略了焊缝段数和非箭头侧的基准线（虚线）

注：1. 图中 L、L_1、L_2、l、e、e_1、e_2、s、d、c、n 等是尺寸代号，在图样中应标出具体数值。

2. 在焊缝符号标注中省略焊缝段数和非箭头侧的基准线（虚线）时，必须认真分析，不得产生误解。

14.3 焊接件的合理结构及连接方式

14.3.1 焊接件的合理结构

焊接件的合理结构见表 14－16 所列。

表 14－16　焊接件的合理结构

序号	焊接要求	图例	
		不合理	合理
1	在一般情况下，要保证焊接作业的最小空间，操作时使焊条保持适当的角度	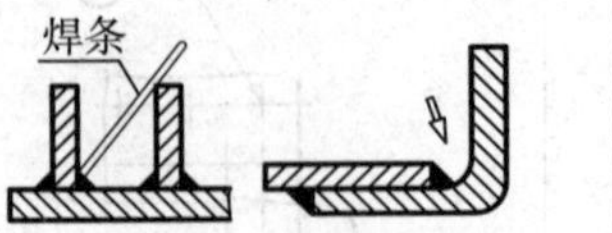	
2	在焊缝端部产生锐角的地方，应尽量将锐角变钝	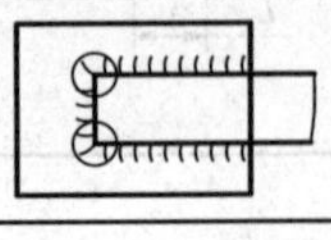	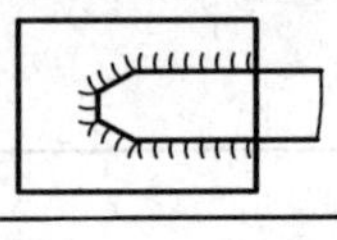

（续表）

序号	焊接要求	图例	
		不合理	合理
3	不宜采用薄而带尖角的板材作为加强筋。由于焊接时板材尖角易被熔化，须将尖角去掉。应注意，若在结构件上布置加强筋过多，反而会使焊件产生过大的内应力，甚至造成裂纹	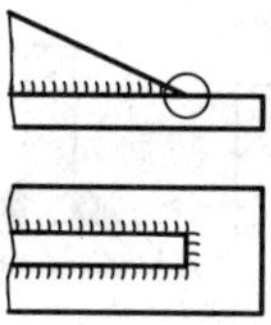 	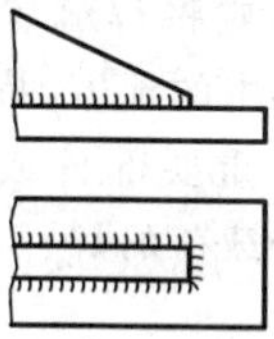 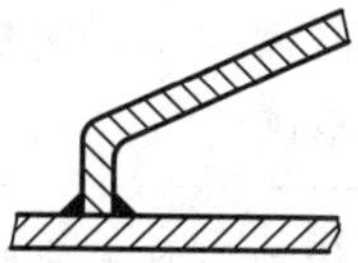
4	为了减小变形，防止焊件产生裂纹，几个焊缝的坡口不应过分集中	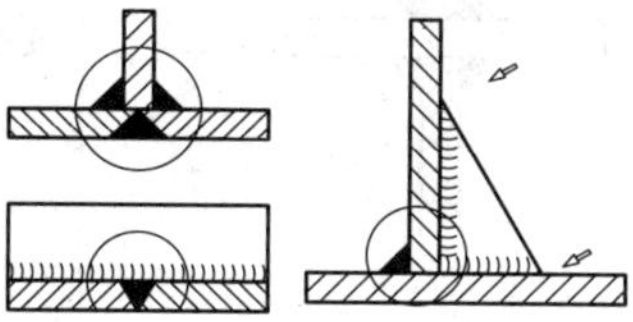	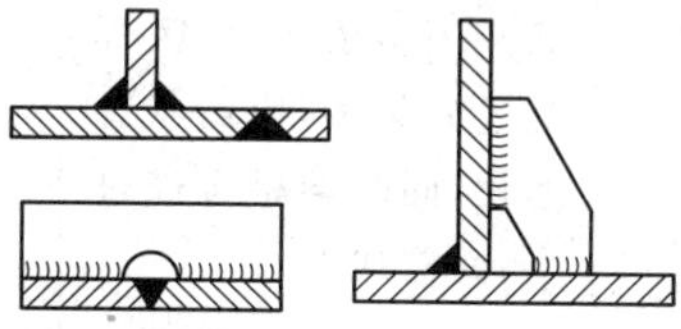
5	在布置焊缝时，应考虑是否有可能在焊接前将所有要焊接的工件用焊住几点的方法预先装配在一起	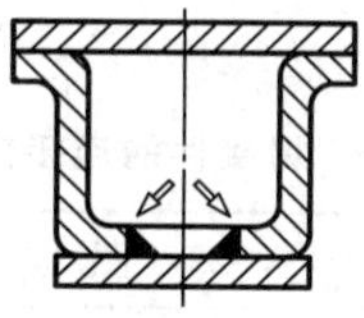	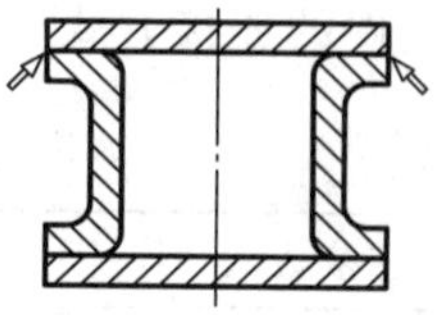
6	受弯曲的焊缝，未施焊的一侧不宜放在拉应力区	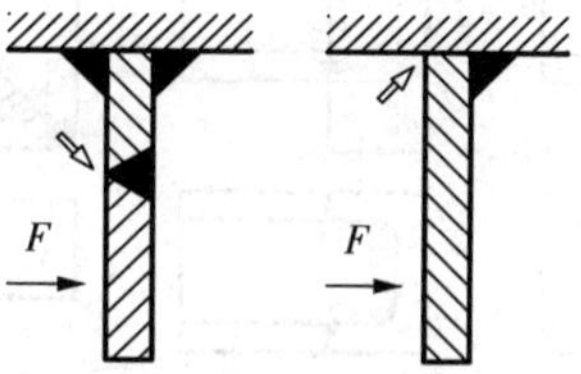	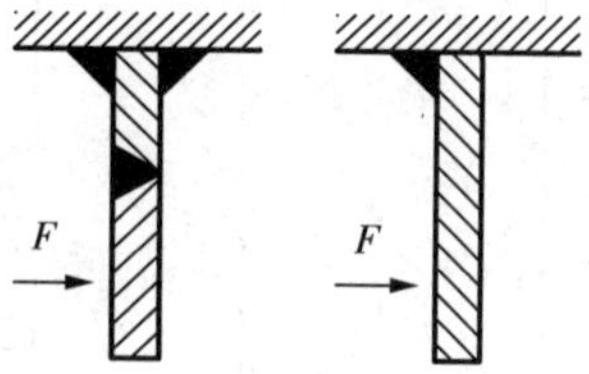
7	布置焊缝位置时，应考虑以最小的焊接量达到最佳的效果	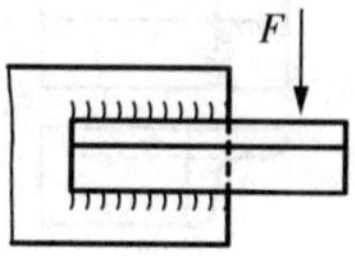	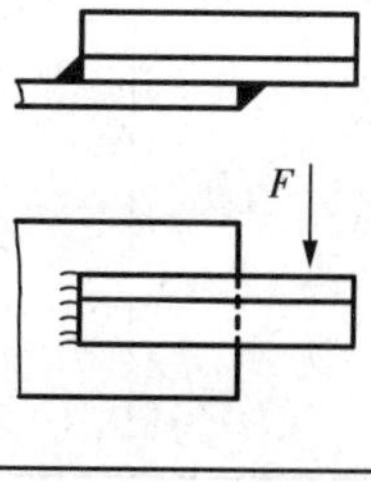

（续表）

序号	焊接要求	图例	
		不合理	合理
8	不应将焊缝置于应力集中的地方，特别是对于重要部件或承受交变载荷的焊件，更须注意	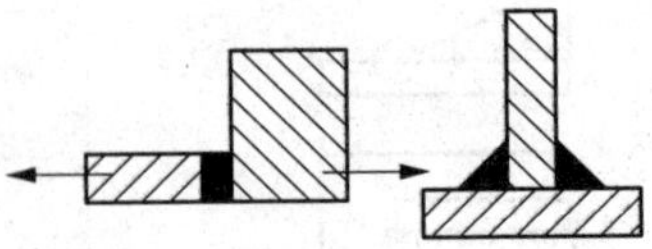	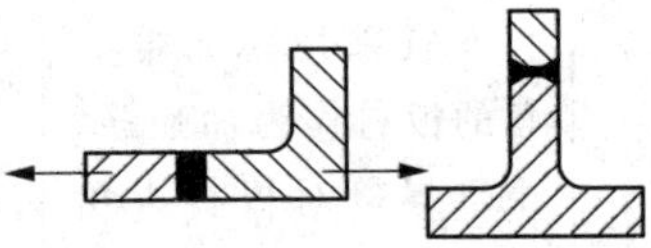
9	焊接不同厚度的钢板时，需要有一定斜度的过渡	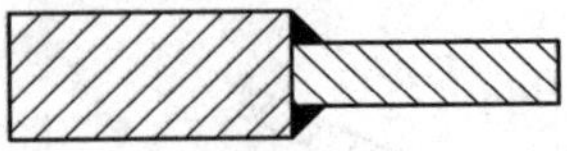	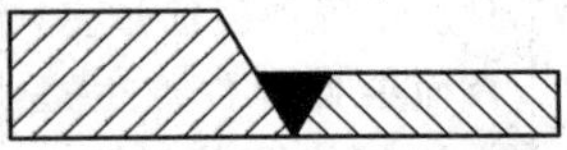
10	传动件或承受冲击载荷的焊接件，应防止焊缝在中心区十字交叉。因为在交叉区焊缝过分集中，应力状态恶化；同时熔融金属过多，尚需加工		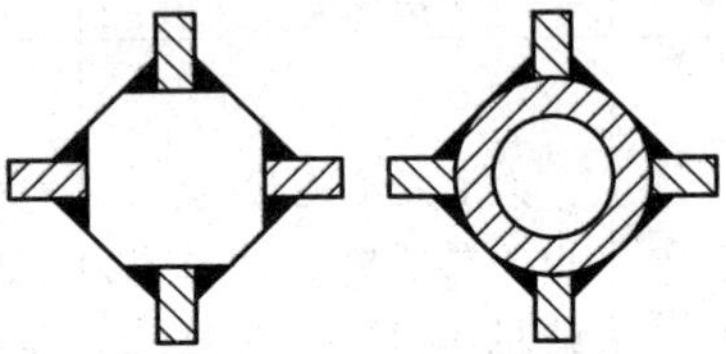

14.3.2 焊接件的连接方式

焊接件的连接方式见表 14-17 所列。

表 14-17 焊接件的连接方式

序号	连接方式	图例
1	型材的角接	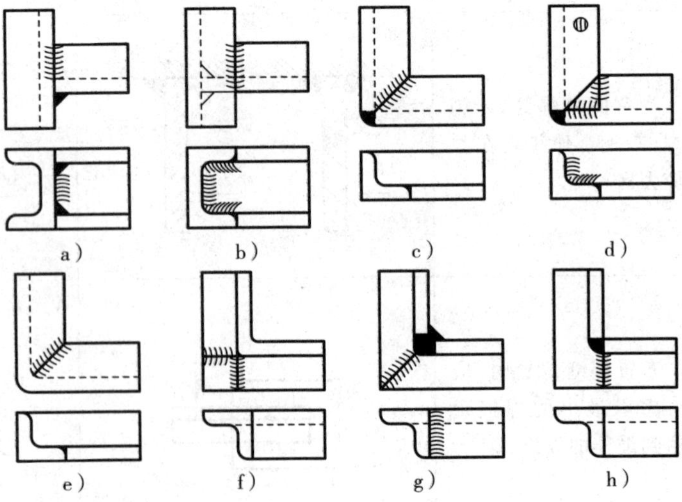

（续表）

序号	连接方式	图　　例
2	L 形连接	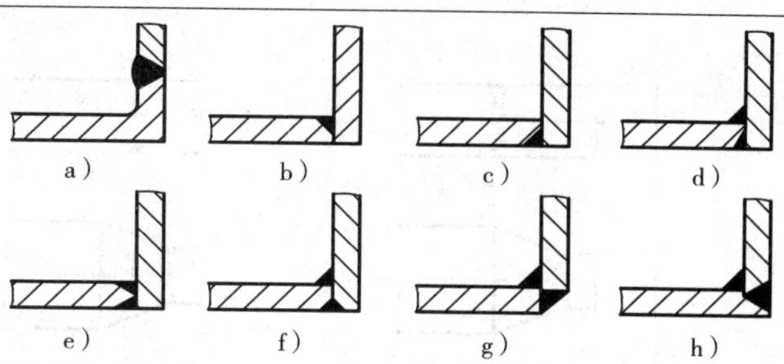
3	T 形连接	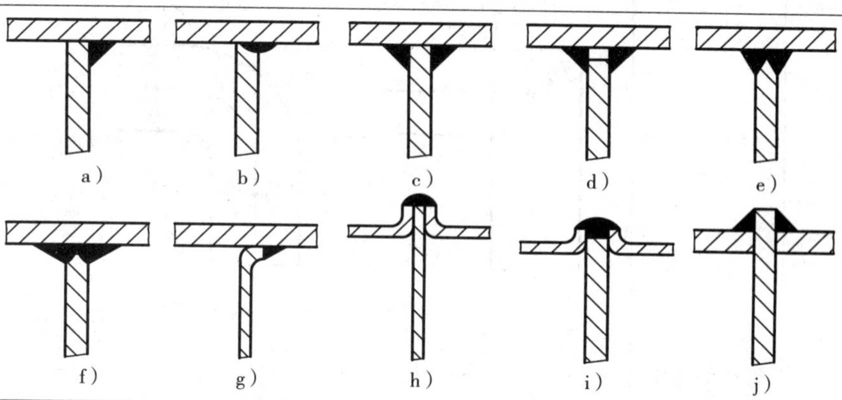
4	轮毂的连接	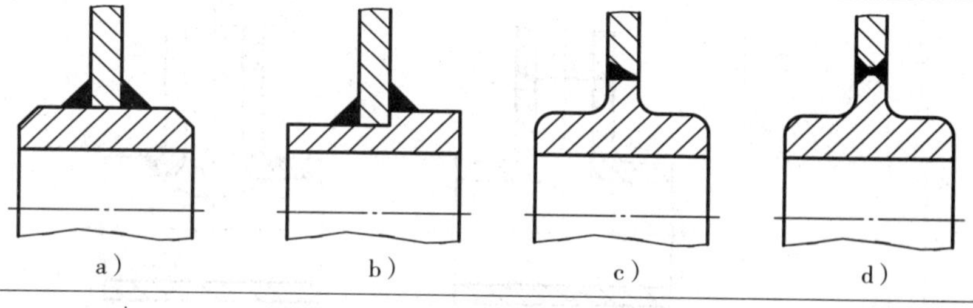
5	轴杆端的连接	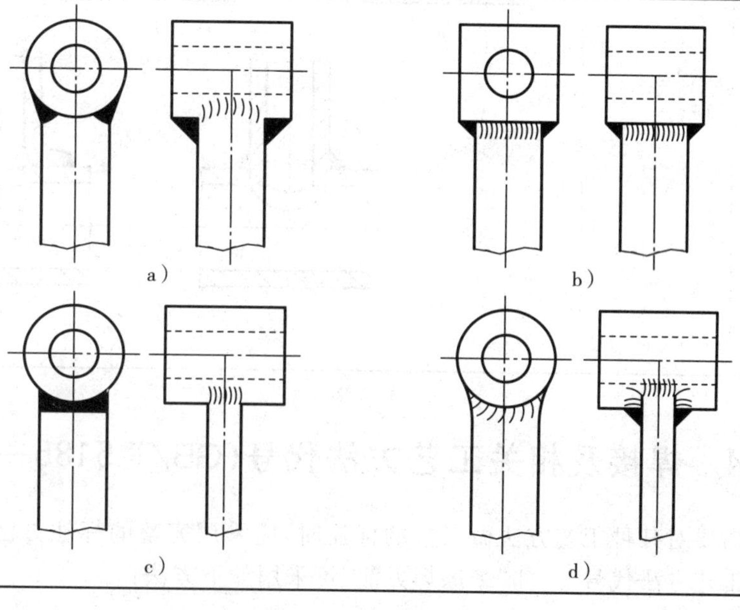

（续表）

序号	连接方式	图例
6	管材的连接	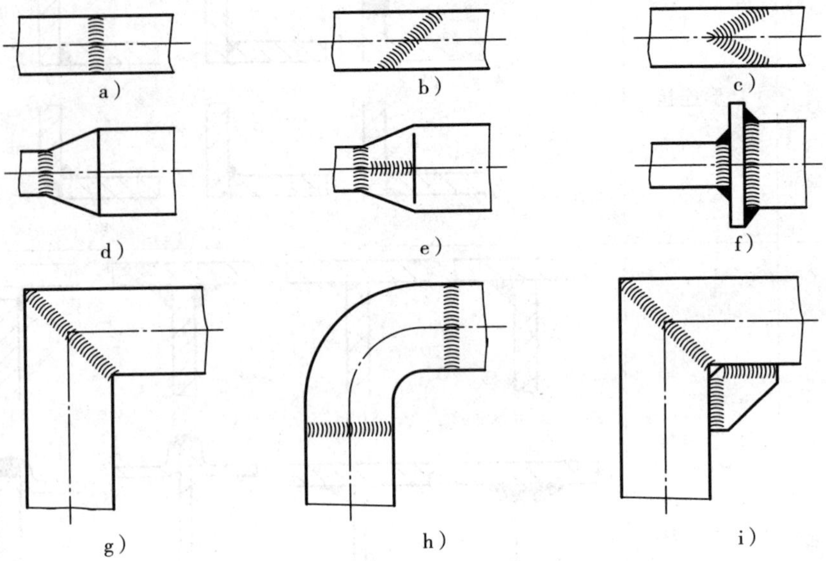 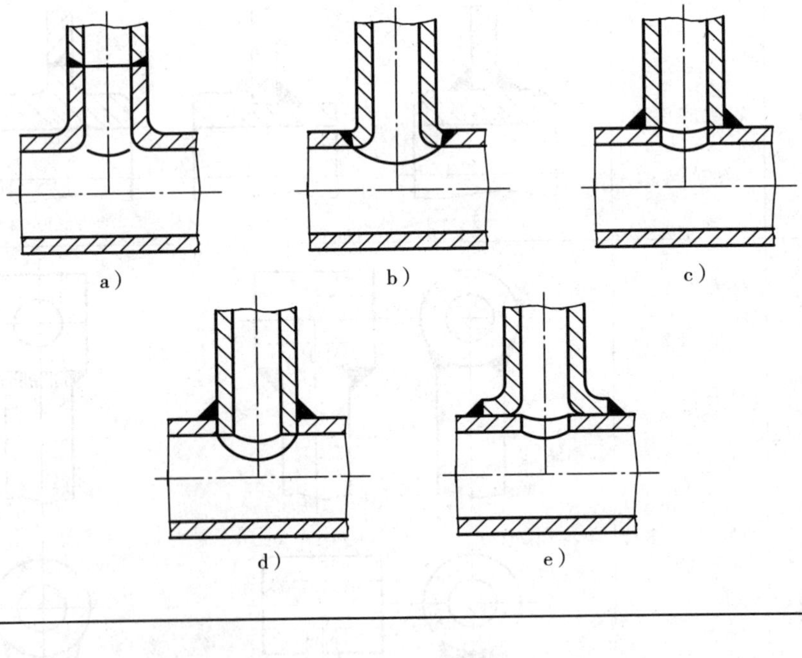

14.4 焊接及相关工艺方法代号(GB/T 5185—2005)

需要对某种工艺方法做完整的标注时，应采用完整的标注方法，即“工艺方法＋标准编号＋工艺方法代号”。如“摩擦焊方法”可采用如下方法：

工艺方法 GB/T 5185—42

在不会产生误解的情况下，一般可以采用简化的方法，即仅标注代号。如“摩擦焊方法”可采用“42”表示。

每种工艺方法可通过代号加以识别。焊接及相关工艺方法一般采用三位数代号表示。其中，一位数代号表示工艺方法大类，二位数代号表示工艺方法分类，而三位数代号表示某种工艺方法。

焊接及相关工艺方法代号如下：

1 电弧焊

101 金属电弧焊

11 无气体保护的电弧焊
111 焊条电弧焊
112 重力焊
114 自保护药芯焊丝电弧焊

12 埋弧焊
121 单丝埋弧焊
122 带极埋弧焊
123 多丝埋弧焊
124 添加金属粉末的埋弧焊
125 药芯焊丝埋弧焊

13 熔化极气体保护电弧焊
131 熔化极惰性气体保护电弧焊(MIG)
135 熔化极非惰性气体保护电弧焊(MAG)
136 非惰性气体保护的药芯焊丝电弧焊
137 惰性气体保护的药芯焊丝电弧焊

14 非熔化极气体保护电弧焊
141 钨极惰性气体保护电弧焊(TIG)

15 等离子弧焊
151 等离子 MIG 焊
152 等离子粉末堆焊

18 其他电弧焊方法
185 磁激弧对焊

2 电阻焊

21 点焊
211 单面点焊
212 双面点焊

22 缝焊
221 搭接缝焊
222 压平缝焊
225 薄膜对接缝焊
226 加带缝焊

23 凸焊
231 单面凸焊
232 双面凸焊

24 闪光焊
241 预热闪光焊
242 无预热闪光焊

25 电阻对焊

29 其他电阻焊方法
291 高频电阻焊

3 气焊

31 氧燃气焊
311 氧乙炔焊
312 氧丙烷焊
313 氢氧焊

4 压力焊

41 超声波焊
42 摩擦焊
44 高机械能焊
441 爆炸焊
45 扩散焊
47 气压焊
48 冷压焊

5 高能束焊

51 电子束焊
511 真空电子束焊
512 非真空电子束焊

52 激光焊
521 固体激光焊
522 气体激光焊

7 其他焊接方法

71 铝热焊
72 电渣焊
73 气电立焊

74 感应焊
741 感应对焊
742 感应缝焊

75 光辐射焊
753 红外线焊

77 冲击电阻焊

78 螺柱焊
782 电阻螺柱焊
783 带瓷箍或保护气体的电弧螺柱焊
784 短路电弧螺柱焊
785 电容放电螺柱焊
786 带点火嘴的电容放电螺柱焊
787 带易燃颈箍的电弧螺柱焊
788 摩擦螺柱焊

8 切割和气刨

81 火焰切割

82 电弧切割
821 空气电弧切割
822 氧电弧切割

83 等离子弧切割
84 激光切割
86 火焰气刨

87 电弧气刨
871 空气电弧气刨
872 氧电弧气刨

88 等离子气刨

9 硬钎焊、软钎焊及钎接焊

91 硬钎焊
911 红外线硬钎焊
912 火焰硬钎焊
913 炉中硬钎焊
914 浸渍硬钎焊
915 盐浴硬钎焊
916 感应硬钎焊
918 电阻硬钎焊
919 扩散硬钎焊
924 真空硬钎焊

93 其他硬钎焊

94 软钎焊

941 红外线软钎焊
942 火焰软钎焊
943 炉中软钎焊
944 浸渍软钎焊
945 盐浴软钎焊
946 感应软钎焊
947 超声波软钎焊
948 电阻软钎焊
949 扩散软钎焊

951 波峰软钎焊
952 烙铁软钎焊
954 真空软钎焊
956 拖焊

96 其他软钎焊

97 钎接焊
971 气体钎接焊
972 电弧钎接焊

14.5 焊接图样举例

1. 支架的焊接图

支架的焊接图如图 14－32 所示。

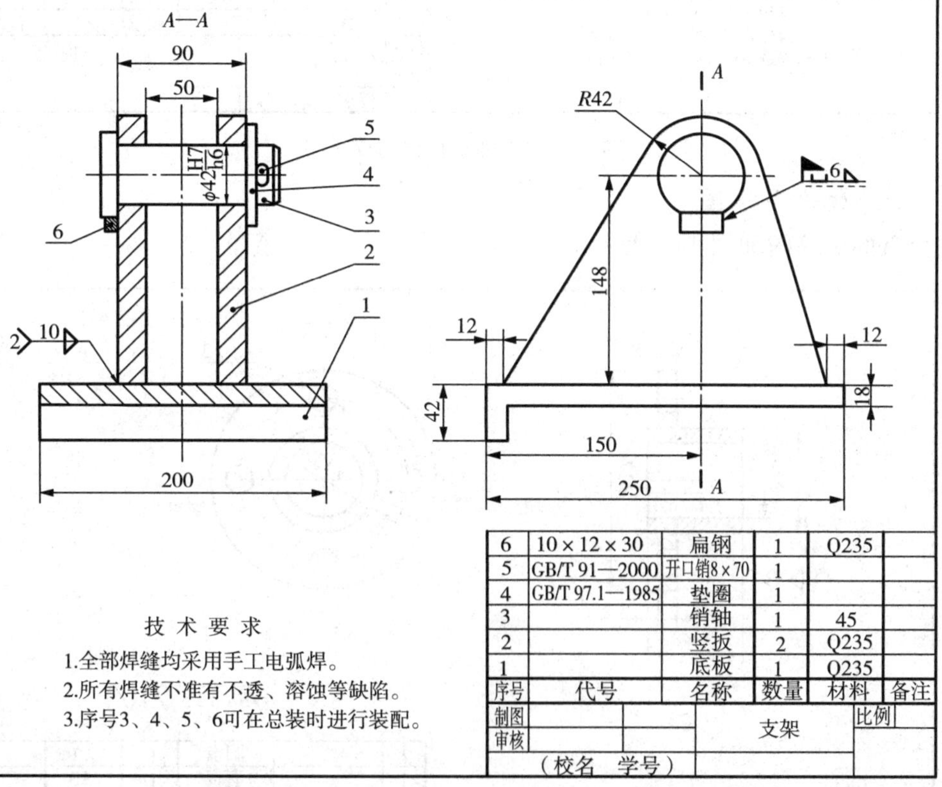

技 术 要 求

1.全部焊缝均采用手工电弧焊。
2.所有焊缝不准有不透、溶蚀等缺陷。
3.序号3、4、5、6可在总装时进行装配。

序号	代号	名称	数量	材料	备注
6	10×12×30	扁钢	1	Q235	
5	GB/T 91—2000	开口销8×70	1		
4	GB/T 97.1—1985	垫圈	1		
3		销轴	1	45	
2		竖扳	2	Q235	
1		底板	1	Q235	

制图		支架	比例
审核			
（校名 学号）			

图 14－32 支架的焊接图

2. 轴承挂架的焊接图

轴承挂架的焊接图如图 14－33 所示。

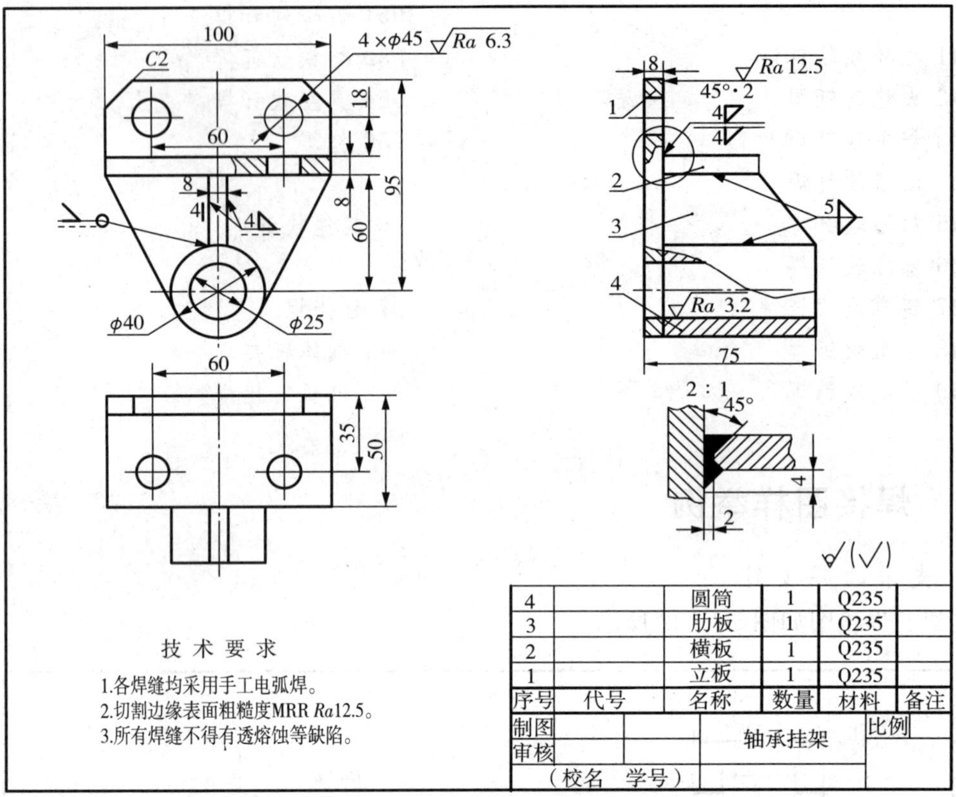

图 14－33　轴承挂架的焊接图

3. 法兰盘的焊接图

法兰盘的焊接图如图 14－34 所示。

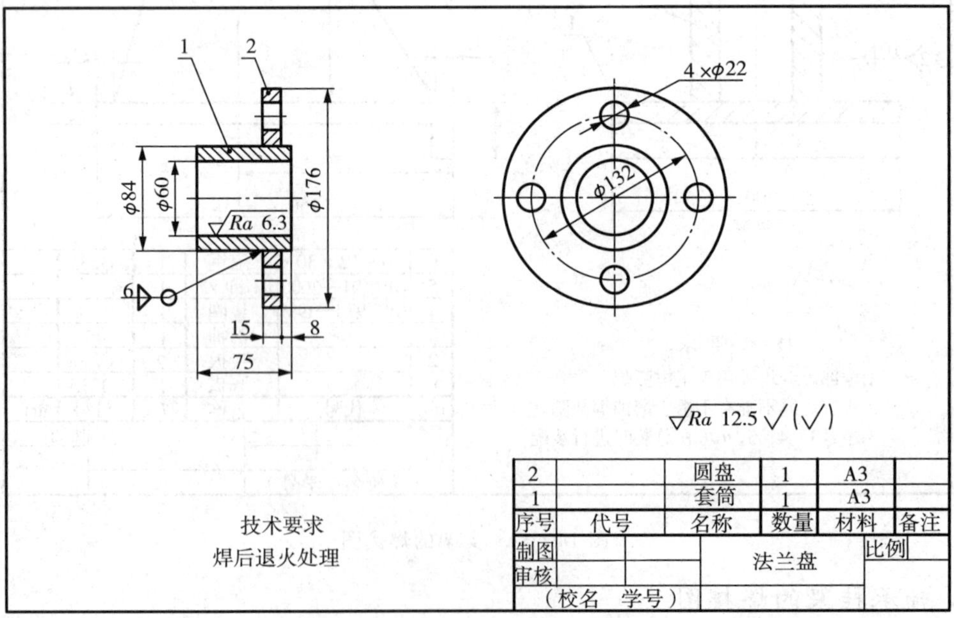

图 14－34　法兰盘的焊接图

第 15 章　齿 轮 传 动

齿轮传动是机械中应用最广的一种传动方式。齿轮必须成对使用，可用于传递动力，改变转速和方向。本章主要介绍渐开线齿轮的画法及标准。常用的齿轮传动方式有三种：圆柱齿轮传动，圆锥齿轮传动，蜗杆、蜗轮传动，如图 15-1 所示。

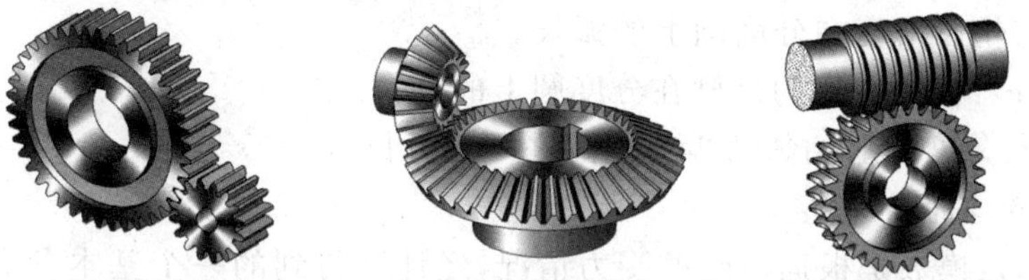

a）圆柱齿轮传动　　b）圆锥齿轮传动　　c）蜗轮、蜗杆传动

图 15-1　常用的三种齿轮传动方式

15.1　圆柱齿轮

圆柱齿轮有直齿圆柱齿轮、斜齿圆柱齿轮、人字齿轮三种形式。

15.1.1　圆柱齿轮各部分名称、参数及计算公式

1. 圆柱齿轮各部分的名称、参数代号

圆柱齿轮各部分的名称及参数代号，如图 15-2 所示。

（1）节圆直径（d'）和分度圆直径（d）：如图 15-2b 所示，O_1 和 O_2 为一对啮合齿轮的中心，两齿轮的齿廓在 O_1O_2 线上的啮合接触点为 K，以 O_1 和 O_2 点各为圆心，以 O_1K 和 O_2K 为半径分别作出两个圆；当两个齿轮传动时，可以假想是这两个圆在做无滑动的纯滚动，这

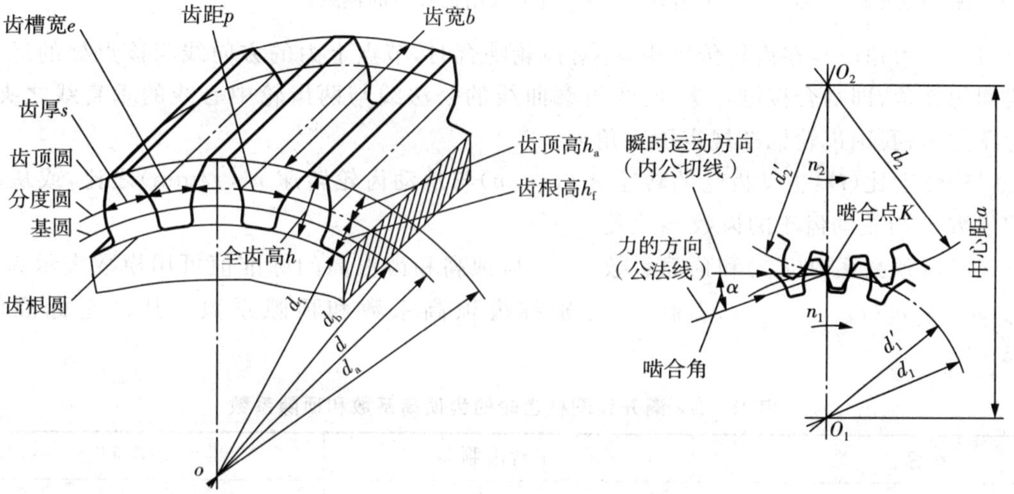

a）　　b）

图 15-2　齿轮各部分名称

个圆称为节圆。分度圆是设计、制造齿轮时进行各部分尺寸计算的基准圆。在标准齿轮分度圆的圆周上,其齿厚 s 与齿槽宽 e 相等;一对正确安装的标准齿轮,两个分度圆相切,也就是分度圆与节圆重合,即 $d=d'$。

(2)齿顶圆直径(d_a):通过齿轮顶部的圆周直径。

(3)齿根圆直径(d_f):通过齿根部的圆周直径。

(4)齿顶高(h_a):轮齿上从分度圆到齿顶圆之间的距离。

(5)齿根高(h_f):轮齿上从分度圆到齿根圆之间的距离。

(6)全齿高(h):齿顶高与齿根高之和,即 $h= h_a+h_f$。

(7)齿厚(s):轮齿厚度在分度圆上的弧长。

(8)齿槽宽(e):相邻两齿的齿槽在分度圆上的弧长。

(9)齿距(p):分度圆上相邻两齿对应点之间的弧长;$p = s + e$。

(10)齿数(z):轮齿的数量。

(11)模数(m):模数是根据齿轮的受力情况,经计算得到的一个基本参数。由于分度圆的圆周长$=zp=\pi d$,分度圆直径 $d=\frac{p}{\pi}z$,而 $\pi=3.1415926\cdots\cdots$,计算起来很不方便,因此给 $\frac{p}{\pi}$ 以一定的简单数值,称为模数。一对啮合齿轮的模数 m 应相等,不同模数的齿轮要用不同模数的成形刀具加工。根据齿数(z)和模数(m)这两个基本参数,即可计算轮齿各部分的几何尺寸。根据 $d=mz$ 不难看出,在齿数(z)一定时,分度圆的直径(d)随着模数(m)的增加而增大,从而齿距(p)也随之增大,轮齿变厚变大。为了便于设计和加工,模数已经标准化,见表 15-1。计算斜齿轮时,以其法面模数(m_n)作为基本参数。

表 15-1 模数 m(GB/T 1357—2008) 单位:mm

第一系列	1,1.25,1.5,2,2.5,3,4,5,6,8,10,12,16,20,25,32,40,50
第二系列	1.125,1.375,1.75,2.25,2.75,3.5,4.5,5.5,(6.5),7,9,11,14,18,22,28,35,45

注:优先选用第一系列,其次选用第二系列,避免采用括号内的模数。

(12)压力角(α):在齿轮传动中,一对齿轮啮合时,节点上力的方向线与该点处的运动方向线间的夹角,即啮合接触点 K 处两齿廓曲线的公法线与两齿轮中心线的垂直线之夹角,称为压力角;我国齿轮标准规定压力角为 20°。

(13)传动比(i):主动齿轮的转速 n_1(r/min)与从动齿轮转速 n_2(r/min)之比,或从动齿轮的齿数 z_2 与主动齿轮的齿数 z_1 之比。

(14)齿顶高系数(h_a^*)和顶隙系数(c^*):齿顶高和齿根高的标准值可用模数表示为$h_a=mh_a^*$,$h_f= m(h_a^* + c^*)$;h_a^* 和 c^* 分别称齿顶高系数和顶隙系数。其规定标准值见表15-2。

表 15-2 渐开线圆柱齿轮的齿顶高系数和顶隙系数

系　　数	正常齿制	短齿制
h_a^*	1.0	0.8
c^*	0.25	0.3

(15)中心距(a):一对啮合齿轮中心的距离。

(16)顶隙(c):如图 15-2b 所示,顶隙是指一对齿轮啮合时,一个齿轮的齿顶圆到另一个齿轮的齿根圆的径向距离。

(17)螺旋角(β):圆柱面上,圆柱螺旋线的切线与通过切点的圆柱面直母线之间所夹的锐角,称为螺旋角。这里主要是指斜齿圆柱齿轮的螺旋角。

注:本章主要介绍的圆柱齿轮轮齿是正常齿制,即 $h_a^*=1, c^*=0.25$,压力角为 20°。

2. 圆柱齿轮参数的计算公式

圆柱齿轮参数的计算公式见表 15-3。

表 15-3 圆柱齿轮参数的计算公式

名称	代号	计算公式		备注
		直齿	斜齿	
分度圆直径	d	$d=mz$	$d=\frac{m_n z}{\cos\beta}$	α——压力角等于 20° $h_a^*=1, c^*=0.25$ m——模数 β——螺旋角 n——法向 t——端平面 p_t——端面齿距 p_n——法面齿距 $m_n=m_t\cos\beta$ d_1、d_2——相啮合的两个齿轮的分度圆直径 z_1、z_2——相啮合的两个齿轮的齿数 n_1、n_2——相啮合齿轮中主动齿轮与从动齿轮转速
基圆直径	d_b	$d_b=d\cos\alpha$	$d_b=d\cos\alpha$	
齿距	p	$p=\pi m$	$p_t=\frac{\pi d}{z}$ $p_n=p_t\cos\beta$	
齿顶高	h_a	$h_a=m$	$h_a=m_n$	
齿根高	h_f	$h_f=1.25m$	$h_f=1.25m_n$	
全齿高	h	$h=h_a+h_f=2.25m$	$h=2.25m_n$	
齿顶圆直径	d_a	$d_a=m(z+2)$	$d_a=d+2m_n$	
齿根圆直径	d_f	$d_f=m(z-2.5)$	$d_f=d-2.5m_n$	
中心距	a	$a=\frac{d_1+d_2}{2}=\frac{m(z_1+z_2)}{2}$	$a=\frac{m_n(z_1+z_2)}{2\cos\beta}$	
传动比	i	$i=\frac{n_1}{n_2}=\frac{z_2}{z_1}$		
顶隙	c	$c=c^* m$		

15.1.2 渐开线齿形的画法

1. 圆的渐开线形成

如图 15-3 所示,一直线沿圆周做纯滚动,则直线上任一点的运动轨迹称为圆的渐开线,该圆称为基圆,该直线称为发生线。

其中渐开线有一重要的性质,就是发生线沿基圆滚过的长度等于基圆上被滚过的弧长,即在图 15-3 中,$KB=l_{\widehat{AB}}$。

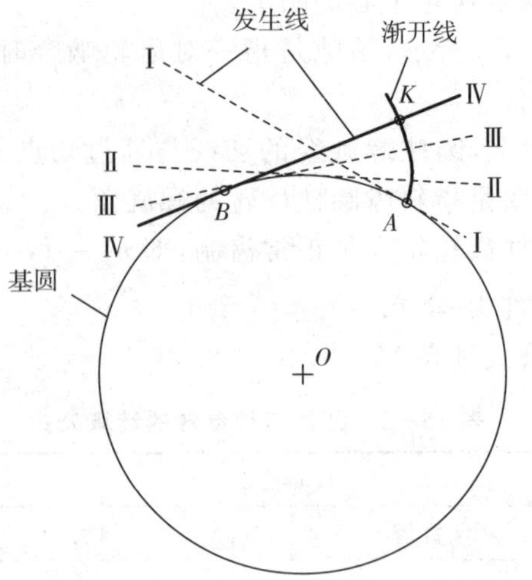

图 15-3　渐开线的形成

2. 渐开线齿形的理论画法

设已知直齿圆柱齿轮的齿数 z 为 20，齿顶圆直径 d_a 为 352mm，压力角为 20°，则：

模数　$m=\dfrac{d_a}{z+2}=\dfrac{352\text{mm}}{22}=16\text{mm}$

分度圆直径　$d=mz=16\text{mm}\times20=320\text{mm}$

齿根圆直径　$d_f=m(z-2.5)=16\text{mm}\times17.5=280\text{mm}$

基圆直径　$d_b=d\cos\alpha=320\text{mm}\times\cos20°=300.7\text{mm}$

齿距　$P=\pi m=50.26\text{mm}$

齿厚　$s=\dfrac{p}{2}=25.13\text{mm}$

齿顶高　$h_a=m=16\text{mm}$

齿根高　$h_f=1.25m=20\text{mm}$

全齿高　$h=h_a+h_f=16\text{mm}+20\text{mm}=36\text{mm}$

(1)根据计算所得的 d_a、d、d_b 和 d_f 的尺寸，画出四段同心圆(图中未画出圆心位置)；以分度圆上的一点 P 为中心，在分度圆上自点 P 向左右两侧截 $Pa=Pb=\dfrac{s}{2}$，如图 15-4a 所示。

(2)自点 b 向基圆作切线，得切点 M；根据渐开线性质，发生线沿基圆做纯滚动滚过的长度等于基圆上被滚过的弧长，在基圆上取一点(靠近 b 点)3，使弧长 $\overset{\frown}{M3}$ 等于定值 l_1；按照求圆的渐开线的方法，可求得基圆和分度圆之间的一段渐开线上的点 b、1_0、2_0、3，如图 15-4b 所示。

(3)同心齿顶圆、基圆直径不变，过齿顶圆上任一点，作基圆的切线，该切线的长度为定值 l_2；因此，在基圆上取一点(靠近 M 点)6，使点 3 与点 6 之间的弧长等于 l_2；按照求圆的渐开线的方法，可求得基圆和齿顶圆之间的一段渐开线上的点 4_0、5_0、6_0，如图 15-4c 所示。

(4)顺序连接各点，以中心线为对称轴，作出齿形左半面在齿顶圆和基圆之间的渐开线，如图 15－4d 所示。

(5)齿形自基圆到齿根圆的一段是过圆心的一段直线，在齿根转角处作出小圆角 $r=0.2m$(模数)，如图 15－4e 所示。

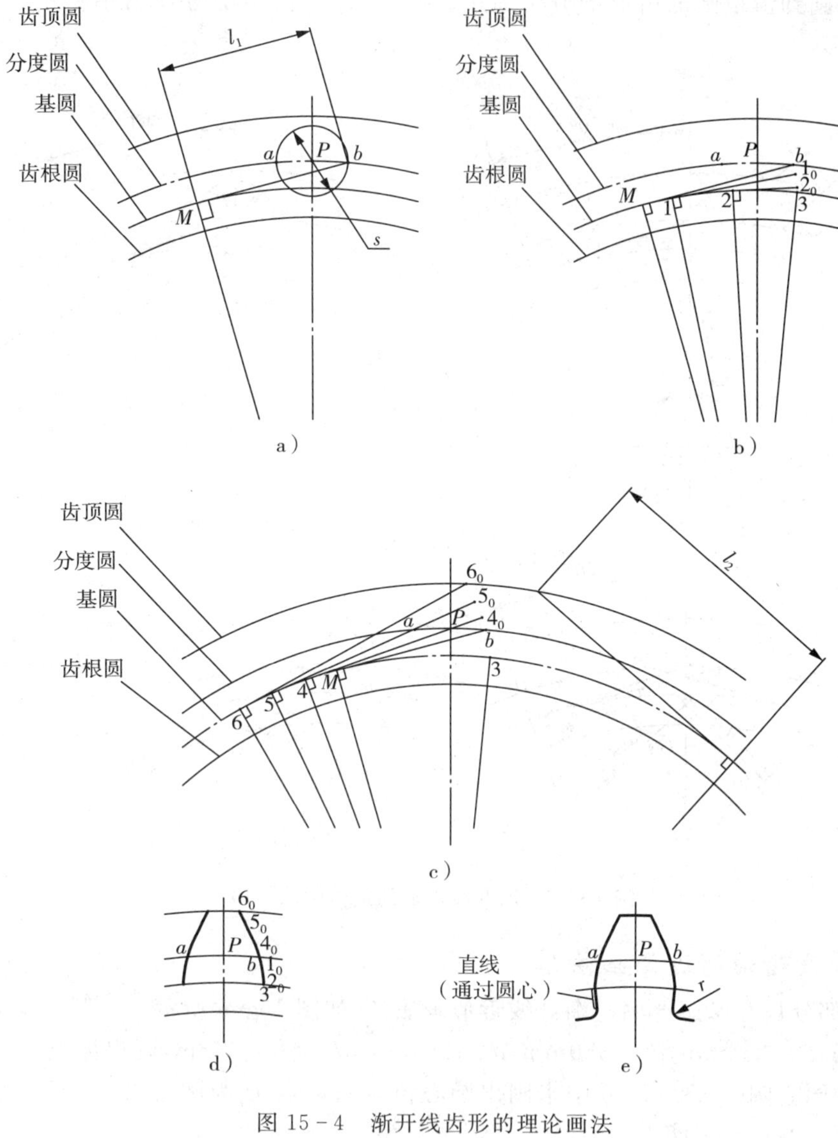

图 15－4　渐开线齿形的理论画法

3. 渐开线的近似画法一

齿轮各部分尺寸参照上例。渐开线近似画法一，如图 15－5 所示。

(1)根据 $d_a=352\text{mm}$，$d=16\text{mm}\times20=320\text{mm}$，$d_f=280\text{mm}$，作出齿顶圆、分度圆、齿根圆的同心圆弧(图 15－5 中，圆心位置较远，现缩短表示圆心 O 的存在)；为了画出基圆，可过圆心 O 作直线 OB，使其与 OP 线的夹角成 20°；过点 P 作 OB 的垂线交 OB 于点 M；以 O 为圆心，以 OM 为半径画圆，即为基圆。

(2)以点 P 为圆心，以齿厚 s 的一半为半径，在分度圆上截得 a、b 两点；再以 a、b 两点分别为圆心，以 PM 长为半径画弧，交基圆于点 d、c。

(3)分别以点 c、点 d 为圆心，以 bc(或 ad)为半径作圆弧$\overset{\frown}{12}$和$\overset{\frown}{34}$(范围是在基圆和齿顶圆之间)，此两圆弧即所求齿形渐开线部分的近似画法。

(4)自基圆到齿根圆的齿形部分是通过圆心的直线；齿根部分作出小圆角 $r=0.2m$(模数)，即得齿形。

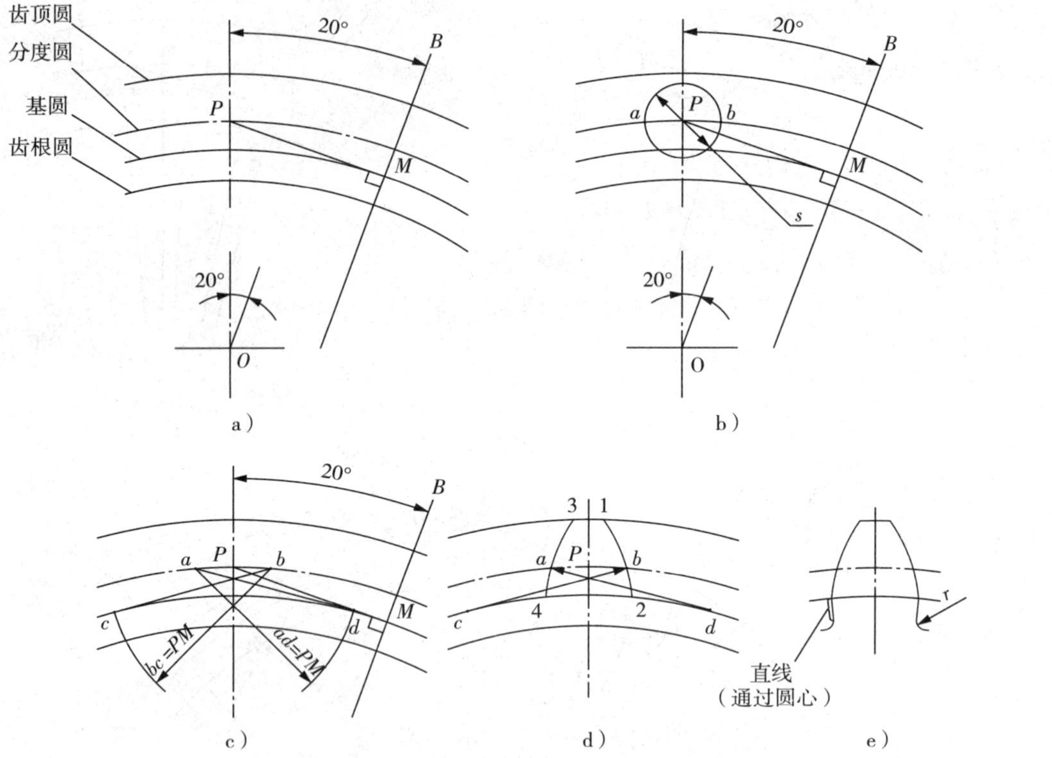

图 15-5　渐开线齿形的近似画法(一)

4. 渐开线齿形的近似画法二

齿轮各部分尺寸参照上例。渐开线近似画法二，如图 15-6 所示。

(1)根据 $d_a=352$mm，$d=320$mm，$d_f=280$mm，$d_b=300.7$mm，画出齿顶圆、分度圆、齿根圆、基圆的同心圆弧(图 15-6 中未画出圆心位置)；以点 P 为圆心，以齿厚 s 的一半为半径，在分度圆上截得 a、b 两点。

(2)过 b 点作基圆的切线得切点 M；以点 a 为圆心，以 bM 长为半径画弧，分别交 bM 和分度圆于 o_1 和 n 两点；再以 o_1 为圆心，以 bM 长为半径画弧$\overset{\frown}{34}$(范围是在齿顶圆和基圆之间)。

(3)以 b 点为圆心，以 bM 长为半径画圆弧，交分度圆于点 f，在此圆弧上取 $fo_2=no_1$ 得 o_2；以 o_2 为圆心，以 bM 长为半径，在齿顶圆和基圆之间画出齿形的右半面圆弧$\overset{\frown}{12}$。

(4)齿形自基圆到齿根圆的部分是通过圆心的直线，齿根部分作出小圆角 $r=0.2m$(模数)，即得完整齿形的近似画法。

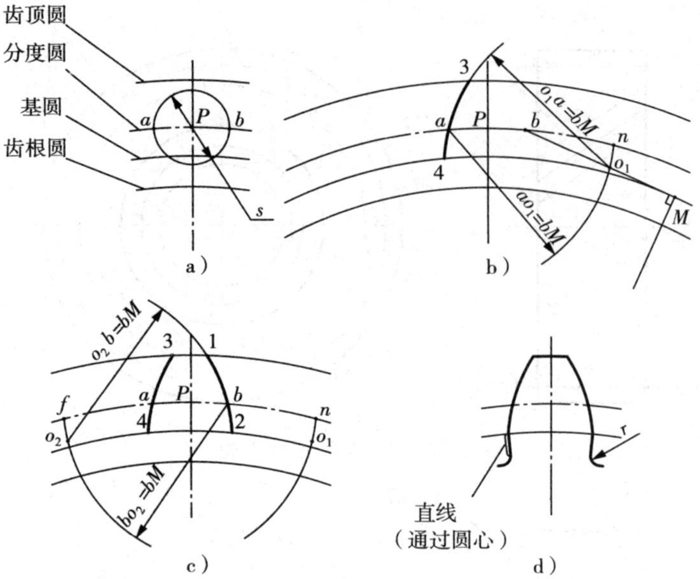

图 15-6　渐开线齿形的近似画法(二)

15.1.3　圆柱齿轮的规定画法(GB/T 4459.2—2003)

1. 单个圆柱齿轮的规定画法

(1)如图 15-7 所示,一般用两个视图,也可用一个视图和一个局部视图表示单个齿轮的形状。

(2)齿顶圆和齿顶线用粗实线绘制。

(3)分度圆和分度线用细点画线绘制。

(4)齿根圆和齿根线用细实线绘制,也可省略不画;在剖视图中,齿根线用粗实线绘制;如图 15-7 所示。

(5)在剖视图中,当剖切平面通过齿轮的轴线时,轮齿一律按不剖处理。

(6)当需要表示齿线的特征时,可用三条与齿线方向一致的细实线表示,如图 15-8、图 15-9 所示。直齿则不需表示。

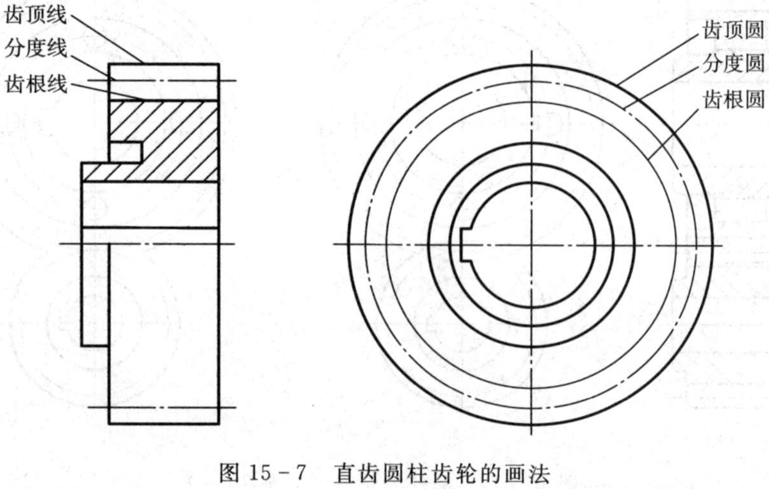

图 15-7　直齿圆柱齿轮的画法

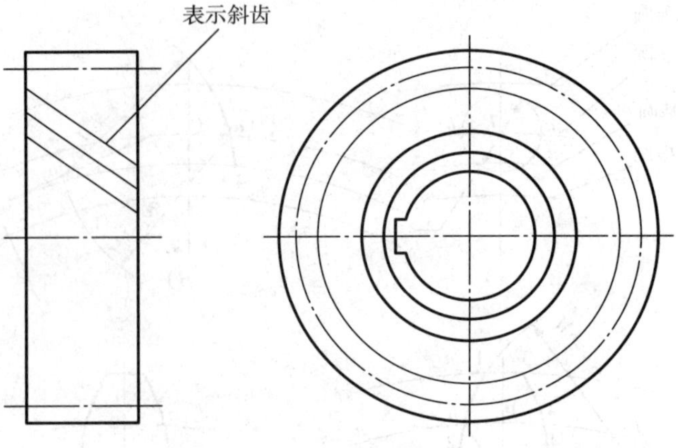

图 15－8　斜齿圆柱齿轮

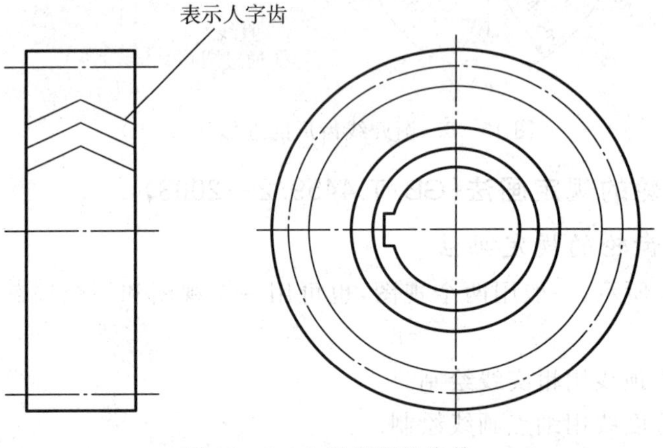

图 15－9　人字齿圆柱齿轮

2. 圆柱齿轮啮合的画法

(1)在垂直于圆柱齿轮轴线的投影面的视图中，啮合区的齿顶圆均用粗实线绘制，如图 15－10a 所示；也可省略不画，如图 15－10b 所示。

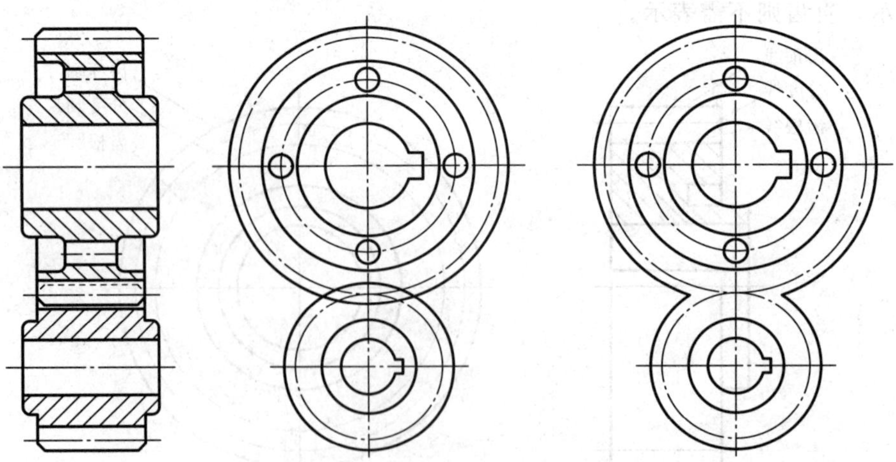

图 15－10　圆柱齿轮啮合的画法(一)

（2）在平行于圆柱齿轮、锥齿轮轴线的投影面的视图中，啮合图的齿顶线不需画出，节线用粗实线绘制，其他处的节线用细点画线绘制，如图 15 - 11 所示。

（3）在圆柱齿轮啮合、齿轮齿条啮合的剖视图中，当剖切平面通过两啮合齿轮的轴线时，在啮合区内，将一个齿轮的轮齿用粗实线绘制，另一个齿轮的轮齿被遮挡的部分用虚线绘制；也可省略不画，如图 15 - 10 所示。

圆柱齿轮的内啮合画法规定同外啮合画法一致；齿轮齿条啮合画法与圆柱齿轮外啮合画法一致。

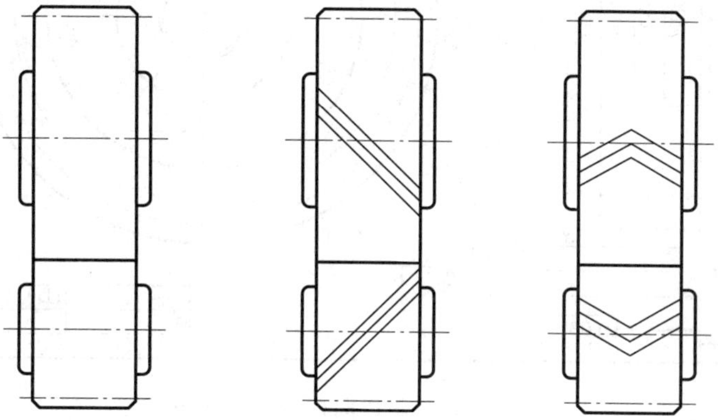

图 15 - 11　圆柱齿轮啮合的画法（二）

15.1.4　圆柱齿轮工作图例

1. 直齿圆柱齿轮

直齿圆柱齿轮工作图，如图 15 - 12 所示。

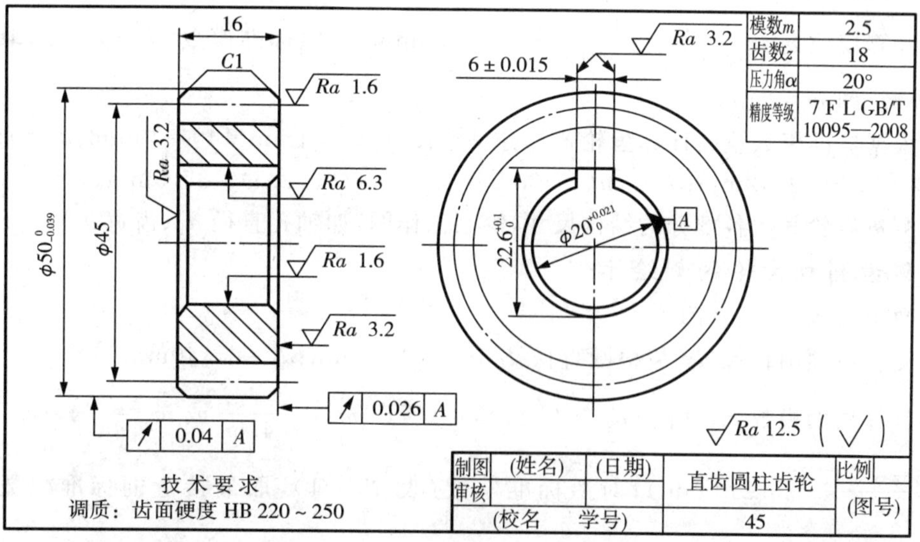

图 15 - 12　直齿圆柱齿轮工作图

2. 斜齿圆柱齿轮

斜齿圆柱齿轮工作图，如图 15 - 13 所示。

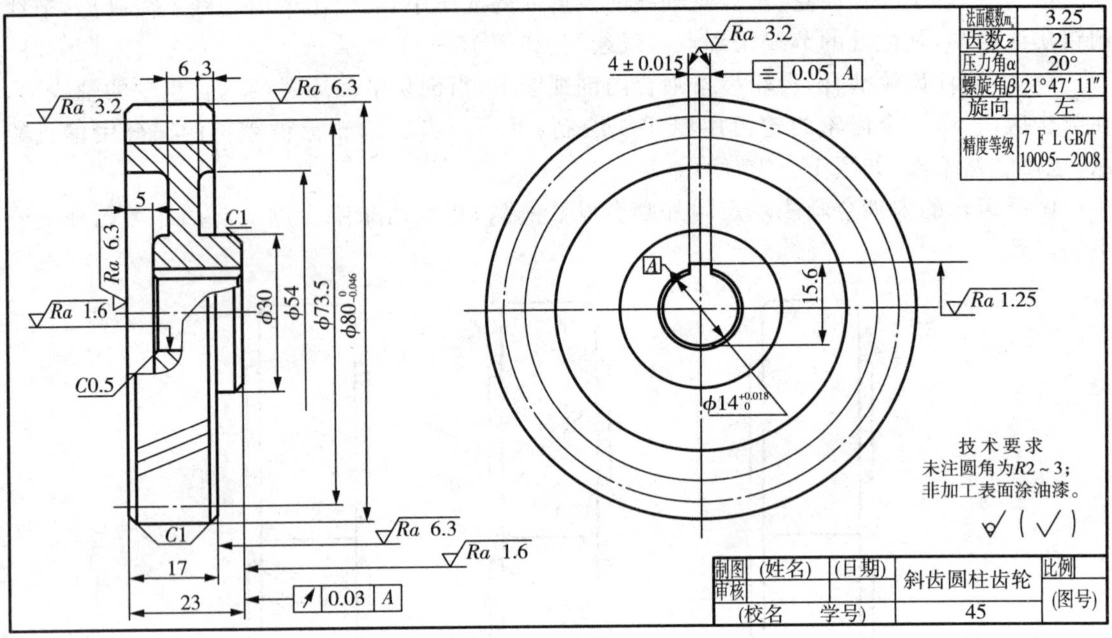

图 15－13　斜齿圆柱齿轮工作图

15.1.5　圆柱齿轮的测绘

这里的圆柱齿轮指不变位齿轮，压力角为 20°，正常齿制。举例说明如下。

1. 直齿圆柱齿轮的测绘示例

(1)数出齿数 z：$z=40$。

(2)测量齿顶圆直径 d_a：$d_a=41.9\text{mm}$。

(3)计算模数 m：$m=\dfrac{d_a}{z+2}=\dfrac{41.9\text{mm}}{40+2}\approx 0.998\text{mm}$，对照标准模数(表 15－1)，取最接近的标准模数，即 $m=1\text{mm}$。

(4)根据标准模数重新计算齿轮各部分尺寸：$d=mz=1\text{mm}\times 40=40\text{mm}$；$d_a=m(z+2)=1\text{mm}\times(40+2)=42\text{mm}$；$d_f=m(z-2.5)=1\text{mm}\times(40-2.5)=37.5\text{mm}$。

(5)测量齿轮其他各部分的结构尺寸，绘制工作图：如轴孔直径 d_h、齿宽 b 等。

2. 斜齿圆柱齿轮的测绘示例

(1)数出齿数 z_1：$z_1=21$。

(2)测量齿顶圆直径 d_a、齿根圆直径 d_f：$d_a=79.86\text{mm}$；$d_f=65.40\text{mm}$。

(3)计算法面模数 m_n：由于 $d_a-d_f=4.5m_n$，所以 $m_n=\dfrac{d_a-d_f}{4.5}$ 或 $m_n=\dfrac{h}{4.5}$，$m_n=\dfrac{d_a-d_f}{4.5}=\dfrac{79.86-65.40}{4.5}=3.21(\text{mm})$；对照标准模数(表 15－1)，取最接近的标准模数，即 $m_n=3.25\text{mm}$。

(4)数出配偶齿轮的齿数 z_2，测定两齿轮的中心距 a：$z_2=48$；$a=120.75\text{mm}$。

(5)计算螺旋角 β：由于 $a=\dfrac{m_n(z_1+z_2)}{2\cos\beta}$；所以 $\cos\beta=\dfrac{m_n(z_1+z_2)}{2a}$ 或 $\cos\beta=\dfrac{m_n z}{d}=$

$\frac{m_n z}{d_a - 2m_n}$，$\cos\beta = \frac{m_n(z_1 + z_2)}{2a} = \frac{3.25(21+48)}{2\times 120.75} = 0.92857$，查三角函数表，得 $\beta = 21°47'11''$。

(6)根据 m_n 和 β，计算轮齿各部尺寸：(略)。

(7)测量齿轮各部结构尺寸：(略)。

15.1.6 圆柱齿轮的精度简介

1. 圆柱齿轮的精度的基本概念(GB/T 10095.1～2—2008、GB/Z 18620.1～4—2008)

国家标准 GB/T 10095.1—2008 将单个齿轮的精度规定为 13 级，用阿拉伯数字 0，1，2，…，12 表示，0 级为最高精度等级，由高到低，12 级为最低精度等级。

0、1、2 级精度很高，目前制造困难，应用很少，标准列出了公差数值，但属于待用的精度等级。一般情况下，3、4、5 级属于高精度等级，6、7、8 级属于中精度等级，10、11、12 级属于低精度等级。

圆柱齿轮的制造精度和传动精度由精度等级和侧隙决定。齿轮的每种精度等级由下列三种精度组成：

(1)第Ⅰ性能组精度：运动精度。齿轮运动精度是为了保证齿轮准确地按一定的转速传动；即要求主动齿轮转过一个角度，从动齿轮应按传动比关系转过相应的角度，加工齿轮时不允许这个转角的误差超过一定限度。运动精度影响齿轮机构准确地传递速度或准确地传递分度。

(2)第Ⅱ性能组精度：工作平稳性精度。齿轮工作平稳性精度是为了把齿轮旋转一周的瞬间传动比的变化限制在一定范围之内，以减少冲击、振动和噪音，从而保证齿轮的一定使用寿命。工作平稳性精度影响齿轮传动的振动和噪音，影响机床设备的加工精度。

(3)第Ⅲ性能组精度：接触精度。接触精度是为了保证一对啮合齿轮的啮合齿面接触良好、齿面受力均匀及不易磨损。为此，规定了啮合齿面接触斑点的比例和大小；斑点愈多，齿轮的接触精度愈好。

齿轮精度设计公差及极限偏差项目见表 15-4。

表 15-4 齿轮精度设计公差及极限偏差项目

公差组	公差及极限偏差项目
Ⅰ	F_i'，F_p，F_{pk}，F_i''，F_r，F_w
Ⅱ	f_i'，f_i''，f_f，f_{pt}，f_{pb}，$f_{f\beta}$
Ⅲ	F_β，F_b，F_{px}

除了上述三种齿轮精度外，还有齿侧隙，也称齿侧间隙。相互啮合的一对齿轮，在不工作一侧齿面之间应留有一定的间隙，以保证两个啮合齿不产生卡涩，并在齿轮齿面上形成润滑油膜。通常，主要考虑最小法向侧隙 j_{bnmin}。

2. 圆柱齿轮精度选择

(1)参考原则：选择组合各种精度等级时，应根据齿轮传动的用途、工作条件、圆周速度以及其他技术要求，以其中主要的精度要求作为选择依据。此外，还需考虑加工条件，合理安排精度要求同加工经济性之间的关系。

在选择精度等级时，可以参考现有的同类型、工作条件接近的齿轮传动的资料。如一般机床主轴箱中的齿轮，即较高速度的传动齿轮，对工作平稳性精度的要求是主要的；分度机构中的齿轮，对运动精度的要求是主要的；对于重载、中低速传动（如锻压设备中的传动齿轮），则对接触精度的要求是主要的。按照齿轮传动的具体工作条件，允许对各种精度选择不同的等级。

（2）运动精度等级的选择，参考表 15－5。

表 15－5　运动精度等级的选择

精度等级	应用条件和举例	齿面粗糙度 Ra 值（μm）
5～6 级	（1）圆周速度＞15m/s（直齿）和＞30m/s（斜齿）的传力齿轮； （2）普通磨齿机分度传动系统中的齿轮； （3）磨床挂轮； （4）插齿机、滚齿机的驱动齿轮	0.4～0.8
7 级	（1）圆周速度＜10m/s（直齿）和＜15m/s（斜齿）的传力齿轮； （2）普通车床主传动系统和进给系统中的齿轮，如 C620 车床主轴箱和进给箱的变速齿轮； （3）一般齿轮加工机床的分齿挂轮	1.6
8 级	（1）圆周速度＜4m/s（直齿）和＜6m/s（斜齿）的传力齿轮； （2）手动机构的齿轮	3.2
9 级	（1）低速、重载的传力齿轮； （2）不重要的齿轮	6.3

（3）工作平稳性精度等级的选择，参考表 15－6。

表 15－6　工作平稳性精度等级的选择

噪音（dB）	相应圆周速度（m/s）下的精度等级		
	直齿＜3，斜齿＜5	直齿＞5～30，斜齿＞5～30	直齿＞15，斜齿＞3
小（＜75）	6 级	5 级	5 级
中（75～85）	7 级	6 级	5 级
大（85～95）	8 级	7 级	6 级

（4）接触精度等级的选择，参考表 15－7。

表 15－7　接触精度等级的选择

噪音（dB）	精　度　等　级		
	重负荷	中负荷	轻负荷
小（＜75）	5 级	5 级	6 级
中（75～85）	6 级	6 级	7 级
大（85～95）	6 级	7 级	8 级

3. 齿轮精度标注示例

由于国家标准 GB/T 10095.1—2008、GB/T 10095.2—2008 没有明确给出标注方式，这里采用国家标准 GB/T 10095—2001 的标注方式；但具体偏差数值等应按照国家标准 GB/T 10095—2008 的规定标注。

在圆柱齿轮零件图上，应将齿轮三个公差组的精度等级和齿厚极限偏差的代号填写在图样上的数据表中。它们应按下列顺序标注：第Ⅰ、Ⅱ、Ⅲ公差组的精度等级代号（三者之间用两个短横符号“-”分开），齿厚上极限偏差、下极限偏差代号。

例 1：齿轮第Ⅰ、Ⅱ、Ⅲ公差组的精度等级分别为 7 级、6 级、6 级，齿厚上、下极限偏差代号分别为 F、L，它们标注为：

7-6-6 F L GB/T 10095—2008
齿厚下极限偏差代号
齿厚上极限偏差代号
第Ⅲ公差组的精度等级
第Ⅱ公差组的精度等级
第Ⅰ公差组的精度等级

例 2：齿轮三个公差的精度等级相同，则只需标注一个精度等级代号的数字。如齿轮的三个公差组的精度等级同为 7 级，齿厚上、下极限偏差代号分别为 G、M，它们应该标注为：

7 G M GB/T 10095—2008
齿厚下极限偏差代号
齿厚上极限偏差代号
第Ⅰ、Ⅱ、Ⅲ公差组的精度等级

此外，对齿厚上、下极限偏差可以不标注代号，而直接标注数值，示例如下：

$6\ \left({}^{-0.320}_{-0.495}\right)$
齿厚上、下极限偏差代号
第Ⅰ、Ⅱ、Ⅲ公差组的精度等级

15.1.7 圆柱齿轮的材料及热处理

圆柱齿轮的材料及热处理见表 15-8。

表 15-8 圆柱齿轮的材料及热处理

工作条件及性质	材料	代用材料	热处理	硬度
在低速、轻载下工作且不受冲击性载荷的齿轮	HT15-33 HT20-40 HT30-45	—	—	—
在低速、中等负荷下工作的齿轮	45 40Cr	50 45Cr,35Cr 35CrMnSi	调质	HB 220～250
在低速、重负荷或高速、中等负荷下工作，且不受冲击性负荷的齿轮	45	50	高频淬火	HRC 45～50

（续表）

工作条件及性质	材　料	代用材料	热处理	硬　度
在中速及中等负荷下工作的大齿轮	50Mn2	50SiMn 45Mn2 40CrSi	淬火 回火	HB 255～302
在中速及重负荷下工作的齿轮	40Cr 35CrMo	30CrMnSi 40CrSi	淬火 回火	HRC 45～50
在高速轻负荷下工作、无猛烈冲击，但精密度及耐磨性要求较高的齿轮	40Cr	35Cr	氰化或渗碳、淬火、回火	HRC 48～54
在高速及中等负荷下工作，并承受冲击负荷的外形复杂的重要齿轮	20Cr 18CrMnTi	20Mn2B	渗碳 淬火 回火	HRC 56～62
在高速及中等负荷下工作，并承受冲击负荷的小齿轮	15	20 15Mn	渗碳 淬火 回火	HRC 56～62
在高速及中等负荷下工作、无猛烈冲击的齿轮	40Cr	—	高频淬火	HRC 50～55
在高速及重负荷下工作的齿轮	40CrNi 12CrNi3 35CrMoA	—	淬火 回火 （渗碳）	HRC 45～50
圆周速度为 40～50m/s	夹布胶木	—	—	—

15.2　圆锥齿轮

15.2.1　直齿圆锥齿轮的各部分几何尺寸及计算公式

本书仅探讨直齿圆锥齿轮。其中：$\alpha_n = 20°$，$h_a^* = 1$，$c^* = 0.2$。

1. 直齿圆锥齿轮各部分名称、代号及尺寸关系，见图 15-4 和表 15-9。

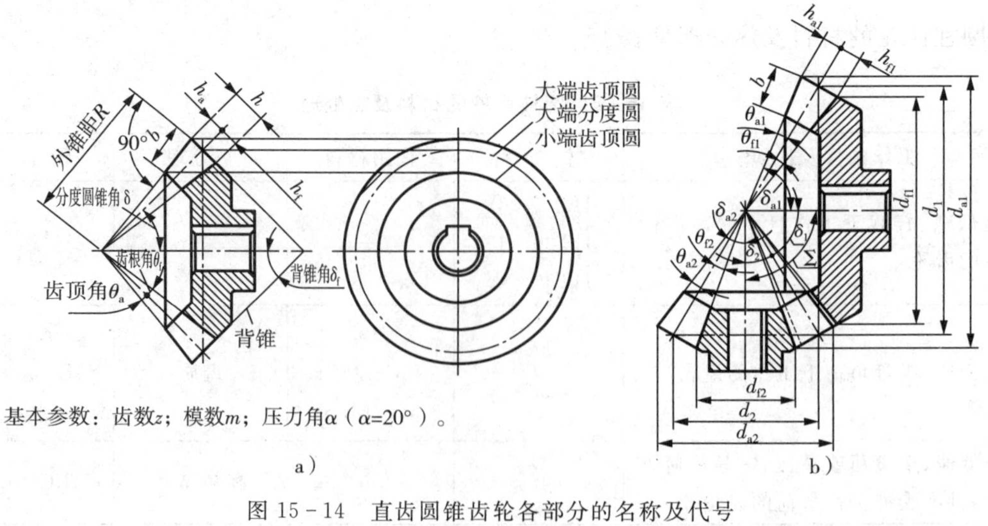

图 15-14　直齿圆锥齿轮各部分的名称及代号

表 15-9 直齿圆锥齿轮各部分名称代号及尺寸关系

名 称	代号	几 何 关 系	
		圆锥齿轮 1	圆锥齿轮 2
轴交角	Σ	$\Sigma = 90^\circ$	
分度圆锥角	δ	$\delta_1 = \arctan \dfrac{z_1}{z_2} = \dfrac{1}{i}$	$\delta_2 = 90^\circ - \delta_1$
分度圆直径(指大端)	d	$d_1 = mz_1$	$d_2 = mz_2$
外锥距	R	$R = \dfrac{d_1}{2\sin\delta_1} = \dfrac{d_2}{2\sin\delta_2}$	
齿宽	b	$b \leqslant R/3$	
齿顶高(指大端)	h_a	$h_{a1} = h_{a2} = m$	
齿根高(指大端)	h_f	$h_{f1} = h_{f2} = 1.2m$	
齿高(指大端)	h	$h_1 = h_2 = 2.2m$	
齿顶圆直径(指大端)	d_a	$d_{a1} = d_1 + 2h_{a1}\cos\delta_1 = m(z_1 + 2\cos\delta_1)$	$d_{a2} = m(z_2 + 2\cos\delta_2)$
齿根圆直径(指大端)	d_f	$d_{f1} = d_1 - 2h_{f1}\cos\delta_1 = m(z_1 - 2.4\cos\delta_1)$	$d_{f2} = m(z_2 - 2.4\cos\delta_2)$
齿顶角	θ_a	$\tan\theta_{a1} = \dfrac{h_{a1}}{R}$	$\tan\theta_{a2} = \dfrac{h_{a2}}{R}$
齿根角	θ_f	$\tan\theta_{f1} = \dfrac{h_{f1}}{R}$	$\tan\theta_{f2} = \dfrac{h_{f2}}{R}$
顶锥角	δ_a	$\delta_{a1} = \delta_1 + \theta_{a1}$	$\delta_{a2} = \delta_2 + \theta_{a2}$
根锥角	δ_f	$\delta_{f1} = \delta_1 - \theta_{f1}$	$\delta_{f2} = \delta_2 - \theta_{f2}$

注:关系式中的 m 均指圆锥齿轮的大端模数。

2. 锥齿轮大端端面模数见表 15-10 所列。

表 15-10 锥齿轮大端端面模数(GB/T 12368—1990) 单位:mm

0.1	0.12	0.15	0.2	0.25	0.3	0.35	0.4	0.5
0.6	0.7	0.8	0.9	1	1.125	1.25	1.375	1.5
1.75	2	2.25	2.5	2.75	3	3.25	3.5	3.75
4	4.5	5	5.5	6	6.5	7	8	9
10	11	12	14	16	18	20	22	25
28	30	32	36	40	45	50		

注:表中值适用于直齿、斜齿及曲线齿锥齿轮。

15.2.2 圆锥齿轮的画法

1. 单个圆锥齿轮的画法

绘制圆锥齿轮的轮齿部分时，需要先计算和确定有关尺寸：d、h_a、h_f、b 和 δ。如图 15-15 所示，其具体作图步骤如下：

(1)在水平线中心线上取点 O，过点 O 作与水平中心线对称的两个分度圆锥角 δ。

(2)在水平中心线的上下两侧距离为 $\frac{d}{2}$ 处作两条水平线，分别交分度锥线于 A、B 两点；即得分度圆直径线。

(3)过点 A、B 分别作 OA、OB 的垂线(即背锥线)，在这两垂线上自 A 点和 B 点始各截取齿顶高和齿根高 h_a、h_f，将此四点与点 O 连线。

(4)在分锥线 OA、OB 上，自 A 点和 B 点分别截取齿宽 b；这样，轮齿部分的绘图已完成。

(5)根据计算或实测的尺寸，绘制圆锥齿轮的其他结构。

(6)在圆锥齿轮的端视图上，用粗实线绘制大端齿顶圆、小端齿顶圆，用细点画线绘制大端分度圆。

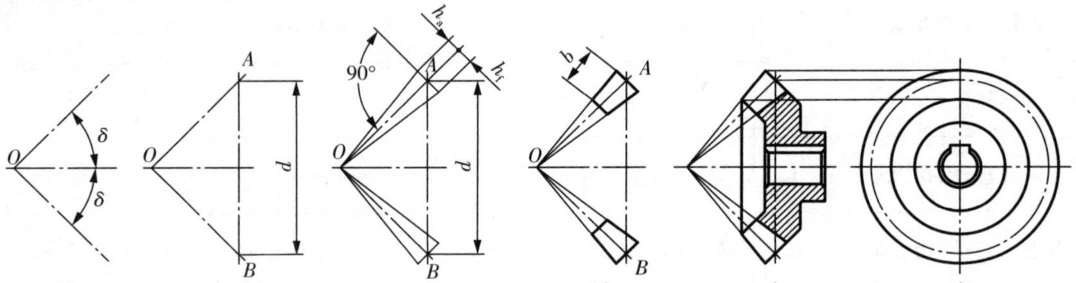

图 15-15 单个圆锥齿轮的画法

2. 直齿圆锥齿轮的啮合画法

直齿圆锥齿轮的啮合画法，如图 15-16 所示。

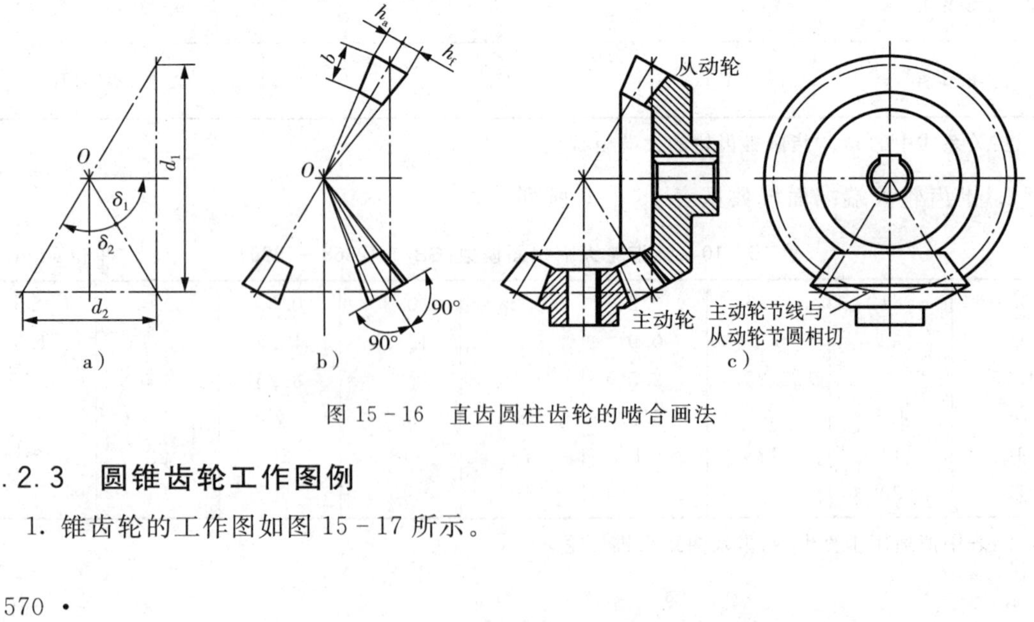

图 15-16 直齿圆柱齿轮的啮合画法

15.2.3 圆锥齿轮工作图例

1. 锥齿轮的工作图如图 15-17 所示。

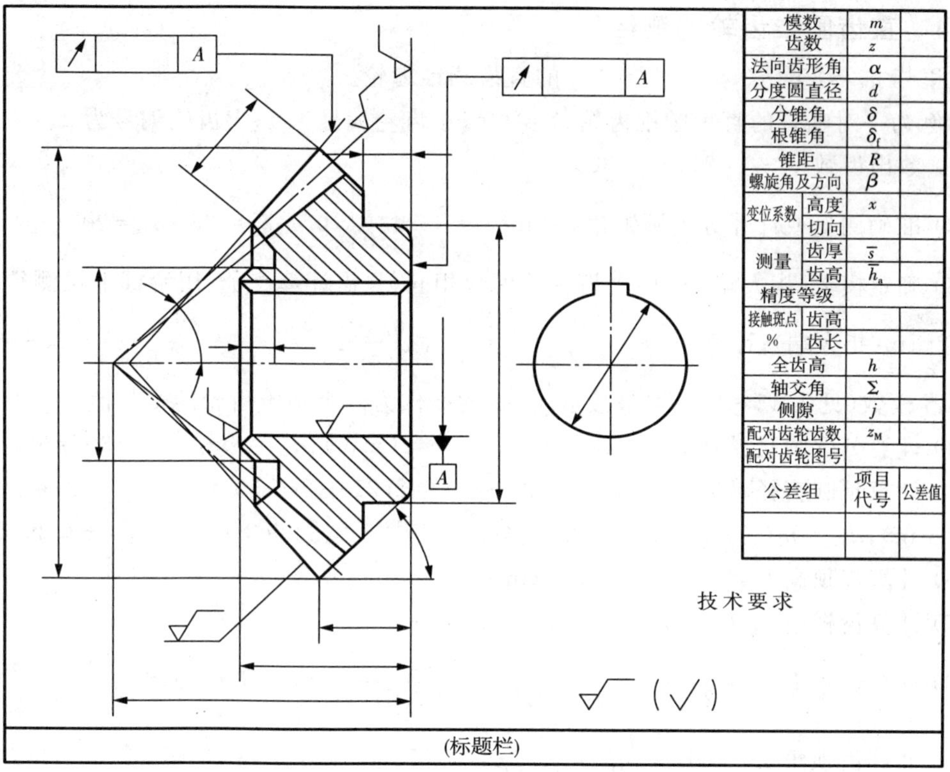

图 15－17　锥齿轮工作图

2. 直齿圆锥齿轮的工作图如图 15－18 所示。

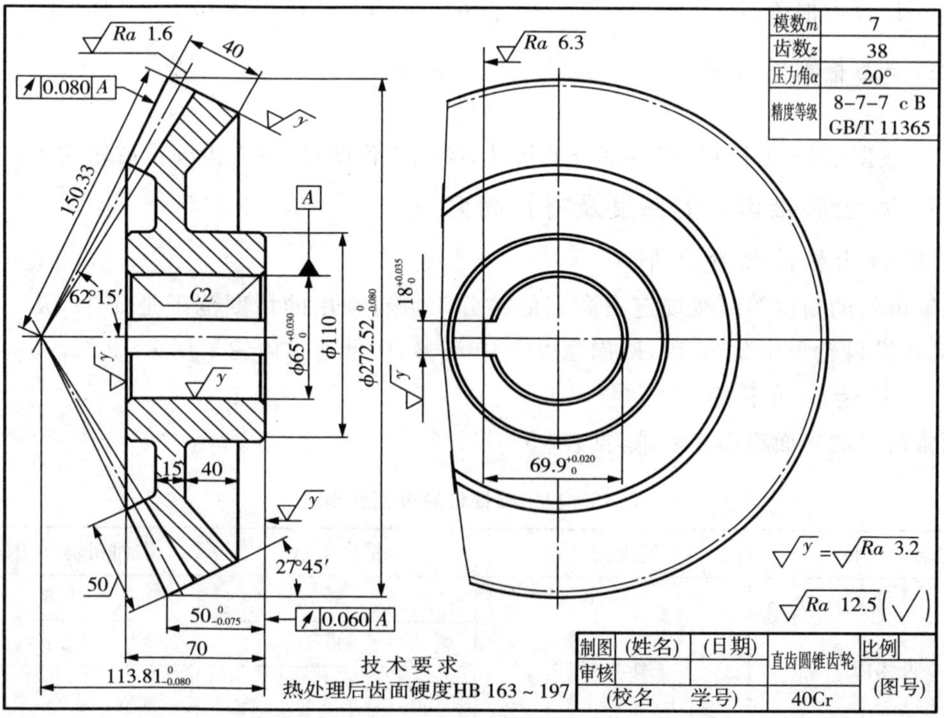

图 15－18　直齿圆锥齿轮工作图

15.2.4 直齿圆锥齿轮的测绘

这里指 $\alpha_n=20°$，$h_a^*=1$；$c^*=0.2$ 的直齿圆锥齿轮。

示例为一对啮合的直齿圆锥齿轮，$\Sigma=90°$；小齿轮编号为 1；大齿轮编号为 2。

(1) 数出齿数 z：$z_1=21$；$z_2=30$。

(2) 准确测量或计算分度圆锥角 δ：$\tan\delta_1=\dfrac{z_1}{z_2}=\dfrac{21}{30}=0.7$，$\delta_1=35°$；$\delta_2=90°-\delta_1=55°$。

(3) 确定模数(指大端)m：两个齿轮的模数相同，只需计算一个；用游标卡尺测得大齿轮 $d_{a2}=62\text{mm}$(指大端)；计算 $m=\dfrac{d_2}{z_2+2\cos\delta_2}=\dfrac{62}{30+2\cos 55°}=\dfrac{62}{30+2\times 0.574}=1.99(\text{mm})$，对照标准模数(见表 15-10)，取最接近 1.99 的 2 作为两个圆锥齿轮的模数值。

(4) 计算分度圆直径 d：$d_1=mz_1=2\times 21=42(\text{mm})$；$d_2=mz_2=2\times 30=60(\text{mm})$。

(5) 计算顶圆直径 d_a：$d_{a1}=m(z_1+2\cos\delta_1)=2(21+2\cos 35°)=2(21+2\times 0.819)=45.28(\text{mm})$；$d_{a2}=m(z_2+2\cos\delta_2)=2(30+2\cos 55°)=2(30+2\times 0.574)=62.29(\text{mm})$。

(6) 计算齿顶高 h_a：$h_{a1}=h_{a2}=m=2\text{mm}$。

(7) 计算齿根高 h_f：$h_{f1}=h_{f2}=1.2m=2.4\text{mm}$。

(8) 计算锥距 R：$R=\dfrac{d_1}{2\sin\delta_1}=\dfrac{42}{2\sin 35°}=\dfrac{42}{2\times 0.574}=36.59(\text{mm})$。

(9) 计算齿顶角 θ_a：$\tan\theta_{a1}=\dfrac{h_{a1}}{R}=\dfrac{2.4}{36.59}=0.055$，$\theta_{a1}=\theta_{a2}=3°8'$。

(10) 计算顶锥角 δ_a：$\delta_{a1}=\delta_1+\theta_{a1}=35°+3°8'=38°8'$；$\delta_{a2}=\delta_2+\theta_{a2}=55°+3°8'=58°8'$。

(11) 计算齿根角 θ_f：$\tan\theta_{f1}=\dfrac{h_{f1}}{R}=\dfrac{2.4}{36.59}=0.066$，$\theta_{f1}=\theta_{f2}=3°45'$。

(12) 计算根锥角 δ_f：$\delta_{f1}=\delta_1-\theta_{f1}=35°-3°45'=31°15'$；$\delta_{f2}=\delta_2-\theta_{f2}=55°-3°45'=51°15'$。

(13) 根据实测和计算所得各部分的尺寸，绘制工作图(绘制直齿圆锥齿轮的工作图)。

15.2.5 直齿圆锥齿轮的精度及材料简介

1. 圆锥齿轮的精度简介

圆锥齿轮的精度等级按规定由高到低共分 12 级，常用的精度范围是 5～9 级。一般情况下：高速锥齿轮采用 5～6 级(圆周速度≥40m/s)；中低速锥齿轮采用 7～9 级。

2. 圆锥齿轮的表面粗糙度

圆锥齿轮的表面粗糙度要求，见表 15-11。

表 15-11 圆锥齿轮表面粗糙度

名　　称	精度规范	精度等级	表面粗糙度 $Ra/\mu m$
齿侧面	工作平稳性	7	1.6
		8	3.2
		9	6.3
		10	12.5

（续表）

名　　称	精度规范	精度等级	表面粗糙度 $Ra/\mu m$
端面	运动精度	8	3.2
		9,10	6.3
顶锥面		8	3.2
		9,10	6.3
背锥面		8	6.3
		9,10	12.5
基准孔(轴)	—	8,9,10	3.2,6.3,12.5

图例如图所示。

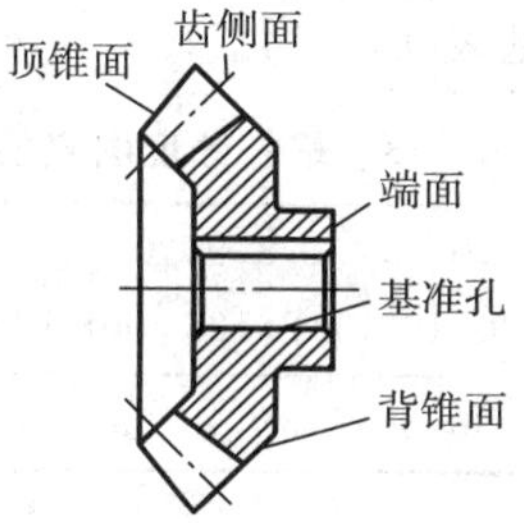

3. 圆锥齿轮的材料

圆锥齿轮的常用材料是 45、40Cr、40B、40MnB、40MnVB、20CrMo、18CrMnTi、25MnTiB，大型和不重要的圆锥齿轮，也用铸钢及铸铁，如 ZG35、HT20－40。

15.3 普通圆柱蜗轮与蜗杆

15.3.1 普通圆柱蜗轮蜗杆的主要参数及几何尺寸

普通圆柱蜗轮蜗杆的主要参数如图 15－19 所示。

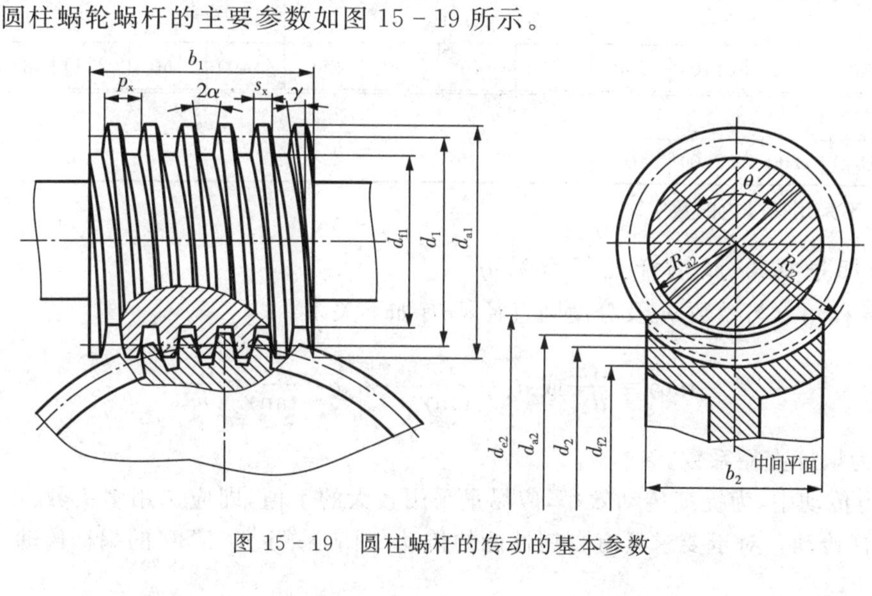

图 15－19 圆柱蜗杆的传动的基本参数

1. 模数 m

为了便于加工，规定蜗杆的轴向模数为标准模数。对于交错角等于90°的传动，蜗杆的轴面模数 m，与蜗轮的端面模数 m_t 相等，均采用 m 表示。蜗杆的模数见表15－12。

表15－12　蜗杆模数 m 值(GB/T 10088—88)　　单位：mm

第一系列	1,1.25,1.6,2,2.5,3.15,4,5,6.3,8,10,12.5,16,20,25,31.5,40
第二系列	1.5,3,3.5,4.5,5.5,6,7,12,14

注：尽量不采用第二系列。

2. 蜗杆分度圆直径 d_1

为了减少蜗轮滚刀的规格，蜗杆分度圆直径 d_1 已经标准化，见表15－13，且与模数 m 有一定的匹配；其匹配组合见表15－14。

表15－13　蜗杆分度圆直径 d_1 值(GB/T 10088—88)　　单位：mm

第一系列	4,4.5,5,5.6,6.3,7.1,8,9,10,11.2,12.5,14,16,18,20,22.4,25,28,31.5,40,45,50,56,63,71,80,90,100,112,125,140,160,180,200,224,250,280,315,355,400
第二系列	7.5,8.5,15,30,35.5,38,48,53,60,67,75,85,95,106,118,132,144,170,190,300

注：尽量不采用第二系列。

表15－14　蜗杆传动的 m 与 d_1 的匹配(GB/T 10085—88)　　单位：mm

m	1	1.25		1.6		2				2.5			
d_1	18	20	22.4	20	28	(18)	22.4	(28)	35.5	(22.4)	28	(35.5)	45
m	3.15				4				5				
d_1	(28)	35.5	(45)	56	(31.5)	40	(50)	71	(40)	50	(63)		
m	5	6.3				8				10			
d_1	90	(50)	63	(80)	112	(63)	80	(100)	140	(71)	90	(112)	160
m	12.5				16				20				
d_1	(90)	112	(140)	200	(112)	140	(180)	250	(140)	160	(224)	315	
m	25												
d_1	(180)	200	(280)	400									

注：尽量不采用括号内的数字。

3. 蜗杆导程角 γ、蜗杆直径系数 q

蜗杆导程角 γ 与模数 m 及分度圆直径 d_1 有如下关系：

$$\tan\gamma=\frac{z_1 m}{d_1}\text{或 } d_1=\frac{z_1}{\tan\gamma}=qm, q=\frac{z_1}{\tan\gamma}=\frac{d_1}{m}$$

式中，q 称为蜗杆直径系数。

在动力传动中，为提高传动效率，应尽量采用较大的 γ 值，即应选用多头数、小分度圆直径 d_1 的蜗杆传动。对于要求具有自锁性能的传动，则应采用 $\gamma<3°30'$ 的蜗杆传动。

4. 蜗轮的螺旋角 β

一对蜗轮和蜗杆相互啮合，则蜗轮的螺旋角 β 同蜗杆的螺旋导程角 γ 大小相等，方向一致，即 $\beta=\gamma$。

5. 压力角 α

蜗轮端面压力角等于蜗杆的轴向压力角，标准为 $\alpha=20^\circ$。

6. 蜗杆头数 z_1 和蜗轮齿数 z_2

蜗杆头数 z_1 一般为 1～10，常用为 1，2，4，6。蜗杆头数过多时，制造较高精度的蜗杆和蜗轮滚刀有困难。传动比大及要求自锁的蜗杆传动取 $z_1=1$。

蜗轮齿数 z_2 一般取 27～80。齿数小于 27 时，蜗轮齿将产生根切和干涉；齿数大于 80，会使结构尺寸过大，蜗杆长度也随之增加，会降低蜗杆刚度和啮合精度。

7. 传动比 i

蜗杆与蜗轮传动比为 $i=\frac{z_2}{z_1}$。各种传动比下推荐的 z_1、z_2 值见表 15 - 15。

表 15 - 15　各种传动比下推荐的 z_1、z_2 值

i	5～6	7～8	9～13	14～24	25～27	28～40	>40
z_1	6	4	3～4	2～3	2～3	1～2	1
z_2	29～36	28～32	27～52	28～72	50～81	28～80	>40

8. 蜗杆传动的几何尺寸

蜗杆传动的几何尺寸及其计算公式见图 15 - 19 和表 15 - 16。

表 15 - 16　圆柱蜗杆传动的几何尺寸计算

名　　称	代号	计算公式及说明	
		蜗　　杆	蜗　　轮
蜗杆分度圆直径，蜗轮分度圆直径	d	$d_1=mq$	$d_2=mz_2$
齿顶高	h_a	$h_a=m$　（注：$h_a^*=1$）	$h_a=m$　（注：$h_a^*=1$）
齿根高	h_f	$h_f=1.2m$　（注：$c^*=0.2$）	$h_f=1.2m$　（注：$c^*=0.2$）
蜗轮齿顶圆直径，蜗轮喉圆直径	d_a	$d_{a1}=m(q+2)$	$d_{a2}=m(z_2+2)$
齿根圆直径	d_f	$d_{f1}=m(q-2.4)$	$d_{f2}=m(z_2-2.4)$
蜗杆轴向齿距，蜗轮端面齿距	p	$p_x=p_{t2}=\pi m$	
中心距	a	$a=0.5(d_1+d_2)=0.5m(q+z_2)$	
蜗杆有齿部分长度	b_1	当 z_1 为 1～2 时，$b_1=(11+0.06z_2)m$ 当 z_1 为 3～4 时，$b_1=(12.5+0.09z_2)m$	
蜗轮齿宽	b_2	当 z_1 不大于 3 时，$b_2\leqslant 0.75d_{a1}$ 当 z_1 为 4～6 时，$b_2\leqslant 0.0.67d_{a1}$	

（续表）

名　　称	代号	计算公式及说明	
		蜗　　杆	蜗　　轮
蜗轮顶圆直径	d_{e2}	当 z_1 为 1 时，$d_{e2} \leqslant d_{a2}+2m$ 当 z_1 为 2～3 时，$d_{e2} \leqslant d_{a2}+1.5m$ 当 z_1 为 4～6 时，$d_{e2} \leqslant d_{a2}+m$	
蜗轮齿顶圆弧半径	R_{a2}	$R_{a2}=0.5\ d_1-m$	
蜗轮齿根圆弧半径	R_{f2}	$R_{f2}=0.5\ d_{a1}+c*m$	
蜗轮咽喉母圆半径	r_{g2}	$r_{g2}=a-0.5\ d_{a2}$	
齿宽角	θ	$\sin\dfrac{\theta}{2}=\dfrac{b_2}{d_1}$ 一般动力传动：θ 为 70°～ 90° 高速动力传动：θ 为 90°～ 130° 分度传动：θ 为 45°～ 60°	
蜗杆轴向齿厚	s_x	$s_x=0.5\pi m$	
蜗杆导程	p_z	$p_z = z_1 p = z_1 \pi m$	

15.3.2　蜗轮与蜗杆的画法(GB/T 4459.2—2003)

1. 蜗轮的规定画法

蜗轮的视图表达，一般选择平行于蜗轮轴线的视图(取剖视)及端视图。剖视图中的轮齿部分一律按不剖处理，齿顶线和齿根线用粗实线绘制，分度线用细点画线表示；在端视图中，轮齿部分只画蜗轮顶圆(粗实线)和分度圆(细点画线)以及倒角圆，齿顶圆和齿根圆可以不画；如图 10－20 所示。

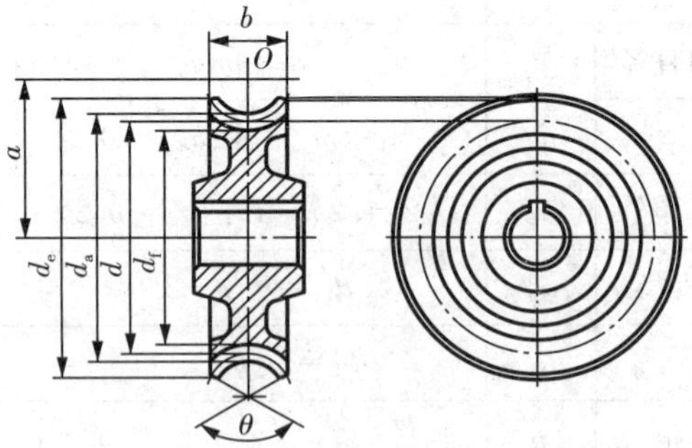

图 15－20　蜗轮的规定画法

2. 蜗杆的规定画法

绘制蜗杆时，在平行于蜗杆轴线的视图中，齿顶线采用粗实线，齿根线采用细实线，分度线采用细点画线；在端视图中(取剖视)，齿顶圆、齿根圆采用粗实线，分度圆采用细点画线；如图 15－21 所示。

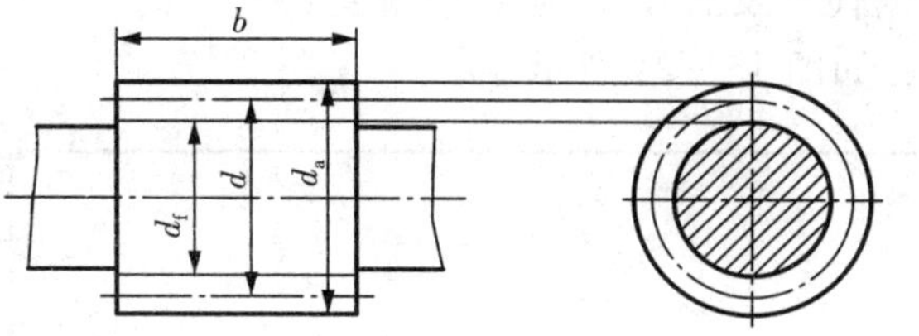

图 15－21　蜗杆的规定画法

3. 蜗轮与蜗杆啮合的规定画法

(1)不剖画法

在蜗杆的端视图中，啮合区内蜗轮被遮挡部分不画；在平行于蜗杆轴线的视图中，啮合区内仍按蜗轮、蜗杆各自的规定画法完整绘制；如图 15－22 所示。

(2)剖视画法

在剖视画法中，轮齿部分一律按不剖处理；齿根圆与齿根线采用粗实线。在蜗杆的端视图中，啮合区内蜗轮被遮挡部分不画。在平行于蜗杆轴线的视图中，啮合区内蜗轮的齿顶圆和蜗轮顶圆及蜗杆的齿顶线均省略不画。如图 15－23 所示。

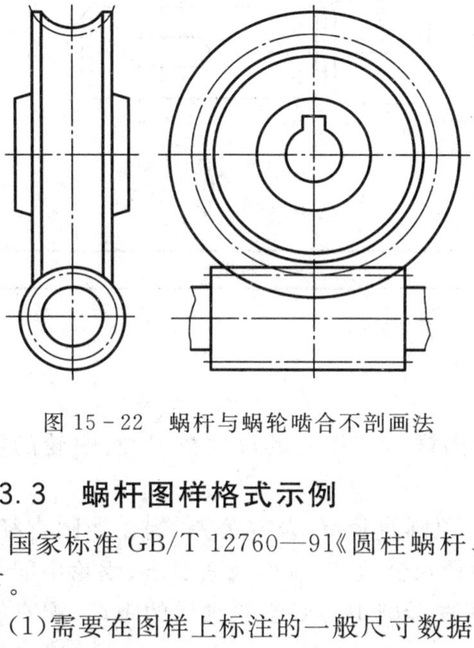

图 15－22　蜗杆与蜗轮啮合不剖画法

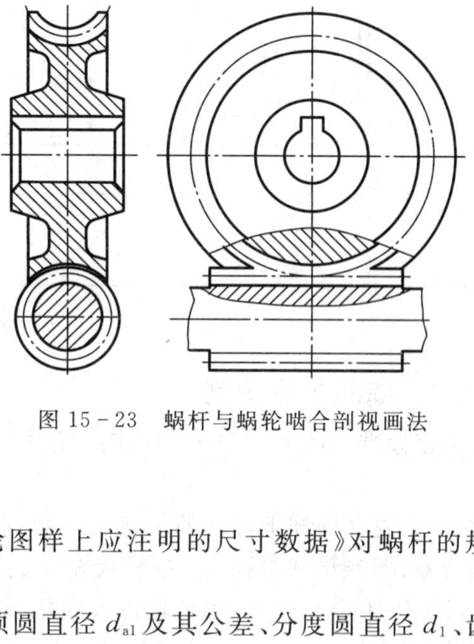

图 15－23　蜗杆与蜗轮啮合剖视画法

15.3.3　蜗杆图样格式示例

国家标准 GB/T 12760—91《圆柱蜗杆、蜗轮图样上应注明的尺寸数据》对蜗杆的规定如下。

(1)需要在图样上标注的一般尺寸数据：齿顶圆直径 d_{a1} 及其公差、分度圆直径 d_1、齿宽 b_1、轴(孔)径及其公差、定位面及其要求、蜗杆轮齿表面粗糙度。

(2)需要用表格列出的数据：蜗杆类型(ZA、ZN、ZI、ZK 和 ZC：ZA——基本蜗杆为阿基米德蜗杆、ZN——法向直齿蜗杆、ZI——渐开线蜗杆、ZK——锥面包络圆柱蜗杆和 ZC——圆弧圆柱蜗杆)、模数 m、齿数 z_1、基本齿廓(符合国家标准 GB 10087 时，仅注明齿形角 α，否则应以图样——轴向剖视或法向剖视详述其特征)、齿顶高系数 h_{a1}^*、螺旋方向(右或左)、导程 P_z、导程角 γ、齿厚 s_1 及其上下极限偏差(或量柱测量距 M_1 及其偏差，或测量的弦厚 $\bar{S}_1$ 及其偏差；相应注明量柱直径 d_M 或测量弦齿高 $\bar{h}_s$)(注：该项数据仅用于要求互换性的传动；对非互换性的传动可不给出该项数据，但需给出传动的侧隙值要求)、精度等级、配对蜗轮的图

号及齿数 z_2、检验项目的代号及其公差(或极限偏差)。

蜗杆图样格式示例,如图 15－24 所示。

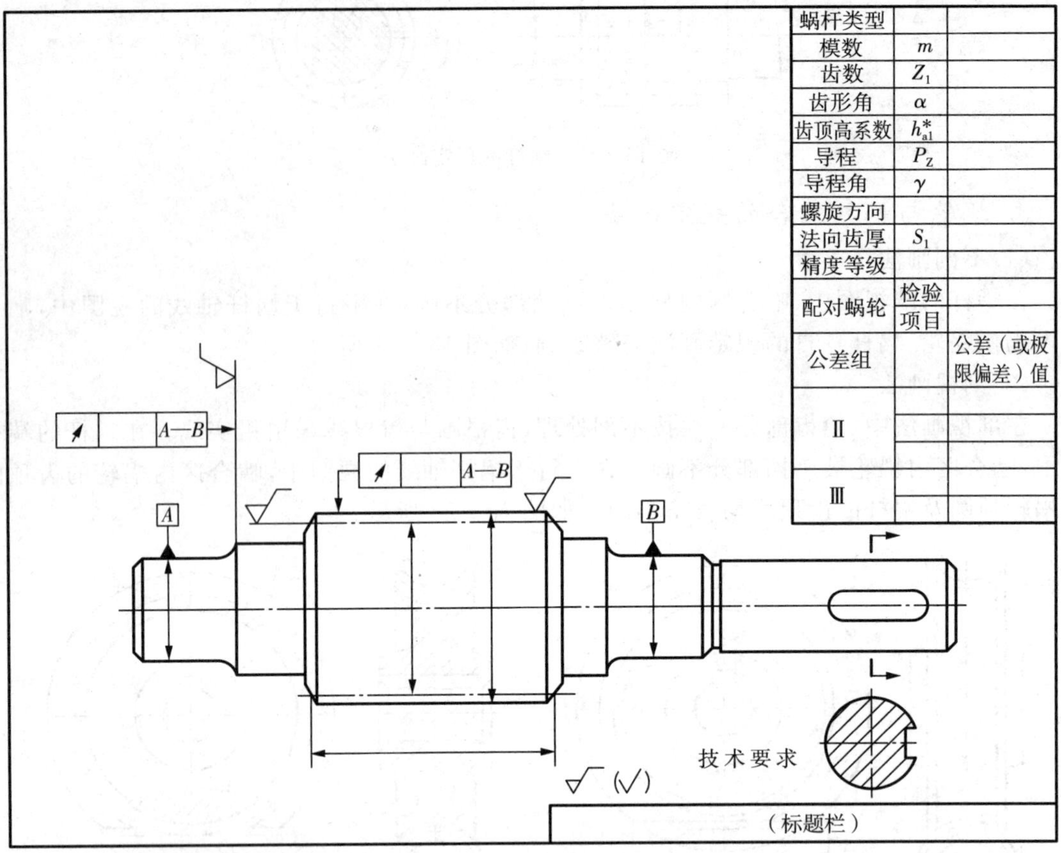

图 15－24　蜗杆图样格式示例

15.3.4　蜗轮工作图例

国家标准 GB/T 12760—91《圆柱蜗杆、蜗轮图样上应注明的尺寸数据》对蜗轮的规定如下。

(1)需要在图样上标注的一般尺寸数据:蜗轮顶圆直径 d_{e2} 及其公差、蜗轮喉圆直径 d_{a2} 及其公差、咽喉母圆半径 r_{g2}、蜗轮齿宽 b_2、孔(轴)径及公差、定位面及其要求、蜗轮中间平面与基准面的距离及公差、蜗轮轮齿表面粗糙度、咽喉母圆中心到蜗轮轴线的距离、配对蜗杆分度圆直径 d_1。

(2)需要用表格列出的数据:模数 m、齿数 z_2、分度圆直径 d_2、变位系数 x_2、齿顶高系数 h_{a2}^*、分度圆齿厚 s_2 及其上下极限偏差(或双啮中心距及其偏差,或测量的弦齿厚及其偏差,相应注明测量弦齿高)(注:该项数据仅用于要求互换性的传动;对非互换性的传动可不给出该项数据,但需给出传动的侧隙值要求)、精度等级、配对蜗杆的图号及齿数 z_1、检验项目的代号及公差(或极限偏差)。

蜗轮图样格式示例如图 15－25 所示。

蜗轮工作图例如图 15－26 所示。

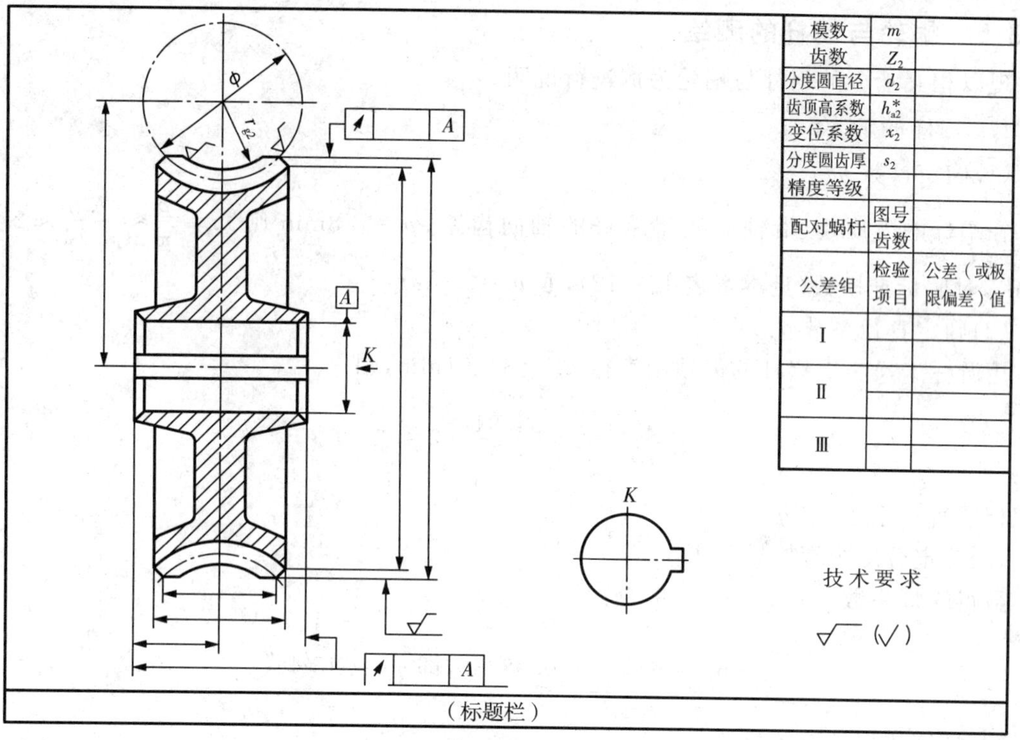

图 15－25　蜗轮图样格式示例

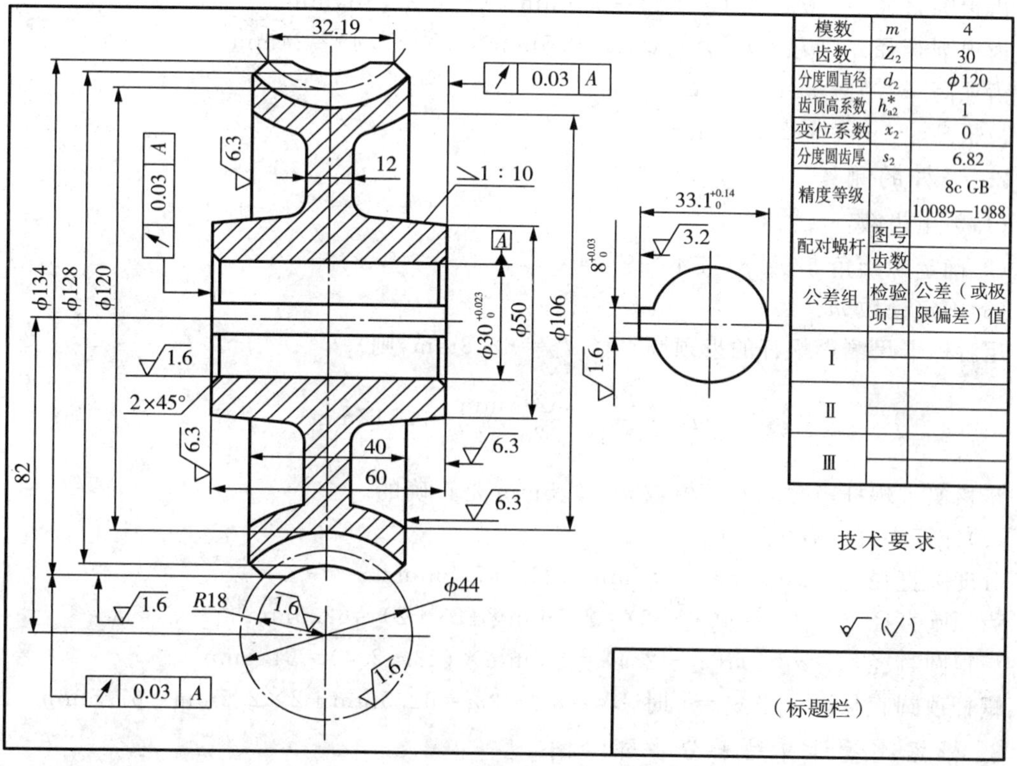

图 15－26　蜗轮工作图例

15.3.5 蜗轮与蜗杆的测绘

现以相互啮合的蜗杆与蜗轮为例进行说明。

1. 蜗杆的测绘

(1)确定模数 m:

在蜗杆的齿顶处，沿轴向测得蜗杆的轴向齿距；$p=7.8\text{mm}$ 则 $m=\dfrac{p}{\pi}\approx\dfrac{7.8}{3.14}\approx2.484$(mm)，对照标准模数(见本章表 15-12)，取 $m=2.5\text{mm}$。

(2)确定直径系数 q:

用游标卡尺测得蜗杆的齿顶圆直径 $d_{a1}=34.91\text{mm}$，则

$$q=\frac{d_{a1}}{m}-2=\frac{34.91}{2.5}-2=11.96$$

对照标准直径系数，取 $q=12$。

(3)确定分度圆螺旋导程角 γ:

数得蜗杆头数 $z_1=1$，则

$$\tan\gamma=\frac{z_1}{q}\approx\frac{1}{12}=0.08333\text{，即 }\gamma=4°45'48''$$

(4)计算蜗杆的有关尺寸：

分度圆直径　$d_1=mq=2.5\text{mm}\times12=30\text{mm}$

齿顶圆直径　$d_{a1}=m(q+2)=2.5\text{mm}\times(12+2)=35\text{mm}$

齿根圆直径　$d_{f1}=m(q-2.4)=2.5\text{mm}\times(12-2.4)=24\text{mm}$

齿顶高　$h_a=m=2.5\text{mm}$

齿根高　$h_f=1.2m=3\text{mm}$

2. 蜗杆的测绘

(1)数出齿数：$z_2=23$

(2)确定螺旋角 β:$\beta=\gamma=4°45'48''$

(3)确定模数 m:

用游标卡尺测得蜗杆的齿顶圆直径 $d_{a2}=62.8\text{mm}$，则

$$m=\frac{d_{a2}}{z_2+2}=\frac{62.8\text{mm}}{23+2}=2.512\text{mm}$$

进一步核实了蜗杆模数取标准模数 $m=2.5\text{mm}$ 是正确的。

(4)计算蜗杆的有关尺寸：

分度圆直径　$d_2=mz_2=2.5\text{mm}\times23=57.5\text{mm}$

齿顶圆直径　$d_{a2}=m(z_2+2)=2.5\text{mm}\times(23+2)=62.5\text{mm}$

齿根圆直径　$d_{f2}=m(z_2-2.4)=2.5\text{mm}\times(23-2.4)=51.5\text{mm}$

蜗杆顶圆直径　当 $z_1=1$ 时，$d_{e2}=d_{a2}+2m=62.5\text{mm}+2\times2.5\text{mm}=67.5\text{mm}$

3. 根据测量计算结果分步骤绘图

(略)。

15.3.6 蜗杆与蜗轮的精度及材料简介

1. 精度等级

国家标准GB 10089—88对蜗杆、蜗轮和蜗杆传动规定了12个精度等级；第1级的精度最高，第12级精度最低。

2. 表面粗糙度

轮杆和蜗轮的表面粗糙度要求，见表15－17所列。

表15－17 表面粗糙度

<table>
<tr><th colspan="6">蜗　　杆</th><th colspan="6">蜗　　轮</th></tr>
<tr><th rowspan="3">项　目</th><th colspan="5">精度等级</th><th rowspan="3">项　目</th><th colspan="5">精度等级</th></tr>
<tr><th>5</th><th>6</th><th>7</th><th>8</th><th>9</th><th>5</th><th>6</th><th>7</th><th>8</th><th>9</th></tr>
<tr><th colspan="5">表面粗糙度 Ra 值(μm)</th><th colspan="5">表面粗糙度 Ra 值(μm)</th></tr>
<tr><td>蜗杆齿面</td><td>0.4</td><td>0.8</td><td>0.8</td><td>1.6</td><td>3.2</td><td>蜗轮齿面</td><td>0.8</td><td>0.8</td><td>1.6</td><td>3.2</td><td>6.3</td></tr>
<tr><td rowspan="2">蜗杆外径(找正及测量基准)</td><td rowspan="2">—</td><td rowspan="2">—</td><td rowspan="2">1.6</td><td rowspan="2">3.2</td><td rowspan="2">6.3</td><td>蜗轮外径(找正及测量基准)</td><td colspan="2" rowspan="2">0.8,1.6</td><td colspan="3" rowspan="2">3.2</td></tr>
<tr><td>蜗轮基准面</td></tr>
<tr><td>蜗杆底径</td><td colspan="5">3.2,6.3</td><td>蜗轮外径</td><td colspan="5">3.2,6.3</td></tr>
</table>

3. 材料及热处理

蜗杆和蜗轮的材料及热处理要求，见表15－18所列。

表15－18 蜗杆、蜗轮的材料及热处理

<table>
<tr><th></th><th>材料牌号</th><th>热处理</th><th>说　　明</th></tr>
<tr><td rowspan="10">蜗杆</td><td>15</td><td rowspan="3">渗碳，淬火 HRC59</td><td>用于承受中等载荷、心部有一定强度、表面耐磨的蜗杆</td></tr>
<tr><td>20Cr</td><td>用于心部具有一定强度、工作表面高硬度的蜗杆</td></tr>
<tr><td>18CrMnTi</td><td>用于承受载荷不大、表面硬度要求高的精密分度蜗杆</td></tr>
<tr><td>20CrMnMoVBA</td><td>渗碳，淬火 HRC59</td><td>用于承受冲击、重载、高速的蜗杆</td></tr>
<tr><td rowspan="2">45</td><td>淬火 HRC48</td><td>用于截面厚度小于50mm、具有高强度和耐磨性，但不受冲击的蜗杆</td></tr>
<tr><td>调质，高频淬火 HRC54</td><td>用于模数小于4mm、受恒定载荷的中速蜗杆</td></tr>
<tr><td>40Cr</td><td>调质，高频淬火 HRC52</td><td>用于心部具有较高强度、工作表面要求耐磨，并具有相当硬度的蜗杆</td></tr>
<tr><td>38CrMoAlA</td><td>氮化 HV900</td><td>用于具有很高硬度、良好耐磨性，心部有一定强度，且热处理变形小的蜗杆</td></tr>
<tr><td>9Mn2V</td><td>淬火 HRC56</td><td>用于具有很高耐磨性及硬度，且变形小的精密分度蜗杆</td></tr>
</table>

(续表)

	材料牌号	说　明
蜗轮	锡青铜 QSn10-1	用于 v 不低于 3m/s、耐磨性好的精密分度蜗轮
	铝铁青铜 QAl9-4 QAl10-3-1.5	用于 v 不超过 4～5m/s、承受重载荷的动力传动蜗轮
	锡青铜 QSn6-6-3	用于 v 不超过 4～5m/s、承受中等载荷的传动蜗轮，可代替其他青铜使用
	灰铸铁 HT15-32 HT20-40 HT25-47 HT30-54	用于 v 不超过 2m/s 的一般传动蜗轮

第16章　滚动轴承

轴承的功用是支承轴及轴上零件，并保持轴的旋转精度，减少转轴与支承之间的摩擦和磨损。轴承分为滚动轴承和滑动轴承两大类，本书主要介绍滚动轴承。

滚动轴承一般是由外圈、滚动体、保持架和内圈组成（或由上圈、保持架、滚动体、下圈组成），如图 16－1 所示。

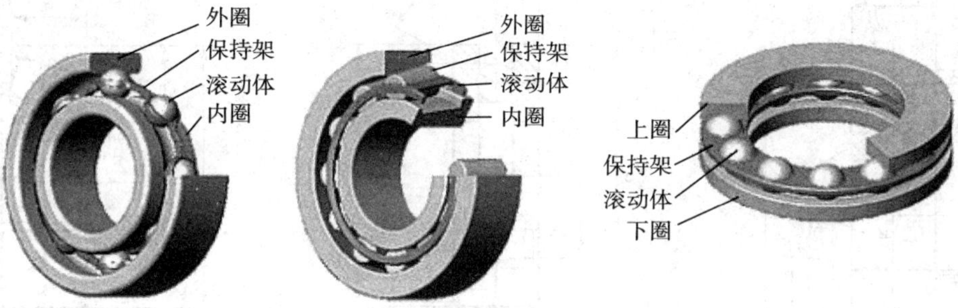

图 16－1　滚动轴承的构造

16.1　滚动轴承综合分类(GB/T 271—2008)

滚动轴承综合分类，如图 16－2 所示。

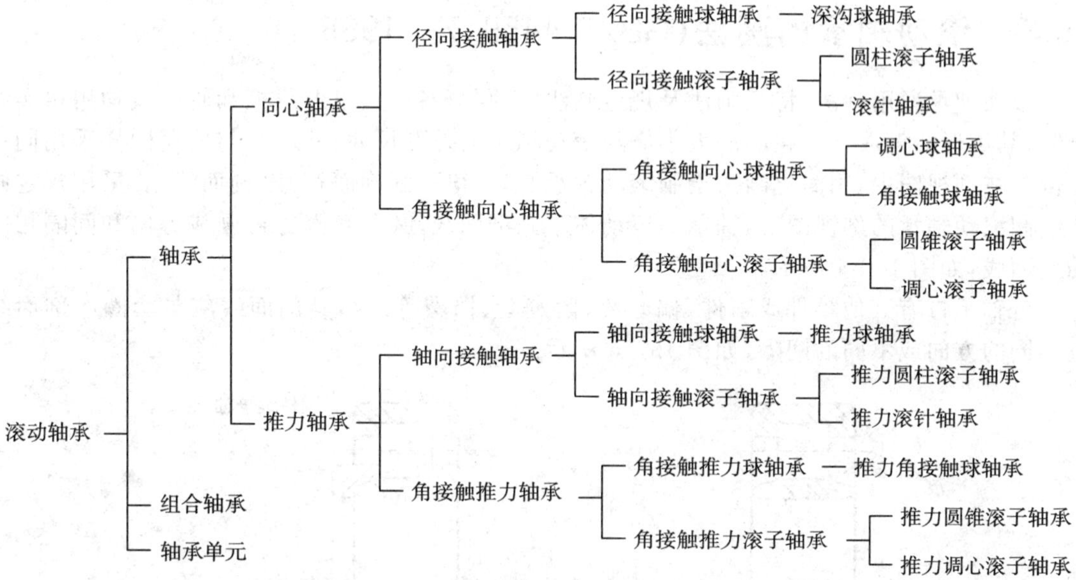

图 16－2　滚动轴承综合分类结构图

16.2　滚动轴承的主要外形尺寸(GB/T 276—2013)

轴承外形尺寸主要是限定轴承外形的尺寸，主要有内径、外径、宽度（或高度）及倒角，如

图 16－3 所示。

(1)轴承内径 d 是向心轴承的内圈内径或推力轴承的轴圈内径。

(2)轴承外径 D 是向心轴承的外圈外径或推力轴承的座圈外径。

(3)轴承宽度 B 是指限定向心轴承宽度的两个套圈端面之间的轴向距离，对于单列圆锥滚子轴承是指外圈背面与内圈背面之间的轴向距离。

(4)轴承高度 T 是限定推力轴承高度的两个垫圈背面之间的轴向距离。

(5)倒角 r 是指内外圈倒角尺寸。

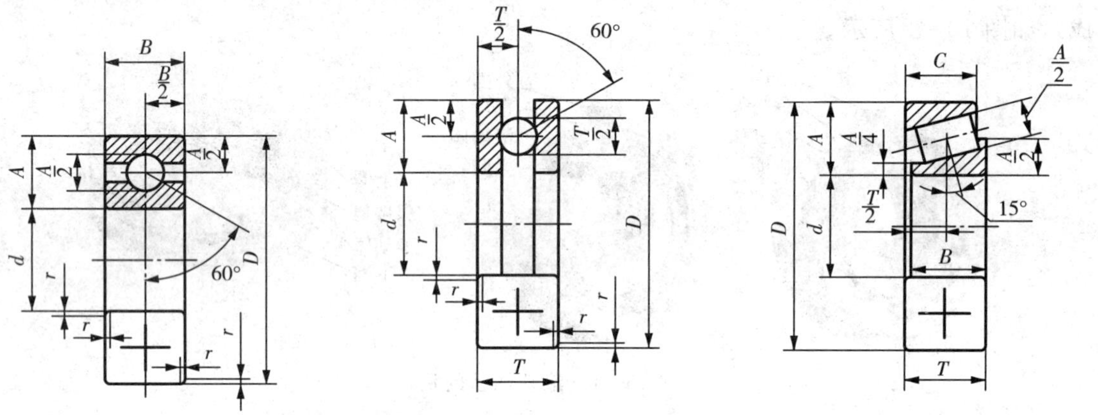

a）深沟球轴承 b）推力球轴承 c）圆锥滚子轴承

图 16－3 滚动轴承的主要外形尺寸

16.3 滚动轴承的画法(GB/T 4459.7—1998)

滚动轴承通用画法、特征画法及规定画法中的各种符号、矩形线框和轮廓线均用粗实线绘制，其矩形线框或外形轮廓的大小应与滚动轴承的外形尺寸一致，并与所属图样采用同一比例。在剖视图中，用简化画法绘制滚动轴承时，一律不画剖面符号(剖面线)。采用规定画法绘制滚动轴承的剖视图时，轴承的滚动体不画剖面线，其各套圈等可画成方向和间隔相同的剖面线，如图 16－4 所示。

若轴承带有其他零件或附件(偏心套、紧定套、挡圈等)时，其剖面线应与套圈的剖面线成不同的方向或不同的间隔，如图 16－5 所示。

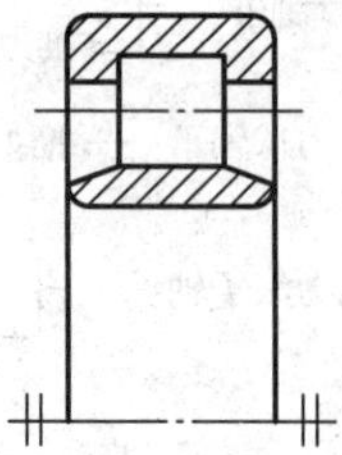

图 16－4 滚动轴承的剖面线画法

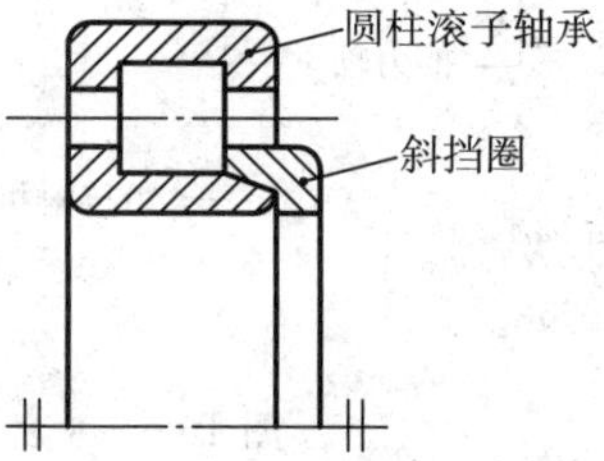

图 16－5 滚动轴承带附件的剖面线画法

滚动轴承的画法包括简化画法和规定画法。其中，简化画法绘制滚动轴承时，应采用通用画法或特征画法，但在同一图样中一般只采用其中一种画法。

1. 通用画法

(1)在剖视图中,当不需要确切地表示滚动轴承的外形轮廓、载荷特性、结构特征时,可用矩形线框及位于线框中央正立的十字形符号表示,十字符号不应与矩形线框接触,如图16－6所示。通用画法应绘制在轴的两侧,如图16－7所示。

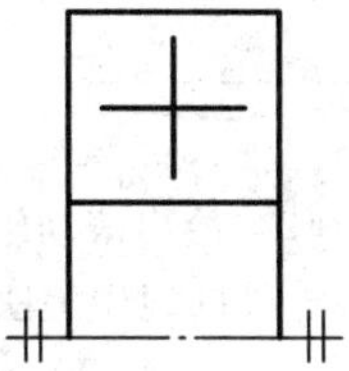

图16－6　通用画法

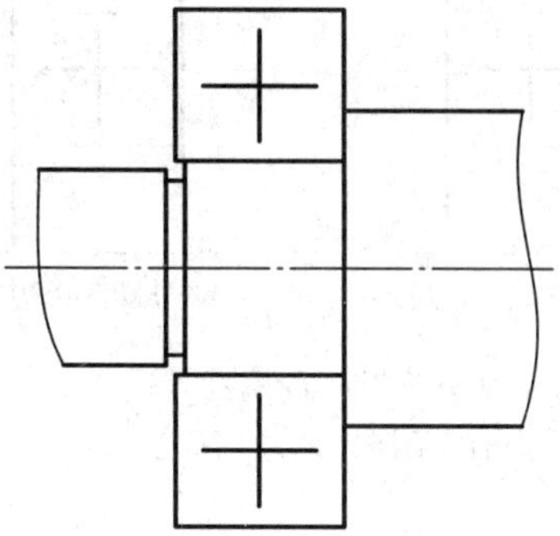

图16－7　绘制在轴两侧的通用画法

(2)如需确切地表示滚动轴承的外形,则应画出其剖面轮廓,并在轮廓中央画出正立的十字形符号。十字符号不应与剖面轮廓线接触,如图16－8所示。

(3)滚动轴承带有附件或零件时,则这些附件或零件也可只画出其外形轮廓,如图16－9所示。

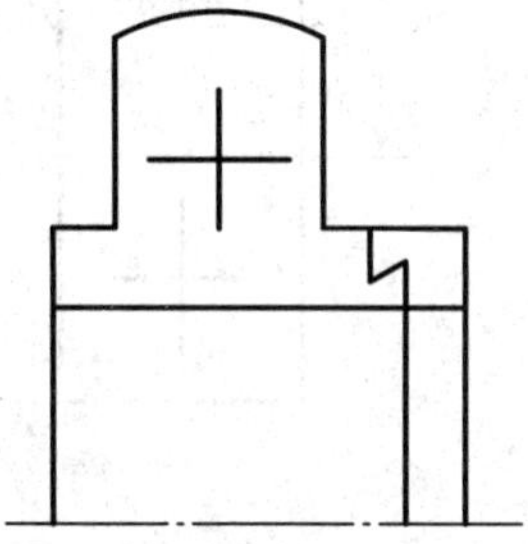

图16－8　画出外形轮廓的通用画法

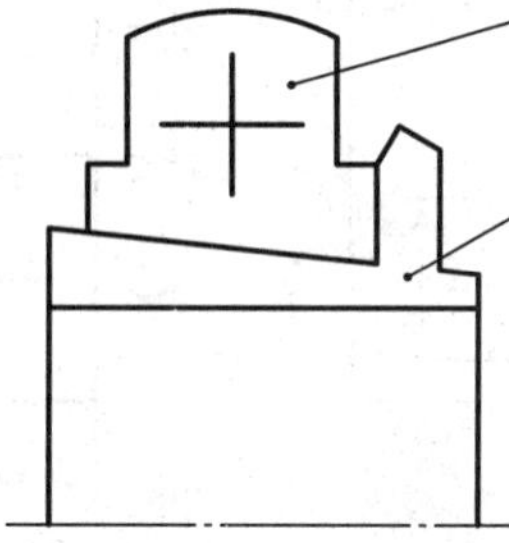

图16－9　滚动轴承附件按外形轮廓绘制的通用画法

(4)当需要表示滚动轴承的防尘盖和密封圈时,可按图16－10所示的方法绘制。当需要表示滚动轴承内圈或外圈有、无挡边时,可按图16－11所示的方法在十字符号上附加一短画表示内圈或外圈无挡边的方向。

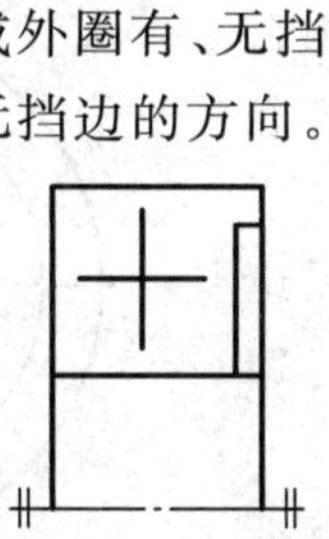

一面带防尘的通用画法

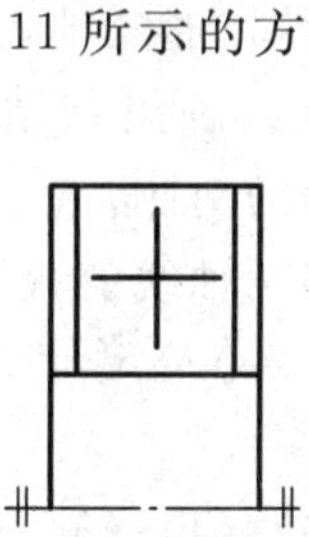

两面带密封圈的通用画法

图16－10　需要表示滚动轴承的防尘盖和密封圈时的画法

(5)在装配图中,为了表达滚动轴承的安装方法,可画出滚动轴承的某些零件,如图 16-12 所示。

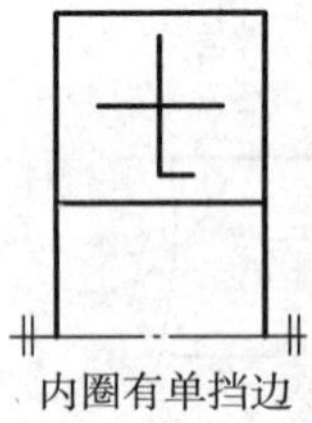

图 16-11 内圈和外圈有、无挡边的通用画法

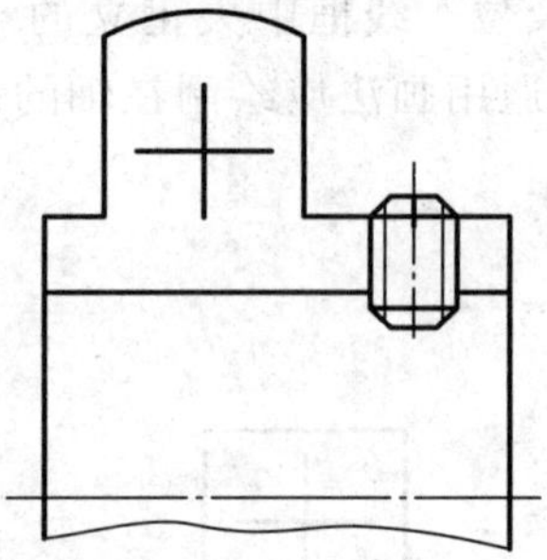

图 16-12 绘出滚动轴承某一零件的通用画法

(6)滚动轴承通用画法的尺寸比例示例,如图 16-13 所示。

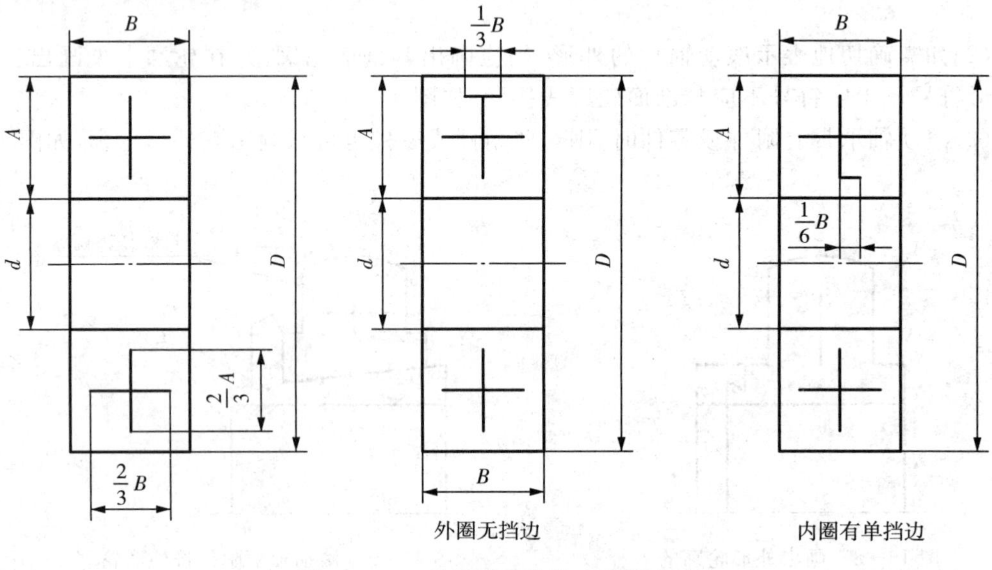

图 16-13 通用画法的尺寸比例示例

2. 特征画法

(1)在剖视图中,如需较形象地表示滚动轴承的结构特征时,可采用在矩形线框内画出其结构要素符号的方法表示;特征画法应绘制在轴的两侧。

(2)在垂直于滚动轴承轴线的投影面上的视图上,无论滚动体的形状(球、柱、针等)及尺寸如何,均可按图 16-14 所示的方法绘制。

(3)通用画法中的(3)、(4)、(5)三点规定也适用于特征画法。

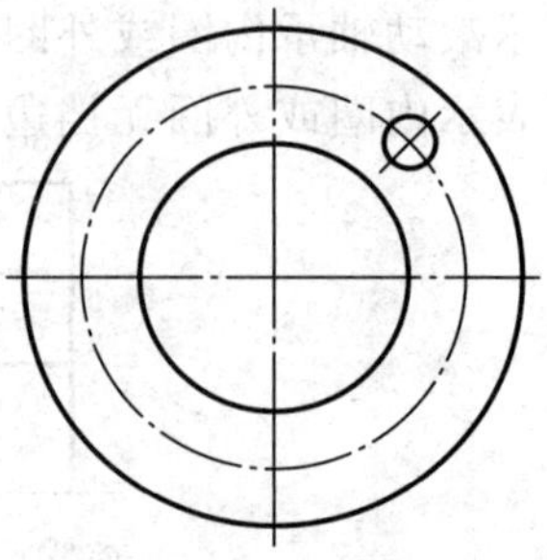

图 16-14 滚动轴承轴线垂直于投影面的特征画法

3. 规定画法

（1）必要时，在滚动轴承的产品图样、产品样本、产品标准、用户手册和使用说明书中可采用规定画法绘制滚动轴承。

（2）在装配图中，滚动轴承的保持架及倒角等可省略不画。

（3）规定画法一般绘制在轴的一侧，另一侧按通用画法绘制。

4. 滚动轴承在装配图中的示例

滚动轴承在装配图中的示例，如图 16－15 所示。

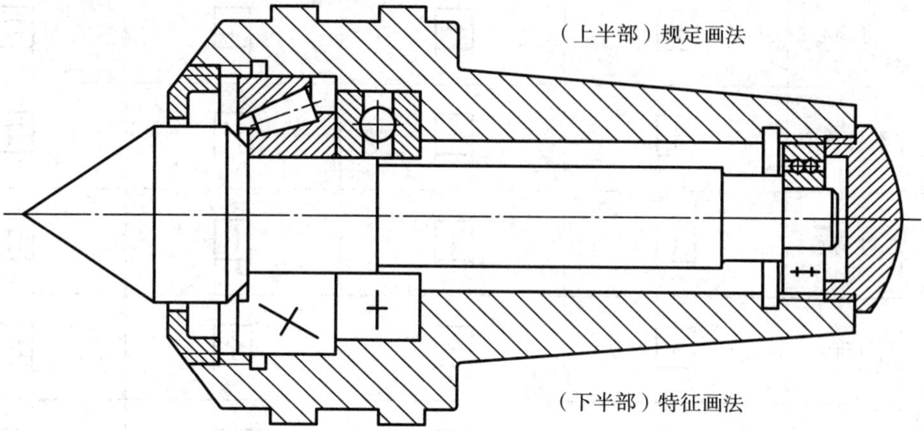

图 16－15　圆锥滚子轴承、推力球轴承和双列深沟球轴承在装配图中的画法

5. 结构要素符号及其组合

滚动轴承特征画法中的结构要素符号及要素符号的组合，见表 16－1、表 16－2 所列。

表 16－1　滚动轴承特征画法中的结构要素符号

序号	要素符号	说　明	应　用	备　注
1		长的粗实线	表示不可调心轴承的滚动体的滚动轴线	根据轴承的类型，可以倾斜画出
2		长的粗圆弧线	表示可调心轴承的调心表面或滚动体滚动轴线的包络线	根据轴承的类型，可以倾斜画出
3		短的粗实线，与本表序号 1、2 的要素符号相交成 90°角（或相交于法线方向），并通过每个滚动体的中心	表示滚动体的列数和位置	—
	在规定画法中，可用以下符号代替短的粗实线			
	○	圆	球	—
		宽矩形	圆柱滚子	—
		长矩形	长圆柱滚子、滚针	—

表 16-2　滚动轴承特征画法中的要素符号的组合

轴承承载特性		轴承结构特征			
		两个套圈		三个套圈	
		单列	双列	单列	双列
径向载荷	不可调心	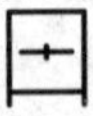	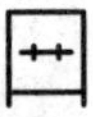		
	可调心				
轴向载荷	不可调心		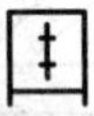		
	可调心			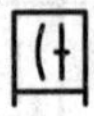	
径向和轴向承载	不可调心				
	可调心				

注:表中的滚动轴承,只画出了其轴线一侧的部分。

16.4　常用滚动轴承的特征画法及规定画法的尺寸比例示例(GB/T 4459.7—1998)

常用滚动轴承的特征画法及规定画法的尺寸比例示例,见表 16-3。

表 16-3　常用滚动轴承的特征画法及规定画法的尺寸比例示例

轴承类型	规定画法尺寸比例	特征画法尺寸比例
深沟球轴承	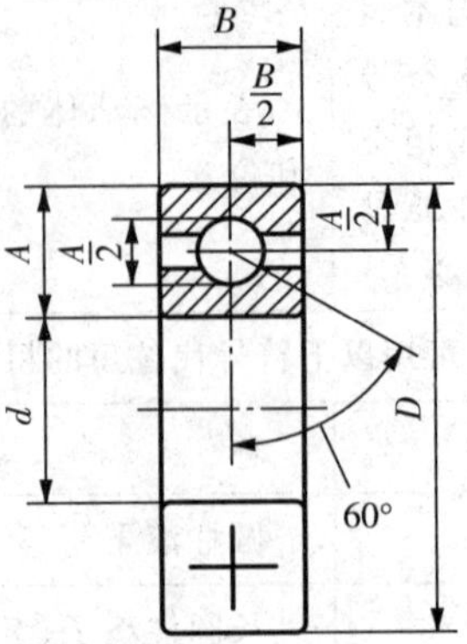	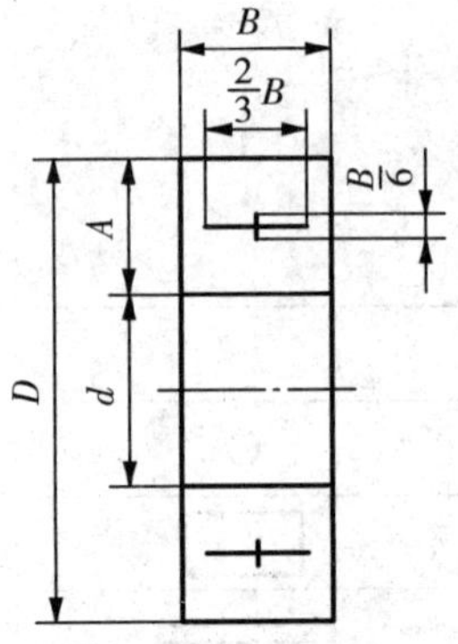

（续表）

轴承类型	规定画法尺寸比例	特征画法尺寸比例
（内圈无挡边） 圆柱滚子轴承	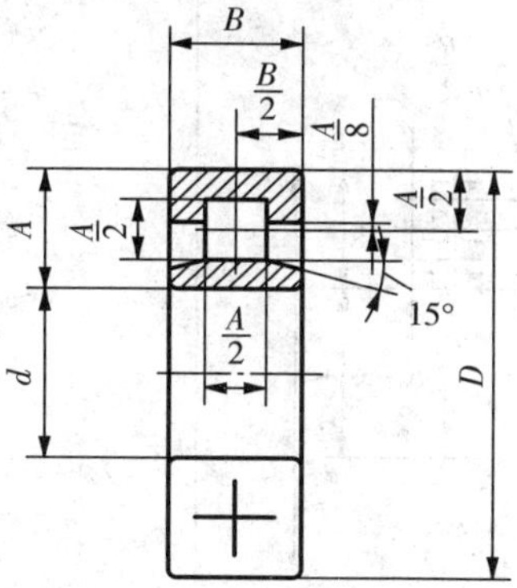	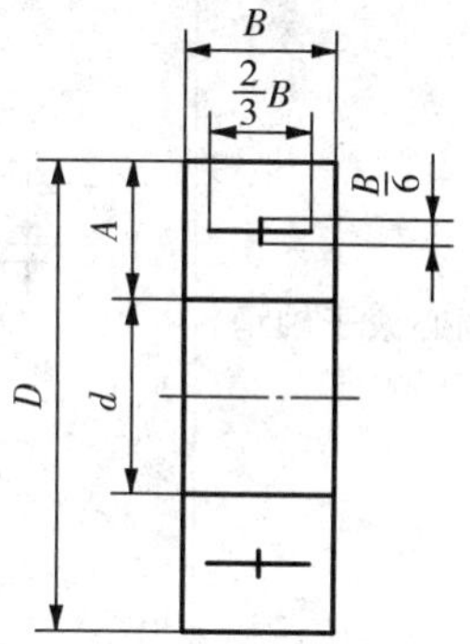
双列圆柱滚子轴承	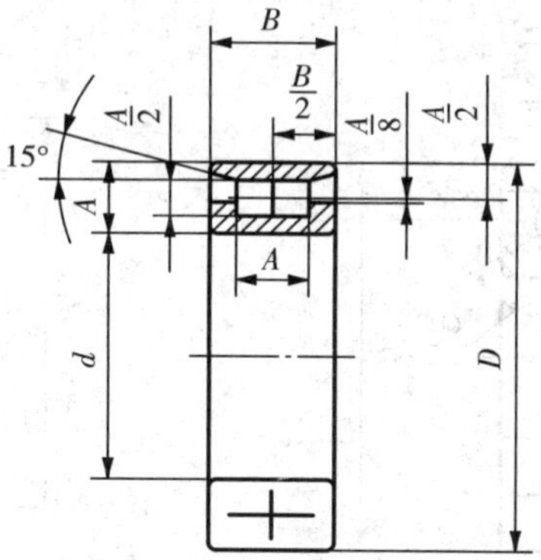	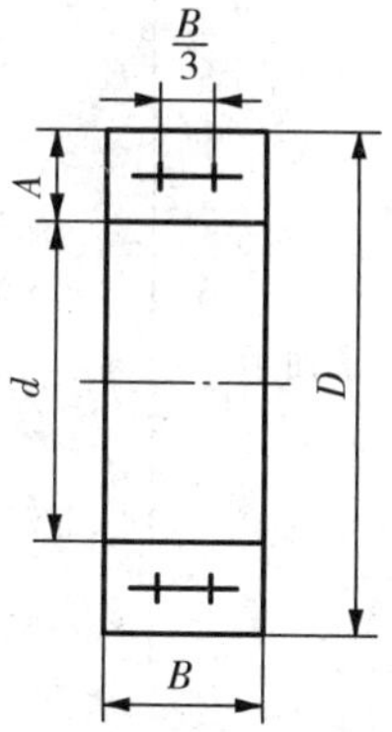
单列调心滚子轴承	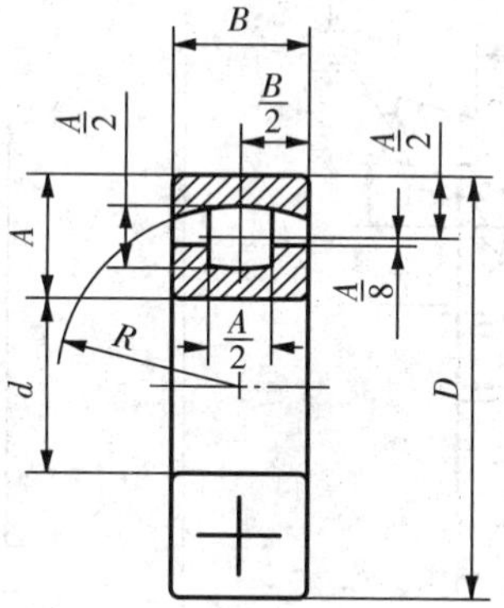	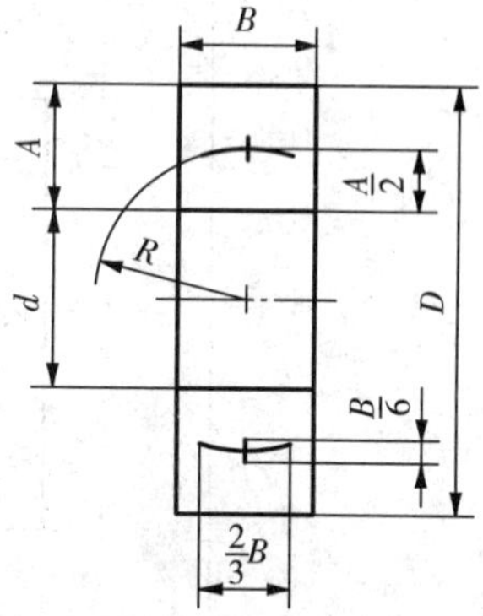
调心球轴承	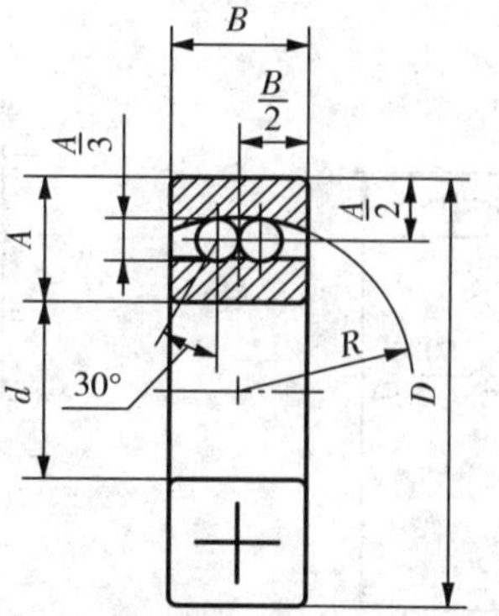	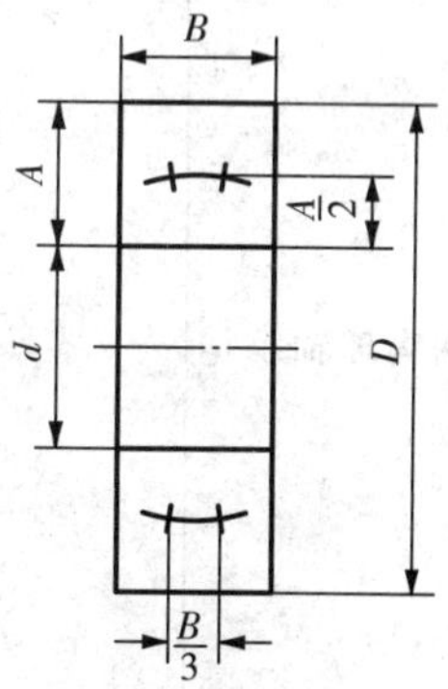

（续表）

<table>
<tr><th>轴承类型</th><th>规定画法尺寸比例</th><th>特征画法尺寸比例</th></tr>
<tr><td>双列调心滚子轴承</td><td>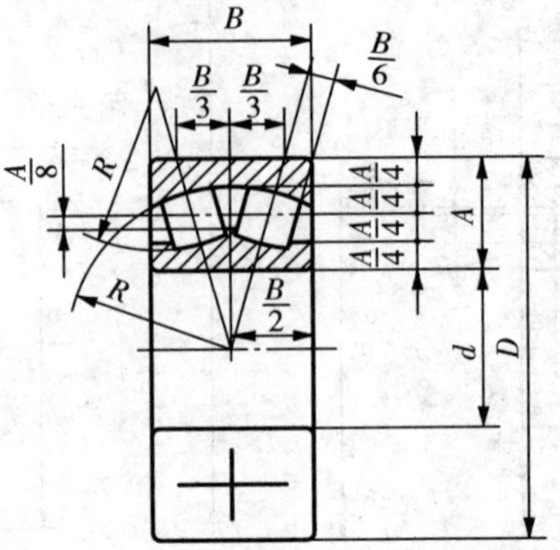
</td><td>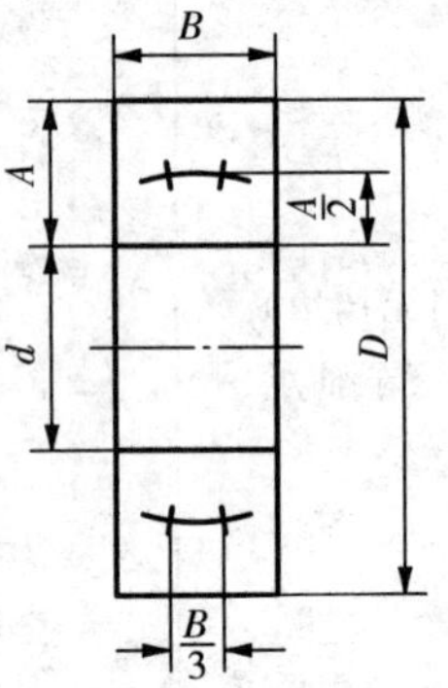
</td></tr>
<tr><td>角接触球轴承</td><td>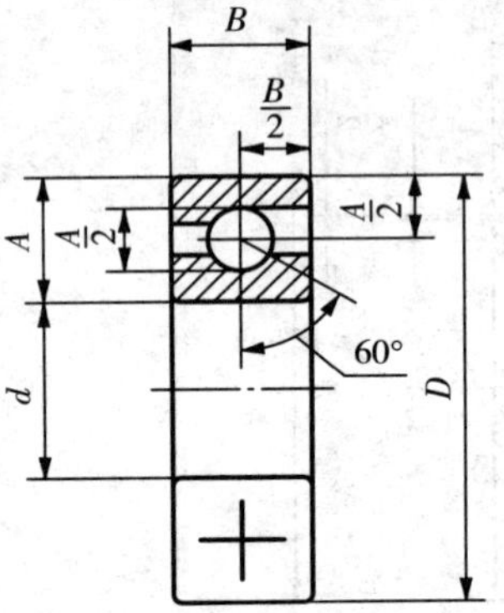
</td><td>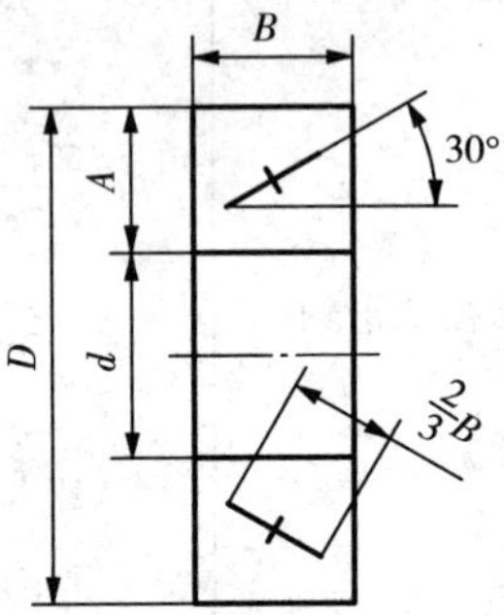
</td></tr>
<tr><td>单列圆锥滚子轴承</td><td>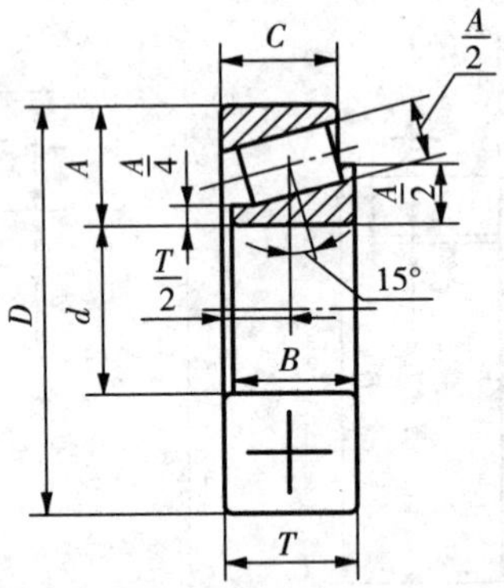
</td><td>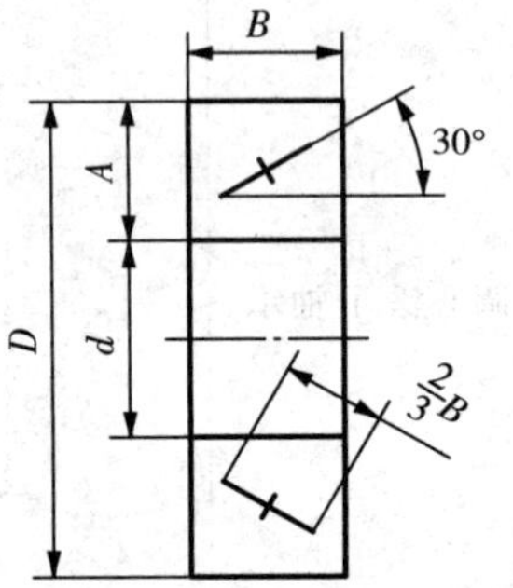
</td></tr>
<tr><td>双列深沟球轴承</td><td>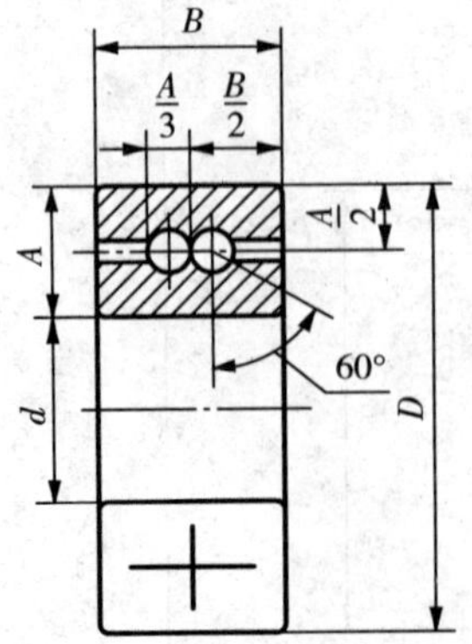
</td><td>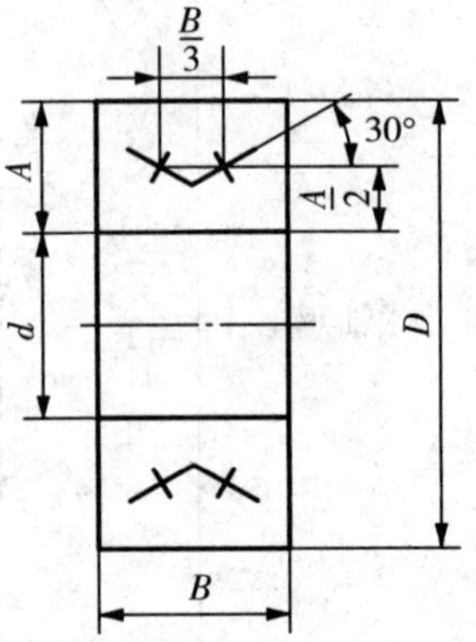
</td></tr>
</table>

（续表）

轴承类型	规定画法尺寸比例	特征画法尺寸比例
三点接触球轴承	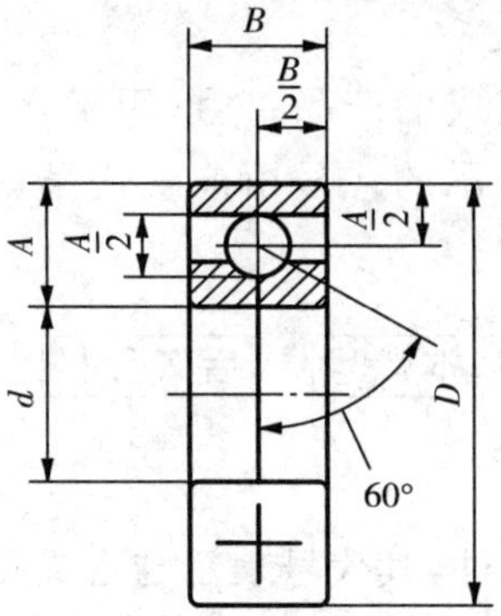	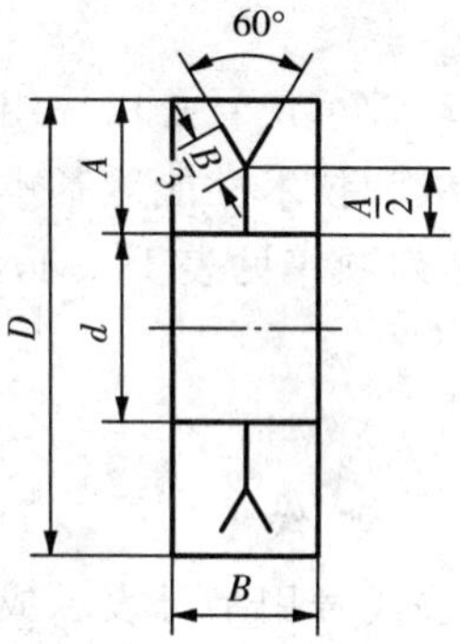
四点接触球轴承	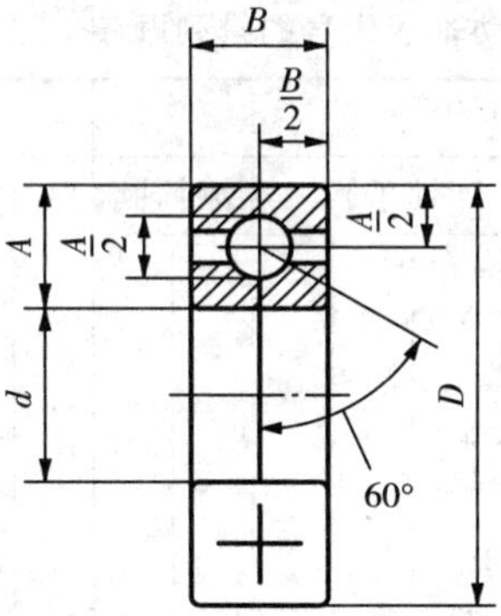	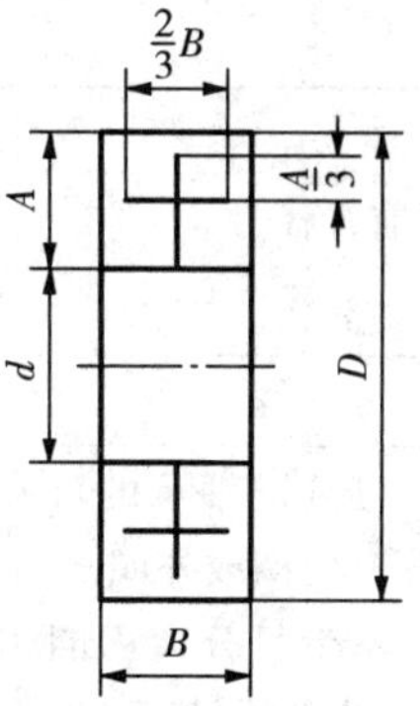
推力球轴承	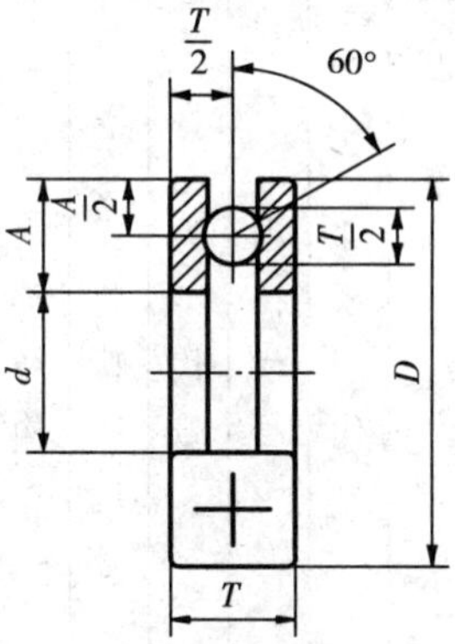	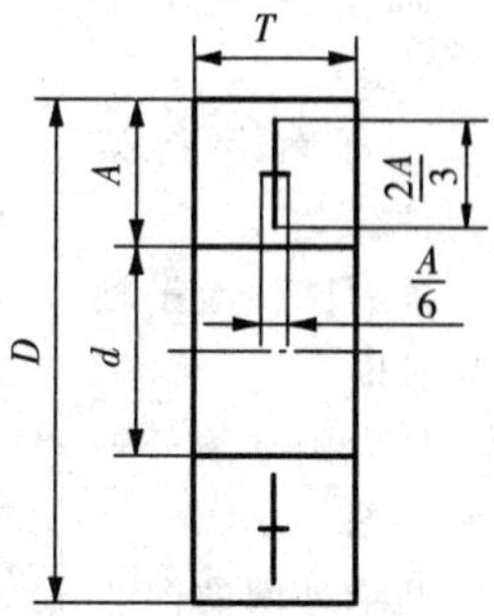
双列推力球轴承	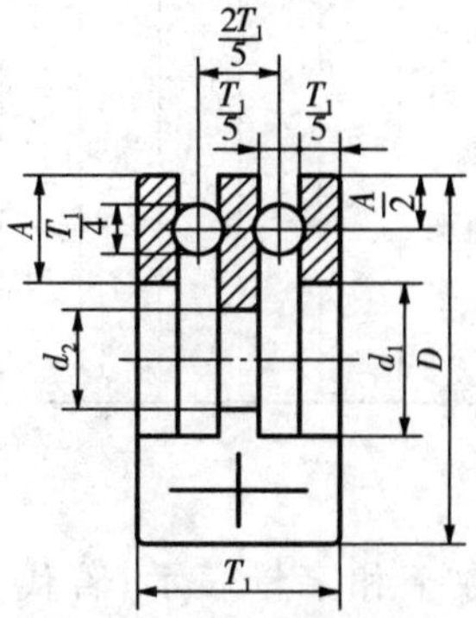	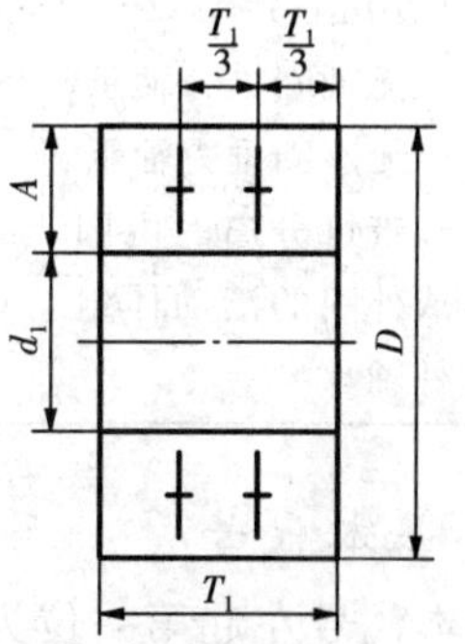

16.5 滚动轴承的代号(GB/T 272—1993、JB/T 2974—2004)

滚动轴承代号是由一组字母和数字组成的产品符号，用于表示滚动轴承的结构、尺寸、公差等级和技术性能等基本特征。通用轴承的代号由前置代号、基本代号和后置代号三部分（其排列顺序见表16－4）组成：

前置代号	基本代号	后置代号

1. 前置代号

前置代号用字母表示成套轴承的分部件，其代号表示与含义见表16－4。

表16－4 滚动轴承代号的排列顺序

前置代号		基本代号						后置代号							
		通用轴承（除滚针轴承）				滚针轴承		1	2	3	4	5	6	7	8
		类型代号		尺寸系列代号	内径代号	类型代号	配合安装特征代号	内部结构	密封、防尘与外部形状变化	保持架及其材料	轴承材料	公差等级	游隙	配置	其他
代号	含义	代号	轴承类型												
L	可分离轴承的可分离内圈或外圈	0	双列角接触球轴承												
R	不带可分离内圈或外圈的轴承（滚针轴承仅适用于NA型）	1	调心球轴承												
		2	调心滚子轴承和推力调心滚子轴承												
K	滚子和保持架组件	3	圆锥滚子轴承												
		4	双列深沟球轴承												
WS	推力圆柱滚子轴承轴圈	5	推力球轴承												
GS	推力圆柱滚子轴承座圈	6	深沟球轴承												
		7	角接触球轴承												
F	凸缘外圈的向心轴承（仅适用于$d\leqslant$10mm）	8	推力圆柱滚子轴承												
		N	圆柱滚子轴承												
KWO－	无轴圈推力轴承	NN	双列或多列圆柱滚子轴承												
KIW－	无座圈推力轴承														
LR	带可分离的内圈或外圈的滚动体组件轴承	U	外球面球轴承												
		QJ	四点接触球轴承												

2. 基本代号

基本代号左起第一位为类型代号，用数字和字母表示；若代号为“0”（双列角接触球轴承），则可省略。尺寸系列代号由轴承的宽（高）度系列代号（基本代号左起第二位）和直径系列代号(基本代号左起第三位)组合而成;向心轴承和推力轴承的常用尺寸系列代号见表16-5。内径尺寸系列代号(基本代号左起第四、五位数字)表示轴承公称内径尺寸,按表16-6的规定标注。

内径相同而直径系列不同的轴承,外廓尺寸大则承载能力强。

表16-5 滚动轴承尺寸系列代号

直径系列代号	向心轴承								推力轴承			
	宽度系列代号								高度系列代号			
	8	0	1	2	3	4	5	6	7	9	1	2
	尺寸系列代号											
7	—	—	17	—	37	—	—	—	—	—	—	—
8	—	08	18	28	38	48	58	68	—	—	—	—
9	—	09	19	29	39	49	59	69	—	—	—	—
0	—	00	10	20	30	40	50	60	70	90	10	—
1	—	01	11	21	31	41	51	61	71	91	11	—
2	82	02	12	22	32	42	52	62	72	92	12	22
3	83	03	13	23	33	—	—	—	73	93	13	23
4	—	04	—	24	—	—	—	—	74	94	14	24
5	—	—	—	—	—	—	—	—	—	95	—	—

表16-6 滚动轴承内径代号

轴承公称内径/mm		内径代号	示 例
0.6~10(非整数)		用公称内径毫米数直接表示,在其与尺寸系列代号之间用“/”分开	深沟球轴承 618/2.5 $d=2.5$mm
1~9(整数)		用公称内径毫米数直接表示,对深沟及角接触球轴承7、8、9直径系列,内径与尺寸系列代号之间用“/”分开	深沟球轴承 625、618/5 $d=5$mm
10~17	10	00	深沟球轴承 6200 $d=10$mm
	12	01	
	15	02	
	17	03	
20~480 (22,28,32除外)		公称内径除以5的商数,商数为个位数时,需在商数左边加“0”,如08	调心滚子轴承 23208 $d=40$mm
大于和等于500 以及22,28,32		用公称内径毫米数直接表示,但与尺寸系列之间用“/”分开	调心滚子轴承 230/500 $d=500$mm 深沟球轴承 62/22 $d=22$mm

3. 后置代号

后置代号用字母(或加数字)表示,置于基本代号右边,并与基本代号空半个汉字距离或用符号“-”“/”分隔。后置代号表示轴承的内部结构变化、密封防尘与外部形状变化、保持架及材料改变、轴承材料改变、公差等级、游隙组别、配置形式等特征,其代号和含义见表16-7～表16-15。

表16-7 滚动轴承内部结构变化代号及含义

代号	含义	示例
A	1. 无装球缺口的双列角接触或深沟球轴承	3025A
	2. 滚针轴承外圈带双锁圈(d>9mm,F_w>12mm)	—
	3. 套圈无挡边的深沟球轴承	—
B	1. 角接触球轴承　公称接触角 $\alpha=40°$	7210B
	2. 圆锥滚子轴承　接触角加大	32310B
C	调心滚子轴承,内圈无挡边,活动中挡圈,冲压保持架,对称型滚子,加强型	—
	1. 角接触球轴承　公称接触角 $\alpha=15°$	7005C
	2. 调心滚子轴承　C型	23122C
E	加强型①	NU 207E
AC	角接触球轴承　公称接触角 $\alpha=25°$	7210AC
D	剖分式轴承	K 50×55×20D
ZW	滚针保持架组件　双列	K 20×25×40ZW
CA	C型调心滚子轴承,内圈带挡边,活动中挡圈,实体保持架	23084 CA/W33
CC②	C型调心滚子轴承,滚子引导方式有改进	22205 CC
CAB	CA型调心滚子轴承,滚子中部穿孔,带柱销式保持架	—
CABC	CAB型调心滚子轴承,滚子引导方式有改进	—
CAC	CA型调心滚子轴承,滚子引导方式有改进	22252 CACK

注:d 为滚针轴承内径;F_w 为无内圈滚针轴承滚针总体内径。

① 加强型,即内部结构设计改进,增大轴承承载能力。

② CC还有第二种解释,见表16-14。

表16-8 滚动轴承密封、防尘与外部形状变化代号及含义

后置代号	含义	示例
K	圆锥孔轴承　锥度1∶12(外球面球轴承除外)	1210K
K30	圆锥孔轴承　锥度1∶30	24122K30
R	外圈有止动挡边(凸缘外圈)(不适用于内径小于10mm的深沟球轴承)	30307R
N	外圈上有止动槽	6210N
NR	外圈上有止动槽,并带止动环	6210NR
-RS	一面带骨架式橡胶密封圈(接触式)	6210-RS

（续表）

后置代号	含　义	示　例
-2RS	两面带骨架式橡胶密封圈(接触式)	6210-2RS
-RZ	一面带骨架式橡胶密封圈(非接触式)	6210-RZ
-2RZ	两面带骨架式橡胶密封圈(非接触式)	6210-2RZ
-Z	一面带防尘盖	6210-Z
-2Z	两面带防尘盖	6210-2Z
-RSZ	一面带骨架式橡胶密封圈(接触式)、一面带防尘盖	6210-RSZ
-RZZ	一面带骨架式橡胶密封圈(非接触式)、一面带防尘盖	6210-RZZ
-ZN	一面带防尘盖,另一面外圈有止动槽	6210-ZN
-ZNR	一面带防尘盖,另一面外圈有止动槽并带止动环	6210-ZNR
-ZNB	一面带防尘盖,同一面外圈有止动槽	6210-ZNB
-2ZN	两面带防尘盖,外圈有止动槽	6210-2ZN
U	推力球轴承　带球面垫圈	53210U
CA	可任意配对安装的角接触球轴承,面对面或背对背配置时,轴向内部游隙,与正常值相比较小	—
CB	可任意配对安装的角接触球轴承,面对面或背对背配置时,轴向内部游隙,与正常值相比中等	7328BCB
CC	可任意配对安装的角接触球轴承,面对面或背对背配置时,轴向内部游隙,与正常值相比较大	—
GA	可任意配对安装的角接触球轴承,面对面或背对背配置时,预紧与正常值相比较小	7206BGB
GB	可任意配对安装的角接触球轴承,面对面或背对背配置时,预紧与正常值相比中等	—
GC	可任意配对安装的角接触球轴承,面对面或背对背配置时,预紧与正常值相比较大	—
-FS	一面带毡圈密封	6203-FS
-2FS	两面带毡圈密封	6206-2FSWB
-LS	一面带骨架式橡胶密封圈(接触式,套圈不开槽)	—
-2LS	两面带骨架式橡胶密封圈(接触式,套圈不开槽)	NNF5012-2LSNV
PP	两面带软质橡胶密封圈	NATR 8 PP
-2K	双圆锥孔轴承　锥度为1:12	QF 2308-2K
D	1. 双列角接触球轴承,双内圈,接触角 α 为45°	3307D
	2. 双列圆锥滚子轴承,无内隔圈,端面不修磨	—
DC	双列角接触球轴承,双外圈	3294-2KDC
DI	双列圆锥滚子轴承,无内隔圈,端面修磨	—
DH	有两个座圈的单向推力轴承	—
DS	有两个轴圈的单向推力轴承	—
N1	外圈有一个定位槽口	—
N2	外圈有两个或两个以上的对称定位槽口	—

（续表）

后置代号	含　义	示　例
N4	N＋N2　定位槽口和止动槽不在同一侧	—
N6	N＋N2　定位槽口和止动槽在同一侧	—
P	双半外圈的调心滚子轴承	—
PR	同 P，两半外圈间有隔圈	—
S	1. 外圈表面为球面（球面球轴承除外）	—
	2. 游隙可调（滚针轴承）	NA 4906 S
WB	宽内圈轴承（双面宽）：WB1 为单面宽	—
WC	宽外圈轴承	—
SC	带外罩向心轴承	—
X	滚轮滚针轴承外圈表面为圆柱面	KR30X
Z	带防尘罩的滚针组合轴承	NK25Z
ZH	推力轴承，座圈带防尘罩	—
ZS	推力轴承，轴圈带防尘罩	—

注：1. 密封圈代号与防尘盖代号同样可以与止动槽代号进行多种组合。

2. －LS、－2LS 多用于滚子轴承。

表 16－9　滚动轴承保持架代号及含义

项目	代号	含　义	备　注
保持架材料代号	F	钢、球墨铸铁或粉末冶金实体保持架，用附加数字表示不同的材料	
	F1	碳钢	
	F2	石墨钢	
	F3	球墨铸铁	
	F4	粉末冶金	
	Q	青铜实体保持架，用附加数字表示不同的材料	
	Q1	铝铁锰青铜	
	Q2	硅铁锌青铜	
	Q3	硅镍青铜	
	Q4	铝青铜	
	M	黄铜实体保持架	
	L	轻合金实体保持架，用附加数字表示不同的材料	
	L1	2A11CZ	
	L2	2A12CZ	
	T	酚醛层压布管实体保持架	
	TH	玻璃纤维增强酚醛树脂保持架（筐型）	
	TN	工程塑料模注保持架，用附加数字表示不同的材料	
	TN1	尼龙	
	TN2	聚砜	
	TN3	聚酰亚胺	
	TN4	聚碳酸酯	
	TN5	聚甲醛	
	J	钢板冲压保持架，材料有变化时附加数字区别	
	Y	铜板冲压保持架，材料有变化时附加数字区别	
	SZ	保持架由弹簧丝或弹簧制造	

（续表）

项目	代号	含 义	备 注
保持架结构形式及表面处理代号	H W R E D D1 D2 C A B P S	自锁兜孔保持架 焊接保持架 铆接保持架(用于大型轴承) 磷化处理保持架 碳氮共渗保持架 渗碳保持架 渗氮保持架 有镀层的保持架(C1为镀银) 外圈引导 内圈引导 由内圈或外圈引导的拉孔或冲压孔窗形保持架 引导面有润滑槽	此条代号，只能与保持架材料代号结合使用，例： MPS——有拉孔或冲孔（窗形保持架）的黄铜实体保持架，外圈或内圈引导，引导面有润滑油槽； JA——钢板冲压保持架，外圈引导； FE——经磷化处理的钢制实体保持架
无保持架代号	V	满装滚动体(无保持架)	例：6208V——满装球深沟球轴承
不编制保持架代号的轴承		凡轴承的保持架采用表16－10规定的结构和材料时，不编制保持架材料改变的后置代号	见表16－10

表16－10 不编制保持架后置代号的轴承

序号	轴承类型	保持架的结构和材料
1	深沟球轴承	a. 当轴承外径 $D\leqslant400$mm 时，采用钢板(带)或黄铜板(带)冲压保持架 b. 当轴承外径 $D>400$mm 时，采用黄铜实体保持架
2	调心轴承	a. 当轴承外径 $D\leqslant200$mm 时，采用钢板(带)冲压保持架 b. 当轴承外径 $D>200$mm 时，采用黄铜实体保持架
3	圆柱滚子轴承	a. 圆柱滚子轴承：轴承外径 $D\leqslant400$mm 时，采用钢板(带)冲压保持架，外径 $D>400$mm 时，采用钢制实体保持架 b. 双列圆柱滚子轴承，采用黄铜实体保持架
4	调心滚子轴承	a. 对称调心滚子轴承(带活动中挡圈)，采用钢板(带)冲压保持架 b. 其他调心滚子轴承，采用黄铜实体保持架
5	滚针轴承 长圆柱滚子轴承	采用钢板或硬铝冲压保持架 采用钢板(带)冲压保持架

(续表)

序号	轴承类型	保持架的结构和材料
6	角接触球轴承	a. 分离型角接触球轴承采用酚醛层压布管实体保持架 b. 双半内圈或双半外圈(三点、四点接触)球轴承采用铝制实体保持架 c. 角接触球轴承及其变形: 当轴承外径 $D \leqslant 250$mm 时,接触角 α 为 15°、25°,则采用酚醛层压布管实体保持架;α 为 40°,则采用钢板冲压保持架 当轴承外径 $D>250$mm 时,采用黄铜或硬铝制实体保持架 P5、P4、P2 级采用酚醛层压布管实体保持架 锁口在内圈的角接触球轴承及其变型采用酚醛层压布管实体保持架 d. 双列角接触球轴承,采用钢板(带)冲压保持架
7	圆锥滚子轴承	a. 当轴承外径 $D \leqslant 650$mm 时,采用钢板冲压保持架 b. 当轴承外径 $D>650$mm 时,采用钢制实体保持架
8	推力球轴承	a. 当轴承外径 $D \leqslant 250$mm 时,采用钢板(带)冲压保持架 b. 当轴承外径 $D>250$mm 时,采用实体保持架
9	推力滚子轴承	a. 推力圆柱滚子轴承,采用实体保持架 b. 推力调心滚子轴承,采用实体保持架 c. 推力圆锥滚子轴承,采用实体保持架 d. 推力滚针轴承,采用冲压保持架

表 16-11 轴承零件材料改变代号及含义

后置代号	含 义	示 例
/HE	套圈滚动体和保持架或仅是套圈和滚动体由电渣重熔轴承钢(军甲钢)ZGCr15 钢制造	6204/HE
/HA	套圈滚动体和保持架或仅是套圈和滚动体由真空冶炼轴承钢制造	6240/HA
/HU	套圈滚动体和保持架或仅是套圈和滚动体由不可淬硬不锈钢 1Cr18Ni9Ti 制造	6004/HU
/HV	套圈滚动体和保持架或仅是套圈和滚动体由可淬硬不锈钢(/HV-9Cr18;/HV1-9Cr18Mo)制造	6014/HV
/HN	套圈滚动体由耐热钢(/HN-Cr4Mo4V;/HN1-Cr14Mo4;/HN2-Cr15Mo4V;/HN3-W18Cr4V)制造	NU208/HN
/HC	套圈和滚动体或仅是套圈由渗碳钢(/HC-20Cr2Ni4A;/HC1-20Cr2Mn2MoA;/HC2-15Mn)制造	—
/HP	套圈和滚动体由铍青铜或其他防磁材料制造,材料有变化时,附加数字表示	—
/HQ	套圈和滚动体由不常用的材料(/HQ——塑料;/HQ1——陶瓷合金)制造	—
/HG	套圈和滚动体或仅是套圈由其他轴承钢(/HG-5Cr2MnMo;/HG1-55SiMoVA)制造	—

表 16－12　滚动轴承公差等级代号及含义

代　号	含　　义	示　例
/P0	公差等级符号标准规定的 0 级，代号中省略不表示	6203
/P6	公差等级符号标准规定的 6 级	6203/P6
/P6X	公差等级符号标准规定的 6X 级	30210/P6X
/P5	公差等级符号标准规定的 5 级	6203/P5
/P4	公差等级符号标准规定的 4 级	6203/P4
/P2	公差等级符号标准规定的 2 级	6203/P2
/SP	尺寸精度相当于 5 级，旋转精度相当于 4 级	234420/SP
/UP	尺寸精度相当于 4 级，旋转精度高于 4 级	234730/UP

表 16－13　滚动轴承游隙代号及含义

代　号	含　　义	示　例
/C1	游隙符号标准规定的　1 组	NN 3006K/C1
/C2	游隙符号标准规定的　2 组	6210/C2
—	游隙符号标准规定的　0 组	6210
/C3	游隙符号标准规定的　3 组	6210/C3
/C4	游隙符号标准规定的　4 组	NN 3006K/C4
/C5	游隙符号标准规定的　5 组	NNU 4920K/C5
/CN	0 组游隙，/CN 与字母 H、M 或 L 组合，表示游隙范围减半，或与 P 组合，表示游隙范围偏移，如： /CNH——0 组游隙减半，位于上半部； /CNM——0 组游隙减半，位于中部； /CNL——0 组游隙减半，位于下半部； /CNP——游隙范围位于 0 组的上半部及 3 组的下半部	—
/C9	轴承游隙不同于现标准	6205－2RS/C9

注：公差等级代号与游隙代号需同时表示时，可进行简化，取公差等级代号加上游隙组号（0 组不表示）组合表示。例如/P63 表示轴承公差等级 6 级，径向游隙 3 组；/P52 表示轴承公差等级 5 级，径向游隙 2 组。

表 16－14　滚动轴承常用配置、预紧和轴向游隙代号及含义

配置代号及含义	预紧代号及含义	轴向游隙及载荷分布代号和含义
/DB　两套，背对背安装 /DF　两套，面对面安装 /DT　两套，串联 /TBT　三套，两套串联一套背对背 /TFT　三套，两套串联一套面对面 /TT　三套，串联 /QBC　四套，成对串联的背对背 /QFC　四套，成对串联的面对面 /QT　四套，串联 /QBT　四套，三套串联一套背对背 /QFT　四套，三套串联一套面对面 /PT　五套，串联	GA——轻预紧 GB——中预紧 GC——重预紧 用于深沟球和角接触球轴承。当用于角接触球轴承时“G”省略	CA——轴向游隙较小 CB——轴向游隙较 CA 大 CC——轴向游隙较 CB 大 CG——轴向游隙为零 R——载荷均匀分布 其中：CA、CB、CC 用于深沟球轴承和角接触球轴承，CG 用于圆锥滚子轴承

（续表）

	配置代号及含义	预紧代号及含义	轴向游隙及载荷分布代号和含义
示例	7210/DB——$\alpha=15°$，两套，背对背安装 33208/DF——圆锥滚子轴承，两套，面对面安装 7210C/DT——两套7210C，串联 7210C/TBT——两套串联一套背对背 7210C/TFT——两套串联一套面对面 7210C/TT——三套串联 7210C/QBC——成对串联的背对背 7210C/QFC——成对串联的面对面 7210C/QT——四套串联 7210C/QBT——三套串联一套背对背 7210C/QFT——三套串联一套面对面 7210C/PT——五套串联 7210AC/QBT——$\alpha=15°$，三套串联，一套背对背	7210C/DBA——角接触球轴承，轻预紧 6210C/DFGA——深沟球轴承，轻预紧	NU210/QTR——圆柱滚子轴承，四套串联，载荷均匀分布

表 16-15 滚动轴承其他特征的代号及含义

代　号	含　义	示　例
/Z	振动加速度级极值组别，附加数字表示极值不同	
	Z1——振动加速度级极值符合标准规定的Z1组	6204/Z1
	Z2——振动加速度级极值符合标准规定的Z2组	6205-2RS/Z2
	Z3——振动加速度级极值符合标准规定的Z3组	
/V	轴承的振动速度级极值组别，附加数字表示极值不同	
	V1——振动速度级极值符合标准规定的V1组	6306/V1
	V2——振动速度级极值符合标准规定的V2组	6304/V2
	V3——振动速度级极值符合标准规定的V3组	
/ZC	噪声级极值有规定，附加数字表示极值不同	—
/T	对起动力矩有要求的轴承，后接数字表示起动力矩	—
/RT	对转动力矩有要求的轴承，后接数字表示转动力矩	—
/S0	套圈经过高温回火处理，工作温度可达150℃	N 210/S0
/S1	套圈经过高温回火处理，工作温度可达200℃	NUP 212/S1
/S2	套圈经过高温回火处理，工作温度可达250℃	NU 214/S2
/S3	套圈经过高温回火处理，工作温度可达300℃	NU 308/S3
/S4	套圈经过高温回火处理，工作温度可达350℃	NU 214/S4
/W20	外圈上有三个润滑油孔	—
/W26	内圈上有六个润滑油孔	—
/W33	外圈上有润滑油槽和三个润滑油孔	23120 CC/W33

(续表)

代 号	含 义	示 例
/W33X	外圈上有润滑油槽和六个润滑油孔	—
/W513	W26＋W33	—
/W518	W20＋W26	—
/AS	外圈有油孔,附加数字表示油孔数(滚针轴承)	HK 2020/AS1
/IS	内圈有油孔,附加数字表示油孔数(滚针轴承)	NAO 17×30×13/IS1
	在AS、IS后加“R”分别表示内圈或外圈上有润滑油孔和沟槽	NAO 15×28×13/ASR
/HT	轴承内充特殊高温润滑脂。当轴承内润滑脂的装脂量和标准值不同时附加字母表示: A——润滑脂装填量少于标准值 B——润滑脂装填量多于标准值 C——润滑脂装填量多于B(充满)	NA 6909/ISR/HT
/LT	轴承内充特殊低温润滑脂。附加字母的含义同HT	—
/MT	轴承内充特殊中温润滑脂。附加字母的含义同HT	—
/LHT	轴承内装填特殊高、低温润滑脂。附加字母的含义同HT	—
/Y	Y和另一个字母(如YA、YB)或再加数字组合用来识别无法用现有后置代号表达的非成系列的改变 YA——结构改变(综合表达) YA1——轴承外圈外表面与标准设计有差异 YA2——轴承内圈内孔与标准设计有差异 YA3——轴承套圈端面与标准设计有差异 YA4——轴承套圈滚道与标准设计有差异 YA5——轴承滚动体与标准设计有差异 YB——技术条件改变(综合表达) YB1——轴承套圈表面有镀层 YB2——轴承尺寸和公差要求改变 YB3——轴承套圈表面粗糙度要求改变 YB4——热处理要求(如硬度)改变	—

注:凡轴承代号中有Y和另一个字母或加数字的后置代号,必须查阅图样补充技术条件才能了解改变的具体内容。

4. 滚动轴承的代号示例

滚动轴承的代号示例,如图16－16所示。

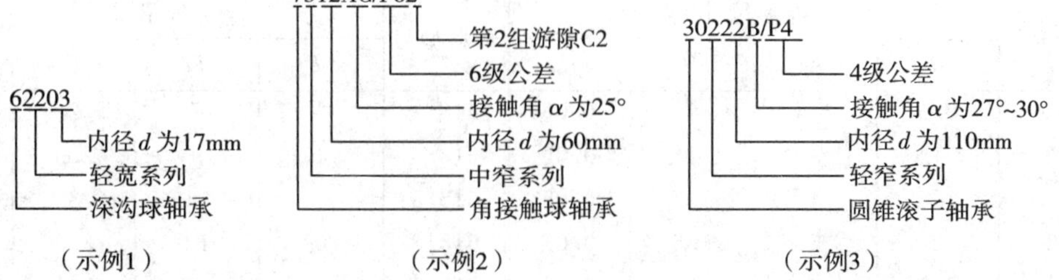

图16－16 滚动轴承代号示例

16.6 常见的三种滚动轴承外形尺寸

1. 深沟球轴承(GB/T 276—2013)

深沟球轴承的外形尺寸，见表 16－16。

表 16－16 深沟球轴承的外形尺寸 单位:mm

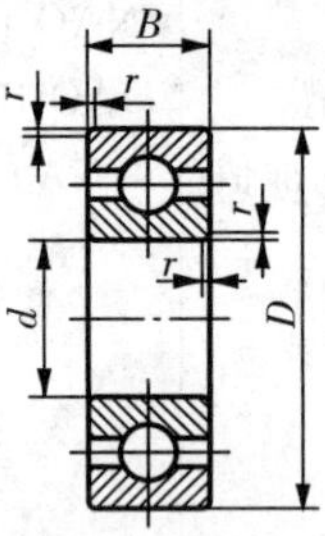

6000型 标记示例：滚动轴承6210 GB/T 276—2013

17 系列

轴承型号	外形尺寸				轴承型号	外形尺寸			
	d	D	B	r_{smin}		d	D	B	r_{smin}
617/0.6	0.6	2	0.8	0.05	617/5	5	8	2	0.08
617/1	1	2.5	1	0.05	617/6	6	10	2.5	0.1
617/1.5	1.5	3	1	0.05	617/7	7	11	2.5	0.1
617/2	2	4	1.2	0.05	617/8	8	12	2.5	0.1
617/2.5	2.5	5	1.5	0.08	617/9	9	14	3	0.1
617/3	3	6	2	0.08	61700	10	15	3	0.1
617/4	4	7	2	0.08					

37 系列

轴承型号	外形尺寸				轴承型号	外形尺寸			
	d	D	B	r_{smin}		d	D	B	r_{smin}
637/1.5	1.5	3	1.8	0.05	637/6	6	10	3.5	0.1
637/2	2	4	2	0.05	637/7	7	11	3.5	0.1
637/2.5	2.5	5	2.3	0.08	637/8	8	12	3.5	0.1
637/3	3	6	3	0.08	637/9	9	14	4.5	0.1
637/4	4	7	3	0.08	63700	10	15	4.5	0.1
637/5	5	8	3	0.08					

18 系列

轴承型号	外形尺寸				轴承型号	外形尺寸			
	d	D	B	r_{smin}		d	D	B	r_{smin}
618/0.6	0.6	2.5	1	0.05	618/3	3	7	2	0.1
618/1	1	3	1	0.05	618/4	4	9	2.5	0.1
618/1.5	1.5	4	1.2	0.05	618/5	5	11	3	0.15
618/2	2	5	1.5	0.08	618/6	6	13	3.5	0.15
618/2.5	2.5	6	1.8	0.08	618/7	7	14	3.5	0.15

（续表）

18系列									
轴承型号	外形尺寸				轴承型号	外形尺寸			
	d	D	B	r_{smin}		d	D	B	r_{smin}
618/8	8	16	4	0.2	61844	220	270	24	1.5
618/9	9	17	4	0.2	61848	240	300	28	2
61800	10	19	5	0.3	61852	260	320	28	2
61801	12	21	5	0.3	61856	280	350	33	2
61802	15	24	5	0.3	61860	300	380	38	2.1
61803	17	26	5	0.3	61864	320	400	38	2.1
61804	20	32	7	0.3	61868	340	420	38	2.1
61805	25	37	7	0.3	61872	360	440	38	2.1
61806	30	42	7	0.3	61876	380	480	46	2.1
61807	35	47	7	0.3	61880	400	500	46	2.1
61808	40	52	7	0.3	61884	420	520	46	2.1
61809	45	58	7	0.3	61888	440	540	46	2.1
61810	50	65	7	0.3	61892	460	580	56	3
61811	55	72	9	0.3	61896	480	600	56	3
61812	60	78	10	0.3	618/500	500	620	56	3
61813	65	85	10	0.6	618/530	530	650	56	3
61814	70	90	10	0.6	618/560	560	680	56	3
61815	75	95	10	0.6	618/600	600	730	60	3
61816	80	100	10	0.6	618/630	630	780	69	4
61817	85	110	13	1	618/670	670	820	69	4
61818	90	115	13	1	618/710	710	870	74	4
61819	95	120	13	1	618/750	750	920	78	5
61820	100	125	13	1	618/800	800	980	82	5
61821	105	130	13	1	618/850	850	1030	82	5
61822	110	140	16	1	618/900	900	1090	85	5
61824	120	150	16	1	618/950	950	1150	90	5
61826	130	165	18	1.1	618/1000	1000	1220	100	6
61828	140	175	18	1.1	618/1060	1060	1280	100	6
61830	150	190	20	1.1	618/1120	1120	1360	106	6
61832	160	200	20	1.1	618/1180	1180	1420	106	6
61834	170	215	22	1.1	618/1250	1250	1500	112	6
61836	180	225	22	1.1	618/1320	1320	1600	122	6
61838	190	240	24	1.5	618/1400	1400	1700	132	7.5
61840	200	250	24	1.5	618/1500	1500	1820	140	7.5

（续表）

19系列									
轴承型号	外形尺寸				轴承型号	外形尺寸			
	d	D	B	r_{smin}		d	D	B	r_{smin}
619/1	1	4	1.6	0.1	61922	110	150	20	1.1
619/1.5	1.5	5	2	0.15	61924	120	165	22	1.1
619/2	2	6	2.3	0.15	61926	130	180	24	1.5
619/2.5	2.5	7	2.5	0.15	61928	140	190	24	1.5
619/3	3	8	3	0.15	61930	150	210	28	2
619/4	4	11	4	0.15	61932	160	220	28	2
619/5	5	13	4	0.2	61934	170	230	28	2
619/6	6	15	5	0.2	61936	180	250	33	2
619/7	7	17	5	0.3	61938	190	260	33	2
619/8	8	19	6	0.3	61940	200	280	38	2.1
619/9	9	20	6	0.3	61944	220	300	38	2.1
61900	10	22	6	0.3	61948	240	320	38	2.1
61901	12	24	6	0.3	61952	260	360	46	2.1
61902	15	28	7	0.3	61956	280	380	46	2.1
61903	17	30	7	0.3	61960	300	420	56	3
61904	20	37	9	0.3	61964	320	440	56	3
61905	25	42	9	0.3	61968	340	460	56	3
61906	30	47	9	0.3	61972	360	480	56	3
61907	35	55	10	0.6	61976	380	520	65	4
61908	40	62	12	0.6	61980	400	540	65	4
61909	45	68	12	0.6	61984	420	560	65	4
61910	50	72	12	0.6	61988	440	600	74	4
61911	55	80	13	1	61992	460	620	74	4
61912	60	85	13	1	61996	480	650	78	5
61913	65	90	13	1	619/500	500	670	78	5
61914	70	100	16	1	619/530	530	710	82	5
61915	75	105	16	1	619/560	560	750	85	5
61916	80	110	16	1	619/600	600	800	90	5
61917	85	120	18	1.1	619/630	630	850	100	6
61918	90	125	18	1.1	619/670	670	900	103	6
61919	95	130	18	1.1	619/710	710	950	106	6
61920	100	140	20	1.1	619/750	750	1000	112	6
61921	105	145	20	1.1	619/800	800	1060	115	6

（续表）

00系列									
轴承型号	外形尺寸				轴承型号	外形尺寸			
	d	D	B	r_{smin}		d	D	B	r_{smin}
16001	12	28	7	0.3	16021	105	160	18	1
16002	15	32	8	0.3	16022	110	170	19	1
16003	17	35	8	0.3	16024	120	180	19	1
16004	20	42	8	0.3	16026	130	200	22	1.1
16005	25	47	8	0.3	16028	140	210	22	1.1
16006	30	55	9	0.3	16030	150	225	24	1.1
16007	35	62	9	0.3	16032	160	240	25	1.5
16008	40	68	9	0.3	16034	170	260	28	1.5
16009	45	75	10	0.6	16036	180	280	31	2
16010	50	80	10	0.6	16038	190	290	31	2
16011	55	90	11	0.6	16040	200	310	34	2
16012	60	95	11	0.6	16044	220	340	37	2.1
16013	65	100	11	0.6	16048	240	360	37	2.1
16014	70	110	13	0.6	16052	260	400	44	3
16015	75	115	13	0.6	16056	280	420	44	3
16016	80	125	14	0.6	16060	300	460	50	4
16017	85	130	14	0.6	16064	320	480	50	4
16018	90	140	16	1	16068	340	520	57	4
16019	95	145	16	1	16072	360	540	57	4
16020	100	150	16	1	16076	380	560	57	4

10系列									
轴承型号	外形尺寸				轴承型号	外形尺寸			
	d	D	B	r_{smin}		d	D	B	r_{smin}
604	4	12	4	0.2	6006	30	55	13	1
605	5	14	5	0.2	60/32	32	58	13	1
606	6	17	6	0.3	6007	35	62	14	1
607	7	19	6	0.3	6008	40	68	15	1
608	8	22	7	0.3	6009	45	75	16	1
609	9	24	7	0.3	6010	50	80	16	1
6000	10	26	8	0.3	6011	55	90	18	1.1
6001	12	28	8	0.3	6012	60	95	18	1.1
6002	15	32	9	0.3	6013	65	100	18	1.1
6003	17	35	10	0.3	6014	70	110	20	1.1
6004	20	42	12	0.6	6015	75	115	20	1.1
60/22	22	44	12	0.6	6016	80	125	22	1.1
6005	25	47	12	0.6	6017	85	130	22	1.1
60/28	28	52	12	0.6	6018	90	140	24	1.5

（续表）

10 系列

轴承型号	外形尺寸				轴承型号	外形尺寸			
	d	D	B	r_{smin}		d	D	B	r_{smin}
6019	95	145	24	1.5	6048	240	360	56	3
6020	100	150	24	1.5	6052	260	400	65	4
6021	105	160	26	2	6056	280	420	65	4
6022	110	170	28	2	6060	300	460	74	4
6024	120	180	28	2	6064	320	480	74	4
6026	130	200	33	2	6068	340	520	82	5
6028	140	210	33	2	6072	360	540	82	5
6030	150	225	35	2.1	6076	380	560	82	5
6032	160	240	38	2.1	6080	400	600	90	5
6034	170	260	42	2.1	6084	420	620	90	5
6036	180	280	46	2.1	6088	440	650	94	6
6038	190	290	46	2.1	6092	460	680	100	6
6040	200	310	51	2.1	6096	480	700	100	6
6044	220	340	56	3	60/500	500	720	100	6

02 系列

轴承型号	外形尺寸				轴承型号	外形尺寸			
	d	D	B	r_{smin}		d	D	B	r_{smin}
623	3	10	4	0.15	6214	70	125	24	1.5
624	4	13	5	0.2	6215	75	130	25	1.5
625	5	16	5	0.3	6216	80	140	26	2
626	6	19	6	0.3	6217	85	150	28	2
627	7	22	7	0.3	6218	90	160	30	2
628	8	24	8	0.3	6219	95	170	32	2.1
629	9	26	8	0.3	6220	100	180	34	2.1
6200	10	30	9	0.6	6221	105	190	36	2.1
6201	12	32	10	0.6	6222	110	200	38	2.1
6202	15	35	11	0.6	6224	120	215	40	2.1
6203	17	40	12	0.6	6226	130	230	40	3
6204	20	47	14	1	6228	140	250	42	3
62/22	22	50	14	1	6230	150	270	45	3
6205	25	52	15	1	6232	160	290	48	3
62/28	28	58	16	1	6234	170	310	52	4
6206	30	62	16	1	6236	180	320	52	4
62/32	32	65	17	1	6238	190	340	55	4
6207	35	72	17	1.1	6240	200	360	58	4
6208	40	80	18	1.1	6244	220	400	65	4
6209	45	85	19	1.1	6248	240	440	72	4
6210	50	90	20	1.1	6252	260	480	80	5
6211	55	100	21	1.5	6256	280	500	80	5
6212	60	110	22	1.5	6260	300	540	85	5
6213	65	120	23	1.5	6264	320	580	92	5

（续表）

03系列									
轴承型号	外形尺寸				轴承型号	外形尺寸			
	d	D	B	r_{smin}		d	D	B	r_{smin}
633	3	13	5	0.2	6315	75	160	37	2.1
634	4	16	5	0.3	6316	80	170	39	2.1
635	5	19	6	0.3	6317	85	180	41	3
6300	10	35	11	0.6	6318	90	190	43	3
6301	12	37	12	1	6319	95	200	45	3
6302	15	42	13	1	6320	100	215	47	3
6303	17	47	14	1	6321	105	225	49	3
6304	20	52	15	1.1	6322	110	240	50	3
63/22	22	56	16	1.1	6324	120	260	55	3
6305	25	62	17	1.1	6326	130	280	58	4
63/28	28	68	18	1.1	6328	140	300	62	4
6306	30	72	19	1.1	6330	150	320	65	4
63/32	32	75	20	1.1	6332	160	340	68	4
6307	35	80	21	1.5	6334	170	360	72	4
6308	40	90	23	1.5	6336	180	380	75	4
6309	45	100	25	1.5	6338	190	400	78	5
6310	50	110	27	2	6340	200	420	80	5
6311	55	120	29	2	6344	220	460	88	5
6312	60	130	31	2.1	6348	240	500	95	5
6313	65	140	33	2.1	6352	260	540	102	6
6314	70	150	35	2.1	6356	280	580	108	6

04系列									
轴承型号	外形尺寸				轴承型号	外形尺寸			
	d	D	B	r_{smin}		d	D	B	r_{smin}
6403	17	62	17	1.1	6413	65	160	37	2.1
6404	20	72	19	1.1	6414	70	180	42	3
6405	25	80	21	1.5	6415	75	190	45	3
6406	30	90	23	1.5	6416	80	200	48	3
6407	35	100	25	1.5	6417	85	210	52	4
6408	40	110	27	2	6418	90	225	54	4
6409	45	120	29	2	6419	95	240	55	4
6410	50	130	31	2.1	6420	100	250	58	4
6411	55	140	33	2.1	6422	110	280	65	4
6412	60	150	35	2.1					

注：r_{smin}对应的最大倒角尺寸规定在国家标准 GB/T 274—2000 中。

2. 圆锥滚子轴承(GB/T 297—2015)

圆锥滚子轴承的外形尺寸,见表 16-17。

表 16-17　圆锥滚子轴承的外形尺寸　　单位:mm

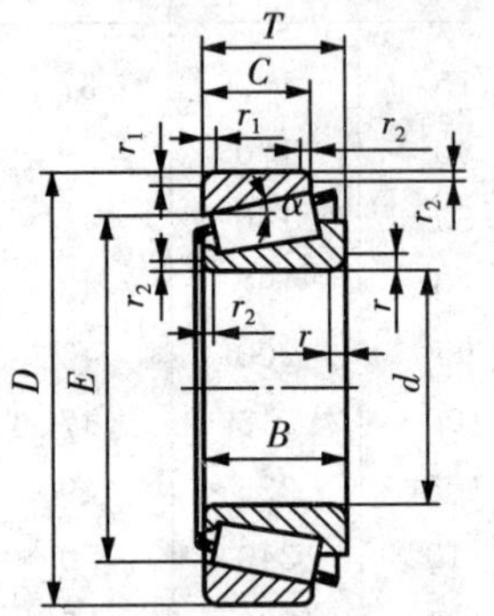

3000型　标记示例：滚动轴承 30205 GB/T 297—2015
标准中未规定内圈和外圈前端面倒角尺寸r_2，但前端面倒角不应为锐角。

29 系列

轴承型号	外形尺寸									ISO 尺寸系列
	d	D	T	B	r_{smin}	C	r_{1smin}	α	E	
32904	20	37	12	12	0.3	9	0.2	12°	29.621	2BD
329/22	22	40	12	12	0.3	9	0.3	12°	32.665	2BC
32905	25	42	12	12	0.3	9	0.3	12°	34.608	2BD
329/28	28	45	12	12	0.3	9	0.3	12°	37.639	2BD
32906	30	47	12	12	0.3	9	0.3	12°	39.617	2BD
329/32	32	52	14	14	0.6	10	0.6	12°	44.261	2BD
32907	35	55	14	14	0.6	11.5	0.6	11°	47.220	2BD
32908	40	62	15	15	0.6	12	0.6	10°55′	53.388	2BC
32909	45	68	15	15	0.6	12	0.6	12°	58.852	2BC
32910	50	72	15	15	0.6	12	0.6	12°50′	62.748	2BC
32911	55	80	17	17	1	14	1	11°39′	69.503	2BC
32912	60	85	17	17	1	14	1	12°27′	74.185	2BC
32913	65	90	17	17	1	14	1	13°15′	78.849	2BC
32914	70	100	20	20	1	16	1	11°53′	88.590	2BC
32915	75	105	20	20	1	16	1	12°31′	93.223	2BC
32916	80	110	20	20	1	16	1	13°10′	97.974	2BC
32917	85	120	23	23	1.5	18	1.5	12°18′	106.599	2BC
32918	90	125	23	23	1.5	18	1.5	12°51′	111.282	2BC
32919	95	130	23	23	1.5	18	1.5	13°25′	116.082	2BC
32920	100	140	25	25	1.5	20	1.5	12°23′	125.717	2CC

（续表）

轴承型号	外形尺寸									ISO尺寸系列
	29系列									
	d	D	T	B	r_{smin}	C	r_{1smin}	α	E	
32921	105	145	25	25	1.5	20	1.5	12°51′	130.359	2CC
32922	110	150	25	25	1.5	20	1.5	13°20′	135.182	2CC
32924	120	165	29	29	1.5	23	1.5	13°05′	148.464	2CC
32926	130	180	32	32	2	25	1.5	12°45′	161.652	2CC
32928	140	190	32	32	2	25	1.5	13°30′	171.032	2CC
32930	150	210	38	38	2.5	30	2	12°20′	187.926	2DC
32932	160	220	38	38	2.5	30	2	13°	197.962	2DC
32934	170	230	38	38	2.5	30	2	14°20′	206.564	3DC
32936	180	250	45	45	2.5	34	2	17°45′	218.571	4DC
32938	190	260	45	45	2.5	34	2	17°39′	228.578	4DC
32940	200	280	51	51	3	39	2.5	14°45′	249.698	3EC
32944	220	300	51	51	3	39	2.5	15°50′	267.685	3EC
32948	240	320	51	51	3	39	2.5	17°	286.582	4EC
32952	260	360	63.5	63.5	3	48	2.5	15°10′	320.783	3EC
32956	280	380	63.5	63.5	3	48	2.5	16°05′	339.778	4EC
32960	300	420	76	76	4	57	3	14°45′	374.706	3FD
32964	320	440	76	76	4	57	3	15°30′	393.406	3FD
32968	340	460	76	76	4	57	3	16°15′	412.043	4FD
32972	360	480	76	76	4	57	3	17°	430.612	4FD

20系列

轴承型号	外形尺寸									ISO尺寸系列
	d	D	T	B	r_{smin}	C	r_{1smin}	α	E	
32004	20	42	15	15	0.6	12	0.6	14°	32.781	3CC
320/22	22	44	15	15	0.6	11.5	0.6	14°50′	34.708	3CC
32005	25	47	15	15	0.6	11.5	0.6	16°	37.393	4CC
320/28	28	52	16	16	1	12	1	16°	41.991	4CC
32006	30	55	17	17	1	13	1	16°	44.438	4CC
320/32	32	58	17	17	1	13	1	16°50′	46.708	4CC
32007	35	62	18	18	1	14	1	16°50′	50.510	4CC
32008	40	68	19	19	1	14.5	1	14°10′	56.897	3CD
32009	45	75	20	20	1	15.5	1	14°40′	63.248	3CC
32010	50	80	20	20	1	15.5	1	15°45′	67.841	3CC

（续表）

20 系列

轴承型号	外形尺寸									ISO尺寸系列
	d	D	T	B	r_{smin}	C	r_{1smin}	α	E	
32011	55	90	23	23	1.5	17.5	1.5	15°10′	76.505	3CC
32012	60	95	23	23	1.5	17.5	1.5	16°	80.634	4CC
32013	65	100	23	23	1.5	17.5	1.5	17°	85.567	4CC
32014	70	110	25	25	1.5	19	1.5	16°10′	93.633	4CC
32015	75	115	25	25	1.5	19	1.5	17°	98.358	4CC
32016	80	125	29	29	1.5	22	1.5	15°45′	107.334	3CC
32017	85	130	29	29	1.5	22	1.5	16°25′	111.788	4CC
32018	90	140	32	32	2	24	1.5	15°45′	119.948	3CC
32019	95	145	32	32	2	24	1.5	16°25′	124.927	4CC
32020	100	150	32	32	2	24	1.5	17°	129.269	4CC
32021	105	160	35	35	2.5	26	2	16°30′	137.685	4DC
32022	110	170	38	38	2.5	29	2	16°	146.290	4DC
32024	120	180	38	38	2.5	29	2	17°	155.239	4DC
32026	130	200	45	45	2.5	34	2	16°10′	172.043	4EC
32028	140	210	45	45	2.5	34	2	17°	180.720	4DC
32030	150	225	48	48	3	36	2.5	17°	193.674	4EC
32032	160	240	51	51	3	38	2.5	17°	207.209	4EC
32034	170	260	57	57	3	43	2.5	16°30′	223.031	4EC
32036	180	280	64	64	3	48	2.5	15°45′	239.898	3FD
32038	190	290	64	64	3	48	2.5	16°25′	249.853	4FD
32040	200	310	70	70	3	53	2.5	16°	266.039	4FD
32044	220	340	76	76	4	57	3	16°	292.464	4FD
32048	240	360	76	76	4	57	3	17°	310.356	4FD
32052	260	400	87	87	5	65	4	16°10′	344.432	4FC
32056	280	420	87	87	5	65	4	17°	361.811	4FC
32060	300	460	100	100	5	74	4	16°10′	395.676	4GD
32064	320	480	100	100	5	74	4	17°	415.640	4GD

（续表）

30系列										
轴承型号	外形尺寸									ISO尺寸系列
	d	D	T	B	r_{smin}	C	r_{1smin}	α	E	
33005	25	47	17	17	0.6	14	0.6	10°55′	38.278	2CE
33006	30	55	20	20	1	16	1	11°	45.283	2CE
33007	35	62	21	21	1	17	1	11°30′	51.320	2CE
33008	40	68	22	22	1	18	1	10°40′	57.290	2BE
33009	45	75	24	24	1	19	1	11°05′	63.116	2CE
33010	50	80	24	24	1	19	1	11°55′	67.775	2CE
33011	55	90	27	27	1.5	21	1.5	11°45′	76.656	2CE
33012	60	95	27	27	1.5	21	1.5	12°20′	80.422	2CE
33013	65	100	27	27	1.5	21	1.5	13°05′	85.257	2CE
33014	70	110	31	31	1.5	25.5	1.5	10°45′	95.021	2CE
33015	75	115	31	31	1.5	25.5	1.5	11°15′	99.400	2CE
33016	80	125	36	36	1.5	29.5	1.5	10°30′	107.750	2CE
33017	85	130	36	36	1.5	29.5	1.5	11°	112.838	2CE
33018	90	140	39	39	2	32.5	1.5	10°10′	122.363	2CE
33019	95	145	39	39	2	32.5	1.5	10°30′	126.346	2CE
33020	100	150	39	39	2	32.5	1.5	10°50′	130.323	2CE
33021	105	160	43	43	2.5	34	2	10°40′	139.304	2DE
33022	110	170	47	47	2.5	37	2	10°50′	146.265	2DE
33024	120	180	48	48	2.5	38	2	11°30′	154.777	2DE
33026	130	200	55	55	2.5	43	2	12°50′	172.017	2EE
33028	140	210	56	56	2.5	44	2	13°30′	180.353	2DE
33030	150	225	59	59	3	46	2.5	13°40′	194.260	2EE

31系列										
轴承型号	外形尺寸									ISO尺寸系列
	d	D	T	B	r_{smin}	C	r_{1smin}	α	E	
33108	40	75	26	26	1.5	20.5	1.5	13°20′	61.169	2CE
33109	45	80	26	26	1.5	20.5	1.5	14°20′	65.700	3CE
33110	50	85	26	26	1.5	20	1.5	15°20′	70.214	3CE
33111	55	95	30	30	1.5	23	1.5	14°	78.893	3CE
33112	60	100	30	30	1.5	23	1.5	14°50′	83.522	3CE
33113	65	110	34	34	1.5	26.5	1.5	14°30′	91.653	3DE

（续表）

轴承型号	外形尺寸									ISO尺寸系列
	d	D	T	B	r_{smin}	C	r_{1smin}	α	E	
31系列										
33114	70	120	37	37	2	29	1.5	14°10′	99.733	3DE
33115	75	125	37	37	2	29	1.5	14°50′	104.358	3DE
33116	80	130	37	37	2	29	1.5	15°30′	108.970	3DE
33117	85	140	41	41	2.5	32	2	15°10′	117.097	3DE
33118	90	150	45	45	2.5	35	2	14°50′	125.283	3DE
33119	95	160	49	49	2.5	38	2	14°35′	133.240	3EE
33120	100	165	52	52	2.5	40	2	15°10′	137.129	3EE
33121	105	175	56	56	2.5	44	2	15°05′	144.427	3EE
33122	110	180	56	56	2.5	48	2	15°35′	149.127	3EE
33124	120	200	62	62	2.5	48	2	14°50′	166.144	3FE

轴承型号	外形尺寸									ISO尺寸系列
	d	D	T	B	r_{smin}	C	r_{1smin}	α	E	
02系列										
30202	15	35	11.75	11	0.6	10	0.6	—	—	—
30203	17	40	13.25	12	1	11	1	12°57′10″	31.408	2DB
30204	20	47	15.25	14	1	12	1	12°57′10″	37.304	2DB
30205	25	52	16.25	15	1	13	1	14°02′10″	41.135	3CC
30206	30	62	17.25	16	1	14	1	14°02′10″	49.990	3DB
302/32	32	65	18.25	17	1	15	1	14°	52.500	3DB
30207	35	72	18.25	17	1.5	15	1.5	14°02′10″	58.844	3DB
30208	40	80	19.75	18	1.5	16	1.5	14°02′10″	65.730	3DB
30209	45	85	20.75	19	1.5	16	1.5	15°06′34″	70.440	3DB
30210	50	90	21.75	20	1.5	17	1.5	15°38′32″	75.078	3DB
30211	55	100	22.75	21	2	18	1.5	15°06′34″	84.197	3DB
30212	60	110	23.75	22	2	19	1.5	15°06′34″	91.876	3EB
30213	65	120	24.75	23	2	20	1.5	15°06′34″	101.934	3EB
30214	70	125	26.25	24	2	21	1.5	15°38′32″	105.748	3EB
30215	75	130	27.25	25	2	22	1.5	16°10′20″	110.408	4DB
30216	80	140	28.25	26	2.5	22	2	15°38′32″	119.169	3EB
30217	85	150	30.5	28	2.5	24	2	15°38′32″	126.685	3EB
30218	90	160	32.5	30	2.5	26	2	15°38′32″	134.901	3FB

（续表）

轴承型号	外形尺寸									ISO 尺寸系列
02 系列										
	d	D	T	B	r_{smin}	C	r_{1smin}	α	E	
30219	95	170	34.5	32	3	27	2.5	15°38′32″	143.385	3FB
30220	100	180	37	34	3	29	2.5	15°38′32″	151.310	3FB
30221	105	190	39	36	3	30	2.5	15°38′32″	159.795	3FB
30222	110	200	41	38	3	32	2.5	15°38′32″	168.548	3FB
30224	120	215	43.5	40	3	34	2.5	16°10′20″	181.257	4FB
30226	130	230	43.75	40	4	34	3	16°10′20″	196.420	4FB
30228	140	250	45.75	42	4	36	3	16°10′20″	212.270	4FB
30230	150	270	49	45	4	38	3	16°10′20″	227.408	4GB
30232	160	290	52	48	4	40	3	16°10′20″	244.958	4GB
30234	170	310	57	52	5	43	4	16°10′20″	262.483	4GB
30236	180	320	57	52	5	43	4	16°41′57″	270.928	4GB
30238	190	340	60	55	5	46	4	16°10′20″	291.083	4GB
30240	200	360	64	58	5	48	4	16°10′20″	307.196	4GB
30244	220	400	72	65	5	54	4	(15°38′32″)	(339.941)	(3GB)
30248	240	440	79	72	5	60	4	(15°38′32″)	(374.976)	(3GB)
30252	260	480	89	80	6	67	5	(16°25′56″)	(410.444)	(4GB)
30256	280	500	89	80	6	67	5	(17°03′)	(423.879)	(4GB)

轴承型号	外形尺寸									ISO 尺寸系列
22 系列										
	d	D	T	B	r_{smin}	C	r_{1smin}	α	E	
32203	17	40	17.25	16	1	14	1	11°45′	31.170	2DD
32204	20	47	19.25	18	1	15	1	12°28′	35.810	2DD
32205	25	52	19.25	18	1	16	1	13°30′	41.331	2CD
32206	30	62	21.25	20	1	17	1	14°02′10″	48.982	3DC
32207	35	72	24.25	23	1.5	19	1.5	14°02′10″	57.087	3DC
32208	40	80	24.75	23	1.5	19	1.5	14°02′10″	64.715	3DC
32209	45	85	24.75	23	1.5	19	1.5	15°06′34″	69.610	3DC
32210	50	90	24.75	23	1.5	19	1.5	15°38′32″	74.226	3DC
32211	55	100	26.75	25	2	21	1.5	15°06′34″	82.837	3DC
32212	60	110	29.75	28	2	24	1.5	15°06′34″	90.236	3EC

（续表）

22 系列

轴承型号	外形尺寸									ISO 尺寸系列
	d	D	T	B	r_{smin}	C	r_{1smin}	α	E	
32213	65	120	32.75	31	2	27	1.5	15°06′34″	99.484	3EC
32214	70	125	33.25	31	2	27	1.5	15°38′32″	103.765	3EC
32215	75	130	33.25	31	2	27	1.5	16°10′20″	108.932	4DC
32216	80	140	35.25	33	2.5	28	2	15°38′32″	117.466	3EC
32217	85	150	38.5	36	2.5	30	2	15°38′32″	124.970	3EC
33218	90	160	42.5	40	2.5	34	2	15°38′32″	132.615	3FC
33219	95	170	45.5	43	3	37	2.5	15°38′32″	140.259	3FC
33220	100	180	49	46	3	39	2.5	15°38′32″	148.184	3FC
32221	105	190	53	50	3	43	2.5	15°38′32″	155.269	3FC
32222	110	200	56	53	3	46	2.5	15°38′32″	164.022	3FC
32224	120	215	61.5	58	3	50	2.5	16°10′20″	174.825	4FD
32226	130	230	67.75	64	4	54	3	16°10′20″	187.088	4FD
32228	140	250	71.75	68	4	58	3	16°10′20″	204.046	4FD
32230	150	270	77	73	4	60	3	16°10′20″	219.157	4GD
32232	160	290	84	80	4	67	3	16°10′20″	234.942	4GD
32234	170	310	91	86	5	71	4	16°10′20″	251.873	4GD
32236	180	320	91	86	5	71	4	16°41′57″	259.938	4GD
32238	190	340	97	92	5	75	4	16°10′20″	279.024	4GD
32240	200	360	104	98	5	82	4	15°10′	294.880	3GD
32244	220	400	114	108	5	90	4	(16°10′20″)	(326.455)	(4GD)
32248	240	440	127	120	5	100	4	(16°10′20″)	(356.929)	(4GD)
32252	260	480	137	130	6	105	5	(16°)	(393.025)	(4GD)
32256	280	500	137	130	6	105	5	(16°)	(409.128)	(4GD)
32260	300	540	149	140	6	115	5	(16°10′)	(443.659)	(4GD)

32 系列

轴承型号	外形尺寸									ISO 尺寸系列
	d	D	T	B	r_{smin}	C	r_{1smin}	α	E	
33205	25	52	22	22	1	18	1	13°10′	40.441	2DE
332/28	28	58	24	24	1	19	1	12°45′	45.846	2DE
33206	30	62	25	25	1	19.5	1	12°50′	49.524	2DE
332/32	32	65	26	26	1	20.5	1	13°	51.791	2DE

（续表）

32 系列

轴承型号	外形尺寸									ISO 尺寸系列
	d	D	T	B	r_{smin}	C	r_{1smin}	α	E	
33207	35	72	28	28	1.5	22	1.5	13°15′	57.186	2DE
33208	40	80	32	32	1.5	25	1.5	13°25′	63.405	2DE
33209	45	85	32	32	1.5	25	1.5	14°25′	68.075	3DE
33210	50	90	32	32	1.5	24.5	1.5	15°25′	72.727	3DE
33211	55	100	35	35	2	27	1.5	14°55′	81.240	3DE
33212	60	110	38	38	2	29	1.5	15°05′	89.032	3EE
33213	65	120	41	41	2	32	1.5	14°35′	97.863	3EE
32214	70	125	41	41	2	32	1.5	15°15′	102.275	3EE
33215	75	130	41	41	2	31	1.5	15°55′	106.675	3EE
32216	80	140	46	46	2.5	35	2	15°50′	114.582	3EE
32217	85	150	49	49	2.5	37	2	15°35′	122.894	3EE
33218	90	160	55	55	2.5	42	2	15°40′	129.820	3FE
33219	95	170	58	58	3	44	2.5	15°15′	138.642	3FE
33220	100	180	63	63	3	48	2.5	15°05′	145.949	3FE
33221	105	190	68	68	3	52	2.5	15°	153.622	3FE

03 系列

轴承型号	外形尺寸									ISO 尺寸系列
	d	D	T	B	r_{smin}	C	r_{1smin}	α	E	
30302	15	42	14.25	13	1	11	1	10°45′29″	33.272	2FB
30303	17	47	15.25	14	1	12	1	10°45′29″	37.420	2FB
30304	20	52	16.25	15	1.5	13	1.5	11°18′36″	41.318	2FB
30305	25	62	18.25	17	1.5	15	1.5	11°18′36″	50.637	2FB
30306	30	72	20.75	19	1.5	16	1.5	11°51′35″	58.287	2FB
30307	35	80	22.75	21	2	18	1.5	11°51′35″	65.769	2FB
30308	40	90	25.25	23	2	20	1.5	12°57′10″	72.703	2FB
30309	45	100	27.25	25	2	22	1.5	12°57′10″	81.780	2FB
30310	50	110	29.25	27	2.5	23	2	12°57′10″	90.633	2FB
30311	55	120	31.5	29	2.5	25	2	12°57′10″	99.146	2FB
30312	60	130	33.5	31	3	26	2.5	12°57′10″	107.769	2FB
30313	65	140	36	33	3	28	2.5	12°57′10″	116.846	2GB
30314	70	150	38	35	3	30	2.5	12°57′10″	125.244	2GB

（续表）

轴承型号	外形尺寸									ISO尺寸系列
	d	D	T	B	r_{smin}	C	r_{1smin}	α	E	
03系列										
30315	75	160	40	37	3	31	2.5	12°57′10″	134.097	2GB
30316	80	170	42.5	39	3	33	2.5	12°57′10″	143.174	2GB
30317	85	180	44.5	41	4	34	3	12°57′10″	150.433	2GB
30318	90	190	46.5	43	4	36	3	12°57′10″	159.061	2GB
30319	95	200	49.5	45	4	38	3	12°57′10″	165.861	2GB
30320	100	215	51.5	47	4	39	3	12°57′10″	178.578	2GB
30321	105	225	53.5	49	4	41	3	12°57′10″	186.752	2GB
30322	110	240	54.5	50	4	42	3	12°57′10″	199.925	2GB
30324	120	260	59.5	55	4	46	3	12°57′10″	214.892	2GB
30326	130	280	63.75	58	5	49	4	12°57′10″	232.028	2GB
30328	140	300	67.75	62	5	53	4	12°57′10″	247.910	2GB
30330	150	320	72	65	5	55	4	12°57′10″	265.955	2GB
30332	160	340	75	68	5	58	4	12°57′10″	282.751	2GB
30334	170	360	80	72	5	62	4	12°57′10″	299.991	2GB
30336	180	380	83	75	5	64	4	12°57′10″	319.070	2GB
30338	190	400	86	78	6	65	5	(12°57′10″)	(333.507)	(2GB)
30340	200	420	89	80	6	67	5	(12°57′10″)	(352.209)	(2GB)
30344	220	460	97	88	6	73	5	(12°57′10″)	(383.498)	(2GB)
30348	240	500	105	95	6	80	5	(12°57′10″)	(416.303)	(2GB)
30352	260	540	113	102	6	85	6	(13°29′32″)	(451.991)	(2GB)

轴承型号	外形尺寸									ISO尺寸系列
	d	D	T	B	r_{smin}	C	r_{1smin}	α	E	
13系列										
31305	25	62	18.25	17	1.5	13	1.5	28°48′39″	44.130	7FB
31306	30	72	20.75	19	1.5	14	1.5	28°48′39″	51.771	7FB
31307	35	80	22.75	21	2	15	1.5	28°48′39″	58.861	7FB
31308	40	90	25.25	23	2	17	1.5	28°48′39″	66.984	7FB
31309	45	100	27.25	25	2	18	1.5	28°48′39″	75.107	7FB
31310	50	110	29.25	27	2.5	19	2	28°48′39″	82.747	7FB
31311	55	120	31.5	29	2.5	21	2	28°48′39″	89.563	7FB

（续表）

13系列										
轴承型号	外形尺寸									ISO尺寸系列
	d	D	T	B	r_{smin}	C	r_{1smin}	α	E	
31312	60	130	33.5	31	3	22	2.5	28°48′39″	98.236	7FB
31313	65	140	36	33	3	23	2.5	28°48′39″	106.359	7GB
31314	70	150	38	35	3	25	2.5	28°48′39″	113.449	7GB
31315	75	160	40	37	3	26	2.5	28°48′39″	122.122	7GB
31316	80	170	42.5	39	3	27	2.5	28°48′39″	129.213	7GB
31317	85	180	44.5	41	4	28	3	28°48′39″	137.403	7GB
31318	90	190	46.5	43	4	30	3	28°48′39″	145.527	7GB
31319	95	200	49.5	45	4	32	3	28°48′39″	151.584	7GB
31320	100	215	56.5	51	4	35	3	28°48′39″	162.730	7GB
31321	105	225	58	53	4	36	3	28°48′39″	170.721	7GB
31322	110	240	63	57	4	38	3	28°48′39″	182.014	7GB
31324	120	260	68	62	4	42	3	28°48′39″	197.022	7GB
31326	130	280	72	66	5	44	4	28°48′39″	211.753	7GB
31328	140	300	77	70	5	47	4	28°48′39″	227.999	7GB
31330	150	320	82	75	5	50	4	28°48′39″	244.244	7GB

23系列										
轴承型号	外形尺寸									ISO尺寸系列
	d	D	T	B	r_{smin}	C	r_{1smin}	α	E	
32303	17	47	20.25	19	1	16	1	10°45′29″	36.090	2FD
32304	20	52	22.25	21	1.5	18	1.5	11°18′36″	39.518	2FD
32305	25	62	25.25	24	1.5	20	1.5	11°18′36″	48.637	2FD
32306	30	72	28.75	27	1.5	23	1.5	11°51′35″	55.767	2FD
32307	35	80	32.75	31	2	25	1.5	11°51′35″	62.829	2FE
32308	40	90	35.25	33	2	27	1.5	12°57′10″	69.253	2FD
32309	45	100	38.25	36	2	30	1.5	12°57′10″	78.330	2FD
32310	50	110	42.25	40	2.5	33	2	12°57′10″	86.263	2FD
32311	55	120	45.5	43	2.5	35	2	12°57′10″	94.316	2FD
32312	60	130	48.5	46	3	37	2.5	12°57′10″	102.939	2FD
32313	65	140	51	48	3	39	2.5	12°57′10″	111.786	2GD
32314	70	150	54	51	3	42	2.5	12°57′10″	119.724	2GD
32315	75	160	58	55	3	45	2.5	12°57′10″	127.887	2GD

（续表）

23系列										
轴承型号	外形尺寸									ISO尺寸系列
	d	D	T	B	r_{smin}	C	r_{1smin}	α	E	
32316	80	170	61.5	58	3	48	2.5	12°57′10″	136.504	2GD
32317	85	180	63.5	60	4	49	3	12°57′10″	144.223	2GD
32318	90	190	67.5	64	4	53	3	12°57′10″	151.701	2GD
32319	95	200	71.5	67	4	55	3	12°57′10″	160.318	2GD
32320	100	215	77.5	73	4	60	3	12°57′10″	171.650	2GD
32321	105	225	81.5	77	4	63	3	12°57′10″	179.359	2GD
32322	110	240	84.5	80	4	65	3	12°57′10″	192.071	2GD
32324	120	260	90.5	86	4	69	3	12°57′10″	207.039	2GD
32326	130	280	98.75	93	5	78	4	12°57′10″	223.692	2GD
32328	140	300	107.75	102	5	85	4	13°08′03″	240.000	2GD
32330	150	320	114	108	5	90	4	13°08′03″	256.671	2GD
32332	160	340	121	114	5	95	4	—	—	—
32334	170	360	127	120	5	100	4	(13°29′32″)	(286.222)	(2GD)
32336	180	380	134	126	5	106	4	(13°29′32″)	(303.693)	(2GD)
32338	190	400	140	132	6	109	5	(13°29′32″)	(321.711)	(2GD)
32340	200	420	146	138	6	115	5	(13°29′32″)	(335.821)	(2GD)
32344	220	460	154	145	6	122	5	(12°57′10″)	(368.132)	(2GD)
32348	240	500	165	155	6	132	5	(12°57′10″)	(401.268)	(2GD)

注：1. r_{smin}和r_{1smin}对应的最大倒角尺寸规定在国家标准 GB/T 274—2000 中。

2. 括号内为参考尺寸。

3. 推力球轴承(GB/T 301—1995)

推力球轴承的外形尺寸，见表 16-18。

表 16-18　推力球轴承的外形尺寸　　单位：mm

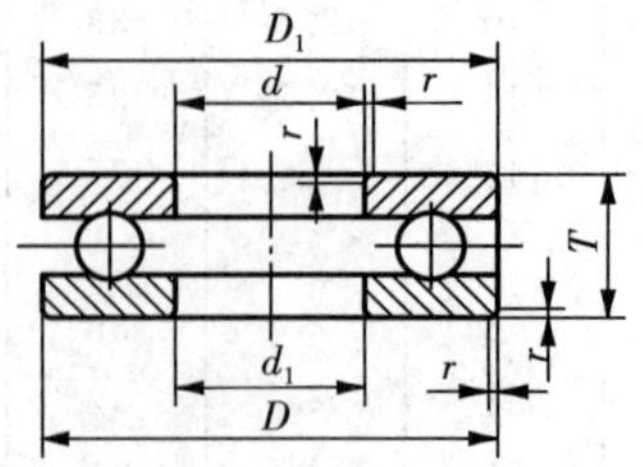

51000 型　标记示例：滚动轴承　51210　GB/T 301—1995

（续表）

11 系列						
轴承代号	d	D	T	d_{1smin}	D_{1smax}	r_{smin}
51100	10	24	9	11	24	0.3
51101	12	26	9	13	26	0.3
51102	15	28	9	16	28	0.3
51103	17	30	9	18	30	0.3
51104	20	35	10	21	35	0.3
51105	25	42	11	26	42	0.6
51106	30	47	11	32	47	0.6
51107	35	52	12	37	52	0.6
51108	40	60	13	42	60	0.6
51109	45	65	14	47	65	0.6
51110	50	70	14	52	70	0.6
51111	55	78	16	57	78	0.6
51112	60	85	17	62	85	1
51113	65	90	18	67	90	1
51114	70	95	18	72	95	1
51115	75	100	19	77	100	1
51116	80	105	19	82	105	1
51117	85	110	19	87	110	1
51118	90	120	22	92	120	1
51120	100	135	25	102	135	1
51122	110	145	25	112	145	1
51124	120	155	25	122	155	1
51126	130	170	30	132	170	1
51128	140	180	31	142	178	1
51130	150	190	31	152	188	1
51132	160	200	31	162	198	1
51134	170	215	34	172	213	1.1
51136	180	225	34	183	222	1.1
51138	190	240	37	193	237	1.1
51140	200	250	37	203	247	1.1
51144	220	270	37	223	267	1.1
51148	240	300	45	243	297	1.5

（续表）

11 系列						
轴承代号	d	D	T	d_{1smin}	D_{1smax}	r_{smin}
51152	260	320	45	263	317	1.5
51156	280	350	53	283	347	1.5
51160	300	380	62	304	376	2
51164	320	400	63	324	396	2
51168	340	420	64	344	416	2
51172	360	440	65	364	436	2
51176	380	460	65	384	456	2
51180	400	480	65	404	476	2
51184	420	500	65	424	495	2
51188	440	540	80	444	535	2.1
51192	460	560	80	464	555	2.1
51196	480	580	80	484	575	2.1
511/500	500	600	80	504	595	2.1

12 系列						
轴承代号	d	D	T	d_{1smin}	D_{1smax}	r_{smin}
51200	10	26	11	12	26	0.6
51201	12	28	11	14	28	0.6
51202	15	32	12	17	32	0.6
51203	17	35	12	19	35	0.6
51204	20	40	14	22	40	0.6
51205	25	47	15	27	47	0.6
51206	30	52	16	32	52	0.6
51207	35	62	18	37	62	1
51208	40	68	19	42	68	1
51209	45	73	20	47	73	1
51210	50	78	22	52	78	1
51211	55	90	25	57	90	1
51212	60	95	26	62	95	1
51213	65	100	27	67	100	1
51214	70	105	27	72	105	1
51215	75	110	27	77	110	1
51216	80	115	28	82	115	1
51217	85	125	31	88	125	1

（续表）

12系列						
轴承代号	d	D	T	d_{1smin}	D_{1smax}	r_{smin}
51218	90	135	35	93	135	1.1
51220	100	150	38	103	150	1.1
51222	110	160	38	113	160	1.1
51224	120	170	39	123	170	1.1
51226	130	190	45	133	187	1.5
51228	140	200	46	143	197	1.5
51230	150	215	50	153	212	1.5
51232	160	225	51	163	222	1.5
51234	170	240	55	173	237	1.5
51236	180	250	56	183	247	1.5
51238	190	270	62	194	267	2
51240	200	280	62	204	277	2
51244	220	300	63	224	297	2
51248	240	340	78	244	335	2.1
51252	260	360	79	264	355	2.1
51256	280	380	80	284	375	2.1
51260	300	420	95	304	415	3
51264	320	440	95	325	435	3
51268	340	460	96	345	455	3
51272	360	500	110	365	495	4

13系列						
轴承代号	d	D	T	d_{1smin}	D_{1smax}	r_{smin}
51304	20	47	18	22	47	1
51305	25	52	18	27	52	1
51306	30	60	21	32	60	1
51307	35	68	24	37	68	1
51308	40	78	26	42	78	1
51309	45	85	28	47	85	1
51310	50	95	31	52	95	1.1
51311	55	105	35	57	105	1.1
51312	60	110	35	62	110	1.1
51313	65	115	36	67	115	1.1

（续表）

轴承代号	d	D	T	d_{1smin}	D_{1smax}	r_{smin}
13 系列						
51314	70	125	40	72	125	1.1
51315	75	135	44	77	135	1.5
51316	80	140	44	82	140	1.5
51317	85	150	49	88	150	1.5
51318	90	155	50	93	155	1.5
51320	100	170	55	103	170	1.5
51322	110	190	63	113	187	2
51324	120	210	70	123	205	2.1
51326	130	225	75	134	220	2.1
51328	140	240	80	144	235	2.1
51330	150	250	80	154	245	2.1
51332	160	270	87	164	265	3
51334	170	280	87	174	275	3
51336	180	300	95	184	295	3
51338	190	320	105	195	315	4
51340	200	340	110	205	335	4
51344	220	360	112	225	355	4
51348	240	380	112	245	375	4

轴承代号	d	D	T	d_{1smin}	D_{1smax}	r_{smin}
14 系列						
51405	25	60	24	27	60	1
51406	30	70	28	32	70	1
51407	35	80	32	37	80	1.1
51408	40	90	36	42	90	1.1
51409	45	100	39	47	100	1.1
51410	50	110	43	52	110	1.5
51411	55	120	48	57	120	1.5
51412	60	130	51	62	130	1.5
51413	65	140	56	68	140	2
51414	70	150	60	73	150	2
51415	75	160	65	78	160	2
51416	80	170	68	83	170	2.1
51417	85	180	72	88	177	2.1
51418	90	190	77	93	187	2.1
51420	100	210	85	103	205	3
51422	110	230	95	113	225	3
51424	120	250	102	123	245	4
51426	130	270	110	134	265	4
51428	140	280	112	144	275	4
51430	150	300	120	154	295	4

16.7 滚动轴承材料及与轴承配合的轴颈和外壳孔的几何公差与表面粗糙度

1. 滚动轴承的材料和硬度

一般滚动轴承的套圈和滚动体用滚动轴承铬钢制造，其硬度如下：套圈、滚子为HRC 61～65，钢球为HRC 62～66。当使用GCr15SiMn制造时，其硬度为HRC 60～64。

2. 与滚动轴承配合的轴颈和外壳孔的几何公差与表面粗糙度

为了避免轴承套圈安装后产生变形，与滚动轴承配合的轴颈或外壳孔应采用包容要求，并采用更严的圆柱度公差。轴肩和外壳孔肩端面应给定端面圆跳动公差。轴颈和轴承座孔的几何公差，见表16-19。轴颈和轴承座孔配合表面的表面粗糙度，见表16-20。

表16-19 轴颈和轴承座孔的几何公差(GB/T 275—2015)

公称尺寸/mm		圆柱度 $t/\mu m$				轴向圆跳动 $t_1/\mu m$			
		轴颈		轴承座孔		轴肩		轴承座孔肩	
		轴承公差等级							
>	≤	0	6(6X)	0	6(6X)	0	6(6X)	0	6(6X)
—	6	2.5	1.5	4	2.5	5	3	8	5
6	10	2.5	1.5	4	2.5	6	4	10	6
10	18	3	2	5	3	8	5	12	8
18	30	4	2.5	6	4	10	6	15	10
30	50	4	2.5	7	4	12	8	20	12
50	80	5	3	8	5	15	10	25	15
80	120	6	4	10	6	15	10	25	15
120	180	8	5	12	8	20	12	30	20
180	250	10	7	14	10	20	12	30	20
250	315	12	8	16	12	25	15	40	25
315	400	13	9	18	13	25	15	40	25
400	500	15	10	20	15	25	15	40	25
500	630	—	—	22	16	—	—	50	30
630	800	—	—	25	18	—	—	50	30
800	1000	—	—	28	20	—	—	60	40
1000	1250	—	—	33	24	—	—	60	40

表 16-20　轴颈和轴承座孔配合表面的表面粗糙度(GB/T 275—2015)

轴和轴承座孔直径/mm		轴或轴承座孔配合表面直径公差等级					
		IT7		IT6		IT5	
		表面粗糙度 $Ra/\mu m$					
>	≤	磨	车	磨	车	磨	车
—	80	1.6	3.2	0.8	1.6	0.4	0.8
80	500	1.6	3.2	1.6	3.2	0.8	1.6
500	1250	3.2	6.3	1.6	3.2	1.6	3.2
端面		3.2	6.3	6.3	6.3	6.3	3.2

第 17 章 弹 性 挡 圈

弹性挡圈分轴用弹性挡圈和孔用弹性挡圈两种。

17.1 轴用弹性挡圈(GB 894.1—86)

轴用弹性挡圈是用于轴上固定零(部)件的挡圈,分 A 型和 B 型两种。

1. 轴用弹性挡圈——A 型

国家标准 GB 894.1—86 规定了轴颈 d_0 为 3～200mm 的 A 型轴用弹性挡圈的画法及尺寸。其画法如图 17－1 所示,尺寸见表 17－1。

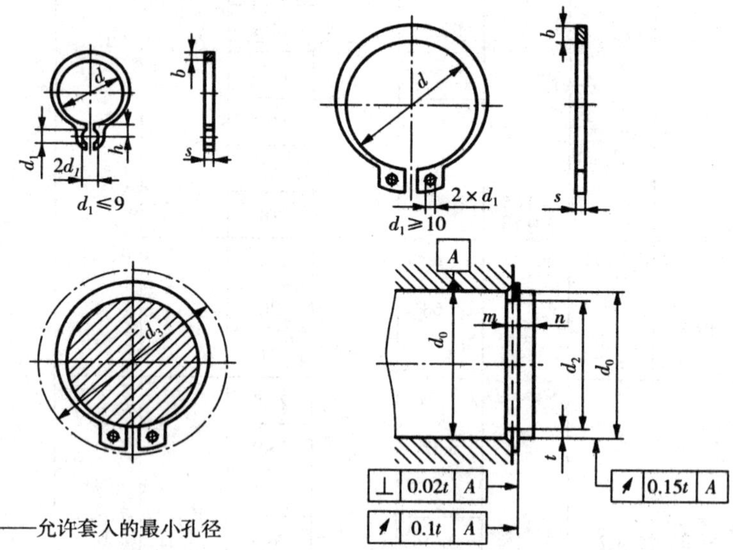

图 17－1 轴用弹性挡圈——A 型的画法

表 17－1 轴用弹性挡圈——A 型的尺寸(GB 894.1—86) 单位:mm

轴颈	挡圈							沟槽(推荐)					孔
	d		s		b	d_1	h	d_2		m		n	d_3
d_0	公称尺寸	极限偏差	公称尺寸	极限偏差	≈			公称尺寸	极限偏差	公称尺寸	极限偏差	≥	≥
3	2.7	+0.04 −0.15	0.4	+0.03 −0.06	0.8	1	0.95	2.8	0 −0.04	0.5	+0.14 0	0.3	7.2
4	3.7				0.88		1.1	3.8	0 −0.048				8.8
5	4.7		0.6	+0.04 −0.07	1.12		1.25	4.8		0.7			10.7
6	5.6				1.32	1.2	1.35	5.7				0.5	12.2
7	6.5	+0.06 −0.18					15.5	6.7	0 −0.058				13.8
8	7.4		0.8	+0.04 −0.10			1.60	7.6		0.9		0.6	15.2
9	8.4				1.44		1.65	8.6					16.4

（续表）

<table>
<tr><th rowspan="3">轴颈
d_0</th><th colspan="6">挡　圈</th><th colspan="5">沟槽（推荐）</th><th rowspan="3">孔
d_3</th></tr>
<tr><th colspan="2">d</th><th colspan="2">s</th><th rowspan="2">b
≈</th><th rowspan="2">d_1</th><th colspan="2">d_2</th><th colspan="2">m</th><th rowspan="2">n
≥</th></tr>
<tr><th>公称尺寸</th><th>极限偏差</th><th>公称尺寸</th><th>极限偏差</th><th>公称尺寸</th><th>极限偏差</th><th>公称尺寸</th><th>极限偏差</th></tr>
<tr><td>10</td><td>9.3</td><td rowspan="10">+0.10
−0.36</td><td rowspan="13">1</td><td rowspan="20">+0.05
−0.13</td><td>1.44</td><td rowspan="3">1.5</td><td>9.6</td><td>0
−0.058</td><td rowspan="13">1.1</td><td rowspan="29">+0.14
0</td><td>0.6</td><td>17.6</td></tr>
<tr><td>11</td><td>10.2</td><td>1.52</td><td>10.5</td><td rowspan="9">0
−0.11</td><td rowspan="2">0.8</td><td>18.6</td></tr>
<tr><td>12</td><td>11</td><td>1.72</td><td>11.5</td><td>19.6</td></tr>
<tr><td>13</td><td>11.9</td><td rowspan="2">1.88</td><td rowspan="6">1.7</td><td>12.4</td><td rowspan="2">0.9</td><td>20.8</td></tr>
<tr><td>14</td><td>12.9</td><td>13.4</td><td>22</td></tr>
<tr><td>15</td><td>13.8</td><td>2.00</td><td>14.3</td><td>1.1</td><td>23.2</td></tr>
<tr><td>16</td><td>14.7</td><td>2.32</td><td>15.2</td><td rowspan="2">1.2</td><td>24.4</td></tr>
<tr><td>17</td><td>15.7</td><td rowspan="3">2.48</td><td>16.2</td><td>25.6</td></tr>
<tr><td>18</td><td>16.5</td><td>17</td><td rowspan="5">1.5</td><td>27</td></tr>
<tr><td>19</td><td>17.5</td><td rowspan="10">2</td><td>18</td><td>28</td></tr>
<tr><td>20</td><td>18.5</td><td rowspan="3">+0.13
−0.42</td><td rowspan="3">2.68</td><td>19</td><td rowspan="3">0
−0.13</td><td>29</td></tr>
<tr><td>21</td><td>19.5</td><td>20</td><td>31</td></tr>
<tr><td>22</td><td>20.5</td><td>21</td><td>32</td></tr>
<tr><td>24</td><td>22.2</td><td rowspan="7">+0.21
−0.42</td><td rowspan="7">1.2</td><td rowspan="3">3.32</td><td>22.9</td><td rowspan="6">0
−0.21</td><td rowspan="7">1.3</td><td rowspan="3">1.7</td><td>34</td></tr>
<tr><td>25</td><td>23.2</td><td>23.9</td><td>35</td></tr>
<tr><td>26</td><td>24.2</td><td>24.9</td><td>36</td></tr>
<tr><td>28</td><td>25.9</td><td>3.60</td><td>26.6</td><td rowspan="3">2.1</td><td>38.4</td></tr>
<tr><td>29</td><td>26.9</td><td rowspan="2">3.72</td><td>27.6</td><td>39.8</td></tr>
<tr><td>30</td><td>27.9</td><td>28.6</td><td>42</td></tr>
<tr><td>32</td><td>29.6</td><td>3.92</td><td rowspan="7">2.5</td><td>30.3</td><td rowspan="10">0
−0.25</td><td rowspan="2">2.6</td><td>44</td></tr>
<tr><td>34</td><td>31.5</td><td rowspan="5">+0.25
−0.50</td><td rowspan="9">1.5</td><td rowspan="9">+0.06
−0.15</td><td>4.32</td><td>32.3</td><td rowspan="9">1.7</td><td>46</td></tr>
<tr><td>35</td><td>32.2</td><td rowspan="3">4.52</td><td>33</td><td rowspan="4">3</td><td>48</td></tr>
<tr><td>36</td><td>33.2</td><td>34</td><td>49</td></tr>
<tr><td>37</td><td>34.2</td><td>35</td><td>50</td></tr>
<tr><td>38</td><td>35.2</td><td rowspan="5">5.0</td><td>36</td><td>51</td></tr>
<tr><td>40</td><td>36.5</td><td rowspan="4">+0.39
−0.90</td><td>37.5</td><td rowspan="4">3.8</td><td>53</td></tr>
<tr><td>42</td><td>38.5</td><td rowspan="3">3</td><td>39.5</td><td>56</td></tr>
<tr><td>45</td><td>41.5</td><td>42.5</td><td>59.4</td></tr>
<tr><td>48</td><td>44.5</td><td>45.5</td><td>62.8</td></tr>
</table>

（续表）

轴颈	挡圈						沟槽（推荐）					孔
	d		s		b	d_1	d_2		m		n	
d_0	公称尺寸	极限偏差	公称尺寸	极限偏差	≈		公称尺寸	极限偏差	公称尺寸	极限偏差	≥	d_3
50	45.8	+0.39 −0.90	2	+0.06 −0.18	5.48	3	47	0 −0.25	2.2	+0.14 0	4.5	64.8
52	47.8						49					67
55	50.8	+0.46 −1.10					52	0 −0.30				70.4
56	51.8				6.12		53					71.7
58	53.8						55					73.6
60	55.8						57					75.8
62	57.8						59					79
63	58.8		2.5	+0.07 −0.22			60		2.7			79.6
65	60.8						62					81.6
68	63.5				6.32		65					85
70	65.5						67					87.2
72	67.5						69					89.4
75	70.5						72					92.8
78	73.5						75					96.2
80	74.5				7.0		76.5				5.3	98.2
82	76.5						78.5					101
85	79.5						81.5	0 −0.35				104
88	82.5	+0.54 −1.30					84.5					107.3
90	84.5				7.6		86.5					110
95	89.5				9.2		91.5					115
100	94.5						96.5					121
105	98		3		10.7		101	0 −0.54	3.2	+0.18 0	6	132
110	103				11.3	4	106					136
115	108				12		111					142
120	113						116					145
125	118				12.6		121	0 −0.63				151
130	123	+0.63 −1.50					126					158
135	128				13.2		131					162.8
140	133						136					168
145	138						141					174.4
150	142				14		145				7.5	180
155	146						150					186
160	151						155					190
165	155.5				14.4		160					195
170	160.5						165					200
175	165.5				15		170					206
180	170.5						175					212
185	175.5				15.2		180					218
190	180.5	+0.72 −1.70					185	0 −0.72				223
195	185.5				15.6		190					229
200	190.5						195					235

标记方法如下。

轴颈 d_0 为 50mm、材料 65Mn、热处理 HRC 44～51、经表面氧化处理的 A 型轴用弹性挡圈的标记示例：

挡圈 GB 894.1—86—50

2. 轴用弹性挡圈——B 型

国家标准 GB 894.2—86 规定了轴颈 d_0 为 20～200mm 的 B 型轴用弹性挡圈的画法及尺寸。其画法如图 17-2 所示，尺寸见表 17-2。

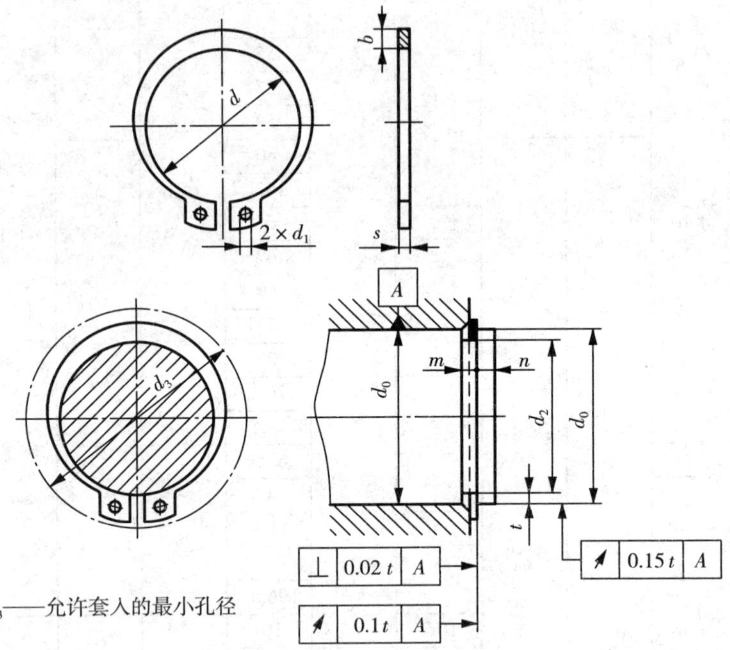

d_3——允许套入的最小孔径

图 17-2　轴用弹性挡圈——B 型的画法

表 17-2　轴用弹性挡圈——B 型的尺寸(GB 894.2—86)　　单位：mm

轴颈 d_0	挡圈						沟槽（推荐）					孔
	d		s		b	d_1	d_2		m		n	d_3
	公称尺寸	极限偏差	公称尺寸	极限偏差	≈		公称尺寸	极限偏差	公称尺寸	极限偏差	≥	≥
20	18.5	+0.13 −0.42	1	+0.05 −0.13	2.68	2	19	0 −0.13	1.1	+0.14 0	1.5	29
21	19.5						20					31
22	20.5						21					32
24	22.2	+0.21 −0.42	1.2		3.32		22.9	0 −0.21	1.3		1.7	34
25	23.2						23.9					35
26	24.2						24.9					36

（续表）

轴颈 d_0	挡圈						沟槽（推荐）					孔 d_3 ≥
	d		s		b ≈	d_1	d_2		m		n ≥	
	公称尺寸	极限偏差	公称尺寸	极限偏差			公称尺寸	极限偏差	公称尺寸	极限偏差		
28	25.9	+0.21 −0.42	1.2	+0.05 −0.13	3.60	2	26.6	0 −0.21	1.3	+0.14 0	2.1	38.4
29	26.9				3.72		27.6					39.8
30	27.9						28.6					42
32	29.6				3.92	2.5	30.3	0 −0.25			2.6	44
34	31.5	+0.25 −0.50	1.5	+0.06 −0.15	4.32		32.3		1.7			46
35	32.2				4.52		33				3	48
36	33.2						34					49
37	34.2						35					50
38	35.2				5.0		36					51
40	36.5	+0.39 −0.90					37.5				3.8	53
42	38.5					3	39.5					56
45	41.5						42.5					59.4
48	44.5						45.5					62.8
50	45.8		2	+0.06 −0.18	5.48		47		2.2		4.5	64.8
52	47.8						49					67
55	50.8	+0.46 −1.10					52	0 −0.30				70.4
56	51.8				6.12		53					71.7
58	53.8						55					73.6
60	55.8						57					75.8
62	57.8						59					79
63	58.8		2.5	+0.07 −0.22			60		2.7			79.6
65	60.8						62					81.6
68	63.5				6.32		65					85
70	65.5						67					87.2
72	67.5						69					89.4
75	70.5						72					92.8
78	73.5						75					96.2
80	74.5				7.0		76.5				5.3	98.2
82	76.5						78.5	0 −0.35				101
85	79.5	+0.54 −1.30					81.5					104
88	82.5						84.5					107.3
90	84.5				7.6		86.5					110
95	89.5				9.2		91.5					115
100	94.5						96.5					121

（续表）

轴颈 d_0	挡圈						沟槽（推荐）					孔 d_3 ≥
	d		s		b	d_1	d_2		m		n	
	公称尺寸	极限偏差	公称尺寸	极限偏差	≈		公称尺寸	极限偏差	公称尺寸	极限偏差	≥	
105	98	+0.54 -1.30	3	+0.07 -0.22	10.7	3	101	0 -0.54	3.2	+0.18 0	6	132
110	103				11.3		106					136
115	108				12	4	111					142
120	113						116					145
125	118				12.6		121	0 -0.63				151
130	123	+0.63 -1.50					126					158
135	128				13.2		131					162.8
140	133						136					168
145	138						141					174.4
150	142				14		145				7.5	180
155	146						150					186
160	151						155					190
165	155.5				14.4		160					195
170	160.5						165					200
175	165.5				15		170					206
180	170.5						175					212
185	175.5				15.2		180					218
190	180.5	+0.72 -1.70					185	0 -0.72				223
195	185.5				15.6		190					229
200	190.5						195					235

标记方法如下。

轴颈 d_0 为 50mm、材料 65Mn、热处理 HRC 44～51、经表面氧化处理的 B 型轴用弹性挡圈的标记示例：

挡圈 GB 894.2—86—50

17.2 孔用弹性挡圈

孔用弹性挡圈用于孔内固定零(部)件用的弹性挡圈，分 A 型和 B 型两种。

1. 孔用弹性挡圈——A 型

国家标准 GB 893.1—86 规定了孔径 d_0 为 8～200mm 的 A 型孔用弹性挡圈的画法及尺寸。其画法如图 17-3 所示，尺寸见表 17-3。

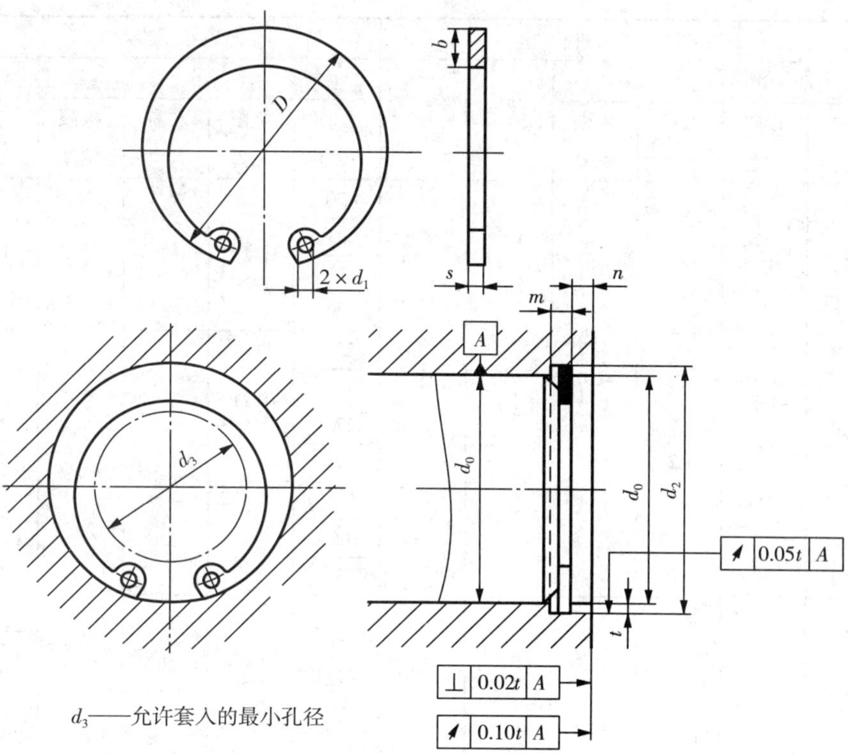

d_3——允许套入的最小孔径

图 17－3　孔用弹性挡圈——A 型的画法

表 17－3　孔用弹性挡圈——A 型的尺寸(GB 893.1—86)　　单位:mm

孔径 d_0	挡圈						沟槽（推荐）					轴
	D		S		b ≈	d_1	d_2		m		n ≥	d_3 ≤
	公称尺寸	极限偏差	公称尺寸	极限偏差			公称尺寸	极限偏差	公称尺寸	极限偏差		
8	8.7	+0.36 −0.10	0.6	+0.04 −0.07	1	1	8.4	+0.09 0	0.7	+0.14 0	0.6	2
9	9.8				1.2		9.4					
10	10.8		0.8	+0.04 −0.10	1.7	1.5	10.4	+0.11 0	0.9			
11	11.8						11.4					3
12	13						12.5				0.9	4
13	14.1					1.7	13.6					
14	15.1		1	+0.05 −0.12	2.1		14.6		1.1			5
15	16.2						15.7				1.2	6
16	17.3						16.8					7
17	18.3	+0.42 −0.13					17.8					8
18	19.5						19					9

（续表）

孔径	挡圈						沟槽（推荐）					轴
d_0	D		S		b ≈	d_1	d_2		m		n ≥	d_3 ≤
	公称尺寸	极限偏差	公称尺寸	极限偏差			公称尺寸	极限偏差	公称尺寸	极限偏差		
19	20.5						20					10
20	21.5	+0.42 −0.13	1				21		1.1		1.5	
21	22.5				2.5		22	+0.13 0				11
22	23.5						23					12
24	25.9					2	25.2					13
25	26.9	+0.42 −0.21		+0.05 −0.13	2.8		26.2	+0.21 0			1.8	14
26	27.9						27.2					15
28	30.1		1.2				29.4		1.3		2.1	17
30	32.1				3.2		31.4					18
31	33.4						32.7					19
32	34.4						33.7				2.6	20
34	36.5	+0.50 −0.25					35.7					22
35	37.8					2.5	37					23
36	38.8				3.6		38	+0.25 0			3	24
37	39.8						39					25
38	40.8		1.5	+0.06 −0.15			40		1.7			26
40	43.5				4		42.5					27
42	45.5	+0.90 −0.39					44.5					29
45	48.5						47.5				3.8	31
47	50.5						49.5			+0.14 0		32
48	51.5				4.7		50.5					33
50	54.2						53					36
52	56.2						55					38
55	59.2						58					40
56	60.2		2	+0.06 −0.18			59		2.2			41
58	62.2	+1.10 −0.46					61					43
60	64.2				5.2	3	63	+0.30 0				44
62	66.2						65				4.5	45
63	67.2						66					46
65	69.2						68					48
68	72.5						71					50
70	74.5				5.7		73					53
72	76.5						75		2.7			55
75	79.5		2.5	+0.07 −0.22	6.3		78					56
78	82.5						81					60
80	85.5	+1.30 −2.54			6.8		83.5	+0.35 0			5.3	63
82	87.5						85.5					65

（续表）

孔径 d_0	挡圈						沟槽（推荐）					轴 d_3 ≤
	D		S		b ≈	d_1	d_2		m		n ≥	
	公称尺寸	极限偏差	公称尺寸	极限偏差			公称尺寸	极限偏差	公称尺寸	极限偏差		
85	90.5				6.8		88.5					68
88	93.5				7.3		91.5					70
90	95.5						93.5					72
92	97.5		2.5		7.7	3	95.5	+0.35 0	2.7	+0.14 0	5.3	73
95	100.5						98.5					75
98	103.5	+1.30 −2.54					101.5					78
100	105.5						103.5					80
102	108				8.1		106					82
105	112						109					83
108	115				8.8		112	+0.54 0				86
110	117						114					88
112	119				9.3		116					89
115	122						119					90
120	127						124				6	95
125	132			+0.07 −0.22	10		129					100
130	137				10.7		134					105
135	142						139					110
140	147	+1.50 −0.63	3			4	144					115
145	152				10.9		149	+0.63 0	3.2	+0.18 0		118
150	158						155					121
155	164				11.6		160					125
160	169						165					130
165	174.5				11.8		170					136
170	179.5				12.3		175					140
175	184.5				12.7		180				7.5	142
180	189.5				12.8		185					145
185	194.5	+1.70 −0.72			12.9		190					150
190	199.5				13.1		195	+0.72 0				155
195	204.5						200					157
200	209.5				13.2		205					165

标记方法如下。

孔径 d_0 为 50mm、材料 65Mn、热处理 HRC 44～51、经表面氧化处理的 A 型孔用弹性挡圈的标记示例：

挡圈 GB 893.1—86—50

2. 孔用弹性挡圈——B 型

国家标准 GB 893.2—86 规定了孔径 d_0 为 20～200mm 的 B 型孔用弹性挡圈的画法及尺寸。其画法如图 17－4 所示，尺寸见表 17－4。

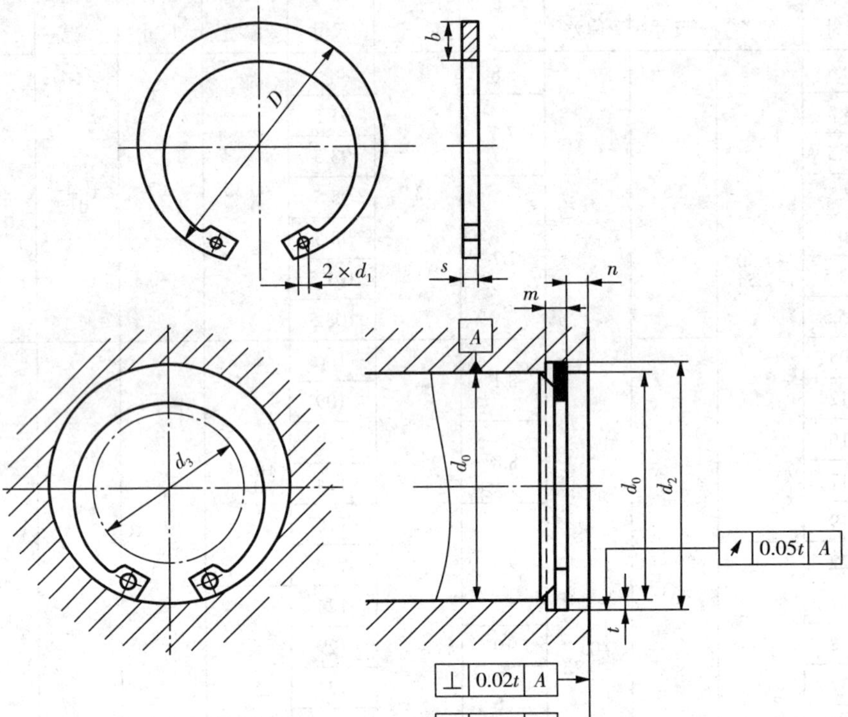

d_3——允许套入的最小孔径

图 17－4　孔用弹性挡圈——B 型的画法

表 17－4　孔用弹性挡圈——B 型的尺寸（GB 893.2—86）　　单位：mm

孔径 d_0	挡圈 D 公称尺寸	挡圈 D 极限偏差	挡圈 S 公称尺寸	挡圈 S 极限偏差	挡圈 d_1	沟槽（推荐）d_2 公称尺寸	沟槽（推荐）d_2 极限偏差	沟槽（推荐）m 公称尺寸	沟槽（推荐）m 极限偏差	沟槽（推荐）n ≥	轴 d_3 ≤
20	21.5	+0.42 −0.13	1	+0.05 −0.13	2	21	+0.13 0	1.1	+0.14 0	1.5	10
21	22.5					22					11
22	23.5					23					12
24	25.9	+0.42 −0.21	1.2			25.2	+0.21 0	1.3		1.8	13
25	26.9					26.2					14
26	27.9					27.2					15
28	30.1	+0.50 −0.25				29.4				2.1	17
30	32.1					31.4	+0.25 0				18
31	33.4				2.5	32.7				2.6	19
32	34.4					33.7					20
34	36.5					35.7					22

（续表）

孔径 d_0	挡圈 D 公称尺寸	挡圈 D 极限偏差	挡圈 S 公称尺寸	挡圈 S 极限偏差	挡圈 d_1	沟槽（推荐）d_2 公称尺寸	沟槽（推荐）d_2 极限偏差	沟槽（推荐）m 公称尺寸	沟槽（推荐）m 极限偏差	沟槽（推荐）n ≥	轴 d_3 ≤
34	36.5	+0.50 −0.25	1.5	+0.06 −0.15	2.5	35.7	+0.25 0	1.7	+0.14 0	3	22
35	37.8					37					23
36	38.8					38					24
37	39.8					39					25
38	40.8					40					26
40	43.5	+0.90 −0.39				42.5				3.8	27
42	45.5				3	44.5					29
45	48.5					47.5					31
47	50.5	+1.10 −0.46				49.5					32
48	51.5					50.5	+0.30 0				33
50	54.2		2	+0.06 −0.18		53		2.2		4.5	36
52	56.2					55					38
55	59.2					58					40
56	60.2					59					41
58	62.2					61					43
60	64.2					63					44
62	66.2					65					45
63	67.2					66					46
65	69.2		2.5	+0.07 −0.22		68		2.7			48
68	72.5					71					50
70	74.5					73					53
72	76.5					75					55
75	79.5					78					56
78	82.5	+1.30 −0.54				81	+0.35 0			5.3	60
80	85.5					83.5					63
82	87.5					85.5					65
85	90.5					88.5					68
88	93.5					91.5					70
90	95.5					93.5					72
92	97.5					95.5					73
95	100.5					98.5					75
98	103.5					101.5					78
100	105.5					103.5					80

（续表）

孔径 d_0	挡圈					沟槽（推荐）					轴 d_3 ≤
	D		S		d_1	d_2		m		n ≥	
	公称尺寸	极限偏差	公称尺寸	极限偏差		公称尺寸	极限偏差	公称尺寸	极限偏差		
102	108	+1.30 −0.54	3	+0.07 −0.22	4	106	+0.54 0	3.2	+0.18 0	6	82
105	112					109					83
108	115					112					86
110	117					114					88
112	119					116					89
115	122	+1.50 −0.63				119					90
120	127					124	+1.50 −0.63				95
125	132					129					100
130	137					134					105
135	142					139	+0.63 0				110
140	147					144					115
145	152					149					118
150	158					155				7.5	121
155	164					160					125
160	169					165					130
165	174.5					170					136
170	179.5					175					140
175	184.5	+1.70 −0.72				180					142
180	189.5					185	+0.72 0				145
185	194.5					190					150
190	199.5					195					155
195	204.5					200					157
200	209.5					205					165

标记方法如下。

孔径 d_0 为 40mm、材料 65Mn、热处理 HRC47～54、经表面氧化处理的 B 型孔用弹性挡圈的标记示例：

挡圈 GB 893.2—86—40

第18章 弹　　簧

弹簧是利用材料的弹性和结构特点，通过变形和储存能量工作的一种机械零(部)件。弹簧具有缓和冲击、吸收振动、控制运动、储存能量和测量力的功用。常见的三种弹簧，如图18-1所示。

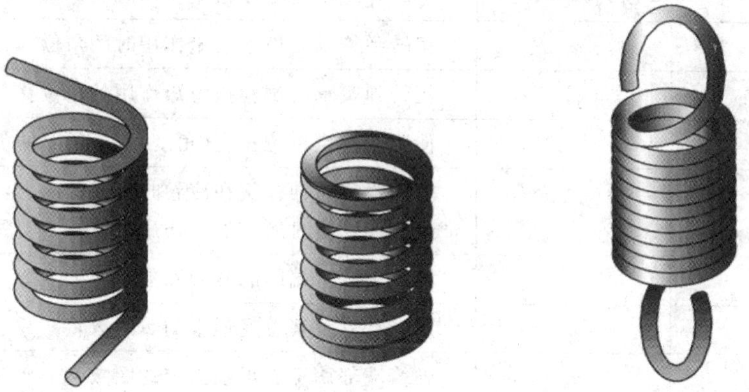

圆柱螺旋扭转弹簧　　圆柱螺旋压缩弹簧　　圆柱螺旋拉伸弹簧

图 18-1　常见的三种弹簧

18.1　弹簧的常用术语及代号(GB/T 1805—2001)

弹簧的常用术语及代号见表18-1。

表 18-1　弹簧的术语及代号

术　语	代　号	定　义
工作负荷	$F_1, F_2, \cdots, F_n$ $T_1, T_2, \cdots, T_n$	弹簧工作过程中承受的负荷或扭矩
极限负荷	F_j, T_j	对应于弹簧材料屈服极限的负荷
试验负荷	F_s	检验弹簧特性时，弹簧允许承受的最大负荷
压并负荷	F_b	弹簧压并时的理论负荷
压并应力	τ_b	弹簧压并时的理论应力
变形量(挠度)	$f_1, f_2, \cdots, f_n$	弹簧沿负荷作用方向产生的相应位移
极限负荷下变形量	f_j	弹簧在极限负荷下沿作用方向产生的相应位移
自由高度(长度)	H_0	弹簧无负荷作用时的高度(长度)

（续表）

术　语	代　号	定　义
自由角度	φ_0	扭转弹簧无扭矩作用时两臂的夹角
工作高度（长度）	$H_1, H_2, \cdots, H_n$	弹簧承受工作负荷作用时的高度（长度）
极限高度（长度）	H_j	弹簧承受极限负荷作用时的高度（长度）
试验负荷下的高度（长度）	H_s	弹簧承受试验负荷作用时的高度（长度）
压并高度	H_b	压缩弹簧压至各圈接触时的理论高度
工作扭转角	$\varphi_1, \varphi_2, \cdots, \varphi_n$	扭转弹簧承受工作扭矩作用时的角位移
极限扭转角	φ_j	扭转弹簧承受极限扭矩作用时的角位移
试验扭转角	φ_s	扭转弹簧承受试验扭力矩作用的角位移
弹簧刚度	F', T'	使弹簧产生单位长度（角度）变形所需的负荷或扭矩
初拉力	F_0	密圈螺旋拉伸弹簧在冷卷时形成的内力，其值为弹簧开始产生拉伸变形时所需加的作用力
总圈数	n_1	沿螺旋线两端间的螺旋圈数
有效圈数	n	用于计算弹簧总变形量的簧圈数量
支承圈数	n_z	弹簧端部用于支承或固定的圈数
弹簧外径	D_2	弹簧外圈直径
弹簧内径	D_1	弹簧内圈直径
弹簧中径	D	弹簧内径和外径的平均值
线径	d	用于缠绕弹簧的钢丝直径
间距	δ	螺旋弹簧两相邻有效圈的轴向距离
节距	t	螺旋弹簧两相邻有效圈截面中心线的轴向距离
旋向	—	从螺旋弹簧一端观察，以顺时针方向旋转形成右旋，以逆时针方向旋转形成左旋

18.2　弹簧的视图、剖视图及示意图画法（GB/T 4459.4—2003）

1. 螺旋压缩弹簧的画法

在平行于螺旋弹簧轴线的投影面的视图中，其各圈的轮廓应画成直线。螺旋弹簧均可画成右旋，对必须保证的旋向要求应在“技术要求”中注明。有效圈数在四周以上的螺旋弹簧中间部分可以省略；圆柱螺旋弹簧中间部分省略后，允许适当缩短图形的长度，截锥涡卷弹簧中间部分省略后用细实线相连。

螺旋压缩弹簧，如要求两端并紧且磨平时，不论支承圈的圈数多少和末端贴紧情况如何，均按表 18－2 所示形式绘制。必要时，也可以按支承圈的实际结构绘制。

表 18－2　螺旋压缩弹簧的画法

名称	视　　图	剖 视 图	示 意 图
圆柱螺旋压缩弹簧	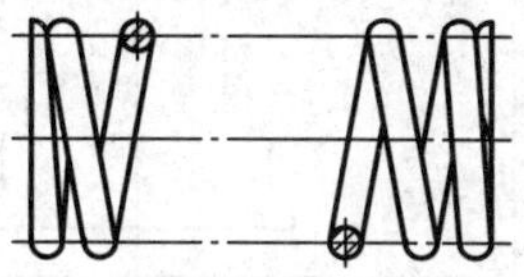	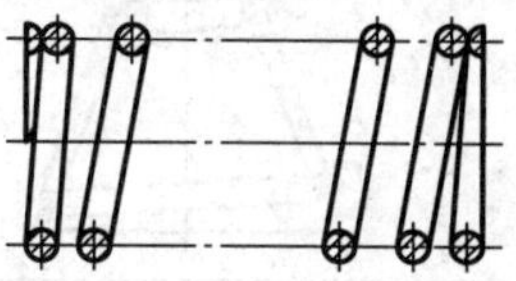	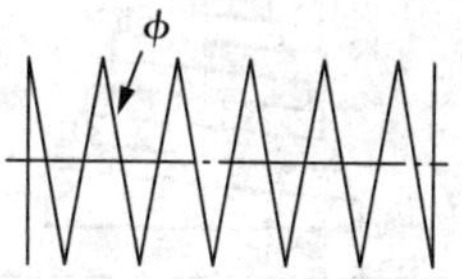
	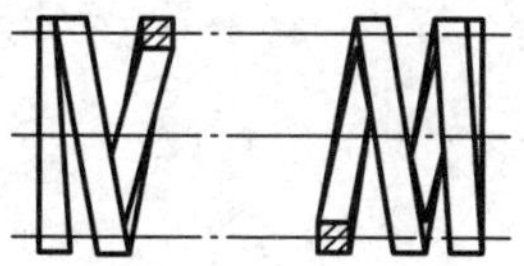	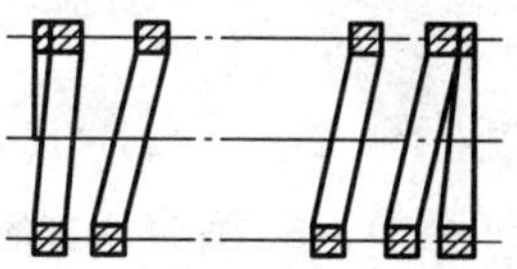	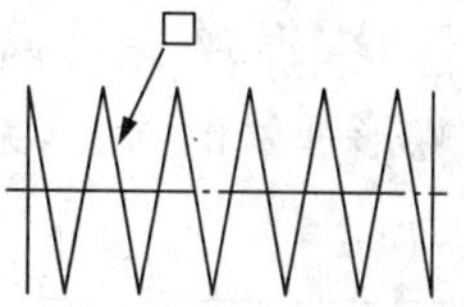
截锥螺旋压缩弹簧	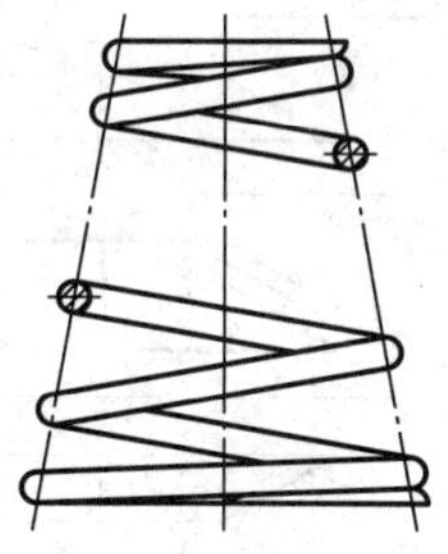	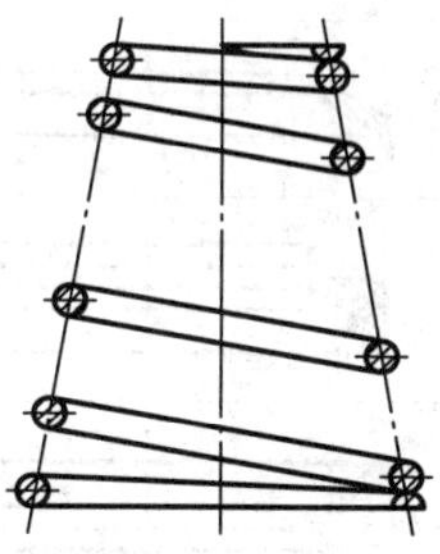	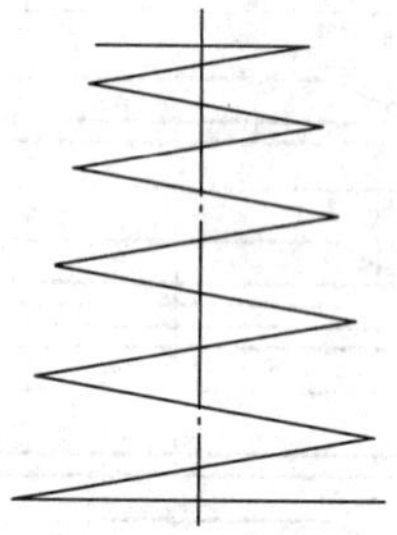

2. 圆柱螺旋拉伸弹簧的画法

圆柱螺旋拉伸弹簧的画法，见表 18－3 所示。

表 18－3　圆柱螺旋拉伸弹簧的画法

视　　图	剖 视 图	示 意 图
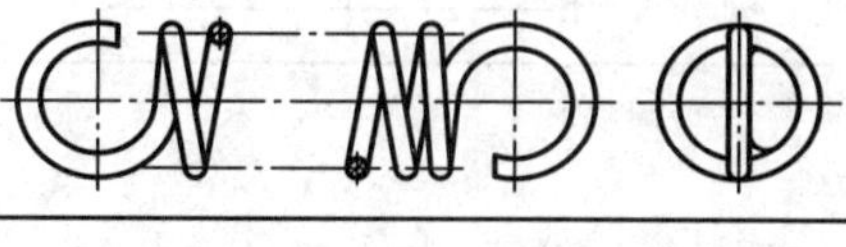	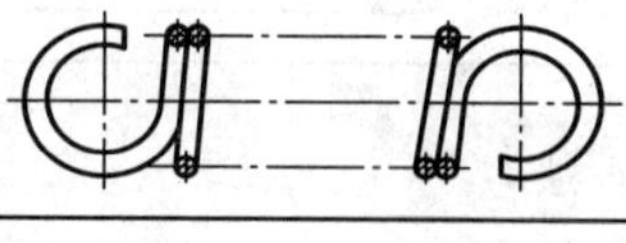	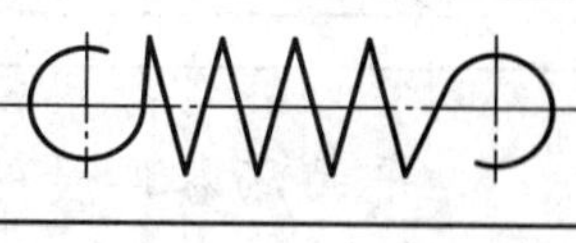

3. 圆柱螺旋扭转弹簧的画法

圆柱螺旋扭转弹簧的画法，见表 18－4 所示。

表 18－4　圆柱螺旋扭转弹簧的画法

视　　图	剖 视 图	示 意 图
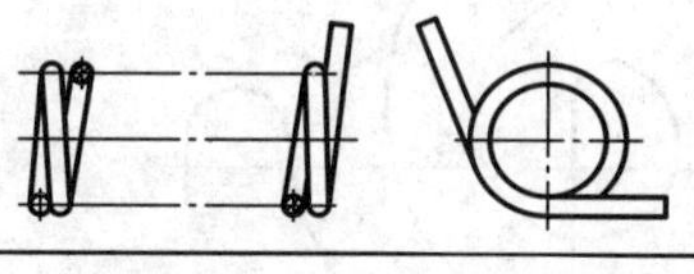	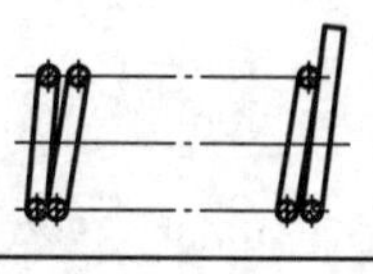	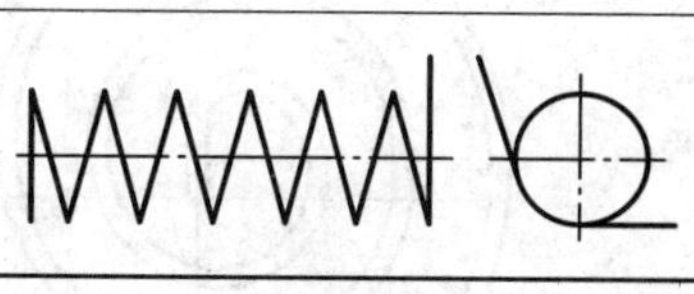

4. 截锥涡卷弹簧的画法

截锥涡卷弹簧（用带材制成的截锥螺旋弹簧）的画法，见表 18－5 所示。

表 18-5　截锥涡卷弹簧的画法

视　　图	剖 视 图	示 意 图
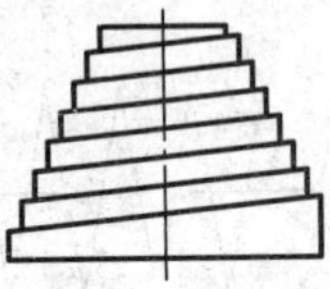		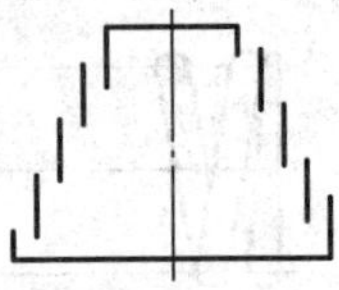

5. 蝶形弹簧的画法

蝶形弹簧的画法，见表 18-6 所示。

表 18-6　蝶形弹簧的画法

视　　图	剖 视 图	示 意 图
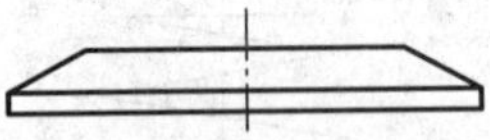	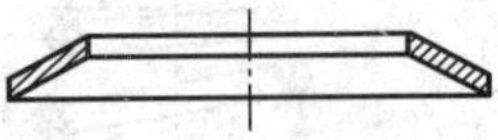	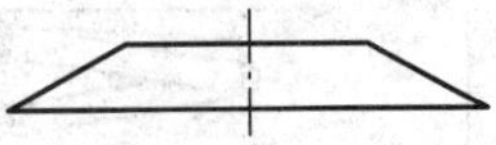
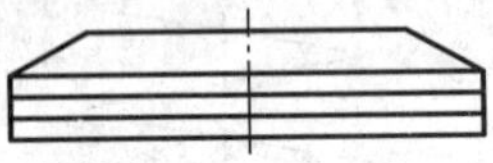	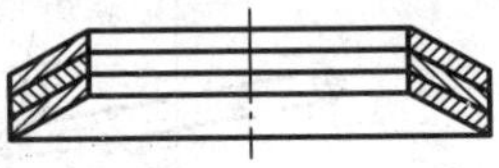	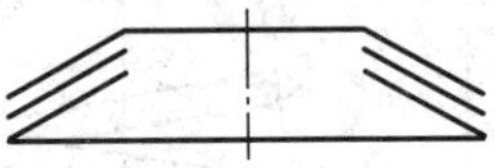
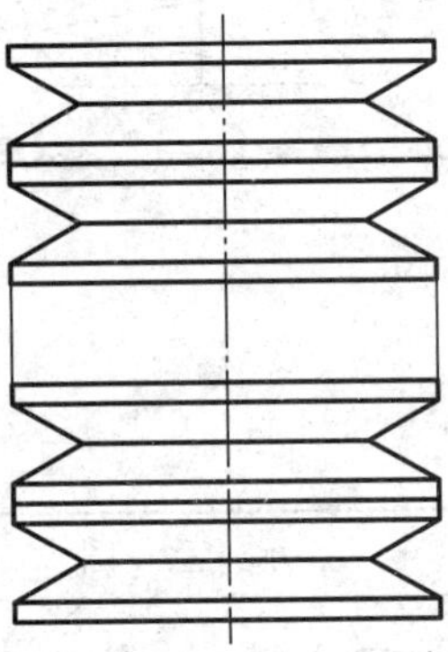	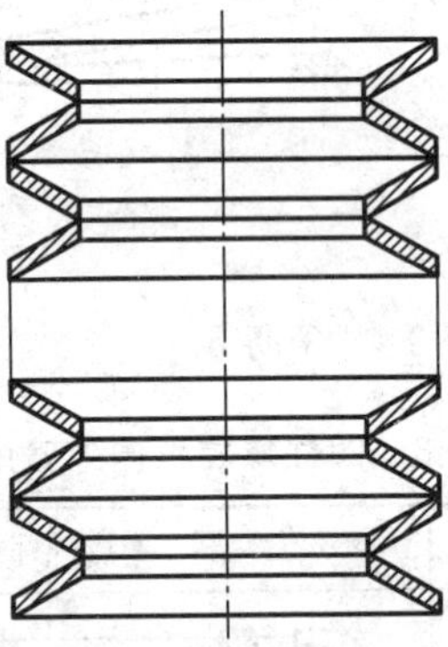	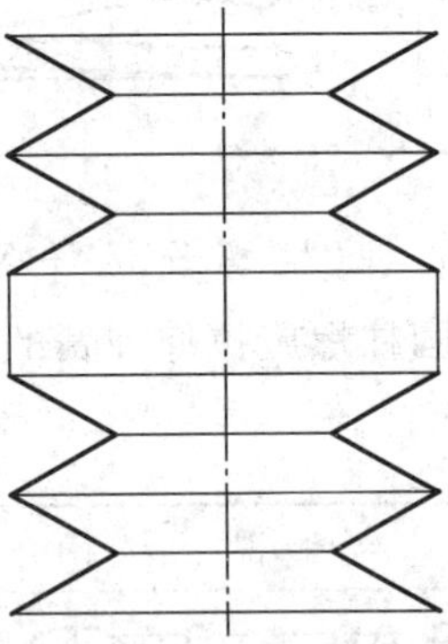

6. 平面涡卷弹簧的画法

平面涡卷弹簧的画法，见表 18-7 所示。

表 18-7　平面涡卷弹簧的画法

视　　图	示 意 图
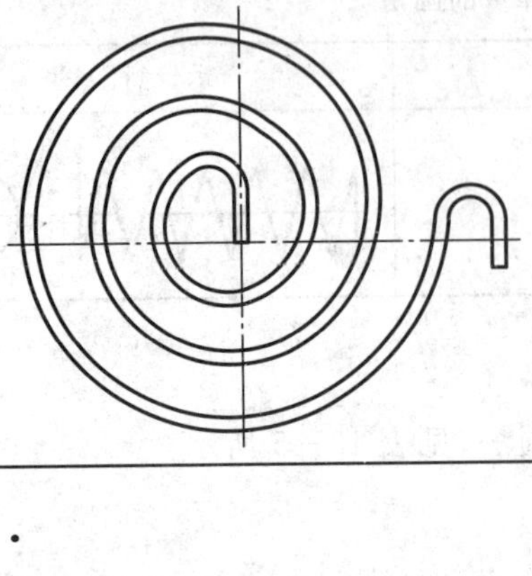	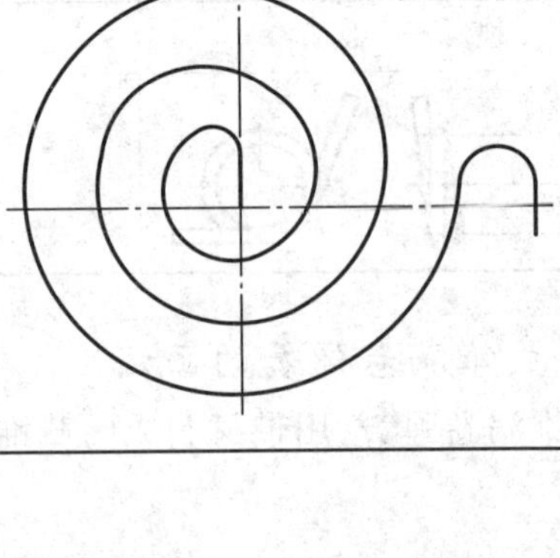

7. 板弹簧

弓形板弹簧由多种零件组成,其画法如图 18-2 所示。

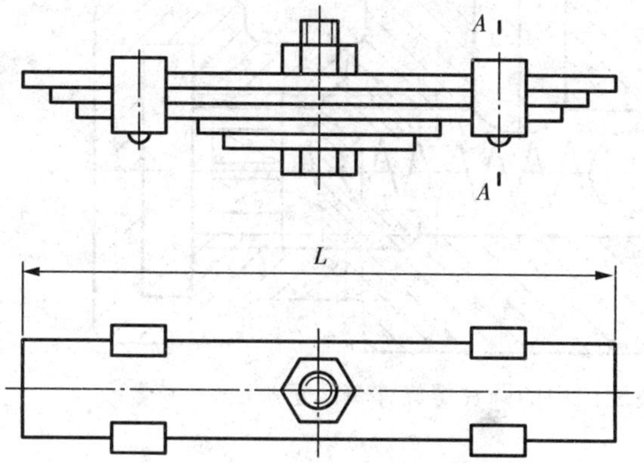

图 18-2　弓形板弹簧的画法

8. 片弹簧

片弹簧的视图一般按自由状态下的形状绘制。

18.3　装配图中弹簧的画法(GB/T 4459.4—2003)

1. 被弹簧挡住的结构一般不画出,可见部分应从弹簧的外轮廓线或从弹簧钢丝剖面的中心线画起,如图 18-3 所示。

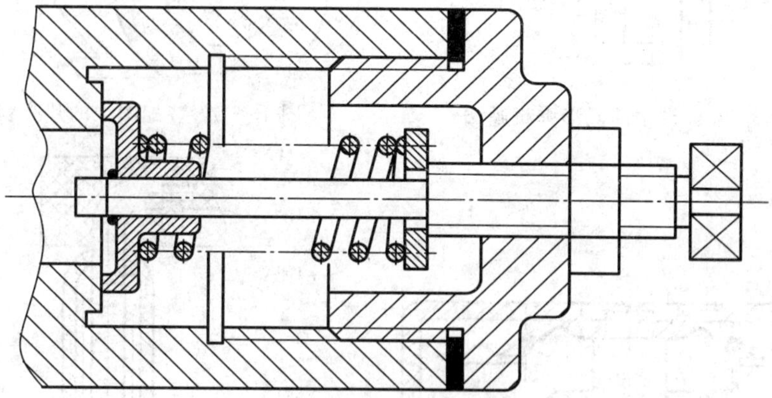

图 18-3　装配图中的圆柱螺旋压缩弹簧画法

2. 型材尺寸较小(直径或厚度在图形上等于或小于 2mm)的螺旋弹簧、蝶形弹簧、片弹簧允许用示意图表示,如图 18-4、图 18-5、图 18-6 所示。当弹簧被剖切时,也可涂黑表示,如图 18-7 所示。

3. 被剖切弹簧的截面尺寸在图形上等于或小于 2mm,并且弹簧内部还有零件,为了便于表达,可用图 18-8 所示的示意图形式表示。

4. 四束以上的蝶形弹簧，中间部分省略后用细实线画出轮廓范围，如图 18－5 所示。

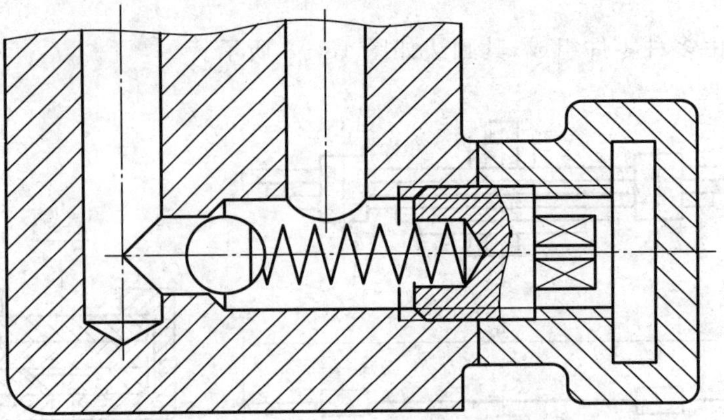

图 18－4　装配图中的圆柱螺旋弹簧示意画法(一)

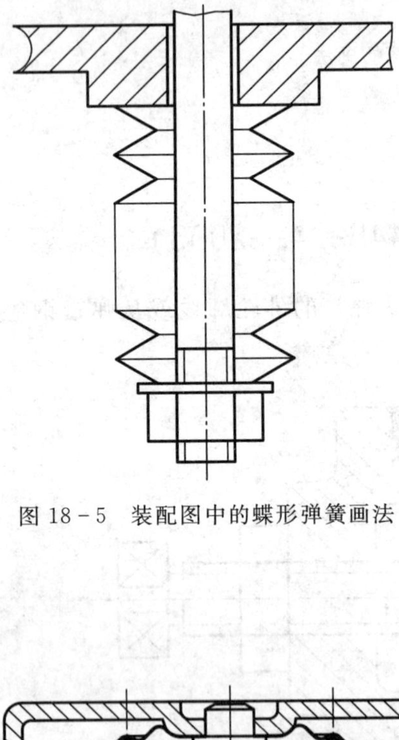

图 18－5　装配图中的蝶形弹簧画法

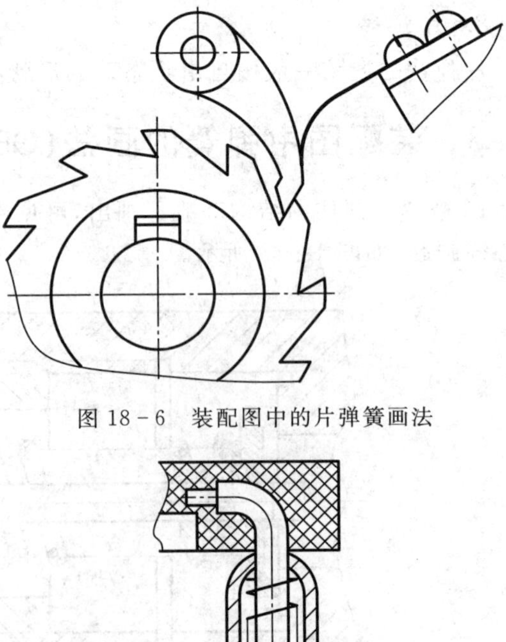

图 18－6　装配图中的片弹簧画法

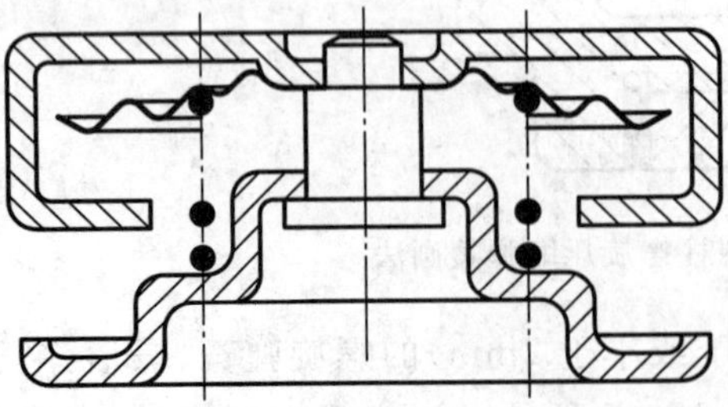

图 18－7　装配图中型材尺寸较小的弹簧画法

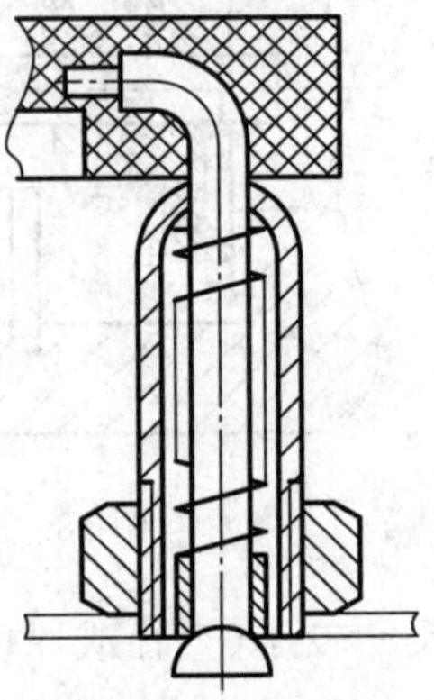

图 18－8　装配图中的圆柱螺旋弹簧示意画法(二)

5. 板弹簧允许只画出外形轮廓，如图 18－9、图 18－10 所示。

6. 平面涡卷弹簧的装配图画法，如图 18－11 所示。

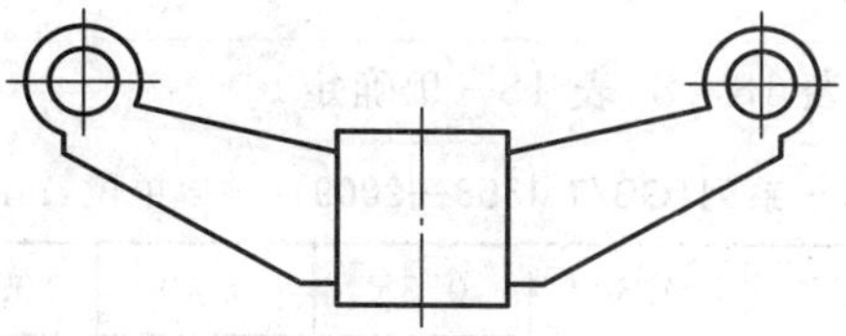

图 18 - 9　装配图中的板弹簧画法(一)

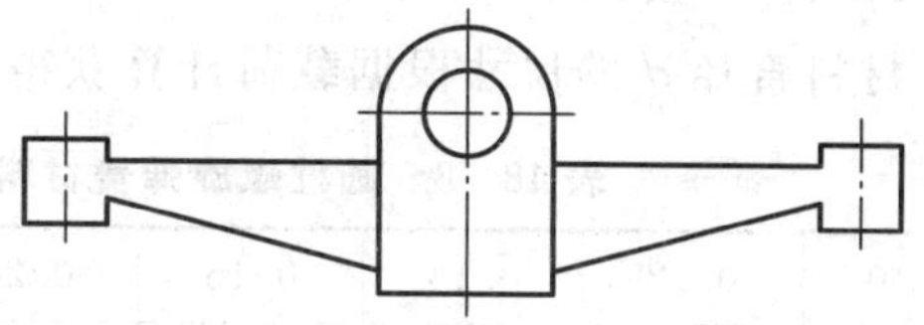

图 18 - 10　装配图中的板弹簧画法(二)

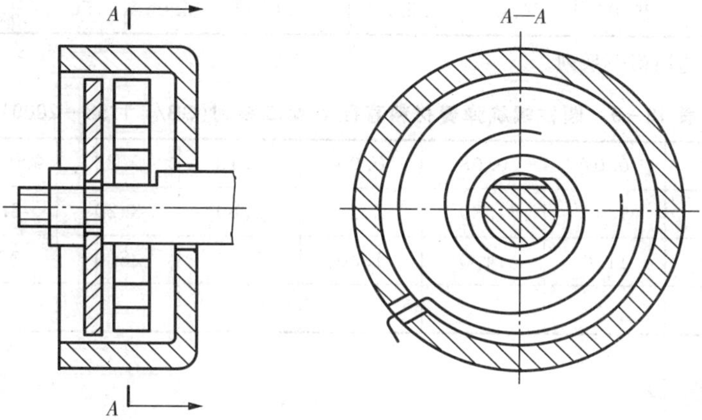

图 18 - 11　装配图中的平面涡卷弹簧画法

18.4　圆柱螺旋弹簧的术语及尺寸计算

圆柱螺旋弹簧的画法及尺寸,如图 18 - 12 所示。

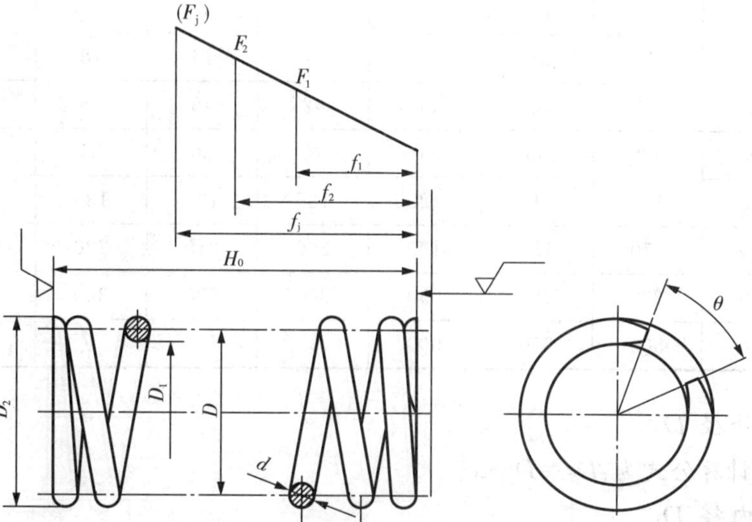

图 18 - 12　圆柱螺旋弹簧的画法及尺寸

1. 材料直径 d

材料直径 d 的尺寸根据载荷计算获得；通常按表 18－8、表 18－9 确定。

表 18－8 圆柱螺旋弹簧材料直径 d 第一系列(GB/T 1358—2009) 单位：mm

0.10	0.12	0.14	0.16	0.20	0.25	0.30	0.35	0.40	0.45
0.50	0.60	0.70	0.80	0.90	1.00	1.20	1.60	2.00	2.50
3.00	3.50	4.00	4.50	5.00	6.00	8.00	10.0	12.0	15.0
16.0	20.0	25.0	30.0	35.0	40.0	45.0	50.0	60.0	

注：设计时优先选用第一系列。

表 18－9 圆柱螺旋弹簧材料直径 d 第二系列(GB/T 1358—2009) 单位：mm

0.05	0.06	0.07	0.08	0.09	0.18	0.22	0.28	0.32
0.55	0.65	1.40	1.80	2.20	2.80	3.20	5.50	6.50
7.00	9.00	11.0	14.0	18.0	22.0	28.0	32.0	38.0
42.0	55.0							

2. 弹簧中径 D

弹簧中径计算公式为：$D=\frac{D_2+D_1}{2}$；通常按表 18－10 确定。

表 18－10 圆柱螺旋弹簧中径 D(GB/T 1358—2009) 单位：mm

0.3	0.4	0.5	0.6	0.7	0.8	0.9	1	1.2	1.4
1.6	1.8	2	2.2	2.5	2.8	3	3.2	3.5	3.8
4	4.2	4.5	4.8	5	5.5	6	6.5	7	7.5
8	8.5	9	10	12	14	16	18	20	22
25	28	30	32	38	42	45	48	50	52
55	58	60	65	70	75	80	85	90	95
100	105	110	115	120	125	130	135	140	145
150	160	170	180	190	200	210	220	230	240
250	260	270	280	290	300	320	340	360	380
400	450	500	550	600					

3. 弹簧外径 D_2

弹簧外径计算公式为：$D_2=D+d$。

4. 弹簧内径 D_1。

弹簧内径计算公式为：$D_1=D-d$。

5. 自由高度(或长度)H_0

圆柱压缩弹簧自由高度(或长度)H_0，一般按表 18－11 确定。

表 18-11 圆柱螺旋压缩弹簧自由高度(GB/T 1358—2009) 单位:mm

2	3	4	5	6	7	8	9	10	11
12	13	14	15	16	17	18	19	20	22
24	26	28	30	32	35	38	40	42	45
48	50	52	55	58	60	65	70	75	80
85	90	95	100	105	110	115	120	130	140
150	160	170	180	190	200	220	240	260	280
300	320	340	360	380	400	420	450	480	500
520	550	580	600	620	650	680	700	720	750
780	800	850	900	950	1000				

6. 弹簧有效圈数 n

(1)圆柱螺旋压缩弹簧有效圈数 n,按表 18-12 确定。

表 18-12 圆柱螺旋压缩弹簧有效圈数(GB/T 1358—2009) 单位:圈

2	2.25	2.5	2.75	3	3.25	3.5	3.75	4	4.25
4.5	4.75	5	5.5	6	6.5	7	7.5	8	8.5
9	9.5	10	10.5	11.5	12.5	13.5	14.5	15	16
18	20	22	25	28	30				

(2)圆柱螺旋拉伸弹簧有效圈数 n,按表 18-13 确定。

表 18-13 圆柱螺旋拉伸弹簧有效圈数(GB/T 1358—2009) 单位:圈

2	3	4	5	6	7	8	9	10	11
12	13	14	15	16	17	18	19	20	22
25	28	30	35	40	45	50	55	60	65
70	80	90	100						

注:由于两钩环相对位置不同,其尾数还可为 0.25,0.5,0.75。

7. 支承圈数 n_z

支承圈数 n_z与端圈结构形式有关,n_z取值见表 18-14。

表 18－14　弹簧端部结构形式及支承圈数(GB/T 23935—2009)

类型	代号	简　图	端部结构形式及支承圈数 n_z
冷卷压缩弹簧	YⅠ	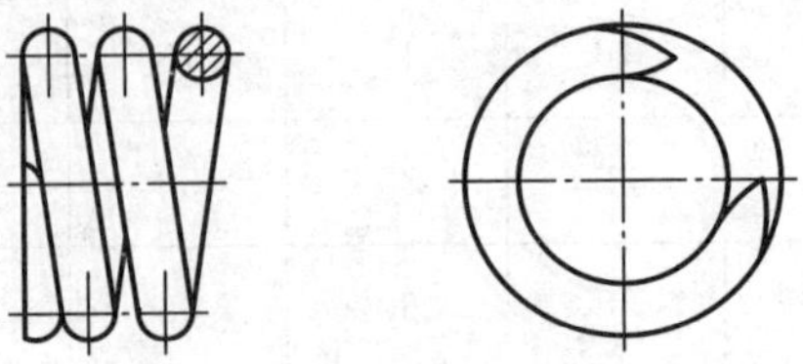	两端圈并紧磨平 $n_z \geqslant 2$
	YⅡ	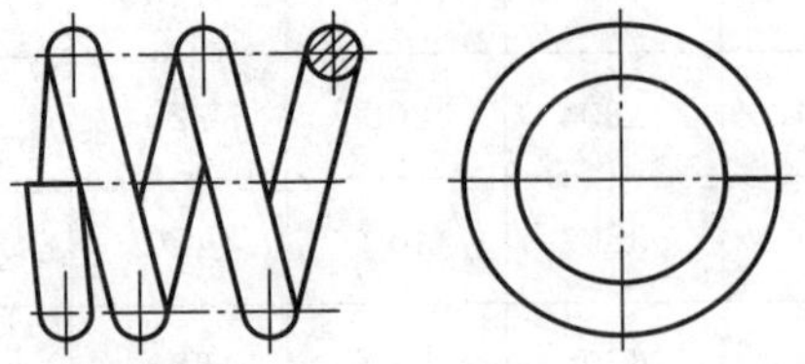	两端圈并紧不磨 $n_z \geqslant 2$
	YⅢ	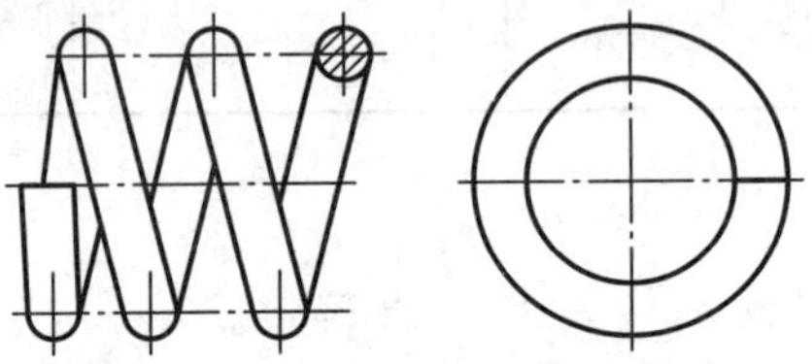	两端圈不并紧 $n_z < 2$
热卷压缩弹簧	RYⅠ	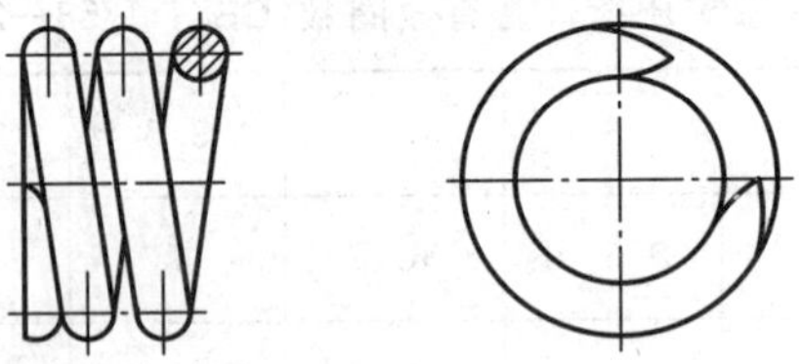	两端圈并紧磨平 $n_z \geqslant 1.5$
	RYⅡ	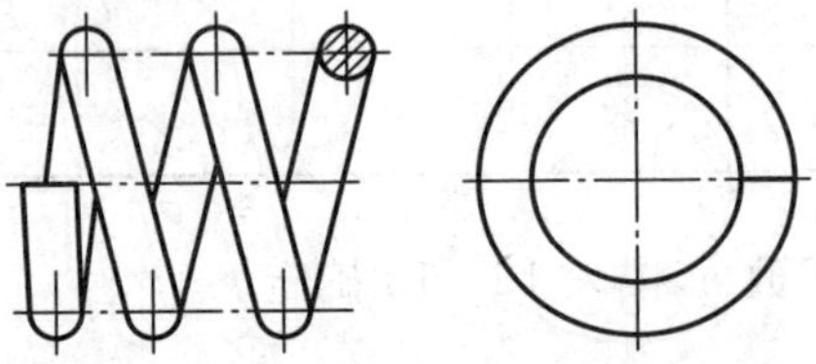	两端圈并紧不磨 $n_z \geqslant 1.5$
	RYⅢ	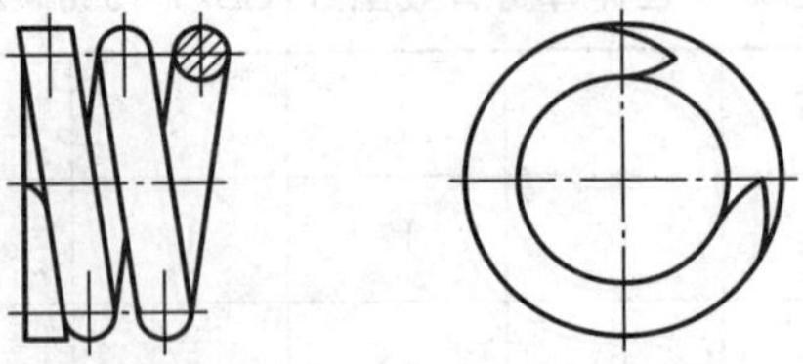	两端圈制扁、并紧磨平 $n_z \geqslant 1.5$
	RYⅣ	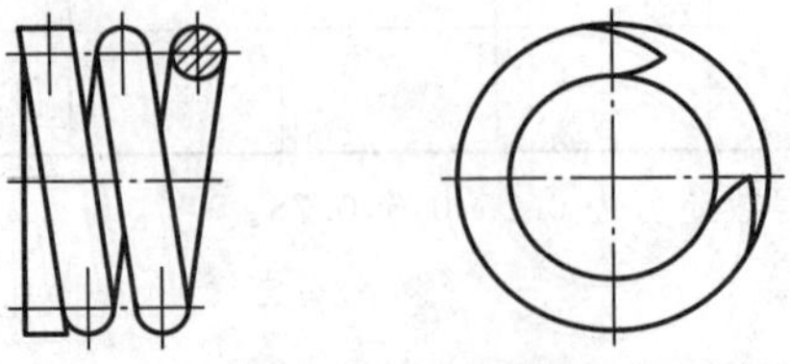	两端圈制扁、并紧不磨 $n_z \geqslant 1.5$

8. 总圈数 n_1

总圈数 $n_1=n+n_z$；其尾数应为 1/4，1/2，3/4 或整圈，推荐用 1/2 圈。

9. 节距 t

节距 t 与自由高度 H_0 之间的近似关系式，见表 18－15。

表 18－15 节距 t 与自由高度 H_0 之间的近似关系式(GB/T 23935—2009)

总圈数 n_1	自由高度 H_0	节距 t	端部结构形式
$n+1.5$	$nt+d$	$(H_0-d)/n$	两端圈磨平
$n+2$	$nt+1.5d$	$(H_0-1.5d)/n$	
$n+2.5$	$nt+2d$	$(H_0-2d)/n$	
$n+2$	$nt+3d$	$(H_0-3d)/n$	两端圈不磨
$n+2.5$	$nt+3.5d$	$(H_0-3.5d)/n$	

注意：自由高度 H_0 受端部结构的影响，难以计算出精确值，其近似值按表 18－15 所列的公式计算，并推荐按国家标准 GB/T 1358 的规定。

10. 弹簧螺旋角 α

弹簧螺旋角 $\alpha=\arctan\dfrac{t}{\pi D}$；推荐 $5^\circ\leqslant\alpha<9^\circ$。

11. 旋向

弹簧旋向一般为右旋，在组合弹簧中各层弹簧的旋向为左右旋向相间，外层一般为右旋。

12. 弹簧展开长度 L

弹簧展开长度 L 的计算公式为：

$$L=\frac{\pi D n_1}{\cos\alpha}\approx\pi D n_1$$

18.5 圆柱螺旋压缩弹簧的作图步骤、标记及图样格式

1. 圆柱螺旋压缩弹簧的作图步骤

已知：螺旋压缩弹簧材料直径 $d=6\text{mm}$，弹簧外径 $D_2=50\text{mm}$，节距 $t=12.3\text{mm}$，有效圈数 $n=6$，支承圈数 $n_z=2.5$，旋向为右旋。

计算：

总圈数 $n_1=n+n_z=6+2.5=8.5$

自由高度 $H_0=nt+2d=73.8\text{mm}+12\text{mm}=85.8\text{mm}$

弹簧中径 $D=D_2-d=50\text{mm}-6\text{mm}=44\text{mm}$

作图步骤(如图 18－13 所示)：

a. 根据弹簧中径 D 和自由高度 H_0 作一矩形；

b. 根据弹簧材料直径 d，在矩形的上、下两端画出支承圈部分；

c. 根据节距 t 和弹簧材料直径 d，画出有效圈部分；

d. 按右旋方向作相应各圈的公切线，画出弹簧材料的剖面线，即完成作图。

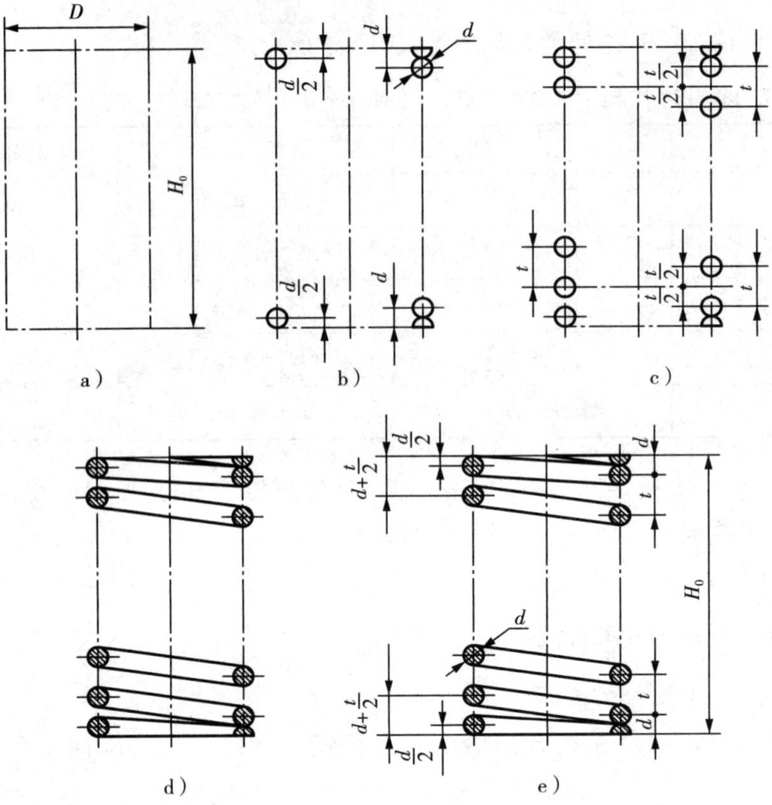

图 18 - 13　圆柱螺旋压缩弹簧的作图步骤

2. 圆柱螺旋压缩弹簧的标记

(1)标记方法

弹簧的标记由类型代号、规格、精度代号、旋向代号和标准号组成，规定如下：

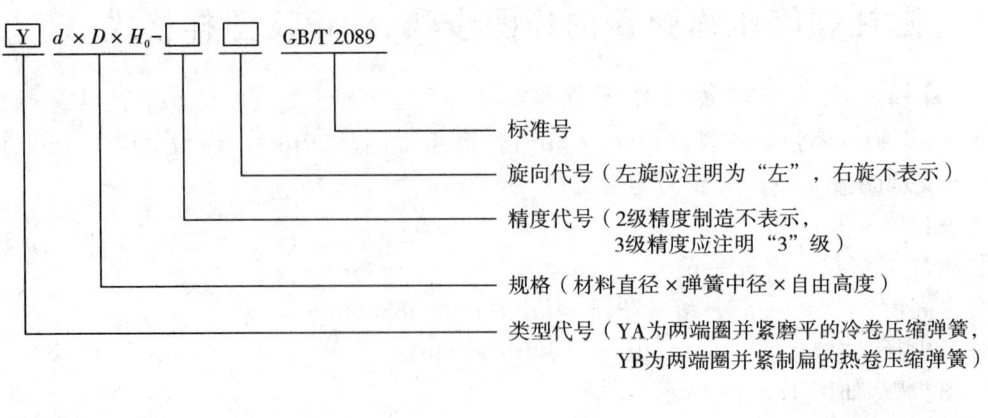

(2)标记示例

示例 1：YA 型弹簧，材料直径为 1.2mm，弹簧中径为 8mm，自由高度 40mm，精度等级为 2 级，左旋的两端圈并紧磨平的冷卷压缩弹簧。

标记：YA 1.2×8×40 左 GB/T 2089

示例 2：YB 型弹簧，材料直径为 30mm，弹簧中径为 160mm，自由高度 200mm，精度等级为 3 级，右旋的并紧制扁的热卷压缩弹簧。

标记：YB 30×160×200－3　GB/T 2089

3. 圆柱螺旋压缩弹簧的图样格式

圆柱螺旋压缩弹簧的图样格式，如图 18－14 所示。

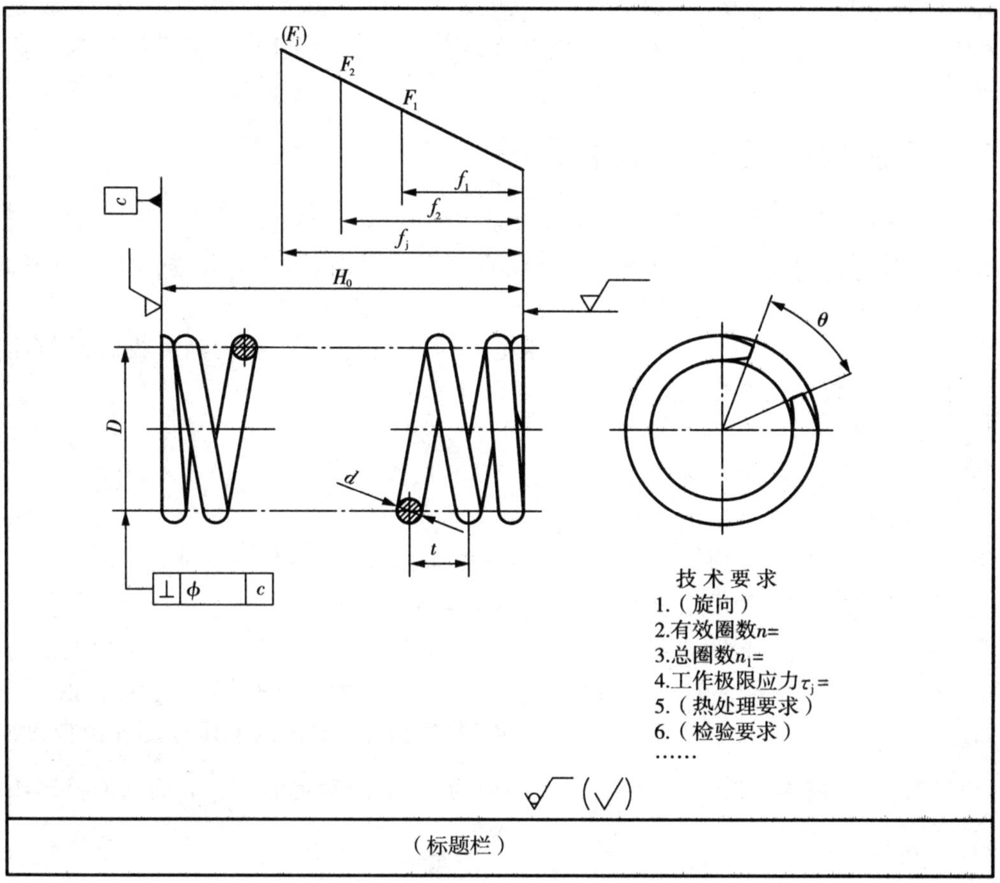

图 18－14　圆柱螺旋压缩弹簧的图样格式

第 19 章　换面法及机件上倾斜结构的表示法

本章根据国家标准 GB/T 24739—2009《机械制图　机件上倾斜结构的表示法》的规定编写。

平面通常处于特殊位置，它的投影对清晰地表达物体表面的几何特征较为有利。对于一般位置平面，选好辅助投影面（平行于一般位置平面的平面作为辅助投影面）进行投影，能表达出一般位置平面的实形。因此，采用辅助平面投影法来表达平面实形的方法，就是变换投影面法。常见的情况是使一般位置平面转换成为特殊位置平面，或使投影面垂直面转换成为辅助投影面的平行面。

19.1　变换投影面法的基本原理

1. 将一般位置平面变换为投影面垂直面（一次换面）

根据初等几何可知，若平面内有一条直线垂直于投影面，则此平面垂直于该投影面；这样，平面在该投影面上的投影积聚成一直线。

只要在一般位置平面上找到一条平行于基本投影面的直线，并使辅助投影面与此直线垂直，则该一般位置平面就变换为辅助投影面的垂直面。

如图 19－1 所示，把△abc 变换为 H_1 面垂直面的作图情况：

(1)在△abc 内作正平线 ad，即先作 $ad // X$ 轴，后作 $a'd'$；

(2)作 X_1 轴，使其垂直线于 $a'd'$；

(3)根据点基本投影与辅助投影的关系求作出 a_{H1}、b_{H1}、c_{H1}，用直线连接即得。

2. 将一般位置平面变为投影面平行面（二次换面）

若要使一般位置平面成为投影面平行面，必须经过两次变换：将一般位置平面变换为辅助投影面的垂直面；再把所得的在辅助投影面上的垂直面变换为另外一个辅助投影面的平行面。

如图 19－2 所示，用二次换面使△abc 变为辅助投影面的平行面以求其实形，作图步骤如下：

(1)将 H_1 替换成 H，使△abc 在 $\frac{V}{H_1}$ 面系中成为 H_1 面的垂直面，在 H_1 面上的投影积聚成直线 $c_{H1}a_{H1}b_{H1}$。

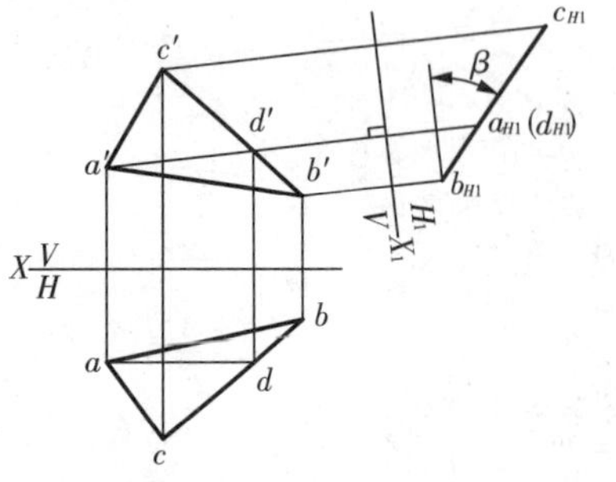

图 19－1　将一般位置平面变换成投影面垂直面

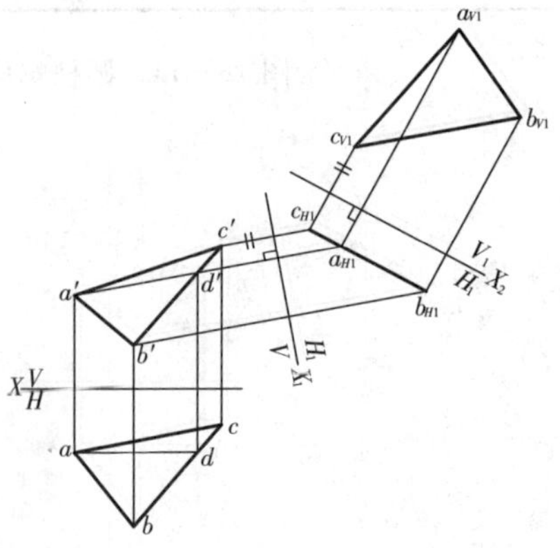

图 19－2　用二次换面法将一般位置平面变为投影面的平行面

(2)将 V_1 替换成 V，使△abc 在 $\frac{V_1}{H_1}$ 面系中成为 V_1 面的平行面，即使 X_2 轴平行于直线 $c_{H1}a_{H1}b_{H1}$；然后在轴 X_2 的另一侧作出 a_{V1}、b_{V1}、c_{V1} 后，用直线连接成△$a_{V1}b_{V1}c_{V1}$，则△$a_{V1}b_{V1}c_{V1}$≌△abc。

因此，根据变换投影面法的基本原理，要表达机件上的倾斜结构，可以选择一个合理的辅助投影面进行投影。

19.2　机件上倾斜结构的表示法(GB/T 24739—2009)

19.2.1　基本原则

1. 反映机件倾斜结构的实形、实角的图样应按变换投影面法(换面法)绘制。

2. 图样中的线性尺寸和角度一般应标注在反映实形和实角的图形上。当变形较小且不引起误解时，也允许标注在不反映实形和实角的图形上，此时应在尺寸数值下加画一粗短画，如图 19－3 所示的 ϕ30。

3. 在不致引起误解时，不反映实形和实角的倾斜结构部分可省略不画。

19.2.2　机件上斜面实形的表示法

1. 当斜面为单斜面时，可采用一个斜视图表示出实形，并标注有关尺寸，如图 19－4 所示。

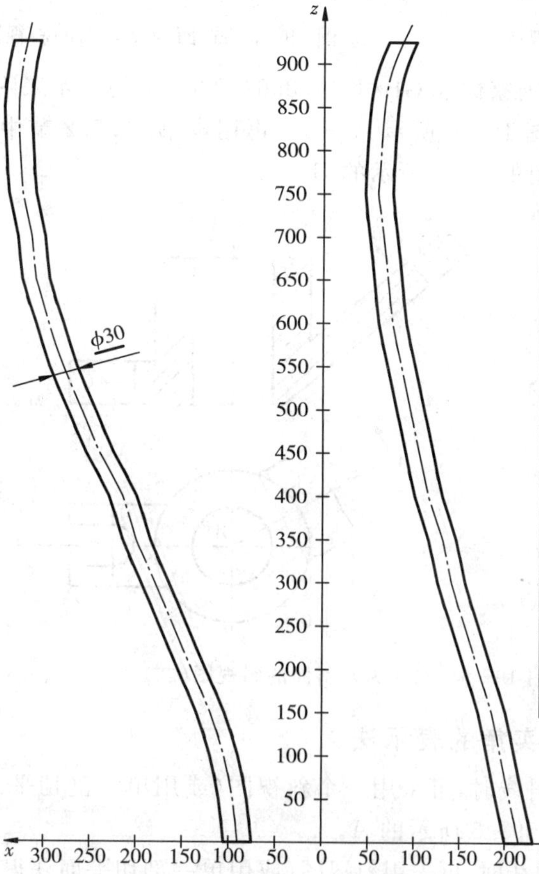

单位：mm

z	x	y
925	320	85
900	325	75
850	330	65
800	328	62
750	325	60
700	315	65
650	310	70
600	295	75
550	280	85
500	260	95
450	240	105
400	215	115
350	200	130
300	180	140
250	160	155
200	140	170
150	120	185
100	105	195
50	95	205
0	90	215

图 19－3　弯管

2. 当斜面为复斜面时，一般需要先用一个斜视图（或用斜剖切平面剖得的剖视图）将复斜面变换成单斜面，如图 19－5 所示的 A。再用本书 19.2.2 节中第 1 点的方法画出第二个斜视图表示出实形，并标注有关尺寸，如图 19－5 所示的 B。

斜视图标注中，表示投射方向的箭头应平行于所指视图的投影面。

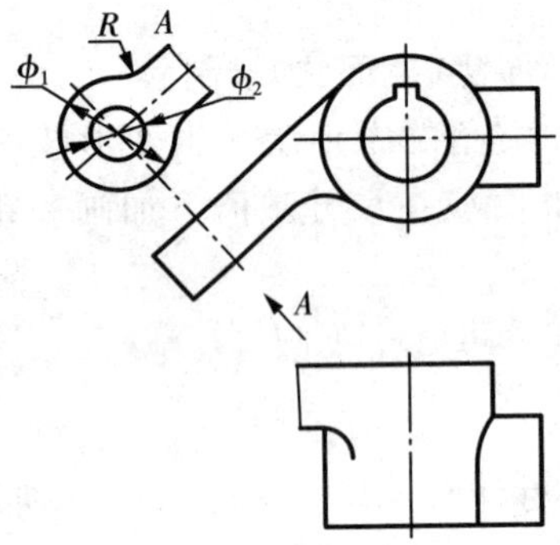

图 19－4　斜面为单斜面的剖视图

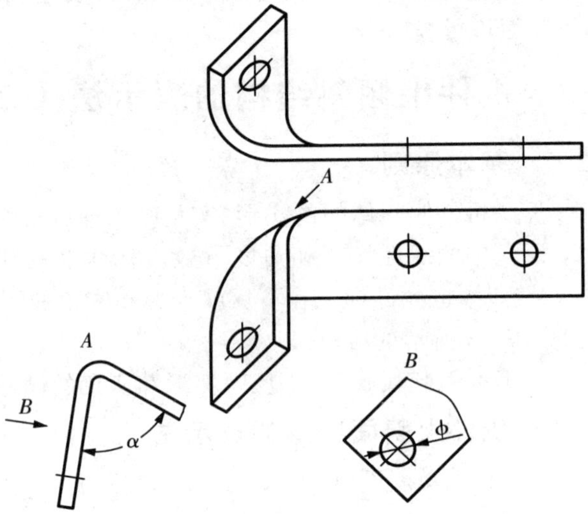

图 19－5　斜面为复斜面的斜视图（一）

3. 某些复斜面，也可先按国家标准 GB/T 4458.6—2002 中的 5.4 采用几个相交的剖切面将复斜面变换成单斜面，如图 19－6 所示 A—A。再用本书 19.2.2 节中第 1 点的方法表示出实形，并标注有关尺寸，如图 19－6 所示的 B。

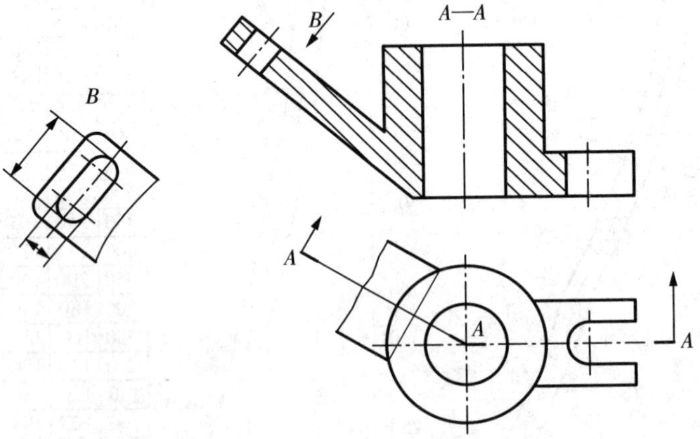

图 19－6　斜面为复斜面的斜视图（二）

19.2.3　机件上两平面间实角的表示法

1. 当两平面的交线为单斜线时，可采用一个斜视图（或用单一剖切平面获得的剖视图）表示出两平面间的实角，如图 19－5 所示的 A。

2. 当两平面的交线为复斜线时，可先用斜视图（或用单一剖切平面获得的剖视图）将复斜线变换成单斜线，再用本节（19.2.3）中第 1 点的方法表示出两平面间的实角，如图 19－7 所示。

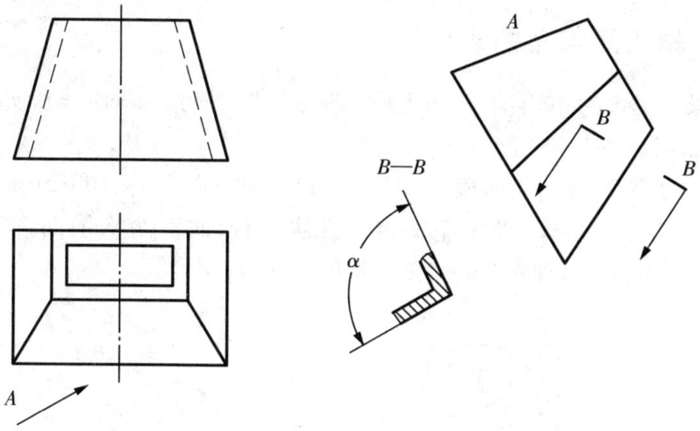

图 19－7　两平面的交线为复线时的倾斜视图

19.2.4　机件上轴线与平面间实角的表示法

1. 当轴线为单斜线、平面为与轴线所平行的基本投影面相垂直的单斜面时，轴线与平面间的实角可直接注出，如图 19－8 所示。

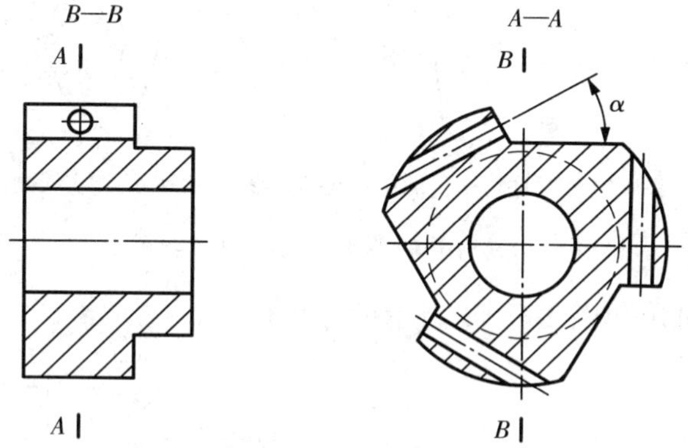

图 19－8　单斜线轴线与平面间的实角标注

2. 当轴线为复斜线，平面与某一基本投影面平行时，可采用图 19－9 所示的方法表示。图中所注角度 α 为轴线与平面间的实角。

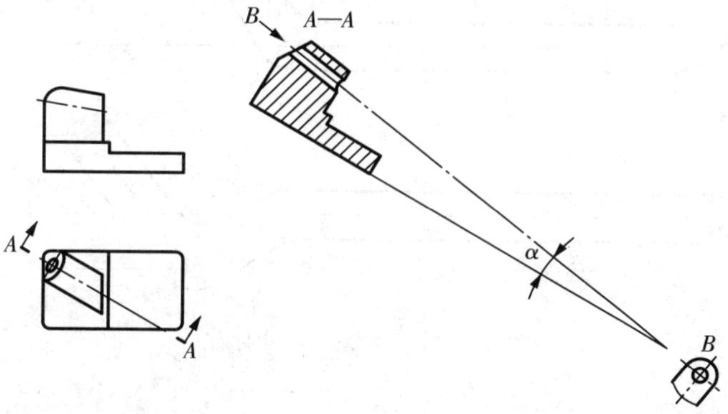

图 19－9　复斜线轴线与平面间的实角标注

19.2.5 弯管上轴线间实角的表示法

1. 当弯管上某一段轴线位于单斜面上时，则与邻接的另一段轴线所夹的实角可用如图 19－10 所示 B 绘出并标注。

2. 当弯管弯折处的邻接轴线所确定的平面为复斜面时，如图 19－10 所示弯管中右端的两段邻接轴线，可按本书 19.2.2 节的第 2 点的方法，用换面法两次换面，画两个斜视图表示出两段邻接轴线所夹的实角，如图 19－10 所示的 C 和 D。

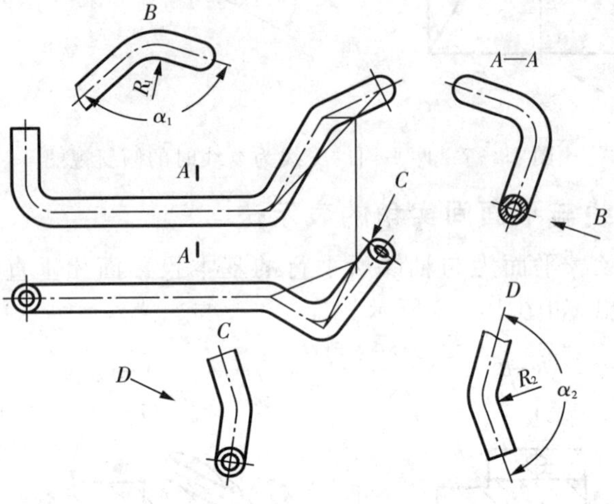

注：图中为确定投射方向C的作图及其投影线一般应用细实线画出。

图 19－10　弯管的单斜面与复斜面表示方法

3. 弯管的尺寸也可用如图 19－11 所示的方法标注。

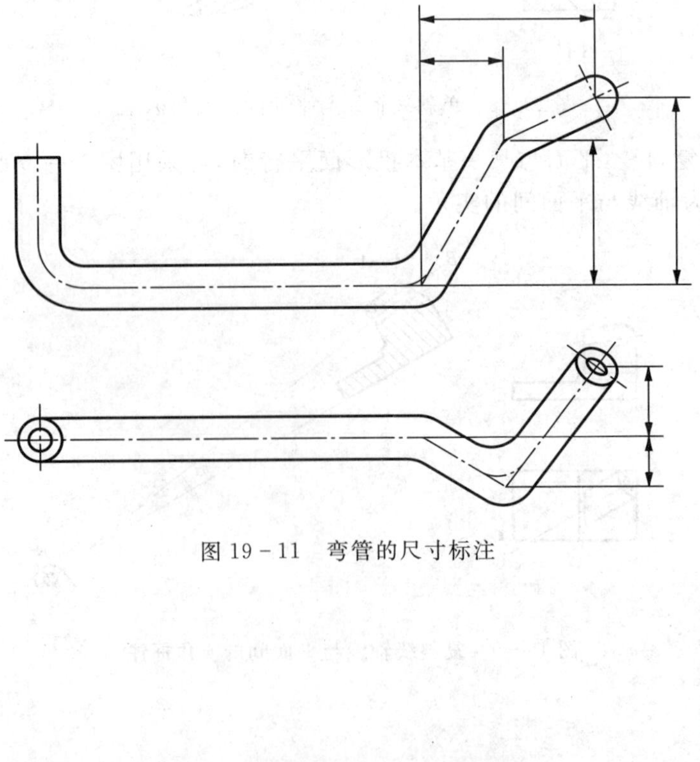

图 19－11　弯管的尺寸标注

第 20 章　零、部件的结构和工艺

20.1　机械制造加工基本知识

20.1.1　铸造

将熔化的液态金属注入铸型从而获得铸件的工艺过程称为铸造。铸造既可生产简单的中、小型铸件，也可生产大型的复杂铸件；而且铸造可使用的金属材料广泛，如铸铁、铸钢、有色金属及其合金等都可用来铸造。

铸造生产有砂型铸造、金属型铸造、压力铸造、熔模铸造等。砂型铸造的工艺过程，如图 20-1 所示。

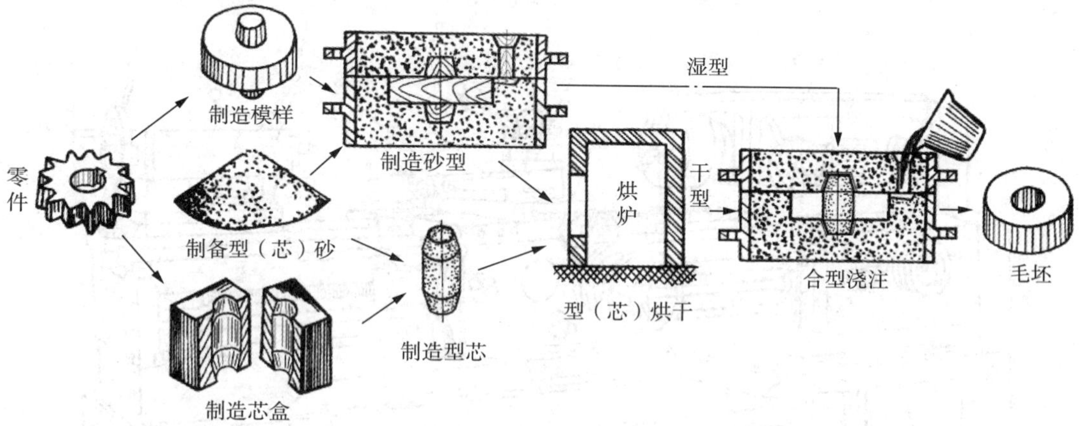

图 20-1　齿轮毛坯的砂型铸造

20.1.2　冲压

冲压是用冲模借冲床的压力将金属薄板在常温下进行分离或变形的工艺过程。所有冲压件都是经过一个或几个冲压基本工序制成的，如常用的冲裁和拉深等工艺。冲裁是把材料放在冲头与凹模筒口，使板料分离，如图 20-2a 所示。拉深是将板料拉成中空杯形工件的工序，如图 20-2b 所示。

20.1.3　车削

车削加工时，工件做旋转的主运动，刀具做直线进给运动。在各种车床中，普通车床是应用最广泛的万能性机床。CA6140 卧式车床的外形，如图 20-3 所示。车削加工的工艺范围，如图 20-4 所示。车削加工的尺寸公差等级为 IT7～IT11；表面粗糙度 *Ra* 为 12.5～0.8μm。

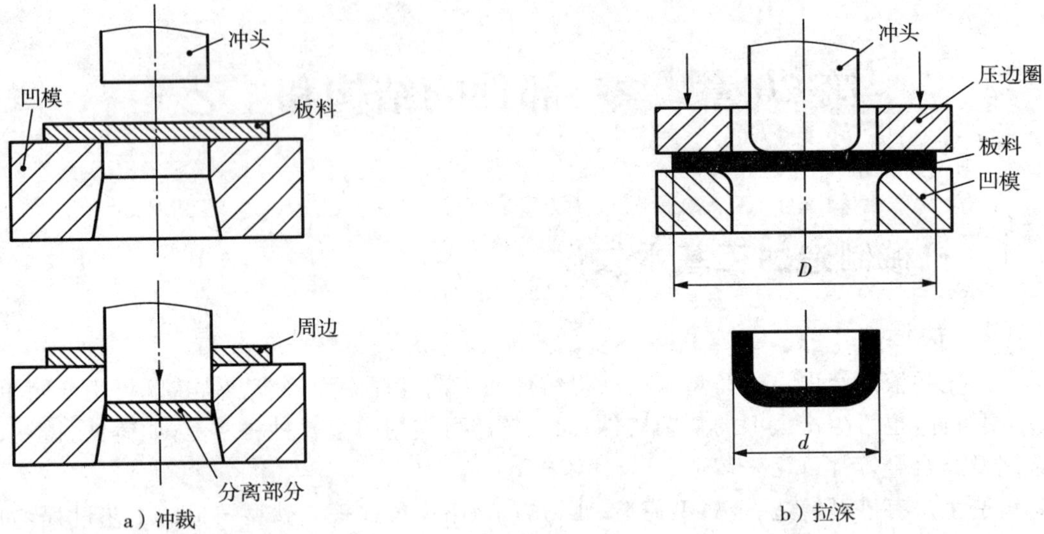

图 20－2　冲压

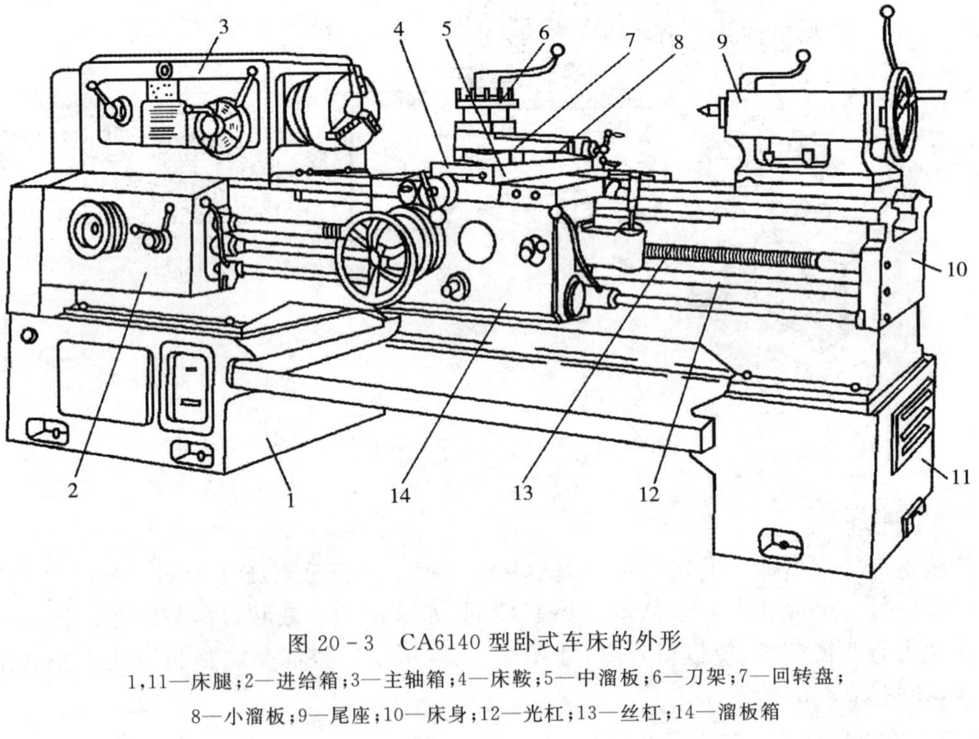

图 20－3　CA6140 型卧式车床的外形

1,11—床腿；2—进给箱；3—主轴箱；4—床鞍；5—中溜板；6—刀架；7—回转盘；8—小溜板；9—尾座；10—床身；12—光杠；13—丝杠；14—溜板箱

20.1.3　铣削

铣削加工的切削运动形式是刀具做旋转的主运动，工件做连续的直线进给运动。万能回转头铣床的外形，如图 20－5 所示。铣削加工的工艺范围，如图 20－6 所示。铣削加工的尺寸公差等级为 IT8～IT11；表面粗糙度 Ra 为 6.3～1.6μm。

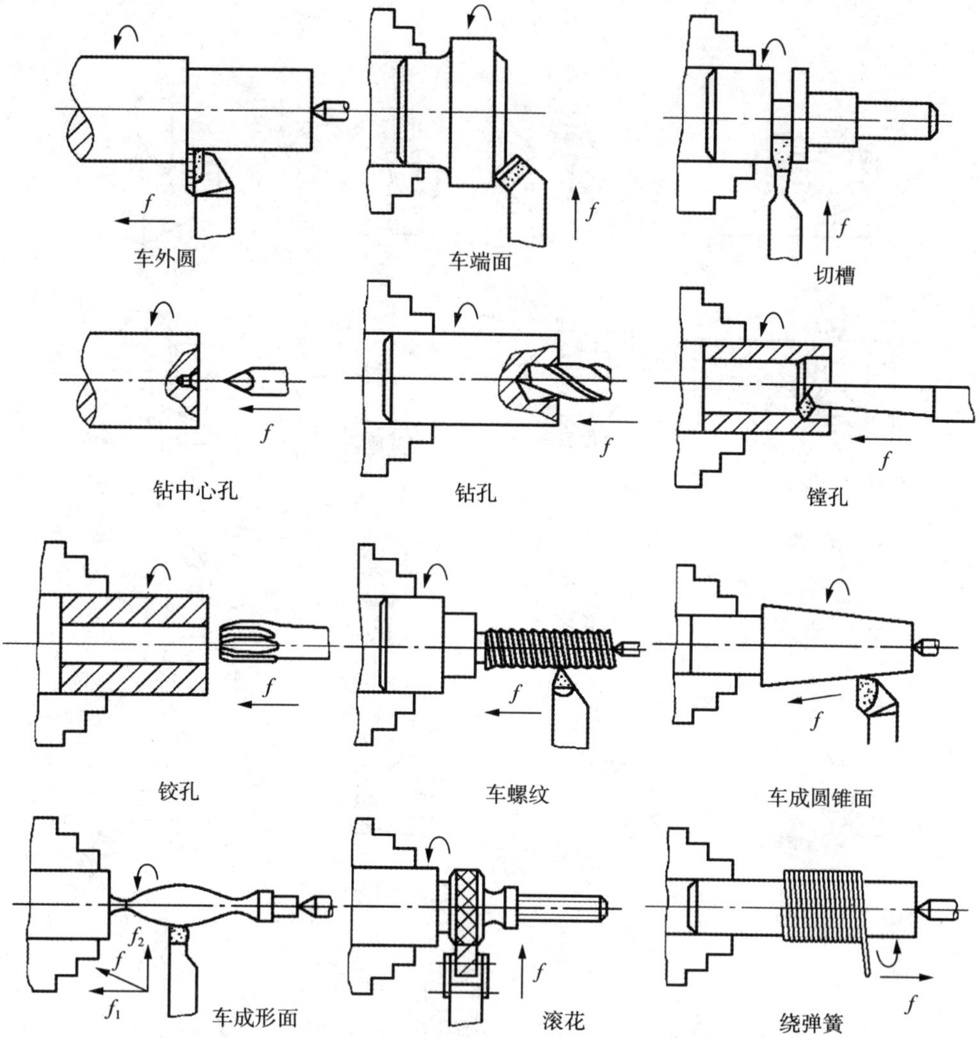

图 20－4　车削加工的工艺范围

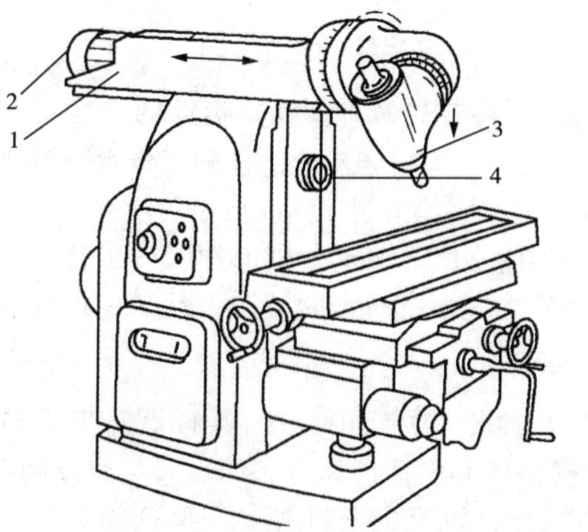

图 20－5　万能回转头铣床

1—滑座；2—电动机；3—万能立铣头；4—水平主轴

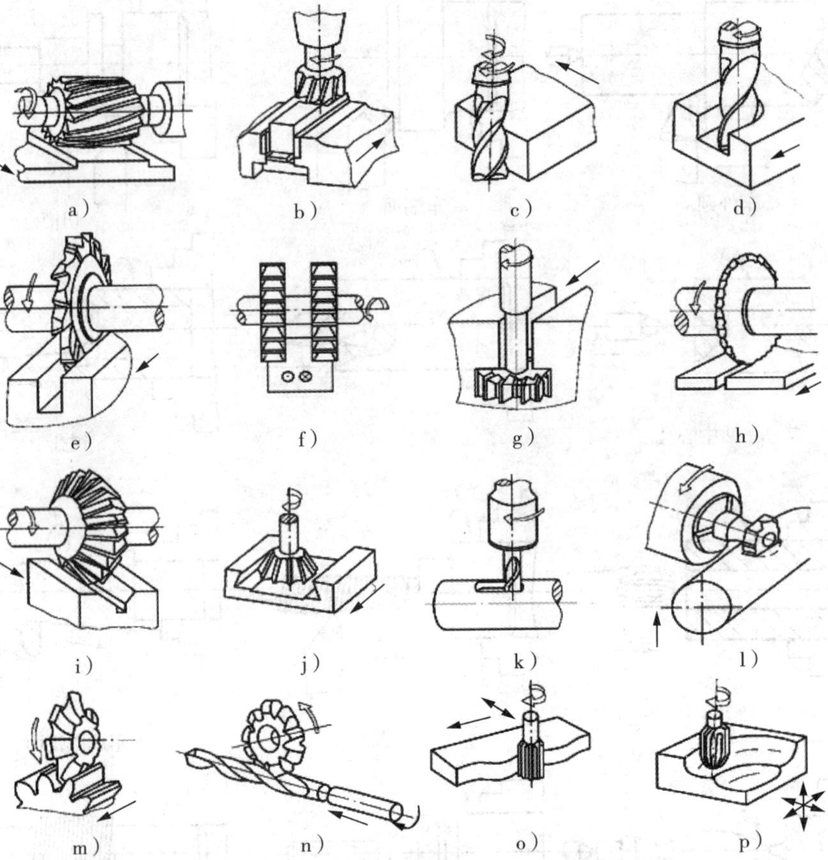

图 20-6　铣削加工的工艺范围

a,b,c—铣平面;d,e—铣沟槽;f—铣台阶;g—铣 T 形槽;h—铣狭缝;

i,j—铣角;k,l—铣键槽;m—铣齿形;n—铣螺槽;o—铣曲面;p—铣立体曲面

20.1.4　刨削

刨削加工的切削运动形式是刀具做直线往复运动的主运动,工件在垂直于主运动的方向上做间歇移动的进给运动(如牛头刨床);或工件随工作台一起做直线往复主运动,而刀具在垂直于主运动的方向上做间歇移动的进给运动(如龙门刨床)。牛头刨床的外形,如图20-7 所示。龙门刨床的外形,如图 20-8 所示。刨削加工的工艺范围,如图 20-9 所示。刨削加工的尺寸公差等级为 IT10、IT11;表面粗糙度 Ra 为 50～1.6μm。

20.1.5　磨削

磨削是采用砂轮作为刀具的一种切削方法;其特点是加工精度和表面粗糙度标准高。普通磨床有外圆磨床、内圆磨床和平面磨床等。M1432A 型万能外圆磨床的外形,如图 20-10 所示。磨削加工的工艺范围,如图 20-11 所示。磨削加工的尺寸公差等级为 IT4～IT8;表面粗糙度 Ra 为 1.25～0.01μm。

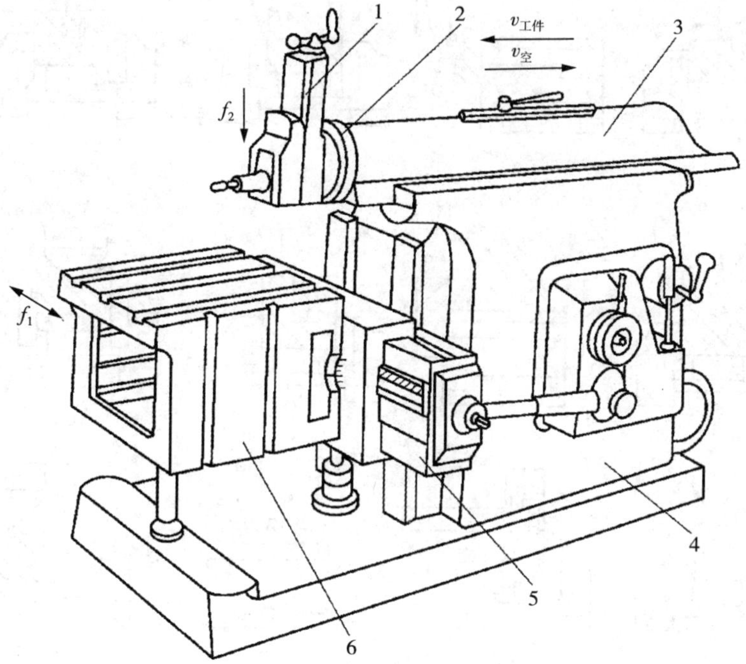

图 20-7　牛头刨床

1—刀架；2—刀架座；3—滑枕；4—床身；5—横梁；6—工作台

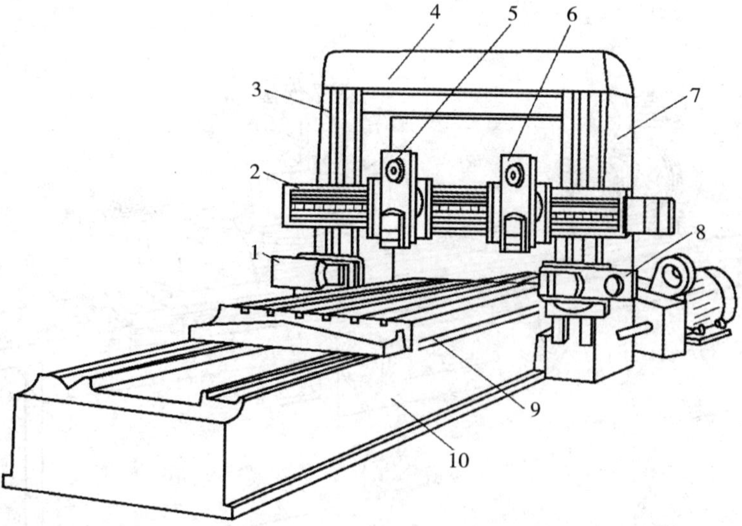

图 20-8　龙门刨床

1,8—左右侧刀架；2—横梁；3,7—立柱；4—顶梁；5,6—垂直刀架；9—工作台；10—床身

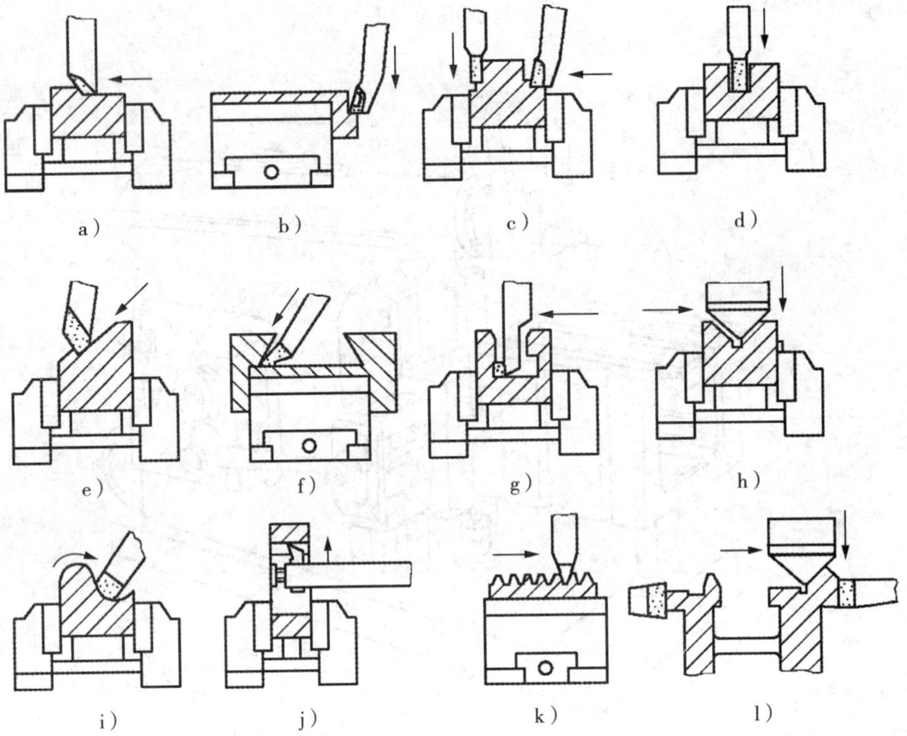

图 20－9　刨削加工的工艺范围

a—刨平面；b—刨垂直面；c—刨台阶面；d—刨直角沟槽；e—刨斜面；f—刨燕尾形工件；g—刨 T 形槽；h—刨 V 形槽；i—刨曲面；j—刨孔内键槽；k—刨齿条；l—刨复合表面

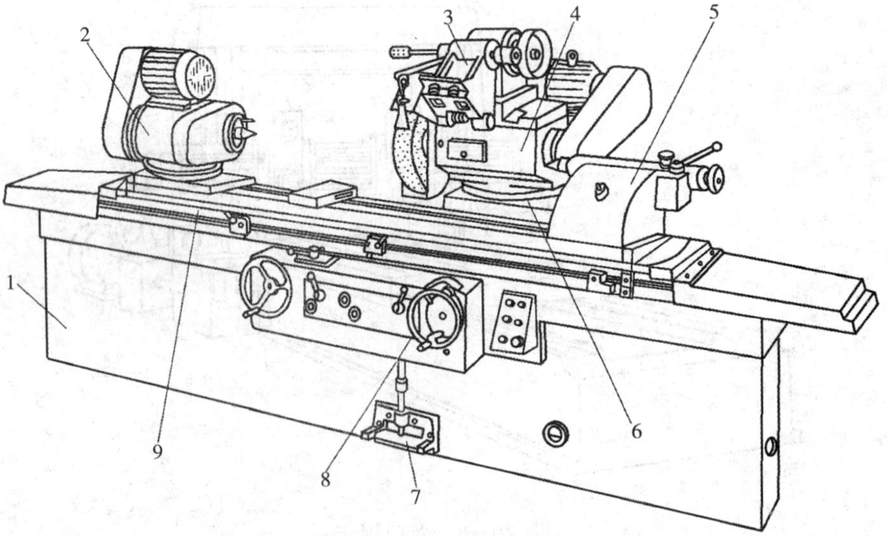

图 20－10　M1432A 型万能外圆磨床外形图

1—床身；2—头架；3—内圆磨具装置；4—砂轮架；5—尾座；6—滑鞍；7—脚踏操纵板；8—手轮；9—工作台

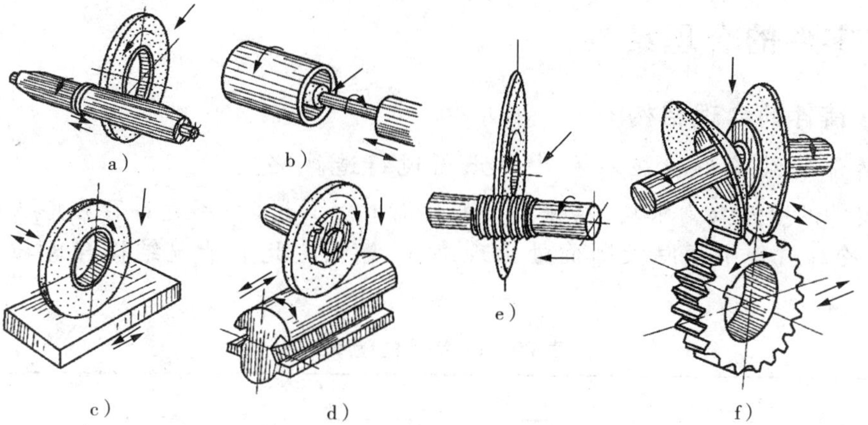

图 20－11　磨削加工的工艺范围

a—外圆磨削；b—内孔磨削；c—平面磨削；d—成形磨削；e—螺纹磨削；f—齿轮磨削

20.1.6　钻削

钻削加工的切削运动形式是刀具做旋转的主运动，同时刀具沿轴线方向做进给运动。立式钻床的外形，如图 20－12 所示。钻削加工的工艺范围，如图 20－13 所示。钻孔使用麻花钻头；钻孔的尺寸公差等级为 IT10～IT13，表面粗糙度 Ra 大致为 25～1.6μm。扩孔使用扩孔钻；扩孔的尺寸公差等级为 IT9～IT11，表面粗糙度 Ra 大致为 25～3.2μm。铰孔使用铰刀，铰孔的尺寸公差等级为 IT6～IT10，表面粗糙度 Ra 大致为 12.5～0.2μm。

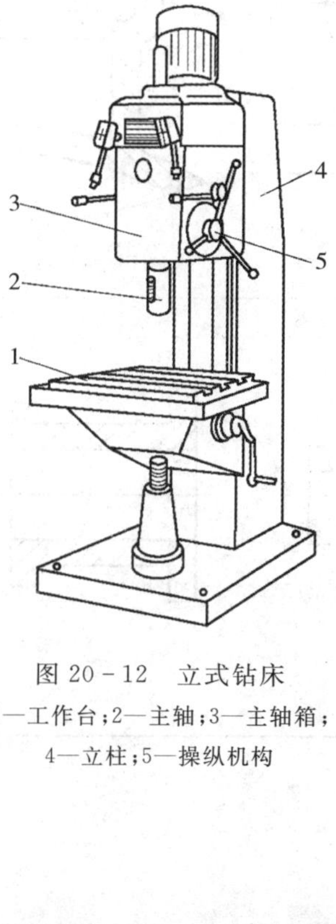

图 20－12　立式钻床

1—工作台；2—主轴；3—主轴箱；4—立柱；5—操纵机构

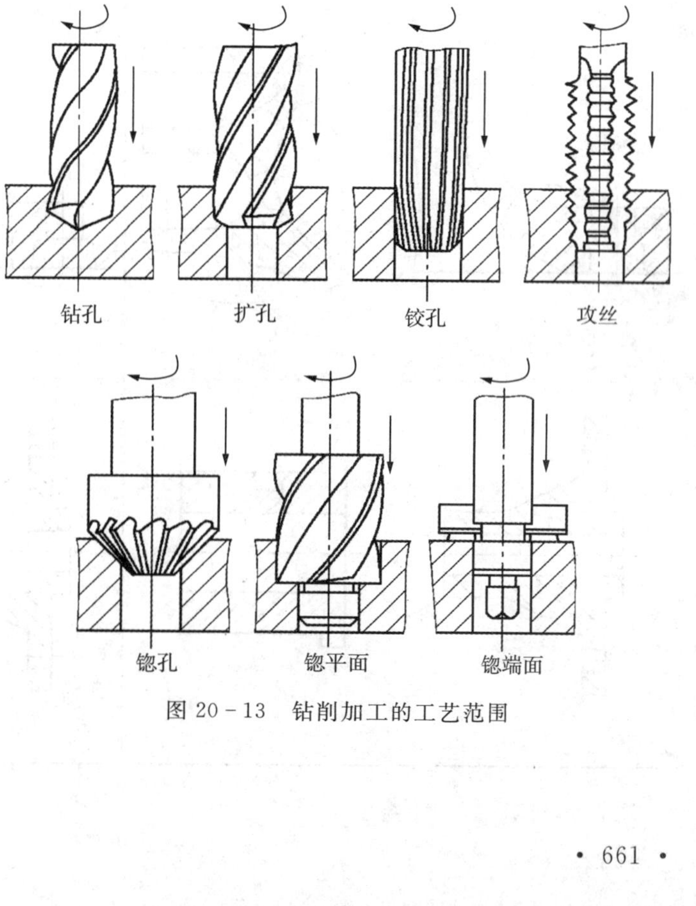

图 20－13　钻削加工的工艺范围

20.2 零件的合理结构

20.2.1 铸件的合理结构

1. 铸件的结构形状应有利于防止出现铸造缺陷

(1)铸件的壁厚要力求均匀，壁厚的变化需要缓慢过渡；不允许存在厚大断面，以防止铸件在冷却过程中于厚大断面处出现缩孔、缩松。此类情况结构合理与否，参见表20－1。

表20－1 铸件的壁厚图例

图例	
不合理	合理
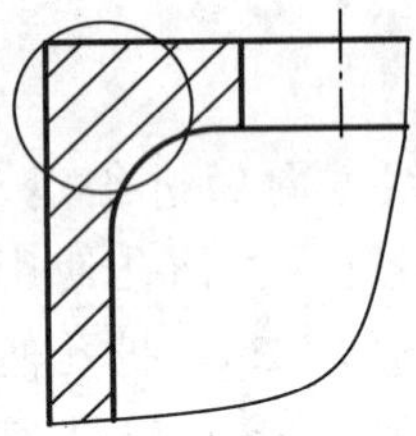 a) 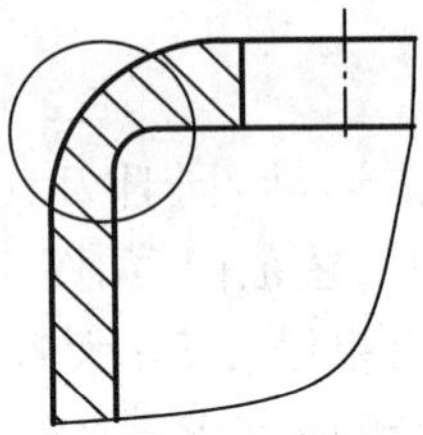 b)	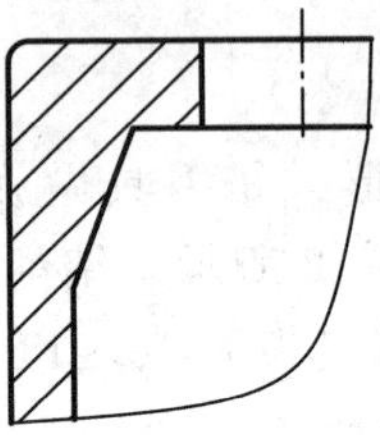 a) 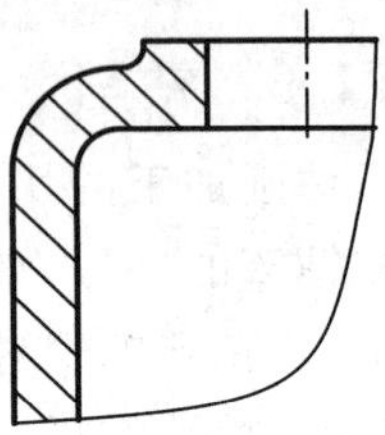 b)
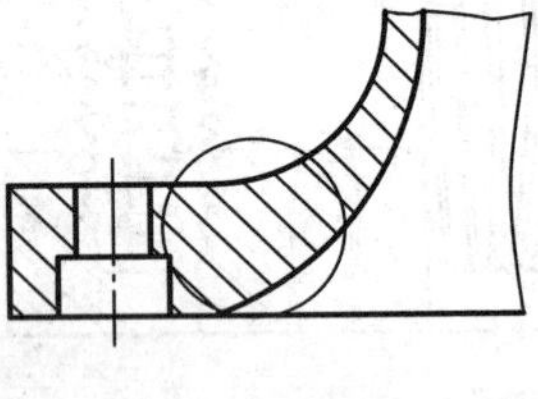 c) 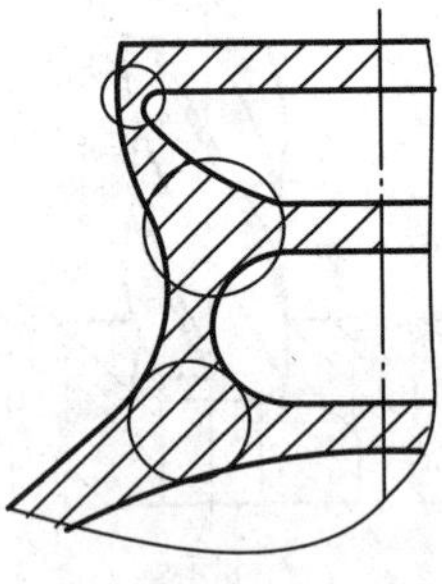 d)	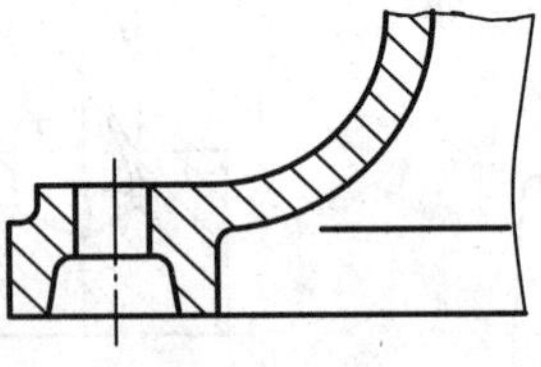 c) 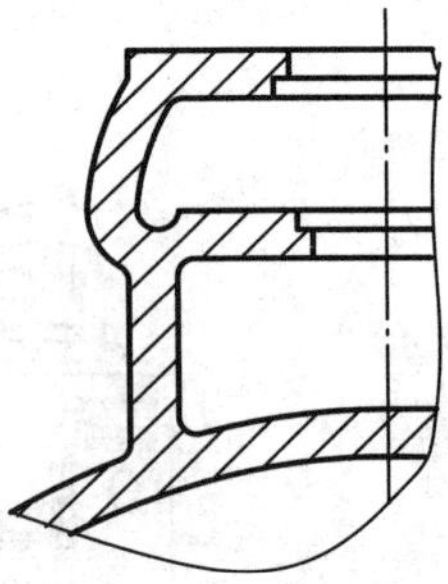 d)
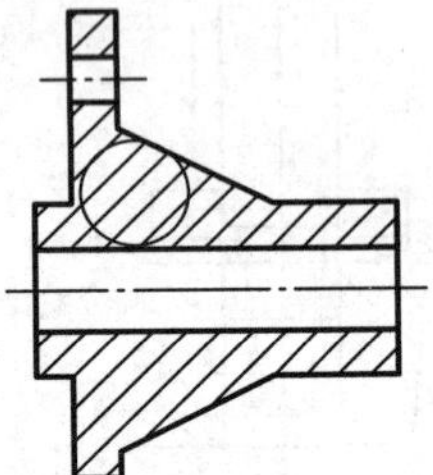 e) 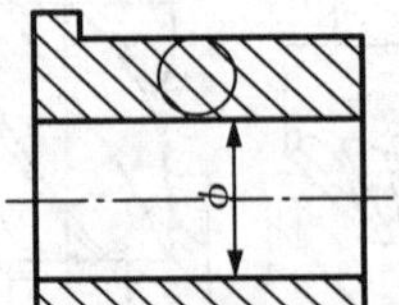 f)	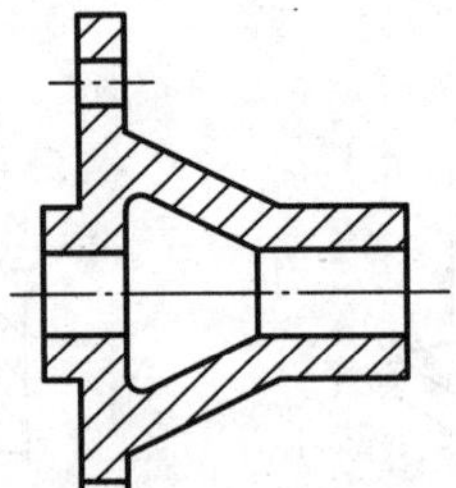 e) 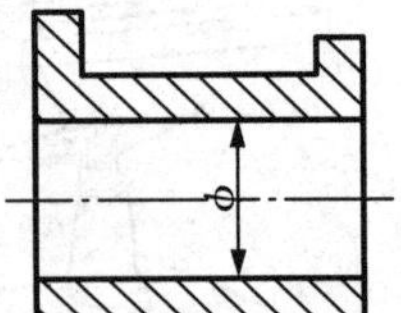 f)

（续表）

图例			
不合理		合理	
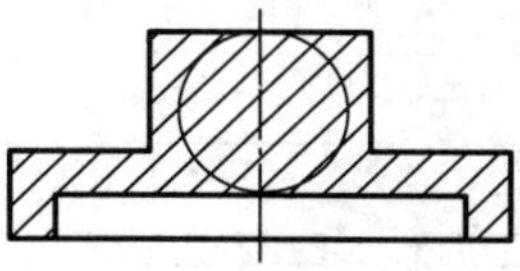 g）	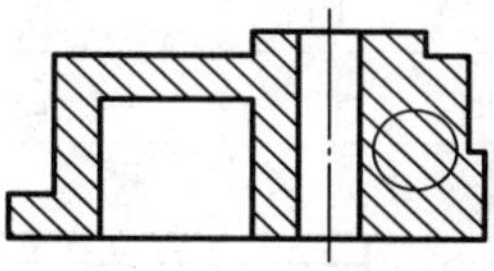 h）	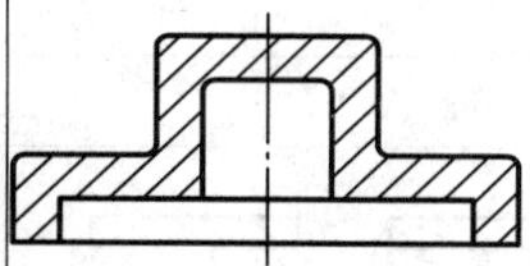 g）	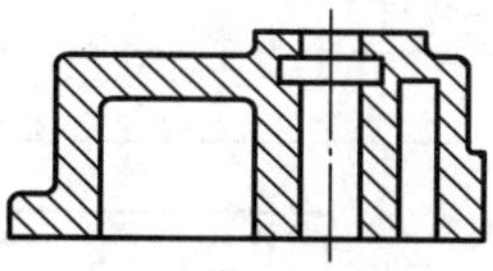 h）
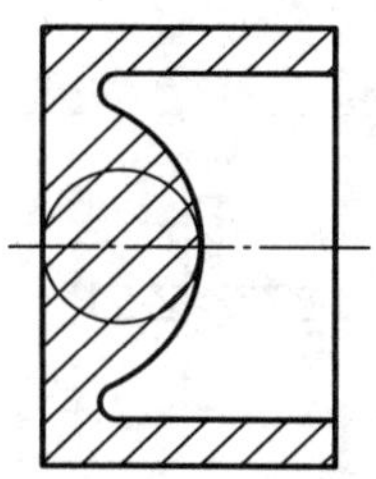 i）	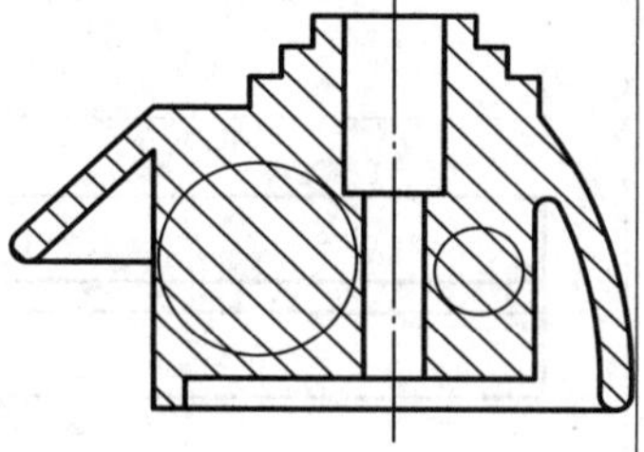 j）	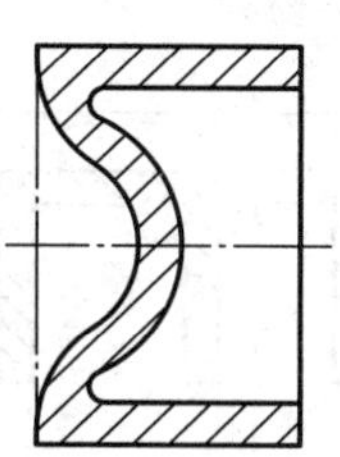 i）	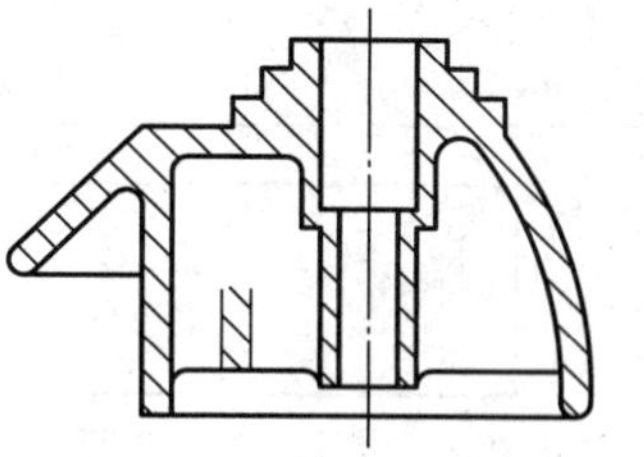 j）

（2）铸件表面或壁厚转角处应圆角过渡，不允许存在尖角，以防止铸件在冷却过程中于转角处产生裂纹；此外，铸件表面的尖角不坚固、不安全、不易造型。此类情况结构合理与否，参见表 20－2。

表 20－2　圆角过渡图例

图例			
不合理		合理	
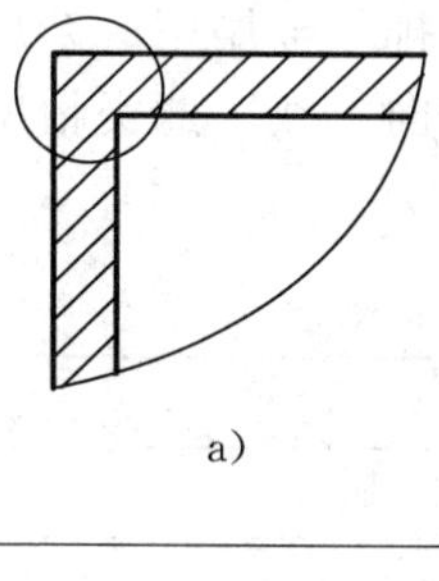 a）	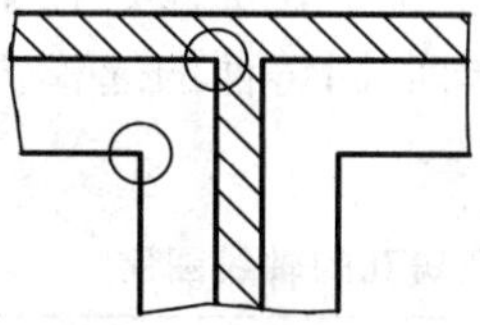 b）	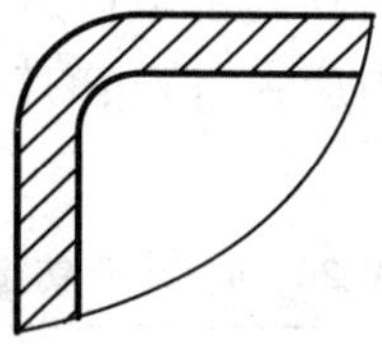 a）	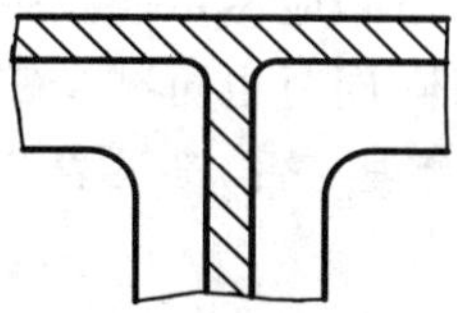 b）
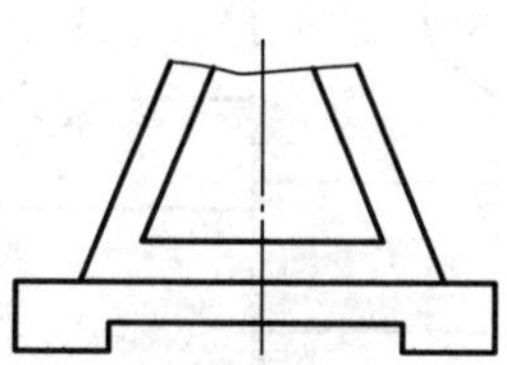 c）		 c）	

(3)细长铸件和大的平板铸件，在冷却收缩时易产生挠曲变形；为此，应正确选择零件的截面形状(如对称截面)及合理设置加强筋。此类情况结构合理与否，参见表 20－3。

表 20－3　截面形状图例

图例	
不合理	合理
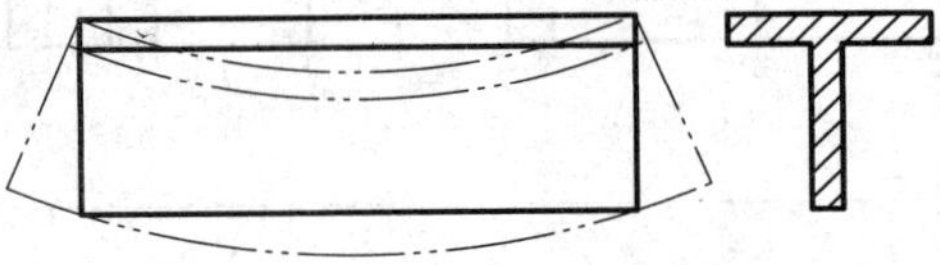 a)	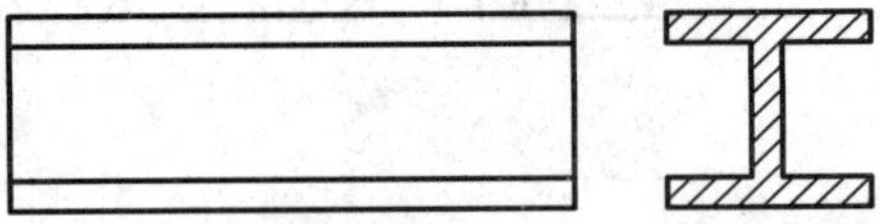 a)
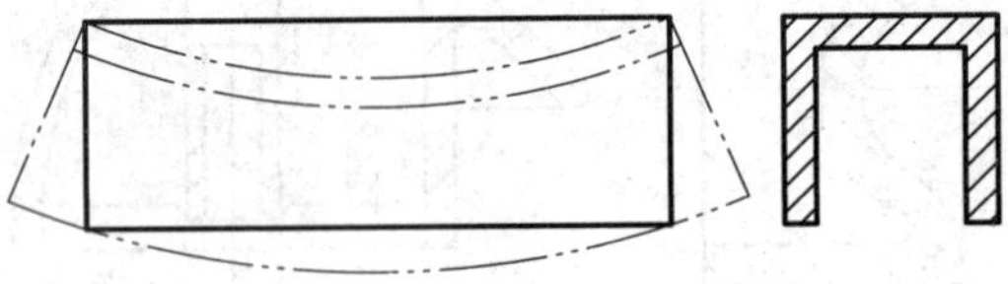 b)	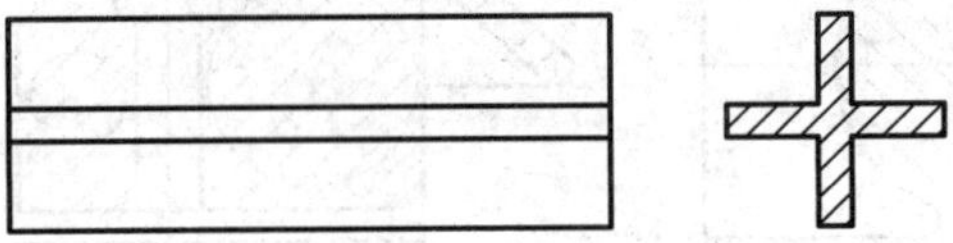 b)
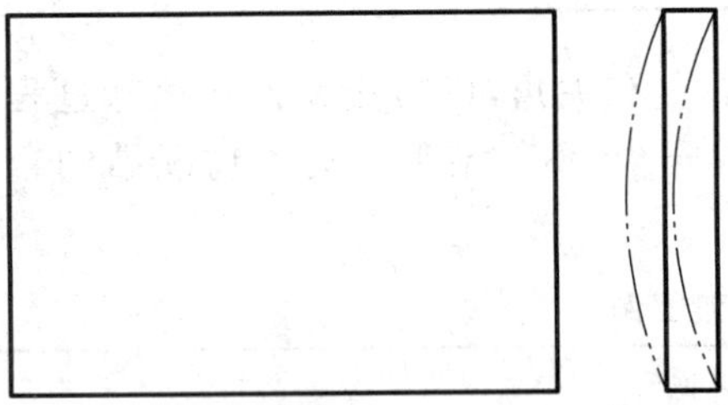 c)	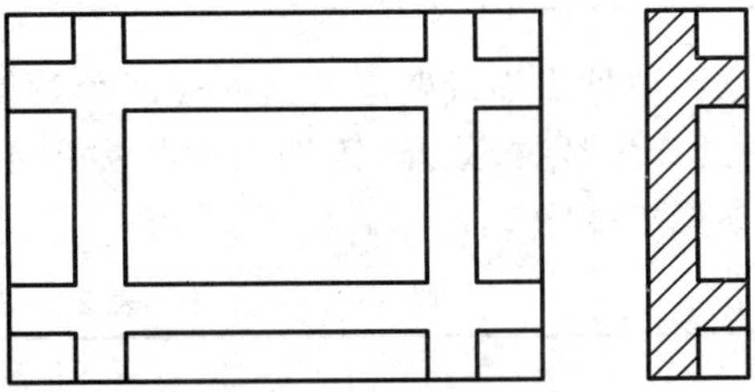 c)

(4)应尽可能减少较大面积的水平铸造平面，以便于在浇注过程中排除金属中的杂质和气体；同时也可减少铸件的内应力；铸孔的轴线方向应同铸件的起模方向一致。此类情况结构合理与否，参见表 20－4。

表 20－4　水平铸造平面及铸孔的轴线图例

图例	
不合理	合理
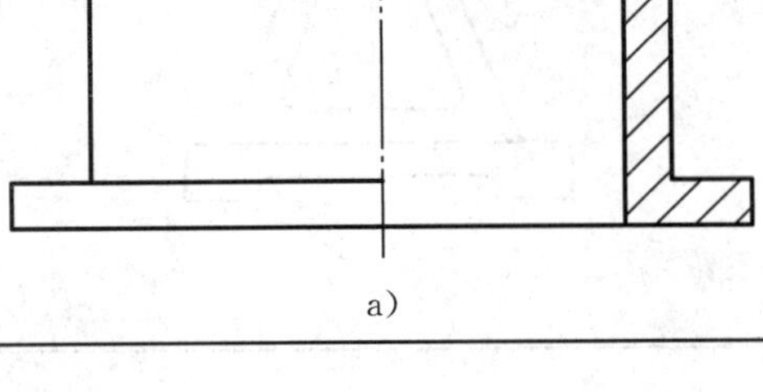 a)	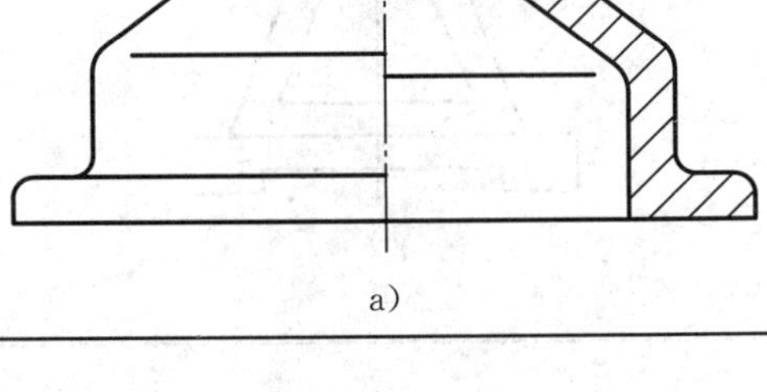 a)

（续表）

图例	
不　合　理	合　　理
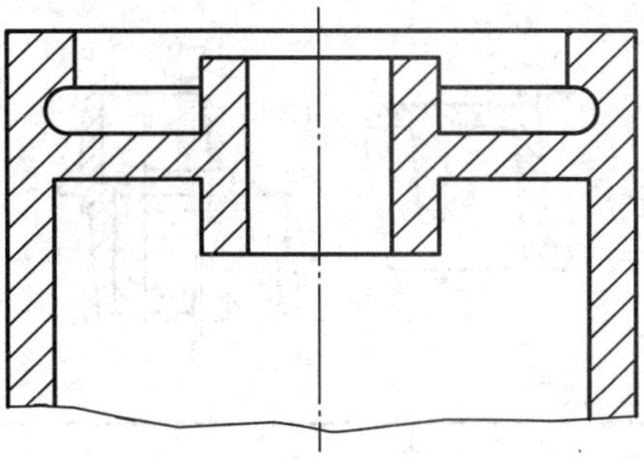 b)	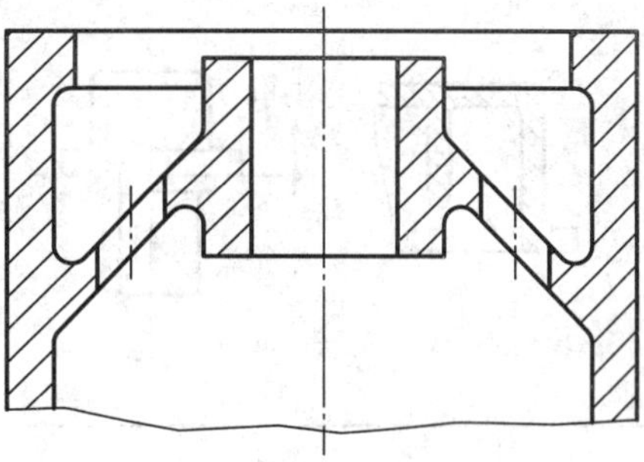 b)
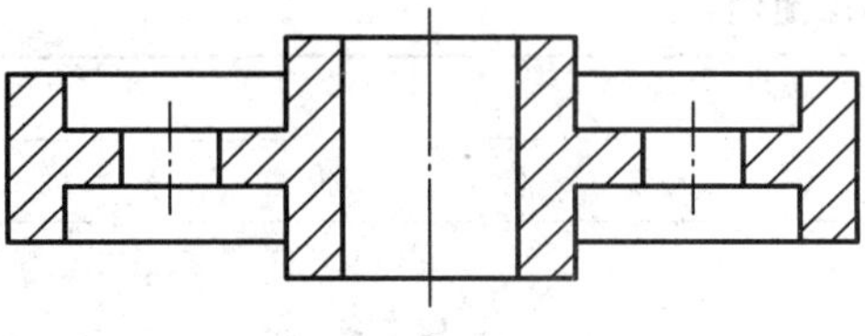 c)	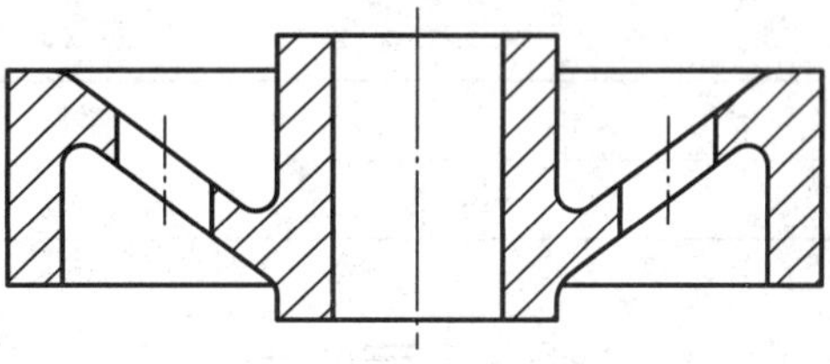 c)

(5)为了使整个铸件均匀冷却，铸件内部的壁厚(b)应略小于外部的壁厚(a)，即 $a>b$。此类情况结构合理与否，参见表 20－5。

表 20－5　内外壁厚图例

图例	
不　合　理	合　　理
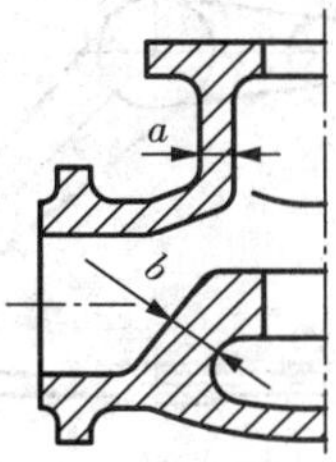 $b>a$	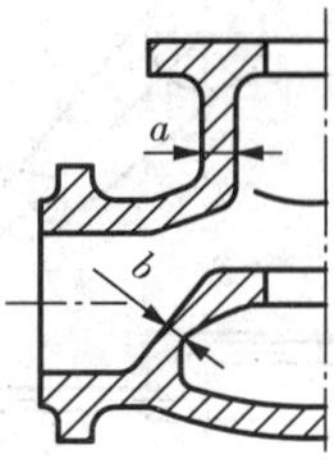 $a>b$

2. 铸件的结构形状应有利于造型

(1)为了保证砂型质量，便于起模，在起模方向上铸件应留有拔模斜度。此类情况结构合理与否，参见表 20－6。

表 20-6　拔模斜度图例

图例	
不合理	合理
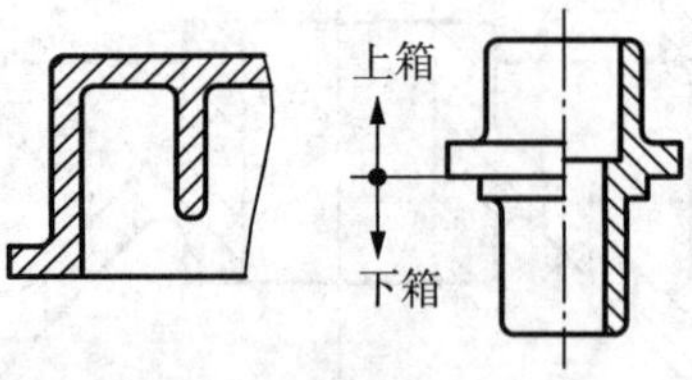	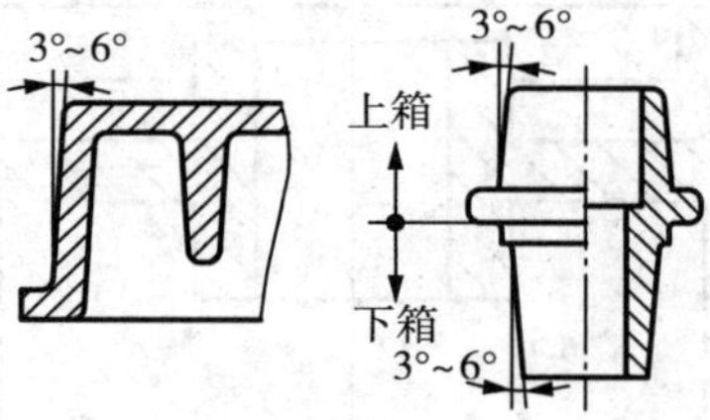

(2)分型面应力求简单,数量应尽可能减少,以便于分型;此类情况结构合理与否,参见表 20-7。

表 20-7　分型面图例

图例	
不合理	合理
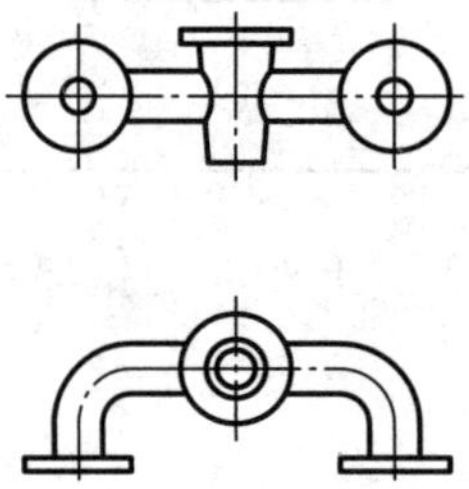 a)	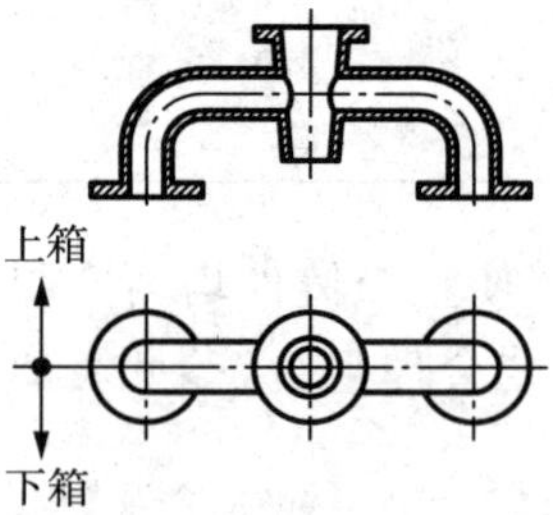 a)
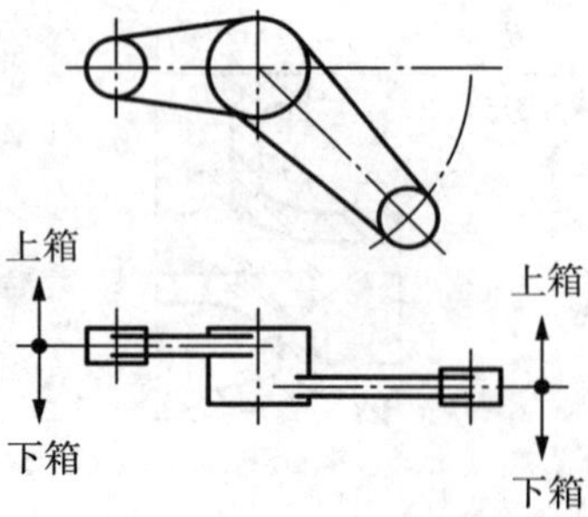 b)	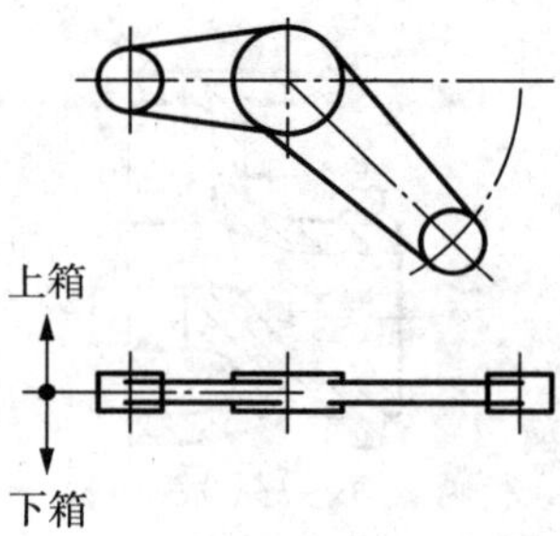 b)

(3)在铸件表面应避免出现使造型产生困难的凸出部分。此类情况结构合理与否,参见表 20-8。

表 20-8　铸件表面图例

图例	
不合理	合理
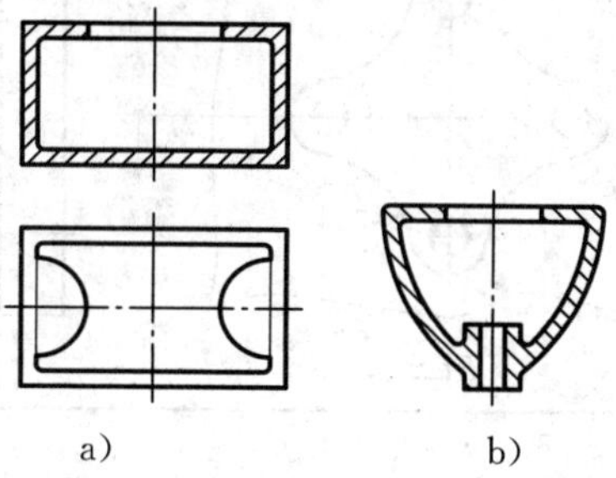 	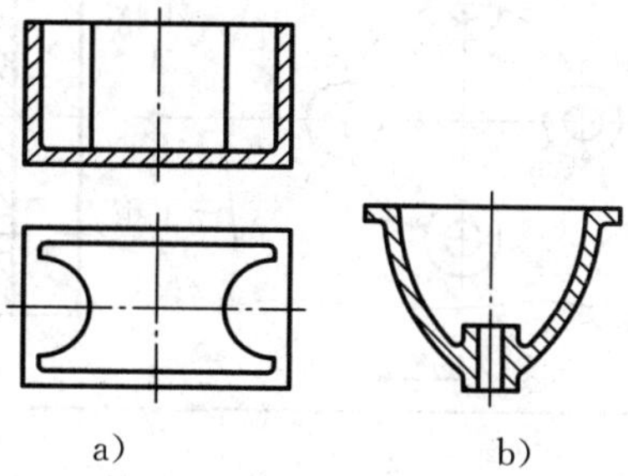

(4)为了避免采用活块,可将凸台加长到分型面;如加工方便也可不设凸台,而采用锪钻锪平。此类情况结构合理与否,参见表 20-9。

表 20-9　凸台图例

图例	
不合理	合理
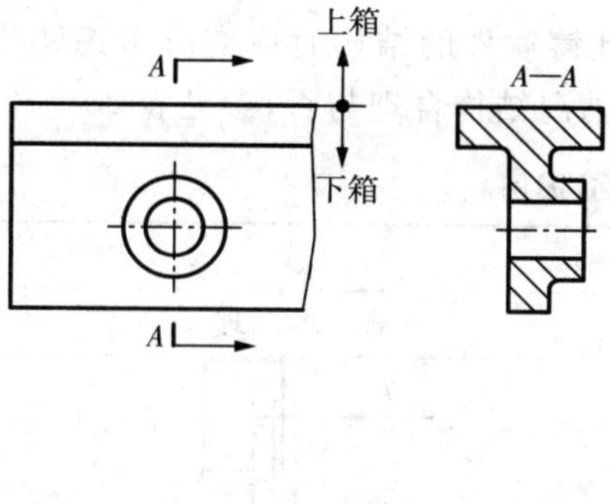 	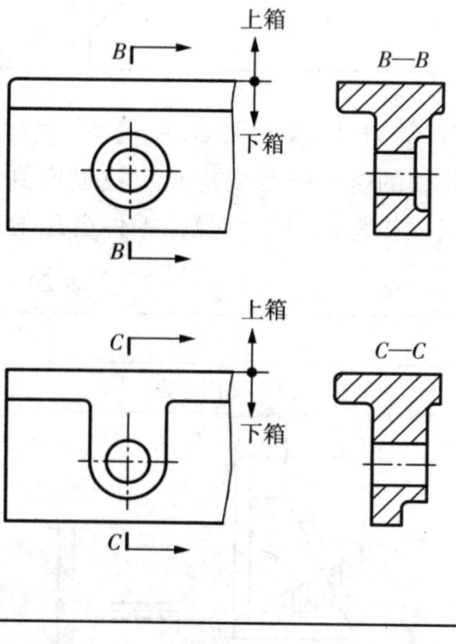

(5)为了便于造型和切削加工,应将铸件外壁上距离较近而分散的各个凸台连成一片。此类情况结构合理与否,参见表 20-10。

表 20－10　凸台连接图例

图例	
不合理	合理
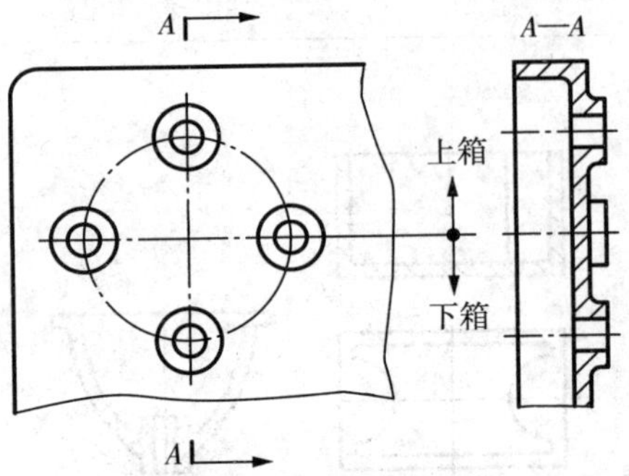	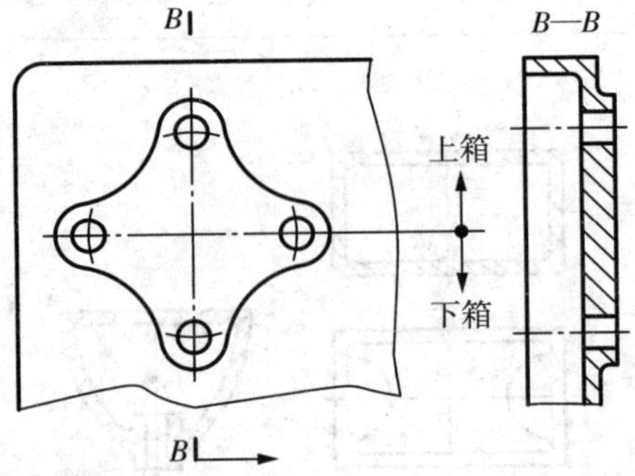

(6)铸件的结构和型芯的形状应力求简单，在可能条件下应尽量采用直线形的轮廓，并须有利于型芯的支撑。此类情况结构合理与否，参见表 20－11。

表 20－11　结构和型芯形状图例

图例	
不合理	合理
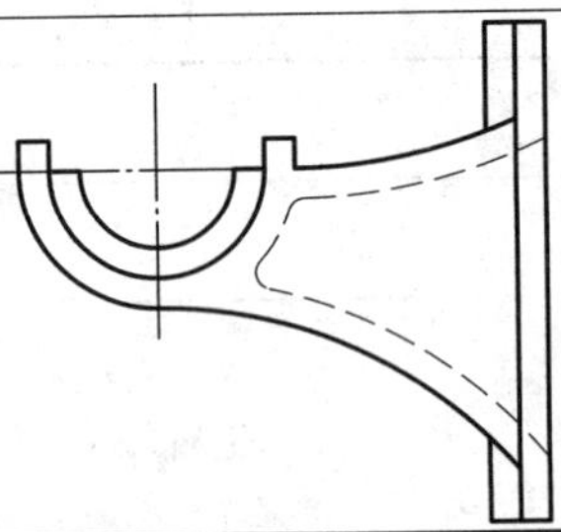	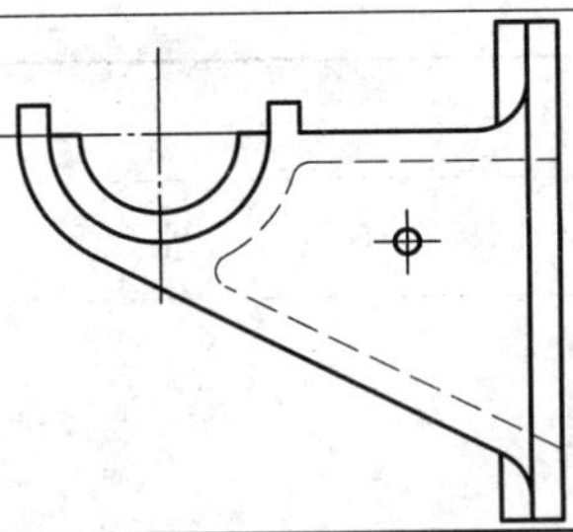

3. 铸件的结构形状应有利于材料的受力

铸铁的抗压强度要比其抗拉强度高几倍，在设计铸铁件的结构时应充分考虑铸铁的这一特点。如将加强筋布置在零件受压的部位。此类情况结构合理与否，参见表 20－12。

表 20－12　加强筋布置图例

图例	
不合理	合理
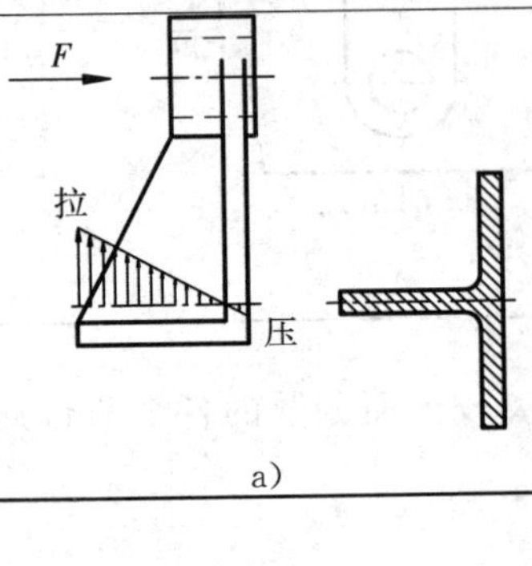 a)	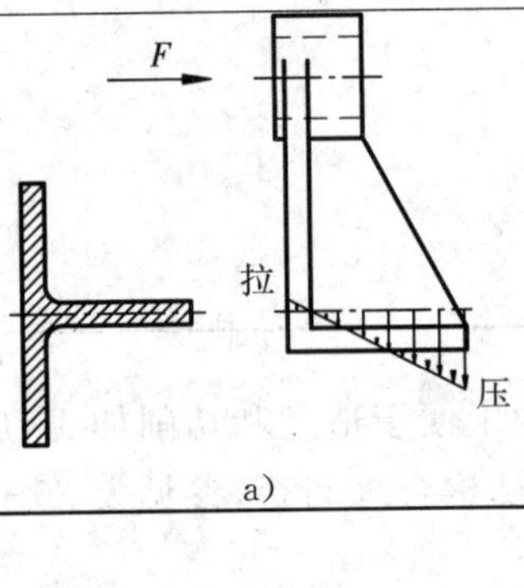 a)

（续表）

图例	
不合理	合理
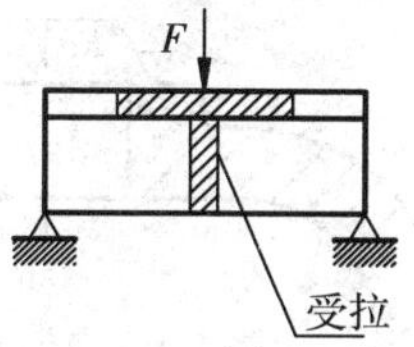 b)	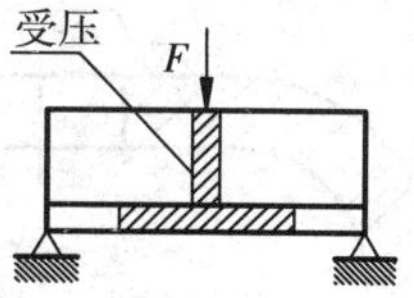 b)

20.2.2　零件结构的切削加工工艺性

1. 减少切削加工量

应尽量减少切削加工的工作量。此类情况结构合理与否，参见表 20－13。

表 20－13　减少切削加工工作量图例

图例	
不合理	合理
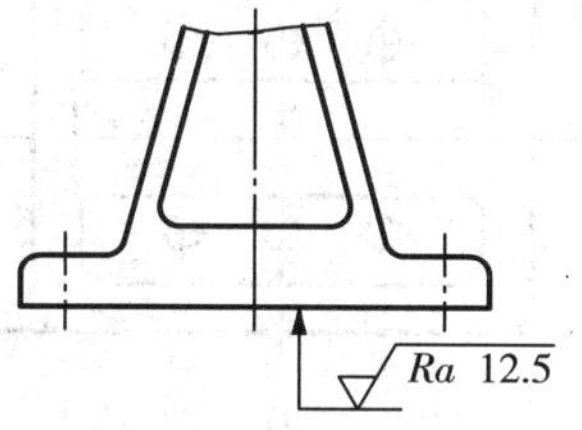 a)	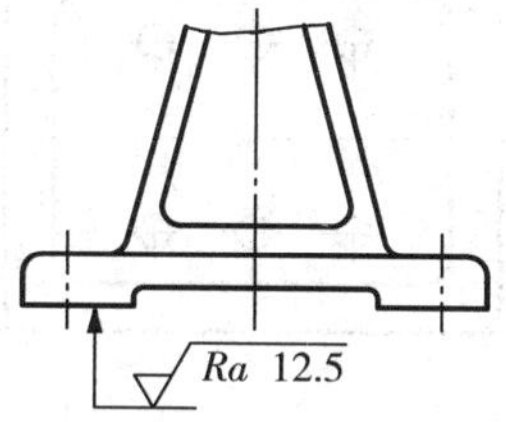 a)
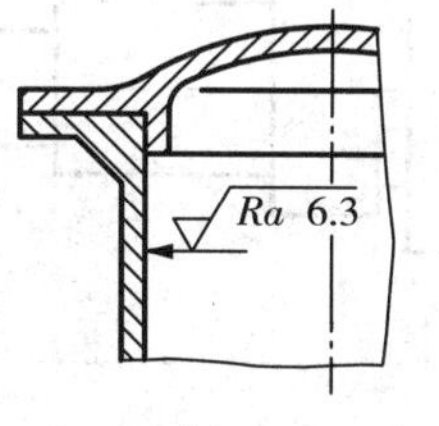 b)	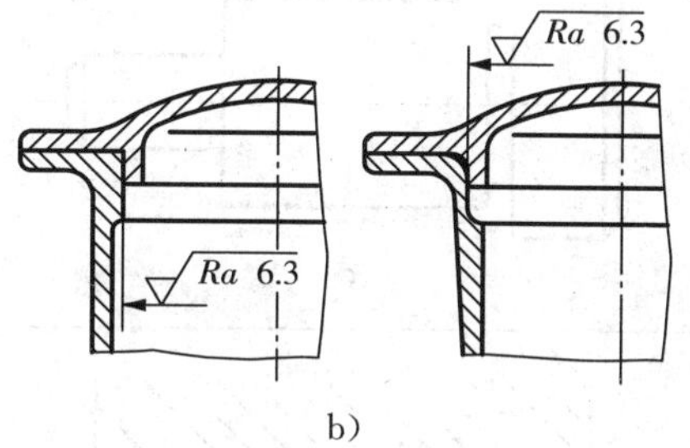 b)
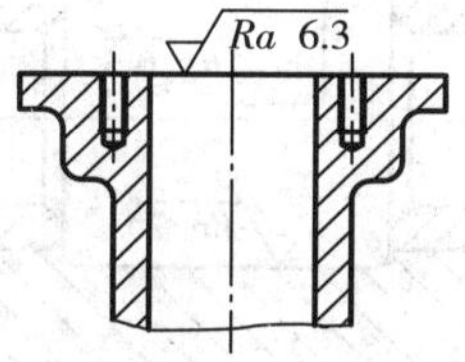 c)	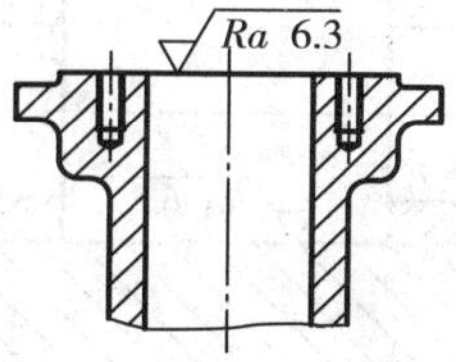 c)

（续表）

<table>
<tr><th colspan="2">图　　例</th></tr>
<tr><th>不　合　理</th><th>合　　理</th></tr>
<tr><td>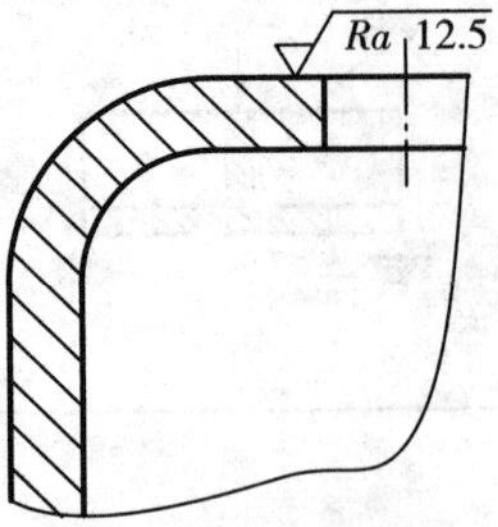

d)</td><td>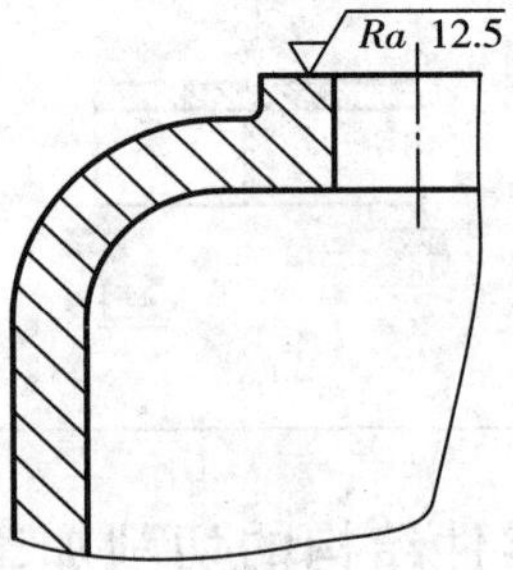

d)</td></tr>
<tr><td>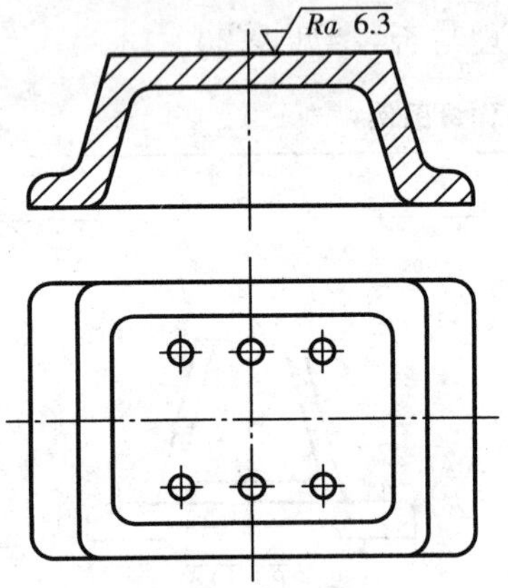

e)</td><td>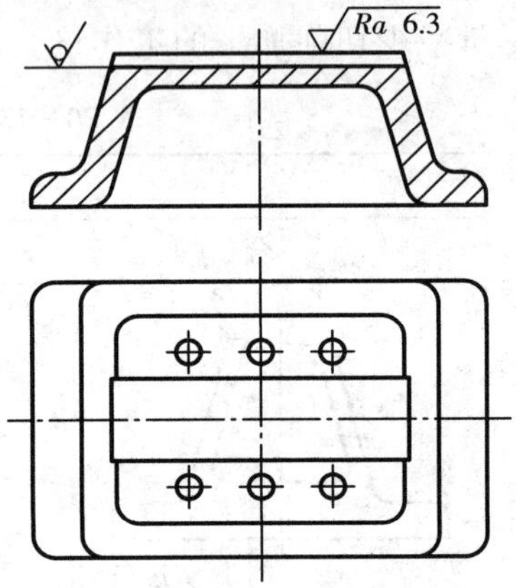

e)</td></tr>
<tr><td>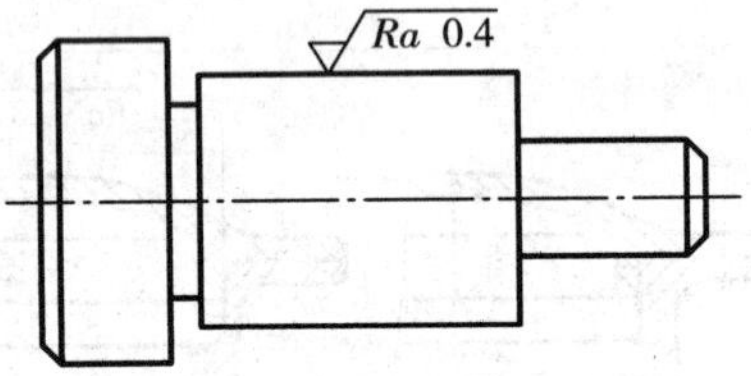

f)</td><td>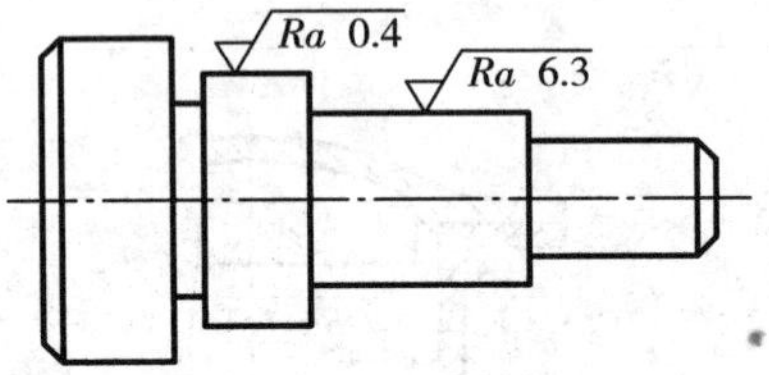

f)</td></tr>
<tr><td>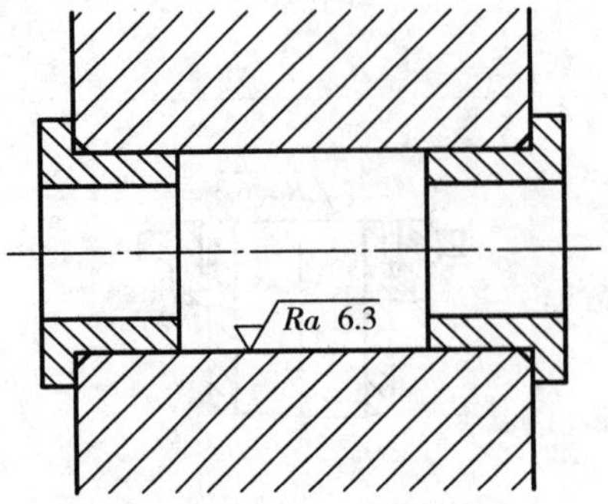

g)</td><td>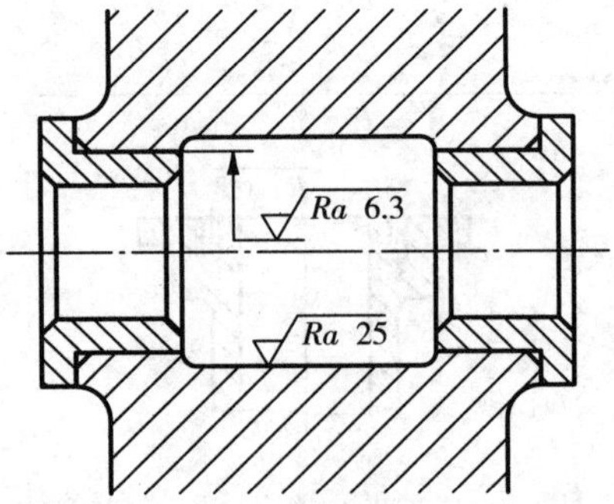

g)</td></tr>
</table>

2. 简化整体结构

(1)细小轴端的加工比较困难,损耗也大,搬运时容易碰弯;改为装配式后较为合理。此类情况结构合理与否,参见表 20 - 14。

表 20 - 14　细小轴端设置图例

图例	
不合理	合理
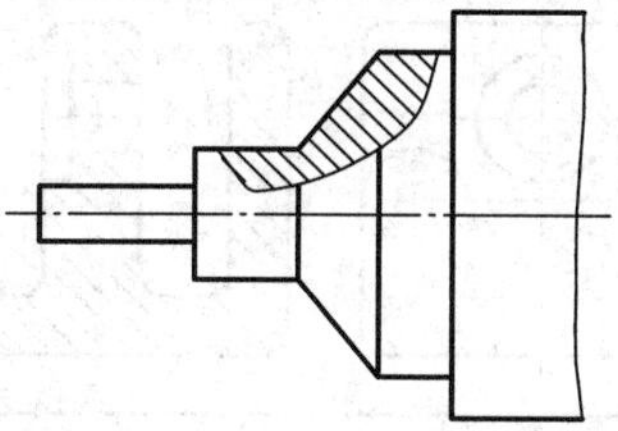	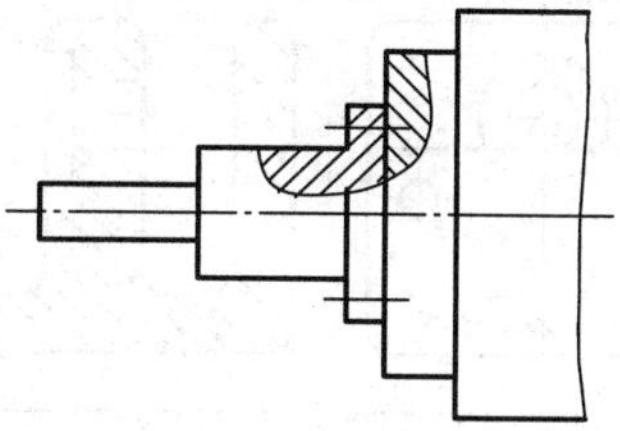

(2)在大箱体这一类的铸件上如有轴承这样的小局部结构,宜采用装配形式。此类情况结构合理与否,参见表 20 - 15。

表 20 - 15　小局部结构设置图例

图例	
不合理	合理
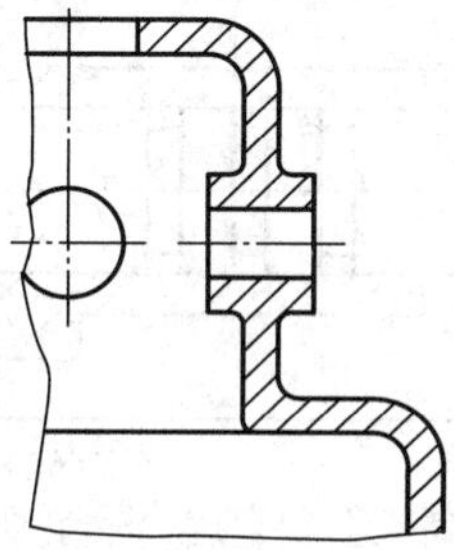	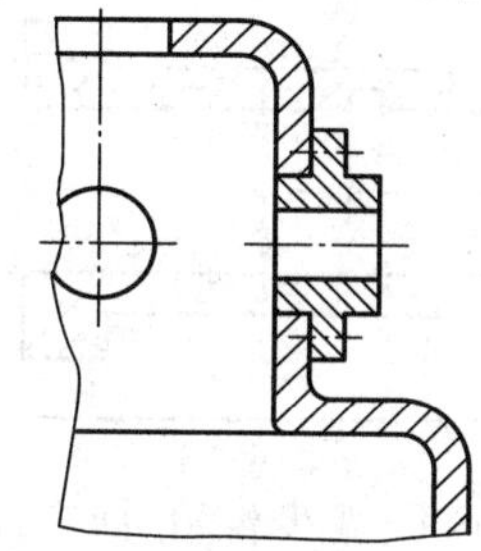

(3)箱体内的轴承,由箱体内装配改为外部装配,从而可改善箱体上轴承底座结合面的加工条件。此类情况结构合理与否,参见表 20 - 16。

表 20 - 16　内装配改外装配图例

图例	
不合理	合理
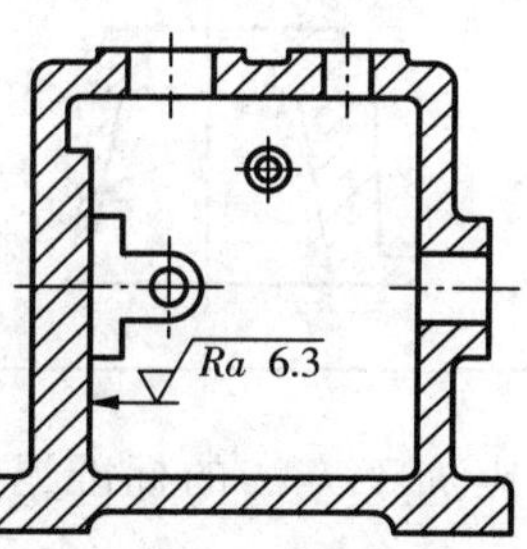	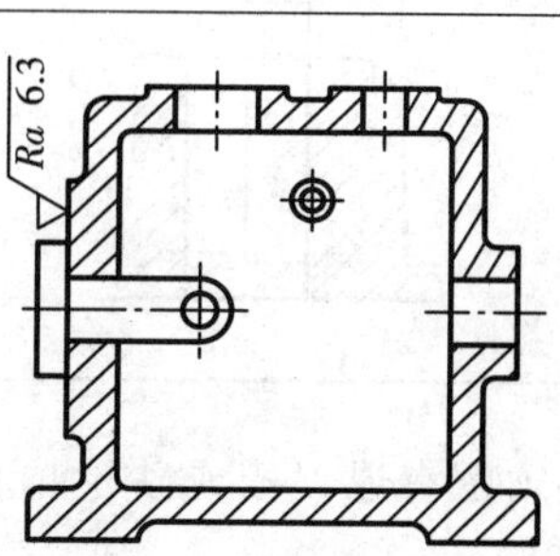

3. 改善加工条件，提高加工精度

(1)原设计不合理，中间的阶梯孔难以加工；图例见表 20－17。

表 20－17 阶梯孔设置图例

图 例	
不 合 理	合 理
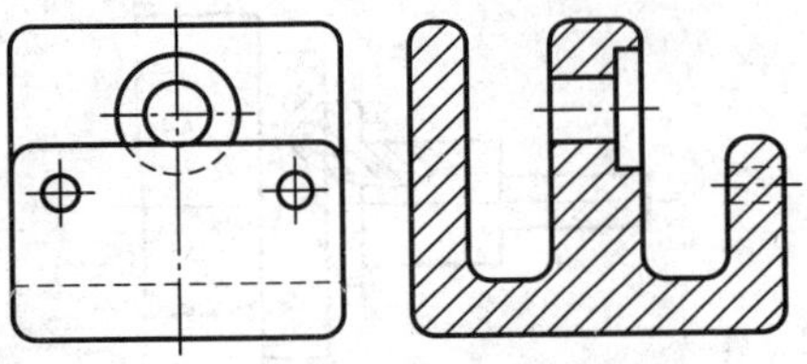	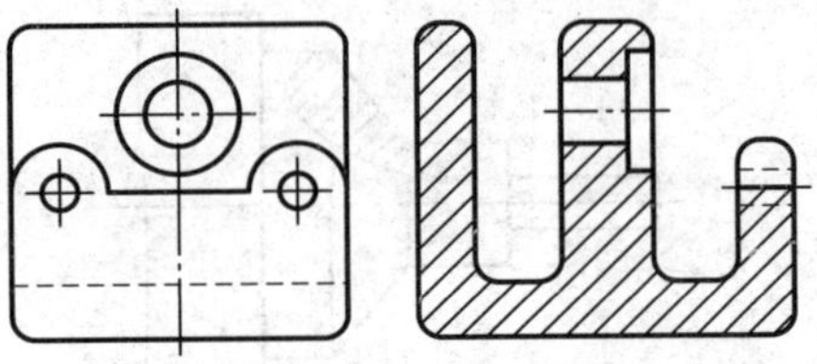

(2)加工阀杆上的沟槽比加工套筒上的沉割槽方便，槽间距的精度也较容易保证；图例见表 20－18。

表 20－18 沟槽设置图例

图 例	
不 合 理	合 理
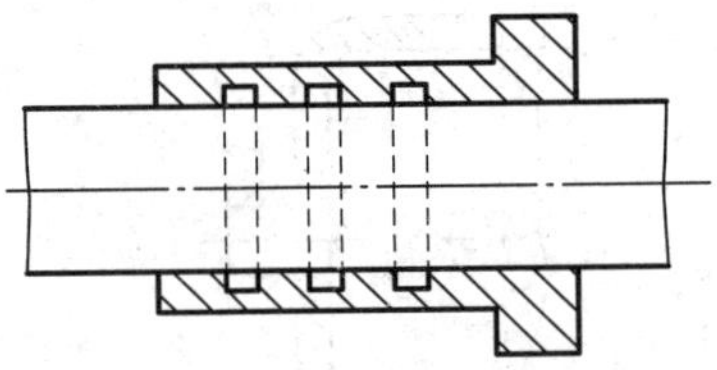	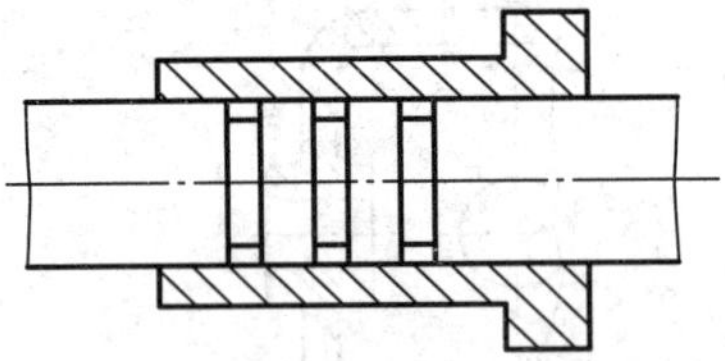

(3)应尽可能减少深孔加工，因为深孔加工的技术要求高，还要经常清除切屑；图例见表 20－19。

表 20－19 减少深孔加工图例

图 例	
不 合 理	合 理
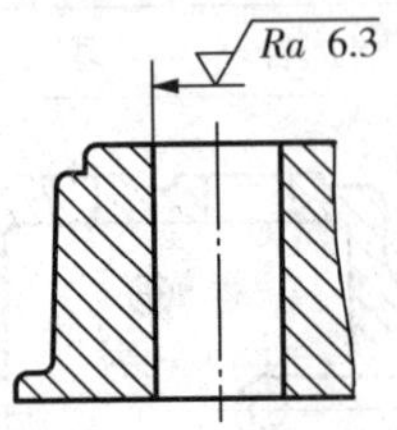	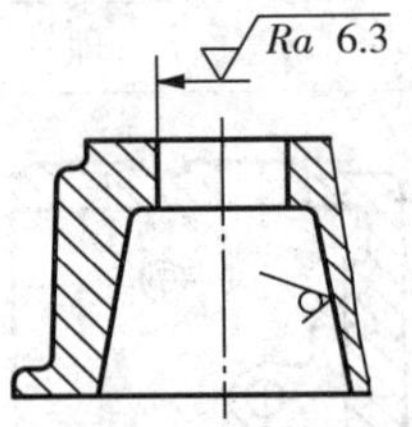

(4)必须留有退刀槽或砂轮越程槽，其宽度应符合相应加工方法的标准退刀宽度；图例见表 20－20。

表 20-20　预留退刀槽或砂轮越程槽图例

<table>
<tr><th colspan="2">图　　例</th></tr>
<tr><th>不　合　理</th><th>合　　理</th></tr>
<tr><td>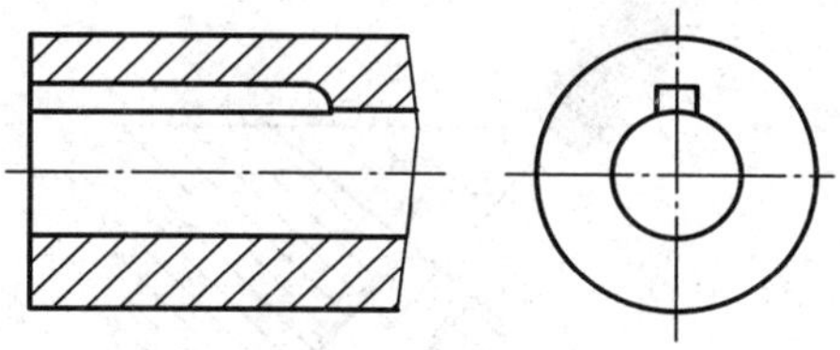
a)</td><td>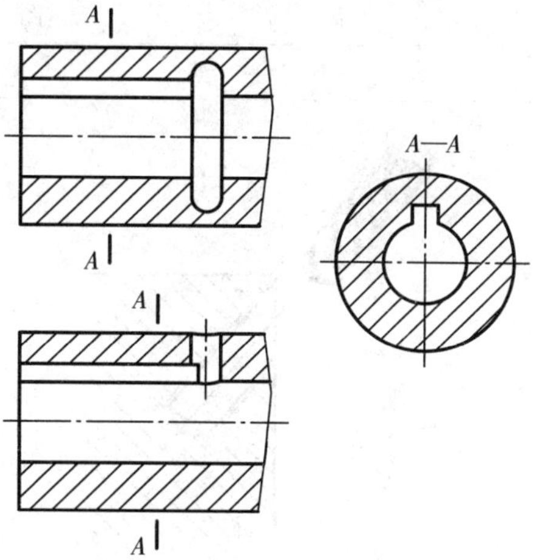

a)</td></tr>
<tr><td>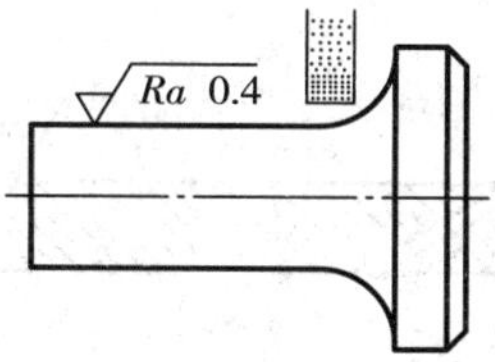

b)</td><td>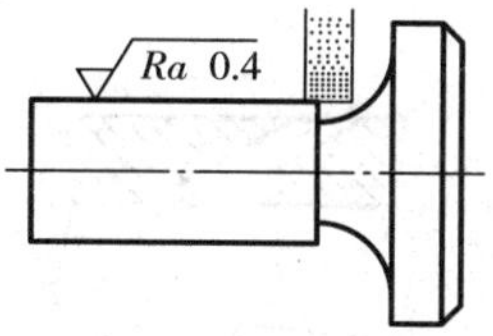

b)</td></tr>
<tr><td>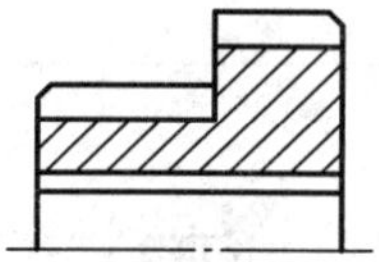 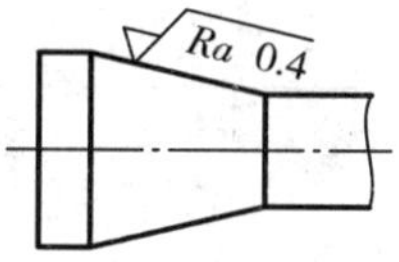

c)　d)</td><td>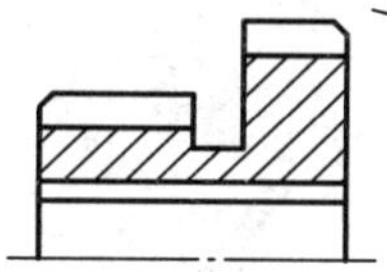 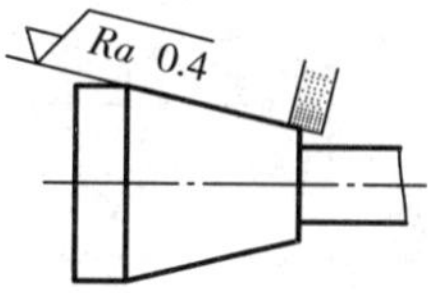

c)　d)</td></tr>
<tr><td>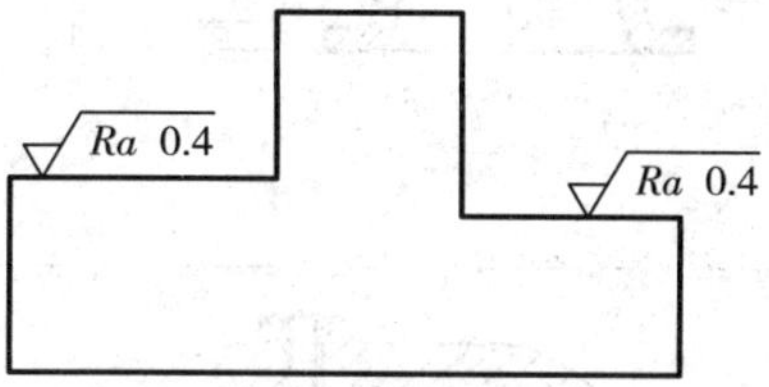

e)</td><td>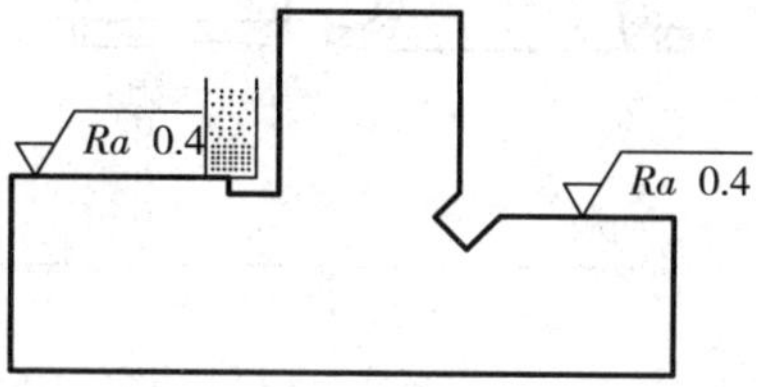

e)</td></tr>
<tr><td>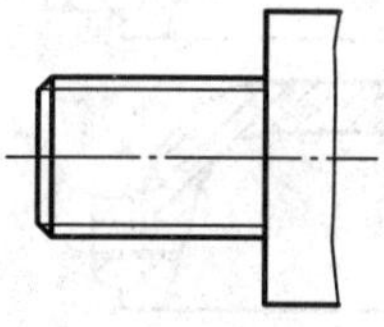 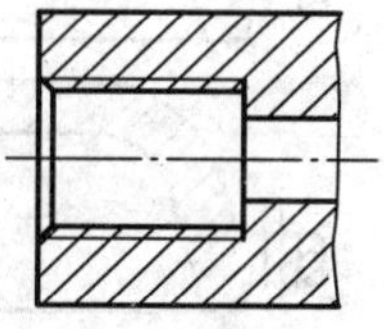
f)　g)</td><td>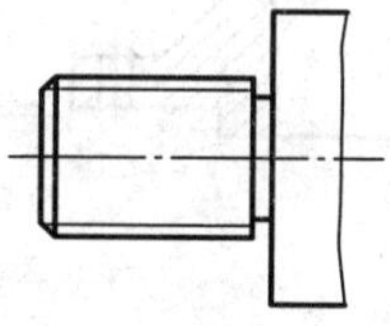 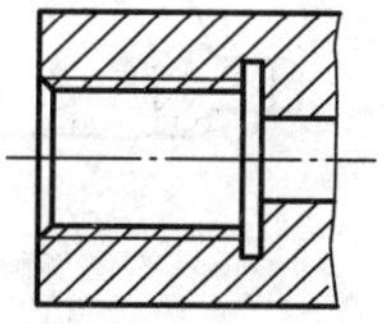
f)　g)</td></tr>
</table>

（5）应避免使钻头沿着斜的铸造硬皮或只是单边切削，因为这样容易损坏刀具，而且钻孔精度得不到保证，影响钻孔效率；图例见表 20 - 21。

表 20 - 21　需钻孔时的设置图例

图　　　　例	
不　合　理	合　　　理
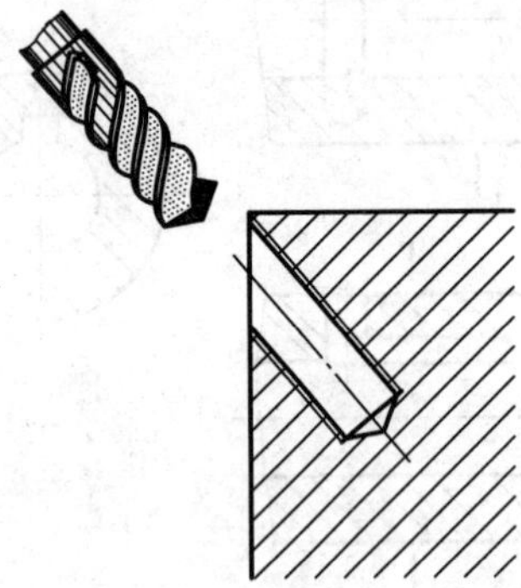 a)	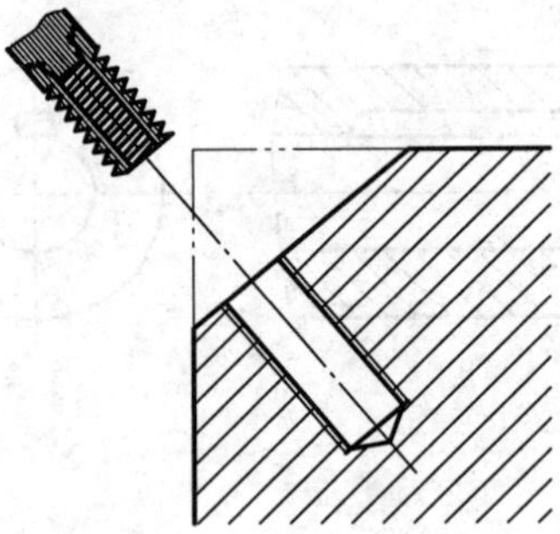 a)
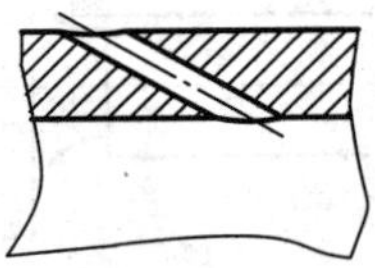 b)	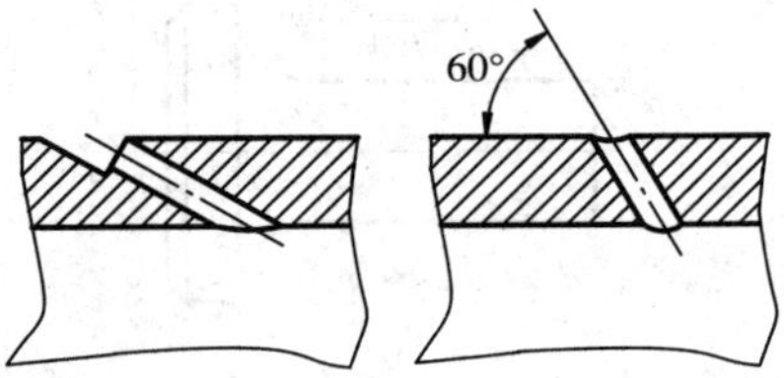 b)
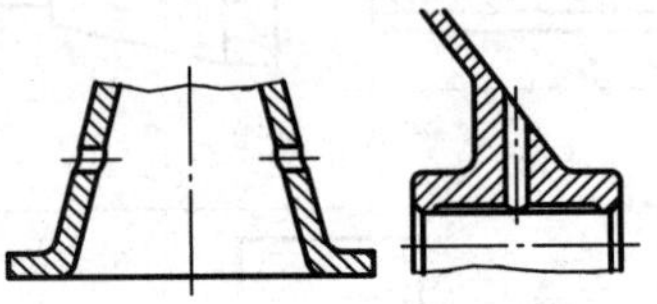 c)　　d)	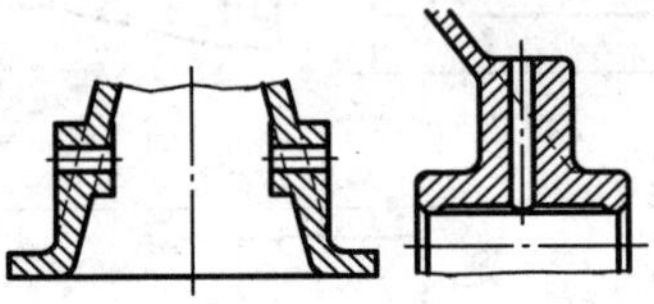 c)　　d)
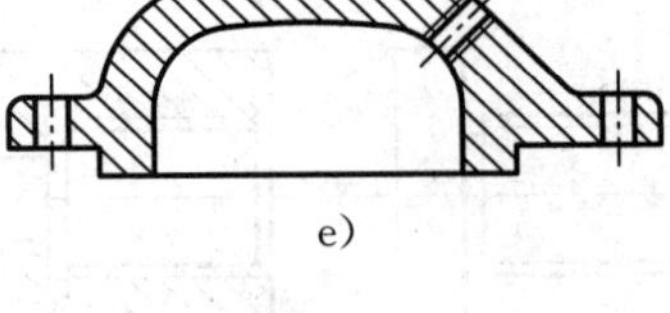 e)	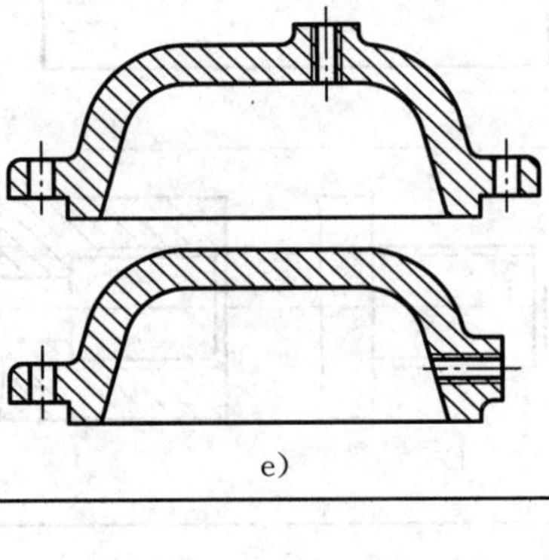 e)

(6)加工面应尽可能具有大致相同的宽度，这样可以均匀而且无冲击地切削，改善刀具的工作条件，提高切削速度；图例见表 20－22。

表 20－22　加工面宽度设置图例

图例	
不合理	合理
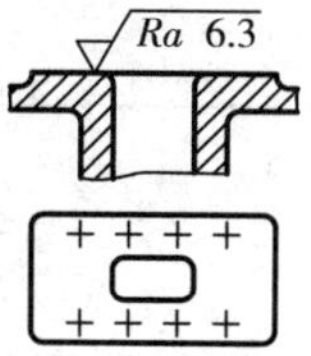	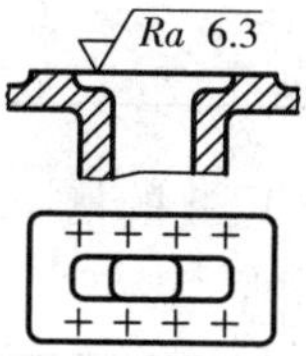

(7)使加工面位于同一水平面上，有利于加工和检验；图例见表 20－23。

表 20－23　加工面位于同一水平面图例

图例	
不合理	合理
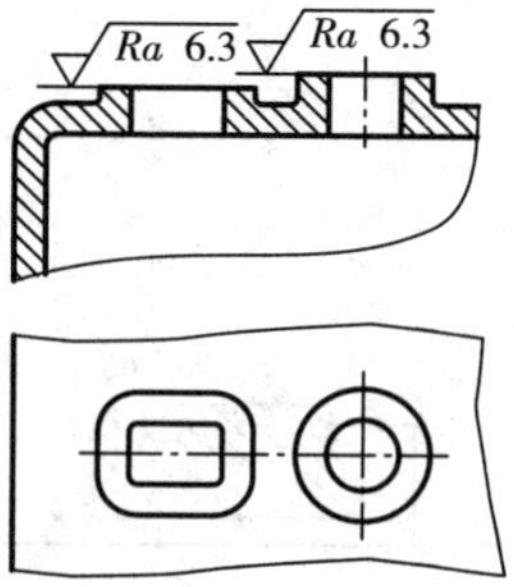	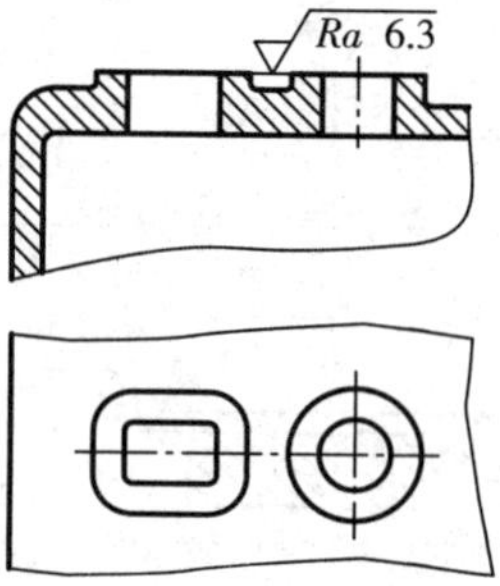

(8)改变原设计后，减少了装卡次数，同轴度也可得到保证；图例见表 20－24。

表 20－24　减小装卡次数图例

图例	
不合理	合理
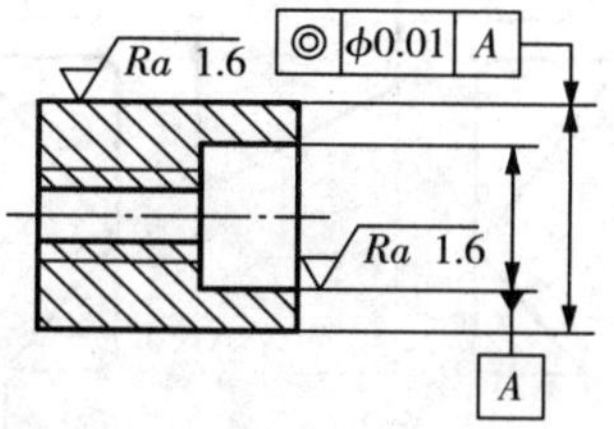 a)	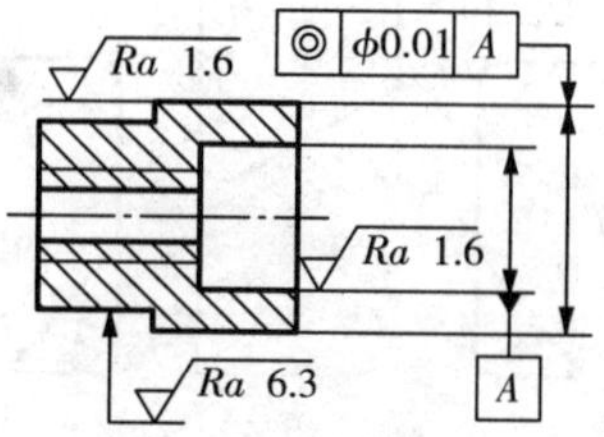 a)

（续表）

图例	
不合理	合理
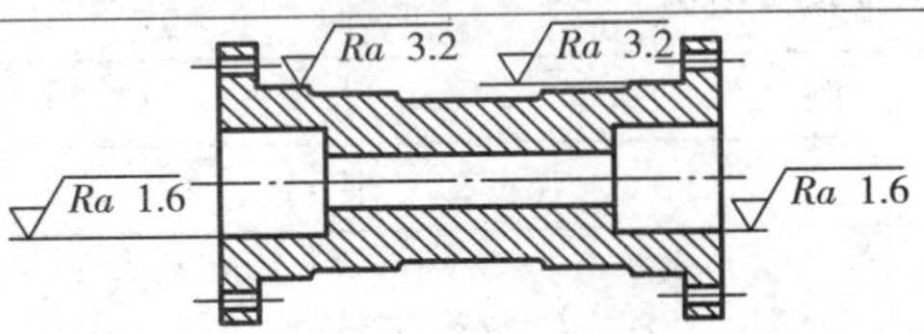 b)	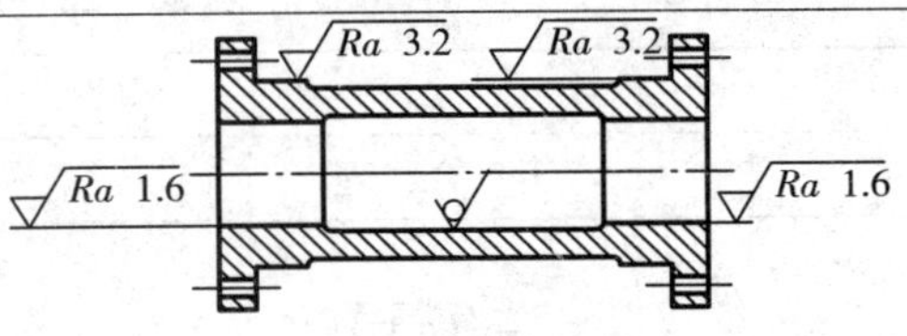 b)

(9)采用相同尺寸的槽，可以减少换刀次数；图例见表 20－25。

表 20－25　采用相同尺寸的槽图例

图例	
不合理	合理
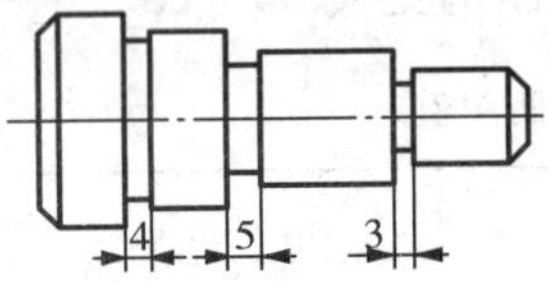	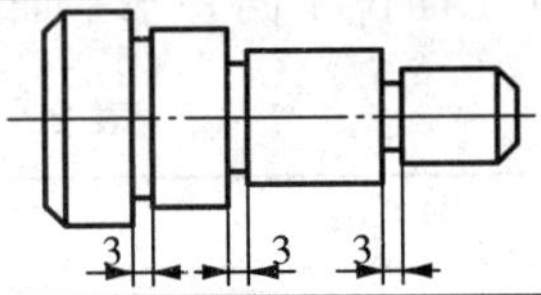

(10)加工面应尽可能突出于不加工面，否则加工不方便；图例见表 20－26。

表 20－26　加工面设置图例

图例	
不合理	合理
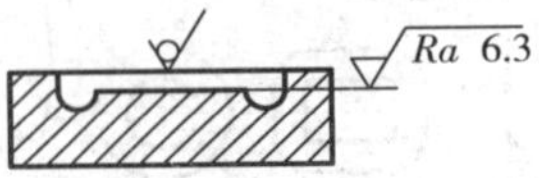	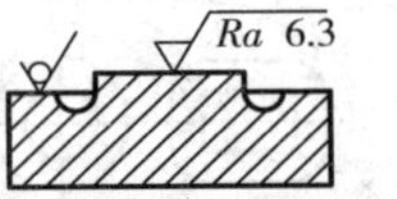

(11)在刨床上加工上导轨面，由于切削力很大，使导轨面变形，不易保证加工精度；为了提高导轨面的刚度，可增设加强筋；图例见表 20－27。

表 20－27　加强筋设置图例

图例	
不合理	合理
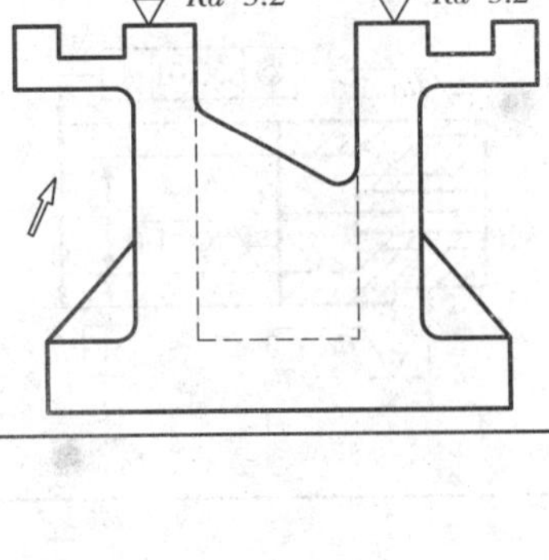	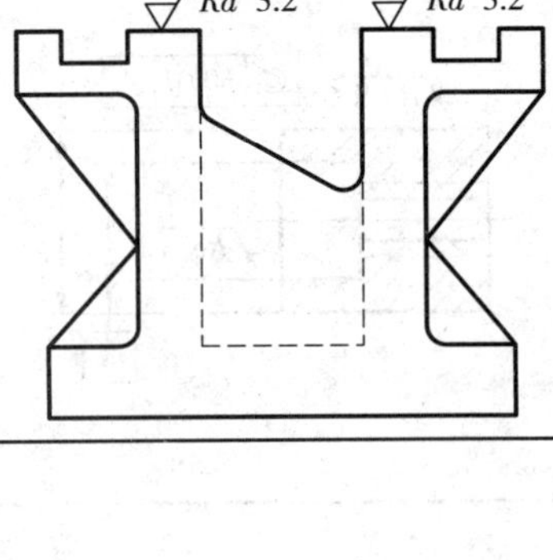

(12)力求避免封闭的凹窝或不穿透的槽;图例见表 20-28。

表 20-28 避免封闭的凹窝或不穿透的槽图例

图例	
不合理	合理
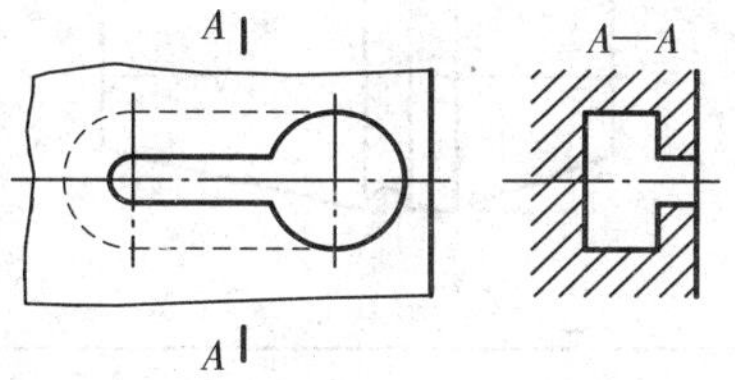	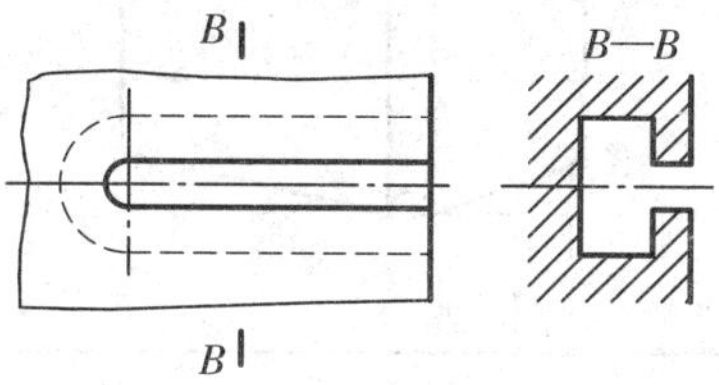

(13)应力求减少去毛刺的工序;原设计改进后,将铣口改在内圆柱面处,未铣到螺纹;图例见表 20-29。

表 20-29 减少去毛刺工序图例

图例	
不合理	合理
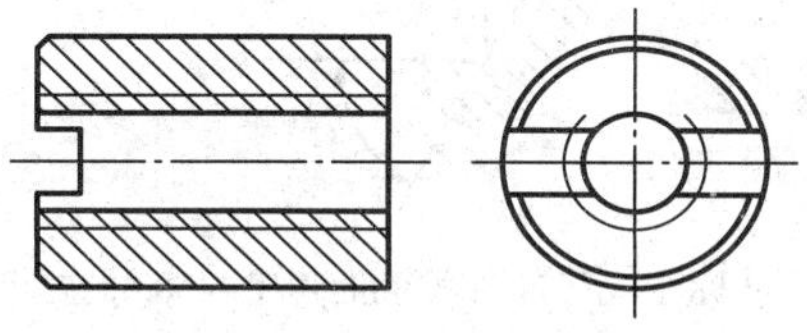	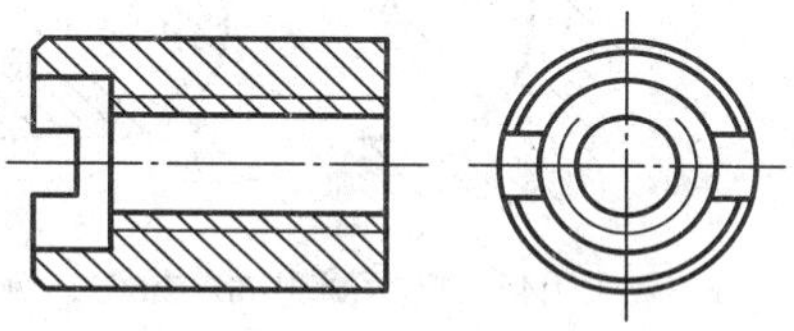

(14)应尽量避免曲面加工;图例见表 20-30。

表 20-30 避免曲面加工图例

图例	
不合理	合理
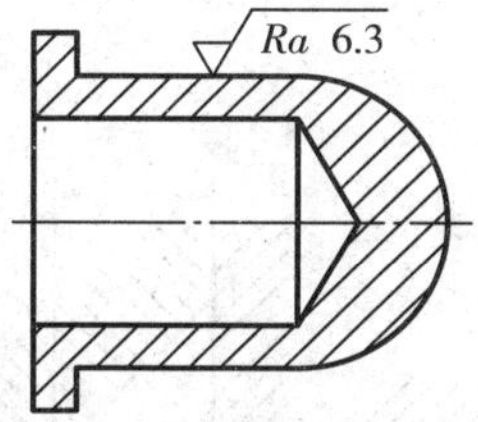	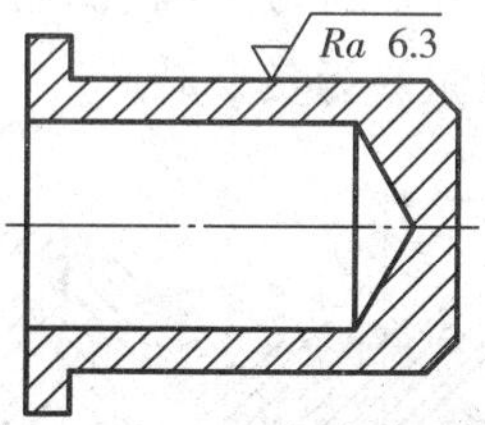

(15)原设计不便装卡工件;改进后,工件与卡爪的接触面积增大,便于安装;图例见表20-31。

表 20－31　增大工件与卡爪接触面图例

图　　例	
不　合　理	合　　理
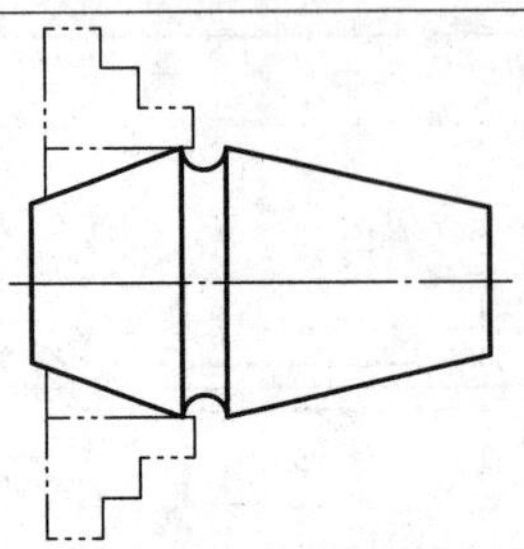	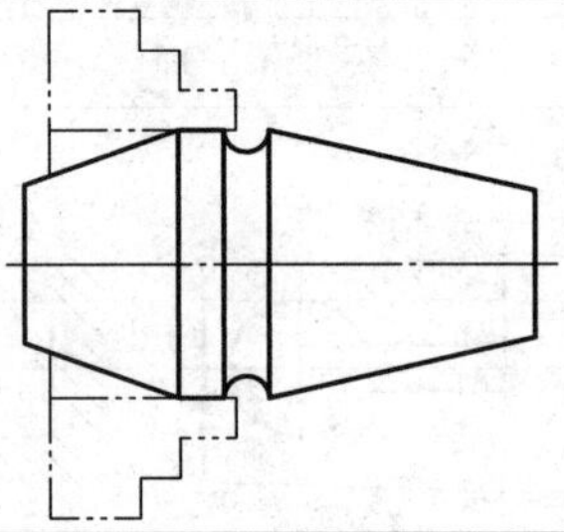

20.3　零件的一般结构要素

20.3.1　倒圆与倒角(GB/T 6403.4—2008)

1．倒圆、倒角的形式

倒圆、倒角的形式，如图 20－14 所示，其尺寸系列见表 20－32。

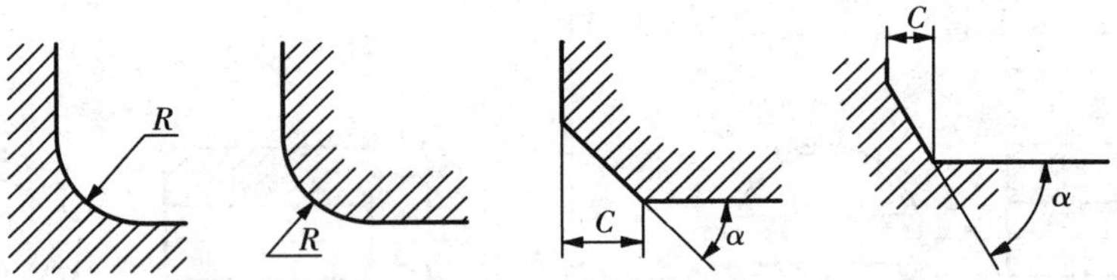

注：α一般采用45°，也可采用30°或60°；倒圆半径、倒角的尺寸标注应符合国家标准GB/T 4458.4的要求。

图 20－14　倒圆、倒角图

表 20－32　倒圆、倒角尺寸系列值　　单位：mm

R、C	0.1	0.2	0.3	0.4	0.5	0.6	0.8	1.0	1.2	1.6	2.0	2.5	3.0
	4.0	5.0	6.0	8.0	10	12	16	20	25	32	40	50	—

2．内角、外角分别为倒圆、倒角(倒角为 45°)的装配形式

内角、外角分别为倒圆、倒角(倒角为 45°)的装配形式，如图 20－15 所示。R_1、C_1的偏差为正；R、C 的偏差为负。

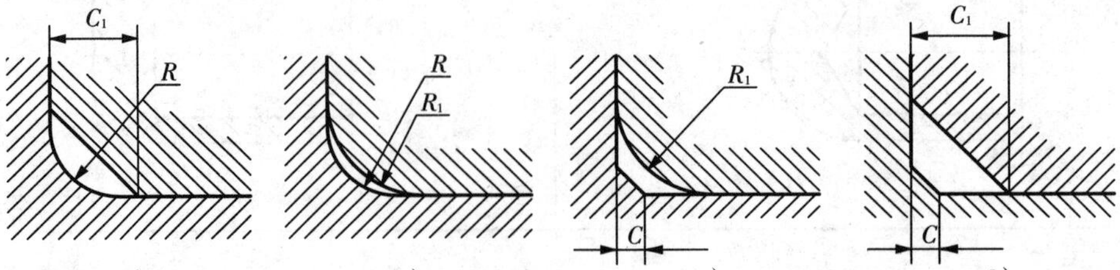

a)　　b)　　c)　　d)

图 20－15　内角、外角分别为倒圆、倒角的装配图

(1)如图 20－15a 所示,内角倒圆,外角倒角时,$C_1>R$。

(2)如图 20－15b 所示,内角倒圆,外角倒圆时,$R_1>R$。

(3)如图 20－15c 所示,内角倒角,外角倒圆时,$C<0.58R_1$。

(4)如图 20－15d 所示,内角倒角,外角倒角时,$C_1>C$。

注:上述关系装配时,内角与外角取值要适当,外角倒圆或倒角过大会影响零件工作面,内角的倒圆或倒角过小会产生应力集中。

20.3.2 滚花(GB/T 6403.3—2008)

国家标准 GB/T 6403 规定了一般用途的圆柱表面滚花的形式和尺寸。

1. 滚花的形式

滚花的形式,如图 20－16 所示。

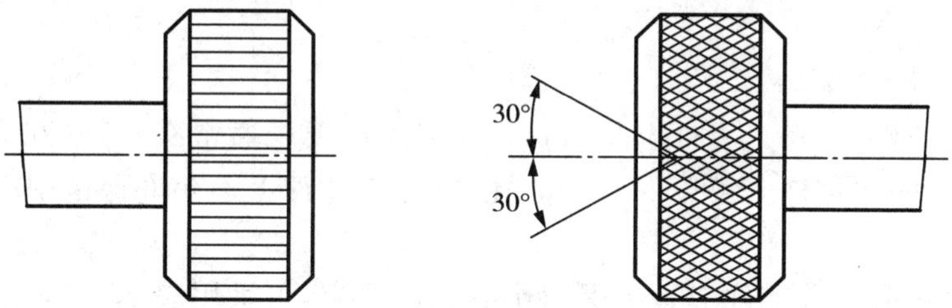

图 20－16 滚花的形式

2. 滚花花纹的形状

滚花花纹的形状是假定工作直径为无穷大时花纹的垂直截面,如图 20－17 所示。

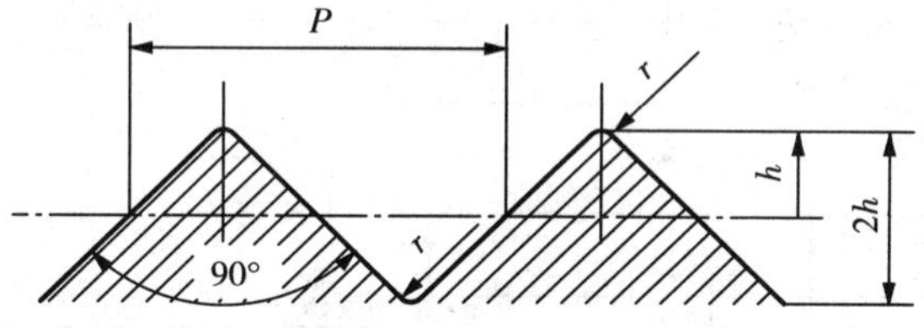

图 20－17 滚花花纹的形状

3. 滚花的尺寸规格

滚花的尺寸规格应符合表 20－33 的规定。

表 20－33 滚花的尺寸规格 单位:mm

模数 m	h	r	节距 P
0.2	0.132	0.06	0.628
0.3	0.198	0.09	0.942
0.4	0.264	0.12	1.257
0.5	0.326	0.16	1.571

注:表中 $h=0.785m-0.414r$。

4. 标记示例

模数 m 为 0.3mm 的直纹滚花标记为：

直纹 m0.3　GB/T 6403.3—2008

模数 m 为 0.4mm 的网纹滚花标记为：

网纹 m0.4　GB/T 6403.3—2008

5. 技术要求

(1)滚花前工作表面粗糙度轮廓算术平均偏差 Ra 小于或等于 12.5μm。

(2)滚花后工作直径大于滚花前直径，其值 Δ 约为(0.8～1.6)m，m 为模数。

20.3.3　中心孔(GB/T 4459.5—1999)

国家标准 GB/T 4458.5—1999《机械制图　中心孔表示法》适用于在机械图样中不需要确切地表示出形状和结构的标准中心孔。非标准中心孔也可参照采用。

1. 中心孔符号

(1)要求

在机械制图图样中，完工零件上是否保留中心孔的要求通常有三种：在完工的零件上要求保留中心孔；在完工零件上可以保留中心孔；在完工零件上不允许保留中心孔。

(2)符号

1)为了表达在完工的零件上是否保留中心孔的要求，可采用表 20-34 中规定的符号。

表 20-34　在完工零件上是否保留中心孔要求的符号

要　求	符　号	表示法示例	说　明
在完工零件上要求保留中心孔	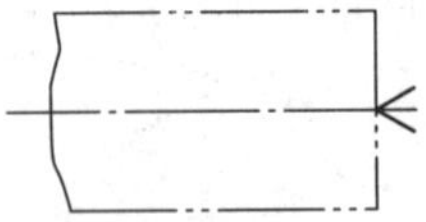	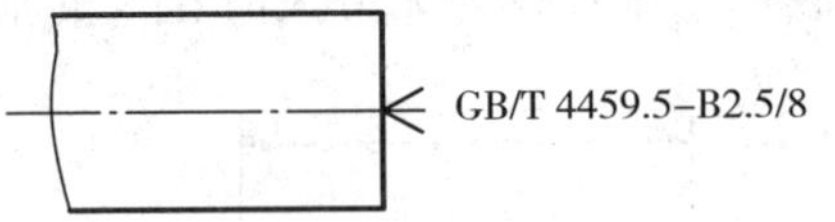	采用 B 型中心孔 $D=2.5\text{mm}$、$D_1=8\text{mm}$，在完工零件上要求保留中心孔
在完工零件上可以保留中心孔	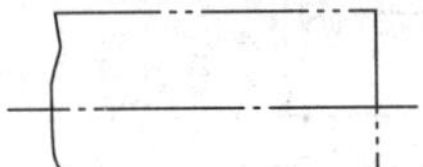	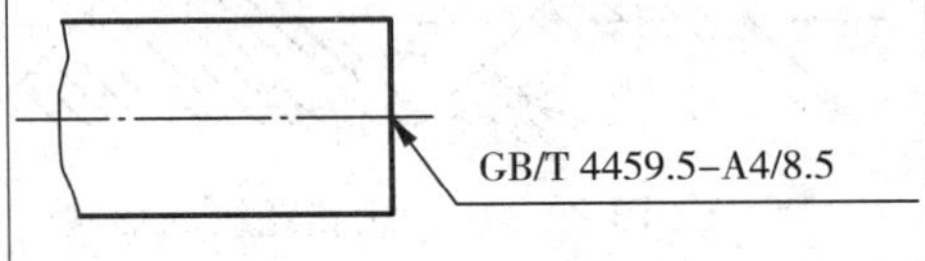	采用 A 型中心孔 $D=4\text{mm}$、$D_1=8.5\text{mm}$，在完工零件上要求是否保留中心孔都可以
在完工零件上不允许保留中心孔		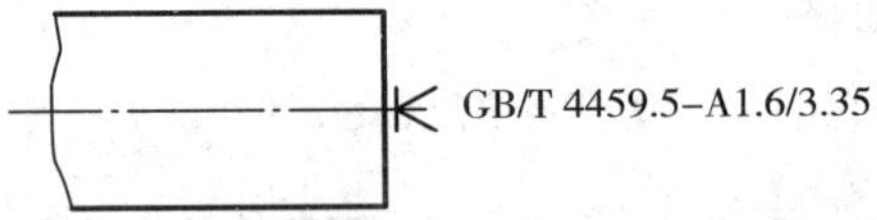	采用 A 型中心孔 $D=1.6\text{mm}$、$D_1=3.35\text{mm}$，在完工零件上不允许保留中心孔

2)中心孔符号的比例和尺寸如下：中心孔符号的大小应与图样上其他尺寸和符号协调一致。中心孔符号的图线宽度(d')等于相应图样上所注尺寸数字字高(h)的 1/10。中心孔标记中的数字和大写字母应按国家标准 GB/T 14691 的规定选取，与相应图样上的字体形式、字体宽度(d)和字体高度(h)相一致。相邻图线间的最小间隙应符合国家标准 GB/T 17450 和 GB/T 10609.4的有关规定，建议这个间隙不得小于 0.7mm。中心孔符号与零件轴端面和标记区域的比例关系，如图 20-18 所示。与中心孔符号尺寸有关的参数见表 20-35。

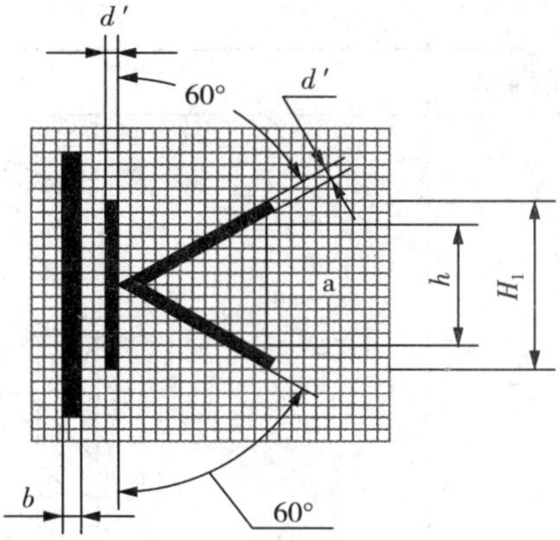

注：图中的a区用于标注中心孔的标记。

图 20－18　中心孔符号

表 20－35　与中心孔符号尺寸有关的参数　　　单位：mm

轮廓线宽度 b	0.5	0.7	1	1.4	2	2.8
数字和大写字母的高度 h	3.5	5	7	10	14	20
符号线宽度 d'	0.35	0.5	0.7	1	1.4	2
字体线宽度 d	中心孔标记中的数字和大写字母应按国家标准 GB/T 14691 的规定选取，与相应图样上的字体形式、字体宽度（d）和字体高度（h）相一致					
高度 H_1	5	7	10	14	20	28

2. 中心孔的标记

（1）R 型（弧形）、A 型（不带护锥）和 B 型（带护锥）中心孔的标记包括：本标准编号；形式（用字母 R、A 或 B 表示）；导向孔直径 D；锥形孔端面直径 D_1。

标记示例：B 型中心孔，$D=2.5$mm，$D_1=8$mm；在图样上的标记为：

GB/T 4459.5－B2.5/8

（2）C 型（带螺纹）中心孔的标记包括：本标准编号；形式（用字母 C 表示）；螺纹代号 D（用普通螺纹特征代号 M 和公称直径表示）；螺纹长度（用字母 L 和数值表示）；锥形孔端面直径 D_2。

标记示例：C 型中心孔，$D=10$mm，$L=30$mm，$D_2=16.3$mm；在图样上的标记为：

GB/T 4459.5－CM10L30/16.3

（3）四种标准中心孔的标记说明见表 20－36。图样中标注所涉及的尺寸参数见表 20－37、表 20－38。

表 20－36　四种标准中心孔的标记说明

中心孔的形式	标记示例	标记说明
R（弧形） 根据 GB/T 145 选择中心钻	GB/T 4459.5－R3.15/6.7	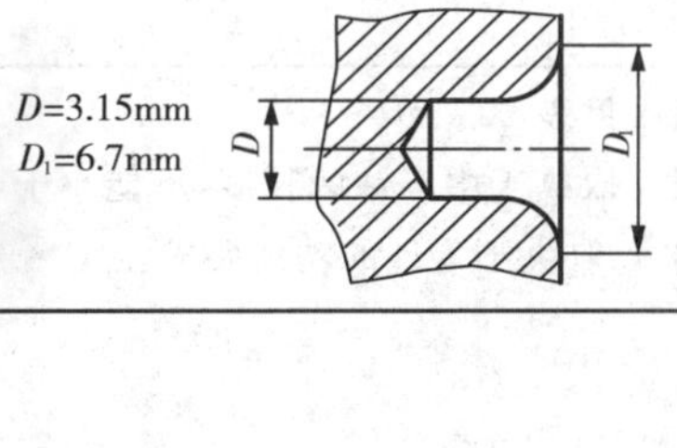

（续表）

中心孔的形式	标记示例	标记说明
A(不带护锥) 根据 GB/T 145 选择中心钻	GB/T 4459.5 - A4/8.5	D=4mm D_1=8.5mm 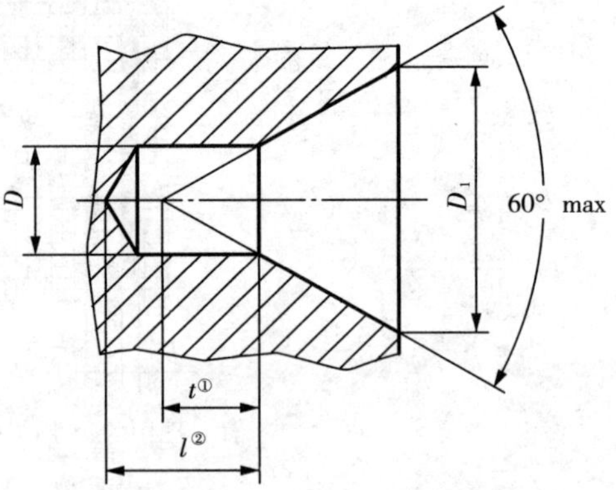
B(带护锥) 根据 GB/T 145 选择中心钻	GB/T 4459.5 - B2.5/8	D=2.5mm D_1=8mm 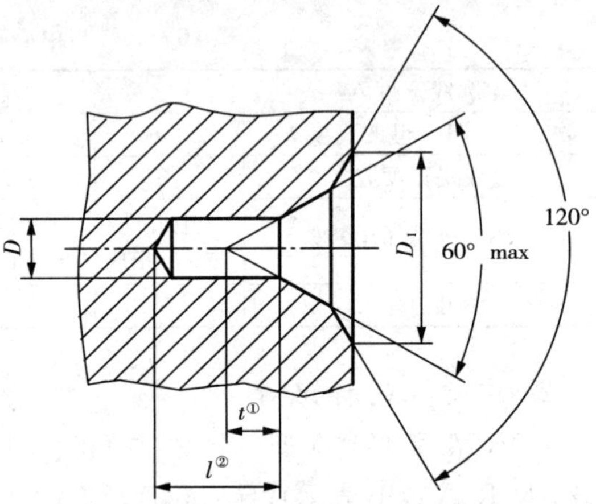
C(带螺纹) 根据 GB/T 145 选择中心钻	GB/T 4459.5 - CM10L30/16.3	D=10mm L=30mm D_2=16.3mm 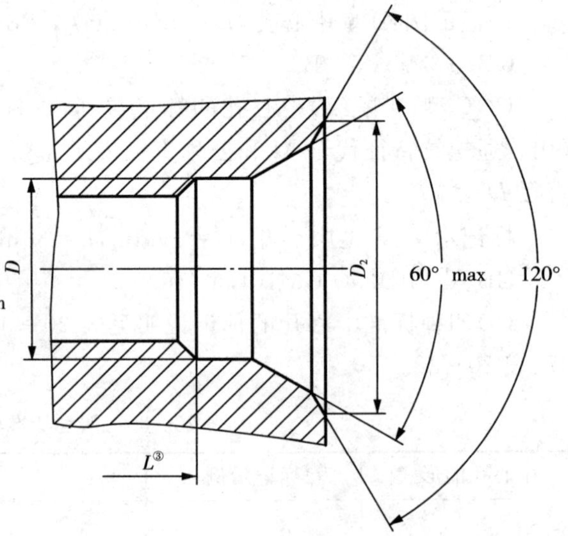

注：① 尺寸 t 见表 20 - 37。

② 尺寸 l 取决于中心钻的长度，不能小于 t。

③ 尺寸 L 取决于零件的功能要求。

表 20－37　R 型、A 型和 B 型标准中心孔在图样标注中所需的有关尺寸　　单位：mm

D 公称尺寸	R 型	A 型		B 型	
	D_1 公称尺寸	D_1 公称尺寸	t 参考尺寸	D_1 公称尺寸	t 参考尺寸
(0.5)	—	1.08	0.5	—	—
(0.63)	—	1.32	0.6	—	—
(0.8)	—	1.70	0.7	—	—
1.0	2.12	2.12	0.9	3.15	0.9
(1.25)	2.65	2.65	1.1	4	1.1
1.6	3.35	3.35	1.4	5	1.4
2.0	4.25	4.25	1.8	6.3	1.8
2.5	5.3	5.30	2.2	8	2.2
3.15	6.7	6.70	2.8	10	2.8
4.0	8.5	8.50	3.5	12.5	3.5
(5.0)	10.6	10.60	4.4	16	4.4
6.3	13.2	13.20	5.5	18	5.5
(8.0)	17.0	17.00	7.0	22.4	7.0
10.0	21.2	21.20	8.7	28	8.7

注：尽量避免选用括号内的尺寸。

表 20－38　C 型标准中心孔在图样标注中所需的有关尺寸　　单位：mm

D(公称尺寸)	M3	M4	M5	M6	M8	M10	M12	M16	M20	M24
D_2(公称尺寸)	5.8	7.4	8.8	10.5	13.2	16.3	19.8	25.3	31.3	38.0

3. 中心孔表示法

(1)规定表示法

1)对于已经有相应标准规定的中心孔，在图样中可不绘制其详细结构，只需在零件轴端面绘制出对中心孔要求的符号，随后标注出其相应的标记。中心孔的规定表示法示例见表 20－34。

2)如需指明中心孔标记中的标准编号时，也可用如图 20－19、图 20－20 所示的方法标注。

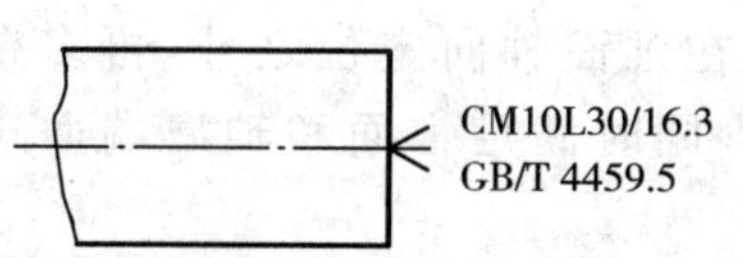

图 20－19　指明中心孔中的标准编号(一)

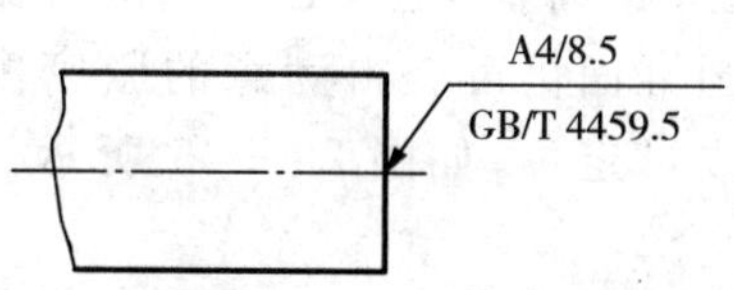

图 20－20　指明中心孔中的标准编号(二)

3)以中心孔的轴线为基准时,基准代号可用如图 20－21、图 20－22 所示的方法标注。

4)中心孔工作表面的粗糙度应在引出线上标出,如图 20－21、图 20－22 所示。

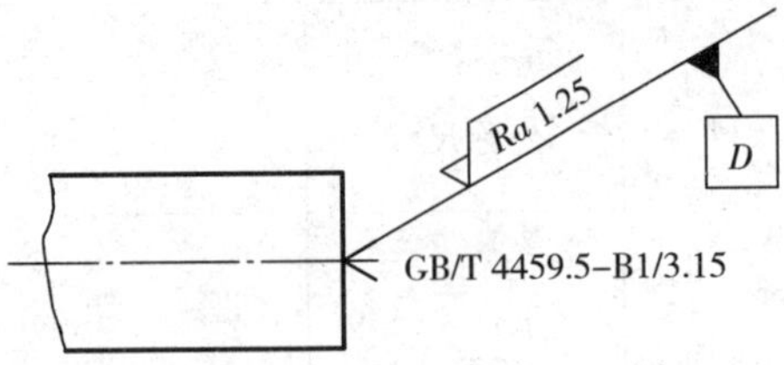

图 20－21 中心孔轴线为基准的代号标注(一)

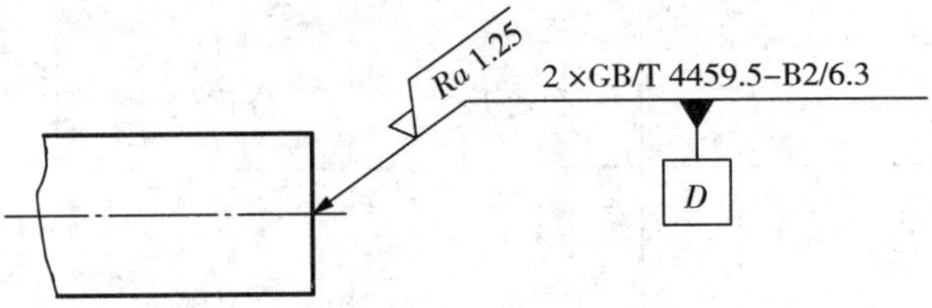

图 20－22 中心孔轴线为基准的代号标注(二)

(2)简化表示法

1)在不致引起误解时,可省略标记中的标准编号,如图 20－23 所示。

2)如果同一轴的两端中心孔相同,可只在其一端标出,但应注出其数量,如图 20－22、图 20－23 所示。

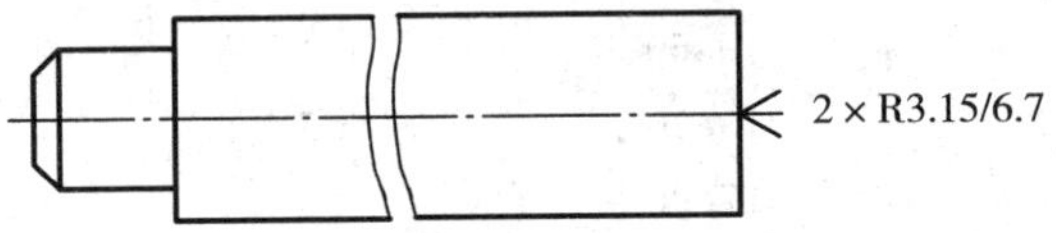

图 20－23 省略标记中的标准编号

20.4 合理的装配结构

20.4.1 配合表面的合理定位

1. 轴肩端面转角不允许产生"干涉",否则结合面不能靠实,如图 20－24 所示。

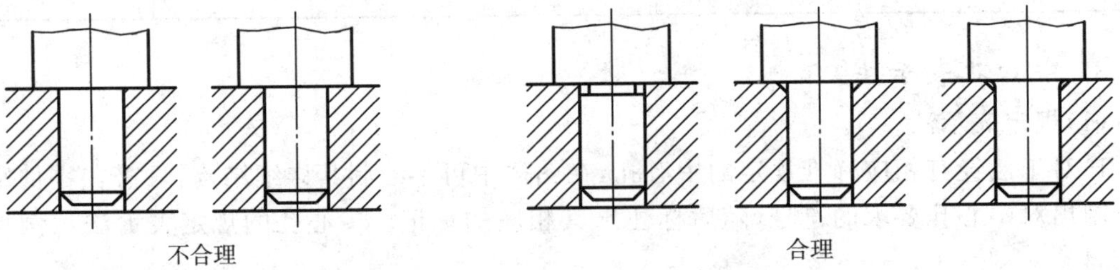

图 20－24 轴肩端面防止产生干涉

2. 在圆锥面轴头上,必须使圆锥配合表面留有足够的余量,这样即使经过一定程度的磨损,圆锥面仍可获得满意的紧密配合;不允许在锥面轴向定位之外,再多余地增加轴肩,形成过定位;如图 20－25 所示。加工中很难同时满足锥面和轴肩端面这两方面的紧密配合。

3. 圆锥面盲孔,不允许制成整体锥孔,应在锥孔底部有一小段圆柱孔;同时锥体表面的上端也要有一段圆柱面;如图 20－26 所示。

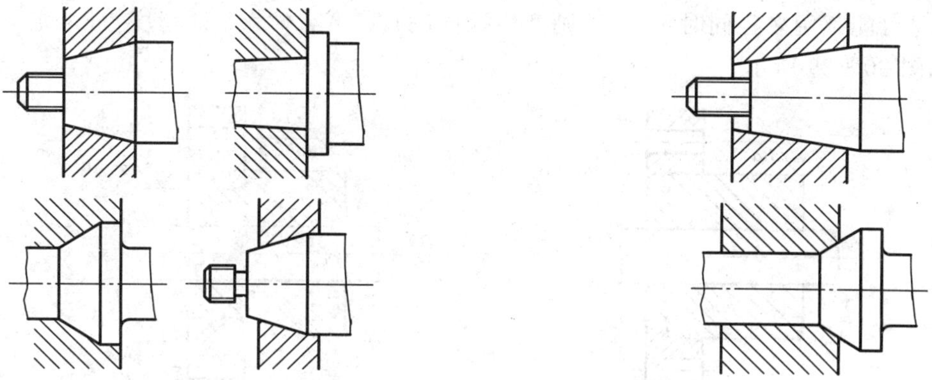

不合理　　　　合理

图 20－25　锥面留余量及防止过定位

不合理　　　　合理

图 20－26　锥孔、锥体上保留一小段圆柱面

4. 同时保证轴、孔之间两个以上的轴向尺寸很困难，应避免轴向过定位；此原则同样适用于平面的结合面；如图 20－27、图 20－28 所示。

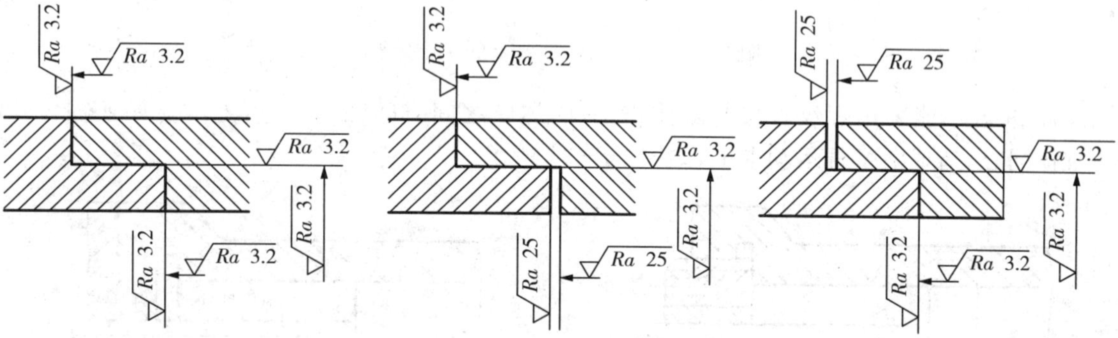

不合理　　　　合理

图 20－27　避免轴向过定位(一)

不合理　　　　合理

图 20－28　避免轴向过定位(二)

5. 尽可能不用多径同时定心，否则产生径向的过定位，不易保证精度，且增加了加工的困难；如图 20－29 所示。

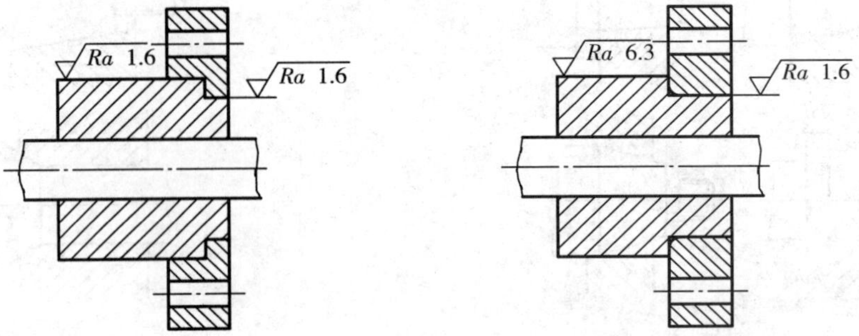

不合理　　　　合理

图 20－29　避免径向过定位

6. 有同轴度要求的两个零件，连接时应有装配定位基准；如图 20－30 所示。

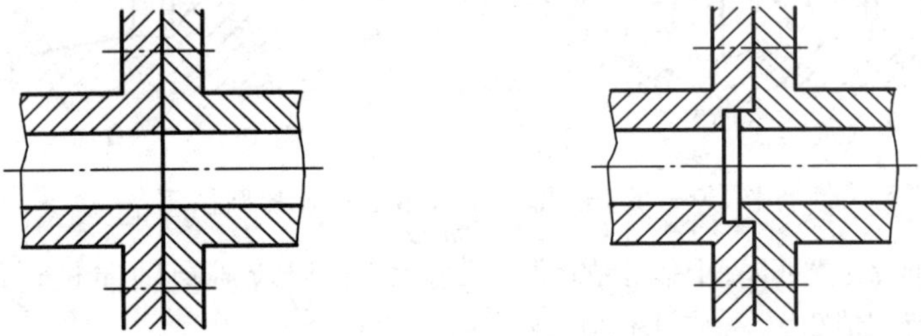

不合理　　　　合理

图 20－30　有同轴度要求的装配定位

7. 缸盖不能采用螺纹直接与缸体连接，因螺纹之间有间隙，在精度上不能保证缸盖孔与缸体同心，造成活塞杆运动卡涩；如图 20－31 所示。

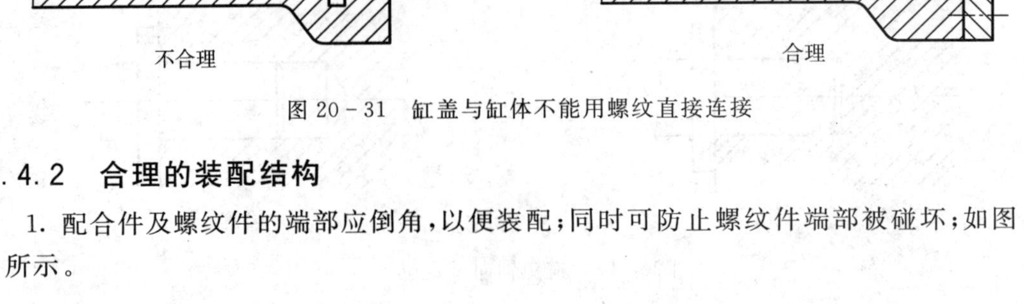

不合理　　　　合理

图 20－31　缸盖与缸体不能用螺纹直接连接

20.4.2　合理的装配结构

1. 配合件及螺纹件的端部应倒角，以便装配；同时可防止螺纹件端部被碰坏；如图 20－32 所示。

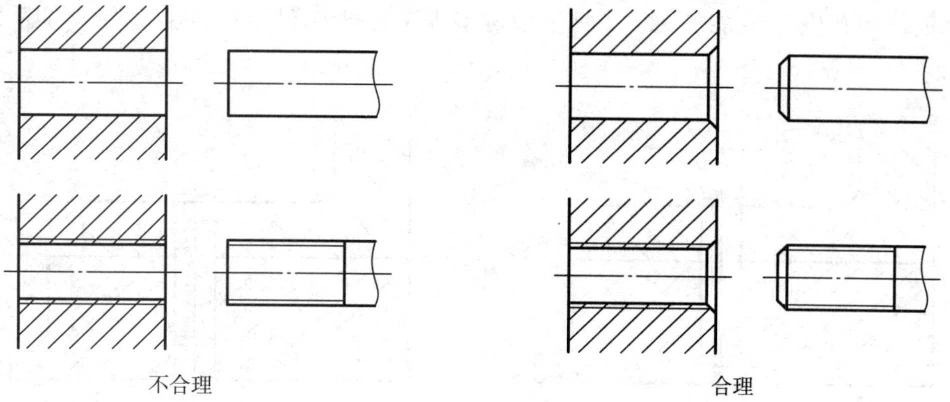

图 20－32　配合件端部应倒角

2. 轴与孔为过盈配合时，轴应车制成阶梯轴，以利于装拆，防止装拆过程中擦伤轴的表面；如图 20－33 所示。

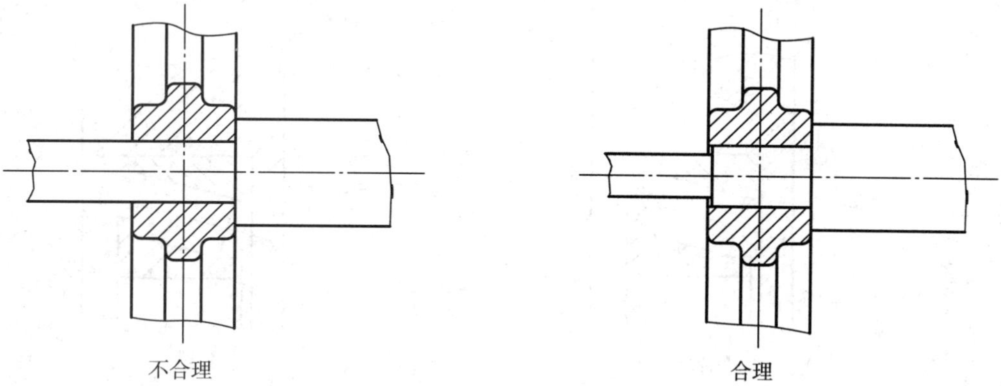

图 20－33　过盈配合的阶梯轴

3. 若配合面长度相等，即图中 a 和 b 相等，不易装配；应使 a 大于 b，以避免两段同时对准装入；如图 20－34 所示。

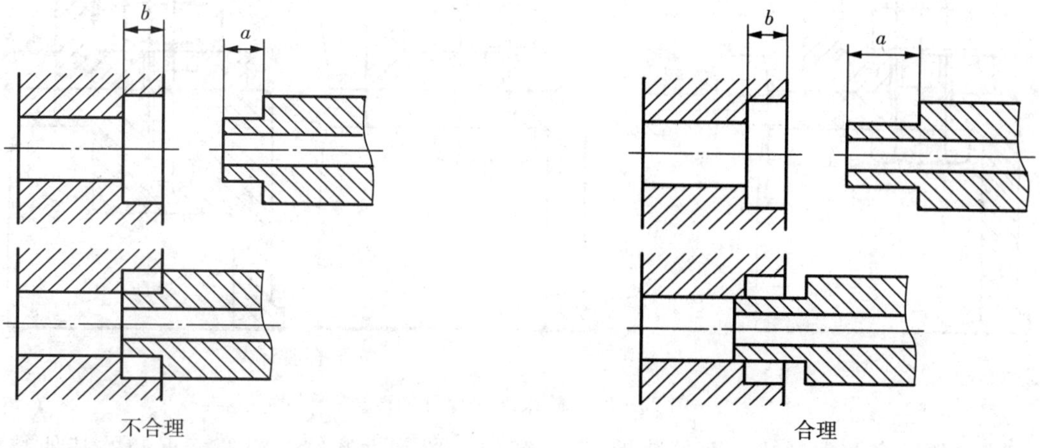

图 20－34　避免两段同时对准装配

4. 定位销孔应尽可能钻通，以便于清除铁屑，同时有利于拆卸定位销；如图 20－35 所示。

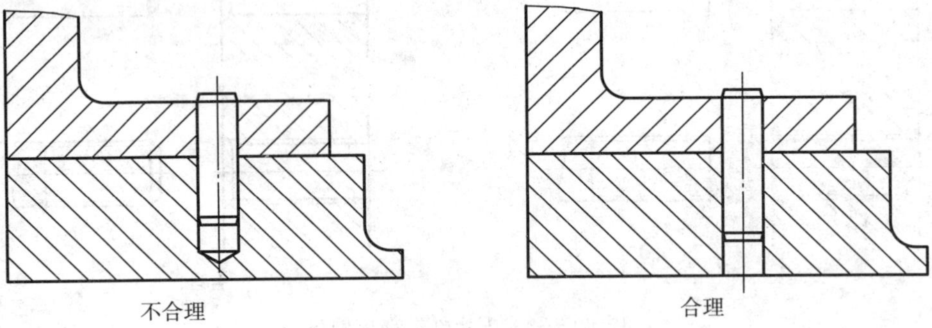

图 20－35　定位销孔

5. 滚动轴承台肩要保证能够装设拆卸工具，避免采用手锤，防止损坏轴承；如图 20－36 所示。

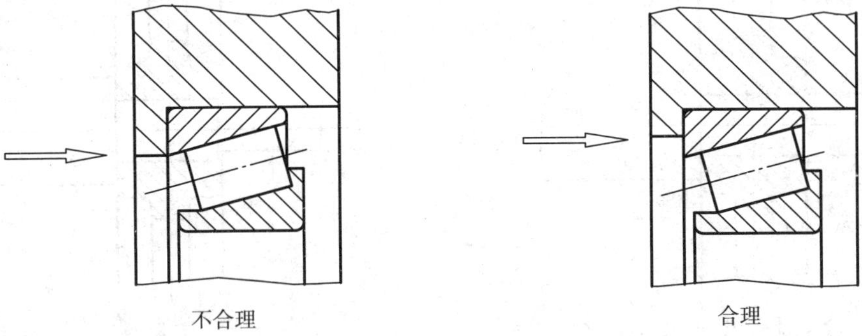

图 20－36　滚动轴承台肩的合理性

6. 原设计装拆困难，应留有操作手孔（工艺孔）或采用双头螺柱；如图 20－37 所示。

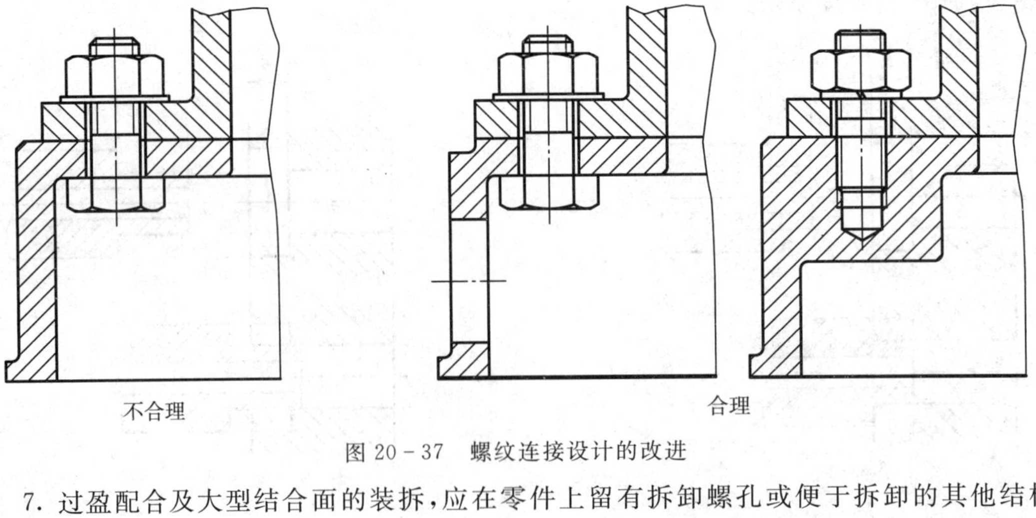

图 20－37　螺纹连接设计的改进

7. 过盈配合及大型结合面的装拆，应在零件上留有拆卸螺孔或便于拆卸的其他结构；如图 20－38 所示。

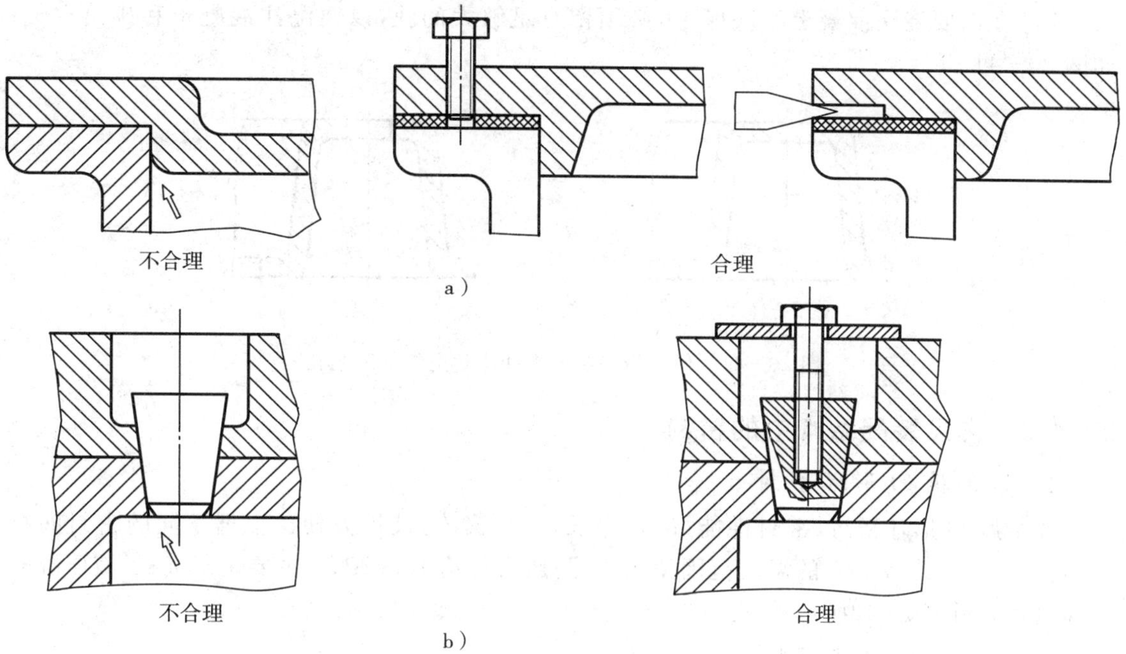

图 20 - 38　增设便于拆卸的其他机构

8. 必须保证装拆时必要的操作空间,如图 20 - 39 所示。

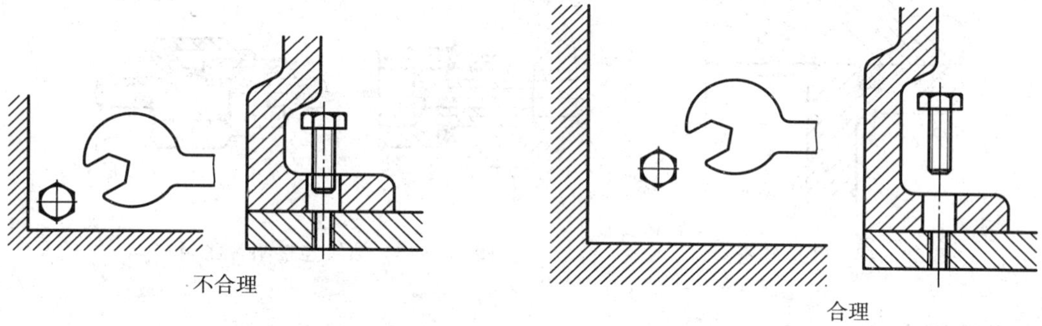

图 20 - 39　保证装拆时必要的操作空间

9. 装配时若要求孔的方向一定,在不影响零件性能的前提下,可在零件上铣出一平面,其位置与孔成一定关系,根据此平面定位显然更方便;如图 20 - 40 所示。

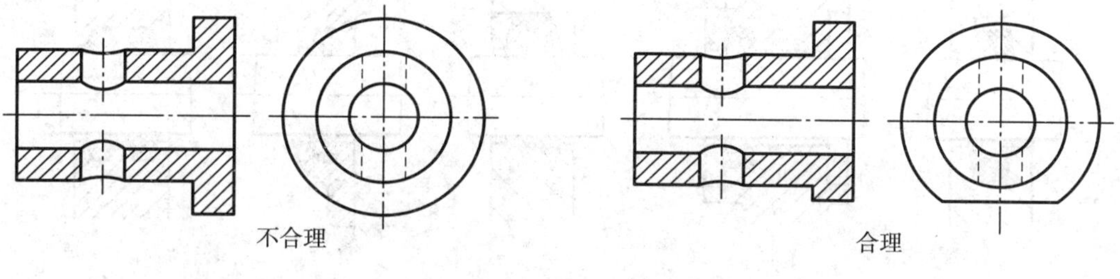

图 20 - 40　为确保孔定位方便设计工艺平面

10. 在需要浇注混凝土的底座上，必须留有足够大的孔，以便浇注混凝土和排出空气；如图 20－41 所示。

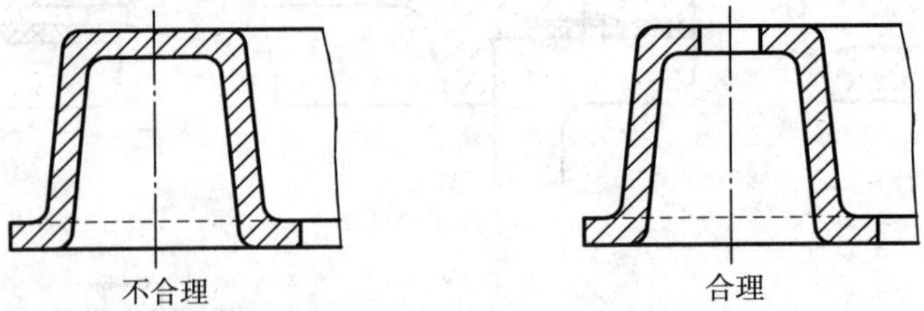

图 20－41　便于浇注混凝土和排除空气的工艺孔

20.4.3　常见装配结构中的密封

1. 非金属 O 形环密封

非金属 O 形环密封，密封性能好，寿命长，结构紧凑，装拆方便。根据不同的密封圈材料，可在－100℃～260℃的温度范围使用，密封压力可达 100MPa。主要用于气缸、液压缸的缸体密封，如图20－42所示。

2. 螺纹连接垫片密封

螺纹连接垫片密封适用于小直径螺纹连接或管道连接的密封，如图 20－43 所示。

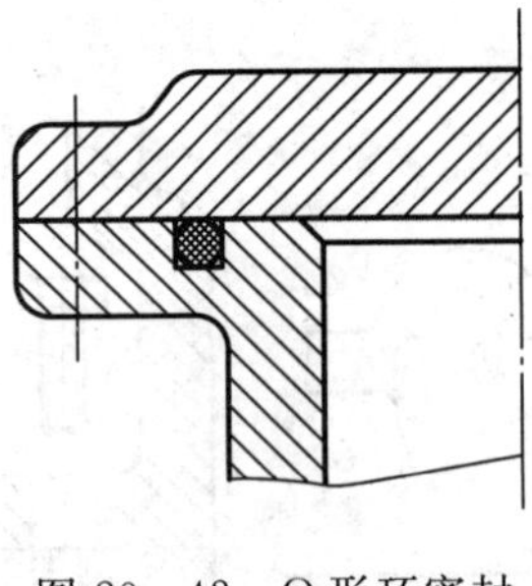

图 20－42　O 形环密封

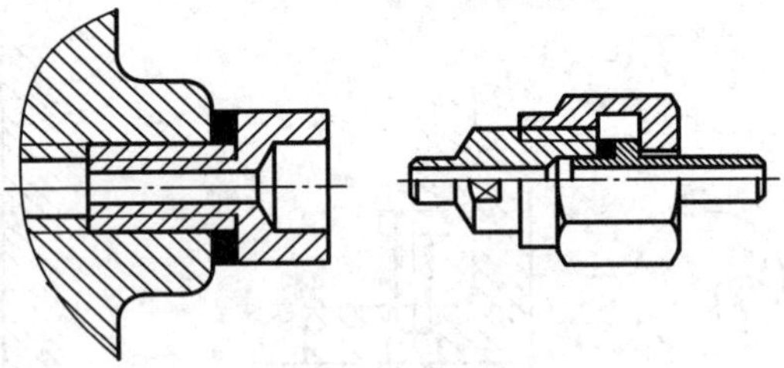

图 20－43　螺纹连接垫片密封

3. 毡圈密封

毡圈密封主要用于环境比较清洁、干燥，用脂类润滑剂的轴承或柱塞部位，如图 20－44 所示。

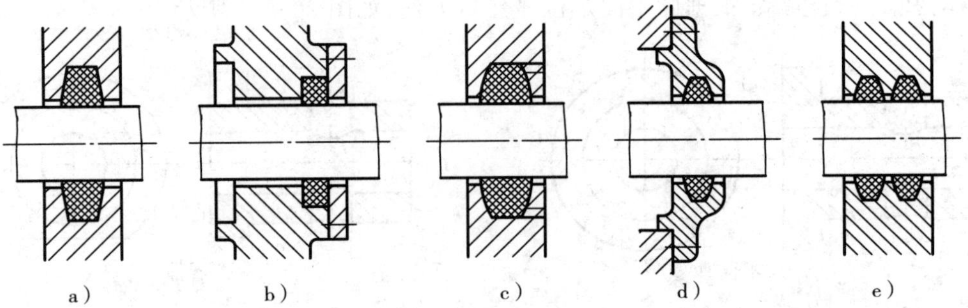

图 20－44　毡圈密封

4. 填料密封

填料密封广泛用于各种泵、阀门的液体或气体介质的密封；填料通常用浸油石棉、橡胶石棉、涂石墨的石棉、棉纱和橡胶环等；如图 20－45 所示。

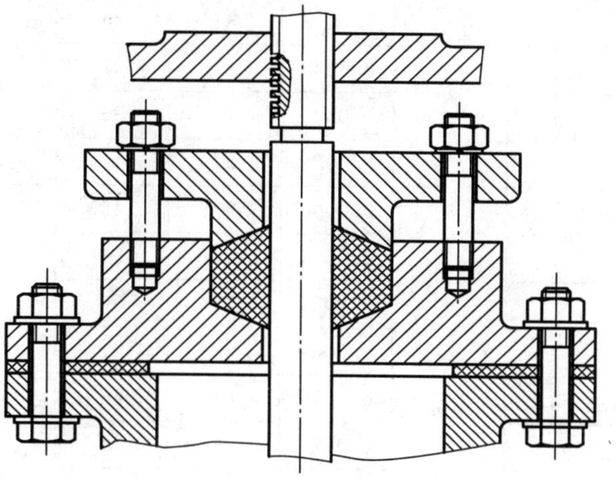

图 20－45　填料装置及其压紧方式

5. 毡圈油封(JB/ZQ 4606—86)

毡圈油封的画法如图 20－46 所示；尺寸见表 20－39。

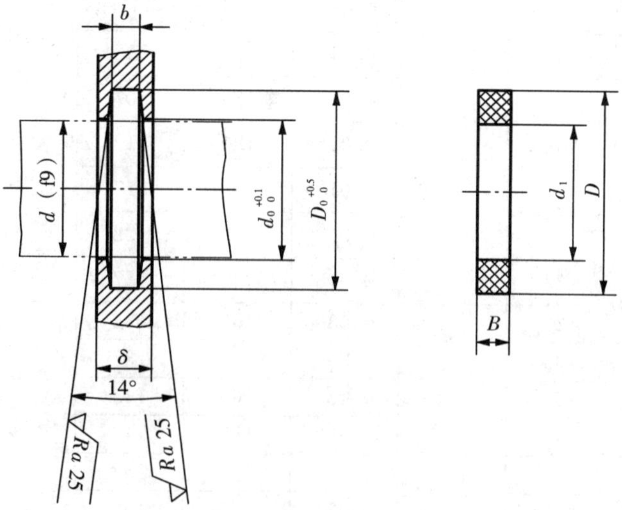

图 20－46　毡圈油封的画法

表 20－39　毡圈油封(JB/ZQ 4606—86)　　单位：mm

轴径 d	毡圈				槽				
	D	d_1	B	质量/kg	D_0	d_0	b	δ_{min} 钢	δ_{min} 铸铁
15	29	14	6	0.0010	28	16	5	10	12
20	33	19		0.0012	32	21			

（续表）

轴径 d	毡圈				槽				
	D	d_1	B	质量/kg	D_0	d_0	b	δ_{min}	
								钢	铸铁
25	39	24	7	0.0018	38	26	6	12	15
30	45	29		0.0023	44	31			
35	49	34		0.0023	48	36			
40	53	39		0.0026	52	41			
45	61	44	8	0.0040	60	46	7		
50	69	49		0.0054	68	51			
55	74	53		0.0060	72	56			
60	80	58		0.0069	78	61			
65	84	63		0.0070	82	66			
70	90	68		0.0079	88	71			
75	94	73		0.0080	92	77			
80	102	78	9	0.011	100	82	8	15	18
85	107	83		0.012	105	87			
90	112	88		0.012	110	92			
95	117	93	10	0.014	115	97			
100	122	98		0.015	120	102			
105	127	103		0.016	125	107			
110	132	108		0.017	130	112			
115	137	113		0.018	135	117			
120	142	118		0.018	140	122			
125	147	123		0.018	145	127			
130	152	128	12	0.030	150	132	10	18	20
135	157	133		0.030	155	137			
140	162	138		0.032	160	143			
145	167	143		0.033	165	148			
150	172	148		0.034	170	153			
155	177	153		0.035	175	158			
160	182	158		0.035	180	163			
165	187	163		0.037	185	168			
170	192	168		0.038	190	173			
175	197	173		0.038	195	178			
180	202	178		0.038	200	183			
185	207	183		0.039	205	188			
190	212	188		0.039	210	193			

（续表）

轴径 d	毡圈				槽				
	D	d_1	B	质量/kg	D_0	d_0	b	δ_{min}	
								钢	铸铁
195	217	193	14	0.041	215	198	12	20	22
200	222	198		0.042	220	203			
210	232	208		0.044	230	213			
220	242	218		0.046	240	223			
230	252	228		0.048	250	233			
240	262	238		0.051	260	243			

注：本表适用于线速度小于 5m/s 时，作为防尘、油封之用的毡圈油封。

毡圈油封采用的材料：半粗羊毛毡。

标记示例：

d＝50mm 的毡圈油封标记为：

毡圈 50 JB/ZQ 4606—86

第21章　零　件　图

21.1　零件图上尺寸的标注

本书第 6 章已经介绍了尺寸标注的有关内容，但零件图上的尺寸标注，既要保证设计要求，又要便于加工和测量。因此，零件图上尺寸的标注必须要考虑以下方面内容。

21.1.1　尺寸基准

1. 尺寸基准

尺寸基准是指确定零件上各几何要素位置的一组点、线或面。

2. 设计基准

根据设计要求直接标出的尺寸称为设计尺寸；标注设计尺寸的基准（即据以定位的基准）称为设计基准。一般设计基准是根据零件的结构和设计要求确定的。

3. 工艺基准

零件在加工和测量时使用的基准。

一般零件都有长、宽、高（即 X、Y、Z）三个方向的基准，如图 21－1 所示。

每个方向根据设计、加工、测量上的需要，又有主要基准和辅助基准之分。小轴的加工及其轴向的主要基准和辅助基准，如图 21－2 所示。

基准可以是点、线、面。若以平面作为基准，应选加工表面，对称零件选择对称平面或对称中心线作为基准，如图 21－3、图 21－4、图 21－5 所示。

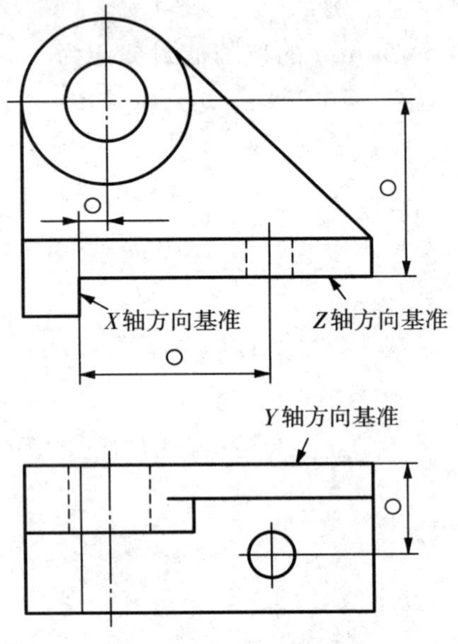

图 21－1　尺寸的基准

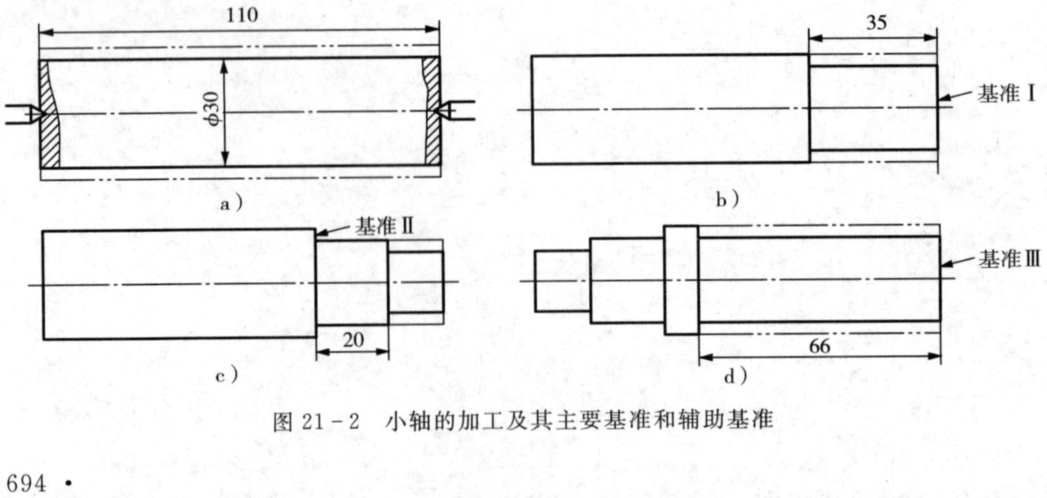

图 21－2　小轴的加工及其主要基准和辅助基准

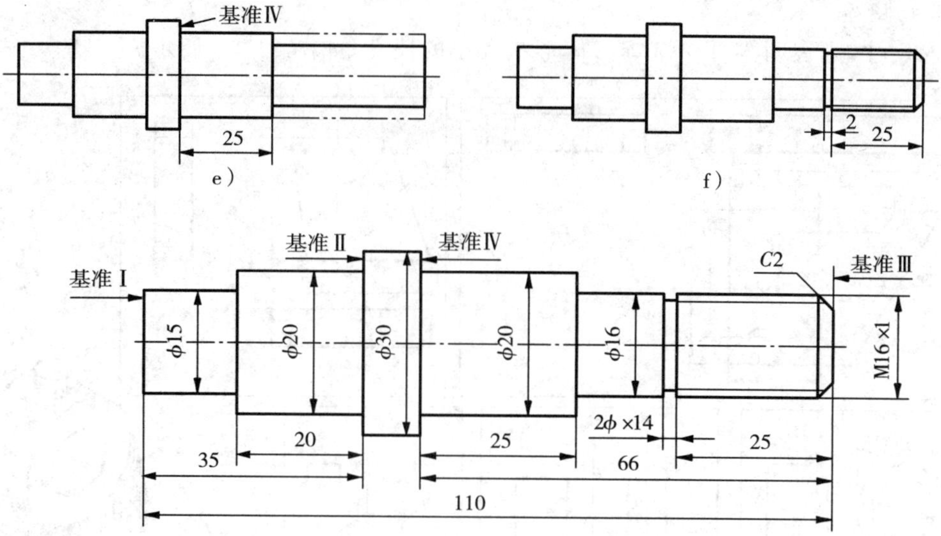

图 21-2 小轴的加工及其主要基准和辅助基准(续)

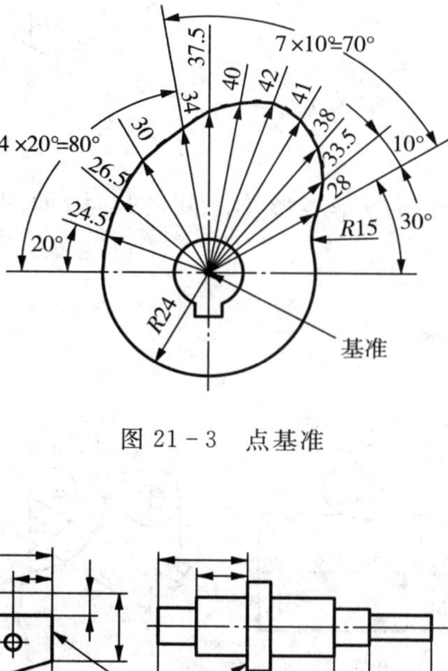

图 21-3 点基准

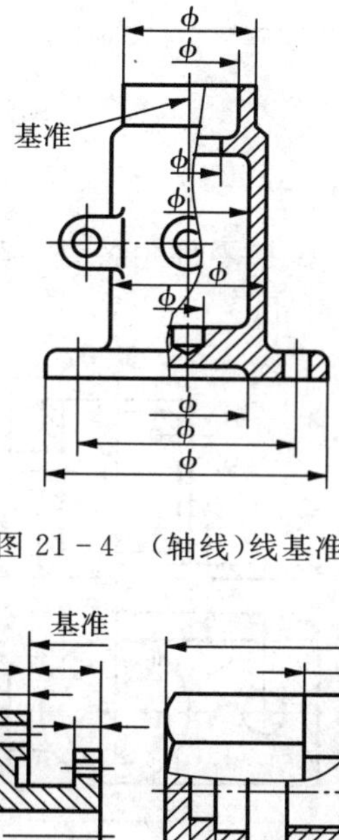

图 21-4 (轴线)线基准

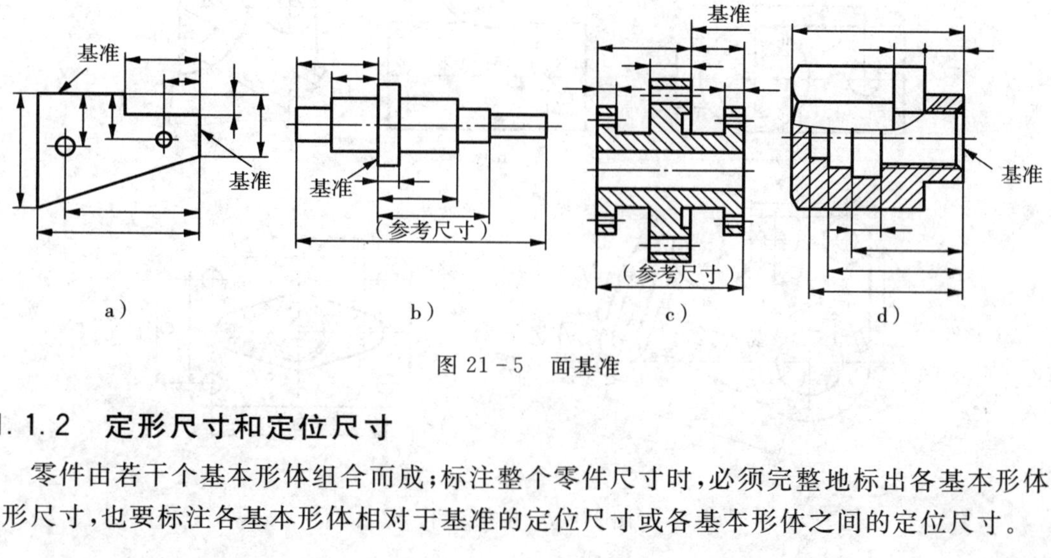

图 21-5 面基准

21.1.2 定形尺寸和定位尺寸

零件由若干个基本形体组合而成;标注整个零件尺寸时,必须完整地标出各基本形体的定形尺寸,也要标注各基本形体相对于基准的定位尺寸或各基本形体之间的定位尺寸。

1. 定形尺寸

定形尺寸，是表明零件中基本形体形状大小的尺寸；如图 21－6 所示。

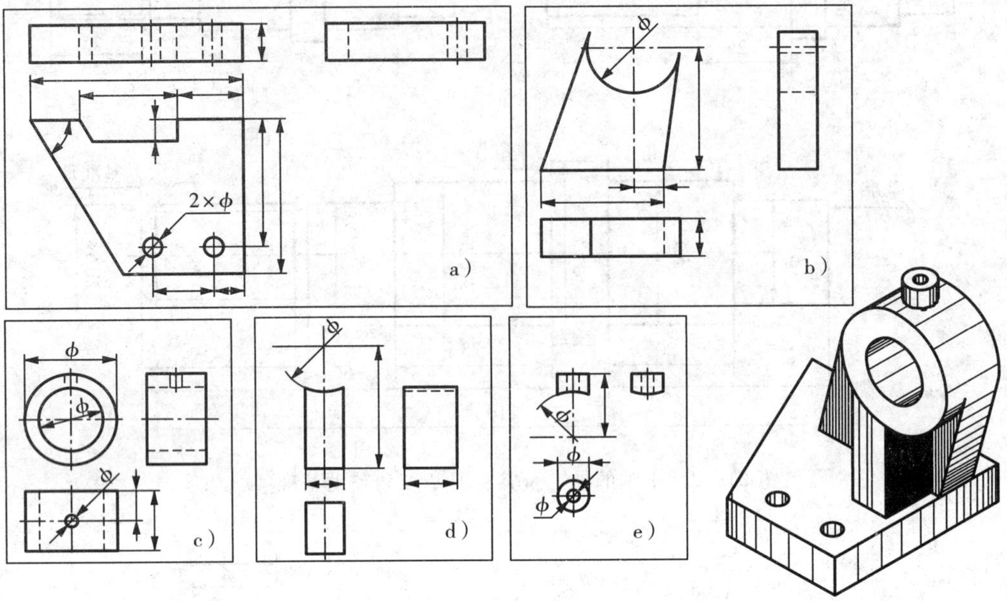

图 21－6　定形尺寸

2. 定位尺寸

定位尺寸，是指零件中各基本形体的尺寸或各基本形体之间的尺寸；如图 21－7 所示标有符号“○”的尺寸。

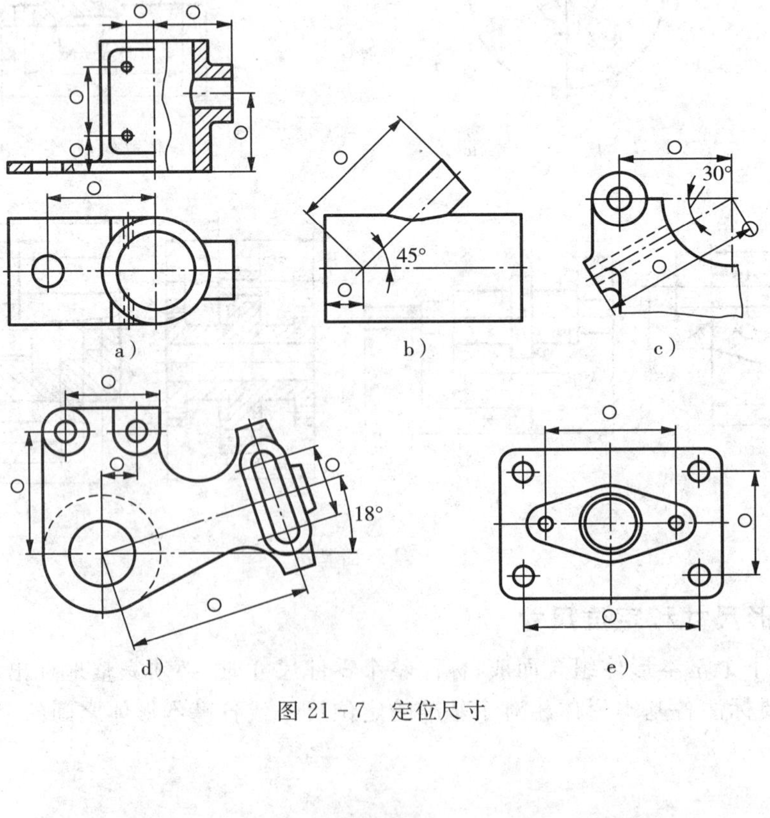

图 21－7　定位尺寸

有些零件是组合体通过切口、切槽形成的，一般先标注原始形体的定形尺寸，然后标注截平面的定位尺寸，而不标注截交线的定形尺寸，如图 21－8 所示。

21.1.3 尺寸链

如图 21－9a 所示，阶梯轴总长为 A_4，各段长分别为 A_1、A_2、A_3，各尺寸按一定顺序依次连接起来排成的尺寸标注形式为尺寸链；组成尺寸链的各个尺寸称为尺寸链的环。按加工顺序来说，在一个尺寸链中，总有一个尺寸是在加工的最后自然得到的，这个尺寸称为尺寸链的封闭环，尺寸链中的其他尺寸称为组成环。如果尺寸链中的所有各环都标注尺寸而成为封闭形式的，称为封闭尺寸链。

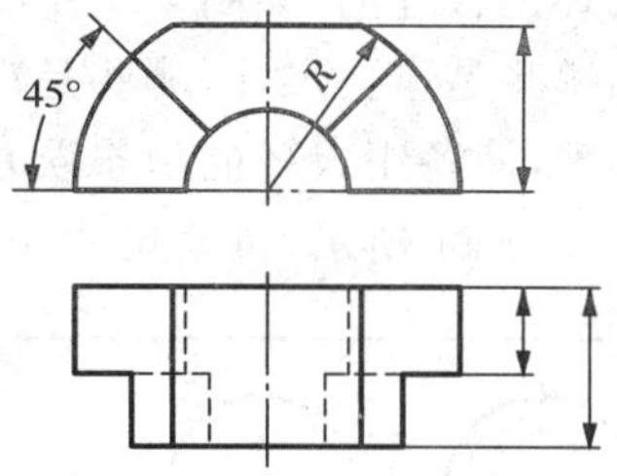

图 21－8　切口、切槽形成零件的尺寸标注

由于 A_1、A_2、A_3 各段尺寸在加工过程中都有一定误差，假定各组成环的加工误差都达到最大值，则总长 A_4 就会达到最大值 $A_{4\max}$，如图 21－9b 所示；反之，各组成环的加工误差都达到最小值，则总长 A_4 就会达到最小值 $A_{4\min}$，如图 21－9c 所示。因此

$$A_{4\max} = A_{1\max} + A_{2\max} + A_{3\max}$$

$$A_{4\min} = A_{1\min} + A_{2\min} + A_{3\min}$$

则

$$(A_{4\max} - A_{4\min}) = (A_{1\max} - A_{1\min}) + (A_{2\max} - A_{2\min}) + (A_{3\max} - A_{3\min})$$

即

$$\Delta_4 = \Delta_1 + \Delta_2 + \Delta_3$$

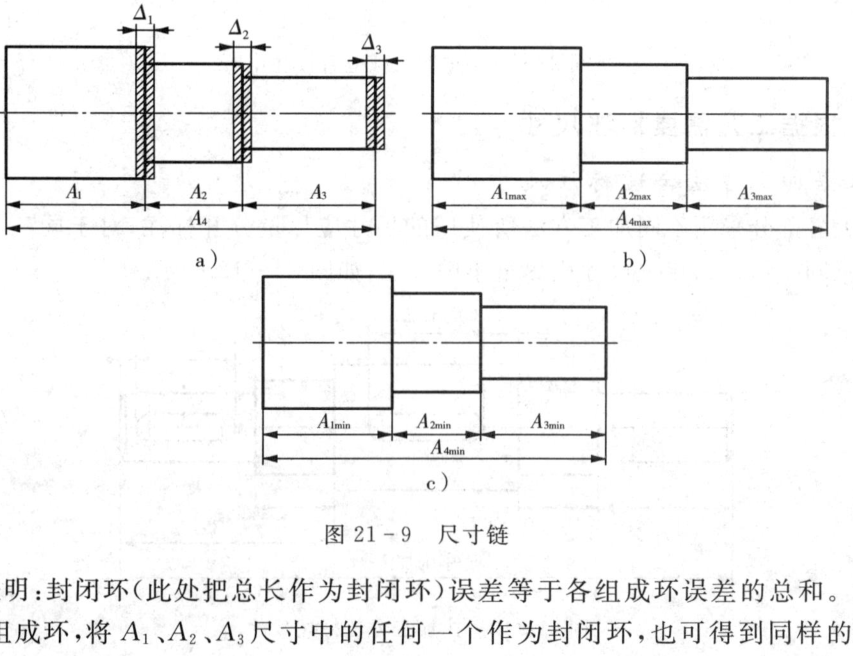

图 21－9　尺寸链

结果表明：封闭环（此处把总长作为封闭环）误差等于各组成环误差的总和。如果以总长 A_4 作为组成环，将 A_1、A_2、A_3 尺寸中的任何一个作为封闭环，也可得到同样的结论。因

此，在考虑标注零件的尺寸时，总是把尺寸链中最不重要的尺寸作为封闭环而不标注尺寸(或加括号作为参考尺寸)，这样就可以使加工误差集中到这个最不重要封闭环上去，在工艺上无疑是合理的，如图 21－10 所示。假定各尺寸全部标注而成为封闭尺寸链，就无法确定究竟哪些是重要尺寸，哪些是次要尺寸；需要保证一定精度要求的尺寸，反倒可能由于标注不合理，使各组成环的积累误差集中在这个重要尺寸上，以致超出其公差范围，使产品报废。如图 21－11 所示，重要尺寸应直接注出。

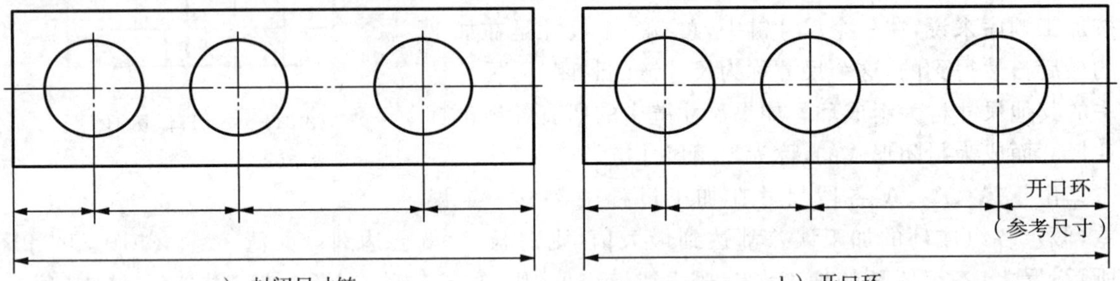

a） 封闭尺寸链　　b）开口环

图 21－10　应避免封闭尺寸链

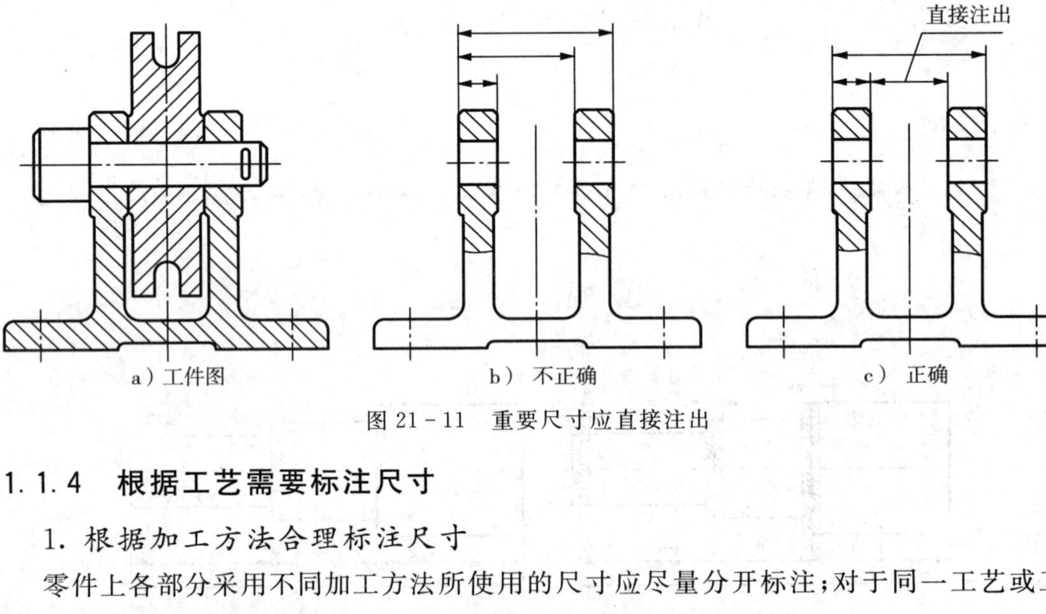

a）工件图　　b） 不正确　　c） 正确

图 21－11　重要尺寸应直接注出

21.1.4　根据工艺需要标注尺寸

1. 根据加工方法合理标注尺寸

零件上各部分采用不同加工方法所使用的尺寸应尽量分开标注；对于同一工艺或工序的尺寸以及同一结构的相关尺寸应尽量集中标注；如图 21－12 所示。

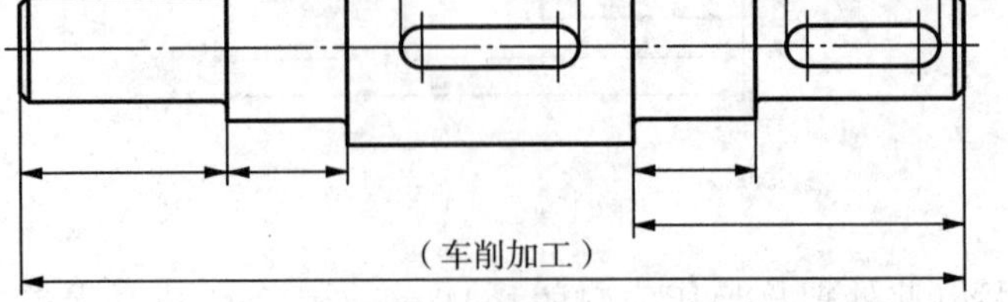

图 21－12　按加工方法标注尺寸

2. 标注尺寸要考虑工艺上的需要与合理性

有时虽然几何形状相近，但由于制造的方法不同，标注尺寸也有差别。如图 21－13 所示，图 21－13a 为铣削键槽，图 21－13b 为铸件上的凸台，图 21－13c 为板材下料；根据制造方法的不同需要，采用了不同的标注尺寸方法。

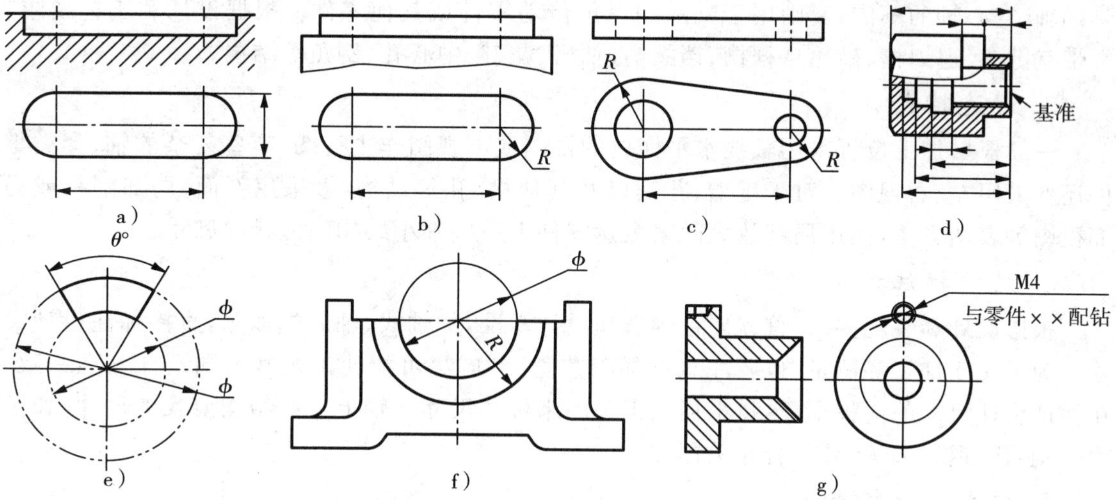

图 21－13　根据制造方法的不同标注尺寸

如图 21－13d 所示，内部与外部尺寸应分类集中标注（加工方法不同）。

图 21－13e 为机加工时扇形块的尺寸标注形式。

图 21－13f 为轴承座，内孔虽是半圆，但由于加工时是将轴承盖同轴承座装配在一起镗内孔，故标注直径 ϕ；而其凸缘部分是直接铸出的，不经机械加工，故标注其半径 R。

图 21－13g 为半个紧定螺钉孔，考虑工艺的需要，须注明直径。此外，如半圆形键槽等，也是标注铣刀直径 ϕ，而不允许标注圆弧半径。

3. 标注零件图时，要考虑测量的方便与可能，如图 21－14 所示。

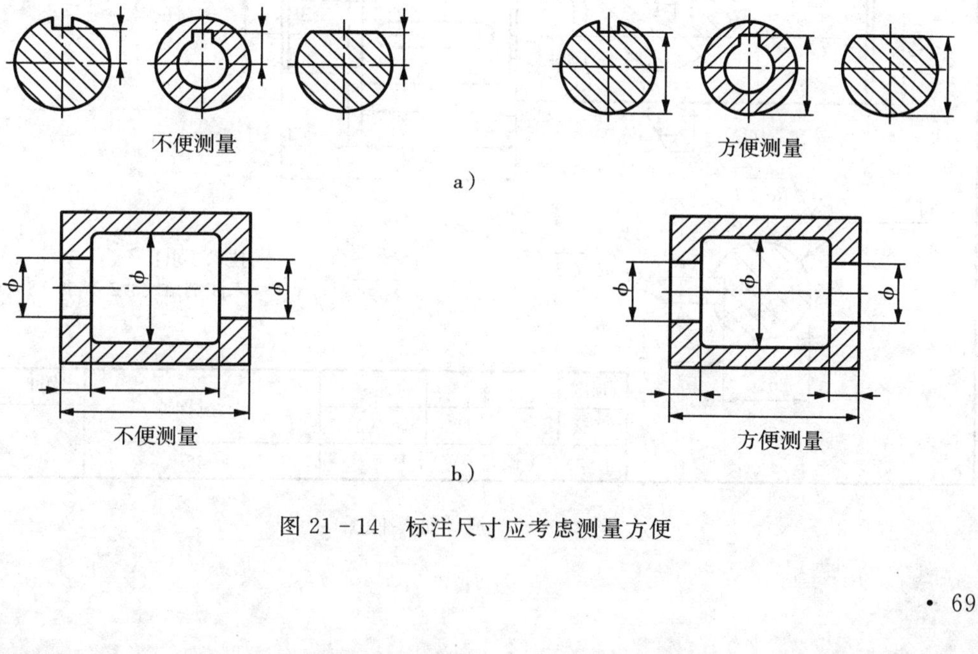

图 21－14　标注尺寸应考虑测量方便

21.2 轴、套类零件

1. 结构特点

轴、套类零件通常是同轴线的圆柱面。轴主要用来支承传动零件和传递扭矩，有光轴、阶梯轴、空心轴的不同；套则用于支承和保护传动零件或其他零件。根据设计和工艺要求，常带有键槽、退刀槽、砂轮越程槽、挡圈槽、轴肩、花键、中心孔、倒角等结构。

2. 表达特点

一般根据加工位置采用轴线水平横放的视图或剖视图作主视图；有些复杂的轴、套类零件还要采用左、右视图。对于键槽、花键以及其他槽、孔等结构，多采用剖面、局部剖视或局部视图等表达方法，而用局部放大图来表达零件上一些细小结构的形状和尺寸。

3. 尺寸标注特点

根据设计和装配要求，首先要正确选择设计基准，如轴线、轴肩端面等，直接标注设计尺寸。为了便于加工和测量，也要注意选择工艺基准，应尽可能使工艺基准同设计基准一致；在保证设计尺寸的前提下，尽量根据加工工序来标注尺寸。轴上一些结构要素的尺寸，如键槽、中心孔、退刀槽等，要符合相关标准。

4. 技术要求特点

精度较高的主轴，通常规定有几何公差要求，如重要圆柱面间的同轴度，以及轴肩端面的垂直度和跳动。主轴材料常用优质碳素结构钢或合金结构钢，并经热处理，以保证一定的强度、硬度和韧性。

轴类零件，如图 21－15 所示。套类零件，如图 21－16 所示。

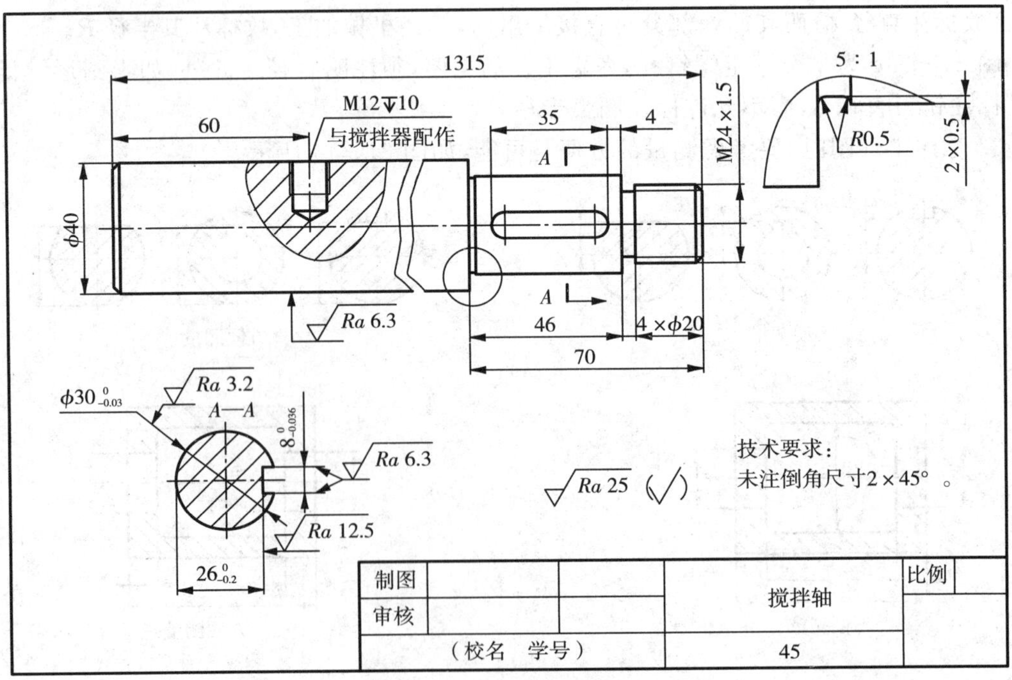

图 21－15 搅拌轴零件图

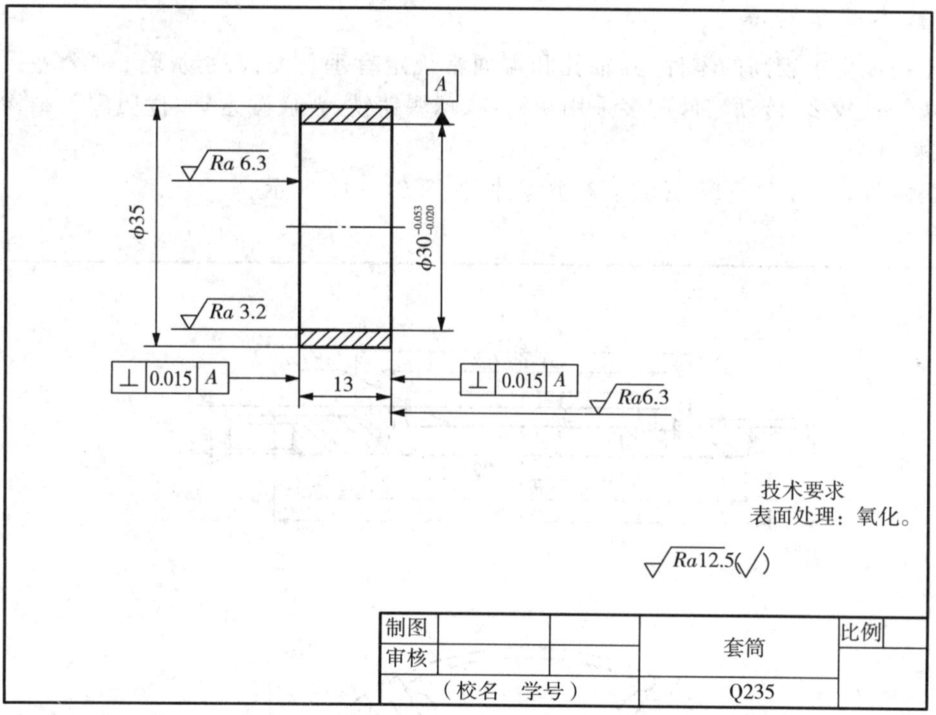

图 21-16 套筒零件图

21.3 盘、盖类零件

1. 结构特点

根据设计要求，通常盘、盖类零件的主体部分为一组同轴线的圆柱面。有些盖类零件的外形轮廓较复杂，通常都有一个端面是同其他零件靠紧的重要结合面，多用于密封、压紧和支承；盘类零件则多用于传动、支承、连接、分度和防护。为了加强支承，减少加工面，常有凸缘、凸台等结构。考虑到同其他零件的连接，盖类零件上还有较多的螺孔、光孔、销孔等。此外，为了防止漏泄，还常有密封结构。对于传动零件，还常有轮齿、齿槽、键槽、辐板、轮辐等结构或结构要素。

2. 表达特点

通常用两个基本视图表达。由于此类零件的主要圆柱面和端面是在车床上加工的，因此，一般把零件主要轴线水平横放位置作为主视图；有些盖类零件，车削工序并不占主要地位，可取零件的工作位置作为主视图。为了表示零件的内部结构，主视图常取剖视，再用另一基本视图表达零件的外形轮廓及各种孔的位置；某些局部结构可用局部视图或局部放大图表示。

3. 尺寸特点

在主视图上，其轴向尺寸通常以主要结合面作为基准；径向尺寸以轴线为基准。在另一视图上，通常标注零件的外形尺寸以及各种孔的定位尺寸。

4. 技术要求特点

对于精度要求较高的零件，其轴孔和端面常规定有垂直度或跳动等几何公差。盖类零件选用灰铸铁较多；传动零件则多采用灰铸铁、球墨铸铁、普通碳素钢、优质碳素结构钢以及其他材料。

盘类零件，如图 21－17 所示。盖类零件，如图 21－18 所示。

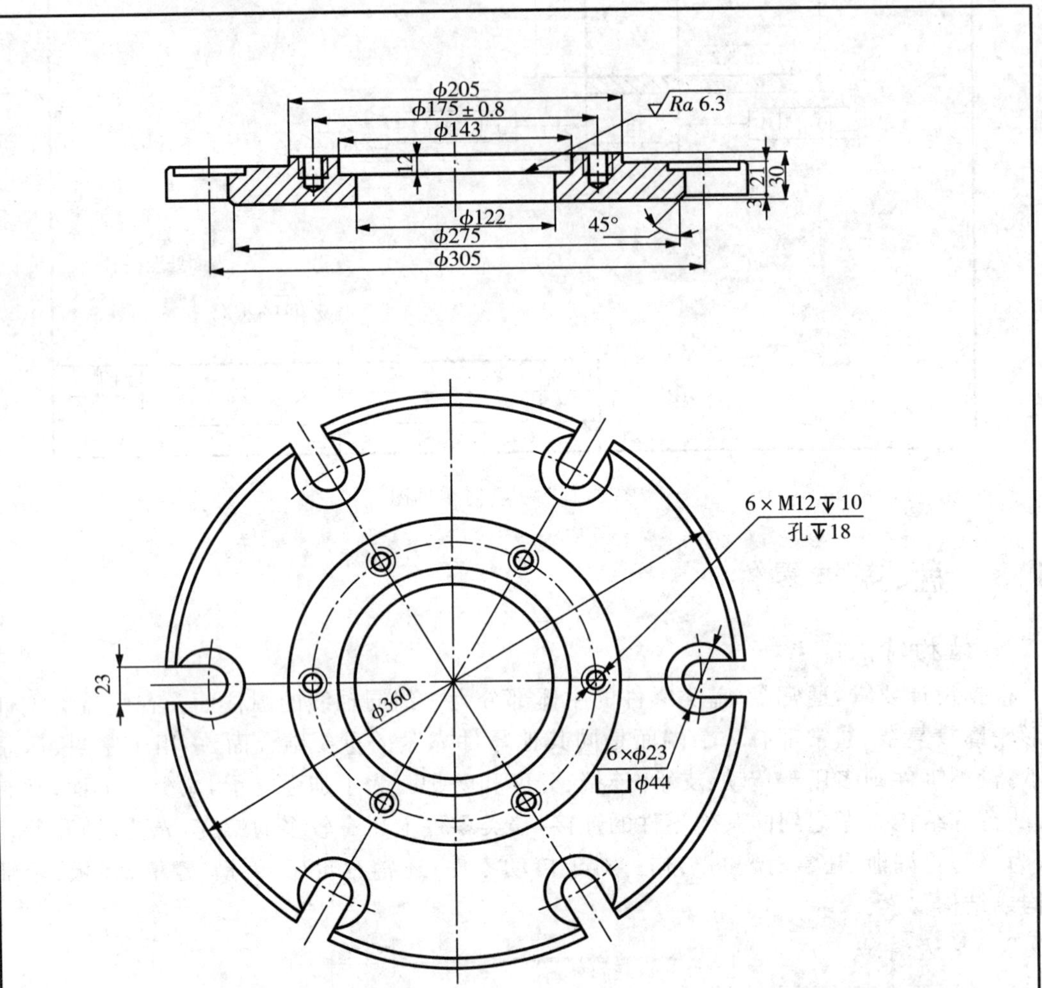

图 21－17　釜盖零件图

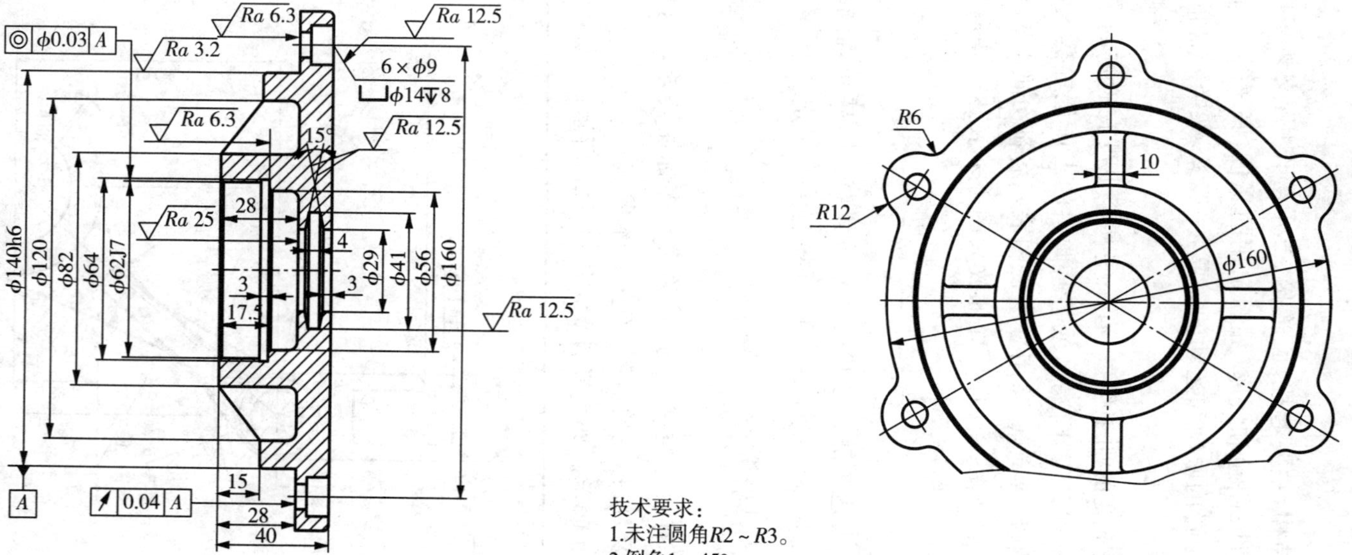

技术要求：
1.未注圆角$R2 \sim R3$。
2.倒角$1 \times 45°$。
3.时效处理。
4.非加工面涂漆。

$\sqrt{}$ ($\sqrt{}$)

制图			轴承盖	比例
审核				
（校名　学号）			HT15-33	

图21-18　轴承盖零件图

21.4 叉、架类零件

1. 结构特点

叉类零件多带有叉形结构，主要起拨动、连接、支承等作用；支架多由承托（如直接承托轴或轴套等）、支承（如支承肋或板）和底座（如固定用的底板、底座等）三部分组成，主要用于支承其他零件。由于受到位置的限制和运动的需要，一般叉、架类零件的形状比较复杂。

2. 表达特点

叉、架类零件往往没有不变的加工位置，有一些甚至也没有确定的工作位置。为了简化投影，在选取主视图时，或根据其工作位置，或将其倾斜的工作位置摆正，取反映零件特征形状的视图。根据零件的具体形状特点，除用基本视图表示各部分的相对位置和主要形状外，还往往采用局部视图、局部剖视图、斜视图、局部放大图等来表达一些局部结构；而支撑部分的断面形状通常采用断面图表达。

3. 尺寸特点

根据设计要求，需明确表达各部分形状的相对位置，为此，要正确选择基准，一般选择底面、孔的轴线及中心线，以及运动时的工作面作为基准。对于定位尺寸和重要尺寸，需根据要求用直线尺寸或角度尺寸直接标注。

4. 技术要求特点

对于一些运动件，为了有效地控制运动，有关尺寸多标注公差。这类零件多用铸、锻等方式制造毛坯，因此，如需要，应标注铸、锻的有关技术要求。

叉类零件，如图 21－19 所示。架类零件，如图 21－20 所示。

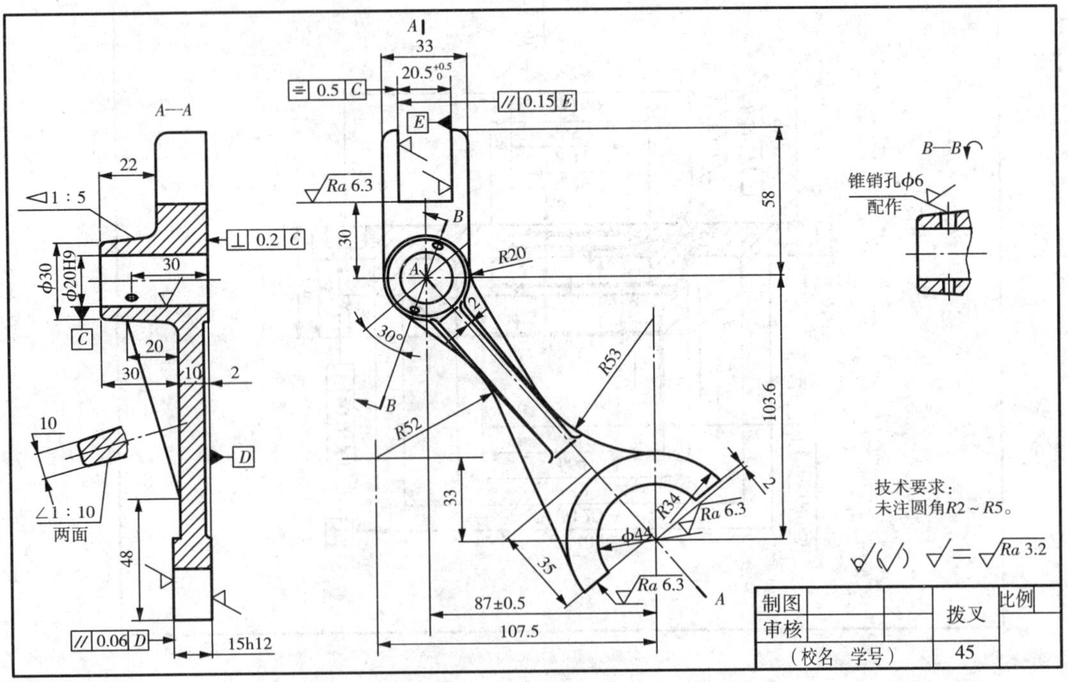

图 21－19　拨叉零件图

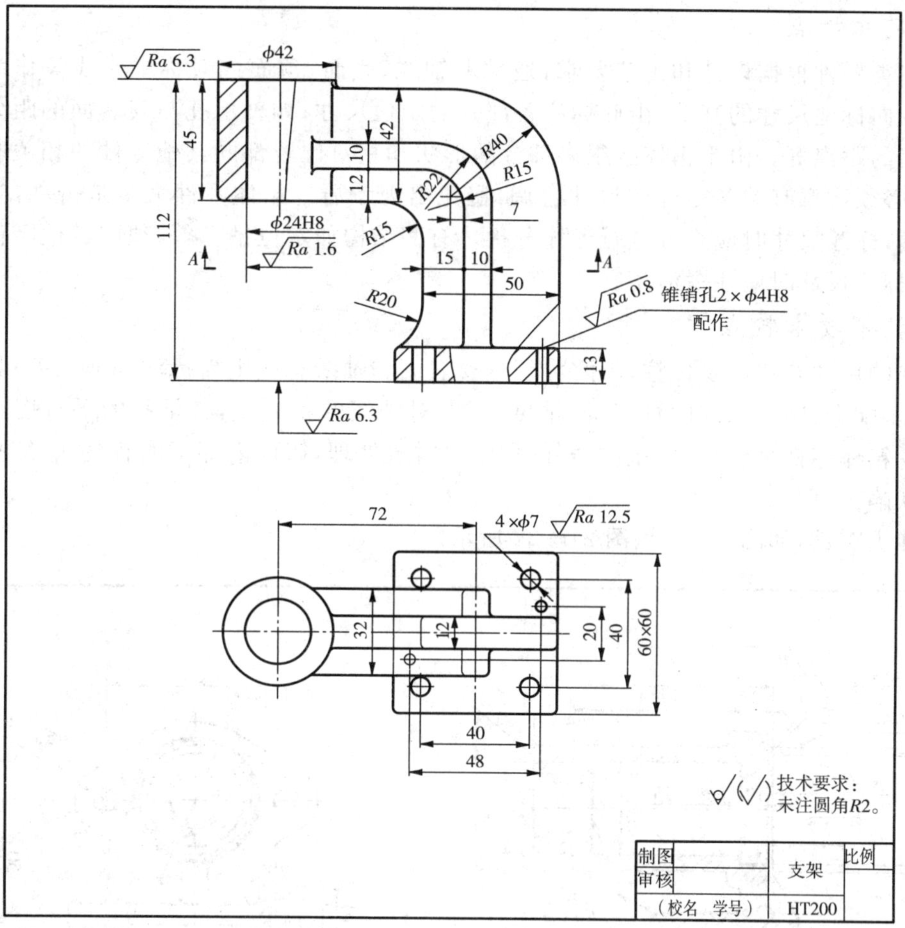

图 21－20 支架零件图

21.5 箱体类零件

1. 结构特点

通常箱体类零件的内外形状、结构均较复杂，具有较大的用于承托和容纳有关零件的空腔；主要用于承托轴瓦、套、轴承等，容纳轴、齿轮、蜗轮、弹簧、叶轮、润滑油等，保护内部零件，利于安全生产。此外，泵体、阀体、机体等也属于箱体零件。这类零件常用底板或座同其他部件、机架或地面连接固定；底板上常有定位销孔、螺孔、光孔、凸台等结构。许多箱体类零件上有加强筋，以提高其强度和刚度。为了使轴承和运动零件得到润滑，在箱底和箱壁部分常有安装油管、油标等润滑系统零件的凸台和螺孔。

2. 表达特点

由于箱体类零件加工工序多，因此，一般根据零件的工作位置和习惯，取反映零件特征形状的视图作为主视图。为了能够完整而清晰地表达箱体内腔和外形的结构形状，往往需要选择几个视图及多种剖视图、断面图来表达；当内部层次较多时，可选取不同位置采用多次剖切，来表达内腔的复杂结构及各部分的相对位置。总之，对箱体类零件，要根据其具体情况，综合运用视图、剖视图、断面图等多种表达方法，确定一种较为合理的表达方案。

3. 尺寸特点

箱体类零件根据设计和工艺要求，通常取轴线、底面、顶面或对称中心线等作为长、宽、高三个方向标注尺寸的基准，由此标注各部分的定位尺寸；如轴承孔与安装面的距离以及轴承孔之间的距离等。由于箱体上很多部分的形状和相对位置都同其他零件的相关联尺寸有关，因此必须注意有关各零件的尺寸协调，避免出现矛盾。箱体零件大多是铸件，为了便于制造木模，标注尺寸时应充分进行形体分析。有些结构如定位销孔等，须同其他零件装配后再加工，标注尺寸时应注写清楚。

4. 技术要求特点

重要的尺寸有些需要标注尺寸公差，重要表面和轴线有些则需标注几何公差；如轴孔直径的公差、配合，圆柱面的圆柱度、同轴度，端面对轴线的垂直度，各轴孔的平行度或垂直度等。不少箱体零件是较大、较重的铸件，需经过时效处理，铸件内部不能有气孔、缩孔和裂纹等铸造缺陷。

箱体类零件，如图 21－21、图 21－22 所示。

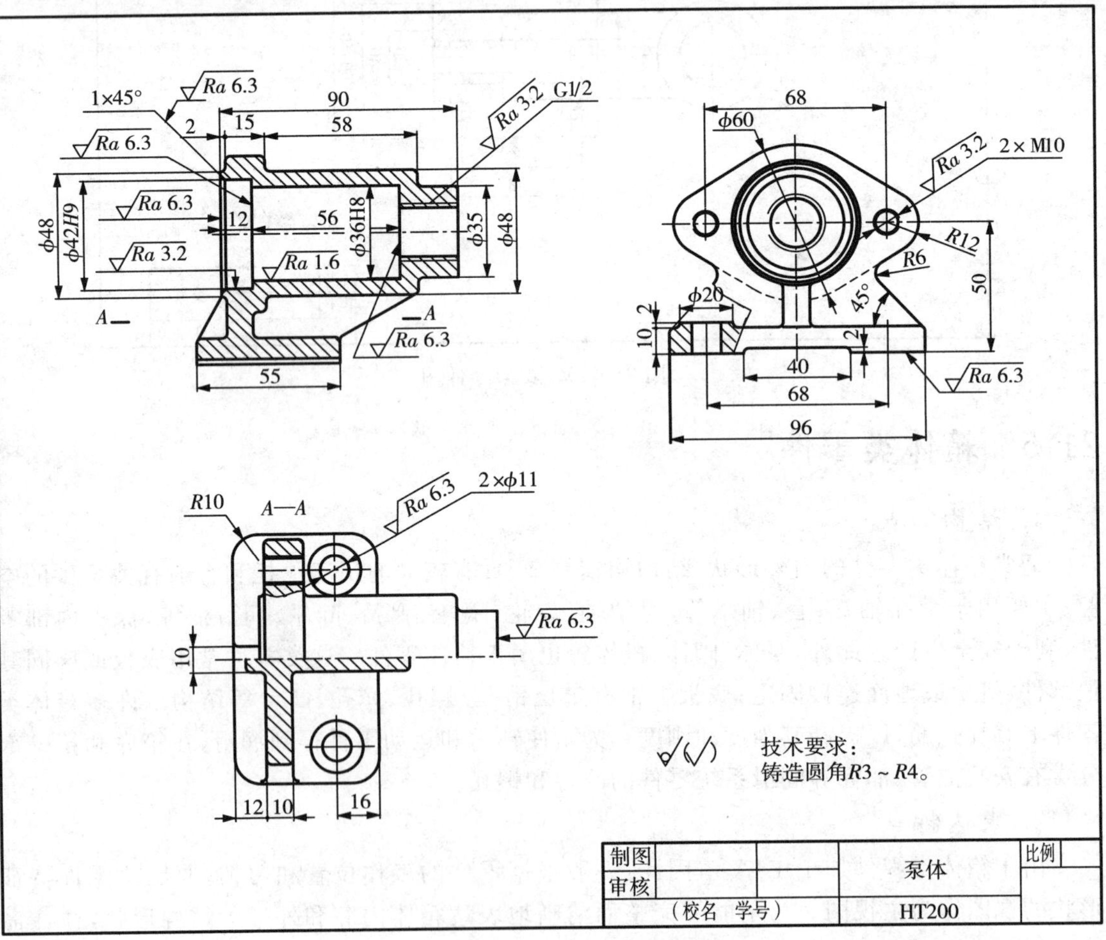

图 21－21 泵体零件图

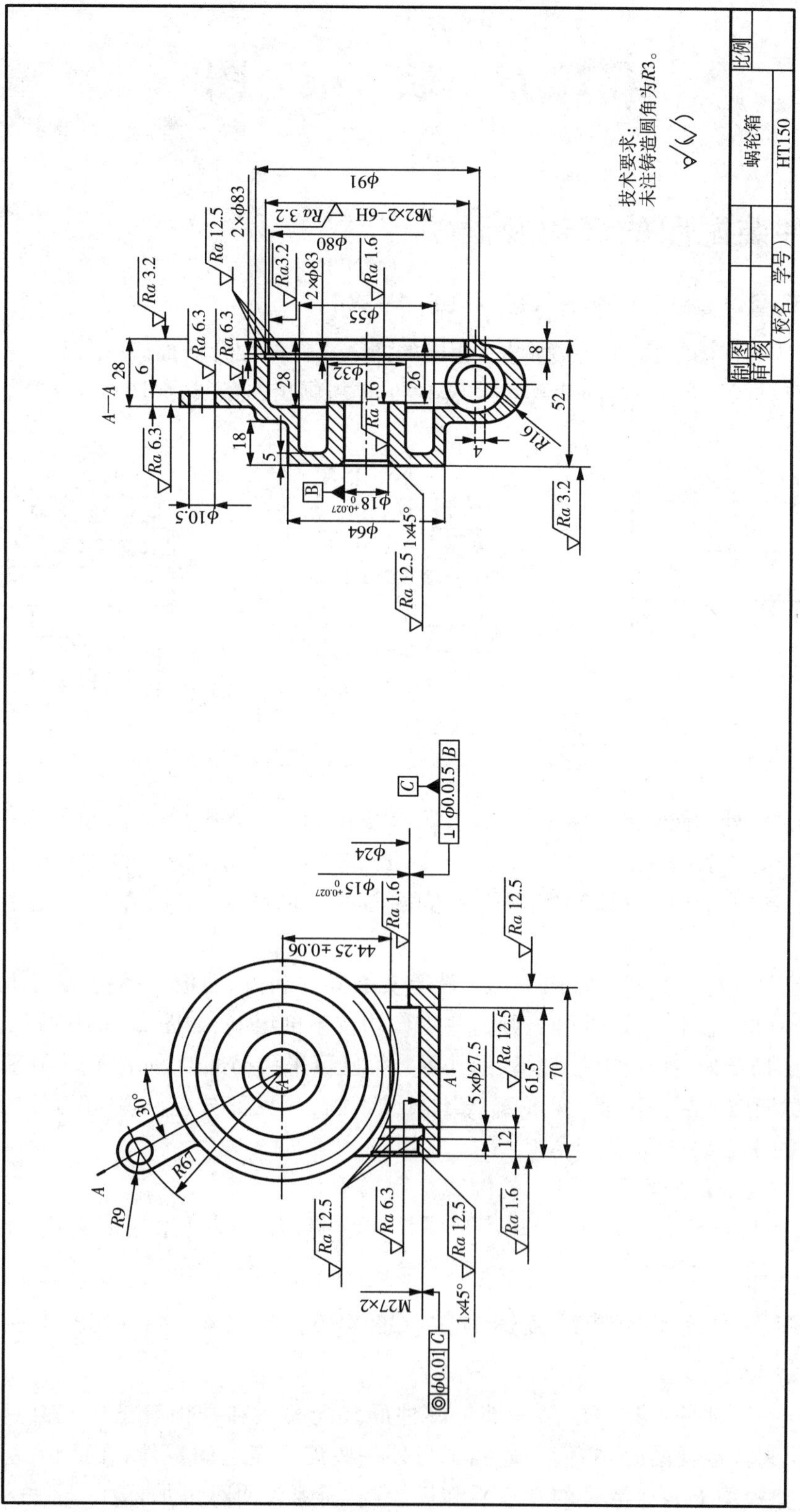

图21-22 蜗轮箱零件图

第22章　装　配　图

22.1　部件装配图的表达及画法

22.1.1　装配图中的规定画法(GB 4458.1—84)

1. 两个相邻零件的结合面和公称尺寸相同的两个零件的配合表面，规定只画一条直线；但当两相邻零件公称尺寸不同时，即使其间隙很小，也仍需画出两条线；如图 22-1 所示。

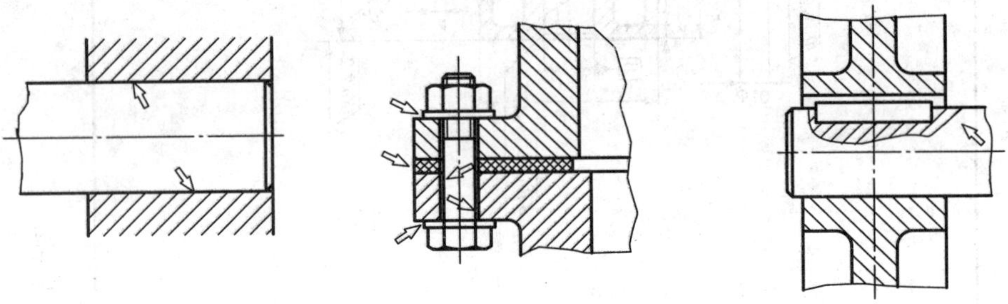

a)　　b)　　c)

图 22-1　装配图中的规定画法

2. 两个相邻零件剖面线的倾斜方向相反，如不得不同向时，应使它们的间隔不同；非金属材料制成的各零件邻接时，若其剖面符号相同，则采用疏密不同的方法以示区别；如图 22-1 所示。

同一零件，其剖面线的方向和间隔或其他剖面符号的疏密程度，在各视图中均须保持一致。

3. 对于紧固件以及轴、杆、球、钩子、键、销等实心零件和齿、筋板等结构，若剖切平面沿纵的方向通过其对称中心平面或轴线时，则这些零件均按不剖绘制，如图 22-1b 所示；如需要特别表明某零件的局部构造(如凹槽、键槽、销孔等)时，则可采用局部剖，如图 22-1c 所示。

4. 被弹簧挡住的结构用不可见轮廓线绘制或不画；可见部分应从弹簧的外轮廓线或从弹簧钢丝剖面的中心线画起。

被网状物挡住的部分均用不可见轮廓线绘制或不画。

5. 采用透明材料制成的物体，均按不透明物体绘制；对于供观察用的刻度、字体、指针、液面等均按可见轮廓绘制。

22.1.2　装配图中采用的特殊表达方法(GB 4458.1—84、GB 4458.1—2002)

1. 假想拆卸画法

在装配图中，当部件上某一或某一部分零件的装配关系和结构等已经在某一视图中表达清楚，而在绘制其他视图时，它们又遮挡了另外一些需要表达的零件，在此情况下，可假想将这些已在其他视图上表达清楚的零件拆卸后绘制，需要说明时可加标注“拆去××”，如图 22-2 所示。

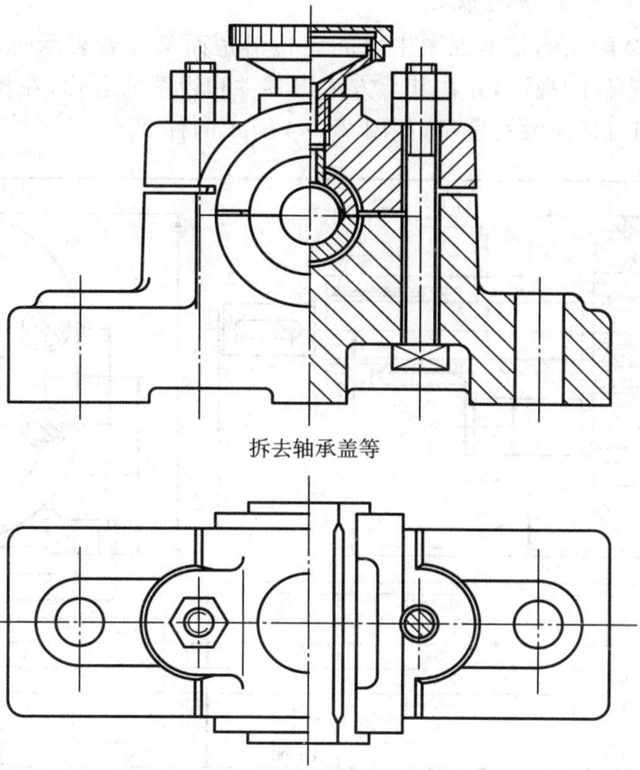

图 22-2 滑动轴承

2. 展开画法

为了表达传动机构的传动路线和装配关系，假想按传动顺序沿轴线剖切，然后依次展开在同一平面上，并标注“×—×展开”，如图 22-3 所示。

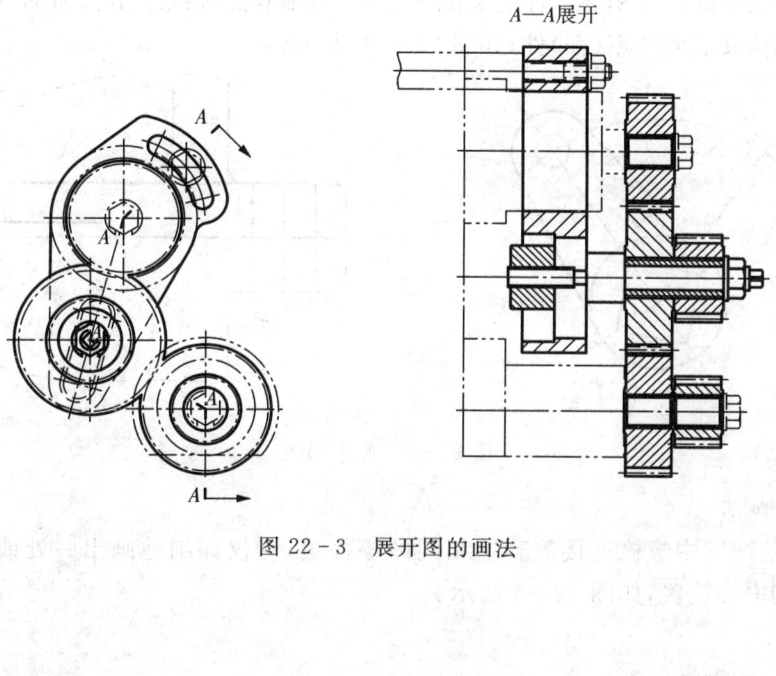

图 22-3 展开图的画法

3. 装配图中单个零件的表示

当个别零件在装配图的基本视图中未能表达清楚而又需要表示时，可在图纸的适当空白位置单独画出该零件的视图，并在其上方注出零件和视图的名称，在相应视图的附近用箭头指明投影方向，同时标注大写字母，如图 22－4 所示的件 9。

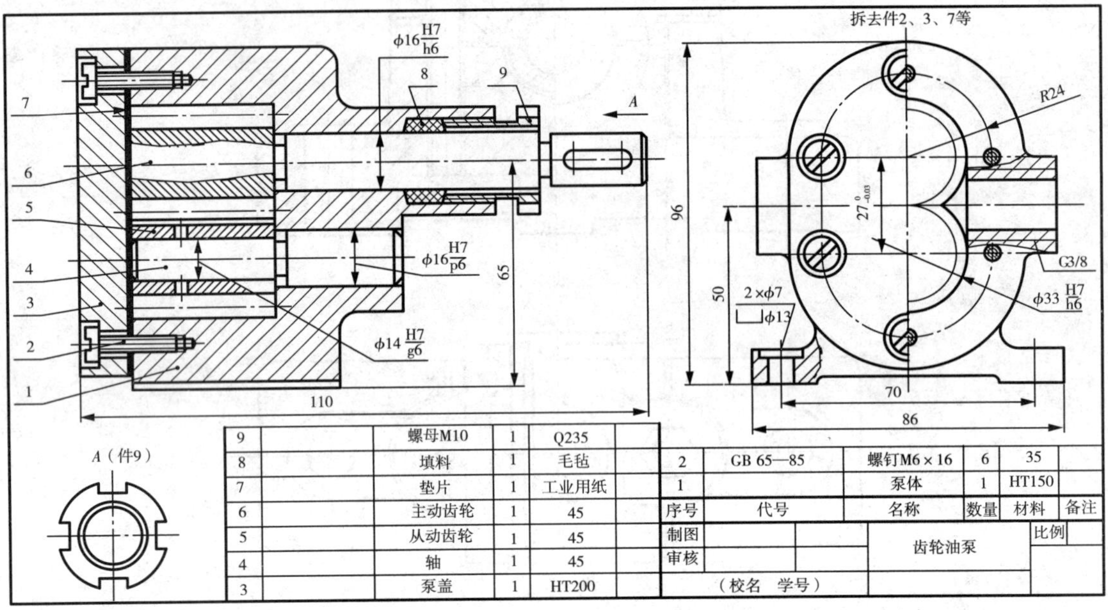

图 22－4　齿轮泵

4. 假想画法

当需要表示某些零件的运动范围和极限位置时，可用细双点画线画出该运动零件在极限位置的外形轮廓；如图 22－5a 所示。

若需要表示本部件与相邻部件的装配关系时，用细双点画线绘出相邻部件的外形轮廓，但一般不应遮挡其后面的零(部)件；如图 22－5b 所示。

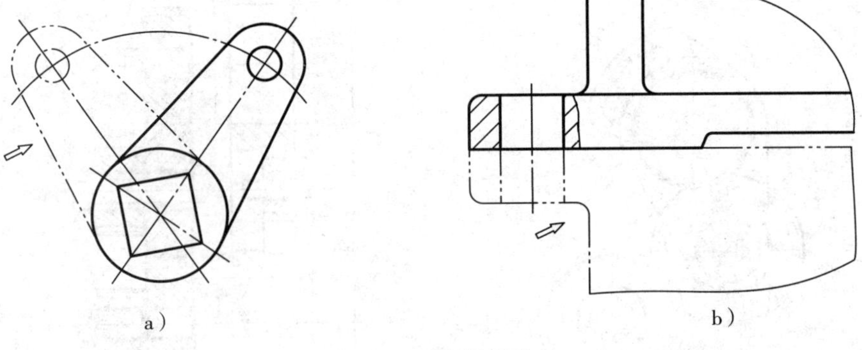

a)　　b)

图 22－5　假想画法

5. 简化画法

(1)对于装配图中螺栓连接等若干相同的零件组，可仅详细地画出一处或几处，其余部分只需表示其中心位置，如图 22－6 所示。

(2)较小的螺母和螺栓头部，允许采用简化画法，省略其倒角曲线，如图 22-6 所示。

(3)滚动轴承可在装配图中采用简化画法，只在滚动轴承轴线的一侧用规定画法画出，另一侧用矩形线框及位于线框中央的十字形符号(粗实线)表示，十字符号不应与矩形线宽接触，如图 22-6 所示。

(3)当剖切平面在装配图中通过的某些组合件为标准产品或该组件已由其他图形表示清楚时，可只画出其外形，如油杯、油标、管接头等。

(4)在装配图中，零件的工艺结构如圆角、倒角、退刀槽等均可不画出。

(5)在装配剖视图中，剖切平面后的某些部分在不影响对图形的理解时，可省略不画。

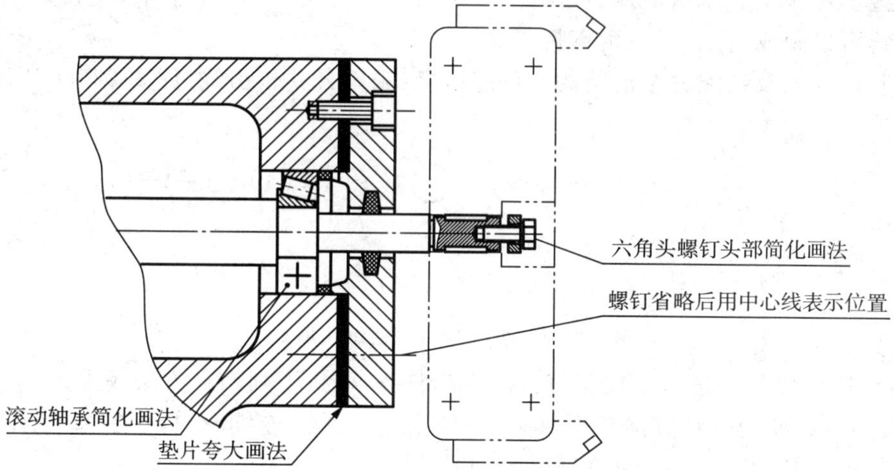

图 22-6 夸大画法和简化画法(铣刀头)

6. 夸大画法

在装配图中，对于一些小的间隙、小的斜度和锥度、薄片、钢丝弹簧等，允许该部件不按整个装配图的比例而夸大画出，如图 22-6 所示的垫片。

22.2 装配图中零、部件序号及其编排方法(GB/T 4458.2—2003)

1. 装配图中编写零、部件序号有如下三种表示方法。

(1)在水平的基准(细实线)上或圆(细实线)内注写序号，序号字号比该装配图中所注尺寸数字的字号大一号，如图 22-7a 所示。

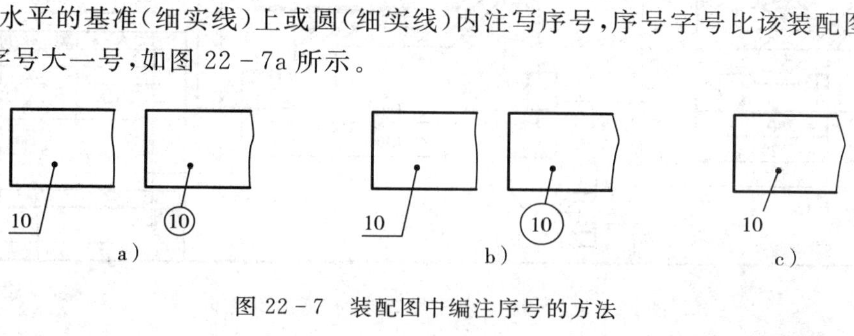

图 22-7 装配图中编注序号的方法

(2)在水平的基准(细实线)上或圆(细实线)内注写序号，序号字号比该装配图中所注尺寸数字的字号大一号或两号，如图 22-7b 所示。

(3)在指引线的非零件端的附近注写序号，序号字高比该装配图中所注尺寸数字的字号大一号或两号，如图 22－7c 所示。

2. 同一装配图中，编排序号的形式应一致。

3. 相同的零、部件用一个序号，一般只标注一次。多处出现的相同的零、部件，必要时也可重复标注。

4. 指引线应自所指部分的可见轮廓内引出，并在末端画一圆点，如图 22－7 所示。若所指部分（很薄的零件或涂黑的剖面）内不便画圆点时，可在指引线的末端画出箭头，并指向该部分的轮廓，如图 22－4 所示的件 7（垫片）。

指引线不能相交。当指引线通过有剖面线的区域时，它不应与剖面线平行。

指引线可以画成折线，但只可弯折一次。

一组紧固件以及装配关系清楚的零件组，可以采用公共指引线，如图 22－8 所示。

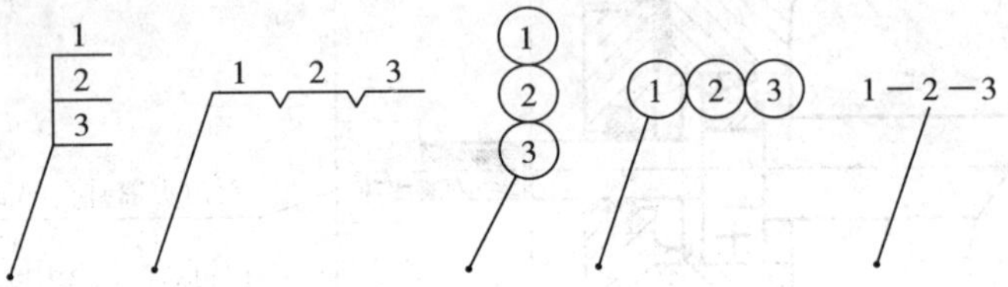

图 22－8　公共指引线的编注形式

5. 装配图中序号应按水平或竖直方向排列整齐，可按下列两种方法编排。

(1)按顺时针或逆时针方向顺次排列，在整个图上无法连续时，可只在每个水平或竖直方向顺次排列，如图 22－9 所示（逆时针方向）。

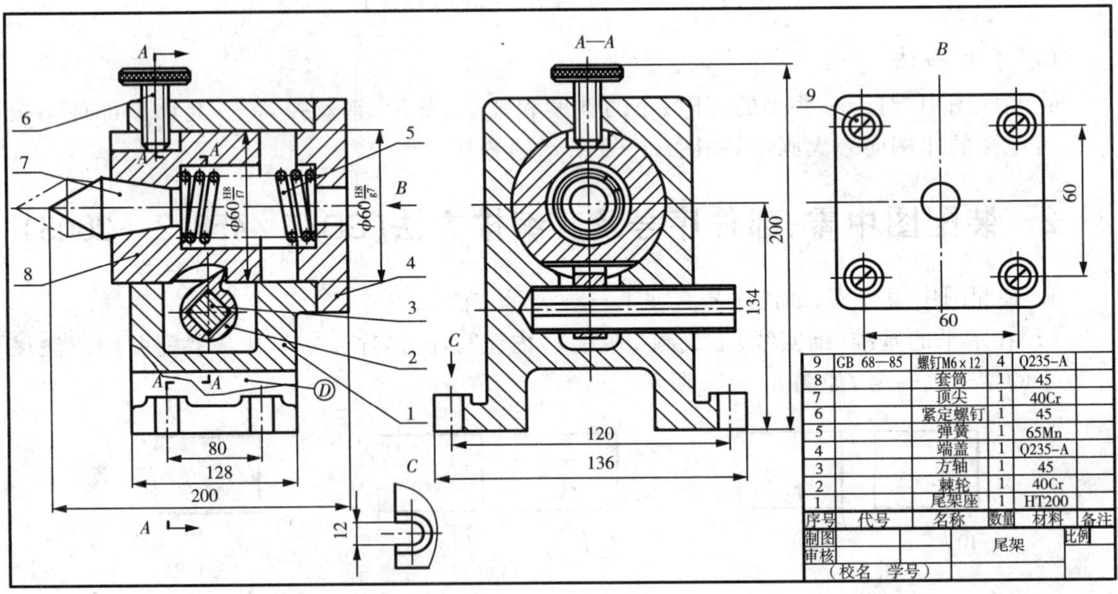

图 22－9　装配图中序号的排列（逆时针方向）

(2)也可按装配图明细栏（表）中的序号排列，采用此种方法时，应尽量在每个水平或竖直方向顺次排序，如图 22－10 所示。

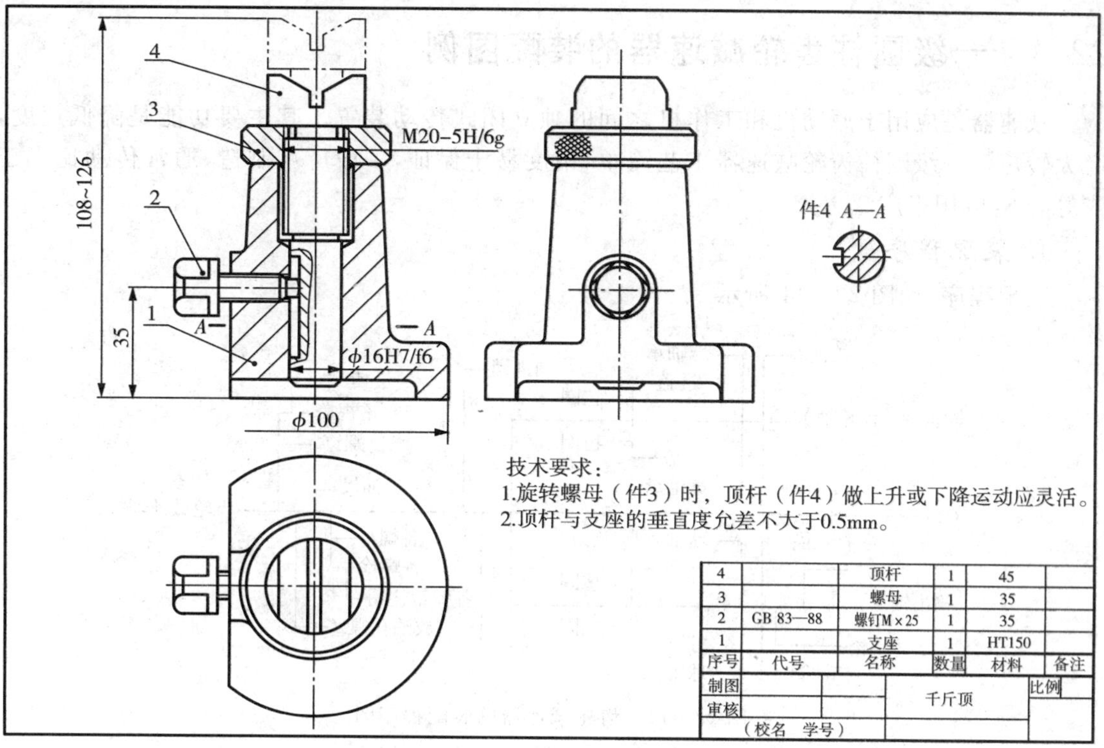

图 22-10 装配图中序号的排列

22.3 装配图中的尺寸

1. 性能尺寸(规格尺寸)

表征机器(或部件)的性能、规格和特征的尺寸，如滑动轴承的轴孔直径、阀门的通流孔径、车床尾架顶针轴线至床身导轨面的中心高等。

2. 装配尺寸

表示机器(或部件)上各相关零件之间装配关系的尺寸，一般包括：

(1)配合尺寸　是保证机器(或部件)性能要求的重要尺寸；

(2)相对位置尺寸　表示装配时需要保证的各零件间较重要的距离、间隙等；

(3)装配时加工的尺寸　需要在装配过程中进行加工的尺寸，如定位销的定位尺寸。

3. 安装尺寸

需要确定将部件安装在机器上，或将机器安装在机架(或基础)上安装位置的尺寸，如机器底座上的螺栓孔的定位尺寸。

4. 外形尺寸

外形尺寸表征机器(或部件)的总长、总宽和总高，以便在包装、运输、安装以及厂房设计过程中从总体上了解该设备占空间的大小。

5. 其他重要尺寸

有些尺寸虽未包括在以上几类尺寸中，但对该设备或其中重要零件的定位和定形有重要作用。

22.4 一级圆柱齿轮减速器的装配图例

减速器是应用于原动机和工作机之间的独立闭式传动装置。其主要功能是降低速度，增大转矩。一级圆柱齿轮减速器工艺简单，精度易于保证，一般厂可制造，通常传动比小于或等于8，应用很广泛。

1. 装配程序

装配程序，如图22-11所示。

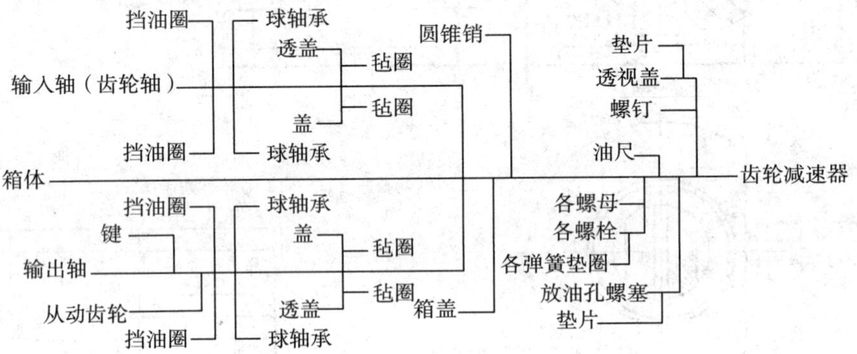

图22-11　齿轮减速器的装配程序图

2. 装配示意图

装配示意图，如图22-12所示。

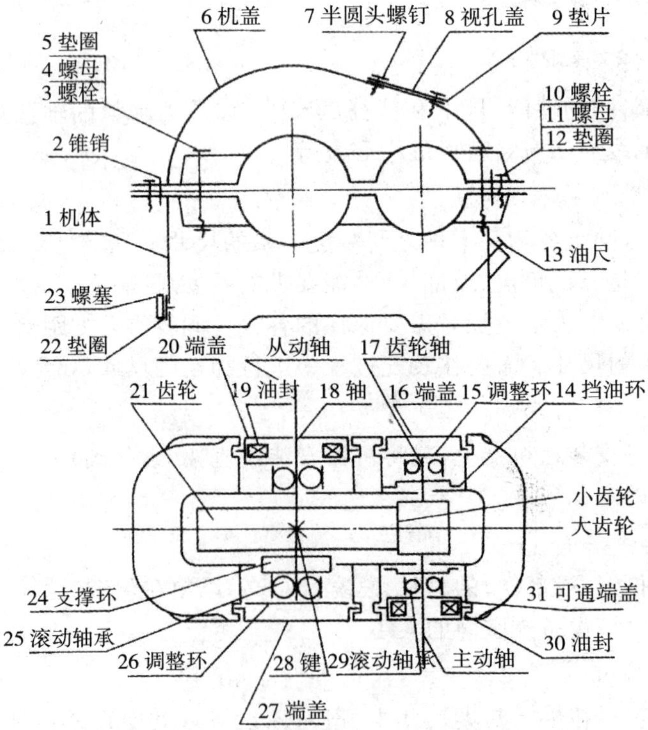

图22-12　齿轮减速器装配示意图

3. 结构特点

在减速器中采用了齿轮、键、向心球轴承、定位销、螺栓、螺钉、螺塞等常用件和紧固件。在箱体和箱盖上，为了满足结构和工艺的需要，多处设有凸台和凹坑；并在轴承座处加大铸件壁厚，多处增设加强筋，以保证减速器外壳的强度和刚度。考虑到减速器的润滑及其密封性能，在箱体和箱盖的结合面处均开有油槽以及挡油圈和毡圈。为了满足其工作时的需要，减速器设有油尺、放油孔、通气孔和观察孔。

4. 表达特点

图中采用的规定画法：齿轮及其啮合的固定画法；螺栓、螺母、键、垫圈、销、滚动体、轴等实心件以及筋板、轮齿等均作不剖处理。

图中采用的简化画法：螺栓连接只画出了一、二组完整的，其余均用细点画线表示其中心位置；螺栓的六角头和六角螺母采用简化画法；滚动轴承采用简化画法。

5. 主要尺寸

装配尺寸：$\phi30m6$，$\phi62k7$，$\phi32\dfrac{H7}{r6}$，$\phi47r6$ 等；外形尺寸：233，172；安装尺寸：135，74。

6. 减速器的立体图

减速器的立体图，如图 22－13 所示。

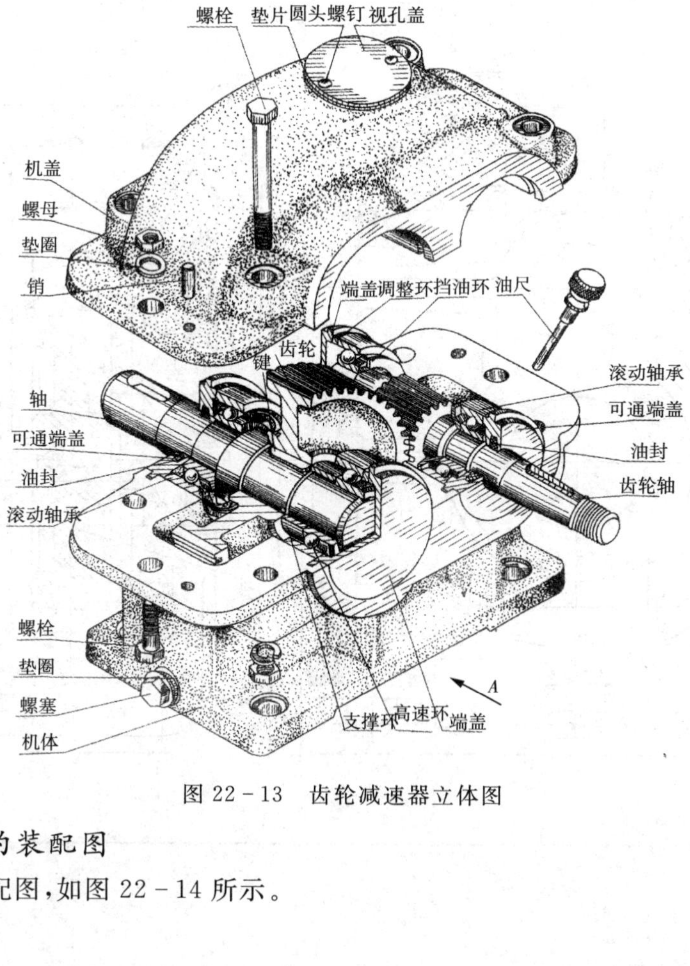

图 22－13 齿轮减速器立体图

7. 减速器的装配图

减速器的装配图，如图 22－14 所示。

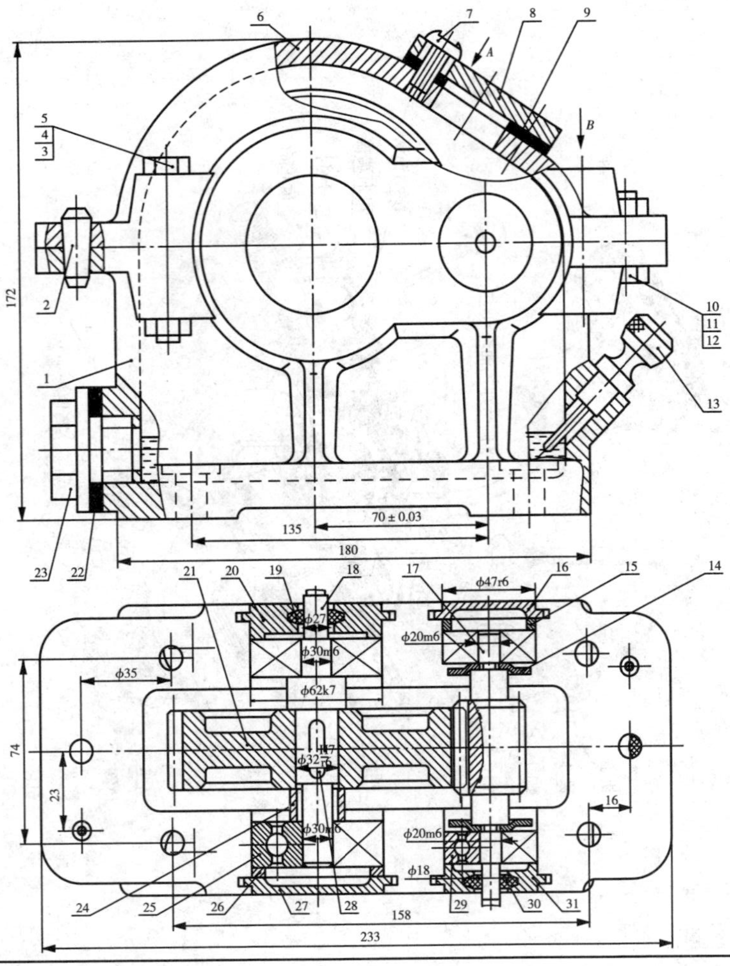

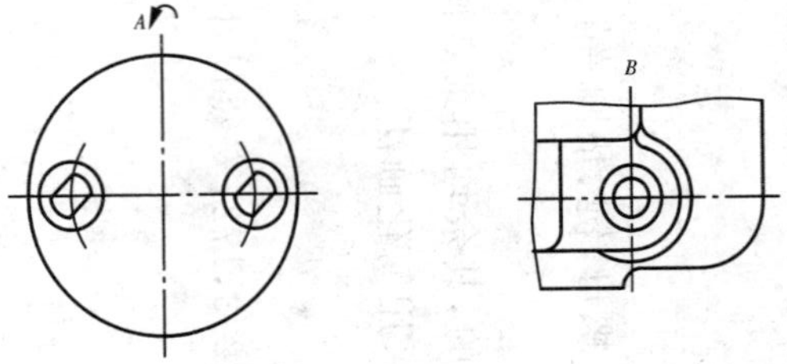

序号	名称	数量	材料	备注
31	可通端盖	1	HT200	
30	油封	1	毛毡	
29	深沟球轴承	2		GB 276—89
28	键A8×7×20	1	45	GB 1096—79
27	端盖	1	HT200	
26	调整环	1	Q235A	
25	深沟球轴承6206	2		GB 276—89
24	支撑环	1	Q235A	
23	螺塞	1	Q235A	
22	垫圈	1	石棉橡胶纸	
21	齿轮	1	35SiMn	
20	可通端盖	1	HT200	
19	油封	1	毛毡	
18	轴	1	45	
17	齿轮轴	1	35SiMn	
16	端盖	1	HT200	
15	调整环	1	Q235A	
14	挡油环	2	Q235A	
13	油尺	1	Q235A	
12	垫圈8	2	65Mn	GB 93—87
11	螺母M8	2	Q235A	GB 6170—86
10	螺栓M8×25	2	Q235A	GB 5782—86
9	垫片	1	石棉橡胶纸	
8	视孔盖	1	Q235A	
7	半圆头螺钉M3×10	2	Q235A	GB 66—85
6	机盖	1	HT200	
5	垫圈10	4	65Mn	GB 97.1—86
4	螺母M10	4	Q235A	GB 6170—86
3	螺栓M10×65	4	Q235A	GB 5782—86
2	圆锥销A4×65	2	45	GB 117—86
1	机体	1	HT200	

齿轮减速器		比例		图号
		数量		
设计			共 1 张	第 1 张
制图				
审核				

图22-14 齿轮减速器的装配图

第23章 展 开 图

23.1 线段的实长和平面形的实形

23.1.1 线段的实长

1. 用直角三角形法求线段的实长

(1)以线段的水平投影作直角边

如图 23-1 所示,已知线段 AB 在 H 面和 V 面的投影均倾斜于投影轴,投影 ab 和 $a'b'$ 均不反映 AB 的实长。

原理:过点 A 作 AC 垂直于投影线 Bb,显然,线段 AC 平行且等于 ab,$BC= b_x b'- a_x a'$(即 BC 等于线段两个端点 B 和 A 的 Z 坐标差);已知三角形的两个直角边 AC、BC,就可以作出该直角三角形,其斜边也就是线段 AB 的实长。

如图 23-1 所示,作图步骤:

1)过 b 点作 ab 的垂线,截取 $bk=b_xb'- a_xa'$;

2)连 ak 即为线段 AB 的实长。

具体作图过程也可脱离原来的投影,选择一个适当的位置作图,以便保持图形的清晰,其作图方法完全相同,如图 23-1c 所示。

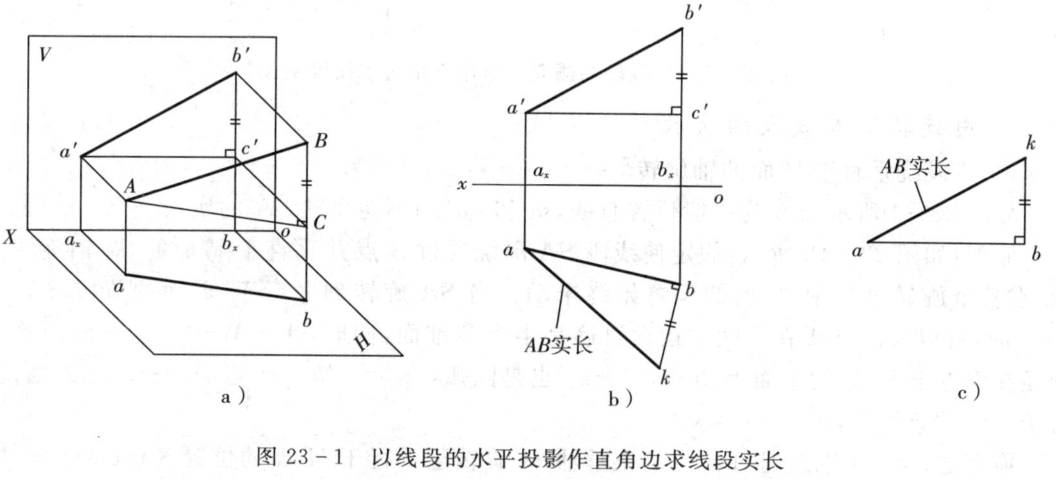

a)　　b)　　c)

图 23-1 以线段的水平投影作直角边求线段实长

(2)以线段的正面投影作直角边

如图 23-2 所示,作图步骤:

1)过点 b' 作 $a'b'$ 的垂线,截取 $b'k'=b_xb-a_xa$;

2)连 $a'k'$,即得线段 AB 的实长。

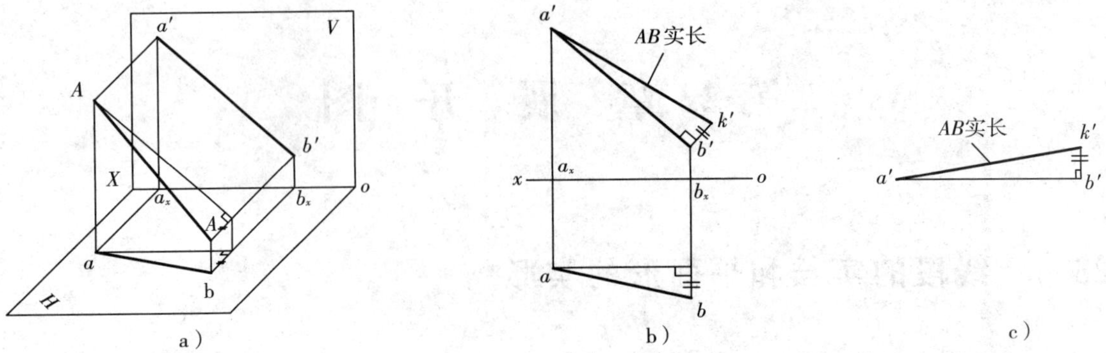

图 23－2　以线段的正面投影作直角边求线段实长

(3)以线段的侧面投影作直角边

如图 23－3 所示，作图步骤：

1)过点 a''作 $a''b''$的垂线，截取 $a''k''=a_za'-b_zb'$；

2)连接 $a''k''$，即得线段 AB 的实长。

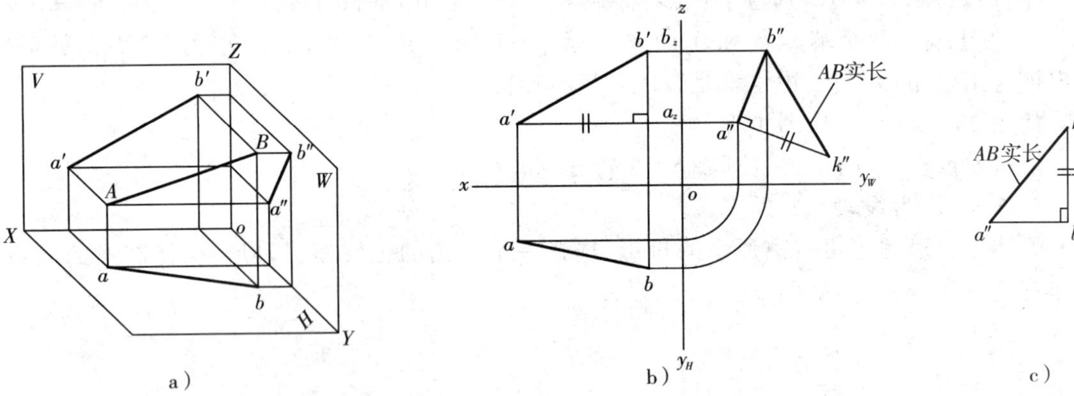

图 23－3　以线段的侧面投影作直角边求线段实长

2. 用旋转法求线段的实长

(1)线段绕垂直于 V 面的轴旋转

如图 23－4 所示，SA 为一般位置直线，sa 和 $s'a'$均不能反映 SA 的实长。

原理：如图 23－4b 所示，假定使线段 SA 围绕通过 S 点并垂直于 V 面的 Ss'轴旋转，显然，在整个旋转过程中，S 点的位置始终未动。当 SA 旋转到平行于 H 面的位置 SA_1（或 SA_2）时，可以看出，SA 在空间的运动轨迹是半个圆锥面，同时，$A \to A_1 \to A_2$ 是一段圆弧，此圆弧在垂直于 Ss'轴的平面上；$a' \to a_1' \to a_2'$ 也是圆弧，$s'a'=s'a_1'=s'a_2'$；$a \to a_1 \to a_2$ 则是平行于 x 轴的直线段，$sa_1=sa_2 \neq sa$。

换言之，当 SA 围绕通过 S 点的正垂轴 Ss'旋转至平行于 H 面的位置 SA_1（或 SA_2）时，其 V 面投影 $s'a'$旋转至 $s'a_1'$（或 $s'a_2'$），且平行于 x 轴；而 A 点的 H 面投影 a 则沿着一条平行于 x 轴的直线运动到 a_1（或 a_2）；由于新位置 SA_1（或 SA_2）平行于 H 面，那么，sa_1（或 sa_2）即反映线段 SA 的实长。

如图 23－4c 所示，作图步骤：

1)以点 s'为圆心，以 $s'a'$为半径画圆弧，交过点 s'且平行于 x 轴的直线于 a_1'；

2)过点 a 作平行于 x 轴的直线,交过点 a_1' 且垂直于 x 轴的直线于点 a_1,则 sa_1 即为线段 SA 的实长。

$s'a'$ 也可朝另一方向旋转(图中未画),从而获得 sa_2,也同样反映线段 SA 的实长。

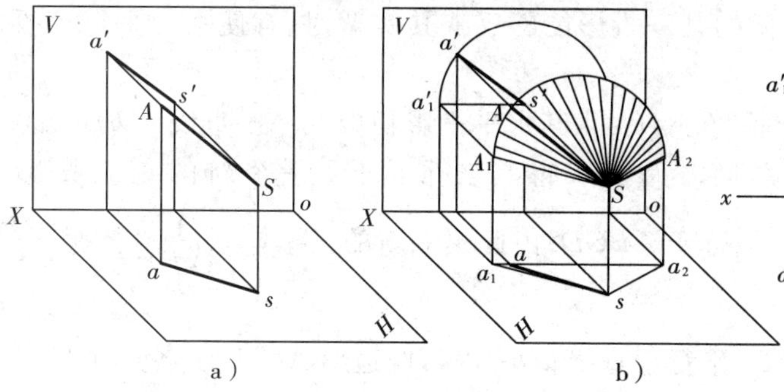

图 23-4 线段绕垂直于 V 面的轴旋转求线段实长

(2)线段绕垂直于 H 面的轴旋转

如图 23-5 所示,作图步骤:

1)以点 s 为圆心,以 sa 为半径画圆弧,交过点 s 且平行于 x 轴的直线于点 a_1;

2)过点 a_1 作 x 轴的垂线,交过点 a' 且平行于 x 轴的直线于点 a_1';

3)连 $s'a_1'$,即为线段 SA 的实长。

(3)线段绕垂直于 W 面的轴旋转

如图 23-6 所示,作图步骤:

1)以点 s'' 为圆心,以 $s''a''$ 为半径画圆弧,交过点 s'' 且平行于 z 轴的直线交于点 a_1'';

2)过点 a_1'' 作 z 轴的垂线,交过点 a' 且平行于 z 轴的直线于点 a_1';

3)连 $s'a_1'$ 即为线段 SA 的实长。

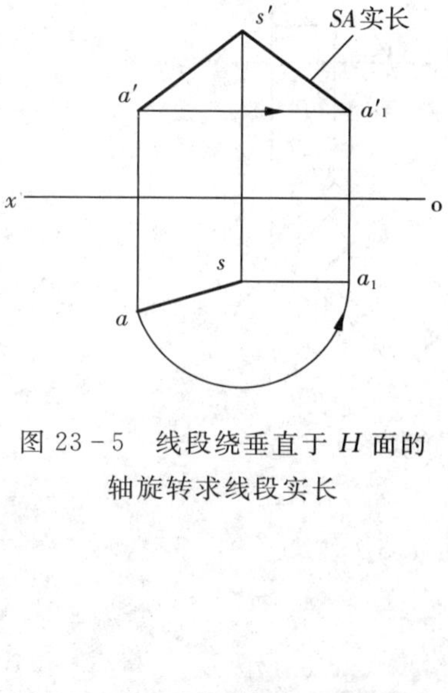

图 23-5 线段绕垂直于 H 面的轴旋转求线段实长

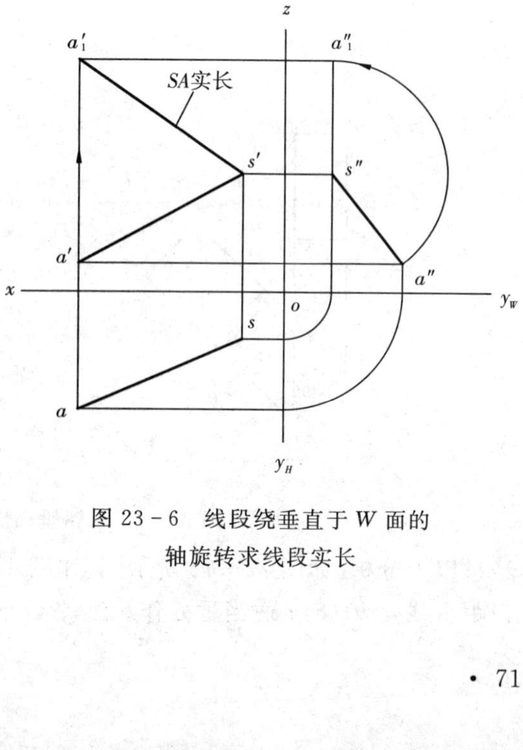

图 23-6 线段绕垂直于 W 面的轴旋转求线段实长

23.1.2 用换面法求平面图形的实形

1. 求垂直于 H 面(除侧平面)的平面图形的实形

铅垂面上的平面图形,它在水平面上的投影积聚成一直线,而其在正平面、侧平面上的投影均不能反映其真实形状;要使平面的某一投影能够反映其实形,只有使平面平行于投影面才能实现。

如图 23-7 所示,四边形 $ABCD$ 垂直于 H 面,其水平投影积聚成一段直线 $a(b)(c)d$,四边形 $a'b'c'd'$ 不能反映 $ABCD$ 的实形。为了求得其实形,假设一个新的正立投影面 V_1 垂直于 H 面,使 V_1 代替 V,并使 V_1 平行于 $ABCD$;由此建立新的投影体系 $\left(\frac{V_1}{H}\right)$ 替换 $\left(\frac{V}{H}\right)$,新投影轴 X_1 替换旧投影轴 X。

由于 V_1 平行于平面 $ABCD$,则 O_1X_1 平行于直线 $a(b)(c)d$;四边形 $ABCD$ 上各点在 V_1 面上的新投影点 a_1'、b_1'、c_1'、d_1' 至 O_1X_1 的距离,必然等于它们在旧 V 面上的投影 a'、b'、c'、d' 至 OX 轴的距离。将新投影体系 $\left(\frac{V_1}{H}\right)$ 沿新轴 O_1X_1 按正投影法旋转至与 H 面处于同一平面时,即可获得如图 23-7b 所示的形式,则四边形 $a_1'b_1'c_1'd_1'$ 在新的 V_1 面上的投影即反映其实形。

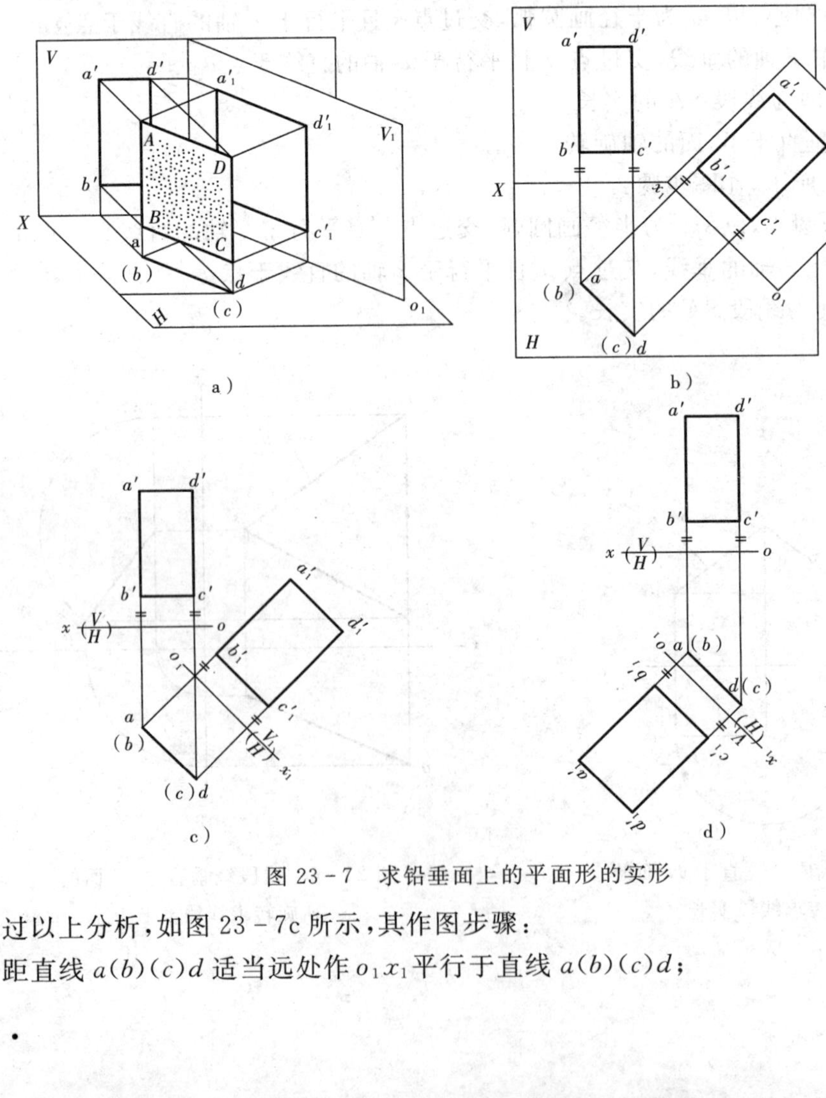

图 23-7 求铅垂面上的平面形的实形

经过以上分析,如图 23-7c 所示,其作图步骤:

1)距直线 $a(b)(c)d$ 适当远处作 o_1x_1 平行于直线 $a(b)(c)d$;

2)过点 $a(b)$ 和点 $(c)d$ 分别引出 o_1x_1 的垂线；

3)在此二垂线上，自 o_1x_1 向另一侧截 a_1'、b_1' 和 c_1'、d_1' 分别等于 a'、b' 和 c'、d' 至 ox 的距离，连 $a_1'b_1'c_1'd_1'$ 即得四边形 $ABCD$ 的实形。

如图 23－7d 所示，作图时，也可将新轴 o_1x_1 取在直线 $a(b)(c)d$ 的另一侧。

2. 求垂直于 V 面(除水平面)的平面图形的实形

如图 23－8 所示，圆柱被一个正垂面斜截，截面必是一个椭圆，其 V 面投影积聚成一条直线，H 面投影同圆柱面一起积聚为圆，二投影均未获得椭圆实形。

假设用一个垂直于 V 面且平行于该截面的新投影面 H_1 来替换 H，以新的 $\left(\frac{V}{H_1}\right)$ 二投影面体系替换旧的 $\left(\frac{V}{H}\right)$ 体系，则在新的 H_1 面投影上，无疑可获得圆柱斜截面的椭圆实形。

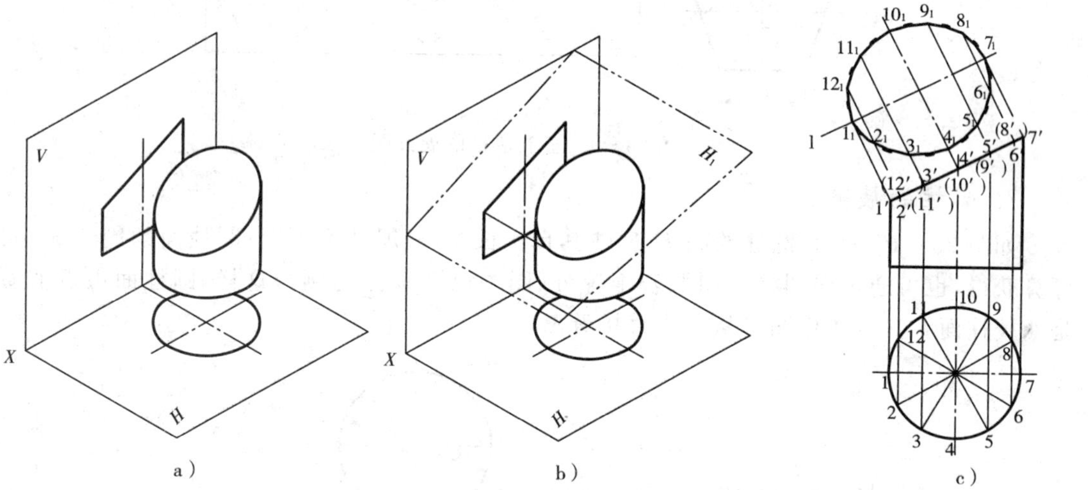

图 23－8　求正垂面上的平面形的实形

如图 23－8c 所示，作图步骤：

1)距斜截面的 V 面投影适当距离处取新轴 $o_1x_1 /\!/ 1'7'$(图中未画 o_1x_1，实际作图时是在距离 $1'7'$ 适当远处作 $1'7'$ 的平行线 l)；

2)过斜截面上各分点的 V 面投影 $1'$、$2'$、$3'$、$4'$、$5'$、$6'$、$7'$、$8'$、$9'$、$10'$、$11'$、$12'$ 分别向直线 l 引垂线；

3)在各垂线上，自 l 线向两侧对称取 1_1、2_1、12_1、3_1、11_1、4_1、10_1、5_1、9_1、6_1、8_1、7_1，使它们分别对应等于 H 面上 1、2、12、3、11、4、10、5、9、6、8、7 各点到圆的水平中心线的距离；

4)顺次光滑连接 1_1、2_1、3_1、4_1、5_1、6_1、7_1、8_1、9_1、10_1、11_1、12_1 各点，即得圆柱斜截面的椭圆实形。

23.2　画展开图的基本方法

23.2.1　平行线展开法

1. 棱柱的展开图

如图 23－9 所示，五棱柱的五个侧面都是矩形，而矩形的高 H 和宽 a 可在投影图中真实地反映出来；故五棱柱的展开图就是将五个矩形顺序排列摊平，并于上下两侧分别画出上底和下底的正五边形。

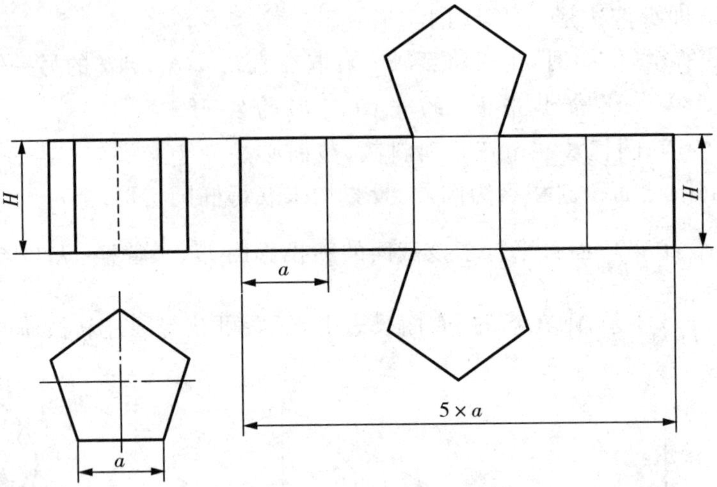

图 23－9　正五棱柱的展开图

2. 圆柱的展开图

如图 23－10 所示，圆柱的高 H 反映其真实长度，故展开后不变；圆柱面的周长 πd 可经计算获得，也可通过作图将圆周取若干等分（图中以 8 等分为例），这样，圆柱面可近似看作是八棱柱面。其具体作图可从图中直接看出。

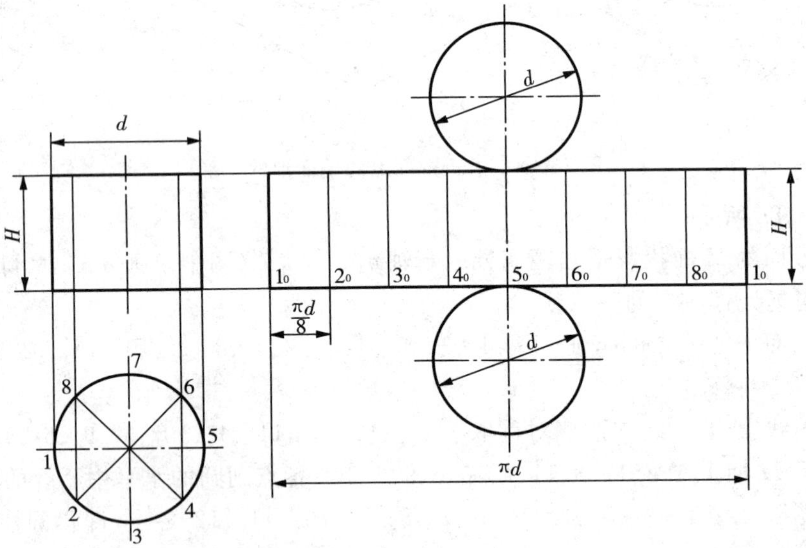

图 23－10　圆柱的展开图

3. 斜截棱柱的展开图

如图 23－11a 所示，要获得斜截六棱柱整个表面的实形，先运用换面法作出斜截面的实形；其下底面的正六边形可从投影图中直接取得。

要作出侧面的展开图，可先作出完整六棱柱的展开图，并在展开图的各棱线上找出六个棱被斜截的位置 4_0、5_0、6_0、1_0、2_0、3_0，按顺序分别用直线连接即可，如图 23－11b 所示。

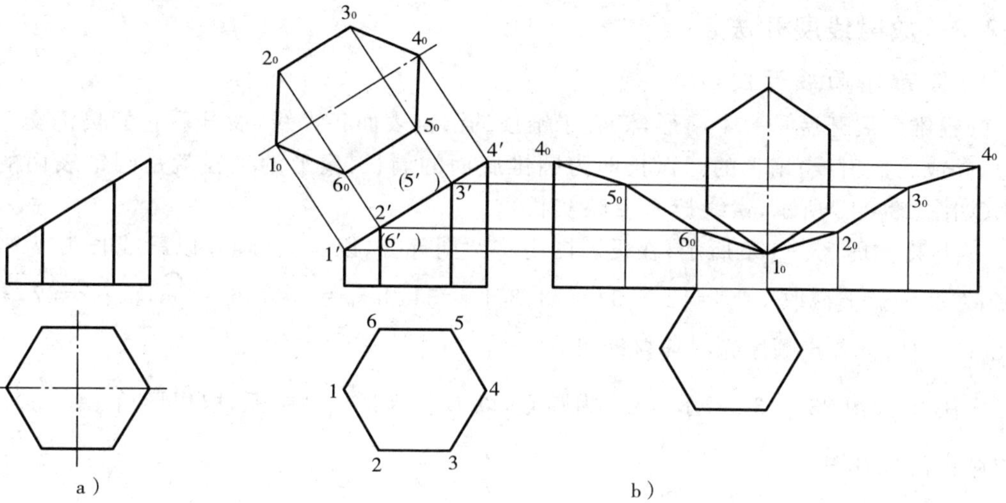

图 23-11　斜截六棱柱的展开图

4. 斜椭圆柱的展开图

如图 23-12a 所示，由于斜椭圆柱表面各素线平行于 V 面，故在该投影面上的各素线的投影均反映其实长。设想斜椭圆柱就在 V 面上做纯滚动，同时将表面逐渐展开，显然，展开后各素线仍保持原来的相互平行关系，即都平行于一个假想的旋转轴；各素线的两端点，展开后必然在过这些端点垂直于假想旋转轴的直线上，且 $5_0 4_0 = \overset{\frown}{54}$、$4_0 3_0 = \overset{\frown}{43}$、$3_0 2_0 = \overset{\frown}{32}$、$2_0 1_0 = \overset{\frown}{21}$、$1_0 8_0 = \overset{\frown}{18}$、$8_0 7_0 = \overset{\frown}{87}$、$7_0 6_0 = \overset{\frown}{76}$、$6_0 5_0 = \overset{\frown}{65}$；最后将各点顺序连接成光滑曲线即可。

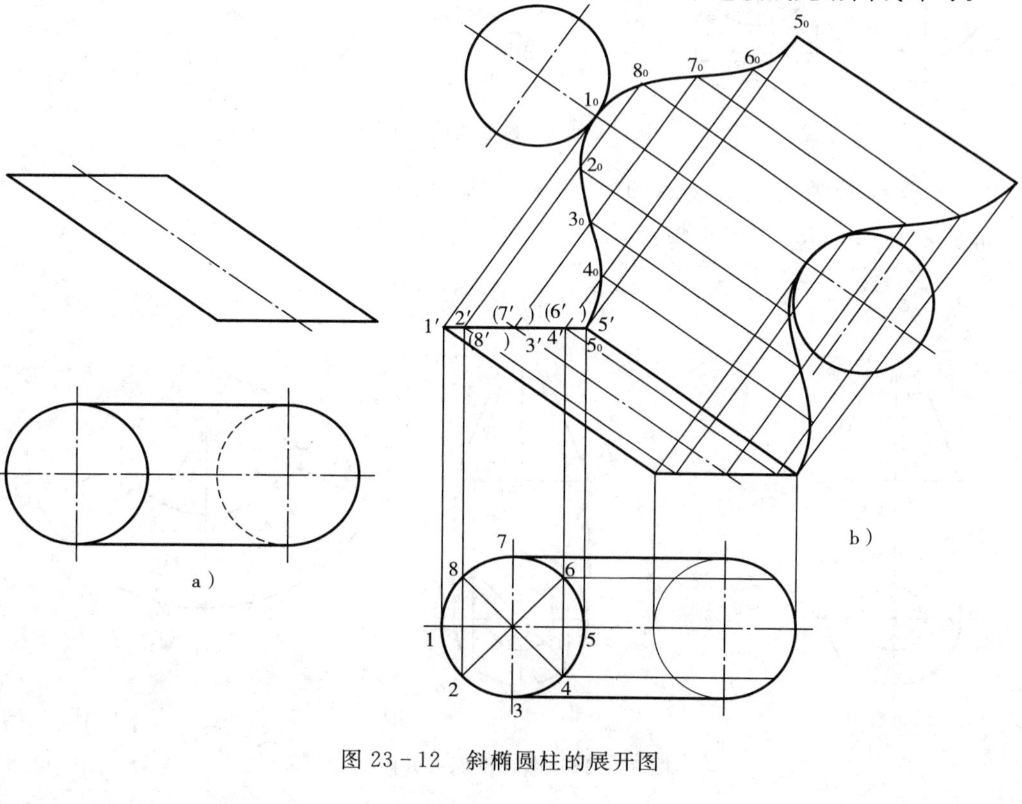

图 23-12　斜椭圆柱的展开图

23.2.2 放射线展开法

1. 圆锥锥面展开图

圆锥锥面展开后是一个扇形，汇交于锥顶的圆锥表面各素线，展开后它们仍汇交于扇形圆心，并成为放射线；扇形的圆弧长即为圆锥底面的周长，扇形的半径就是圆锥表面的素线长 L（如图 23－13 所示，素线长 L 反映实长）。

方法 1：如图 23－13c 所示，在投影图中将圆周等分，以 s_0 为圆心，以素线长 L 为半径画圆弧；在此圆弧上截取 $1_02_0=\overset{\frown}{12}$，$2_03_0=\overset{\frown}{23}$，$3_04_0=\overset{\frown}{34}$，$4_05_0=\overset{\frown}{45}$，$5_06_0=\overset{\frown}{56}$，$6_07_0=\overset{\frown}{67}$，$7_08_0=\overset{\frown}{78}$，$8_01_0=\overset{\frown}{81}$，将各点顺序光滑连接即可。

方法 2：如图 23－13d 所示，以 s_0 为圆心，以 L 长为半径画圆弧，取扇形角 $\alpha=\dfrac{d}{2L}\times360°$，即得圆锥面展开图。

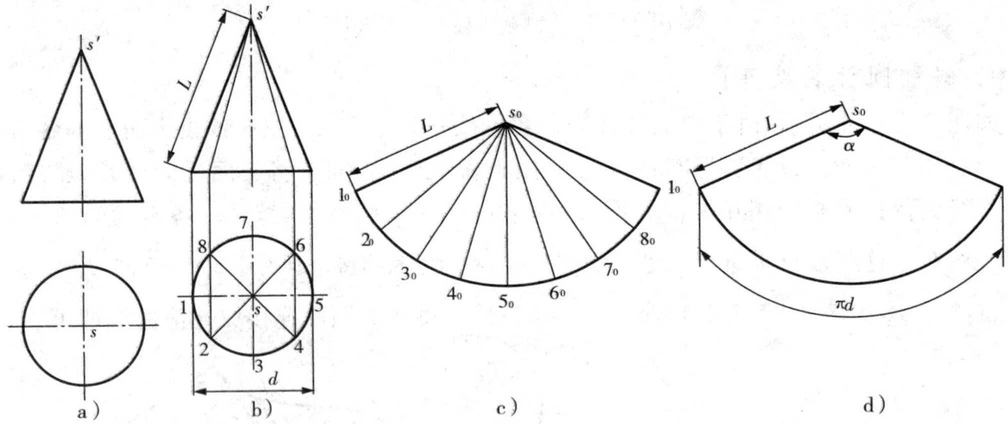

图 23－13　圆锥面的展开图

2. 圆台锥面展开图一（锥顶在作图范围内）

如图 23－14 所示，作图步骤：

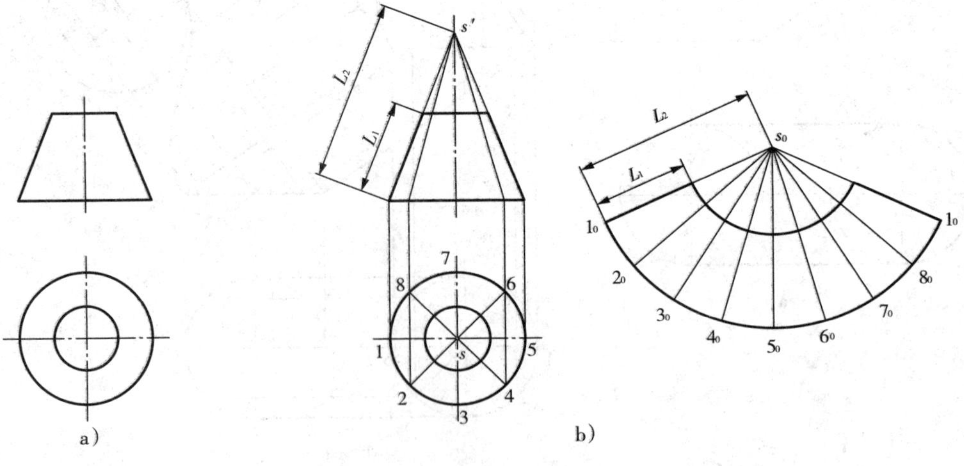

图 23－14　圆台锥面展开图（一）

1)延长圆台主视图上两条轮廓素线，得锥顶 s'；

2)以 s_0 为圆心，以完整圆锥的素线 L_1 为半径画圆弧；

3)将完整圆锥的表面展开(图 23 - 14b 中圆锥底面取 8 等分)；

4)仍以 s_0 为圆心，以(L_2-L_1)之长为半径圆弧，即得圆台表面展开图。

3. 圆台锥面展开图二(锥顶在作图范围外)

如图 23 - 15 所示，作图步骤：

1)作一个辅助小圆锥，使其锥顶角等于圆台的锥顶角，且使二者的底圆直径之比$\dfrac{d}{D}=\dfrac{1}{n}$($n$ 为正整数，图 23 - 15b 中取 $n=3$)；

2)作出小圆锥的展开图(图 23 - 15b 中小圆锥底圆六等分)；

3)在展开图的对称线 $s4_0$ 上适当位置任取 s_0 点，连接 s_01_0、s_02_0、s_03_0、s_04_0、s_05_0、s_06_0、s_01_0，并各分别延长；

4)在各延长线上，分别取$\dfrac{s_01_0}{s_01_1}=\dfrac{s_02_0}{s_02_1}=\dfrac{s_03_0}{s_03_1}=\dfrac{s_04_0}{s_04_1}=\dfrac{s_05_0}{s_05_1}=\dfrac{s_06_0}{s_06_1}=\dfrac{s_01_0}{s_01_1}=\dfrac{1}{3}$；

5)过点 1_1、2_1、3_1、4_1、5_1、6_1、1_1，分别作 $s1_0$、$s2_0$、$s3_0$、$s4_0$、$s5_0$、$s6_0$、$s1_0$的平行线；

6)如图 23 - 15b 所示，在各平行线上，自 1_1、2_1、3_1、4_1、5_1、6_1、1_1取长度 L，得 7 点，将内弧和外弧上所得的各 7 个点用曲线光滑连接即可。

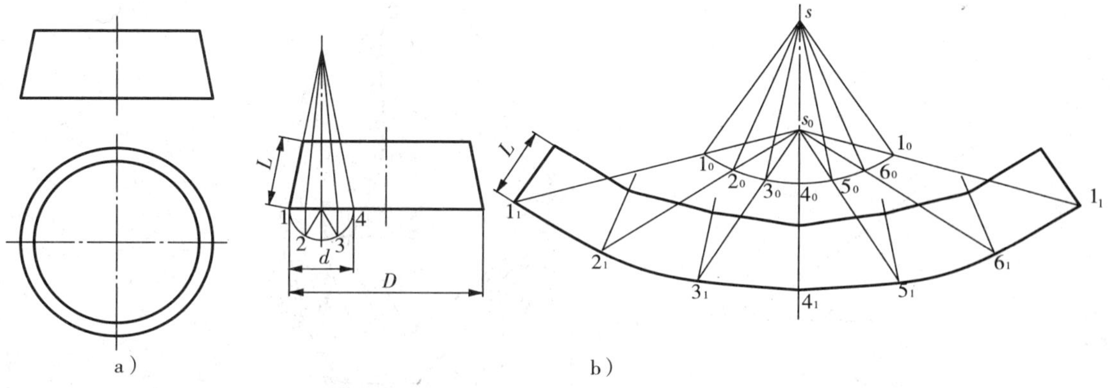

图 23 - 15 圆台锥面展开图(二)

4. 棱锥侧面展开图

如图 23 - 16 所示，以正四棱锥为例，作图步骤：

1)用直角三角形法求出过锥顶的侧棱实长 s_0c_0(因为过锥顶的四个侧棱对 V、H 投影面的投影都处于倾斜位置，二投影均不能反映实长，且四个侧棱相等，只要求出一个侧棱的实长即可)；

2)如图 23 - 16b 所示，以 S_0为圆心，以侧棱的实长 s_0c_0为半径画圆弧；

3)在圆弧上顺序取四棱锥的各底边长 C_0D_0、D_0A_0、A_0B_0和 B_0C_0，连接有关各直线，即得四棱锥侧面展开图。

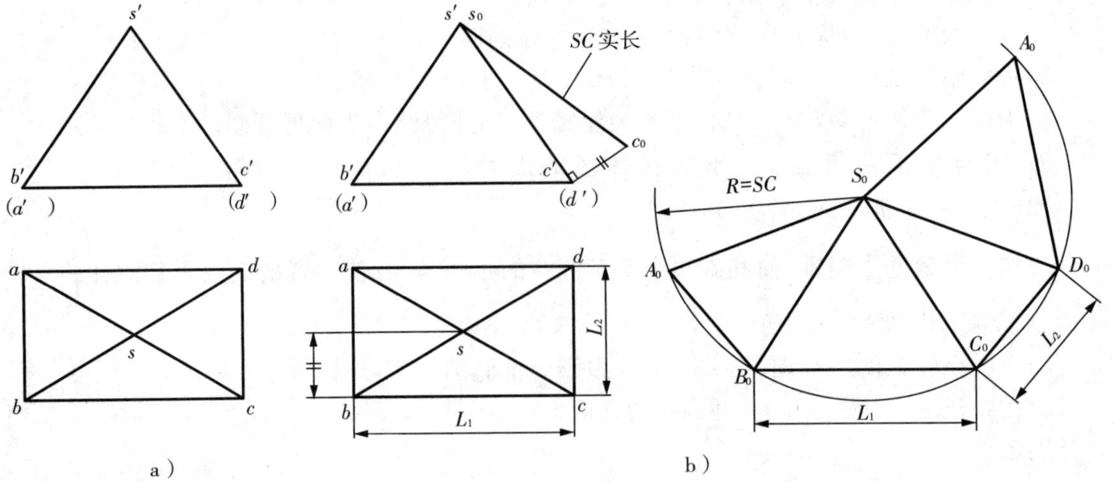

图 23－16　棱锥面侧面展开图

5．斜椭圆锥面展开图

如图 23－17 所示，作图步骤：

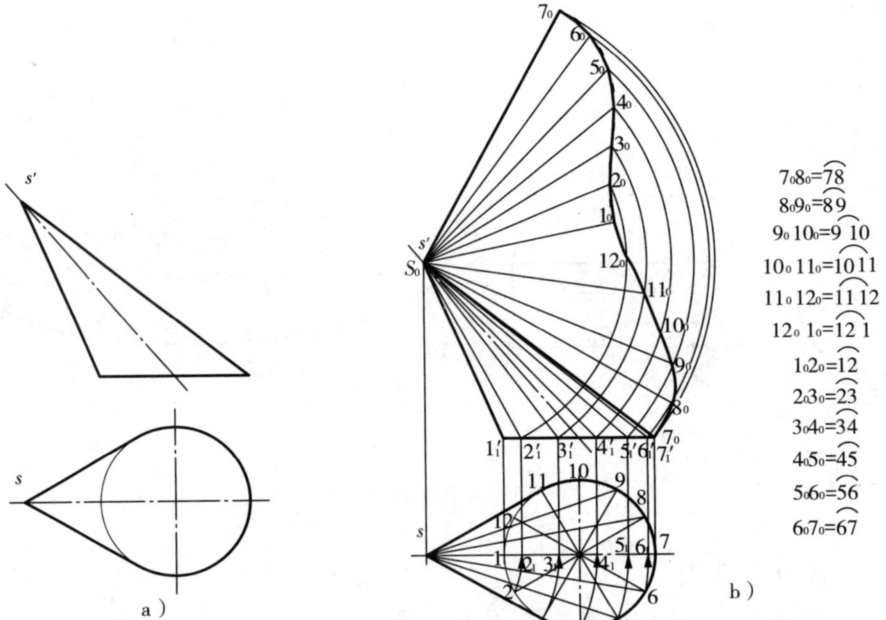

图 23－17　斜椭圆锥面展开图

1）将斜椭圆锥的底圆周等分(图 23－17b 中取 12 等分)，自锥顶 $S(s,s')$向各分点引素线；从图中可看出，由于 $s1$、$s7$ 平行于 x 轴(图中未画出)，说明此二素线在空间的位置均平行于 V 面，故 $s'1'$和 $s'7'$反映该二素线的实长；除此之外，其他各素线在二投影图中均不能反映实长。

2）为求得其他各素线的实长，以过点 S 的铅垂线为轴，利用旋转法将其他各素线也都旋

转到平行于 V 面的位置。显然，这些素线旋转到新位置后的 V 面投影均可反映其各自的实长(如 $s'5'_1$)。

3)以 S_0(取在 s'处)为圆心，以 $S_0 8$ 的实长为半径画圆弧，再以 7_0(取在 $7'$处)为圆心，$\overset{\frown}{78}$ 之长为半径画圆弧，则二弧相交得点 8_0。

4)再以 S_0 为圆心，以 $S_0 9$ 的实长为半径画圆弧；以 8_0 为圆心，仍以底圆周长的十二分之一为半径画圆弧，则二弧相交得点 9_0。

依上述方法，可得到展开图的其他各分点，最后将各分点依次连接成光滑曲线，即得斜椭圆锥的表面展开图。

6. 斜椭圆台锥面展开图

如图 23－18 所示，作图步骤：

1)先求出斜椭圆锥顶点的二投影。

2)将底圆周等分，引过各等分点的素线。

3)用旋转法求出各素线的实长(图中以过锥顶的铅垂线为旋转轴)。

4)用前例绘制斜椭圆锥面展开图的方法，将本例整体斜椭圆锥面展开。

5)斜椭圆台可看作是整体斜圆锥被一个平行于底面的平面截断；仍以 S_0 为圆心，以各素线实长被上底面所截各点至锥顶之长为半径画圆弧，分别交整体斜椭圆锥面展开图上各对应素线于一系列点；再将这些交点用光滑曲线连接即可，如图 23－18b 所示。

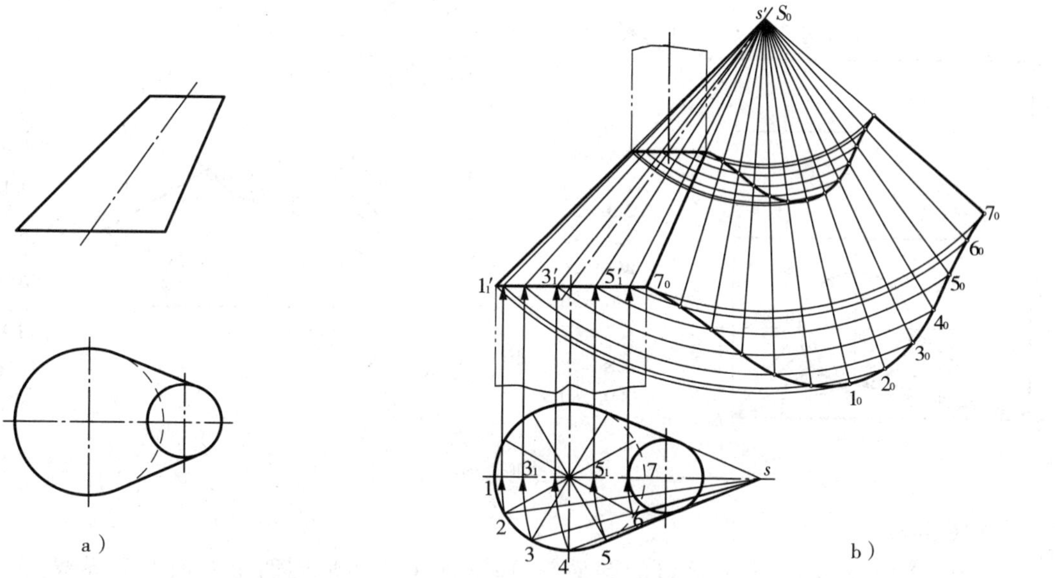

图 23－18 斜椭圆台锥面展开图

23.2.3 三角形展开法

1. 变形接头(一)

如图 23－19 所示，变形接头上部连圆管，下部接矩形方筒；由于图中变形接头的前后两半对称，故作图时只展开了前半部；整个变形接头包括四个平面三角形和四个 1/4 斜椭圆锥表面。

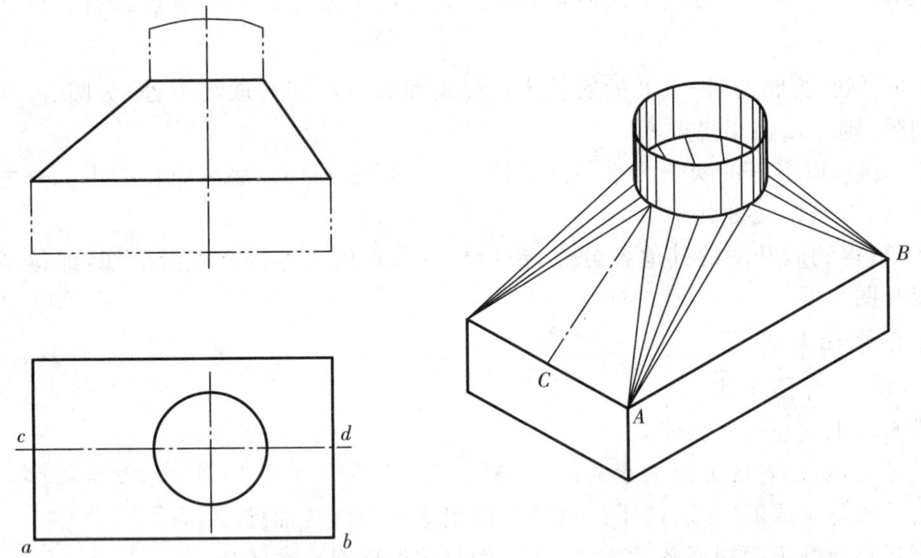

a）

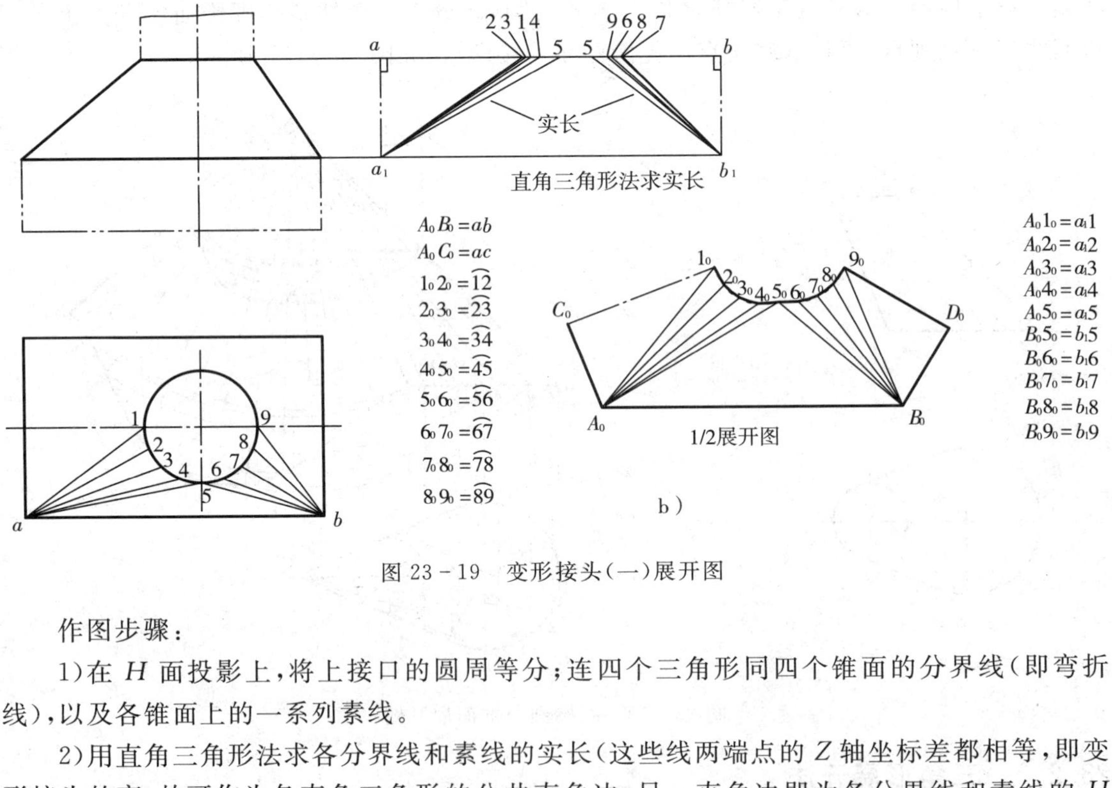

b）

图 23－19　变形接头（一）展开图

作图步骤：

1）在 H 面投影上，将上接口的圆周等分；连四个三角形同四个锥面的分界线（即弯折线），以及各锥面上的一系列素线。

2）用直角三角形法求各分界线和素线的实长（这些线两端点的 Z 轴坐标差都相等，即变形接头的高，故可作为各直角三角形的公共直角边，另一直角边即为各分界线和素线的 H 面投影 $a1$、$a2$、$a3$、$a4$、$a5$、$b6$、$b7$、$b8$、$b9$，则各直角三角形的斜边即为对应线段的实长）。

3）取 $A_0B_0=ab$，以 A_0 为圆心，以 a_15（$a5$ 的实长）为半径；以 B_0 为圆心，以 b_15（$b5$ 的实长）为半径，分别画圆弧交于点 5_0；连接 A_05_0、B_05_0。

4）锥面部分可看作是由数条素线分割成的几个三角形，而每个三角形的三个边的实长均已求出，故可逐个作出各三角形，从而获得锥面展开部分 $A_0 1_0 5_0$ 和 $B_0 5_0 9_0$。

5）由于 ac 和 bd 即为实长，$c1$ 和 $d9$ 所对应的 V 面投影也反映实长，故不难作出变形接头的 1/2 展开图。

2. 变形接头（二）

如图 23－20 所示，变形接头的上部斜接矩形方筒，下部连圆管；接头的前后两半对称；本例只展开前面的一半。

首先将变形接头合理地划分若干部分。为此，图例中将下接口的圆周 12 等分，其中，第一个 1/4 圆周上的等分点 1、2、3、4 与点 a 连线；点 4、5、6、7 与点 b 连线；后半部分也采取同样的方法，则整个接头表面划分为四个平面三角形以及四个 1/4 斜椭圆锥面，而每个斜椭圆锥面上的几条素线又将该锥面分割为三个近似三角形。显然，变形接头的整个表面被分割成 16 个三角形，只需求得这些三角形各边的实长，按顺序作出各三角形的实形即得展开图。

由于投影图中 a、b 二投影所对应的二空间点的高度（即 Z 轴坐标）不同，在求锥面上各素线的实长时，将 $a1$、$a2$、$a3$、$a4$ 分为一组，以 aa_1 作为一组直角三角形的公共直角边；将 $b4$、$b5$、$b6$、$b7$ 分为另外一组，以 bb_1 作为一组直角三角形的公共直角边；此二组直角三角形的斜边即为各对应素线的实长。

同时，16 个三角形的第三边均可在投影图中直接获得实长。

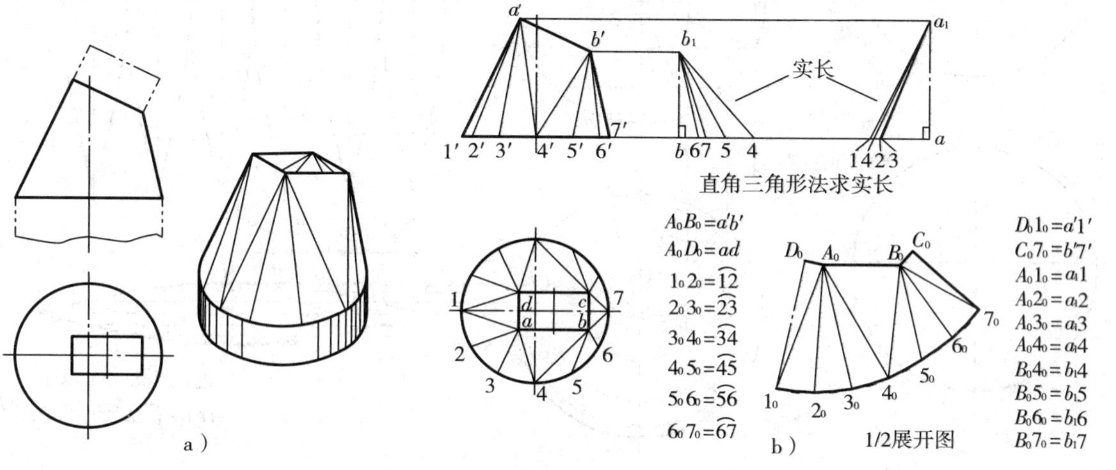

图 23－20 变形接头（二）展开图

23.2.4 不可展曲面的近似展开

1. 球面展开图（经线分割展开）

如图 23－21a 所示，已知球面的 H 面和 V 面投影，按经线分割法将其表面近似展开。

作图步骤：

1）将球面的 H 面投影等分（本例取 12 等分）；考虑作图方便，分点不取在中心线上；将各分点与中心 o 连线，则得球面上 12 条经线的 H 面投影，这些经线将球面分割为 12 块形状和尺寸完全相同的橄榄形曲面；因此，只需求得其中一块曲面的展开图，即可作为样板，连续画出其他 11 块曲面的展开图。

2）将球面的 V 面投影等分（本例取 16 等分）；过各分点作水平线；并以这些水平线为直

径，在 H 面的投影上，以 o 为圆心作出各对应的同心圆。

3）为了展开一块橄榄形曲面，作直线 $O_0 8_0$ 等于 $\widehat{o'4'8'}$ 半圆周长；即截 $O_0 1_0 = \widehat{o'1'}$，$1_0 2_0 = \widehat{1'2'}$，$2_0 3_0 = \widehat{2'3'}$，…；显然，橄榄形曲面展开后两尖端之间的距离，即为球面“北极”至“南极”的半圆周长。

4）过 1_0、2_0、3_0、…作 $O_0 8_0$ 的垂线；由于橄榄形曲面的形状是两端尖、赤道部分最宽、中间不同纬度有不同的宽度，而所有这些宽度都真实地反映在 H 面的投影上；故过点 1_0 对称取 $A_0 B_0 = ab$，过点 2_0 对称取 $C_0 D_0 = cd$，过点 3_0 对称取 $E_0 F_0 = ef$，过点 4_0 对称取 $G_0 H_0 = gh$，…。

5）光滑连接 $O_0 A_0 C_0 E_0 G_0 \cdots 8_0$ 和 $O_0 B_0 D_0 F_0 H_0 \cdots 8_0$ 的两条曲线，即得一块橄榄形曲面的展开图；据此可作出样板，连续画出整个球面的近似展开图。

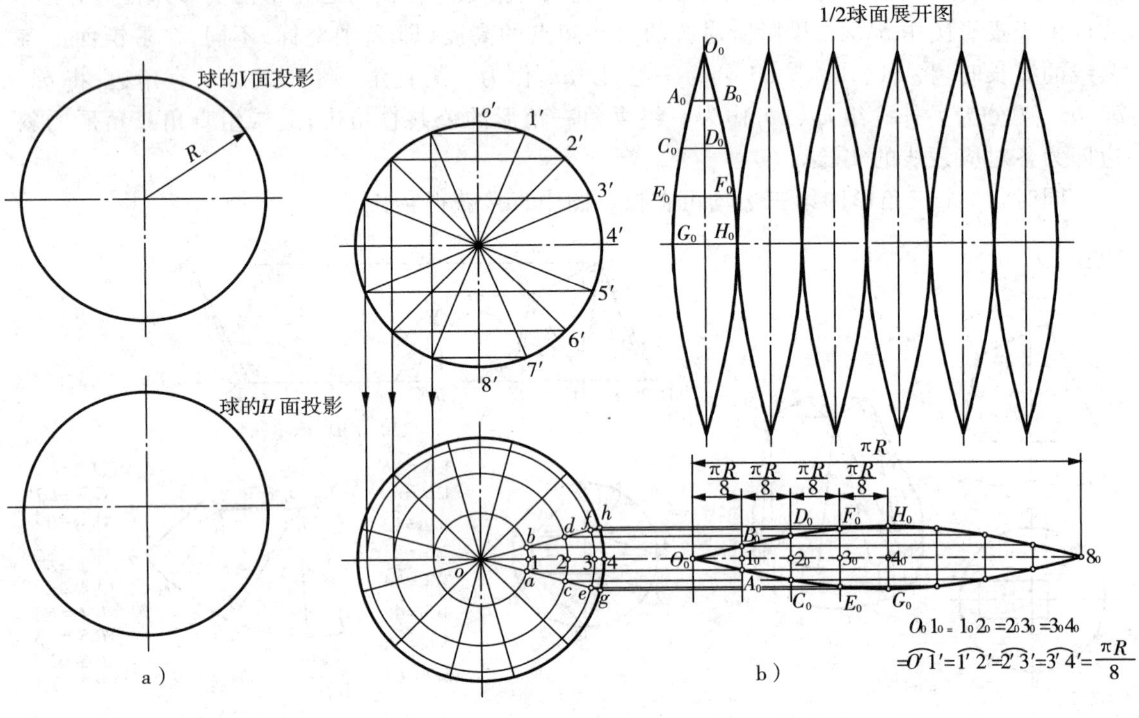

图 23－21　球面展开图（经线分割展开）

2. 球面展开图（纬线分割展开）

如图 23－22 所示，已知半球面的 H 面和 V 面投影，按纬线分割法将其表面近似展开。

作图步骤：

1）将半球面的 V 面投影之半圆等分（本例取 8 等分）；过各分点 b'、c'、d' 作水平线，则将半球按不同纬度分割成四部分；连接 $a'b'$、$b'c'$、$c'd'$ 和 $d'e'$，则 $a'b'$ 段、$b'c'$ 段、$c'd'$ 段均可近似地看作是圆台，$d'e'$ 段则近似地看作是一个锥面。显然，展开三个圆台的表面并不困难。

2）延长 $a'b'$、$b'c'$、$c'd'$，分别交半球的垂直中心线于 o_1'、o_2'、o_3'，即得各段圆台的理论锥顶。

3）为了展开各段圆台的锥面，作 $O_1 A_0 = o_1'a' = R_1$；以 O_1 为圆心，以 $O_1 A_0$ 为半径画圆

弧；在 O_1A_0 上截取 $A_0B_0=\widehat{a'b'}=L$，$B_0C_0=\widehat{b'c'}=L$，$C_0D_0=\widehat{c'd'}=L$，$D_0O_0=\widehat{d'e'}=L$；仍以 O_1 为圆心，以 O_1B_0 为半径画圆弧。

4）为了求得 $a'b'$ 段圆台表面展开后弧形带的长度，在 H 面投影中过 b、c、d 作三个同心圆；将这些圆等分（图中取12等分）。显然可知，展开图中过 A_0 和 B_0 的圆弧长应分别等于 H 面投影中过 a 和 b 的两个圆周长。自 A_0 和 B_0 分别在各自的圆弧上取12段长度各为 s_1 和 s_2 的弧长。

5）在 O_1A_0 上，自 B_0 向左截 $B_0o_2=b'o_2'=R_2$；自 C_0 截 $C_0o_3=c'o_3'=R_3$；以 o_2 和 o_3 各为圆心，以 R_2 和 R_3 分别为半径画圆弧；用前述的同样方法可将 $b'c'$ 段和 $c'd'$ 段圆台表面展开。

6）最后取 $D_0o_4=d'e'=R_4$；以 o_4 为圆心，以 R_4 为半径画圆弧，并使其弧长等于 H 面投影中过 d 点的圆周长。

这样，就完成了半球面的近似展开图。

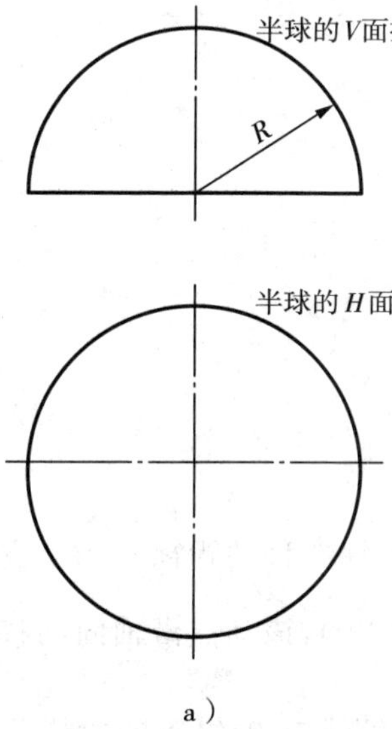

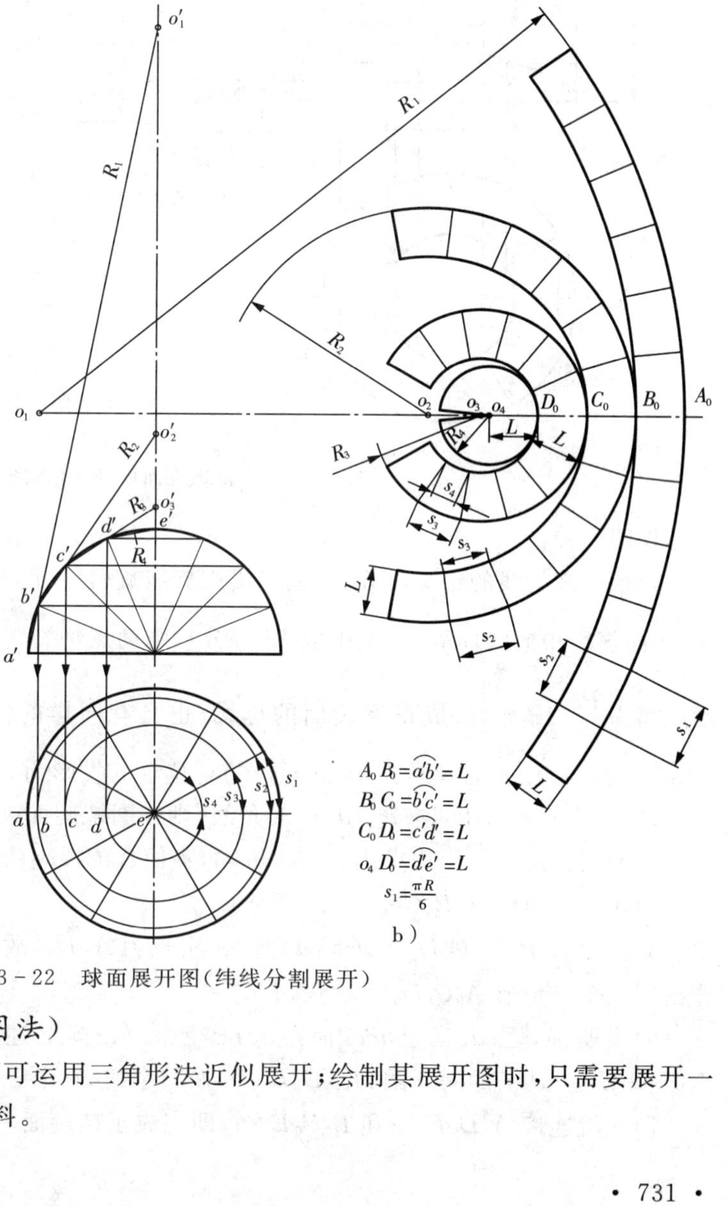

图23-22 球面展开图（纬线分割展开）

3. 正螺旋面展开图（作图法）

如图23-23所示，正螺旋面可运用三角形法近似展开；绘制其展开图时，只需要展开一圈螺旋面即可作出样板，据此下料。

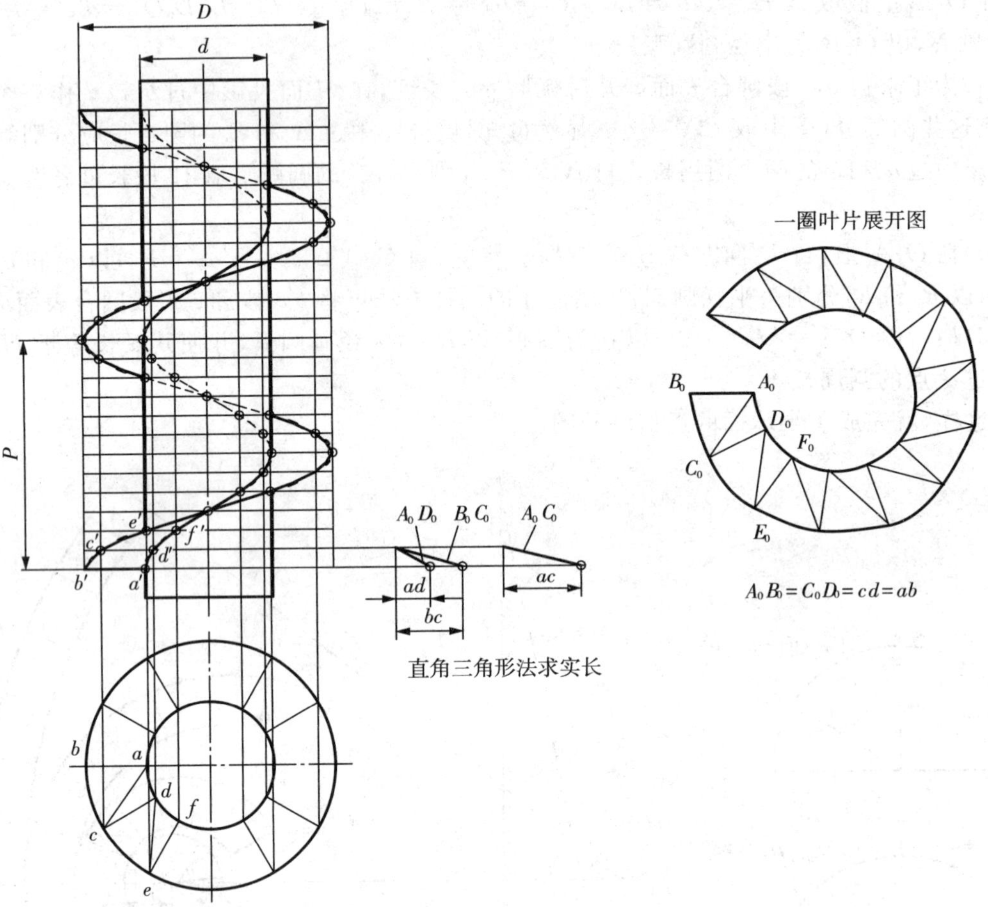

图 23－23　正螺旋面展开图(作图法)

作图步骤：

1)根据螺旋线的定义可知，一动点沿螺旋线旋转 360°，该动点沿轴向移动距离为 P。现将 H 面投影中的圆周等分(图中取 12 等分)，则动点每旋转$\frac{360°}{12}$(＝30°)，该动点沿轴向的移动距离为$\frac{P}{12}$。显然，形成正螺旋面的母线，也具有同样的性质；设母线在 0°位置的投影为 ab、$a'b'$，在 30°位置的投影为 cd、$c'd'$，在 60°位置的投影为 ef、$e'f'$ 等。

2)在 H 面投影中，连 ac、cd、…对角线，则一圈螺旋面被分割成 24 个近似三角形。

3)利用直角三角形法求出 ac、bc、ad 的实长 A_0C_0、B_0C_0、A_0D_0。

4)作出三角形 $A_0B_0C_0$。

5)已知 $A_0B_0=C_0D_0=ab=cd$，而 ad 实长为 A_0D_0，故可在三角形的边 A_0C_0 上按顺序作出第二个三角形 $A_0C_0D_0$。

6)很明显，$\triangle cde \cong \triangle abc$，而 $\triangle def \cong \triangle acd$。按上述方法可画出 $\triangle cde$ 的展开图为 $\triangle C_0D_0E_0$，$\triangle def$ 的展开图为 $\triangle D_0E_0F_0$，而其余的 20 个三角形也可按此法顺序画出。

7)光滑连接 $A_0D_0F_0$…和 $B_0C_0E_0$…，即完成正螺旋面一圈的展开图。

4. 正螺旋面展开图(解析法)

如图 23-24 所示,正螺旋面的展开也可利用解析法求得各部分的几何关系,从而绘制其展开图。

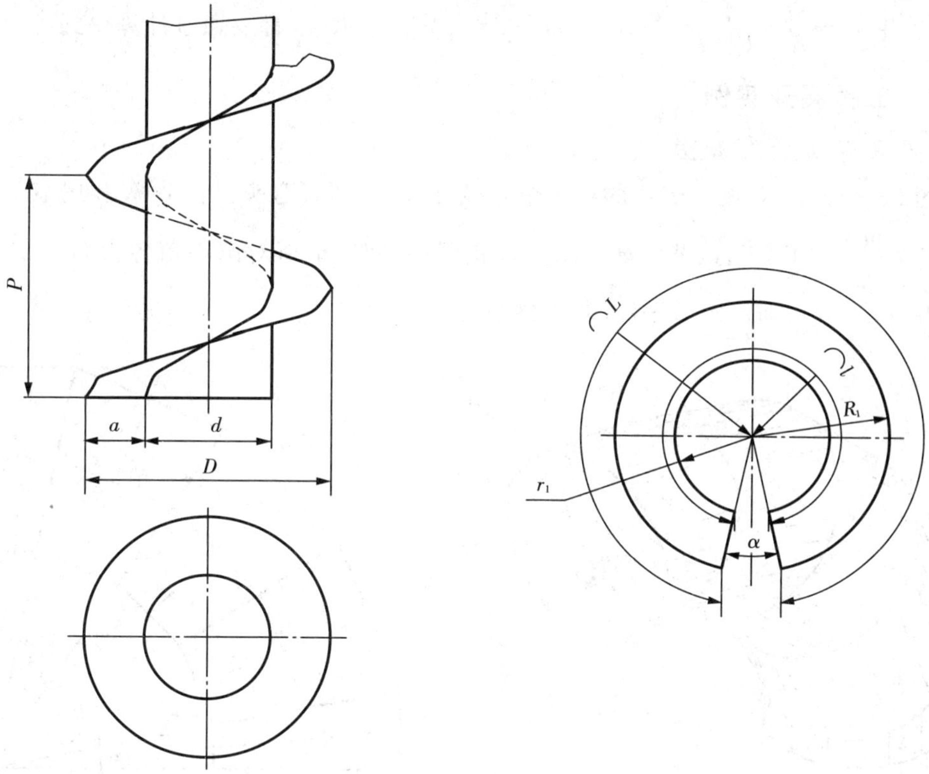

图 23-24 正螺旋面展开图(解释法)

推导正螺旋面一圈的几何关系(设 D、d、P、a 均为已知):

正螺旋面外圈螺旋线一圈的展开长度 $L=\sqrt{\pi^2D^2+P^2}$;

正螺旋面内圈螺旋线一圈的展开长度 $l=\sqrt{\pi^2d^2+P^2}$;

由于内外圈二螺旋线展开后成为两个同心角相等的同心圆弧,则

$$l:L=r_1:R_1\Rightarrow r_1=\frac{l}{L}R_1$$

又 $$R_1-r_1=\frac{D-d}{2}=a$$

故 $$R_1=r_1+a$$

同时 $$r_1=\frac{l}{L}R_1=\frac{l}{L}(r_1+a)=\frac{r_1}{L}+\frac{al}{L}$$

则 $$r_1\left(1-\frac{l}{L}\right)=\frac{al}{L}\Rightarrow r_1=\frac{al}{L}\times\frac{L}{L-l}=\frac{al}{L-l}$$

而且
$$\frac{\alpha}{360^\circ}=\frac{2\pi R_1-L}{2\pi R_1}$$

所以
$$\alpha=\frac{2\pi R_1-L}{2\pi R_1}\times 360^\circ$$

注：这里 $r_1=\frac{al}{L}\times\frac{L}{L-l}\neq\frac{d}{2}$，$R_1=r_1+a\neq\frac{D}{2}$，即 r_1、R_1、α 都要通过计算得到。

23.2.5 工程展开实例

1. 圆管弯头的展开图

如图 23-25 所示，图中表示的是一个等径五节 90°圆管弯头。首节 A 和尾节 E 所对圆心角 α 均为$\frac{90^\circ}{8}=11.25^\circ$，两节的展开图完全相同；中间三节所对圆心角各为 $2\alpha=22.5^\circ$。只需要展开其中一节，即可作出样板，完成整个展开图。

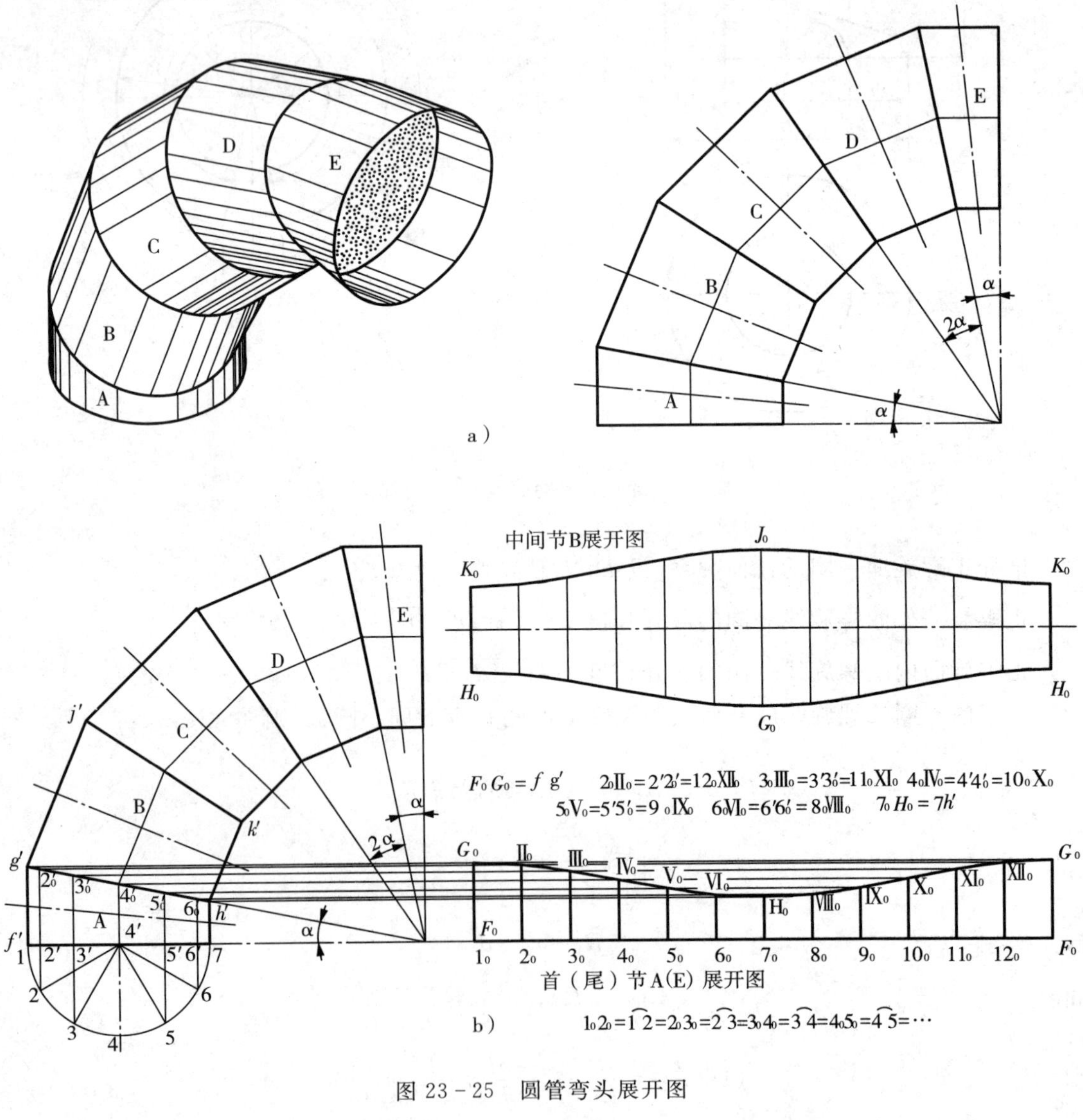

图 23-25　圆管弯头展开图

为此，先在投影图中作出圆管的半个辅助圆，并将其等分(图中取 6 等分)，自辅助半圆上的各等分点向首节圆管引该管的素线；按斜截圆柱表面展开的方法，先画一条直线，并在直线上截取 $1_0 2_0 = \overset{\frown}{12}$，$2_0 3_0 = \overset{\frown}{23}$，$3_0 4_0 = \overset{\frown}{34}$，…，显然其总长 $1_0 7_0 F_0$ 即为圆管的圆周长；过点 1_0、2_0、3_0、4_0、…F_0 等 13 个点作直线 $1_0 7_0 F_0$ 的垂线，此 13 条垂线就是首节圆管表面的对应 12 条素线($F_0 G_0$ 的垂线首尾重复)，找出各垂线所对应各自的素线长，光滑连接成曲线，即得首节(A 节)的展开图(A 节、E 节完全相同)。

由于中间节 B 所对应圆心角 2α 是首节的二倍，每节的中心线刚好将该节分成对称的两半，每半节都是 $\alpha = 11.25°$，展开后的形状与首(尾)节完全相同。为了合理使用材料，每节采用交错开缝，如首节在外侧($F_0 G_0$)开缝，则第二节就应在内侧($H_0 K_0$)开缝。

为分散焊接应力，焊缝常取在两个侧面。

2. 异径正交的三通管展开图

如图 23 - 26a 所示，异径正交三通管即不等径二圆柱相贯，较小直立圆柱 B 和较大水平圆柱 A 的相贯线的投影为已知。

如图 23 - 26b 所示，绘制展开图的核心问题是在展开图上作出两管各自的相贯线展开。

B 管展开：将 B 管圆周等分(图中辅助半圆上取 6 等分)，自各分点引 B 管表面的素线(前后各 6 根)，每根素线都截止到相贯线。显然，B 管的展开长 $1_0 7_0 1_0$ 就是它自身的圆周长，根据 12 根素线至相贯线的不同长度，即可找出在展开图上过 1_0、2_0、3_0、…、12_0、1_0 的展开素线长，光滑连接各点所得曲线，即为 B 管相贯线的展开形状。

A 管展开：A 管整体的展开很简单，需要解决的问题是中间的相贯孔。孔上各点的左右相对距离在投影图可直接反映，故可从投影图上相贯线的各点直接向展开图引线；相贯孔上各点的前后相对位置可采用以下方法获得，将 A 管圆周等分(图中辅助圆取 6 等分)，自各等分点引 A 管的素线，为了便于求得相贯线的展开形状，过相贯线最低点作两条 A 管的素线通过Ⅲ点；在展开图上，取 $Ⅰ_0 Ⅱ_0 = \overset{\frown}{ⅠⅡ}$，$Ⅱ_0 Ⅲ_0 = \overset{\frown}{ⅡⅢ}$，$Ⅲ_0 Ⅳ_0 = \overset{\frown}{ⅢⅣ}$，根据过Ⅰ、Ⅱ、Ⅲ点的素线与相贯线的交点，向下引线，与 A 管上过 $Ⅰ_0$、$Ⅱ_0$、$Ⅲ_0$ 素线相交，光滑连接各交点所得曲线，即为 A 管相贯线的展开形状。

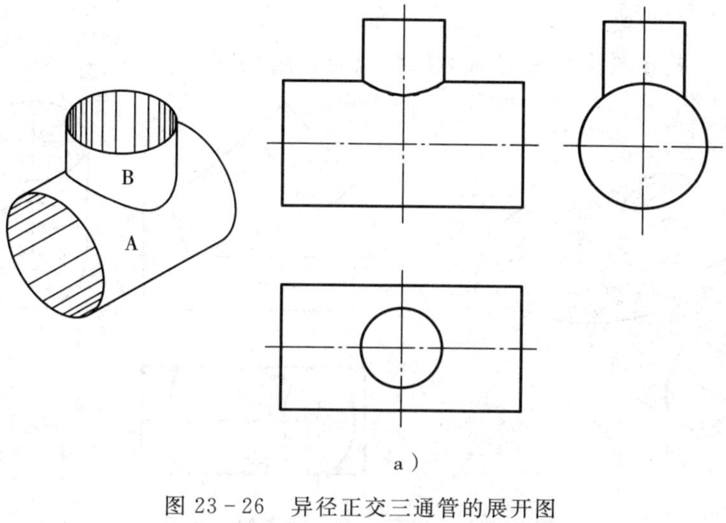

a)

图 23 - 26　异径正交三通管的展开图

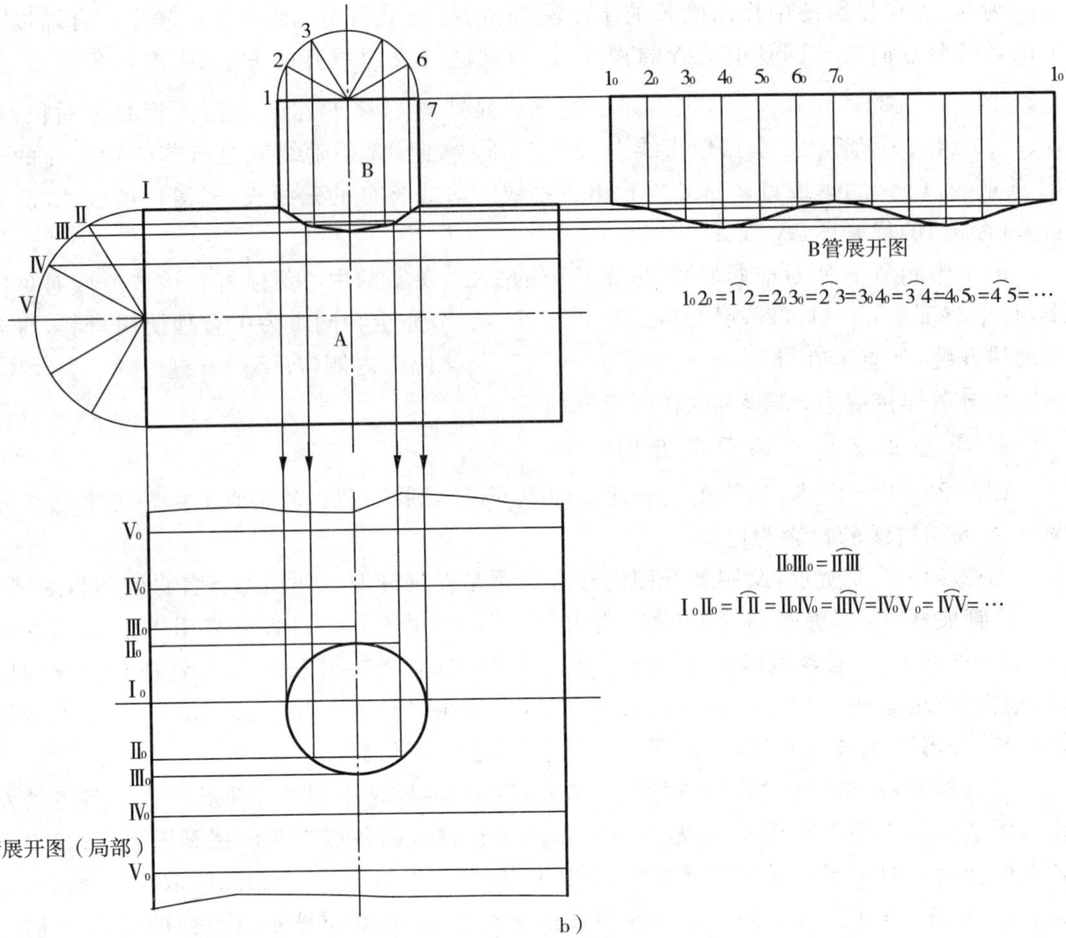

b）

图 23-26　异径正交三通管的展开图(续)

3. 等径斜交三通管的展开图

如图 23-27 所示，图中等径斜交三通管可看作是二等径圆柱斜交，相贯线的正面投影积聚为两段相接的直线段。

Ⅰ管和Ⅱ管的展开图均采用同前例相类似的方法绘制。

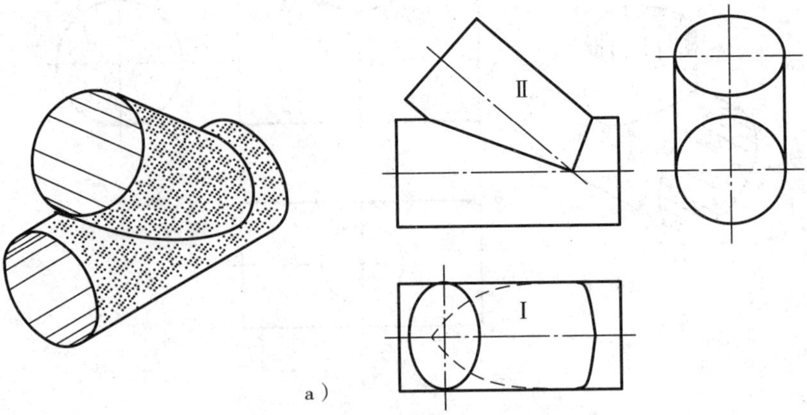

a）

图 23-27　等径斜交三通管的展开图

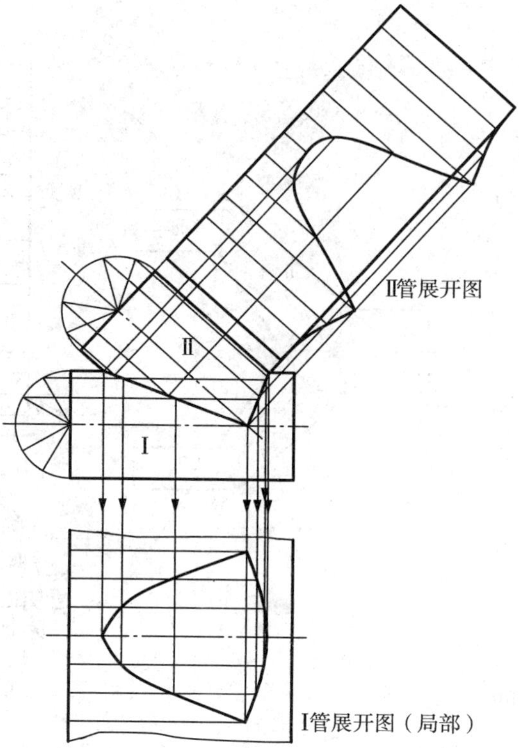

b）

图 23-27 等径斜交三通管的展开图(续)

4. Y 形异径三通支管

如图 23-28 所示,三通支管可分成五个部分,实际绘图时划分为三种类型。

Ⅰ管是具有相贯线投影 $e—o—a$ 的圆柱面,Ⅲ管是具有相贯线投影 $b—c(f—g)$ 的圆柱面,二者均可采用平行线展开法将其表面展开。

Ⅱ管则为具有相贯线投影 $a—o—d$ 和 $b—c$ 的正圆锥面。在线段 cd 之间的合适位置取一点 m,过 m 点作 po 的垂线 mn,以 n 为圆心作辅助半圆,并把半圆 6 等分,可在其圆锥面上均匀取 12 根素线,这 12 根素线均被相贯线 $a—o—d$ 和 $b—c$ 所截,它们在Ⅱ管上的长度,其投影除 ab 和 cd 以外都不反映实长。为了获得这些素线的实长,可将它们沿着垂直于正圆锥面轴线的方向平移到能够反映实长的轮廓素线 ab 上。有了这些素线的实长,采用放射线展开法,就可将Ⅱ管表面展开。

5. 带补料等径三通支管的展开图

如图 23-29a 所示,该构件包括四个部分,画展开图时可划分为三种类型。剖面 $K—K$ 表达了补料的形状;图中,ab 和 ae 应是补料同Ⅱ管的平滑过渡,但为了作图和下料的需要,均用实线表示。

Ⅰ管和Ⅱ管均为圆柱面,仍可采用平行线法将其表面展开,其中,主要解决Ⅰ管与Ⅱ管的相贯线,以及Ⅱ管与补料Ⅲ的交线的展开形状(Ⅰ管简单,本例就不作其展开图)。

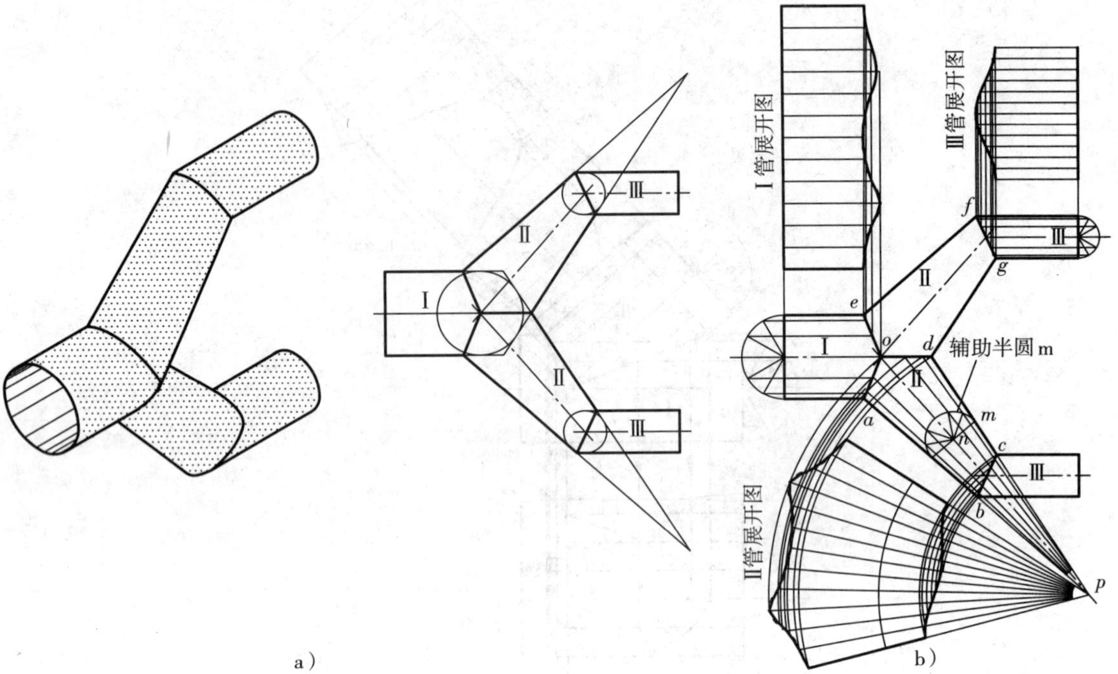

a)

图 23 - 28　Y 形异径三通支管的展开图

如图 23 - 29b，补料的展开图画法可从两个方向分析。其宽度方向 be、cd 均反映实长，故展开后宽度不变，可自各点直接朝垂直方向引平行线，即 $B_0E_0=be$，$C_0D_0=cd$；在补料展开图中，在垂直中心线上取 $A_05_0=l$，过 5_0 作水平线，与过 b 和 e 垂直引下来的直线交于 B_0 和 E_0；用同样的方法取 $5_04_0=\overset{\frown}{54}$，$4_03_0=\overset{\frown}{43}$，$3_02_0=\overset{\frown}{32}$，$2_01_0=\overset{\frown}{21}$，可得一系列点；直线连接 A_0B_0、A_0E_0；中间点用曲线光滑连接即可。

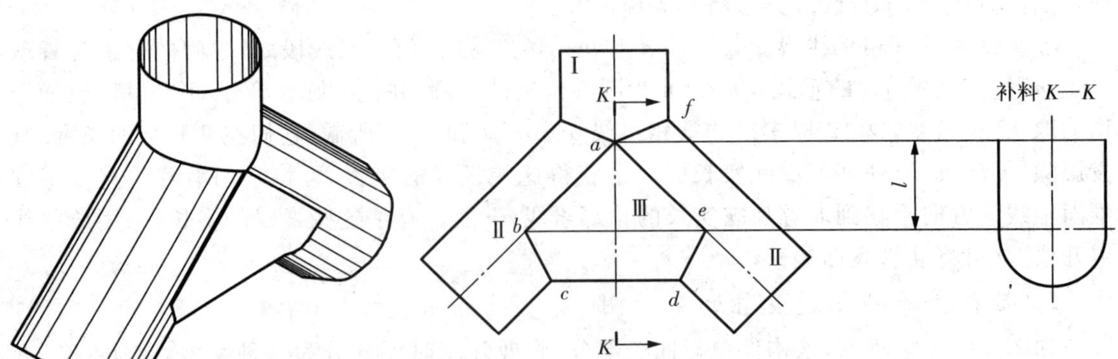

a）

图 23 - 29　带补料等径三通支管的展开图

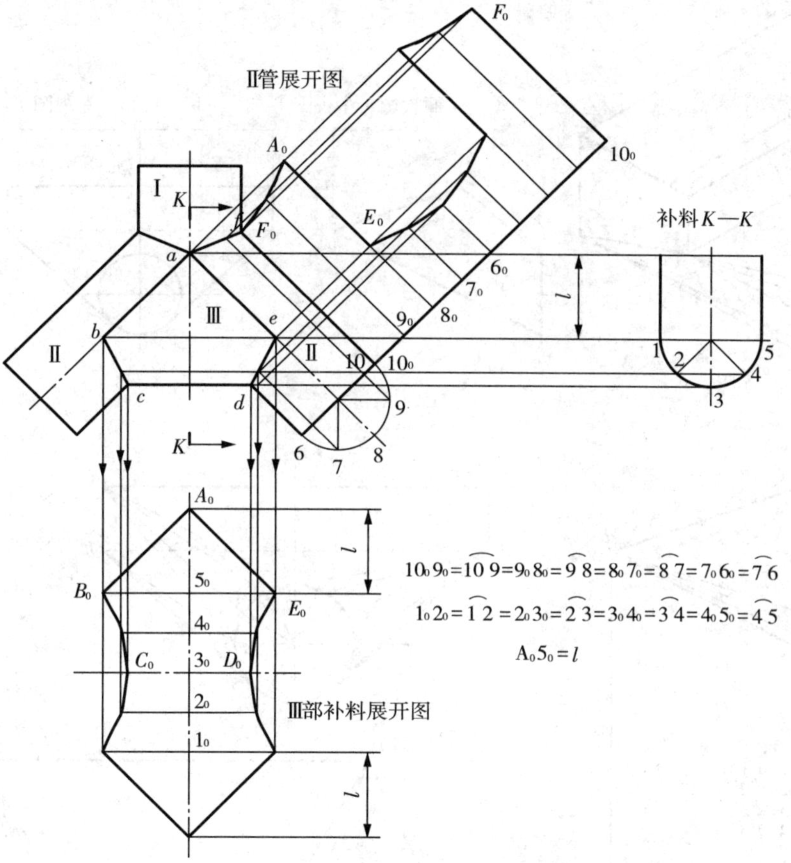

b）

图 23-29 带补料等径三通支管的展开图(续)

6. 斜接变形弯头

如图 23-30a 所示,变形弯头的上口斜接直立矩形,下口连接水平圆管;本例只展开中段弯头部分。

如图 23-30b 所示,将下口圆周等分(图中取 12 等分);自第一个 1/4 圆周上的 $1''$、$2''$、$3''$、$4''$各等分点向 a''引素线;自第二个 1/4 圆周上的 $4''$、$5''$、$6''$、$7''$各等分点向 b''引素线;另一半也采取同样的作法,则变形弯头被这些素线分成四个平面三角形和四个 1/4 斜椭圆锥面(可近似地看作是 16 个三角形)。

将各素线分为两组,用直角三角形法求出各素线的实长。第一组素线有共同的坐标差 a_1a_0,以此作公共的直角边,取 $a_01=a''1''$、$a_02=a''2''$、$a_03=a''3''$、$a_04=a''4''$,作为第二个直角边,则斜边即反映各对应素线的实长;第二组素线有共同的坐标差 b_1b_0,以此作公共直角边,取 $b_04=b''4''$、$b_05=b''5''$、$b_06=b''6''$、$b_07=b''7''$,作为第二个直角边,则斜边 b_14、b_15、b_16、b_17 即反映对应的各素线实长。

依据这些素线的实长,按顺序一个接一个地画出 16 个三角形(各三角形的第三边均在两个视图中的一个反映出实长);最后将曲线部分光滑连接,即完成斜接变形弯头的展开图。

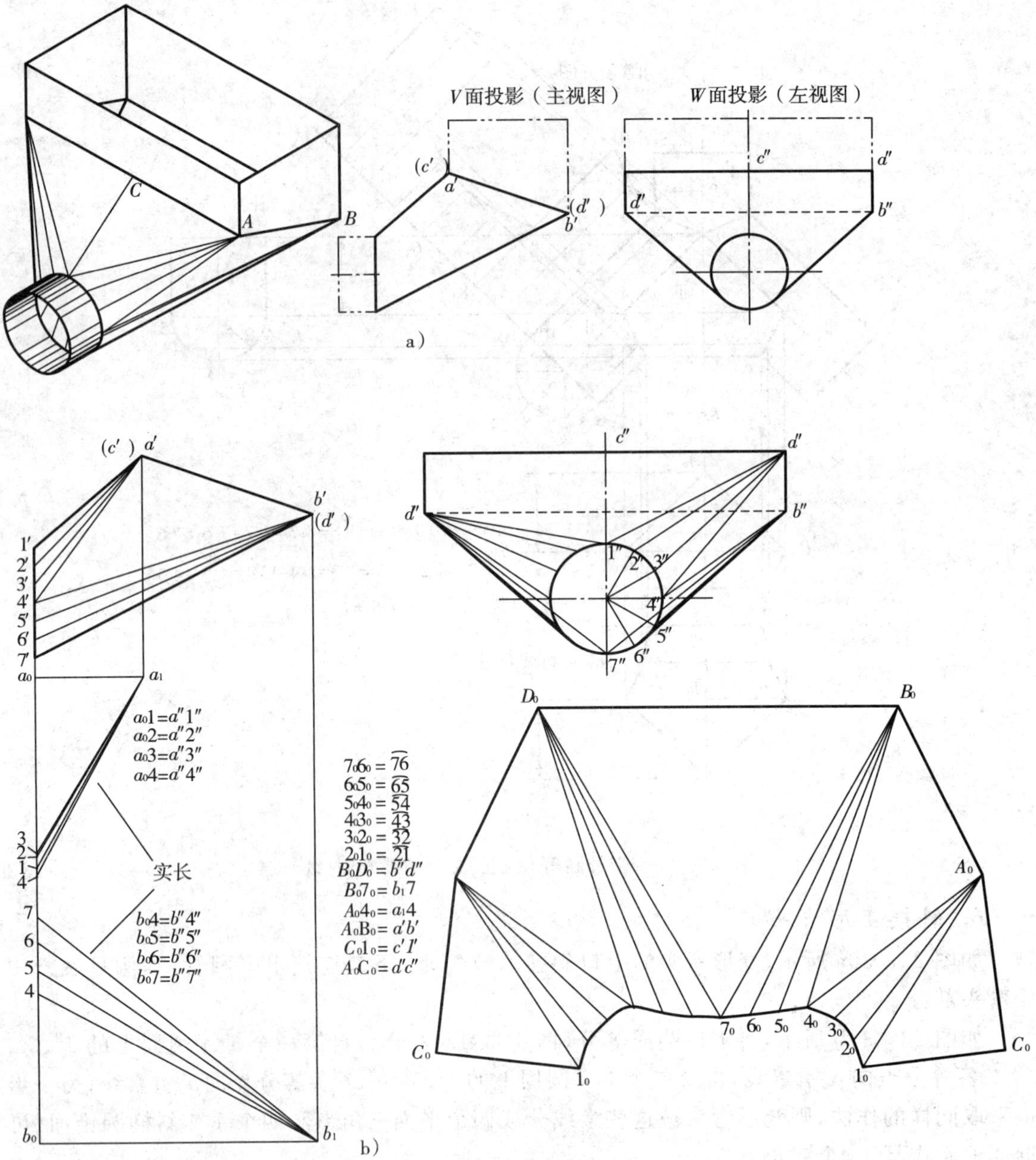

图 23-30　斜接变形弯头的展开图

7. 风机进风箱的展开图

如图 23-31a 所示，风机可划分为Ⅰ、Ⅱ、Ⅲ、Ⅳ、Ⅴ等 5 个表面，进风箱上部的空气进口为矩形，下部出口为圆形。整个进风箱的下半部是以 O_1O_1 为轴的半圆柱面。

如图 23-31b 所示，Ⅰ部展开：Ⅰ部前后两半对称，本例中只展开了前半部。进风箱的主视图可以如实地反映Ⅰ部的左右长度尺寸，其展开长度则需要具体分析。O_1O_1 轴线以上部分为平面即 $a'b'd'g'h'k'$ 可直接按实际尺寸画在展开图上；轴以下部分为圆柱面，故 $d'm'n'g'$ 的展开长度应是 $2\pi R/4$。

Ⅱ部展开:左视图中反映了Ⅱ部的前后真实宽度,Ⅱ部的上下展开长度显然是 $A_0B_0=a'b'$,$B_0D_0=b'd'$,过 D_0 的水平中心线与垂直的中心线相交得 O_1;以 O_1 为圆心,以 R 为半径自 D_0 向下画半圆。Ⅱ部的中间是中空部分,即以 O_1 为圆心,以 r 为半径画上半圆;过 B_0 作水平中心线交垂直中心线于 O_2;以 O_2 为圆心,以 r 为半径画上半圆,在两个半圆之间用两条直线连接,即得Ⅱ部展开图。

Ⅲ部展开:左视图中反映了Ⅲ部的前后真实宽度,其展开长度 $K_0H_0=k'h'$,$H_0G_0=h'g'$;在过 G_0 的水平线以下为半个椭圆,其短轴就是Ⅲ部展开宽,其长轴之半等于 $n'g'$。

Ⅳ部展开:Ⅳ部 $e'u'c'p'$ 是半个斜椭圆柱面,可运用平行线法画出Ⅳ部展开图(可参考斜椭圆柱面的展开)。

Ⅴ部展开:Ⅴ部为圆台面,延长其轮廓素线可得锥顶,按放射线法可得圆台面展开图。

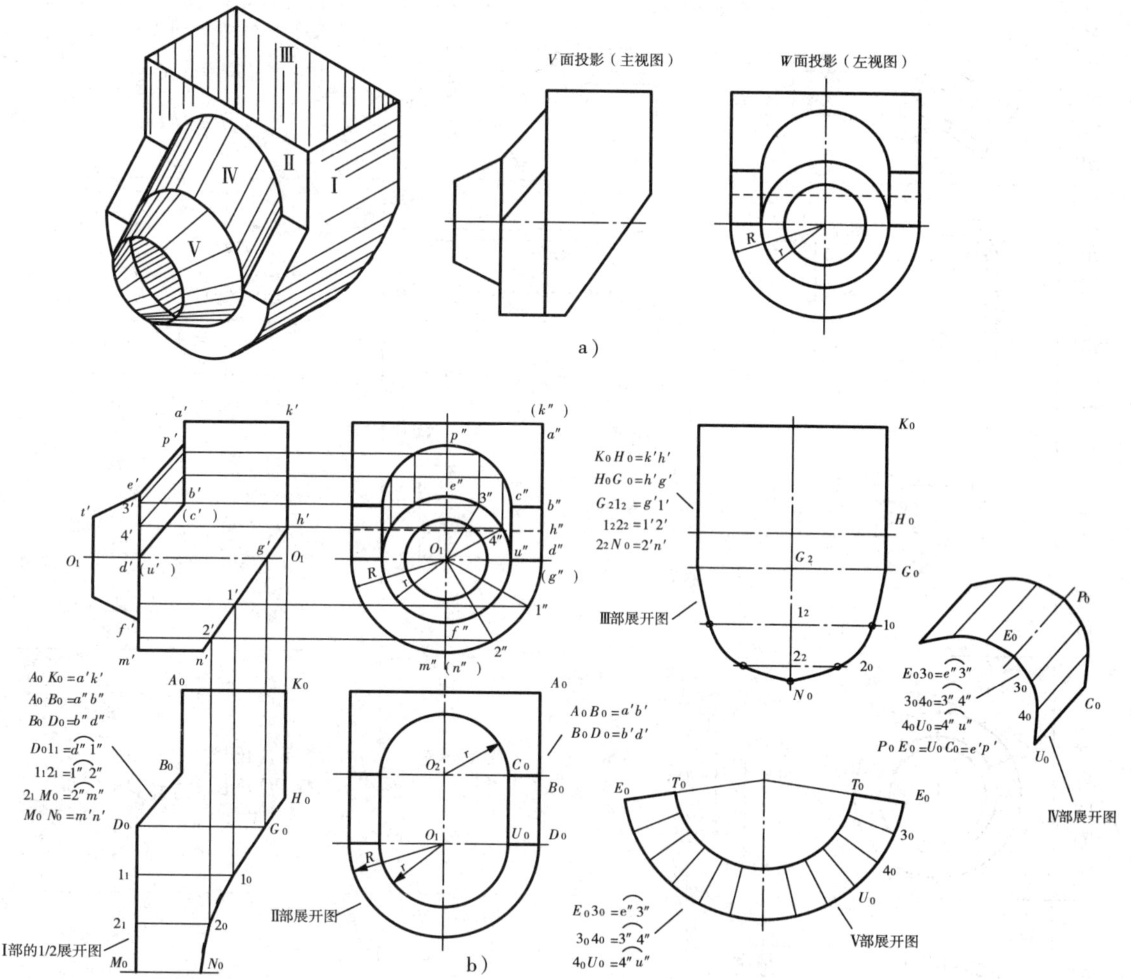

图 23-31 风机进风箱的展开图

23.2.6 型钢下料(等边角钢)

型钢下料的投影图及展开图,见表 23-1。

表 23－1　型钢下料的投影图和展开图

	投　影　图	展　开　图	说　　明
内弯直角	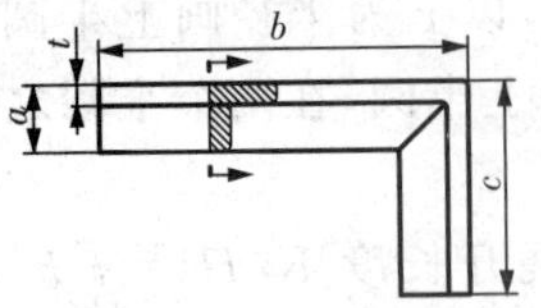	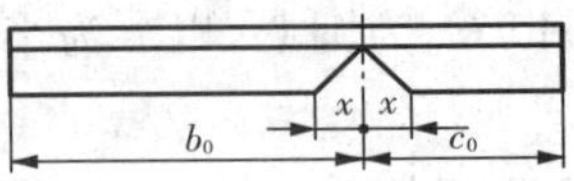	$b_0=b-t$ $c_0=c-t$ $x=a-t$
内弯任意角	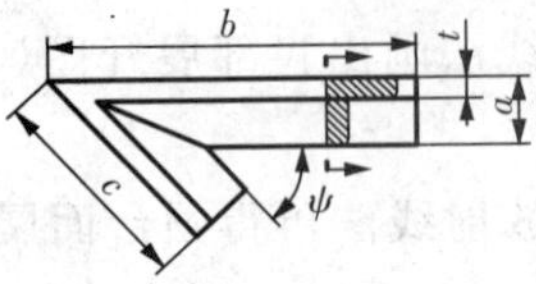	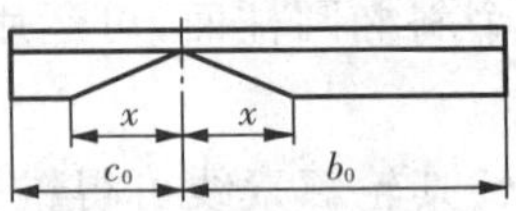	$b_0=b-t\cdot\cot\frac{\psi}{2}$ $c_0=c-t\cdot\cot\frac{\psi}{2}$ $x=(a-t)\cdot\cot\frac{\psi}{2}$
外弯任意角	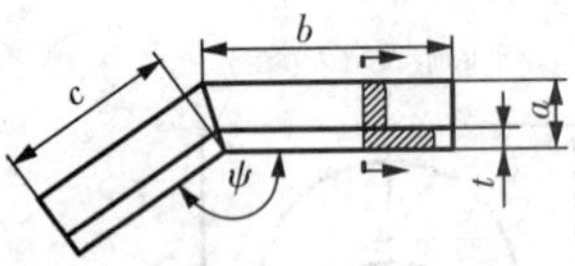	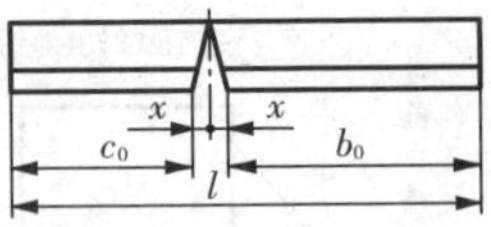	$l=b+c+2x$ $x=a\cdot\cot\frac{\psi}{2}$ $b_0=b$ $c_0=c$
圆角内弯90°	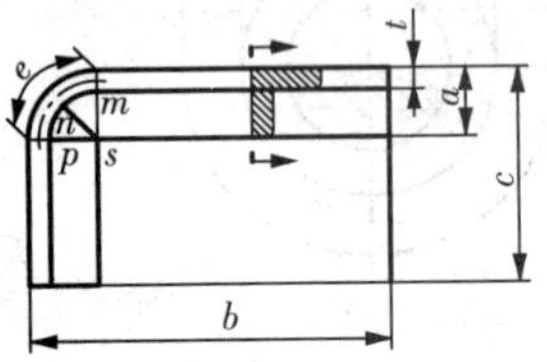	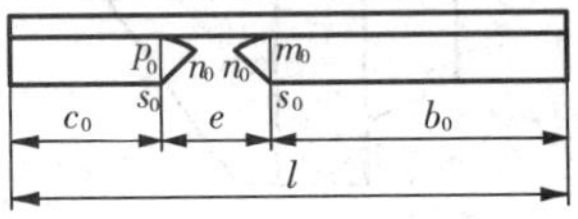	$b_0=b-a$ $c_0=c-a$ $e=1.57(a-\frac{t}{2})$ $\overset{\frown}{p_0n_0}=\overset{\frown}{m_0n_0}=0.785(a-t)$
圆角内弯任意直角	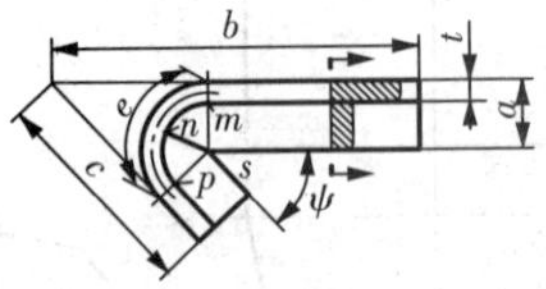	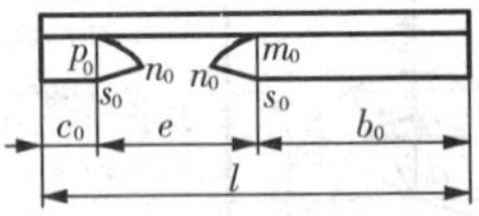	$b_0=b-a\cdot\cot\frac{\psi}{2}$ $c_0=c-a\cdot\cot\frac{\psi}{2}$ $e=\frac{\pi(180°-\psi)(a-\frac{t}{2})}{180}$ $\overset{\frown}{p_0n_0}=\overset{\frown}{m_0n_0}=\frac{\pi(180-\beta)(a-t)}{360}$
外弯圆圈	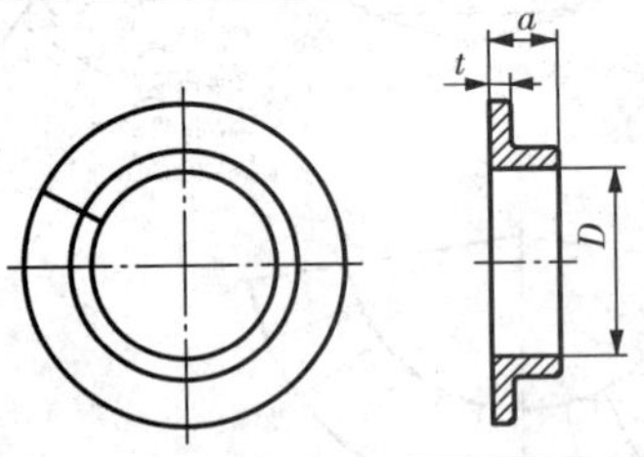	略	热弯：展开长 $l=\pi(D+1.5a)$ 冷弯：展开长 $l=\pi(D+0.6a)$
内弯圆圈	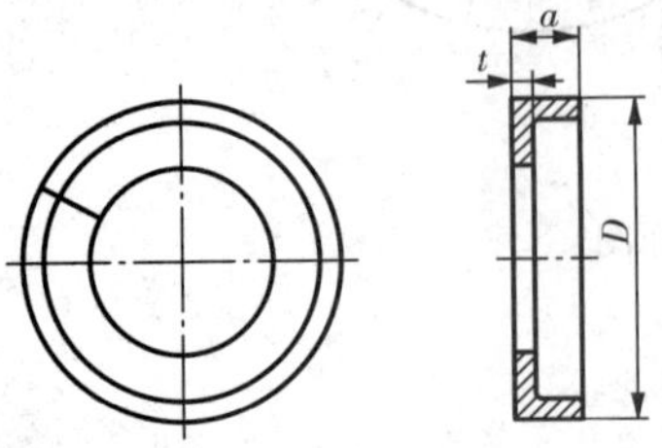	略	热弯：展开长 $l=\pi(D-1.5a)$ 冷弯：展开长 $l=\pi(D-0.6a)$

第 24 章　金属结构图及紧固件的简化表示法

本章根据国家标准 GB/T 4656—2008《技术制图　棒料、型材及其断面的简化表示法》、GB/T 24741.1—2009《技术制图　紧固组合的简化表示法　第 1 部分：一般原则》以及 GB/T 24741.2—2009《技术制图　紧固组合的简化表示法　第 2 部分：航空航天设备用铆钉》的规定编写。

24.1　棒料、型材及其断面的简化表示法

24.1.1　棒料、型材及其断面的标记

棒料、型材及其断面的标记由以下部分组成，如图 24-1 所示。

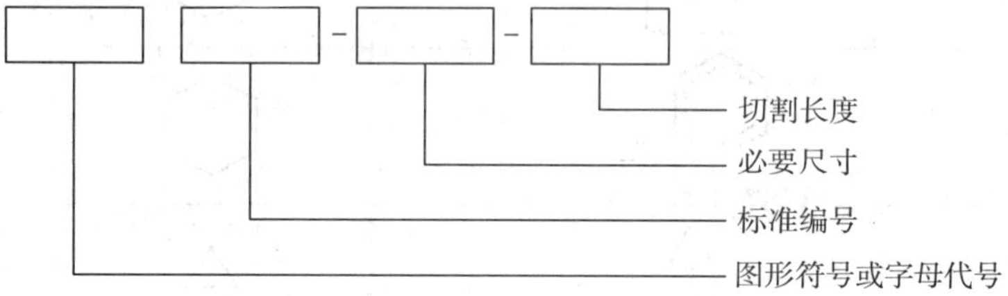

图 24-1　棒料、型材及其断面的标记

棒料、型材及其断面用相应的标记（见表 24-1 和表 24-2）表示，各参数间用短画分隔。必要时，可在标记后注出切割长度。此标记也可填入明细栏（见国家标准 GB/T 10609.2）。

表 24-1　棒料及其断面的标记（GB/T 4656—2008）

棒料断面	尺　寸	标　记	
		图形符号	必要尺寸
圆形	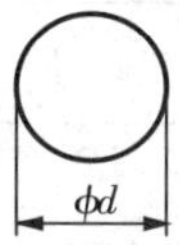		d
圆管形	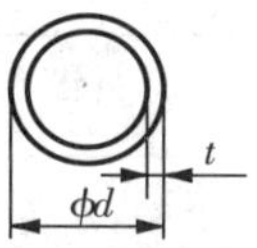		$d \cdot t$
方形	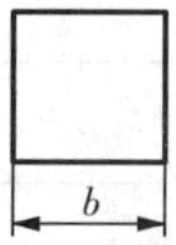		b

（续表）

棒料断面	尺　　寸	标　　记	
		图形符号	必要尺寸
空心方管形	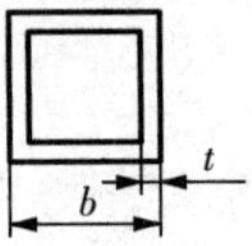	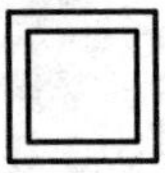	$b \cdot t$
扁矩形	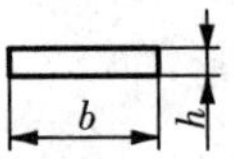		$b \cdot h$
空心矩管形	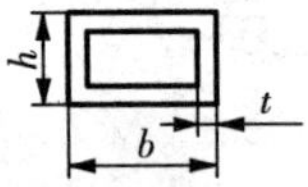	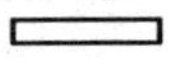	$b \cdot h \cdot t$
六角形			s
空心六角管形	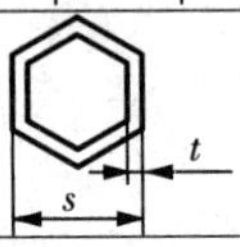		$s \cdot t$
三角形			b
半圆形	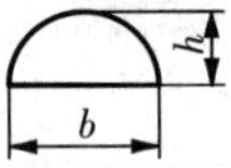		$b \cdot h$

表 24-2　型材及其断面的标记(GB/T 4656—2008)

型　　材	标　　记		
	图形符号	字母代号	尺　　寸
角钢		L	特征尺寸
T 型钢		T	
工字钢		I	
H 钢	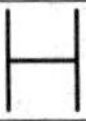	H	
槽钢		U	
Z 型钢		Z	
钢轨			
球头角钢			
球扁钢			

标记示例：

例 1：角钢，尺寸为 50mm×50mm×4mm，长度为 1000mm，标记为：

∟　GB/T 9787－50×50×4－1000

在有相应标准但不致引起误解或在相应标准中没有规定棒料、型材的标记时，可采用表 24－1 和表 24－2 中规定的图形符号加必要的尺寸及其切割长度简化表示。

例 2：扁钢，尺寸为 50mm×10mm，长度为 100mm，简化标记为：

▭　50×10－100

为了简化，也可用大写的字母代号来代替表 24－2 中规定的型材的图形符号。

例 3：角钢，尺寸为 90mm×56mm×7mm，长度为 500mm，简化标记为：

∟　90×56×7－500

或

L　90×56×7－500

标记应尽可能靠近相应的构件标注，如图 24－2、图 24－3、图 24－4 所示。图上的标记应与型钢的位置一致，如图 24－4 所示。

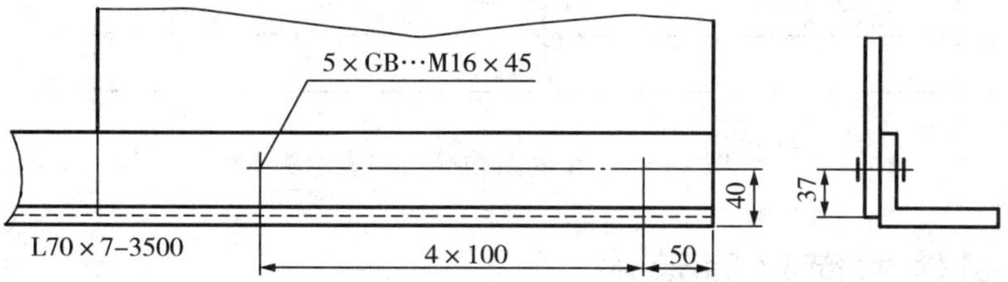

图 24－2　棒料和型材的标记注法(一)

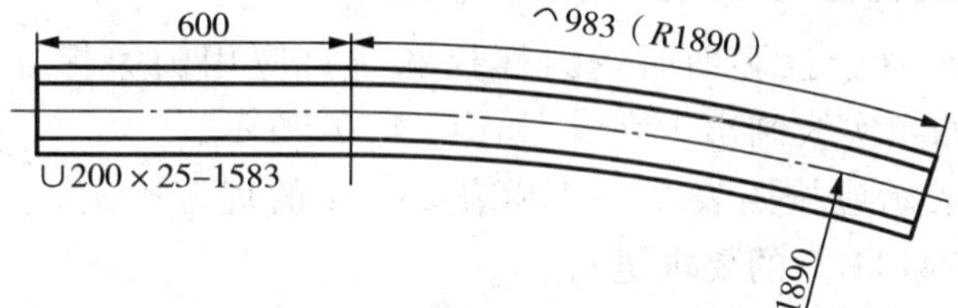

图 24－3　棒料和型材的标记注法(二)

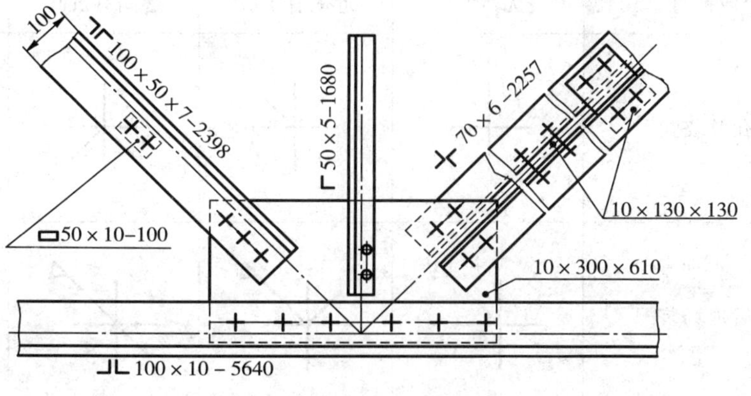

图 24－4　棒料和型材的标记注法(三)

24.1.2　金属结构简图的表示

金属结构可用粗实线画出的简图表示。此时，节点间的距离值应按图 24－5 所示的方法标注。金属构件的尺寸允许标注封闭尺寸。在需考虑累计误差时，要指明封闭环尺寸。

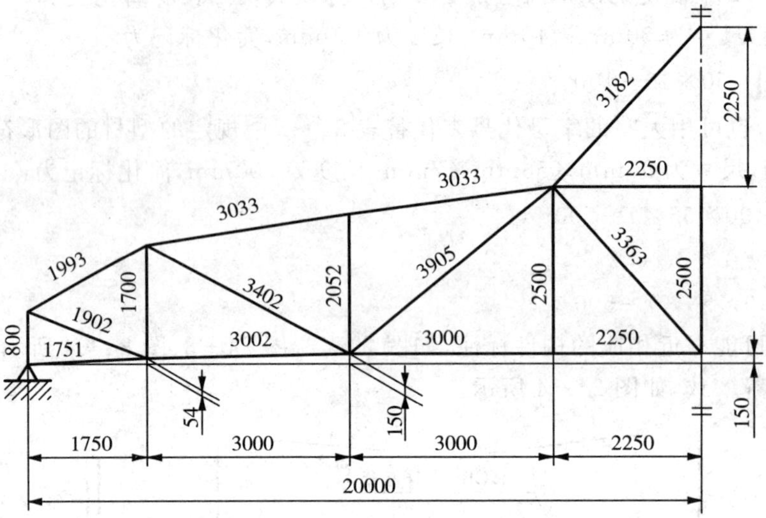

图 24－5　金属结构简图的表示法

24.2　紧固件的简化表示法

24.2.1　紧固件轴线垂直于投影面的表示法

当紧固件的轴线垂直于投影面时，孔、螺栓和铆钉应用国家标准 GB/T 17450 规定的粗实线画出十字线，如图 24－6 所示。

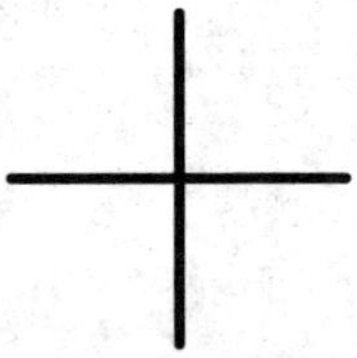

图 24－6　轴线垂直于投影面时的孔和紧固件画法

其他附加信息的表示应按照表 24－3 和表 24－4 的规定确定，或按国家标准 GB/T 24741.2 的要求进行。

表 24－3　螺栓或铆钉与孔装配的符号表示法(紧固件轴线垂直于投影面)

孔[①]、螺栓或铆钉	无沉孔	近侧有沉孔	远侧有沉孔	两侧有沉孔
在车间钻孔及装配			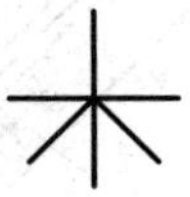	
在车间钻孔后现场装配	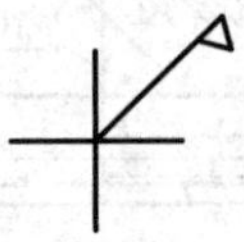	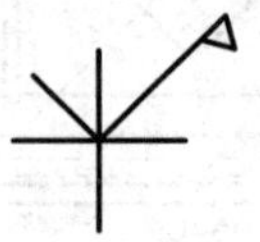	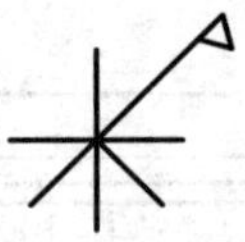	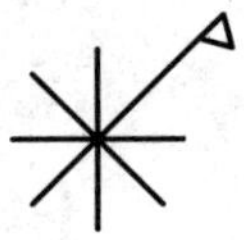

（续表）

孔①、螺栓或铆钉	无沉孔	近侧有沉孔	远侧有沉孔	两侧有沉孔
钻孔和装配均在使用现场	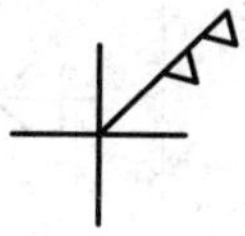	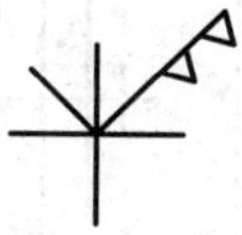	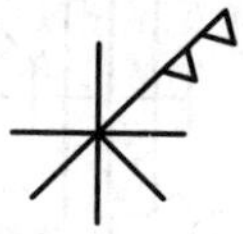	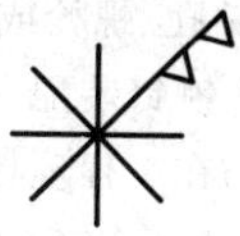

注：①为将螺栓、铆钉与孔明确区分开，孔和紧固件的正确标记应按照相关的标准确定。

表 24－4　孔的符号表示法

孔	无沉孔	一侧有沉孔	两侧有沉孔
车间钻孔	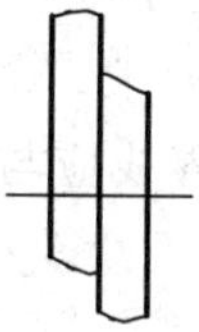	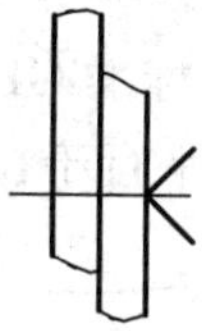	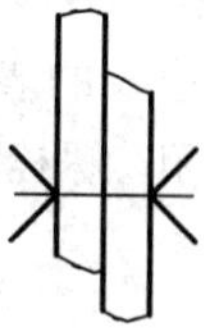
在工程现场钻孔	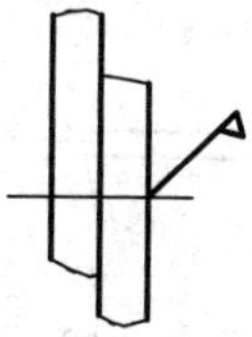	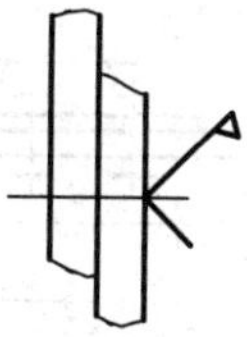	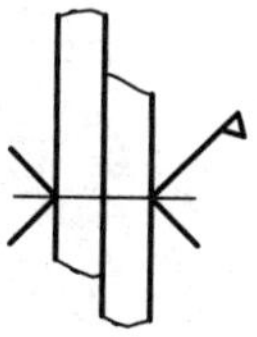

标记示例：孔的直径为 13mm，标记为 $\phi13$；螺栓的公称直径为 12mm，长度为 50mm，标记为 M12×50；铆钉直径为 12mm，长度为 50mm，标记为 $\phi12\times50$。

24.2.2　投影面平行于紧固件轴线的表示法

当紧固件的轴线平行于投影面时，孔以及螺栓或铆钉装配在孔内的符号表示按表 24－4 和表 24－5 的规定确定。符号中的水平线用细实线表示，其余部分用粗实线表示。

表 24－5　螺栓或铆钉装配在孔内的符号表示法（紧固件轴线平行于投影面）

螺栓或铆钉①	无沉孔	一侧有沉孔	两侧有沉孔	指定螺帽位置的螺栓
在车间装配	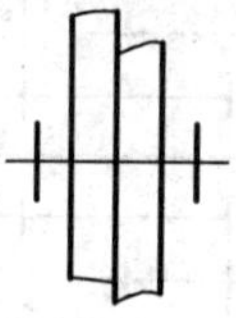	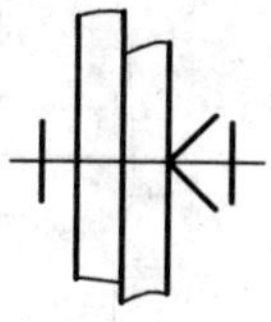	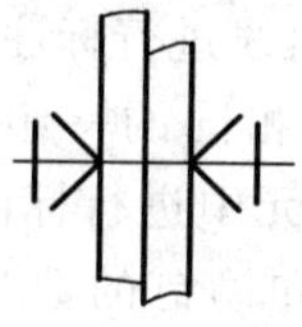	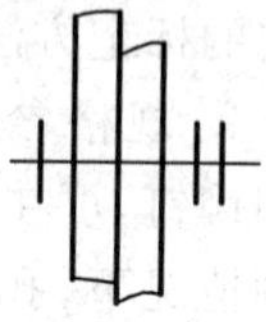
在工程现场装配	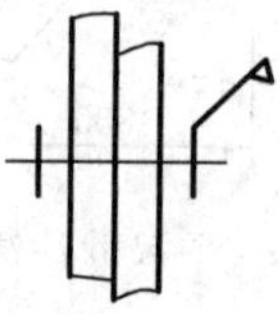	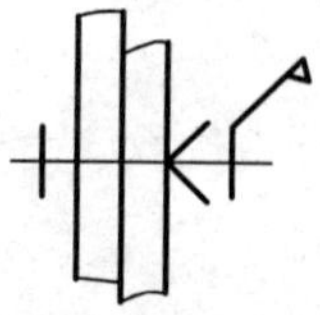	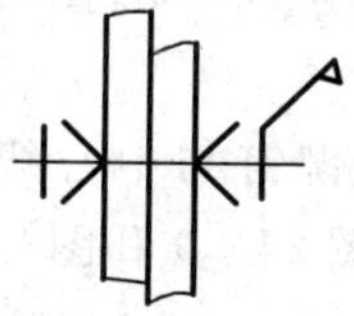	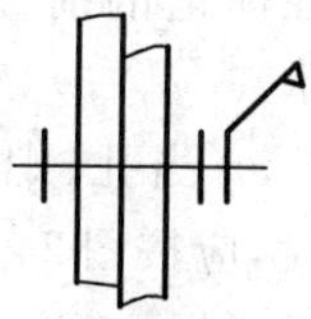

（续表）

螺栓或铆钉[①]	无沉孔	一侧有沉孔	两侧有沉孔	指定螺帽位置的螺栓
钻孔、螺栓或铆钉装配均在工程现场	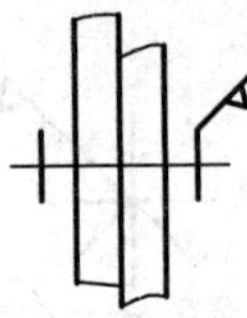	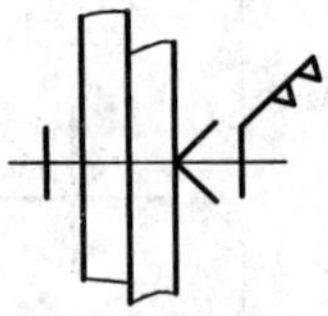	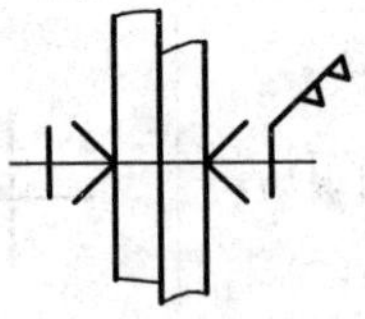	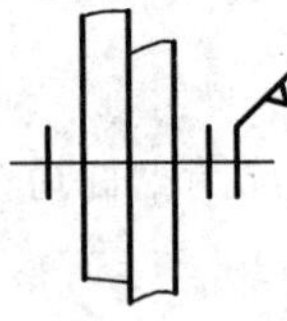

注：①为将螺栓与铆钉明确区分开，紧固件的正确标记应按照相关标准确定。

标记示例：螺栓的公称直径为 12mm，长度为 50mm，标记为 M12×50；铆钉的直径为 12mm，长度为 50mm，标记为 ϕ12×50。

24.2.3 尺寸注法及标记

尺寸线的表示应符合国家标准 GB/T 4458.4 的要求。

1. 孔、螺栓和铆钉的轴线平行于投影面时，尺寸界线应与符号断开，如图 24－7 所示。

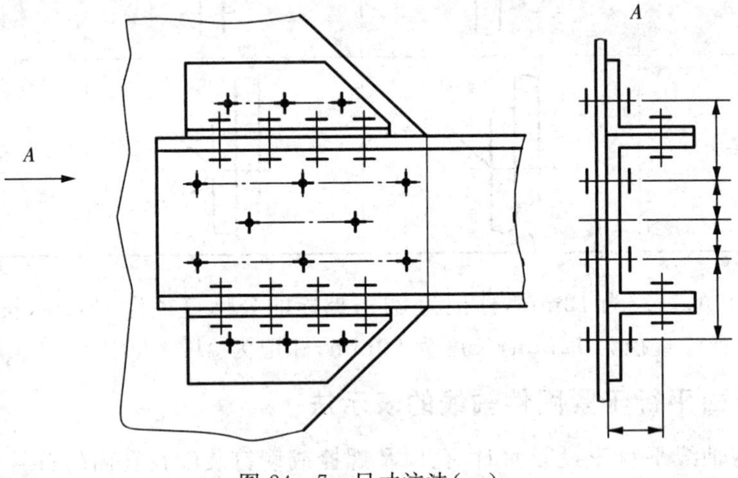

图 24－7　尺寸注法（一）

2. 孔的直径应用指引线标注在孔符号的附近，如图 24－8 所示。

3. 螺栓和铆钉的规格应按相应标准规定的标记方法用指引线进行标注。

4. 规格参数完全相同的一组孔、螺栓和铆钉，可在一个单元中进行标注。在这种情况下，孔、螺栓和铆钉的数量应标注在标记的前面，如图 24－8、图 24－9 所示。

5. 当孔、螺栓和铆钉与中心线等距离时，应按图 24－8、图 24－9 和图 24－10 的形式标注。

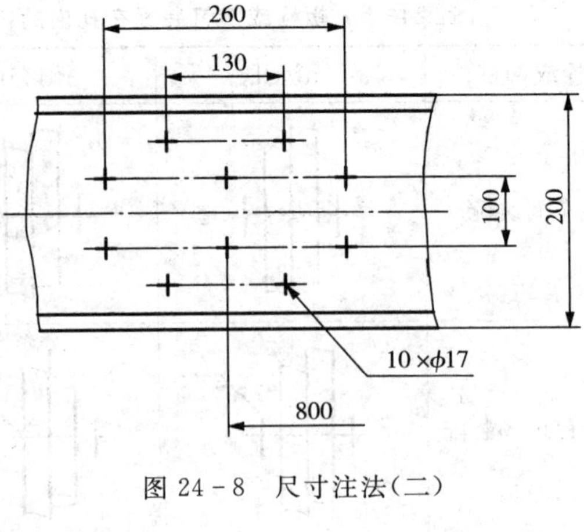

图 24－8　尺寸注法（二）

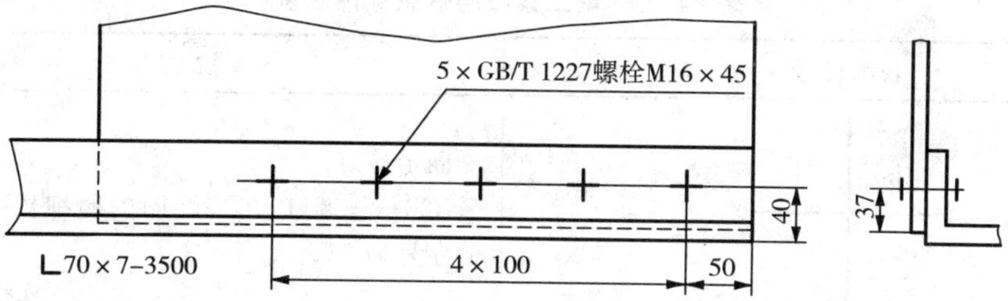

图 24-9　尺寸注法(三)

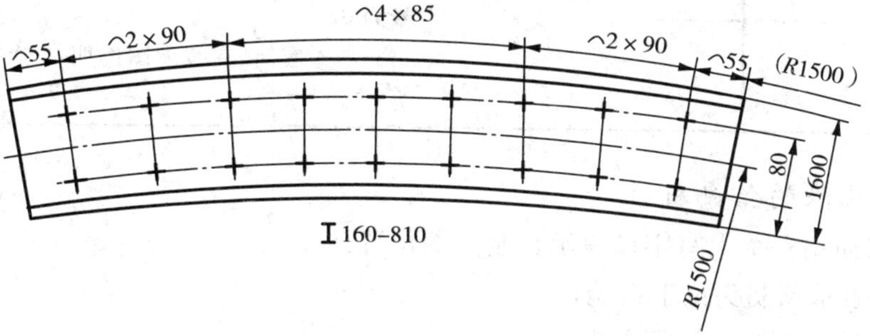

图 24-10　尺寸注法(四)

24.3　航空航天设备用铆钉

24.3.1　固定铆钉的表示

固定铆钉的表示符号按照国家标准 GB/T 24741.1 中规定的"十字线"符号表示其位置,如图 24-6 所示。铆钉和铆钉组装的其他信息的表示应符合以下四点要求。

1. 第二象限的信息标注

第二象限中标注铆钉信息为国家标准 GB/T 4458.2 和 GB/T 10609.2 中规定的数字信息,或在图中以表的形式给出铆钉的必要的基本信息(如标记、头部形状、材料、直径、长度、表面处理等)。数字前应以大写字母"R"开头。

具有套筒的组合铆钉,如图 24-11 所示,其套筒的数字信息应标注在铆钉信息的数字下面。

标注示例见表 24-6。

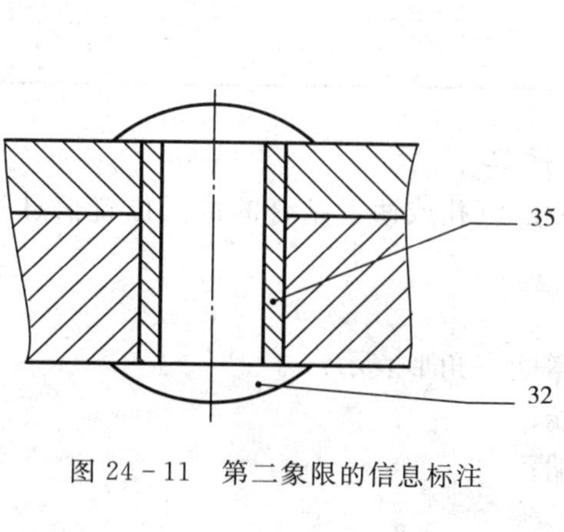

图 24-11　第二象限的信息标注

表 24-6　第二象限的信息标注示例

表示符号	说　　明
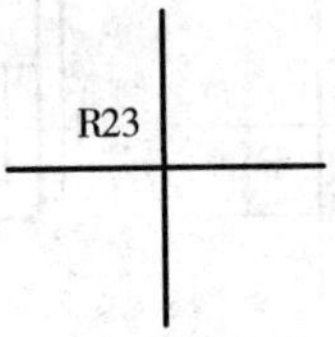	固定铆钉 R23——铆钉，在装配图的明细栏中，固定铆钉的序号为 23
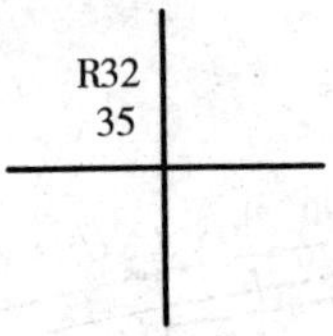	组合铆钉 R32——铆钉，在装配图的明细栏中，铆钉的序号为 32 35——套筒，在装配图的明细栏中，套筒的序号为 35

2. 第一象限的信息标注

第一象限使用一个大写字母表示预制头的位置：

——“N”表示预制头位于近端；

——“F”表示预制头位于远端。

标注示例见表 24-7。

表 24-7　第一象限的信息标注示例

表示符号	说　　明
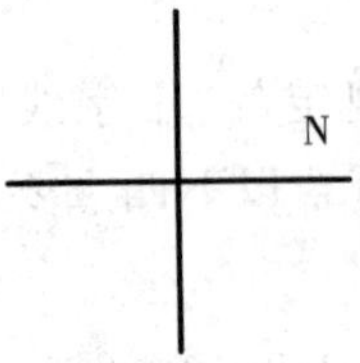	铆钉预制头在近端
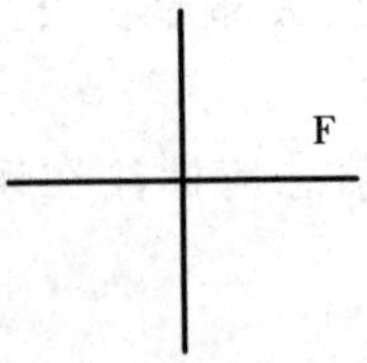	铆钉预制头在远端

3. 第三象限的信息标注

第三象限中，给出埋头孔、沉孔或两者结合的情况位置信息的标注。标注时，应用粗实线表示。

(1)埋头孔

部件上埋头孔用一个等边三角形表示：

——“▽”埋头孔在近端；

——“△”埋头孔在远端；

当埋头孔的角度为 100°，则用一个三角形表示。当埋头孔的角度不是 100°时，则在三角形的右侧标明角度值。

标注示例见表 24－8。

表 24－8　第三象限的信息标注示例——埋头孔

表示符号	说　明
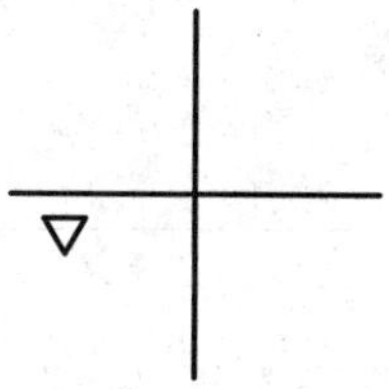	100°埋头孔在近端
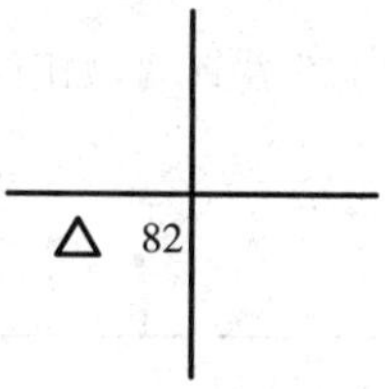	82°埋头孔在远端
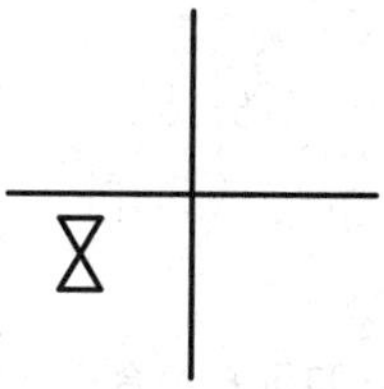	100°埋头孔在两端

(2)沉孔

表示沉孔按照以下形式，用一个开口的等腰三角形表示：

——“∨”表示沉孔的近端；

——“∧”表示沉孔的远端。

当沉孔的角度为 100°，则用一个开口等腰三角形表示，如图 24－12 所示。当沉孔的角度不是 100°时则在开口的等腰三角形右侧标明角度值，如图 24－13 所示。

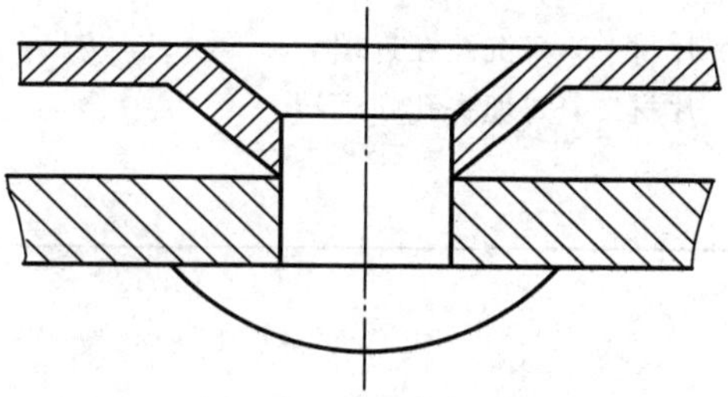

图 24－12　100°沉孔在近端

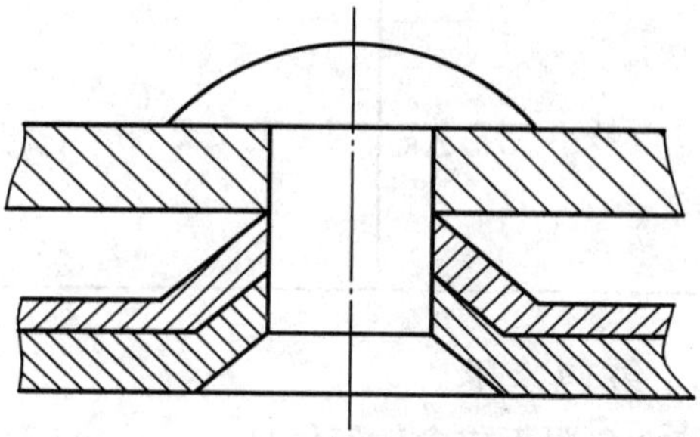

图 24－13　82°沉孔在远端的两个片材

如果多个片材带有沉孔，则片材数目应标注在开口三角形前面。

标注示例见表 24－9。

表 24－9　第三象限的信息标注示例——沉孔

表示符号	说　　明
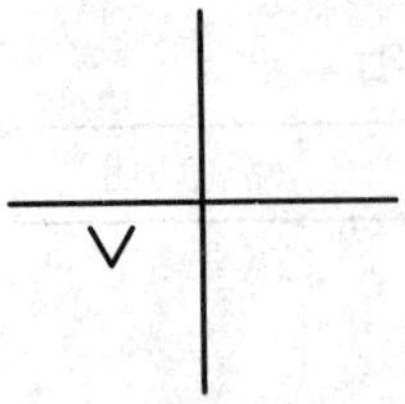	100°沉孔在近端，如图 24－12 所示
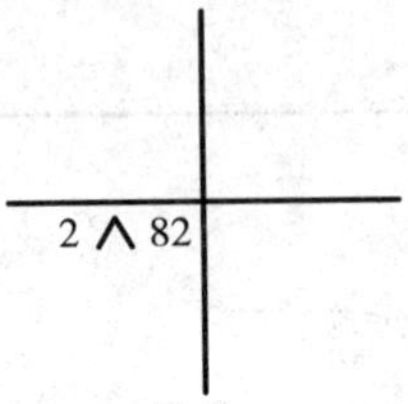	两个片材，82°沉孔在远端，如图 24－13 所示

(3)埋头孔与沉孔的组合

当埋头孔和沉孔同时存在时，用一个等边三角形和一个开口等腰三角形表示。标注的三角形和角度值应按前面两点规定的相关要求。

标注示例见表 24－10。

表 24－10　第三象限的信息标注示例——埋头孔和沉孔组合

表示符号	说　　明
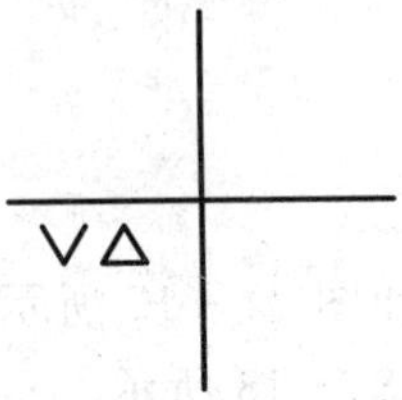	片材一，100°沉孔在近端 片材二，100°埋头孔在远端
	片材一，82°沉孔在近端 片材二，82°埋头孔在远端

4．第四象限

第四象限不包含任何信息。

24.3.2　一行铆钉的符号表示

1．十字线应沿着绘图的轴线排成一行，铆钉的数目可任意标注在一处，如图 24－14 所示。

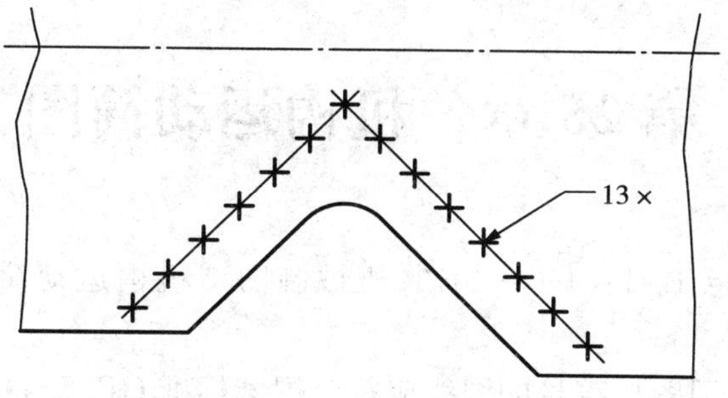

图 24-14 一行铆钉的符号表示

如果空间足够，附加信息应标注在图样符号上。否则，可用指引线将附加信息表示在相对应铆钉的图样符号外，如图 24-15 和图 24-16 所示。

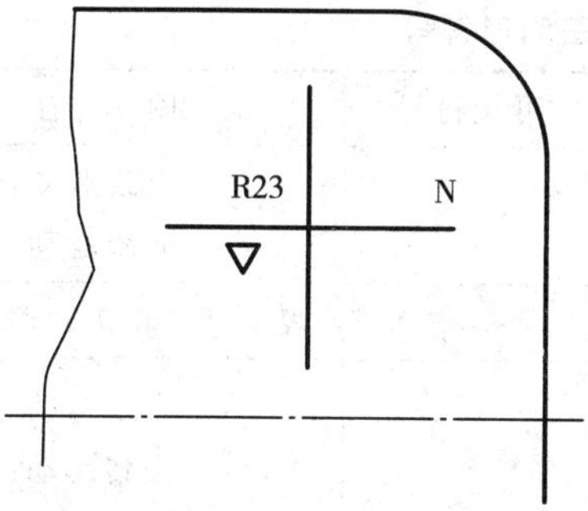

图 24-15 铆钉的简化表示法(一)

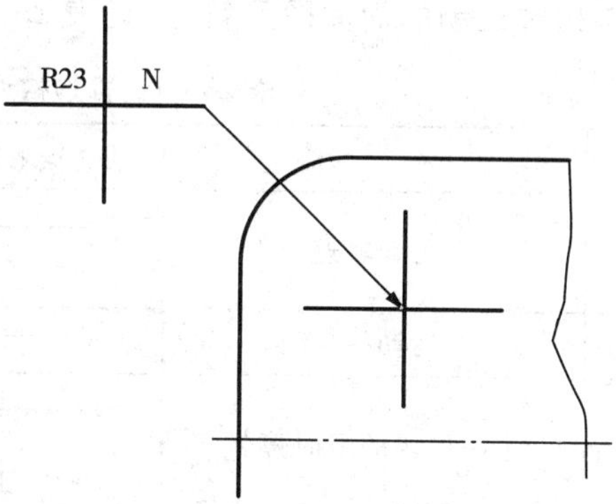

图 24-16 铆钉的简化表示法(二)

2. 铆钉的位置和铆钉之间的间距，均应按照国家标准 GB/T 4458.4 的规定标注。

当一系列的铆钉等距离排成一行时，则在第一个表示铆钉的十字线符号和最后一个十字线符号上标注信息，总间距通过个数乘以间距获得，如图 24-17 所示。

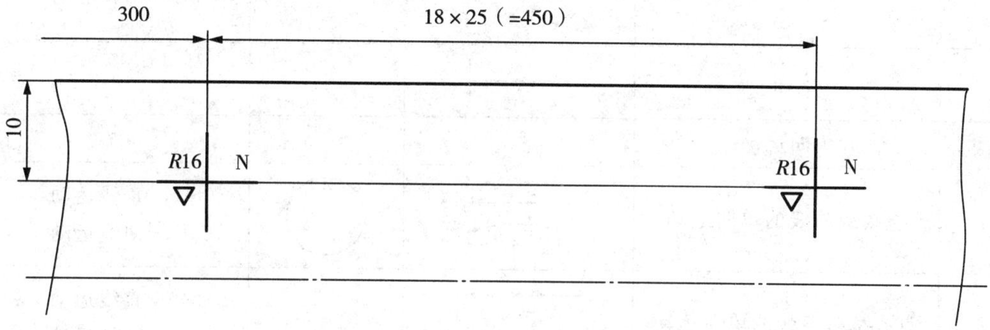

图 24-17 铆钉的简化表示法(三)

第 25 章　机构运动简图

本章根据国家标准 GB/T 4460—2013《机械制图　机构运动简图用图形符号》的规定编写。

构成机构运动简图用图形符号的图线应符合国家标准 GB/T 4457.4 和 GB/T 17450 的规定。图形符号中的表示轴、杆符号的图线应用两倍粗实线（$2d$，d 为粗实线线宽）表示。

25.1　机构构件运动的简图图形符号

机构构件运动的简图图形符号，见表 25－1。

表 25－1　机构构件运动的简图图形符号

条　号	名　　称	基本符号	可用符号	附　　注
1	运动轨迹			直线运动 曲线运动
2	运动指向			表示点沿轨迹运动的指向
3	中间位置的瞬时停顿	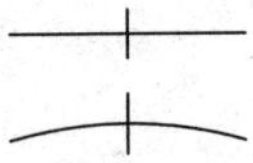		直线运动 回转运动
4	中间位置的停留			
5	极限位置的停留			
6	局部反向运动			直线运动 回转运动
7	停止	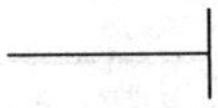		
8	单向运动			
8.1	直线或曲线的单向运动	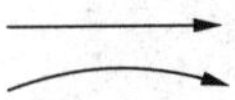		直线运动 曲线运动
8.2	具有瞬时停顿的单向运动	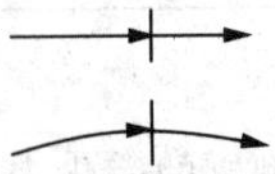		直线运动 回转运动
8.3	具有停留的单向运动	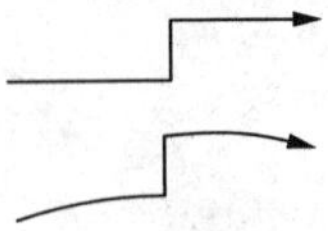		直线运动 回转运动

（续表）

条 号	名 称	基本符号	可用符号	附 注
8.4	具有局部反向的单向运动	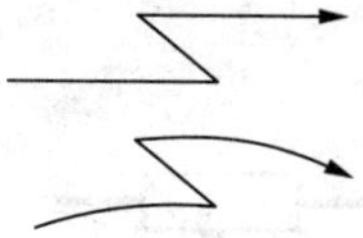		直线运功 回转运动
8.5	具有局部反向及停留的 单向运动	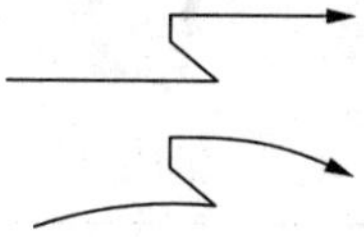		直线运动 回转运动
9	往复运动			
9.1	直线或回转的 往复运动	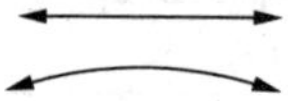		直线运动 回转运动
9.2	在一个极限位置停留的 往复运动	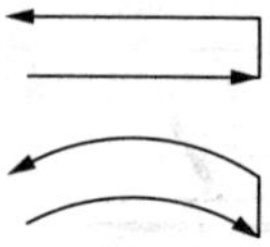		直线运动 回转运动
9.3	在两个极限位置停留的 往复运动	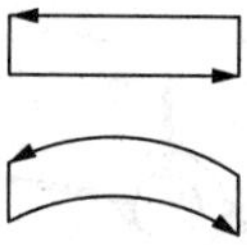		直线运动 回转运动
9.4	在中间位置停留的往复运动	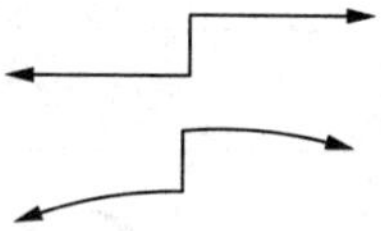		直线运动 回转运动
10	运动终止	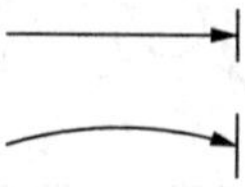		直线运动 回转运动

25.2 运动副的简图图形符号

运动副的简图图形符号，见表25－2。

表25－2 运动副的简图图形符号

条 号	名 称	基本符号	可用符号	附 注
1	具有一个自由度的运动副			
1.1	回转副： （1）平面机构 （2）空间机构	 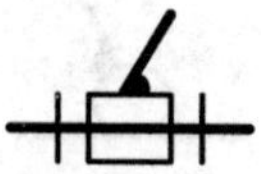	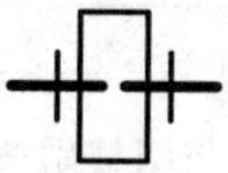	

（续表）

条　号	名　　称	基本符号	可用符号	附　注
1.2	棱柱副 （移动副）	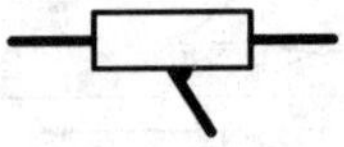	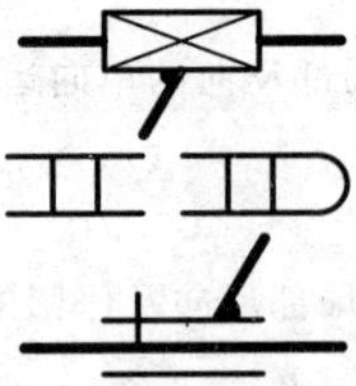	
1.3	螺旋副	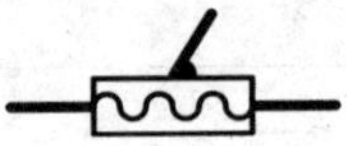		
2	具有两个自由度的运动副			
2.1	圆柱副		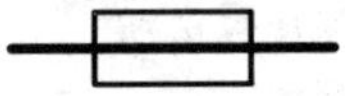	
2.2	球销副			
3	具有三个自由度的运动副			
3.1	球面副			
3.2	平面副	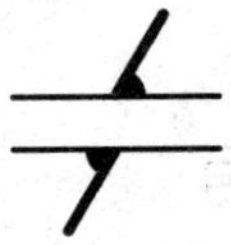		
4	具有四个自由度的运动副			
4.1	球与圆柱副			
5	具有五个自由度的运动副			
5.1	球与圆柱副			

25.3　构件及其组成部分连接的简图图形符号

构件及其组成部分连接的简图图形符号，见表 25－3。

表 25－3　构件及其组成部分连接的简图图形符号

条号	名　称	基本符号	可用符号	附　注
1	机架			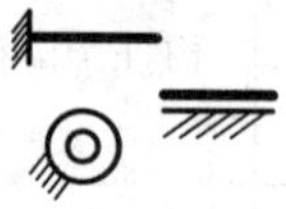
2	轴、杆			
3	构件组成部分的永久连接			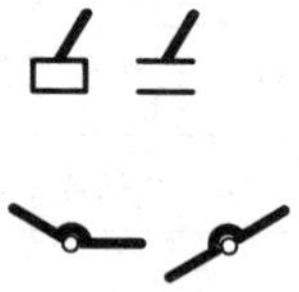
4	组成部分与轴(杆)的固定连接	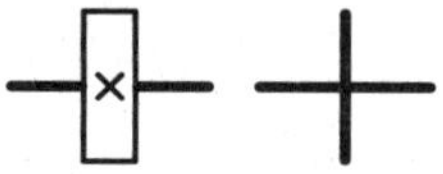		
5	构件组成部分的可调连接			

25.4　多杆构件及其组成部分的简图图形符号

多杆构件及其组成部分的简图图形符号见表 25－4。

表 25－4　多杆构件及其组成部分的简图图形符号

条号	名　称	基本符号	可用符号	附　注
1	低副机构			细实线所画为相邻构件
2	单元素构件			
2.1	构件是回转副的一部分 (1)平面机构 (2)空间机构	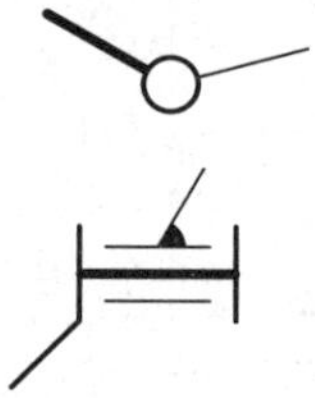		
2.2	机架是回转副的一部分 (1)平面机构 (2)空间机构			

（续表）

条号	名　　称	基本符号	可用符号	附　　注
2.3	构件是棱柱副的一部分	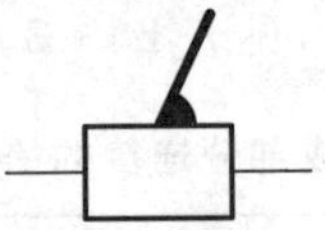	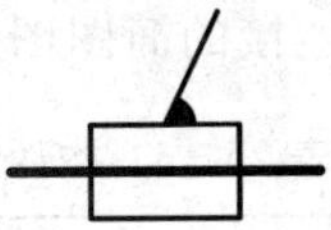	
2.4	构件是圆柱副的一部分	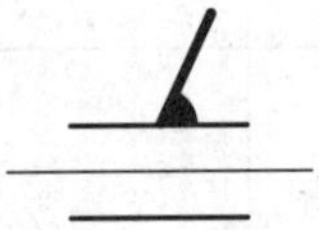		
2.5	构件是球面副的一部分	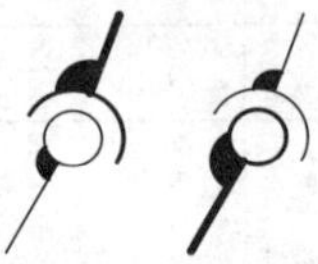		
3	双副元素的构件			
3.1	连接两个回转副的构件	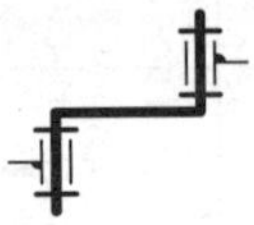		
3.1.1	连杆 (1)平面机构 (2)空间机构	 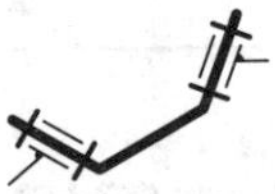		
3.1.2	曲柄(或摇杆) (1)平面机构 (2)空间机构	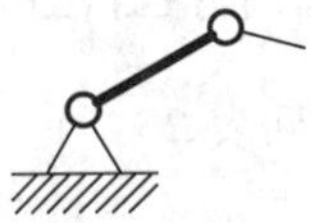 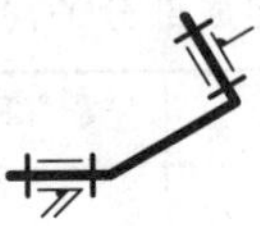		
3.1.3	偏心轮			
3.2	连接两个棱柱副的构件	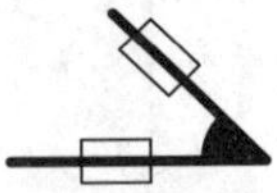		
3.2.1	通用情况	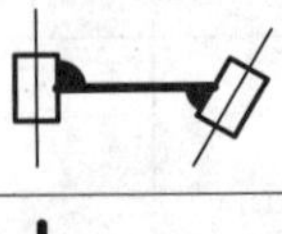		
3.2.2	滑块	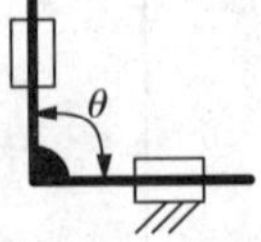	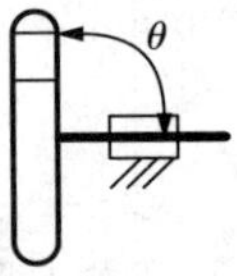	

（续表）

条号	名　　称	基本符号	可用符号	附　注
3.3	连接回转副与棱柱副的构件			
3.3.1	通用情况	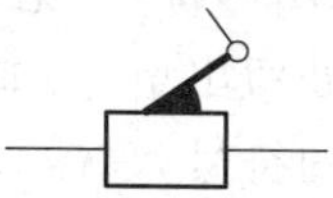		
3.3.2	导杆	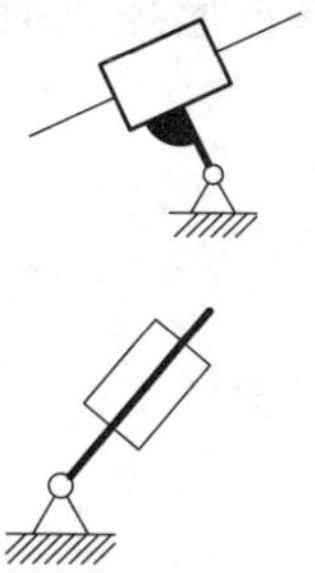		
3.3.3	滑块	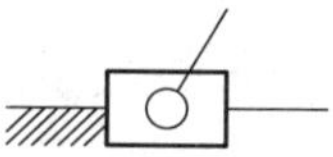		
4	三副元素构件	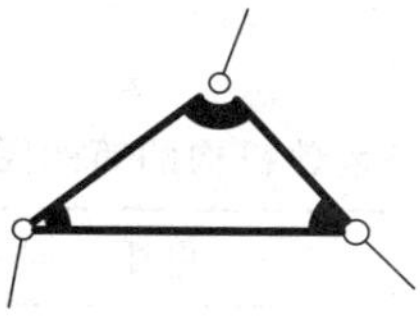	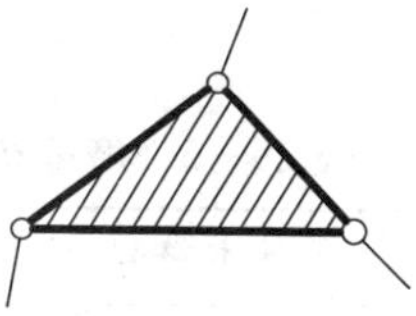	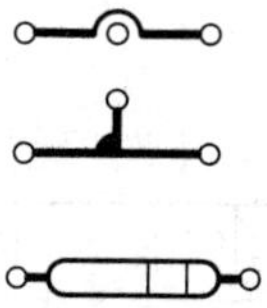
5	多副元素构件			符号与双副元素、三副元素构件类似
6	示例 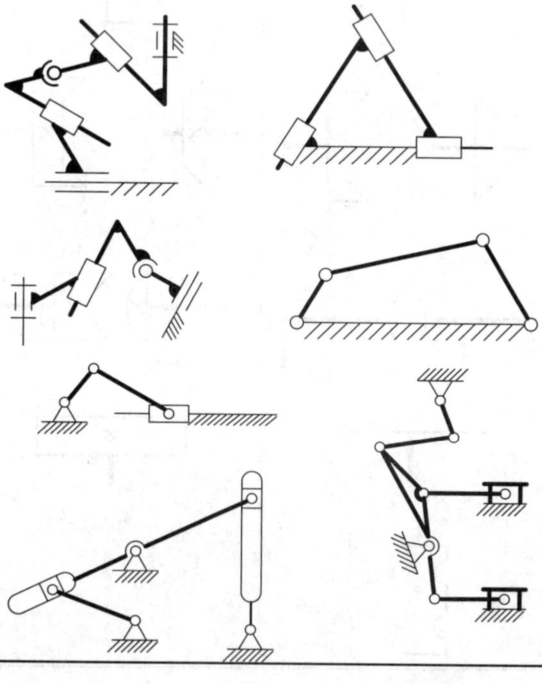			

25.5 摩擦机构与齿轮机构的简图图形符号

1. 表 25－5 摩擦机构与齿轮机构的简图图形符号，见表 25－5。

2. 若用单线绘制轮子，允许在两轮接触处留出空隙，如图 25－1 所示。

3. 绘制摩擦机构时，轮子和轴固定连接的符号，只需画在一个轮子上。

4. 齿轮和摩擦轮符号的区别是，表示齿圈或摩擦表面的直线相对于表示轮辐平面的直线位置不同，如图 25－2 所示。

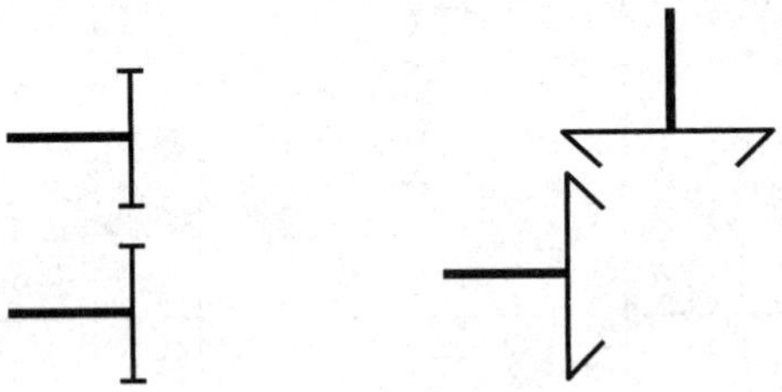

图 25－1　两轮接触处留出空隙

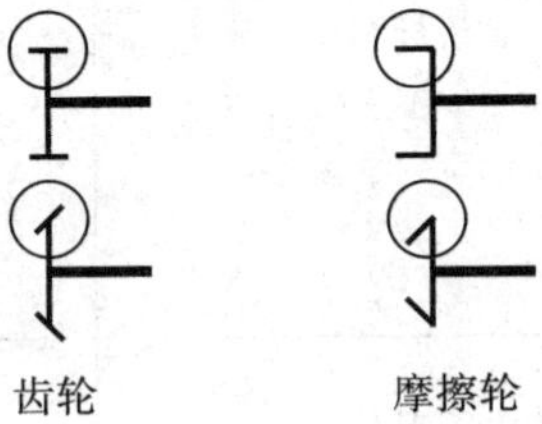

图 25－2　齿轮与摩擦轮

表 25－5　摩擦机构与齿轮机构的简图图形符号

条　号	名　　称	基本符号	可用符号	附　　注
1	摩擦机构			
1.1	摩擦轮 (1)圆柱轮	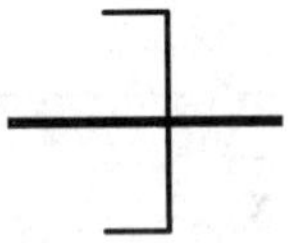	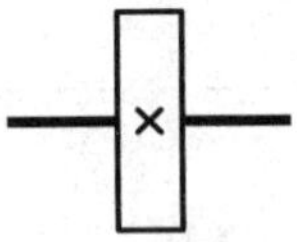	
	(2)圆锥轮	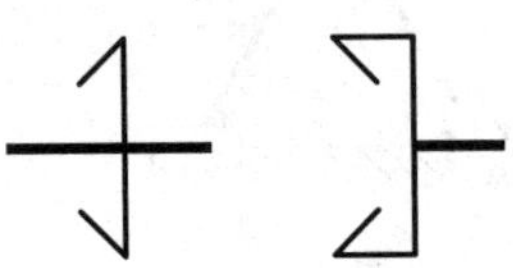	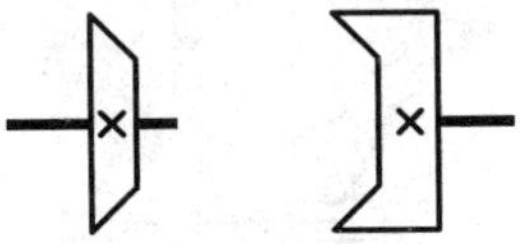	
	(3)曲线轮	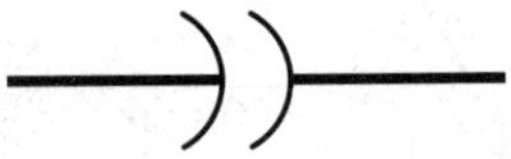	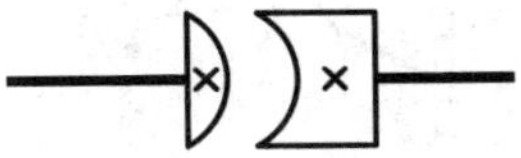	
	(4)冕状轮	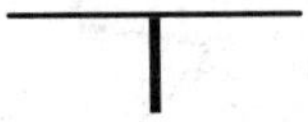	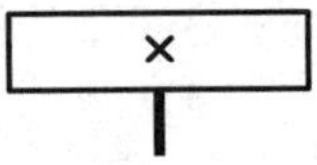	
	(5)挠性轮	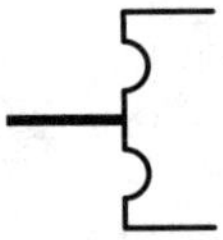		

（续表）

条　号	名　　称	基本符号	可用符号	附　　注
1.2	摩擦传动 (1)圆柱轮	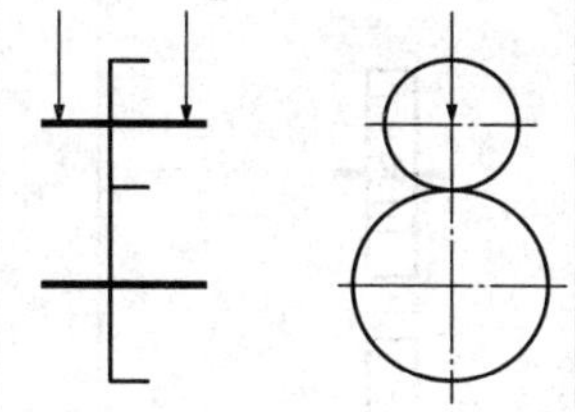	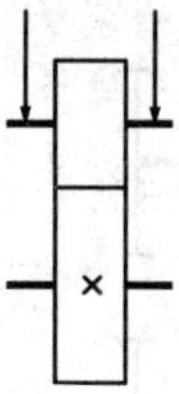	带中间体的可调圆锥轮 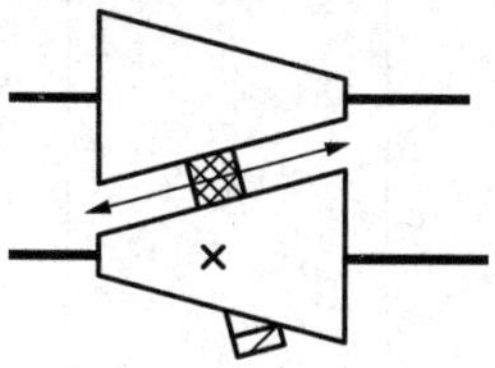
	(2)圆锥轮	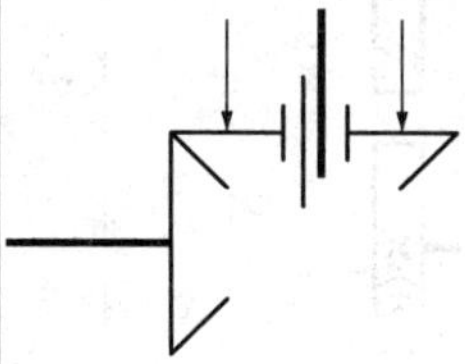	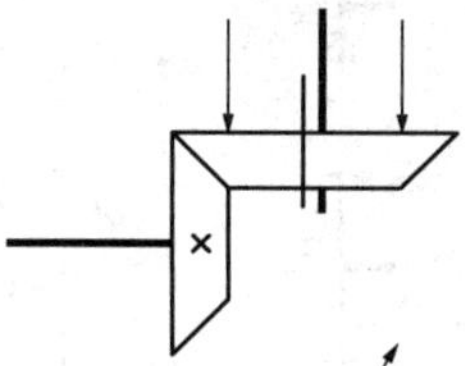	
	(3)双曲面轮		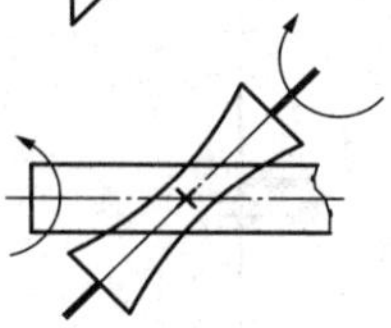	带可调圆环的圆锥轮 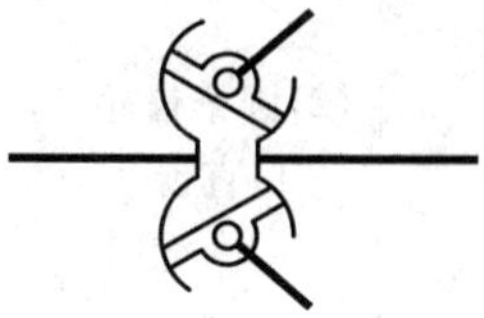
	(4)可调圆锥轮	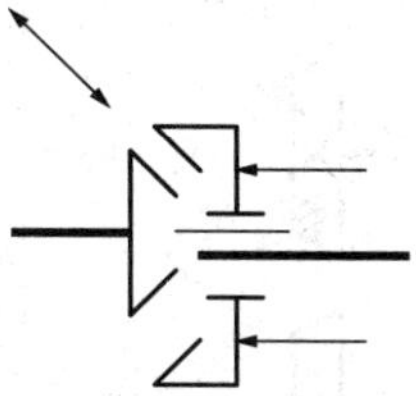	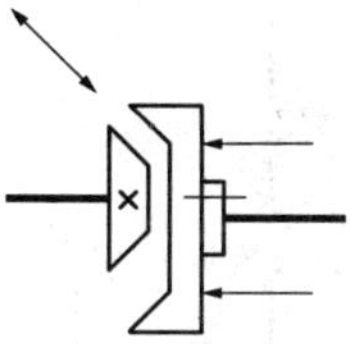	带可调圆球面轮的圆锥轮 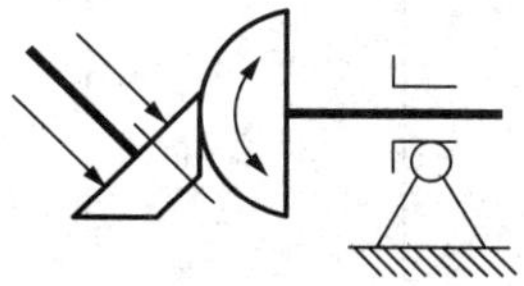
	(5)可调冕状轮		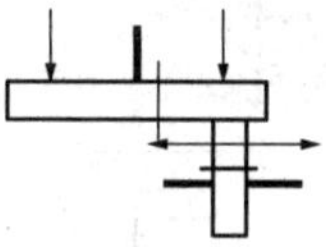	
2	齿轮机构齿轮 （不指明齿线）			
2.1	(1)圆柱齿轮	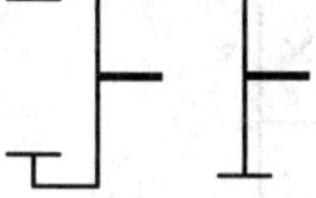	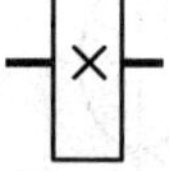	
	(2)圆锥齿轮		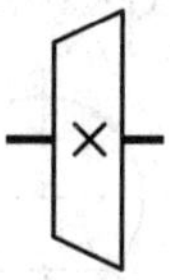	
	(3)扰性齿轮	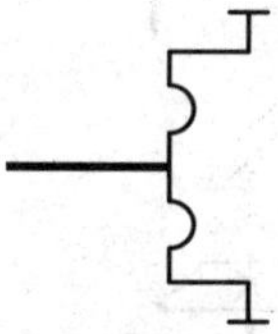		

（续表）

条　号	名　　称	基本符号	可用符号	附　　注
2.2	齿线符号			
	(1)圆柱齿轮 1)直齿		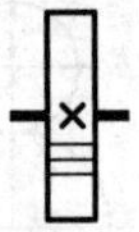	
	2)斜齿			
	3)人字齿			
	(2)圆锥齿轮 1)直齿		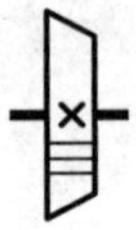	
	2)斜齿		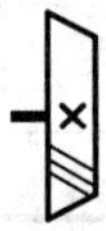	
	3)弧齿			
2.3	齿轮传动 (不指明齿线) (1)圆柱齿轮	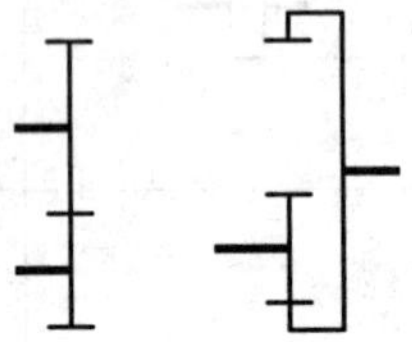	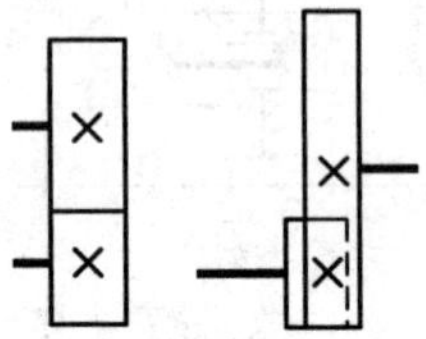	
	(2)非圆齿轮	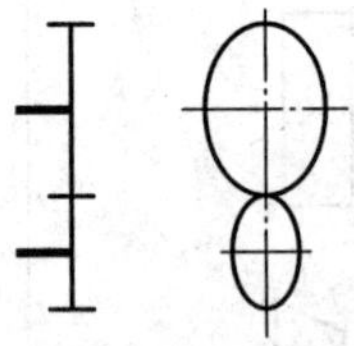	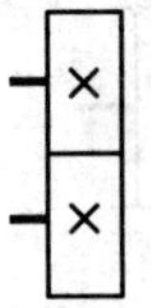	
	(3)圆锥齿轮	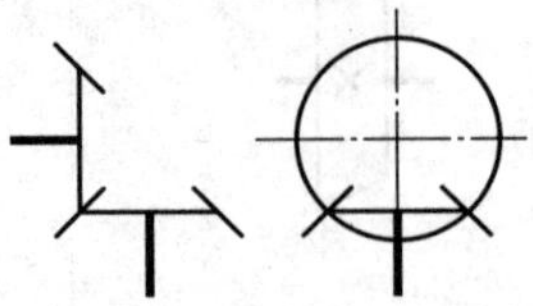	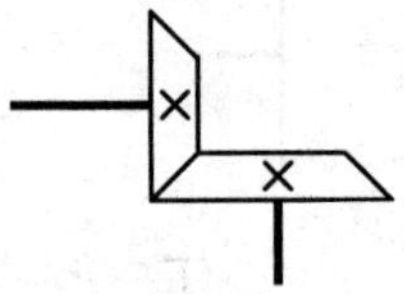	
	(4)准双曲面齿轮	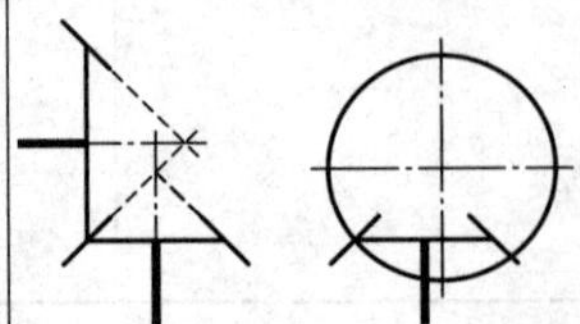	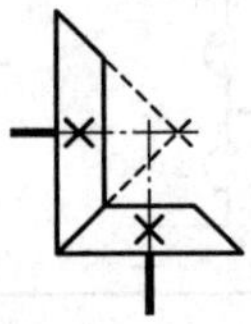	

（续表）

条　号	名　　称	基本符号	可用符号	附　　注
2.3	（5）蜗轮与圆柱蜗杆	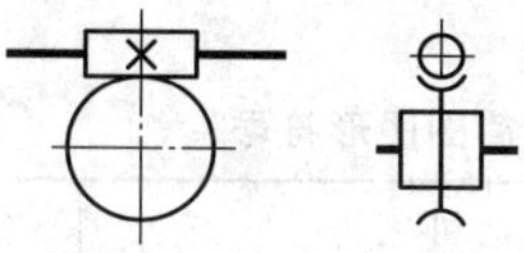 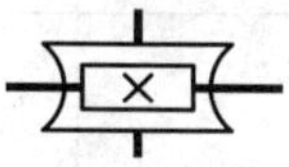	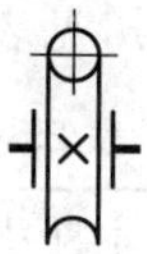	
	（6）蜗轮与球面蜗杆	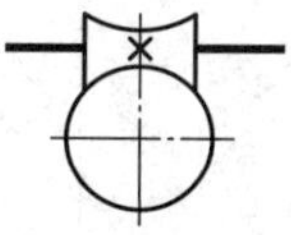 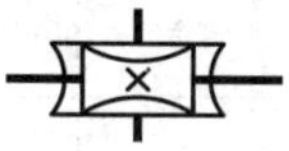	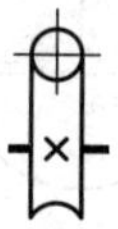	
	（7）交错轴斜齿轮	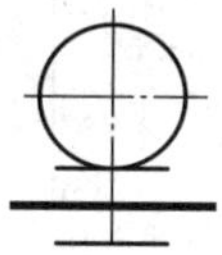	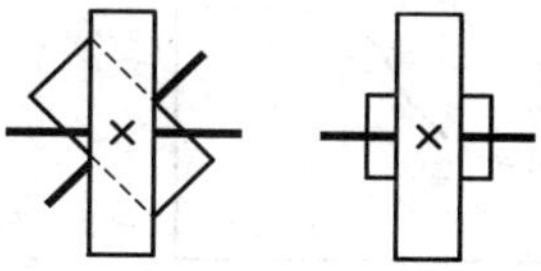	
2.4	齿条传动 （1）一般表示	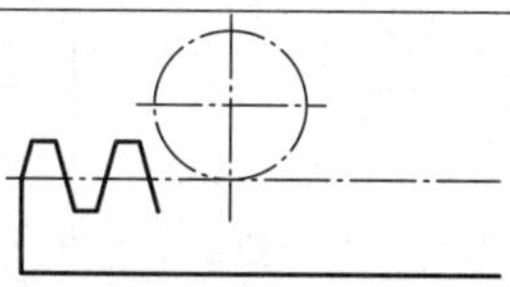	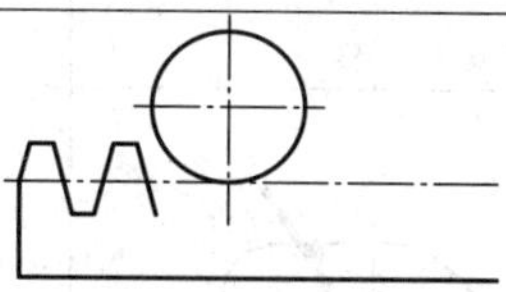	
	（2）蜗线齿条与蜗杆		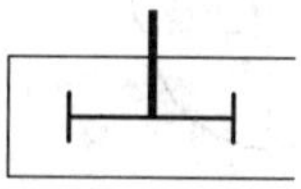 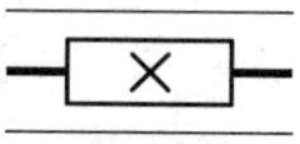	
	（3）齿条与蜗杆		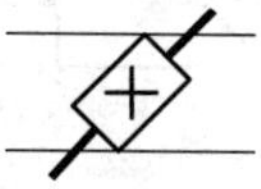	
2.5	扇形齿轮传动	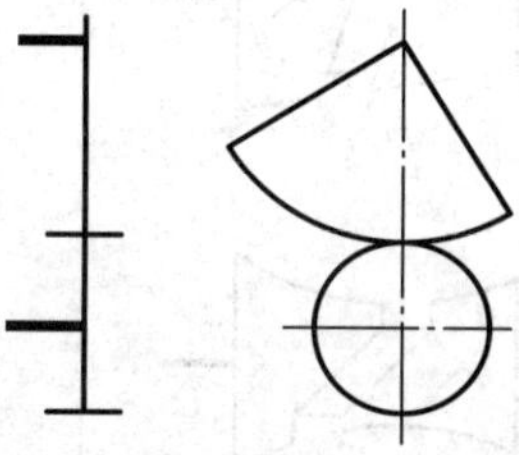	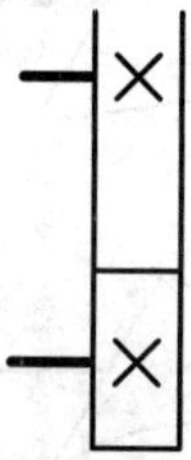	

25.6 凸轮机构的简图图形符号

凸轮机构的简图图形符号，见表 25－6。

表 25－6 凸轮机构的简图图形符号

条号	名称	基本符号	可用符号	附注
1	盘形凸轮	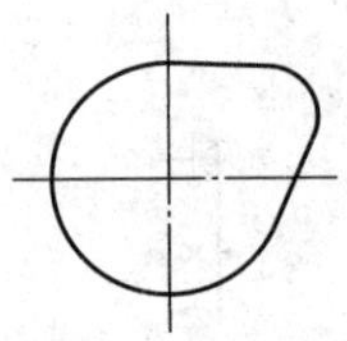		钩槽盘形凸轮 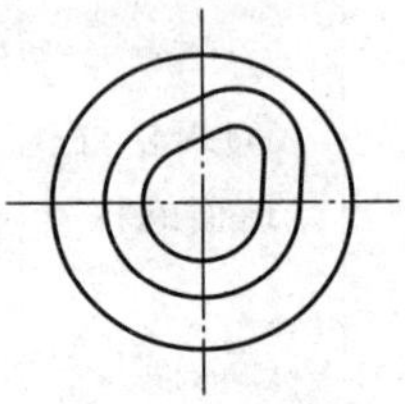
2	移动凸轮	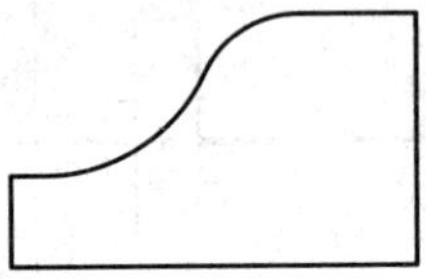		
3	与杆固接的凸轮	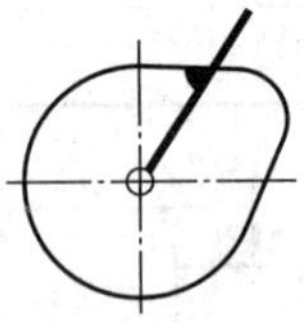		可调连接 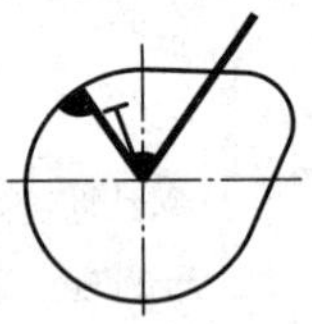
4	空间凸轮 (1)圆柱凸轮	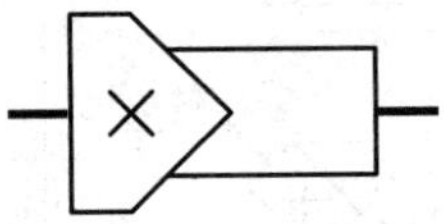	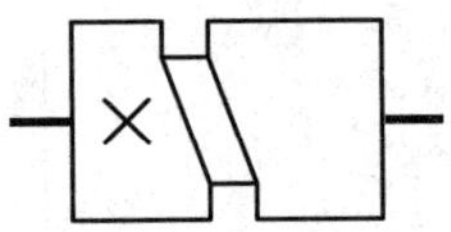	
	(2)圆锥凸轮		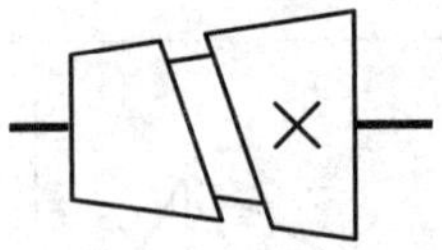	
	(3)双曲面凸轮	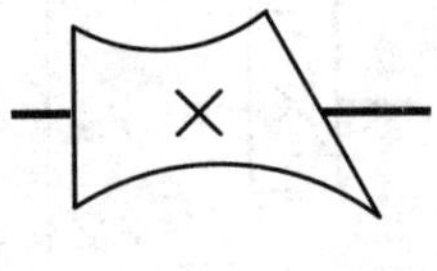	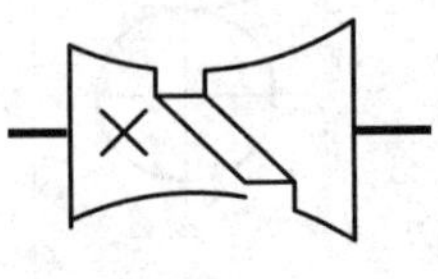	

（续表）

条号	名称	基本符号	可用符号	附注
5	凸轮从动杆件 (1)顶尖从动杆	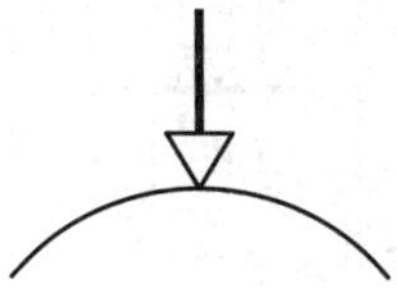		在凸轮副中，凸轮从动杆的符号 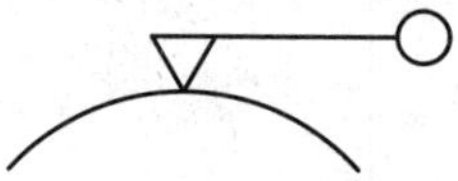
	(2)曲面从动杆	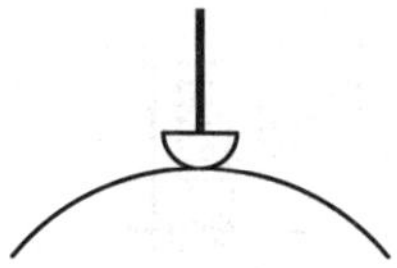		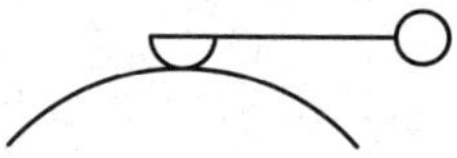
	(3)滚子从动杆	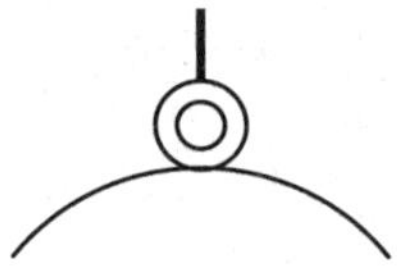		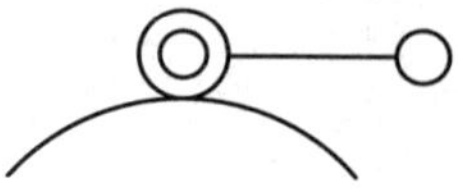
	(4)平底从动杆	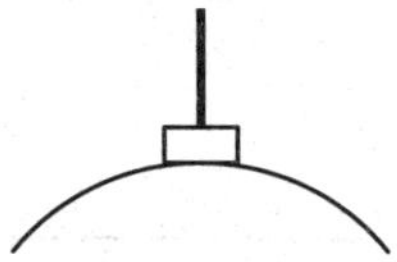		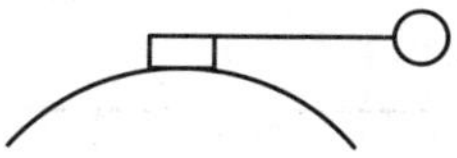

25.7 槽轮机构和棘轮机构的简图图形符号

槽轮机构和棘轮机构的简图图形符号，见表 25－7。

表 25－7 槽轮机构和棘轮机构的简图图形符号

条号	名称	基本符号	可用符号	附注
1	槽轮机构 (1)一般符号	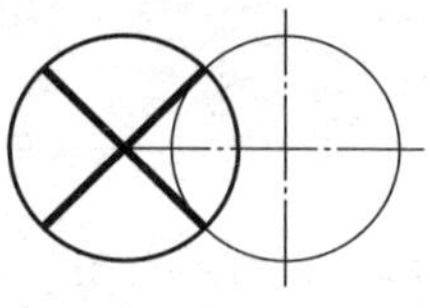		
	(2)外啮合	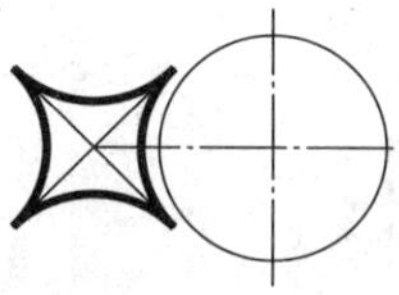	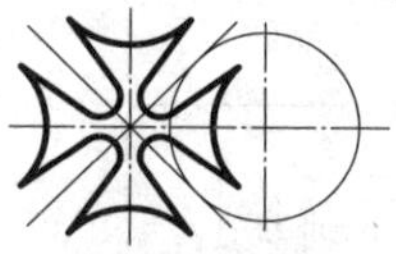	
	(3)内啮合	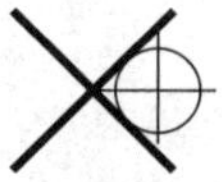	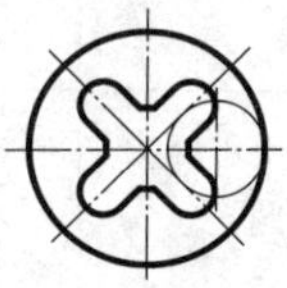	

（续表）

条　号	名　　称	基本符号	可用符号	附　　注
2	棘轮机构 (1)外啮合	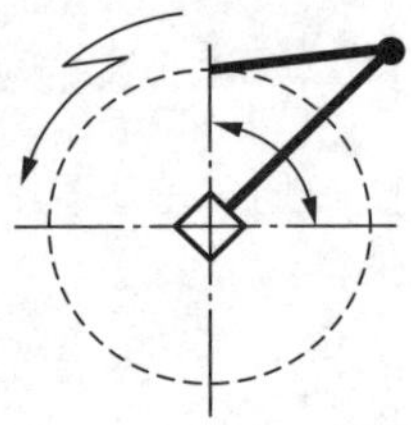	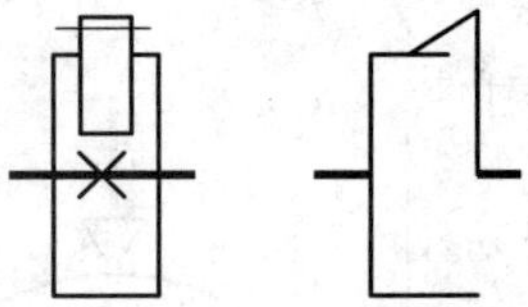	
	(2)内啮合	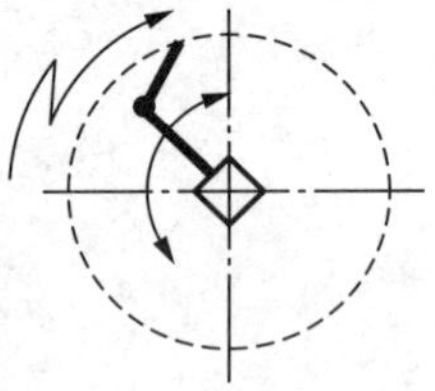	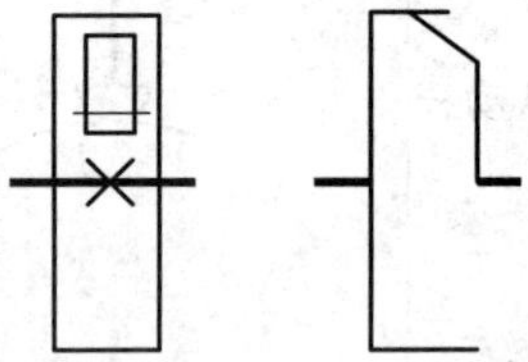	
	(3)棘齿条啮合	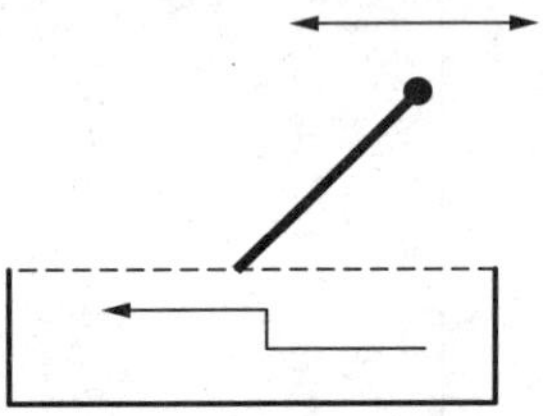		

25.8　联轴器、离合器及制动器的简图图形符号

联轴器、离合器及制动器的简图图形符号，见表 25－8。

表 25－8　联轴器、离合器及制动器的简图图形符号

条　号	名　　称	基本符号	可用符号	附　　注
1	联轴器——一般符号 （不指明类型）	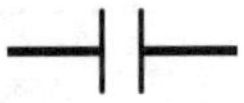		
1.1	固定联轴器	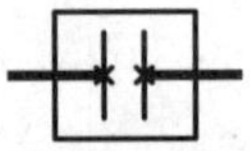		
1.2	可移式联轴器	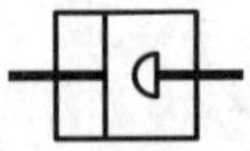		
1.3	弹性联轴器			

（续表）

条　号	名　　称	基本符号	可用符号	附　　注
2	可控离合器			对于可控离合器、自动离合器及制动器，当需要表明操纵方向时，可使用下列符号： M——机动的； H——液动的； P——气动的； E——电动的（如电磁）。 例：具有气动开关启动的单向摩擦离合器 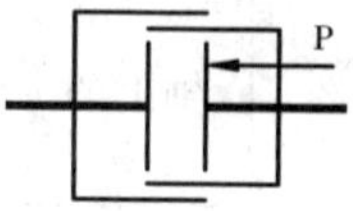
2.1	啮合式离合器 （1）单向式 （2）双向式	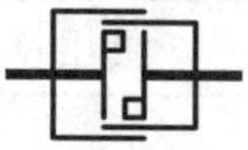 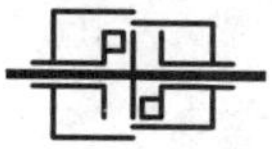	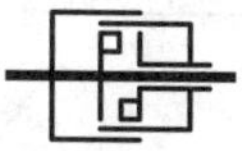	
2.2	摩擦离合器 （1）单向式 （2）双向式	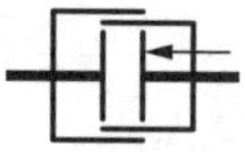 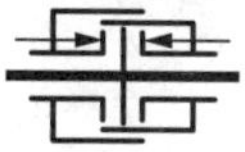	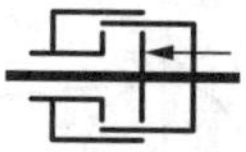 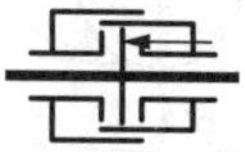	
2.3	液压离合器—— 一般符号	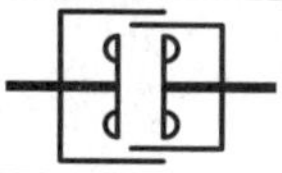		
2.4	电磁离合器	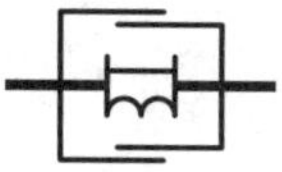		
3	自动离合器—— 一般符号	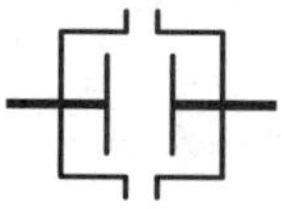		
3.1	离心摩擦离合器	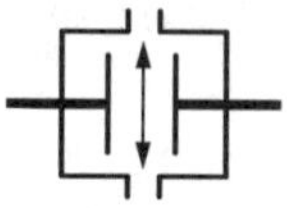		
3.2	超越离合器	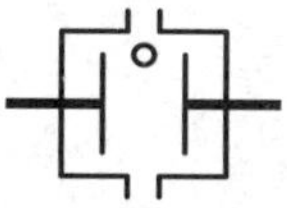		
3.3	安全离合器 （1）带有易损元件 （2）无易损元件	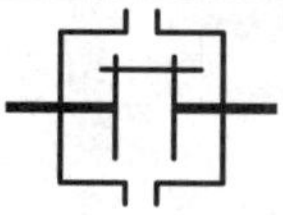 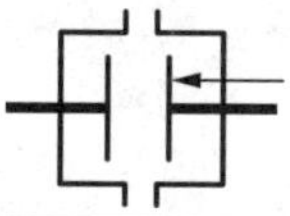		
4	制动器—— 一般符号	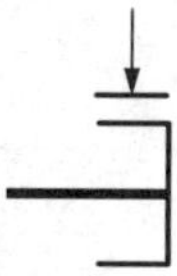		不规定制动器外观

25.9 其他机构及其组件的简图图形符号

其他机构及其组件的简图图形符号，见表 25－9。

表 25－9　其他机构及其组件简图图形符号

条　号	名　　称	基本符号	可用符号	附　　注
1	带传动——一般符号（不指明类型）	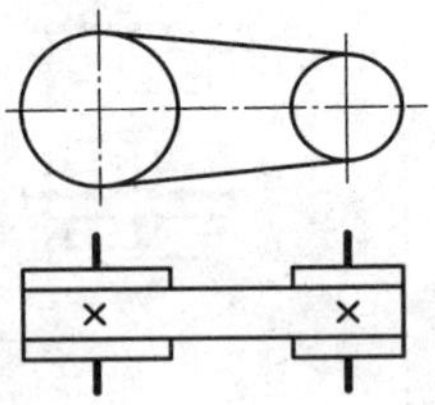 或 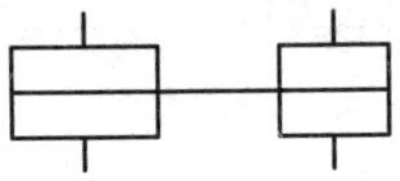		若需要指明皮带类型可采用下列符号： 三角带 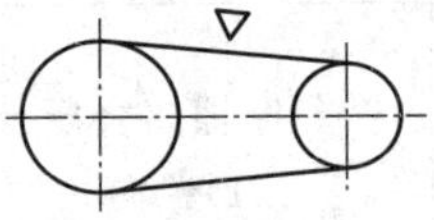 圆带 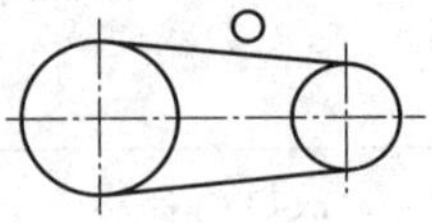 同步齿形带 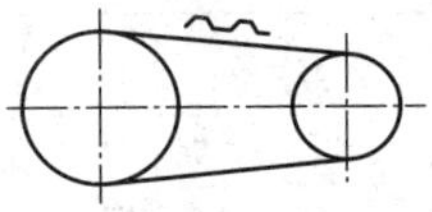 平带 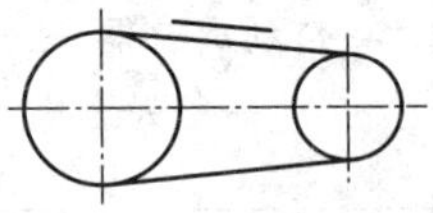
2	轴上的宝塔轮	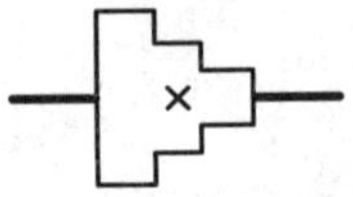		
3	链传动——一般符号（不指明类型）	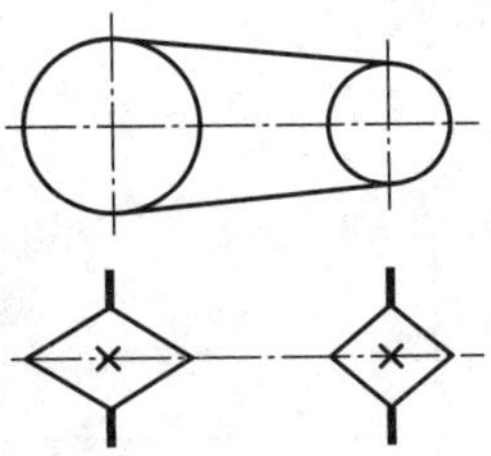		若需要指明链条类型，可采用下列符号： 环形链 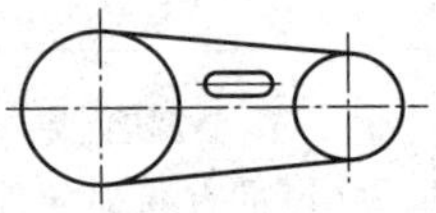 滚子链 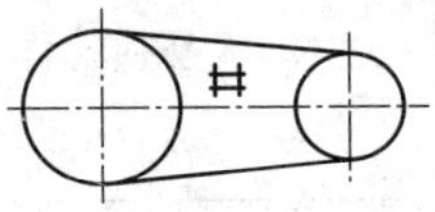 无声链 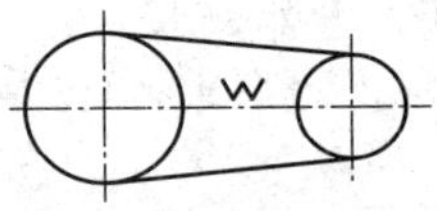

（续表）

条　号	名　　称	基本符号	可用符号	附　　注
4	螺杆传动			
4.1	整体螺母	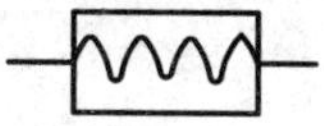		
4.2	开合螺母	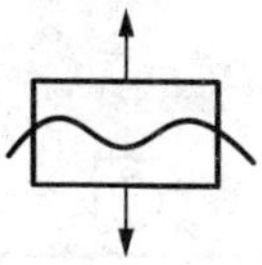	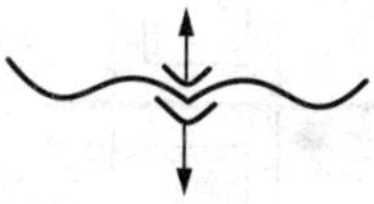	
4.3	滚珠螺母		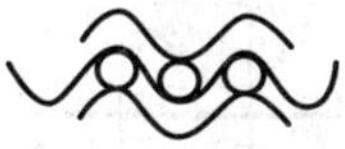	
5	绕性轴			可以只画一部分 
6	轴上飞轮	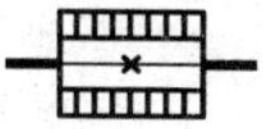	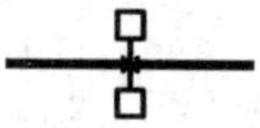	
7	分度头		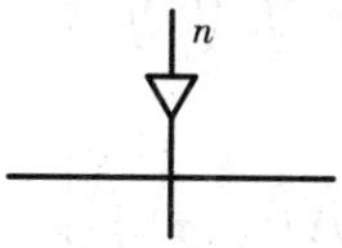	n 为分度数
8	轴承			若有需要，可指明轴承型号
8.1	向心轴承 (1)滑动轴承 (2)滚动轴承	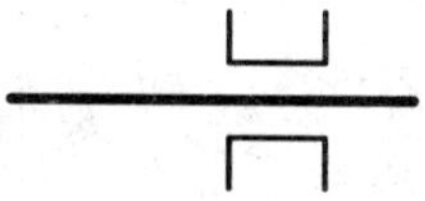 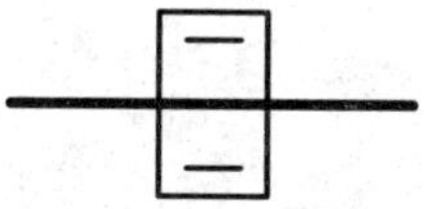	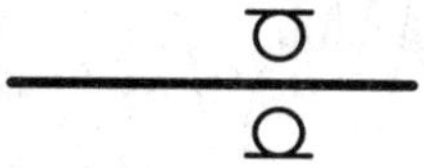	
8.2	推力轴承 (1)单向 (2)双向 (3)滚动轴承	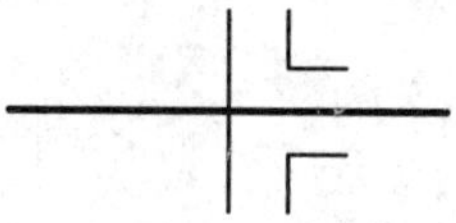 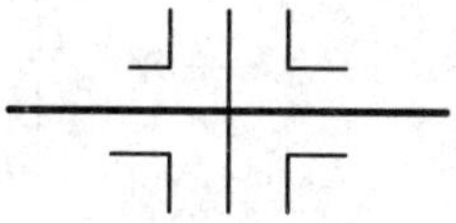 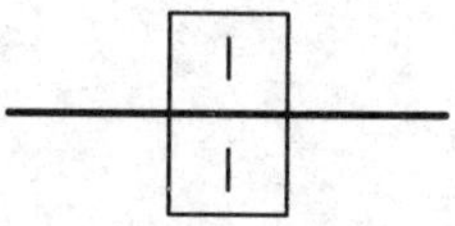	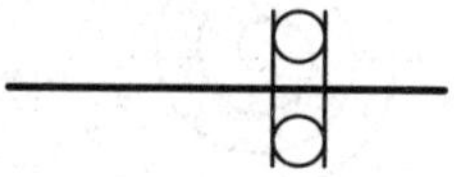	

（续表）

条　号	名　　称	基本符号	可用符号	附　　注
8.3	向心推力轴承 (1)单向	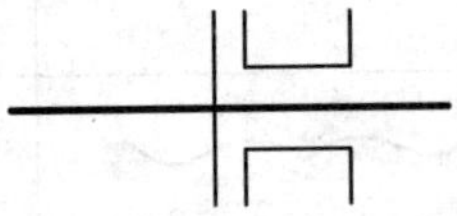		
	(2)双向	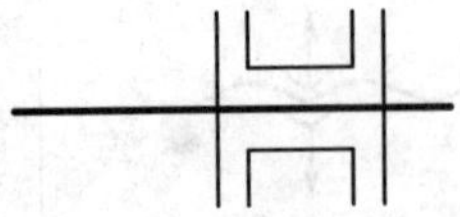		
	(3)滚动轴承	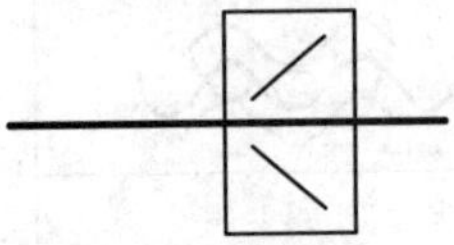	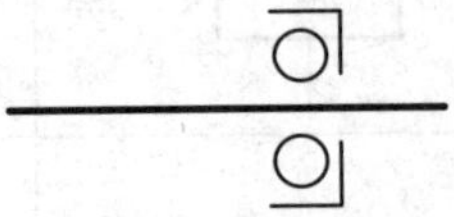	
9	弹簧 (1)压缩弹簧	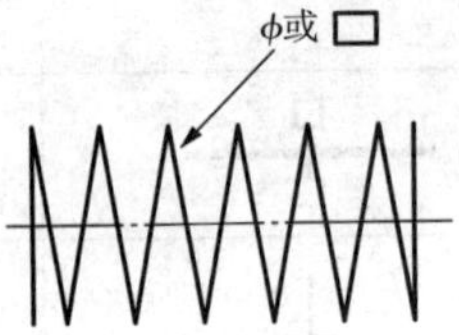 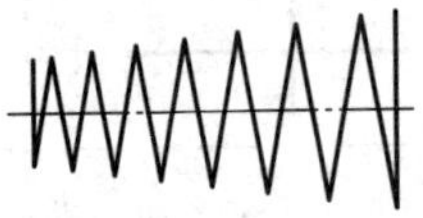		弹簧的符号详见国家标准 GB/T 4459.4
	(2)拉伸弹簧	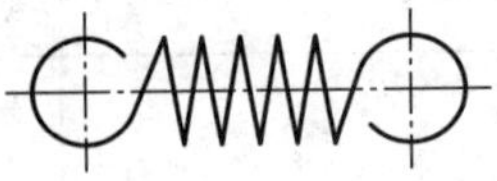		
	(3)扭转弹簧	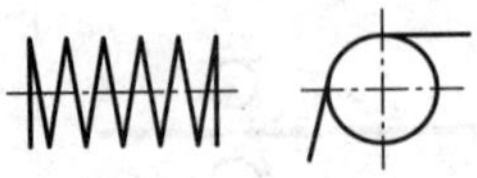		
	(4)碟形弹簧	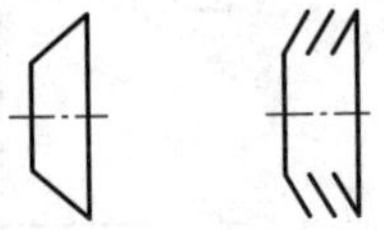		
	(5)截锥涡卷弹簧	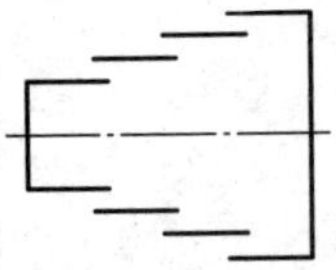		
	(6)涡卷弹簧	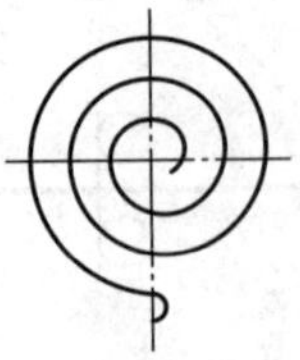		
	(7)板状弹簧	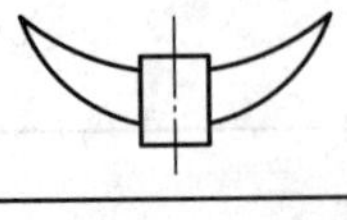		

第 26 章　常用的金属材料知识

26.1　硬度

常用金属材料的硬度性能及其含义，见表 26－1。

表 26－1　常用金属材料的硬度性能

性能名称及符号	含义说明
布氏硬度 HBW	对一定直径的硬质合金球施加试验力 F 压入试件表面，经规定保持时间后，卸除试验力，测量试件表面压痕的直径。布氏硬度与试验力除以压痕表面积的商成正比。即 布氏硬度＝常数×试验力 F/压痕表面积＝$0.102\times 2F/[\pi D(D-\sqrt{D^2-d^2})]$ 式中，D 为球直径；d 为压痕平均直径。 表示方法举例： (1)350 HBW 5/750 表示用直径 5mm 的硬质合金球，在 7.355kN 的压力下，保持 10～15s 测定的布氏硬度为 350。 (2)600 HBW 1/30/20 表示用直径 1mm 的硬质合金球，在 294.2N 的压力下，保持 20s 测定的布氏硬度值为 600(详见国家标准 GB/T 231.1—2009)
洛氏硬度 HRA、HRB、HRC、HRD、HRE、HRF、HRG、HRH、HRK、HRN、HRT	采用金刚石圆锥体或一定直径的淬火钢球作压头，压入金属材料表面，取其压痕深度计算确定硬度的大小，这种方法测量的硬度为洛氏硬度。国家标准 GB/T 230.1—2009《金属材料　洛氏硬度试验　第 1 部分：试验方法(A、B、C、D、E、F、G、H、K、N、T 标尺)》中规定了 A、B、C、D、E、F、G、H、K、N、T 等标尺，以及相应的硬度符号、压头类型、总试验力等。由于压痕较浅，工作表面损伤小，适于批量、成品件及半成品件的硬度检验，对于晶粒粗大且组织不均的零件不宜采用。采用不同压头和试验力，洛氏硬度可以用较硬或较软的材料，使用范围较广。 硬度标尺 A，硬度符号 HRA，顶角为 120°的圆锥金刚石压头，总试验力为 588.4N，HRA 主要用于测定硬质材料，如硬质合金、薄而硬的钢材及表面硬化层较薄的材料等。 HRB 的压头为 1.5875mm 直径的钢球，总试验力为 980.7N，适用于测定低碳钢、软金属、铜合金、铝合金及可锻铸件等中、低硬度材料的硬度。 HRC 的压头为顶角 120°的金刚石圆锥体，总试验力为 1471N，适用于测定一般钢材、硬度较高的铸件、珠光体可锻铸铁及淬火回火的合金钢等材料的硬度。 HRN 和 HRT 为表面洛氏硬度，HRN 压头为金刚石圆锥体，HRT 压头为直径 1.5875mm 的淬硬钢球，两者试验载荷均为 15kgf、30kgf 和 45kgf，将载荷加注于符号之后，如 HRN15、HRT30。表面洛氏硬度只适用于钢材表面渗碳、渗氮等处理的表层硬度，较薄、较小的试件硬度的测定(详见国家标准 GB/T 230.1—2009)
维氏硬度 HV	一般不标注单位。维氏硬度试验是用一个相对面夹角为 136°的正四棱锥体金刚石压头，以规定的试验力(49.03N 以上)压入试样表面，经规定时间后卸除试验力，以其压痕表面积除试验力所得的商，即为维氏硬度值。 维氏硬度试验法适用于测量面积较小、硬度值较高的试样和零件的硬度，各种表面处理后的渗层或镀层以及薄材的硬度，如 0.3～0.5mm 厚度金属材料、镀铬、渗碳、氮化、碳氮共渗层等的硬度测量(详见国家标准 GB/T 4340.1—1999)

26.2 铸铁

1. 铸铁产品牌号表示法

铸铁牌号表示方法应符合国家标准 GB/T 5612—2008 的规定，如图 26-1 所示。

（1）铸铁基本代号由表示该铸铁特征的汉语拼音字的第一个大写正体字母组成。当两种铸铁名称的代号字母相同时，可在该大写正体字母后加小写正体字母来区别。当要表示铸铁的组织特征或特殊性能时，代表铸铁组织特征或特殊性能的汉语拼音字的第一个大写正体字母排列在基本代号的后面。

（2）合金化元素符号用化学元素符号表示，混合稀土元素用符号“RE”表示，元素的名义含量及力学性能数值用阿拉伯数字表示。

（3）当以化学元素成分表示铸铁的牌号时，合金元素符号及名义含量（质量分数）排列在铸铁代号之后。牌号中常规（含量的）碳、硅、锰、硫、磷元素一般不标注，仅在有特殊作用时，才标注其元素符号及含量。合金元素含量大于或等于 1%时，在牌号中用整数标注；小于 1%时，一般不标注，只有对该合金特性有较大影响时，才标注其合金元素符号。合金化元素按其含量递减次序排列，含量相等时按元素符号的字母顺序排列。

（4）当以力学性能表示铸铁牌号时，力学性能数值排列在铸铁代号之后。当牌号中有合金元素符号时，抗拉强度值排列于元素符号及含量之后，之间用“-”隔开。牌号中代号后有一组数字时，此数字表示抗拉强度值（MPa）；有两组数字时，第一组表示抗拉强度值（MPa），第二组表示伸长率值（%），两组数字键用“-”隔开。

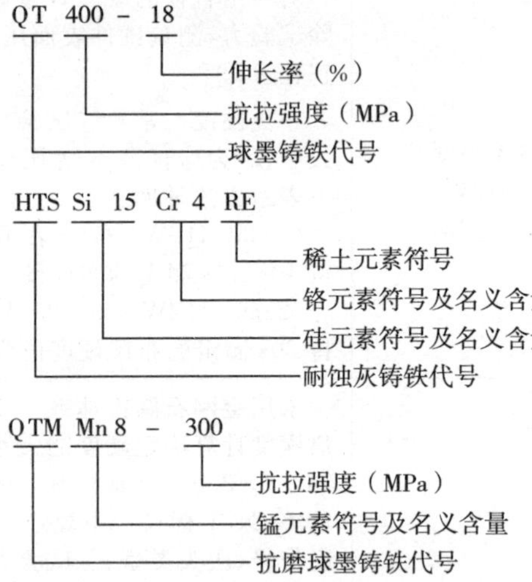

图 26-1 铸铁牌号结构形式

（5）牌号结构形式举例：常见铸铁代号及牌号，见表 26-2。

表 26-2 常见铸铁代号及牌号示例

分　类	名　称	代　号	牌号示例
灰铸铁（HT）	灰铸铁	HT	HT250，HT Cr-300
	奥氏体灰铸铁	HTA	HTA Ni20Cr2
	冷硬灰铸铁	HTL	HTL Cr1NiMo
	耐磨灰铸铁	HTM	HTM Cu1CrMo
	耐热灰铸铁	HTR	HTR Cr
	耐蚀灰铸铁	HTS	HTS Ni2Cr

（续表）

分　　类	名　　称	代　　号	牌号示例
球墨铸铁(QT)	球墨铸铁	QT	QT400-18
	奥氏体球墨铸铁	QTA	QTA Ni30Cr3
	冷硬球墨铸铁	QTL	QTL CrMo
	抗磨球墨铸铁	QTM	QTM Mn8-30
	耐热球墨铸铁	QTR	QTR Si5
	耐蚀球墨铸铁	QTS	QTS Ni20Cr2
蠕墨铸铁(RuT)	蠕墨铸铁	RuT	RuT420

2. 灰铸铁

灰铸铁牌号及铸件应用，见表 26-3。

表 26-3　灰铸铁牌号及铸件应用举例(GB/T 9439—2010)

牌　号	应　用　举　例
HT100	机床中受轻负荷，磨损无关重要的铸件，如托盘、盖、罩、手轮、把手、重锤等形状简单且性能要求不高的零件；冶金矿山设备中的高炉平衡锤、炼钢炉重锤、钢锭模
HT150	承受中等弯曲应力，摩擦面间压强高于 500kPa 的铸件，如多数机床的底座，有相对运动和磨损的零件，如溜板、工作台等，汽车中的变速箱、排气管、进气管等，拖拉机中配气轮室盖、液压泵进出油管、鼓风机底座、后盖板、高炉冷却壁、热风炉篦、流渣槽、炼焦炉保护板、轧钢机滚托辊、夹板、加热炉盖、冷却头、内燃机车水泵壳、止回阀体、阀盖、吊车阀轮、泵体、电动机轴承盖、汽轮机操纵座外壳、缓冲器外壳
HT200	承受较大弯曲应力，要求保持气密性的铸件，如机床立柱、刀架、齿轮箱体、多数机床床身、滑板、箱体、液压缸、泵体、阀体、刹车毂、飞轮、气缸盖、分离器本体、左半轴壳、右半轴壳、鼓风机座、带轮、轴承盖、叶轮、压缩机机身、轴承架、冷却器盖板、炼钢浇注平台、煤气喷嘴、真空过滤器销气盘、喉管、内燃机车风缸体、阀套、汽轮机气缸中部、隔板套、前轴承座主体、中机架、电动机接力器缸、活塞、导水套筒、前缸盖
HT250	炼钢用轨道板、气缸套、齿轮、机床立柱、齿轮箱体、机床床身、磨床转体，液压缸泵体、阀体
HT300	承受高的弯曲应力、拉应力，要求保持高度气密性的铸件，如重型机床床身、多轴机床主轴箱、卡盘齿轮，高压液压缸、泵体、阀体，水泵出水段、进水段，吸入盖、双螺旋分级机、左机座、右机座、锥齿轮、大型卷筒、轧钢机座、焦化炉导板、汽轮机隔板、泵壳、收缩管、轴承支架、主配阀壳体、环形缸座
HT350	轧钢滑板、辊子、炼焦柱塞、圆筒混合机齿圈、支承轮座、挡轮座

26.3 钢

1. 碳素结构钢

碳素结构钢的牌号及应用，见表 26－4。

表 26－4 碳素结构钢牌号及应用举例

牌 号	应 用 举 例
Q195 Q215	具有良好韧性、较高伸长率，焊接性良好，用于制作螺栓、炉撑、拉杆、犁板、短轴、支架、焊接件等
Q235	韧性良好，冲击和焊接性较好，广泛用于制作一般机械零件，如销、轴、拉杆、套筒、支架、焊接件等，C、D级性能较高，用于重要的焊接结构件
Q275	较高强度，一定的焊接性，制作齿轮、心轴、转轴、键、制动板、农机用机架，链和链节等，C、D级用于强度要求较高的零件

2. 优质碳素结构钢

优质碳素结构钢的牌号及应用，见表 26－5。

表 26－5 优质碳素结构钢牌号及应用举例

牌 号	应 用 举 例
08F 10F	常用于生产成钢带、薄板及冷拉钢丝，适用于制作深冲击、深拉伸的制品，如汽车车身、驾驶室、发动机罩、翼子板等不受负载的各种盖罩件，各种贮存器、搪瓷设备、仪表板、管子、垫片，还可制作心部强度要求不高的渗碳、碳氮共渗零件，如套筒、支架、靠模和挡块等
08	这种钢常轧制成高精度的厚度小于4mm的薄钢板或冷轧钢带，广泛用于制造无强度要求，而易加工成形的深冲压、深拉延的盖罩件及焊接件，可制作心部强度不高而表面需要硬化的渗碳和氰化零件，如离合器盘、齿轮等，经退火处理后，这种钢还可制作具有良好导磁性能、剩磁较少的磁性零件，如电磁吸盘、软性电磁铁等
10	采用镦锻、弯曲、冷冲、热压、拉延及焊接等多种加工方法，制作各种韧性高、负荷小的零件，如卡头、钢管垫片、垫圈、摩擦片、汽车车身、防尘罩、容器、深冲器皿、搪瓷制品、轴承砂架、冷镦螺栓螺母及各种受载较小的焊接件，也可制作渗碳件，如链轮、齿轮、链的滚子和套筒、犁壁等，还可退火后制作电磁吸铁零件
15	用于制作受载不大、韧性要求较高的零件，如渗碳件、冲模锻件、紧固件；不需热处理的低负载零件，焊接性能较好的中、小结构件，如螺栓、螺钉、法兰盘、拉条、化工容器、蒸汽锅炉、小轴、挡铁、小模数齿轮、滚子、仿形板、摩擦片、销子、套筒、起重钩，球轴承（轻载，H级）的套圈和滚珠，农机用链轮、链条、轴套等
15F	用于制作心部强度不高的渗碳或氰化零件，如套筒、挡块、支架、短轴、齿轮、靠模、离合器盘，也可制作塑性良好的零件，如管子、垫片、垫圈，还可用于制作摇杆、吊钩、衬套、螺栓、车钩以及农机中的低负载零件，亦可适于制作钣金件及各种冲压件（最深冲压、深冲压等）

（续表）

牌　号	应　用　举　例
20	在热轧或正火状态下用于制作负载不大但韧性要求高的零件，如重型及通用机械中的锻、压的拉杆、杠杆、钩环、套筒、夹具及衬垫，在一般机械及汽车、拖拉机中，用于制作不甚重要的中、小型渗碳或氰化零件，如手刹车蹄片、杠杆轴、变速叉、被动齿轮、气阀挺杆、拖拉机上的凸轮轴、悬挂平衡器轴、内外衬套，机车车辆上的十字头、活塞、气缸盖等铸件，还可制作压力低于 6MPa，温度低于 450℃的无腐蚀介质中使用的管子、导管等锅炉零件
25	用于制作焊接构件，以及经锻造、热冲压和切削加工，且负载较小的零件，如辊子、轴、垫圈、螺栓、螺母、螺钉、连接器，还用于制造压力小于 600MPa、温度低于 450℃的应力不大的锅炉零件，如螺栓、螺母等，在汽车拖拉机中，常用作冲击钢板，如厚度 4～11mm 的钢板，可制作横梁、车架、大梁、脚踏板等具有相当载荷的零件，经淬火处理（获得低马氏体）可制造强度和韧性良好的零件，如汽车轮胎螺钉等，还可制作心部强度不高、表面要求良好耐磨性的渗碳或氰化零件
30	用于制造受载不大，工作温度低于 150℃的截面尺寸小的零件，如化工机械中的螺钉、拉杆、套筒、丝杠、轴、吊环、键等，在自动机床上加工的螺栓、螺母，亦可制作心部强度要求较高、表面耐磨的渗碳或氰化零件、焊接构件及冷镦锻零件
35	广泛地用于制造负载较大，但截面尺寸较小的各种机械零件、热压件，如轴销、轴、曲轴、横梁、连杆、杠杆、星轮、轮圈、垫圈、圆盘、钩环、螺栓、螺钉、螺母等，还可不经热处理制作负载不大的锅炉用（温度低于 450℃）螺栓、螺母等紧固件，这种钢通常不用于制作焊接件
40	用于制造机器中的运动件，心部强度要求不高，表面耐磨性好的淬火零件及截面尺寸较小，负载较大的调质零件，应力不大的大型正火件，如传动轴、心轴、曲轴、曲柄销、辊子、拉杆、连杆、活塞杆、齿轮、圆盘、链轮等，一般不适用作焊接件
45	适用于制造较高强度的运动零件，如空压机、泵的活塞，蒸汽透平机的叶轮，重型及通用机械中的轧制轴、连杆、蜗杆、齿条、齿轮、销子等，通常在调质或正火状态下使用，可代替渗碳钢，用以制造表面耐磨的零件，此时，不需经高频或火焰表面淬火，如曲轴、齿轮、机床主轴、活塞销、传动轴等，还用于制造农机中等负荷的轴、脱粒滚筒、凹板钉齿、链轮、齿轮以及钳工工具等
50	主要用于制造动负载、冲击载荷不大以及要求耐磨性好的机械零件，如锻造齿轮、轴摩擦盘、机床主轴、发动机曲轴、轧辊、拉杆、弹簧垫圈、不重要的弹簧、农机中掘土犁铧、翻土板、铲子、重载心轴及轴类零件
55	主要用于制造耐磨、强度较高的机械零件以及弹性零件，也可用于制作铸钢件，如连杆、齿轮、机车轮箍、轮缘、轮圈、轧辊、扁弹簧
60	主要用于制造耐磨、强度较高、受力较大、摩擦工作以及相当弹性的弹性零件，如轴、偏心轴、轧辊、轮箍、离合器、钢丝绳、弹簧垫圈、弹簧圈、减震弹簧、凸轮及各种垫圈
65	主要用于制造弹簧垫圈、弹簧环、U 形卡、气门弹簧、钢丝绳，受力不大的扁形弹簧、螺旋弹簧等，在正火状态下，可制造轧辊、凸轮、轴等耐磨零件

（续表）

牌　号	应　用　举　例
70	仅适用于制造强度不高、截面尺寸较小的扁形、圆形、方形弹簧、钢带、钢丝、车轮圈、电车车轮及犁铧等
75,80	用于制造强度不高,截面尺寸较小的螺旋弹簧、板弹簧,也用于制造承受摩擦工作的机械零件
85	主要用于制造截面尺寸不大、强度不高的振动弹簧,如普通机械中的扁形弹簧、圆形螺旋弹簧,铁道车辆和汽车拖拉机中的板簧及螺旋弹簧,农机中的清棉机锯片和摩擦盘以及其他用途的钢丝和钢带等
15Mn 20Mn	主要用于制造中心部力学性能较高的渗碳或氰化零件,如凸轮轴、曲柄轴、活塞销、齿轮、滚动轴承(H级,轻载)的套圈以及圆柱、圆锥轴承中的滚动体等,在正火或热轧状态下用于制造韧性高而应力较小的零件,如螺钉、螺母、支架、铰链及铆焊结构件,还可轧制成板材(厚度4～10mm),制作低温条件下工作的油罐等容器
25Mn	一般用于制造渗碳件和焊接件,如连杆、销、凸轮轴、齿轮、联轴器、铰链等
30Mn	一般用于制造低负荷的各种零件,如杠杆、拉杆、小轴、刹车踏板、螺栓、螺钉及螺母,还可用于制造高应力负载的细小零件(采用冷拉钢制作),如农机中的钩环链的链环、刀片、横向刹车机齿轮等
35Mn	一般用于制造载荷中等的零件,如啮合杆、传动轴、螺栓、螺钉、螺母等,还可用于制造受磨损的零件(采用淬火回火),如齿轮、心轴、叉等
40Mn	经调质处理后,可代替40Cr使用,用于制造在疲劳负载下工作的零件,如曲轴、连杆、辊子、轴以及高应力的螺栓、螺钉、螺母等
45Mn	一般用于较大负载及承受磨损工作条件的零件,如曲轴、花键轴、轴、连杆、万向节轴、啮合杆、齿轮、离合器盘、螺栓、螺母等
50Mn	一般用于制造高耐磨性、高应力的零件,如直径小于80mm的心轴、齿轮轴、齿轮、摩擦盘、板弹簧等,高频淬火后还可制造火车轴、蜗杆、连杆及汽车曲轴等
60Mn	用于制造尺寸较大的螺旋弹簧,各种扁、圆弹簧、板簧、弹簧片、弹簧环、发条和冷拉钢丝(直径小于7mm)
65Mn	经淬火及低温回火或调质、表面淬火处理,用于制造受摩擦、高弹性、高强度的机械零件,如收割机铲、犁、切碎机切刀、翻土板、整地机圆盘、机床主轴、机床丝杠、弹簧卡头、钢轨、螺旋滚子轴承的套圈,经淬火、中温回火处理后,用于制造中等负荷的板弹簧(厚度5～15mm),螺旋弹簧(直径7～20mm)、弹簧垫圈、弹簧卡环、弹簧发条、轻型汽车的离合器弹簧、制动弹簧、气门弹簧
70Mn	用于制造耐磨、载荷较大的机械零件,如止推环、离合器盘、弹簧圈、弹簧垫圈、锁紧圈、盘簧等

3. 低合金高强度结构钢

低合金高强度结构钢的牌号及应用,见表26-6。

表 26－6 低合金高强度结构钢牌号及应用举例

牌 号	应 用 举 例
Q345	具有良好的综合力学性能，塑性和焊接性良好，冲击韧性较好，一般在热轧或正火状态下使用，适用于制作桥梁、船舶、车辆、管道、锅炉，各种容器、油罐，电站、厂房结构，低温压力容器等结构件
Q390	具有良好的综合力学性能，焊接性及冲击韧度较好，一般在热轧状态下使用，适于制造锅炉，中、高压石油化工容器，桥梁、船舶、起重机，较高负荷的焊接件、连接构件等
Q420	具有良好的综合力学性能，优良的低温韧性，焊接性好，冷热加工性良好，一般在热轧或正火状态下使用，适于制作高压容器、重型机械、桥梁、船舶、机床车辆、锅炉及其他大型焊接结构件
Q460	高强度，在正火加回火或淬火加回火处理后具有很高的综合力学性能，C、D、E 级钢可保证良好的韧性。备用钢种，主要用于各种大型工程结构及要求高强度、重负荷的轻型结构

4．合金结构钢

合金结构钢的牌号及应用，见表 26－7。

表 26－7 合金结构钢牌号及应用举例

牌 号	应 用 举 例
20Mn2	用于制造截面尺寸小于 50mm 的渗碳零件，如渗碳的小齿轮、小轴，力学性能要求不高的十字头销、活塞销、柴油机套筒、变速齿轮操纵杆、钢套，热轧及正火状态下用于制造螺栓、螺钉、螺母及铆焊件等
30Mn2	用于制造汽车、拖拉机中的车架、纵横梁、变速器齿轮、轴、冷镦螺栓、较大截面的调质件，也可制造心部强度较高的渗碳件，如起重机的后车轴等
35Mn2	制造小于直径 20mm 的较小零件时，可代替 40Cr，用于制造直径小于 15mm 的各种冷镦螺栓，力学性能要求较高的小轴、轴套、小连杆、操纵杆、曲轴，风机配件，农机中的锄铲柄、锄铲
40Mn2	用于制造重载工作的各种机械零件，如曲轴、车轴、轴、半轴、杠杆、连杆、操纵杆、蜗杆、活塞杆，承载的螺栓、螺钉、加固环、弹簧，当制造直径小于 40mm 的零件时，其静强度及疲劳性能与 40Cr 相近，因而可代替 40Cr 制作小直径的重要零件
45Mn2	用于制造承受高应力和耐磨损的零件，如果制作直径小于 60mm 的零件，可代替 40Cr 使用，在汽车、拖拉机及通用机械中，常用于制造轴、车轴、万向接头轴、蜗杆、齿轮轴、齿轮、连杆盖、摩擦盘、车厢轴、电车和蒸汽机车轴、重负载机架、冷拉状态中的螺栓和螺母等
50Mn2	用于制造高应力、高磨损工作的大型零件，如通用机械中的齿轮轴、曲轴，各种轴、连杆、蜗杆、万向接头轴、齿轮等，汽车的传动轴、花键轴，承受强烈冲击负荷的心轴，重型机械中的滚动轴承支撑的主轴、轴及大型齿轮以及用于制造手卷簧、板弹簧等，如果用于制作直径小于 80mm 的零件，可代替 45Cr 使用
27SiMn	用于制造高韧性、高耐磨的热冲压件，不需热处理或正火状态下使用的零件，如拖拉机履带销

（续表）

牌　号	应　用　举　例
35SiMn	在调质状态下用于制造中速、中负载的零件，在淬火、回火状态下用于制造高负载、小冲击震动的零件以及制作截面较大、表面淬火的零件，如汽轮机的主轴和轮毂（直径小于250mm，工作温度小于400℃）、叶轮（厚度小于170mm）以及各种重要紧固件，通用机械中的传动轴、主轴、心轴、连杆、齿轮、蜗杆、电车轴、发电机轴、曲轴、飞轮及各种锻件，农机中锄铲柄、犁辕等耐磨件，另外还可制作薄壁无缝钢管
42SiMn	在高频淬火及中温回火状态下，用于制造中速、中载的齿轮传动件，在调质后高频淬火、低温回火状态下，用于制造较大截面的表面高硬度、较高耐磨的零件，如齿轮、主轴、轴等；在淬火后低、中温回火状态下，用于制造中速、重载的零件，如主轴、齿轮、液压泵转子、滑块等
20MnV	用于制造高压容器、锅炉、大型高压管等的焊接构件（工作温度不超过450℃～475℃），还用于制造冷轧、冷拉、冷中压加工的零件，如齿轮、自行车链条、活塞销等，还广泛用于制造直径小于20mm的矿用链环
20SiMn2MoV	在低温回火状态下可代替调质状态下使用的35CrMo、35CrNi3MoA、40CrNi3MoA等中碳合金结构钢使用，用于制造较重载荷、应力状态复杂或低温下长期工作的零件，如石油机械中的吊卡、吊环、射孔器以及其他较大截面的连接件
25SiMn2MoV	用途和20SiMn2MoV基本相同，用该钢制成的石油钻机吊环等零件，使用性能良好，较之35CrNi3Mo和40CrNiMo制作的同类零件更安全可靠，且质量小，节省材料
37SiMn2MoV	调质处理后，用于制造重载、大截面的重要零件，如重型机器中的齿轮、轴、连杆、转子、高压无缝钢管等，石油化工用的高压容器及大螺栓、制作高温条件下的大螺栓紧固件（工作温度低于450℃），淬火低温回火后可作为超高强度钢使用，可代替35CrMo、40CrNiMo使用
20MnTiB	较多地用于制造汽车拖拉机中尺寸较小、中载的各种齿轮及渗碳零件，可代替20CrMnTi使用
25MnTiBRE	常用以代替20CrMnTi、20CrMo使用，用于制造中载的拖拉机齿轮（渗碳），推土机和中、小汽车变速箱齿轮和轴等渗碳、碳氮共渗零件
15MnVB	采用淬火低温回火，用以制造高强度的重要螺栓零件，如汽车上的气缸盖螺栓、半轴螺栓、连杆螺栓，亦可用于制造中负载的渗碳零件
20MnVB	常用于制造较大载荷的中小渗碳零件，如重型机床上的轴、大模数齿轮，汽车后桥的主、从动齿轮
40B	用于制造比40钢截面大、性能要求高的零件，如轴、拉杆、齿轮、凸轮、拖拉机曲轴柄等，制作小截面尺寸零件，可代替40Cr使用
45B	用于制造截面较大、强度要求较高的零件，如拖拉机的连杆、曲轴及其他零件，制造小尺寸且性能不高的零件，可代替40Cr使用
50B	用于代替50、50Mn、50Mn2，制造强度较高、淬透性较高、截面尺寸不大的各种零件，如凸轮、轴、齿轮、转向拉杆等

（续表）

牌　号	应　用　举　例
40MnB	用于制造拖拉机、汽车及其他通用机械设备中的中小型重要调质零件，如汽车半轴、转向轴、花键轴、蜗杆和机床主轴、齿轴等，可代替 40Cr 制造较大截面的零件，如卷扬机中轴，制造小尺寸零件时，可代替 40CrNi 使用
45MnB	用于代替 40Cr、45Cr 和 45Mn2，制造中、小截面的耐磨的调质件及高频淬火件，如钻床主轴、拖拉机拐轴、机床齿轮、凸轮、花键轴、曲轴、惰轮、左右分离叉、轴套等
40MnVB	常用于代替 40Cr、45Cr 及 38CrSi，制造低温回火、中温回火及高温回火状态的零件，还可代替 42CrMo、40CrNi 制作重要调质件，如机床和汽车上的齿轮、轴等
38CrSi	一般用于制造直径 30～40mm，强度和耐磨性要求较高的各种零件，如拖拉机、汽车等机器设备中的小模数齿轮、拨叉轴、履带轴、小轴、起重钩、螺栓、进气阀，铆钉机压头等
15CrMn	用于制造齿轮、蜗轮、塑料模子，汽轮机油封和汽轴套等
20CrMn	用于制造重载大截面的调质零件及小截面的渗碳零件，还可在制造中等负载、冲击较小的中小零件时，代替 20CrNi 使用，如齿轮、轴、摩擦轮、蜗杆调速器的套筒等
40CrMn	用于制造高速和高弯曲负荷的泵类轴和连杆、无冲击负荷的齿轮泵、水泵转子、离合器、高压容器盖板的螺栓等
20CrMnSi	用于制造强度较高的焊接件、韧性较好的受拉力的零件以及厚度小于 16mm 的薄板冲压件、冷拉零件、冷冲零件，如矿山设备中的较大截面的链条、链环、螺栓等
25CrMnSi	用于制造拉杆，重要的焊接件和冲压零件，高强度的焊接构件
30CrMnSi	多用于制造高负载、高速的各种重要零件，如齿轮、轴、离合器、链轮、砂轮轴、轴套、螺栓、螺母等，也用于制造耐磨、工作温度不高的零件，变载荷的焊接构件，如高压鼓风机的叶片、阀板以及非腐蚀管道用管
35CrMnSi	用于制造中速、重载、高强度的零件及高强度构件，如飞机起落架等高强度零件、高压鼓风机叶片，在制造中小截面零件时，可以部分替代相应的镉镍钼合金钢使用
40CrV	用于制造变载、高负荷的各种重要零件，如机车连杆、曲轴、推杆、螺旋桨、横梁、轴套支架、双头螺柱、螺钉、不渗碳齿轮、经氮化处理的各种齿轮和销子、高压锅炉水泵轴（直径小于 30mm）、高压气缸、钢管以及螺栓（工作温度小于 420℃，300MPa）等
50CrV	用于制造工作温度低于 210℃的各种弹簧以及其他机械零件，如内燃机气门弹簧、喷油嘴弹簧、锅炉安全阀弹簧、轿车缓冲弹簧
20CrMnTi	是应用广泛、用量很大的一种合金结构钢，用于制造汽车拖拉机中的截面尺寸小于 30mm 的中载或重载、冲击耐磨且高速的各种重要零件，如齿轮轴、齿圈、齿轮、十字轴、滑动轴承支撑的主轴、蜗杆、爪牙离合器，有时还可以代替 20SiMnVB、20MnTiB 使用
30CrMnTi	用于制造心部强度特高的渗碳零件，如齿轮轴、齿轮、蜗杆等，也可做调质零件，如汽车、拖拉机上较大截面的主动齿轮等
12CrMo	正火回火用于制造蒸汽温度不超过 510℃的锅炉及汽轮机之主汽管，管壁温度不超过 540℃的各种导管、过热器管，淬火回火后还可制造各种高温弹性零件
15CrMo	正火及高温回火后用于制造蒸汽温度不超过 510℃的锅炉过热器，中高压蒸汽导管及联箱，蒸汽温度至 510℃的主汽管，淬火回火后，可用于制造常温工作的各种重要零件

（续表）

牌　号	应　用　举　例
20CrMo	用于制造化工设备中非腐蚀介质及工作温度250℃以下，氮氢介质的高压管和各种紧固件，汽轮机、锅炉中的叶片、隔板、锻件、轧制型材，一般机器中的齿轮、轴等重要渗碳零件，还可以替代1Cr13钢使用，制造中压、低压汽轮机处在过热蒸汽区压力级工作叶片
30CrMo	用于制造300MPa，工作温度400℃以下的导管，锅炉、汽轮机中工作温度低于450℃的紧固件，工作温度低于500℃、高压用的螺母及法兰，通用机械中受载荷大的主轴、轴、齿轮、螺栓、螺柱、操纵轮，化工设备中低于250℃、氮氢介质中工作的高压导管以及焊接件
35CrMo	用于制造承受冲击、弯扭、高载荷的各种机器中的重要零件，如轧钢机人字齿轮、曲轴、锤杆、连杆、紧固件，汽轮发动机主轴、车轴，发动机传功零件，大型电动机轴，石油机械中的穿孔器，工作温度低于400℃的锅炉用螺栓，低于510℃的螺母，化工机械中高压无缝壁厚的导管（温度450℃～500℃，无腐蚀性介质）等，还可代替40CrNi用于制造高载荷传动轴，汽轮发电机转子，大截面齿轮、支承轴（直径小于500mm）等
42CrMo	一般用于制造比35CrMo强度要求更高、断面尺寸较大的重要零件，如轴、齿轮、连杆、变速箱齿轮、增压器齿轮、发动机气缸、弹簧、弹簧夹、1200～2000mm石油钻杆接头、打捞工具，以及代替含镍较高的调质钢使用
15CrMnMo	适于制造心部韧性好、高表面硬度、高耐磨性的渗碳件，如凸轮轴、曲轴、连杆、传动齿轮、石油钻机的牙轮及牙轮钻头、活塞销、球头销，有时还可代替含镍较高的渗碳钢使用
20CrMnMo	常用于制造高硬度、高强度、高韧性的较大的重要渗碳件（其要求均高于15CrMnMo），如曲轴、凸轮轴、连杆、齿轮轴、齿轮、销轴，还可代替12Cr2Ni4使用
40CrMnMo	用于制造重载、截面较大的齿轮轴、齿轮，大卡车的后桥半轴、轴、偏心轴、连杆，汽轮机的类似零件，还可以代替40CrNiMo使用
12CrMoV	用于制造汽轮机温度540℃的主汽管道，转向导叶环，汽轮机隔板以及温度不高于570℃的各种过热器管、导管
12Cr1MoV	用于制造工作温度不超过570℃～585℃的高压设备中的过热钢管、导管、散热器管及有关的锻件
25Cr2MoVA	用于制造高温条件下的螺母（≤550℃）、螺栓、螺柱（＜530℃），长期工作温度至510℃左右的紧固件，汽轮机整体转子、套筒、主气阀、调节阀，还可作为渗氮钢，用以制作阀杆、齿轮等
38CrMoAl	用于制造高疲劳强度、高耐磨性，热处理后尺寸精确、强度较高的各种尺寸不大的渗氮零件，如气缸套、座套、底盖、活塞螺栓、检验规、精密磨床主轴、车床主轴、搪杆、精密丝杠和齿轮、蜗杆、高压阀门、阀杆、仿模、滚子、样板、汽轮机的调速器、转动套、固定套、塑料挤压机上的一些耐磨零件
15Cr	用于制造表面耐磨、心部强度和韧性较高、较高工作速度但断面尺寸在30mm以下的各种渗碳零件，如曲柄销、活塞销、活塞环、联轴器、小凸轮轴、小齿轮、滑阀、活塞、衬套、轴承圈、螺钉、铆钉等，还可以用作淬火钢，制造要求一定强度和韧性，但变形要求较宽的小型零件

（续表）

牌　号	应　用　举　例
20Cr	用于制造小截面(<30mm)，形状简单、较高转速、载荷较小、表面耐磨、心部强度较高的各种渗碳或氰化零件，如小齿轮、小轴、阀、活塞销、衬套棘轮、托盘、凸轮、蜗杆、爪形离合器等，对热处理变形小、耐磨性高的零件，渗碳后应高频表面淬火，如小模数(<3)齿轮、花键轴、轴等，也可作调质钢用于制造低速、中载(冲击)的零件
30Cr	用于制造耐磨或受冲击的各种零件，如齿轮、滚子、轴、杠杆、摇杆、连杆、螺栓、螺母等，还可用作高频表面淬火用钢，制造耐磨、表面高硬度的零件
35Cr	用于制造齿轮、轴、滚子、螺栓以及其他重要调质件，用途和 30Cr 基本相同
40 Cr	使用最广泛的钢种之一，调质处理后用于制造中速、中载的零件，如机床齿轮、轴、蜗杆、花键轴、顶针套等，调质并表面高频淬火后用于制造表面高硬度、耐磨的零件，如齿轮、轴、主轴、曲轴、心轴、套筒、销子、连杆、螺钉、螺母、进气阀等，经淬火及中温回火后用于制造重载、中速冲击的零件，如液压泵转子、滑块、齿轮、主轴、套环等，经淬火及低温回火后用于制造重载、低冲击、耐磨的零件，如蜗杆、主轴、轴、套环等，氰化处理后制造尺寸较大、低温韧度较高的传动零件，如轴、齿轮等，40Cr 的代用钢有 40MnB、45MnB、35SiMn、42SiMn、40MnVB、42MnV、40MnMoB、40MnWB 等
45Cr	与 40Cr 的用途相似，主要用于制造表面高频淬火的轴、齿轮、套筒、销子等
50Cr	用于制造重载、耐磨的零件，如 600mm 以下的热轧辊、传动轴、齿轮、止推环、支承辊的心轴，柴油机连杆、挺杆，拖拉机离合器、螺栓，重型矿山机械中耐磨、高强度的油膜轴承套、齿轮，也可制作高频表面淬火零件、中等弹性的弹簧等
20CrNi	用于制造重载、大型、重要的渗碳零件，如花键轴、对轴、键、齿轮、活塞销，也可用于制造高冲击韧度的调质零件
40CrNi	用于制造锻造和冷冲压且截面尺寸较大的重要调质件，如连杆、圆盘、曲轴、齿轮、轴、螺钉等
45CrNi	用于制造各种重要的调质件，和 40CrNi 用途相近，如制造变速箱曲轴，内燃机曲轴，汽车、拖拉机主轴、连杆、气门及螺栓等
50CrNi	用于制造重要的轴、曲轴、传动轴等
12CrNi2	适于制造心部韧性较高，强度要求不高的受力复杂的中、小渗碳或碳氮共渗零件，如活塞销、轴套、推杆、小轴、小齿轮、齿套等
12CrNi3	用于制造表面硬度高、心部力学性能良好、重负荷、耐冲击、耐磨损的各种渗碳或碳氮共渗零件，如传动轴、主轴、凸轮轴、心轴、连杆、齿轮、轴套、滑轮、气阀托盘、液压泵转子、活塞胀圈、活塞销、万向联轴器十字头、重要螺杆、调节螺钉
20CrNi3	用于制作高负荷工作的各种重要零件，如凸轮、齿轮、蜗杆、机床主轴、螺栓、螺柱、销钉等
30CrNi3	用于制造大型、载荷较高的重要零件或热锻、热冲压的负荷高的零件，如轴、蜗杆、连杆、曲轴、传动轴、方向轴、前轴、齿轮、键、螺栓、螺母等
37CrNi3	用于制造重载、冲击、截面较大的零件，或低温、受冲击的零件，或热锻、热冲压的零件，如转子轴、叶轮、重要的紧固件等

（续表）

牌　号	应　用　举　例
12Cr2Ni4	采用渗碳及二次淬火、低温回火后，用于制造高载荷的大型渗碳件，如各种齿轮、蜗轮、蜗杆、轴、方向接手叉等，也可经淬火及低温回火之后使用，制造高强度、高韧性的机械构件
20Cr2Ni4	用于制造要求高于 12Cr2Ni4 性能的大型渗碳件，如大型齿轴、轴等，也可用作强度、韧性均高的调质件
35CrMoV	用于制造高应力下的重要零件，如 500℃～520℃以下工作的汽轮机叶轮、高级涡轮鼓风机和压缩机的转子、盖盘、轴盘、发电机轴、强力发动机的零件
20CrNiMo	常用于制造中小型汽车、拖拉机的发动机和传动系统中的齿轮，亦可代替 12CrNi3 钢制造要求心部性能较高的渗碳件、氰化件，如石油钻探和冶金露天矿用的牙轮钻头的牙爪和牙轮体
40CrNiMoA	经调质后使用，用于制作要求塑性好、强度高及大尺寸的重要零件，如重型机械中高载荷的轴类、直径大于 250mm 的汽轮机轴、叶片，高载荷的传动件、紧固件、曲轴、齿轮等；也可用于操作温度超过 400℃的转子轴和叶片等，此外，还可以经氮化处理后制作有特殊性能要求的重要零件
45CrNiMoVA	主要用于制作飞机发动机曲轴、大梁、起落架，压力容器和中小型火箭壳体等高强度结构零、部件。在重型机器制造中，用于制作重载荷的扭力轴、变速箱轴、摩擦离合器轴等
18Cr2Ni4WA	适用于制造高强度、良好韧性及缺口敏感性低的大截面渗碳零件，如传动轴、曲轴、花键轴、活塞销、大型齿轮、精密机床控制进刀蜗轮等；承受重负荷与振动的高强度的调质零件，如重型或中型机械的连杆、曲轴、减速器轴等；调质后再渗氮，可用制作大功率高速发动机的曲轴
25Cr2Ni4WA	用于制作动负荷下工作的大截面零件，如汽轮机主轴、叶轮，挖掘机轴、齿轮等

26.4　钢的热处理

钢的热处理，是指将钢在固态范围内加热到一定的温度后，保温一段时间，再以一定的速度冷却的工艺过程，如图 26－2 所示。

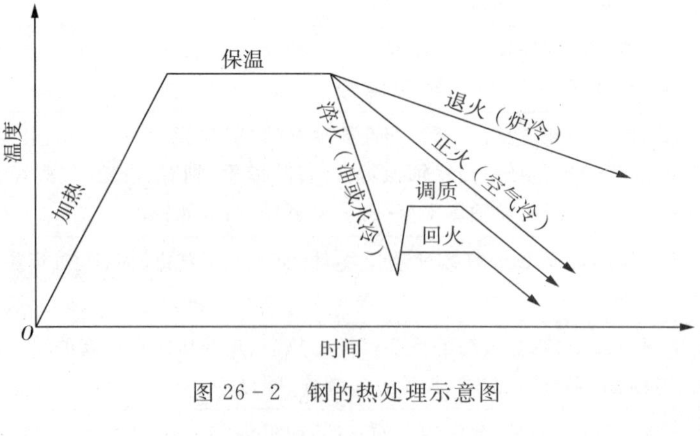

图 26－2　钢的热处理示意图

1. 退火

退火是一种金属热处理工艺，是指将金属缓慢加热到一定温度，保持足够时间，然后以适宜速度冷却。退火的目的是降低硬度，改善切削加工性；消除残余应力，稳定尺寸，减少变形与裂纹倾向；细化晶粒，调整组织，消除组织缺陷。准确地说，退火是一种对材料的热处理工艺，既包括金属材料也包括非金属材料，而且新材料退火的目的也与传统金属存在差异。

2. 正火

正火，又称常化，是将工件加热至 Ac_3（Ac_3 是指加热时自由铁素体全部转变为奥氏体的终了温度，一般在 727℃～912℃）或 A_{cm}（A_{cm}是实际加热中过共析钢完全奥氏体化的临界温度线 ）以上 30℃～50℃，保温一段时间后，从炉中取出在空气中或喷水、喷雾或吹风冷却的金属热处理工艺。其目的是使晶粒细化和碳化物分布均匀化，去除材料的内应力，稳定工件的尺寸，防止变形与开裂。

3. 淬火

钢的淬火是将钢加热到临界温度 Ac_3（亚共析钢）或 Ac_1（过共析钢）以上，保温一段时间，使之全部或部分奥氏体化，然后快速冷却（大于临界冷却速度）到 Ms 以下（或 Ms 附近等温）进行马氏体（或贝氏体）转变的热处理工艺。通常也将铝合金、铜合金、钛合金、钢化玻璃等材料的固溶处理或带有快速冷却过程的热处理工艺称为淬火。

淬火的目的是使过冷奥氏体进行马氏体或贝氏体转变，得到马氏体或贝氏体组织，然后配合以不同温度的回火，以大幅提高钢的刚性、硬度、耐磨性、疲劳强度以及韧性等，从而满足各种机械零件和工具的不同使用要求。也可以通过淬火满足某些特种钢材的铁磁性、耐蚀性等特殊的物理、化学性能。

4. 回火

将经过淬火的工件重新加热到低于下临界温度 Ac_1（加热时珠光体向奥氏体转变的开始温度）的适当温度，保温一段时间后在空气或水、油等介质中冷却的金属热处理工艺。或将淬火后的合金工件加热到适当温度，保温若干时间，然后缓慢或快速冷却。一般用于减小或消除淬火钢件中的内应力，或者降低其硬度和强度，以提高其延性或韧性。淬火后的工件应及时回火，通过淬火和回火的相配合，才可以获得所需的力学性能。

5. 调质

调质即淬火和高温回火的综合热处理工艺。

调质件大都在比较大的动载荷作用下工作，它们承受着拉伸、压缩、弯曲、扭转或剪切的作用，有的表面还承受摩擦，要求有一定的耐磨性等等。总之，零件处在各种复合应力下工作。这类零件主要为各种机器和机构的结构件，如轴类、连杆、螺柱、齿轮等，在机床、汽车和拖拉机等制造工业中用得很普遍。尤其是对于重型机器制造中的大型部件，调质处理用得更多。因此，调质处理在热处理中占有很重要的位置。

在机械产品中的调质件，因其受力条件不同，对其所要求的性能也就不完全一样。一般说来，各种调质件都应具有优良的综合力学性能，即高强度和高韧性的适当配合，以保证零件长期顺利工作。

6. 表面淬火

表面淬火是将钢件的表面层淬透到一定的深度，而心部仍保持未淬火状态的一种局部淬火的方法。表面淬火的目的在于获得高硬度、高耐磨性的表面，而心部仍然保持原有的良好韧性，常用于机床主轴、齿轮、发动机的曲轴等。表面淬火时通过快速加热，使钢件表面很快提升到淬火的温度，在热量来不及穿到工件心部就立即冷却，实现局部淬火。

7. 渗碳淬火

渗碳淬火是金属材料常见的一种热处理工艺，它可以使渗过碳的工件表面获得很高的硬度，提高其耐磨程度。传统工艺主要有低温回火、预冷直接淬火、一次加热淬火、渗碳高温回火、二次淬火冷处理、渗碳后感应加热等工序。淬火工艺在现代机械制造工业得到了广泛的应用。机械中重要零件，尤其在汽车、飞机、火箭中应用的钢件几乎都经过淬火处理。为满足各种零件千差万别的技术要求，发展了各种淬火工艺。

渗碳是对金属表面处理的一种工艺，采用渗碳的材料多为低碳钢或低合金钢，具体方法是将工件置入具有活性渗碳介质中，加热到 900℃～950℃的单相奥氏体区，保温足够时间后，使渗碳介质中分解出的活性碳原子渗入钢件表层，从而获得表层高碳，心部仍保持原有成分的金属材料。相似的还有低温渗氮处理。渗碳是金属材料常见的一种热处理工艺，它可以使渗过碳的工件表面获得很高的硬度，提高其耐磨程度。

8. 氮化

氮化处理是指在一定温度下一定介质中使氮原子渗入工件表层的一种化学热处理工艺。经氮化处理的制品具有优异的耐磨性、耐疲劳性、耐蚀性及耐高温的特性。

9. 氰化

氰化，全称氰化处理，又称碳氮共渗，是指在钢中同时渗入碳原子与氮原子的过程。它可以使钢表面同时具有渗碳与渗氮的特性。

10. 时效处理

时效处理是指，金属或合金工件（如低碳钢等）经固溶处理，从高温淬火或经过一定程度的冷加工变形后，在较高的温度或室温放置保持其形状、尺寸，性能随时间而变化的热处理工艺。一般地讲，经过时效处理，硬度和强度有所增加，塑性、韧性和内应力则有所降低。含碳较高的钢，淬火后立即获得很高的硬度，但其塑性变得很低。而铝合金淬火后，强度或硬度不能立即达到峰值，其塑性非但未下降，反而有所上升。经相当长时间（例如 4～6 天）的室温放置后，这种淬火合金的强度与硬度显著提高，而塑性则有所下降。这种淬火合金的强度和硬度随时间而发生显著变化的现象，叫作时效。室温下进行的时效叫作自然时效，在一定温度下进行的时效叫作人工时效。

11. 发蓝

发蓝，也称发黑，是将钢在空气中加热或直接浸于浓氧化性溶液中，使其表面产生极薄的氧化物膜的材料保护技术。

参考文献

[1] 华中工学院等九院校．画法几何及机械制图[M]．北京:高等教育出版社,1983.

[2] 刘霞．公差配合与测量技术[M]．北京:机械工业出版社,2010.

[3] 夏华生．机械制图[M]．北京:高等教育出版社,1982.

[4] 杨可桢,程光蕴,李仲生,等．机械设计基础[M].6版．北京:高等教育出版社,2013.

[5] 华楚生．机械制造技术基础[M]．重庆:重庆大学出版社,2003.

[6] 赵振起．机械制图手册[M]．北京:国防工业出版社,1984.

[7] 吴学农．机械制图识图思维规律及基本功训练[M]．北京:机械工业出版社,2013.

[8] 吴学农．机械制图试题集[M]．北京:化学工业出版社,2014.

[9] 刘小年,陈婷．机械制图习题集[M].3版．北京:机械工业出版社,2004.

[10] 闻邦椿．机械设计手册[M]．北京:机械工业出版社,2013.